“十二五”国家重点图书出版规划项目

现代声学科学与技术丛书

水声学

(第二版)

汪德昭 尚尔昌 著

科学出版社

北京

内 容 简 介

本书着重从声场分析的观点，系统地论述近代水声学的基础理论. 全书共分十二章. 第一章简述水声场的信息结构，并建立声呐方程；第二章简述作为水声信道的海洋介质的某些特性；第三章讨论水声场的基本概念及理论方法，并较详细地讨论简正波与射线之间的变换问题；第四、五章对典型声场作理论分析，在浅海声场的分析中，使用边界反射损失的“三参数”模型，用“过渡距离”的分析方法讨论平均场强结构，并用简正波理论分析深海声场中的“反转点会聚区”；第六章讨论海洋中的背景场，介绍由传播算子构成噪声场时空相关函数的理论，并讨论浅海远程混响问题；第七、八、九章讨论目标源的特性，信号场的散射与起伏，声场数值预报与信道匹配问题；第十、十一章讨论水声信号处理问题，着重介绍声场的最佳时空处理问题，并对近代水声探测系统作了简介；第十二章讨论水声换能器中的一些重要问题，包括结构体特别是弯张换能器的振动分析、声阵及测量技术等问题.

本书的第一版出版于 1981 年，距今已有三十多年了. 这期间水声学的研究有了很大的变化与发展. 为适应当前该领域发展的新形势，原书第二作者对本书进行修订，对水声学这些年来所取得的进展做了适当反映并加入新的参考文献.

本书可供从事水声、海洋物理及地球物理的科研与教学工作者及研究生参考.

图书在版编目(CIP)数据

水声学/汪德昭，尚尔昌著. —2 版. —北京：科学出版社，2013.7
(现代声学科学与技术丛书)
ISBN 978-7-03-038042-5
Ⅰ. ①水…　Ⅱ. ①汪…　②尚…　Ⅲ. ①水体声学　Ⅳ. ①O427
中国版本图书馆 CIP 数据核字(2013) 第 136261 号

责任编辑：钱 俊 周 涵／责任校对：邹慧卿 鲁 素
责任印制：赵 博／封面设计：陈 敬

科学出版社 出版
北京东黄城根北街 16 号
邮政编码：100717
http://www.sciencep.com
北京富资园科技发展有限公司印刷
科学出版社发行　各地新华书店经销
*
1981 年 4 月第 一 版　开本: B5(720 × 1000)
2013 年 7 月第 二 版　印张: 43 1/4
2024 年 4 月第九次印刷　字数: 850 000

定价: 198.00 元
(如有印装质量问题，我社负责调换)

第二版前言

本书的第一版出版于 1981 年, 距今已有三十多年了. 这期间水声学的研究有了很大的变化与发展. 其一是冷战结束后, 浅海声学成为热点领域, 其二是随着计算机和网络的快速发展, 使得一些先进的声场信息理论与信号处理方法融于水声学, 且能实现实时运作. 其中最为突出的当属 "匹配场"(MFP) 理论在声源定位、环境监测与参数反演方面的应用. 为 "场匹配" 的实时运作所需的两个方面的快速算法: (1) 数值声场算法; (2) 全局最佳值搜索的算法 (模拟退火与遗传算法) 均已逐步完善, 为 "匹配场" 的实时技术实现奠定了基础. 为克服由于环境知识的欠缺所导致的 "失配", 常规的以模型为基础的 "场匹配" 开始转向较少依赖于对环境的先验知识的以实测场数据为驱动的 "场匹配". "时反处理"(TRP) 可以达到完善的场匹配, 从而实现场聚焦, 当然其所付出的设备代价也很高. 相反地, 所付代价较低的利用海洋环境噪声作海洋声层析 (OAT), 或用来提取海底参数的方法是一个值得注意的研究方向.

在对浅海声场有重要影响的海底的描写方面有两种可供选择的参数方法: (1) 地声 (geoacoustic) 参数; (2) 反射参数 (P, Q). 地声参数的反演需要知道确切的海底沉积介质的具体情况, 这常常给参数反演以及声场预报造成困难. 而反射参数的反演及声场预报则不需要知道海底介质的具体情况 (是 model-free 的参数). 而且更为重要的是反射参数 (P, Q) 是信息集中的参数, 所有与场相位相关的信息由参数 P 集中反映, 而与场能量衰减有关的信息由参数 Q 来集中反映, 这种信息集中的参数描写在推导波导不变量 β 与海底的关系时, 以及分析声场不确定性时有突出的优点. 20 世纪 80 年代以来, 在中国黄海海域发现的非线性内波, 对声场有很强的影响, 形成一个新的研究热点延续至今. 在浅海远程混响的研究方面, 从 80 年代以后, 已经把简正波理论应用到往返传播的两个环节上, 部分地反映了波导效应, 但是在散射环节上仍采用经验散射函数 (以 Lambert 定律为主要代表). 现在, 这种情况已经开始有所改变, 在微扰近似的全波动的混响理论给出了全波动的散射函数, 使得形成混响的三个环节 (往返传播以及界面散射) 完全约束于描写波导散射场的格林公式之中. 80 年代以后提出的 "波导不变量" 的概念受到越来越多的注意. 这个用以标示波导中稳定的干涉结构的参量, 具有很多潜在的应用价值, 包括被动声源定距, 频散波形畸变的修复, 纵向声场相关的改善等等. 上述诸多进展在本书的第二版修订过程中都作了适当的反映并加入了新的相应的参考文献. 限于笔者的精力和水平, 难免挂一漏万, 望读者见谅.

本书第二版的修订得到中国科学院声学研究所水声环境特性研究室诸多同仁的帮助与支持, 笔者在此表示衷心的感谢. 在与高天赋教授的长期合作与研究切磋中, 笔者得到很多启发与解惑, 受益匪浅. 此外对马力教授给予的多方面的热情支持, 以及吴金荣副教授在编辑与增写过程中所做的大量的协助工作也致以衷心的谢意. 原书的第十、十一章是侯自强教授执笔的, 第十二章是徐其昌教授执笔的, 在第二版修订中, 侯自强教授为第十、十一章增写了进展述评. 本书的原第一作者 —— 汪德昭院士已经逝世十多年了, 第二版的修订与出版也是对这位中国水声学的奠基人、笔者的恩师的一个纪念.

尚尔昌

2012 年 8 月于京华

第一版前言

水声学是近代声学的一个重要分支, 也是一个非常活跃的分支. 众所周知, 在海水介质中以声波的传播性能为最佳; 而无线电波和光波在海水中传播时都要受到严重的衰减, 因此不能有效地传递信息. 早在 1918 年, P. Langevin 就利用石英的压电性能, 用钢板夹住石英制成的换能器, 产生了超声频声波, 在海水中进行远程目标的探测, 由此发明了声呐, 并且证明了声波是海水中载荷信息的有效形式. 以后的实验证明, 在大洋中, 通过由声速垂直分布所形成的自然波导 —— 声道, 能够收听到在几千公里远处几公斤炸药所产生的爆炸声信号.

然而, 作为声信息传输通道 (水声信道) 的海水介质及其边界条件, 具有十分复杂和多变的特征, 这就使得声波在海水中传播的规律相应地也十分复杂和多变. 但掌握和了解水下声场的这种复杂多变的规律性, 并作出合乎要求的预报, 对水下探测和通信系统的设计、制造、操纵和使用, 以及增进人类对海洋环境的认识, 海洋资源的开发, 又是必不可少的.

正是由于这此迫切要求, 推动了近代水声学的迅速发展. 随着人们对于水声场观测的时间尺度与空间尺度的不断加大, 对于原来可以视为确定性环境因素的某些过程, 必须改变为 "动态调制" 过程而纳入水声场的预报模型之中. 这一方面增添了水声场信息处理的新的研究内容, 另一方面又推动了水声学与海洋学的相互渗透, 于是一个新的交叉学科 ——"声学海洋学" 诞生了. 但经典海洋学的观测方法和手段局限于孤立点的时间过程的采样, 这对于要按照时间–空间 "立体" 过程的全貌来了解海洋运动过程的要求, 几乎是不可能的. 声波场作为探测海洋介质的 "积分探头" 的概念 —— 在大面积长时间范围内连续监测海洋运动过程的可能性, 为打开这一困难局面提供了新的前景. 近年来, 许多知名的声学家和海洋学家, 例如, Л. М. Бреховских, W. H. Munk 等, 都积极地参与了这一新兴领域内的研究活动.

本书着重于从声场分析的观点, 系统地论述近代水声学研究所涉及的基本内容, 书中还部分地反映了我国水声学研究的某些进展和成果; 但是全面地详尽地反映我国水声的科研成果, 将留给今后陆续出版的一些专题论著. 鉴于国外已经出版了一些水声学著作, 本书各章节的内容与深度并不是很均衡的, 有些内容甚至完全没有提到, 例如非线性水声学. 全书共分十二章. 第一章简述水声场的信息结构, 并建立声呐方程. 第二章简述作为水声信道的海洋介质的某些基本特征. 第三章讨论水声场的基本概念及处理声场问题的理论方法, 包括简正波方法与射线方法, 并较详细地讨论了简正波表示与射线表示之间的变换关系问题. 第四、五章讨论分层介质中典型声场的理论分析问题. 在浅海声场的分析中, 我们使用了边界反射损失的 "三参数" 模型, 并用 "过渡距离" 分析方法给出平均场强结构的简单明了的物理图象; 在深海声场的理论分析中, 我们用简正波理论着重讨论了 "反转点会聚区" 问题. 第六章讨论了海洋中的背景场, 介绍了由传播算子构成分层介质中噪声场的时空相关函数的理论, 并根据角度谱加权的概念, 讨论了浅海远程混响问题. 应该指出, 浅海远程混响的理论研究还处于探索阶段, 特别是小掠角的海底散射特性还知道得很少. 第七章讨论目标源的特征, 包括主动探测系统中的简单目标的反射问题, 以及被动探测系统中的舰船辐射噪声的特征. 第八章讨论信号场的散射与起伏问题, 包括湍流, 内波及粗糙表面的散射与起伏, 介绍了Татарский 的谱方法以及Басс微扰理论方法. 第九章讨论海洋声场的数值预报以及信道匹配的某些问题. 第十章讨论水声信号处理问题, 着重讨论声场的最佳时空处理问题, 并介绍自适应波束形成技术, 水声信道中信号参量估计问题以及自动检测器问题. 第十一章对近代水声探测系统作了简介. 为了有效地达到探测和通讯的目的, 必须能够有效地控制声波的辐射和信号的接收, 这就需要对水声换能器进行深入的理论和实验研究. 最后, 第十二章讨论了水声换能器中的一些重要问题, 包括结构体的振动分析, 特别介绍了弯张换能器的振动分析, 声阵的辐射及相互作用问题, 以及测量校准问题.

要在有限的篇幅内全面地论述现代水声学的研究内容, 当然是十分困难的. 本书以水声场的物理分析为基本重点, 力图通过这些分析, 使读者深入了解在近代水声学研究中把经典场方法与统计方法综合考虑的必要性, 以及综合考虑信道影响与信号处理方法的必要性. 本书可以作为从事水声学、海洋物理以及地球物理科研与教学工作的科技人员、研究生的参考书.

本书第十、十一章是请侯自强同志执笔的; 第十二章是请徐其昌同志执笔的.

著者深切感谢中国科学院方毅院长的关怀、鼓励和支持; 并衷心感谢魏荣爵、杜连耀及杨士莪教授等审阅本书初稿, 并提供宝贵意见; 对中国科学院声学研究所同事们所提供的许多有益的意见和建议以及为本书绘制大量曲线图表的刘士风同志, 也一并在此志谢.

限于我们的水平, 书中挂一漏万, 错误不妥之处在所难免, 欢迎读者批评指正.

著　者

1980 年 6 月于北京

目　录

第一章　信号、信道及声呐方程

水声学是一门新兴学科, 主要研究声波在水下的辐射、传播与接收, 用以解决与水下目标探测和信息传输过程有关的各种声学问题.

声波是目前在海洋中唯一能够远距离传播的能量辐射形式. 因此作为信息载体的声波, 在海洋中所形成的声场的时空结构, 就成为近代水声学的基本研究内容, 而提取海洋中声场信息的结构是我们用来进行水下探测、识别、通信及环境监测等的手段. 例如, 远距离目标探测, 海洋资源开发, 鱼群探测及海洋动力过程 (内波, 环流 $\cdots\cdots$) 的遥测等. 不言而喻, 这些对于国民经济、国防建设和科学研究等方面都具有重要意义.

海洋中的声场信息结构, 一方面既与发射–接收系统本身的信息结构有关, 另一方面又与海洋信道的影响有关; 海洋信道在线性声学范围内相当于对发射信号进行线性变换 (线性网络).

为使读者对第二章到第十二章所论述的每个专门问题有一个整体概念, 并了解每个局部的专门问题在整个声场信息结构的形成和提取过程中所处的地位, 本章包括下列内容: §1.1 引入由信噪比 (S/N), $\Delta\tau$, $\Delta\theta$, $\Delta\Omega$(分别代表信号是否存在, 目标的距离、方位、速度) 所构成的水声学的信息空间; §1.2 简要讨论信号本身的分辨能力; §1.3 概述水声信道带来的信息损失影响 [包括 (S/N) 的衰减, $\Delta\tau$, $\Delta\Omega$, $\Delta\theta$ 的扩展]; 最后, §1.4 给出综合反映信号 (系统) 的性能、信道影响及探测要求的相互关系的表式 —— 声呐方程.

§1.1　水声学的信息空间

从探测目标的角度来讲, 中心问题是发现目标, 并确定目标的距离、方位、速度和目标类型等. 这就是通常所谓的目标信号的检测, 目标信号的参量估计和目标信号的识别等问题.

目标的距离信息和速度信息分别由信号沿传播方向的延时 τ 和多普勒频移 Ω 提供, 目标的方位角 θ 和深度信息依靠对声波波场的多点空间采样获取, 而目标的识别 (分类) 则是通过对目标信号的 “特征提取”, 然后由 “鉴别” 运算来完成的. 因此, 水声学的信息空间 I 是由 τ, Ω, θ, $c[\,j]$ 构成的多维空间, 其中 $c[\,j]$ 是目标识别子空间 (它的维数 j 由特征数决定). 如果我们暂不考虑目标的深度信息及识别分类问题, 则水声信息空间可以看做是三维空间 $I(\tau, \Omega, \theta)$ (见图 1.1.1).

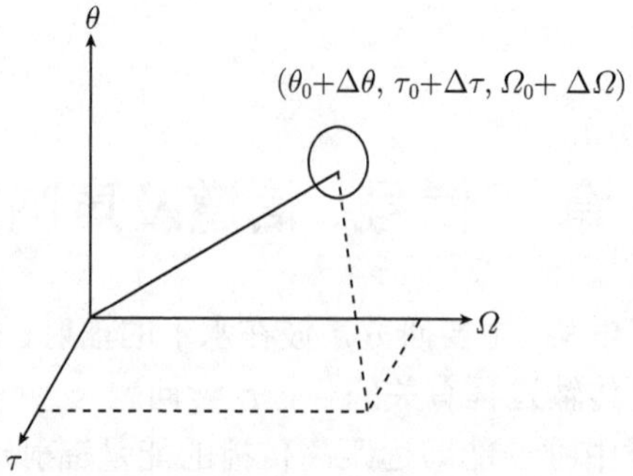

图 1.1.1

若在探测之前对目标没有任何先验的信息, 则初始信息量 I_0 对应于由 N 个等概率事件所规定的不确定性, 于是按信息量定义为

$$I_0 \sim k\ln\left(\frac{1}{N}\right), \tag{1.1.1}$$

其中 N 是信息空间 $I(\tau, \varOmega, \theta)$ 在一定探测要求下的量化分隔总数; k 为常数. 若经过探测获得了一个完全确定的目标, 即空间中的一个点 $(\tau_i, \varOmega_i, \theta_i)$, 它对应于概率为 1 的事件, 因此, 由不确知到完全确知所获信息量的增益为

$$\Delta I = I - I_0 = -k\ln\left(\frac{1}{N}\right) = k\ln(N). \tag{1.1.2}$$

由于探测系统本身的分辨能力以及信道的随机模糊干扰, 实际探测过程只能取得对目标知识的部分改善, 即只能知道目标是处在 $I(\tau, \varOmega, \theta)$ 空间的某个有限范围内. 此时, 对目标的描述不能以确定点 $(\tau_i, \varOmega_i, \theta_i)$ 来代表, 而只能看做是一个有限体积的 "雾团"(见图 1.1.1).

这个 "雾团" 的范围愈大, 对目标了解的不确定性就愈大, 也就是模糊性比较大. 简单地, 可以用它所占有的等效量化分隔数 N_g 来代表 "雾团" 的体积:

$$N_g = (\Delta\tau, \Delta\varOmega, \Delta\theta). \tag{1.1.3}$$

对应于 N_g 所获信息增益为

$$\begin{aligned}\Delta I &= -k\ln\left(\frac{1}{N_g}\right) - k\ln\left(\frac{1}{N}\right)\\ &= k\ln\left(\frac{N}{N_g}\right) = k\ln\left(\frac{N}{\Delta\tau, \Delta\varOmega, \Delta\theta}\right),\end{aligned} \tag{1.1.4}$$

即目标的模糊范围 $\Delta\tau, \Delta\varOmega, \Delta\theta$ 愈小, 信息增益就愈大.

以上讨论的是无背景干扰的情况; 实际上, 不论接收系统和信道总是存在加性背景干扰的. 在有背景噪音干扰情况下, 信号是否存在本身就具有一定的不确定性, 其不确定性的程度可由信噪比 (S/N) 来描述. 因此, 在式 (1.1.4) 中还要引入 (S/N) 的影响, 这里从略.

目标信息的模糊来源于两方面: 一方面是探测系统本身固有的有限分辨能力, 例如用以载荷信息的信号本身的模糊度; 另一方面来源于信息传输通道 (信道) 的模糊效应, 例如随机空变信道所产生的角模糊, 随机时变信道产生的延时模糊等. 而接收的信噪比 (S/N), 也同样受探测系统本身的信号功率和信道的能量耗损程度及加性干扰程度的约制, 例如混响背景下的主动式声呐, 其信噪比为

$$(S/N) = \{(\mathrm{SL} - 2\mathrm{TL}) + \mathrm{TS} - \mathrm{RL}\}, \tag{1.1.5}$$

其中 SL 为声源级, 表示发射信号的强度大小; TL 为传播损失, 代表信道的能量保持能力; TS 为目标反射强度; RL 为混响级代表信道的干扰程度. 这些量是水声物理研究的部分基本内容, 其定义将在后面给出.

经典的水声传播研究主要涉及能量传输因子. 当然, 对于有噪声背景干扰的情况, 任何探测系统的工作总是需要有一定的 (S/N) 的. 但是, 当探测系统具有比较先进的信号处理手段时, 要评价它或使其最佳化, 仅有能量传输因子就不够了. 此时, 传播问题必须从信道的观点, 即从传输通道对于信号中所载信息的保持能力的观点去研究. 从这个意义来说, 与能量耗损相联系的 (S/N) 已经不是评价和设计声呐系统的 "充分" 参数了, 但它仍然不失为 "必要的" 参数. 因此, 对声场的平均能量结构的研究, 仍然是水声学中最基本的课题之一. 此问题在本书第四章、第五章中将详细讨论.

下面扼要介绍声呐系统本身的探测分辨能力和信道对信号的分辨影响.

§1.2 声呐信号及系统的分辨能力

为了便于讨论, 我们将信息空间中的 τ, Ω 分辨能力与 θ 分辨能力分开来考虑. 当已获得目标的方位信息时 (对准), 由接收信号的延时 τ 和频移 Ω 给出目标信息. 为此, Woodward[1] 引进了信号模糊度函数 $g_{ss}(\tau, \Omega)$ 作为在信息空间中信号 $S(t)$ 所对应的 "雾团" 大小的定量描写, 即

$$g_{ss}(\tau, \Omega) \equiv |x_{ss}(\tau, \Omega)|^2, \tag{1.2.1}$$

其中 $x_{ss}(\tau, \Omega)$ 为信号的频移自相关函数:

$$x_{ss} \equiv \int_{-\infty}^{\infty} S(t) S^*(t+\tau) \mathrm{e}^{-\mathrm{i}\Omega t} \mathrm{d}t, \tag{1.2.2}$$

其中

$$
\begin{aligned}
S(\omega) &= \int_{-\infty}^{\infty} S(t)\,\mathrm{e}^{-\mathrm{i}\omega t}\mathrm{d}t, \\
S(t) &= \int_{-\infty}^{\infty} S(\omega)\,\mathrm{e}^{\mathrm{i}\omega t}\mathrm{d}\omega.
\end{aligned} \tag{1.2.3}
$$

$g_{ss}(\tau, \varOmega)$ 给出信号能量在 $(\tau, \varOmega)$ 空间内的分布情况. 模糊度函数的一个重要性质是 “体积不变性”, 在物理上它代表一种测不准关系.

若将信号能量归一化:

$$
E = \int_{-\infty}^{\infty} S(t)\,S^*(t)\,\mathrm{d}t = x_{ss}(0,0) = 1, \tag{1.2.4}
$$

则有下列特性:

(1) $$g_{ss}(0,0) = 1; \tag{1.2.5}$$

(2) $$g_{ss}(\tau, \varOmega) \leqslant g_{ss}(0,0) = 1; \tag{1.2.6}$$

(3) $$\iint g_{ss}(\tau, \varOmega)\,\mathrm{d}\tau\mathrm{d}\varOmega = 1. \tag{1.2.7}$$

特性 (2) 说明, 模糊度函数的最大值出现在原点 (0, 0) 上; 特性 (3), 即 “体积不变性”, 说明模糊度函数曲线下所包围的体积等于一个与信号能量有关的常数, 因此, 可在保持信号能量不变的条件下, 使信号波形的设计满足一定的分辨要求, 这是信号设计的重要研究课题.

由模糊度函数绘制成的图形称为模糊度图, 它是一个三维空间图形, 比较复杂. 例如, 对于矩形准单频脉冲,

$$
S(t) = \begin{cases} \dfrac{1}{\sqrt{T}}\mathrm{e}^{\mathrm{i}\omega_0 t} & \left(|t| < \dfrac{T}{2}\right) \\ 0 \end{cases}, \tag{1.2.8}
$$

可以求得其模糊函数为

$$
|x_{ss}(\tau, \varOmega)| = \left|\left[\left(1 - \frac{|\tau|}{T}\right)\frac{\sin \varOmega T\left(1 - \dfrac{|\tau|}{T}\right)}{\varOmega T\left(1 - \dfrac{|\tau|}{T}\right)}\right]\right|, \tag{1.2.9}
$$

其模糊度图如图 1.2.1 所示. $|x_{ss}(\tau, \varOmega)|$ 用 $\varOmega = 0$ 的面切割如图 1.2.2 所示. $|x_{ss}(\tau,\ \varOmega)|$ 用 $\tau = 0$ 的面切割如图 1.2.3 所示. 由于模糊度图绘制比较麻烦, 通常采取简单的图解法, 即用它在某一高度 (通常取 1/2 高度) 的截面来表示 (二维图解).

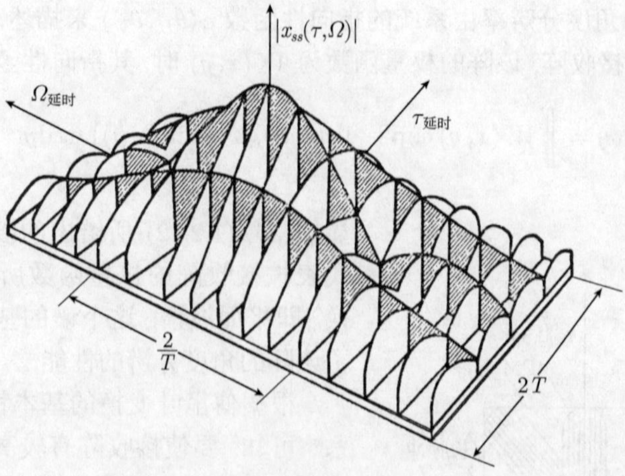

图 1.2.1

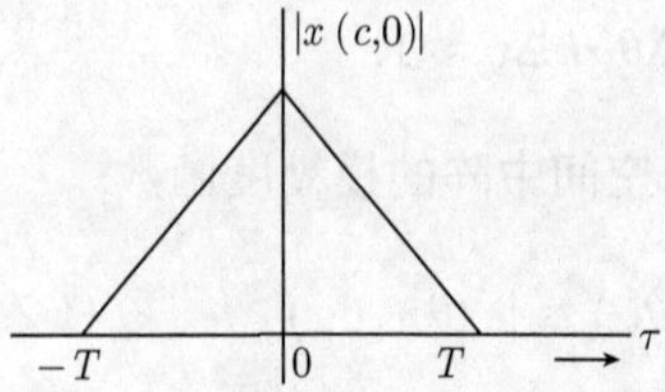

图 1.2.2

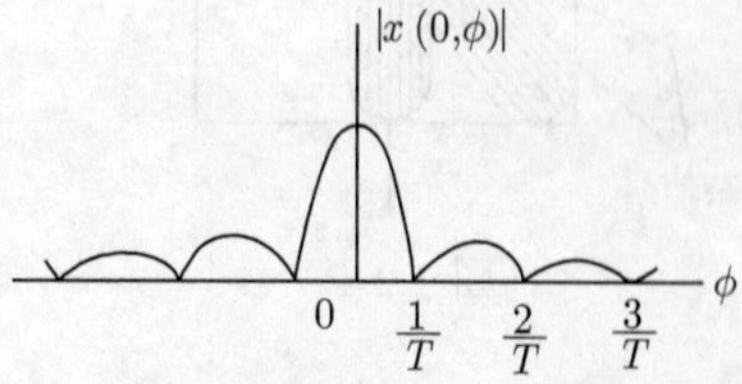

图 1.2.3

模糊度函数在 τ 轴的宽度 $\Delta\tau$ 是信号对距离分辨的模糊长度; 在 Ω 轴的宽度 $\Delta\Omega$ 是对速度分辨的模糊长度, 因此, 目标信号在信息空间 $I(\tau,\Omega)$ 内对应的 "雾团" 大小就由 $\Delta\tau\cdot\Delta\Omega$ 来标志.

由于 $|x_{ss}(\tau,0)|$ 就是信号 $S(t)$ 的自相关函数, 所以 $\Delta\tau\sim\dfrac{2}{W}$ (W 为信号带宽); 而 $|x_{ss}(0,\Omega)|$ 是 $|S(t)|^2$ 的谱, 因此, 它在 Ω 轴上的基本宽度就对应于 $|S(t)|^2$ 的长度的倒数: $\Delta\Omega\sim\dfrac{1}{2T}$. 由此可见, 对于 $TW\gg 1$ 的所谓 "复杂信号", 其模糊范围较小, 即具有效高的分辨能力. 因此, 在雷达和声呐中经常采用. 例如线性调频信号:

$$S(t)=\mathrm{rect}\left|\frac{t}{T}\right|\exp\left[\mathrm{i}\left(\omega_0+b\frac{t^2}{\tau}\right)\right] \tag{1.2.10}$$

所相应的 $|x_{ss}(\tau,\Omega)|$ 为

$$|x_{ss}(\tau,\Omega)|=\left(1-\frac{|\tau|}{T}\right)\frac{\sin(b-\pi\Omega)(T-|\tau|)}{(b-\pi\Omega)(T-|\tau|)}. \tag{1.2.11}$$

长脉冲、短脉冲、线性调频信号的二维模糊度图解如图 1.2.4 所示.

接收系统的角度分辨率由系统的指向性函数 $e(\theta_H, \theta_V)$ 来描述. 设接收系统是在 (x, y) 平面的接收阵, 该阵的权重函数为 $W(x, y)$ 时, 其指向性函数为

$$e(\theta_H, \theta_V) = \iint W(x, y) \exp\{-\mathrm{i}k(\sin\theta_H x + \sin\theta_V y)\} \mathrm{d}x\mathrm{d}y. \tag{1.2.12}$$

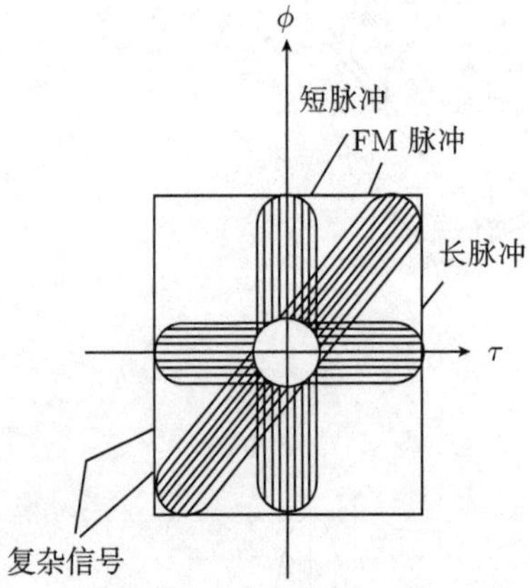

图 1.2.4

显然, 式 (1.2.12) 所给出的接收指向性函数代表按接收阵的权重函数所作的傅里叶变换, 即平面波谱. 这个谱的基本宽度就代表了该阵的角度分辨的性能.

根据傅里叶变换的基本特点 "测不准关系" 可知, 要使接收阵有较高的角度分辨能力, $W(x, y)$ 的基本长度必须足够大, 即

$$\begin{aligned} \Delta\theta_H k \Delta x &\approx 1, \\ \Delta\theta_V k \Delta y &\approx 1. \end{aligned} \tag{1.2.13}$$

用 D 表示角空间中阵的模糊度函数:

$$D(\theta_H, \theta_V) \equiv |e(\theta_H, \theta_V)|^2. \tag{1.2.14}$$

对于发射阵可以作类似的描述.

§1.3 水声信道对信号的影响

声呐与雷达作为远程目标的探测设备具有许多共同之处, 特别在波束成形及抗干扰信号处理等方面尤为相近. 但是, 它们也有一个非常重要的不同点: 声呐的探测性能受海洋环境因素的影响特别严重. 如所熟知, 水声信道是一个非常复杂多变的信道. 多途效应、频散效应、水中的不均匀性、边界的不平整等, 均会引起不同类型的畸变, 从而使最佳信号的处理工作复杂化, 并且降低整个探测设备的性能. 因此, 随着现代声呐设备的发展, 海洋声场规律的研究 (有时称为 "水声物理") 显得越来越重要.

现代先进声呐系统的设计和使用, 要想取得可观成效, 几乎无一例外地需要进行物理研究, 以便将声场研究取得的成果作为其坚实的基础. 例如, 现代大型水面舰用声呐, 就是根据以下三项物理研究成果作为设计基础的: (1) 混合层声道传播规律; (2) SOFAR 声道中的会聚带效应; (3) 深海海底反射性能研究. 由于电子计算机及大规模组件的飞速发展, 未来的先进声呐必然将采用更为先进的信号处理手段. 然而, 要想使这些先进的信号处理手段达到预期的较为理想的效果, 必须深入

掌握水声信道对水声信号产生的衰减、畸变和起伏等精细信息结构的影响, 以达到信道匹配. 因此, 水声基础理论与基础实验研究有待于攀登新的高峰.

近年来, 随着计算能力的提高, "场匹配"(MFP) 的研究和应用已经取得了很大的进展[2,3]. "时反处理"(TRP)[4] 和 "波导不变量"[5] 的应用也显示着广阔的前景, 所有这些水声物理研究的新成果都将大大改善声呐系统的探测能力.

在浅海声学方面, 我国的水声工作者作出很多重要的贡献. 在浅海强负跃层情况下, 发现了具有孤立子 (soliton) 特点的浅海内波及其对声波传播的影响[6,7], 分析了在多途径传播情况下的信号空间相关的特性[8]. 在简正波的空间过滤的研究方面, 实现了浅海中单个简正波的特性研究, 并从而提取海底参数[9].

一般说来, 作为水声信道的海洋介质 (见图 1.3.1) 具有一个随机起伏的软表面, 在表面附近有气泡层, 海洋介质当中有些分散的或密集的非均匀散射体, 如鱼群、浮游生物等, 此外, 还存在不同尺寸的冷暖水团、层流、湍流、内波及涡流. 海水介质的声速具有明显的有规深度变化及微弱的水平变化, 同时伴有随机起伏的部分, $c(z;x,y,t)=\bar{c}+\Delta c$. 当存在密度梯度时会有显著的内波运动. 海水与海底沉积层具有粗糙的分界面, 而一般的海底沉积物又具有分层结构和水平变化. 可见, 作为水声信息传输通道的海洋介质是十分复杂多变的, 并且还具有明显的地区性和季节性. 水声信道的这种复杂性、多变性本身就决定了水声学具有非常丰富的研究内容.

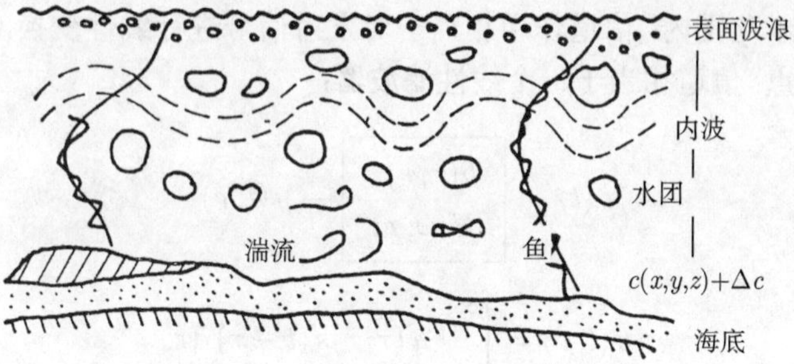

图 1.3.1

图 1.3.1 中所列举的各项环境因素, 在某种程度上都会对水声信道产生影响; 但对不同的问题, 它们的作用也各不相同, 有主要制约因素和次要因素之分. 当然, 针对某一水声探测, 通信的实际具体内容可以从复杂的实际海洋介质中抽取主要的影响因素, 建立简化的介质模型, 使其能够反映出实际声场规律的基本特点.

例如, 当探测所涉及的水平距离不特别远 (几百公里以内) 时, 常常可以采取分层介质模型, 而忽略水平变化的影响. 如图 1.3.2 所示, 海水介质中具有垂直声速剖面 $c_1(z)$, 常数密度 ρ_1, 海深 $H, z>H$ 为具有 $c_2(z),\rho_2(z)$ 深度分布的海底沉积层. 即使是这样简化了的介质模型, 其声场规律还是相当复杂的. 声速的垂直剖面将直接影响到波阵面的弯曲形变, 由此产生声波的折射, 从而形成影区、散焦区等复杂的声场空间结构; 此外, 作为有边界的分层介质构成的波导是一个具有频散效应和多途效应的信道, 从而造成复杂的时间 (波形) 结构. 建立在分层介质模型上的声场理论, 能够成功地解释许多水声传播当中的重要问题, 包括从声呐开创时期的 "午后效应" 到现代声呐中的 "SOFAR 会聚带" 现象. 因此, 它对推动声呐探测设备的发展和水声学学科发展都起了很重要的作用. 由于在电磁波传播和地震波传播领域内, 与在水声学领域内相同, 分层介质模型亦具有重要意义, 因而对于分层介质中波场的理论在这三大领域内都进行了系统研究, 到 20 世纪 60 年代已达到较为成熟的阶段[10-14].

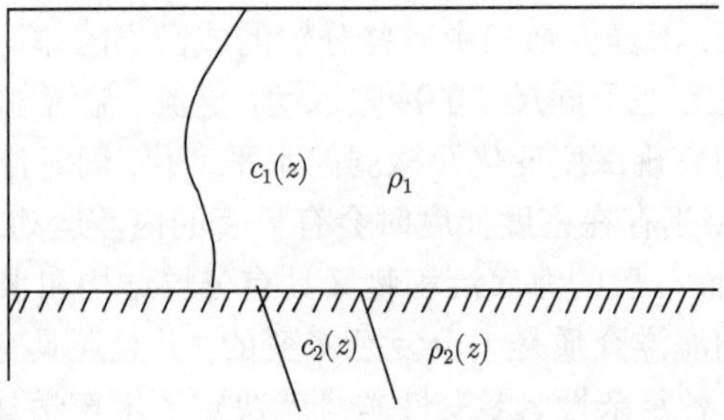

图 1.3.2

在线性声学范围内, 信道作用相当于对发射信号进行线性变换, 因此, 对固定的发射和接收点, 信道相当于一个线性滤波器:

$$s(t) \to \boxed{\begin{array}{c} h(\tau;\boldsymbol{r}) \\ H(\omega;\boldsymbol{r}) \end{array}} \to y(t;\boldsymbol{r});$$

$$y(t;\boldsymbol{r}) = \int_{-\infty}^{\infty} h(\tau;\boldsymbol{r}) s(t-\tau)\,\mathrm{d}\tau, \tag{1.3.1}$$

$$y(t;\boldsymbol{r}) = \int_{-\infty}^{\infty} s(\omega) H(\omega;\boldsymbol{r})\,\mathrm{e}^{-\mathrm{i}\omega t}\mathrm{d}\omega. \tag{1.3.2}$$

对于确定性信道, 脉冲响应函数 $h(\tau;\boldsymbol{r})$ 及传输函数 $H(\omega;\boldsymbol{r})$ 是确定性函数; 而对于随机信道, $h(\tau;\boldsymbol{r})$ 及 $H(\omega;\boldsymbol{r})$ 则是随机函数.

例如, 在分层介质情况, 确定性信道的传输函数由下式确定:

$$\nabla^2 H(\boldsymbol{r};\omega) + k^2(z) H(\boldsymbol{r};\omega) = 0; \tag{1.3.3}$$

定解: 边界条件, 源条件.

式 (1.3.3) 所确定的 $H(\omega;\boldsymbol{r})$ 将在本书第三章中详细讨论.

对于随机性信道, 在式 (1.3.3) 中将出现某些随机性因素, 例如 $k^2(z)$ 及边界条件是随机的.

对于时变信道, h 与 H 都是与时间 t 有关的函数:

$$h(\tau,t;\boldsymbol{r}), \tag{1.3.4}$$

$$H(\omega,t;\boldsymbol{r}). \tag{1.3.5}$$

将 $h(\tau,t;\boldsymbol{r})$ 对时变量 t 作一次傅里叶变换, 就得到关于新变量 ϕ 的函数, 称为扩展函数 $S(\tau,\phi;\boldsymbol{r})$:

$$h(\tau,t;\boldsymbol{r}) \Rightarrow S(\tau,\phi;\boldsymbol{r}). \tag{1.3.6}$$

如果介质是随机时变信道, 可将 $S(\tau,\phi)$ 求自相关而对信道作二阶表述:

$$\bar{R}_s(\tau,\tau',\phi,\phi';\boldsymbol{r}) = \overline{S(\tau,\phi;\boldsymbol{r})\,S^*(\tau',\phi';\boldsymbol{r})}, \tag{1.3.7}$$

其中一横表示系综平均.

当满足广义平稳非相关散射信道 (WSSUS channel)①时, 式 (1.3.7) 可以由四个变量的函数简化为两个变量函数[15−17]:

$$\bar{R}_s(\tau,\tau',\phi,\phi';\boldsymbol{r}) = \bar{R}_s(\tau,\phi;\boldsymbol{r}), \tag{1.3.8}$$

$\bar{R}_s$ 称为信道的散射函数.

散射函数的重要应用价值是它可以给出经信道的随机变换之后的模糊度; 对于窄带信号, 基于信道的 WSSUS 假设可以证明, 将信号模糊度函数 g_{ss} 和信道散射函数卷积, 可得信号和信道的总的模糊度函数:

$$G(\tau,\phi) = \iint g_{ss}(\tau-\tau',\phi-\phi')\,\bar{R}_s(\tau,\phi)\,\mathrm{d}\tau'\mathrm{d}\phi'. \tag{1.3.9}$$

对于信道的角模糊可以作类似的讨论.

将信道的传输函数 $H(\boldsymbol{r},\omega)$ 作为空间坐标 $\boldsymbol{r}$ 的函数, 作傅里叶变换, 可以得到空间域的 "双频函数". 例如考虑 (x,y) 平面内的三维情况:

$$H(x,y;\omega) \Rightarrow d(\theta_H,\theta_r;\omega), \tag{1.3.10}$$

即

$$d(\theta_H,\theta_r;\omega) = \iint H(x,y;\omega)\exp\{-\mathrm{i}k(\sin\theta_H x + \sin\theta_r y)\}\,\mathrm{d}x\mathrm{d}y.$$

① wide sense stationary uncorrelated scattering channel.

同样可以定义信道的空间散射函数为

$$\bar{R}_\theta(u,v) \equiv \overline{|d(\theta_H,\theta_r;\omega)|^2},$$

其中

$$u \equiv k\sin\theta_H, \quad v \equiv k\sin\theta_r.$$

类似地, 阵系统加信道的总角模糊度函数 E 由系统的角模糊度函数与信道的角模糊度函数 $R_\theta(\theta_H,\theta_r)$ 的卷积给出:

$$E(\theta_H,\theta_r) = D(\theta_H,\theta_r) * R_\theta(\theta_H,\theta_r),$$

其中符号 $*$ 代表卷积.

对于确定性的信道, 当 h 或 H 已知时, 原则上可将它们的影响校正过来, 因此, 经信道内传输并不使任何信号的信息量受到损失, 而所付的代价只不过增加了最佳接收机结构的复杂性 (增加一个 "预加权滤波器"). 对于某些水声信道, 有时这是可以实现的, 例如在一个简单的确定性多途信道中, 相应的传输函数可以由抽头延迟线网络予以实现, $H(\omega;\boldsymbol{r})$ 写为

$$H(\omega;\boldsymbol{r}) \sim \sum_{i=1}^{m} A_i(\omega;\boldsymbol{r})\exp(-\mathrm{i}\omega\cdot\Delta i), \tag{1.3.11}$$

其中 m 为多途数; Δi 为相对延迟到达时间, 于是多途信道的预加权滤波器频响为

$$H^*(\omega;\boldsymbol{r}) \sim \sum_{i=1}^{m} A_i^*(\omega,\boldsymbol{r})\exp(+\mathrm{i}\omega\cdot\Delta i). \tag{1.3.12}$$

文献 [18] 报道了一个关于深海多途传播中的校正结果, 实验表明, 其效果较好, 由图 1.3.3 可见, 在距离 250 海里处经校正加权补偿处理后, 信道的多途模糊基本上得到消除.

实际上, 水声信道并不能严格满足 WSSUS 条件, 即随机传输函数在频率、时间和空间上是广义平稳的. 只是在有限的频域内、有限的空间和时间范围内近似看成是平稳的. 此外, 散射函数的想法是立足于传播为纯随机过程, 而实际的过程往往是 "部分相干" 过程. 此时, 若把水声信道等效为一个滤波器, 则该滤波器可被分解成一个确定性滤波器与一个完全不相干的随机滤波器的并联. 所有检测、估值或通信设备的评价或最佳化所必需的所有信息都包含在这个等效滤波器中.

水声信道的时变、空变特性, 实际上与海洋介质的各种不同时空尺度的运动过程相联系. 这些运动过程或者影响到声场的边界条件, 或者影响到海洋介质的声速分布, 因而通过波动方程的定解而影响声场.

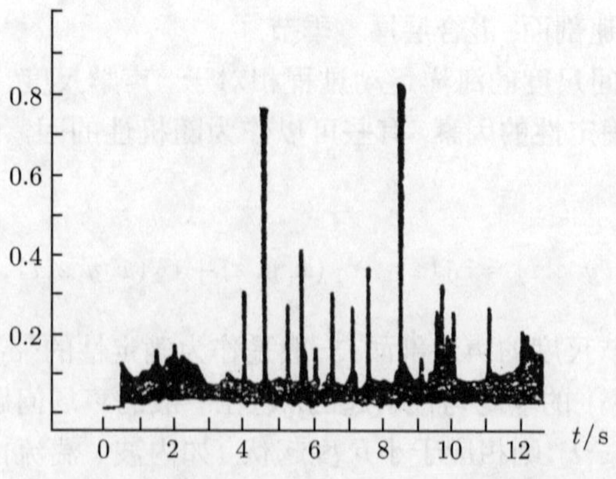

(处理前)

(a)

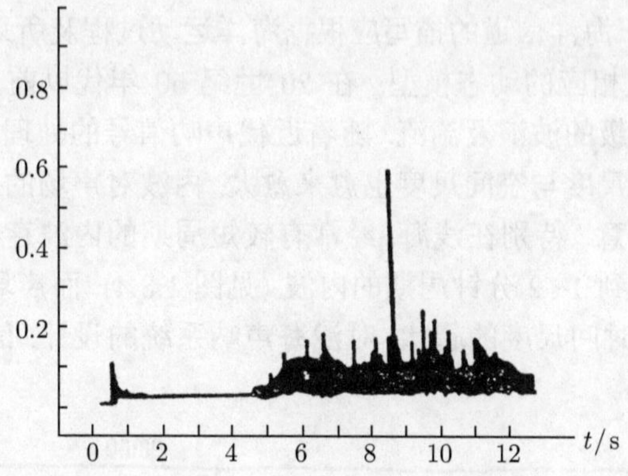

(处理后)

(b)

图 1.3.3

对声场有影响的海洋运动, 按时间尺度来划分有以下几种主要的运动过程:

(1) 小尺度
- 表面波浪
  - 弱风 $1\sim3$ s
  - 中风 $8\sim10$ s
  - 强风 $20\sim30$ s
- 内波
  - 浅海 数分钟至数十分钟
  - 深海 数十分钟至数小时
- 湍流 $10^2\sim10^{-2}$ s

(2) 中尺度: 内波; 潮; 惯性起伏 数小时至 1 天;

(3) 天气尺度: 涡; 峰 数天至数月;

(4) 季节尺度: 声速剖面, 混合层厚 季节.

上述各种不同时间尺度的海洋运动过程相对于 "声学尺度"(观察时间及空间) 而言, 有些可以作为确定性的因素, 有些可以作为随机性的因素. 例如海洋中的声速分布可表示为

$$c(x,y,z;t) = c_0(z) + c_1(x,y,z) + c_2(x,y,z;t),$$

其中 $c_0(z)$ 相应于季节尺度的声速剖面, 一般是作为确定性的; $c_1(x,y,z)$ 则相应于中尺度或天气尺度 (涡) 的非均匀性引起的, 它在一般的声场问题中也可作为确定性的因素; 而 $c_2(x,y,z;t)$ 则相应于小尺度起伏 (如内波、湍流) 引起的声速起伏, 在通常的声学时间尺度内, 应将它考虑为随机的. 因此, 一般说来, 水声信道都是稳定成分与随机成分的叠加.

由此可见, 对于海洋信道的描写应根据海洋运动过程及所采用的声学时间尺度 (观察时间) 而采取相应的动态模型. 在 20 世纪 50 年代以前, 关于声波起伏的机制主要着眼于秒量级的波浪及湍流. 随着近代声呐信号的处理手段的日益发展, 对信号场观测的时间尺度与空间尺度也愈来愈大, 内波对声场的影响从 70 年代开始已经受到更多的注意. 特别在浅海, 经常有较短周期的内波存在, 我们曾在浅海夏季跃层情况下观察到 1~2 分钟周期的内波 (见图 1.3.4), 而声场也有相近的起伏周期[19]. 无疑, 这种时间尺度的起伏, 对浅海声呐系统的设计, 信号处理方案的制定将产生重要影响.

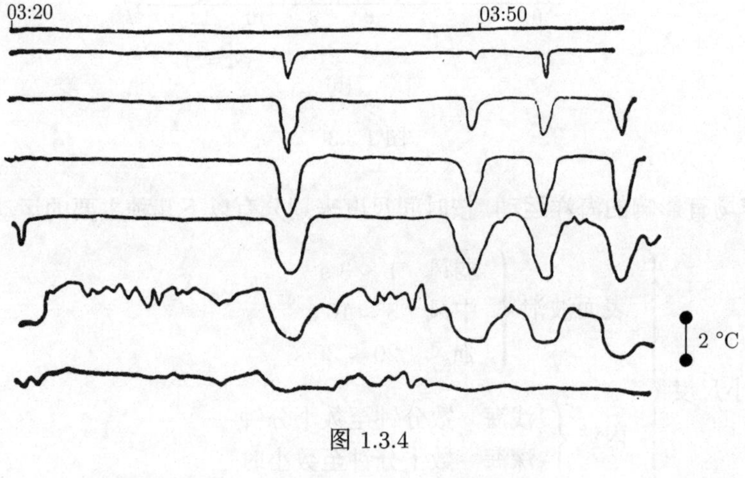

图 1.3.4

对于有固定发射和接收点间的水声信道, 可以看成是一个线性随机时变滤波器, 其时变特性可用系统的相关函数来描述:

$$R_H(\omega_1, t_1, \Delta\omega, \Delta\tau) = E\{H(\mathrm{i}\omega_1, t_1) H(\mathrm{i}\omega_2, t_2)\}, \tag{1.3.13}$$

其中 $H(\mathrm{i}\omega, t)$ 为信道的传输函数. 文献 [20] 讨论了在固定发射 – 接收点间发射周期性脉冲, 用脉间相关函数的测量来测量 R_H 的方法; 设发射信号为 $S(t)$, 接收信号为 $y(t)$, 则有

$$R_y(\tau) = \frac{1}{4\pi^2}\int_{-\infty}^{\infty} R_H(\omega, 0, \tau)\, x_s(\omega)\, \mathrm{e}^{-\mathrm{i}\omega\tau}\mathrm{d}\omega, \tag{1.3.14}$$

其中 $x_s(\omega)$ 是发射信号 S 的功率谱, 当 $R_H(\omega, 0, \tau)$ 相对于 $x_s(\omega)$ 是缓变时, 上式可近似为

$$\begin{aligned} R_y(\tau) &\doteq \frac{1}{4\pi^2} R_H(\omega_0, 0, \tau)\int_{-\infty}^{\infty} x_s(\omega)\, \mathrm{e}^{-\mathrm{i}\omega\tau}\mathrm{d}\omega \\ &= \frac{1}{2\pi} R_H(\omega_0, 0, \tau)\cdot R_s(\tau_s), \end{aligned} \tag{1.3.15}$$

其中

$$\tau = nT + \tau_s \quad (n = 0, 1, 2, 3, \cdots),$$

T 为脉间周期; τ_s 为脉内的延时, 根据式 (1.3.15), 通过脉间相关的测量能给出描写信道特性的 $R_H(\omega_0, \tau)$. 图 1.3.5 给出一次测量结果: 固定发射–接收距离 40 链, 发射 1.6 kHz FM 信号, 脉宽 640×10^{-3} s, $\Delta f = 100$ Hz.

由图 1.3.5 可见, 脉间相关系数的拟合曲线可表示为

$$\begin{aligned} \rho_y(\tau) &= a\mathrm{e}^{-\alpha\tau} + b, \\ a &= 0.37, \\ b &= 0.6, \\ \alpha &= 0.056. \end{aligned}$$

实测相关系数的第一点下降幅度较大, 说明信道存在一个数秒量级时间尺度的随机成分; 其后下降幅度较小, 随时间的增长将趋于一个稳定值 b, 说明还存在一个数分钟量级时间尺度的随机成分叠加到一个确定性的成分上.

水声信道对信号产生畸变, 对信息传输是不利的因素, 但是可以利用这种畸变所包含的信道本身属性的信息来考察信道: 在适当的实验设置下, 利用海底对传播信号造成的畸变去研究海底. 例如, 沉积层中是否包含油层? 利用内波造成的声场时–空结构的畸变去研究内波等等. 这类问题, 可以统称为 “反滤波器问题”. 在海洋学、地质学中, 用声学方法和声学手段进行研究工作已经日益广泛, 形成了学科上的相互渗透. 例如, “声学海洋学” 的出现[21,22], 声波成为监测海洋环境的一种 “积分探头”, 大大改进了经典海洋学的观测手段.

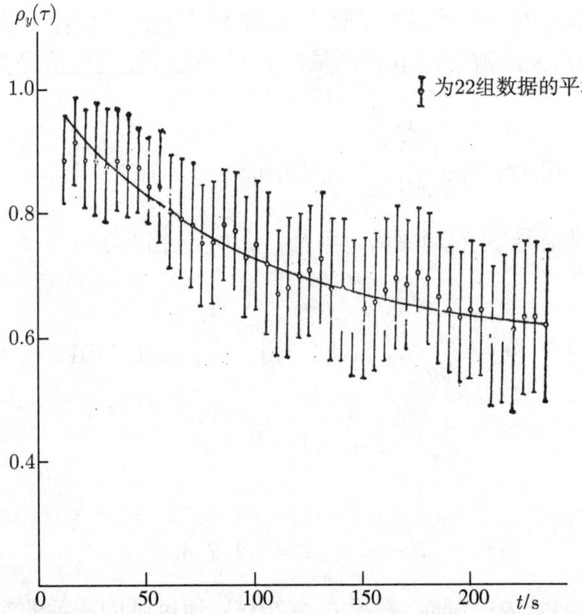

图 1.3.5　单程信道脉间相关系数固定发射–接收距离 40 链; FM100, 640 ms 信号

§1.4　声 呐 方 程

声呐系统的工作模型如图 1.4.1 所示. 它有两种工作方式. (1) 主动式声呐 ——由发射机发射出一个特定波形的声波信号, 在信道介质传播过程中当照射到一个目标时, 将产生目标反射信号或者叫 "回波信号", 由接收机接收这个回波信号以及叠加的背景干扰, 对它进行信号处理, 从而提取有关信息. 在主动式声呐工作时, 有两种可能的背景: 一种是与发射信号本身有关的, 由信道中的非均匀体或起伏表面产生的杂乱散射波的叠加, 称为 "混响"; 另一种是与发射信号本身无关的环境背景噪音. (2) 被动式声呐——系统不发射声波信号, 只是用接收机去接收目标所辐射的噪声信号, 此时只有一种干扰, 即环境背景噪声.

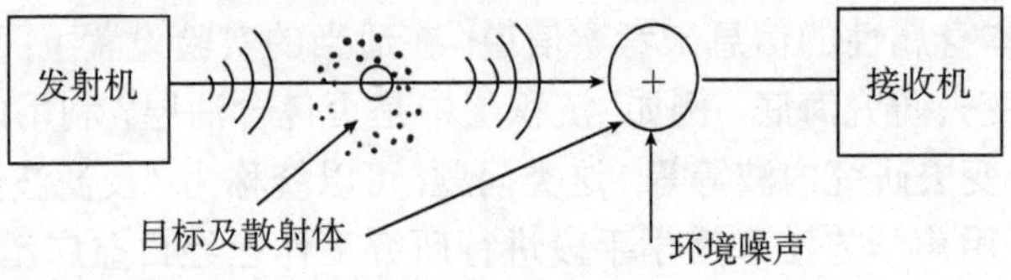

图 1.4.1

可见, 在声呐系统工作过程中涉及三个环节: (1) 系统本身的特性 (如发射信号

的功率及波形, 发射与接收的指向性等); (2) 目标的特性; (3) 信道对信号的影响. 信道的影响, 可概括为三个方面: ① 信号能量的衰减; ② 信号波形的畸变与起伏; ③ 加性干扰.

从声呐系统的设计和使用来讲, 很希望能够把信道的这些影响归纳成为几个简单而有用的参数 (称为声呐参数), 以引入声呐方程中. 该方程是将信道影响、目标和设备特性综合在一起的一个关系式, 它对声呐设备的设计和性能评价以及作用距离的估计非常方便有用. 近年来, 我国已出版了数本有关声呐系统工作原理、设计原理以及非线性声学的专著可供参考[23–27].

信道的能量衰减作用可由声呐参数 TL(传输损失) 来反映; 信道对信号波形的畸变与起伏的影响, 则与系统本身的某些特性一起反映在声呐参数 DT(检测阈) 中; 而信道的加性干涉则由混响级 RL 和噪声级 TL 来反映.

声呐系统一般是用来进行水下探测 (发现目标)、识别 (确定目标性质)、鱼雷制导、通信、导航等. 为完成每一项目的都需有一定的信噪比 (S/N), 这个信噪比值取决于系统所完成的职能和所要求的工作质量 (一般由检测概率与虚警概率这一对数值标定). 例如, 识别任务相对于检测任务就要求较高的 (S/N); 对大的检测概率和小的虚警概率相应地也要求较高的 (S/N). 当信噪比高于某个满足一定概率判据的检测阈 DT 时, 就作出目标存在的判决; 当信噪比小于检测阈时, 就作出目标不存在的判决. 声呐方程就是根据目标刚好能被检测时, 即信噪比等于检测阈时所建立起来的方程.

主动式声呐的声呐方程为

(1) 噪声背景掩蔽时:

$$(S/N) = \mathrm{SL} - 2\mathrm{TL} + \mathrm{TS} - (\mathrm{NL} - \mathrm{DI}) = \mathrm{DT}; \tag{1.4.1}$$

(2) 混响背景掩蔽时:

$$(S/R) = \mathrm{SL} - 2\mathrm{TL} + \mathrm{TS} - \mathrm{RL} = \mathrm{DT}. \tag{1.4.2}$$

被动式声呐的声呐方程为

$$(S/N) = \mathrm{SL} - \mathrm{TL} - (\mathrm{NL} - \mathrm{DI}) = \mathrm{DT}. \tag{1.4.3}$$

其中各声呐参数的定义及其参考位置见表 1.4.1[28]:

上述简单的基本声呐方程 (1.4.1)~(1.4.3) 的重要用途有两个: 一是对已有的声呐设备, 根据其已经确定的系统本身的参数在各种不同信道环境中预估其作用距离; 二是在新型声呐的设计、论证中, 根据已经确定的作用距离指标来分析和估计能适应于各种不同信道环境中的系统本身的参数设计. 这两方面的任务我们可以统称为“声呐作用距离分析和预报”. 它把对于声呐设备的设计和研制和对于水声信道规律性研究紧密联系在一起, 从这个意义上来说, 它是构通两者的一座桥梁.

表 1.4.1

声呐参数	参考位置	定义
声源级 SL	在声轴上距离声源 1 m 处	$10\log\dfrac{\text{声源强度}}{\text{参考强度}}$
传播损失 TL	距声源 1 m 及接收点处	$10\log\dfrac{\text{在 1 m 处的信号强度}}{\text{在接收点上的信号强度}}$
目标强度 TS	距目标声学中心 1 m 处	$10\log\dfrac{\text{距目标 1 m 处的回声强度}}{\text{入射强度}}$
噪声级 NL	在接收水听器处	$10\log\dfrac{\text{噪声强度}}{\text{参考强度}}$
接收指向性指数 DI	在水听器输出端	$10\log\dfrac{\text{由等效无指向水听器产生的噪声功率}}{\text{由实际水听器产生的噪声功率}}$
混响级 RL	在水听器输出端	$10\log\dfrac{\text{在水听器输出端的混响功率}}{\text{由参考强度信号产生的功率}}$
检测阈 DT	在水听器输出端	$10\log\dfrac{\text{刚好完成特定职能的信号功率}}{\text{在水听器输出端上的噪声功率}}$

这一过程可用下面方框图 (见图 1.4.2) 示意表达.

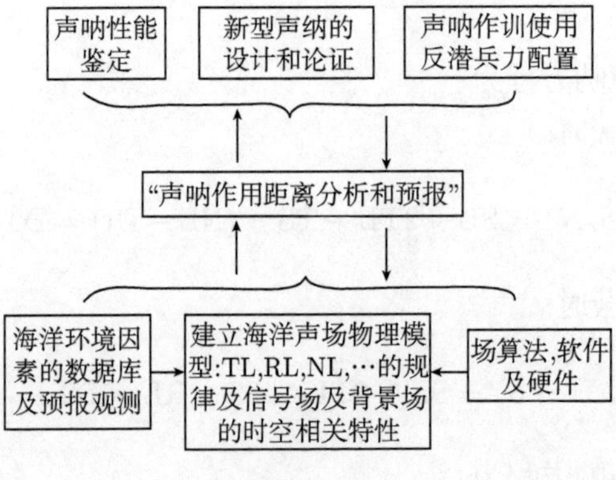

图 1.4.2

参 考 文 献

[1] Woodward P M. Probability and information theory with application to radar. New York: McGraw-Hill, 1957.

[2] 汪德昭. Important issues in morden underwater acoustics // 汪德昭文集. 中科院声学研究所, 1995: 129–141.

[3] Baggeroer A B, Kupperman W, Mikhlevsky P. An overview of matched-field methods in ocean acoustics. IEEE-JOE, 1993, 18(4): 401–424.

[4] Kim S, et al. Robust time reversal focousing in the ocean. JASA, 2003, 114: 145–157.

[5] Cockrell K, Schmidt H. Robust passive range estimation using the waveguide invariant. JASA, 2010, 127: 2780–2789.

[6] 汪德昭, 高天赋, 等. High frequency internal waves and acoustic fluctuation in shallow-water thermocline // 汪德昭文集. 中科院声学研究所, 1995: 109–115.

[7] 汪德昭, 周纪浔, 等. Anomalous sound propagation in shallow water due to internal wave soliton // 汪德昭文集. 中科院声学研究所, 1995: 120–128.

[8] 汪德昭, 张仁和, 等. Spatial coherence in multipath underwater acoustic channels // 汪德昭文集. 中科院声学研究所, 1995: 116–119.

[9] 汪德昭, 尚尔昌, 等. The spacial filtering of the acoustic normal modes in shallow water // 汪德昭文集. 中科院声学研究所, 1995: 89–91.

[10] 布列霍夫斯基赫 Л M. 分层介质中的波. 杨训仁, 译. 北京：科学出版社, 1960.

[11] Budden K G. The wave-guide mode theory of wave propagation. Logos Press, 1961.

[12] Ewing W M, et al. Elastic waves in layered medium. New York: McGraw-Hill, 1957.

[13] Brekhovskikh L M, Godin O. Acoustics of layered media II. Springer, 1999.

[14] Brekhovskikh L M, Yu. Lysanov. Fundamentals of ocean acoustics. 3rd Ed. Springer, 2003.

[15] Bello P A. IEEE CS-11, 1963, 4: 360.

[16] Laval R. The effects of sound propagation on, signal processing. Academic Press, 1974.

[17] Lee S P, et al. Optimum signal and filter design in underwater acoustical echo ranging system. Tr. IEEE AES-9, 1973: 701.

[18] Williams R E. Coherent recombination of acoustic multipath signals propagated in the deep ocean. JASA, 1970, 50: 1433.

[19] 汪德昭, 尚尔昌, 高天赋. 浅海内波及声场起伏. Chin. Phys., 1982, 2(3): 845–852.

[20] 陈庚, 徐俊华. 用脉间相关法测量海洋声信道的时变特性. 声学学报, 1981, 6(3): 152–161.

[21] Munk W, Williams G. Acoustic oceanography. Nature, 1977, 267(5614): 774.

[22] Munk W, Worcester P, Wunsch C. Ocean acoustic tomography. Cambridge Press, 1995.

[23] 侯自强, 李贵斌. 声呐信号处理——原理与设备. 北京：海洋出版社, 1986.

[24] 李启虎. 声呐信号处理引论. 第二版. 北京：海洋出版社, 2000.

[25] 李启虎. 数字式声呐设计原理. 合肥：安徽教育出版社, 2003.

[26] 朱埜. 主动声呐检测信息原理. 北京：海洋出版社, 1990.

[27] 钱祖文. 非线性声学. 北京：科学出版社, 1992.

[28] 乌立克 R J. 水声工程原理. 北京：国防工业出版社, 1972.

第二章　作为水声信道的海洋介质

§2.1　海洋中的声速及声吸收

2.1.1　海水中声速的基本公式

海洋中的声速是研究声波在海水中传播的最基本物理量之一, 它的公式为 $c^2 = \left(\partial p/\partial \rho\right)_s = 1/\left(\rho K_a\right)$, 其中 ρ 为密度; K_a 为绝热压缩系数. 由于 ρ 及 K_a 是温度、盐度和静压力的函数, 因此, 海水中的声速也是温度、盐度和静压力的函数, 这也就是海水声速具有较明显的深度分布的基本原因. 在温度、盐度和静压力中, 以温度影响最为显著; 温度增加时 K_a 减小, 因而声速增大, 而密度变化不明显; 盐度增加则 K_a 减小, ρ 增大, 但 K_a 的减小比 ρ 的增大要显著. 因此, 盐度增加总的效果仍是声速增加; 静压力增加也使 K_a 减小, 声速增加.

由于温度对声速的变化最有影响, 而在海面附近的温度较海底 (特别是深海) 的温度随时间和空间的变化范围更大, 所以, 随着深度的增加, 声速变化范围越来越小. 在表面, 声速可以在 1 430~1 530 范围内变化, 这个数值是一般设计声速仪时必须考虑的动态范围.

声速作为温度 T, 盐度 S, 静压力 (由深度 z 代替) 的函数的简单公式可表示为

$$c = 1\,449.2 + 4.6T - 0.055T^2 + (1.34 - 0.010T)(S - 35) + 0.016z, \tag{2.1.1}$$

其中 c 为声速 (m/s); T 为温度 (°C); S 为盐度 (‰); z 为深度 (m).

目前, 较为精确的声速公式是 Wilson 公式[1]:

$$\begin{aligned}
c &= 1\,449.14 + c_t + c_p + c_s + c_{stp}, \qquad (2.1.2)\\
c_t &= 4.572\,1t - 4.453\,2\times10^{-2}t^2\\
&\quad - 2.604\,5\times10^{-4}t^3 + 7.985\,1\times10^{-6}t^4,\\
c_p &= 1.602\,72\times10^{-1}p + 1.026\,8\times10^{-5}p^2\\
&\quad + 3.521\,6\times10^{-9}p^3 - 3.360\,3\times10^{-12}p^4,\\
c_s &= 1.397\,99\,(s-35) + 1.692\,02\times10^{-3}\,(s-35)^2,\\
c_{stp} &= (s-35)\left(-1.124\,4\times10^{-2}t + 7.771\,1\times10^{-7}t^2\right)
\end{aligned}$$

$$
\begin{aligned}
&+7.701\,6\times10^{-5}p-1.294\,3\times10^{-7}p^2+3.158\,0\times10^{-8}pt\\
&+1.579\,0\times10^{-9}pt^2+p\left(-1.860\,7\times10^{-4}\,t\right.\\
&\left.+7.481\,2\times10^{-6}t^2+4.528\,3\times10^{-8}t^3\right)\\
&+p^2\left(-2.529\,4\times10^{-7}t+1.856\,3\times10^{-9}t^2\right)\\
&+p^3\left(-1.964\,6\times10^{-10}t\right).
\end{aligned}
$$

其中, c 为声速 (m/s); t 为温度 (°C), $-4\ ^\circ\text{C}\leqslant t\leqslant 30\ ^\circ\text{C}$; s 为盐度 (‰), $0‰\leqslant s\leqslant 37‰$; p 为静压力 [kg/cm^2 或大气压], $1\ \text{kg/cm}^2\leqslant p\leqslant 1\,000\ \text{kg/cm}^2$.

在海上, 现场声速测量可以由 “声速仪” 来完成, 即用发射换能器发射一高频 (1 MHz 量级) 短促声脉冲, 经过给定声程 (数十厘米量级) 内介质中的声传播时间后, 由接收换能器接收该脉冲, 并立刻触发发射电路, 所以系统的脉冲重复频率可由下式给定:

$$f=\frac{c}{L}. \tag{2.1.3}$$

对已知的声程 L, 经过测频后给出当地声速值 $c=L\cdot f$. 目前的测量精度可达 0.1 m/s. 在海面附近, 声速会受到气泡含量的影响, 特别对高频.

2.1.2 海水中的声吸收衰减

海水中的声吸收特性是水声信道的一个重要特性, 因为作为信息载体的声波, 在传播过程中, 能量耗损的程度是信道有效性的一个非常重要的标志. 就目前已知的能量辐射形成而言, 声波的耗损为最小, 光波和电磁波等均因受到严重的衰减, 不能做远程探测工具. 一般情况下, 太阳光只能透入海面以下百米左右, 在红端主要受吸收衰减, 在蓝端主要受散射衰减, 受海水中的浮游粒子影响较大, 故近岸海水中透光度较差. 海水的电导率与盐度有很大关系, 因此可用来作为测定盐度的手段.

低频段的声波是目前在海水中做远程传输的唯一有效工具, 数公斤 TNT 炸药所产生的爆炸波, 在 SOFAR(sound fixing and ranging) 声道中的数千公里外, 仍能接收到清晰的信号.

当声波在海洋中传播时, 随着传播距离的增加, 声强将逐渐减弱, 这是由于海水介质不是理想无耗损介质. 声强减弱有四个原因: (1) 波阵面的几何扩展; (2) 边界损失; (3) 吸收; (4) 散射.

选取特定的实验环境, 进行传播声强衰减的实验, 如在大洋 SOFAR 声道中, 可以把前两项损失予以校正. 但后两项所引起的声强的指数衰减, 在远程传播中常常同时存在, 很难分开, 因此, 有时统称为衰减损耗, 常用的单位是分贝/公里或分贝/千码.

海水作为非理想介质, 将产生黏滞吸收与热传导吸收而将声能转化为热能. 实际上热传导吸收远小于黏滞吸收, 常常可忽略. 经典的切变黏滞吸收 Rayleigh 早已在理论[2] 上研究过. 他推出的吸收系数为

$$\alpha = \frac{16\pi^2 \mu_s f^2}{3\rho c^3}, \tag{2.1.4}$$

其中, α 为声强吸收系数 (cm^{-1}); μ_s 为切变黏滞性 [泊 (水约为 0.01)]; ρ 为密度 [g/cm^3(水约为 1)]; c 为声速 [cm/s(水约为 1.5×10^5)]; f 为频率 (Hz).

按式 (2.1.4) 计算所得的吸收值比实际测量的纯水 (蒸馏水) 的吸收小很多, 约为 1/3. 后来发现, 这种偏离来源于水分子的体积黏滞; 在声波作用下, 在压缩期间, 水分子受到压缩作用产生相对位移, 由于分子被彼此压得很紧, 产生了分子中原子配置的变化, 或称为结构压缩, 引起分子间束缚的破坏, 使之产生结构变化, 而这一过程滞后于压力. 这种由分子结构比较松散变到比较紧密的过程需要有一定的时间 τ, 称为弛豫时间. 考虑到这种弛豫过程导致的声能耗损, 吸收公式变为[3]

$$\alpha = \frac{16\pi^2}{3\rho c^3}\left(\mu_s + \frac{3}{4}\mu_v\right), \tag{2.1.5}$$

其中 μ_v 为体积黏滞系数, 对于水, 比值 μ_v/μ_s 为 2.81, 因此式 (2.1.5) 与实测值就很接近了.

在100 kHz以下, 海水中声吸收的主要原因是$MgSO_4$的离子弛豫. Liebermann[4] 从理论上证明, 离子弛豫机构和黏滞性将会导致如下式所示的吸收系数的频率关系:

$$\alpha = a\frac{f_T f^2}{f_T + f^2} + bf^2, \tag{2.1.6}$$

其中 a, b 为常数; f_T 为弛豫频率. 后来, Schulkin 和 Marsh[5] 根据在大西洋等温层中对 2~25 kHz 频率范围内, 在 24 千码传播距离的 30 000 次测量总结出了一个半经验公式, 在这个公式中, 给出了低频声衰减与温度、盐度、压力和频率的关系:

$$\alpha = \left[\frac{SAf_T f^2}{f_T^2 + f^2} + \frac{Bf^2}{f_T}\right](1 - 6.54\times10^{-4}P) \quad (\text{奈培/米}) \tag{2.1.7}$$

其中, $A = 2.34\times10^{-6}$; $B = 3.38\times10^{-6}$; T 是温度 (°C); f 为声波频率 (kHz); S 是盐度 (‰); f_T 是与温度有关的弛豫频率:

$$f_T = 21.9\times10^{\left(6-\frac{1\,520}{T+273}\right)} \quad (\text{kHz});$$

P 是静压力 (大气压). 将式 (2.1.7) 右边乘以 7.943×10^3 因子, 即可将 α 的单位由奈培/米化为分贝/千码; 乘以 8.686×10^3 因子, 则化为分贝/公里. 式 (2.1.7) 中的第

一项代表 $MgSO_4$ 弛豫吸收, 当 $f \ll f_T$ 时起主导作用; 第二项是水的黏滞吸收, 是高频的主导项. f_T 随温度而变化, 在 4~30 °C 范围内, 由 70 kHz 变化到 200 kHz.

Thorp[6] 指出, 半经验公式 (2.1.7) 不适用于 5 kHz 以下的频段. Thorp 综合了若干次低频衰减系数的测量结果发现, 在低频段还有一个弛豫过程, 其弛豫频率约在 1 kHz. 1967 年, Thorp[7] 给出如下经验公式:

$$\alpha = \frac{0.1f^2}{1+f^2} + \frac{40f^2}{4\,100+f^2} + 2.75\times10^{-4}f^2\ (\text{分贝/千码}), \tag{2.1.8}$$

其中 f 是声波频率 (kHz), 前两项表示 4 °C 左右时, 两类弛豫过程的贡献; 第三项表示纯水的黏滞吸收.

1971 年, SACLANT 反潜研究中心的 Skretling 和 Leory[8] 在地中海、利古里亚海等温层 (水温 13 °C) 测量了 0.2~10 kHz 频段的衰减, 并提出了一个经验公式:

$$\alpha = 0.007f^2 + \frac{0.155\,(6.7f^2)}{(1.7)^2+f^2}\ (\text{分贝/公里}), \tag{2.1.9}$$

其中 f 的单位为 kHz, 式中第一项对应于 $MgSO_4$ 弛豫吸收, 第二项是弛豫频率为 1.7 kHz 的一种弛豫过程. 式 (2.1.9) 与 Thorp 给出的式 (2.1.8) 相差不大.

1973 年, Yeager 和 Fisher 等[9,10] 用温跃法 (temperature-jump method) 证明, 海水中存在的硼酸–硼酸盐是造成 Thorp 所发现的低频 (弛豫频率在 1 kHz 附近) 弛豫的主要原因. 1977 年, Fisher 和 Simmons[37] 根据实验室测量结果, 提出了一个声吸收公式 (包含与频率、温度、压力的关系). 当温度为 4 °C, 压力低于 500 个大气压, 频率为 10~400 kHz 时, 按他们的公式计算出来的值低于 Schulkin 和 Marsh 的经验公式 (2.1.7). 1978 年, Schulkin 和 Marsh 根据六个不同海区的低频吸收测量值及这些海区声道轴附近的海洋资料 (温度、盐度、声道轴深度、pH 值), 计算了波长吸收极大值及弛豫频率与这些海洋变量之间的相关系数, 最后给出了由于硼的存在而引起的低频逾量吸收的下列新表达式:

$$\alpha = \left[\frac{2\,(\alpha\lambda)_r}{c}\right]\frac{f_r f^2}{f_r^2+f^2}\times10^3\ (\text{奈培/米}), \tag{2.1.10}$$

其中波长吸收极大值

$$(\alpha\lambda)_r\times10^5 = 3.1\times10^{(0.69\text{pH}-6)}\ (\text{奈培/波长}), \tag{2.1.11}$$

而弛豫频率

$$f_r = 6.1\,(S/35)^{1/2}\cdot10^{\left[3-\frac{1\,051}{T}\right]}(\text{kHz}), \tag{2.1.12}$$

T 是绝对温度; S 是盐度 (‰); c 是声速 (m/s); f 是频率 (kHz).

Mellen 和 Browning[39] 也得到过 $(\alpha\lambda)_r$ 与 pH 值间的对数依赖关系, 通常海水 pH 值的变化范围在 7.3~8.5. 最近, Mellen[40] 给出一个适用于低频 (f <10 kHz) 的简单吸收公式:

$$\alpha = \frac{Af^2}{1+(f/f_r)^2} + 0.003\,5f^2 \text{ (dB/km)}, \tag{2.1.13}$$

其中第一项是与 pH 值及温度有关的硼酸项, 弛豫频率 f_r 及系数 A 为

$$f_r = 10^{(T-4)/100} \text{ (kHz)}, \tag{2.1.14}$$

$$A = 0.11 \times 10^{(\text{pH}-8)}/f_r; \tag{2.1.15}$$

第二项是硫酸镁项, 相应于 $f < 10$ kHz, $T = 30$ °C, S =36‰.

在文献 [41] 中, 综合了 Schulkin 与 Marsh 在 1963 年给出的吸引项与 1978 年给出的吸收项, 并选取了适用于地中海的参数的所谓 RAIBAC 吸收. 现在我们将其中适用于地中海的特定值改换为一般的表达式:

$$\alpha = c_2\frac{f_2^2 f^2}{f_2^2+f^2} + (1-c_1 z)\left[c_3\frac{f_3 f^2}{f_3^2+f^2} + c_4\frac{f^2}{f_3^2}\right] \text{ (dB/km)}, \tag{2.1.16}$$

其中

$$\begin{aligned}
c_1 &= 6.32\times10^{-5};\\
c_2 &= \frac{0.54}{c}\times10^{(0.69\text{pH}-6)};\\
c_3 &= 2.03\times10^{-2}\cdot S;\\
c_4 &= 2.93\times10^{-2};\\
f_2 &= 6.1\,(S/35)^{1/2}\cdot10^{\left[3-\frac{1\,051}{T+273}\right]} \text{ (kHz)};\\
f_3 &= 21.9\exp\left[13.82-\frac{3\,500}{T+273}\right] \text{ (kHz)};
\end{aligned}$$

z 为深度 (m); c 为声速 (km/s); S 为盐度 (‰); T 为摄氏温度 (°C). 式 (2.1.16) 对于低频 (0.5~10 kHz) 较为符合, 我们选择了几种不同参数: pH= 7.6, 7.9, 8.3; 盐度 S=30‰, 32‰, 34‰; 温度为 5 °C, 10 °C, 15 °C, 20 °C, 25 °C, 按式 (2.1.16) 计算了 α 值, 列表附于书末.

下面简单叙述海水声吸收的实验室测量情况. 实验室测量有两种常用方法, 即共振法及混响法. 所谓共振法, 就是在一只充满海水的球形或圆柱形容器内尽可能激发单一的简正振动方式, 停止激发后用贴在瓶外的换能器接收此振动方式的衰减过程. 信号经放大后由声级记录器或示波器记录观察. 由此可以得出海水声吸收及瓶子的边界影响 (附加衰减) 所决定的衰减常数 δ. 然后再用纯水充满此瓶, 再同样

测量同一振动方式的衰减常数 δ_w, 则海水和纯水吸收系数之差 α_r(即逾量吸收) 由下式求得

$$\alpha_r = (\delta - \delta_w)/c,$$

海水的吸收系数 α 等于 α_r 加上纯水吸收系数 α_0, 为了减小测量误差, 必须尽可能减小瓶壁的附加衰减. 例如, 选取内耗小的材料 (铅、Pyrex 玻璃等), 并取径向振动方式来避免水和瓶壁间发生黏滞摩擦损耗, 并把瓶放在真空容器内, 以减小向外辐射损耗. 此外, 在测量之前, 水必须除气, 以消除水中 (特别是瓶子内壁上黏附的) 气泡对测量的影响. 共振法测量的频率范围大致在 3~50 kHz.

当激发的简正方式不是单一的, 而是很多简正方式时 (如测量的频率很高), 就用一段窄带噪声 (或调频信号) 来激发测量很多简正方式的平均衰减常数 δ, 然后用同样的方法测量充以纯水的 δ_w, 再用式 (2.1.10) 计算逾量吸收. Kurtze 和 Tamm 最早用一个无缝铝桶作为容器, 测量了 50~1 000 kHz 的电解质水溶液的声吸收. 秒铁钼把这种混响法推广应用到海上, 直接测量了海水的声吸收. 在实验室进行测量时, 应注意海水样品的压力、温度、盐度及生物个数的影响. 一般在测量之前, 应将水预先作除气处理, 以防止因温度和压力变化而产生气泡引起额外的吸收. 为了抑制细菌的繁殖, 可以加微量的氯化汞. 当用铝桶作为容器时, 还应该考虑对铝桶作防腐蚀的表面处理.

在文献 [35,36] 中, 对铝桶的表面进行阳极氧化并在内表面喷低损耗的防腐蚀漆 (一层磷化漆, 二层共聚乙烯铝粉漆), 对实验方法也作了一些改进 (如提高除气时的水温等), 得到了低附加损耗的较好结果. 在 3 kHz 附近, 总附加损耗为 0.13 dB/km; 7 kHz 附近, 总附加损耗为 0.19 dB/km(压力均为 40 mmHg). 对于 3 kHz 和 7 kHz 吸收系数的测量结果列于表 2.1.1.

表 2.1.1

P/mmHg	f/kHz	
	3	7
	α / (dB/km)	
40	0.29	0.50
760	0.10	0.45

2.1.3 典型声速剖面

1. 温度分层的基本结构: "三层结构"

海面附近的局部对流是一种重要的热交换. 一方面由于阳光照射海面, 被照暖的海水可深达 10 m 左右; 另一方面, 由于蒸发、降雨和辐射而变冷. 冷水或含盐分大的水都因变重而下沉. 这一过程, 再加上风动海面造成的垂直方向的搅拌作用等,

使得表面层形成一个等温层, 这一表面等温层有时称为混合层.

在较深部的海水则处于较为稳定的状态, 由比较冷而均匀的水构成. 在表面等温层与深部冷水之间, 存在一个过渡层, 这一层就是熟知的主跃层.

因此, 海洋中的基本温度垂直结构是一个 "三层结构". 这是一个内在稳定的结构, 因为在这种结构中, 密度 (主要受温度控制) 是随深度增加而增加的.

"三层结构" 的具体深度尺寸与纬度有关. 在中纬度 (约在 30°N~40°N 或 S) 有最厚的表面等温层和主跃层. 而当高于 50°N 或 S 时, 则几乎不存在表面层, 整个水层都具有深部冷水温度 (见图 2.1.1).

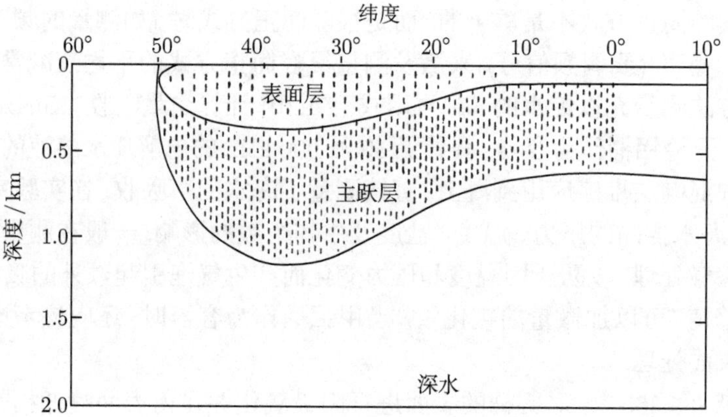

图 2.1.1 (取自文献 [56])

2. 温度结构的季节变化和日变化

在上述基本温度结构上, 叠加有明显的季节变化和日变化, 这些变化主要发生在上层. 在主跃层的上部出现一个随季节明显变化的季节跃层, 而在表面 10 m 之内, 由于日照影响又会出现明显的日变化. 图 2.1.2 是季节变化的示意图. 如果考虑春季开始是一个中等程度的混合层 [如图 (a) 的虚线], 则由于夏季的表面加热形成表面负梯度层 (如图 (a) 中的实线), 由于风动表面之搅拌作用又形成表面的一个等温层 [如图 (b) 中的实线], 在较强风作用下, 将形成较深的混合层 [如图 (c) 中的实线]. 到了秋季, 由于表面致冷形成一段正梯度 [如图 (d)], 从而导致对流混合 [如图 (e)]. 冬季来临时, 将形成最深的混合层.

在混合层内, 由于海水静压力将形成 10^{-5} 量级的正声速梯度, 因而是一个较好的传播通道——表面声道. 在大洋混合层内传播, 在一定开角范围内的声信号基本上不受海底特性的影响, 制约传播衰减的主要环境因素是: (1) 混合层的厚度; (2) 混合层下的负跃梯度; (3) 海表面状况. 当然, 在浅海等温层内传播的信号还要受到海底反射因素的影响, 这个问题将在第四章详细讨论.

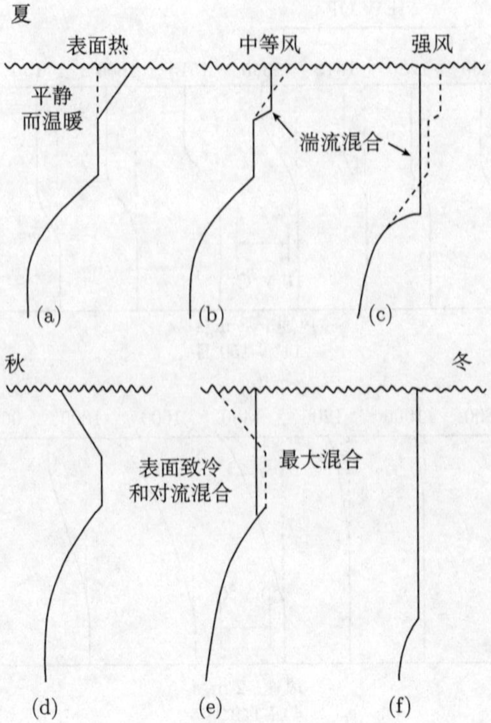

图 2.1.2

因为混合层厚度是影响传播衰减的一个重要因素, 因此, 对它的一般规律必须有所了解. 表 2.1.2 是北大西洋中一个混合层厚度随季节变化的统计数据:

表 2.1.2

季节	层厚概率/‰			
	⩽ 50/英尺	>50∼250/英尺	>250∼400/英尺	>450/英尺
冬季 (12 月 ∼3 月)	0	2	33	65
春季 (4 月 ∼5 月)	1	54	12	33
夏季 (6 月 ∼8 月)	5	95	0	0
秋季 (9 月 ∼11 月)	0	90	10	0

图 2.1.3 为一个在表面 10 m 之内温度垂直分布的日变化示例. 图 (a) 代表高风速的情况; 图 (b) 代表低风速的情况. 在图 (a) 中, 由早晨到中午, 表面温度逐渐升高, 而午后 4 时以后又逐渐变冷, 由于风动搅拌较强, 形成表面等温层. 在图 (b) 中, 由于风动搅拌混合效应不显著, 形成表面负梯度, 在第二天 0600 是风速最小时间, 由于夜间致冷形成一点点正梯度.

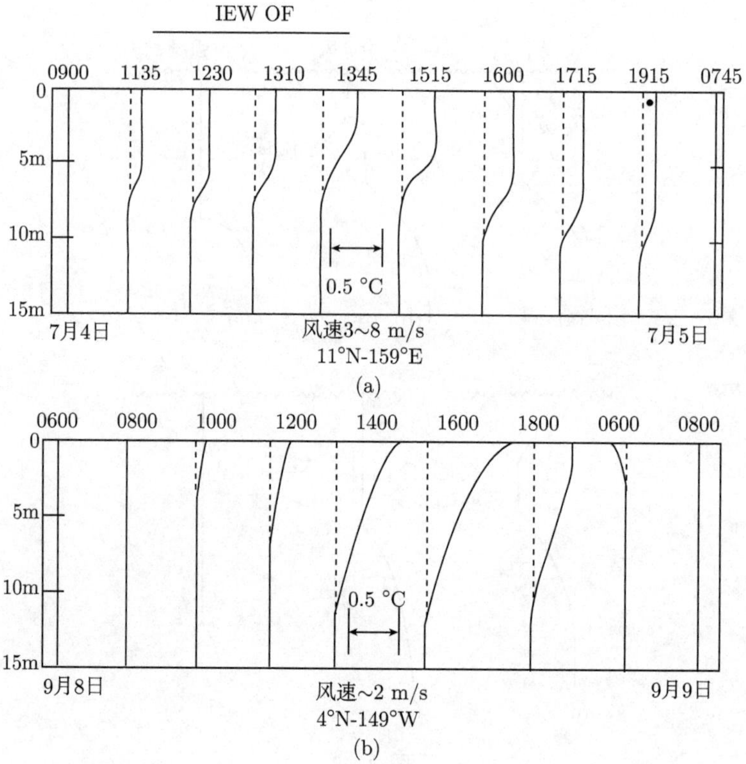

图 2.1.3 (取自文献 [24])

3. 典型的深海声速剖面

前述基本温度垂直分布的 "三层结构" 决定了图 2.1.4 所示的大洋典型声速剖面.

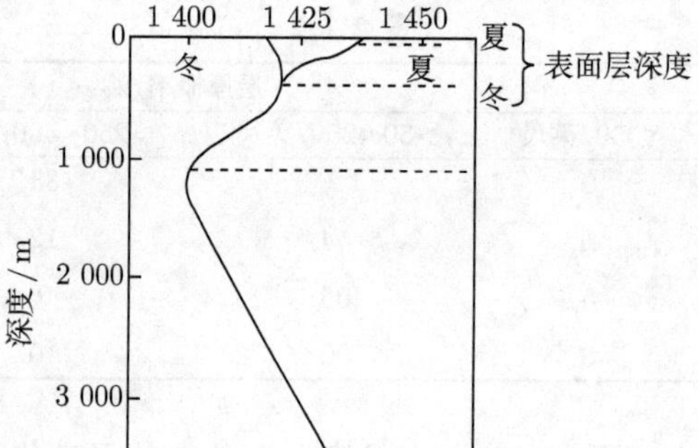

图 2.1.4

在主跃层有较大的声速梯度, 声速极小值的具体位置与纬度有关. 在表面混合层中为等温层, 在极小值以下又为等温层, 在这两个区域中均可由海水静压力形成 0.016 m/s/m 的正梯度. 这就形成这两个区域的良好传播条件, 前者形成 "混合层声道" 或 "表面声道", 后者形成 "SOFAR 声道". 混合层厚度受季节影响较大, 而 SOFAR 声道则较为稳定.

Munk[54] 曾根据海洋介质的指数分层规律, 给出了一个 SOFAR 声道声速剖面典则 (canonical) 形式:

$$c(z) = c_{\min}\left\{1+\varepsilon\left[\mathrm{e}^{-\eta}-(1-\eta)\right]\right\},$$

其中 $\eta = 2(z-z_{\mathrm{A}})/B$; z_{A} 为声速极小值的位置; B 为波导宽度; $c_{\min}$ 为声速极小值; ε 为偏离极小值 $c_{\min}$ 的量级. 例如, 典型的情况: $B = 1\ 000$ m; $z_{\mathrm{A}} = 1\ 000$ m; $c_{\min} = 1\ 500$; $\varepsilon = 0.57\times10^{-2}$.

4. 典型的浅海声速剖面

一般说来, 在沿岸浅海及大陆架上, 声速剖面受到较多因素的影响, 比深海有更大的变动性. 但平均而言, 仍然有比较明显的季节特征. 在冬季的典型声速剖面是等温层, 而在夏季则为负跃层, 或在连续无风平静海况的日期为负梯度.

由冬季过渡到春季时, 逐渐由等温层变为负跃层, 开始时负跃层的深度较浅, 锐度较小, 以后逐渐变大. 一般 Δc 在 8 月份为最大, 可达 40 m/s, 以后逐渐变小, 跃层位置逐渐变深, 约在 11 月份消失而进入冬季等温层情况. 典型的温度分布曲线如图 2.1.5 和图 2.1.6 所示.

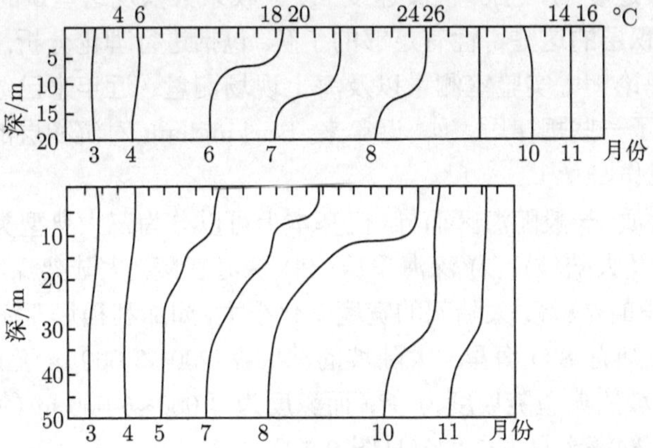

图 2.1.5

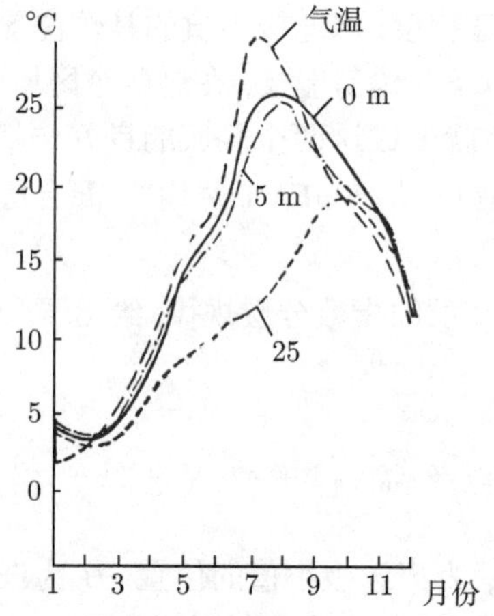

图 2.1.6

在某些海域, 由于特殊原因, 也会形成某些特殊的浅海声速剖面. 例如, 在东海大陆架, 在 4~5 月份可能受黑潮的影响, 形成不稳定的浅海水下声道; 又如, 在波罗的海, 由于盐度分布的关系, 也出现有特殊的水下声道声速剖面.

§2.2 海底及其声学特性

2.2.1 海底沉积层的概况

在海底的地壳上面, 都覆盖着一层非凝固态的沉积层. 在水声学中, 海底界面通常指的就是海水与沉积层的分界面. 从水声学角度来说, 沉积层的重要物理特性是: 密度 ρ, 纵波速度 (声速)c, 横波速度 c_s, 吸收系数以及这些量的分层结构情况. 因此, 必须对沉积层的这些特性有足够的了解, 包括进行理论分析, 如 Biot 所作的光水介质传播理论[11], 实验室测量以及海上现场测量. 近年来已经积累了大量的数据, 并总结出了一些规律[12−15]. 近年来, Buckingham 对沉积层的声衰减也做了一系列的研究工作[58−62].

沉积层的性质, 一般随海区而异, 但基本上可以分为三大典型类别: (1) 大陆台地 (包括大陆架及大陆坡); (2) 深海平原; (3) 深海丘陵. 大陆架深度一般小于 200 m, 只占海洋面积的 7.6%. 大陆架的宽度变化很大, 如加利福尼亚海岸只有数海里, 而西伯利亚极地则有 800 海里. 大陆坡的深度在 200~3 000 m 范围, 占海洋面积的 15.3%. 大陆坡的典型陡坡度为 4°. 而深度为 3 000~6 000 m 的深海占 75.9%, 6 000~11 000 m 的海沟只占 1.2%(见图 2.2.1).

实测数据表明, 大部分浅海大陆架属于高声速海底 (即 $c_{底} > c_{水}$), 而大部分深海沉积层属于低声速海底 (即 $c_{底} < c_{水}$), 其表层声速比其上面的声速低 1%~2%.

然而沉积层的声速随深度的增加有所增加. 增加的原因是由于覆盖重量的增加将产生挤压而使孔隙度降低, 从而声速增加, 另外来自地幔的热流通过沉积层, 进入海水, 从而形成一种温度梯度, 由于充水孔隙介质中的声速正比于其中水的声速, 因此, 相应的温度梯度也使沉积层中的声速有所增加. 这种增加的例子, 见表 2.2.1~表 2.2.3(Hamilton).

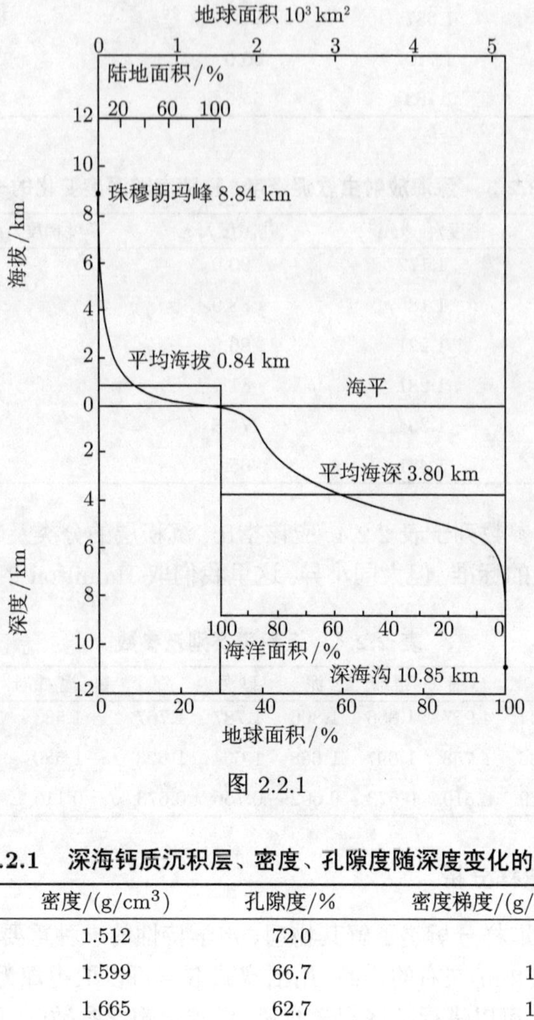

图 2.2.1

表 2.2.1 深海钙质沉积层、密度、孔隙度随深度变化的一例

沉积层深度/km	密度/(g/cm^3)	孔隙度/%	密度梯度/(g/cm^3/m×10^{-4})
0.00	1.512	72.0	
0.05	1.599	66.7	17.4
0.10	1.665	62.7	15.3
0.15	1.727	59.0	14.3
0.20	1.783	55.6	13.6
0.30	1.877	49.9	12.2
0.40	1.944	45.8	10.8
0.50	1.981	43.6	9.4

表 2.2.2　深海黏土沉积层、密度、孔隙度随深度变化的一例

沉积层深度/km	密度/(g/cm^3)	孔隙度/%	密度梯度/(g/cm^3/m×10^{-4})
0.00	1.357	81.4	
0.05	1.494	77.4	13.4
0.10	1.484	73.1	13.7
0.15	1.563	68.9	13.7
0.20	1.637	64.4	14.0
0.25	1.710	60.0	14.1
0.30	1.783	55.6	14.2

表 2.2.3　深海放射虫软泥密度，孔隙度随深度变化的一例

沉积层深度/km	密度/(g/cm^3)	孔隙度/%	密度梯度/(g/cm^3/m×10^{-4})
0.00	1.172	90.0	
0.05	1.185	88.9	2.6
0.10	1.221	86.0	4.9
0.15	1.281	81.1	7.3
0.20	1.364	74.3	9.6
0.25	1.471	65.5	12.0

典型沉积层的参数列于表 2.2.4. 应该指出, 沉积层的分类及物理参数范围的划分目前还没有统一的标准, 但大同小异, 这里我们取 Hamilton 的分类结果[13,20].

表 2.2.4　沉积层类别及参数

类　型	粗	砂细	很细	泥	砂泥	泥	砂–泥–黏土	黏土	泥质黏土
密度/(kg/cm^3)	2.034	4.957	1.866	1.806	1.787	1.767	1.583	1.469	1.421
声速/(m/s)	1 836	1 753	1 697	1 668	1 664	1 623	1 580	1 546	1 520
K (吸收系数)	0.479	0.510	0.673	0.692	0.756	0.673	0.113	0.095	0.078

2.2.2　沉积物的取样分析

对沉积物进行取样分析是了解其物理、声学特性的一种重要研究手段. 一般的重力取样可以得到 2 m 左右的样品; 用活塞式取样可以取得深为 10~20 m 的柱状样本. 对这些样品, 可以进行某些声学测量, 以求得声学参数; 然而由于取样过程的扰动以及取出后环境状态的变化, 都会使其声学性质发生畸变. 样品所能保持最稳定的性质是其粒度特性, 因此对样品进行粒度分析是非常重要的分析.

在天然沉积物中, 各级颗粒之间并无明显的界限, 沉积物中的颗粒大小的分布常用累积曲线来表示[14]. 由该曲线可以得到大于或小于任一粒级的那些颗粒所占

的百分数 (以重量计). 定义平均粒径为[15]

$$m_\phi = \frac{\phi_{16} + \phi_{84}}{2}, \tag{2.2.1}$$

其中, ϕ_{16} 和 ϕ_{84} 分别相应于 16‰和 84‰颗粒含量所对应的粒径 (以 ϕ 为单位), ϕ 与以毫米 (mm) 表示的颗粒直径 $2r$ 的关系为

$$\phi = -\log_2(2r). \tag{2.2.2}$$

在早期的沉积物分类中, 常采用直径小于 0.062 mm 的颗粒在重量上所占百分比 (见表 2.2.5) 来分类, 例如[16,17]

表 2.2.5

	沙	泥质沙	沙质泥	泥
直径小于 0.062 mm 的百分比	10	10~50	50~90	90

通过大量数据的分析和统计处理, 已经建立了平均粒径 m_ϕ 与重要参数孔隙率 n_p 的经验关系[18]; m_ϕ 与声速的经验关系[13] 为

$$n_p = 34.84 + 5.028(m_\phi). \tag{2.2.3}$$

浅海大陆架的声速:

$$c = 1\,936.2 - 87.33(m_\phi) + 4.45(m_\phi)^2. \tag{2.2.4}$$

SACIANT 反潜研究中心的 Akal[19] 根据从太平洋、大西洋、挪威海、地中海以及白令海等地区取得的大量样品数据, 用统计方法建立了孔隙率与重要的声学参数, 密度 ρ、声速 c 及垂直反射系数 V_b 的关系:

$$\rho = 2.6 - 1.6n_p, \tag{2.2.5}$$

$$c/c_w = 1.631 - 1.78n_p + 1.2n_p^2, \tag{2.2.6}$$

$$V_b = 0.589 - 0.59n_p. \tag{2.2.7}$$

Hamilton[20] 经过大量数据综合之后, 也建立了沉积物的吸收损耗与孔隙率 n 的关系:

$$\alpha = Kf^m\,(\mathrm{dB/m}), \tag{2.2.8}$$

其中 f 为声波频率 (kHz); 指数 m 介于 0.9~1.1; 系数 K 与孔隙率 n_p 的关系见图 2.2.2.

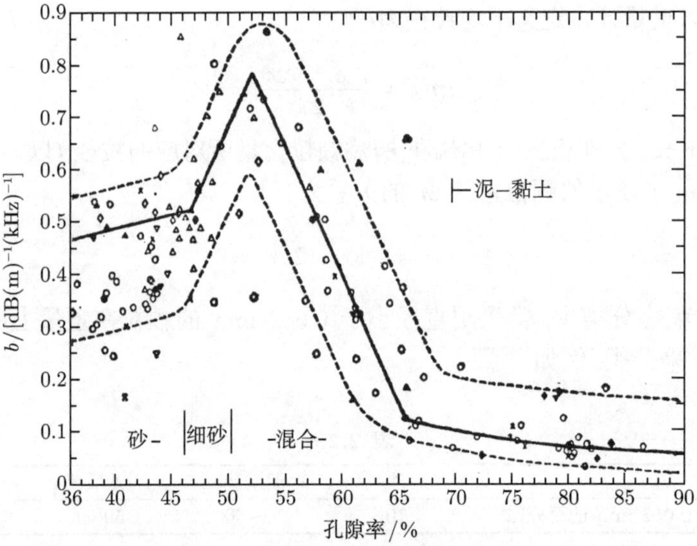

图 2.2.2　(取自 Hamilton[20])

Fass[22] 于 1969 年也给出了类似于式 (2.2.7) 的公式.

综上所述, 可见取样粒度分析的重要性. 得到 m_ϕ 就可估算孔隙度 n_p, 而有了 n_p, 则重要的声学参数 ρ, c, α 均可估算. 再配以分布结构的知识或梯度数据, 就可较全面地估计沉积层特性了. 下面给出几个经验公式.

海底声速与粒度的关系 (浅海大陆架):

$$c = 1\ 936.2 - 87.33\,(M_\phi) + 4.45\,(M_\phi)^2,$$

其中 M_ϕ 为粒径, 以 ϕ 为单位.

海底声速与孔隙度的关系:

$$c = 2\ 475.5 - 21.764\,(n_p) + 0.123\,(n_p)^2 \quad (\text{大陆架}), \tag{2.2.9}$$

$$c = 1\ 509.3 - 0.043\,(n_p) \quad (\text{深海丘陵}), \tag{2.2.10}$$

$$c = 1\ 602.5 - 0.937\,(n_p) \quad (\text{深海平原}). \tag{2.2.11}$$

2.2.3　海底地貌

对沉积物的声学特性, 经多年大力研究, 已经取得相当进展, 然而, 关于海底粗糙度, 研究得还很不够, 原因之一是对海底粗糙度, 取得定量测量结果较为困难. 由于现代计算机能力的不断提高, 已要求把粗糙度数据纳入预报模型.

海底看来也具有范围很广 (从几十甚至几百公里到厘米量级) 的粗糙度谱. 显然, 不平整性对声波的散射过程与参数 λ/D 有关 (其中, λ 为声波波长, D 为不平整尺度). 对不同尺度的粗糙度需要用不同的测量技术, 以达到合适的分辨要求, 大体上可划分如表 2.2.6 所示.

表 2.2.6

大尺度	中尺度	小尺度
海 脊	砂 堆	波纹 (ripples)
海 沟	丘 陵	岩山露头
深海平原	小 山	小 岗
其 他	其 他	漂 砾
(100 km~1 km)	(1 km~10 m)	(10 m~1 cm)

使用 10~100 kHz 的回声测深仪可以辨认出 100 m~100 km 大尺度范围及 10~1 m 的中小尺度的粗糙度. 再小的尺度就要用水下照相方法来取得.

图 2.2.3 给出了一个海底照相图. 图中是新西兰东南海底中直径约为 8~10 cm 的密集矿球.

图 2.2.3 (取自 *The World Sea*)

用测深仪只能在船的航迹左右较狭的范围内取得一维粗糙度数据, 因此效率较低. 近年来发展了旁侧声呐, 它对海底粗糙度的扫描范围大为增加, 使用数千赫兹频率的侧扫声呐可以取得航船两侧数公里的海底地貌, 而使用 100~200 kHz 的高分辨率旁侧声呐, 作用距离可达数百米.

图 2.2.4 及图 2.2.5 是我国设计的 PS-1A 型旁侧声呐 (48 kHz) 及 SGP-1 型旁侧声呐 (190;230 kHz).

图 2.2.6~图 2.2.8 为用 SGP-1 型旁侧声呐取得的地貌图片[45]. 图 2.2.6 为港口锚地, 纵横交错的锚链沟道; 图 2.2.7 为一类沙波地貌 —— 大沙带间夹着细沙波; 图 2.2.8 为另一类沙波地貌 —— 沙堤.

图 2.2.4　国产 PS-1A 型旁侧声呐

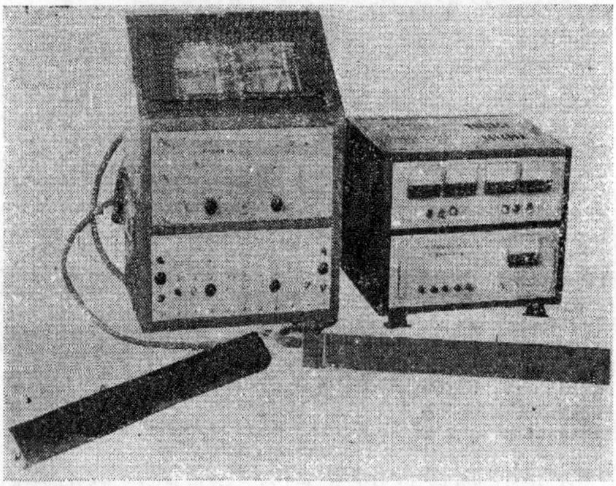

图 2.2.5　国产 SGP-1 型旁侧声呐

从声场预报的角度来看, 希望与海面一样, 能给出海底的三维粗糙度谱或相关函数. 这方面的工作[19] 目前已经开展. 将测深仪和立体照相数据数字化送入计算机, 给出谱及相关函数. 在将来声呐作用距离预报的数据库中, 将要求逐渐充实这方面的数据.

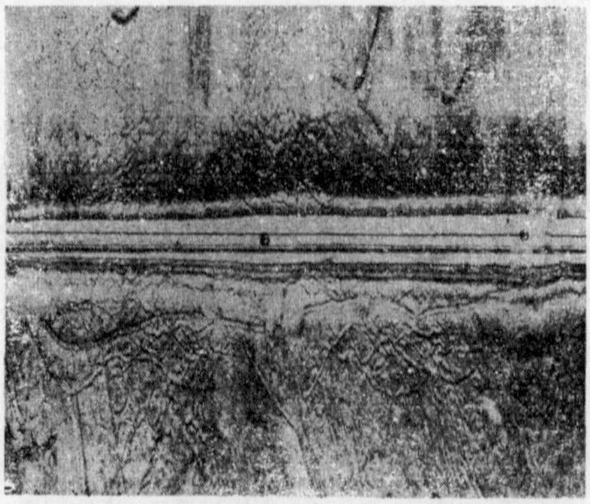

图 2.2.6 港口锚地, 纵横交错的锚链沟道

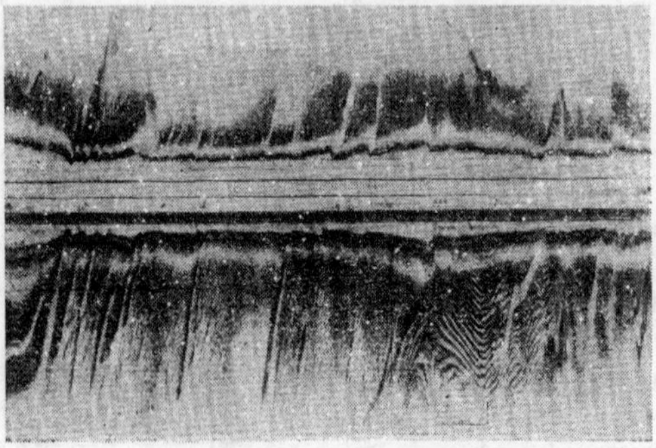

图 2.2.7 一类沙波地貌——大沙带间夹着细沙波

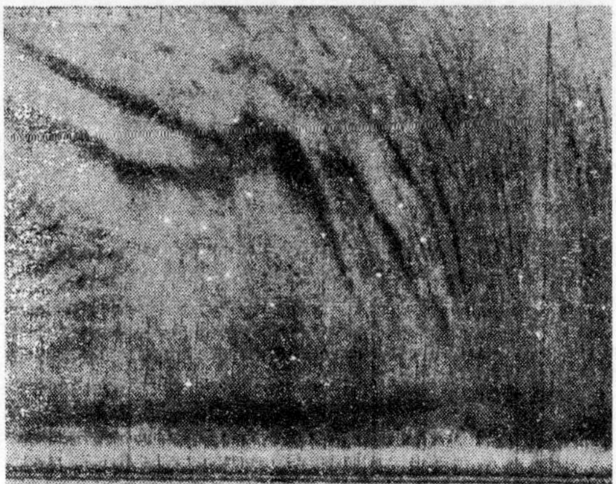

图 2.2.8 一类沙波地貌——沙堤

此外, 通过声场的相关测量来反推海底粗糙度也是一种途径, 这方面的研究可参看Лысанов[23] 及 Clay[24] 的工作.

2.2.4　海底反射性能

海底的声反射性能对于声场分析和声呐作用距离预报来说是十分重要的环境因素, 可以用平面波反射系数 $V(\phi)$ 或反射损失 $-\ln|V(\phi)|$ 及反射相移 $\arg V(\phi)$ 来表示. 对于这个重要的环境参数, 从第二次世界大战以来已经进行了大量研究, 如图 2.2.9~图 2.2.14[42,46−50,57]. 图 2.2.9(a) 为 230 m 海深, 黏土底; (b) 为 185 m

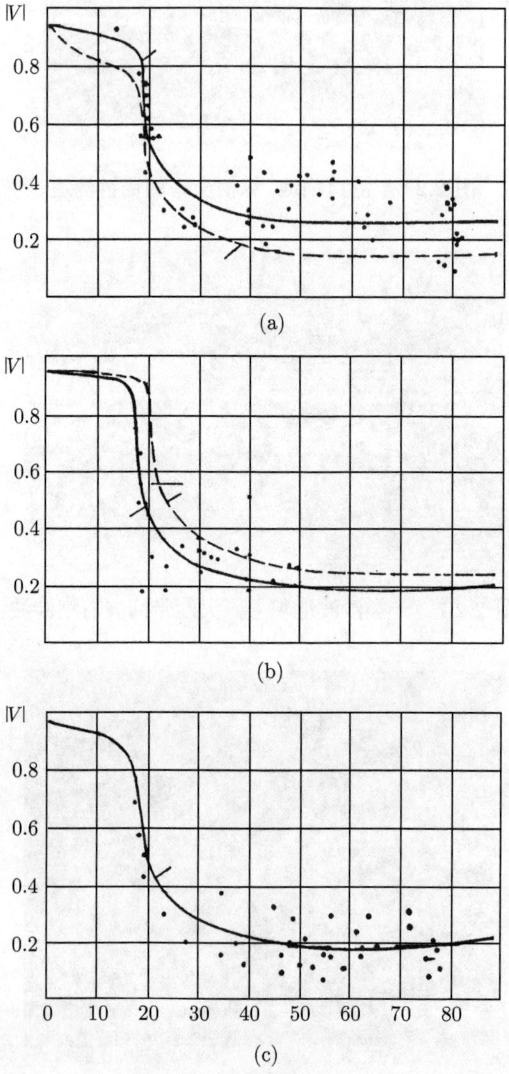

图 2.2.9

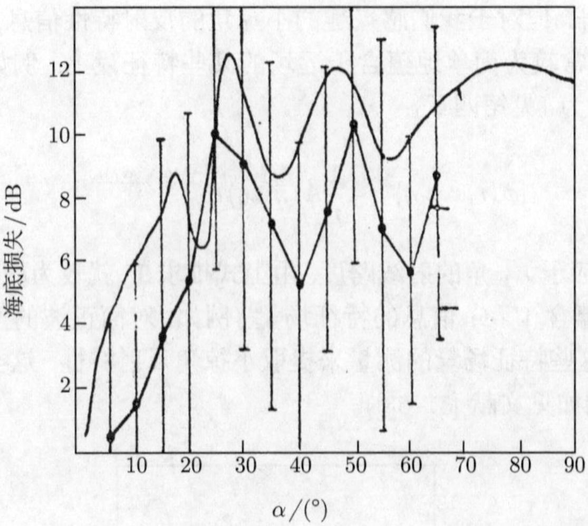

图 2.2.10

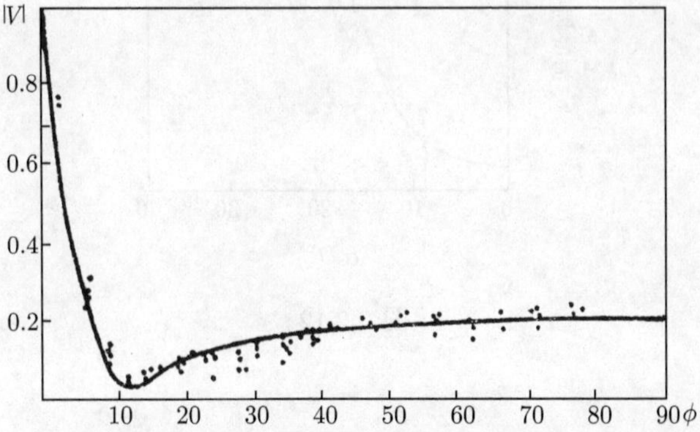

图 2.2.11

海深, 砂底; (c) 为 1 100 m 海深, 泥底; 海底声速比海水声速大 3%~10%. 图中的黑点表示实测数据. 图 2.2.15 中的一套不同频率的反射损失曲线是 Marsh[42] 根据深海实测结果平均给出的, 小掠角时用虚线表示, 数据是由外推得到的.

从这些图中可以看出, 小掠角的数据还是很少的, 这就是由于实际测量小掠射角反射损失比较困难, 因为在实际的海洋中, 因受海底、海面边界条件的影响, 简谐点源所激发的声场是多途叠加的声场, 一般可表示为 (见第三章):

$$\phi(r,z,z_0)=\int F\left[z,z_0,V_s(\mu),V_b(\mu),\mu\right]H_0^{(1)}(\mu r)\,\mathrm{d}\mu,$$

其中 $\phi(r,z,z_0)$ 为点源场; V_s、V_b 为海面、海底反射系数. 由上式可见, 通过声场测量所得到的 $\phi(r,z,z_0)$ 来推求 $V_b(\mu)$ 一般说来是很困难的, 即使用短脉冲声源, 小掠角时也难于分开. 但对于我们感兴趣的小掠角的反射特性信息, 由于信道的 “角度滤波” 作用, 常常较为简单地蕴含于远场的某些特征量上. 例如, 在单号简正波场区, 场强可表示为 (见第四章):

$$|\phi(r,z,z_0)|^2 \sim \frac{1}{r}A(z,z_0)\,\mathrm{e}^{\frac{-2\ln|V(\alpha_1)|}{S(\alpha_1)}\cdot r},$$

其中 $S(\alpha_1)$ 为相应于 α_1 角的射线跨度, 由上式推求 V 就较为简单. 因此, 我们可以寻求某些简单蕴含 $V(\phi)$ 信息的特征场量 (例如, 对简正波的空间滤波, 垂直相关测量等), 通过这些特征场量的测量来提取小掠角反射特性. 这类研究工作, 目前正在大力开展 (例如见文献 [51–53]).

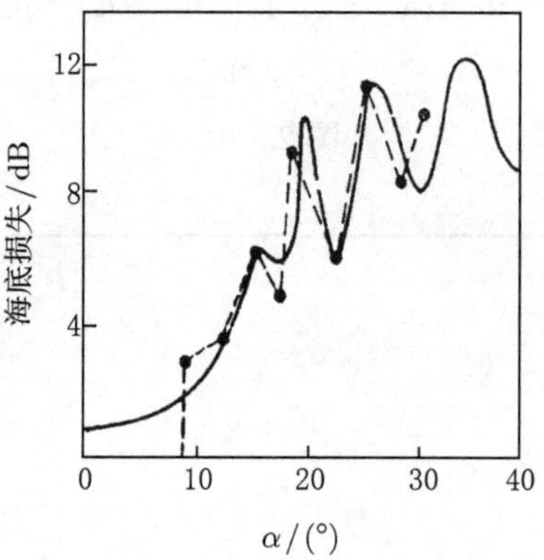

图 2.2.12

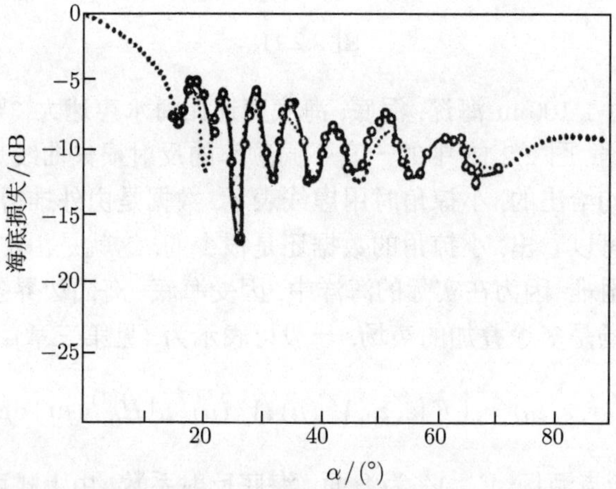

图 2.2.13

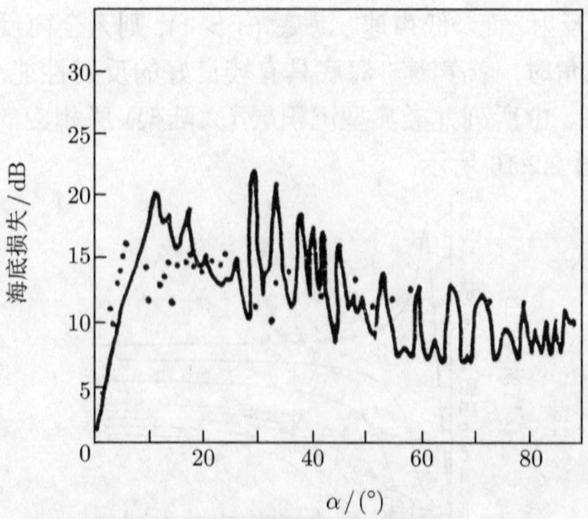

图 2.2.14

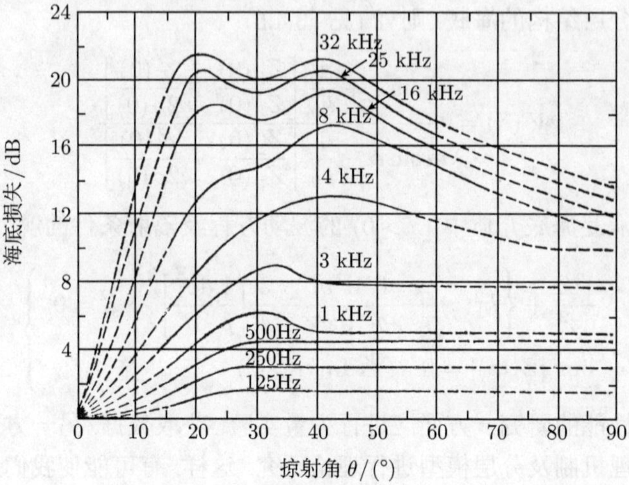

图 2.2.15

海底的声反射性能取决于海底沉积物的密度 ρ、声速 c 以及吸收系数 α; 当这些参数及其随深度变化的情况已知时, 就可以根据波动定解条件求得反射系数 (见第三章). 例如, 对于均匀液态海底可以得到瑞利反射系数:

$$V(\phi)=\frac{m\sin\phi-\sqrt{n^2-\cos^2\phi}}{m\sin\phi+\sqrt{n^2-\cos^2\phi}}, \tag{2.2.12}$$

其中 ϕ 为掠射角; $m=\rho_{底}/\rho_{水}$; $n=c_{水}/c_{底}$.

由式 (2.2.12) 可见, 海底反射性能与折射率 n 的关系极大; 对于 “高声速” 海

底 ($n<1$), 有全内反射, 而 "低声速" 海底 ($n>1$), 则无全内反射, 但有一个全透射角. 因此, 在小掠角时, "高声速" 海底具有较良好的反射性能, 而 "低声速" 海底则较差. 对于表 2.2.4 中所列九类典型沉积层 (大陆架) 所相应的参数, 计算其瑞利反射损失, 结果如图 2.2.16 所示.

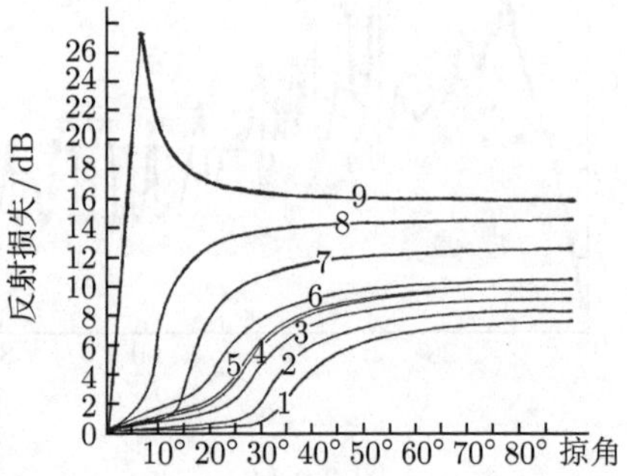

图 2.2.16

对于具有分层结构的海底, 则有 (见 §3.4.5):

$$V(\phi)=\frac{m\sin\phi+\dfrac{\mathrm{i}}{k_0}\left[\dfrac{Z_1'(0)}{Z_1(0)}+\dfrac{\rho'(0)}{2\rho(0)}\right]}{m\sin\phi-\dfrac{\mathrm{i}}{k_0}\left[\dfrac{Z_1'(0)}{Z_1(0)}+\dfrac{\rho'(0)}{2\rho(0)}\right]},\tag{2.2.13}$$

其中 $Z_1(z)$ 为满足海底介质中 $(z>0)$ 的波动方程及辐射条件的解:

$$\left.\begin{aligned}&\frac{\mathrm{d}^2Z}{\mathrm{d}z^2}+\left\{k_1^2(z)+\frac{1}{2\rho_1}\frac{\mathrm{d}^2\rho_1}{\mathrm{d}z^2}-\frac{3}{4}\left[\frac{1}{\rho}\frac{\mathrm{d}\rho_1}{\mathrm{d}z}\right]^2\right\}Z=0\\&\lim_{z\to\infty}|Z_1(z)|=0\quad(\text{当 }\mathrm{Im}k_1>0)\end{aligned}\right\}\tag{2.2.14}$$

海底反射性能的研究一方面应进行大量实验, 获取数据, 另一方面还应该考虑各种可能的物理机制及分层模型进行理论研究. 这样, 有可能使我们进一步认识海底反射性能的规律性. 在总结规律的基础上, 如果能给出一个参数化描写的模型, 无疑将对声场的分析和预报带来很大方便. 在文献 [44] 中, 我们使用了由 Q,ϕ^*,V_b 描写的 "三参数" 模型, 分析了平均声场结构与海底参数的关系, 在 §4.1.2 中, 我们将详细讨论 "三参数" 反射损失模型, 并在第四章的其余节中使用这一模型进行浅海典型声场的分析.

§2.3　海面及其声学特性

2.3.1　表面波浪的概况

海表面的波浪状况是影响水声传播的一个重要的环境因素, 特别是在表面声道和均匀层传播的情况. 对于理想平整的海–空表面, 由于介质阻抗相差甚大 (空气 $\rho = 1.3 \times 10^{-3}$ g/cm^3, $c = 333$ m/s; 水 $\rho = 1$ g/cm^3, $c = 1\ 500$ m/s), 因此它近似于绝对软的反射界面, 反射系数 $V_s = -1$. 然而实际的海面是一个粗糙不平的表面. 由于海面上空气中风的骚动 (风的能量向水中转移) 将产生波浪, 并产生流, 大约 80% 的能量驱动波浪, 20% 的能量驱动海流.

由风驱动的海流通常与风向并不一致, 因为地球旋转产生 Corioli 效应, 使其方向偏转, 如在北半球就向右偏 (见图 2.3.1). 对于无限深的海, 风海流可由 Ekman 公式描述.

$$\begin{aligned} V_x &= V_0 \mathrm{e}^{-az} \cos(45° - az), \\ V_y &= V_0 \mathrm{e}^{-az} \sin(45° - az); \end{aligned} \tag{2.3.1}$$

其中 $V_0 = \dfrac{T_y}{\sqrt{2aA_z}}$, T_y 为风作用力 (假设沿 y 轴), A_z 为海水垂直涡动黏滞系数, $a = \sqrt{\dfrac{\rho\omega\sin\phi}{A_z}}$, ρ 为海水密度, ω 为地转角速, ϕ 为纬度.

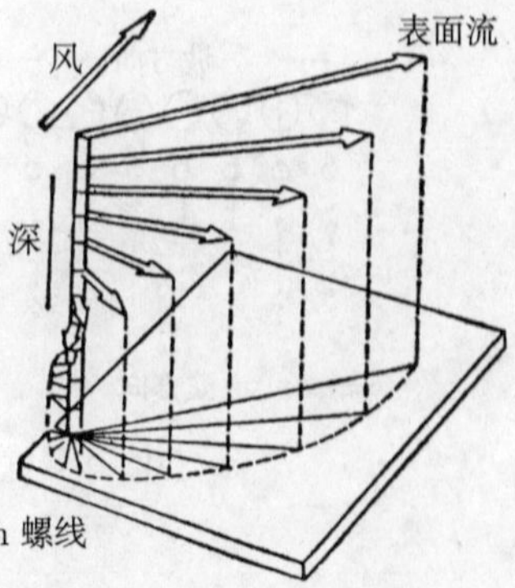

图 2.3.1

对于浅海, 通常偏角较小, 约为 10°.

风动表面波浪通常分为毛细波与重力波两种, 前者是表面张力制约的情况, 后者是重力制约波浪的情况. 考虑表面张力与重力联合制约波浪运动时, 可以得到毛细–重力波的频率–波长的关系为

$$\omega^2 = kg + \frac{\alpha_t k^3}{\rho}, \tag{2.3.2}$$

其中 $w = 2\pi f$ 角频; $k = 2\pi/l$ 波数; $f =$ 频率 (Hz); $\lambda =$ 波长 (m); $g =$ 重力加速度 $= 9.8$ m/s^2; $\alpha_t =$ 表面张力 $= 7.4 \times 10^{-2}$ N/m; $\rho =$ 水密度 $=1$ kg/m^3.

式 (2.3.2) 是在 "深水" 条件下得到的, 即不受深海影响, 由于波浪质点运动的幅度随深度指数下降 [见图 2.3.2(a)],

$$a(z) = a_0 \exp\left(\frac{-2\pi z}{\lambda}\right), \tag{2.3.3}$$

故当深度 $z > \dfrac{\lambda}{2}$ 时 (a 即变为 a_0 的 4%), 就可认为是满足 "深水" 条件. 当考虑海底边界影响时, 则如图 2.3.2(b) 所示.

由式 (2.3.2) 可见, 当 k 很大时, 即小波长, 则第二项起主导作用, 这就是毛细波情况. 此时有

$$\omega^2 = \frac{\alpha_t k^3}{\rho}. \tag{2.3.4}$$

根据相速度与波长, 频率的关系为

$$c = f\lambda \quad 或 \quad \Omega = kc, \tag{2.3.5}$$

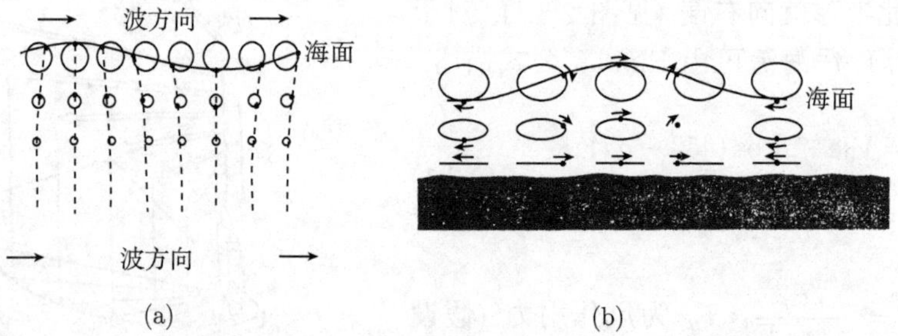

图 2.3.2

于是频散关系式 (2.3.2) 改为

$$c^2 = \frac{g}{k} + \frac{\alpha k}{\rho} = \frac{g \cdot \lambda}{2\pi} + \frac{\alpha \cdot 2\pi}{\rho\lambda}. \tag{2.3.6}$$

式 (2.3.6) 的曲线如图 2.3.3 所示.

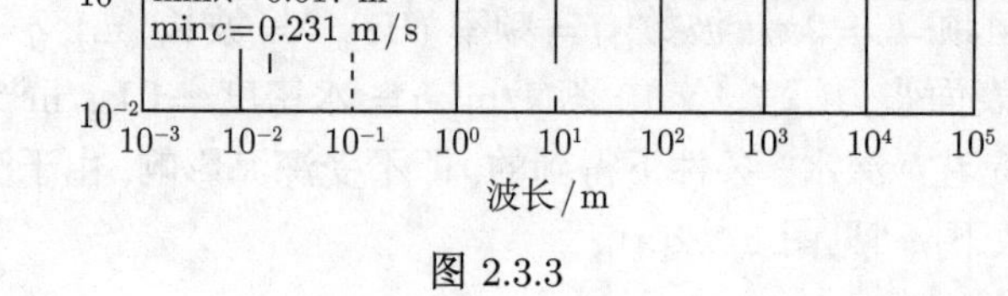

图 2.3.3

相速极小值为 2.31 cm/s, 对应的波长为 1.73 cm, 它可以作为毛细波和重力波的分界. 当 $l \gg 1.73$ 时, 可认为是重力波; 当 $l \ll 1.73$ 时是毛细波.

2.3.2 海浪谱

将海面波浪的运动情况描写为具有单一波长的过程, 显然是太简化了. 实际上,

波浪是一个非周期的不规则的复杂过程, 因此, 把它描写为具有不同振幅、不同波长、不同传播方向的波的叠加更为切合实际. 通常是使用谱的概念来描写这种过程. 描写海洋波浪频率与其幅度关系的谱, 称为波高的 "频谱". 由于实际的波浪海面是一个统计非平整表面, 因此常用波高的功率谱或相关函数来描写. 在海洋中固定一点来观察其波高随时间的变化, 可以看到它是一个准平稳随机过程 (见图 2.3.4), 其相应的相关函数 $R(\tau)$ 及归一化谱 $S(\omega)$ 见图 2.3.5(a) 及 (b)[43].

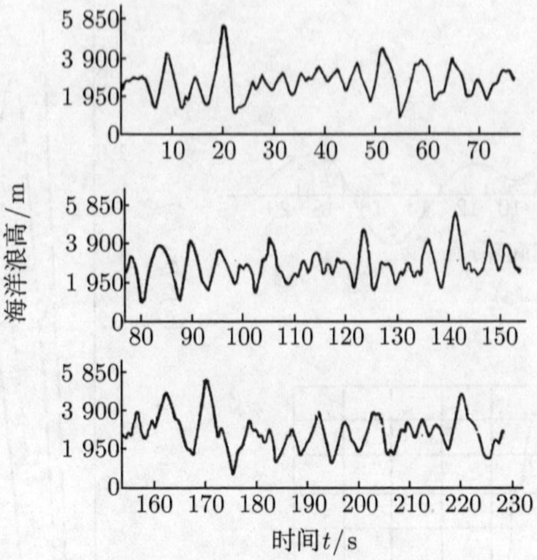

图 2.3.4 (取自文献 [43])

对海浪谱已经有些研究成果, 例如 Newman 给出了如下的海浪谱:

$$S(\omega) = \frac{c}{4\omega^6} \exp\left[-\frac{2g^2}{\omega^2 u^2}\right], \tag{2.3.7}$$

其中 $c = 4.8\ \mathrm{m^2/s^5}$; $g = 9.8\ \mathrm{m/s^2}$; $u =$ 风速 (m/s); ω 为波浪的角频.

在水声场分析计算中, 目前大家经常采用的是 Pierson-Moskowity[25] 提供的: 对充分发展的风动重力波谱 (P-M 谱), 它是一个有方向的谱:

$$S(\omega;\theta) = \frac{ag^2}{\omega^5} \exp\left[-\beta(\omega_0/\omega)^4\right] \cdot F(\omega, \theta^*, v), \tag{2.3.8}$$

其中 $a = 8.1 \times 10^{-3}$; $\beta = 0.74$; $\omega_0 = g/v_{19.5}$, $v_{19.5}$ 为海面上 19.5 m 处的风速 (m/s); $F(\omega, \theta^*, v)$ 为波谱的束宽因子, 它与波的角频、风速与风向的夹角 θ 有关.

P-M 谱与实测谱的比较见图 2.3.6.

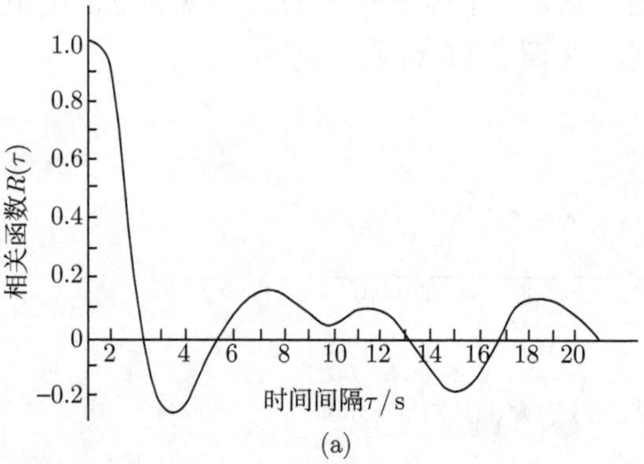

(a)

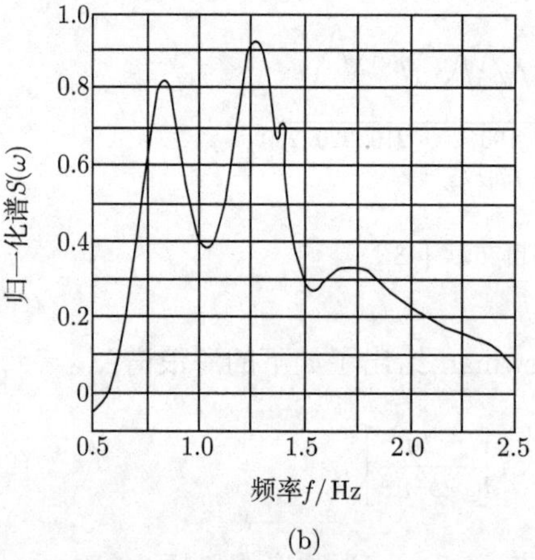

(b)

图 2.3.5 (取自文献 [43])

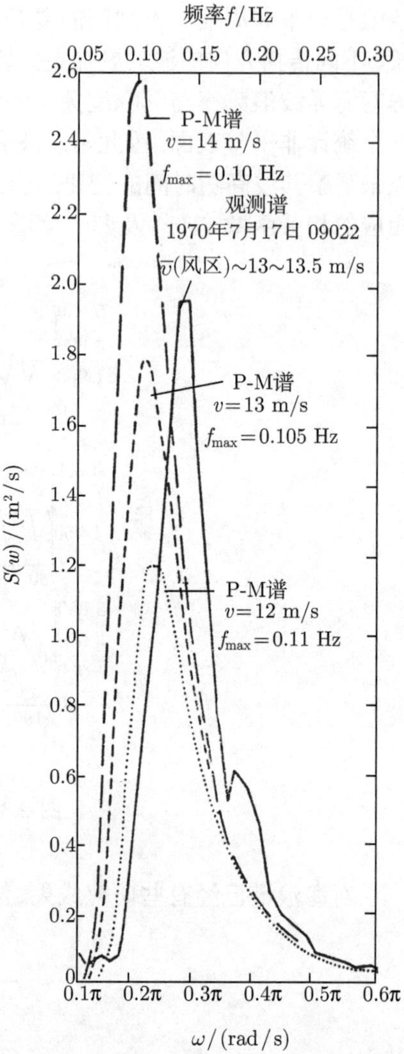

图 2.3.6

2.3.3 波高, 风速与海况

关于海面的波浪状况, 除上述采用谱的描写外, 有时也使用较为方便的简单参数来描写, 如波高与海况. 对于充分成长的风浪、波高、海况, 都与风速有一定联系. 在水声中, 有时就使用这些参数作为环境参数. 例如, 在熟知的 Knudson 海洋环境噪声级中, 就是使用风速或海况作为环境参数的.

按照国际标准, 将海况编为九级, 相应的风浪情况列于表 2.3.1.

表 2.3.1

海况等级	海面征状	蒲福风级	范围/节	风速/节	波高/英尺 平均	波高/英尺 有效波高	波高/英尺 平均 1/10 最大波高
0	海面如镜	0	<1	0	0	0	0
	海面形成鱼鳞状涟漪, 但尚无飞沫状波峰顶	1	1~3	2	0.05 (0.02)*)	0.08 (0.02)	0.10 (0.03)
1	小波虽短, 但已显著, 波峰顶呈现玻璃状, 但未破碎	2	4~6	5	0.18 (0.06)	0.29 (0.09)	0.37 (0.11)
	出现大的小波, 波峰顶开始破碎; 出现玻璃状飞沫, 间或出现白浪	3	7~10	8.5	0.6 (0.2)	1.0 (0.3)	1.2 (0.4)
2				10	0.9 (0.3)	1.4 (0.4)	1.8 (0.6)
	小的波浪变为较大的波浪, 频繁地出现白浪	4	11~16	12	14 (0.4)	2.2 (0.7)	2.8 (0.8)
				13.5	1.8 (0.5)	2.9 (0.9)	3.7 (1.1)
3				14	2.0 (0.6)	3.3 (1.0)	4.2 (1.3)
				16	2.9 (0.9)	4.6 (1.4)	5.8 (1.8)
4	出现更显著的长峰中浪; 形成许多白浪 (偶然出现激溅浪花)	5	17~21	18	3.8 (1.2)	6.1 (1.9)	7.8 (2.4)
				19	4.3 (1.3)	6.9 (2.1)	8.7 (2.7)
5				20	5.0 (1.5)	8.0 (2.4)	10 (3.1)
	开始形成大浪; 白色飞沫在波峰顶到处可见 (可能出现激溅浪花)	6	22~27	22	6.4 (2.0)	10 (3.1)	13 (4.0)
6				24	7.9 (2.4)	12 (3.7)	16 (4.9)
				24.5	8.2 (2.5)	13 (4.0)	17 (5.2)
				26	9.6 (2.9)	15 (4.6)	20 (6.1)
	风浪涌起, 而风开始将碎波 (破浪) 的白色飞沫沿着风向吹成条纹	7	28~33	28	11 (3.4)	18 (5.5)	23 (7.0)
				30	14 (4.3)	22 (6.7)	28 (8.5)
7				30.5	14 (4.3)	23 (7.0)	29 (8.8)
				32	16 (4.9)	26 (7.9)	33 (10)
	出现长峰大浪; 波峰顶边缘破碎成浪花. 飞沫沿风向被吹成明显条纹	8	34~40	34	19 (5.8)	30 (9.2)	38 (11.6)
				36	21 (6.4)	35 (10.7)	44 (13.4)
				37	23 (7.0)	37 (11.3)	46.7 (14.2)
				38	25 (7.6)	40 (12.2)	50 (15.3)
8				40	28 (8.5)	45 (13.7)	58 (17.7)
	形成大浪. 沿风向形成浓密飞沫条纹, 风浪开始卷倒, 激溅浪花影响能见度	9	41~47	42	31 (9.5)	50 (15.3)	64 (19.5)
				44	36 (11.0)	58 (17.7)	73 (22.3)
9				46	40 (12.2)	64 (19.5)	18 (24.7)
	出现长卷峰非常大浪. 导致飞沫成片, 并且沿风向被吹成浓白条纹, 整个海面呈白色. 海面波涛汹涌, 咆哮轰鸣. 能见度受到影响	10	48~55	48	44 (13.4)	71 (21.7)	90 (27.5)
				50	49 (14.9)	78 (23.8)	99 (30.2)
				51.5	52 (15.9)	83 (25.3)	106 (32.3)
				52	54 (16.5)	87 (26.5)	110 (33.6)
				54	59 (18.0)	95 (29.0)	121 (36.9)

续表

海况等级	海面	风					
	征状	蒲福风级	范围/节	风速/节	波高/英尺		
					平均	有效波高	平均 1/10 最大波高
9	出现异常大浪. 小的或中等尺度的船舶间或隐没于波浪背后. 海面已被沿着风向的白色飞沫完全覆盖. 波峰顶边缘全部被吹成泡沫. 能见度受到影响	11	56~63	56	64 (19.5)	103 (31.4)	130 (40.0)
				59.5	73 (22.2)	116 (35.4)	148 (45.1)
	空中充满飞沫和激溅浪花. 推进着的激溅浪花使海面变成白色; 能见度受到严重影响	12	64~71	>64	> 80 (> 24.4)	> 128 (> 39.0)	> 164 (> 50.0)

*) 括号内数字以 m 为单位

在水声场的理论分析中, 对随机海面的描写是随机位移 ξ, 其均方值 $\sigma_\xi = \langle\xi^2\rangle^{1/2}$ 是一个经常引入声场分析中的描述海面的统计参量. 它与海洋学中经常使用的平均波高 $\langle H\rangle$, 及某保证率波高 $H_{p\%}$ 之间有如下的关系:

$$H_{p\%} \equiv \sigma_\xi \left[-8\log\left(\frac{p\%}{100}\right)\right]^{1/2}, \tag{2.3.9}$$

$$\begin{aligned}\sigma_\xi =& 0.19H_{3\%} = 0.20H_{1/10} = 0.25H_{1/3}\\ =& (2\pi)^{-1/2}\langle H\rangle = 2^{-3/2}\langle H^2\rangle^{1/2},\end{aligned} \tag{2.3.10}$$

其中 H 是由波峰量到波谷. 海洋学中最常用的是 $H_{1/3}$, 有时称它为显著性波高或有效波高.

由海波谱可以给出风速 u 与 S_x 之间的关系, 例如:

对于 Pierson-Neuman 谱, 有

$$\sigma_\xi = 0.18\times10^{-2}\cdot u^{2.5}; \tag{2.3.11}$$

对于 P-M 谱, 有

$$\sigma_\xi = 0.53\times10^{-2}\cdot u^2, \tag{2.3.12}$$

其中 σ_ξ 用 m 为单位; 风速 u 用 m/s 为单位.

此外, Sverdrup 和 Munk 曾给出一个风速与波高的经验公式[26]:

$$H_{1/3}(\text{英尺}) = 2.32\times10^{-2}\cdot u^2(\text{节}). \tag{2.3.13}$$

§2.4 海洋中的内波

海洋中的温度跃层结构不是固定不动的. 与海表面的波浪运动形式类似, 它也作波浪运动, 称为内波. 形成内波的驱动因素很多: 强烈的风、潮、流、海面空气层中的压力起伏以及经过海下丘陵及山的流等. 内波属于重力波, 一般比海面波浪具有更大的波长和幅度. 内波的研究近年来日益受到重视. 它对海洋中的声场有很大影响 (见第八章), 然而到目前为止, 在给定的时间、地点, 要对它作出预报还是很困难的. 当有内波存在时, 在海面上经常能看到有 "光条" 现象 (见图 2.4.1).

海洋中内波的参数变化范围很大, 长的低频内波 (一般在开阔深海) 可以有日周期或半日周期, 波长为数十到数百公里; 短的高频内波 (一般在浅海) 有数分钟和数小时的周期, 我们在浅海曾观察到 ~1 min 短周期的内波[55]. 内波的波长为数百米到数公里, 波高为 1~20 m. 开阔海洋中内波的传播速率在数 m/s~ 数十 cm/s 范围内, 而近岸内波则不会超过数十 cm/s. 图 2.4.2 是两个实测的例子[27], 上图对于应潮周期的长周期内波, 而下图则是在浅海测得的短周期内波.

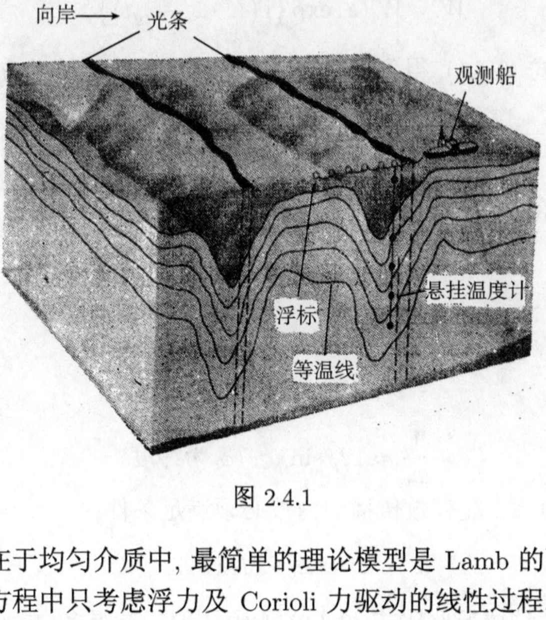

图 2.4.1

内波不会存在于均匀介质中, 最简单的理论模型是 Lamb 的两液层模型.

如果在动力方程中只考虑浮力及 Corioli 力驱动的线性过程, 则内波的运动主要受两个参数, 即惯性频率 ω_i 和 Väisälä 频率 $N(z)$ 所控制:

$$\left[\frac{\partial^2}{\partial t^2}\nabla^2+\left\{(\Omega\cdot\nabla)^2+N^2(z)\nabla_h^2\right\}\right]W=0. \tag{2.4.1}$$

若平面简谐内波表示为

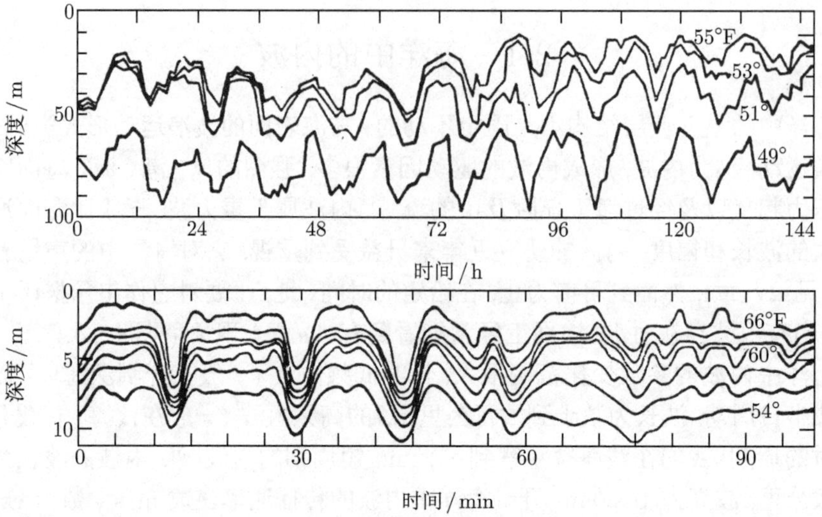

图 2.4.2 (取自文献 [27])

$$W = W(z)\exp\left\{\mathrm{i}\left(\bar{K}\cdot\bar{x} - \omega_g t\right)\right\}, \tag{2.4.2}$$

将式 (2.4.2) 代入式 (2.4.1), 得到振幅 $W(z)$ 所满足的一维波动方程为[27]:

$$\frac{\mathrm{d}^2 W}{\mathrm{d}z^2} + K^2\left\{\frac{N^2(z) - \omega_g^2}{\omega_g^2 - \omega_i^2}\right\}W = 0, \tag{2.4.3}$$

其中 $N^2(z)$ 为 Väisälä 频率:

$$N^2(z) = -g\left[\frac{1}{\rho}\frac{\mathrm{d}\rho}{\mathrm{d}z} + \frac{g}{c^2}\right]; \tag{2.4.4}$$

ω_i 为惯性频率:

$$\omega_i = \Omega\sin\phi, \tag{2.4.5}$$

或

$$\frac{1}{\omega_i} = 12/\sin\phi \quad (\phi \text{ 为纬度})$$

由式 (2.4.3) 可见, 能有效传播的内波必须满足条件:

$$\omega_i < \omega_g < N(z). \tag{2.4.6}$$

实际的内波运动情况要比式 (2.4.2) 所表达的复杂得多, 内波也是一个随机过程. 关于实际的海洋中波的运动情况近年来建立了一些经验谱表示, 用以描述各种平面波分量在 $(K,\ \omega_g)$ 平面上的能量分布情况, 例如熟知的 G-M(72) 谱[28]:

$$E(K,\omega_g) = \begin{cases} 4b^3 n_0^2 E\omega_i^2\mu^{-1}(\omega_g^2 - \omega_i^2)^{-1/2} & K'(\omega_g) < K(\omega_g) < K_0(\omega_g) \\ 0 \quad \text{其他} & \end{cases}, \tag{2.4.7}$$

其中

$$\mu(\omega_g) = J\pi\left(\omega_g^2 - \omega_i^2\right)^{1/2},$$
$$K_c = \mu(\omega_g)/2\pi b n_0;$$

$K'(\omega_g)$ 为第一内波模式的频散关系; J 为在惯性频率 ω_i 上的传播内波模式数目; n_0 为 $N(z)$ 的极大值; 而 $b \equiv n_0^{-1}\int N(z)\,\mathrm{d}z$; 为拟合实测数据 G-M 选取常数:

$$E = 2\pi \times 10^{-5},$$
$$J = 20.$$

内波对声场的扰动是通过内波对海水介质的声速分布的扰动引起的. Munk 曾建立声速扰动与内波垂直位移之间的关系:

$$\frac{\delta_c}{c_0} = \frac{N^2(z)}{g} \cdot \sigma \times \xi(\boldsymbol{x}, t), \tag{2.4.8}$$

其中 ξ 为内波的垂直位移, 对于 $(K,\ \omega_g)$ 平面上给定成员的内波位移可表示为

$$\xi = Z(z)\, n_0^{-1} q(K,\ \omega_g) \times \exp\left[\mathrm{i}2\pi(K \cdot r - \omega_g t)\right], \tag{2.4.9}$$

其中 $Z(z)$ 为满足式 (2.3.4) 的归一化波函数, $q(K,\ \omega_g)$ 代表分布密度:

$$\int q(K,\ \omega_g)\, q^*(\alpha,\ \omega_g')\,\mathrm{d}\omega_g' = E(\alpha,\ \omega_g);$$

均匀垂直位移动:

$$\bar{\xi}^2 = \iint \overline{Z^2(z)} E(K,\ \omega_g)\,\mathrm{d}K\mathrm{d}\omega_g, \tag{2.4.10}$$

其中 $\overline{Z^2(z)}$ 为 $Z(z)$ 的均方值, 于是定义位移谱 $F_\xi(\omega_g)$:

$$\bar{\xi}^2 = \int F_\xi(\omega_g)\,\mathrm{d}\omega_g, \tag{2.4.11}$$

而

$$F_\xi(\omega_g) = \int \overline{Z^2(z)} E(K,\ \omega_g)\,\mathrm{d}K. \tag{2.4.12}$$

将 G-M(72) 谱式 (2.4.7) 代入式 (5.4.12), 并取

$$\overline{Z^2(z)} = \begin{cases} n_0\left(\omega_g^2 - \omega_i^2\right)/N(z)\,\omega_g^2 & \omega_0 < \omega_g < N(z) \\ 0 & \text{其他} \end{cases}, \tag{2.4.13}$$

则得到位移谱为

$$F_{\xi}\left(\omega_{g}\right)=\frac{2 b^{2} n_{0} E \omega_{i}}{\pi N(z) \omega_{g}^{3}}\left(\omega_{g}^{2}-\omega_{i}^{2}\right)^{1 / 2} . \tag{2.4.14}$$

当 $w_g \gg w_i$ 时, 按 ω_g^{-2} 下降.

实测的位移谱有些与式 (2.4.12) 的结果一致, 例如见图 2.4.3, 但也有一些与它不同, 而是按 ω_g^{-3} 下降的, 例如Бреховских在印度的测查结果[29], 见图 2.4.4. 我们曾在黄海近岸的浅海跃层观测到内波温度起伏的谱基本上在 $\omega_g^{-2} \sim \omega_g^{-3}$[55].

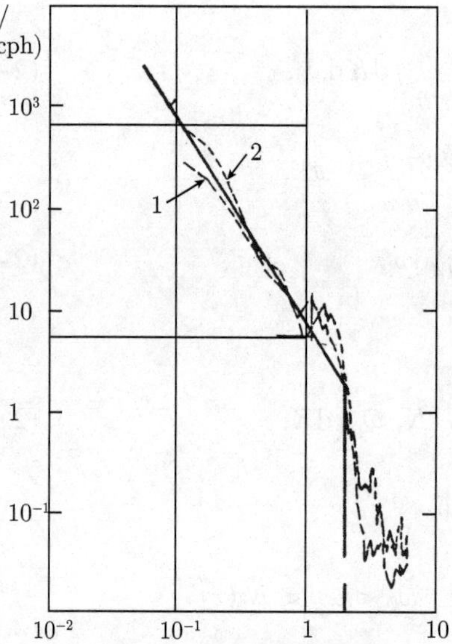

图 2.4.3 (取自文献 [28])

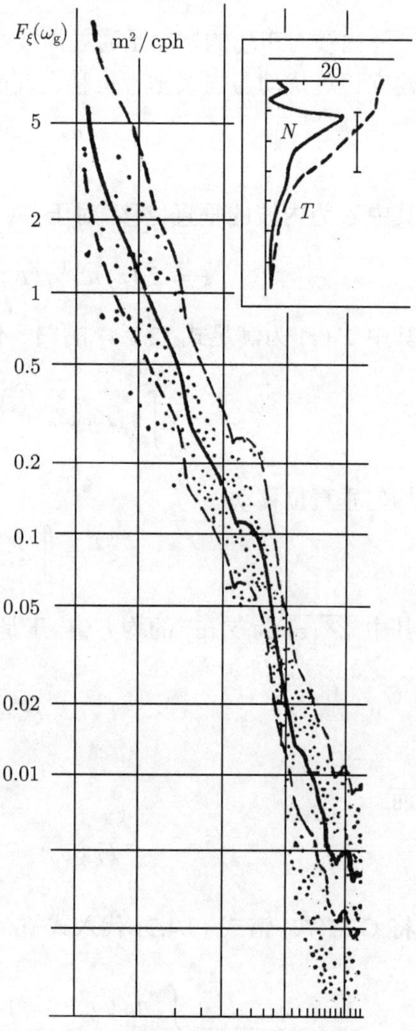

图 2.4.4 (取自文献 [29])

§2.5 海洋中的局部非均匀体

2.5.1 温度“微”结构水团

即使在充分混合的等温层内, 也会观察到温度随时间和空间的起伏变化. 用灵敏的、时间常数极短的温度计测量表明, 海中一定点上的温度是时间的随机函数, 即不同时刻的温度值无规地变化着. 而同一时刻空间不同点上的温度也随机分布着, 即同一瞬间空间各点上的温度是空间坐标的随机函数. 图 2.5.1 是实测的海面附近声速起伏的例子.

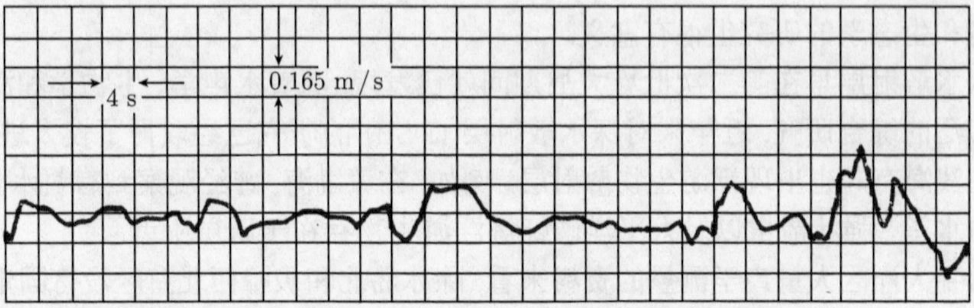

图 2.5.1 (取自文献 [24])

在温度跃层附近, 由于内波扰动, 在固定点能够观测到周期长、幅度大的温度起伏, 在数分钟到几小时的周期内经常能观察到几度的温度大幅度起伏 (可参看图 2.4.2), 而在混合层内测量时, 则经常观察到尺度较小, 幅度也较小的起伏. 这种起伏来源于湍流, 与内波不同之处是它基本上可以看成是各向同性的. 由于其空间 – 时间尺度均较小, 我们称之为“微”结构.

在一定的时间和空间范围内, 可以认为这一过程在时间上是平稳的, 在空间上是均匀各向同性的.

湍流温度起伏的特性一般用温度起伏的均方差 $\overline{\mu}^2 \equiv \overline{\left(\dfrac{\Delta c}{c_0}\right)^2}$ 和“微”结构的尺寸——相关半径 a 来描述. 在这种描述下, 可以把温度“微”结构形象地看成具有一定温度和一定大小的水团, 这些水团在空间随机地分布着. 当声信号通过这些水团时将产生折射和散射, 从而使接受点的信号产生起伏.

在不同的海区用不同的方法, 测得的 $\overline{\mu}^2$ 和 a 的数据差别很大, $\overline{\mu}^2$ 大致在 $10^{-8}\sim 10^{-9}$ 范围内. a 的数据就更为分散, 例如在原始的测量中 Urick 和 Searfoss 在基伟斯特海区, 深约 20 英尺混合层中测得 a 约为 5 m, Liebermann[30] 在加利福尼亚近岸海区 50 m 深处测得 a 为 60 cm. 后来在南 Bermuda 用不同方法又测得不同的数据: Urick[31] 测得 a–10 英尺, 而 Kennedy[32] 测得 a 在 46~50 m. 当然在这些数据的分散当中, 包含有多种因素; 各种实验时环境因素的未知性差异, 有些数据可能包含有内波的影响, 以及分析方法和实验方法上的差异. 文献 [33] 还报道了一次得到较大起伏结构的实验结果. 通过对信号到达时间的统计, 反推 $\overline{\mu}^2$ 与 a 为: $\overline{\mu}^2 - 10^{-6}; a - 100$ m. 看来, 这方面还有待进一步的实验研究和理论研究.

2.5.2 生物散射体及深水散射层 (DSL)

深水散射层是全球各大洋深水域中普遍存在的生物体聚居的水平层, 层中有较密集的浮游生物 (见图 2.5.2) 及鱼类. 这些生物体的气囊受声波照射时, 能引起共振, 产生声散射和较大的混响背景. 因为生物体随纬度、深度、昼夜时间和季节的变化而变化, 弄清散射层的规律一方面对声呐的使用和设计有很大意义, 另一方面对环境和生态学的研究也很有意义.

深水散射层早在第二次世界大战期间就已发现, 随着水声学、生物学和海洋学开展广泛的综合研究, 近年来对深水散射层 (DSL) 的研究已经取得了较大进展.

在浅海有时也出现浮游生物散射层. 例如, 在黄渤海, 曾经观察到有哲水蚤、真刺唇角水蚤、强壮箭虫以及太平洋磷虾等浮游生物存在于跃层附近.

从各大洋区大量声学测量的资料来看, 除冰岛北和极峰西北海区没有固定的散射层外, 遍布全球海洋都存在深水散射层, 甚至在浅海也观察到生物散射层. 由于生物群体在海洋中有不同的深度分布, 因此, 散射层的结构是多层的. 每一层中都有占优势的散射体尺寸, 由于散射体的几何尺寸与起主要声散射作用的气囊有一定关系. 例如, 对深海鱼, Haslett[34] 给出其简单关系:

$$L = 22R, \tag{2.5.1}$$

其中 L 为鱼长; R 为气囊半径, 因此不同的 DSL 层可能有不同的显著散射频率. 气囊的有效半径 R 与共振频率 f_R 的关系[35] 为

$$f_R = \frac{1}{2\pi R}\left(\frac{3\gamma_0 p_0 + 4\mu_1}{\rho}\right)^{1/2}, \tag{2.5.2}$$

其中 f_R 为以 Hz 为单位的共振频率; R 为以 cm 为单位的气囊有效半径; p_0 为静压力, 单位用达因/厘米^2; γ 为气体定压与定容比热的比率, 为 1.40; μ_1 为鱼组织复数切变模量的实部; ρ 为海水密度, 单位用 g/cm^3. 深度大于 200 m 以后, $4\mu_1$ 比 $3\gamma p_0$ 小很多, 可忽略不计, 于是式 (2.5.2) 退化为相同体积的气泡的共振频率公式.

通常描述 DSL 的声散射性能的物理量是 "柱散射强度", 简称为柱强度, 它定义为

$$S_0 = 10\log\int_{z_1}^{z_2}\left(P_s^2/P_i^2\right)\mathrm{d}z = 10\log\int_{z_1}^{z_2}10^{S_v/10}\mathrm{d}z, \tag{2.5.3}$$

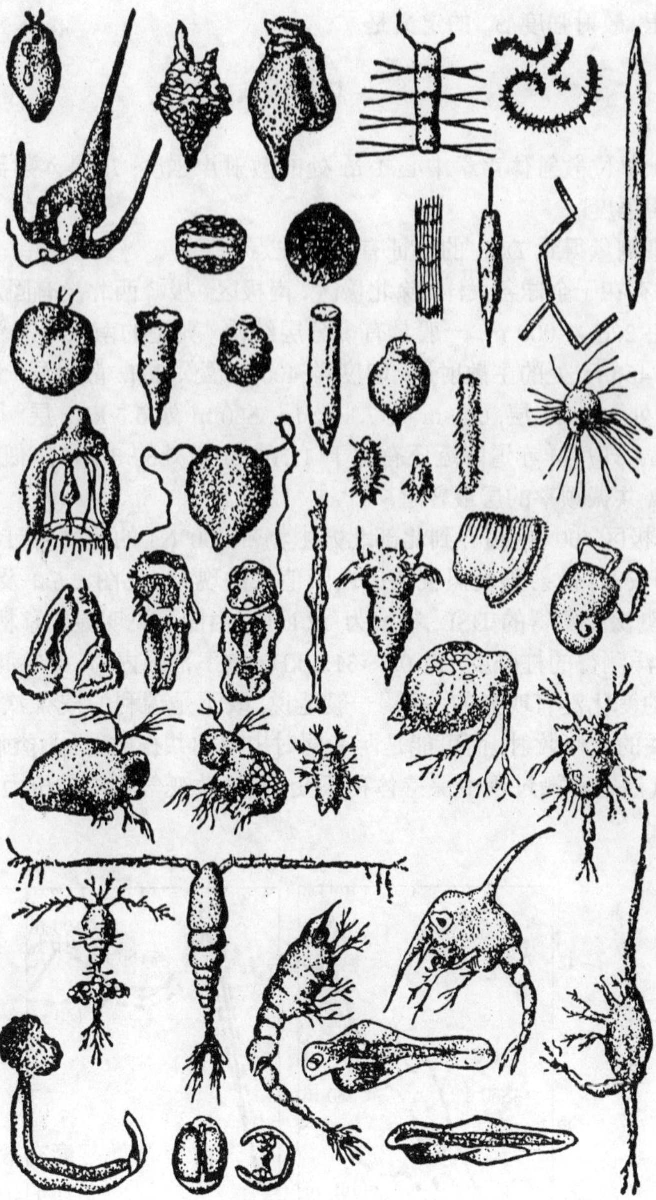

各种浮游生物

图 2.5.2 (取自文献 [43])

其中 z 是深度, 单位用 m; z_1, z_2 是深度极限; $S_v(z)$ 是这个区间的散射强度; P_s^2 是离单位散射体声学中心 1 m 距离处散射声压平方; P_i^2 是入射在单位散射体上平面

波的平方声压. 散射强度 S_v 的定义是

$$S_v = 10\log\frac{I_s}{I_i}, \tag{2.5.4}$$

I_s 是离 1 m^3 单位散射体声学中心 1 m 处的散射声强度; I_i 是入射到单位散射体上平面波的声强度.

概括大量测量得到 DSL 的特征有下列几点:

(1) DSL 存在于全球各大洋 (除北极区、南极区、极峰西北没有固定层外). DSL 白天、深度在 200~1 000 m, 一般具有多分层结构. 典型的南太平洋新西兰海区有 5, 12 kHz 的 450 m 处的主散射层; 印度洋 400 m 处 5 kHz 散射层; 北大西洋有三种层: 400 m 处 13 kHz 层, 600 m 处 7 kHz 层, 850 m 处 5.5 kHz 层. 层的厚度一般为 200~400 m. 印度洋赤道附近还有位于 1 700 m 深处的 3.5 kHz 低频散射层. 所有洋区 5 kHz 共振频率的层最普遍.

(2) 从南极区 (60°S) 边界到北部北方生物带 (60°N) 的区域内, DSL 都存在昼夜移栖, 昼降夜升, 散射强度黑夜值比白天值大的现象 (见图 2.5.3 及图 2.5.4). 图 2.5.5 用回声测深仪测得的 DSL, 频率为 12 kHz. 由图可见明显的移栖过程.

(3) 各大洋测得的柱强度, 在 0.8~31.5 kHz 频率范围内为 −35~ −78 dB. 散射强度随频率的变化没有明显的关系. 一般地说, 既不是瑞利的按 4 次方增加, 也不是与频率无关的几何散射, 而可能是两者同时出现的共振散射体, 类似于柔软可变气泡. 这种气泡在移栖过程中保持体积不变, 而当改变气囊中的压力时, 会引起共振频率的变化.

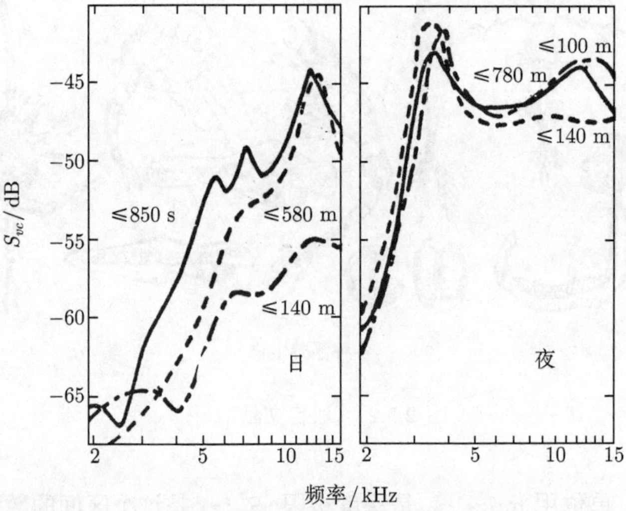

图 2.5.3 (取自文献 [24])

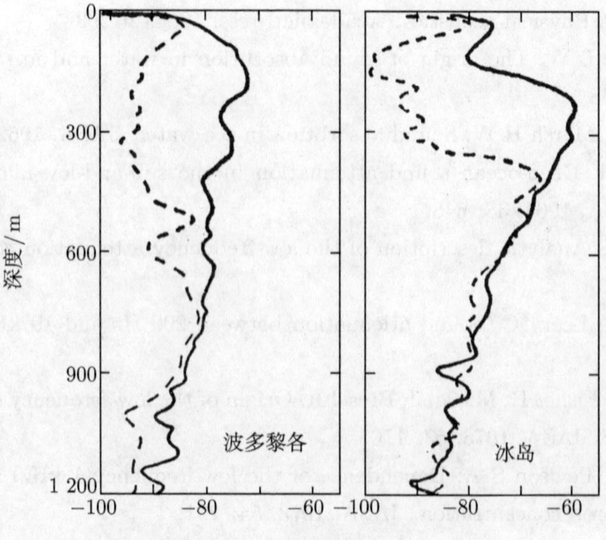

图 2.5.4 (取自文献 [24])

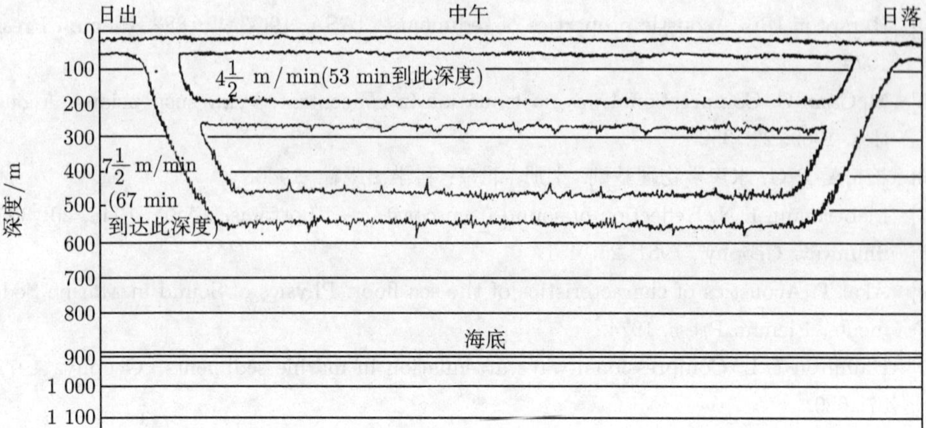

图 2.5.5 (取自文献 [56])

参 考 文 献

[1] Wilson W D. Equations for the speed of sound in sea water. JASA, 1962, 32: 1357.

[2] Rayleigh L. The theory of sound. Vol.2.

[3] Mason W P. Physical acoustics. Academic Press, 1964, 2: 293.
[4] Liebermann L W. The origin of sound absorbtion in water and in sea water. JASA, 1948, 20: 868.
[5] Schulkin M, Marsh H W. Sound absorbtion in sea water. JASA, 1962, 35: 864.
[6] Thorp W H. Deep-ocean sound attenuation in the sub-and-low-kilocycle-per-second region. JASA, 1964, 38: 648.
[7] Thorp W H. Analytic description of the low-frequency attenuation coefficient. JASA, 1967, 42: 270.
[8] Skretting A, Leory C. Sound atlenuation between 200 Hz and 10 kHz. JASA, 1973, 490: 276.
[9] Yeager E F, Fisher H, Micedi J, Bresel R. Origin of the low-ferquency sound abscrbtion in sea water. JASA, 1973, 53: 1705.
[10] Fisher F H, Levison S A. Dependence of the low-frequency(1 kHz) relaxation in sea water on boron concentration. JASA, 1973, 54: 291.
[11] Biot M A. JASA, 1956, 28: 168; JASA, 1962, 34: 1254.
[12] Hampton L L. Physics of sound in marine sediments. 1974.
[13] Hamilton E L. Geophysic, 1972: 36: 260; J.Geophy. Rea., 1970, 75: 4423; JASA, 1976, 59: 528.
[14] Hampton L L. Acoustic properties of sediments. JASA, 1967, 42: 882, Plenum Press, 1974.
[15] McCann C. Compressional wave atlenuation in concentrated clay suspensions. Acoustica, 1969, 22: 352.
[16] 柏格曼 P G. 水声学物理基础. 上册. 北京：科学出版社, 1960.
[17] Liebermann L N. Reflection of sound from coastal sea bottoms. JASA, 1948, 20: 305.
[18] Shunway. Geophy., 1961, 25: 451.
[19] Akal T. Acoustics of characteristics of the sea floor, Physics of Sound in Marine Sediments. Plenum Press, 1974.
[20] Hamilton E L. Compressional-wave attenuation in marine sediments. Geophy., 1972, 37: 620.
[21] Mackenzie K V. JASA, 1960, 32: 221.
[22] Fass D W. Geophys., 1969, 34: 546.
[23] И. Д. Лысанов. et al. Vertical correlation of sound signals scattered by the ocean bottom, Proceeding of the Satellite Symposium on Underwater Acoustics 8th, ICA, 1974.
[24] Clay C C, Medwin H. Acoustical oceanography. John Wiley & Sons, 1977.
[25] Pierson W J, Moskowitz L. A proposed spectra form for fully developed wind seas based on similarity theory of S.A.Kitaigorodski. J.Geop.Res., 1964, 69: 5181.
[26] Barnard G R, Deavenpore R L. JASA, 1978, 63: 709.

[27] Phillips O M. The dyuamics of the upper ocean.

[28] Garrett C J R, Munk W H. Space-time scales of internal waves. Geophs. Fluid Dyn., 1972, 2: 225.

[29] Brekhovskikh L M, et al. Short-period internal waves in the sea. J.Geoph.Res., 1975, 80: 856.

[30] Liebermann L. Eiffect of temperature inhomogeneoties in ocean on the propagation of sound. JASA, 1951, 23: 563.

[31] Urick R J. Vertical coherence of sound transmitted over a 24 mile path. JASA, 1969, 46: 1308.

[32] Kennedy. Phase and amplitude fluctuations in propagation through a layered ocean. JASA, 1969, 46: 737.

[33] Л.М.Нефедов, О флуtукацияx времен нпробега ииупьсав геубоком море. Аку. Жур., 1974, 20: 645.

[34] Haslett R W. Acoustic backscattering cross section of fish at three frequencies and their representarion on a univeral, graph Brit. Appl. Phyp., 1965, 16: 1143.

[35] И.Б.Андреева, О рассеянии звука газовыии. пузылиn рыб в губковоуных звукориссеивающих слоях океана. Аку. Жур., 1964, 10: 20.

[36] 裘辛方, 蒋济良. 430 升充水圆柱形声共振器的研究. 声学学报, 1981, 6(1): 50–53.

[37] Fisher F H, Simmons U P. JASA, 1977, 62: 558.

[38] Shulkin M, Marsh H W. JASA, 1978, 63: 43.

[39] Mellen R H, Browning D G. JASA, 1977, 61: 704.

[40] Mellen R H. Attenuation in surface duct. JASA, 1978, 63: 1624.

[41] Bachwann W, Raigniac B D. Calculation of reverberation and average intensity of broad-band acoustic signals in the ocean by means of raibac computer model. JASA, 1976, 59: 31.

[42] Marsh H W. Refiection and scattering of sound by the sea bottom. JASA, 1964, 36: 2003(A).

[43] А.П.Сташкелич, Акустика моря, Изд. Судостроение, 1968.

[44] Shang Er-chang(尚尔昌). Transition range of thc average sound field in shallow water. SCIENTIA SINICA, 1976, Vol. XIX: 794.

[45] 林振镀, 等. 高分辨力旁视声呐的研究. 华南工学院院报, 1978, 6(2).

[46] Bucker H P. JASA, 1965, 37: 1037.

[47] Winoker R S. JASA, 1968, 44: 1130.

[48] Cole B F. JASA, 1965, 38: 291.

[49] Barnard G R. JASA, 1964, 36: 1198.

[50] Morris H E. JASA, 1970, 48: 1198.

[51] 周纪浔. 浅海声场的垂直相关与界面反射 (散射) 损失. 声学学报, 1979: 34.

[52] Ingenito F. JASA, 1973, 53: 858.

[53] 尚尔昌, 周纪浔, 关定华. 小掠射角边界反射损失的理论分析及参数提取问题. 声学学报, 1981, 6(5): 308–313.
[54] Munk W. Sound channel in an exponentially stratified ocean, with application to sofar. JASA, 1974, 55: 220.
[55] 汪德昭, 尚尔昌, 高天赋, 等. 浅海内波及声场起伏. 10th ICA, 1980.
[56] Schulkin M. Basic Acoustic cceanography, 1975.
[57] в.Н.Матвменко, Дадъностъ действня тидро-акустических средств, Изд. Судостроение, 1976.
[58] Buckingham M J. JASA, 1997, 102: 2579.
[59] Buchingham M J. JASA, 1998, 103: 288.
[60] Buckingham M J. JASA, 2000, 108: 2796.
[61] Buchingham M J. JASA, 2005, 117: 137.
[62] Buckingham M J. JASA, 2007: 122: 1486.

第三章　水声场的基本概念与理论方法

§3.1　波动方程与定解条件

在考虑声波传播问题时, 我们把介质看做连续介质; 即我们所考虑的任意小的空间长度都远大于分子间的距离, "体元" 的意思是在宏观上是小的体积, 在微观上是大的体积. 因此, 介质的状态由宏观的热力学规律来描写 (平衡态宏观物理量之间所满足的物态方程). 不同于刚体动力学, 施于连续弹性介质中任一点的力将产生形变. 在形变前, 分子的布局是适应于物体的热平衡状态的, 同时各部分之间彼此处于力学平衡. 如果介质某一部分发生了形变, 则在形变中, 分子的布局受到改变, 平衡破坏, 将出现促使物体恢复平衡状态的力, 而在介质这一部分所发生的形变与应力, 由于连续性的约制, 就将引起与其毗邻的介质的形变与应力的发生, 从而将机械扰动传播到介质的各部分, 构成弹性波 (声波) 在弹性介质中的传播.

对于不能承受剪切力的流体介质, 描写声波波动过程的基本方程是尤拉方程和连续性方程:

$$\frac{\mathrm{d}\boldsymbol{u}}{\mathrm{d}t}+\frac{1}{\rho}\mathrm{grad}p=0, \tag{3.1.1}$$

$$\frac{\mathrm{d}\rho}{\mathrm{d}t}+\rho\mathrm{div}\boldsymbol{u}=0, \tag{3.1.2}$$

其中 $\boldsymbol{u}$ 为质点振动速度矢量; p 为声压; ρ 为密度.

考虑小振幅情况, 忽略二阶小量, 则式 (3.1.1) 及 (3.1.2) 变为

$$\frac{\partial\boldsymbol{u}}{\partial t}+\frac{1}{\rho}\mathrm{grad}p=0, \tag{3.1.3}$$

$$\frac{\partial p}{\partial t}+\rho c^2\mathrm{div}\boldsymbol{u}=0, \tag{3.1.4}$$

其中引入了绝热声速:

$$c^2\equiv\left(\frac{\partial p}{\partial\rho}\right)_s. \tag{3.1.5}$$

根据式 (3.1.3) 及 (3.1.4), 我们便可以得到关于 p 的微分方程:

$$\rho\mathrm{div}\left(\frac{1}{\rho}\mathrm{grad}p\right)-\frac{1}{c^2}\frac{\partial^2 p}{\partial t^2}=0. \tag{3.1.6}$$

如果密度是均匀的, 就可以得到下列形式的关于 p 的波动方程:

$$\Delta p - \frac{1}{c^2}\frac{\partial^2 p}{\partial t^2} = 0, \tag{3.1.7}$$

其中 Δ 为拉氏算符 $\left(\frac{\partial^2}{\partial x^2} + \frac{\partial^2}{\partial y^2} + \frac{\partial^2}{\partial z^2}\right)$.

若考虑简谐过程 (时间因子 $\mathrm{e}^{-\mathrm{i}\omega t}$ 略去不写), 则式 (3.1.7) 变为

$$\Delta p + k^2 p = 0, \tag{3.1.8}$$

其中引入了波数 $k = \frac{\omega}{c}$.

在一般宏观非均匀介质中, ρ, c 均是空间函数, 此时不能直接得到关于 p 的波动方程, 可以引入波函数[1]:

$$\psi \equiv \frac{1}{\sqrt{\rho}} p. \tag{3.1.9}$$

于是由式 (3.1.6) 可以得到关于 ψ 的波动方程:

$$\Delta\psi + K^2(x, y, z)\psi = 0, \tag{3.1.10}$$

其中

$$K^2 = k^2 + \frac{1}{2\rho}\Delta\rho - \frac{3}{4}\left(\frac{1}{\rho}\mathrm{grad}\rho\right)^2. \tag{3.1.11}$$

用波函数 ψ 来描述场时, 它与声波场的基本量声压及质点速度的关系如下:

$$p = \sqrt{\rho}\psi, \tag{3.1.12}$$

$$\boldsymbol{u} = \frac{1}{\mathrm{i}\omega}\left[\frac{1}{\sqrt{\rho}}\mathrm{grad}\psi + \frac{4}{\rho}\mathrm{grad}\sqrt{\rho}\right]. \tag{3.1.13}$$

这样, 我们便得到了确定声场的基本方程 —— 波动方程 (3.1.7) 或 (3.1.10).

对波动方程实行积分所得到的解仍然是不确定的. 因此, 对于唯一确定的物理过程而言, 必须给出定解条件. 例如, 由二阶常微分方程所描写的振动过程就需要知道与初始时刻相对应的振动位移及其对时间的一阶导数, 才可以唯一确定振动位移随时间变化的规律. 对于由二阶偏微分方程所描写的波动过程, 除了初始条件外, 还需给出边界条件——沿某一边界 Σ 上, 波函数及其法向微商在任意时刻上的分布.

对于简谐过程 (稳态), 不需要初始条件, 且边界条件与时间也无关.

在声场问题中, 边界条件是描写边界对波动的响应, 也就是说, 由于边界所处的物理条件, 规定了波函数 ψ 在边界 Σ 上满足一个事先已知的确定的关系式, 这一关系式由其所包含的物理内容而直接影响场的性质, 并使其具有唯一确定的性质.

下面, 列出一些常见的边界条件:

(1) 绝对软边界, 此时边界是不能承压的, 即在边界 Σ 上有

$$p|_{\Sigma}=0, \tag{3.1.14}$$

称为第一类齐次边界条件. 海面平静时用此边界条件. 如果给定压力分布, 则

$$p|_{\Sigma}=f_1(\Sigma), \tag{3.1.15}$$

称为非齐次第一类边界条件.

(2) 绝对硬边界, 此时边界上的质点法向振速为 0,

$$u_n|_{\Sigma}=0, \tag{3.1.16}$$

称为第二类齐次边界条件. 如果给定边界上的振速分布, 则

$$u_n|_{\Sigma}=f_2(\Sigma), \tag{3.1.17}$$

称为第二类非齐次边界条件. 给定形状的换能器声源常用此边界条件.

(3) 给出压力与振速的线性关系:

$$ap|_{\Sigma}+bu_n|_{\Sigma}=f_3(\Sigma), \tag{3.1.18a}$$

称为第三类边界条件. 当 $f_3(\Sigma)=0$ 时, 称为阻抗边界条件.

$$\left.\frac{p}{u_n}\right|_{\Sigma}=c. \tag{3.1.18b}$$

(4) 如果构成 "边界" 的情况是 ρ, c 的有限间断, 实质上它不是 "边界", 而只是介质分布有跃变的界面, 在此界面两边都有波场存在; 所要求的是在此界面处应满足场的连续性条件:

$$\begin{aligned}&p|_{\Sigma-0}-p|_{\Sigma+0}=0,\\&u_n|_{\Sigma-0}-u_n|_{\Sigma+0}=0.\end{aligned} \tag{3.1.19}$$

式 (3.1.19) 中的第一式代表压力连续, 否则就会出现质点加速度 $\to\infty$ 的物理上不允许的现象; 第二式代表法向速度连续, 否则就会出现介质的 "断裂". 既然界面两边都有场存在, 因此要唯一确定解, 还必须在这两边的介质的边界上 (或 ∞ 点) 附加定解条件才行.

在某些特殊情况下, 式 (3.1.19) 可以变为第三类边界条件 (即阻抗边界). 为此, 引入下界面的介质对声场影响的法向阻抗:

$$Z\equiv\left(\frac{p}{u_n}\right)_{\Sigma-0}. \tag{3.1.20}$$

一般而言, Z 依赖于界面下介质的介质参数, 以及下介质中声场本身的某些特征. 这样, Z 就不能作为事先已知的确定的量而给出, 因此也就不能作为定解的边界条件了. 例如, 在平面波场中可得

$$Z=\frac{(\rho c)_{\Sigma-0}}{\sqrt{1-\dfrac{\sin^2\theta_0}{n^2}}},\tag{3.1.21}$$

其中

$$n=\frac{c|_{\Sigma+0}}{c|_{\Sigma-0}}.$$

它包括有场参数 $\sin\theta_0$(入射角). 但当 $|n^2|\gg 1$ 时, 则

$$Z\approx(\rho c)_{\Sigma-0},\tag{3.1.22}$$

即过渡为式 (3.1.18) 所对应的阻抗边界条件.

满足条件

$$|n^2|\gg 1\tag{3.1.23}$$

时, 通常称为 "局部反应" 表面. 形成 "局部反应" 的机制可以是下介质中的声速远小于上介质声速; 或者由于下介质具有强烈的吸收; 或由于各向异性所致. "梳状表面" 是一种典型的人工 "局部反应" 表面结构.

(5) 辐射条件[2] 或熄灭条件[3]. 如果波场的问题中包括有 ∞ 点在内时, 若在无穷远点没有附加条件, 则解也不是唯一的. 在水声中的场问题经常是属于包括无穷远点的, 例如海面认为是绝对软表面, 海底则是介质突变的界面, 波场将连续延伸到海底之下的 ∞ 处. 从物理上来看, 如果无穷远没有源存在, 那么波场在 ∞ 处应具有发散波的行为 (或者当介质有耗散时, 则在 ∞ 处场应熄灭), 相应于这种要求提出定解条件称为辐射条件 (或熄灭条件). 下面我们来叙述这种附加条件的数学解析表述.

首先看平面波情况:

$$\phi_+=f\left(t-\frac{x}{c}\right),\tag{3.1.24}$$

$$\phi_-=f\left(t+\frac{x}{c}\right),\tag{3.1.25}$$

其中 ϕ_+ 代表沿 x 轴正方向传播的波动; ϕ_- 代表沿 x 轴负方向传播的波动. 由式 (3.1.24) 与 (3.1.25) 可以导出:

正 x 向波必须满足

$$\frac{\partial\phi}{\partial x}+\frac{1}{c}\frac{\partial\phi}{\partial t}=0;\tag{3.1.26}$$

负 x 向波必须满足

$$\frac{\partial \phi}{\partial x}-\frac{1}{c}\frac{\partial \phi}{\partial t}=0. \tag{3.1.27}$$

因此, 当所考虑的问题中, 由于物理原因, 要求 ∞ 处只能允许正 x 向波时, 则提出式 (3.1.26) 的附加定解条件. 反之, 如只允许负 x 向波时, 则提出式 (3.1.27) 作为定解条件. 对于简谐过程, 时间因子若取为 $\exp(-\mathrm{i}\omega t)$, 则式 (3.1.26) 及 (3.1.27) 分别变为

$$\frac{\partial \phi}{\partial x}-\mathrm{i}k\phi=0, \tag{3.1.28}$$

$$\frac{\partial \phi}{\partial x}+\mathrm{i}k\phi=0. \tag{3.1.29}$$

现在再来看球面波的情况: 球面波是由脉动球源 (点源) 所激发的声场, 在距离源很远时, 球面波与平面波很类似, 而其振幅按 $1/r$ 减小, 因此有

发散球面波:

$$\frac{\partial \phi}{\partial x}-\mathrm{i}k\phi=0\left(\frac{1}{r}\right); \tag{3.1.30}$$

会聚球面波:

$$\frac{\partial \phi}{\partial r}+\mathrm{i}k\phi=0\left(\frac{1}{r}\right). \tag{3.1.31}$$

在文献 [2] 中, 已经证明: 波动方程 $\Delta\phi+k^2\phi=-f(\boldsymbol{M})$, 其中, $f(\boldsymbol{M})$ 是局部函数, 则对于下列附加条件:

$$\phi\sim 0\left(\frac{1}{r}\right),$$

当 $r\to\infty$ 时,

$$\left(\frac{\partial \phi}{\partial r}-\mathrm{i}k\phi\right)\sim 0\left(\frac{1}{r}\right) \tag{3.1.32}$$

有唯一确定的解, 条件 (3.1.32) 称为索末菲条件或辐射条件.

§3.2 分层介质中点源声场的积分表示

分层介质 (即介质参数仅是 z 方向的函数) 无水平方向的变化, 这种对介质的描写是一种简化模型. 除对超远程传播问题外, 可以认为分层介质模型是对实际海洋介质的一种接近的理想模型. 水层厚度为 H, 密度为常数 ρ_0, 而声速为 $c(z)$, 水层的上界面 $z=0$ 为自由表面, 水层的下界面 (海底) 往往不能用已知类型的边界条件描写, 实际上它只是介质参数发生跃变的界面, 在其下的介质中仍有层中源所激发的场延续到 ∞ 而 "熄灭". 海底介质一般应考虑为密度及波速都是分层变化

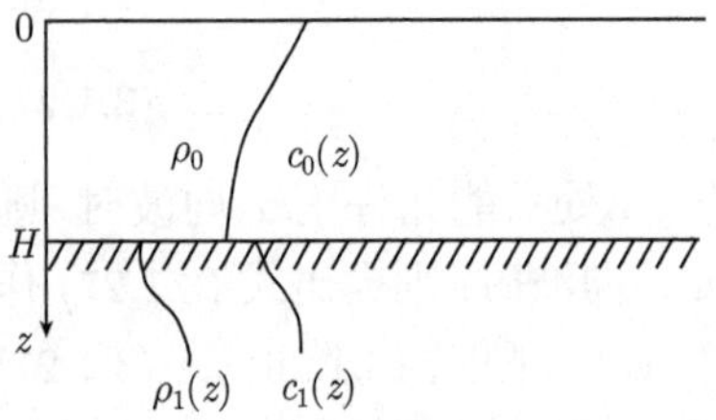

图 3.2.1

的, 对于硬海底有时还要考虑为能激发横波的分层弹性介质.

现在我们来推导如图 3.2.1 所示的分层介质中, 由层中位于 $(0, z_0)$ 处的单位点源 (简谐) 所激发的声场.

对于简谐点源, 我们取时间因子 $\mathrm{e}^{-\mathrm{i}\omega t}$, 为了节省, 以后均略去不写, 于是场的定解问题为

$$\begin{aligned}&(1)\ \Delta\psi + k_0^2(z)\psi = -4\pi\delta(\boldsymbol{R}-\boldsymbol{R}_0) \quad (0<z<H);\\&(2)\ \Delta\psi + k_1^2(z)\psi = 0 \quad (z>H);\\&(3)\ \psi\,|_{z=0} = 0;\\&(4)\ \sqrt{\rho}\psi\,\Big|_{H-0}^{H+0} = 0,\\&\quad\left[\frac{1}{\sqrt{\rho}}\frac{\partial\psi}{\partial z} + \frac{\psi}{2\rho^{3/2}}\cdot\frac{\partial\rho}{\partial z}\right]\Bigg|_{H-0}^{H+0} = 0;\end{aligned} \tag{3.2.1}$$

(5) 熄灭条件. 其中波函数 ψ 与声压 p 及质点速度 $\boldsymbol{u}$ 的关系由式 (3.1.12) 及 (3.1.13) 给出. 而 $K_1^2(z)$ 为

$$K_1^2(z) = \frac{\omega^2}{c_1^2(z)} + \frac{1}{2\rho_1}\frac{\partial^2\rho_1}{\partial z^2} - \frac{3}{4}\left(\frac{1}{\rho_1}\frac{\partial\rho_1}{\partial z}\right)^2. \tag{3.2.2}$$

考虑到问题 (3.2.1) 的柱对称性, 引入波函数 ψ 的零阶汉克尔积分变换, 可以达到降维的目的:

$$\tilde{\psi}(\mu, z) = \frac{1}{2}\int_0^\infty rJ_0(\mu r)\psi(r,z)\mathrm{d}r. \tag{3.2.3}$$

求得 $\tilde{\psi}(\mu, z)$, 则波函数 $\psi(r,z)$ 可以通过反演给出:

$$\psi(r,z) = 2\int_0^\infty \mu J_0(\mu r)\tilde{\psi}(\mu,z)\mathrm{d}\mu. \tag{3.2.4}$$

相对于 $\tilde{\psi}(\mu, z)$ 的定解问题, 由式 (3.2.1) 经积分变换得到:

$$\begin{aligned}&(1)\ \frac{\mathrm{d}^2\tilde{\psi}}{\mathrm{d}z^2} + \left[k_0^2(z)-\mu^2\right]\tilde{\psi} = 0 \quad (0<z<H);\\&(2)\ \frac{\mathrm{d}^2\tilde{\psi}}{\mathrm{d}z^2} + \left[K_1^2(z)-\mu^2\right]\tilde{\psi} = 0 \quad (z>H);\\&(3)\ \tilde{\psi}\,|_0 = 0;\\&(4)\ \tilde{\psi}\,|_{z_0-0}^{z_0+0} = 0, \qquad \frac{\mathrm{d}\tilde{\psi}}{\mathrm{d}z}\bigg|_{z_0-0}^{z_0+0} = 1;\\&(5)\ \sqrt{\rho}\tilde{\psi}\,\Big|_{H-0}^{H+0} = 0, \qquad \left[\frac{1}{\sqrt{\rho}}\frac{\mathrm{d}\tilde{\psi}}{\mathrm{d}z} + \frac{\tilde{\psi}}{2\rho^{3/2}}\cdot\frac{\mathrm{d}\rho}{\mathrm{d}z}\right]\Bigg|_{H-0}^{H+0} = 0;\\&(6)\ \lim_{z\to\infty}\left|\tilde{\psi}\right| = 0 \quad \mathrm{Im}K_1>0).\end{aligned} \tag{3.2.5}$$

在式 (3.2.5) 中, 将由 $\delta(z-z_0)$ 确定的有源问题等价为无源方程 (1) 及条件 (4)(参见文献 [4]).

设式 (3.2.5) 中的一维波方程 (1) 及 (2) 的线性独立解分别为 $F_1(\mu,z),F_2(\mu,z)$ 及 $G_1(\mu,z),G_2(\mu,z)$, 则 $\tilde{\psi}$ 的通解可以表示为

$$\tilde{\psi}(\mu,z)=AF_1(\mu,z)+BF_2(\mu,z)\qquad(0<z<H),\tag{3.2.6}$$

$$\tilde{\psi}(\mu,z)=CG_1(\mu,z)+DG_2(\mu,z)\qquad(z<H).\tag{3.2.7}$$

为满足式 (3.2.5) 的条件 (4), 我们将 $\tilde{\psi}$ 在 (0,H) 区间再分别表示为

$$\tilde{\psi}(\mu,z)=A_1F_1(\mu,z)+B_1F_2(\mu,z)\qquad(0<z<z_0),\tag{3.2.8}$$

$$\tilde{\psi}(\mu,z)=A_2F_1(\mu,z)+B_2F_2(\mu,z)\qquad(z_0<z<H).\tag{3.2.9}$$

由式 (3.2.7), (3.2.8) 及 (3.2.9) 给出的 $\tilde{\psi}$ 的通解, 总共有 6 个待定系数 A_1,B_1,A_2,B_2,C,D, 可由定解问题 (3.2.5) 中的 6 个定解条件定出. 这样便得到满足定解条件的 $\tilde{\psi}$, 然后再将它代入反演公式 (3.2.4), 并注意到 $\tilde{\psi}(-\mu,z)=\tilde{\psi}(\mu,z)$, 再利用汉克尔函数与贝塞尔函数之间的关系:

$$\mathrm{J}_0(\mu)=\frac{1}{2}\left[H_0^{(1)}(\mu)+H_0^{(2)}(\mu)\right],$$

$$H_0^{(2)}(\mathrm{e}^{-\pi\mathrm{i}}\mu)=-H_0^{(1)}(\mu),$$

则得到式 (3.2.1) 的关于点源场的积分表示如下:

$$\psi(r,z)=\int_{-\infty}^{\infty}\frac{\left[F_1(z)+\dfrac{B_1}{A_1}F_2(z)\right]\left[F_1(z_0)+\dfrac{B_2}{A_2}F_2(z_0)\right]}{W(F_1,F_2)\left[\dfrac{B_1}{A_1}-\dfrac{B_2}{A_2}\right]}\cdot H_0^{(1)}(\mu r)\mu\mathrm{d}\mu\qquad(0<z<z_0),\tag{3.2.10}$$

$$\psi(r,z)=\int_{-\infty}^{\infty}\frac{\left[F_1(z_0)+\dfrac{B_1}{A_1}F_2(z_0)\right]\left[F_1(z)+\dfrac{B_2}{A_2}F_2(z)\right]}{W(F_1,F_2)\left[\dfrac{B_1}{A_1}-\dfrac{B_2}{A_2}\right]}\cdot H_0^{(1)}(\mu r)\mu\mathrm{d}\mu\qquad(z_0<z<H),\tag{3.2.11}$$

其中

$$W(F_1,F_2)=\left[F_1(z_0)F_2'(z_0)-F_1'(z_0)F_2(z_0)\right].\tag{3.2.12}$$

$\dfrac{B_1}{A_1}$ 与 $\dfrac{B_2}{A_2}$ 分别由下式确定:

$$\frac{B_1}{A_1}=-\frac{F_1(\mu,0)}{F_2(\mu,0)}=\frac{1}{V_s}\cdot\frac{F_1(\mu,0)}{F_2(\mu,0)},\tag{3.2.13}$$

$$\frac{B_2}{A_2}=-\frac{\left[\dfrac{G_1'(H)}{G_1(H)}+\dfrac{1}{2\rho_1(H)}\dfrac{\mathrm{d}\rho_1(H)}{\mathrm{d}z}\right]-\dfrac{\rho_1(H)}{\rho_0}\cdot\dfrac{F_1'(H)}{F_1(H)}}{\left[\dfrac{G_1'(H)}{G_1(H)}+\dfrac{1}{2\rho_1(H)}\dfrac{\mathrm{d}\rho_1(H)}{\mathrm{d}z}\right]-\dfrac{\rho_1(H)}{\rho_0}\cdot\dfrac{F_2'(H)}{F_2(H)}}\cdot\frac{F_1(H)}{F_2(H)}=V_b(\mu)\cdot\frac{F_1(H)}{F_2(H)},\tag{3.2.14}$$

其中 $G_1(z)$ 为满足熄灭条件的解; V_s、V_b 分别为海面、海底反射系数.

式 (3.2.10)~(3.2.14) 便是分层介质中点源声场的积分表示.

如果我们对远场感兴趣, 则可使用 $H_0^{(1)}(x)$ 的渐近表示:

$$H_0^{(1)}(\mu)\doteq\sqrt{\frac{2}{\pi u}}\mathrm{e}^{\mathrm{i}\left(u-\frac{\pi}{4}\right)}\cdot\left(1+\frac{1}{8\mathrm{i}u}+\cdots\right).\tag{3.2.15}$$

当 $|u|\gg 1$, 我们在式 (3.2.15) 只取首项, 代入式 (3.2.10) 及 (3.2.11), 得

$$\psi(r,z)=\int_{-\infty}^{\infty}\sqrt{\frac{2}{\pi\mu r}}\frac{\left[F_1(z)+\dfrac{B_1}{A_1}F_2(z)\right]\left[F_1(z_0)+\dfrac{B_2}{A_2}F_2(z_0)\right]}{W(F_1,F_2)\left[\dfrac{B_1}{A_1}-\dfrac{B_2}{A_2}\right]}\mathrm{e}^{\mathrm{i}\left(\mu r-\frac{\pi}{4}\right)}\cdot\mu\mathrm{d}\mu\quad(0<z<z_0),\tag{3.2.16}$$

$$\psi(r,z)=\int_{-\infty}^{\infty}\sqrt{\frac{2}{\pi\mu r}}\frac{\left[F_1(z_0)+\dfrac{B_1}{A_1}F_2(z_0)\right]\left[F_1(z)+\dfrac{B_2}{A_2}F_2(z)\right]}{W(F_1,F_2)\left[\dfrac{B_1}{A_1}-\dfrac{B_2}{A_2}\right]}\mathrm{e}^{\mathrm{i}\left(\mu r-\frac{\pi}{4}\right)}\cdot\mu\mathrm{d}\mu\quad(z_0<z<H).\tag{3.2.17}$$

§3.3　一维波动方程的可解情况

由前节讨论可知, 经过积分变换之后, 分层介质中的波场问题归结为解 (3.2.5) 的一维波动方程的定解问题. 然而, 在数学上关于 (3.2.5) 类型的二阶常微分方程的解对应于 "特殊函数", 而只有 $K^2(z)$ 的形式取某些特定形式时, 才对应有已知函数的封闭形式的解, 或有表可查的函数, 这种情况, 我们称为可解情况. 除此之外, 式 (3.2.5) 的解是一些我们尚不了解其性质的 "特殊函数" 或数值解.

关于式 (3.2.5) 的已知可解情况的讨论可参见文献 [5]. 这里简述如下:

(1) $K^2(z)=k_0^2(1+az)$

此时, 常称为 "线性介质", 其解可用 1/3 阶 Hankel 函数或 "Airy" 函数表达. 这是一个最简单也很重要的情况, 特别在缓变介质情况.

(2) $K^2(z)=k_0^2(1+az)^m$

当 a,m 任意时, 对垂直入射作了研究; 当 m 为整数时, 对任意入射 (u 值由 $0\to k_0$) 作了研究.

(3) $K(z)=\dfrac{k_0^a}{z+d}$

对垂直入射 $(u=0)$Rayleigh 首先作了研究, 作变换 $z+d=\xi$, 则解可表示为

$$\psi=A\xi^{\frac{1}{2}\pm\mathrm{i}m},\quad m^2=(k_0a)^2-\frac{1}{4}.$$

(4) $K^2(z)=k_0^2\left(a^2-\dfrac{b^2}{z^2}\right)$

此时式 (3.2.5) 的解为

$$z^{1/2}H_p^{(1)}(\beta z),\quad z^{1/2}H_p^{(2)}(\beta z),$$

其中

$$p=\left(k_0^2b^2+\frac{1}{4}\right)^{1/2},\quad \beta^2=k_0^2a^2-u^2.$$

(5) $K^2(z)/k_0^2=1-p(z)$

$p(z)$ 为多项式:

$$p(z)=c_2z^2+c_3z^3+c_4z^4+c_5z^5+c_6z^6+\cdots.$$

经适当变换后, 其解可通过抛物柱函数表达.

(6) $K^2(z)/k_0^2=1-N\dfrac{\mathrm{e}^{mz}}{1+\mathrm{e}^{mz}}-4M\dfrac{\mathrm{e}^{mz}}{(1+\mathrm{e}^{mz})^2}$

这是著名的 Epstein 情况, 首先由 Epstein 用来研究电磁波的反射问题, 它可以描写对称层 $(N=0,M\neq 0)$ 与过渡层 $(M=0,N\neq 0)$. 其解可以通过超比函数来表达.

Гаэарян对此情况作了详细研究[6].

(7) $K(z)=k_0\mathrm{e}^{\alpha z}$

此时式 (3.2.5) 的解为

$$H_q^{(1)}(v),\quad H_q^{(2)}(v),$$

$$q=\frac{k_0\sin\theta}{\alpha},\quad v=\frac{k_0}{\alpha}\mathrm{e}^{\alpha z}.$$

在文献 [7] 中, 作为渐变介质反射问题, 对此情况作了研究.

(8) $K(z)=\dfrac{(z^2-a^2)^{1/2}}{c_0z}$

此时式 (3.2.5) 的解也可以通过 Bessel 函数来表达, 详细情况参见文献 [8].

(9) $K(z)=k_0^2[p^2+(1-p^2+q)\mathrm{e}^{-\alpha z}-q\mathrm{e}^{-2\alpha z}]$

此时式 (3.2.5) 的解可以通过惠塔克函数 $M_{k,\mu}$ 及 $W_{k,\mu}$ 来表达[9].

此外, 我们也应该注意到, 在某些情况下, 通过适当变换, 能使式 (3.2.5) 的解与一个可解情况相联系. 关于此问题的讨论可参见文献 [10–12], 下面作简单介绍.

线性齐次常微分方程

$$v'' + \chi(x)v' + \theta(x)v = 0 \tag{3.3.1}$$

的某些类型的解是熟知的. 例如, 常系数方程、贝塞尔方程、超比方程、勒让德方程、怀特可方程、韦伯方程、拉米方程、马丢方程等一系列特殊函数中所研究过的, 这些情况我们称为 “可解情况”.

通过变数替换的方法, 有时可以成功地将式 (3.3.1) 变换到可解情况.

如所熟知, 将式 (3.3.1) 变为典则形式的变换是

$$y(x) = v(x)\mathrm{e}^{\frac{1}{2}\int \chi(x)\mathrm{d}x}, \tag{3.3.2}$$

则 y 所满足的方程为

$$y'' + I(x)y = 0, \tag{3.3.3}$$

其中

$$I(x) = \theta(x) - \frac{1}{4}\chi^2(x) - \frac{1}{2}\chi'(x). \tag{3.3.4}$$

引入下列变量变换:

$$y = \psi(x)Z, \tag{3.3.5}$$

$$u = \int \phi(x)\mathrm{d}x, \tag{3.3.6}$$

其中 $\psi(x)$ 与 $\phi(x)$ 是任意函数, 于是式 (3.3.3) 变为

$$\frac{\mathrm{d}^2 Z}{\mathrm{d}u^2} + \frac{\psi\phi' + 2\psi'\phi}{\psi\phi^2} \cdot \frac{\mathrm{d}Z}{\mathrm{d}u} + \frac{\psi'' + I\psi}{\psi\phi^2} Z = 0. \tag{3.3.7}$$

令一次项系数为零, 则给出 $\phi(x)$ 与 $\psi(x)$ 的关系:

$$\frac{\phi'}{\phi} + 2\frac{\psi'}{\psi} = 0. \tag{3.3.8}$$

将其积分, 可得

$$\phi(x) = \frac{c}{\psi^2(x)}, \tag{3.3.9}$$

于是式 (3.3.5), (3.3.6) 变为

$$y = \psi(x)Z(x), \tag{3.3.10}$$

$$u = \int \frac{c}{\psi^2(x)}\mathrm{d}x, \tag{3.3.11}$$

其中 $\psi(x)$ 为任意函数.

此时方程 (3.3.7) 变为

$$\frac{\mathrm{d}^2 Z}{\mathrm{d}u^2} + I_k(u) Z = 0, \tag{3.3.12}$$

其中

$$I_k(u) = \frac{1}{c^2}(\psi'' + I\psi)\psi^3. \tag{3.3.13}$$

由式 (3.3.13) 可以解出式 (3.3.3) 的不变式 $I(x)$, 它通过式 (3.3.12) 的不变式 $I_k(u)$ 来表示:

$$I(x) = c^2 \frac{I_k\left(c\int \frac{\mathrm{d}x}{\psi^2(x)}\right)}{\psi^4} - \frac{\psi''}{\psi}. \tag{3.3.14}$$

因此, 当将 I_k 取为某些使式 (3.3.12) 为可解的形式, 而保留 $\psi(x)$ 为任意函数, 就可以通过变换式 (3.3.10), 将方程 (3.3.3) 和可解情况联系起来, 故也可算做间接可解情况.

例如, 取 $I_k(u) = a^2$, 则式 (3.3.12) 的解为

$$Z^{\pm} = \mathrm{e}^{\pm \mathrm{i}au} = \mathrm{e}^{\pm \mathrm{i}a\int \frac{c}{\psi^2(x)}\mathrm{d}x},$$

$$y(x) = \psi(x)\mathrm{e}^{\pm a\int \frac{c}{\psi^2(x)}\mathrm{d}x}$$

是下列方程的解:

$$\frac{\mathrm{d}^2 y}{\mathrm{d}x^2} + I(x) y = 0,$$

其中

$$I(x) = \frac{B^2}{\psi^4(x)} - \frac{\psi''(x)}{\psi(x)};$$

而 $\psi(x)$ 为任意选取的函数.

§3.4 W.K.B. 近似

如前所述, 在非均匀介质中寻求严格的波动方程的解受到很大的局限性: (1) 只有在某些特定的介质情况下才能得到严格解, 而实际的介质情况一般不一定能满足这些特定的分布情况; (2) 而且严格解均是一些高级超越函数, 解的物理图像不易清晰看出.

鉴于上述情况, 寻求不受介质分布情况限制的物理图像清楚的近似解是十分需要的. 对于 "缓变" 的非均匀介质, 可以找到一个相当好的近似解 ——W.K.B. 近似解. 这种解形式简便, 物理意义明晰.

所谓 W.K.B. 解, 是按首先提出者 Wentzel(1926), Kramer(1926) 及 Brillouin (1926) 的字首命名的. 实际上这是出于对历史知识的欠缺. 因为 Jeffreys 早于 1923 年已提出这个解, 所以也有人称它为 J.W.K.B. 解; 而更早的应该算 Liouville(1837) 和 Rayleigh(1912), 因此, 在有些文献中把这个近似解正确地称为 L.R. 近似. 不过习惯上大家都已经接受了 W.K.B. 近似这个叫法[13].

3.4.1 基本思想及解的形式

考虑一维的非均匀介质的波动方程:

$$\frac{\mathrm{d}^2\psi}{\mathrm{d}z^2}+k^2(z)\psi=0. \tag{3.4.1}$$

设式 (3.4.1) 的解形式上为

$$\psi=A(z)\mathrm{e}^{\mathrm{i}\phi(z)}. \tag{3.4.2}$$

如果介质是均匀的, 则 A 为常数, $\dfrac{\mathrm{d}\phi}{\mathrm{d}z}$ 为常数, 解代表经典的平面波; 如果介质是非均匀的, 但是变化缓慢, 则 A 与 $\dfrac{\mathrm{d}\phi}{\mathrm{d}z}$ 在局部地区内均近似为常数, 即随空间坐标 z 的变化很慢, 这种局部性系指在一个波长范围改变很小. 换言之, 能使 A 与 $\dfrac{\mathrm{d}\phi}{\mathrm{d}z}$ 实际发生改变的空间尺度为 L 的话, 则 $L\gg\lambda$. 用数量级的概念来描写时, 则

$$A'\sim\frac{A}{L},\quad A''\sim\frac{A}{L^2},\quad \phi''\sim\frac{\phi'}{L},$$

而 $L\gg\lambda$. 上述情况代表缓慢变化的物理含义, 其精确的定义, 应由后面所谈到的将 W.K.B. 近似解作为严格解的一级近似所满足的判据给出.

将形式解 (3.4.2) 代入波动方程 (3.4.1), 分开实部与虚部, 则得

$$A''+\left[k^2(z)-(\phi')^2\right]A=0, \tag{3.4.3}$$

$$2\phi'A'+\phi''A=0. \tag{3.4.4}$$

在缓变条件下, 略去式 (3.4.3) 中的第一项, 便得到确定 A,ϕ 的两个方程:

$$(\phi')^2=k^2(z), \tag{3.4.5}$$

$$2\phi'A'+\phi''A=0. \tag{3.4.6}$$

由此解出

$$\phi'=\pm k(z),$$

所以

$$\phi(z)=\pm\int_0^z k(z)\mathrm{d}z; \tag{3.4.7}$$

$$\frac{A'}{A}=-\frac{\phi''}{2\phi'}=-\frac{k'(z)}{2k(z)},$$

所以

$$A=\frac{c}{\sqrt{k(z)}}. \tag{3.4.8}$$

于是, 在缓变介质中, 我们便得到波动方程的如下形式的近似解:

$$\psi(z)=\frac{1}{\sqrt{k(z)}}\left[c_1\mathrm{e}^{\mathrm{i}\int_{z_0}^{z}k(z)\mathrm{d}z}+c_2\mathrm{e}^{-\mathrm{i}\int_{z_0}^{z}k(z)\mathrm{d}z}\right]. \tag{3.4.9}$$

在一般情况下 (斜入射), 一维波动方程 (3.4.1) 变为

$$\frac{\mathrm{d}^2\psi}{\mathrm{d}z^2}+\left[k^2(z)-k_0^2\sin^2\theta_0\right]\psi=0. \tag{3.4.10}$$

此时, W.K.B. 解的形式为

$$\psi(z)=\frac{1}{\sqrt[4]{k^2(z)-k_0^2\sin^2\theta_0}}\left[c_1\mathrm{e}^{\mathrm{i}\int_{z_0}^{z}\sqrt{k^2(z)-k_0^2\sin\theta_0}\mathrm{d}z}+c_2\mathrm{e}^{-\mathrm{i}\int_{z_0}^{z}\sqrt{k^2(z)-k_0^2\sin^2\theta_0}\mathrm{d}z}\right]. \tag{3.4.11}$$

3.4.2 W.K.B. 解的物理图像

在解式 (3.4.11) 的两项中, 当

$$k(z)\cos\theta(z)=\sqrt{k^2(z)-k_0^2\sin^2\theta_0}$$

为实数时, 代表两个行波. 若取时间因子为 $\mathrm{e}^{-\mathrm{i}\omega t}$, 则

$$\psi_1\sim\frac{c_1}{\sqrt[4]{k^2(z)-k_0^2\sin^2\theta_0}}\mathrm{e}^{\mathrm{i}\int_{z_0}^{z}\sqrt{k^2(z)-k_0^2\sin^2\theta_0}\mathrm{d}z-\mathrm{i}\omega t}, \tag{3.4.12}$$

$$\psi_2\sim\frac{c_2}{\sqrt[4]{k^2(z)-k_0^2\sin^2\theta_0}}\mathrm{e}^{\mathrm{i}\int_{z_0}^{z}\sqrt{k^2(z)-k_0^2\sin^2\theta_0}\mathrm{d}z-\mathrm{i}\omega t}. \tag{3.4.13}$$

若 $\phi(z)\equiv\int_{z_0}^{z}\sqrt{k^2(z)-k_0^2\sin^2\theta_0}\mathrm{d}z$ 是随 z 增加而增加的函数. 则 ψ_1 代表沿正 z 方向传播的波, ψ_2 代表沿负 z 方向传播的行波.

当 $k(z)<k_0\sin\theta_0$ 时, 变为指数衰减 (或增加) 的波; 而当 $k(z)=k_0\sin\theta_0$ 时, W.K.B. 解不适用.

形如式 (3.4.12) 和 (3.4.13) 的平面波, 与均匀介质的常规平面波有两点不同:

(1) 行波的行程相位不是简单地为 $k_0 \cos\theta_0 \cdot z$, 而是积分 $\int k(z)\cos\theta(z)\mathrm{d}z$, 即相应于波的行程不是直线而是沿着由 Snell 折射定律所规定的曲线的积累行程相位. 基于此点, 有时称为 "相积分" 近似.

(2) 振幅因子 $\dfrac{1}{\sqrt{k(z)\cos\theta(z)}}$ 可以理解为能流守恒所要求的, 相应于声线管的截面变化而使波幅变化.

上述两点, 可由以下的物理图像加以说明：把空间分成许多薄层, 在每一小薄层内是均匀介质, 因此波是常规平面波. 设 i 层其振幅为 A_i, 入射角为 θ_i.

在层与层的界面上, 将发生反射与透射, 我们来计算波的幅度变化与行程相位. 由平面波反射系数及折射系数可知[5]：

$$V_{10} = \frac{Z_1 - Z_0}{Z_1 + Z_0},$$

$$W_{10} = \frac{1}{m_{10}}(1 + V_{10}) = \frac{1}{m_{10}}\left(1 + \frac{Z_1 - Z_0}{Z_1 + Z_0}\right),$$

其中

$$Z_1 = \frac{\rho_1 c_1}{\cos\theta}, \quad Z_0 = \frac{\rho_0 c_0}{\cos\theta_0}, \quad m_{10} = \frac{\rho_1}{\rho_0}.$$

当区间很小, Z_1 与 Z_0 接近, 而厚度 $\Delta z \to 0$ 时, 有

$$W_{10} \to \left(1 + \frac{\Delta Z_0}{2Z_0}\right).$$

因此, 透射波振幅与入射波振幅之比为

$$\frac{A_1}{A_0} = W_{10} = 1 + \frac{\Delta Z_0}{2Z_0} \quad (\text{由 } 0 \text{ 进入 } 1 \text{ 时}),$$

$$\frac{A_2}{A_1} = W_{21} = 1 + \frac{\Delta Z_1}{2Z_1} \quad (\text{由 } 1 \text{ 进入 } 2 \text{ 时}),$$

由此, 可得

$$A_n = A_0\left(1 + \frac{\Delta Z_0}{2Z_0}\right)\left(1 + \frac{\Delta Z_1}{2Z_1}\right)\cdots\left(1 + \frac{\Delta Z_{n-1}}{2Z_{n-1}}\right).$$

将上式改写为

$$A_n = A_0 \exp\left[\sum_{S=0}^{n-1} \ln\left(1 + \frac{\Delta Z_S}{2Z_S}\right)\right].$$

考虑到 $\ln\left(1 + \dfrac{\Delta Z_S}{2Z_S}\right) \approx \dfrac{\Delta Z_S}{2Z_S}$, 并当 $\Delta Z_S \to \mathrm{d}Z_S$, 将求和过渡为求积, 得

$$A_n = A_0 \exp\int_{S=0}^{S=h+1} \frac{\mathrm{d}Z_S}{2Z_S} = A_0 \exp\left[\frac{1}{2}\ln\frac{Z_{n-1}}{Z_0}\right].$$

将层数 n 过渡为连续的坐标函数:

$$A(z) = A_0\sqrt{\frac{Z(z)}{Z_0}} \sim \sqrt{\frac{\rho(z)c(z)}{\cos\theta(z)}}.$$

若不考虑密度变化, 则得

$$A(z) \sim \frac{1}{\sqrt{k(z)\cos\theta(z)}}, \tag{3.4.14}$$

而每一层的行程相位为

$$kz\Delta z = k(z)\cos\theta(z)\mathrm{d}z.$$

于是, 总的行程相位为

$$\phi(z) = \int_{z_0}^{z} k(z)\cos\theta(z)\mathrm{d}z. \tag{3.4.15}$$

因此, 按照上述物理图像, 即忽略各处的微弱反射, 而只计折射、透射引起的传播方向改变及幅度改变, 从而由式 (3.4.14) 及 (3.4.15) 来描述传播过程时, 其波场:

$$\psi(z) = A(z)\mathrm{e}^{\mathrm{i}\phi(z)}.$$

这正好就是 W.K.B. 形式的解.

3.4.3 W.K.B. 解的适用判据

可以证明, 波动方程的严格解可以用逐步近似方法得到, 而 W.K.B. 形式的解相当于一级近似[14,15].

将一维波方程写为

$$\psi''(z) + [k^2(z) - k_0^2\sin^2\theta_0]\psi(z) = 0,$$

或

$$\psi''(z) + k_0^2 n^2(z)\cdot\cos^2\theta(z)\psi(z) = 0, \tag{3.4.16}$$

其中

$$n^2(z) = k^2(z)/k_0^2, \quad k_0\sin\theta_0 = k(z)\sin\theta(z).$$

设式 (3.4.16) 的形式解为[5]

$$\psi(z) = \exp\left[\mathrm{i}k_0 M(z)\right], \tag{3.4.17}$$

$M(z)$ 是待求函数, 把它表示为按小量 $(1/k_0)$ 的幂级数:

$$M(z) = \int_{z_0}^{z}\mathrm{d}z\sum_{v=0}^{\infty} y_v(z)/k_0^v, \tag{3.4.18}$$

于是有

$$\psi'' = \left(\mathrm{i}k_0 M'' - k_0^2 M'^2\right)\exp(\mathrm{i}k_0 M), \tag{3.4.19}$$

其中

$$M' = \sum_{v=0}^{\infty} y_v / k_0^v,$$
$$M'' = \sum_{v=0}^{\infty} y_v' / k_0^v.$$

将式 (3.4.19) 及 (3.4.17) 代入式 (3.4.16), 并令 k_0^2, k_0 及 k_0^0 方次的项相等, 则有

$$\begin{aligned} &y_0^2 = n^2(z)\cos^2\theta(z), \\ &-2y_0y_1 + \mathrm{i}y_0' = 0, \\ &-2y_0y_2 - y_1^2 + \mathrm{i}y_1' = 0. \end{aligned}$$

由此, 不难得到

$$\begin{aligned} &y_0 = \pm n(z)\cos\theta(z), \\ &y_1 = \mathrm{i}\left(\ln n^{1/2}\cos^{1/2}\theta\right)', \\ &y_2 = \pm 1/2 n^{-1/2}\cos^{-1/2}\theta\left(n^{-1/2}\cos^{-1/2}\theta\right)''. \end{aligned} \tag{3.4.20}$$

如果在 $M(Z)$ 的级数表示式 (3.4.18) 中, 我们仅考虑前三项, 并令 $n(Z_0) = 1$, 则有

$$\psi(z) = [n(z)\cos\theta(z)]^{1/2}\exp\left[\pm\mathrm{i}k_0\int_{z_0}^{z}(1+\varepsilon)n(z)\cos\theta(z)\mathrm{d}z\right], \tag{3.4.21}$$

其中

$$\varepsilon \equiv [n(z)\cos\theta(z)]^{-3/2}\left[n^{-1/2}\cos^{-1/2}\theta\right]''/k_0^2. \tag{3.4.22}$$

除极特殊的情况外, 在一般情况下可以预期, 当满足下列不等式时, 所获的解将与严格解接近

$$y_2/k_0^2 \ll y_1/k_0 \ll y_0, \tag{3.4.23}$$

或

$$\varepsilon \ll 1, \quad [\lambda_0/2\pi n^2(z)\cos^2\theta(z)]\frac{\mathrm{d}}{\mathrm{d}z}[n(z)\cos\theta(z)] \ll 1. \tag{3.4.24}$$

若在式 (3.4.21) 中, $\varepsilon \to 0$ 即为几何光学近似, 即 W.K.B. 的形式解:

$$\psi = [n(z)\cos\theta(z)]^{-1/2}\exp\left[\pm\mathrm{i}k_0\int_{z_0}^{z}n(z)\cos\theta(z)\mathrm{d}z\right].$$

它能作为较好的近似解, 显然要求:

$$k_0\int_{z_0}^{z}n\varepsilon\mathrm{d}z \ll 1, \tag{3.4.25}$$

当 $(z - z_0) \geqslant 1/k_0$ 时, 式 (3.4.25) 比式 (3.4.24) 更强.

3.4.4 W.K.B. 解在“反转点”附近的解析延拓

在 z_m 附近, 即 $k(z)\cos\theta(z)\approx 0$ 时, 波动方程解不能用 W.K.B. 形式的近似, 必须用另外的方法来寻求. 一个比较简单而实用的方法是在反转点附近局部区域内, 用比较简单的介质情况来代替原来的介质情况: 我们要求这种代替的结果是使波动方程可解, 并且介质情况与原来情况很接近.

对于一阶反转点, 最简单的代替方法是用一个线性变化的介质来近似描述“反转区”附近的局部介质, 而在反转区以外与原来介质一样. 当只考虑一个反转点 [即 $k(z)$ 为单调函数] 时, 这种用“线性区”联结的方法是最方便的. Langer[16] 首先提出了这种联结方法.

在 $z=z_m$, 将介质函数展开成级数:

$$k^2(z)=k^2(z_m)+\left(\frac{\partial k^2}{\partial z_m}\right)(z-z_m)+\cdots .$$

取到一阶为止时, 就成为“线性介质”. 于是代替原来的波动方程, 我们提出:

$$\frac{\mathrm{d}^2 Z}{\mathrm{d}z^2}+\left[\tilde{k}^2(z)-\mu^2\right]Z=0, \tag{3.4.26}$$

其中

$$\tilde{k}^2(z)=\begin{cases} k^2(z) & (z<z_m-\varDelta, z>z_m+\varDelta) \\ k^2(z_m)+ak_0^2(z_m-z) & (z_m-\varDelta<z<z_m+\varDelta) \end{cases}.$$

用线性介质逼近原有介质, 要求“线性区”范围足够小; 此外, 在“线性区”范围之外要保证能使用 W.K.B. 近似. 下面假设适当选取范围 $\pm\varDelta$ 是满足这些要求的. 于是在线性区之外可将解表示为

$$Z=\frac{1}{\left[k^2(z)-\mu^2\right]^{1/4}}\left[A\mathrm{e}^{-\mathrm{i}\int_{z_m}^{z}\sqrt{k^2-\mu^2}\mathrm{d}z}+B\mathrm{e}^{+\mathrm{i}\int_{z_m}^{z}\sqrt{k^2-\mu^2}\mathrm{d}z}\right]\quad (z<z_m-\varDelta), \tag{3.4.27}$$

$$Z=\frac{1}{\left[\mu^2-k^2(z)\right]^{1/4}}\left[C\mathrm{e}^{-\int_{z_m}^{z}\sqrt{\mu^2-k^2}\mathrm{d}z}+D\mathrm{e}^{\int_{z_m}^{z}\sqrt{\mu^2-k^2}\mathrm{d}z}\right]\quad (z>z_m+\varDelta); \tag{3.4.28}$$

而在“线性区”之内, 可将解表示为

$$Z=A'v^{1/2}H_{1/3}^{(1)}\left(\frac{2}{3}v^{3/2}\right)+B'v^{1/2}H_{1/3}^{(2)}\left(\frac{2}{3}v^{3/2}\right)\quad (z_m-\varDelta<z<z_m), \tag{3.4.29}$$

$$Z=C'u^{1/2}H_{1/3}^{(1)}\left(\mathrm{i}\frac{2}{3}u^{3/2}\right)+D'u^{1/2}H_{1/3}^{(2)}\left(\mathrm{i}\frac{2}{3}u^{3/2}\right)\quad (z_m<z<z_m+\varDelta), \tag{3.4.30}$$

其中

$$v \equiv (ak_0^2)^{1/3}(z_m - z) = \frac{[k^2(z) - \mu^2]}{(ak_0^2)^{2/3}},$$

$$u \equiv (ak_0^2)^{1/3}(z - z_m) = \frac{[\mu^2 - k^2(z)]}{(ak_0^2)^{2/3}}.$$

这样, 我们在包括反转点在内的整个场区, 得到由式 (3.4.27)~(3.4.30) 所表述的通解, 其中包括 8 个待定系数, 由 $z = z_m - \Delta, z = z_m$ 及 $z = z_m + \Delta$ 场的连续条件, 可以给出 6 个关系, 消去 6 个常数, 最后剩下由两个待定常数所表征的全部场区的通解.

我们得到经过线性联结的 W.K.B. 通解：

$$Z = AF_1(z) + BF_2(z), \tag{3.4.31}$$

$$F_1(z) = \begin{cases} \dfrac{1}{[k^2(z)-\mu^2]^{1/4}} \mathrm{e}^{-\mathrm{i}\int_{z_m}^{z}\sqrt{k^2(z)-\mu^2}\mathrm{d}z} & (\text{I 区}) \\ \sqrt{\dfrac{\pi}{3}}(ak_0^2)^{-1/6}\mathrm{e}^{\mathrm{i}\frac{5}{12}\pi} \cdot v^{1/2} H_{1/3}^{(1)}\left(\dfrac{2}{3}v^{3/2}\right) & (\text{II 区}) \\ \sqrt{\dfrac{\pi}{3}}(ak_0^2)^{-1/6}\mathrm{e}^{-\mathrm{i}\frac{5}{12}\pi} \cdot u^{1/2} H_{1/3}^{(2)}\left(\dfrac{2}{3}\mathrm{i}u^{3/2}\right) & (\text{III 区}) \\ \dfrac{\mathrm{e}^{-\frac{\pi}{4}\mathrm{i}}}{[\mu^2-k^2(z)]^{1/4}} \cdot \mathrm{e}^{\int_{z_m}^{z}\sqrt{\mu^2-k^2(z)}\mathrm{d}z} & (\text{IV 区}) \end{cases}. \tag{3.4.32}$$

$$F_2(z)=\begin{cases} \dfrac{1}{[k^2(z)-\mu^2]^{1/4}} \mathrm{e}^{\mathrm{i}\int_{z_m}^{z}\sqrt{k^2(z)-\mu^2}\mathrm{d}z} & (\text{I 区}) \\ \sqrt{\dfrac{\pi}{3}}(ak_0^2)^{-1/6} \cdot \mathrm{e}^{-\mathrm{i}\frac{5}{12}\pi} \cdot v^{1/2} H_{1/3}^{(2)}\left(\dfrac{2}{3}v^{3/2}\right) & (\text{II 区}) \\ \sqrt{\dfrac{\pi}{3}}(ak_0^2)^{-\frac{1}{6}}\left[-\mathrm{e}^{-\frac{7}{12}\pi\mathrm{i}}u^{\frac{1}{2}}H_{1/3}^{(1)}\left(\mathrm{i}\dfrac{2}{3}u^{3/2}\right)+\mathrm{e}^{\frac{1}{12}\pi\mathrm{i}}u^{1/2}H_{1/3}^{(2)}\left(\mathrm{i}\dfrac{2}{3}u^{3/2}\right)\right] & (\text{III 区}) \\ \dfrac{1}{[u^2-k^2(z)]^{1/4}}\left[\mathrm{e}^{\int_{z_m}^{z}\sqrt{\mu^2-k^2(z)}\mathrm{d}z+\frac{\pi}{4}\mathrm{i}} - \mathrm{e}^{-\int_{z_m}^{z}\sqrt{\mu^2-k^2(z)}\mathrm{d}z-\frac{5}{4}\pi\mathrm{i}}\right] & (\text{IV 区}) \end{cases}. \tag{3.4.33}$$

3.4.5 W.K.B. 近似下的平面波反射问题

考虑如图 3.4.1 所示的分层介质, $z < 0$ 为均匀空间, $z > 0$ 为分层介质, 由

$z<0$ 入射一个平面波, 求反射系数. 提出的波场定解问题是

$$\begin{cases} ① \ \dfrac{\mathrm{d}^2\phi_1}{\mathrm{d}z^2}+(k_0^2-k_0^2\sin^2\theta_0)\phi_1=0 \quad (z<0) \\ ② \ \dfrac{\mathrm{d}^2\phi_1}{\mathrm{d}z^2}+(k^2(z)-k_0^2\sin^2\theta_0)\phi_2=0 \quad (z>0)\cdot \\ ③ \ \text{辐射条件} \ \underset{z\to\infty}{|\phi|}\to 0 \end{cases} \tag{3.4.34}$$

设整个空间的密度为常数 ρ_0, 下介质 $C(z)$ 是单调增加的, 因此对应于 θ_0 有一个 "反转点" z_m, 由 $k^2(z_m)-k_0^2\sin^2\theta_0=0$ 确定.

由式 (3.4.40) 可知, $z<0$ 时,

$$\phi_1=\mathrm{e}^{\mathrm{i}\sqrt{k_0^2-k_0^2\sin^2\theta_0}z}+V\mathrm{e}^{-\mathrm{i}\sqrt{k_0^2-k_0^2\sin^2\theta_0}z}. \tag{3.4.35}$$

设 $z>0$ 时, 波场表示为

$$\phi_2=AF_1(z)+BF_2(z). \tag{3.4.36}$$

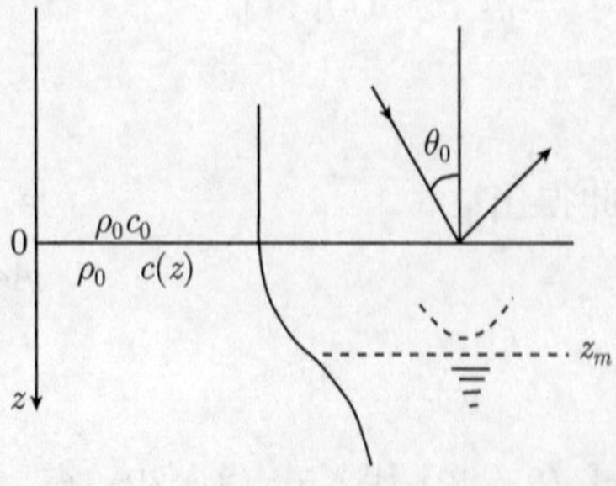

图 3.4.1

在 W.K.B. 近似下, F_1, F_2 由式 (3.4.32) 及 (3.4.33) 给出. 在界面 $z=0$ 处的场的连续条件要求:

$$1+V=AF_1(0)+BF_2(0)=\phi_2(0),$$
$$\mathrm{i}\sqrt{k_0^2-k_0^2\sin^2\theta_0}(1-V)=AF_1'(0)+BF_2'(0)=\phi_2'(0).$$

由此解出

$$V=\frac{\mathrm{i}\sqrt{k_0^2-k_0^2\sin^2\theta_0}-\left[\dfrac{\phi_2'(0)}{\phi_2(0)}\right]}{\mathrm{i}\sqrt{k_0^2-k_0^2\sin^2\theta_0}+\left[\dfrac{\phi_2'(0)}{\phi_2(0)}\right]}. \tag{3.4.37}$$

若对给定的 θ_0, 满足 $z=0$ 远离反转点的条件, 则 F_1, F_2 可用 W.K.B. 解, 于是

$$\frac{\phi_2'(0)}{\phi_2(0)}\approx \mathrm{i}\sqrt{k_0^2-k_0^2\sin^2\theta_0}\left(\frac{\mathrm{e}^{\mathrm{i}\int_{z_m}^{0}\sqrt{k^2(z)-\mu^2}\mathrm{d}z}-\dfrac{A}{B}\mathrm{e}^{-\mathrm{i}\int_{z_m}^{0}\sqrt{k^2(z)-\mu^2}\mathrm{d}z}}{\mathrm{e}^{\mathrm{i}\int_{z_m}^{0}\sqrt{k^2-\mu^2}\mathrm{d}z}+\dfrac{A}{B}\mathrm{e}^{-\mathrm{i}\int_{z_m}^{0}\sqrt{k^2-\mu^2}\mathrm{d}z}}\right). \tag{3.4.38}$$

将式 (3.4.38) 代入式 (3.4.37), 得

$$V=\frac{A}{B}\mathrm{e}^{-2\mathrm{i}\int_{z_m}^{0}\sqrt{k^2(z)-k_0^2\sin^2\theta_0}\mathrm{d}z}, \tag{3.4.39}$$

而由辐射条件 $\underset{z\to\infty}{|\phi_2|}\to 0$ 可以定出 $\dfrac{A}{B}$.

将 $\phi_2(z)$ 在远离反转点处的解写出 (Ⅳ区):

$$\phi_2(z)=AF_1(z)+BF_2(z).$$

由式 (3.4.32) 及 (3.4.33) 可知:

$$\phi_2(z)=\frac{1}{[\mu^2-k^2(z)]^{1/4}}\left[A\mathrm{e}^{-\frac{\pi}{4}\mathrm{i}}\mathrm{e}^{\int_{z_m}^{z}\sqrt{\mu^2-k^2}\mathrm{d}z}+B\mathrm{e}^{\frac{\pi}{4}\mathrm{i}}\mathrm{e}^{\int_{z_m}^{z}\sqrt{\mu^2-k^2}\mathrm{d}z}+B\mathrm{e}^{-\frac{5\pi}{4}\mathrm{i}}\mathrm{e}^{-\int_{z_m}^{z}\sqrt{\mu^2-k^2}\mathrm{d}z}\right]$$

$$(\text{当} z\gg z_m). \tag{3.4.40}$$

由此得出

$$A\mathrm{e}^{-\frac{\pi}{4}\mathrm{i}}+B\mathrm{e}^{\frac{\pi}{4}\mathrm{i}}=0, \tag{3.4.41}$$

$$\frac{A}{B}=\mathrm{e}^{-\frac{\pi}{2}\mathrm{i}}. \tag{3.4.42}$$

将式 (3.4.42) 代入式 (3.4.39), 得

$$V=\mathrm{e}^{-2\mathrm{i}\int_{z_m}^{0}\sqrt{k^2(z)-k_0^2\sin\theta_0}-\frac{\pi}{2}\mathrm{i}}\mathrm{d}z=\mathrm{e}^{\mathrm{i}\phi}, \tag{3.4.43}$$

其中全内反射相变 $-2\mathrm{i}\int_{z_m}^{0}\sqrt{k^2-\mu^2}\mathrm{d}z$ 相应于射线行程相变, 而附加 $-\dfrac{\pi}{2}\mathrm{i}$ 的相变是对射线声学相变的修正项.

由反射相变 ϕ 所对应的 "射束位移" $\varDelta$ 为[5]

$$\varDelta=-\left(\frac{\partial\phi}{\partial\mu}\right). \tag{3.4.44}$$

将式 (3.4.43) 中的 ϕ 代入上式, 我们可以求得

$$\varDelta=2\int_{0}^{z_m}\frac{k_0\sin\theta_0}{\sqrt{k^2(z)-k_0^2\sin^2\theta_0}}\mathrm{d}z. \tag{3.4.45}$$

从射线的观点, 上述结果的物理图像是十分清楚的. 由于在界面 $z=0$ 处, 介质的声速与密度是连续的, 没有发生跃变. 因此, 当声线射入到此界面时, 并没有在此界面发生反射, 而是继续前进到 "反转点"z_m 后全反射折回. 因此, 式 (3.4.45) 所给出的射束的滑动位移, 正好对应于以 θ_0 入射的射线的 "跨度". 当然, 当反转点 z_m 很靠近界面 $z=0$ 时, 这种几何图像失去意义, 相应的滑动位移 $\varDelta$ 可以按比 W.K.B. 更为严格的解作相应的计算.

下面我们再来考虑如图 3.4.2 所示的包括密度分层变化介质的情况, 此时使用 Bergmann[1] 所提出的变换波函数可以推得平面波反射系数为

$$V(\theta_0)=\frac{\mathrm{i}m\sqrt{k_0^2-k_0^2\sin^2\theta_0}-\left[\dfrac{z_1'(0)}{z_1(0)}+\dfrac{\rho_1'(0)}{2\rho_1(0)}\right]}{\mathrm{i}m\sqrt{k_0^2-k_0^2\sin^2\theta_0}+\left[\dfrac{z_1'(0)}{z_1(0)}+\dfrac{\rho_1'(0)}{2\rho_1(0)}\right]}, \tag{3.4.46}$$

其中

$$m=\frac{\rho_1(0)}{\rho_0}.$$

$Z_1(z)$ 为满足下列波动方程及辐射条件的解:

$$\begin{aligned}&\frac{\mathrm{d}^2Z_1}{\mathrm{d}z^2}+\left[K_1^2(z)-\mu^2\right]Z_1=0,\\&\lim_{z\to+\infty}|Z_1(z)|=0\quad(\mathrm{Im}K_1>0),\end{aligned}\tag{3.4.47}$$

其中

$$K_1^2(z)=k_1^2(z)+\frac{1}{2\rho_1}\frac{\mathrm{d}^2\rho_1}{\mathrm{d}z^2}-\frac{3}{4}\left[\frac{1}{\rho_1}\frac{\mathrm{d}\rho_1}{\mathrm{d}z}\right]^2.$$

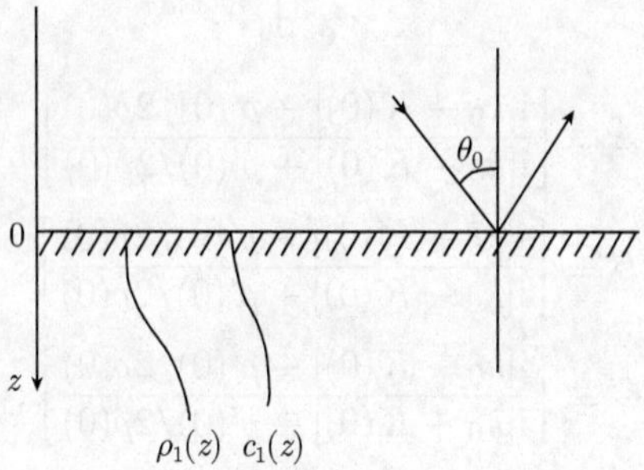

图 3.4.2

由式 (3.4.46) 可以看出, 与不考虑密度变化相比较, 考虑介质的密度变化时有两个特点: (1) 在反射系数的表示中多出一项 $\rho_1'(0)/2\rho_1(0)$ 的贡献, 这一项在低频时有显著作用; (2) 使介质分布有等效的改变, 即 $k_1^2(z)$ 变为 $K_1^2(z)$, 从而密度变化也要介入 Snell 定律.

对于小掠射角 $\left(\theta_0\to\dfrac{\pi}{2}\right)$, 当满足 $\left|\sqrt{1-n^2}\right|\gg\left|\dfrac{1}{k_0}\dfrac{\rho_1'(0)}{\rho_1(0)}\right|$ 时, 可略去 $\rho_1'(0)/\rho_1(0)$ 项, 由第二章所列数据可见, 对于海底沉积层一般 $\dfrac{\rho_1'(0)}{\rho(0)}\sim10^{-3}\ \mathrm{m}^{-1}$, 故当频率高于数十赫兹时密度变化可忽略.

对于高声速海底 (且单调上升), 当 W.K.B. 近似条件满足时, 则对小掠射角有

$$\frac{1}{k_0}\frac{Z_1'(0)}{Z_1(0)} \approx -\sqrt{\sin^2\theta_0 - n^2(0)}, \tag{3.4.48}$$

于是

$$V(\theta_0) \approx \frac{m\cos\theta_0 - \mathrm{i}\sqrt{\sin^2\theta_0 - n^2(0)}}{m\cos\theta_0 + \mathrm{i}\sqrt{\sin^2\theta_0 - n^2(0)}}. \tag{3.4.49}$$

由此可见, 在这些条件下, 反射性能对沉积层的深层结构是不敏感的, 它近似等于以表层参数所描写的均匀介质的瑞利反射, 这是因为在这些条件下, 界面已经有足够充分的"阻挡"作用.

尖劈是声学中广泛应用的吸声体. 对尖劈反射场的严格波动理论分析有很大的困难, 至今尚未建立起来. 作为波动理论的一级近似, 常将其转化为渐变吸收层的问题来处理. 当波长比尖劈的横向线度大时, 这种近似可以给出令人满意的结果[12]. 若在 $x=l$ 处是软壁, 在垂直入射时使用 W.K.B. 解, 则 $x=0$ 界面处的平面波反射系数为

$$V = \frac{A - B\mathrm{e}^{2\mathrm{i}\int_0^l K(x)\mathrm{d}x}}{1 - C\mathrm{e}^{2\mathrm{i}\int_0^l K(x)\mathrm{d}x}}, \tag{3.4.50}$$

$$A \equiv \left[\frac{\mathrm{i}[k_0 - K(0)] - \rho'(0)/2\rho(0)}{\mathrm{i}[k_0 + K(0)] + \rho'(0)/2\rho(0)}\right],$$

$$B \equiv \left[\frac{\mathrm{i}[k_0 + K(0)] - \rho'(0)/2\rho(0)}{\mathrm{i}[k_0 - K(0)] + \rho'(0)/2\rho(0)}\right],$$

$$C \equiv \left[\frac{\mathrm{i}[k_0 - K(0)] + \rho'(0)/2\rho(0)}{\mathrm{i}[k_0 + K(0)] + \rho'(0)/2\rho(0)}\right];$$

其中

$$K^2(x) = k^2(x) + \frac{1}{2\rho}\frac{\mathrm{d}^2\rho}{\mathrm{d}x^2} - \frac{3}{4}\left(\frac{1}{\rho}\frac{\mathrm{d}\rho}{\mathrm{d}x}\right)^2. \tag{3.4.51}$$

如果根据尖劈的截面形状定义尖劈的过渡函数 $n(x)$, 则在忽略劈介质的切变弹性时, 尖劈所等效的渐变吸收层为

$$\rho(x) = \rho_0 + (\rho_1 - \rho_0)n(x), \tag{3.4.52}$$

$$\frac{1}{c^2(x)} = \left[\frac{1}{\rho_0 c_0^2} + \left(\frac{1}{\rho_1 c_1^2} - \frac{1}{\rho_0 c_0^2}\right)n(x)\right]\left[\rho_0 + (\rho_1 - \rho_0)\,n(x)\right], \tag{3.4.53}$$

其中 $\rho_0 c_0$ 为入射介质的声阻抗; ρ_1, c_1 为劈介质的密度和声速.

§3.5 二阶反转点及“射线分裂”

前面所讲的以线性介质来处理反转点附近的场, 仅适用于一阶反转点, 或两个反转点不相互靠近的情况. 当声速剖面有极大值时, 就会出现两个反转点互相靠拢的情况——二阶反转点. 对此要用其他办法来解决; 文献 [17,18] 采用 Weber 函数逼近的方法.

将一维波动方程表示为

$$\frac{\mathrm{d}^2 Z}{\mathrm{d}z^2}+k_0^2 p^2(z)Z=0, \tag{3.5.1}$$

其中 $k_0=\dfrac{\omega}{c_0}$ 为 $k(z)$ 在某一参考点 $z=z_0$ 的值, 而 $p(z)$ 为

$$p^2(z)=n^2(z)-\sin^2\theta. \tag{3.5.2}$$

此时 $p^2(z)$ 具有 z_1,z_2, 两个值使得 $p(z)=0$, 并且在 z_1 与 z_2 之间有一极小值.

为解方程 (3.5.1), 引入一个辅助函数 $\psi(s)$, 它满足下列方程:

$$\frac{\mathrm{d}^2\psi}{\mathrm{d}s^2}+k_0^2 P^2(s)\psi=0, \tag{3.5.3}$$

其中 $P(s)$ 也具有两个反转点, 并且在其间有极小值, 但是 $P(s)$ 的形式又是使 ψ 可解的, 例如我们选取

$$k_0 P(s)=E+s^2. \tag{3.5.4}$$

如果我们令待求函数 $Z(z)$ 与可解函数 $\psi(s)$ 有下列关系:

$$Z(z)=k_0^{1/2}\left(\frac{\mathrm{d}z}{\mathrm{d}s}\right)^{1/2}\cdot\psi(s), \tag{3.5.5}$$

则式 (3.5.5) 确立了函数 $s=s(z)\left[\text{或 } z=z(s)\right]$; 换句话说, $Z(z)$ 是式 (3.5.1) 的解, 而 $\psi(s)$ 是式 (3.5.3) 的解, 从而由式 (3.5.5) 确立了映射关系 $s=s(z)\left[\text{或 } z=z(s)\right]$.

现在我们来寻求渐近意义下的映射关系, 从而由式 (3.5.5) 将待求函数映射到可解情况.

将式 (3.5.1) 变为对新变量 s 的求微, 得

$$Z''-(z''/z')z'+k_0^2 p^2(z)\cdot\left(\frac{\mathrm{d}z}{\mathrm{d}s}\right)^2\cdot Z=0, \tag{3.5.6}$$

其中撇 “′” 代表对 s 求微. 将式 (3.5.5) 代入式 (3.5.6), 可得

$$\frac{\mathrm{d}^2\psi}{\mathrm{d}s^2}+k_0^2 p^2(z)\left(\frac{\mathrm{d}z}{\mathrm{d}s}\right)^2\psi=\left[3\left(Z''\right)^2/4\left(Z'\right)^2-Z'''/2Z'\right]\psi. \tag{3.5.7}$$

如果在式 (3.5.7) 中, 考虑 $k_0 \gg 1$, 因而略去右方项, 得

$$\frac{\mathrm{d}^2\psi}{\mathrm{d}s^2}+k_0^2p^2(z)\left(\frac{\mathrm{d}z}{\mathrm{d}s}\right)^2\psi\approx 0. \tag{3.5.8}$$

对比式 (3.5.7) 及式 (3.5.8), 就可得到一种近似的映射关系:

$$k_0^2p^2(z)\left(\frac{\mathrm{d}z}{\mathrm{d}s}\right)^2=k_0^2P^2(s). \tag{3.5.9}$$

于是变量 z 与 s 之间的关系为

$$\int_{s_1}^{s}P(x)\mathrm{d}x=\int_{z_1}^{z}p(\zeta)\mathrm{d}\zeta, \tag{3.5.10}$$

其中 s_1, z_1 为常数, 选定式 (3.5.4) 的 $P(s)$ 后, 则 $s(z)$ 的形式也就通过式 (3.5.10) 而定了下来.

$$\int_{s_1}^{s}k_0^{-1/2}\left(E+x^2\right)^{1/2}\mathrm{d}x=\int_{z_1}^{z}p(\zeta)\mathrm{d}\zeta. \tag{3.5.11}$$

选 s_1, z_1 分别为 $P(s)$ 及 $p(z)$ 的零点, 因此当 $z=z_1$ 时, $s=s_1$; 再令 $z=z_2$ 时, 对应的 $P(s)$ 的第二零点 s_2, 则可以定出常数 E 满足:

$$E=\frac{2}{\pi}k_0\mathrm{i}\int_{z_1}^{z_2}p(\zeta)\mathrm{d}\zeta. \tag{3.5.12}$$

选定式 (3.5.4) 的 $P(s)$ 之后, $\psi(s)$ 通过 Weber 函数表达:

$$\psi(s)\sim D_{\frac{1}{2}(\mathrm{i}E-1)}\left(k_0^{1/2}2^{1/2}s\mathrm{e}^{-\mathrm{i}\pi/4}\right). \tag{3.5.13}$$

于是, 方程 (3.5.1) 的近似解为

$$Z_a(z)\approx k_0^{1/2}(s')^{-1/2}D_{\frac{1}{2}(\mathrm{i}E-1)}\left(k_0^{1/2}2^{1/2}s\mathrm{e}^{-\mathrm{i}\pi/4}\right). \tag{3.5.14}$$

利用 $Z_a(z)$ 的渐近性质, 当 $z\to\pm\infty$ 时, 得到 W.K.B. 形式:

$$Q(E)\cdot Z_a(z)\xrightarrow[z\to+\infty]{}C(E)p^{-1/2}\exp\left[\mathrm{i}k_0\mathrm{Re}\omega(z_2,z)\right], \tag{3.5.15}$$

$$\begin{aligned}Q(E)\cdot Z_a(z)\xrightarrow[z\to-\infty]{}&A(E)p^{-1/2}\exp\left[-\mathrm{i}k_0\mathrm{Re}\omega(z,z_1)\right]\\&+Bp^{-1/2}\exp\left[\mathrm{i}k_0\mathrm{Re}\omega(z,z_1)\right],\end{aligned} \tag{3.5.16}$$

其中

$$\begin{aligned}
&\omega(z_a,z_b)\equiv\int_{z_a}^{z_b}p(\zeta)\mathrm{d}\zeta,\\
&A(E)=\left(1+\mathrm{e}^{E\pi}\right)^{1/2}\mathrm{e}^{\mathrm{i}x(E)},\\
&B=\mathrm{e}^{-\mathrm{i}\pi/2},\\
&C(E)=\mathrm{e}^{\pi E/2},\\
&Q(E)=\left(2\mathrm{e}^{-\mathrm{i}\pi/2}\right)^{1/4}\left(|E|\,\mathrm{e}^{\mathrm{i}3\pi/2}/2\mathrm{e}\right)^{-\mathrm{i}E/4},\\
&x\,(E)=\frac{E}{2}-\frac{E}{2}\ln\frac{|E|}{2}+\operatorname{Im}\ln\varGamma\left(\frac{(1+\mathrm{i}E)}{2}\right).
\end{aligned}$$

定义反射系数 $R\,(E)$ 与透射系数 $T\,(E)$:

$$R\,(E)=B/A=\left(1+\mathrm{e}^{E\pi}\right)^{-1/2}\mathrm{e}^{-\mathrm{i}\left(x+\frac{\pi}{2}\right)},\tag{3.5.17}$$

$$T\,(E)=C/A=\left(1+\mathrm{e}^{-E\pi}\right)^{-1/2}\mathrm{e}^{-\mathrm{i}x},\tag{3.5.18}$$

其中 $x\,(E)$ 代表衍射相位贡献. 而能量反射系数与能量透射系数为

$$|R|^2=|B|^2/|A|^2=\frac{1}{(1+\mathrm{e}^{E\pi})},$$

$$|T|^2=|C|^2/|A|^2=\frac{1}{(1+\mathrm{e}^{-E\pi})}.$$

如果入射角 $\theta_0=\theta_m$, 使得 $E=0$ 在声速极大值 Z_m 处反转, 则发生所谓 "射线分裂" 现象, 此时反射与透射能量各占 1/2.

§3.6 分层介质中点源声场的谱表示

对于分层介质中的点源声场问题在 §3.2 中已经给出积分表示. 现从谱表示角度再作简要讨论. 为便于讨论起见, 设 $Z>H$ 的海底为 ρ_2,c_2 所描写的半空间. 点源场问题 (3.2.1) 经 Hankel 积分变换后表示为

$$\begin{aligned}
\psi(r,z,z_0)=&2\int_0^{\infty}\mu J_0(\mu r)G\,(z,z_0;\mu)\mathrm{d}\mu\\
=&\int_{-\infty}^{\infty}H_0^{(1)}\,(\mu r)\,G\,(z,z_0;\mu)\,\mu\mathrm{d}\mu\\
=&\frac{1}{2}\int_{-\infty}^{\infty}H_0^{(1)}\left(\sqrt{\lambda}r\right)G\,(z,z_0;\lambda)\,\mathrm{d}\lambda,
\end{aligned}\tag{3.6.1}$$

其中

$$\lambda\equiv\mu^2,\tag{3.6.2}$$

此时对 Green 函数 $G(z, z_0; \lambda)$ 所提出的问题是

$$\begin{cases} \left(\dfrac{\mathrm{d}^2}{\mathrm{d}z^2} + [k^2(z) - \lambda]\right) G = \delta(z - z_0), \\ G|_0 = 0, \\ \sqrt{\rho} G\Big|_{H-0}^{H+0} = 0, \quad \dfrac{1}{\sqrt{\rho}} \dfrac{\mathrm{d}G}{\mathrm{d}z}\Big|_{H-0}^{H+0} = 0, \\ z \to \infty \quad G \text{ 满足熄灭条件}. \end{cases} \tag{3.6.3}$$

式 (3.6.3) 不是通常的 Sturm-Liouvelle 问题, 因为它不是一个封闭空间问题. 因此, 它只有有限个离散谱, 附加以连续谱. 对于通常封闭有界空间的 S-L 问题, 则按照 “自伴算子” 的谱展开理论, 得

$$G(z, z_0; \lambda) = \sum_{n=1}^{\infty} \frac{U_n(z) U_n(z_0)}{\lambda - \lambda_n}, \tag{3.6.4}$$

然而, 对我们现在的问题而言, 不能直接使用式 (3.6.4). 改变讨论方法, 一般是在某一足够大的深度 $Z = L$ 上引入一个人为的边界条件, 然后将 L 推到 ∞ 处[19−21].

设 $F_s(z, \mu)$ 是在 $(0, H)$ 水层内满足海面条件的波场解, 则有

$$F_s(0, \mu) = 0. \tag{3.6.5}$$

对于 $Z > H$ 的波场, 表示为

$$Z(z) = A \sin(K_2 z + \delta) \quad \lambda < \left(\frac{\omega}{c_2}\right)^2, \tag{3.6.6}$$

$$Z(z) = B \mathrm{e}^{-|K_2| z} \quad \lambda > \left(\frac{\omega}{c_2}\right)^2, \tag{3.6.7}$$

其中

$$K_2 \equiv \left(\frac{\omega^2}{c_2^2} - \lambda\right)^{1/2}. \tag{3.6.8}$$

式 (3.6.7) 的波场给出了 “离散谱” 部分. 由于指数衰减项的存在, 它对在足够远处引入人为边界条件几乎无关. 由 $Z = H$ 处的连续条件可以定出系数 B, 并给出特征方程:

$$-|K_2| = \frac{\rho_2 F_s'(H, \mu)}{\rho_1 F_s(H, \mu)}. \tag{3.6.9}$$

式 (3.6.9) 确定出有限个本征值 U_n.

而式 (3.6.6) 的波场, 对应于 "连续谱" 部分, 在 $Z = L$ 处引入边界条件:

$$Z(L) = 0, \tag{3.6.10}$$

则得到

$$K_2 L + \delta = m\pi \quad (m = 0, 1, 2, \cdots). \tag{3.6.11}$$

式 (3.6.11) 给出了原来属于 "连续谱" 部分的 "离散" 本征值, 只有当 $L \to \infty$ 时, 才真正构成连续谱.

由于 $Z = L$ 处边界条件 (3.6.10) 的引入, 式 (3.6.4) 是成立的. 于是

$$G(z, z_0; \lambda) = \sum_n^N \frac{U_n(z) U_n(z_0)}{\lambda - \lambda_n} + \sum_m^\infty \frac{U_m(z) U_m(z_0)}{\lambda - \lambda_m}. \tag{3.6.12}$$

前一个求和对应于由式 (3.6.9) 所确定的有限个离散本征函数, 后一个求和对应于由式 (3.6.11) 所确定的无限个离散本征函数:

$$\begin{aligned} &U_n(z) = N_n^{1/2} \psi_n(z) \rho^{-1/2}(z), \\ &\psi_n(z) = \begin{cases} F_s(z; \mu_n) & (0 < z < H), \\ B_n \mathrm{e}^{-|K_2| Z} & (z > H), \end{cases} \end{aligned} \tag{3.6.13}$$

$$\begin{aligned} &U_m(z) = N_m^{1/2} \psi_m(z) \rho^{-1/2}(z), \\ &\psi_m(z) = \begin{cases} F_s(z; u_m) & (0 < z < H). \\ A_m \sin(K_2 z + \delta) & (z > H). \end{cases} \end{aligned} \tag{3.6.14}$$

归一化因子 N_n 为

$$N_n = \left[\int_0^L \left(\psi_n^2(z) / \rho(z) \right) \mathrm{d}z \right]^{-1}, \tag{3.6.15}$$

因此

$$N_n = \rho_1 \left[\int_0^H F_s^2(z, u_n) \, \mathrm{d}z + \varGamma_n \right]^{-1}, \tag{3.6.16}$$

$$N_m = \rho_2 \left[\frac{L}{2} \left(A_m^2 + 0 \left(\frac{1}{L} \right) \right) \right]^{-1}, \tag{3.6.17}$$

其中, $\varGamma_n$ 为小量, A_m 由 $Z = H$ 处的连接条件可求出:

$$
\begin{aligned}
&F_s(H,\mu_m) = A_m \sin(K_2 H + \delta), \\
&\left(\frac{\rho_2}{\rho_1}\right)\frac{1}{K_2}\ F_s'(H,\mu_m) = A_m \cos(K_2 H + \delta).
\end{aligned} \tag{3.6.18}
$$

由此得出

$$
A_m^2 = F_s^2(H,\mu_m) + \left[\frac{\rho_2}{\rho_1 K_2}\ F_s'(H,\mu_m)\right]^2. \tag{3.6.19}
$$

将式 (3.6.12) 代入式 (3.6.1), 我们就可得到点源场的谱表示式:

$$
\psi(r,z,z_0) = \pi\mathrm{i}\left\{\sum_n^N U_n(z)U_n(z_0)H_0^{(1)}(u_n r) + \sum_m^\infty U_m(z)U_m(z_0)H_0^{(1)}(u_m r)\right\}. \tag{3.6.20}
$$

下面将 $L \to \infty$, 并将对 m 的求和过渡为对 K_2 的求积, 由式 (3.6.11) 得

$$
\Delta m = L \cdot \Delta K_2/\pi, \tag{3.6.21}
$$

$$
\sum_m^\infty U_m(z)U_m(z_0)H_0^{(1)}(\mu_m r) \to \sum U(z_0)U(z)H_0^{(1)}(\mu r)\cdot L\Delta K_2/\pi.
$$

考虑到式 (3.6.17), 分子、分母中均出现 L 而对消, 因此有

$$
\begin{aligned}
&\pi\mathrm{i}\sum_m^\infty U_m(z)U_m(z_0)H_0^{(1)}(u_m r) \to 2\mathrm{i}\left(\frac{\rho_2}{\rho_1}\right) \\
&\cdot\int_0^\infty \frac{F_s(z)F_s(z_0)}{F_s^2(H) + \left[\dfrac{\rho_2}{\rho_1 K_2}F_s'(H)\right]^2} H_0^{(1)}(\mu r)\mathrm{d}K_2,
\end{aligned} \tag{3.6.22}
$$

于是

$$
\begin{aligned}
\psi(r,z,z_0) = &\pi\mathrm{i}\sum_n^N U_n(z)U_n(z_0)H_0^{(1)}(\mu_n r) + 2\mathrm{i}\left(\frac{\rho_2}{\rho_1}\right) \\
&\cdot\int_0^\infty \frac{F_s(z)F_s(z_0)}{F_s^2(H) + \left[\dfrac{\rho_2}{\rho_1 K_2}F_s'(H)\right]^2} H_0^{(2)}(\mu r)\mathrm{d}K_2.
\end{aligned} \tag{3.6.23}
$$

在 §3.7 中将看到, 离散谱部分对应于正规 “简正波” 部分, 而连续谱部分对应于 E-J-P 剖线的 “旁侧波” 部分. 连续谱所对应的 “旁侧波” 部分只对近场有重要贡献, 远场时常可略去. 在近场计算时, 一般由数值方法解决. 式 (3.6.23) 中的离散谱与连续谱构成分层介质中的正交波函数[22].

§3.7 简正波场与旁侧波场

前面已经导出了分层介质中简谐点源场的积分表示式 (3.2.16), (3.2.17):

$$\begin{cases}\psi(r,z,z_0)=\displaystyle\int_{-\infty}^{\infty}\frac{\left[F_1(z)+\dfrac{B_1}{A_1}F_2(z)\right]\left[F_1(z_0)+\dfrac{B_2}{A_2}F_2(z_0)\right]}{W(F_1,F_2)\left[\dfrac{B_1}{A_1}-\dfrac{B_2}{A_2}\right]}\cdot H_0^{(1)}(\mu r)\mu\mathrm{d}\mu \\ \qquad\qquad (0<z<z_0) \\ \psi(r,z,z_0)=\displaystyle\int_{-\infty}^{\infty}\frac{\left[F_1(z_0)+\dfrac{B_1}{A_1}F_2(z_0)\right]\left[F_1(z)+\dfrac{B_2}{A_2}F_2(z)\right]}{W(F_1,F_2)\left[\dfrac{B_1}{A_1}-\dfrac{B_2}{A_2}\right]}\cdot H_0^{(1)}(\mu r)\mu\mathrm{d}\mu \\ \qquad\qquad (z_0<z<H)\end{cases}, \tag{3.7.1}$$

其中

$$\frac{B_1}{A_1}=-\frac{F_1(\mu,0)}{F_2(\mu,0)}, \tag{3.7.2}$$

$$\frac{B_2}{A_2}=-\frac{\left[\dfrac{G_1'(H)}{G_1(H)}+\dfrac{1}{2\rho_1(H)}\dfrac{\mathrm{d}\rho_1(H)}{\mathrm{d}z}\right]-\dfrac{\rho_1(H)}{\rho_0}\dfrac{F_1'(H)}{F_1(H)}}{\left[\dfrac{G_1'(H)}{G_1(H)}+\dfrac{1}{2\rho_1(H)}\dfrac{\mathrm{d}\rho_1(H)}{\mathrm{d}z}\right]-\dfrac{\rho_1(H)}{\rho_0}\dfrac{F_2'(H)}{F_2(H)}}\cdot\frac{F_1(H)}{F_2(H)}. \tag{3.7.3}$$

简记为

$$\psi(r,z,z_0)=\int_{-\infty}^{\infty}F(z,z_0,\mu)H_0^{(1)}(\mu r)\mu\mathrm{d}\mu. \tag{3.7.4}$$

场的这个积分表示可以用回路积分来解算. 根据复变函数中的哥西定理, 回路积分等于回路中所围的极点留数之和及绕分支割线上下岸的积分. 考虑 Hankel 函数的渐近性质

$$H_0^{(1)}(\mu r)\sim\sqrt{\frac{2}{\pi\mu r}}\mathrm{e}^{\mathrm{i}\left(\mu r-\frac{\pi}{4}\right)},$$

于是, 此积分应在上半面进行.

分析被积函数可知, 极点方程为

$$\left[\frac{B_1}{A_1}-\frac{B_2}{A_2}\right]_{\mu_n}=0. \tag{3.7.5}$$

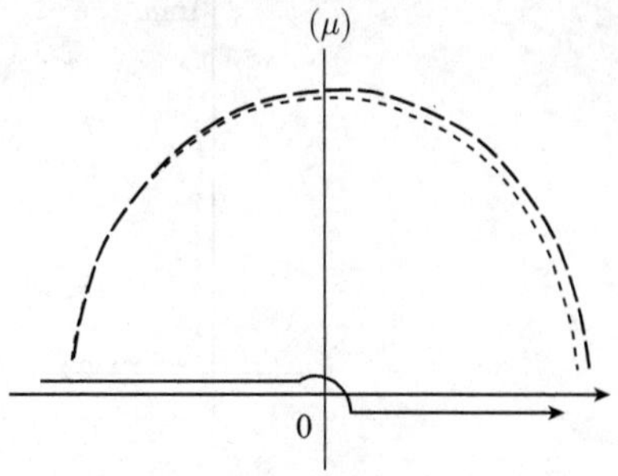

图 3.7.1

当 $z\to\infty$ 时, 若 $k(z)$ 趋于有限值 k_∞, 则通过函数 $G_1(z)$ 将引进多值函数 $\sqrt{k_\infty^2-\mu^2}$, 因此要在分支点 $\pm k_\infty$ 作割线, 按熄灭条件选取一叶黎曼面. 于是场由两部分贡献组成:

$$\psi(r,z,z_0)=2\pi\mathrm{i}\Sigma\ (\text{留数})+\int_{(\text{分支线})}[F^L(z,z_0,\mu)-F^R(z,z_0,\mu)]H_0^{(1)}(\mu r)\mu\mathrm{d}\mu,\quad(3.7.6)$$

其中

$$\Sigma\ (\text{留数})=\sum_n\left\{\frac{\left[F_1(z)+\dfrac{B_1}{A_1}F_2(z)\right]\left[F_1(z_0)+\dfrac{B_2}{A_2}F_2(z_0)\right]}{W(F_1,F_2)\dfrac{\partial}{\partial\mu}\left[\dfrac{B_1}{A_1}-\dfrac{B_2}{A_2}\right]}\right\}_{\mu_n}\cdot H_0^{(1)}(\mu_n r)\mu_n.\quad(3.7.7)$$

F^R 及 F^L 分别代表沿割线右岸及左岸取值.

一般称留数和部分为简正波, 分支线贡献为旁侧波. 通常简正波是远场的最主要贡献者, 而旁侧波只对近场有贡献. 按照 Stickler 对简正波和旁侧波给出的数值程序所作数值计算结果表明, 当距离大于数倍水深时就可忽略旁侧波影响[23].

在分层介质传播理论文献中, 一般有两种割线取法, 即 E-J-P 割线[24] 与 Pekeris 割线[25]. 这两种割线的选取方法不同, 声场表示形式也相应不同.

由图 3.7.2 可以看出, 对于 Pekeris 割线, 场由三部分组成:

(1) 有限个简正波 (位于 $k_{\min}$ 与 $k_{\max}$ 实轴上) 称为波导简正波 (trapped mode), 或者 "正规" 简正波 (proper mode); 当 $z\to\infty$ 时, 相应波函数是指数衰减的.

(2) 无限多个位于 $\mathrm{Re}\mu<k_{\min}$ 的非波导简正波, 称为漏射简正波 (leakeged mode), 或者 "非正规" 简正波 (inproper mode), 相应的波函数在 $z\to\infty$ 并不收敛.

(3) 围绕竖直割线的积分.

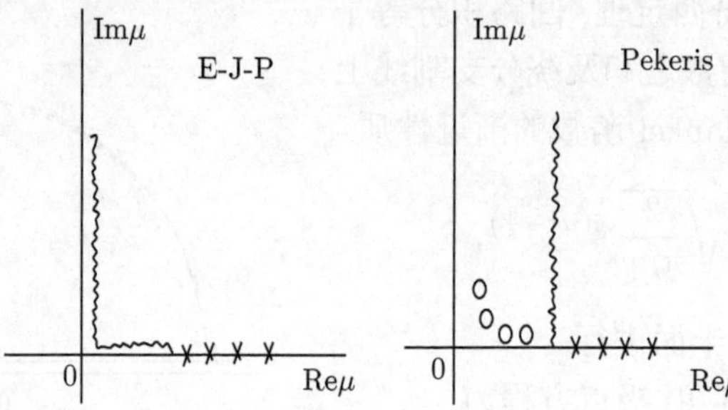

图 3.7.2

对于 E-J-P 割线, 场由两部分组成:

(1) 有限个 "正规" 简正波 (proper mode);

(2) 围绕 E-J-P 割线的积分.

使用 Pekeris 割线的场表示方法, 只有当观察点位于足够浅的深度, 或者足够远的距离, 场才是收敛的[26−28]; 而与 E-J-P 割线相应的场表示, 则对于任意深度和距离的观察点都是收敛的.

在文献 [29] 中指出, 用两种不同的割线所作的声场计算, 得到相同的结果.

下面在式 (3.7.21) 中给出了采用 E-J-P 割线时简正波场与旁侧波场的表示. 将其与式 (3.6.23) 对比, 并注意到 $K_2^2 = k_B^2 - \mu^2$, 则不难看出, 简正波部分正好对应于 "离散谱", 旁侧波部分正好对应于 "连续谱" 部分, 这是说明 "殊途同归" 很好的例子. 下面将式 (3.7.7) 与 (3.6.20) 的简正波场统一写为

$$\phi(r,z) = \pi\mathrm{i}\sum_n U_n(z)U(z_0)H_0^{(1)}(\mu_n r),$$

$$U_n(z) = \left\{\frac{\sqrt{2}\left[F_1(z) + \dfrac{B_1}{A_1}F_2(z)\cdot\sqrt{\mu}\right]}{\sqrt{W(F_1,F_2)\dfrac{\partial}{\partial\mu}\left[\dfrac{B_1}{A_1} - \dfrac{B_2}{A_2}\right]}}\right\}_{\mu_n}, \tag{3.7.8}$$

μ_n 是频散方程 (3.7.5) 的根.

若取 $\left[F_1(z) + \dfrac{B_1}{A_1}F_2(z)\right]_{\mu_n} = F_s(z,\mu_n)$ 为满足表面边界条件的解, 则

$$\phi(r,z) = \pi\mathrm{i}\sum_n N_n^2 F_s(z,\mu_n)F_s(z_0,\mu_n)H_0^{(1)}(\mu_n r); \tag{3.7.9}$$

归一化因子:

$$N_n^2 = \left\{\frac{2\mu}{W(F_1,F_2)\dfrac{\partial}{\partial\mu}\left[\dfrac{B_1}{A_1} - \dfrac{B_2}{A_2}\right]}\right\}_{\mu_n}, \tag{3.7.10}$$

$$U_n(z) = N_n\cdot F_s(z,\mu_n). \tag{3.7.11}$$

作为例子, 我们简要介绍文献 [23] 中按 E-J-P 割线计算点源声场的程序.

将海洋介质的声速与密度分层, 每层中的密度 ρ 为常数, 折射率用直线描写, $c_i^2(z) = c_{i_0}^2(1 + a_i z)$, 海底也同样, 但在终端安装一个高速均匀半空间液态海底 (见图 3.7.3).

如图所示的分层方法, 在每一层中可以使用艾利函数. 每一层介质, 由四个参数描写, 第 n 层的参数为

$$\rho_n, c_{\mathrm{T}n}, c_{\mathrm{B}n}, h_n \quad (n=1,2,\cdots,N).$$

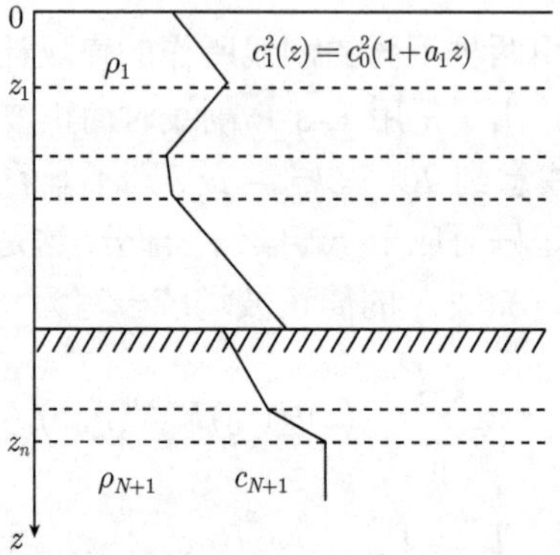

图 3.7.3

其中, ρ_n 为 n 层密度; $c_{\mathrm{T}n}$ 为层顶声速, $c_{\mathrm{B}n}$ 为层底声速; h_n 为厚层; 最末端为 ρ_{N+1}, c_{N+1} 半空间; $z_n = h_1 + h_2 + \cdots + h_n$, 并假定:

$$c_{N+1} \geqslant c(z) \quad (0 < z < z_n).$$

对每一层 ($N+1$ 层除外) 引入一个辅助函数:

$$Z_n(z) \equiv -L_n^2\left\{\omega^2\left[\alpha_n + \beta_n(z_{n-1}-z)\right] - k^2\right\} \quad (n=1,2,\cdots,N),$$

其中

$$L_n = (\omega^4\beta_n^2)^{-1/6},$$
$$\alpha_n = c_{\mathrm{T}n}^{-2},$$
$$\beta_n = (c_{\mathrm{T}n}^{-2} - c_{\mathrm{B}n}^{-2})h_n^{-1}.$$

参数 k 的定义, 将在下面给出. 每一层 (N+1 层除外) 的波场函数 (z 方向) 可表示为

$$P(z,k) = A_n A_i\left[Z_n(z)\right] + B_n B_i\left[Z_n(z)\right] \quad (n=1,2,\cdots,N), \tag{3.7.12}$$

其中 $A_i(x)$ 与 $B_i(x)$ 为艾利函数 (见 §3.9), 并且要满足软表面条件:

$$A_1 = B_i\left[Z_n(0)\right], \tag{3.7.13}$$

$$B_1 = -A_i\left[Z_n(0)\right]. \tag{3.7.14}$$

其余的系数, 由连接条件推出:

$$\begin{bmatrix} A_{n+1} \\ B_{n+1} \end{bmatrix} = \begin{bmatrix} M_{11}^{(n)} & M_{12}^{(n)} \\ M_{21}^{(n)} & M_{22}^{(n)} \end{bmatrix} \begin{bmatrix} A_n \\ B_n \end{bmatrix}, \tag{3.7.15}$$

其中

$$\begin{aligned} M_{11}^{(n)} &= A_i(n,n)B_i'(n+1,n) - T_n A_i'(n,n)B_i(n+1,n), \\ M_{12}^{(n)} &= B_i(n,n)B_i'(n+1,n) - T_n B_i'(n,n)B_i(n+1,n), \\ M_{21}^{(n)} &= -A_i(n,n)A_i'(n+1,n) + T_n A_i'(n,n)A_i(n+1,n), \\ M_{22}^{(n)} &= -B_i(n,n)A_i'(n+1,n) + T_n B_i'(n,n)A_i(n+1,n), \\ T_n &= (\rho_{n+1}/\rho_n)(\beta_n/\beta_{n+1})(L_n^2/L_{n+1}^2), \\ A_i(n+1,n) &= A_i\left[Z_{n+1}(z_n)\right], \end{aligned}$$

$A_i'(n+1,n)$ 表示对 Z_{n+1} 求微. 对于

$$p(z,\lambda) = E\mathrm{e}^{\mathrm{i}\gamma(z-z_N)} \quad (z > z_N), \tag{3.7.16}$$

$$\gamma = \left[(\omega/c_{N+1})^2 - k^2\right]^{1/2} \quad (\mathrm{Im}\gamma > 0). \tag{3.7.17}$$

在 z_N 连续, 给出本征方程:

$$\begin{aligned} &A_N\left\{\bar{\mu}(k)\rho_{N+1}^{-1}A_i\left[Z_N(z_N)\right] + \omega^2\beta_N L_N^2\rho_N^{-1}A_i'\left[Z_N(z_N)\right]\right\} \\ &+B_N\left\{\bar{\mu}(k)\rho_{N+1}^{-1}B_i\left[Z_N(z_N)\right] + \omega^2\beta_N L_N^2\rho_N^{-1}B_i'\left[Z_N(z_N)\right]\right\} = 0, \end{aligned} \tag{3.7.18}$$

其中

$$\bar{\mu} \equiv \left[k^2 - (\omega/c_{N+1})^2\right]^{1/2}.$$

本征方程的实根位于:

$$k_B < k_n < k_{\min}, \tag{3.7.19}$$

$$k_B = \omega/c_{N+1}, \quad k_{\min} = \omega/c_{\min},$$
$$c_{\min} = \min c(z) \quad (0 < z < z_n).$$

实根数目有限, 也可以没有根. 可赋予标号如下:

$$k = k_m \quad (m = 1, 2, \cdots, M). \tag{3.7.20}$$

使用 E-J-P 割线后, 点源场可表示为

$$p(r,z,z_0) = \frac{\mathrm{i}}{2\rho_0}\sum_{m=1}^{M} c_0(k_m)p(z_0,k_m)p(z,k_m)H_0^{(1)}(k_m r)$$

$$
\begin{aligned}
&+\frac{\mathrm{i}}{2\rho_0}\int_0^{k_B} c_1(k)p(z_0,k)p(z,k)H_0^{(1)}(kr)kdk \\
&+\frac{\mathrm{i}}{2\rho_0}\int_0^{\infty} c_2(k)p(z_0,\mathrm{i}k)p(z,\mathrm{i}k)K_0(kr)kdk,
\end{aligned} \tag{3.7.21}
$$

其中 ρ_0 为 z_0 处密度; $H_0^{(1)}$ 为第一类 Hankel, K_0 为虚宗量贝塞尔函数.

$$
\begin{aligned}
&c_0(k_m)=k_m\left[H_m p^2(z_N,k_m)+\omega^2\beta_N L_N^2\pi^{-1}\rho_N^{-1}\left(A_N\dot{B}_N-B_N\dot{A}_N\right)\right]^{-1}, \\
&H_m=k_m\mu^{-1}(k_m)\rho_{N+1}^{-1}+2k_m L_N^4\omega^2\beta_N\rho_N^{-1}-2k_m\mu^2(k_m)\rho_N\omega^{-2}\beta_N^{-1}\rho_{N+1}^{-2},
\end{aligned} \tag{3.7.22}
$$

$$
\dot{A}_N=\mathrm{d}A_N/\mathrm{d}\lambda;
$$

$$
c_1(k)=\pi^{-1}k(k_B^2-k^2)^{1/2}\rho_{N+1}^{-1}\left\{\left[\left(k_B^2-k^2\right)^{-1/2}p\left(z_N,k\right)\rho_{N+1}^{-1}\right]^2+\left[p'\left(z_N,k\right)\rho_N^{-1}\right]^2\right\}^{-1}, \tag{3.7.23}
$$

$$
c_2(k)=-\mathrm{i}2\pi^{-2}\rho_{N+1}^{-1}k(k_B^2-k^2)^{1/2}\left\{\left[\left(k_B^2+k^2\right)^{1/2}p\left(z_N,\mathrm{i}k\right)\rho_{N+1}^{-1}\right]^2+\left[p'\left(z_N,\mathrm{i}k\right)\rho_N^{-1}\right]^2\right\}^{-1}. \tag{3.7.24}
$$

用式 (3.7.21) 排出程序在计算上计算结果的例子在文献 [23] 中可找到. 近年来由于计算机运算速度的飞速提高, 很多简正波声场的数值计算程序都可以实时运算, 且保有足够的精确度 (远远超过输入环境参数的精确度[66−69]), 目前被广泛使用的是 M. Porter 在 1991 年编写的 KRAKEN[67]. 我们知道, 解算简正波声场最关键的部分是简正波本征值的求解, 通常在微扰近似下可以化作一维空间的求根. 但是严格解应是复本征值在二维空间的求解, 最近在文献 [70,71] 中讨论了有效的求复根的方法.

§3.8 射线–简正波近似理论

由点源声场的简正波表示式 (3.7.7) 可知, 解算的关键在于得到二阶常微分方程的线性独立解 $F_1(z)$ 及 $F_2(z)$, 并求出频散方程的根. 只有在很少数特殊情况下, 才能严格解析地得出解案 (例如见文献 [8,9,5,30]). 在大多数情况, 需要用数值解或近似解. 由于电子计算机的迅速发展, 为场的数值解提供了广泛实用的可能性, 这个问题我们将在第九章中介绍. 从场的分析角度来看, 能获得物理图像十分清楚的近似解, 从而建立对声场概念性的认识和理解也是十分重要的问题.

当考虑介质中存在一阶反转点时, 可以使用 Langer 线性联结的 W.K.B. 解[16][见式 (3.4.30) 及 (3.4.31)]. 例如, 在不触及上下反射边界的水下声道传播问题

中, 波函数为[30]

$$
f_l(z)\approx\begin{cases}
q^{-1/2}\mathrm{e}^{-\frac{1}{4}\mathrm{i}\pi}\exp\left(-\mathrm{i}k_0\int_{z_{m2}}^{z}q\mathrm{d}z\right) & (z>z_{m2})\\
2\pi^{2/3}\left(\dfrac{\mathrm{d}k^2}{\mathrm{d}z}\right)_{z_{m2}}^{-1/6}A_i\left\{-\left(\dfrac{3}{2}k_0\int_{z}^{z_{m2}}q\mathrm{d}z\right)^{2/3}\right\}. & (z\approx z_{m2})\\
2q^{-1/2}\sin\left[k_0\int_{z}^{z_{m2}}q\mathrm{d}z+\dfrac{1}{4}\pi\right]=(-1)2q^{-1/2}\sin\left[k_0\int_{z_{m1}}^{z}q\mathrm{d}z+\dfrac{\pi}{4}\right] & (z_{m1}<z<z_{m2}),\\
(-1)^{l-1}2\pi^{2/3}\left(\dfrac{\mathrm{d}k^2}{\mathrm{d}z}\right)_{z_m}^{-1/6}A_i\left\{-\left(\dfrac{3}{2}k_0\int_{z_{m1}}^{z}q\mathrm{d}z\right)^{2/3}\right\}. & (z\approx z_{m1})\\
(-1)^{l-1}q^{-1/2}\mathrm{e}^{-\mathrm{i}\pi/4}\exp\left(-\mathrm{i}k_0\int_{z}^{z_{m1}}q\mathrm{d}z\right) & (z<z_{m1})
\end{cases}
\tag{3.8.1}
$$

其中 $A_i(x)$ 为艾利函数; $\cos\alpha_l\equiv\dfrac{\mu_l}{k_0}$; z_{m1},z_{m2} 为反转点,

$$
q\equiv\sqrt{\left(k\left(z\right)/k_0\right)^2-\cos\alpha_l}=1/k_0\sqrt{k^2(z)-\mu_l^2},\tag{3.8.2}
$$

q 或者为正实数, 或者为负虚数, 即

$$
\begin{cases}
\arg q=0 & \mu_l<k(z)\\
\arg q=-\dfrac{\pi}{2} & \mu_l>k(z)
\end{cases},
$$

$$
S_l=2\int_{z_{m1}}^{z_{m2}}\frac{\mu_l}{\sqrt{k^2(z)-\mu_l^2}}\mathrm{d}z,\tag{3.8.3}
$$

而 μ_l 所满足的频散方程为

$$
2\int_{z_{m1}}^{z_{m2}}\sqrt{k^2(z)-\mu_l^2}\mathrm{d}z-\frac{\pi}{2}-\frac{\pi}{2}=2l\pi.\tag{3.8.4}
$$

因为在 Hankel 函数 $H_0^{(1)}$ 中出现 $\mu_l r$, 当取渐进式时, μ_l 具有水平波数的意义. 因此可将 μ_l 赋以几何解释. 令

$$
\mu_l=k_l(z)\cos\alpha_l(z)=k_{lr},\tag{3.8.5}
$$

则 μ_l 表示: 对给定的深度 z, 波矢量的水平分量, 它与 r 轴的夹角为 $\alpha_l(z)$. 由于 μ_l 对深度是不变量, 因此式 (3.8.5) 具有 Snell 定律的意义. 因此, 若将式 (3.8.5) 中的 $\cos\alpha_l(z)$ 赋以射线的掠角意义, 则对描述波场的波函数及有关的某些重要物理量均将具有相应的射线含义. 这样一来, 便能够对简正波获得较为明晰的物理图像 (例如下面将要谈到的简正波群速及指数衰减因子); 这当然不能误解为简正波概念

与射线概念的混同. 这种基于 W.K.B. 近似解并采用射线类比的做法, 就是文献中通常所谓的射线–简正波 "Ray-Mode" 类比方法. 例如, 在波函数 $f_l(z)$ 中出现的量 S_l[式 (3.8.3)] 所对应的是在 $z = z_0$ 处, 掠角为 $\alpha_l(z_0) = \arccos\left(\dfrac{\mu_l}{k_l(z_0)}\right)$ 的射线的"跨度"(见图 3.8.1).

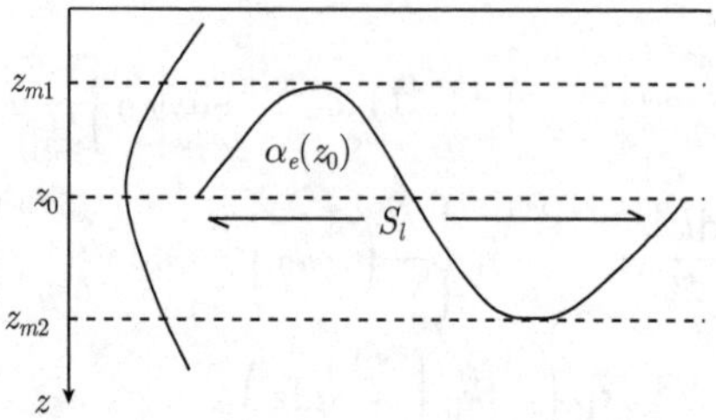

图 3.8.1

用这种方法, Haskell[31] 曾分析了声道中不触及边界的波导简正波的声场, 并计算出各号简正波的群速度 μ_l 正好等于沿相应射线流动的平均水平速度:

$$\mu_l = \frac{\mathrm{d}\omega}{\mathrm{d}\mu_l} \approx \frac{S_l}{T_l}, \tag{3.8.6}$$

其中

$$S_l = 2\int_{z_{m1}}^{z_{m2}} \frac{\mu_l}{\sqrt{k^2(z) - \mu_l^2}}\mathrm{d}z, \tag{3.8.7}$$

$$T_l = 2\int_{z_{m1}}^{z_{m2}} \frac{k(z)}{c(z)\sqrt{k^2(z) - \mu_l^2}}\mathrm{d}z. \tag{3.8.8}$$

显然, 这种方法可以推广到一般触及反射边界的情况, 此时本征值 μ_l 所满足的近似频散方程为

$$2\int_{z_{上}}^{z_{下}} \sqrt{k^2(z) - \mu_l^2}\mathrm{d}z + \phi_{上} + \phi_{下} = 2l\pi. \tag{3.8.9}$$

若所考虑的情况是在 $(0,H)$ 内声速有一个极小值, 则在水层内有上、下两个反转点, 而 z=0 是绝对软反射界面, $z = H$ 是反射系数为 V_H 的反射界面, 则在式 (3.8.9) 中的 $z_{上}, z_{下}$ 及 $\phi_{上}, \phi_{下}$ 分别为

$$z_{上} = \begin{cases} 0 & k(0) > \mu_l \text{ 或 } k(0) \sim \mu_l \\ z_{m1} & k(0) < \mu_l \end{cases};$$

$$z_{下} = \begin{cases} H & k(H) > \mu_l \text{ 或 } k(H) \sim \mu_l \\ z_{m2} & k(H) < \mu_l \end{cases};$$

$$\phi_{上} = \begin{cases} -\pi & k(0) > \mu_l \\ -\dfrac{5}{6}\pi & k(0) \simeq \mu_l; \\ -\dfrac{\pi}{2} & k(0) \ll \mu_l \end{cases}$$

$$\phi_{下} = \begin{cases} \phi_B & k(H) > \mu_l \\ \theta_B & k(H) \sim \mu_l; \\ -\dfrac{\pi}{2} & k(H) \ll \mu_l \end{cases} \tag{3.8.10}$$

其中 ϕ_B 为海底的反射相移; 非全反射时, 它是复数:

$$\phi_B = \arg V_H - \mathrm{i} \ln |V_H| = \phi'_B - \mathrm{i}\phi''_B; \tag{3.8.11}$$

而 $V_H(\mu_l)$ 为以掠角 $\alpha_l(H)$入射海底的平面波反射系数; θ_B 为海底附近反转时的附加相移, 一般也是复数.

将射线–简正波的概念用来解决触及反射边界的波场问题时, 主要的成就是对简正波的指数衰减系数 β_l 给以清楚的物理解释. 文献 [32] 首先指出, 浅海均匀层中的简正波指数衰减系数可以表示为

$$\beta_l \doteq \frac{-\ln |V_H(\alpha_l)|}{2H/\tan \alpha_l} = \frac{-\ln |V_H(\alpha_l)|}{S(\alpha_l)}. \tag{3.8.12}$$

文献 [33] 则给出直线负梯度非均匀层浅海中 "极限" 简正波的指数衰减系数 (见图 3.8.2) 表示为

$$\beta_l^* \doteq \frac{-\ln |V_H|}{\sqrt{\dfrac{8H}{a}}} = \frac{-\ln |V_H|}{S_l^*}. \tag{3.8.13}$$

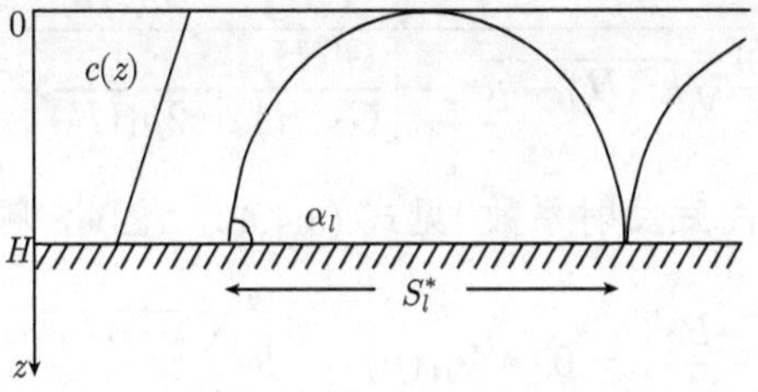

图 3.8.2

而后, 文献 [34] 中给出 W.K.B. 近似下的简正波指数衰减系数的一般表示式:

$$\beta_l \doteq \frac{-\ln |V_H|}{S_l + \delta_l}, \tag{3.8.14}$$

$$S_l = 2\int_{z_1}^{z_2} \frac{\mu_l}{\sqrt{k^2(z)-\mu_l^2}}\mathrm{d}z,$$

$$\delta_l = -\left(\frac{\partial \phi}{\partial \mu}\right)_l \quad \text{(代表海底反射位移)}.$$

作为声场解算的例子, 下面给出 W.K.B. 亮区的计算示例. 所谓 W.K.B. 亮区, 即满足下列条件:

$$\begin{aligned} &\left|\frac{1}{[k^2(z)-\mu^2]}\frac{\mathrm{d}}{\mathrm{d}z}\left[k^2(z)-\mu^2\right]^{1/2}\right| \ll 1, \\ &\arg\sqrt{k^2(z)-\mu^2} = 0. \end{aligned} \tag{3.8.15}$$

即在式 (3.4.30) 及 (3.4.31) 中取 (Ⅰ区) 的解:

$$F_1(z) = \frac{1}{[k^2(z)-\mu^2]^{1/4}}\mathrm{e}^{\mathrm{i}\int_0^z \sqrt{k^2(z)-\mu^2}\mathrm{d}z}, \tag{3.8.16}$$

$$F_2(z) = \frac{1}{[k^2(z)-\mu^2]^{1/4}}\mathrm{e}^{-\mathrm{i}\int_0^z \sqrt{k^2(z)-\mu^2}\mathrm{d}z}. \tag{3.8.17}$$

于是, 由式 (3.7.2) 得

$$\frac{B_1}{A_1} = -\frac{F_1(\mu,0)}{F_2(\mu,0)} = -1; \tag{3.8.18}$$

由式 (3.7.3) 得

$$\frac{B_2}{A_2} = V_H(\mu)\cdot \mathrm{e}^{2\mathrm{i}\int_0^H \sqrt{k^2(z)-\mu^2}\mathrm{d}z}, \tag{3.8.19}$$

其中

$$V_H(\mu) \equiv \frac{\mathrm{i}\dfrac{\rho(H)}{\rho_0}\sqrt{k^2(H)-\mu^2} - \left[\dfrac{G'(H)}{G_1(H)} + \dfrac{1}{2\rho_1(H)}\dfrac{\mathrm{d}\rho_1(H)}{\mathrm{d}z}\right]}{\mathrm{i}\dfrac{\rho_1(H)}{\rho_0}\sqrt{k^2(H)-\mu^2} - \left[\dfrac{G'(H)}{G_1(H)} + \dfrac{1}{2\rho_1(H)}\dfrac{\mathrm{d}\rho_1(H)}{\mathrm{d}z}\right]} \tag{3.8.20}$$

正好代表以 α_l 掠角的海底反射系数 [见式 (3.4.46)]. 因此, 频散方程为

$$\left[\frac{B_1}{A_1} - \frac{B_2}{A_2}\right] = 0 \to V_H(\mu)\cdot \mathrm{e}^{2\mathrm{i}\int_0^H \sqrt{k^2(z)-\mu^2}\mathrm{d}z} = 1, \tag{3.8.21}$$

$$\begin{aligned} &W(F_1,F_2) \approx -2\mathrm{i}, \\ &F_s(z,\mu_l) = \left[F_1(z) + \frac{B_1}{A_1}F_2(z)\right] = \frac{2\mathrm{i}\sin\left[\int_0^z \sqrt{k^2(z)-\mu_l^2}\mathrm{d}z\right]}{[k^2(z)-\mu_l^2]^{1/4}}. \end{aligned} \tag{3.8.22}$$

归一因子 N_l 由式 (3.7.10) 计算:

$$N_l=\left\{\frac{2\mu_l}{W\left(F_1,F_2\right)\dfrac{\partial}{\partial\mu}\left[\dfrac{B_1}{A_1}-\dfrac{B_2}{A_2}\right]}\right\}_{\mu_l}^{+1/2}=\left\{\frac{2\mu_l}{-2\mathrm{i}\dfrac{\partial}{\partial\mu}\left[-\mathrm{e}^{2\mathrm{i}\int_0^E\sqrt{k^2(z)-\mu^2\mathrm{d}z+\mathrm{i}\phi_B}}\right]}\right\}_{\mu_l}^{+1/2}.$$

利用频散关系

$$2\int_0^H\sqrt{k^2(z)-\mu_l^2}\mathrm{d}z+\phi_B=2l\pi+\pi,$$

可得到

$$N_l=\left\{\frac{\mu_l}{S_l+\delta_l}\right\}^{+1/2},\tag{3.8.23}$$

其中

$$S_l=2\int_0^H\frac{\mu_l}{\sqrt{k^2(z)-\mu_l^2}}\mathrm{d}z,$$

$$\delta_l=-\left(\frac{\partial\phi'_B}{\partial\mu}\right)_{\mu_l}.$$

将式 (3.8.22) 及 (3.8.23) 代入式 (3.7.11), 得到归一化波函数:

$$U_l(z)=N_l\cdot F_s(z,\mu_l)=\left[\frac{1}{S_l\cdot\tan\alpha_l(z)}\right]^{1/2}\cdot 2\mathrm{i}\sin\left[\int_0^z\sqrt{k^2(z)-\mu_l^2}\mathrm{d}z\right]$$

$$(\text{当 } S_l\gg\delta_l \text{ 时, 略去 } \delta_l).\tag{3.8.24}$$

下面来看频散方程 (3.8.21) 的近似解: 将 $V_H(\mu_l)$ 写为

$$V_H(\mu_l)=|V_H(\mu_l)|\,\mathrm{e}^{\mathrm{i}\phi_B(\mu_l)}=\mathrm{e}^{\mathrm{i}\phi_B(\mu_l)+\ln|V|}.\tag{3.8.25}$$

当 $|V_H(\mu_l)|<1$ 时, 频散方程的解 μ_l 将是复的, 令

$$\bar{\mu}_l=\mu_l+\mathrm{i}\beta_l,\tag{3.8.26}$$

当 $|\beta_l/\mu_l|\ll 1$ 时, 可作为微扰处理[34]:

$$\int_0^H\sqrt{k^2(z)-\bar{\mu}_l^2}\mathrm{d}z\approx\int_0^H\sqrt{k^2(z)-\mu_l^2}\mathrm{d}z-\mathrm{i}\beta_n\int_0^H\frac{\mu_l}{\sqrt{k^2(z)-\mu_l^2}}\mathrm{d}z,\tag{3.8.27}$$

$$V_H(\bar{\mu}_l)=\mathrm{e}^{\mathrm{i}\phi_B(\mu_l)-\beta\left(\frac{\partial\phi}{\partial\mu}\right)+\ln|V_H(\mu_l)|}.\tag{3.8.28}$$

将式 (3.8.27) 及 (3.8.28) 代入式 (3.8.21), 得到

$$2\mathrm{i}\left[\int_0^H\sqrt{k^2(z)-\mu_l^2}\mathrm{d}z-\mathrm{i}\beta_l\int_0^H\frac{\mu_l}{\sqrt{k^2(z)-\mu_l^2}}\mathrm{d}z\right]+\mathrm{i}\phi_B(\mu_l)-\beta_l\left(\frac{\partial\phi_B}{\partial\mu}\right)+\ln|V_H|=\mathrm{i}(2l\pi+\pi).\tag{3.8.29}$$

将实部与虚部分开, 我们便得到确定 μ_l 及 β_l 的两个方程, 如下:

$$2\int_0^H\sqrt{k^2(z)-\mu_l^2}\mathrm{d}z+\phi_B(\mu_l)=2l\pi+\pi,\tag{3.8.30}$$

$$\beta_l=\frac{-\ln|V_H(\mu_l)|}{S_l+\delta_l},\tag{3.8.31}$$

其中

$$S_l=2\int_0^H\frac{\mu_l}{\sqrt{k^2(z)-\mu_l^2}}\mathrm{d}z,\quad \delta_l=-\left(\frac{\partial\phi}{\partial\mu_l}\right).\tag{3.8.32}$$

这就是前面式 (3.8.14) 的一种情况.

§3.9 射线声学理论

3.9.1 射线声学的基本方程

在经典射线声学的范畴内, 对声场的描述是由射线来传递声能量的, 从声源出发的射线按一定的路程行走而到达接收点, 接收到的声场是所有到达射线的叠加结果. 由于射线都有一定的行走路程, 因此, 相应地有一定的到达时间和到达相位. 每根射线管携带的能量守恒, 因此, 射线强度由射线管的截面变化而确定. 由此, 在射线声学的范围内有两个基本的方程: 一个用以确定射线行走规律的程函 (Eikonal) 方程; 一个用以确定单根射线强度的方程.

射线声学的这两个基本方程可以由波动方程在一定近似下得到. 对于简谐过程的波动方程为

$$\nabla^2\psi+k_0^2n^2(x,y,z)\psi=0,\tag{3.9.1}$$

设波场 ψ 为

$$\psi=A(x,y,z)\mathrm{e}^{\mathrm{i}k_0S(x,y,z)},\tag{3.9.2}$$

则将式 (3.9.2) 代入式 (3.9.1), 并分开实部与虚部时, 有

$$(\nabla S)^2-\frac{\nabla^2A}{Ak_0^2}-n^2=0,\tag{3.9.3}$$

$$\nabla^2S+\frac{2(\nabla S\cdot\nabla A)}{A}=0.\tag{3.9.4}$$

在式 (3.9.3) 中, 如果略去第二项, 即当满足

$$\frac{\nabla^2 A}{Ak_0^2} \ll n^2 \tag{3.9.5}$$

时, 则得到确定 $S(x,y,z)$ 的方程为

$$(\nabla S)^2 = n^2(x,y,z). \tag{3.9.6}$$

式 (3.9.6) 即为射线声学的第一个基本方程——Eikonal 方程, 由它可以确定射线的走向. 射线的方向定义为等相面 $S(x, y, z)$=const 的法线, 于是射线的方向矢量 $\boldsymbol{\gamma}(\alpha,\beta,\gamma)$ 为

$$\boldsymbol{\gamma}(\alpha,\beta,\gamma) = \frac{1}{n}\left(\frac{\partial S}{\partial x}, \frac{\partial S}{\partial y}, \frac{\partial S}{\partial z}\right). \tag{3.9.7}$$

上式可由微分几何中关于曲线 $S(x, y, z)$=const 的法线方向余弦得出:

$$\alpha = \frac{\partial S}{\partial x}\Big/\sqrt{\left(\frac{\partial S}{\partial x}\right)^2 + \left(\frac{\partial S}{\partial y}\right)^2 + \left(\frac{\partial S}{\partial z}\right)^2},$$

$$\beta = \frac{\partial S}{\partial y}\Big/\sqrt{\left(\frac{\partial S}{\partial x}\right)^2 + \left(\frac{\partial S}{\partial y}\right)^2 + \left(\frac{\partial S}{\partial z}\right)^2},$$

$$\gamma = \frac{\partial S}{\partial z}\Big/\sqrt{\left(\frac{\partial S}{\partial x}\right)^2 + \left(\frac{\partial S}{\partial y}\right)^2 + \left(\frac{\partial S}{\partial z}\right)^2}.$$

由式 (3.9.4), 并注意到

$$\nabla \cdot (A^2 \nabla S) = 2A\nabla A \cdot \nabla S + A^2 \nabla^2 S,$$

就得到射线声学的第二个基本方程, 即强度方程:

$$\nabla \cdot (A^2 \nabla S) = 0. \tag{3.9.8}$$

如果考虑射线强度 $\boldsymbol{I}$ 为

$$\boldsymbol{I} \sim A^2 \nabla S, \tag{3.9.9}$$

则式 (3.9.8) 给出

$$\nabla \cdot (\boldsymbol{I}) = 0, \tag{3.9.10}$$

即射线强度矢量满足管量场条件 $\mathrm{div}\boldsymbol{I} = 0$, 由式 (3.9.9) 所定义的射线强度其数值正比于波场幅度 A 的平方, 而其方向即为射线的方向.

综上所述, 按射线基本方程 (3.9.6) 及 (3.9.10) 所确定的波场:

$$\psi = A(x,y,z)\mathrm{e}^{\mathrm{i}k_0 S(x,y,z)}$$

是在条件 (3.9.5) 得到满足时, 波动方程的近似解.

程函方程也可以由 Fermat 原理直接给出. 按照 Fermat 原理, 在任意两点 p_0 与 p_1 之间的射线应是短程线. 现在来考虑声程积分:

$$F = c_0\int_{p_0}^{p_1} \mathrm{d}t = c_0\int_{p_0}^{p_1} \frac{\mathrm{d}L}{c} = \int_{p_0}^{p_1} n\mathrm{d}L \equiv \text{声程}. \tag{3.9.11}$$

那么, 声程 F 是否有极值? 由于曲线的弧长

$$\mathrm{d}L = \sqrt{(\mathrm{d}x)^2 + (\mathrm{d}y)^2 + (\mathrm{d}z)^2},$$

并引进参数表示:

$$\mathrm{d}L = \sqrt{x'^2 + y'^2 + z'^2}\mathrm{d}\sigma,$$

其中 “′” 表示对参数 σ 求微商, 于是

$$\begin{aligned} F &= \int_{p_0}^{p_1} n(x,y,z)\sqrt{x'^2 + y'^2 + z'^2}\mathrm{d}\sigma \\ &= \int_{p_0}^{p_1} G(x,y,z,x',y',z')\mathrm{d}\sigma. \end{aligned}$$

上式表示对 σ 的曲线积分, 而曲线的积分途径待定. 作为泛函, 根据变分原理, 上式有极值的条件为满足欧拉方程:

$$\begin{aligned} \frac{\partial G}{\partial x} - \frac{\mathrm{d}}{\mathrm{d}\sigma}\left(\frac{\partial G}{\partial x'}\right) &= 0, \\ \frac{\partial G}{\partial y} - \frac{\mathrm{d}}{\mathrm{d}\sigma}\left(\frac{\partial G}{\partial y'}\right) &= 0, \\ \frac{\partial G}{\partial z} - \frac{\mathrm{d}}{\mathrm{d}\sigma}\left(\frac{\partial G}{\partial z'}\right) &= 0. \end{aligned} \tag{3.9.12}$$

注意 $G = n\sqrt{x'^2 + y'^2 + z'^2}$, 则式 (3.9.12) 可以化为

$$\begin{aligned} \frac{\mathrm{d}}{\mathrm{d}L}\left(n\frac{\mathrm{d}x}{\mathrm{d}L}\right) &= \frac{\partial n}{\partial x}, \\ \frac{\mathrm{d}}{\mathrm{d}L}\left(n\frac{\mathrm{d}y}{\mathrm{d}L}\right) &= \frac{\partial n}{\partial y}, \\ \frac{\mathrm{d}}{\mathrm{d}L}\left(n\frac{\mathrm{d}z}{\mathrm{d}L}\right) &= \frac{\partial n}{\partial z}. \end{aligned} \tag{3.9.13}$$

式 (3.9.13) 可以称为广义 Snell 定律. 不难证明, 式 (3.9.7) 也可以化为与式 (3.9.13) 完全相同的形式. 式 (3.9.13) 在射线声场的数值计算中是很有用的. 这一问题我们将在第九章讨论.

3.9.2 分层介质中的射线方程

在分层介质中, 折射率 $n=n(z)$ 仅是 z 的函数, 我们来考察 $(x,\,z)$ 平面内的射线轨迹 (即相应于平面波的射线). 程函 $S(x,\,z)$ 满足方程:

$$\left(\frac{\partial S}{\partial x}\right)^2+\left(\frac{\partial S}{\partial z}\right)^2=n^2(z). \tag{3.9.14}$$

用分离变量法解此方程. 令

$$S\,(x,z)=S_1(x)+S_2\,(z)\,, \tag{3.9.15}$$

得

$$\left(\frac{\partial S_1}{\partial x}\right)^2=\xi^2, \tag{3.9.16}$$

$$\left(\frac{\partial S_2}{\partial z}\right)^2=n^2(z)-\xi^2, \tag{3.9.17}$$

其中 ξ 为分离常数. 解式 (3.9.16) 及 (3.9.17), 得

$$S_1(x)=\xi x+c, \tag{3.9.18}$$

$$S_2\,(z)=\int_0^z\sqrt{n^2(z)-\xi^2}\mathrm{d}z. \tag{3.9.19}$$

于是

$$S\,(x,z)=\xi x+\int_0^z\sqrt{n^2(z)-\xi^2}\mathrm{d}z+C.$$

由射线声学给出的波场为

$$\begin{aligned}\psi(x,z)=&A(x,z)\mathrm{e}^{\mathrm{i}k_0S(x,z)}\\=&A(x,z)\mathrm{e}^{\mathrm{i}k_0x+\mathrm{i}k_0\int_0^z\sqrt{n^2(z)-\xi^2}\mathrm{d}z+\mathrm{i}k_0C}.\end{aligned} \tag{3.9.20}$$

而射线在空间的轨迹由方向余弦给出, 按式 (3.9.7), 得

$$\alpha=\cos\theta=\frac{1}{n(z)}\frac{\partial S_1}{\partial x}=\frac{1}{n(z)}\cdot\xi, \tag{3.9.21}$$

$$\gamma=\sin\theta=\frac{1}{n(z)}\frac{\partial S_2}{\partial z}=\frac{1}{n}\sqrt{n^2(z)-\xi^2}. \tag{3.9.22}$$

式 (3.9.21) 即为 Snell 定律:

$$n(z)\cos\theta(z)=\xi=\text{const}. \tag{3.9.23}$$

由式 (3.9.21) 及 (3.9.22) 可以得到射线方程:

$$\frac{\mathrm{d}z}{\mathrm{d}x}=\tan\theta=\frac{\gamma}{\alpha}=\sqrt{\frac{n^2(z)}{\xi^2}-1}.$$

积分后得

$$\chi=\int_0^z\frac{\xi}{\sqrt{n^2(z)-\xi^2}}\mathrm{d}z. \tag{3.9.24}$$

按 Snell 定律, 将分离常数 ξ 取为 $n=1$ 时的 $\cos\theta$ 值, 记为 $\cos\theta_0$, 则射线方程为

$$\chi=\cos\theta_0\int_0^z\frac{\mathrm{d}z}{\sqrt{n^2(z)-\cos^2\theta}}. \tag{3.9.25}$$

下面来考虑强度方程 (3.9.10):

$$V\cdot(\boldsymbol{I})=0. \tag{3.9.26}$$

由奥高定理, 有

$$\oiint_S \boldsymbol{I}\cdot\mathrm{d}\boldsymbol{A}_S=\iiint_V \mathrm{div}(\boldsymbol{I})\mathrm{d}v. \tag{3.9.27}$$

将式 (3.9.26) 代入式 (3.9.27), 得到 (见图 3.9.1):

$$\oiint_S \boldsymbol{I}\cdot\mathrm{d}\boldsymbol{A}_S=0, \tag{3.9.28}$$

$$-(I_1\cdot A_{S_1})+(I_2\cdot A_{S_2})=0. \tag{3.9.29}$$

于是

$$I_1\cdot A_{S_1}=I_2\cdot A_{S_2}=\cdots=I_m\cdot A_{S_m}=\mathrm{const}. \tag{3.9.30}$$

根据在源点的初始条件可以定出此常数为包含于声线管所张立体角 $\mathrm{d}\varOmega$ 内的功率, 若 W 表示单位立体角辐射功率, 则有

$$I(z)\,\mathrm{d}A_z=W\cdot\mathrm{d}\varOmega$$

或

$$I(z)=\frac{W\cdot\mathrm{d}\varOmega}{\mathrm{d}A_z}. \tag{3.9.31}$$

现在来计算点 $P(r,z)$ 处的强度. 先计算以 θ_0 出射的声线管在 θ_0 与 $\theta_0+\mathrm{d}\theta$ 所夹的立体角 $\mathrm{d}\varOmega$(见图 3.9.1):

$$\mathrm{d}\varOmega=\frac{\mathrm{d}S}{r^2}=2\pi\cos\theta_0\cdot\mathrm{d}\theta_0.$$

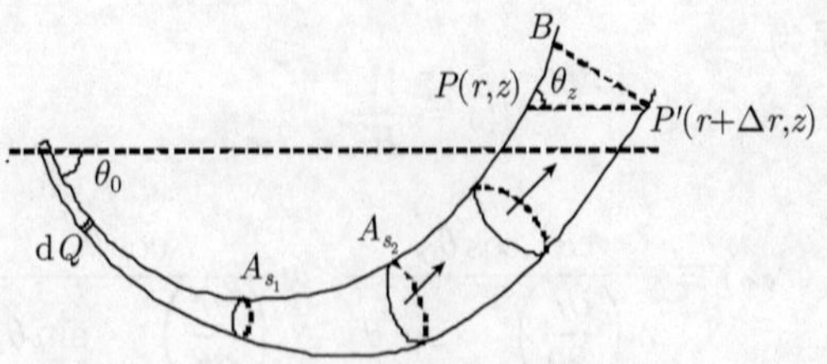

图 3.9.1

再看声线管在 P 点的垂直截面 $\mathrm{d}A_z$：

$$\mathrm{d}A_z = 2\pi r\cdot\overline{BP'},$$

而 $\overline{BP'}=\overline{PP'}\cdot\sin\theta_z=\Delta r\cdot\sin\theta=\left(\dfrac{\partial r}{\partial\theta}\right)_{\theta_0}\cdot\Delta\theta_0\cdot\sin\theta_z$, 所以

$$\mathrm{d}A_z = 2\pi r\cdot\left(\frac{\partial r}{\partial\theta}\right)_{\theta_0}\cdot\Delta\theta_0\cdot\sin\theta_z.$$

于是

$$I\left(r,z\right)=\frac{W\cdot 2\pi\cos\theta_0\cdot\mathrm{d}\theta_0}{2\pi r\left(\dfrac{\partial r}{\partial\theta}\right)_{\theta_0}\cdot\mathrm{d}\theta_0\sin\theta_z}=\frac{W\cdot\cos\theta_0}{r\left(\dfrac{\partial r}{\partial\theta}\right)_{\theta_0}\sin\theta_z}. \tag{3.9.32}$$

式 (3.9.32) 是分层介质中确定声强的基本公式. 联合射线方程 (3.9.25) 即可解算声场.

由式 (3.9.25), 射线声场表示为

$$\psi\left(x,z\right)=A\left(x,z\right)\mathrm{e}^{\mathrm{i}\phi(x,z)}, \tag{3.9.33}$$

其中

$$\phi\left(x,z\right)=\mathrm{i}k_0x+\mathrm{i}k_0\int_0^z\sqrt{n^2\left(z\right)-\xi^2}\mathrm{d}z,$$

$$A\left(x,y\right)=\left(I\right)^{1/2}=\sqrt{\frac{W\cos\theta_0}{r\left(\dfrac{\partial r}{\partial\theta}\right)_{\theta_0}\sin\theta_z}}.$$

射线声学方法虽然是严格波动理论的近似解, 然而由于它对声场描写得简洁直观, 仍不失为解算声场的一种重要方法, 特别是高频情况 (波导宽度 $H\gg$ 波长 λ), 在讨论深海传播问题时经常要应用它.

接收到的场强 I 与均匀介质中的场强 I_0 之比, 定义为 “聚焦因子” F:

$$F\left(r,z\right)\equiv\frac{I\left(r,z\right)}{I_0}, \tag{3.9.34}$$

而均匀介质中的场强为

$$I_0 = \frac{W}{R^2}.$$

于是

$$F(r,z) \equiv \frac{R^2\cos\theta_0}{r\left(\dfrac{\partial r}{\partial\theta}\right)_{\theta_0}\cdot\sin\theta_z} \approx \frac{r\cos\theta_0}{\left(\dfrac{\partial r}{\partial\theta}\right)_{\theta_0}\cdot\sin\theta_z} \tag{3.9.35}$$

当 $R \simeq r$ 时 [即 $r \gg (z-z_0)$].

声线由 P_1 点到达 P_2 点行走的时间为

$$t = \int_{P_1}^{P_2}\frac{\mathrm{d}L}{c} = \int_{z_1}^{z_2}\frac{\mathrm{d}z}{c(z)\sin\theta_z}. \tag{3.9.36}$$

以上讨论的是由声源以 θ_0 角出射的单根声线情况. 一般情况下, 可能有多根声线到达接收点, 如果考虑各条声线按能量叠加, 则式 (3.9.35) 变为

$$F(z,r) = \sum_j^N \frac{r\cos\theta_0 j}{\left(\dfrac{\partial r}{\partial\theta}\right)_{\theta_0 j}\cdot\sin\theta_z j} R_b^n R_s^m, \tag{3.9.37}$$

其中 $\theta_0 j$ 是第 j 根到达声线的声源处出射角; R_b 为海底界面的能量反射系数; R_s 为海面的能量反射系数; n 为碰海底次数; m 为碰海面次数. 按照式 (3.9.37) 进行声场数值计算机程序的例子见文献 [35]. 近年来, 在 NOAA 工作的 Jones 和 Georges 已经编写出一个三维的射线程序 (HARPO)[72]. 而更为实用的高斯波束的算法则由 Porter 和 Bucker 给出[73].

由式 (3.9.35) 及 (3.9.37) 可见, 在射线声学方法中用聚焦因子来计算场强时, 当 $\left(\dfrac{\partial r}{\partial\theta}\right)_{\theta_0} \to 0$ 时是不适用的, 这些区域称为 "焦散区"(caustic). 在 "焦散区" 附近的声场计算在 §3.9.4 中讨论.

3.9.3 分层介质中的声线图

程函方程在分层介质中的解就是 Snell 定律, 射线轨迹由式 (3.9.25) 给出:

$$\chi = \cos\theta_0\int_{z_0}^{z}\frac{\mathrm{d}z}{\sqrt{n^2(z)-\cos^2\theta}}. \tag{3.9.38}$$

对于声速直线分布的情况,

$$c(z) = c_0(1+az). \tag{3.9.39}$$

令射线参数

$$P \equiv \frac{\cos\theta(z)}{c(z)} = \frac{\cos\theta(z_0)}{c(z_0)}, \tag{3.9.40}$$

则

$$\chi = \int_{z_0}^{z} \frac{Pc(z)}{\sqrt{1-P^2c^2(z)}}\mathrm{d}z. \tag{3.9.41}$$

利用积分

$$\int \frac{y\mathrm{d}y}{\sqrt{1-y^2}} = -\sqrt{1-y^2}, \tag{3.9.42}$$

很容易计算式 (3.9.41), 并可证明射线轨迹为圆.

或者将射线方程 (3.9.38) 转换为对 θ 的积分, 由 Snell 定律及声速公式 (3.9.39), 可得

$$\mathrm{d}z = -\frac{\sin\theta(z)}{a\cos\theta_0}\mathrm{d}\theta. \tag{3.9.43}$$

将式 (3.9.38) 变为

$$\chi = \frac{-1}{a\cos\theta_0}\int_{\theta_0}^{\theta_z}\cos\theta\mathrm{d}\theta = \frac{\sin\theta_0 - \sin\theta_z}{a\cos\theta_0}, \tag{3.9.44}$$

而

$$\sin\theta_z = \sqrt{1-\cos^2\theta_0(1+az)^2}. \tag{3.9.45}$$

在线性声速式 (3.9.39) 的介质中, 射线传播时间和单根射线强度分别为

$$\begin{aligned} t &= \int_{z_0}^{z} \frac{\mathrm{d}z}{c(z)\sqrt{1-P^2c^2(z)}} = \int_{\theta(z_0)}^{\theta(z)} \frac{\mathrm{d}\theta}{Pc(z)\cdot ac(z_0)} \\ &= \left[\int_{\theta(z_0)}^{\theta(z)} \frac{\mathrm{d}\theta}{\cos\theta(z)}\right]\frac{1}{ac(z_0)} = \frac{1}{ac(z_0)}\frac{1}{2}\ln\frac{1+\sin\theta}{1-\sin\theta}\Bigg|_{\theta(z_0)}^{\theta(z)} \\ &= \frac{1}{ac(z_0)}\ln\frac{\tan\left(\dfrac{\theta(z)}{2}+\dfrac{\pi}{4}\right)}{\tan\left(\dfrac{\theta(z_0)}{2}+\dfrac{\pi}{4}\right)}. \end{aligned} \tag{3.9.46}$$

声强由式 (3.9.32) 给出:

$$I = W\frac{\cos\theta_0}{\chi\left(\dfrac{\partial x}{\partial\theta_0}\right)\sin\theta(z)}. \tag{3.9.47}$$

经过计算, 可以得到

$$\frac{\partial x}{\partial\theta_0} = \frac{x}{\cos\theta_0\sin\theta(z)}. \tag{3.9.48}$$

因此

$$I = W\frac{\cos^2\theta_0}{x^2}. \tag{3.9.49}$$

详细计算线性声速介质中射线行为的重要性是, 任意复杂的介质分布情况, 都可以近似看成由许多层线性介质连接而成, 即将复杂连续变化的 $c(z)$ 用折线逼近, 不过要注意, 折线逼近时会产生假散焦区.

设 $c_i(z), \theta_i(z), \Delta x_i, g_i = \left(\dfrac{\partial c}{\partial z}\right)_i$ 分别代表第 i 层介质的声速, 声线折射角, 声线横向距离, 速度梯度, θ_0 为在 $i=0$ 层的初始掠射角. 于是由式 (3.9.44) 可得

$$\Delta x_i = \frac{c_i}{g_i \cos\theta_i(z)} \left|\sin\theta_i(z) - \sin\theta_{i+1}(z)\right|. \tag{3.9.50}$$

整个 n 层的水平距离为[35]

$$\chi = \sum_{i=0}^{n} \Delta x_i = \frac{c_0}{\cos\theta_0} \sum_{i=0}^{n} \left|\frac{\sin\theta_i(z) - \sin\theta_{i+1}(z)}{g_i}\right|, \tag{3.9.51}$$

$$\frac{\partial x}{\partial \theta_0} = \frac{\sin\theta_0}{\cos\theta_0} \sum_{i=0}^{n} \frac{\Delta x_i}{\sin\theta_i \sin\theta_{i+1}}. \tag{3.9.52}$$

于是, 在第 n 层的声强 (单根) 为

$$I = W \frac{\cos\theta_0}{\chi \sin\theta_n(z) \dfrac{\sin\theta_0}{\cos\theta_0} \displaystyle\sum_{i=0}^{n} \frac{\Delta x_i}{\sin\theta_i \sin\theta_{i+1}}}, \tag{3.9.53}$$

而传播时间为

$$t = \sum_{i=0}^{n} \Delta t_i = \sum_{i=0}^{n} \frac{1}{g_i} \ln \frac{\tan\left(\dfrac{\theta_{i+1}}{2}\right)}{\tan\left(\dfrac{\theta_i}{2}\right)}. \tag{3.9.54}$$

3.9.4　广义射线

前面关于射线声学的论述是波动方程在忽略 $(1/k_0)$ 高次项的近似求解中建立的, 描述波场

$$\psi(x,y,z) = A(x,y,z)\,\mathrm{e}^{\mathrm{i}k_0 s(x,y,z)} \tag{3.9.55}$$

的两个基本方程:

(1) 关于函数 $S(x,y,z)$ 的程函方程 (3.9.6);

(2) 关于 $A(x,y,z)$ 的能量迁移 (transport) 方程 (3.9.8)

$$\nabla \cdot \left(A^2 \nabla S\right) = 0. \tag{3.9.56}$$

现在我们来讨论建立波场射线表示的另外一种方法. 这种方法是由波场的严格解的积分表示式 (3.2.16) 出发, 将被积函数展开为"多途级数"的形式, 从而将

波场表示为 "多途积分" 形式; 然后用近似方法或数值方法来分析并解算各项积分. 一般情况下, 每一项 "多途积分" 的贡献称为一条 "广义射线"; 在某些特殊情况, 使用通常的 W.K.B. 近似, 并使用稳相近似估值, 则退化为通常经典射线.

由式 (3.2.16) 点源场的积分表示为

$$\psi(r,z,z_0)=\begin{cases}\displaystyle\int_{-\infty}^{\infty}\sqrt{\frac{2}{\pi\mu r}}\frac{\left[F_1(z)+\dfrac{B_1}{A_1}F_2(z)\right]\left[F_1(z_0)+\dfrac{B_2}{A_2}F_2(z_0)\right]}{W(F_1,F_2)\left[\dfrac{B_1}{A_1}-\dfrac{B_2}{A_2}\right]}\mathrm{e}^{\mathrm{i}\left(\mu r-\frac{\pi}{4}\right)}\cdot\mu\mathrm{d}\mu \\ \qquad (0<z<z_0) & (3.9.57)\\ \displaystyle\int_{-\infty}^{\infty}\sqrt{\frac{2}{\pi\mu r}}\frac{\left[F_1(z_0)+\dfrac{B_1}{A_1}F_2(z_0)\right]\left[F_1(z)+\dfrac{B_2}{A_2}F_2(z)\right]}{W(F_1,F_2)\left[\dfrac{B_1}{A_1}-\dfrac{B_2}{A_2}\right]}\mathrm{e}^{\mathrm{i}\left(\mu r-\frac{\pi}{4}\right)}\cdot\mu\mathrm{d}\mu \\ \qquad (z_0<z<H) & (3.9.58)\end{cases}$$

令

$$\frac{B_2}{A_2}\equiv V_b(\mu), \tag{3.9.59}$$

$$\frac{B_1}{A_1}\equiv\frac{1}{V_s(\mu)}, \tag{3.9.60}$$

则由式 (3.2.13), 有

$$V_s(\mu)=-\frac{F_2(0,\mu)}{F_1(0,\mu)}; \tag{3.9.61}$$

由式 (3.2.14), 有

$$V_b(\mu)=+V_b(H,\mu)\cdot\frac{F_1(H,\mu)}{F_2(H,\mu)}. \tag{3.9.62}$$

为讨论简便起见, 以下假定 $z<z_0$, 则 $\psi(r,z,z_0)$ 可写为

$$\psi(r,z,z_0)=\int_{-\infty}^{+\infty}\sqrt{\frac{2}{\pi\mu r}}\cdot\frac{[F_2(z)+V_sF_1(z)][F_1(z_0)+V_bF_2(z_0)]}{W(F_1,F_2)[1-V_sV_b]}\mathrm{e}^{\mathrm{i}\left(\mu r-\frac{\pi}{4}\right)}\mu\mathrm{d}\mu. \tag{3.9.63}$$

在积分路径上, 能够将 $[1-V_sV_b]^{-1}$ 展成为级数形式:

$$[1-V_sV_b]^{-1}=\sum_{n=0}^{\infty}V_s^nV_b^n. \tag{3.9.64}$$

将式 (3.9.64) 代入式 (3.9.63), 就得到场的所谓 "多途积分" 表示:

$$\psi(r,z,z_0)=\sum_{n=0}^{\infty}\sum_{m=1}^{4}\psi_n^{(m)}(r,z,z_0), \tag{3.9.65}$$

其中

$$\psi_n^{(1)} = \int_{-\infty}^{\infty} \sqrt{\frac{2\mu}{\pi r}} \cdot \frac{\mathrm{e}^{\mathrm{i}\left(\mu r - \frac{\pi}{4}\right)}}{W\left(F_1, F_2\right)} \left[F_2\left(z\right) F_1\left(z_0\right)\right] V_s^n V_b^n \mathrm{d}\mu, \tag{3.9.66}$$

$$\psi_n^{(2)} = \int_{-\infty}^{\infty} \sqrt{\frac{2\mu}{\pi r}} \cdot \frac{\mathrm{e}^{\mathrm{i}\left(\mu r - \frac{\pi}{4}\right)}}{W\left(F_1, F_2\right)} \left[F_1\left(z\right) F_1\left(z_0\right)\right] V_s^{n+1} V_b^n \mathrm{d}\mu, \tag{3.9.67}$$

$$\psi_n^{(3)} = \int_{-\infty}^{\infty} \sqrt{\frac{2\mu}{\pi r}} \cdot \frac{\mathrm{e}^{\mathrm{i}\left(\mu r - \frac{\pi}{4}\right)}}{W\left(F_1, F_2\right)} \left[F_2\left(z\right) F_2\left(z_0\right)\right] V_s^n V_b^{n+1} \mathrm{d}\mu, \tag{3.9.68}$$

$$\psi_n^{(4)} = \int_{-\infty}^{\infty} \sqrt{\frac{2\mu}{\pi r}} \cdot \frac{\mathrm{e}^{\mathrm{i}\left(\mu r - \frac{\pi}{4}\right)}}{W\left(F_1, F_2\right)} \left[F_1\left(z\right) F_2\left(z_0\right)\right] V_s^{n+1} V_b^{n+1} \mathrm{d}\mu. \tag{3.9.69}$$

式 (3.9.65) 所给出的场的 "多途" 展开表示, 可以选取适当的一维波函数 $F_1(z)$ 及 $F_2(z)$ 代入, 然后解算积分. 一般常用的方法是 "稳相" 近似, 或进行数值计算.

文献 [5] 对 $F_1(z)$ 及 $F_2(z)$ 使用通常的 W.K.B. 解, 并采用稳相近似估值积分, 得到了 "亮区" 的经典射线解, 以及散焦区的解. 文献 [36] 使用广义的 W.K.B. 解, 并同时分析了稳相积分与数值积分方案, 提出了广义射线 (对应于一个途径的数值积分) 及广义散焦区的概念. 对于简单 (一阶) 反转点, 在 G.W.K.B. 中使用一阶渐近的 Airy 函数的解就能消除反转点的发散困难, 并且在反转点之外退化为通常的 W.K.B. 解.

下面介绍两种典型的方法.

(1) Бреховских方法[5]. 可以把式 (3.4.38) 及 (3.4.39) 所给出的线性连接的 W.K.B. 解代入式 (3.9.65) 进行计算. 为了避免枝节性的烦琐, 扼要阐明主旨; 下面以 W.K.B. 亮区解为例, 对 "多途" 积分 $\psi_n^{(m)}$ 进行分析计算. 此时, 满足条件 $\mu < k(z)$, 因此

$$F_1(z, \mu) = \frac{1}{\left[k^2(z) - \mu^2\right]^{1/4}} \mathrm{e}^{+\mathrm{i}\int_0^z \sqrt{k^2(z) - \mu^2} \mathrm{d}z}, \tag{3.9.70}$$

$$F_2(z, \mu) = \frac{1}{\left[k^2(z) - \mu^2\right]^{1/4}} \mathrm{e}^{-\mathrm{i}\int_0^z \sqrt{k^2(z) - \mu^2} \mathrm{d}z}, \tag{3.9.71}$$

$$V_s = -1, \tag{3.9.72}$$

$$V_b = V_b(H) \cdot \mathrm{e}^{2\mathrm{i}\int_0^H \sqrt{k^2(z) - \mu^2} \mathrm{d}z}, \tag{3.9.73}$$

$$W(F_1, F_2) \doteq 2\mathrm{i}. \tag{3.9.74}$$

将式 (3.9.70)~(3.9.74) 代入式 (3.9.65), 得

$$\psi_n^{(m)}(r, z, z_0) = \int_{-\infty}^{k(z)} K_n^{(m)}(r, z, z_0, \mu)\, \mathrm{e}^{\mathrm{i}\omega_n^{(m)}(r, z, z_0, \mu)} \mathrm{d}\mu, \tag{3.9.75}$$

其中

$$K_n^{(m)}=(-1)^n\left(|V_H|\right)^n\sqrt{\frac{\mu}{2\pi rq\left(z\right)q\left(z_0\right)}}\mathrm{e}^{-\mathrm{i}\frac{3}{4}\pi}\times\begin{cases}1 & m=1\\ -1 & m=2\\ |V_H| & m=3\\ -|V_H| & m=4\end{cases}, \tag{3.9.76}$$

而

$$q\left(z\right)\equiv\sqrt{k^2\left(z\right)-\mu^2}=k\left(z\right)\sin\theta\left(z\right), \tag{3.9.77}$$

$$\omega_n^{(1)}=\int_z^{z_0}q\mathrm{d}z+2n\int_0^H q\mathrm{d}z+n\phi_b+\mu r, \tag{3.9.78}$$

$$\omega_n^{(2)}=\int_z^{z_0}q\mathrm{d}z+\int_0^z q\mathrm{d}z+2n\int_0^H q\mathrm{d}z+n\phi_b+\mu r, \tag{3.9.79}$$

$$\omega_n^{(3)}=2\int_z^H q\mathrm{d}z-\int_{z_0}^H q\mathrm{d}z+2n\int_0^H q\mathrm{d}z+(n+1)\,\phi_b+\mu r, \tag{3.9.80}$$

$$\omega_n^{(4)}=2\int_0^H q\mathrm{d}z-\int_z^{z_0} q\mathrm{d}z+2n\int_0^H q\mathrm{d}z+(n+1)\,\phi_b+\mu r, \tag{3.9.81}$$

其中

$$\phi_b=\arg V_H.$$

用稳相法计算积分 (3.9.75), 稳相点 $\mu_n\left(r,z,z_0\right)$ 由下列方程确定:

$$\left(\frac{\partial\omega^{(m)}}{\partial\mu}\right)_{\mu_n}=0. \tag{3.9.82}$$

相应的稳相点方程为

$$m=1,\quad r=\int_z^{z_0}\frac{\mu_n}{\sqrt{k^2\left(z\right)-\mu_n^2}}\mathrm{d}z+2n\int_0^H\frac{\mu_n}{\sqrt{k^2\left(z\right)-\mu_n^2}}\mathrm{d}z+n\delta\left(\mu_n\right), \tag{3.9.83}$$

$$\begin{aligned}m=2,\quad r=&\int_0^z\frac{\mu_n}{\sqrt{k^2\left(z\right)-\mu_n^2}}\mathrm{d}z+\int_0^{z_0}\frac{\mu_n}{\sqrt{k^2\left(z\right)-\mu_n^2}}\mathrm{d}z\\&+2n\int_0^H\frac{\mu_n\mathrm{d}z}{\sqrt{k^2\left(z\right)-\mu_n^2}}+n\delta\left(\mu_n\right),\end{aligned} \tag{3.9.84}$$

$$\begin{aligned}m=3,\quad r=&\int_z^H\frac{\mu_n\mathrm{d}z}{\sqrt{k^2\left(z\right)-\mu_n^2}}+\int_{z_0}^H\frac{\mu_n\mathrm{d}z}{\sqrt{k^2\left(z\right)-\mu_n^2}}\\&+2n\int_0^H\frac{\mu_n\mathrm{d}z}{\sqrt{k^2\left(z\right)-\mu_n^2}}+n\delta\left(\mu_n\right),\end{aligned} \tag{3.9.85}$$

$$m=4, \quad r=2\int_0^H \frac{\mu_n \mathrm{d}z}{\sqrt{k^2(z)-\mu_n^2}}+\int_z^{z_0} \frac{\mu_n \mathrm{d}z}{\sqrt{k^2(z)-\mu_n^2}}$$
$$+2n\int_0^H \frac{\mu_n \mathrm{d}z}{\sqrt{k^2(z)-\mu_n^2}}+n\delta(\mu_n), \tag{3.9.86}$$

其中

$$\delta \equiv -\left(\frac{\partial \phi_b}{\partial \mu}\right)_{\mu_n}. \tag{3.9.87}$$

由式 (3.9.83)~(3.9.86) 可见, 只要令 $\mu_n \equiv k(z)\cos\theta_n(z)$, 则稳相点方程正好就是掠角为 $\theta_n(Z)$ 的射线所满足的方程 [见式 (3.9.38)]. 所对应的射线如图 3.9.2 所示.

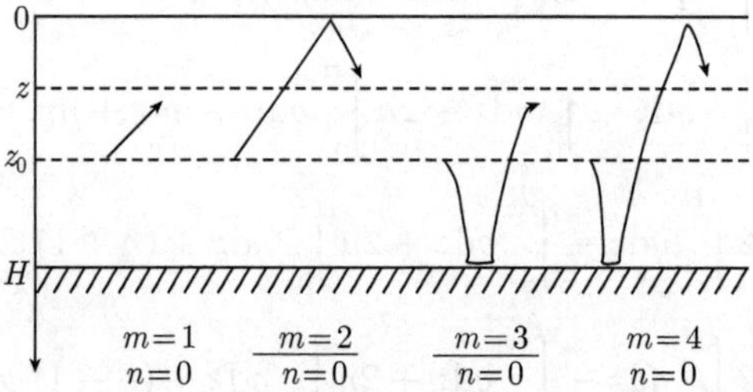

图 3.9.2

于是将 $\omega_n^{(m)}$ 在稳相点 μ_n 处展开, 对于非散焦区, 即

$$\left(\frac{\partial^2 \omega_n^{(m)}}{\partial \mu^2}\right)_{\mu_n} \neq 0,$$

则可以得到经典射线结果. 此时式 (3.9.75) 的积分变为

$$\psi_n^{(m)}(r,z,z_0) \doteq K_n^{(m)}(r,z,z_0,\mu_n)\,\mathrm{e}^{\mathrm{i}\omega_n^{(m)}(\mu_n)} \times \int \mathrm{e}^{\mathrm{i}\frac{1}{2}\left(\frac{\partial^2 \omega_n^{(m)}}{\partial \mu_n^2}\right)(\mu-\mu_n)^2}\mathrm{d}\mu. \tag{3.9.88}$$

令

$$\frac{1}{2}\left(\frac{\partial^2 \omega_n^{(m)}}{\partial \mu_n^2}\right)(\mu-\mu_n)^2=\mathrm{i}S^2,$$

则

$$\sqrt{\frac{1}{2}\left(\frac{\partial^2 \omega_n^{(m)}}{\partial \mu_n^2}\right)}\cdot(\mu-\mu_n)=\mathrm{e}^{\mathrm{i}\frac{\pi}{4}}S,$$

所以

$$\mathrm{d}\mu=\mathrm{e}^{\mathrm{i}\frac{\pi}{4}}\sqrt{\frac{2}{\left(\frac{\partial^2 \omega_n^{(m)}}{\partial \mu_n^2}\right)}}\mathrm{d}S,$$

于是式 (3.9.88) 变为

$$\psi_n^{(m)} \approx K_n^{(m)}(r,z,z_0,\mu_n)\sqrt{\frac{2\pi}{\left(\dfrac{\partial r}{\partial \theta_0}\right)\dfrac{1}{k(z_0)\sin\theta_n(z_0)}}}\mathrm{e}^{\mathrm{i}\omega_n^{(m)}(\mu_n)+\frac{\pi}{4}\mathrm{i}}. \tag{3.9.89}$$

注意, 其中利用了关系

$$\frac{\partial^2\omega_n^{(m)}}{\partial\mu_n^2} = -\left(\frac{\partial r}{\partial\mu_n}\right) = \left(\frac{\partial r}{\partial\theta_0}\right)\frac{1}{k(z_0)\sin\theta_n(z_0)}.$$

综上所述, 当在非散焦区:

$$\left(\frac{\partial^2\omega_n^{(m)}}{\partial\mu_n^2}\right)\sim\left(\frac{\partial r}{\partial\mu_n}\right)\neq 0,$$

而存在稳相点时

$$\left(\frac{\partial\omega_n^{(m)}}{\partial\mu_n}\right)=0,$$

则声场表示式 (3.9.65) 可以写成

$$\psi(r,z,z_0)=\sum_{n=0}^{\infty}\sum_{m=1}^{4}A_n^{(m)}(r,z,z_0,\mu_n)\,\mathrm{e}^{\mathrm{i}\Phi_n^{(m)}(r,z,z_0,\mu_n)}, \tag{3.9.90}$$

其中 $A_n^{(m)}$, $\Phi_n^{(m)}$ 均与经典射线的幅度及相位有对应的表示. 以 $m=1$ 为例,

$$A_n^{(1)}=(|V_H|)^n\sqrt{\frac{\cos\theta(z_0)}{\left(\dfrac{c(z_0)}{c(z)}\right)\cdot r\left(\dfrac{\partial r}{\partial\theta_0}\right)\sin\theta(z)}}\mathrm{e}^{-\mathrm{i}\frac{\pi}{2}}, \tag{3.9.91}$$

$$\begin{aligned}\Phi_n^{(1)}=&\int_z^{z_0}\sqrt{k^2(z)-\mu_n^2}\mathrm{d}z+2n\int_0^H\sqrt{k^2(z)-\mu_n^2}\mathrm{d}z\\&+n\phi_b+\mu_n r+n\pi,\end{aligned} \tag{3.9.92}$$

可与经典射线场公式 (3.9.38) 对比. $m=1$, 代表图 3.9.2 中经过 n 次循环跨度的第一类射线. 其余三类以此类推.

声场表示式 (3.9.91) 在散焦线附近是不正确的. 此时相函数 $\omega_n^{(m)}$ 的二阶微商等于零, 式 (3.9.91) 将发散.

若我们将广义射线的相函数 $\omega_n^{(m)}(r,z,z_0;\mu)$ 表示为

$$\omega_n^{(m)}(r,z,z_0;\mu)=f(z,z_0,\mu)+\mu r,$$

则其各阶微商为

$$
\begin{aligned}
\omega' &= \frac{\partial \omega}{\partial \mu} = \frac{\partial f}{\partial \mu} + r \equiv -\tilde{r}\left(z, z_0, \mu\right) + r, \\
\omega'' &= \frac{\partial^2 \omega}{\partial \mu^2} = -\frac{\partial \tilde{r}}{\partial \mu}, \\
\omega''' &= \frac{\partial^3 \omega}{\partial \mu^3} = -\frac{\partial^2 \tilde{r}}{\partial \mu^2}, \\
\omega'''' &= \frac{\partial^4 \omega}{\partial \mu^4} = -\frac{\partial^3 \tilde{r}}{\partial \mu^3}.
\end{aligned}
$$

由 $\omega' = 0$ 给出射线方程, 对于给定的 r, z, 满足 $\omega' = 0$ 的 μ 记为 μ_n, 则射线方程为

$$
r = \tilde{r}\left(z, z_0, \mu_n\right). \tag{3.9.93}
$$

由 $\omega'' = 0$ 给出 z 与 μ 的关系, 对给定的 z 满足 $\omega'' = 0$ 的 μ 记为 $\tilde{\mu}$, 则有

$$
z = \tilde{z}\left(\tilde{\mu}\right). \tag{3.9.94}
$$

同时满足 $\omega' = 0, \omega'' = 0$ 的 μ 记为 $\tilde{\mu}_n$, 则给出一个曲线方程, 由式 (3.9.93) 及 (3.9.94) 消去参数 $\tilde{\mu}_n$, 得

$$
F\left(r, z\right) = 0. \tag{3.9.95}
$$

我们称其为散焦线.

对于散焦线附近的声场, 我们重新将相位函数 $\omega_n^{(m)}$ 展开. 此时, 我们在满足式 (3.9.94) 的 $\tilde{\mu}$ 附近展开, 因此, z 与 $\tilde{\mu}$ 有确定的对应关系. 但在散焦线 "附近", 式 (3.9.93) 并不成立, 因此 r 是任意的, 只有严格在散焦线上时, 式 (3.9.93) 才成立. 因此, 相位函数在散焦线邻域的展开式可写为

$$
\begin{aligned}
\omega_n^{(m)}\left(r, z, z_0, \mu\right) =& \omega_n^{(m)}\left(\tilde{\mu}\right) + \omega_n^{(m)'}\left(\tilde{\mu}\right)\left(\mu - \tilde{\mu}\right) \\
&+ \frac{1}{6}\omega_n^{(m)'''}\left(\tilde{\mu}\right)\left(\mu - \tilde{\mu}\right)^3,
\end{aligned} \tag{3.9.96}
$$

其中撇 "$'$" 代表对 μ 求微.

这样一来, 式 (3.9.95) 的多途积分变为

$$
\psi_n^{(m)}\left(r, z, z_0\right) \doteq K_n^{(m)}\left(r, z, z_0, \tilde{\mu}\right) \mathrm{e}^{\mathrm{i}\omega_n^{(m)}(\tilde{\mu})} \times \int_{-\infty}^{\infty} \mathrm{e}^{\mathrm{i}\omega_n^{(m)'}(\tilde{\mu})(\mu-\tilde{\mu}) + \mathrm{i}\frac{1}{6}\omega_n^{(m)'''}(\tilde{\mu})(\mu-\tilde{\mu})^3} \mathrm{d}\mu, \tag{3.9.97}
$$

其中

$$
\begin{aligned}
\omega_n^{(m)'}\left(\tilde{\mu}\right) &= r - \tilde{r}\left(z, z_0, \tilde{\mu}\right), \\
\omega_n^{(m)'''}\left(\tilde{\mu}\right) &= -\left.\frac{\partial^2 \tilde{r}}{\partial \mu^2}\right| \tilde{\mu}.
\end{aligned} \tag{3.9.98}
$$

在式 (3.9.97) 中, 引入新的积分变量:

$$S=2^{-1/3}\left|\omega_n^{(m)'''}(\tilde{\mu})\right|^{1/3}(\mu-\tilde{\mu}).$$

并令

$$t=\pm 2^{1/3}\omega_n^{(m)'}(\tilde{\mu})\left|\omega_n^{(m)'''}(\tilde{\mu})\right|^{-1/3}, \tag{3.9.99}$$

其中当 $\omega_n^{(m)'''}(\tilde{\mu})>0$ 时取正号, $\omega_n^{(m)'''}(\tilde{\mu})<0$ 时取负号. 完成积分后得到

$$\psi_n^{(m)}(r,z,z_0)\approx 2^{4/3}\sqrt{\pi}K_n^{(m)}(r,z,z_0,\tilde{\mu})\cdot\left|\omega_n^{(m)'''}(\tilde{\mu})\right|^{-1/3}\cdot \mathrm{e}^{\mathrm{i}\omega_n^{(m)}(\tilde{\mu})}\cdot v(t), \tag{3.9.100}$$

其中 $v(t)$ 为艾利函数:

$$v(t)=\frac{1}{\sqrt{\pi}}\int_0^{\infty}\cos\left(\frac{s^3}{3}+st\right)\mathrm{d}s.$$

艾利函数 $v(t)$ 的曲线见图 3.9.3, 其性质及简表将在下一节讨论 G.W.K.B. 时给出.

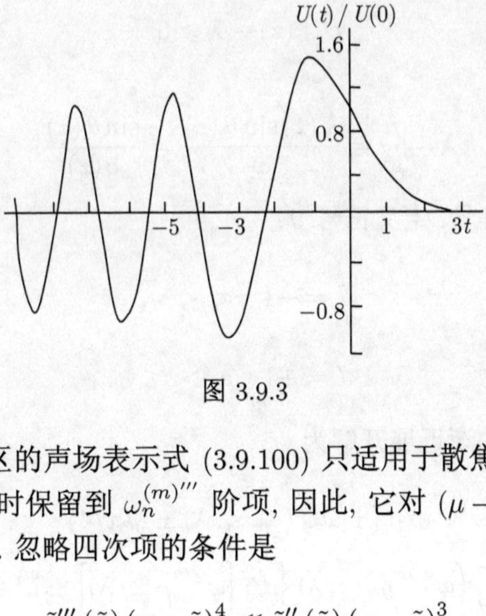

图 3.9.3

应当指出, 散焦区的声场表示式 (3.9.100) 只适用于散焦区邻域, 而不能太远. 由于在相位函数展开时保留到 $\omega_n^{(m)'''}$ 阶项, 因此, 它对 $(\mu-\tilde{\mu})$ 的范围有限制, 转而对 r 的范围有限制. 忽略四次项的条件是

$$\tilde{r}'''(\tilde{\mu})(\mu-\tilde{\mu})^4\ll\tilde{r}''(\tilde{\mu})(\mu-\tilde{\mu})^3$$

或

$$\left|\frac{\tilde{r}'''(\tilde{\mu})}{\tilde{r}''(\tilde{\mu})}(\mu-\tilde{\mu})\right|\ll 1. \tag{3.9.101}$$

将函数 $\tilde{r}(z,z_0,\mu)$ 在 $\tilde{\mu}$ 展开:

$$\tilde{r}(z,z_0,\mu)=\tilde{r}(\tilde{\mu})+\frac{1}{2}\tilde{r}''(\tilde{\mu})(\mu-\tilde{\mu})^2+\cdots.$$

若考虑 $\tilde{r}(\tilde{\mu})$ 正好在散焦线上, 并记为 r_n, 则上式变为

$$r = r_n + \frac{1}{2}\tilde{r}''(\tilde{\mu}_n)(\mu - \tilde{\mu}_n)^2 .$$

由此解出

$$(\mu - \tilde{\mu}_n) = [2(r - r_n)/\tilde{r}''_n]^{1/2} .$$

将其代入式 (3.9.101), 便得到

$$r'''_n (r''_n)^{-3/2} (r - r_n)^{1/2} \ll 1.$$

关于比式 (3.9.100) 更为严格的散焦区声场表示式可参考文献 [37, 38].

(2) G.W.K.B. 方法[36]. 对于简单反转点, 使用艾利函数的解, 就能消除反转点困难, 且在反转点外退化为通常 W.K.B. 形式解.

现在假设只有一个反转点 $z = z_t$, 并令最小声速位于 z_p, 即 $\min c(z) = c(z_p)$, 因此在 z_t 与 z_p 之间有

$$c^{-1}(z) - \lambda \geqslant 0,$$

其中

$$\lambda = \frac{\mu}{\omega} = \frac{k(z)\sin\theta(z)}{\omega} = \frac{\sin\theta(z)}{c(z)}.$$

当 $z = z_t$ 时, 上式取等号. 定义符号 J:

$$J = -1 \quad z_p < z_t,$$

$$J = +1 \quad z_p > z_t.$$

于是 G.W.K.B. 形式的渐近展开解为

$$\begin{aligned} F_{\pm}(z;\lambda,\omega) = {} & \pi^{1/2}\omega^{1/6}\exp\{\pm \mathrm{i}\omega Q(z_p, z_t;\lambda) \pm \mathrm{i}J\pi/4\} \\ & \times \sum_{k=0}^{\infty}\Big(\omega^{-2k}g_k(z;\lambda)\Big\{B_i\Big[\omega^{2/3}\rho(z;\lambda)\Big] \pm \mathrm{i}JA_i\Big[\omega^{2/3}\rho(z;\lambda)\Big]\Big\} \\ & + \omega^{-2k-4/3}h_k(z;\lambda)\Big\{B'_i\Big[\omega^{2/3}\rho(z;\lambda)\Big] \pm \mathrm{i}JA'_i\Big[\omega^{2/3}\rho(z;\lambda)\Big]\Big\}\Big), \end{aligned} \tag{3.9.102}$$

其中 A_i 与 B_i 为艾利函数, 撇 “′” 表示对宗量求微:

$$Q(z_a, z_b;\lambda) = \int_{z_a}^{z_b}\left\{c^{-2}(z) - \lambda^2\right\}^{1/2}\mathrm{d}z, \tag{3.9.103}$$

而 ρ, g_k, h_k 为待定函数. 所定义的 J 可以保证 F_- 与 F_+ 相应为上行波与下行波. 将渐近展开解 (3.9.102) 代入一维波动方程, 并令 $\omega^{-2k}(B_i \pm \mathrm{i}JA_i)$ 与 $\omega^{-2k-4/3}(B_i \pm \mathrm{i}JA_i')$ 的系数为零, 则可以得到 Eikonal 方程及 Transport 方程:

$$\rho(z;\lambda)\{\partial\rho(z;\lambda)/\partial z\}^2 = -\left\{c^{-2}(z) - \lambda^2\right\}, \tag{3.9.104}$$

$$\begin{aligned} g_k^{-1}(z;\lambda)\frac{\partial}{\partial z}\left\{g_k^2\frac{\partial\rho}{\partial z}\right\} &= -\frac{\partial^2 h_{k-1}(z;\lambda)}{\partial z^2}, \\ h_k^{-1}(z;\lambda)\frac{\partial}{\partial z}\left\{h_k^2\frac{\partial\rho}{\partial z}\right\} &= -\frac{\partial^2 g_k(z;\lambda)}{\partial z^2}. \end{aligned} \tag{3.9.105}$$

对于 $k = 0, 1, 2$, 定义 $h_{-1}(z;\lambda) = 0$ 对 Eikonal 方程积分, 得

$$\rho(z;\lambda) = -\left\{\frac{3}{2}Q(z_t, z;\lambda)\right\}^{2/3}. \tag{3.9.106}$$

对最低阶的 Transport 方程积分, 可得

$$g_0(z;\lambda) = |\partial\rho(z;\lambda)/\partial z|^{-1/2}. \tag{3.9.107}$$

于是, 一阶渐近解表示为

$$\begin{aligned} F_\pm(z;\lambda,\omega) =& \pi^{1/2}\omega^{1/6}\exp\left\{\pm\mathrm{i}\omega Q(z_p, z_t;\lambda) \pm \mathrm{i}J^{\pi/4}\right\} \\ &\times g_0(z;\lambda)\left\{B_i\left[\omega^{2/3}\rho(z;\lambda)\right] \pm \mathrm{i}JA_i\left[\omega^{2/3}\rho(z;\lambda)\right]\right\}. \end{aligned} \tag{3.9.108}$$

当 $\omega^{2/3}\rho$ 很大并为负时, 用 Airy 函数的渐近表示式:

$$\begin{aligned} A_i(-\xi) &\sim \pi^{-1/2}\xi^{-1/4}\sin\left(\frac{2}{3}\xi^{3/2} + \pi/4\right), \\ B_i(-\xi) &\sim \pi^{-1/2}\xi^{-1/4}\cos\left(\frac{2}{3}\xi^{3/2} + \pi/4\right), \end{aligned} \tag{3.9.109}$$

则 $F_\pm(z)$ 退化为普通 W.K.B. 解:

$$F_\pm(z;\lambda,\omega) = \left\{c^{-2}(z) - \lambda^2\right\}^{-1/4}\exp\{\pm\mathrm{i}Q(z_p, z;\lambda)\}. \tag{3.9.110}$$

为了方便起见, 下面将 $F_\pm(z;\lambda,\omega)$ 记为

$$F_\pm(z;\lambda,\omega) = a(z;\lambda,\omega)\exp\{\pm\mathrm{i}\omega Q(z_p, z;\lambda)\}, \tag{3.9.111}$$

$$\begin{aligned} a(z;\lambda,\omega) =& \pi^{1/2}\omega^{1/6}\exp\{\mp\mathrm{i}\omega Q(z_t, z;\lambda) \mp \mathrm{i}J\pi/4\} \\ &\times g_0(z;\lambda)\left\{B_i\left[\omega^{2/3}\rho(z,\lambda)\right] \pm \mathrm{i}JA_i\left[\omega^{2/3}\rho(z;\lambda)\right]\right\}. \end{aligned} \tag{3.9.112}$$

对于通常 W.K.B. 解, a 退化为

$$a(z;\lambda,\omega)=\left\{c^{-2}(z)-\lambda^2\right\}^{-1/4}. \tag{3.9.113}$$

文献 [36] 使用了式 (3.9.102) 的 G.W.K.B. 解后, 代入多途积分表示式 (3.9.65) 中, 然后采取下列步骤处理积分:

(1) 将积分表示分成选定的若干子区间;

(2) 当条件允许时, 使用稳相方法;

(3) 否则进行数值积分, 并讨论具体计算方案.

现在对艾利函数的性质作一简介. 艾利函数是下列微分方程的解:

$$Z''(t)-tZ(t)=0. \tag{3.9.114}$$

它的两个线性独立解 $B_i(t)$ 及 $A_i(t)$ 可以表示为下列积分的实部与虚部:

$$Z(t)=\frac{1}{\sqrt{\pi}}\int_{\varGamma}\exp\left(ts-\frac{1}{3}s^3\right)\mathrm{d}s=B_i(t)+\mathrm{i}A_i(t). \tag{3.9.115}$$

线性独立解 $B_i(t)\,A_i(t)$ 的朗斯基为 1:

$$B_i'(t)\,A_i(t)-B_i(t)\,A_i'(t)=1. \tag{3.9.116}$$

$Z(t)$ 的级数展开式为

$$\begin{aligned}Z(t)=&Z(0)\left[1+\frac{t^3}{2\cdot 3}+\frac{t^6}{(2\cdot 5)(3\cdot 6)}+\frac{t^9}{(2\cdot 5\cdot 8)(3\cdot 6\cdot 9)}+\cdots\right]\\&+Z'(0)\left[1+\frac{t^3}{3\cdot 4}+\frac{t^6}{(3\cdot 6)(4\cdot 7)}+\frac{t^9}{(3\cdot 6\cdot 9)(4\cdot 7\cdot 10)}+\cdots\right],\end{aligned}$$

$$Z(0)=\frac{2\sqrt{\pi}}{3^{2/3}\varGamma\left(\dfrac{2}{3}\right)}\exp(\mathrm{i}\pi/6)=1.089\,92+\mathrm{i}0.629\,27,$$

$$Z'(0)=\frac{2\sqrt{\pi}}{3^{4/3}\varGamma\left(\dfrac{4}{3}\right)}\exp(-\mathrm{i}\pi/6)=0.794\,57-\mathrm{i}0.458\,74.$$

$Z(t)$ 及 $Z'(t)$ 的渐近展开为

$$t>0,\ \ \omega\equiv\frac{2}{3}t^{3/2},$$

$$B_i(t)=t^{-1/4}\mathrm{e}^{\omega}\left(1+\frac{a_1}{\omega}+\frac{a_2}{\omega^2}+\cdots\right),$$

$$
\begin{aligned}
B_i'(t) &= t^{1/4}\mathrm{e}^{\omega}\left(1-\frac{b_1}{\omega}-\frac{b_2}{\omega^2}-\cdots\right),\\
A_i(t) &= \frac{1}{2}t^{-1/4}\mathrm{e}^{-\omega}\left(1-\frac{a_1}{\omega}+\frac{a_2}{\omega^2}-\frac{a_3}{\omega^3}+\cdots\right),\\
A_i'(t) &= -\frac{1}{2}t^{1/4}\mathrm{e}^{-\omega}\left(1+\frac{b_1}{\omega}-\frac{b_2}{\omega^2}+\frac{b_3}{\omega^3}\cdots\right),
\end{aligned}
$$

$$
t<0,\ \ \omega \equiv \frac{2}{3}(-t)^{3/2},
$$

$$
\begin{aligned}
B_i(t) = (-t)^{-1/4}&\left[\cos\left(\omega+\frac{\pi}{4}\right)\left(1-\frac{a_2}{\omega^2}+\frac{a_4}{\omega^4}-\frac{a_6}{\omega^6}+\cdots\right)\right.\\
&\left.+\sin\left(\omega+\frac{\pi}{4}\right)\left(\frac{a_1}{\omega}-\frac{a_3}{\omega^3}+\frac{a_5}{\omega^5}-\frac{a_7}{\omega^7}+\cdots\right)\right],\\
B_i'(t) = (-t)^{1/4}&\left[\sin\left(\omega+\frac{\pi}{4}\right)\left(1+\frac{b_2}{\omega^2}-\frac{b_4}{\omega^4}+\frac{b_6}{\omega^6}-\cdots\right)\right.\\
&\left.+\cos\left(\omega+\frac{\pi}{4}\right)\left(\frac{b_1}{\omega}-\frac{b_3}{\omega^3}+\frac{b_5}{\omega^5}-\frac{b_7}{\omega^7}+\cdots\right)\right],\\
A_i(t) = (-t)^{-1/4}&\left[\sin\left(\omega+\frac{\pi}{4}\right)\left(1-\frac{a_2}{\omega^2}+\frac{a_4}{\omega^4}-\frac{a_6}{\omega^6}+\cdots\right)\right.\\
&\left.-\cos\left(\omega+\frac{\pi}{4}\right)\left(\frac{a_1}{\omega}-\frac{a_3}{\omega^3}+\frac{a_5}{\omega^5}-\frac{a_7}{\omega^7}+\cdots\right)\right],\\
A_i'(t) = (-t)^{1/4}&\left[-\cos\left(\omega+\frac{\pi}{4}\right)\left(1+\frac{b_2}{\omega^2}-\frac{b_4}{\omega^4}+\frac{b_6}{\omega^6}-\cdots\right)\right.\\
&\left.+\sin\left(\omega+\frac{\pi}{4}\right)\left(\frac{b_1}{\omega}-\frac{b_3}{\omega^3}+\frac{b_5}{\omega^5}-\frac{b_7}{\omega^7}+\cdots\right)\right],
\end{aligned}
$$

其中各常数值为

$$
\begin{aligned}
a_1 &= \frac{5}{72},\\
a_2 &= \frac{(5\cdot 11)\cdot 7}{1\cdot 2\,(72)^2},\\
a_3 &= \frac{(5\cdot 11\cdot 17)\cdot(7\cdot 13)}{1\cdot 2\cdot 3\,(72)^3},\\
a_n &= \frac{5\cdot 11\cdots(6n-1)\cdot 7\cdot 13\cdots(6n-5)}{1\cdot 2\cdots n\,(72)^n};\\
b_1 &= \frac{7}{72},\\
b_2 &= \frac{(7\cdot 13)\cdot 5}{1\cdot 2\,(72)^2},\\
b_3 &= \frac{(7\cdot 13\cdot 19)\cdot(5\cdot 11)}{1\cdot 2\cdot 3\,(72)^3},\\
b_n &= \frac{7\cdot 13\cdots(6n+1)\,5\cdot 11\cdots(6n-7)}{1\cdot 2\cdots n\,(72)^n}.
\end{aligned}
$$

$Z(t)$ 与柱函数的关系为

$$
\begin{aligned}
&t>0,\ \ \omega\equiv\frac{2}{3}t^{3/2},\\
&B_i(t)=\sqrt{\frac{\pi t}{3}}\left[I_{-1/3}(\omega)+I_{1/3}(\omega)\right],\\
&A_i(t)=\frac{1}{3}\sqrt{\pi t}\left[I_{-1/3}(\omega)-I_{1/3}(\omega)\right],\\
&t<0,\ \ \omega\equiv\frac{2}{3}(-t)^{3/2},\\
&B_i(t)=\sqrt{-\frac{\pi t}{3}}\left[J_{-1/3}(\omega)-J_{1/3}(\omega)\right],\\
&A_i(t)=\frac{1}{3}\sqrt{-\pi t}\left[J_{-1/3}(\omega)+J_{1/3}(\omega)\right].
\end{aligned}
$$

对于经常遇到的 $A_i(t)$ 函数, 有表可查. 下面给出 $A_i(t)$ 的简表 (见表 3.9.1).

表 3.9.1 $A_i(t)$ 简表

t	$A_i(t)$	t	$A_i(t)$	t	$A_i(t)$	t	$A_i(t)$	t	$A_i(t)$
−6.0	−0.583 4	−3.5	−0.665 6	−1.0	0.949 3	1.5	0.127 17	4.0	1.686 6
−5.9	−0.505 4	−3.4	−0.714 6	−0.9	0.942 9	1.6	0.110 84	4.1	1.371 2
−5.8	−0.397 7	−3.3	−0.739 4	−0.8	0.928 0	1.7	0.096 29	4.2	1.112 2
−5.7	−0.267 0	−3.2	−0.739 9	−0.7	0.905 7	1.8	0.083 37	4.3	0.900 0
−5.6	−0.121 1	−3.1	−0.716 7	−0.6	0.877 1	1.9	0.071 95	4.4	0.726 7
−5.5	0.031 5	−3.0	−0.671 4	−0.5	0.843 2	2.0	0.061 90	4.5	0.585 4
−5.4	0.182 4	−2.9	−0.606 0	−0.4	0.805 1	2.1	0.053 09	4.6	0.470 5
−5.3	0.323 6	−2.8	−0.523 0	−0.3	0.763 8	2.2	0.045 39	4.7	0.377 3
−5.2	0.447 7	−2.7	−0.425 5	−0.2	0.720 1	2.3	0.038 70	4.8	0.301 9
−5.1	0.548 6	−2.6	−0.316 4	−0.1	0.675 0	2.4	0.032 89	4.9	0.241 0
−5.0	0.621 7	−2.5	−0.199 1	0	0.629 3	2.5	0.027 87	5.0	0.192 04
−4.9	0.663 8	−2.4	−0.076 8	0.1	0.583 5	2.6	0.023 55	5.1	0.152 67
−4.8	0.673 6	−2.3	0.047 3	0.2	0.538 3	2.7	0.019 849	5.2	0.121 11
−4.7	0.651 1	−2.2	0.170 4	0.3	0.494 2	2.8	0.016 680	5.3	0.958 7
−4.6	0.598 2	−2.1	0.289 8	0.4	0.451 5	2.9	0.013 978	5.4	0.075 74
−4.5	0.517 8	−2.0	0.403 1	0.5	0.410 7	3.0	0.011 683	5.5	0.059 71
−4.4	0.414 2	−1.9	0.508 3	0.6	0.371 9	3.1	0.009 738	5.6	0.046 97
−4.3	0.292 5	−1.8	0.604 0	0.7	0.335 3	3.2	0.008 096	5.7	0.036 88
−4.2	0.158 1	−1.7	0.688 8	0.8	0.301 0	3.3	0.006 713	5.8	0.028 89
−4.1	−0.017 2	−1.6	0.761 9	0.9	0.269 2	3.4	0.005 552	5.9	0.022 59
−4.0	−0.124 5	−1.5	0.822 9	1.0	0.239 8	3.5	0.004 580	6.0	0.017 632
−3.9	−0.261 3	−1.4	0.871 5	1.1	0.212 8	3.6	0.003 769		
−3.8	−0.387 9	−1.3	0.908 0	1.2	0.188 10	3.7	0.003 094		
−3.7	−0.499 9	−1.2	0.932 7	1.3	0.165 68	3.8	0.002 534		
−3.6	−0.593 4	−1.1	0.946 2	1.4	0.145 41	3.9	0.002 070		

使用由 Airy 函数所表达的 G.W.K.B. 解, 可以消除通常 W.K.B. 解在反转点附近的幅度发散; 更重要的是, 在某些情况下, 它能修正通常 W.K.B. 解的 "相积分".

文献 [39] 中指出下列三种情况下的 "附加" 相位修正是十分重要的:

(1) 海面附近反转;

(2) 海底附近反转;

(3) 声速局部极大值附近.

在区域 S 及 B(见图 3.9.4), 靠近边界反转时不是 $\dfrac{-\pi}{2}$ 的常数相移, 一般将产生函数相移, 因而伴随有位移, 因此将给出由通常射线所不能给出的焦线位置. 在区域 E, 射线穿过声速局部极大值, 也将产生位移, 发生 "部分" 反射和透射, 并导致 "衍射射线" 及 "射线分裂"(见 §3.5).

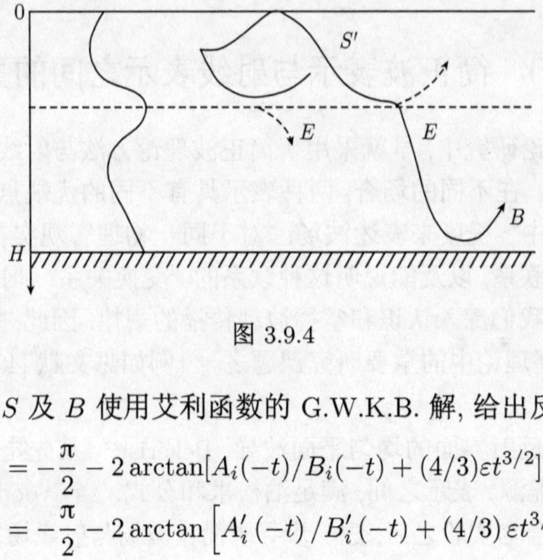

图 3.9.4

例如, 对区域 S 及 B 使用艾利函数的 G.W.K.B. 解, 给出反射附加相位为

$$\phi_{软} = -\frac{\pi}{2} - 2\arctan[A_i(-t)/B_i(-t) + (4/3)\varepsilon t^{3/2}], \tag{3.9.117}$$

$$\phi_{硬} = -\frac{\pi}{2} - 2\arctan\left[A_i'(-t)/B_i'(-t) + (4/3)\varepsilon t^{3/2}\right], \tag{3.9.118}$$

其中

$$t = \left[\frac{3k_0}{2}\int_{z_B}^{z_t}\sqrt{n^2(z) - \sin^2\theta}\mathrm{d}z\right]^{2/3} \quad (z_B < z_t), \tag{3.9.119}$$

$$t = -\left[\frac{3k_0}{2}\int_{z_t}^{z_B}\sqrt{\sin^2\theta - n^2(z)}\mathrm{d}z\right]^{2/3} \quad (z_B > z_t), \tag{3.9.120}$$

$$\varepsilon = \begin{cases} 1 & (z_t > z_B), \\ 0 & (z_t < z_B). \end{cases}$$

任意给定的频率及声速分布可由式 (3.9.119), (3.9.120) 算出相应 t 值, 从而由式 (3.9.117) 或式 (3.9.118) 给出在软界面附近或硬界面附近 "反转" 时的附加相移. 计算结果示于图 3.9.5.

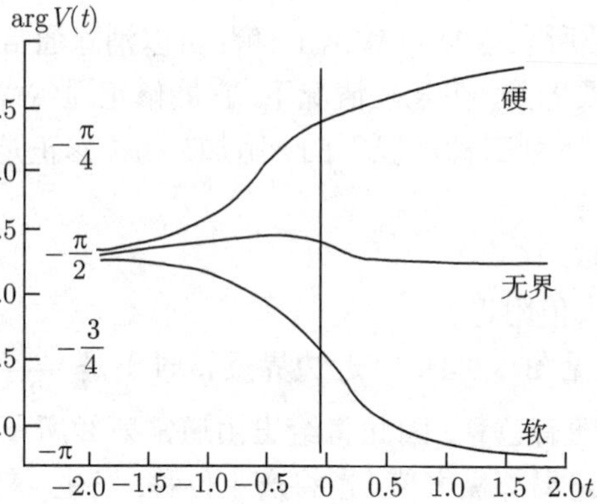

图 3.9.5

§3.10 简正波表示与射线表示之间的关系

在波动传播理论研究中, 早就采用了简正波理论方法与射线理论方法, 并相应给出两种场的表示. 在不同的场合, 两种表示具有不同的优缺点, 并且其成员分别以不同的"信息集中"程度来表述波场. 对于同一物理客观实在的不同描述方法必然存在着内在的联系, 以及能说明这种联系的"变换关系". 揭示出这种"变换关系", 无疑将有助于我们深入认识和掌握波动传播的规律. 因此, 关于这一问题的探讨, 一直是波动传播理论中的重要研究课题之一 (例如见文献 [40], [42] 及其所引文献).

对于具有绝对反射界面的均匀平面波导, Pekeris[43] 首先指出, 点源声场的简正波表示和射线 (虚源) 表示之间, 满足泊松求和公式. 当 Wood[44] 发表了令人感兴趣的声场图像的著名实验之后, 进一步寻求简正波场与射线场之间的变换关系问题, 引起人们更多的重视. Tolstoy[45] 和 Weston[46,47] 都曾经对简正波场的某些"射线"效果作过研究. Gutherie 和 Tindle[48] 则使用 W.K.B. 近似讨论了在分层介质波导中, 相邻简正波之间的相长干涉所构成的射线效果. Batorsky 和 Felson[49] 则在简正波的渐近表示与射线的渐近表示之间建立了泊松求和式. 在文献 [50] 中, 我们引入"简正波生成函数" $\phi(v)$ 与"广义射线 (多途积分) 生成函数" $B(u)$, 在旁侧波不存在的情况下, 证明了 $\phi(v)$ 与 $B(u)$ 构成傅里叶变换, 声场的简正波表示与广义射线 (多途积分) 表示满足泊松求积公式. 又在文献 [74] 中讨论了包括有分支割线 (旁侧波) 情况下的普遍转换关系.

3.10.1 简正波生成函数与广义射线生成函数之间的傅里叶变换关系

分层介质中的点源声场的积分表示为

$$
\psi(r,z,z_0)=\begin{cases}\int_{-\infty}^{\infty}\{[F_2(\mu,z)+V_{s'}(\mu)F_1(\mu,z)][F_1(\mu,z_0)+\\ V_{b'}(\mu)F_2(\mu,z_0)]/W_\mu(F_1,F_2)[1-\\ V_{s'}(\mu)V_{b'}(\mu)]\}H_0^{(1)}(\mu r)\mu\mathrm{d}\mu & (3.10.1)\\ \int_{-\infty}^{\infty}\{[F_2(\mu,z_0)+V_{s'}(\mu)F_1(\mu,z_0)][F_1(\mu,z)+\\ V_{b'}(\mu)F_2(\mu,z)]/W_\mu(F_1,F_2)[1-\\ V_{s'}(\mu)V_{b'}(\mu)]\}H_0^{(1)}(\mu r)\mu\mathrm{d}\mu & (3.10.2)\end{cases},
$$

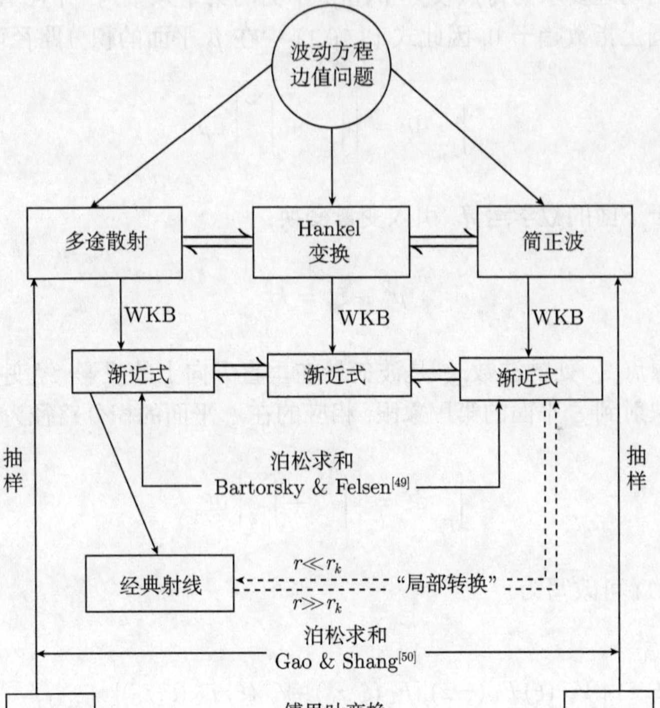

图 3.10.1 简正波表式与射线表式的转换关系

其中, μ 是波矢量在水平方向的投影; $F_1(\mu,z)$ 和 $F_2(\mu,z)$ 是一维波动方程的线性独立解. 而 $V_{s'}(\mu)$ 及 $V_{b'}(\mu)$ 分别为

$$
V_{s'}(\mu)\equiv-\frac{F_2(\mu,0)}{F_1(\mu,0)}, \tag{3.10.3}
$$

$$V_{b'}(\mu)\equiv\frac{-\left[\dfrac{G'(H)}{G(H)}+\dfrac{1}{2\rho_1(H)}\dfrac{\mathrm{d}\rho_1(H)}{\mathrm{d}z}\right]+\dfrac{\rho_1(H)}{\rho_0}\dfrac{F_1'(H)}{F_1(H)}}{\left[\dfrac{G'(H)}{G(H)}+\dfrac{1}{2\rho_1(H)}\dfrac{\mathrm{d}\rho_1(H)}{\mathrm{d}z}\right]-\dfrac{\rho_1(H)}{\rho_0}\cdot\dfrac{F_2'(H)}{F_2(H)}}\cdot\frac{F_1(\mu,H)}{F_2(\mu,H)},\tag{3.10.4}$$

$$W_\mu(F_1,F_2)=F_1(z_0)+F_2'(z_0)-F_1'(z_0)F_2(z_0).\tag{3.10.5}$$

式 (3.10.4) 中的 $G(z)$ 是 $z>H$ 介质中满足定解条件的一维波动方程的解. 式 (3.10.1) 容易推广到层的上界面为非自由表面的一般情况, 只要将式 (3.10.3) 中 -1 因子改成类同于式 (3.10.4) 中的因子即可.

由于满足物理要求的奇点仅分布在 μ 平面的第 I 象限内, 并且 $H_0^{(1)}(\mu r)$ 在上半平面的大圆上指数趋于 0, 因此式 (3.10.1) 中在 μ 平面的积分路径可以改为

$$\int_{\Gamma_\mu}\mathrm{d}\mu=\left[\int_{i\infty}^{0}+\int_{0}^{\infty}\right]\mathrm{d}\mu.\tag{3.10.6}$$

为了便于下面的数学运算, 引入变量变换:

$$\mu^2+\xi^2=k_0^2,\tag{3.10.7}$$

其中, k_0 是源点 z_0 处的波数; ξ 是波矢量在垂直方向上的投影, 经变换, μ 平面上的第 I 象限映射到 ξ 平面的第Ⅳ象限, 相应的在 ξ 平面的积分路径为

$$\int_{\Gamma_\xi}\mathrm{d}\xi=\left[\int_{i\infty}^{0}+\int_{0}^{\infty}\right]\mathrm{d}\xi,\tag{3.10.8}$$

于是式 (3.10.1) 可改写为

$$\psi(r,z,z_0)=\begin{cases}\displaystyle\int_{\Gamma_\xi}\frac{[F_2(\xi,z)+V_{s'}(\xi)F_1(\xi,z)][F_1(\xi,z_0)+V_{b'}(\xi)F_2(\xi,z_0)]}{W_\xi(F_1,F_2)[1-V_{s'}(\xi)V_{b'}(\xi)]}\cdot H_0^{(1)}\left(r\sqrt{k_0^2-\xi^2}\right)\mathrm{d}\xi\\ \qquad\qquad(0<z<z_0)\\ \displaystyle\int_{\Gamma_\xi}\frac{[F_2(\xi,z_0)+V_{s'}(\xi)F_1(\xi,z_0)][F_1(\xi,z)+V_{b'}(\xi)F_2(\xi,z)]}{W_\xi(F_1,F_2)[1-V_{s'}(\xi)V_{b'}(\xi)]}\cdot H_0^{(1)}\left(r\sqrt{k_0^2-\xi^2}\right)\mathrm{d}\xi\\ \qquad\qquad(z_0<z<H)\end{cases},\tag{3.10.9}$$

其中

$$W_\xi=\frac{1}{\xi}W_\mu(F_1,F_2).$$

考虑到 ξ 代表波矢量在垂直方向上的投影, 则当把 ξ 改为 $-\xi$ 时, 相当于把上行波与下行波相互置换, 或者把入射波看做反射波, 把反射波看做入射波, 因而应该有

$$F_1(-\xi,z)=F_2(\xi,z),\quad F_2(-\xi,z)=F_1(\xi,z_0), \tag{3.10.10}$$

$$V(-\xi)=\frac{1}{V(\xi)}, \tag{3.10.11}$$

$$W_{-\xi}(F_1,F_2)=W_\xi(F_1,F_2). \tag{3.10.12}$$

这样一来, 式 (3.10.9) 的被积函数是 ξ 的奇函数. 关于这一点, Бреховских[5] 曾就很多具体情况给以证明, 我们认为上述关系应当是普适的. 由于在 ξ 平面上, 被积函数的奇函数性质, 因此沿 ξ 虚轴的积分为零. 于是积分路径 Γ_ξ 可等价为

$$\int_{\Gamma_\xi}\mathrm{d}\xi=\left[\int_{-i\infty}^{0}+\int_{0}^{\infty}\right]\mathrm{d}\xi. \tag{3.10.13}$$

由式 (3.10.13) 可知, 点源场可以表示为 ξ 平面上第Ⅳ象限中的奇点留数和沿分支线的积分贡献, 即简正波与旁侧波的叠加. 在本书的讨论中, 我们考虑不存在旁侧波的情况 [见图 3.10.1(a) 的介质参数递增情况], 于是场可以表示为简正波的求和:

$$\psi(r,z,z_0)=\sum_{n=0}^{\infty}\phi_n(r,z,z_0), \tag{3.10.14}$$

其中

$$\begin{aligned}\phi_n(r,z,z_0)\equiv&\frac{2\pi}{\sigma(\xi_n)}\cdot\frac{H_0^{(1)}\left(r\sqrt{k_0^2-\xi_n^2}\right)}{W_{\xi_n}(F_1,F_2)}\\&\times\left[F_2(\xi_n,z)+V_{s'}(\xi_n)F_1(\xi_n,z)\right]\left[F_1(\xi_n,z_0)+V_{b'}(\xi_n,z_0)\right].\end{aligned} \tag{3.10.15}$$

ξ_n 由极点方程确定:

$$\beta(\xi_n)=2n\pi\quad(n=0,1,2,\cdots); \tag{3.10.16}$$

$\beta(\xi)$ 定义为

$$\mathrm{e}^{\mathrm{i}\beta(\xi)}\equiv V_{s'}(\xi)V_{b'}(\xi), \tag{3.10.17}$$

而

$$\sigma(\xi_n)=\left.\frac{\partial\beta}{\partial\xi}\right|_{\xi=\xi_n}. \tag{3.10.18}$$

对于声场积分表示式 (3.10.9) 可以作二项式展开. 由于在该式的积分路径上有

$$|V_{s'}(\xi)V_{b'}(\xi)|=\left|\mathrm{e}^{\mathrm{i}\beta(\xi)}\right|\leqslant1, \tag{3.10.19}$$

因而

$$\frac{1}{1-V_{s'}(\xi)V_{b'}(\xi)}=\sum_{l=0}^{\infty}[V_{s'}(\xi)V_{b'}(\xi)]^l=\sum_{l=0}^{\infty}\mathrm{e}^{\mathrm{i}l\beta(\xi)}. \tag{3.10.20}$$

利用这一展开式, 就得到声场的多途积分表示. 为了便于讨论, 并不失一般性, 取 $z_0>z>0$ 的情况:

$$\psi(r,z,z_0)=\sum_{l=0}^{\infty}B_l^{(1)}(r,z,z_0), \tag{3.10.21}$$

其中

$$\begin{aligned}B_l^{(1)}(r,z,z_0)\equiv&\left[\int_{i\infty}^{0}+\int_{0}^{\infty}\right]H_0^{(1)}\left(r\sqrt{k_0^2-\xi^2}\right)\frac{\mathrm{e}^{\mathrm{i}l\beta(\xi)}}{W_\xi(F_1,F_2)}\\&\times[F_2(\xi,z)+V_{s'}(\xi)F_1(\xi,z)][F_1(\xi,z_0)\\&+V_{b'}(\xi)F_2(\xi,z_0)]\,\mathrm{d}\xi.\end{aligned} \tag{3.10.22}$$

把式 (3.10.22) 中的方括号相乘, 可得四个 "途径" 的积分, 所以可把 $B_l^{(1)}$ 称为多途积分组. 我们知道, 上述多途积分的稳相积分近似结果给出经典射线, 因此我们把式 (3.10.21) 称做广义射线 (多途积分) 表示.

我们引入 "生成函数", 随后证明它们之间所存在的变换关系.

定义简正波生成函数为

$$\begin{aligned}\phi(v)\equiv&\frac{2\pi}{\sigma(\eta)}\cdot\frac{H_0^{(1)}\left(r\sqrt{k_0^2-\eta^2}\right)}{W_\eta(F_1,F_2)}\\&\times[F_2(\eta,z)+V_{s'}(\eta)F_1(\eta,z)][F_1(\eta,z_0)\\&+V_{b'}(\eta)F_2(\eta,z_0)],\end{aligned} \tag{3.10.23}$$

其中 v 和 η 满足映射关系:

$$v=\beta(\eta), \tag{3.10.24}$$

$$\sigma(\eta)\equiv\frac{\partial\beta}{\partial\eta}. \tag{3.10.25}$$

在式 (3.10.23) 中, 我们规定, 在 η 实轴上:

$$\begin{aligned}&\arg\sqrt{k_0^2-\eta^2}=0\quad(|\eta|<k_0);\\&\arg\sqrt{k_0^2-\eta^2}=\frac{\pi}{2}\quad(|\eta|>k_0).\end{aligned} \tag{3.10.26}$$

由定义式 (3.10.23) 可以看出, 简正波 ϕ_n 是它的 "生成函数" $\phi(v)$ 从零开始的等距采样值. 由式 (3.10.24) 及式 (3.10.16) 可以得出采样周期为

$$v_0=2\pi. \tag{3.10.27}$$

一般说来, 第 0 号简正波只有当上、下界面均为绝对硬表面时才存在, 而且按式 (3.10.23), 应有

$$\phi_0 = \frac{1}{2}\phi(0). \tag{3.10.28}$$

根据上述定义, 层中声场的简正波表达式 (3.10.14) 可以表为 "简正波生成函数" $\phi(v)$ 的等距采样值的总和:

$$\psi(r,z,z_0) = \frac{1}{2}\phi(0) + \sum_{n=1}^{\infty}\phi(nv_0). \tag{3.10.29}$$

再定义 "广义射线 (多途积分) 生成函数":

$$B(v) \equiv \int_{-\infty}^{\infty} H_0^{(1)}\left(r\sqrt{k_0^2-\xi^2}\right)\frac{\mathrm{e}^{\mathrm{i}u\beta(\xi)}}{W_\xi(F_1,F_2)} \times [F_2(\xi,z) + V_{s'}(\xi)F_1(\xi_1 z)]$$
$$\times [F_1(\xi,z_0) + V_{b'}(\xi)F_2(\xi,z_0)]\,\mathrm{d}\xi. \tag{3.10.30}$$

在式 (3.10.30) 中我们规定: 在 ξ 实轴上,

$$\arg\sqrt{k_0^2-\xi^2} = 0 \quad (|\xi| < k_0);$$
$$\arg\sqrt{k_0^2-\xi^2} = \frac{\pi}{2} \quad (|\xi| > k_0).$$

因此, $B(u)$ 在 ξ 平面上的积分路径如图 3.10.2 所示.

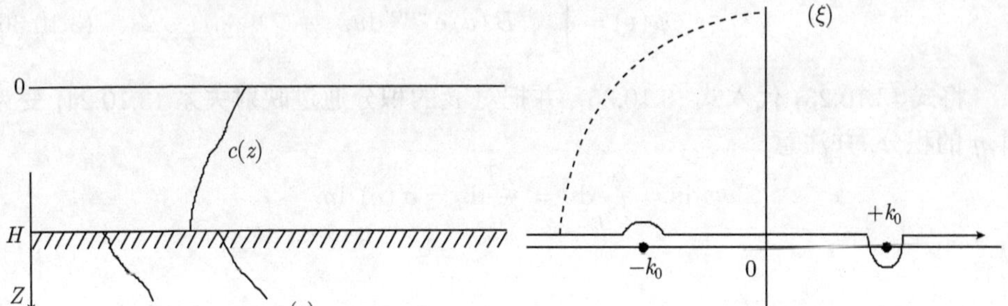

图 3.10.2

由于被积函数在第 II 象限里没有极点, 并且大圆上的积分指数趋于零, 因此 $B(u)$ 的积分路径可以变为

$$\int_{-\infty}^{\infty}\mathrm{d}\xi = \left[\int_{i\infty}^{0} + \int_{0}^{\infty}\right]\mathrm{d}\xi. \tag{3.10.31}$$

考虑到式 (3.10.31), 把式 (3.10.30) 与式 (3.10.22) 对照, 可见广义射线组 B_l 是其生成函数 $B(u)$ 从零开始的等距采样值, 采样周期为

$$u_0 = 1. \tag{3.10.32}$$

式 (3.10.23) 的 v 和式 (3.10.30) 中的 u 的定义域是: $0 \leqslant u,\ v < \infty$, 现在可以把它们的定义域延拓到 $-\infty < u,\ v < \infty$.

v 通过映射关系 (3.10.24) 和极点方程 (3.10.16) 与极点 ξ_n 发生联系, 因此, v 的正实轴映射到 η 平面的轨迹在第Ⅳ象限, 并通过全部极点. 当 v 延拓到负实轴时, 极点被对称 (关于原点) 地延拓到第Ⅱ象限, 因此, 对 v 沿整个实轴的积分, 按式 (3.10.24) 映射到 η 平面时的积分路径 Γ_n 如图 3.10.2 所示.

由式 (3.10.10)~(3.10.12) 可证明:

$$\phi(-nv_0) = \phi(nv_0), \tag{3.10.33}$$

$$B[-(l+1)u_0] = B(lu_0). \tag{3.10.34}$$

现在证明 "简正波生成函数" $\phi(v)$ 和 "广义射线 (多途积分) 生成函数" $B(u)$ 构成一组傅里叶变换对, 即求证下列两式成立:

$$B(u) = \frac{1}{2\pi}\int_{-\infty}^{\infty} \phi(v)\,\mathrm{e}^{\mathrm{i}uv}\mathrm{d}v, \tag{3.10.35}$$

$$\phi(v) = \int_{-\infty}^{\infty} B(u)\,\mathrm{e}^{-\mathrm{i}uv}\mathrm{d}u. \tag{3.10.36}$$

将式 (3.10.23) 代入式 (3.10.35), 并把对 v 的积分通过映射关系 (3.10.24) 变为对 η 的积分, 并注意

$$\mathrm{d}v = \frac{\partial v}{\partial \eta}\mathrm{d}\eta = \frac{\partial \beta}{\partial \eta}\mathrm{d}\eta = \sigma(\eta)\,\mathrm{d}\eta,$$

则有

$$\begin{aligned}\frac{1}{2\pi}\int_{-\infty}^{\infty} \phi(v)\,\mathrm{e}^{\mathrm{i}uv}\mathrm{d}v = &\int_{\Gamma_\eta} H_0^{(1)}\left(r\sqrt{k_0^2-\eta^2}\right) \times [F_2(\eta,z) + V_{s'}(\eta)\,F_1(\eta,z)] \\ &\times [F_1(\eta,z_0) + V_{b'}(\eta)\,F_2(\eta,z_0)]\,\frac{\mathrm{e}^{\mathrm{i}u\beta(\eta)}}{W_\eta(F_1,F_2)}\mathrm{d}\eta. \end{aligned} \tag{3.10.37}$$

式 (3.10.37) 的被积函数, 在 Γ_η 与实轴之间没有奇点, 并由于 $H_0^{(1)}\left(r\sqrt{k_0^2-\eta^2}\right)$ 在Ⅱ, Ⅳ象限的渐近特性 [见式 (3.10.26)], 路径 Γ_η 可以改变到图 3.10.1 所示的沿实轴的积分, 它正好是式 (3.10.30) 所定义的 $B(u)$, 于是式 (3.10.35) 得证.

将式 (3.10.30) 代入式 (3.10.26) 的右方, 调换 ξ 和 u 的积分次序, 先对 u 积分, 又利用 δ 函数的定义:

$$\delta(x)=\frac{1}{2\pi}\int_{-\infty}^{\infty}\mathrm{e}^{-\mathrm{i}ux}\mathrm{d}u,$$

可以证得式 (3.10.36) 成立.

因为

$$u_0v_0=2\pi, \tag{3.10.38}$$

由泊松求和定理, 得

$$\sum_{n=-\infty}^{\infty}\phi(nv_0)=\sum_{l=-\infty}^{\infty}B(lu_0). \tag{3.10.39}$$

由式 (3.10.33), (3.10.34), 得

$$\psi(r,z,z_0)=\sum_{l=0}^{\infty}B(lu_0)=\frac{\phi(0)}{2}+\sum_{n=1}^{\infty}\phi(nv_0), \tag{3.10.40}$$

即

$$\psi(r,z,z_0)=\sum_{l=0}^{\infty}B_l(r,z,z_0)=\sum_{n=1}^{\infty}\phi_n(r,z,z_0). \tag{3.10.41}$$

3.10.2 简正波与经典射线之间的局部转换关系

前面得到的变换关系式 (3.10.35), (3.10.36) 说明: 每种表示中的一个特定成员, 可以由另一表示的全体成员按特定的加权叠加构成. 式 (3.10.35), (3.10.36) 是简正波表示与广义射线 (多途积分) 表示之间的严格的涉及全局的变换关系, 它揭示了两种表示之间最全面的内在联系. 现在, 我们来考虑某些近似的变换关系, 以期能获得较为清楚直观的物理图像. 在文献 [45-48] 的研究中指出: 一些相邻简正波之间的 "相长干涉" 产生了射线效果. 这是十分有趣的结果. 它表明, 在一定的近似条件下, 由某一表示的部分成员 (而不是全体成员) 就可以近似构成另一表示的特定成员. 这种发生于局部邻域内的转换关系, 对于我们了解并处理波场问题将是十分有益的, 例如讨论场的匹配问题和激发问题[49].

对于点源场的积分表示式 (3.10.1), 采用留数定理解算, 则得到简正波表示式 (3.10.14); 采用二项式展开定理解算, 则得到广义射线 (多途积分) 表示式 (3.10.21). 为了讨论简正波与经典射线之间的变换关系, 对 F_1,F_2 使用了 W.K.B. 近似解, 并对式 (3.10.21) 使用稳相近似, 则可以得到渐近的简正波与射线场表示如下:

$$\psi_{简}(r,z,z_0)\approx\pi\mathrm{i}\sum_{n}U_n(z)U_n(z_0)\sqrt{\frac{2}{\pi\mu_n}}\mathrm{e}^{\mathrm{i}\mu_n r-\beta_n r-\mathrm{i}\frac{\pi}{4}}, \tag{3.10.42}$$

$$\psi_{射}(r,z,z_0)\approx\sum_{l=0}^{\infty}\sum_{m=1}^{4}A_l^{(m)}(r,z,z_0,\mu_l)\mathrm{e}^{\mathrm{i}\Phi_l^{(m)}(r,z,z_0,\mu_l)}. \tag{3.10.43}$$

在 W.K.B. 亮区, μ_n 所满足的极点方程 (频散方程) 为

$$2\int_0^H\sqrt{k^2(z)-\mu_n^2}\mathrm{d}z+\phi_b+\phi_s=2n\pi\quad(n=1,2,3,\cdots), \tag{3.10.44}$$

其中 ϕ_b、ϕ_s 为海底、海面的反射相变; $U_n(z)$ 为简正波的归一化波函数; A_l 为射线幅度函数. 对射线表示式 (3.10.43). 取 $m=1$ 为例, 则有

$$\begin{aligned}\phi_l^{(1)}&=(r,z,z_0,\mu_l)\\&=\int_z^{z_0}\sqrt{k^2(z)-\mu_l^2}\mathrm{d}z+2l\int_0^H\sqrt{k^2(z)-\mu_l^2}\mathrm{d}z+r\mu_l+l(\phi_b+\phi_s),\end{aligned} \tag{3.10.45}$$

$$A_l^{(1)}=|V_H(\mu_l)|^l\sqrt{\frac{\mu_l}{r\left(\dfrac{\partial^2\Phi_l^{(1)}}{\partial\mu^2}\right)_{\mu_l}[k^2(z)-\mu_l^2]^{1/4}[k^2(z_0)-\mu_l^2]^{1/4}}}\mathrm{e}^{-\mathrm{i}\frac{\pi}{2}}. \tag{3.10.46}$$

而 μ_l 所满足的稳相点方程 (射线方程) 为

$$r=2l\int_0^H\frac{\mu_l}{\sqrt{k^2(z)-\mu_l^2}}\mathrm{d}z+\int_z^{z_0}\frac{\mu_l}{\sqrt{k^2(z)-\mu_l^2}}\mathrm{d}z+l\delta_l, \tag{3.10.47}$$

其中 $\delta_l\equiv-\left(\dfrac{\partial\phi_b}{\partial\mu}\right)_{\mu_l}-\left(\dfrac{\partial\phi_s}{\partial\mu}\right)_{\mu_l}$ 代表射线位移.

上述场的两种表示的过程, 也可以看成是按照某种选择 (集中) 准则而将场的 "信息" 相对集中地处理过程: 未经选择 (集中) 处理的积分表示式 (3.10.1) 可以认为是 "信息" 最为分散的表示, 此时有关场的 "信息" 连续地分载于 $(-\infty,\infty)$ 的 μ 轴上. 经过式 (3.10.44) 所规定的 "n 准则" 选择 (集中) 处理后, 场的 "信息" 离散地赋载于 "简正波" 成员身上; 而经过式 (3.10.46) 所规定的 "l 准则" 选择 (集中) 处理后, 场的 "信息" 离散地赋载于 "射线" 成员身上.

当用 "l 准则" 对式 (3.10.1) 进行一次选择 (集中) 处理之后, 如果场的 "信息" 仍不够集中时, 按照成员间的相长干涉原则, 再进行一次选择 (集中) 处理, 则近似等效于用 "n 准则" 所作的选择 (集中) 处理结果; 反之亦然. 寻求 "信息" 集中的场表述很重要, 例如在讨论圆柱散射场时, "蠕波" 提供了一个信息十分集中的表述, 大大加深了我们对散射场的认识 (见 §7.1).

Tolstoy 和 Clay[45] 曾对均匀层中的简正波考虑由两个相邻简正波的相长干涉构成 "模糊化" 的射线效果 (见图 3.10.3). 图中阴影部分相应于场强得到加强的部分, 相干距离正好等于射线跨度.

在文献 [48] 中使用 W. K. B. 近似, 讨论了在非均匀层中相邻简正波之间的相长干涉构成的射线效果. 将简正波场表示为

$$P(r,z,z_0)=\pi\mathrm{i}\sum_n U_n(z)U_n(z_0)H_0^{(1)}(\mu_n r),\tag{3.10.48}$$

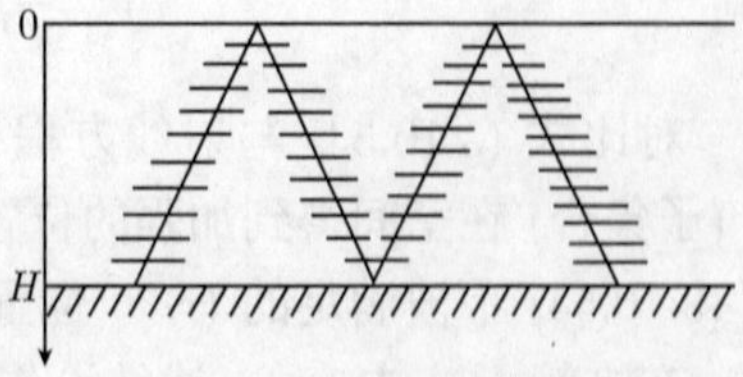

图 3.10.3

其中归一化波函数 $U_n(z)$ 由下式给出:

$$U_n(z)=\frac{2\mathrm{i}\sin\left[\int_0^z\sqrt{k^2(z)-\mu_n^2}\mathrm{d}z\right]}{[S_n+\delta_n]^{1/2}[k^2(z)-\mu_n^2]^{1/4}}\sqrt{\mu_n}.\tag{3.10.49}$$

这里顺便指出文献 [48] 中的一个错误: 在文献 [48] 中的式 (1) 将 $U_n(z)$ 写为

$$U_n(z)=\frac{1}{[k^2(z)-\mu_n^2]^{1/4}}\sin\left[\int_0^z\sqrt{k^2(z)-\mu_n^2}\mathrm{d}z\right].$$

实际上, 这是未归一化的波函数. 由于其结论仅是用相位函数引出的, 故上述错误并不影响其定性结论.

在式 (3.10.48) 中使用 Hankel 函数的渐近解, 并将 sin 函数分成两项, 则每一简正波对应有四项, 每一项的相位可表示为

$$\phi_n=\pm\int_{z_0}^z\sqrt{k^2(z)-\mu_n^2}\mathrm{d}z+\mu_n r.\tag{3.10.50}$$

考虑到 ± 号及 z,z_0 互易, 共有四种可能的相位. 相邻简正波作相长干涉的条件是当号数改变 Δn 时, 相应的相位改变 $\Delta\phi_n$ 为 2π 的整数倍, 即

$$\pm\int_{z_0}^z\frac{\mu_n\left(\dfrac{\Delta\mu_n}{\Delta n}\right)}{\sqrt{k^2(z)-\mu_n^2}}\mathrm{d}z-\left(\frac{\Delta\mu_n}{\Delta n}\right)r=2l\pi.\tag{3.10.51}$$

这样一来, 在给定的 r,z 上有某些简正波由于相长干涉而场强加强, 这些 r,z 由下式给出

$$r=\pm\int_{z_0}^z\frac{\mu_n}{\sqrt{k^2(z)-\mu_n^2}}\mathrm{d}z-l\frac{2\pi}{\dfrac{\Delta\mu_n}{\Delta n}},\tag{3.10.52}$$

而由简正波的频散方程 (3.10.44) 不难得到

$$\frac{\Delta\mu_n}{\Delta n}=-\frac{2\pi}{(s_n+\delta_n)}.\tag{3.10.53}$$

将式 (3.10.53) 代入式 (3.10.52), 便得到

$$r = \pm \int_{z_0}^{z} \frac{\mu_n}{\sqrt{k^2(z) - \mu_n^2}} \mathrm{d}z + l(s_n + \delta_n). \tag{3.10.54}$$

对比式 (3.10.54) 与射线方程 (3.10.47) 可见, 它们是相同的, 即某些相邻简正波 (子集合) 在空间得到加强的位置正好就是相应射线在空间跑动的位置. 反之, 在式 (3.10.54) 不被满足的 (r, z) 位置上, 这群简正波由于相位混乱而对场贡献很小.

在文献 [48] 中, 对上述结论作了数值验证. 以地中海典型声速为例, 计算结果见图 3.10.4 及图 3.10.5.

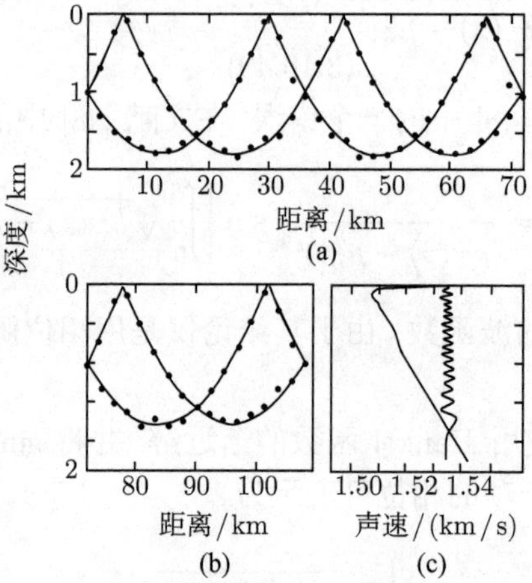

图 3.10.4　(取自文献 [48])

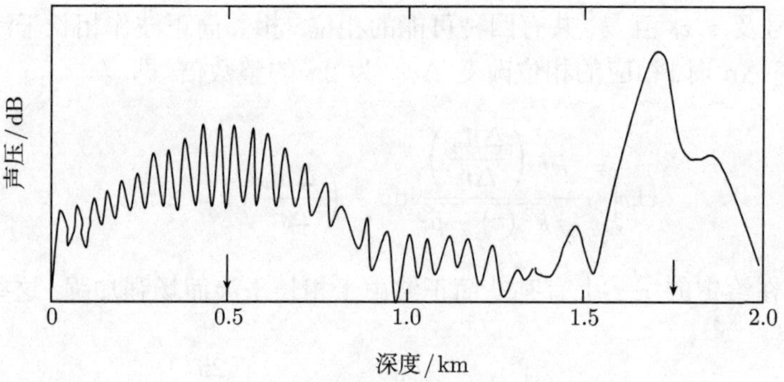

图 3.10.5

3.10.3　射线向简正波场的转化

由点源声场的积分表示式 (3.10.1), 按照多途展开, 并用 "稳相" 方法估算积分, 就得到场的射线表示式 (3.10.43):

$$P_{\text{射线}}(r,z,z_0)=\sum_{l=0}^{\infty}\sum_{m=1}^{4}A_l^{(m)}(r,z,z_0,\mu_l)\mathrm{e}^{\mathrm{i}\varPhi_l^{(m)}(r,z,z_0,\mu_n)},$$

其中 $A_l^{(m)}$ 及 $\varPhi_l^{(m)}$ 均与经典射线的幅度及相位有类似的表示. 以 $m=1$ 为例, 相位函数与幅度函数由式 (3.10.45) 及 (3.10.46) 给出; 而由 "l 准则" 所确定的 μ_l 则满足方程 (3.10.47).

现在来考虑相邻射线作相长干涉的条件: 当改变号数 Δl 时, 相应的相位改变 $\Delta\varPhi_l^{(m)}$ 为 2π 的整数倍, 即

$$\left(\frac{\partial\varPhi_l^{(m)}(\mu_l)}{\partial l}\right)\mu_{nl}=2n\pi\quad(n=1,2,3,\cdots).\tag{3.10.55}$$

由式 (3.10.45) 不难得到

$$\begin{aligned}\frac{\partial\varPhi_l}{\partial l}=&\int_z^{z_0}\frac{-\mu_l\left(\dfrac{\partial\mu_l}{\partial l}\right)}{\sqrt{k^2(z)-\mu_l^2}}\mathrm{d}z+2l\int_0^H\frac{-\mu_l\left(\dfrac{\partial\mu_n}{\partial l}\right)}{\sqrt{k^2(z)-\mu_l^2}}\mathrm{d}z\\&+2\int_0^H\sqrt{k^2(z)-\mu_l^2}\mathrm{d}z+n\left(\frac{\partial\phi_b}{\partial\mu_l}\right)\left(\frac{\partial\mu_l}{\partial l}\right)\\&+\phi_b-\pi+r\left(\frac{\partial\mu_l}{\partial l}\right).\end{aligned}\tag{3.10.56}$$

考虑到 μ_l 所满足的方程 (3.10.47), 则 "二次筛选" 的条件方程 (3.10.55) 变为

$$2\int_0^H\sqrt{k^2(z)-\mu_{nl}^2}\mathrm{d}z+\phi_b-\pi=2n\pi\quad(n=1,2,3,\cdots).\tag{3.10.57}$$

对比式 (3.10.57) 与式 (3.10.44) 可见, 由 "l 准则" 选出的 μ_l, 按相长干涉条件进行二次筛选所得的 μ_{nl} 所满足的方程, 与按 "n 准则" 所挑选的 μ_n 所满足的方程完全一致.

下面我们来证明, 在条件 (3.10.57) 得到满足的情况下, 场表示式 (3.10.43) 又转化为场表示式 (3.10.42). 为此, 将场表示式 (3.10.43) 中对 l 的求和转为求积, 并将被积函数在 $l=l_n$ 附近展开. l_n 对给定的 n 值, 它满足式 (3.10.57) 的 μ_l 所对应的 l 值. 因此, 整个积分区间可划分为按 n 编号的若干子区间:

$$\begin{aligned}P_{\text{射线}}(r,z,z_0)=&\sum_{n,m}\left[\int_{l_2(0)}^{l_1(0)}A_l^{(m)}(r,z,z_0,\mu_l)\mathrm{e}^{\mathrm{i}\varPhi_l^{(m)}(r,z,z_0,\mu_l)}\mathrm{d}l\right]\\\equiv&\sum_{n,m}P_n^{(m)}(r,z,z_0),\end{aligned}\tag{3.10.58}$$

其中 $l_1(n)$ 与 $l_2(n)$ 为包含 l_n 的子区间的上、下界.

$$\begin{aligned}\varPhi_l^{(m)} \approx & \varPhi_l^{(m)}\left(\mu_{ne}\right)+\dot{\varPhi}_l^{(m)}\left(\mu_{ne}\right)\cdot\left(l-l_n\right)\\&+\frac{1}{2}\ddot{\varPhi}_l^{(m)}\left(\mu_{ne}\right)\left(l-l_n\right)^2+\cdots,\end{aligned}$$

其中

$$\dot{\varPhi}_l=\left(\frac{\partial \varPhi_l}{\partial l}\right), \tag{3.10.59}$$

$$\ddot{\varPhi}_l=\left(\frac{\partial^2 \varPhi_l}{\partial l^2}\right). \tag{3.10.60}$$

下面分别计算 $\dot{\varPhi}_l\left(\mu_{nl}\right)$ 及 $\ddot{\varPhi}_l\left(\mu_{nl}\right)$. 由式 (3.10.45) 有

$$\dot{\varPhi}_l=\left(\frac{\partial \varPhi_l}{\partial l}\right)=2\int_0^H \sqrt{k^2\left(z\right)-\mu_l^2}\mathrm{d}z+\phi_b-\pi, \tag{3.10.61}$$

于是

$$\dot{\varPhi}_l^{(m)}\left(\mu_{nl}\right)=2n\pi. \tag{3.10.62}$$

由式 (3.10.61) 计算 $\ddot{\varPhi}_l$:

$$\begin{aligned}\ddot{\varPhi}_l=&\frac{\partial}{\partial l}\left(\frac{\partial \varPhi_l}{\partial l}\right)=\frac{\partial}{\partial \mu_l}\left[\frac{\partial \varPhi_l}{\partial l}\right]\left(\frac{\partial \mu_l}{\partial l}\right)\\=&\frac{\partial}{\partial \mu_l}\left[2\int_0^H \sqrt{k^2\left(z\right)-\mu_l^2}\mathrm{d}z+\phi_b+\pi\right]\cdot\left(\frac{\partial \mu_l}{\partial l}\right)\\=&\left[-2\int_0^H \frac{\mu_l}{\sqrt{k^2\left(z\right)-\mu_l^2}}\mathrm{d}z+\left(\frac{\partial \phi_b}{\partial \mu_l}\right)\right]\cdot\left(\frac{\partial \mu_l}{\partial l}\right).\end{aligned} \tag{3.10.63}$$

于是

$$\ddot{\varPhi}_l^{(m)}\left(\mu_{nl}\right)=-\left[s_n+\delta_n\right]\left(\frac{\partial \mu_l}{\partial l}\right)_{\mu_{nl}}. \tag{3.10.64}$$

将式 (3.10.62) 及 (3.10.64) 代入式 (3.10.58), 并考虑 $A_m^{(m)}$ 为缓变函数, 则得

$$\begin{aligned}P_n^{(1)}\left(r,z,z_0\right)=&\left\{\left|V_H\right|^{l_n}\sqrt{\frac{\mu_l}{r\left(\dfrac{\partial^2 \varPhi_l^{(1)}}{\partial \mu_l^2}\right)q_l\left(z\right)q_l\left(z_0\right)}}\right\}_{\mu_{nl}}\mathrm{e}^{-\mathrm{i}\frac{\pi}{2}}\cdot\mathrm{e}^{\mathrm{i}\varPhi_l^{(1)}\left(\mu_{nl}\right)}\cdot\int \mathrm{e}^{\mathrm{i}\frac{1}{2}\ddot{\varPhi}\left(\mu_{nl}\right)_t^2}\mathrm{d}t\\\approx&\left\{\left|V_H\right|^{l_n}\sqrt{\frac{\partial\pi\mu_l}{r\left(\dfrac{\partial^2 \varPhi_u^{(1)}}{\partial \mu_l^2}\right)\ddot{\varPhi}_l^{(1)}\left(\mu_{nl}\right)q_l\left(z\right)q_l\left(z_0\right)}}\right\}_{\mu_{nl}}\mathrm{e}^{-\mathrm{i}\frac{\pi}{4}}\cdot\mathrm{e}^{\mathrm{i}\varPhi_l^{(1)}\left(\mu_{nl}\right)},\end{aligned} \tag{3.10.65}$$

其中

$$q_l(z) \equiv \left[k^2(z) - \mu_l^2\right]^{1/2}. \tag{3.10.66}$$

由式 (3.10.15) 及 (3.10.57), 可得

$$\Phi_l^{(1)}(\mu_{nl}) = \int_z^{z_0} \sqrt{k^2(z) - \mu_{nl}^2}\mathrm{d}z + \mu_{nl} \cdot r. \tag{3.10.67}$$

再看 l_n 值, 由于它是对给定的 n 值, 满足式 (3.10.57) 的那些 μ_{nl} 所对应的 l 值, 因此, 由 μ_l 与 l 的关系式 (3.10.47) 可得

$$l = \frac{r - \displaystyle\int_z^{z_0} \frac{\mu_l}{\sqrt{k^2(z) - \mu_l^2}}\mathrm{d}z}{s(\mu_l) + \delta(\mu_l)}. \tag{3.10.68}$$

因此, l_n 值即为将 μ_{nl} 代入上式的结果.

当

$$r \gg \int_z^{z_0} \frac{\mu_l}{\sqrt{k^2(z) - \mu_l^2}}\mathrm{d}z, \tag{3.10.69}$$

则有

$$l_n \approx \frac{r}{[s_n + \delta_n]}, \tag{3.10.70}$$

于是

$$|V_H|^{l_n} \approx \exp\left[\frac{\ln|V_H|}{[s_n + \delta_n]} \cdot r\right]. \tag{3.10.71}$$

在式 (3.10.65) 中的 $\ddot{\Phi}_l(\mu_{nl})$ 已经由式 (3.10.64) 给出, 现在需要计算 $\left(\dfrac{\partial^2 \Phi_l}{\partial \mu_l^2}\right)$. 由式 (3.10.45) 可得

$$\left(\frac{\partial^2 \Phi_l^{(1)}}{\partial \mu_l^2}\right)_{\mu_{nl}} = \left[-l\left(\frac{\partial s}{\partial \mu} + \frac{\partial \delta}{\partial \mu}\right) - \frac{\partial g}{\partial \mu}\right]_{\mu_{nl}}, \tag{3.10.72}$$

其中

$$g \equiv \int_z^{z_0} \frac{\mu}{\sqrt{k^2(z) - \mu^2}}\mathrm{d}z.$$

考虑到 μ_l 所满足的稳相方程 (3.10.47), 则有

$$\left[-l\left(\frac{\partial s}{\partial \mu_l} + \frac{\partial \delta}{\partial \mu_l}\right) - \frac{\partial g}{\partial \mu_l}\right]_{\mu_{nl}} = \left[(s + \delta)\left(\frac{\partial l}{\partial \mu_l}\right)\right]_{\mu_{nl}}, \tag{3.10.73}$$

于是

$$\left(\frac{\partial \Phi_l^{(1)}}{\partial \mu_l^2}\right)_{\mu_{nl}} = [s_n + \delta_n]\left(\frac{\partial l}{\partial \mu_l}\right)_{\mu_{nl}}. \tag{3.10.74}$$

将式 (3.10.74), (3.10.64) 及 (3.10.71) 代入式 (3.10.65), 得到

$$P_n^{(1)}(r,z,z_0)\approx\left[\frac{\mu_{nl}\cdot\mu_{nl}}{(s_n+\delta_n)^2 q_n(z)\,q_n(z_0)}\right]^{1/2}\cdot\sqrt{\frac{2\pi}{\mu_{nl}\cdot r}}\mathrm{e}^{\mathrm{i}\Phi_l(\mu_{nl})-\beta_n r-\mathrm{i}\frac{\pi}{4}},\quad(3.10.75)$$

其中

$$\beta_n=\frac{-\ln|V_H(\mu_{nl})|}{s_n+\delta_n}.\quad(3.10.76)$$

注意, 由式 (3.10.45) 可得

$$\begin{aligned}
\Phi_l^{(1)}(\mu)=&\int_0^{z_0}q_n(z)\,\mathrm{d}z-\int_0^{z}q_n(z)\,\mathrm{d}z+2l\int_0^{H}q_n(z)\,\mathrm{d}z\\
&+l\phi_b-l\pi+\mu r,\\
\Phi_l^{(2)}(\mu)=&\int_0^{z_0}q_n(z)\,\mathrm{d}z-\int_0^{z_0}q_n(z)\,\mathrm{d}z+2l\int_0^{H}q_n(z)\,\mathrm{d}z\\
&+l\phi_b-l\pi+\mu r,\\
\Phi_l^{(3)}(\mu)=&-\int_0^{z}q_n(z)\,\mathrm{d}z-\int_0^{z_0}q_n(z)\,\mathrm{d}z+2(l+1)\int_0^{H}q_n(z)\,\mathrm{d}z\\
&+(l+1)\phi_b-l\pi+\mu r,\\
\Phi_l^{(4)}(\mu)=&\int_0^{z}q_n(z)\,\mathrm{d}z-\int_0^{z_0}q_n(z)\,\mathrm{d}z+2(l+1)\int_0^{H}q_n(z)\,\mathrm{d}z\\
&+(l+1)\phi_b-l\pi+\mu r;
\end{aligned}$$

而

$$2\int_0^{H}\sqrt{k^2(z)-\mu_{nl}^2}+\phi_b-\pi=2n\pi.$$

因此

$$\begin{aligned}
\Phi_l^{(1)}(\mu_{nl})=&\int_0^{z_0}\sqrt{k^2(z)-\mu_{nl}^2}\mathrm{d}z-\int_0^{z}\sqrt{k^2(z)-\mu_{nl}^2}\mathrm{d}z\\
&+\mu_{nl}r+l(2n\pi),\quad(3.10.77)\\
\Phi_l^{(2)}(\mu_{nl})=&\int_0^{z_0}\sqrt{k^2(z)-\mu_{nl}^2}\mathrm{d}z+\int_0^{z}\sqrt{k^2(z)-\mu_{nl}^2}\mathrm{d}z\\
&+\mu_{nl}r+l(2n\pi),\quad(3.10.78)\\
\Phi_l^{(3)}(\mu_{nl})=&-\int_0^{z_0}\sqrt{k^2(z)-\mu_{nl}^2}\mathrm{d}z-\int_0^{z_0}\sqrt{k^2(z)-\mu_{nl}^2}\mathrm{d}z+\mu_{nl}r\\
&+(l+1)(2n\pi)-\pi,\quad(3.10.79)\\
\Phi_l^{(4)}(\mu_{nl})=&\int_0^{z_0}\sqrt{k^2(z)-\mu_{nl}^2}\mathrm{d}z-\int_0^{z_0}\sqrt{k^2(z)-\mu_{nl}^2}\mathrm{d}z+\mu_{nl}r\\
&+(l+1)(2n\pi)-\pi.\quad(3.10.80)
\end{aligned}$$

将上列 $\Phi_n^{(m)}(\mu_{nl})$ 及式 (3.10.75), (3.10.76) 代入式 (3.10.43) 完成对 m 的求和后, 则可得到

$$P_{射线}(r,z,z_0)=\sum_n U_n(z)\,U_n(z_0)\sqrt{\frac{2\pi}{\mu_{nl}r}}\mathrm{e}^{\mathrm{i}\mu_{nl}r-\beta_n r-\mathrm{i}\frac{\pi}{4}}, \tag{3.10.81}$$

其中

$$U_n(z)=2\mathrm{i}\left[\frac{\mu_{nl}}{[s_n+\delta_n]\sqrt{k^2(z)-\mu_{nl}^2}}\right]^{1/2}\sin\left[\int_0^z\sqrt{k^2(z)-\mu_{nl}^2}\mathrm{d}z\right]. \tag{3.10.82}$$

对比上式与式 (3.10.49) 可见, 场的射线表示式 (3.10.43) 用相长干涉进行二次筛选后转化为场的简正波表示式 (3.10.42). 在文献 [50] 中, 还证明了上述 "相长干涉" 的转化结果等价于在执行傅里叶变换中使用的稳相近似结果.

3.10.4 关于转化条件的讨论

通过 §3.10.2 及 3.10.3 的讨论, 我们可以看到场的两种表示: 简正波表示与射线表示在一定条件下是可以局部地互相转化的. 按照 "n 准则" 初选简正波成员之后, 当场的信息不够集中时, 再根据 "相长干涉" 的选择原则二次组合筛选后, 可以给出等同于按照 "l 准则" 选出的结果, 即场的简正波表示转化为场的射线表示. 反之, 按照 "l 准则" 初选射线成员之后, 当信息量不集中时, 根据相长干涉原则二次组合. 筛选后, 可以给出按 "n 准则" 选择的结果, 即场的射线表示转化为简正波表示.

Weston[51] 简要分析了均匀层波导的情况. 对固定接收点 r, 其波导简正波的 "角度间隔"(本征值间隔) 约为

$$\sin\theta_l=\frac{l\lambda}{2H}\to\Delta\theta_l\approx\lambda/2H. \tag{3.10.83}$$

而按照射线理论, 对于固定的 r, 其小角度射线的 "角度间隔"(虚源间隔) 则约为

$$\theta_n\approx 2H/r. \tag{3.10.84}$$

接收场总是在一定的本征值区域或者等价地说在一定的角度范围内求和叠加的, 因此, 我们可以选取 "密度" 小的, 使参加叠加的有效项为最小. 令 $\Delta\theta_l$ 与 $\Delta\theta_n$ 相等, 得到一个判据距离:

$$r_k=\frac{4H^2}{\lambda}. \tag{3.10.85}$$

当距离 $r<r_k$ 时, 射线成员信息集中; 而当 $r>r_k$ 时, 则简正波成员信息集中.

对于 W.K.B. 近似下的 “n 准则” 为

$$2\int_0^H \sqrt{k^2(z)-\mu_n^2}\mathrm{d}z+\phi_b+\pi=2n\pi.$$

由此可得 “n 准则” 的谱间隔 $\Delta\mu_n$ 为

$$\Delta\mu_n \doteq -\frac{2\pi}{s_n+\delta_n}\approx -\frac{2\pi}{s}. \tag{3.10.86}$$

对于选择 μ_l 的 “l 准则” 的选择方程为

$$r=\int_z^{z_0}\frac{\mu_l}{\sqrt{k^2(z)-\mu_l^2}}\mathrm{d}z+2l\int_0^H\frac{\mu_l}{\sqrt{k^2(z)-\mu_l^2}}\mathrm{d}z+l\delta,$$

由此可得 “l 准则” 的谱间隔 $\Delta\mu_l$ 为

$$\Delta\mu_l \doteq \frac{[s_l+\delta_l]^2}{\left\{r\left[\left(\dfrac{\partial s_l}{\partial\mu}\right)+\left(\dfrac{\partial\delta_l}{\partial\mu}\right)\right]\right\}}\approx\frac{s^2}{r\dot{s}}, \tag{3.10.87}$$

其中

$$\dot{s}=\left(\frac{\partial s}{\partial\mu}\right). \tag{3.10.88}$$

因此, 用 “n 准则” 初选后, 信息分散, 需要二次组合筛选的条件是

$$\Delta\mu_n\ll\Delta\mu_l. \tag{3.10.89}$$

式 (3.10.89) 便是转化的必要条件.

此外, 对于一般有衰减因子的成员, 还需考虑到给定的水平距离各成员之间, 必须有相近的幅度加权, 才能真正保证实现 “相长干涉”. 因此, 转化条件还必须附加此项要求.

对简正波成员, 要求:

$$|\beta_n-\beta_{n=1}|\,r\ll 1, \tag{3.10.90}$$

对射线成员, 则要求:

$$|-\ln|V_H(\mu_l)||\ll 1. \tag{3.10.91}$$

由式 (3.10.90) 可以导出:

$$r\ll\frac{1}{\left(\dfrac{\partial\beta_n}{\partial\mu}\right)\left(\dfrac{\partial\mu}{\partial n}\right)}\approx\frac{s^3}{2\pi(-\ln|V_H|)\,\dot{s}}\equiv r_{k\beta n}. \tag{3.10.92}$$

由式 (3.10.89) 及 (3.10.92) 可以得到由 “n” 向 “l” 转化的条件 (或者换言之: 射线场表示的适用范围) 是

$$\begin{cases} \Delta\mu_n \ll \Delta\mu_l \\ |-\ln|V_H(\mu_l)|| \ll 1 \end{cases}. \tag{3.10.93}$$

由式 (3.10.89) 及 (3.10.91) 可以得到场由 “l” 表示转化为 “n” 表示的条件 (或者换言之: 简正波表示的适用范围) 是

$$\begin{cases} \Delta\mu_l \ll \Delta\mu_n \\ |-\ln|V_H(\mu_l)|| \ll 1 \end{cases}. \tag{3.10.94}$$

由 $\Delta\mu_n$ 与 $\Delta\mu_l$ 相等给出的一个判据距离为

$$r_k = \frac{s^3}{2\pi\dot{s}}. \tag{3.10.95}$$

式 (3.10.95) 可以认为是 Weston 公式 (3.10.83) 的推广. 对于均匀层情况,

$$s = \frac{2H}{\alpha}, \quad \mu = k_0 \cos\alpha,$$

则式 (3.10.95) 退化为式 (3.10.83):

$$r_k = \frac{4H^2}{\lambda}. \tag{3.10.96}$$

应当指出, 在非均匀介质的一般情况下, 与式 (3.10.96) 不同, r_k 仍然是 μ 的函数, 此时作为判据, 应该在 μ 的有效区间内取值.

综上所述, 我们可以把场的转化条件 (或场表示的适宜性条件) 叙述为下列形式:

简正波转化为射线场条件 (射线表示的适宜性条件) 是

$$\begin{cases} r < r_k \\ |-\ln|V_H|| \ll 1 \end{cases}. \tag{3.10.97}$$

射线场转化为简正波场的条件 (简正波表示的适宜性条件) 是

$$\begin{cases} r > r_k \\ |-\ln|V_H|| \ll 1 \end{cases}. \tag{3.10.98}$$

§3.11 指向性声源在分层介质中的声场

3.11.1 平面辐射器在自由空间的指向函数

置于 (y,z) 平面内的平面辐射器, 坐标原点置于 M_0, 相应于声学中心 (见图 3.11.1). 以 u_0 振幅辐射, 则在点 P 的声场由惠更斯积分给出:

$$P=\frac{\mathrm{i}\omega\rho u_0}{2\pi}\iint\limits_s\frac{\mathrm{e}^{\mathrm{i}k_0r}}{r}\mathrm{d}S. \tag{3.11.1}$$

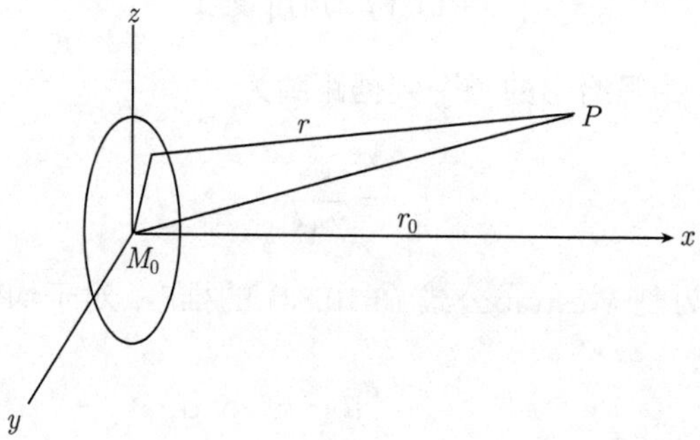

图 3.11.1

考虑观察点足够远, 满足:

$$\begin{aligned}r_0&\gg D,\\ r_0&\gg\frac{D^2}{\lambda},\end{aligned} \tag{3.11.2}$$

则在被积函数的相位展开中只保留 (D/r_0) 的一次项, 此时

$$r=r_0-z\cos(r_0,z)-y\cos(r_0,y), \tag{3.11.3}$$

于是

$$\begin{aligned}P\approx&\frac{\mathrm{i}\omega\rho u_0S}{2nS}\cdot\frac{\mathrm{e}^{\mathrm{i}kr_0}}{r_0}\iint\limits_s\mathrm{e}^{-\mathrm{i}k[z\cos(r_0,z)+y\cos(r_0,y)]}\mathrm{d}z\mathrm{d}y\\ =&\frac{\mathrm{i}\omega\rho u_0S}{2\pi}\cdot\frac{\mathrm{e}^{\mathrm{i}kr_0}}{r_0}\cdot D(\alpha,\beta;k),\end{aligned} \tag{3.11.4}$$

其中 $D(\alpha,\beta;k)$ 为指向函数:

$$D(\alpha,\beta;k)=\frac{1}{S}\iint\mathrm{e}^{-\mathrm{i}k(z\cos\alpha+y\cos\beta)}\mathrm{d}z\mathrm{d}y. \tag{3.11.5}$$

将 $\mathrm{e}^{-\mathrm{i}kz\cos\alpha}, \mathrm{e}^{-\mathrm{i}ky\cos\beta}$ 展成级数:

$$\mathrm{e}^{-\mathrm{i}kz\cos\alpha} = \sum_n \frac{1}{n!}\left(-\mathrm{i}kz\cos\alpha\right)^n, \tag{3.11.6}$$

$$\mathrm{e}^{-\mathrm{i}ky\cos\beta} = \sum_m \frac{1}{m!}\left(-\mathrm{i}ky\cos\beta\right)^m, \tag{3.11.7}$$

则得到 "极矩" 表示:

$$D\left(\alpha,\beta;k\right) = \sum_n\sum_m Q_{nm}, \tag{3.11.8}$$

其中

$$Q_{nm} \equiv \frac{1}{S}\iint\limits_s \frac{\left(-\mathrm{i}k\cos\alpha\right)^n}{n!}\frac{\left(-\mathrm{i}k\cos\beta\right)^m}{m!}z^n y^m \mathrm{d}z\mathrm{d}y. \tag{3.11.9}$$

3.11.2 分层介质中指向性声源的简正波理论

简谐过程的波动方程为

$$\left[V^2 + k^2\left(z\right)\right]\phi\left(\boldsymbol{r}\right) = 0. \tag{3.11.10}$$

在柱坐标系中分离变量 (ρ,ϕ,z), 关于 ϕ 的因子 $\exp\left(\mathrm{i}m\varphi\right)$, 柱函数 $B_m\left(k_n\rho\right)$ 及 z 方向本征函数 $u_n\left(z\right)$ 满足

$$\frac{\mathrm{d}^2u_n}{\mathrm{d}z^2} + \left[k^2\left(z\right) - k_n^2\right]u_n = 0. \tag{3.11.11}$$

在相应边界条件下, 有

$$\sum_{n=0}^{\infty} u_n^*\left(z'\right)u_n\left(z\right) = \delta\left(z - z'\right), \tag{3.11.12}$$

$$\int_0^\infty u_{n'}^*\left(z\right)u_n\left(z\right)\mathrm{d}z = \delta_{nn'}. \tag{3.11.13}$$

式 (3.11.10) 的 Green 函数满足

$$\left[V^2 + k^2\left(z\right)\right]G\left(\boldsymbol{r},\boldsymbol{r}'\right) = -4\pi\delta\left(\boldsymbol{r} - \boldsymbol{r}'\right) \tag{3.11.14}$$

及相应的边界条件.

在 (ρ,ϕ,z) 坐标系中,

$$\delta\left(\boldsymbol{r} - \boldsymbol{r}'\right) = \left(\frac{1}{\rho}\right)\delta\left(\rho - \rho'\right)\delta\left(\phi - \phi'\right)\delta\left(z - z'\right). \tag{3.11.15}$$

使用 δ 函数的展开式:

$$\delta(\phi-\phi')=\left(\frac{1}{2\pi}\right)\sum_{m=-\infty}^{\infty}\exp\left[\mathrm{i}m(\phi-\phi')\right] \tag{3.11.16}$$

以及式 (3.11.12), 则按照典型方法, 可得[52,53]

$$\begin{aligned}G(\boldsymbol{r},\boldsymbol{r}')=&\mathrm{i}\pi\sum_{n=0}^{\infty}\sum_{m=-\infty}^{\infty}J_m(k_n\rho_<)H_m^{(1)}(k_n\rho_>)u_n^*(z')u_n(z)\\&\cdot\exp\left[\mathrm{i}m(\phi-\phi')\right],\end{aligned} \tag{3.11.17}$$

其中

$$\rho_>=\max(\rho,\rho'),\quad \rho_<=\min(\rho,\rho').$$

对分布源问题,

$$\left[V^2+k^2(z)\right]\phi(\boldsymbol{r})=f(\boldsymbol{r}), \tag{3.11.18}$$

其解为

$$\phi(\boldsymbol{r})=-(1/4\pi)\int G(\boldsymbol{r},\boldsymbol{r}')f(\boldsymbol{r}')\mathrm{d}^3\boldsymbol{r}'. \tag{3.11.19}$$

将式 (3.11.17) 代入上式, 即得

$$\begin{aligned}\phi(\boldsymbol{r})=&-(1/4\pi\mathrm{i})\sum_{n=0}^{\infty}\sum_{m=-\infty}^{\infty}\left[\int\mathrm{d}^3r'f(\boldsymbol{r}')u_n^*(z')J_m(k_n\rho')\mathrm{e}^{-\mathrm{i}m\phi'}\right]\\&\times u_n(z)H_m^{(1)}(k_n\rho)\mathrm{e}^{\mathrm{i}m\phi}.\end{aligned} \tag{3.11.20}$$

当阵的权重函数 $f(\boldsymbol{r}')$ 给定时, 只要计算出式 (3.11.20) 方括号中的积分, 就求得了分层介质中指向性阵的声场.

为此, 一般的做法是把被积函数在声学中心 (如 $\rho'=0$) 作 Taylor 展开:

$$J_m(k_n\rho')=\sum_{k=0}^{\infty}(1/k!)J_m^{(k)}(0)\cdot(k_n\rho')^k. \tag{3.11.21}$$

对 z 部分令 $z'=z_0+\xi$, 在 $\xi=0$ 展开;

$$u_n(z')=\sum_{p=0}^{\infty}(1/p!)u_n^{(p)}(z_0)\xi^p. \tag{3.11.22}$$

引入新的求和变量 $i=p+k$, 则乘积变为

$$u_n(z')J_m(k-\rho')=\sum_{i=0}^{\infty}\sum_{k=0}^{i}\left[1/(i-k)!k!\right]u_n^{(i-k)}(z_0)J_m^{(k)}(0)\cdot\xi^{(i-k)}(k_n\rho')^k. \tag{3.11.23}$$

定义 n 号简正波的“多极矩”$q_{im}^{(n)}$：

$$q_{im}^{(n)} = \sum_{k=0}^{i} \left[1/(i-k)!k!\right] u_n^{(i-k)}(z_0)\, J_m^{(k)}(0) \int f(r')\, \xi^{(i-k)} (k_n \rho')^k \cdot \mathrm{e}^{-\mathrm{i}m\phi'} \mathrm{d}^3 r', \tag{3.11.24}$$

其中

$$\mathrm{d}^3 r' \equiv \rho' \mathrm{d}\rho' \mathrm{d}\xi' \mathrm{d}\phi',$$

于是得到由“多极矩”求和表示的声场:

$$\phi(\boldsymbol{r}) = -\left(\frac{1}{4i}\right) \sum_{n=0}^{\infty} \sum_{i=0}^{\infty} \sum_{m=-\infty}^{\infty} q_{im}^{(n)} u_n(z)\, H_m^{(1)}(k_n \rho)\, \mathrm{e}^{-\mathrm{i}m\phi}. \tag{3.11.25}$$

除非是简单极源辐射器, 一般平面辐射器用“多极矩”表示是相当复杂的, 对声场分析不很方便. 文献 [54] 中使用与均匀空间指向系数相联系的微分算符方法, 分析了平面辐射器在分层介质中的简正波声场, 得

$$\phi(M) = \frac{\rho\omega}{2} \sum_n D\left[\alpha_n, \beta_n, k(z_0)\right] U_n(z)\, U_n(z_0) \sqrt{\frac{2}{\pi k_n r_0}} \mathrm{e}^{\mathrm{i}\left(k_n r_0 - \frac{\pi}{4}\right)}, \tag{3.11.26}$$

其中 $D(\alpha_n, \beta_n)$ 为平面辐射器的指向系数:

$$D(\alpha, \beta, k) = \sum_{m,n=0}^{\infty} b_{mn} (-ik\cos\alpha)^m \left(-k^2 \cos^2\beta\right)^n, \tag{3.11.27}$$

$$b_{mn} = \frac{1}{m!\,(2n)!s} \iint_s \eta^m \xi^{2n} \mathrm{d}\eta \mathrm{d}\xi, \tag{3.11.28}$$

$$k(z_0)\cos\alpha_n = \frac{(y-y_0)}{r_0} k_n,$$

$$\beta_l = \arcsin\left(\frac{k_n}{k(z_0)}\right), \tag{3.11.29}$$

$$\eta = (y_0 - y'), \quad \xi = (z' - z_0).$$

式 (3.11.26) 可以称为平面阵在分层介质波导中声场的“指向性”表述. “指向性”表述在推导中要求平面阵是对 y 轴对称的, 这一限制性要求使其无法应用于一般加权阵的声场分析. 由于在波导中, z 方向是“封闭”性非自由空间, 场具有驻波性质, 因此, 在 z 方向摒弃以自由平面波 $\exp[\pm \mathrm{i}k_z \cdot z]$ 为基元函数构成指向系数的表述方法, 而代之以特征函数为基元的“特征展开”的表述方法显然更为恰当[55,56],

其物理概念清晰严紧, 结果便于声场分析. 基于这种观点, 这里我们讨论任意加权平面阵在分层介质波导中声场的 "特征谱" 表述.

设垂直置于声参考点 M_0 的平面阵的权重函数为 $f(z', y')$, 则根据 Helmholz 公式, 其辐射场为

$$\phi(M) = \frac{-\mathrm{i}\rho\omega}{2\pi} \iint_s f(y', z') G(M', M) \mathrm{d}y' \mathrm{d}z', \tag{3.11.30}$$

其中 Green 函数 $G(M', M)$ 满足:

(1) $\Delta G + k'(z) G = -4\pi\delta(M - M')$;

(2) $G|_{z=0} = 0$;

(3) $\sqrt{\rho} G\Big|_{H-0}^{H+0} = 0,\ \dfrac{1}{\sqrt{\rho}} \dfrac{\partial G}{\partial z}\Big|_{H-0}^{H+0} = 0$; (3.11.31)

(4) 熄灭条件.

如所熟知, 对于式 (3.11.31) 的解 $G(M, M')$ 可以表示为包括连续谱在内的正交特征展开的形式 [见式 (3.6.20) 及 (3.6.23)]. 对于远场, 则可近似表示为有限个离散谱 (简正波) 之和:

$$G(M, M') \simeq \pi\mathrm{i} \sum_n^N U_n(z') U_n(z) H_0^{(1)}(k_n r), \tag{3.11.32}$$

其中 $u_n(z)$ 是正交归一的:

$$\int_0^\infty U_n(z) U_m(z) \mathrm{d}z = \delta_{nm}, \tag{3.11.33}$$

将式 (3.11.32) 代入式 (3.11.30), 得

$$\phi(M) = \frac{\rho\omega}{2} \sum_n U_n(z) \iint_s f(y', z') U_n(z') H_0^{(1)}(k_n r) \mathrm{d}y' \mathrm{d}z'. \tag{3.11.34}$$

考虑远场, $k_n r \gg 1$ 将 Hankel 函数用渐近表示:

$$H_0^{(1)}(k_n r) \simeq \sqrt{\frac{2}{\pi k_n r}} \mathrm{e}^{\mathrm{i}\left(k_n r - \frac{\pi}{4}\right)}, \tag{3.11.35}$$

其中

$$r = \sqrt{(x - x_0)^2 + (y - y')^2}. \tag{3.11.36}$$

将式 (3.11.35) 在 $r = r_0$ 附近作 Taylor 展开, 令

$$\eta = y_0 - y',$$

并略去 $0\left(\dfrac{\eta}{r_0}\right)$ 项, 则得

$$H_0^{(1)}(k_n r) \simeq \sqrt{\frac{2}{\pi k_n r_0}}\mathrm{e}^{\mathrm{i}\left(k_n r_0 - \frac{\pi}{4}\right)} \cdot \mathrm{e}^{-\mathrm{i}k_n \cos\alpha\cdot\eta}, \tag{3.11.37}$$

其中

$$\cos\alpha \equiv \frac{y-y_0}{r_0}. \tag{3.11.38}$$

将式 (3.11.37) 代入式 (3.11.34), 得

$$\phi(M) = \frac{\rho\omega}{2}\sum_n U_n(z)\iint_s F(y',z')\,U_n(z')\,\mathrm{e}^{-\mathrm{i}k_n\cos\alpha\cdot\eta}\mathrm{d}y'\mathrm{d}z'\sqrt{\frac{2}{\pi k_n r_0}}\mathrm{e}^{\mathrm{i}\left(k_n r_0-\frac{\pi}{4}\right)}. \tag{3.11.39}$$

在式 (3.11.39) 中, 先对 z' 进行积分, 此时积分上下限是 y' 的函数, 记为

$$\iint_s f(y',z')\,U_n(z')\,\mathrm{e}^{-\mathrm{i}k_n\cos\alpha\cdot\eta}\mathrm{d}y'\mathrm{d}z' = \int_{L_{y'}} A_n(y';z_0)\mathrm{e}^{-\mathrm{i}k_n\cos\alpha\cdot\eta}\mathrm{d}\eta. \tag{3.11.40}$$

根据指向性函数的定义式 (3.11.5), 上式是以 $A_n(y';z_0)$ 为加权、以 $L_{y'}$ 为线度的水平线阵的指向函数, 由于 z 方向波场的非均匀性, 指明阵位置参考点 z_0 是必要的 (见图 3.11.2). 于是得到指向声场的 "特征谱" 表述:

$$\phi(M) = \frac{\rho_0\omega}{2}\sum_n D_{A_n}(\alpha;z_0)U_n(z)\sqrt{\frac{2}{\pi k_n r_0}}\mathrm{e}^{\mathrm{i}\left(k_n r_0-\frac{\pi}{4}\right)}, \tag{3.11.41}$$

其中

$$D_{A_n}(\alpha;z_0) \equiv \int_{L_{y'}} A_n(y';z_0)\,\mathrm{e}^{-\mathrm{i}k_n\cos\alpha\cdot\eta}\mathrm{d}\eta, \tag{3.11.42}$$

而

$$A_n(y';z_0) \equiv \int f(z',y')\,U_n(z')\mathrm{d}z' \tag{3.11.43}$$

是阵的加权函数 $f(z',y')$ 的 "特征展开" 的谱分量. 其物理意义可由下列类比中获得

$$D(\beta) = \int f(z')\,\mathrm{e}^{-\mathrm{i}k\cos\beta\cdot\xi}\mathrm{d}\xi, \tag{3.11.44}$$

$$A_n = \int f(z')\,U_n(z')\,\mathrm{d}z'. \tag{3.11.45}$$

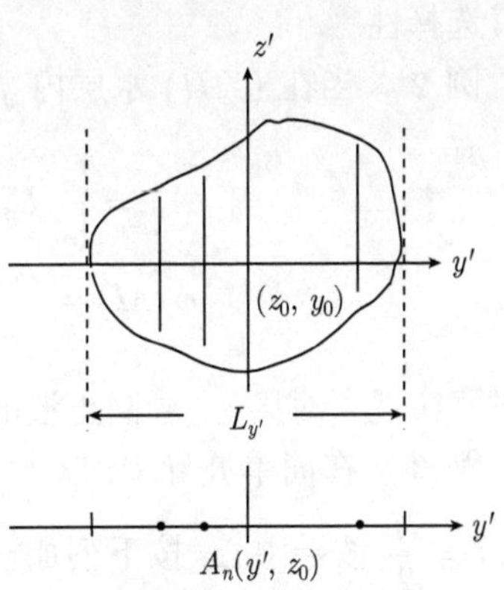

图 3.11.2

指向性 $D(\beta)$ 是权函数 $f(z')$ 在正交基底 $\mathrm{e}^{-\mathrm{i}k\cos\beta\cdot\xi}$ 坐标系中的谱分量, 表现为阵对角度 β 平面波的选择性, 可以称为"角谱". 而 A_n 则是权函数 $f(z')$ 在正交基底 $U_n(z')$ 系中的谱分量, 表现为阵对特征函数 (简正波) 的选择性, 可以称为"特征谱".

如果先对 y' 积分, 可以得到等价的表示式:

$$\phi(M)=\frac{\rho_0\omega}{2}\sum_n B_n(\alpha;z_0)U_n(z)\sqrt{\frac{2}{\pi k_n r_0}}\mathrm{e}^{\mathrm{i}\left(k_n r_0-\frac{\pi}{4}\right)}, \tag{3.11.46}$$

其中 $B_n(\alpha;z_0)$ 是以阵水平指向性 $D_n(\alpha;z')$ 为权函数的特征展开的谱分量:

$$B_n(\alpha;z_0)=\int_{L_{z'}} D_n(\alpha;z')\,U_n(z')\,\mathrm{d}z'. \tag{3.11.47}$$

平面指向性阵在分层介质波导中简正波场 (3.11.41)[或等价表示式 (3.11.47)] 与无指向性点源场 (3.11.32) 相比, 除常数乘子外, 相当于以 $D_{A_n}(\alpha;z_0)$[或 $B_n(\alpha,z_0)$] 替换 $U_n(z_0)$. $D_{A_n}(\alpha,z_0)$ 是以新的权函数 $A_n(y',z_0)$ 构成的水平线阵的指向性, 而 $A_n(y',z_0)$ 是原始权函数 $f(z',y')$ 的特征谱. 式 (3.11.41)[或式 (3.11.47)] 消除了"指向"表述式 (3.11.26) 关于对 y 轴对称的要求. 消除这一限制对分析加权阵 (例如空间分离简正波的垂直阵) 和探讨在浅海波导中如何确定声源深度, 以及浅海信道匹配等问题是十分重要的. 下面考虑几个简单特例.

例 1 当 $f(y',z')=\delta(y'-y_0)\,\delta(z'-z_0)$ 时,

$$D_{A_n}(\alpha;z_0)=U_n(z_0).$$

场 (3.11.41) 退化为点源场 (3.11.32). 与式 (3.11.32) 相比, 即阵对各号简正波没有选择性.

例 2 当在 $(0,H)$ 水层内 $f(z')=U_m(z')$ 的垂直线阵, 则

$$A_n=\int_0^H U_m(z')\,U_n(z')\,\mathrm{d}z'\approx\delta_{mn},$$

$$\phi(M)\doteq\frac{\rho_0\omega}{2}U_m(z)\sqrt{\frac{2}{\pi k_m r_0}}\mathrm{e}^{\mathrm{i}\left(k_m r_0-\frac{\pi}{4}\right)}.$$

此时阵实现了对第 m 号简正波的过滤.

例 3 在简单波导中, 以 $U_n(z)=N_n\sin\left(\dfrac{n\pi}{H}z\right)$ 为例, 以 $\dfrac{H}{2}$ 长的垂直线阵置于 $z_0=\dfrac{H}{2}$ 波导中心, 按下列加权, 考虑前四号简正波的滤波接收情况,

$$f(z)=\begin{cases}+1 & (H/4<z<H/2),\\ -1 & (H/2<z<3H/4).\end{cases}$$

由简单计算不难得到 $D_1 = 0$, $D_3 = 0$, 即阵实施了对第 1, 3 号简正波的摘除(抑制)(见图 3.11.3). 显然例 2, 例 3 的结果由式 (3.11.26) 是不能给出的.

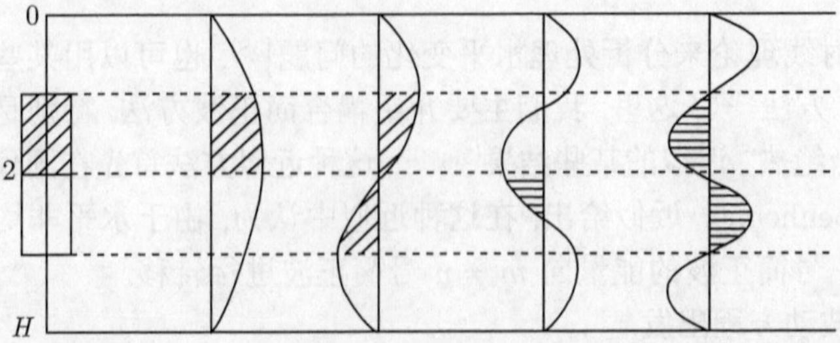

图 3.11.3

例 4 当权函数 $f(y', z')$ 可分离时,

$$f(y', z') = f_1(y') f_2(z'),$$

则式 (3.11.41) 退化为文献 [55] 给出的结果:

$$\phi(M) = \frac{\mathrm{i}}{2} \sum_n A_n(z_0) D_n(\alpha) u_n(z) \sqrt{\frac{2}{\pi k_n r_0}} \mathrm{e}^{\mathrm{i}\left(k_n r_0 - \frac{\pi}{4}\right)},$$

其中

$$A_n(z_0) = \int f_2(z') u_n(z') \mathrm{d}z',$$

$$D_n(\alpha) = \int f_1(y') \mathrm{e}^{-\mathrm{i}k_n \cos\alpha\eta} \mathrm{d}\eta.$$

从以上讨论可以看出, 对于非点源辐射器, 通常用 "指向性" 来描述其特性, 实际上, "指向性" 只是该辐射器在自由空间的属性. 在非自由空间, 该辐射器的场一般不宜用 "指向性" 来描述; 在分层介质波导中, 尤其应该用能表现出对简正波有选择性的 "特征谱" 来描述. 但是作为对辐射源特性的描述, 常常习惯于把它在自由空间的 "指向性" 作为特性指标. 那么对于给定指向性 $D(\theta)$ 的辐射器, 在计算其在分层介质中的声场时应如何处理呢? 这个问题文献 [57] 建议用 "等效垂直线阵" 概念来解决. "等效垂直线阵" 是在整个水层 $(0, H)$ 内, 以权函数 $S(z_S)$ 来加权的线阵. 权函数 $S(z_S)$ 可由给定的 $D(\theta)$ 进行反傅里叶变换而获得, 这一转换过程可以由 FFT 程序给以数值解算, 或者由某些正交函数展开方法解决.

§3.12 介质水平变化的问题

分层介质模型只是实际非均匀的海洋介质的一个近似模型. 由于各种实际的地球物理因素, 海洋介质在水平方向上的变化总是存在的, 特别当波场涉及的水平距离很远时, 这种水平变化对声波的传播过程会有显著的影响. 例如, 在浅海, 经常会碰到倾斜海底的问题; 在深海会碰到声道轴深度的水平变化以及声速剖面的水平变化.

可以用射线理论来分析处理水平变化的问题[58], 也可以用某些有效的数值方法, 例如 PE 方法[42]. 这里, 我们主要介绍耦合简正波方法, 特别是在弱水平变化介质中使用 "绝热" 近似的某些结果[59,60]. 这种近似方法首先在固体物理中以著名的 Born-Oppenheimer 近似给出. 在这种近似中认为, 由于水平非均匀性的微弱变化, 不致使 n 号简正波的能量向 $m \neq n$ 号简正波进行转移.

我们从波动方程出发,

$$\nabla^2\psi + \frac{\omega^2}{c^2(x,y,z)}\psi = 0, \tag{3.12.1}$$

其中声速 c 作为 x, y, z 的函数, 其沿 x, y 的变化较沿 z 的变化远为缓慢.

对于固定的水平坐标 (x,y) 我们可以构造一个 "当地" 分层介质模型下的本征值问题; 本征波函数 $Z_n(z|\omega,x,y)$ 满足

$$\frac{\mathrm{d}^2 Z_n}{\mathrm{d}z^2} + \frac{\omega^2}{c^2(z;x',y')}Z_n = k_n^2 Z_n, \tag{3.12.2}$$

其中 $c(z;x',y') = c(z,x,y)$, 即 c 取当地 $(x',y'=x,y)$ 之值; 作为定解条件的相应边界条件也均取当地值, 因此本征值 $k_n^2 = k_n^2(x,y)$. 这也就是所谓 "横截面" 方法[61]的基本思想.

对于波导简正波情况, 总有有限个离散本征函数满足正交归一条件:

$$\int \rho Z_n Z_m \mathrm{d}z = \delta_{n,m}. \tag{3.12.3}$$

上式中的积分限延展到方程 (3.12.2) 所定义的区间. 现在用 $Z_n(z|\omega,x,y)$ 来构造满足式 (3.12.1) 的远场的解:

$$\psi(x,y,z) = \sum_n \phi_n(\omega,x,y) Z_n(z|\omega,x,y), \tag{3.12.4}$$

其中 $\phi_n(x,y)$ 为待定系数. 将式 (3.12.4) 代入式 (3.12.1), 得

$$\left(\nabla_\perp^2 + \frac{\partial}{\partial z^2}\right)\sum_n \phi_n(x,y) Z_n(z,x,y) + \left(\frac{\omega}{c}\right)^2 \sum_n \phi_n(x,y) Z_n(z,x,y) = 0,$$

或

$$\sum_n \left[\nabla_\perp^2(\phi_n Z_n) + \phi_n \frac{\partial^2}{\partial z^2} Z_n + \phi_n\left(\frac{\omega}{c}\right)^2 Z_n\right] = 0; \tag{3.12.5}$$

其中

$$\nabla_{\perp}^{2} \equiv \left(\frac{\partial^{2}}{\partial x^{2}}+\frac{\partial^{2}}{\partial y^{2}}\right),$$

而

$$\frac{\partial^{2}}{\partial x^{2}}\left(\phi_{n} Z_{n}\right)=\phi_{n} \frac{\partial}{\partial x^{2}} Z_{n}+Z_{n} \frac{\partial^{2}}{\partial x^{2}} \phi_{n}+2 \frac{\partial \phi_{n}}{\partial x} \frac{\partial Z_{n}}{\partial x}.$$

将式 (3.12.5) 乘以 $Z_{m}(z|\omega, x, y)$ 并对 z 积分, 则得到 $\phi_{n}(x, y)$ 所满足的微分方程为

$$\frac{\partial^{2} \phi_{n}}{\partial x^{2}}+\frac{\partial^{2} \phi_{n}}{\partial y^{2}}+k_{n}^{2}(x, y) \phi_{n}=-\sum_{m}\left(A_{mn}+B_{mn} \frac{\partial}{\partial x}+C_{mn} \frac{\partial}{\partial y}\right) \phi_{m}, \tag{3.12.6}$$

其中 A_{mn}, B_{mn}, C_{mn} 均称为 "耦合系数":

$$A_{mn} \equiv \int Z_{m}\left(\frac{\partial^{2}}{\partial x^{2}}+\frac{\partial^{2}}{\partial y^{2}}\right) Z_{n} \mathrm{d} z, \tag{3.12.7}$$

$$B_{mn} \equiv-B_{nm}=2 \int Z_{m} \frac{\partial}{\partial x} Z_{n} \mathrm{d} z, \tag{3.12.8}$$

$$C_{mn}=-C_{nm}=2 \int Z_{m} \frac{\partial}{\partial y} Z_{n} \mathrm{d} z. \tag{3.12.9}$$

显然 A_{mn}, B_{mn}, C_{mn} 均是 x,y 的函数, 因此式 (3.12.6) 的右端可以看成是一个分布源函数. 所谓 "绝热" 近似, 也就是 "非耦合" 近似, 即认为在式 (3.12.6) 的右端中, 所有 $m \neq n$ 的项均可忽略.

对于 "绝热" 近似, $\phi_{n}(x, y)$ 所满足的微分方程变为

$$\nabla_{\perp}^{2} \phi_{n}+K^{2}(\omega, x, y) \phi_{n}=0, \tag{3.12.10}$$

其中

$$K_{n}^{2} \equiv k_{n}^{2}(x, y)+D_{nn}(x, y). \tag{3.12.11}$$

D_{nn} 为式 (3.12.6) 右端 $m=n$ 的项.

在 "绝热" 近似下, 确定 ϕ_{n} 的方程并不与 $\phi_{m}(m \neq n)$ 发生任何关系, 故也叫做 "非耦合" 近似. 此时, 由式 (3.12.10) 确定的 ϕ_{n} 的方程与通常的二维波动方程是一样的, 故一般解波场的方法可用射线方法 [将式 (3.12.10) 化为 Eikonal 方程及 Transport 方程], PE 方法 [将式 (3.12.10) 近似用抛物方程代替] 及波动定解方法.

下面考虑一种简单情况, 即水平非均匀性只与 r 有关 (即柱对称), 则式 (3.12.10) 变为

$$\frac{\mathrm{d}^{2} \phi_{n}}{\mathrm{d} r^{2}}+\frac{1}{r} \frac{\mathrm{d} \phi_{n}}{\mathrm{d} r}+K_{n}^{2}(\omega, r) \phi_{n}=0. \tag{3.12.12}$$

使用典则变换 [见式 (3.3.2)]:

$$
\begin{aligned}
y(r) &= \phi(r)\,\mathrm{e}^{1/2\int \frac{1}{r}\mathrm{d}r}, \\
\phi_n(r) &= \frac{1}{\sqrt{r}} y_n(r),
\end{aligned}
\tag{3.12.13}
$$

则 $y_n(r)$ 满足下列波动方程;

$$
\frac{\mathrm{d}^2 y_n}{\mathrm{d}r^2} + \tilde{K}_n^2(r)\, y_n = 0, \tag{3.12.14}
$$

其中

$$
\tilde{K}_n^2(r) = K_n^2(r)\left[1 + \frac{1}{4K_n^2 r^2}\right]. \tag{3.12.15}
$$

考虑 $\tilde{K}_n^2(r)$ 是缓变函数, 对式 (3.12.14) 使用 W.K.B. 解 [见式 (3.4.11)], 则有

$$
y_n(r) = \frac{1}{\sqrt{\tilde{K}_n(r)}}\left[A_n \mathrm{e}^{\mathrm{i}\int_0^r \tilde{K}_n(r)\mathrm{d}r} + B_n \mathrm{e}^{-\mathrm{i}\int_0^r \tilde{K}_n(r)\mathrm{d}r}\right]. \tag{3.12.16}
$$

于是 $\phi_n(r)$ 由式 (3.12.13) 给出:

$$
\phi_n(r) = \frac{1}{\sqrt{r\tilde{K}_n(r)}}\left[A_n \mathrm{e}^{\mathrm{i}\int_0^r \tilde{K}_n(r)\mathrm{d}r} + B_n \mathrm{e}^{-\mathrm{i}\int_0^r \tilde{K}_n(r)\mathrm{d}r}\right]. \tag{3.12.17}
$$

将式 (3.12.17) 代入式 (3.12.4), 并根据源条件及辐射条件以确定系数 A_n 与 B_n.

对于给定的源点 $(x_0, y_0, z_0) = (0, 0, z_0)$ 的 "本地" 简正波场为

$$
\psi(r, z, z_0) = \pi\mathrm{i}\sum_n H_0^{(1)}(k_n(0), r)\, Z_n(z_0\,|0)\, Z(z\,|0). \tag{3.12.18}
$$

将式 (3.12.17) 代入式 (3.12.4), 得

$$
\psi(r, z, z_0) = \sum_n \left\{\frac{1}{\sqrt{r\tilde{K}_n(r)}}\left[A_n \mathrm{e}^{\mathrm{i}\int_0^r \tilde{K}_n \mathrm{d}r} + B_n \mathrm{e}^{-\mathrm{i}\int_0^r \tilde{K}_n \mathrm{d}r}\right] Z_n(z\,|r)\right\}. \tag{3.12.19}
$$

把式 (3.12.18) 与式 (3.12.19) 在一个 "中间" 适当的距离 r_0 处 "缝合" 就可定出 A_n, B_n, r_0 的选取标准是:

(1) 足够大, 使满足

$$
H_0^{(1)}[k_n(0)\, r_0] \sim \sqrt{\frac{2}{\pi k_n(0)\, r_0}}\,\mathrm{e}^{\mathrm{i}\left(k_n r_0 - \frac{\pi}{4}\right)}; \tag{3.12.20}
$$

(2) 足够小, 使得水平非均匀性在 r_0 范围内还不明显, 式 (3.12.18) 仍近似代表场值, 即要求

$$\begin{aligned} k_n(0)\,r_0 &\gg 1, \\ D_{nn} r_0 &\ll \pi. \end{aligned} \tag{3.12.21}$$

总的要求可写为

$$\frac{1}{k_n(0)} \ll r_0 \ll \frac{\pi}{D_{nn}}. \tag{3.12.22}$$

这样, 我们便得到

$$\begin{aligned} A_n =& \sqrt{\frac{2\pi\tilde{K}_n(r_0)}{k_n(0)}} e^{i\left(k_n(0)r_0+\frac{\pi}{4}\right)-i\int_0^{r_0}\tilde{K}_n(r)dr} \times Z_n(z_0|0) \\ \approx& \sqrt{2\pi} e^{i\frac{\pi}{4}} \cdot Z_n(z_0|0), \\ B_n =& 0. \end{aligned} \tag{3.12.23}$$

于是弱水平变化介质中的点源声场表示为

$$\psi(r,z,z_0) = \sqrt{\frac{2\pi}{r}} e^{i\frac{\pi}{4}} \sum_n \frac{Z_n(z_0|0)\,Z_n(z|r)}{\sqrt{\tilde{K}_n(r)}} \times e^{ik_n(0)r_0+i\int_{r_0}^{r}\tilde{K}_n(r)dr}. \tag{3.12.24}$$

当然, 我们也可以不使用 W.K.B. 解, 而直接对式 (3.12.14) 进行数值解. 应注意, 柱对称情况不是非常符合实际的, 在一般情况下, 以考虑沿 x 坐标变化为宜[62,63].

在文献 [63] 中以 "绝热" 近似具体讨论了两个例子: 一个是由六个声速剖面描写的 700 公里内的西北大西洋的 SOFAR 声道, 一个是声速剖面保持不变而海深有水平变化的挪威海浅海. 在第一个例子中, 满足 Milder[64] 的 "绝热近似" 的判据, 理论计算结果与实验结果符合较好; 考虑水平变化后的会聚带的位置比不考虑水平变化的结果更接近实测结果. 但在第二个例子中, 与实验结果符合不好, 可能是由于耦合较强的原因. 另一个浅海声场中由于界面散射引起耦合较强的例子可在文献 [65] 中找到. 关于绝热近似的判据, 已有文献中所给出的标准可能过于偏严, 我们在文献 [75,76] 讨论了这个问题并给出了一个新的判据.

参考文献

[1] Bergmann P G. The wave equation in a medium eith a variable index of refraction. JASA, 1964, 17: 329.

[2] 吉洪若夫. 数学物理方程. 下册. 北京：高等教育出版社, 1954: 548.

[3] Малюжнед Г.Д. Математическая Формулировка задачи о вынужденных Гармонических кодебаниях в произвольной области. ДАН СССР, 1951, 78: 439.

[4] 梁昆淼. 数学物理方程. 北京：高等教育出版社, 1960.

[5] Бреховских Л.М. Волны в сдоистх средах, 1957, ИЗД. АКАД., 一版, 1974, 二版 (中译本：分层介质中的波. 北京：科学出版社).

[6] Газарян Ю. Л. К вопросу о волноводнои распространении звука в неоднороуних средах. Аку. Жур., 1956: 2, Вы 7.2.

[7] 尚尔昌, 任来法. 一类渐变介质的反射系数. 中国科学技术大学学报, 1956, 1: 147.

[8] Potler P S, Murphy S R. Solution of the wave ep.in a medium with a particular velocity variation, JASA, 1962, 34: 963.

[9] Мастеров Е П. К вопросу о волноводнои распространений звука в слоистонеоднородных средах. Аку. Жур., 1959, 5: 332.

[10] Манжаловский В П К интегрированию некоторых однородных линейных дифференциальных уравнений второго порядка,ИЗД. Харьков. унив, 1959.

[11] Miller S C, Good R H. A W. K.B.-type approximation to the Sxhrödinger ep. Phy.Rev., 1953, 91: 174.

[12] 尚尔昌, 朱维庆, 等. 渐变吸收体反射问题的研究. 科学通报, 1966, 3: 123.

[13] Heading D. An Introduction to Phase-Integral Method. 1962.

[14] Bremmer H. Comm.Pure.App.Math., 1951, 4: 105; Handbu.der Phy., 1958, 16: 440.

[15] Кравцов Ю А О лвых асииптопических метсдах в теории распространθния волн в неоднородных средах. Аку. Жур., 1968, XI. V. 1.

[16] Langer R. Phy. Rev., 1937, 51: 669.

[17] Murphy E L. Modified ray theory for the two-turning point problem. JASA, 1970, 47: 899.

[18] Murphy E L. Ray representation of diffraction effects in the split-bean sound field. JASA, 1970, 43: 610.

[19] Williams A O. Some effects of velocity structure on low-frequency propagation in shallow-water. JASA, 1960, 32: 363.

[20] Orear J. Nuclear Physics. Univ. Chicago Press, 1949.

[21] Tindle C T, Stamp A P. Virtual modes and the surface boundary condition in underwater acoustics. J. sound vib., 1976, 49: 231.

[22] 张仁和. 分层介质的正交波函数. 声学学报, 1965, 2: 102.

[23] Stickler D C. Normal-mode program with both the discrete and branch line contribution. JASA, 1975, 57: 856.

[24] Ewing W M, Jardetzkey W S, Press F. Elastic waves in layered media. McGrall-Hill 1957.

[25] Pekeris C L. Theory of propagation of explosive sound in shallow water. Geol. soc. Ammer. Mom., 1948, 27.

[26] Labianca F M. Normal modes, virtual modes, and alternative representations in the theory of surface-duct sound propagation. JASA, 1973, 53: 1137.

[27] Pederson M A, Gorden D F. Normal-mode theory applied to short-range propagation in an underwater acoustic surface duct. JASA, 1965, 37: 105.

[28] Kerr D E. Propagation of short radio waves. McGraw-Hill, 1952.

[29] Barberger C L. Comparison of two normal-mode solutions based on different branch cut. JASA, 1977, 61: 1643.

[30] Budden K G. The wave-guide mode theory of wave propagations. Logos Press, 1961: 200.

[31] Haskell N A. Asymptotic approximation for the normal mode in sound channel wave propagation. App. Phy., 1951, 22: 157.

[32] Kornhauser E T, Raney W P. Attenuation in shallow-water propagation due to an absorbing bottom. JASA, 1955, 27: 689.

[33] 尚尔昌. 非均匀层中的反波导传播. 物理学报, 1961, 17: 180; Scientia Sinica, Ⅻ. 1963: 521.

[34] 张仁和. 负梯度浅海中简正波声场. 声学学报, 1965, 2: 24.

[35] Матвинко В Н Дальность действия гидроакустических средста Изд. Судостроение, 1976.

[36] Weinberg H. Application of ray theory to acoustic propagation in horizontal stratified ocean. JASA, 1975, 58: 97.

[37] Кравцов Ю А Ра ∂ иофизика, 1964, 7: 664.

[38] Ludwig D. Uniform asymptotic expansions at scousitic. comm. Pure. Appl.Math., ⅪX, 1966: 215.

[39] Murphy E L. Modified ray theory for bounded media. JASA, 1974, 56: 1747.

[40] Desanto J A. Ocean Acoustics. Springer, 1979.

[41] Miller N J. JASA, 1958, 30: 967.

[42] Keller J B. Wave propagation and underwater acoustics,Ch.2, exact and asymptotic representations of the sound field in a stratified ocean. Springer-Verlag, 1977.

[43] Pekeris C L. Ray theory vs. normal made theory in wave propagation problems. Proc. Symp. App. Math., Vol. 2.

[44] Wood A B. JASA, 1959, 31: 1213.

[45] Tolstoy I, Clay C S. Ocean Acousties. McGraw-Hill, 1966.

[46] Weston D E. Ray, mode interference and shear flow. J. Sound Vib., 1969, 9: 180.

[47] Weston D E. JASA, 1974, 44: 1706.

[48] Tindle C T, Gutherie K M. Ray as interference in underwater acoustics. J. Sound Vib., 1974, 34: 291.

[49] Batorsky D V, Felsen L B. Ray-optical calculation of modes exited by sources and scatterers in a weakly inhomogeneous duct. Radio Sci., 1971, 6: 911.

[50] Gao Tian-fu, Shang Er-chang. The transformation between the mode representation and the generalized ray representation of a sound field. J. of Sound and Vib., 1982, 80(1): 105–115.

[51] Weston D E. Radio Ele. Eng., 1963, 26: 329.

[52] Juckson D. Classical Electrodynamics. New York: Wiley, 1962.

[53] Haug A, et al. JASA, 1974, 56: 387.

[54] 张仁和. 平面辐射器声场. 物理学报, 1964, 20: 227.

[55] Clay C L. Rev. Geoph., 1966, 4: 475.

[56] Clay C L. Wavegrides, arrays and filters. Geophysics, 1966, 31: 501.

[57] Williams Jr A O, Novak B M. Normal mode analysis of underwater-sound propagation with directional sources and receivers. JASA, 1974, 55: 80.

[58] Weinberg M. Horizontal ray theory for ocean acoustics. JASA, 1974, 55: 63.

[59] Pierce A D. Extension of the method of normal modes to sound propagation in an almost-stratitied medium. JASA, 1966, 39: 1170.

[60] Denham R N. Intensity decay lows for sound propagation in shallow water of variable depth. JASA, 1966, 39: 1170.

[61] Rацєнєлиьадм Б З Теория нерегулярних волноводав с медленное меня ю-щимися параметрами, Изд. Ака. Наук СССР, 1961.

[62] Mcdanil S T. Coupled power equation for cylindrically spreading waves. JASA, 1976, 60: 1285.

[63] Nugl A, Überall H. Adiabatic mode theory of underwater sound propa-gation in a range-dependent environment. JASA, 1968, 63: 739.

[64] Milder. JASA, 1969, 46: 1259.

[65] Mcdanil S T. Mode conversion in shallow water sound propagation. JASA, 1977, 62: 320.

[66] Porter M B, Reiss E L. A nmerical method for ocean acoustic normal modes. JASA, 1984, 76: 244–252.

[67] Porter M B. The KRAKEN normal mode program. Rep.SM-245, SACLANT Undersea Research Center, La Spezia, Italy, 1991.

[68] 张仁和, 李凤华. 浅海声传播的波束位移射线简正波理论. 中国科学 (A), 1999, 29(3): 241–251.

[69] 刘秋花, 等. 波束位移射线简正波理论在浅海声传播损失数值预报中的应用. 声学学报, 2001, 20(5): 410–416.

[70] Wang N, Wang H Z. A Hamilton solver for finding modal eigenvalues. JCA, 2010, 18 (3): 259–266.

[71] Wang H Z, Wang N, Gao D Z. A Hamiltonian method for finding broadband modal eigenvalues. JASA, 2012, 131(2): 1047–1054.

[72] Jones R M, Riley J P, Georges T. HARPO, NOAA, Wave Propagation Lab. Boulder, 1986.

[73] Porter M B, Bucker H P. Gaussian beam tracing for computing ocean acoustic field. JASA, 1987, 82: 1349–1359.

[74] Gao Tian-fu, Shang Er-chang. Effect of the branch-cut on the transformation between modes and rays. JASA, 1983, 73: 1551–1555.

[75] Shang E C, Wang Y Y, Gao T F. On the adiabaticity of acoustic propagation through nongradual ocean structures. J. Comp. Acoust., 2001, 9: 359–365.

[76] Wang Y Y, Shang E C. On verification of the new criterion of adiabaticity by numerical simulation of acoustic propagation through the Polar front. J. of Ocean Univ. of Qingdao, 2002, 1: 25–28.

第四章 浅海典型声场分析

§4.1 平滑平均场强及海底反射损失模型

4.1.1 浅海中的平滑平均场强

浅海声场受到海底、海面的边界制约, 同时还受水声中声速分布$c(z)$的制约. 从平均能量观点来看, 海底、海面将以其界面反射能力来反映它们对声源所激发的声场能量的平均"截获"能力. 而声速剖面$c(z)$的作用, 则表现为对能量沿深度分布的控制, 对"碰撞"界面次数及"碰撞"角度的控制, 以及对能量传播速度 (群速度) 的控制.

由式 (3.7.9), 将单位点源所激发的简正波声场表示为

$$\begin{aligned}\psi(r,\ z,\ z_0) &= \pi \mathrm{i} \sum_l \frac{F_l(z)F_l(z_0)}{N_l^2} H_0^{(1)}(\mu_l r) \\ &= \sum_l \psi_l(r,\ z,\ z_0).\end{aligned} \tag{4.1.1}$$

归一因子 N_l^2 为

$$\begin{aligned}N_l^2 &= \int_0^H \rho_0 |F_l(z)|^2 \mathrm{d}z + \int_H^\infty \rho_1 |F_l(z)|^2 \mathrm{d}z \\ &= \int_0^H \rho_0 |F_l(z)|^2 \mathrm{d}z + \varepsilon_l.\end{aligned} \tag{4.1.2}$$

当满足 $k_0 H \gg 1$, 并且是高声速海底时, 则对波导简正波而言, $\in_l$ 是相对小量, 常可略去.

点源的场强 $I(r,\ z,\ z_0)$ 表示为

$$I(r,\ z,\ z_0) = |\psi|^2 = \sum_l |\psi_l|^2 + \sum_{l \neq m}\sum \psi_l \psi_m^*. \tag{4.1.3}$$

由式 (4.1.3) 表示的场强在空间具有复杂的干涉图样. 然而严格的干涉结构实际上很难出现; 另一方面, 人们对声场的实际分辨要求也常常有一定限度. 因此, 在能量守恒约束下, 用适当空间尺度进行模糊给出的"平滑"平均声场在一定条件下使人们感兴趣.Бреховских[3] 提出沿空间平滑的概念. 式 (4.1.3) 沿 r 方向平滑后可以去掉交叉项; 由于交叉项的相位 $\Delta\phi_{lm} = (k_l - k_m)r$, 因此在空间范围 $\Delta r = \Lambda$ 内平均,

则交义项贡献为零, 可以证明, $\Lambda = S$(跨度). 经过 r 方向模糊后, 可以得到

$$|\psi|^2 = \sum_l |\psi_l|^2 = \left(\frac{2\pi}{r}\right)\sum_l \frac{|F_l(z)|^2 \cdot |F_l(z_0)|^2}{\mu_l \cdot N_l^2 \cdot N_l^2}\mathrm{e}^{-2\beta_l r}. \tag{4.1.4}$$

对于式 (4.1.4), 在 z 方向仍然存在着超过人们有兴趣去分辨的 "振荡" 结构. 所以又可以使用沿 z 方向的平滑模糊概念予以处理.

引入对 $|F_l(z)|^2$ 沿 z 的平滑平均, 定义

$$\overline{|F_l(z)|^2} \equiv \frac{1}{\Delta(z)} \cdot \int_{\Delta(z)} |F_l(z)|^2 \mathrm{d}z, \tag{4.1.5}$$

其中 $\Delta(z)$ 代表以 z 为中心, 宽度为 Δ 的平滑窗口.

令

$$\overline{I}_l(z) = \overline{|F_l(z)|^2} \equiv E_l \cdot A_l(z), \tag{4.1.6}$$

$$A_l(z) \equiv \frac{1}{E_l} \cdot \overline{|F_l(z)|^2} \equiv \frac{1}{\Delta(z)}\int_{\Delta(z)} |U_l(z)|^2 \mathrm{d}z$$

其中

$$E_l \equiv \int_0^H |F_l(z)|^2 \mathrm{d}z \approx N_l^2, \tag{4.1.7}$$

$$\int_0^H A_l(z)\mathrm{d}z = 1, \tag{4.1.8}$$

即所定义的平滑平均是在能量守恒约束下完成的. 于是得到

$$\overline{I}(r, z, z_0) = \overline{|\psi|^2} = \left(\frac{2\pi}{r}\right)\sum_{l=1}^{M} \frac{\overline{I}_l(z)\overline{I}_l(z_0)}{\mu_l \cdot N_l^2 \cdot N_l^2}\mathrm{e}^{-2\beta_l r} = \left(\frac{2\pi}{r}\right)\sum_{l=1}^{M} \frac{A_l(z)A_l(z_0)\mathrm{e}^{-2\beta_l r}}{\mu_l}. \tag{4.1.9}$$

由于平滑算符的作用是在能量守恒约束下, 将 $I_l(z)$ 在 $(0, H)$ 的水层内的能量重新予以平滑分配, 平滑作用后的总能量与平滑作用前的总能量应保持不变, 即

$$\iint_0^H \overline{I}(r, z, z_0)\mathrm{d}z\mathrm{d}z_0 = \iint_0^H I(r, z, z_0)\mathrm{d}z\mathrm{d}z_0. \tag{4.1.10}$$

由式 (4.1.6)~(4.1.8) 不难验证上式.

下面, 我们来具体讨论平滑算符作用后的分布函数 $A_l(z)$ 的形式.

如果在解算声场时, 采用 W. K. B. 近似, 并忽略反转点以外的能量, 则有

$$f_l(z) \approx \begin{cases} \dfrac{(2\mathrm{i})\sin\left[\displaystyle\int_{z_m}^{z} \sqrt{k^2(z) - \mu_1^2}\mathrm{d}z\right]}{[k^2(z) - \mu_l^2]^{1/4}} & (亮区) \\ 0 \quad (暗区) \end{cases}, \tag{4.1.11}$$

$$N_l^2 \approx \left\{\frac{\mu_l}{S_l+\delta_l}\right\}^{-1} \doteq \left(\frac{S_l}{\mu_l}\right). \tag{4.1.12}$$

按式 (4.1.11) 及 (4.1.12) 来计算 $A_l(z)$, 由式 (4.1.6) 有

$$A_l(z) = \frac{1}{E_l}\cdot\overline{|F_l(z)|^2} \doteq \frac{1}{N_l^2}\overline{|F_l(z)|^2}. \tag{4.1.13}$$

将式 (4.1.11), (4.1.12) 代入上式, 并只考虑"亮区", 测得

$$A_l(z) = \left(\frac{S_l}{\mu_l}\right)^{-1}\cdot\frac{1}{\Delta(z)}\cdot\int_{\Delta(z)}\frac{\frac{4}{2}\left[1-\cos 2\left(\int_{z_m}^{z}\sqrt{k^2(z)-\mu_l^2}\mathrm{d}z\right)\right]}{[k^2(z)-\mu_l^2]^{1/2}}\mathrm{d}z \tag{4.1.14}$$

显然, $A_l(z)$ 的具体形式与所考虑的模糊范围有关, 即与窗口宽度 Δ 有关. 我们来考虑最大窗口与最小窗口两种极限情况.

最大窗口: 此时我们将整个"亮区"宽度作为模糊范围, 于是取 $\Delta_{\max} = D_l$, 其中 D_l 为第 l 号简正波的 "亮区" 宽度 (反转区间), 由式 (4.1.14) 得

$$A_l(z) \approx \left(\frac{S_l}{\mu_l}\right)^{-1}\cdot\frac{1}{D_l}\cdot\int_{D_l}\frac{2}{\sqrt{k^2(z)-\mu_l^2}}\mathrm{d}z = \frac{1}{D_l}. \tag{4.1.15}$$

得到式 (4.1.15) 时, 考虑到 D_l 远大于式 (4.1.14) 中第二项 cos 函数的振荡周期, 因此, 第二项的贡献可略.

最小窗口: 此时, 为使式 (4.1.14) 中第二项平滑为零的最小区间是

$$\Delta_{\min} = \frac{D_l}{l},$$

于是, 由式 (4.1.14) 得

$$A_l(z) \approx \left(\frac{S_l}{\mu_l}\right)^{-1}\cdot\frac{1}{\Delta_{\min}}\cdot\int_{\Delta_{\min}}\frac{2}{\sqrt{k^2(z)-\mu_l^2}}\mathrm{d}z = \frac{1}{S_l}\cdot\frac{\Delta S_l(\Delta_{\min})}{\Delta_{\min}} = \frac{l}{D_l}\cdot\frac{\Delta S_l(\Delta_{\min})}{S_l}, \tag{4.1.16}$$

其中 $\Delta S_l(\Delta_{\min})$ 为窗口 $\Delta_{\min}(z)$ 所对应的 "简正波–射线" 的水平距离 (见图 4.1.1).

由式 (4.1.16) 可以看出, 即使我们使用的是W. K. B. 解, 它在反转点发散, 但是当在有限宽度内进行平滑时, 它就不会发散 (因W. K. B. 解的奇异性低于一阶), 即只要 $\Delta_{\min}$ 是有限的, 则式 (4.1.16) 总是有限的. 只有当 $\Delta \to 0$ 时, 才在式 (4.1.16) 中使 $A_l(z)$ 保留为原来W. K. B. 振幅的形式:

$$A_l(z) = \left(\frac{\mu_l}{S_l}\right)\cdot\frac{1}{\Delta_m}\cdot\int_{\Delta_m}\frac{2}{\sqrt{k^2(z)-\mu_l^2}}\mathrm{d}z = \left(\frac{\mu_l}{S_l}\right)\cdot\frac{2}{\sqrt{k^2(z)-\mu_l^2}}. \tag{4.1.17}$$

Бреховских所谓的 "平滑" 平均声强公式, 就是把式 (4.1.17) 代入式 (4.1.9) 后得到的 [见文献 [1] 式 (17.5)]:

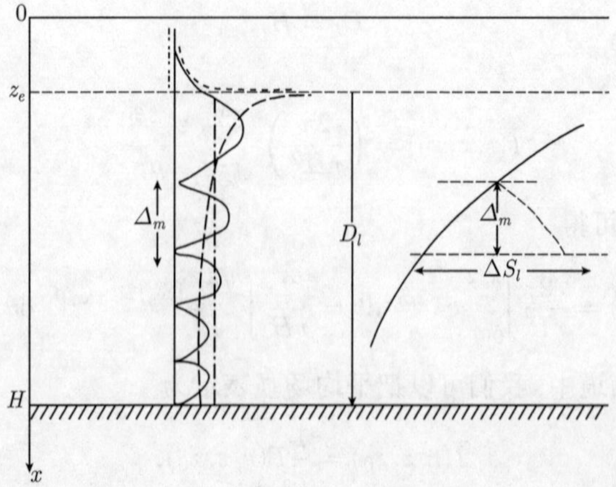

图 4.1.1

$$\overline{I}(r,z,z_0)=\left(\frac{2\pi}{r}\right)\sum_l\frac{1}{\mu_l}\left(\frac{\mu_l}{S_l}\right)^2\cdot\frac{2}{\sqrt{k^2(z)-\mu_l^2}}\cdot\frac{2}{\sqrt{k^2(z_0)-\mu_l^2}}\mathrm{e}^{-2\beta_l r}. \tag{4.1.18}$$

注意到

$$\frac{\mathrm{d}\mu_l}{\mathrm{d}l}=-\frac{2\pi}{S_l},$$

$$\frac{\mathrm{d}\mu_l}{\mathrm{d}\theta}=-k(z)\sin\theta_l(z),$$

将式 (4.1.18) 求和转为求积后, 就得到Бреховских的积分表示式:

$$\overline{I}(r,z,z_0)=\frac{4}{r}\int_0^{\pi/2}\frac{\mathrm{e}^{-2\beta(\theta)r}}{S(\theta_h)\cdot\tan\theta(z_0)}\mathrm{d}\theta. \tag{4.1.19}$$

但是, 这里存在一个漏洞: 正如我们前面指出的, 为了使式 (4.1.14) 的第二项 (“振荡”项) 平均趋于零, 最小的平滑范围应为 $\Delta_{\min}=\dfrac{D_l}{l}$. 如果取比 Δ_m 小的平滑范围时, 则振荡项将仍然残存, 特别当 $\Delta_m\to 0$ 时. 因此, 平滑平均公式 (4.1.18), (4.1.19) 值得商榷, 或者说, 对式 (4.1.19) 所具有的表现上的分辨精度应给以恰当理解. 正是由于这一漏洞, 产生了这样一种矛盾情况: 式 (4.1.19) 名义上是平滑平均场强, 却仍然能出现发散.

按照最小模糊区间给出的平滑平均场强, 应该用式 (4.1.16) 代入式 (4.1.9), 得

$$\overline{I}_{\Delta_m}(r,z,z_0)=\left(\frac{2\pi}{r}\right)\sum_{l=1}^{M}\frac{1}{\mu_l}\left(\frac{l^2}{D_l^2S_l^2}\right)\Delta S_l(z)\cdot\Delta S_l(z_0)\mathrm{e}^{-2\beta_l r}. \tag{4.1.20}$$

对于均匀层情况, 则有

$$l\cdot\Delta S_l=S_l, \tag{4.1.21}$$

$$D_l = H. \tag{4.1.22}$$

于是

$$\overline{I}(r,z,z_0) = \left(\frac{2\pi}{rH^2}\right)\cdot\sum_{l=1}^{M}\frac{\mathrm{e}^{-2\beta_l r}}{\mu_l}. \tag{4.1.23}$$

将求和改为求积, 可得

$$\overline{I}(r,z,z_0) = \frac{2}{rH}\int_0^{\pi/2}\mathrm{e}^{-2\beta_l r}\mathrm{d}\theta = \frac{2}{rH}\int_0^{\pi/2}\mathrm{e}^{\frac{\ln|V(\theta)|}{H}\tan\theta\cdot r}\mathrm{d}\theta. \tag{4.1.24}$$

在分层介质信道中, 我们可以把平均场强表示为

$$\overline{I}(r,z,z_0) = \frac{1}{r}T(r,z,z_0), \tag{4.1.25}$$

其中 $T(r,z,z_0)$ 可以称为"截获因子", 形式上它代表场对柱面波的修正因子, 是反映分层介质信道对点源激发的远场能量的保持能力的一个量度. 对于均匀层情况, 则有

$$T(r) = \frac{2\pi}{H^2}\sum_l\frac{1}{\mu_l}\mathrm{e}^{-2\beta_l r}, \tag{4.1.26}$$

$$T(r) = \frac{2}{H}\int_0^{\pi/2}\mathrm{e}^{\ln|V(\theta)|\cdot\frac{\tan\theta}{H}\cdot r}\mathrm{d}\theta. \tag{4.1.27}$$

4.1.2 "三参数"界面反射损失模型

在浅海声场分析中, 有两个重要的问题要考虑[11]: 第一是波动理论与射线概念的运用问题. 在用简正波理论时, 要掌握有多少号简正波是有效携带能量的. 在 §3.10 中, 我们曾讨论过简正波与射线的转换问题. 在近距离, 密集的简正波子集合的相干叠加, 将近似地给出射线效果, 只有在远距离, 场才表现出少数简正波叠加特性或单号简正波的特性. 第二是对海底 (海面) 反射系数给以恰当的模型. 第一个问题显然与使用的频率有关系, 此外, 它也与第二个问题有联系. 由于各号简正波将以各自不同的 "掠射角度" 与海底 (海面) 相互作用, 而海底 (海面) 反射损失一般与角度有关, 于是浅海信道将通过海底 (海面) 反射损失的角度关系构成一个特定的"角度滤波器". 此"角度滤波器"的滤波特性将影响有效简正波的号数. 对远场而言, 特别是小掠角的反射特性十分重要, 但恰恰是小掠角的反射数据和规律难于通过直接测量的手段来取得. 因此, 目前基本上还是一个"空白区".

关于海底的沉积层情况以及反射性能的一般讨论已在第二章中给出. 根据大量实测反射损失的一般趋势 (缺少小掠角数据, 特别是掠角 ϕ 小于 5° 的数据更少), 可以看出, 有下列特征 (见图 2.2.9 ~ 图 2.2.16):

(1) 存在 "分界角"ϕ^*; 当掠角 ϕ 小于 ϕ^* 时, 有较小的反射损失; 而当 $\phi > \phi^*$ 时, 有较大的反射损失 ;

(2) 在 $\phi < \phi^*$ 的小掠角区, 反射损失随 ϕ 增加而增大；

(3) 在 $\phi > \phi^*$ 的大掠角区, 反射损失与 ϕ 无明显依赖关系, 有时呈现 "振荡", 平均而言, 近似于常数.

根据上述特征, 我们可以采用一个最简单的参数化模型 ——"三参数"模型来描写反射损失随掠角变化的基本特征：

$$-\ln|V(\phi)| = \begin{cases} Q \cdot \phi & (0 < \phi < \phi^*), \\ -\ln|V_0| = \text{const} & (\phi^* < \phi < \dfrac{\pi}{2}), \end{cases} \tag{4.1.28}$$

其中的三个参数是：Q, ϕ^* 及 $-\ln|V_0|$.

当然, 使用少数参数来描写反射损失函数, 只能表现出主要特征, 而以牺牲细结构为代价, 但是使用"三参数"模型会给声场理论分析带来很大方便. 在本章以后各节中, 我们将看到, 在 "三参数" 模型下, 平均场强结构将由三个"关节点"(过渡距离) 来标定：由球面区向柱面区的过渡 (过渡距离为r_1); 柱面区向漏射区的过渡 (过渡距离为r_2); 漏射区向单个简正波区的过渡 (过渡距离为r_3). 通过对参数变化所引起的场强结构变化的分析 (见 §4.2.4), 将使我们对场强结构依赖于反射损失函数的一般关系获得一个基本概念. 此外, 我们还将看到, 由式 (4.1.52) 给出的 Q 值表示式将使 Weston[4] 的直线场区分割变为曲线分割.

"三参数"模型的提出, 既是一个经验过程, 又与一定的物理机制相联系. 下面, 我们扼要地分析讨论与 "三参数" 模型相联系的相应的物理机制.

这里, 我们主要考虑两种反射损失机制：

(甲) 服从 Hamilton 吸收 - 频率关系[12] 的 ρ, c, α 液态海底的瑞利反射损失;

(乙) 服从 Bacc 微扰理论的统计不平整界面的散射损失[13].

考虑上述两种机制而不计及海底分层结构的影响的理由将在后面谈到. 对于瑞利反射, 则有

$$V(\phi) = \frac{m\sin\phi - \sqrt{n^2 - \cos^2\phi}}{m\sin\phi + \sqrt{n^2 - \cos^2\phi}}. \tag{4.1.29}$$

当考虑沉积物的吸收作用时, 可用复数表示海底声速, 令

$$c_{底} = c_{底}(1 - \mathrm{i}\eta),$$

则

$$n \doteq n_0(1 + \mathrm{i}\eta). \tag{4.1.30}$$

于是式 (4.1.29) 变为

$$V(\phi) = \frac{m\sin\phi - M_2 - \mathrm{i}M_1}{m\sin\phi + M_2 + \mathrm{i}M_1}, \tag{4.1.31}$$

$$|V(\phi)|^2 = \frac{(m\sin\phi - M_2)^2 + M_1^2}{(m\sin\phi + M_2)^2 + M_1^2}, \tag{4.1.32}$$

其中

$$M_1 \equiv \frac{1}{\sqrt{2}}\sqrt{\sqrt{A^2+B^2}+A}, \tag{4.1.33}$$

$$M_2 \equiv \frac{1}{\sqrt{2}}\sqrt{\sqrt{A^2+B^2}-A}, \tag{4.1.34}$$

$$A = \cos^2\phi - n_0^2, \tag{4.1.35}$$

$$B = 2n_0^2 \cdot \eta. \tag{4.1.36}$$

根据 Hamilton 所给出的公式 (2.2.8):

$$\alpha = Kf \ (\mathrm{dB/m}), \tag{4.1.37}$$

则 η 与参数 K 的关系为

$$\eta = \frac{\alpha}{2k_{底}} = \frac{K\cdot f}{4\pi f}c_{底} = \frac{Kc_{底}}{2\pi(8.68)}, \tag{4.1.38}$$

其中 $c_{底}$ 为海底声速 (km/s).

考虑小掠角情况 ($\phi \ll 1$), 则由式 (4.1.32) 可得

$$|V(\phi)| \underset{\phi\to 0}{\longrightarrow} 1 - \sqrt{2}\frac{m\sqrt{\sqrt{A^2+B^2}-A}}{\sqrt{A^2+B^2}}\phi \approx 1 - Q\phi, \tag{4.1.39}$$

其中参数 Q 可表示为[4]

$$Q = \frac{\sqrt{2}mM_2}{M_1^2+M_2^2} = 0.036\cdot\frac{(c_0/c_b)(\rho_b/\rho_0)}{[1-(c_0/c_b)^2]^{3/2}}\cdot\frac{\alpha}{f}\cdot c_0; \tag{4.1.40}$$

其中 f 以 (kHz) 为单位, c_0 以 (km/s) 为单位, α 以 (1/km) 为单位.
而反射相角为

$$\arg V(\phi) \underset{\phi\to 0}{\longrightarrow} -\pi + P\cdot\phi, \tag{4.1.41}$$

其中

$$P = \frac{2mM_1}{M_1^2+M_2^2} = \frac{2(\rho_b/\rho_0)}{[1-(c_0/c_b)^2]^{1/2}} \quad (\text{当 } \phi \ll \phi^*) \tag{4.1.42a}$$

$$P = \pi/\phi^* \quad (\phi \to \phi^*). \tag{4.1.42b}$$

对于瑞利反射, 参数 ϕ^* 对应于全内反射角:

$$\phi^* \simeq \arccos(n_0), \tag{4.1.43}$$

而参数 $|V_0|$ 基本上对应于 $\left(\dfrac{m-n}{m+n}\right)$ 值:

$$|V_0| \sim |V(\phi)| \approx \left(\frac{m-n}{m+n}\right). \tag{4.1.44}$$

$$\phi \to \frac{\pi}{2}.$$

如将 Hamilton 所给的 α 的公式 (4.1.37) 代入式 (4.1.40), 则可得到 Q 是与频率无关的常数. 但是这个结论只是对于均匀半空间的海底是对的, 对于分层海底, 则 Q 是与频率有关的. Stoll 根据 Biot 关于多孔介质黏滞耗损的机理给出 $\alpha \sim f^2$ 的关系[30,31]. 由于缺乏在低频范围的直接的实验数据支持, 关于 α 的频率关系争论已经延续数十年[32].

对于 Hamilton 所给出的典型大陆架海底的沉积参数, 及按照式 (4.1.40)~(4.1.44) 计算的各反射参数 Q, P, ϕ^*, $|V_0|$ 均列于表 4.1.1.

表 4.1.1

类别	沉积参数				按式 (2.2.21)~(2.2.24) 计算				按 $\lvert V(\theta)\rvert$ 曲线确定图 2.2.16			
	$c_{底}$	$\rho_{底}$	n_0^*	K	H	Q	ϕ^*	$\lvert V_b\rvert$	P	Q	ϕ^*	$\lvert V_b\rvert$
1	1.836	2.03	0.83	0.479	0.0145	0.23	33°	0.38	7.3	0.22	34°	0.41
2	1.753	1.97	0.87	0.510	0.016	0.39	30°	0.37	7.9	0.34	29°	0.37
3	1.697	1.87	0.90	0.670	0.021	0.75	26°	0.35	8.5	0.63	26°	0.34
4	1.668	1.81	0.92	0.692	0.021	1.06	23°	0.33	9.0	0.80	24°	0.32
5	1.664	1.79	0.92	0.756	0.024	1.16	23°	0.32	9.0	0.90	23°	0.31
6	1.623	1.77	0.94	0.673	0.020	1.49	20°	0.30	10	1.27	20°	0.29
7	1.580	1.58	0.965	0.113	0.004	0.83	15°	0.24	13	0.52	15°	0.23
8	1.546	1.47	0.99	0.090	0.003	2.92	9°	0.19	20	2.27	9°	0.18
9	1.520	1.42	1.005	0.078	0.002	—	—	0.17	—	25.1	7°	0.16

对于粗糙表面的散射损失, 我们取文献 [13] 使用Басс微扰方法计算所得的结果 (见 §8.6):

$$|V(\phi)| = 1 - \frac{2\sqrt{2}\Gamma\left(\dfrac{3}{4}\right)}{\Gamma\left(\dfrac{5}{4}\right)\sqrt{\pi g}} k_0^{3/2} \sin\phi \int_0^\infty K(\Omega)\Omega \mathrm{d}\Omega. \tag{4.1.45}$$

其中 $K(\Omega)$ 为起伏表面的谱, 对小掠角式 (4.1.45) 可改写为

$$-\ln|V(\phi)| \approx Q_1(f,\sigma)\cdot\phi, \tag{4.1.46}$$

$$Q_1(f,\sigma) = \frac{2\sqrt{2}\Gamma\left(\dfrac{3}{4}\right)}{\Gamma\left(\dfrac{5}{4}\right)\sqrt{\pi g}} k_0^{3/2} \cdot \int_0^\infty K(\Omega)\Omega \mathrm{d}\Omega. \tag{4.1.47}$$

使用不同的波浪谱 $K(\Omega)$ 可以得到不同的 $Q_1(f,\sigma)$, 其中参数 σ 代表均方波高, 但结果大同小异, 例如使用 Neuman 谱, 则得

$$Q_1(f,\sigma) = 2.41 \times (f \cdot \sigma)^{3/2} \cdot \sigma^{1/10}. \tag{4.1.48}$$

应当指出, 上述结果是按海面推得的. 如果将其运用于包括海底的界面损失, 则是一种近似. 最近 Kuperman[20] 对液态海底界面也作了研究.

现在我们来讨论考虑上述两种机制而不考虑海底分层结构影响的条件. 我们认为, 对于高声速海底, 在适当高的频率范围内, 小掠角时, 海底的深部分层结构的影响将不明显, 此时, 反射趋近于由表层参数所描写的瑞利反射. 对于分层结构海底, 反射系数表示为 [见式 (3.4.46) 及 (3.4.49)]:

$$V(\phi) = \frac{m\sin\phi - \dfrac{1}{\mathrm{i}k_0}\left[\dfrac{z_1'(0)}{z_1(0)} + \dfrac{\rho_1'(0)}{2\rho_1(0)}\right]}{m\sin\phi + \dfrac{1}{\mathrm{i}k_0}\left[\dfrac{z_1'(0)}{z_1(0)} + \dfrac{\rho_1'(0)}{2\rho_1(0)}\right]} \approx \frac{m\sin\phi - \sqrt{n^2(0) - \cos^2\phi}}{m\sin\phi + \sqrt{n^2(0) - \cos^2\phi}}. \tag{4.1.49}$$

当满足条件

$$\begin{aligned} &\left|\frac{1}{[k_1^2(0) - k_0^2\cos^2\phi]} \cdot \frac{\mathrm{d}}{\mathrm{d}z}\left[k_1^2(0) - k_0^2\cos^2\phi\right]^{1/2}\right| \ll 1, \\ &\left|\sqrt{1-n_0^2}\right| \gg \left|\frac{1}{\rho_1 k_0}\frac{\mathrm{d}\rho_1(0)}{\mathrm{d}z}\right|, \end{aligned} \tag{4.1.50}$$

而在 §2.2.4 中曾谈到, 大多数浅海大陆架均属于高声速海底, 因此, 我们考虑机制 (甲). 另外, 海底 (海面) 一般而言是粗糙不平的, 而在小掠角时微扰近似易于满足, 因此考虑机制 (乙).

这样一来, 只要我们考虑高声速海底, 在小角度范围, 并把频率范围考虑得适当高, 底质的深部的分层架构不起作用时, 那么综合上述两种机制, 小掠角时, 反射损失与掠角成线性关系, 反射损失表示为

$$-\ln|V(\phi)| = Q \cdot \phi, \tag{4.1.51}$$

其中 Q 由式 (4.1.40) 及 (4.1.48) 给出:

$$Q = Q_0(\rho, c, \alpha) + Q_1(f, \sigma). \tag{4.1.52}$$

由上式可见, 在高声速海底、高频情况, Q 值的频率关系可能是由粗糙表面的散射损失贡献的. 组合两种典型情况: (A) 底质较好 (2 类海底), σ 较大 (σ=0.5 m); (B) 底质较差 (6 类海底), σ 较小 (σ=0.2 m). 按式 (4.1.52) 计算的 Q 值绘于图 4.1.2. 从目前对 0.3~3. 0kH$_2$ 范围内声场分析提取 Q 值的初步结果来看, 在 Q 值的量值及频率关系上基本符合上述机制所具有的特征[29].

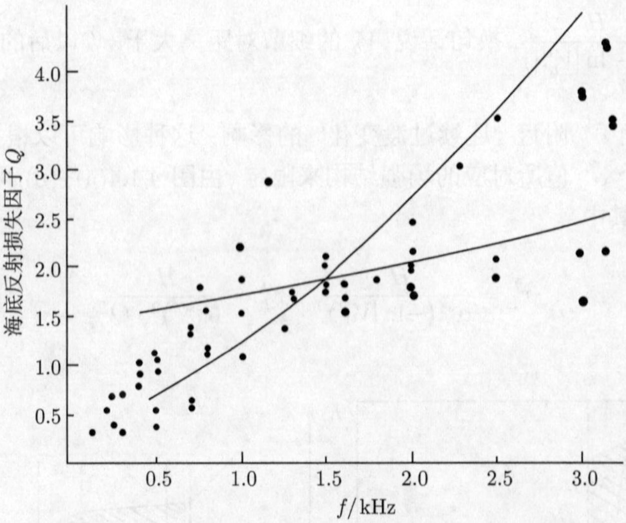

图 4.1.2 小掠角海底反射损失因子随频率的变化

当然, 对于频率较低时, 深部的分层结构将起作用, 它将使小角度的 Q 值随频率而增大, 而对大角度的反射损失则呈现干涉起伏[33,34]. 此外, 对于低声速海底, 则由于明显的依赖分层结构, 其反射损失机制需另作分析.

本章, 我们将使用“三参数”模型来分析浅海中几种典型情况的平均场强; 而在第六章将用此模型讨论浅海远程混响及环境噪声的某些问题.

下面, 我们简要讨论一下反射损失的 “细结构” 对平均场强的影响问题. 实际的反射损失函数总要比 “三参数” 模型所描写的具有更多的细节变化, 特别是掠角较大的区域. 在 §4.2.4 中, 我们将给出实际反射损失曲线的某些细节变化对平均场强结构所带来的影响的估计. 这里主要指出下列三种情况:

(1) 大角度反射损失的 “振荡变化” 的影响: 这种影响, 根据过渡距离 r_1 的分析计算, 可以由两个极端 V_b 值所对应的场强结构来限定 [见图 4.1.3(a), (b)].

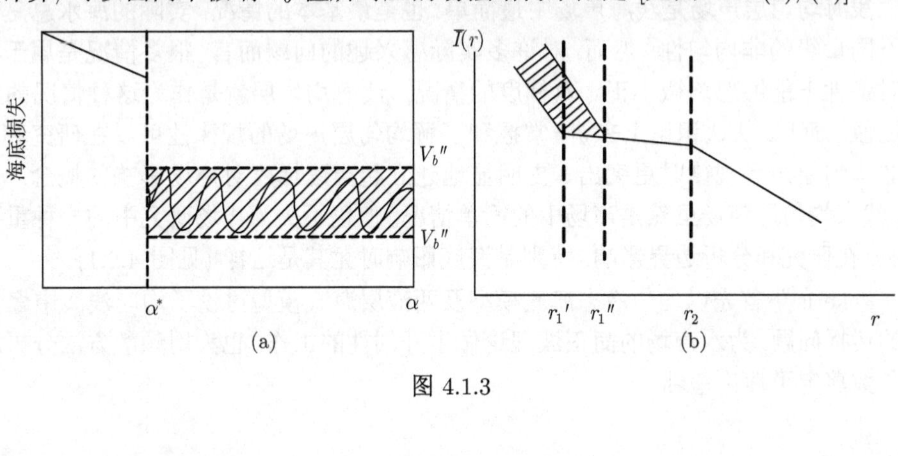

图 4.1.3

其中 $r_1'' = \dfrac{H}{\alpha^*(-\ln|V_b''|)}$, 换句话说, V_b 的细节对距离大于 r_1'' 以后的平均场强影响就不大了.

(2) 分界角 α^* 附近 "连续过渡变化" 的影响: 这种影响可以根据过渡距离 r_2 的分析, 用两个 α^* 值所对应的场强结构来限定, 由图 4.1.4(a), (b) 可见, 其影响区间是 (r_1'', r_2''), 其中

$$r_1' = \frac{H}{\alpha^{*\prime}(-\ln|V_0|)}, \quad r_2'' = \frac{H}{(\alpha^{*\prime\prime})^2 \cdot Q}.$$

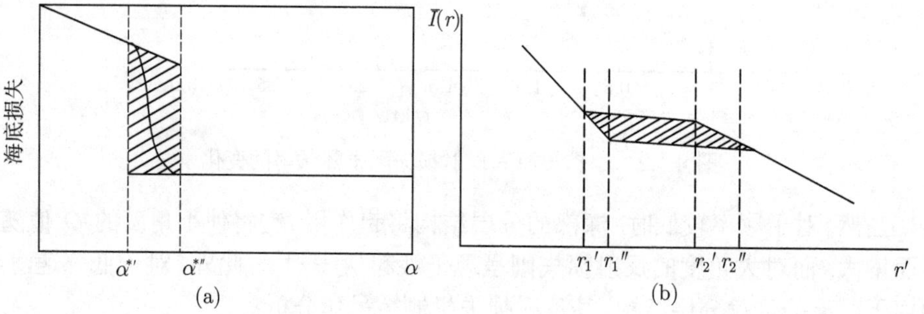

图 4.1.4

(3) 在小掠角范围内用参数 P, Q 所描写的角度线性关系是近似的, 其近似程度与沉积层的密度 ρ_b 有关, 最近 Harrison 给出一个修正因子 $b_1 = 3/2 - (\rho_b/\rho_0)^2$, 并指出当 ρ_b=1.25 时有最佳的近似[35].

§4.2　浅海均匀层声场的分析

浅海均匀层声场是浅海声场中最简单, 也是最基本的情况. 实际的海水总是存在不同量级的非均匀性. 然而, 对许多实际感兴趣的问题而言, 很多情况是属于在相对条件下能够忽略微小正、负梯度的情况. 浅海均匀层就是作为这种情况的抽象近似. 而且, 从认识论上来讲, 掌握和了解均匀层声场的规律性可以在研究和分析非均匀层声场规律时更突出、更明显地建立起声速梯度对声场影响的概念. 因此, 浅海均匀层声场虽然是声场中的简单情况, 但仍不失为声场研究中的一种重要情况, 在研究和分析边界影响, 特别是海底影响时尤其是这样 (见图 4.2.1).

Pekeris[2] 首先以均匀液态海底模型及两液层海底模型讨论了均匀浅海中爆炸声的传播问题, 为水声场的简正波理论做了开创性的工作, 也为用频散方法分析海底参数奠定了理论基础.

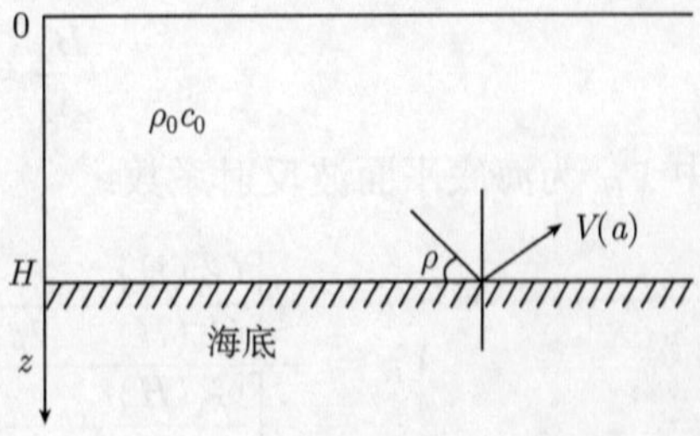

图 4.2.1

对声呐探测来说, 不论采用何种信号处理手段, 平均 "信噪比" 总是一个所需要的最基本的信息量. 因此, 平均场强的分析 (海底反射性能对传播衰减 TL 的影响的分析; 海底反射性能对信号波形多途拖散的分析等问题) 具有重要的实用意义. Бреховских[3] 曾以线性反射损失的单参数模型, 分析计算了平均场强, Weston[4] 在此基础上对场的能量结构作了进一步的分析. 在文献 [5] 中, 我们提出了 "三参数" 海底反射损失模型, 给出了近场向远场的"过渡距离", 并在文献 [6] 中分析了海底反射损失模型中的这三个参数对平均场强结构的控制作用. 对海底反射损失如何影响平均场强结构得到了明晰的具有物理直观的认识. 文献 [7] 分析了任意单调下降的反射损失与传播衰减的近似关系.

4.2.1 浅海均匀层声场的简正波表示

当我们所关心的场区不是非常靠近源时, 则单位强度的点源 (指距源单位距离上的场强为 1) 所激发的场可由简正波来表示. 由式 (3.7.8) 有

$$\Psi(r,z)=2\pi\mathrm{i}\sum_l\left\{\frac{\left[F_1(z_0)+\dfrac{B_1}{A_1}F_2(z_0)\right]\left[F_1(z)+\dfrac{B_2}{A_2}F_2(z)\right]}{W(F_1,F_2)\dfrac{\partial}{\partial\mu}\left[\dfrac{B_1}{A_1}-\dfrac{B_2}{A_2}\right]}\right\}_{\mu_l}\cdot\sqrt{\frac{2\mu_l}{\pi r}}\mathrm{e}^{\mathrm{i}\mu_l r+\mathrm{i}\frac{\pi}{4}}. \tag{4.2.1}$$

对于均匀层情况, 则有

$$F_1(z)=\mathrm{e}^{ibz}, \tag{4.2.2}$$

$$F_2(z)=\mathrm{e}^{-ibz}, \tag{4.2.3}$$

其中

$$b\equiv\sqrt{k_0^2-\mu^2}. \tag{4.2.4}$$

并约定在实轴上:

$$\begin{cases}\arg b=0 & (\mu<k_0),\\ \arg b=+\dfrac{\pi}{2} & (\mu>k_0).\end{cases}$$

朗斯基行列式为

$$W(F_1,F_2)=-2ib, \tag{4.2.5}$$

$$\frac{B_1}{A_1} = -1, \tag{4.2.6}$$

$$\frac{B_2}{A_2} = V_H \mathrm{e}^{2\mathrm{i}bH}, \tag{4.2.7}$$

其中 V_H 为海底平面波反射系数:

$$V_H = -\frac{\left[\dfrac{G_1'(H)}{G_1(H)} + \dfrac{1}{2\rho_1(H)}\dfrac{\mathrm{d}\rho_1(H)}{\mathrm{d}z}\right] - \dfrac{\rho_1(H)}{\rho_0}(\mathrm{i}b)}{\left[\dfrac{G_1'(H)}{G_1(H)} + \dfrac{1}{2\rho_1(H)}\dfrac{\mathrm{d}\rho_1(H)}{\mathrm{d}z}\right] + \dfrac{\rho_1(H)}{\rho_0}(\mathrm{i}b)}. \tag{4.2.8}$$

确定 μ_l 的频散方程为

$$1 + V_H \mathrm{e}^{2\mathrm{i}bH} = 0. \tag{4.2.9}$$

令

$$V_H \equiv -\mathrm{e}^{2\mathrm{i}[\phi + \mathrm{i}\Delta]}, \tag{4.2.10}$$

则频散方程变为

$$bH + \phi + \mathrm{i}\Delta = l\pi \quad (l = 1, 2, 3, \cdots). \tag{4.2.11}$$

将式 (4.2.2)~(4.2.11) 的各结果代入式 (4.2.1), 则可以得到均匀层的简正波场为

$$\Psi(r, z) = 4\sqrt{\frac{2\pi}{r}}\mathrm{e}^{-\mathrm{i}\frac{\pi}{4}} \sum_l \left\{ \frac{\sqrt{\mu_l}\sin(b_l z_0)\sin(b_l z)}{\left[2\mathrm{i}H\mu_l - \dfrac{b_l}{V_H}\left(\dfrac{\partial V_H}{\partial \mu}\right)\right]} \right\}_{\mu_l} \cdot \mathrm{e}^{\mathrm{i}\mu_l r}. \tag{4.2.12}$$

4.2.2 Pekeris 问题

Pekeris[2] 首先以均匀液态海底讨论了均匀浅海中爆炸声传播问题, 为水声场的简正波理论做了开创性的工作, 尤其为频散法分析底质参数奠定了理论基础.

对于均匀液态海底, 底质中密度为 ρ_1, 声速为 c_1, 并且 $c_1 > c_0$, 则有波导简正波, 其水平波数位于

$$k_1 < \mu < k_0. \tag{4.2.13}$$

于是, 底质中满足熄灭条件的波函数为

$$G_1(z) = c\mathrm{e}^{\mathrm{i}\sqrt{k_1^2 - \mu^2}\cdot z}, \tag{4.2.14}$$

并且

$$\arg\sqrt{k_1^2 - \mu^2} = \begin{cases} 0 & (\mu < k_1), \\ \dfrac{\pi}{2} & (\mu > k_1). \end{cases} \tag{4.2.15}$$

因此, 有

$$V_H=-\frac{\left[\frac{G_1'(H)}{G(H)}+\frac{1}{2\rho_1(H)}\frac{\mathrm{d}\rho_1(H)}{\mathrm{d}z}\right]-\frac{\rho_1(H)}{\rho_0}(\mathrm{i}b)}{\left[\frac{G_1'(H)}{G(H)}+\frac{1}{2\rho_1(H)}\frac{\mathrm{d}\rho_1(H)}{\mathrm{d}z}\right]+\frac{\rho_1(H)}{\rho_0}(\mathrm{i}b)}=\frac{m\sqrt{k_0^2-\mu^2}-\sqrt{k_1^2-\mu^2}}{m\sqrt{k_0^2-\mu^2}+\sqrt{k_1^2-\mu^2}},\tag{4.2.16}$$

其中

$$m=\frac{\rho_2}{\rho_1}.$$

令

$$V_H=-\mathrm{e}^{2\mathrm{i}[\phi+\mathrm{i}\varDelta]},\tag{4.2.17}$$

则频散方程为

$$bH+\phi+\mathrm{i}\varDelta=l\pi\tag{4.2.18}$$

其中

$$b\equiv\sqrt{k_0^2-\mu^2},$$

$$\phi\equiv\frac{1}{2}\left(\arg V_H+\pi\right)\quad(\text{即}\ \arg V_H=-\pi+2\phi),$$

$$\varDelta=-\frac{1}{2}\ln|V_H|.$$

对于 $k_0>\mu>k_1$ 的波导简正波,

$$\arg V_H=-2\arctan\left(\frac{1}{m}\sqrt{\frac{\mu^2-k_1^2}{k_0^2-\mu^2}}\right),\tag{4.2.19}$$

$$\varDelta=0.\tag{4.2.20}$$

将式 (4.2.19), (4.2.20) 代入式 (4.2.18), 则频散方程变为

$$bH-\arctan\left(\frac{1}{m}\sqrt{\frac{\mu^2-k_1^2}{k_0^2-\mu^2}}\right)+\frac{\pi}{2}=l\pi.\tag{4.2.21}$$

频散方程 (4.2.21) 是一个超越方程, 可用数值方法进行迭代求解. 下面用图解方法作近似分析.

引入新变量:

$$x\equiv bH=H\sqrt{k_0^2-\mu^2},\tag{4.2.22}$$

$$k\equiv H\sqrt{k_0^2-k_1^2},\tag{4.2.23}$$

则式 (4.2.21) 变为

$$x+\left(\frac{1}{2}-l\right)\pi=\arctan\left(\frac{\sqrt{k^2-x^2}}{mx}\right).$$

两边取正切

$$\tan\left[x+\left(\frac{1}{2}-l\right)\pi\right]=\frac{\sqrt{k^2-x^2}}{mx}$$

或

$$\tan x=\frac{-mx}{\sqrt{k^2-x^2}}. \tag{4.2.24}$$

令

$$y_1=\tan x,\quad y_2=\frac{-mx}{\sqrt{k^2-x^2}},$$

则由图解法求出交点即为实根值.

实根位于 $x=0$ 及 $x=k$ 之间, 当 $x\to k$ 时, $y_2\to\infty$, 其渐近线与 y 轴平行. 当 $k<\dfrac{\pi}{2}$时, y_1 与 y_2 无交点, 即无实根. 由此可得激发出 l 号波导简正波的临界频率条件:

$$k=\left(l-\frac{1}{2}\right)\pi,$$

并解出 l 号简正波的临界频率 ω_l:

$$\omega_l=\frac{c_0\pi}{H\sqrt{1-\left(\dfrac{c_0}{c_1}\right)^2}}\left(l-\frac{1}{2}\right). \tag{4.2.25}$$

相应的波导简正波场为

$$\Psi(r,z,z_0)=2\pi\mathrm{i}\sum_{l}^{l^*}\left\{\frac{\left[\mathrm{e}^{\mathrm{i}bz_0}-\mathrm{e}^{-\mathrm{i}bz_0}\right]\left[\mathrm{e}^{\mathrm{i}bz}-\mathrm{e}^{-\mathrm{i}bz}\right]}{-2\mathrm{i}b\dfrac{\partial}{\partial\mu}\left[\mathrm{e}^{2\mathrm{i}\phi+2\mathrm{i}bH}\right]}\right\}_{\mu_l}\cdot H_0^{(1)}(\mu_l r)\mu_l. \tag{4.2.26}$$

下面来计算 $\dfrac{\partial}{\partial\mu}\left[\mathrm{e}^{2\mathrm{i}\phi+2\mathrm{i}bH}\right]_{\mu_l}\equiv g$,

$$\begin{aligned}g&=\frac{\partial}{\partial\mu}\left[\mathrm{e}^{2\mathrm{i}\phi+2\mathrm{i}bH}\right]_{\mu_l}=\frac{\partial}{\partial\mu}\left[2\mathrm{i}\phi+2\mathrm{i}bH\right]_{\mu_l}\\&=2\mathrm{i}\left\{\frac{-\mu H}{b}+\frac{\partial\phi}{\partial\mu}\right\}_{\mu_l}=-\mathrm{i}\left[S(\mu_l)+\delta(\mu_l)\right],\end{aligned} \tag{4.2.27}$$

其中

$$\delta(\mu_l)\equiv-2\left(\frac{\partial\phi}{\partial\mu}\right)_{\mu_l},\quad S(\mu_l)=2H\cdot\frac{\mu_l}{b_l}.$$

将 $\phi=\dfrac{1}{2}(\arg V_H+\pi)$ 代入上式, 计算 $\left(\dfrac{\partial\phi}{\partial\mu}\right)_{\mu_l}$, 得

$$\begin{aligned}\left(\frac{\partial\phi}{\partial\mu}\right)_{\mu_l}&=\left[\frac{\partial}{\partial\mu}\arg\tan\left(\frac{m\sqrt{k_0^2-\mu^2}}{\sqrt{\mu^2-k_1^2}}\right)\right]_{\mu_l}\\&=\left\{\frac{\dfrac{\partial}{\partial\mu}\left[\dfrac{m\sqrt{k_0^2-\mu^2}}{\sqrt{\mu^2-k_1^2}}\right]}{1+\left(\dfrac{m\sqrt{k_0^2-\mu^2}}{\sqrt{\mu^2-k_1^2}}\right)^2}\right\}_{\mu_l}\\&=\left\{\frac{\dfrac{-m\mu}{(k_0^2-\mu^2)}\left[\dfrac{\sqrt{k_0^2-\mu^2}}{\sqrt{\mu^2-k_1^2}}+\left(\dfrac{\sqrt{k_0^2-\mu^2}}{\sqrt{\mu^2-k_1^2}}\right)^3\right]}{1+\left(\dfrac{m\sqrt{k_0^2-\mu^2}}{\sqrt{\mu^2-k_1^2}}\right)^2}\right\}_{\mu_l}.\end{aligned}$$

考虑到 μ_l 满足频散方程 (4.2.21), 则有

$$\begin{aligned}\left(\frac{\partial\varphi}{\partial\mu}\right)_{\mu_l}&=\frac{\dfrac{-m\mu_l}{b_l^2}\left[\dfrac{-1}{m}\tan(b_lH)+\dfrac{-1}{m^3}\tan^3(b_lH)\right]}{1+\tan^2(b_lH)}\\&=\frac{m\mu_l}{b_l^2}\left[\frac{1}{m}\tan(b_lH)+\frac{1}{m^3}\tan^3(b_lH)\right]\cos^2(b_lH)\\&=\frac{\mu_l}{b_l^2}\left[\sin(b_lH)\cos(b_lH)+\frac{1}{m^2}\sin^2(b_lH)\tan(b_lH)\right].\end{aligned}\tag{4.2.28}$$

将式 (4.2.27) 及 (4.2.28) 代入式 (4.2.26), 得

$$\Psi(r,z,z_0)=\left(\frac{2\pi\mathrm{i}}{H}\right)\sum_l^{l^*}F(x_l)\sin(b_lz)\sin(b_lz_0)H_0^{(1)}(\mu_lr)\mu_l,\tag{4.2.29}$$

其中

$$F(x_l)=\frac{1}{1-\dfrac{1}{x_l}\sin(x_l)\cos(x_l)-\dfrac{1}{x_l}\cdot\dfrac{1}{m^2}\sin^2(x_l)\tan(x_l)},\tag{4.2.30}$$

其中 $x_l\equiv b_lH$.

上式与 Pekeris[2] 原文中的公式 (1.23) 完全一样. 在文献 [2] 中, 将 $F(x)$ 称为简正波的激发因子, 按照谱表示可知, 它与简正波的归一因子 N_l 相联系.

由频散方程可知, x_l 是正值, 而 $\tan x_l$ 总是负值, 于是 $F(x_l)$ 可写为

$$F(x_l)=\frac{1}{1+\dfrac{1}{x_l}\cos^2(x_l)\left|\tan(x_l)\right|+\dfrac{1}{x_l}\sin^2(x_l)\left|\tan(x_l)\right|}.\tag{4.2.31}$$

$F(x_l)$ 的分母是一个大于 1 的数, 当 $k_0H\to\infty$ 时, $x_l\to l\pi$, 则 $F(x_l)\to 1$, $F(x_l)$ 作为 H/λ 的函数的图, 见图 4.2.2.

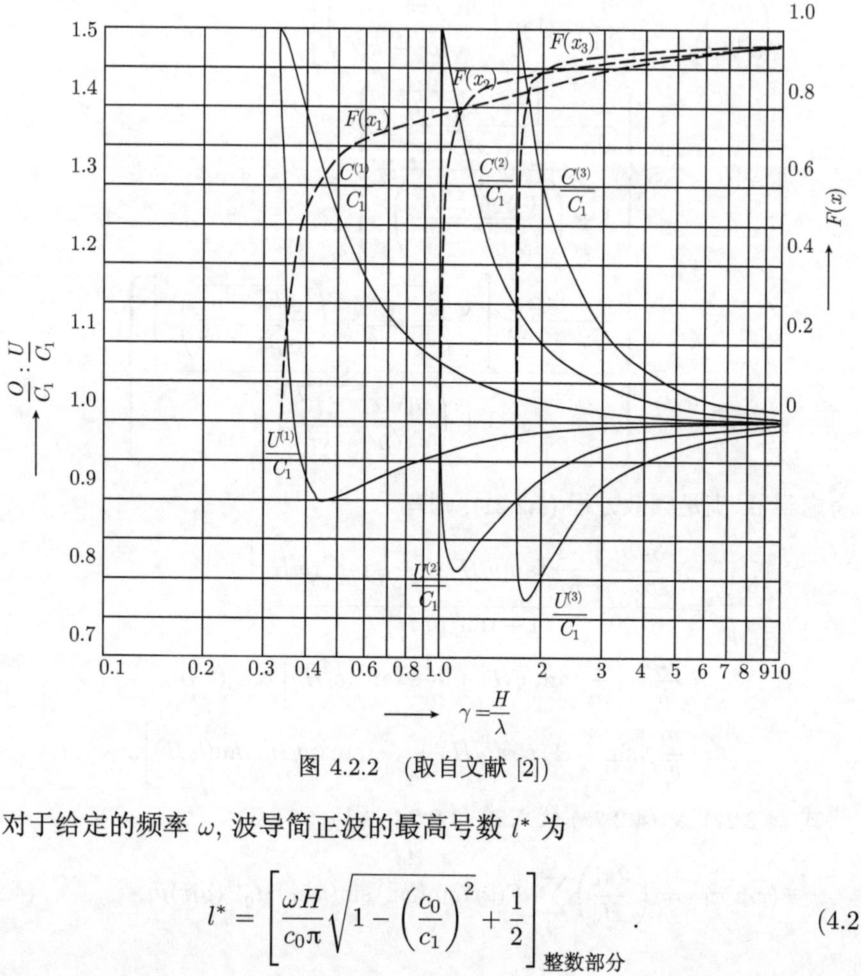

图 4.2.2　(取自文献 [2])

对于给定的频率 ω, 波导简正波的最高号数 l^* 为

$$l^*=\left[\frac{\omega H}{c_0\pi}\sqrt{1-\left(\frac{c_0}{c_1}\right)^2}+\frac{1}{2}\right]_{\text{整数部分}}. \tag{4.2.32}$$

各号简正波的相速度 c_l 与群速度 u_l 分别为

$$c_l=\frac{\omega}{R_l\mu_l}=\frac{\omega}{\mu_l}=\frac{\omega}{\sqrt{k_0^2-\left(\frac{x_l}{H}\right)^2}}=\frac{c_0}{\sqrt{1-\left(\frac{x_nc_0}{H\omega}\right)}}. \tag{4.2.33}$$

$$u_l=\frac{\mathrm{d}\omega}{\mathrm{d}\mu_l}=\frac{\mathrm{d}}{\mathrm{d}\mu_l}(\mu_lc_l)=c_l+\mu_l\cdot\frac{\mathrm{d}c_l}{\mathrm{d}\mu_l}. \tag{4.2.34}$$

图 4.2.2 也给出了作为 H/λ 函数的 c_l 与 v_l 图形.

下面讨论均匀水层中爆炸声的传播问题.

分层介质中的波导可以看成是以空间坐标 r, z, z_0 为参量的线性滤波器, 简谐点源场式 (4.2.29) 就是它的频响函数, 因此, 对任意波形的脉冲 $f(t)$ 的声场可以表示为

$$p(t;r,z,z_0)=\frac{1}{2\pi}\int_{-\infty}^{\infty}F(\omega)\varPsi(r,z,z_0)\mathrm{e}^{-\mathrm{i}\omega t}\mathrm{d}\omega, \tag{4.2.35}$$

其中

$$F(\omega)=\int f(t)\mathrm{e}^{+\mathrm{i}\omega t}\mathrm{d}t. \tag{4.2.36}$$

设爆炸脉冲是一个指数形脉冲:

$$f(t)=\begin{cases}\mathrm{e}^{-st} & (t>0),\\ 0 & (t<0).\end{cases} \tag{4.3.37}$$

对于这种脉冲, 其频谱为

$$F(\omega)=\frac{1}{S-\mathrm{i}\omega}. \tag{4.2.38}$$

在分析运算中, 采用信号的解析表示式方便的 (见第十章):

$$S(t)=p(t)+\mathrm{i}\hat{p}(t), \tag{4.2.39}$$

其中 $\hat{p}(t)$ 是信号 $p(t)$ 的希伯尔特变换. 于是 $S(t)$ 可由单边谱表示为

$$S(t)=\frac{1}{2\pi}\int_{0}^{\infty}2F(\omega)\varPsi(r,z,z_0)\mathrm{e}^{-\mathrm{i}\omega t}\mathrm{d}\omega, \tag{4.2.40}$$

而信号 $p(t)$ 是解析表示 $S(t)$ 的实部:

$$p(t)=\mathrm{Re}\left[S(t)\right]. \tag{4.2.41}$$

因此, 均匀层中的脉冲声场为

$$p(t;r,z,z_0)=\mathrm{Re}\left[\frac{1}{\pi}\int_{0}^{\infty}F(\omega)\phi(\omega;r,z,z_0)\mathrm{e}^{-\mathrm{i}\omega t}\mathrm{d}\omega\right]. \tag{4.2.42}$$

将式 (4.2.38) 及 (4.2.29) 代入上式, 得

$$p(t;r,z,z_0)=\mathrm{Re}\left[\frac{1}{\pi}\sum_{l}S_l(t;r,z,z_0)\right]=\frac{1}{\pi}\sum_{l}p_l(t), \tag{4.2.43}$$

其中 $p_l(t;r,z,z_0)$ 称为简正波脉冲.

$$p_l(t;r,z,z_0)=\mathrm{Re}\int_{0}^{\infty}\frac{Q_l}{S-\mathrm{i}\omega}\mathrm{e}^{-\mathrm{i}\left[\omega t-k_l(\omega)r-\frac{\pi}{4}\right]}\mathrm{d}\omega, \tag{4.2.44}$$

$$Q_l \equiv \frac{2\pi i}{H}\sqrt{\frac{2}{\pi k_l r}}\left\{\frac{x_l \sin[b_l z]\sin[b_l z_0]}{x_l - \sin x_l \cos x_l - \dfrac{\sin^2 x_l \tan x_l}{m^2}}\right\}, \tag{4.2.45}$$

其中被积函数的相位 ϕ_l 为

$$\phi_l = \omega t - k_l(\omega) r. \tag{4.2.46}$$

采用"稳相"方法, 近似估算积分 (4.2.44). "稳相"方法的物理含义是这样的: 对给定的 r, t, 当 ω 改变时, 相位也有急剧的改变, 则由于互相抵消而对积分无法作较大贡献. 因此, 只有在某些 "稳相" 频率附近, 当 ω 改变时, 相应的相位改变很小, 才构成对积分的主要贡献. "稳相" 频率 ω_s, 由下式确定:

$$\left(\frac{\partial \phi}{\partial \omega}\right)_{\omega_s} = 0. \tag{4.2.47}$$

这样一来, 我们在估算积分 (4.2.44) 时, 可将相位函数 ω_s 附近展开成 Taylor 级数:

$$\phi_l(\omega) = \phi_l(\omega_s) - \frac{r\ddot{k}_l(\omega_s)}{2!}u^2 - \frac{r\dddot{k}_l(\omega_s)}{3!}u^3 - \cdots, \tag{4.2.48}$$

其中 $u \equiv \omega - \omega_s$, 而将被积函数的幅度作为缓变函数, 移出积分号外, 从而得到

$$p_l(t; r, z, z_0) \approx \mathrm{Re}\left(\frac{Q_l(\omega_s)\cdot \mathrm{e}^{\mathrm{i}\phi_l(\omega_s)}}{S - \mathrm{i}\omega_s}\int_{-\infty}^{\infty} \mathrm{e}^{\mathrm{i}\left[\frac{r\ddot{k}_l(\omega_s)}{2}u^2 + \frac{r\dddot{k}_l(\omega_s)}{3!}u^3 + \cdots\right]}\mathrm{d}u\right), \tag{4.2.49}$$

而

$$\begin{aligned}&\int_{-\infty}^{+\infty} \mathrm{e}^{\mathrm{i}\left[\frac{r\ddot{k}_l}{2}u^2 + \frac{r\dddot{k}_l}{6}u^3 + \cdots\right]}\mathrm{d}u \\ &\approx \sqrt{\frac{2\pi}{r\left|\ddot{k}_l\right|}}\mathrm{e}^{\pm \mathrm{i}\frac{\pi}{4}}\left\{1 - \frac{\mathrm{i}}{\mathrm{r}}\left[-\frac{5(\dddot{k}_l)^2}{24(\ddot{k}_l)^3} + \frac{\ddddot{k}_l}{8(\ddot{k}_l)^2}\right] + 0\left(\frac{1}{r^2}\right)\right\}.\end{aligned} \tag{4.2.50}$$

正号对应于 $\ddot{k} > 0$(即 "底波" 部分), 负号对应于 $\ddot{k} < 0$(即 "水波" 部分). 当满足条件

$$\frac{1}{r}\left[-\frac{5(\dddot{k})^2}{24(\ddot{k})^3} + \frac{\ddddot{k}}{8(\ddot{k})^2}\right] \ll 1 \tag{4.2.51}$$

时, 得

$$p_l(t; r, z, z_0) = \frac{\sqrt{2\pi}Q_l(\omega_s)\cos\left[\omega_s t - r k_l(\omega_s) - \arctan\dfrac{\omega_s}{S} - \dfrac{\pi}{2}\right]}{\left[r|\ddot{k}_l(\omega_s)\,(S^2 + \omega_s^2)\right]^{1/2}} \quad (\ddot{k}_l > 0); \tag{4.2.52}$$

$$p_l(t;r,z,z_0)=\frac{\sqrt{2\pi}Q_l(\omega_s)\cos\left[\omega_s t-rk_l(\omega_s)-\arctan\dfrac{\omega_s}{S}\right]}{\left[r|\ddot{k}_l(\omega_s)\,(S^2+\omega_s^2)\right]^{1/2}}\quad(\ddot{k}_l<0);\tag{4.2.53}$$

其中稳相频率 ω_s 可由给定的 r, t, 在相应的群速曲线上找到. 由式 (4.2.46), 有

$$\left(\frac{\partial\phi_l}{\partial\omega}\right)_{\omega_s}=\left(t-r\frac{\partial k_l}{\partial\omega}\right)_{\omega_s}=0.\tag{4.2.54}$$

注意: $\dfrac{\partial\omega}{\partial k_l}\equiv u_l$, 于是式 (4.2.54) 变为

$$t-\frac{r}{u_l(\omega_s)}=0.\tag{4.2.55}$$

这个式子表明, 在固定的空间接收点 r, t 时刻所接收到的是频率成分为 ω_s 的波动, 这个波动的幅度由式 (4.2.52), (4.2.53) 给出. 因此, 对应于图 4.2.2 所示的群速曲线, 接收到的波形示于图 4.2.3.

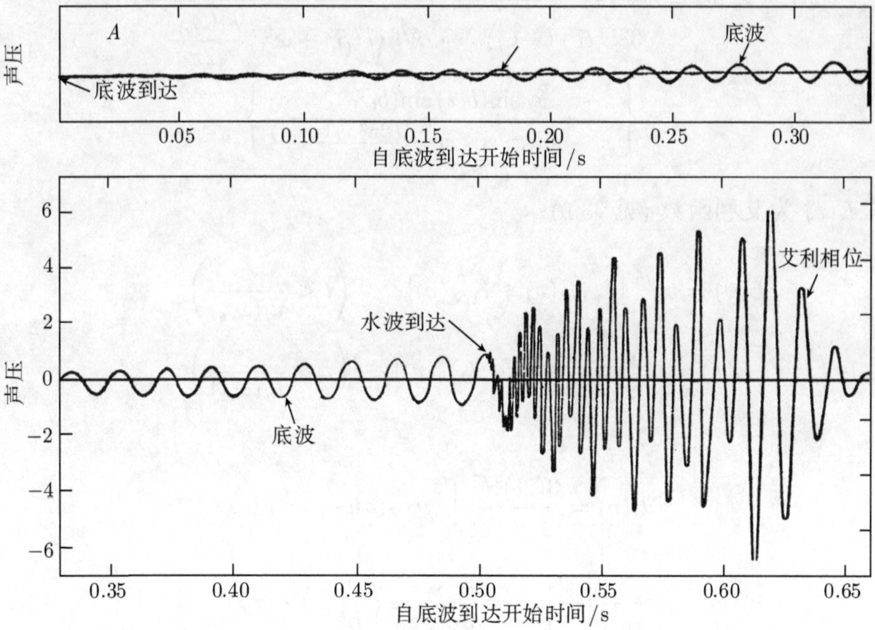

图 4.2.3

由式 (4.2.52) 及式 (4.2.53) 所给出的结果要求满足条件 (4.2.51); 显然, 当 $\ddot{k}_l=0$ 时, 即对应于群速极小值时, 不能使用. 群速极小值对应于接收波形的后尾部分, 这部分波形称做艾利波. 为了正确地描绘出艾利波的情况, 必须在艾利频率 ω_A 附近重新展开相函数, 再进行积分的估算. 艾利频率 ω_A 由下式确定:

$$\ddot{k}_l(\omega_A) = 0. \tag{4.2.56}$$

将相函数 $\phi_l(\omega)$ 在 ω_A 附近展开, 令 $u = \omega - \omega_A$:

$$\phi_l(\omega) = \phi_l(\omega_A) + au + bu^3 + du^4 + \cdots, \tag{4.2.57}$$

其中

$$\begin{aligned} a &= t - rk_l(\omega_A) = t - \frac{r}{u_l(\omega_A)}, \\ b &= -\frac{r}{6}\ddot{k}_l(\omega_A), \\ d &= -\frac{r}{24}\dddot{k}_l(\omega_A). \end{aligned}$$

将式 (4.2.57) 代入式 (4.2.49), 经过积分运算, 可得"艾利"波表示为

$$\begin{aligned} p_l(t; r, z, z_0) \doteq & \frac{4\pi \cos\left[\omega_A t - k_l(\omega_A) r - \arctan\dfrac{\omega_A}{S} - \dfrac{\pi}{4}\right] E(v)}{3^{2/3} H \cdot (-\dddot{k}_l)^{1/3} \cdot r^{5/6} \sqrt{(S^2 + \omega_A^2)\dfrac{k_l(\omega_A)}{2\pi}}} \\ & \times \left\{ \frac{x_l \sin(b_l z) \sin(b_l z_0)}{x_l - \sin x_l \cos x_l - \frac{(\sin^2 x_l \tan x_l)}{m^2}} \right\}_{\omega_A}, \end{aligned} \tag{4.2.58}$$

其中 $E(v)$ 为艾利函数 (见 §3.9):

$$\begin{aligned} E(v) &= v^{1/3}\left[I_{-1/3}(v) + I_{1/3}(v)\right] \qquad \left(t < \frac{r}{u_l(\omega_A)}\right), \\ E(v) &= v^{1/3}\left[I_{-1/3}(v) - I_{1/3}(v)\right] \qquad \left(t > \frac{r}{u_l(\omega_A)}\right); \end{aligned} \tag{4.2.59}$$

或

$$E(v) = \frac{3(2b)^{1/3}}{\pi}\int_0^\infty \cos(au + bu^3)\mathrm{d}u,$$

$$v = \frac{3}{3\sqrt{3}}\left|\frac{a^3}{b}\right|^{1/2} = \frac{4\sqrt{\pi}}{3\sqrt{-\dot{z}_A}}\left(\frac{r}{H}\right)|\tau - \tau_m|^{3/2}, \tag{4.2.60}$$

$$\dot{z}_A = \frac{c^2}{H}\ddot{k}_l(\omega_A),$$

$$\tau = \frac{ct}{r} - 1,$$

$$\tau_m = \frac{c}{u_l(\omega_A)} - 1.$$

通过上述对宽带接收波形的分析可以看出, 许多波形特征都蕴含有底质参数的信息. 例如:

(1) 底波到达时间 T, 可用于推断底质声速 c_1,

$$c_1 = r/T_1;$$

(2) 底波到达时的频率, 即临界频率 ω_k, 由式 (4.2.25) 可以推断出底质声速 c_1;

(3) 水波到达时刻的底波频率 f_R 也是与底质参数有关的量;

(4) 水波的频散曲线, 在实验中, 可以在不同的 ω 通道内量取水波到达时间, 从而绘出 $u_l(\omega)$ 曲线, 然后与各种底质参数 $(\rho_1/\rho_0, c_1/c_0)$ 的 $u_l(\omega)$ 曲线进行对比;

(5) 认出艾利频率 $\omega_A = 2\pi f_A$ 及相应的到达时间 $t = \dfrac{r}{u(f_A)}$, 也可以推断出底质参数.

图 4.2.4 给出了当 $m = \rho_1/\rho = 2$ 时, 上述特征与底质声速 c_1 的关系曲线. 图中 $\gamma_A = \dfrac{f_A H}{c_0}$, $\gamma_R = \dfrac{f_R \cdot H}{c_0}$, $\gamma_L = \dfrac{f_L H}{c_0}$, $\dfrac{u_0}{c_0} = \dfrac{u(f_A)}{c_0}$.

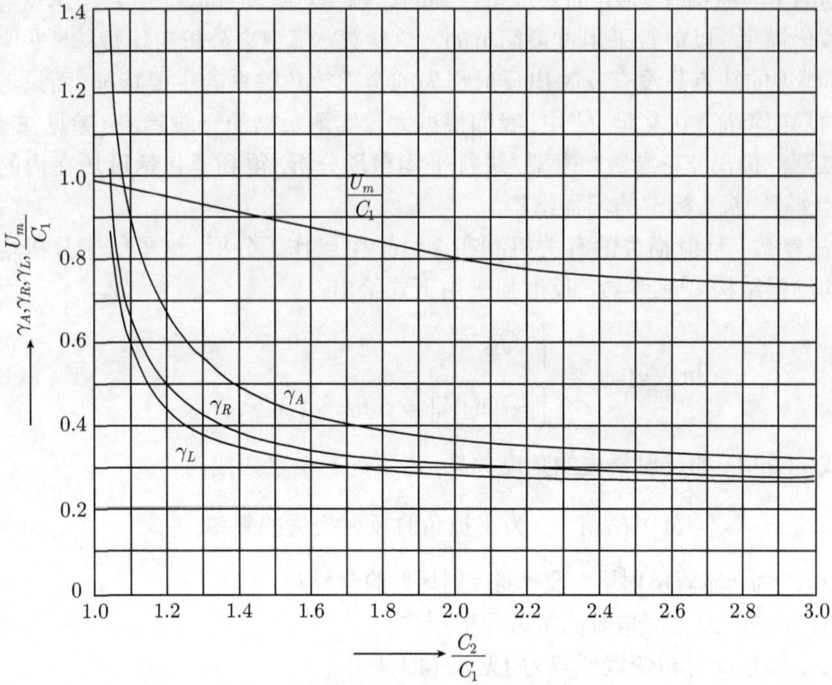

图 4.2.4 (取自文献 [2])

可见, 仔细分析波形特征可以获得有关底质参数的信息. 当然, 上述分析是建筑在均匀液态海底模型基础上的. 实际情况可能比这模型更为复杂. 文献 [2] 也对二液层的海底模型作了相应的理论计算.

4.2.3 平均场强结构

前面介绍的 Pekeris 问题主要是讨论波导简正波的宽带波形特征. 这些波形特征主要在低频段 (从临界频率 f_k 到 "艾利" 频率 ω_A) 含有充分的底质信息, 为提取底质参数提供了可能. 这在物理上相应于波动传播工程中有相当一部分能量进入底质, 因而受其制约并携出其有关信息. 当频率较高时, 由于波场能量进入底质较少, 受底质深层结构制约较弱, 而主要表现为界面反射损失的影响, 从而使传播衰减由于 "漏射" 及 "损耗" 而偏离理想波导场的柱面衰减.

很多实用的声呐探测问题是属于后一问题, 即相对于 Pekeris 问题所关心的低频宽带而言, 关心的是高频、窄带脉冲问题, 例如千赫的窄带脉冲传播衰减问题, 此时满足 $k_0H \gg 1$ 的条件.

在讨论传播衰减问题时, 海底反射性能是一个重要的环境因素. 无论是海洋声场预报或是水声信道匹配都需要对海底的反射性能作切合实际的简化描写. 对声场分析, 参数化描写是常用手段. 当频率不是太低时 (例如大于数百赫), 反射相变对声场的干涉结构有影响, 而对能量结构的影响相对减弱, 因此, 主要考虑反射损失的参数化描写. 以前曾采用过最简单的 "单参数" 模型来分析声场规律[3,9,10]. "单参数" 模型的缺点是没有反映出反射损失的全部掠角关系的主要特征, 而只考虑小掠角的局部特征. 在文献 [5] 中, 我们根据大量实测数据的一般趋势 (参见文献 [17] 及第二章), 提出 "三参数" 模型, 进行平均声场分析, 得到了包括近场在内的完整的由 "过渡距离" 标定的场强结构.

"三参数" 反射损失的有关机制在 §4.1.1 中已作了分析, 这里用来分析均匀层的平均场强结构. "三参数" 反射损失由下式给出:

$$-\ln|V_H(\alpha)| = \begin{cases} Q\alpha & (0 \leqslant \alpha \leqslant \alpha^*) \\ -\ln|V_b| = \text{const} & \left(\alpha^* < \alpha \leqslant \dfrac{\pi}{2}\right) \end{cases}. \tag{4.2.61}$$

式 (4.2.61) 的反射损失的角度关系, 由下列三个参数描写:

(1)$Q \equiv \dfrac{\partial}{\partial\alpha}\left[-\ln|V(\alpha)|\right]_{\alpha=0}$ 为小掠角时反射损失的斜率;

(2)α^* 为 "显著反射区" 及 "弱反射区" 的分界角;

(3)$-\ln|V_b|$ 为大掠角时的常数反射损失.

对小掠角反射相变近似取为 [见式 (4.1.41)]

$$\arg V_H \approx -\pi + P\cdot\alpha = -\pi + P\cdot\frac{\sqrt{k_0^2-\mu_l^2}}{k_0},$$

则由式 (4.2.18) 得到频散方程为

$$2b_lH + \arg V_H - \pi - \mathrm{i}\ln|V_H| \doteq 2l\pi. \tag{4.2.62}$$

按式 (3.8.30) 作微扰处理. 令 $\bar{\mu}_l=\mu_l+\mathrm{i}\beta_l$, 则

$$b_l \dot{\approx} \sqrt{k_0^2-\mu_l^2}-\mathrm{i}\beta_l\cdot\frac{\mu_l}{\sqrt{k_0^2-\mu_l^2}},$$

$$\arg V_H \dot{\approx} -\pi+\frac{P}{k_0}\sqrt{k_0^2-\mu_l^2}-\mathrm{i}\beta_l\cdot\frac{P}{\sqrt{k_0^2-\mu_l^2}}.$$

分开实部与虚部, 得

$$2\sqrt{k_0^2-\mu_l^2}H+\frac{P}{k_0}\sqrt{k_0^2-\mu_l^2}=2l\pi,$$

$$-\mathrm{i}\beta_l\cdot\frac{2\mu_l H}{\sqrt{k_0^2-\mu_l^2}}-\mathrm{i}\beta_l\cdot\frac{P}{\sqrt{k_0^2-\mu_l^2}}-\mathrm{i}\ln|V_H|=0.$$

若将 $\ln|V_H|$ 视为缓变函数, 则近似有

$$\beta_l=\frac{-\ln|V_H(\mu_l)|}{S_l+\delta_l}, \tag{4.2.63}$$

其中

$$S_l=\frac{2H\mu_l}{\sqrt{k_0^2-\mu_l^2}},\quad \delta_l=\frac{P}{\sqrt{k_0^2-\mu_l^2}}. \tag{4.2.64}$$

由式 (4.2.63) 及 (4.2.64) 可知, 当满足条件 $2k_0H\gg P$ 时, 则近似有

$$\beta_l\approx\frac{-\ln|V_H|}{S_l}.$$

而频散方程实部的解为

$$b_l=\frac{l\pi}{H\left[1+\dfrac{P}{2k_0H}\right]}=\frac{l\pi}{H_{\text{eff}}}. \tag{4.2.65a}$$

引入 “等效深度” H_{eff} 的概念[36] , 令

$$H_{\text{eff}}=H+\Delta H=H+P/2kH. \tag{4.2.65b}$$

把 H_{eff} 代入式 (4.2.65a) , 可以看到: 原来在 H 处的反射边界, 等效地换成了在 H_{eff} 处的绝对软边界.

当满足条件 $2k_0H\gg P$ 时, 则近似有

$$\mu_l\doteq\sqrt{k_0^2-\left(\frac{l\pi}{H}\right)^2}. \tag{4.2.66}$$

于是由式 (4.2.12), 简正波场表示为

$$\begin{aligned}\psi(r,z,z_0)&=2\pi\mathrm{i}\sum_l\frac{2\sin\left(\frac{l\pi}{H}z\right)\sin\left(\frac{l\pi}{H}z_0\right)}{2H\cdot\mu_l}\cdot\mu_l\sqrt{\frac{2}{\pi\mu_l r}}\mathrm{e}^{\mathrm{i}(\mu_l r)-\beta_l r-\mathrm{i}\frac{\pi}{4}}\\&\doteq\sqrt{\frac{8\pi}{k_0rH^2}}\mathrm{e}^{\mathrm{i}\frac{\pi}{4}}\sum_l\sin\left(\frac{l\pi}{H}z\right)\sin\left(\frac{l\pi}{H}z_0\right)\mathrm{e}^{\mathrm{i}\mu_l r-\beta_l r}.\end{aligned}\tag{4.2.67}$$

按式 (4.1.23), 取 “平滑平均” 的场强:

$$\overline{I}(r)=\frac{2\pi}{k_0H^2r}\sum_l\mathrm{e}^{-2\beta_l r}.\tag{4.2.68}$$

根据简正波指数衰减系数 β_l 的表示式 (4.2.63) 可知, 对于低号数 $(l<l^*)$ 的简正波, 其反射损失相对较小, 而跨度函数相对较大, 因此在简正波内可以划分为两个子集合: 对应于 $l<l^*$ 有限数目的、由 “显著反射区” 所确定的 “主导简正波” 集合及其剩余部分, 称做 “剩余简正波” 集合. 于是式 (4.2.68) 写为

$$\overline{I}(r)=\overline{I_0}(r)+\overline{I_R}(r),\tag{4.2.69}$$

$$\overline{I_0}(r)=\frac{2\pi}{k_0H^2r}\sum_{l=1}^{l^*}\mathrm{e}^{-2\beta_l r},\tag{4.2.70}$$

$$\overline{I_R}(r)=\frac{2\pi}{k_0H^2r}\sum_{l^*+1}^{\infty}\mathrm{e}^{-2\beta_l r}.\tag{4.2.71}$$

号数 l^* 由下式确定:

$$l^*\approx\left(\frac{k_0H}{\pi}\right)\sin\alpha^*.\tag{4.2.72}$$

“主导简正波” 虽然数目有限, 但由于其衰减较小, 将成为远场的主要贡献者, 而 “剩余简正波” 集合则在近场有贡献. 下面分别计算 $\overline{I}_0(r)$ 及 $\overline{I}_R(r)$.

对于 “主导简正波”, 则有

$$\beta_l=\frac{-\ln\left|V_{(\alpha_l)}\right|}{S_l}=\frac{Q\cdot\alpha_l}{S_l}.\tag{4.2.73}$$

在一般情况下, $\alpha^*\ll1$, 因此, 对于所有 “主导简正波”$(l<l^*)$, 由式 (4.2.65) 可得

$$\alpha_l\approx\left(\frac{l\pi}{k_0H}\right),\tag{4.2.74}$$

$$S_l\approx\frac{2H^2k_0}{l\pi}.\tag{4.2.75}$$

将式 (4.2.74), (4.2.75) 代入式 (4.2.73), 得

$$\beta_l \approx Q\frac{\pi^2}{2k_0^2H^3}l^2, \tag{4.2.76}$$

于是

$$\overline{I}_0(r) = \frac{2\pi}{kH^2r}\sum_{l=1}^{l^*}\mathrm{e}^{-\rho l^2}, \tag{4.2.77}$$

其中

$$\rho \equiv rQ\frac{\pi^2}{k_0^2H^3}. \tag{4.2.78}$$

当满足条件

$$\rho \ll 1, \tag{4.2.79}$$

用求积代替求和, 则得

$$\overline{I}_b(r) = \frac{2}{\sqrt{HQ}}\cdot\frac{1}{r^{3/2}}F\left(\sqrt{\rho}l^*\right), \tag{4.2.80}$$

其中 $F(x)$ 为误差函数:

$$F(x) \equiv \int_0^x \mathrm{e}^{-t^2}\mathrm{d}t. \tag{4.2.81}$$

如所熟知, $F(x)$ 有下列性质:

$$F(x) \approx x \qquad (x \ll 1), \tag{4.2.82}$$

$$F(x) \approx \sqrt{\pi}/2 \qquad (x \gg 1), \tag{4.2.83}$$

因此, 令

$$\sqrt{\rho}l^* = 1. \tag{4.2.84}$$

作为判据, 可以定义 "过渡距离"r_2 为: 场由柱面衰减向 "3/2" 次方衰减场区过渡的转换距离; 将式 (4.2.78) 及 (4.2.72) 代入式 (4.2.84), 得

$$r_2 = \frac{H}{Q\cdot\sin^2\alpha^*} = \frac{H}{(\sin\alpha^*)\left(-\ln|V^*|\right)}. \tag{4.2.85}$$

当 $r < r_2$ 时, 由式 (4.2.82) 给出柱衰减:

$$\overline{I}_0(r) = \frac{2\sin\alpha^*}{Hr} = \frac{1}{r_0r}, \tag{4.2.86}$$

其中

$$r_0 \equiv \frac{H}{2\sin\alpha^*}. \tag{4.2.87}$$

而当 $r > r_2$ 时, 由式 (4.2.83) 给出 "3/2" 次方衰减:

$$\overline{I}_D(r) = \sqrt{\frac{\pi}{HQ}} \cdot \frac{1}{r^{3/2}}. \tag{4.2.88}$$

应当考虑到式 (4.2.88) 是在求和变为积分的条件下得到的, 因此要求满足条件 $2|\beta_2 - \beta_1| \ll 1$, 从而给出一个过渡距离 r_3:

$$r_3 = \frac{k_0^2 H^3}{3Q\pi^2}. \tag{4.2.89}$$

这样, 式 (4.2.88) 使用的范围就成为

$$r_2 < r < r_3, \tag{4.2.90}$$

当 $r > r_3$ 时, 则只有第一号简正波有主要贡献, 场变为

$$\overline{I}_D(r) \approx \frac{2\pi}{k_0 H^2 r} \exp\left[-\frac{Q\pi^2}{k_0^2 H^3} r\right] \quad (r > r_3). \tag{4.2.91}$$

下面我们来估算 "剩余" 简正波集合的贡献:

$$\overline{I}_R(r) = \frac{2\pi}{k_0 H^2 r} \sum_{l^*+1}^{\infty} \mathrm{e}^{-2\beta_l r}. \tag{4.2.92}$$

对于这个集合, 可作如下的一些估计:

$$\beta_l = \frac{-\ln|V_b|}{S_l}, \tag{4.2.93}$$

$$S_l = 2H\left(\frac{\cos\alpha_l}{\sin\alpha_l}\right) \leqslant \frac{2H}{\left(\dfrac{l\pi}{k_0 H}\right)}. \tag{4.2.94}$$

因此有

$$\beta_l \geqslant \frac{-\ln|V_b|}{2k_0 H^2} \cdot l\pi. \tag{4.2.95}$$

这样一来,

$$\overline{I}_R(r) \leqslant \frac{2\pi}{k_0 H^2 r} \sum_{l^*+1}^{\infty} \mathrm{e}^{-\eta l}, \tag{4.2.96}$$

其中

$$\eta \equiv \frac{\pi}{k_0 H^2}(-\ln|V_b|) \cdot r. \tag{4.2.97}$$

当满足条件:

$$\eta \ll 1 \tag{4.2.98}$$

时, 用求积来估算式 (4.2.96), 得

$$\overline{I}_R(r) \leqslant \frac{2\pi}{k_0 H^2 r} \cdot \frac{1}{\eta} \mathrm{e}^{-\eta(l^*+1)} \leqslant \frac{2}{-\ln|V_b|} \cdot \frac{1}{r^2}. \tag{4.2.99}$$

由式 (4.2.99) 及 (4.2.86) 可以定义 “第一过渡距离”r_1, 当 $r \gg r_1$ 时, 场主要由 $\overline{I}_D(r)$ 决定, 即

$$\overline{I}_D(r) \gg \overline{I}_R(r) \quad (r \gg r_1). \tag{4.2.100}$$

因此, 令

$$\overline{I}_0(r_1) = \overline{I}_R(r_1),$$

估得

$$r_1 = \frac{H}{(\sin\alpha^*)\,(-\ln|V_b|)}. \tag{4.2.101}$$

此外, 我们还可以估得在 r_1 附近的近场异常传播值 A_L.

$$\overline{I}(r_1) = \frac{A_L}{r_1^2} \doteq \overline{I}_D(r_1) + \overline{I}_R(r_1) \tag{4.2.102}$$

得到近场异常传播的上限:

$$A_L \leqslant \frac{4}{-\ln|V_b|}. \tag{4.2.103}$$

取分贝数, 则

$$K_L = 10\log A_L \leqslant 10\log\left(\frac{4}{-\ln|V_b|}\right). \tag{4.2.104}$$

综上所述, 我们根据 “三参数” 模型, 得到了由 “过渡距离”r_1, r_2, r_3 标定的完整的平均场强结构 (见图 4.2.5):

$$\left.\begin{aligned}
&(1) r_0 < r < r_1, \quad \overline{I}(r) \approx \frac{A_L}{r^2}, \quad \frac{r}{r_0} < A_L \leqslant \frac{4}{-\ln|V_b|};\\
&(2) r_1 < r < r_2, \quad \overline{I}(r) = \frac{1}{r_0 r}, \quad r_0 = \frac{H}{2\sin a^*};\\
&(3) r_2 < r < r_3, \quad \overline{I}(r) = \sqrt{\frac{\pi}{QH}} \cdot \frac{1}{r^{3/2}};\\
&(4) r > r_3, \quad \overline{I}(r) = \frac{\alpha\pi}{k_0 H^2 r}\exp\left[\frac{Q\pi^2 r}{k_0^2 H^3}\right],\\
&\text{“过渡距离”}\ r_1 = \frac{H}{(\sin\alpha^*)(-\ln|V_b|)},\\
&\qquad r_2 = \frac{H}{(\sin\alpha^*)(-\ln|V^*|)},\\
&\qquad r_3 = \frac{2k_0^2 H^3}{3Q\pi^2}.
\end{aligned}\right\} \tag{4.2.105}$$

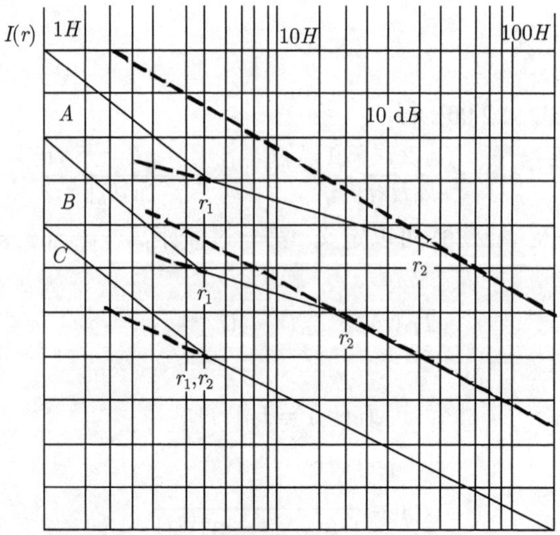

图 4.2.5

图 4.2.5 中, 给出三种情况下的 “过渡距离”:

A.　$\alpha^* = 10°, \quad |V_b| = 0.3, \quad Q = 0.6\,(|V(\alpha^*)| = 0.9)$;

B.　$\alpha^* = 10°, \quad |V_b| = 0.3, \quad Q = 2.9\,(|V(\alpha^*)| = 0.6)$;

C.　$\alpha^* = 10°, \quad |V_b| = 0.3, \quad Q = 6.8\,(|V(\alpha^*)| = 0.3)$.

由式 (4.2.104) 所给出的 K_2 值可以作为 “近场异常传播” 的上界估计值, 例如在频率范围 $10^4 \sim 10^2$ Hz 之内, $|V_b|$ 值约为 0. 2~0. 5[15], 按照这个数据, 相应的 K_L 值列于表 4.2.1:

表 4.2.1

V_b	0.2	0.25	0.3	0.35	0.4	0.45	0.5
K_L/dB	3.9	4.5	5.3	6.0	6.5	7.0	7.6

在这个相同频段内, K_L 的经验值为[16](见表 4.2.2):

表 4.2.2

f /kHz	10	8	4	2	1	0.4	0.2
K_L(砂)	3.9	4.3	5.7	5.8	6.0	6.1	6.2
K_L(泥)	3.4	3.8	5.1	5.4	5.6	5.8	6.1

比较上面两表可见, 理论估值与经验值基本符合, 在 10~0.2 kHz 范围内, K_L 的经验值为 3~6 dB, 理论估值为 4~7 dB.

4.2.4 海底反射参数对平均场强结构的控制

由于对海底反射损失给以参数化描写，使得由“过渡距离”所确定的平均场强结构能够与海底参数建立起简单明了的对应关系. 为了进一步弄清海底反射损失如何影响平均场强结构，考虑下列“三参数”模型系列[6]：

$$-\ln|V(\alpha)| = \begin{cases} Q\cdot\alpha^N & (0\leqslant\alpha\leqslant\alpha^*) \\ -\ln|V_b| = \text{const} & \left(\alpha^*<\alpha\leqslant\dfrac{\pi}{2}\right) \end{cases}. \tag{4.2.106}$$

可以考虑具有代表性的三种 N 值：(甲)N=0; (乙)N=1; (丙)$N=\infty$(见图 4.2.6).

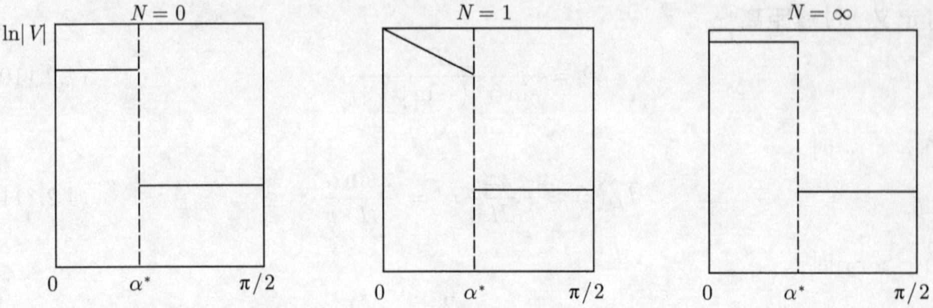

图 4.2.6

对于 N=1 的情况，前面已讨论过，$N=\infty$ 情况，属于完全波导，场强结构较简单，即在“第一过渡距离”r_1 之后成为柱衰减区，延至 ∞. 现在，我们来分析计算 N=0 的情况，此时，

$$-\ln|V(\alpha)| = \begin{cases} -\ln|V^*| = \text{const} & (0\leqslant\alpha\leqslant\alpha^*) \\ -\ln|V_b| = \text{const} & \left(\alpha^*<\alpha\leqslant\dfrac{\pi}{2}\right) \end{cases}. \tag{4.2.107}$$

仿照前节分析计算方法，有“主导简正波”集合为

$$\overline{I}_D(r) = \frac{2\pi}{k_0H^2r}\cdot F(r), \tag{4.2.108}$$

其中

$$F(r) = \frac{1}{\eta}\left[1-\mathrm{e}^{-\eta n^*}\right],$$

$$n^* = \left(\frac{k_0H}{\pi}\right)\sin\alpha^*;$$

而“剩余简正波”集合为

$$\overline{I}_R(r) \leqslant \frac{2}{(-\ln|V_b|)} \cdot \frac{1}{r^2}. \tag{4.2.109}$$

分析 $F(r)$ 的性质可知,

$$\text{当 } \eta n^* \ll 1\text{时}, F(r) \to n^*,$$

$$\text{当 } \eta n^* \gg 1\text{时}, F(r) \to \frac{1}{\eta}.$$

于是由

$$\eta n^* = 1$$

可定义 “过渡距离”r_2:

$$r_2 = \frac{H}{\sin\alpha^* (-\ln|V^*|)}. \tag{4.2.110}$$

当 $r < r_2$ 时,

$$\overline{I}_D(r) \approx \frac{2\pi}{k_0 H^2 r} n^* = \frac{2\sin\alpha^*}{H \cdot r}; \tag{4.2.111}$$

当 $r > r_2$ 时,

$$\overline{I}_D(r) = \frac{2}{(-\ln|V^*|)} \cdot \frac{1}{r^2}. \tag{4.2.112}$$

由式 (4.2.111) 及 (4.2.109) 可以给出 “第一过渡距离”r_1 及近场异常传播 K_L 的上界:

$$r_1 = \frac{H}{\sin\alpha^* (-\ln|V_b|)}, \tag{4.2.113}$$

$$K_L \leqslant 10\log\left(\frac{4}{-\ln|V_b|}\right). \tag{4.2.114}$$

而第 1 号简正波的衍射影区的“第三过渡距离”r_3 由

$$2(\beta_2 - \beta_1) \cdot r = 1, \text{ 或 } \eta = 1$$

给出:

$$r_3 = \frac{k_0 H^2}{\pi(-\ln|V^*|)}. \tag{4.2.115}$$

综上所述, 若 $-\ln|V_b|$ 值及 $-\ln|V^*|$ 值相同时, 对 $N = 0, 1, \infty$ 三种情况的平均场强为

$$
\left.
\begin{array}{ll}
r<r_1,\quad \overline{I}(r)=\dfrac{A_L}{r^2} & (\text{对 } N=0,1,\infty);\\[2ex]
r_1<r<r_2,\quad \overline{I}(r)=\dfrac{2\sin\alpha^*}{Hr} & (\text{对 } N=0,1,\infty);\\[2ex]
r_2<r<r_3,\quad \overline{I}(r)=\left\{\begin{array}{ll}\dfrac{2}{(-\ln|V^*|)}\cdot\dfrac{1}{r^2} & (\text{对 } N=0)\\[2ex] \sqrt{\dfrac{\pi}{QH}}\cdot\dfrac{1}{r^{3/2}} & (\text{对 } N=1);\\[2ex] \dfrac{2\sin\alpha^*}{Hr} & (\text{对 } N=\infty)\end{array}\right. & \\[8ex]
r>r_3,\quad \overline{I}(r)=\left\{\begin{array}{ll}\dfrac{2\pi}{k_0H^2r}\exp\left[\dfrac{\ln|V^*|}{k_0H^2}r\right] & (\text{对 } N=0)\\[2ex] \dfrac{2\pi}{k_0h^2r}\exp\left[-\dfrac{Q\pi^2}{k_0^2H^3}r\right] & (\text{对 } N=1).\\[2ex] \dfrac{2\sin\alpha^*}{Hr} & (\text{对 } N=\infty)\end{array}\right. &
\end{array}
\right\}
\tag{4.2.116}
$$

式 (4.2.116) 所给出的平均场强绘于图 4.2.7, 图中略去了 $r>r_3$ 的场区, ▩区域对应于 N=1∼∞; 而▥则对应于 N=0∼1.

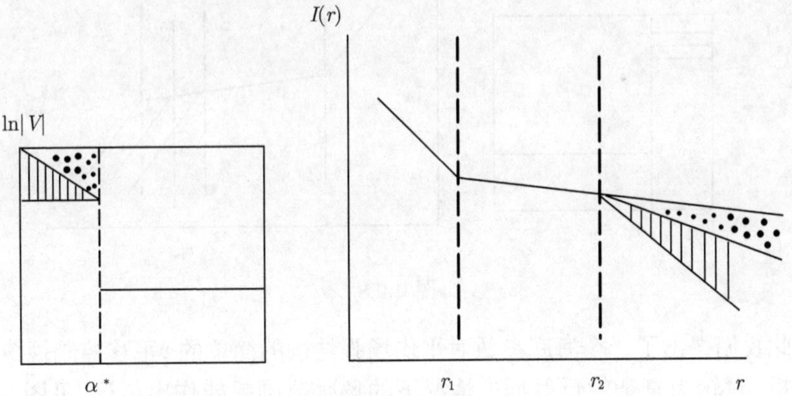

图 4.2.7

下面来考察, 当海底反射的三个参数各自变化时, 平均场强结构如何变化. 为了方便起见, 以 N=0 为例, 则对 N=1 不难得到类似的结论.

(1) 当参数 $-\ln|V_b|$ 变化, 而 α^*, $-\ln|V^*|$ 不变时, 则只有 r_1 改变, 于是场强结构的相应变化如图 4.2.8(a) 所示.

(2) 当参数 α^* 变化, 而 $-\ln|V_b|$ 及 $-\ln|V^*|$ 不变时, 则 r_1 与 r_2 都变化, 相应的场强结构变化如图 4.2.8(b) 所示.

(3) 当参数 $-\ln|V^*|$ 变化, 而 α^* 及 $-\ln|V_b|$ 不变时, 则仅 r_2 变化相应的场强结构变化如图 4.2.8(c) 所示.

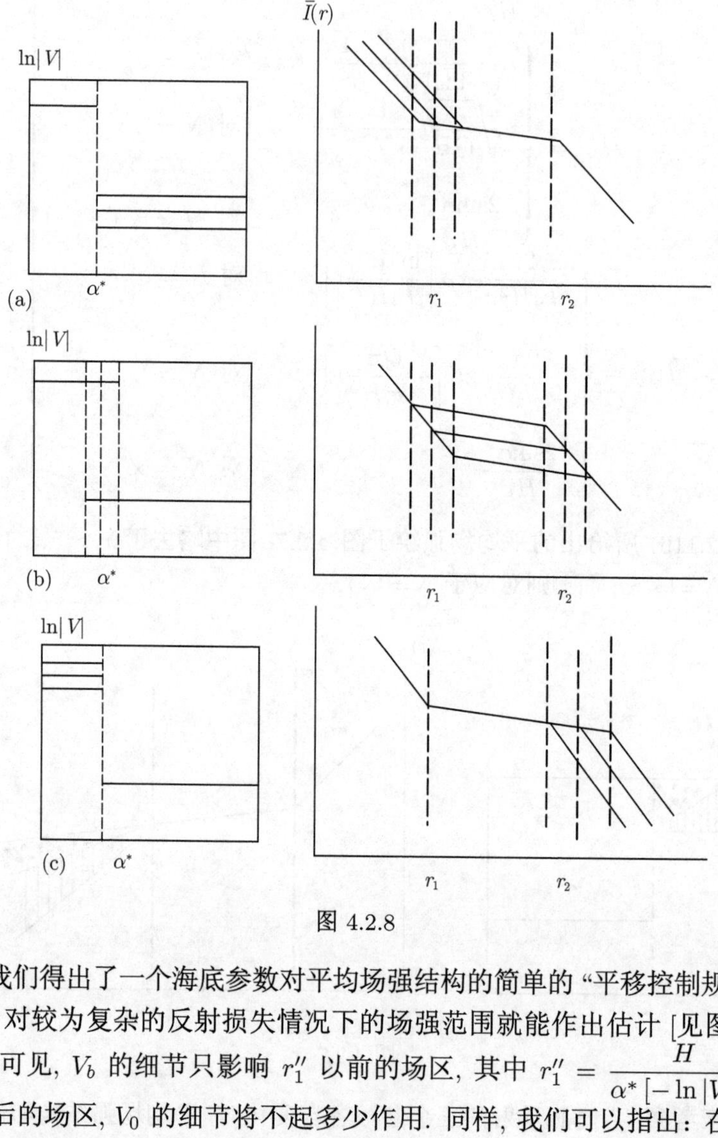

图 4.2.8

由此我们得出了一个海底参数对平均场强结构的简单的“平移控制规律”. 根据以上分析, 对较为复杂的反射损失情况下的场强范围就能作出估计 [见图 4.2.9(a), (b)]. 由图可见, V_b 的细节只影响 r_1'' 以前的场区, 其中 $r_1''=\dfrac{H}{\alpha^*[-\ln|V_0''|]}$; 而在 $r>r_1''$ 以后的场区, V_0 的细节将不起多少作用. 同样, 我们可以指出: 在 α^* 附近连续变化, 用间断跳变近似代替时, 产生的误差只在 $({r_1}'',{r_2}'')$ 区域内有影响, 其中, $r_1'=\dfrac{H}{\alpha^{*\prime}[-\ln|V_0|]}$, ${r_2}''=\dfrac{H}{(\alpha^{*\prime\prime})^2\cdot Q}$; 在此区域以外可以不计 $\alpha^{*\prime}$ 与 $\alpha^{*\prime\prime}$ 之间反射损失的细节变化 [见图 4.1.4(a), (b)]. 而 $\alpha<\alpha^*$ 区域中反射损失的变化将主要影响 $r>r_2'$ 以后的场区 [见图 4.2.9(b)].

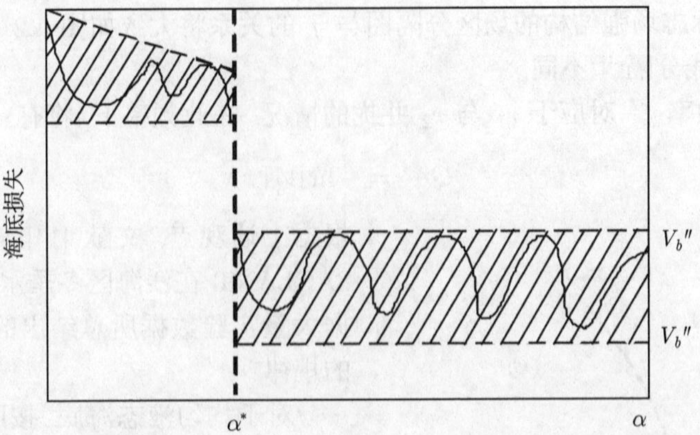

(a)

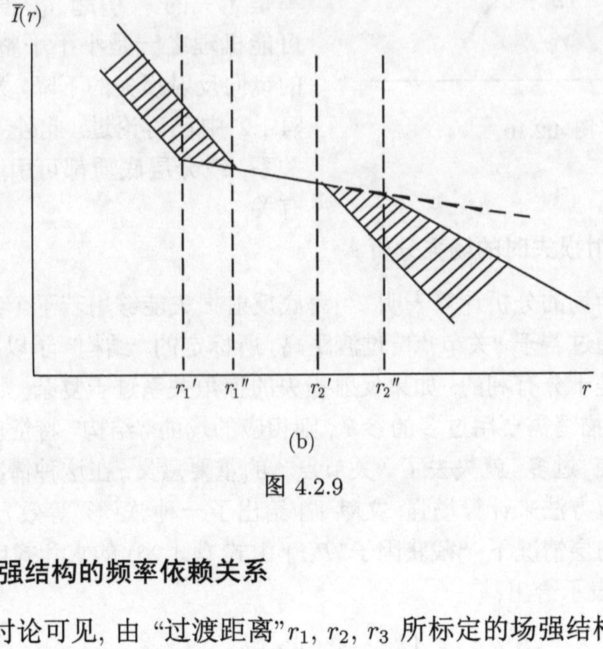

(b)

图 4.2.9

4.2.5 平均场强结构的频率依赖关系

由前节的讨论可见, 由 “过渡距离”r_1, r_2, r_3 所标定的场强结构与海底反射损失参数有简单的依赖关系. 一般而言, 海底反射参数 Q, α^* 及 $-\ln|V_b|$ 是与频率有关的, 因此, 平均场强结构也会与频率有关.

关于海底反射损失的频率依赖关系目前尚没有十分完全的测量结果, 特别在浅海中, 小掠角反射损失的测量有实际的困难, 文献 [18] 给出一套深海的曲线, 但小掠角是外推的. 从声场规律的间接测量来提取海底参数, 是目前人们十分感兴趣的、正在探讨的问题, 例如文献 [14].

一般, 当频率 f 增加时, 将带来下列几种改变: Q 值变大, α^* 变小, $-\ln|V_b|$ 变大. 由于 Q 变大, 则柱衰减区缩小, r_2 变小并与 r_1 靠近并拢; 由于 α^* 变小, r_1 将

变大. 因此, 标志场强结构的场区分隔图与 f 的关系将大致如图 4.2.10 所示. 它与 Weston 的直线分隔[4] 不同.

图中的频率 f^* 对应于 r_1 与 r_2 并拢的情况. 在此频率下, 将有

$$Q\alpha^* = -\ln|V_b|.$$

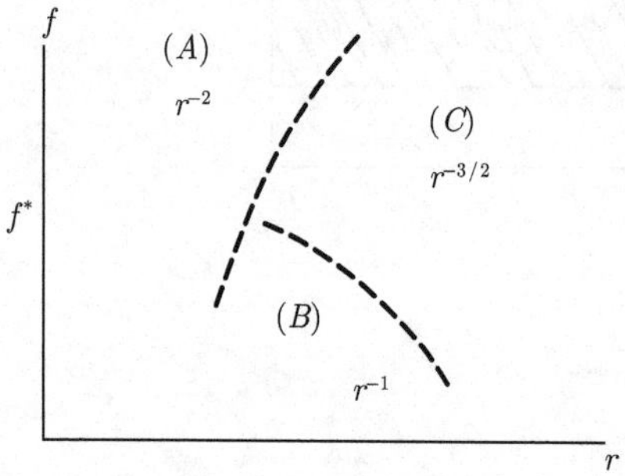

图 4.2.10

根据上述观点, 文献 [14] 较好地解释了 SACLANT 在浅海区冬季水文条件下, 根据大量实验数据所总结出的 "过渡距离" 的规律.

对于均匀液态海底, 按照吸收与频率一次方关系计算反射损失时, Q_0 值与频率是无关的. 引起 Q 值与频率有关的可能机理之一是小不平整性的散射引起的镜向反射损失的下降, 关于这一问题在 §4.1.2 中已讨论过. 此外, 吸收的非线性关系, 或分层底质都可引起 Q 值与频率有关.

4.2.6　任意反射损失时的场强分析

前面关于声场的分析计算表明, 当海底反射损失能够用若干个参量描写时, 则平均场强可以通过若干 "关节点"(过渡距离) 所标定的 "结构" 予以描述, 这对于掌握和认识规律是十分有利的. 如果反射损失的掠角关系过于复杂, 则不能参量化描写, 或者用参量描写需要用过多的参量, 则相应的场的 "结构" 特征就不突出了. 也就是说, "关节点"过多, 就失去了 "关节点" 的重要意义. 在这种情况, 可以用数值方法或其他近似方法来计算场强, 文献 [7] 给出了一种"矩形"等效方法.

在浅海均匀层情况下, "截获因子"$T(r)$ 由式 (4.1.26) 的求和式或式 (4.1.27) 的 "功率谱" 积分表示给出:

$$T(r) = \frac{2}{H}\int_0^{\pi/2} \mathrm{e}^{\frac{\ln|V(\theta)|}{H}\cdot\tan\theta\cdot r}\mathrm{d}\theta = \frac{2}{H}\Theta(r), \tag{4.2.117}$$

其中

$$\Theta(r) = \int_0^{\pi/2} \mathrm{e}^{-g(\theta)\cdot r}\mathrm{d}\theta, \tag{4.2.118}$$

$$g(\theta) = \frac{(-\ln|V(\theta)|)\cdot\tan\theta}{H}. \tag{4.2.119}$$

$\Theta(r)$ 的计算是一种积分变换, 只有在某些简单情况才能得出解析结果. 如果将 $\mathrm{e}^{-g(\theta)\cdot r}$ 看做角度滤波器的特性, 并考虑 $g(\theta)$ 随 θ 按一次方以上而上升, 则在每个固定的距离 r 处必然有一个 θ_e, 使得 $g(\theta_e)\cdot r = 1$. 在 $\theta > \theta_e$ 以后, $\mathrm{e}^{-g(\theta)\cdot r}$ 将随

θ 增加而迅速下降, 因此可以把这个滤波器近似地看成矩形滤波器, 在 θ_e 以内的能量不受衰减, 在 θ_e 以外的能量全部滤掉. 这样就得到 $\Theta=\theta_e$. 由此, Θ 与 r 的关系可以由

$$g(\theta_e)\cdot r=(-\ln|V(\theta)|)\cdot\tan\theta\cdot\frac{r}{H}=1 \tag{4.2.120}$$

来决定. 积分变换问题可以简化为解普通超越方程或代数方程. 只要 $(-\ln|V(\theta)|)$ 满足单调上升的条件, 由上述近似引起的误差一般不超过 2 dB.

可以看出, 由式 (4.2.120) 近似地但很简单地实现了式 (4.1.117) 所规定的由 $(|V|,\theta)$ 平面到 (I,r) 平面的"映射". 这种映射实际上无须解任何方程. 即从 $(|V|,\ \theta)$ 平面上的一个给定的点 $(|V_i|,\theta_i)$ 来反算 r 值, 也就是由式 (4.2.120) 对应地给出一个 r_i:

$$r_i=\frac{H}{(-\ln|V(\theta_i)|)\cdot\tan\theta_i}, \tag{4.2.121}$$

而与这个 r_i 相应的 I_i 是

$$I_i=\frac{1}{r_i}T(r_i)=\frac{2}{r_iH}\cdot\theta_i=\frac{(-\ln|V(\theta_i)|)\cdot\tan\theta_i}{H^2}\cdot\theta_i. \tag{4.2.122}$$

从而完成了 $(|V|,\theta)\Rightarrow(I,r)$ 的映射.

由式 (4.2.121) 不难看出, 当取特定的 θ_i 为 θ^* 时, 式 (4.2.121) 就是"过渡距离"r_2 的定义式, 而式 (4.2.122) 就是相应于 r_2 处的场强的表示式. 因此, 上述映射过程也可以理解为当 θ^* 连续变化时, 滑动的 r_2 所给出的场强 $I(r_2)$ 的过程 (见图 4.2.11).

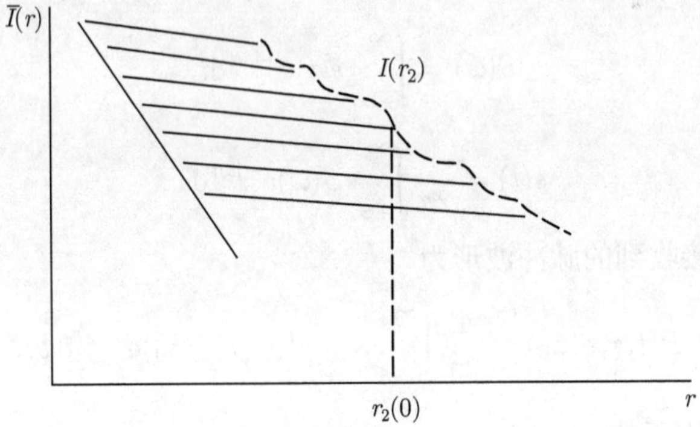

图 4.2.11

§4.3 浅海均匀层中脉冲的传播

4.3.1 脉冲峰值衰减与能量衰减的关系

分层介质信道将使脉冲波形产生畸变. 引起畸变的原因在于信道的多途效应

和频散效应. 多途效应, 用简正波的语言来说, 就是参加叠加声场的各号简正波具有不同的群速度; 用射线语言来说, 则是到达接收点有不同路径的声线. 而频散效应, 则是指每一号简正波的群速度随频率而变化. 对于浅海均匀层中的脉冲传播问题, 前面已经介绍过 Pekeris 的开创性工作. Pekeris 问题中着重考虑了较低频率 (临界频率 $\omega_c\sim$ 艾利频率 ω_A) 范围内由波形特征所携带的有关底质结构的信息. 这里我们讨论当频率高于 ω_A 时的窄带脉冲的传播问题. 因为 $\omega_A\sim\dfrac{c_0}{H}$, 因此我们考虑 $\omega\gg\omega_A$(或等价的 $k_0H\gg 1$) 的情况; 某些实用的声呐探测系统属于这种情况. 对于海底, 我们使用 "三参数" 模型.

将位于 $z=z_0$ 的简谐点源的简正波声场表示为

$$\phi(r,z,z_0;\omega)=\pi\mathrm{i}\sum_l U_l(z)U_l(z_0)H_0^{(1)}(u_lr).$$

当 r 大于第一过渡距离 r_1 时, 场基本上由"主导集合"贡献:

$$\phi(r,z,z_0;\omega)=\pi\mathrm{i}\sum_{l=1}^{l^*}U_l(z)U_l(z_0)\sqrt{\frac{2}{\pi\mu_lr}}\mathrm{e}^{\mathrm{i}\left(\mu_lr-\frac{\pi}{4}\right)},\tag{4.3.1}$$

而

$$U_l(z)=\left[\frac{2}{H_{\text{eff}}}\right]^{1/2}\sin\left(\frac{l\pi}{H_{\text{eff}}}z\right).\tag{4.3.2}$$

设发射脉冲信号为 $s(t)$, 其频谱为

$$S(\omega)=\int_{-\infty}^{\infty}s(t)\mathrm{e}^{+\mathrm{i}\omega t}\mathrm{d}t,\tag{4.3.3}$$

$$s(t)=\frac{1}{2\pi}\int_{-\infty}^{\infty}S(\omega)\mathrm{e}^{-\mathrm{i}\omega t}\mathrm{d}\omega.\tag{4.3.4}$$

因此, 在 r, z 点接收到的脉冲波形为

$$P(t;r,z,z_0)=\frac{1}{2\pi}\int_{-\infty}^{\infty}S(\omega)\phi(\omega,r,z;z_0)\mathrm{e}^{-\mathrm{i}\omega t}\mathrm{d}\omega.\tag{4.3.5}$$

采用信号的解析表示式:

$$P(t;r,z,z_0)=\mathrm{Re}\left[\frac{1}{\pi}\int_0^{\infty}S(\omega)\phi(\omega,r,z,z_0)\mathrm{e}^{-\mathrm{i}\omega t}\mathrm{d}\omega\right].\tag{4.3.6}$$

将式 (4.3.1) 代入式 (4.3.6), 得

$$P(t;r,z,z_0)=\mathrm{Re}\left[\sqrt{\frac{2\mathrm{i}}{\pi r}}\sum_l^{l^*}U_l(z)U_l(z_0)\frac{\mathrm{e}^{-\beta_lr}}{\sqrt{k_l}}\cdot P_l(t;r)\right];\tag{4.3.7}$$

其中

$$P_l(t;r)=\int_0^\infty S(\omega)\mathrm{e}^{\mathrm{i}(k_l r-\omega t)}\mathrm{d}\omega. \tag{4.3.8}$$

而

$$k_l(\omega)=\sqrt{k_0^2-\left(\frac{l\pi}{H_{\mathrm{eff}}}\right)^2}, \tag{4.3.9}$$

$$\beta_l=Q\frac{\pi^2}{2k_0^2H_{\mathrm{eff}}^3}l^2, \tag{4.3.10}$$

$$l^*=\left(\frac{k_0H_{\mathrm{eff}}}{\pi}\right)\sin\alpha^*. \tag{4.3.11}$$

在式 (4.3.7) 中, 我们已经将被积函数的幅度部分, 认为在窄带范围内是缓变函数而移到积分号外, 下面将被积函数的相位函数中的 $k_l(\omega)$ 在窄带脉冲的中心频率 $\omega=\omega_0$ 处展开:

$$k_l(\omega)=k_l(\omega_0)+k_l'(\omega_0)\cdot y+\frac{1}{2}k_l''(\omega_0)y^2+\cdots, \tag{4.3.12}$$

其中 $y=\omega-\omega_0$, 由式 (4.3.9) 不难得到

$$k_l'(\omega_0)=\frac{\partial k_l}{\partial\omega_0}\doteq\frac{1}{c_0}\left[1+\frac{1}{2}\left(\frac{l\pi}{k_0H_{\mathrm{eff}}}\right)^2\right], \tag{4.3.13}$$

$$k_l''(\omega_0)=\frac{\partial^2k_l}{\partial\omega_0^2}\doteq\frac{1}{c_0^2}\left(\frac{l\pi}{k_0H_{\mathrm{eff}}}\right)^2\cdot k_0^{-1}. \tag{4.3.14}$$

我们定义为 “弥散距离”r_{dl}:

$$\frac{1}{2}k_l''(\omega_0)y^2\cdot r_{dl}\equiv 1, \tag{4.3.15}$$

其中 $y=\omega-\omega_0$, 其最大取值为 $\frac{1}{2}\Delta\omega$, $\Delta\omega$ 为有效带宽, 故取 “弥散距离”r_{dl} 为

$$r_{dl}\equiv\frac{8}{k_l''(\omega_0)\cdot[\Delta\omega]^2}. \tag{4.3.16}$$

当 $r<r_{dl}$ 时, 在式 (4.3.8) 的积分相位中可以忽略 k_l'' 的项, 此时第 l 号简正波不发生波包弥散, 而只有群延迟:

$$P_l(t;r)=\mathrm{e}^{\mathrm{i}\left[k_l(\omega_0)r-k_l'(\omega_0)\omega_0 r\right]}\times\int_0^\infty S(\omega)\mathrm{e}^{\mathrm{i}\left[k_l'(\omega_0)r-t\right]\omega}\mathrm{d}\omega;$$

而群速度 $u_l=\left(\dfrac{\partial k_l}{\partial\omega}\right)^{-1}$, 因此,

$$P_l(t;r)=\mathrm{e}^{\mathrm{i}\left(\frac{\omega_0}{c_l}-\frac{\omega_0}{u_l}\right)r}\times\overline{S}\left(t-\frac{r}{u_l}\right), \tag{4.3.17}$$

其中 $\overline{S}(t)$ 为原始发射信号 $s(t)$ 的解析信号. 对于窄带脉冲, 可以表示为

$$\overline{S}(t)=\mathrm{e}^{-\mathrm{i}\omega_0 t}E(t), \tag{4.3.18}$$

其中 $E(t)$ 为包络; 于是式 (4.3.17) 表示为

$$P_l(t;r)=\mathrm{e}^{\mathrm{i}\omega_0\left(t-\frac{r}{c_l}\right)}\cdot E\left(t-\frac{r}{u_l}\right). \tag{4.3.19}$$

由式 (4.3.19) 可以看出 c_l 与 u_l 的物理意义：c_l 代表相位传播速度, 而 u_l 代表包络的传播速度. 将式 (4.3.19) 代入式 (4.3.7), 得

$$P(t;r,z,z_0)=\mathrm{Re}\left[\sqrt{\frac{2\mathrm{i}}{\pi r}}\sum_{l}^{l^*}A_l(r,z,z_0)\cdot E\left(t-\frac{r}{u_l}\right)\mathrm{e}^{\mathrm{i}\phi_l(r)}\right], \tag{4.3.20}$$

其中简正波脉冲幅度 A_l 为

$$A_l(r,z,z_0)=U_l(z)U_l(z_0)\frac{\mathrm{e}^{-\beta_l r}}{\sqrt{k_l}}, \tag{4.3.21}$$

而相位 $\phi_l(r)$ 为

$$\phi_l(r)=\omega_0\left(t-\frac{r}{c_l}\right). \tag{4.3.22}$$

由式 (4.3.20) 可见, 在 “弥散距离” r_{dl} 以内所接收到的波形, 是幅度正比于 $\dfrac{1}{\sqrt{r}}$, 波形与原始发射波形相同的、未畸变的各个简正波脉冲波形的加权延时叠加, 其权重 $A_l(z,z_0,r)$, 而延时 $\tau_l=\dfrac{r}{u_l}$.

为了分析方便, 引入相对权重 ΔA_l 及相对延时 $\Delta\tau_l$：

$$\Delta A_l(r,z,z_0)=\frac{A_l}{A_1}=\frac{U_l(z)U_l(z_0)}{U_1(z)U_1(z_0)}\mathrm{e}^{-\Delta\beta_l r}, \tag{4.3.23}$$

$$\Delta\beta_l r=(\beta_l-\beta_1)\,r=K\left(l^2-1\right)\cdot r, \tag{4.3.24}$$

$$K\equiv Q\frac{\pi^2}{2k_0^2H_{\mathrm{eff}}^3}, \tag{4.3.25}$$

$$\Delta\tau_l=\frac{r}{U_l}-\frac{r}{U_1}. \tag{4.3.26}$$

由于有相对延迟, 当距离 r 足够大时, 会使得相对延迟时间超过有效脉宽 τ_0, 因而该号简正波不能在 τ_0 内参加叠加而贡献场强, 即该号简正波被 “分离” 出去. 由于简正波逐个被分离, 因而产生波形的拖散, 使得在 τ_0 内叠加的峰度有损失. 如果不作平方积分处理而只测量峰值, 会出现附加损失, 称做多途拖散损失.

下面, 我们来估算多途拖散损失.

将式 (4.3.13) 代入式 (4.3.26), 就得到 l 与 $l+1$ 相邻两号简正波在时域上的分离条件:

$$\Delta\tau_{l+1,l} \equiv |\Delta\tau_l - \Delta\tau_{l+1}| \geqslant \tau_0. \tag{4.3.27}$$

由此解出

$$r\left(\frac{\pi}{k_0 H_{\text{eff}}}\right)^2\left(\frac{2l+1}{2}\right) \geqslant c_0\tau_0. \tag{4.3.28}$$

若不计深度关系 (或考虑对深度平滑模糊), 则确定有权参加叠加的简正波条件, 完全由 $\mathrm{e}^{-\Delta\beta_l r}$ 确定. 因此, 给定 r 时, 所接收到的简正波脉冲序列示于图 4.3.1. 随着 r 的增加, 将逐渐淘汰号数较高的简正波, 即所谓 "剥离" 效应.

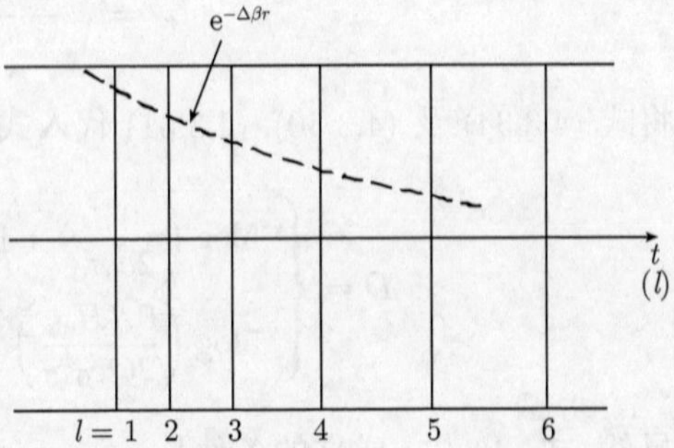

图 4.3.1

在 "半功率点" 意义下, 参加场的叠加的有效简正波号数 (在均匀层情况下也就等于个数) l_{eff}, 由下式确定:

$$Kr\left(l_{\text{eff}}^2 - 1\right) = 0.35. \tag{4.3.29}$$

由此解出

$$l_{\text{eff}} \doteq \sqrt{\frac{0.7H}{Qr}}\left(\frac{k_0 H_{\text{eff}}}{\pi}\right) \quad (r > r_2). \tag{4.3.30}$$

式 (4.3.30) 的条件是处在 "3/2" 场区, 即 $r_2 < r < r_3$. 而当 $r < r_2$ 时, 则

$$l_{\text{eff}} = l^* \doteq \left(\frac{k_0 H_{\text{eff}}}{\pi}\right) \cdot \alpha^* \quad (r < r_2). \tag{4.3.31}$$

由第 1 号及第 l_{eff} 号所构成的相对延迟将给出多途扩展的总的有效拖散宽度 τ_{eff}:

$$\tau_{\text{eff}} \approx \left|\frac{r}{u_{\text{eff}}} - \frac{r}{u_1}\right| \approx \frac{0.7H}{2c_0 Q}.$$

可见, 在均匀层情况下, 由于 "剥离" 效应, 多途扩展的总宽度不随距离增加而增加 (当 $r_2 < r < r_3$), 这是与水下声道等无 "剥离" 的波导传播条件下, 多途扩展宽度随距离而增加不同的特点. 应当注意, 这里所指的总宽度是在 "半功率点" 意义下的相对宽度.

我们定义 "多途拖散损失" D 为: 在非相干叠加条件下, 平方积分场强与脉冲峰值场强之比, 取分贝表示:

$$D \equiv 10\log\left(\frac{I_{平积}}{I_{峰}}\right) \tag{4.3.32}$$

考虑非相干叠加时, 则有

$$D \equiv 10\log\left(\frac{l_{\text{eff}}}{l_{\tau_0}}\right), \tag{4.3.33}$$

其中 l_{τ_0} 为保持在 τ_0 内的有效简正脉冲的个数, 由相对延迟公式不难算出:

$$l_{\tau_0} = \sqrt{\frac{2c_0\tau_0}{r}}\left(\frac{k_0 H_{\text{eff}}}{\pi}\right). \tag{4.3.34}$$

将式 (4.3.34) 及 (4.3.30), (4.3.31) 代入式 (4.3.33), 得

$$D = \begin{cases} 5\log\left(\dfrac{\alpha^{*2}}{2c_0\tau_0}\cdot r\right) & (r < r_2), \\ 5\log\left(\dfrac{0.7H_{\text{eff}}}{2Qc_0\tau_0}\right) & (r > r_2, r < r_{\tau上}) \end{cases} \tag{4.3.35}$$

显然, 式 (4.3.35) 成立的条件是

(1) $$l_{\tau_0} \geqslant 1. \tag{4.3.36a}$$

(2) $$l_{\tau_0} \leqslant l_{\text{eff}}. \tag{4.3.36b}$$

由式 (4.3.36a) 可以确定一个拖散损失的上限距离 $r_{\tau上}$:

$$r_{\tau上} = (2c_0\tau_0)\left(\frac{k_0 H_{\text{eff}}}{\pi}\right)^2. \tag{4.3.37}$$

当 $r > r_{\tau上}$, 则 τ_0 内只保持有一个简正波, 因此, 随着 "剥离" 使 l_{eff} 缩小, D 将下降, 直到 r_3, 此时 l_{eff} 也等于 1, 因而 $D \to 0$.

由式 (4.3.36b) 可以确定一个下限距离或下限脉宽:

$$\sqrt{\frac{2c_0\tau_0}{r}}\left(\frac{k_0 H_{\text{eff}}}{\pi}\right) \leqslant \begin{cases} \alpha^*\left(\dfrac{k_0 H_{\text{eff}}}{\pi}\right) & (r < r_2), \\ \sqrt{\dfrac{0.7H_{\text{eff}}}{Qr}}\left(\dfrac{k_0 H_{\text{eff}}}{\pi}\right) & (r > r_2). \end{cases}$$

于是得到

$$r_{\tau下} = \frac{2c_0\tau_0}{\alpha^{*2}} \quad (r < r_2), \tag{4.3.38a}$$

$$r_{0下} = \frac{0.7H_{\text{eff}}}{2Qc_0} \quad (r > r_2). \tag{4.3.38b}$$

式 (4.3.38a) 给出在 $r < r_2$ 场区内开始出现多途拖散损失的特征距离. 而式 (4.3.38b) 则给出在 "3/2" 方场区内产生多途拖散损失的必要条件是

$$\tau_0 < \tau_{0下}.$$

当 $\tau_0 \geqslant \tau_{0下}$ 时, 则所有在 $\tau_{0下}$ 以外的简正脉冲皆属于被淘汰的, 有效简正波总是包括在 τ_0 之内, 所以 $\tau_0 > \tau_{\mathrm{eff}}$ 因此不会产生多途拖散损失.

综上可见, 对于浅海均匀层情况, 以 Q 值描述的海底, 则脉冲峰值场强与能量场强之间的关系示意于图 4.3.2. 有多途拖散损失的必要条件由式 (4.3.38) 给出. 当满足式 (4.3.38) 的条件时, 则在 $r_{\tau下}$ 与 $r_{\tau上}$ 之间, $D \neq 0$, 且在 r_2 与 $r_{\tau上}$ 之间保持为常数, 由式 (4.3.35) 给出.

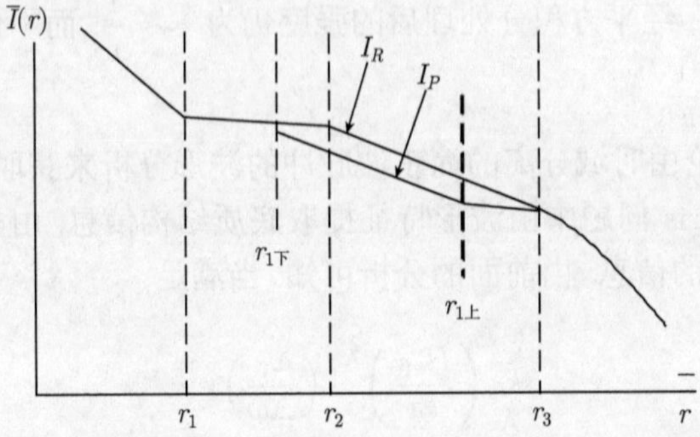

图 4.3.2

以上讨论的是 $r < r_{dl}$ 时, 波包没有弥散的情况. 将式 (4.3.14) 代入式 (4.3.16), 就得 "弥散距离"r_{dl} 为

$$r_{dl} = 8k_0 \cdot \left(\frac{H_{\mathrm{eff}}^2}{l\pi}\right) \cdot \left(\frac{\omega_0}{\Delta\omega}\right)^2. \tag{4.3.39}$$

下面讨论波包的弥散问题. 当 $r \gg r_{dl}$ 时, 则在积分式 (4.3.8) 时, 必须保留到 k_l'' 项. 此时, 可由稳相法来估算积分, 得

$$P_l(t,r) = \sqrt{\frac{\pi}{2rk_l''}} S(\omega)\, \mathrm{e}^{\mathrm{i}\phi(\omega,t,r)}\Big|_{\omega_s}, \tag{4.3.40a}$$

其中稳相频率 ω_s 由 $\dfrac{\partial\phi}{\partial\omega} = 0$ 确定, 即

$$t - k_l'(\omega_s) \cdot r = 0$$

或

$$t - \frac{r}{u_l(\omega_s)} = 0. \tag{4.3.40b}$$

而脉冲波包的宽度为 $\Delta\tau_{弥散} \approx |t_+ - t_-|$, t_+ 与 t_- 分别为将

$$\omega = \omega_0 \pm \frac{1}{2}\Delta\omega$$

代入式 (4.3.40a) 所得的 t 值, 因而等效脉宽为

$$\Delta\tau_{弥散} = r\left|k_l'\left(\omega_0+\frac{\Delta\omega}{2}\right)-k_l'\left(\omega_0-\frac{\Delta\omega}{2}\right)\right|$$
$$\doteq \left|rk_l''(\omega_0)\cdot\Delta\omega_l\right|. \tag{4.3.41}$$

由式 (4.3.7), (4.3.40) 及 (4.3.41) 可见, 在弥散区 $r > r_{dl}$, 简正波脉冲的幅度 $\sim\sim \dfrac{1}{r}$, 而脉宽 $\sim\sim r$, 因此, 经平方积分处理后的强度仍为 $\sim\sim \dfrac{1}{r}$, 而不作平方积分处理读峰值时强度为 $\sim\sim \dfrac{1}{r^2}$.

最后, 我们讨论由时域分离的简正波脉冲的波形分析来获取底质参数 Q 的可能性. 类似于 Pekeris 问题中由波形特征提取底质结构信息, 由多途波形的相对幅度可提供反射损失的信息. 由前面的分析可知, 当满足

$$r < 8k_0\left(\frac{H_{\text{eff}}}{l\pi}\right)^2\cdot\left(\frac{\omega_0}{\Delta\omega}\right)^2,$$
$$r < \left(\frac{\pi}{k_0H_{\text{eff}}}\right)^2\left(\frac{2l+1}{2}\right)\geqslant c_0\tau_0$$

条件时, 可以得到 l 个不畸变的互相分离的简正波脉冲. 此时可以由测量相对幅值 $\Delta\tilde{A}_l$(实测值) 来推求 Q 值.

$$\Delta\tilde{A}_l = \frac{U_l(z)U_l(z_0)}{U_1(z)U_1(z_0)}\mathrm{e}^{-\Delta\beta_l r},$$

于是得到

$$Q = \frac{-\ln\left[\Delta\tilde{A}_l\left|\dfrac{\sin\left(\dfrac{\pi}{H_{\text{eff}}}z\right)\sin\left(\dfrac{\pi}{H_{\text{eff}}}z_0\right)}{\sin\left(\dfrac{l\pi}{H_{\text{eff}}}z\right)\sin\left(\dfrac{l\pi}{H_{\text{eff}}}z_0\right)}\right|\right]}{\dfrac{\pi}{2k_0^2H_{\text{eff}}^3}(l^2-1)\cdot r}. \tag{4.3.42}$$

对于给定的 r 值, 如果第 1 号简正波处在非弥散区, 而第 l 号简正波处于弥散区时, 则由式 (4.3.40) 及 (4.3.19) 给出相应的相对幅度比为

$$\Delta A_l \doteq \eta\frac{U_l(z)U_l(z_0)}{U_1(z)U_1(z)}\mathrm{e}^{-\Delta\beta_l r}, \tag{4.3.43}$$

其中修正因子

$$\eta = \sqrt{\frac{4r}{\pi r_{dl}}}.$$

此时, 由实测 $\Delta\tilde{A}_l$ 值, 按下式推求 Q 值:

$$Q=\frac{-\ln\left[\Delta\tilde{A}_l\cdot\left|\dfrac{\sin\left(\dfrac{\pi}{H_{\text{eff}}}z\right)\sin\left(\dfrac{\pi}{H_{\text{eff}}}z_0\right)}{\sin\left(\dfrac{l\pi}{H_{\text{eff}}}z\right)\sin\left(\dfrac{l\pi}{H_{\text{eff}}}z_0\right)}\right|\cdot\sqrt{\dfrac{4r}{\pi r_{dl}}}\right]}{\dfrac{\pi^2}{2k_0^2H_{\text{eff}}^3}\cdot\left(l^2-1\right)\cdot r}. \tag{4.3.44}$$

文献 [37] 报告了在黄海的 30 m 深浅海区, 成功地过滤出第 1 号简正波和第 2 号简正波, 从而提取出海底反射系数 Q 值, 列于表 4.3.1.

表 4.3.1

f/Hz	315	500	630
Q	0.39	0.71	0.8

4.3.2 脉冲多途拖散与相关损失

由于分层介质信道, 将使其中传输的信号受到畸变. 脉冲压缩系统的输出是量取以发射信号为参考样本与接收信号进行互相关处理的峰值.

因此, 由于接收信号所受到的畸变, 将产生相应的相关损失. 关于简单信道中随机扰动所产生的影响, 文献 [19] 曾作过讨论. 下面我们主要来分析波包在非弥散区多途拖散的相关损失.

设发射实信号为$s_1(t)$, 其相应的解析信号为 $\bar{s}_1(t)$, 而接收实信号为 $s_2(t)$, 其相应的解析信号为 $\bar{s}_2(t)$, 则

$$s_1(t)=\frac{1}{2\pi}\int_{-\infty}^{\infty}s(\omega)\,\mathrm{e}^{-\mathrm{i}\omega t}\mathrm{d}\omega, \tag{4.3.45}$$

$$\bar{s}_1(t)=\frac{1}{\pi}\int_{0}^{\infty}s(\omega)\,\mathrm{e}^{-\mathrm{i}\omega t}\mathrm{d}\omega, \tag{4.3.46}$$

而

$$s_1(t)=\mathrm{Re}\left[\bar{s}_1(t)\right]. \tag{4.3.47}$$

当 $r<r_{dl}$ 时, 接收到的信号可由式 (4.3.20) 给出:

$$\bar{s}_2(t)=\sqrt{\frac{2\mathrm{i}}{\pi r}}\sum_{l}^{l^*}A_l(r,z,z_0)\,E\left(t-\frac{r}{u_l}\right)\mathrm{e}^{\mathrm{i}\omega_0\left(t-\frac{r}{c_l}\right)}, \tag{4.3.48}$$

其中 $E(t)$ 为发射信号 $\bar{s}_1(t)$ 的包络, 即

$$\bar{s}_1(t)=E(t)\,\mathrm{e}^{-\mathrm{i}w_0t}. \tag{4.3.49}$$

由式 (4.3.48) 及 (4.3.49) 即可计算出 $\bar{s}_1$ 与 $\bar{s}_2$ 的互相关：

$$\chi_{\bar{s}_1\bar{s}_2^*}(\tau)=\int \bar{s}_1(t-\tau)\,\bar{s}_2^*(t)\,\mathrm{d}t, \tag{4.3.50}$$

而相应的实信号 $s_1(t)$ 与 $s_2(t)$ 的互相关可由 $\chi_{\bar{s}_1\bar{s}_2^*}$ 来表达：

$$\chi_{\bar{s}_1\bar{s}_2^*}(\tau)=\frac{1}{2}\mathrm{Re}\left[\chi_{\bar{s}_1\bar{s}_2^*}(\tau)\right]. \tag{4.3.51}$$

将式 (4.3.48), (4.3.49) 代入式 (4.3.50), 得

$$\chi_{\bar{s}_1\bar{s}_2^*}(\tau)=\sqrt{\frac{2\mathrm{i}}{\pi r}}\sum_{l=1}^{l^*}A_l(r,z,z_0)\mathrm{e}^{\mathrm{i}\left(\frac{r}{c_l}-\tau\right)\omega_0}\cdot\chi_{EE^*}\left(\tau-\frac{r}{U_l}\right), \tag{4.3.52}$$

其中 χ_{EE^*} 为信号复包络的自相关.

设 $\chi_{\bar{s}_1\bar{s}_2^*}$ 的峰值 $\hat{\chi}_{\bar{s}_1\bar{s}_2^*}$ 出现在 $\tau=\hat{\tau}$, 则

$$\begin{aligned}\hat{\chi}_{\bar{s}_1\bar{s}_2^*}=\chi_{\bar{s}_1\bar{s}_2^*}(\hat{\tau})=&\sqrt{\frac{2\mathrm{i}}{\pi r}}\sum_{l=1}^{l^*}A_l(r,z,z_0)\mathrm{e}^{\mathrm{i}\left(\frac{r}{c_l}-\hat{\tau}\right)\omega_0}\\&\times\chi_{EE^*}\left(\hat{\tau}-\frac{r}{U_l}\right).\end{aligned} \tag{4.3.53}$$

显然 $\hat{\tau}$ 应处于 E 的自相关半径之内. 若 τ_0 为 χ_{EE^*} 的 τ 容限, 则 $\hat{\tau}$ 应在 $\left(\frac{r}{u_1}-\tau_0,\ \frac{r}{u_{l^*}}+\tau_0\right)$ 区间之内 (其中, $u_1=\max u_l, u_{l^*}=\min u_l$).

下面我们分别讨论 “时域完全重合” 及 “时域完全分离” 两种极端情况, 然后给出一般情况下的表示式.

(甲)对 “时域完全重合” 情况. 此时满足条件

$$\Delta\tau_{1,l^*}\leqslant\tau_0, \tag{4.3.54}$$

其中 $\Delta\tau_{1,l^*}$ 为最大的多途拖散时间：

$$\Delta\tau_{1,l^*}=\left|\frac{r}{U_l^*}-\frac{r}{U_1}\right|. \tag{4.3.55}$$

由于最大拖散时间仍小于自相关的 τ 容限, 因此

$$\chi_{EE^*}\left(\hat{\tau}-\frac{r}{U_l}\right)\approx\chi_{EE^*}(0). \tag{4.3.56}$$

于是式 (4.3.53) 变为

$$\chi_{\bar{s}_1\bar{s}_2^*}(\hat{\tau})\approx\sqrt{\frac{2\mathrm{i}}{\pi r}}\cdot\chi_{EE^*}(0)\,\mathrm{e}^{-\mathrm{i}\hat{\tau}\omega_0}\sum_{l}^{l^*}A_l\mathrm{e}^{\mathrm{i}k_l r}. \tag{4.3.57}$$

令

$$\Psi(r,z,z_0)=\left(\sum_l A_l \mathrm{e}^{\mathrm{i}k_0 r}\right)\sqrt{\frac{2\mathrm{i}}{\pi r}}=|\Psi(r,z,z_0)|\,\mathrm{e}^{\mathrm{i}\Phi(\omega_0,r)}, \tag{4.3.58}$$

Ψ 即为简谐点源的简正波叠加声场, Φ 为其合成相位, 则式 (4.3.57) 改写为

$$\chi_{\bar{s}_1\bar{s}_2^*}(\hat{\tau})\approx\chi_{EE^*}(0)\cdot|\Psi(r,z,z_0)|\,\mathrm{e}^{\mathrm{i}(\Phi-\omega_0\hat{\tau})}. \tag{4.3.59}$$

由式 (4.3.51) 可得

$$\begin{aligned}\hat{\chi}_{s_1 s_2^*}&=\frac{1}{2}\mathrm{Re}\left[\chi_{\bar{s}_1\bar{s}_2^*}(\hat{\tau})\right]\\&=\frac{1}{2}\chi_{EE^*}(0)\cdot|\Psi(r,z,z_0)|\cdot\cos\theta(\hat{\tau},r),\end{aligned} \tag{4.3.60}$$

其中角 θ 为

$$\theta(\hat{\tau},r)\equiv\Phi(r,z,z_0;\omega_0)-\omega_0\hat{\tau}, \tag{4.3.61}$$

而

$$\chi_{s_1 s_1^*}(0)=\frac{1}{2}\mathrm{Re}\left[\chi_{\bar{s}_1\bar{s}_1^*}(0)\right]=\frac{1}{2}\chi_{EE^*}(0), \tag{4.3.62}$$

$$\chi_{s_2 s_2^*}(0)=\frac{1}{2}\mathrm{Re}\left[\chi_{\bar{s}_2\bar{s}_2^*}(0)\right]=\frac{1}{2}\chi_{EE^*}(0)\cdot|\Psi(r,z,z_0)|^2. \tag{4.3.63}$$

用互相关系数 $\Gamma_{s_1 s_2}$ 作为相关损失的度量, 则在 "时域完全重合" 情况下的互相关系数为

$$\Gamma_{s_1 s_2}=\frac{\hat{\chi}_{s_1 s_2^*}}{\sqrt{\chi_{s_1 s_1^*}(0)\cdot\chi_{s_2 s_2^*}(0)}}=\cos\theta(\hat{\tau},r). \tag{4.3.64}$$

由上式可见, 对 "时域完全重合" 情况 (不可分辨到达) 的互相关系数是由在信号复包络的 τ 容限内, 发射信号的载频延迟相位与简正波叠加场的合成相位所能达到的最大匹配程度所决定的. 在不考虑波场的随机起伏情况下, 只要满足

$$\omega_0\tau_0\geqslant 2\pi, \tag{4.3.65}$$

总是可以在 $\hat{\tau}$ 所容许的调整范围内, 使得达到 $\cos\theta=1$, 即 $\Gamma_{s_1 s_2^*}=1$, 而无相关损失.

(乙)对 "时域完全分离" 情况. 此时满足条件式 (4.3.27):

$$\tau_0\leqslant\Delta\tau_{l,l+1}, \tag{4.3.66}$$

则式 (4.3.53) 变为

$$\hat{\chi}_{\bar{s}_1\bar{s}_2^*}=\sqrt{\frac{2\mathrm{i}}{\pi r}}\cdot\chi_{EE^*}(0)\cdot A_{\hat{l}}(r,z,z_0), \tag{4.3.67}$$

其中 $A_{\hat{l}}$ 为 A_l 中的最大者. 上式只要求 $\left|\frac{r}{C_l}-\frac{r}{U_l}\right| \leqslant \tau_0$, 一般情况下这是容易满足的. 而 s_2 的自相关为

$$\chi_{s_2 s_2^*}(0)=\frac{1}{2}\mathrm{Re}\left[\chi_{\bar{s}_1\bar{s}_2^*}(0)\right]=\frac{1}{2}\chi_{EE^*}(0)\left(\sqrt{\frac{2\mathrm{i}}{\pi r}}\right)^2\sum_l A_l^2. \tag{4.3.68}$$

于是得到

$$\varGamma_{s_1 s_2}=\frac{A_{\hat{l}}}{\sqrt{\sum\limits_l^{l^*} A_l^2}}. \tag{4.3.69}$$

如果令

$$\sum_l^{l^*} A_l^2 \equiv l_{\mathrm{eff}}\cdot A_{\hat{l}}^2, \tag{4.3.70}$$

则有

$$\varGamma_{s_1 s_2}\approx\frac{1}{\sqrt{l_{\mathrm{eff}}}}. \tag{4.3.71}$$

对于一般的 "部分重合" 情况, 不难得到

$$\chi_{s_1 s_2}(\hat{\tau})=\frac{1}{2}\mathrm{Re}\left[\sqrt{\frac{2\mathrm{i}}{\pi r}}\cdot\chi_{EE^*}(0)\sum^{l_{\tau_0}(\hat{\tau})} A_l \mathrm{e}^{\mathrm{i}\phi_l(\hat{\tau},r)}\right], \tag{4.3.72}$$

其中 $l_{\tau_0}(\hat{\tau})$ 为在 $\tau=\hat{\tau}$ 时刻, 能在 τ_0 宽度内有效重合的个数. $\phi_l(\hat{\tau},r)$ 为

$$\phi_l(\hat{\tau},r)=k_l r-\omega_0\hat{\tau}, \tag{4.3.73}$$

而

$$\chi_{s_2 s_2}(0)=\frac{1}{2}\mathrm{Re}\left\{\left(\frac{2\mathrm{i}}{\pi r}\right)\cdot\chi_{EE^*}(0)\left[\sum_l^{l*} A_l^2+\sum_{l,m\ni k} A_l A_m\cos(k_l r-k_m r)\right]\right\}, \tag{4.3.74}$$

其中记号 $l,m\ni k$ 所表示的取值域为

(1)$l\neq m$;

(2)$\Delta\tau_{l,m}\leqslant\tau_0$.

上式表明, 在 "部分重合" 条件下, 简正波场的自相关矩阵中只有"扩充的对角元素"为有效元素. 于是得到一般情况下的相干系数为

$$\varGamma_{s_1 s_2^*}=\frac{\mathrm{Re}\left[\sum\limits^{l_{\tau_0}(\hat{\tau})} A_l \mathrm{e}^{\mathrm{i}\varPhi_l(\hat{\tau},r)}\right]}{\sqrt{\sum\limits_l^{l^*} A_l^2+\sum\limits_{l,m\ni k}\cdot A_l A_m\cos(k_l r-k_m r)}}. \tag{4.3.75}$$

当 $l_{\tau_0}(\hat{\tau}) = l^*$ 时, 则式 (4.3.75) 退化为完全重合情况的式 (4.3.64), 而当 $l_{\tau_0}(\hat{\tau}) = 1$ 时, 则退化为完全不重合情况的式 (4.3.69).

对于浅海信道所造成的脉冲波形畸变, 目前可以用一些先进的信号处理手段给以校正. 文献 [38] 讨论了利用波导不变量的特性对频散加以校正的方法, 当然最彻底的方法是用 "时反运算", 但是所需的导引信号不是在任何情况下都能方便得到的[39].

§4.4　浅海负梯度声场分析

夏季无风天气, 由于太阳照射, 使表面加热, 形成浅海负梯度的传播条件 (见 §2.1.3). 浅海负梯度情况下的声场分析可见文献 [9, 10, 21−24]. 这里, 我们用 Ray-Mode 方法, 结合海底反射损失的 "三参数" 模型, 对平均场强, 特别是对深度结构作一些分析, 并附带讨论一下波形扩展的情况.

4.4.1　平滑平均场强的分析

简谐点源的简正波场由式 (3.7.8) 给出:

$$\phi(r, z, z_0) = \pi \mathrm{i} \sum_l U_l(z) U_l(z_0) H_0^{(1)}(\mu_l r). \tag{4.4.1}$$

在 Ray-Mode 理论近似下, 确定 $\mu_l = k_l + \mathrm{i}\beta_l$ 的频散方程由式 (3.8.9) 给出:

$$2\int_{z_{下}}^{z_{上}} \sqrt{k^2(z) - \mu_l^2}\,\mathrm{d}z + \phi_{上} + \phi_{下} = 2l\pi. \tag{4.4.2}$$

考虑到声速剖面 $c(z)$ 是单调下降的 (见图 4.4.1), 因此, 当 μ_l 在 (k_0, k_H) 区间时有一个 "反转点", 而 $\mu_l < k_0$ 时, 则在水层 $(0, H)$ 内不会出现 "反转点". 根据 $k_l = \mathrm{Re}\mu_l$ 的位置, 可以将简正波分为三类:

第 I 类简正波:　　$k_H > \mu_l > k_0$,

第 II 类简正波:　　$k_0 \approx \mu_l$,

第 III 类简正波:　　$\mu_l < k_0$.

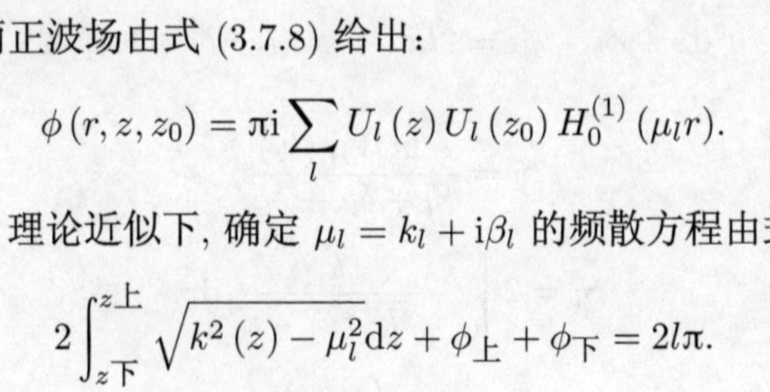

图 4.4.1

相应各类简正波的频散方程, 由式 (4.4.2) 变为

第 I 类:　　$(k_H > \mu_l > k_0)$

$$2\int_{z_l}^{H}\sqrt{k^2(z)-k_l^2}\mathrm{d}z+\phi_{\mathrm{b}}-\frac{\pi}{2}=2l\pi\quad(l=0,1,2,\cdots,l_1),\tag{4.4.3}$$

$$\beta_l=\frac{-\ln|V_H(k_l)|}{S_l+\delta_{lb}},\tag{4.4.4}$$

$$S_l=2\int_{z_l}^{H}\frac{k_l}{\sqrt{k^2(z)-k_l^2}}\mathrm{d}z,\tag{4.4.5}$$

$$\delta_{lb}=-\left(\frac{\partial\phi_b}{\partial k_l}\right),\tag{4.4.6}$$

“反转深度”z_l 由 $k^2(z_l)-k_l^2=0$ 给出.

第 II 类:　　$(k_0 \approx \mu_l)$

$$2\int_{0}^{H}\sqrt{k^2(z)-k_l^2}\mathrm{d}z+\phi_b+\phi_s=2l\pi\quad(l=l_1+1,l_1+2,\cdots,l_2),\tag{4.4.7}$$

$$\beta_l=\frac{-\ln|V_H(k_l)|}{S_l+\delta_{lb}+\delta_{ls}},\tag{4.4.8}$$

$$S_l=2\int_{0}^{H}\frac{k_l}{\sqrt{k^2(z)-k_l^2}}\mathrm{d}z,\tag{4.4.9}$$

$$\delta_{lb}=-\left(\frac{\partial\phi_b}{\partial k_l}\right),\tag{4.4.10}$$

$$\delta_{ls}=-\left(\frac{\partial\phi_s}{\partial k_l}\right);\tag{4.4.11}$$

其中 ϕ_s 为在海面附近 “反转” 时的相变 [见式 (3.9.117)].

第 III 类:　　$(\mu_l < k_0)$

$$2\int_{0}^{H}\sqrt{k^2(z)-k_l^2}\mathrm{d}z+\phi_b-\pi=2l\pi\quad(l=l_2+1,l_2+2,\cdots),\tag{4.4.12}$$

$$\beta_l=\frac{-\ln|V_H(k_l)|-\ln|V_s(k_l)|}{S_l+\delta_{lb}},\tag{4.4.13}$$

$$S_l=2\int_{0}^{H}\frac{k_l}{\sqrt{k^2(z)-k_l^2}}\mathrm{d}z,\tag{4.4.14}$$

$$\delta_{lb}=-\left(\frac{\partial\phi_b}{\partial k_l}\right).\tag{4.4.15}$$

由于第Ⅱ类简正波数目较少, 当 $\delta_{ls} \ll S_l$ 时, 这一类简正波并没有特别突出的特点, 故可将其并入第Ⅰ类简正波, 这样, 总共分为两类简正波.

为了简化起见, 下面可分为两类简正波来讨论.

第Ⅰ类简正波: $k_H > k_l > k_0\,(l = 1 - l_1)$,

第Ⅱ类简正波: $k_0 > k_l\,(l > l_1)$.

相应的极点 μ_l 分布如图 4.4.2 所示.

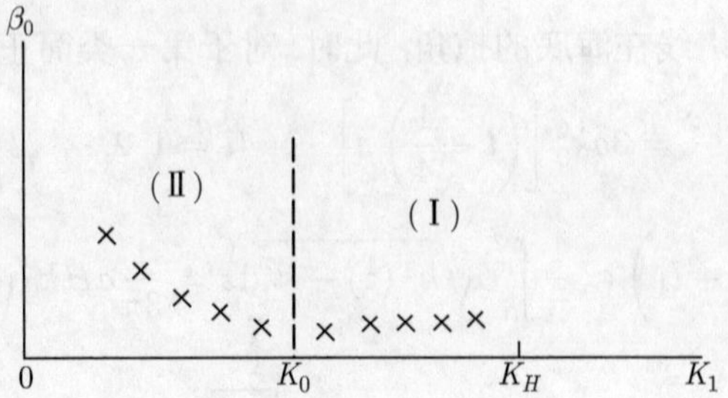

图 4.4.2

由式 (4.1.9) 给出的平滑平均声场为

$$\bar{I}(r,z,z_0) \doteq \left(\frac{2\pi}{k_0 r}\right)\sum_l A_l(z)\,A_l(z_0)\,\mathrm{e}^{-2\beta_l r}$$
$$\doteq \left(\frac{2\pi}{k_0 r}\right)\left\{\sum_{l=1}^{l_1} A_l(z)\,A_l(z_0)\,\mathrm{e}^{-2\beta_l r} + \sum_{l_1+1} A_l(z)\,A_l(z_0)\,\mathrm{e}^{-2\beta_l r}\right\}. \tag{4.4.16}$$

对第Ⅰ类简正波, 我们取式 (4.1.15) 的 $A_l(z)$:

$$A_l(z) = \begin{cases} \dfrac{1}{D_l} & (z_l < z < H), \\ 0 & (z > z_l). \end{cases} \tag{4.4.17}$$

对第Ⅱ类简正波, 取 $A_l(z)$ 为

$$A_l(z) = \frac{1}{H}. \tag{4.4.18}$$

于是式 (4.4.16) 可写为

$$\bar{I}(r,z,z_0) = \left(\frac{2\pi}{k_0 r}\right)\left\{\sum_{l(\overline{z,z_0})}^{l} \frac{1}{D_l}\cdot\frac{1}{D_l}\mathrm{e}^{-2\beta_l r} + \frac{1}{H^2}\sum_{l_1+1}^{\infty}\mathrm{e}^{-2\beta_l r}\right\}. \tag{4.4.19}$$

$(\widehat{z,z_0})$ 为在给定的 z,z_0 中取较小者, 而 $l(z)$ 为 $k^2(z)-k_l^2=0$ 在给定 z 时对应的 l 数. 为了得出一些具体结果, 下面考虑线性剖面情况, 即

$$k^2(z)=k_0^2(1+2az). \tag{4.4.20}$$

并且

$$\alpha^*>\text{arc}\cos\left(\frac{k_0}{k_H}\right)\equiv\alpha_1(H)=\sqrt{2aH}, \tag{4.4.21}$$

其中 α_H 为 "极限" 声线在海底的掠角. 此时, 对于第一类简正波有

$$\left[k_H^2-k_l^2\right]^{3/2}=3ak_0^2\left[\left(l-\frac{1}{4}\right)\pi\right]\qquad(l=1,2,\cdots,l_1), \tag{4.4.22}$$

$$\left(-\frac{1}{4}+l_1\right)\approx\frac{1}{\pi}\int_0^H\sqrt{k^2(z)-k_0^2}\mathrm{d}z=\frac{1}{3\pi}aHk_0\sqrt{\frac{8H}{a}} \tag{4.4.23}$$

当 $l_1\gg1$ 时,

$$l_1\approx\frac{1}{3\pi}aHk_0\sqrt{\frac{8H}{a}}.$$

令 $k_l\equiv k_H\cos\alpha_l(H)$, 则式 (4.4.22) 可改写为

$$\alpha_l(H)=\frac{1}{k_H}\left[3ak_0^2\left(l-\frac{1}{4}\right)\pi\right]^{1/3}, \tag{4.4.24}$$

$$S_l=2\int_{z_l}^H\frac{k_l}{\sqrt{k^2(z)-k_l^2}}\mathrm{d}z\approx\frac{2\alpha_l(H)}{a}. \tag{4.4.25}$$

这样, 第 I 类简正波就可以得到统一的指数衰减因子:

$$\beta_l\approx\frac{Q\cdot\alpha_l(H)}{2\alpha_l(H)}\cdot a=\frac{1}{2}Qa, \tag{4.4.26}$$

而其 "反转高度" D_l 为

$$D_l=(H-z_l)\approx H\left[\frac{\left(l-\frac{1}{4}\right)}{\left(l_1-\frac{1}{4}\right)}\right]^{2/3}. \tag{4.4.27}$$

而 $l(z)$ 对应于给定的 z, 令 z 为反转深度 z_l 时所对应的号数, 经计算可得

$$l(z)\approx\left\{l_1\left[1-\frac{z}{H}\right]^{3/2}+\frac{1}{4}\right\}_e+1, \tag{4.4.28}$$

其中 $[x]_e$ 表示取整数.

对于第 II 类简正波, 则有

$$[k_H^2-k_l^2]^{3/2}-[k_0^2-k_l^2]^{3/2}=3ak_0^2[(l_1+n)\pi]\quad(n=1,2,3,\cdots), \tag{4.4.29}$$

$$
\begin{aligned}
S_l &= 2\int_0^H \frac{k_l}{\sqrt{k^2(z)-k_l^2}}\mathrm{d}z = \frac{2}{a}\left[\alpha_l(H)-\alpha_l(0)\right] \\
&= \frac{4H}{\alpha_l(H)+\alpha_l(0)},
\end{aligned} \tag{4.4.30}
$$

$$
\begin{aligned}
\beta_l &= \begin{cases} \dfrac{Q\cdot\alpha_l(H)}{S_l} \\ \dfrac{-\ln|V_b|}{S_l} \end{cases} \\
&= \begin{cases} \dfrac{Q}{4H}\cdot\alpha_l(H)\left[\alpha_l(H)+\alpha_l(0)\right] & (\alpha_H<\alpha<\alpha^*) \\ \dfrac{-\ln|V_b|}{4H}\left[\alpha_l(H)+\alpha_l(0)\right] & (\alpha>\alpha^*) \end{cases}.
\end{aligned} \tag{4.4.31}
$$

将式 (4.4.26)~(4.4.31) 代入式 (4.4.19), 得

$$
\bar{I}(r,z,z_0) = \left(\frac{2\pi}{k_0 r}\right)\left\{\sum_{l(\widehat{z,z_0})}^{l_1}\frac{\mathrm{e}^{-Qar}}{H^2\left(\dfrac{l-\frac{1}{4}}{l_1-\frac{1}{4}}\right)^{4/3}}+\frac{1}{H^2}\sum_{l_1+1}^{\infty}\mathrm{e}^{-2\beta_l r}\right\} \tag{4.4.32}
$$

$$
= \left(\frac{2\pi}{k_0 H^2 r}\right)\left\{\mathrm{e}^{-Qar}\sum_{l(\widehat{z,z_0})}^{l_1}\left(\frac{l_1-\frac{1}{4}}{l-\frac{1}{4}}\right)^{4/3}+\sum_{l_1+1}^{\infty}\mathrm{e}^{-2\beta_l r}\right\}. \tag{4.4.33}
$$

考虑到第 II 类简正波的 β_l 有两种形式, 我们把总场强分写为三部分:

$$
\bar{I}(r,z,z_0) = \bar{I}_1(r)+\bar{I}_2(r)+\bar{I}_3(r,z,z_0), \tag{4.4.34}
$$

$$
\bar{I}_1 = \left(\frac{2\pi}{k_0 H^2 r}\right)\sum_{n=n^*+1}^{\infty}\mathrm{e}^{-2\beta_n r}, \tag{4.4.35}
$$

$$
\bar{I}_2 = \left(\frac{2\pi}{k_0 H^2 r}\right)\sum_{l_1+1}^{l_1+n^*}\mathrm{e}^{-2\beta_l r}, \tag{4.4.36}
$$

$$
\bar{I}_3 = \left(\frac{2\pi}{k_0 H^2 r}\right)\mathrm{e}^{-Qar}\sum_{l(\widehat{z,z_0})}^{l}\left(\frac{l_1-\frac{1}{4}}{l-\frac{1}{4}}\right)^{4/3}. \tag{4.4.37}
$$

$\bar{I}_1$ 为 “剩余简正波” 部分, 它对应于掠角较大部分, 对近场有主要贡献. 就近场而言, 对于大掠角, 非均匀性影响相对来说是不明显的. 可以证明, 当满足条件

$$\left(k_H^2-k_l^2\right)\gg 2k_0^2aH \tag{4.4.38}$$

时, 则相应的频散方程 (4.4.29) 近似为

$$H\left(k_H^2-k_l^2\right)^{1/2}=l\pi \qquad (l>l^*), \tag{4.4.39}$$

即与均匀层情况相同. 因此, 对 "剩余简正波" 集合 $\bar{I}_1$ 的估计与 §4.2 中的式 (4.2.99) 相同:

$$\bar{I}_1\leqslant\frac{2}{(-\ln|V_b|)}\cdot\frac{1}{r^2}. \tag{4.4.40}$$

而 $\bar{I}_3$ 为

$$\bar{I}_3=\left(\frac{2\pi}{k_0H^2r}\right)\mathrm{e}^{-Qar}\cdot M\left(z,z_0\right), \tag{4.4.41}$$

其中

$$M\left(z,z_0\right)=\sum_{l(\widehat{z,z_0})}^{l_1}\left(\frac{l_1-\dfrac{1}{4}}{l-\dfrac{1}{4}}\right)^{4/3}, \tag{4.4.42}$$

或

$$\begin{aligned}M\left(z,z_0\right)&\approx(3l_1)\left\{\frac{1}{\left[\left(1-\dfrac{\min\left(\widehat{z,z_0}\right)}{H}\right)^{3/2}+\dfrac{3}{4l_1}\right]^{1/3}}-\frac{1}{\left(1+\dfrac{3}{4l_1}\right)^{1/3}}\right\}\\&\equiv(3l_1)\,\hat{M}\left(z,z_0\right).\end{aligned} \tag{4.4.43}$$

当项数较少时, 使用式 (4.4.42); 而当项数很多时, 可用式 (4.4.43).

$M\left(z,z_0\right)$ 为远场时深度结构的体现者. 它的极端值为

(1) 当 $(\widehat{z,z_0})=0$ 时, 由式 (4.4.42) 可知, 此时求积只有一项, 因此

$$M(0)\approx 1. \tag{4.4.44}$$

(2) 当 $(\widehat{z,z_0})=H$ 时, 由式 (4.4.43) 可知,

$$M\left(H,H\right)\to\left(\frac{4l_1}{3}\right)^{1/3}(3l_1)\doteq 3.3\left(l_1\right)^{4/3}. \tag{4.4.45}$$

现在来计算 $\bar{I}_2$:

$$\bar{I}_2=\left(\frac{2\pi}{k_0H^2r}\right)\sum_{l_1+1}^{l_1+n^*}\mathrm{e}^{-2\beta_lr}=\left(\frac{2\pi}{k_0H^2r}\right)\mathrm{e}^{-2\beta_{l_1}r}\sum_{n=1}^{n^*}\mathrm{e}^{-2\left(\beta_l-\beta_{l_1}\right)r}, \tag{4.4.46}$$

其中

$$-2\beta_{l_1} = -aQ, \tag{4.4.47}$$

$$\Delta\beta_n \equiv \beta_l - \beta_{l_1} = \frac{Q}{4H}\left\{\left[\alpha_{l_1+n}^2(H) + \alpha_{l_1+n}(H)\,\alpha_{l_1+n}(0)\right] - \alpha_{l_1}^2(H)\right\}, \tag{4.4.48}$$

而

$$\alpha_l(H) = \left[\alpha_l^2(0) + 2aH\right]^{1/2}. \tag{4.4.49}$$

$\alpha_l(H)$ 由频散方程 (4.4.29) 确定, 当 n 不是很大时, 可近似解出:

$$\alpha_{l_1+n}(H) \approx \sqrt{2aH} + \frac{1}{2}\left(\frac{n\pi}{k_0 H}\right). \tag{4.4.50}$$

而 n^* 值为对应于式 (4.4.29) 中当 $\alpha_{l_1+n}(H) \approx \alpha^*$ 时的 n 值, 即 n^* 满足:

$$(k_n \sin\alpha^*)^3 - \left[k_H^2\left(\sin^2\alpha^* - 2aH\right)\right]^{3/2} = 3ak_0^2\,(l_1 + n^*)\,\pi. \tag{4.4.51a}$$

当满足条件 $\alpha^* \gg 2aH$ 时, 可以得到

$$n^* \approx \left(\frac{k_0 H}{\pi}\right)\cdot\alpha^* - l_1. \tag{4.4.51b}$$

令

$$N(r) \equiv \sum_{n=1}^{n^*} \mathrm{e}^{-2\left(\beta_l - \beta_{l_1}\right)r} = \sum_{n=1}^{n^*} \mathrm{e}^{-2\Delta\beta_n r}, \tag{4.4.52}$$

于是我们得到

$$\bar{I}_2 = \left(\frac{2\pi}{k_0 H^2 r}\right)\mathrm{e}|^{-Qar}\cdot N(r). \tag{4.4.53}$$

这样, 我们就可将 "主导简正波场" 写为

$$\bar{I}_D(r, z, z_0) = \bar{I}_2 + \bar{I}_3 = \left(\frac{2\pi}{k_0 H^2 r}\right)\mathrm{e}^{-Qar}\left[N(r) + M(z, z_0)\right], \tag{4.4.54}$$

其中 $M(z, z_0)$ 已经由式 (4.4.42) 或 (4.4.43) 给出.

下面我们来分析 $N(r)$ 的性质, 由式 (4.4.52) 可知, 我们可以根据 $2\Delta\beta_{n^*}\cdot r = 1$ 来定义 "过度距离" r_2^*:

$$r_2^* = \frac{1}{2\Delta\beta_{n^*}} = \frac{2H}{Q\left[\alpha^{*2} + \alpha^*\left(\alpha^{*2} - 2aH\right)^{1/2} - 2aH\right]}. \tag{4.4.55}$$

因此, 有

$$N(r) \doteq \begin{cases} n^* & (r \ll r_2^*), \\ n_{\text{eff}}(r) & (r > r_2^*), \end{cases} \tag{4.4.56}$$

其中 $n_{\text{eff}}(r)$ 可由式 (4.4.52) 求和计算, 或由求积及近似方法估算, 例如用"矩形"等效方法进行估计.

而第一 "过渡距离"r_1 可由表示式 (4.4.54) 的 "主导简正波" 场, 与表示式 (4.4.40) 的 "剩余简正波" 场求得

$$r_1 = \frac{2H}{(-\ln|V_b|)} \cdot \left(\frac{k_0 H}{2\pi}\right) \cdot [n^* + M(z, z_0)]^{-1}. \tag{4.4.57}$$

当 $r > r_1$ 时, 场即由式 (4.4.54) 的 $\bar{I}_D$ 贡献.

对于 $\bar{I}_D(r, z, z_0)$ 的结构, 在深度方向上已经由式 (4.4.42) 或 (4.4.43) 的 $M(z, z_0)$ 确定; 而在 r 方向上尚有两种结构: 一种是由公共的指数衰减因子 e^{-Qar} 确定的, 另一种是由 $N(r)$ 的变化确定的. 对应前一种结构特征的 "过渡距离", 可由 $Qar = 1$ 来确定 "过渡距离"r_2:

$$r_2 = \frac{1}{aQ}. \tag{4.4.58}$$

当 $r < r_2$ 时, 指数衰减的特征不明显, 而当 $r > r_2$ 时, 则明显表现出指数衰减特征.

$N(r)$ 的结构特征基本上可由两个附加的 "过渡距离" 标定: 其一就是式 (4.4.55) 所确定的 r_2^*, 当 $r < r_2^*$ 时, $n(r)$ 随距离变化不明显, 并接近于常数 $\sim n^*$; 另一个 "过渡距离"r_3^* 就是标志 $N(r)$ 在式 (4.4.54) 的表示式中 "消失" 的距离, 可由下式确定:

$$N(r_3^*) = M(z, z_0). \tag{4.4.59}$$

从场的深度结构来看, $N(r)$ 部分相当于一 "直流" 偏置; 只有当 $r > r_3^*$ 时, 声场的深度结构才能由 $M(z, z_0)$ 来充分体现, 而 $M(z, z_0) \sim \sqrt{a}$. 因此, 当 $a \to 0$ 时, 声场退化为无深度结构的均匀层情况. 当 (z, z_0) 较浅时, 往往由于 r_3^* 很大, 因而在一般不很大的水平距离上因 $N(r)$ 的 "偏流" 效应, 可能观察不到明显的深度结构. 因此分析实验数据时, 应注意此点. 关于 r_3^* 的解析表示, 可用 "矩形" 等效方法予以估计. 按"矩形 "等效方法, $N_{\text{eff}}(r)$ 由下式确定:

$$2\Delta\beta_{N_{\text{eff}}} \cdot r = 1. \tag{4.4.60}$$

将式 (4.4.59) 与 (4.4.60) 合并考虑, 则得

$$2\Delta\beta_{M(z,z_0)} \cdot r_3^* = 1. \tag{4.4.61}$$

于是由式 (4.4.48) 及 (4.4.50) 可得

$$\begin{aligned} r_3^* = 2H/Q\Bigg\{ &\left(\frac{\pi}{k_0 H}\right)\sqrt{2aH} \cdot M(z, z_0) + \Bigg[\sqrt{2aH} \\ &+ \frac{1}{2}\left(\frac{\pi}{k_0 H}\right) M(z, z_0)\Bigg]\Bigg[\left(\frac{\pi}{k_0 H}\right)\sqrt{2aH} M(z, z_0)\Bigg]^{1/2}\Bigg\}. \end{aligned} \tag{4.4.62}$$

如果用 $\alpha_{l_1+n}^2(0)$ 代替式 (4.4.48) 中的 $\alpha_{l_1+n}(H)\cdot\alpha_{l_1+n}(0)$, 则可以给出 r_3^* 的上界值 $\hat{r}_3^*$:

$$\hat{r}_3^* = -\frac{2H}{Q\left[2\sqrt{2aH}\left(\dfrac{\pi}{k_0 H}\right)M(z,z_0)\right]}. \tag{4.4.63}$$

综上所述, 通过 Ray-Mode 理论对直线负梯度平滑平均场所作的分析, 可以得到如图 4.4.3 所示的平均场强结构.

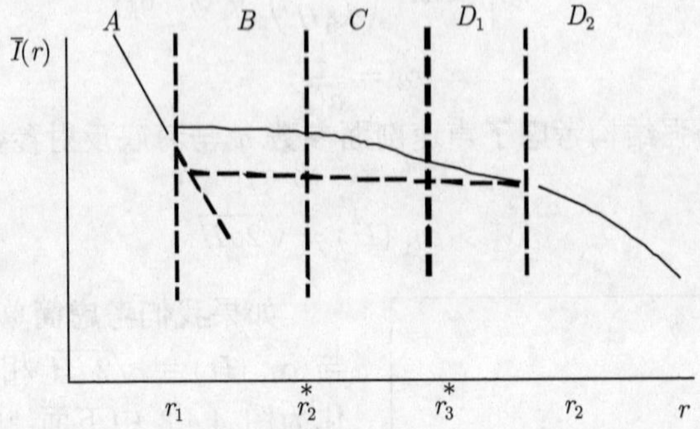

图 4.4.3

A 区, $(r<r_1)$ 场强主要由 $\bar{I}_1$ 决定:

$$\bar{I}(r) \leqslant \frac{1}{r^2}\cdot\left(\frac{4}{-\ln|V_b|}\right),$$

B 区, $(r_1<r<r_2^*)$ 场强由 $\bar{I}_2+\bar{I}_3$ 决定:

$$\bar{I}(r,z,z_0) = \left(\frac{2\pi}{k_0H^2r}\right)\cdot\left[n^*+M(z,z_0)\right],$$

C 区, $(r_2^*<r<r_3^*)$ 场强仍由 $\bar{I}_2+\bar{I}_3$ 决定,

$$\bar{I}(r,z,z_0) = \left(\frac{2\pi}{k_0H^2r}\right)\cdot\left[N_{\text{eff}}(r)+M(z,z_0)\right]\mathrm{e}^{-Qar},$$

D 区, $(r>r_3^*, r_2)$ 场强由 $\bar{I}_3$ 决定:

$$\bar{I}(r,z,z_0) = \left(\frac{2\pi}{k_0H^2r}\right)\cdot M(z,z_0)\,\mathrm{e}^{-Qar}. \tag{4.4.64a}$$

各个 “过渡距离” 为

$$r_1 = \frac{H}{(-\ln|V_b|)}\cdot\left(\frac{k_0H}{\pi}\right)\left[n^*+M(z,z_0)\right]^{-1},$$

$$n^* \approx \left(\frac{k_0H}{\pi}\right)\left[\alpha^*-\frac{2}{3}\sqrt{2aH}\right],$$

$$M(z,z_0)=\left(\frac{k_0H}{\pi}\right)\sqrt{8aH}\cdot\tilde{M}(z,z_0);$$

$\tilde{M}(z,z_0)$ 由式 (4.4.43) 给出：

$$r_2^*=\frac{2H}{Q\left[\alpha^{*2}+\alpha^*\left(\alpha^{*2}-2aH\right)^{1/2}-2aH\right]},\tag{4.4.64b}$$

$$\hat{r}_3^*=\frac{2H}{Q\left[\sqrt{8aH}\left(\frac{\pi}{k_0H}\right)M(z,z_0)\right]},$$

$$r_2=\frac{1}{aQ}.$$

上述的平均场强结构考虑了声速剖面参数 a 与海底反射参数 α^* 满足关系式 (4.4.21), 即

$$\alpha^*>\alpha_{l_1}(H)=\sqrt{2aH}.$$

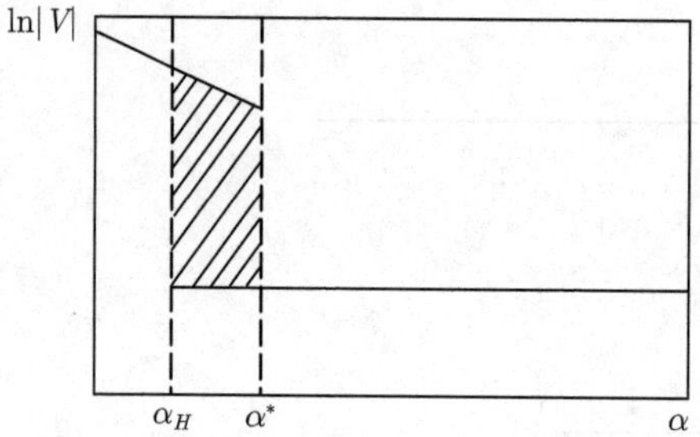

图 4.4.4

如果我们考虑简单情况, 即 α^* 刚好与 $\alpha_{l_1}(H)\equiv\sqrt{2aH}$ 相等时, 则结构将简化为图 4.4.3 中下面 "虚线" 所对应的情况. 相应的海底反射损失 $\ln|V(\alpha_H)|$ 的图如图 4.4.4 所示.

在反射损失 $\ln|V|$ 图 4.4.4 的阴影部分, 对应的贡献为平均场 $\bar{I}(r,z,z_0)$ 图 4.4.3 中的阴影部分.

下面我们来看一个具体数值的例子, 以便对浅海负梯度平均场强结构的某些特征获得一个数量概念.

取常见的参数为例：$H=$ 50 m, $a=1\times10^{-4}$; 海底反射损失的三个参数取为：$\alpha^*=17°, -\ln|V_b|=1.2, Q=1.7$; 相应的频率取为 $f_0=$ 1.5 kHz, $k_0=6.3$, 计算有关场量如下：

(1) 两个特征号数：

$$l_1=\frac{2}{3}\left(\frac{k_0H}{\pi}\right)\sqrt{2aH}\approx6,$$

$$n^*\approx\left(\frac{k_0H}{\pi}\right)\cdot\alpha^*-l_1\approx24.$$

(2) 深度结构函数：

$$M(z,z_0)=(3l_1)\left\{\frac{1}{\left[\left(1-\frac{\min(z,z_0)}{H}\right)^{3/2}+\frac{3}{4l_1}\right]^{1/3}}-\frac{1}{\left[\left(1+\frac{3}{4l_1}\right)\right]^{1/3}}\right\}$$

$$\equiv(3l_1)\cdot\tilde{M}(z,z_0).$$

$M(z,z_0)$ 及 $\tilde{M}(z,z_0)$ 的数值计算结果列于表 4.4.1.

表 4.4.1

$\min(z,z_0)/H$	$\tilde{M}(z,z_0)$	$M(z,z_0)$	dB	r_1/m	$\hat{r}_3^*$/km
0	0	0	$-\infty$	183	∞
0.05	0.01	0.18	−7.4	183	125
0.1	0.05	0.90	−0.4	175	25
0.2	0.09	1.61	2.1	170	14
0.3	0.15	2.70	4.3	160	8.3
0.4	0.23	4.15	6.2	152	5.4
0.5	0.32	5.75	7.6	143	3.9
0.6	0.42	7.54	8.8	133	3.0
0.7	0.56	10.1	10	122	2.2
0.8	0.71	12.8	11.1	113	1.8
0.9	0.90	16.1	12.1	102	1.4
1.0	1.06	19.1	12.8	95	1.2

(3) 各个"过渡距离":

$$\begin{aligned} r_1 &= \frac{H}{(-\ln|V_b|)} \cdot \left[\alpha^* - \frac{2}{3}\sqrt{2aH} + \frac{2}{3}\sqrt{2aH} \cdot 3\tilde{M}(z,z_0)\right]^{-1} \\ &= \frac{H}{(-\ln|V_b|)} \cdot [n^* + M(z,z_0)]^{-1}, \end{aligned}$$

$$\hat{r}_3^* = \frac{H}{Q\left[\left(\dfrac{\pi}{k_0 H}\right)\sqrt{2aH} \cdot M(z,z_0)\right]} = \frac{1}{4a \cdot Q \cdot \tilde{M}(z,z_0)}.$$

相应于各 $\min(z,z_0)$ 值的 r_1, $\hat{r}_3^*$ 列于表 4.4.1.

$r_2 = \dfrac{1}{aQ} \approx 5.8$ 公里,

$$r_2^* = \frac{2H}{Q\left[\alpha^{*2} + \alpha^*(\alpha^{*2} - 2aH)^{1/2} - 2aH\right]} = 370 \text{ m}.$$

(4) 指数衰减因子:

$$\alpha\beta = aQ = 0.86 \text{ dB/km}.$$

(5) $r > r_3^*$ 时, 远场"截获因子":

$$T(r,z,z_0) = \left(\frac{2\pi}{k_0 H^2}\right) \cdot M(z,z_0)\,\mathrm{e}^{-Qar}.$$

相应的传播衰减损失 TL 值为

$$\begin{aligned} \mathrm{TL} &= 10\log r - 10\log T(r,z,z_0) \\ &= 10\log(rH) - 10\log\left[4\sqrt{2aH} \cdot \tilde{M}(z,z_0)\right] + 0.86 \times 10^{-3} r. \end{aligned}$$

线性介质 $k^2(z)=k_0^2(1+2az)$, 可以得到由艾利函数表达的严格解. 由式 (3.7.8) 可将简正波场表示为

$$\Psi(r,z,z_0)=\pi\mathrm{i}\sum_{l=1}^{l}U_l(z)\,U_l(z_0)\,H_0^{(1)}(\mu_l r).$$

第 I 类简正波可表示为

$$\Psi(r,z,z_0)=\frac{\Psi_0}{\sqrt{r}}\left(a^{1/3}k_0^{1/6}\right)\sum_{l=1}^{l_1}\frac{A_i(-t_{lz})\,A_i(-t_{lz_0})}{\left[\left(l-\dfrac{1}{4}\right)\pi\right]}\mathrm{e}^{\mathrm{i}k_l r-\frac{aQ}{2}r},$$

其中 $A_i(-t)$ 为艾利函数, 有表可查, 而

$$t_{ls}\equiv\left\{\left[\frac{3}{2}\left(l-\frac{1}{4}\right)\pi\right]^{2/3}-\left(2ak_0^2\right)^{1/3}(H-z)\right\},$$

$$\Psi_0=\frac{4\sqrt{\pi}}{3^{1/3}2^{1/6}}=\mathrm{const},$$

$$l_1=\frac{2}{3}\left(\frac{k_0H}{\pi}\right)\sqrt{2aH}.$$

考虑能量叠加场强时, 有

$$I(r,z,z_0)=\frac{\Psi_0^2}{r}\left(a^{1/3}k_0^{1/6}\right)^2\left[\sum_{l=1}^{l_1}\frac{A_i^2(-t_{lz})\,A_i^2(-t_{lz_0})}{\left[\left(l-\dfrac{1}{4}\right)\pi\right]^{2/3}}\right]\mathrm{e}^{-Qar}.$$

令

$$M(z,z_0)=\sum_{l=1}^{l_1}\frac{A_i^2(-t_{lz})\,A_i^2(-t_{lz_0})}{\left[\left(l-\dfrac{1}{4}\right)\pi\right]^{2/3}}. \tag{4.4.65}$$

把前面所给定的参数, 以及 z_0= $0.2H$, $0.4H$, $0.6H$ 分别按式 (4.4.65) 与 (4.4.43) 计算, 对所得的 $M(z,z_0)$ 进行比较, 绘于图 4.4.5(a),(b) 中. 图中实折线为式 (4.4.65), 虚折线为式 (4.4.43).

文献 [8] 中也使用海底反射损失的 “三参数” 模型对负梯度浅海深度结构问题作了讨论.

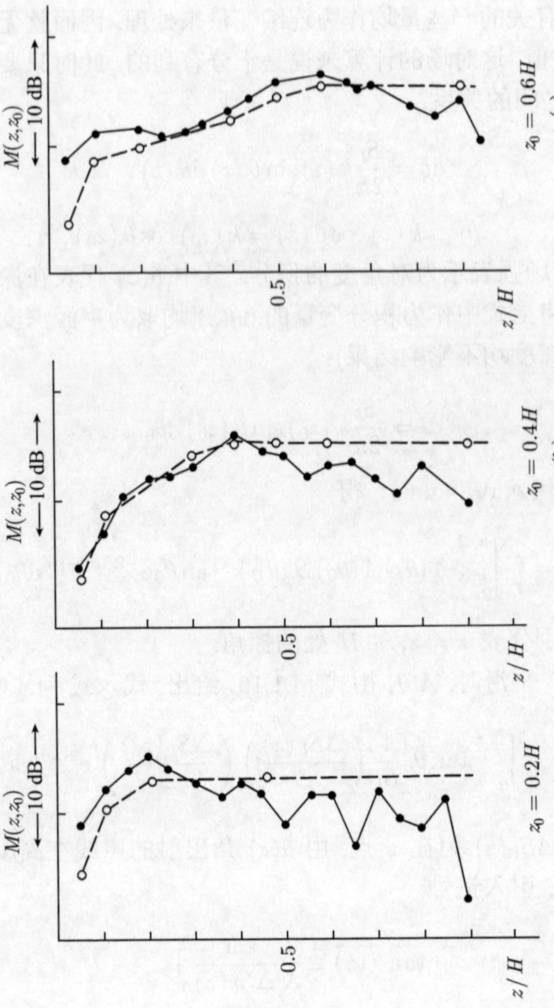

图 4.4.5

4.4.2 “角功率谱” 表示的平均场强

当频率足够高而距离又不是特别远, 因而激发的有效简正波号数足够多时, 则可以不顾简正波的离散特性而用积分代替求和. 于是由式 (4.1.9) 给出的平滑平均场强可表示为

$$\begin{aligned}\bar{I}\left(r,z,z_0\right)&=\left(\frac{2\pi}{r}\right)\sum_{l}\frac{A_l\left(z\right)A_l\left(z_0\right)}{\mu_l}\mathrm{e}^{-2\beta_l r}\\&\approx\left(\frac{2\pi}{r}\right)\cdot\int\frac{A_l\left(z\right)A_l\left(z_0\right)}{\mu_l}\mathrm{e}^{-2\beta_l r}\mathrm{d}l.\end{aligned}\tag{4.4.66}$$

这样一来, 与号数有关的一些量均作为连续变量来处理, 因而就无需再求解频散方程以确定其离散数值, 这对场的计算来说是十分有利的. 此时只要利用频散方程所规定的 $\mathrm{d}l$ 与 $\mathrm{d}\theta_l$ 之间的关系:

$$\mathrm{d}l=\frac{S_l}{2\pi}k\left(z\right)\sin\theta\left(z\right)\mathrm{d}\theta\left(z\right),$$

而
$$\mu_l\equiv k\left(z\right)\cos\theta\left(z\right)=k\left(z_0\right)\cos\theta\left(z_0\right),$$

就可以把平滑平均场强表示为对角度的积分. 其中 $\theta(z)$ 代表在深度 z 的掠角. 为了方便起见, 我们将上式中作为积分变量的 $\mathrm{d}\theta(z)$ 均取为声源深度 z_0 处的值, 并记为 θ_0(取任一参考深度均不影响结果):

$$\mathrm{d}l=\frac{S_l}{2\pi}k\left(z_0\right)\sin\theta\left(z_0\right)\mathrm{d}\theta_0. \tag{4.4.67}$$

将式 (4.4.67) 代入式 (4.4.66), 得

$$\bar{I}\left(r,z,z_0\right)=\frac{1}{r}\int_0^{\pi/2}A\left(\theta_z\right)A\left(\theta_0\right)S\left(\theta_H\right)\cdot\tan\theta_0\mathrm{e}^{-2\beta\left(\theta_H\right)\cdot r}\mathrm{d}\theta_0, \tag{4.4.68}$$

其中 θ_z, θ_0, θ_H 分别代表 $z=z,z_0,H$ 处的掠角.

取 "最小窗口" 平滑时, $A(\theta)$ 由式 (4.1.16) 给出, 代入式 (4.4.68), 得

$$\bar{I}\left(r,z,z_0\right)=\frac{1}{r}\int_0^{\pi/2}\tan\theta_0\frac{1}{S_l}\left(\frac{\Delta S_l\left(z\right)}{\Delta}\right)\left(\frac{\Delta S_l\left(z_0\right)}{\Delta}\right)\mathrm{e}^{-2\beta r}\mathrm{d}\theta_0, \tag{4.4.69}$$

其中 $\Delta\equiv\dfrac{D_l}{l}$, 而 $\Delta S_l\left(z\right)$ 为在 z 点, 由 $\theta(z)$ 角出射的声线在高度 Δ 内所对应的"跨度"(见图 4.1.1). 引入记号

$$\overline{\tan\theta\left(z\right)}\equiv\left(\frac{\Delta}{\Delta S_l\left(z\right)}\right), \tag{4.4.70}$$

则式 (4.4.69) 可改写为

$$\bar{I}\left(r,z,z_0\right)=\frac{1}{r}\int_0^{\pi/2}\tan\theta_0\cdot\frac{1}{S_l\cdot\overline{\tan\theta\left(z\right)}\cdot\overline{\tan\theta\left(z_0\right)}}\cdot\mathrm{e}^{-2\beta r}\mathrm{d}\theta_0. \tag{4.4.71}$$

我们可以称式 (4.4.71) 为平滑平均场强的"角功率"表示.

显然, 当我们把"平滑"窗口 $\Delta\to0$ 时, 式 (4.4.71) 变为

$$\bar{I}\left(r,z,z_0\right)=\frac{1}{r}\int_0^{\pi/2}\frac{1}{S_l\cdot\tan\theta\left(z\right)}\mathrm{e}^{-2\beta r}\mathrm{d}\theta_0. \tag{4.4.72}$$

这就是Бреховских在文献 [1] 中所给出的公式. 在 §4.1 中我们已经指出, 对平滑窗口是有限制的, 不能趋于 0. 但是, 从声场分析计算来看, 用式 (4.4.72) 有其方便之

处. 因此, 如果我们对式 (4.4.72) 所具有表观上的分辨精度给以恰当理解, 则由于使用这个 "微分" 表示的平滑平均场强来进行场的分析计算会带来方便仍不妨采用该式进行计算. 文献 [23] 用这一公式分析了表面声道中的平均场强, 文献 [24] 用这一公式并结合海底损失 "三参数" 模型对负梯度浅海的平均场强进行了分析.

4.4.3 负梯度浅海中脉冲的多途拖散

由于声速剖面$c(z)$ 对群速的控制, 因此, 在负梯度浅海中的脉冲多途拖散情况与均匀层情况会有差异, 尤其是层中反转的第 I 类简正波更是如此. 由前面的分析可知, 当距离大于过渡距离 r_3^*, 即场的 D 区, 则场基本由第 I 类简正波贡献, 我们就来讨论 D 场区的脉冲多途拖散问题. 当 $r > r_3^*$[见式 (4.4.62), (4.4.63)] 时, 接收到的脉冲波形可表示为式 (4.3.20) 形式:

$$p\left(t;r,z,z_0\right)=\mathrm{Re}\left[\sqrt{\frac{2\mathrm{i}}{\pi r}}\sum_{l=1}^{l_1}B_l\left(r,z,z_0\right)E\left(t-\frac{r}{u_l}\right)\mathrm{e}^{\mathrm{i}\phi_l(r)}\right],$$

其中

$$B_l\left(r,z,z_0\right)=U_l\left(z\right)U_l\left(z_0\right)\frac{\mathrm{e}^{-\beta_l r}}{\sqrt{k_0}}, \tag{4.4.73}$$

$$\phi_l\left(r\right)=\omega_0\left(t-\frac{r}{c_l}\right), \tag{4.4.74}$$

$$l_1=\frac{1}{3\pi}\left(k_0H\right)\sqrt{8aH}, \tag{4.4.75}$$

而 $E(t)$ 为发射的窄带脉冲的包络.

对于在水层中反转的第 I 类简正波, $k_0 < k_l < k_H$, 其频散方程的近似解为

$$k_l \doteq k_H\left\{1-\frac{1}{2}\left[\frac{3a}{k_H}\left(l-\frac{1}{4}\right)\pi\right]^{2/3}\right\} \tag{4.4.76}$$

或

$$a_l\left(H\right)\doteq\left[\frac{3a}{k_H}\left(l-\frac{1}{4}\right)\pi\right]^{1/3}. \tag{4.4.77}$$

由此, 可算得相速度 c_l 及群速度 u_l 分别为

$$c_l\doteq c_H\left\{1+\frac{1}{2}\left[\frac{3a}{k_H}\left(l-\frac{1}{4}\right)\pi\right]^{2/3}\right\}, \tag{4.4.78}$$

$$u_l\equiv\frac{\partial\omega}{\partial k_1}\doteq c_H\left\{1+\frac{1}{6}\left[\frac{3a}{k_H}\left(l-\frac{1}{4}\right)\pi\right]^{2/3}\right\}. \tag{4.4.79}$$

而指数衰减因子 β_l 为

$$\beta_l = \frac{1}{2} a Q. \tag{4.4.80}$$

由于第 I 类简正波具有相同的指数衰减因子, 因此不产生 "剥离" 现象, 这种 "同步" 效应无论对于场强衰减以及波形的多途扩展均带来较大的特殊色. 例如, 相对于海底反射损失的 "三参数" 模型系列式 (4.2.106) 中 $N=0$ 的海底, 其第 I 类简正波的 β_l 为

$$\beta_l = \frac{-\ln|V^*| \cdot a}{2\left[\dfrac{3a}{k_H}\left(l - \dfrac{1}{4}\right)\pi\right]^{1/3}}. \tag{4.4.81}$$

由式 (4.4.81) 可见, 第 I 类简正波的 β_l 随 l 增加而减小, 而第 II 类简正波的 β_l 则随 l 增大而增大 (见图 4.4.6). 由于衰减不同步, 将产生 "剥离", 而 "剥离" 又使得多途拖散宽度减弱. 对于给定的 r, z, z_0 两种海底多途拖散情况示于图 4.4.7.

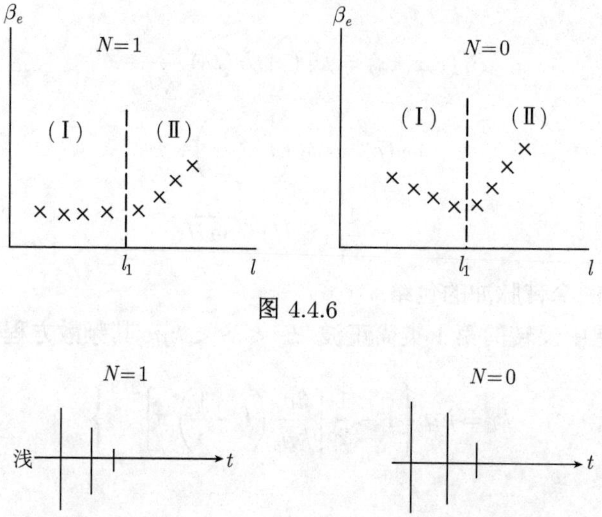

图 4.4.6

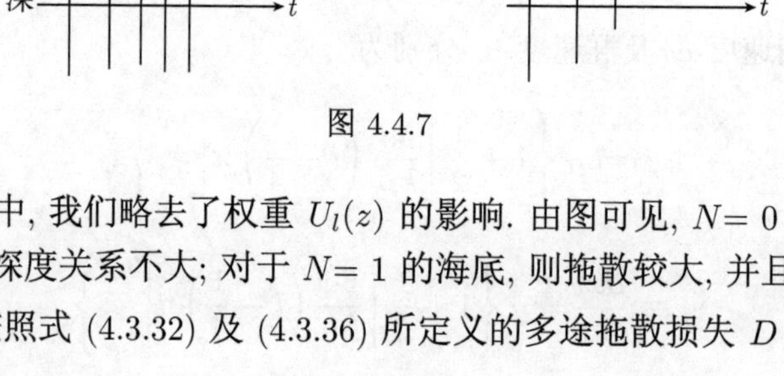

图 4.4.7

在图 4.4.7 中, 我们略去了权重 $U_l(z)$ 的影响. 由图可见, $N=0$ 的海底拖散较短, 并且与收发深度关系不大; 对于 $N=1$ 的海底, 则拖散较大, 并且与 z, z_0 有关.

下面我们按照式 (4.3.32) 及 (4.3.36) 所定义的多途拖散损失 D 来估计峰值衰

减与能量衰减的差值:

$$k = 10\log\left[\frac{I_{平积}}{I_{峰}}\right] = 10\log\left[\frac{N_{\text{eff}}(z,z_0)}{N_{\tau_0}(z,z_0)}\right], \tag{4.4.82}$$

其中 $N_{\text{eff}}(z,z_0)$ 为有效多途数; $N_{\tau_0}(z,z_0)$ 为脉宽 τ_0 内的多途个数. 对于负梯度情况下的第 I 类简正波, 随着 (z,z_0) 的增加, 有效多途数将增加, 而且相对于 "迟到" 的途径有相对集中, 因此, N_{τ_0} 的计算应以最迟到的第 $l_{后}$ 号脉冲为起点, 向前数有几个到达脉冲包含于 τ_0 宽度之内 (见图 4.4.8).

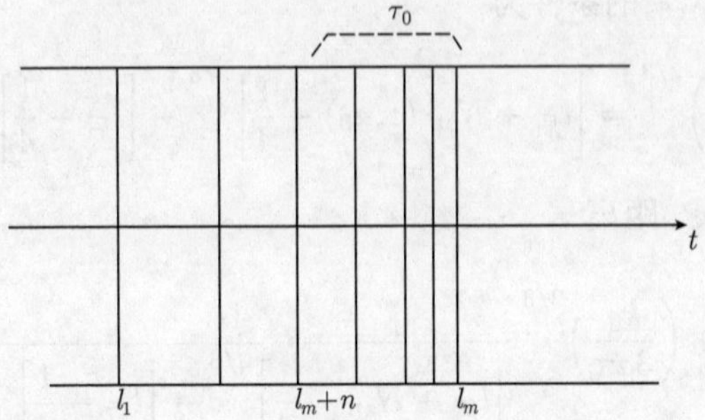

图 4.4.8

根据式 (4.4.79) 可以计算第 $(l_{后}+n)$ 号与第 $l_{后}$ 号的到达时间差:

$$\begin{aligned}\Delta\tau_{l_{后}+n,l_{后}} &= r\left|\frac{1}{u_{l_{后}+n}} - \frac{1}{u_{l_{后}}}\right| \\ &\doteq \frac{r}{6c_0}\left|\left(\frac{3a\pi}{k_0}\right)^{2/3}\left[\left(l_{后}+n-\frac{1}{4}\right)^{2/3} - \left(l_{后}-\frac{1}{4}\right)^{2/3}\right]\right|.\end{aligned} \tag{4.4.83}$$

当 n 较大时, N_{τ_0} 可由上式取左方为 τ_0 而求得:

$$N_{\tau_0} = \left[\frac{6c_0\tau_0}{r\left(\dfrac{3a}{k_0}\pi\right)^{2/3}} + l_{后}^{2/3}\right]^{3/2} - l_{后}. \tag{4.4.84}$$

N_{τ_0} 的最小值为 1, 最大值为 N_{eff}. 因此,

$$\max D(z,z_0) = 10\log\left[N_{\text{eff}}(z,z_0)\right], \tag{4.4.85}$$

$$\min D(z,z_0) = 10\log\left[\frac{N_{\text{eff}}(z,z_0)}{N_{\text{eff}}(z,z_0)}\right] = 0. \tag{4.4.86}$$

对应于 $N_{\tau_0}=1$ 的条件为

$$\frac{9c_0\tau_0}{r}\left(\frac{k_0}{3a\pi}\right)^{2/3}=1. \tag{4.4.87}$$

由此可以解出“上限”距离 $r_{\tau_{上}}$:

$$r_{\tau_{上}}=9c_0\tau_0\left(\frac{k_0}{3a\pi}\right)^{2/3}. \tag{4.4.88}$$

当 $r\geqslant r_{\tau_{上}}$, 拖散损失 $D(z,z_0)$ 达到 $\max D(z,z_0)$, 不再随距离变化.

对应于 $N_{\tau_0}=N_{\rm eff}$ 的条件为

$$\frac{6c_0\tau_0}{r}\left(\frac{k_0}{3a\pi}\right)^{2/3}=\left[l_{后}+N_{\rm eff}(z,z_0)-\frac{1}{4}\right]^{2/3}-\left[l_{后}-\frac{1}{4}\right]^{2/3}. \tag{4.4.89}$$

由此解出“下限”距离 $r_{\tau_{下}}$:

$$r_{\tau_{下}}=6c_0\tau_0\left(\frac{k_0}{3a\pi}\right)^{2/3}\frac{1}{\left[l_{后}+N_{\rm eff}-\frac{1}{4}\right]^{2/3}-\left[l_{后}-\frac{1}{4}\right]^{2/3}}. \tag{4.4.90}$$

当 $r\leqslant r_{\tau_{下}}$ 时, 无拖散损失, $D(z,z_0)=\min D(z,z_0)=0$. 下面计算在 $r_{\tau_{下}}<r<r_{\tau_{上}}$ 范围内的拖散损失. 由图 4.4.9 可知:

$$N_{\rm eff}=l_1-l_{后}+1. \tag{4.4.91}$$

将式 (4.4.91) 及 (4.4.84) 代入式 (4.4.82), 得

$$D(z,z_0)=10\log\left[\frac{l_1-l_{后}+1}{\left(\dfrac{6c_0\tau_0}{r\left(\dfrac{3a\pi}{k_0}\right)^{2/3}}+l_{后}^{2/3}\right)^{3/2}-l_{后}}\right]. \tag{4.4.92}$$

而对于第 I 类简正波, 最迟有效到达号 $l_{后}$ 为

$$l_{后}=l(z,z_0)\doteq l_1\left[1-\frac{(\widehat{z,z_0})}{H}\right]^{3/2}, \tag{4.4.93}$$

其中 $(\widehat{z,z_0})$ 代表取 z,z_0 中较小者.

将式 (4.4.93) 代入式 (4.4.92), 我们便得到

$$D(z,z_0)=10\log\left[\frac{l_1\left(1-\left[1-\dfrac{\widehat{(z,z_0)}}{H}\right]^{3/2}\right)+1}{\left(\dfrac{6c_0\tau_0}{r\left(\dfrac{3a\pi}{k_0}\right)^{2/3}}+l_1^{2/3}\left[1-\dfrac{\widehat{(z,z_0)}}{H}\right]\right)^{3/2}-l_1\left[1-\dfrac{\widehat{(z,z_0)}}{H}\right]^{3/2}}\right]$$

$$(r_{\tau_{下}}<r<r_{\tau_{上}}). \tag{4.4.94}$$

当 $\widehat{(z,z_0)}=H$ 时, 有最明显的随 r 增加而增加的拖散:

$$D(H,H)\doteq 10\log\left(\frac{l_1}{\left[\dfrac{6c_0\tau_0}{\left(\dfrac{3a\pi}{k_0}\right)^{2/3}}\right]^{3/2}}\cdot r\right)\approx 15\log\left(\frac{aH}{3c_0\tau_0}\cdot r\right) \tag{4.4.95}$$

$$(r_{\tau_{下}}<r<r_{\tau_{上}}).$$

正如前节所指出, 当 $r>r_{dl}$, 还要发生波包的弥散, 每一号简正波脉冲的波包弥散损失为

$$\delta_l\doteq 10\log\left(\frac{r}{r_{dl}}\right), \tag{4.4.96}$$

而波包的弥散距离为式 (4.3.10) 所给出:

$$r_{dl}=\frac{8}{k_l''(\omega_0)\cdot[\Delta\omega]^2}. \tag{4.4.97}$$

由式 (4.4.79) 不难得到

$$k_l''=\frac{1}{9c_0^2}\left[3a\left(l-\frac{1}{4}\right)\pi\right]^{2/3}\cdot k_0^{-5/3}. \tag{4.4.98}$$

代入式 (4.4.97) 及 (4.4.96), 便得到

$$r_{dl}=\frac{72}{\left[3a\left(l-\dfrac{1}{4}\right)\pi\right]^{2/3}\left(\dfrac{\Delta\omega}{\omega_0}\right)k_0^{1/3}}, \tag{4.4.99}$$

$$\delta_l = 10\log\left\{\frac{r}{72}\left(\frac{\Delta\omega}{\omega_0}\right)^2\left[3a\left(l-\frac{1}{4}\right)\pi\right]^{2/3}\cdot k_0^{1/3}\right\}\quad (r > r_{dl}). \tag{4.4.100}$$

综上所述, $N=1$ 的 "三参数" 海底, 由于第 I 类简正波具有 "同步" 衰减因子, 不产生 "剥离" 效应, 因此多途扩展较为明显 (相对于 $N=0$ 海底). 在距离范围 $r_{\tau_{下}}$ 与 $r_{\tau_{上}}$ 之间, 多途拖散损失 $D(z,z_0)$ 随距离而增加, 而当 $r > r_{\tau_{上}}$ 时, 多途损失保持为常数:

$$\max D(z,z_0) = 10\log\left\{l_1\left[1-\left(1-\frac{\widehat{(z,z_0)}}{H}\right)^{3/2}\right]+1\right\}, \tag{4.4.101}$$

其中

$$l_1 = \frac{1}{3}\left(\frac{k_0 H}{\pi}\right)\sqrt{8aH}.$$

因此, 脉冲的能量衰减与峰值衰减如图 4.4.9 所示. 特征距离 $r_{\tau_{下}}, r_{\tau_{上}}$ 分别由式 (4.4.88) 及 (4.4.90) 给出. 在 $r_{\tau_{下}} < r < r_{\tau_{上}}$ 时的 $D(z,z_0)$ 则由式 (4.4.94) 给出.

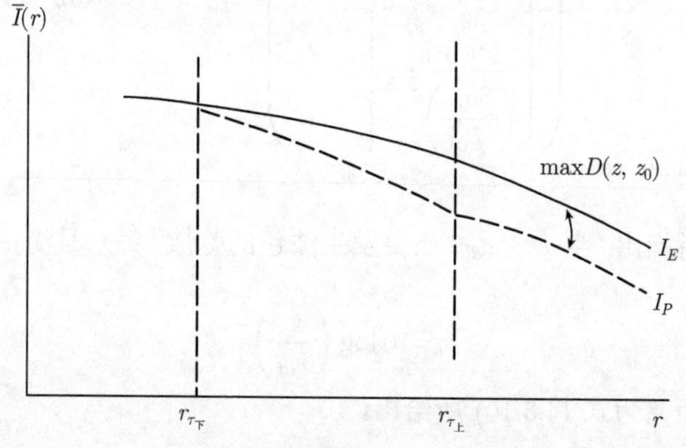

图 4.4.9

当 $r > r_{dl}$ 时, 还要计算波包弥散损失 δ_l, 由式 (4.4.100) 可见, 它与海底性质关系不大.

在本节的末尾, 我们考虑一个典型数值的例子: $a = 1\times10^{-4}$, $H = 50$, 用 1/3 倍频程滤波接收 1.5 kHz 的爆炸声信号, 计算其波形的多途扩展情况 $(\alpha_H < \alpha^*)$.

此时, $\left(\dfrac{\Delta\omega}{\omega_0}\right) \approx 24\%$, 等效 $\tau_0 \approx 3$ ms, 分别考虑 $(z,z_0) = \dfrac{H}{2}$ 及 $(z,z_0) = H$ 时的两种情况:

$l_1 \approx 6$,

$$r_{dl}=\frac{72}{\left[3\times10^{-4}\left(6-\dfrac{1}{4}\right)\pi\right]^{2/3}(0.24)^2(6.3)^{1/3}}\approx 21\text{ km},$$

$$r_{\tau_{\text{上}}}\approx 13\text{ km},$$

$$r_{\tau_{\text{下}}}=\begin{cases}4.2\text{ km} & (z,z_0)=H/2\\ 2.7\text{ km} & (z,z_0)=H\end{cases}.$$

$D(z,z_0)$ 的值列于表 4.4.2.

表 4.4.2

r/km	$D(z,z_0)$/dB	
	$(z,\ z_0)=H/2$	$(z,\ z_0)=H$
2	0	0
3	0	0.6
5	0.8	3.9
7	2.3	6.2
10	3.9	8.6
13	5.8	9.0
15	5.8	9.0

§4.5 浅海负跃层声场分析

夏季, 因受风吹的影响, 浅海表面被搅拌, 负跃层是最经常出现的.

这里, 我们用海底反射损失的 “三参数” 模型 [见式 (4.1.28)] 来分析计算理想跃层的平均场强结构. 负跃层声场也具有明显的深度结构, 它的深度结构不像负梯度那样具有随深度连续变化的特性. 由于跃层下往往是梯度很小的近等温层, 因此, 在简化抽象为由两个均匀层组成的理想跃层 (见图 4.5.1) 情况下, 其深度结构可以由所谓 “穿透比” 这一场量予以描述. 我们的目的是通过对理想跃层声场分析所建立起来的 “穿透比” 与环境参数的依赖关系的解析表示式, 对浅海负跃层声场的规律性认识取得一个基本概念. 对于实际声呐作用距离预报所需要的、与具体情况相联系的实时性数据, 则可以根据声场的数值预报程序予以解决. 但是声场数值预报问题的核心环节, 即关于声场物理模型的建立, 却是与典型声场分析中所取得的概念性的认识紧密关联的. 例如, 各项环境参数究竟以何种形式影响声场? 其敏感程度如何? 这些问题是声场的物理研究基本任务之一.

按照式 (4.1.5), 我们把主导简正波的平滑平均场强表示为

$$\bar{I}_D(r,z,z_0)=\left(\frac{2\pi}{k_0 r}\right)\sum_{l}^{l^*}A_l(z)\,A_l(z_0)\,\mathrm{e}^{-2\beta_l r}. \tag{4.5.1}$$

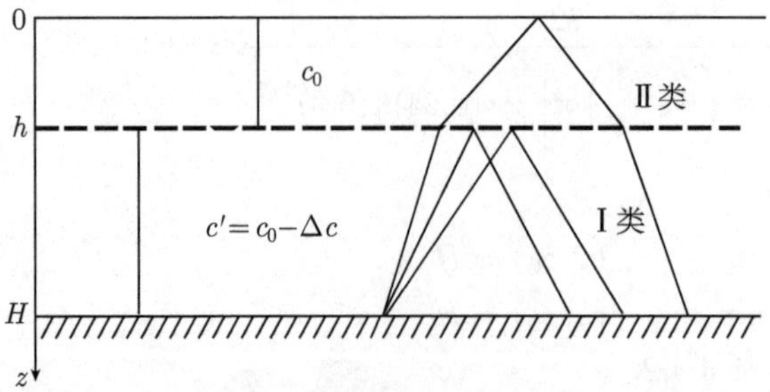

图 4.5.1

对于理想跃层, 按照极点分布有两类简正波, 第Ⅰ类简正波 ($k_0 < k_l < k_0'$), 我们称为"层下波"; 第Ⅱ类简正波 ($k_l < k_0$), 我们称为 "穿透波". 在 W.K.B. 近似下, 由相积分确定散频方程. "层下波"满足下列频散方程:

$$2\,(H-h)\sqrt{{k'}_0^2-k_l^2}+\phi_b+\phi_h=2l\pi \qquad (l=0,1,2,\cdots,l_1), \tag{4.5.2}$$

$$\beta_l=\frac{Q\cdot\alpha_l'}{S_l+\delta_b+\delta_h}, \tag{4.5.3}$$

其中

$$S_l \doteq 2\,(H-h)\,\frac{1}{\alpha_l'},$$
$$\delta_b=-\left(\frac{\partial\phi_b}{\partial k_l}\right),$$
$$\delta_h=-\left(\frac{\partial\phi_h}{\partial k_l}\right).$$

以下, 我们将讨论 $\alpha^*>\sqrt{\dfrac{2\Delta c}{c_0}}$ 的情况, 此外, 我们将 ϕ_b,ϕ_h 在小掠角范围内均近似取为 $-\pi$, 并略去 $\left(\dfrac{\partial\phi_b}{\partial k_l}\right)$ 及 $\left(\dfrac{\partial\phi_h}{\partial k_l}\right)$. 按照 "隐深度" 的概念[26], 当 ϕ_b,ϕ_h 随 k_l 平缓变化时, 可将其在式 (4.5.2) 中看做是对 H 及 h 的微小修正, 并由于位移 δ_l 远小于跨度 S_l 而在式 (4.5.3) 中略去 [参见式 (4.2.63), (4.2.65)], 于是 "层下波" 的频散方程简化为

$$2\,(H-h)\sqrt{{k'}_0^2-k_l^2}=2l\pi \qquad (l=1,2,3,\cdots,l_1), \tag{4.5.4}$$

$$\beta_l=\frac{Q\cdot{\alpha'}_l^2}{2\,(H-h)}. \tag{4.5.5}$$

l_1 由下式确定:

$$l_1\approx\left[\frac{1}{2\pi}\cdot 2\,(H-h)\sqrt{{k'}_0^2-k_0^2}\right]\approx\sqrt{\frac{2\Delta c}{c_0}}\left(\frac{k_0\tilde{H}}{\pi}\right), \tag{4.5.6}$$

其中

$$\tilde{H} \equiv (H-h). \tag{4.5.7}$$

由式 (4.5.4) 可以解出 k_l, 若令 $k_l = k_0' \cos\alpha_l'$, 则解得

$$\alpha_l' \doteq \left(\frac{l\pi}{k_0'\tilde{H}}\right), \tag{4.5.8}$$

$$\beta_l \doteq \frac{Q}{2\tilde{H}} \cdot \left(\frac{l\pi}{k_0'\tilde{H}}\right)^2 \qquad (l=1,2,3,\cdots,l_1). \tag{4.5.9}$$

对于 "穿透波", 则满足下列频散方程:

$$2\tilde{H}\sqrt{k'^2_0 - k_l^2} + 2h\sqrt{k_0^2 - k_l^2} = 2(l_1+n)\pi \quad (n=1,2,3,\cdots,n^*), \tag{4.5.10}$$

$$\beta_l \doteq \frac{Q}{\dfrac{2\tilde{H}}{\alpha'_{l_1+n}} + \dfrac{2h}{\alpha_{l_1+n}(h)}} \cdot \alpha'_{l_1+n}, \tag{4.5.11}$$

其中

$$\alpha'_{l_1+n} \doteq \sqrt{\left(\frac{2\Delta c}{c_0}\right) + \alpha^2_{l_1+n}(h)}. \tag{4.5.12}$$

而 n^* 则由式 (4.5.10) 中取 $k_l \approx k_0' \cos\alpha^*$ 而确定.

对于"弱跃层", 即 $l_1 \approx 1$ 时, 则式 (4.5.10) 很接近于均匀层的频散方程, 由于不具有突出特征, 我们不予讨论. 考虑 "强跃层" 情况, 即

$$l_1 \approx \sqrt{\left(\frac{2\Delta c}{c_0}\right)}\left(\frac{k_0\tilde{H}}{\pi}\right) \gg 1 \tag{4.5.13}$$

的情况, 例如, 黄海、渤海区七、八月份时, $\Delta c \approx 40$ m/s, 而 $\tilde{H} \approx 20$ m; 因此, 对于 1 kHz 以上的频率, 则

$$l_1 \gtrsim 0.23 \times \left(\frac{40}{1.5}\right) = 6.$$

由式 (4.5.12) 可见, 就 "穿透波" 而言, 它碰海底的最小角度为 $\sqrt{\dfrac{2\Delta c}{c_0}}$, 当 $\Delta c =$ 40 m/s 时, 则最小的 $\alpha'_{l_1+n} \approx 13°$. 对于浅海大陆架底质, 一般的 α^* 在 16° 左右. 因此, "穿透波"在"强跃层"情况, 被"强迫"受到较大的海底损失. 这样一来, 在 "穿透波" 中, 只有那些 n 较小的才占重要地位. 下面我们来估计这些简正波的指数衰减因子.

当 n 不是很大, 而满足条件

$$\left(\frac{2\Delta c}{c_0}\right) \gg \left(\frac{n\pi}{k_0 h}\right)^2 \text{ 及 } \left(\frac{2\Delta c}{c_0}\right) \gg \left(\frac{\tilde{H}}{4h^2}\right)(n\lambda) \tag{4.5.14}$$

时, 则由式 (4.5.10) 可近似解出:

$$\alpha_{l_1+n}(h) \doteq \left(\frac{n\pi}{k_0 h}\right). \tag{4.5.15}$$

因此

$$\alpha'_{l_1+n} \doteq \sqrt{\left(\frac{2\Delta c}{c_0}\right)+\left(\frac{n\pi}{k_0 h}\right)^2} \qquad (n=1,2,3,\cdots,n^*), \tag{4.5.16}$$

而

$$n^* \doteq \left(\frac{k_0 h}{\pi}\right)\sqrt{\alpha^{*2}-\left(\frac{2\Delta c}{c_0}\right)}. \tag{4.5.17}$$

将式 (4.5.15), (4.5.16) 代入式 (4.5.11), 便得到

$$\beta_{l_1+n} \approx \frac{Q}{\dfrac{2\tilde{H}}{\sqrt{\left(\dfrac{2\Delta c}{c_0}\right)+\left(\dfrac{n\pi}{k_0 h}\right)^2}}+\dfrac{2h}{\left(\dfrac{n\pi}{k_0 h}\right)}} \cdot \sqrt{\left(\frac{2\Delta c}{c_0}\right)+\left(\frac{n\pi}{k_0 h}\right)^2}. \tag{4.5.18}$$

因此

$$\beta_{l_1+n} \geqslant \frac{Q\sqrt{\dfrac{2\Delta c}{c_0}}}{\dfrac{2\tilde{H}}{\sqrt{\left(\dfrac{2\Delta c}{c_0}\right)}}+\dfrac{2h}{\left(\dfrac{n\pi}{k_0 h}\right)}} \qquad (n=1,2,3,\cdots,n^*). \tag{4.5.19}$$

在理想跃层情况下, "层下波"取

$$A_l(z)=\begin{cases}\dfrac{1}{\tilde{H}} & h<z<H,\\ 0 & \text{其他}\end{cases} \tag{4.5.20}$$

而 "穿透波" 取

$$A_l(z)=\frac{1}{H} \qquad (0<z<H). \tag{4.5.21}$$

这样一来, 式 (4.5.1) 变为

$$\bar{I}_D=(r,z,z_0)=\begin{cases}\bar{I}_{\text{下}}=\bar{I}_1+\bar{I}_2 & h<(z,z_0)<H\\ \bar{I}_{\text{上}}=\bar{I}_2 & h>(z,z_0)\end{cases}, \tag{4.5.22}$$

其中

$$\bar{I}_1 \equiv \left(\frac{2\pi}{k_0 r}\right)\cdot\frac{1}{\tilde{H}^2}\sum_{l=1}^{l_1}\mathrm{e}^{-2\beta_l r}, \tag{4.5.23}$$

$$\bar{I}_2 \equiv \left(\frac{2\pi}{k_0 r}\right) \cdot \frac{1}{H^2} \sum_{n=1}^{n^*} \mathrm{e}^{-2\beta_{l_1+n} \cdot r}. \tag{4.5.24}$$

对于近场有主要贡献的 “剩余简正波” 的估值与 §4.2 中式 (4.2.99) 相同:

$$\bar{I}_R(r) \leqslant \frac{2}{-(\ln|V_b|)} \cdot \frac{1}{r^2}, \tag{4.5.25}$$

$$A_L \leqslant \frac{4}{-\ln|V_b|}. \tag{4.5.26}$$

对于 $\bar{I}_1$, 则可由 $2\beta_{l_1} \cdot r = 1$ 定义其柱衰减区的下限, “过渡距离”r_2:

$$r_2 = \left[\frac{Q}{\tilde{H}}\left(\frac{2\Delta c}{c_0}\right)\right]^{-1} = \frac{\tilde{H}}{Q \cdot \left(\frac{2\Delta c}{c_0}\right)}. \tag{4.5.27}$$

对于 $\bar{I}_2$, 则可由 $2\beta_{l_1+n} \cdot r = 1$ 确定其柱衰减区的下限, “过渡距离”r_2':

$$r_2' = \left[\frac{Q \cdot \alpha^*}{\dfrac{\tilde{H}}{\alpha^*} + \dfrac{h}{\sqrt{\alpha^{*2} - \left(\dfrac{2\Delta c}{c_0}\right)}}}\right]^{-1} = \frac{\tilde{H}}{Q \cdot \alpha^{*2}} \cdot \left[1 + \frac{h}{\tilde{H}} \frac{\alpha^*}{\sqrt{\alpha^{*2} - \left(\dfrac{2\Delta c}{c_0}\right)}}\right]. \tag{4.5.28}$$

由此可以定出 $\bar{I}_{下}$ 的第一过渡距离 r_1(下) 及 $\bar{I}_{上}$ 的第一过渡距离 r_1(上):

$$\frac{2}{-\ln|V_b|} \cdot \frac{1}{r_1'^2} = \frac{1}{r_1'} \left[\frac{2\sqrt{\left(\dfrac{2\Delta c}{c_0}\right)}}{\tilde{H}} + \frac{2\sqrt{\alpha^{*2} - \left(\dfrac{2\Delta c}{c_0}\right)}}{H^2/h}\right]. \tag{4.5.29}$$

所以

$$r_1(下) = \frac{1}{-\ln|V_b|} \cdot \left[\frac{\sqrt{\left(\dfrac{2\Delta c}{c_0}\right)}}{\tilde{H}} + \frac{\sqrt{\alpha^{*2} - \left(\dfrac{2\Delta c}{c_0}\right)}}{H^2/h}\right]^{-1}, \tag{4.5.30}$$

而

$$r_1\,(上)=\frac{1}{-\ln|V_b|}\cdot\left[\frac{\sqrt{\alpha^{*2}-\left(\dfrac{2\Delta c}{c_0}\right)}}{H^2/h}\right]^{-1}. \tag{4.5.31}$$

由于 $\bar{I}_1$ 与均匀层场完全相同, 故有

$$r_2<r<r_3,\quad \bar{I}_1=\sqrt{\frac{\pi}{Q\tilde{H}}}\cdot\frac{1}{r^{3/2}}; \tag{4.5.32}$$

$$r>r_3,\quad \bar{I}_1=\left(\frac{2\pi}{k_0 r}\right)\cdot\frac{1}{\tilde{H}^2}\exp\left[-\frac{Q\pi^2 r}{k_0^2\tilde{H}^3}\right]. \tag{4.5.33}$$

"过渡距离"r_3 为

$$r_3=\frac{k_0^2\tilde{H}^3}{Q\pi^2}. \tag{4.5.34}$$

当 $r_2'<r<r_3'$ 时, $\bar{I}_2$ 可表示为

$$\bar{I}_2=\left(\frac{2\pi}{k_0 r}\right)\cdot\frac{1}{H^2}\cdot n\,(r), \tag{4.5.35}$$

其中

$$n\,(r)\equiv\sum_{n=1}^{n^*}\mathrm{e}^{-2\beta_{l_1+n}\cdot r}. \tag{4.5.36}$$

$n(r)$ 也可以用 "矩形" 等效法估计. 例如, 按式 (4.5.19) 粗略估计, 得

$$n\,(r)\approx\left(\frac{k_0 h}{\pi}\right)\left[\frac{2h}{2rQ\sqrt{\dfrac{2\Delta c}{c_0}}-2\tilde{H}/\sqrt{\dfrac{2\Delta c}{c_0}}}\right]. \tag{4.5.37}$$

当 $r>r_3'$ 时, $\bar{I}_2$ 变为

$$\bar{I}_2=\left(\frac{2\pi}{k_0 H^2 r}\right)\mathrm{e}^{-2\beta_{l_1+n}\cdot r}, \tag{4.5.38}$$

其中

$$2\beta_{l_1+1}\doteq\frac{2Q\sqrt{\left(\dfrac{2\Delta c}{c_0}\right)+\left(\dfrac{\pi}{k_0 h}\right)^2}}{\left[\dfrac{2\tilde{H}}{\sqrt{\left(\dfrac{2\Delta c}{c_0}\right)+\left(\dfrac{\pi}{k_0 h}\right)^2}}+\dfrac{2h}{\left(\dfrac{\pi}{k_0 h}\right)}\right]}. \tag{4.5.39}$$

考虑到条件式 (4.5.14), 则

$$2\beta_{l_1+1} \approx \frac{2Q\sqrt{\dfrac{2\Delta c}{c_0}}}{\left[\dfrac{2\tilde{H}}{\sqrt{\dfrac{2\Delta c}{c_0}}} + \dfrac{2h}{\left(\dfrac{\pi}{k_0 h}\right)}\right]}. \tag{4.5.40}$$

而"过渡距离"r_3' 由 $\alpha\left(\beta_{l_1+2} - \beta_{l_1+1}\right) \cdot r = 1$ 确定, 得

$$r_3' = \frac{\left(\dfrac{4\tilde{H}}{\sqrt{\dfrac{2\Delta c}{c_0}}} + \dfrac{2k_0 h^2}{\pi}\right)\left(\dfrac{2\tilde{H}}{\sqrt{\dfrac{2\Delta c}{c_0}}} + \dfrac{2k_0 h^2}{\pi}\right)}{2Q\sqrt{\dfrac{2\Delta c}{c_0}} \cdot \left(\dfrac{2k_0 h^2}{\pi}\right)}. \tag{4.5.41}$$

综上所述, 理想负跃层的平均场强为

$$\overline{I}(r,z,z_0) = \begin{cases} I_{\text{下}}(r) = \overline{I}_1 + \overline{I}_2 & r > r_{1_{\text{下}}} \\ I_{\text{上}}(r) = \overline{I}_2 & r > r_{1_{\text{上}}} \end{cases}; \tag{4.5.42}$$

$$\overline{I}_1 = \begin{cases} \dfrac{1}{r} \cdot \dfrac{\sqrt{\dfrac{2\Delta c}{c_0}}}{\tilde{H}} & r_{1\text{下}} < r < r_2 \\ \sqrt{\dfrac{\pi}{Q\tilde{H}}} \cdot \dfrac{1}{r^{3/2}} & r_2 < r < r_3 \\ \left(\dfrac{2\pi}{k_0 r}\right) \cdot \dfrac{1}{\tilde{H}^2}\exp\left[-\dfrac{Q\pi^2 r}{K_0^2 \tilde{H}^3}\right] & r > r_3 \end{cases}; \tag{4.5.43}$$

$$\overline{I}_2 = \begin{cases} \dfrac{1}{r} \cdot \dfrac{2\sqrt{a^{*2} - \left(\dfrac{2\Delta c}{c_0}\right)}}{H^2/h} & r_{1\text{上}} < r < r_2' \\ \left(\dfrac{2\pi}{k_0 r}\right) \cdot \dfrac{1}{H^2} \cdot n(r) & r'_2 < r < r'_3 \\ \dfrac{2\pi}{k_0 H^2 r} \cdot \exp[-2\beta_{l_1+1} r] & r > r'_3 \end{cases}; \tag{4.5.44}$$

其中

$$\left.\begin{aligned} r_{1\text{下}} &\doteq \frac{1}{-\ln|V_b|}\cdot\frac{\tilde{H}}{\sqrt{\dfrac{2\Delta c}{c_0}}} \\ r_2 &= \frac{\tilde{H}}{Q\cdot\left(\dfrac{2\Delta c}{c_0}\right)} \\ r_3 &= \frac{k_0^2\tilde{H}^3}{Q\pi^2} \end{aligned}\right\} \tag{4.5.45}$$

$$\left.\begin{aligned} r'_{1\text{上}} &= \frac{1}{-\ln|V_b|}\cdot\frac{H^2/h}{\sqrt{\alpha^{*2}-\left(\dfrac{2\Delta c}{c_0}\right)}} \\ r'_2 &= \frac{\tilde{H}}{Q\cdot\alpha^{*2}}\cdot\left[1+\frac{h}{\tilde{H}}\cdot\frac{\alpha^*}{\sqrt{\alpha^{*2}-\left(\dfrac{2\Delta c}{c_0}\right)}}\right] \\ r'_3 &= \frac{\left(\dfrac{4\tilde{H}}{\sqrt{\dfrac{2\Delta c}{c_0}}}+\dfrac{2k_0h^2}{\pi}\right)\left(\dfrac{2\tilde{H}}{\sqrt{\dfrac{2\Delta c}{c_0}}}+\dfrac{2k_0h^2}{\pi}\right)}{2Q\sqrt{\dfrac{2\Delta c}{c_0}}\left(\dfrac{2k_0h^2}{\pi}\right)} \end{aligned}\right\} \tag{4.5.46}$$

$$2\beta_{l_1+1} \doteq \frac{2Q\sqrt{\dfrac{2\Delta c}{c_0}}}{\dfrac{2\tilde{H}}{\sqrt{\dfrac{2\Delta c}{c_0}}}+\dfrac{2k_0h^2}{\pi}}. \tag{4.5.47}$$

$\bar{I}_{\text{下}}$ 与 $\bar{I}_{\text{上}}$ 示意于图 4.5.2.

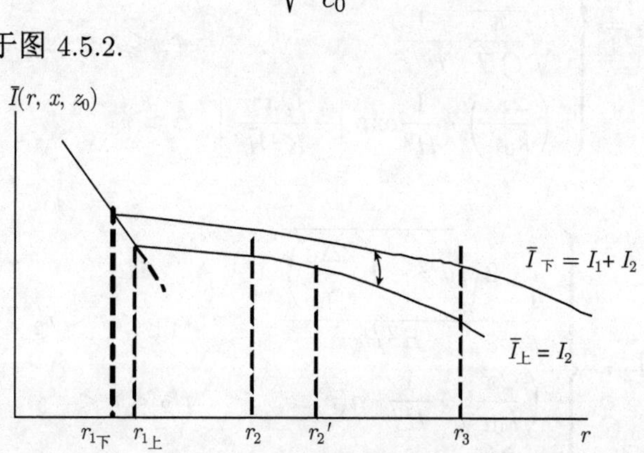

图 4.5.2

在负跃层声场中, 描述平均场强深度结构的一个重要场量是所谓 "穿透比" Δ, 它定义为上发下收 (或下发上收) 的场强与下发下收的场强之比:

$$\Delta \equiv \frac{\bar{I}_{\text{下}}}{\bar{I}_{\text{上}}} = \frac{\bar{I}_1 + \bar{I}_2}{\bar{I}_2}, \tag{4.5.48}$$

$$\Delta_{\mathrm{dB}} \equiv 10 \log \left[1 + \frac{\bar{I}_1 (r)}{\bar{I}_2 (r)} \right]. \tag{4.5.49}$$

将式 (4.5.43) 及 (4.5.44) 代入式 (4.5.49), 便可以得到 Δ_{dB} 依赖于环境参数的解析表示式:

(1) 当 $r_2, r_2' < r < r_3, r_3'$ 时,

$$\Delta_{\mathrm{dB}} \equiv 10 \log \left[1 + \frac{\sqrt{\pi}}{4} \left(\frac{H}{h} \right)^2 \frac{\left\{ 2Q \sqrt{\dfrac{2\Delta c}{c_0}} \cdot r - 2\tilde{H} \Big/ \sqrt{\dfrac{2\Delta c}{c_0}} \right\}}{\sqrt{\tilde{H} \cdot Q \cdot r}} \right]; \tag{4.5.50}$$

(2) 当 $r_2, r_3' < r < r_3$ 时,

$$\Delta_{\mathrm{dB}} \equiv 10 \log \left[1 + \frac{k_0 H^2 \exp \left(2\beta_{l_1+1} r \right)}{2\sqrt{\pi \cdot Q r \tilde{H}}} \right]; \tag{4.5.51}$$

(3) 当 $r > r_3, r_3'$ 时,

$$\Delta_{\mathrm{dB}} \equiv 10 \log \left\{ 1 + \left(\frac{H^2}{\tilde{H}^2} \right) \exp \left(2\beta_{l_1+1} - 2\beta_1 \right) r \right\}. \tag{4.5.52}$$

由于 Δ 值依赖于海底参数 Q 十分敏感, 因此, 当 Q 值未知时, 可由实测 Δ 值反推 Q 值.

在前面的讨论中, 为了简化计算, 我们对 "穿透波" 的平滑 $A_l(z)$ 取为式 (4.5.21). 考虑到 "穿透波" 在穿透跃层前后 "声线管" 截面变化较大, 上述取法当然是一个模糊度较大的取法. 下面我们来估计一下这种模糊误差有多大. 为了更精确地分辨穿透波在深度方向上的结构, 下面我们对穿透波的 $A_l(z)$ 取式 (4.1.17) 的形式, 此时:

$$A_l (z) = \begin{cases} \dfrac{A_l'}{\left(k_0^2 - \mu_l^2 \right)^{1/2}} & (0 < z < h) \\ \dfrac{A_l'}{\left({k'}_0^2 - \mu_l^2 \right)^{1/2}} & (h < z < H) \end{cases}. \tag{4.5.53}$$

A_l' 由归一化条件确定:

$$A_l' \left[\int_0^h \frac{1}{\left(k_0^2 - \mu_l^2 \right)^{1/2}} \mathrm{d}z + \int_h^H \frac{1}{\left({k'}_0^2 - \mu_l^2 \right)^{1/2}} \mathrm{d}z \right] = 1. \tag{4.5.54}$$

于是

$$A_l' = \frac{1}{h \cdot \left[\dfrac{1}{\left(k_0^2-\mu_l^2\right)^{1/2}}\right] + (H-h)\left[\dfrac{1}{\left({k'}_0^2-\mu_l^2\right)^{1/2}}\right]}. \tag{4.5.55}$$

由式 (4.5.15) 可知, 当满足条件式 (4.5.15), 即 n 较小时, 则近似有

$$\left(k_0^2-\mu_l^2\right)^{1/2} \approx k_0\left(\frac{n\pi}{k_0 h}\right), \tag{4.5.56}$$

$$\left({k'}_0^2-\mu_l^2\right)^{1/2} \approx k_0\sqrt{\frac{2\Delta c}{c_0}+\left(\frac{n\pi}{k_0 h}\right)^2} \approx k_0\sqrt{\frac{2\Delta c}{c_0}}. \tag{4.5.57}$$

将式 (4.5.55)~(4.5.57) 代入式 (4.5.53), 便得到 "穿透波" 的 $A_l(z)$ 为

$$A_l(z) = \begin{cases} A_l^{上} \doteq \dfrac{1}{h+(H-h)\sqrt{\left(\dfrac{n\pi}{k_0 a}\right)^2 \Big/ \left(\dfrac{2\Delta c}{c_0}\right)}} \\ \qquad \approx \dfrac{1}{h}\left[1-\dfrac{(H-h)}{h}\sqrt{\dfrac{\left(\dfrac{n\pi}{k_0 a}\right)^2}{\left(\dfrac{2\Delta c}{c_0}\right)}}\right] \quad (0<z<h) \\ A_l^{下} \doteq \sqrt{\dfrac{\left(\dfrac{n\pi}{k_0 h}\right)^2}{\left(\dfrac{2\Delta c}{c_0}\right)}} \cdot \dfrac{1}{h+(H-h)\sqrt{\dfrac{\left(\dfrac{n\pi}{k_0 a}\right)^2}{\left(\dfrac{2\Delta c}{c_0}\right)}}} \\ \qquad \approx \dfrac{1}{h}\sqrt{\dfrac{\left(\dfrac{n\pi}{k_0 a}\right)^2}{\left(\dfrac{2\Delta c}{c_0}\right)}} \qquad (h<z<H) \end{cases}. \tag{4.5.58}$$

按照式 (4.5.58) 来考虑, 则要对 "穿透波" 平均场强式 (4.5.24) 的 $\bar{I}_2$ 改写为

$$\bar{I}_2(r,z,z_0) \doteq \left(\frac{2\pi}{k_0 r}\right)\sum_{n=1}^{n^*} A_n(z)\,A_n(z_0)\,\mathrm{e}^{-2\beta_{l_1+n}\cdot r}. \tag{4.5.59}$$

将式 (4.5.58) 代入式 (4.5.59) 后, 可以得到

$$\bar{I}_2(r,z,z_0)=\begin{cases}\left(\dfrac{2\pi}{k_0 r}\right)\displaystyle\sum_{n=1}^{n^*}A_n^{上}\cdot A_n^{上}\cdot \mathrm{e}^{-2\beta_{l_1+n}\cdot r} \\ \quad 0<z,z_0<h \\ \left(\dfrac{2\pi}{k_0 r}\right)\displaystyle\sum_{n=1}^{n^*}A_n^{上}\cdot A_n^{下}\cdot \mathrm{e}^{-2\beta_{l_1+n}\cdot r} \\ \quad \begin{matrix}0<z<h \\ h<z_0<H\end{matrix} \ \text{或}\ \begin{matrix}0<z_0<h \\ h<z<H\end{matrix} \\ \left(\dfrac{2\pi}{k_0 r}\right)\displaystyle\sum_{n=1}^{n^*}A_n^{下}\cdot A_n^{下}\cdot \mathrm{e}^{-2\beta_{l_1+n}\cdot r} \\ \quad h<z,z_0<H\end{cases}. \tag{4.5.60}$$

因此, 当 $r>r_3'$ 时, 相应的 "穿透波" 场强为

$$\bar{I}_2\left(r,z,z_0\right)=\begin{cases}\bar{I}_2^{(上,上)}\approx\dfrac{1}{h^2}\left(\dfrac{2\pi}{k_0 r}\right)\mathrm{e}^{-2\beta_{l_1+1}\cdot r}, \\ \bar{I}_2^{(上,下)}\approx\dfrac{1}{h^2}\left(\sqrt{\dfrac{\left(\dfrac{\pi}{k_0 a}\right)^2}{\left(\dfrac{2\Delta c}{c_0}\right)}}\right)\left(\dfrac{2\pi}{k_0 r}\right)\mathrm{e}^{-2\beta_{l_1+1}\cdot r} \\ \bar{I}_2^{(下,下)}\approx\dfrac{1}{h^2}\dfrac{\left(\dfrac{\pi}{k_0 h}\right)^2}{\left(\dfrac{2\Delta c}{c_0}\right)}\cdot\left(\dfrac{2\pi}{k_0 r}\right)\mathrm{e}^{-2\beta_{l_1+1}\cdot r}\end{cases}. \tag{4.5.61}$$

相应的 "穿透比" 式 (4.5.48) 应改写为

$$\varDelta\equiv\frac{\bar{I}_{(下,下)}}{\bar{I}_{(上,下)}}=\frac{\bar{I}_1+\bar{I}_2^{(下,下)}}{\bar{I}_2^{(上,下)}}. \tag{4.5.62}$$

于是式 (4.5.51) 及 (4.5.52) 变为

当 $r_2,r_3'<r<r_3$ 时,

$$\varDelta_{\mathrm{dB}}\approx 10\log\left[\frac{k_0 h^2}{^2\sqrt{\pi Q r\tilde{H}}}\sqrt{\frac{\left(\dfrac{2\Delta c}{c_0}\right)}{\left(\dfrac{\pi}{k_{h0}}\right)^2}}\cdot\exp\left(2\beta_{l_1+1}\cdot r\right)\right]; \tag{4.5.63}$$

当 $r > r_3', r^3$ 时,

$$\Delta_{\mathrm{dB}} \approx 10\log\left[\frac{h^2}{\tilde{H}^2}\sqrt{\frac{\left(\dfrac{2\Delta c}{c_0}\right)}{\left(\dfrac{\pi}{k_0 h}\right)^2}}\cdot\exp\left[2\beta_{l_1+1}-2\beta_1\right]r\right]. \tag{4.5.64}$$

由式 (4.5.61) 还可以看出, 当满足条件式 (4.5.14), 则上发上收时将优于下发上收或上发下收的场强. 这也是与实验结果相符合的.

§4.6 浅海表面声道平均声场的分析

冬季由于冷空气影响以及风浪的搅混, 在海水表层数十米范围内经常出现一个等温层或微弱正梯度. 文献 [27] 曾对浅海表面声道的简正波场作过讨论, 这里我们着重分析平滑平均的场强结构. 等温层由于海水静压力的影响, 将有 $a \sim 10^{-5}$ 量级的声速正梯度, 这个微小的声速正梯度在深海混合层中将会形成一个很重要的传输通道 —— 混合层声道. 然而, 在浅海中, 与深海混合层声道不同, 海底界面对声能的截获仍然是不可忽视的因素. 因此, 相对地使微弱梯度的变化对声场的影响变为迟钝. 在这一节里, 我们仍然以 "三参数" 海底来分析浅海表面声道中的平均场强, 并给出波导简正波占优势的 "过渡距离" r_p 的表示式.

浅海表面声道相当于浅海负梯度声场中将海底、海面互换. 因此, 只需将 z 变为 $(H-z)$, 即可类似于 §4.4 关于负梯度平均场强所作的分析. 将简正波分为两类, 第 I 类简正波 $(k_H < k_l < k_0)$ 仍然是水层中反转的 (不碰海底); 第 II 类简正波 $(k_l < k_H)$ 是 "碰撞" 海底界面而反射的. 与负梯度情况相反, 由于第 II 类简正波将以较小的掠角碰撞海底, 因此, 从海底反射损失的 "角度滤波" 来说, 第 II 类简正波对场的贡献与负梯度情况相比将有所加强.

我们把平滑平均场强写为式 (4.4.19) 的形式:

$$\bar{I}(r,z,z_0) = \bar{I}_1(r,z,z_0) + \bar{I}_2(r), \tag{4.6.1}$$

其中, $\bar{I}_1(r,z,z_0)$, $\bar{I}_2(r)$ 分别为第 I 类, 第 II 类的简正波场:

$$\bar{I}_1(r,z,z_0) \equiv \left(\frac{2\pi}{k_0 r}\right)\sum_{l(\widetilde{z,z_0})}^{l_1}\frac{1}{D_l^2}\mathrm{e}^{-2\beta_l r}, \tag{4.6.2}$$

$$\bar{I}_2(r) \equiv \left(\frac{2\pi}{k_0 r}\right)\sum_{n=1}^{n^*}\frac{1}{H^2}\mathrm{e}^{-2\beta_{l_1+n}\cdot r}, \tag{4.6.3}$$

其中, $\overparen{(z,z_0)}$ 表示取 z 与 z_0 中较大者. 而 $l\overparen{(z,z_0)}$ 表示由式 (4.6.16) 给出.

对第 I 类简正波 $(k_0 > k_l > k_H)$ 有

$$2\int_0^{z_l}\sqrt{k^2(z)-k_l^2}\mathrm{d}z+\phi_s-\frac{\pi}{2}=2l\pi\quad(l=0,1,2,3,\cdots,l),\tag{4.6.4}$$

$$\beta_l=\frac{-\ln|V_s(\alpha_l)|}{S_l},\tag{4.6.5}$$

$$S_l=2\int_0^{z_l}\frac{k_l}{\sqrt{k^2(z)-k_l^2}}\mathrm{d}z.\tag{4.6.6}$$

$D_l = z_l$, 而 z_l 满足

$$k^2(z_l)=k_l^2.\tag{4.6.7}$$

$-\ln|V_s(\alpha)|$ 为海面反射损失.

对第II类简正波 $(k_l < k_H)$ 有

$$2\int_0^{H}\sqrt{k^2(z)-\mu_l^2}\mathrm{d}z+\phi_b+\phi_s=2(l_1+n)\pi\quad(n=1,2,3,\cdots),\tag{4.6.8}$$

$$\beta_l=\frac{-\ln|V_s(\alpha_l)|-\ln|V_b(\alpha_l)|}{S_l+\delta_{lb}},\tag{4.6.9}$$

$$S_l=2\int_0^{H}\frac{k_l}{\sqrt{k^2(z)-k_l^2}}\mathrm{d}z,\tag{4.6.10}$$

$$\delta_{lb}=-\left(\frac{\partial\phi_b}{\partial k_l}\right).\tag{4.6.11}$$

为了得出简单而具体的结果, 以下的分析略去了海面反射损失, 关于粗糙海面影响的讨论可见文献 [25], 将海底反射损失 $-\ln|V_b(\alpha)|$ 取为式 (4.2.61) 的 “三参数” 形式, 并设

$$k^2(z)=k_0^2(1-2az).$$

这样, 对第 I 类简正波有下列结果:

$$\left[k_0^2-k_l^2\right]^{3/2}=3ak_0^2\left(l-\frac{1}{4}\right)\pi\quad(l=1,2,3,\cdots,l),\tag{4.6.12}$$

$$l_1\doteq\frac{1}{3\pi}aHk_0\sqrt{\frac{8H}{a}}.\tag{4.6.13}$$

在式 (4.6.12) 中, 取 $k_l = k_H$, 令 $l = 1$, 则得到波导的 “临界频率” k_{cr} 或 f_{cr}:

$$f_{\mathrm{cr}}=\frac{9c_0}{8H\sqrt{8aH}},\tag{4.6.14}$$

或在式 (4.6.13) 中令 $l_1= 1$, 近似求得 $f_{\rm cr}$.

$$D_l = z_l \doteq H\left(\frac{l-\dfrac{1}{4}}{l_1-\dfrac{1}{4}}\right)^{2/3}, \tag{4.6.15}$$

$$l\,(z) = \left[l_1\left(\frac{z}{H}\right)^{3/2}+\frac{1}{4}\right]_e+1. \tag{4.6.16}$$

对第Ⅱ类简正波有下列结果：

$$\left[k_0^2-k_l^2\right]^{3/2}-\left[k_H^2-k_l^2\right]^{3/2}=3ak_0^2\left[(l_1+n)\,\pi\right]\quad(n=1,2,3,\cdots,n^*), \tag{4.6.17}$$

$$\beta_{l+n}=\frac{Q\cdot\alpha_{l_1+n}\,(H)}{4H}\cdot\left[\alpha_{l_1+n}\,(H)+\alpha_{l_2+n}\,(0)\right]. \tag{4.6.18}$$

方程 (4.6.17) 可以有下列近似解：

(1) 当 n 较小 $\left[\text{满足条件：}\sqrt{2aH}\gg\left(\dfrac{n\pi}{k_0H}\right)\right]$ 时,

$$\alpha_{l_1+n}\,(0)\doteq\sqrt{2aH}+\frac{1}{2}\left(\frac{n\pi}{k_0H}\right), \tag{4.6.19}$$

而

$$\alpha_{l_1+n}\,(H)=\sqrt{\alpha_{l_1+n}^2\,(0)-2aH}.$$

于是

$$\alpha_{l_1+n}\,(H)\approx\left[\left(\frac{n\pi}{k_0H}\right)\sqrt{2aH}\right]^{1/2}. \tag{4.6.20}$$

(2) 当 n 较大 (或 $a\rightarrow 0$) 时,

$$\alpha_{l_1+n}\,(0)\approx\alpha_{l_1+n}\,(H)\approx\left(\frac{n\pi}{k_0H}\right), \tag{4.6.21}$$

即趋近于均匀层情况.

根据式 (4.6.20) 及 (4.6.21), 可以分别估计 β_{l_1+n} 的值.

下面将平滑平均场强式 (4.6.1) 写成类似于式 (4.4.54) 的形式, 得

$$\bar{I}_D\,(r,z,z_0)=\left(\frac{2\pi}{k_0H^2r}\right)\cdot\left[M\,(z,z_0)+N\,(r)\right], \tag{4.6.22}$$

其中

$$M(z,z_0)\equiv\sum_{\overbrace{l(z,z_0)}}^{l_1}\left(\frac{l_1-\frac{1}{4}}{l-\frac{1}{4}}\right)^{4/3}\\ \approx(3l_1)\left\{\frac{1}{\left[\left(\frac{\overbrace{(z,z_0)}}{H}\right)^{3/2}+\frac{3}{4l_1}\right]^{1/3}}-\frac{1}{\left(1+\frac{3}{4l_1}\right)^{1/3}}\right\}. \tag{4.6.23}$$

上式中 $\overbrace{(z,z_0)}$ 为取 z,z_0 之较大者.

$$N(r)=\sum_{n=1}^{n^*}\mathrm{e}^{-2\beta_n r}, \tag{4.6.24}$$

而 β_n 的近似表示式为

(1) 对 n 较小 $\left[\sqrt{2aH}\gg\left(\frac{n\pi}{k_0H}\right)\right]$ 时,

$$\begin{aligned}\beta_n&=\frac{Q}{4H}\left[\alpha_n^2(H)+\alpha_n(H)\alpha_n(0)\right]\\&=\frac{Q}{4H}\left[\sqrt{2aH}\left(\frac{n\pi}{k_0H}\right)+\frac{1}{4}\left(\frac{n\pi}{k_0H}\right)^2\right.\\&\quad\left.+\left(\frac{n\pi}{k_0H}\right)^{1/2}(2aH)^{3/4}+\left(\frac{n\pi}{k_0H}\right)^{3/2}(2aH)^{1/4}\right]\\&=\frac{Q}{4H}\left(\frac{n\pi}{k_0H}\right)^{1/2}(2aH)^{3/4}\cdot\left[1+\left(\frac{n\pi}{k_0H}\right)^{1/2}(2aH)^{-1/4}\right.\\&\quad\left.+\left(\frac{n\pi}{k_0H}\right)\left(\sqrt{2aH}\right)^{-2/4}+\frac{1}{4}\left(\frac{n\pi}{k_0H}\right)^{3/2}(2aH)^{-3/4}\right]\end{aligned} \tag{4.6.25}$$

$$\approx\frac{Q}{4H}\left(\frac{n\pi}{k_0H}\right)^{1/2}(2aH)^{3/4}; \tag{4.6.26}$$

(2) 对 n 较大时,

$$\beta_n\doteq\frac{Q}{4H}\cdot2\alpha_n^2(H)=\frac{Q}{2H}\left(\frac{n\pi}{k_0H}\right)^2. \tag{4.6.27}$$

将相应的 β_n 表示式 (4.6.25)~(4.6.27) 代入式 (4.6.24), 就可以求出 $N(r)$, 并确定波导简正波占优势的 "过渡距离"r_p. 这个距离可由下式确定:

$$M\left(z, z_0\right) = N\left(r_p\right). \tag{4.6.28}$$

严格求解 r_p 当然较为麻烦, 但是作为场结构的 "特征距离", 无需精确求解, 而只需给出近似的解析表达式, 以便于场分析. 例如用 "矩形" 等效方法, 由式 (4.6.20) 及 (4.6.28) 给出

$$r_p = \frac{2H}{Q\left(\dfrac{\pi}{k_0 H}\right)^{1/2}\left(2aH\right)^{3/4} M^{1/2}\left(z, z_0\right)}, \tag{4.6.29}$$

而由式 (4.6.27) 则给出:

$$r_p = \frac{H}{Q\left(\dfrac{\pi}{k_0 H}\right)^{2} M^{2}\left(z, z_0\right)}. \tag{4.6.30}$$

一般说来, 用式 (4.6.26) 所估计的$N(r)$ 偏大, 因而式 (4.6.29) 的 r_p 值也偏大; 而用式 (4.6.27) 所估计的$N(r)$ 偏小, 因而式 (4.6.30) 的 r_p 值也偏小. 因此, 作为判断波导起主导作用的距离的下限距离可用式 (4.6.30) 给出.

如果我们不计及场的深度结构, 而考虑沿深度等概率发射接收时的平均场强, 即考虑整个水层作为平滑窗口时, 则有 $\bar{M} = l_1$, 代入式 (4.6.30), 便得到

$$r_p = \frac{9}{82a} \approx \frac{1}{aQ}. \tag{4.6.31}$$

这便是我们在文献 [5] 中曾经给出的结果.

参 考 文 献

[1] Бреховских Л М. Акутика Океана, Изл. НАУК , 1974. (中译版: 海洋声学. 北京: 科学出版社, 1983.)

[2] Pekeris C L. Theory of propagation of explosive sound in shallow-water. Geol. Soc. Amer. Mem., 1948, 27.

[3] Бреховских Л М. Волны в слоистых срелах, ИзЛ. НАУК, 1959. (中译版: 杨训仁. 分层界质中的波. 第二版. 北京: 科学出版社, 1985.)

[4] Weston D E. Intensity-range relation in oceanographic acoustics. J. Sound, Vib., 1971, 18: 271.

[5] Shang E C. Transition ranges of the average sound field in shallow water. Scientia Sinica, 1976, 19(6): 794.

[6] 尚尔昌. 海底反射参数对平均场强结构的控制. 海洋学报, 1979, 1.
[7] 关定华. 均匀层浅海声场与海底反射损失的关系. 海洋学报, 1979, 1.
[8] 丁达夫. 负梯度浅海声场的平滑平均结构. 声学学报, 1979, 4: 288.
[9] 尚尔昌. 非均匀层中的反波导传播. 物理学报, 1961, 17: 180; Scientia Sinica, 1963, 12: 521.
[10] 张仁和. 负梯度浅海中的简正波声场. 声学学报, 1965, 2: 24.
[11] Weston D E. Shallow-water sound propagation. EASCON, IEEE, 1978; Guided waves in ocean, Rep. Progre. in Phys., 1979, 42: 347.
[12] Hamilton E L. Compression-wave attenuation in marine sediments. Geophysics, 1972, 37: 620.
[13] Лысанов Ю Л. Аку. жур, 1969, 15: 393; [1],Чацть.4.
[14] 周纪浔. 浅海声场垂直相关与界面反射 (散射) 损失. 声学学报, 1979, 1.
[15] Волвов В И. Океаналош, 1966, 6: 1086.
[16] Marsh H W, Schulkin M. JASA, 1962, 34: 863.
[17] Mackenzie K V. JASA, 1960, 32: 221.
[18] Marsh H W. JASA, 1964, 36: 2003.
[19] Groginsky. IRE, Tr-IT8, 1962: 321.
[20] Kuperman. Coherent component of specular reflection and transmission at a random rough two-fluid interface. JASA, 1975, 58: 370.
[21] Cole B. Shallow-water propagation under downward-refraction condition. JASA, 1967, 41: 1479.
[22] Denham R N. Asymtotic solution for the sound field in shallow water with a negative velocity gradient. JASA, 1969, 45: 365.
[23] 唐应吾. 物理学报, 1977, 26(3): 225.
[24] 周纪浔. 浅海平均声场角度谱分析法与回波混响比的距离、深度结构. 声学学报, 1980, 5(2): 86–99.
[25] Лысанов Ю П. Аку. жур., 1966, 12: 489.
[26] Williams A O. JASA, 1976, 59: 1175.
[27] 张仁和. 物理学报, 1975, 24.
[28] Ingenito F. JASA, 1973, 53: 858.
[29] Shang E C, Zhou J X, Guan D H. Theoretical analysis of the boundary reflection loss and the parameter extraction at small grazing angle. Chinese J. of Acoust, 1984, 3(4): 354–361.
[30] Biot M A. Generalized theory of acoustic propagation in porous dissipative media. JASA, 1962, 34: 1254–1264.
[31] Stoll R D. Marine sediment acoustics. JASA, 1985, 77: 1789–1799.
[32] Zhou J X, Zhang X Z, Knobles D P. Low-frequency geoacoustic model for the effective properties of sandy bottom. JASA, 2009, 125: 2847–2866.

[33] Jiang S L, Shang E C. The bottom reflection of continental shelf. ACTA OCEAN. SINICA, 1985, 4(3)：359–373.

[34] Zhou S H, et al. Propagation modeling in shallow water based on characteristic bottom reflection parameters and its application to source localization. Proceedings of ICTCA2005 (II) Hangzhou：China, 2005：314–322.

[35] Harrison C H. An approximation form of Rayleigh reflection loss and its phase: Application to reverberation calculation. JASA, 2010, 128：50–57.

[36] Weston D E. A Moire fringe analog of sound propagation in shallow water. JASA, 1960, 32：647–654.

[37] En-cen Lo, Zhou J X, Shang E C. Normal mode filtering in shallow water. JASA, 1983, 74(6)：1833–1837.

[38] Gao D Z, Wang N, Wang H Z. A Dedispersion transform for sound propagation in shallow water. J. Comp. Acoust., 2010, 18：245–258.

[39] Kim S, et al. Robust time reversal focusing in the ocean. JASA, 2003, 114：145–157.

第五章　深海典型声场分析

声波在深海中的传播方式基本上有四种方式, 如图 5.0.1 所示. 最主要的波导是混合层声道及 SOFAR 声道.

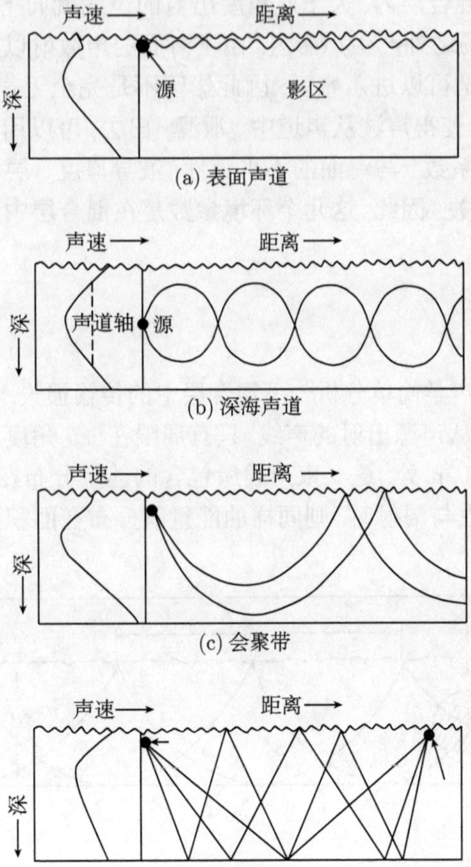

(a) 表面声道

(b) 深海声道

(c) 会聚带

(d) 海底反射

图 5.0.1

§5.1　深海混合层声道

早在 20 世纪 80 年代, 就在实验上发现海洋上层能够形成良好的声波传输通道. 世界大部分洋区的温度曲线表明, 在海面下边往往存在一个等温层. 由于湍流、对流以及风动表面对海水的搅混, 形成了这种等温层, 又称为"混合层", 在层内, 由于海水静压力对声速的影响, 声速将随深度而增加直至"主跃层". 由于这个微弱的正梯度使得声波能向上折射, 因此, 在靠近表面的声源所发射的部分能量能够保留在该层中, 形成波导. 混合层的厚度与季节有关, 在 §2.1 中曾给出一个大西洋的统计数据. 一般说来, 层厚在 30~100 m. 例如, 对于一个厚度为 50 m 的混合层, 若正梯度 $a \approx 10^{-5}$, 则在表面附近声源所发射声波的角度θ在 $\sqrt{2aH} \approx \sqrt{10^{-3}} \approx 2°$ 内的能量, 将能够保持在混合层内. 大于此角度出射的声线就向下折入海洋深处. 在层的下边, 位于直达声场之外产生声影区. 由于海面的声散射以及声道下边界引起的衍射, 一些声能量还是可以进入影区, 因此影区不是完全无声的, 只是相对强度很弱. 由于散射和衍射, 使得声波从声道中"泄漏"出去; 可以用"漏声系数"(dB/km)来描述. 显然, "漏声系数"与海面的不平整性, 波导厚度、层中正梯度及层下负梯度的量级以及频率有关. 因此, 这几个环境参数是在混合层中声呐作用距离预报所必需的环境参数.

5.1.1 射线分析

我们首先用射线声学简单分析一下混合层中的传输损失. 令无指向声源位于混合层中的 P 点. 所有从声源出射的声线. 只有局限在 $\pm\theta$ 角度内的声线才能保留在声道中, 在单位距离 1 m 处, 这一束声线所包含的能量分布在面积 A_1 上. 在远距离 r 处, 当不考虑吸收与漏射时, 则同样的能量就分布在面积 A_2 上 (见图 5.1.1).

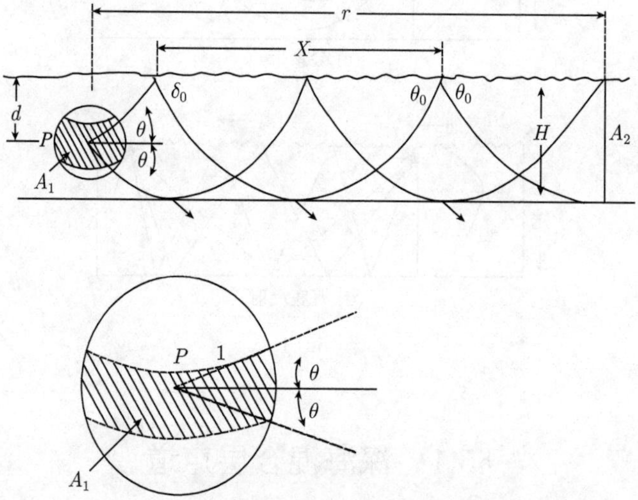

图 5.1.1

所以, 在距离 r 处的传播衰减 (在整个波导厚度 H 上求平均) 等于

$$\mathrm{TL}=10\log\frac{A_2}{A_1},\tag{5.1.1}$$

而

$$A_1=2\pi\int_{-\theta}^{\theta}\cos\theta\mathrm{d}\theta=4\pi\sin\theta,\tag{5.1.2}$$

$$A_2=2\pi rH,\tag{5.1.3}$$

由此可得混合层波导的传播损失:

$$\mathrm{TL}=10\log\left(\frac{rH}{2\sin\theta}\right)=10\log(rr_0),\tag{5.1.4}$$

其中

$$r_0=\frac{H}{2\sin\theta}\doteq\sqrt{2a(H-d)}.\tag{5.1.5}$$

当计及吸收和泄漏所引起的衰减时, TL 变为

$$\mathrm{TL}=10\log r_0+10\log r+(\alpha_A+\alpha_L)\,r\times10^{-3},\tag{5.1.6}$$

其中 α_A 为吸收系数 (dB/km); α_L 为漏射系数 (dB/km); r 为水平距离 (m).

Sohulkin 根据 AMOS 的实验数据给出一个漏声损失的经验公式:

$$\alpha_s=1.64\,(fh)^{1/2}\ \text{分贝/极限跨度},\tag{5.1.7}$$

其中, f 为频率 (kHz); h 为平均波高 (英尺)(见图 5.1.2).

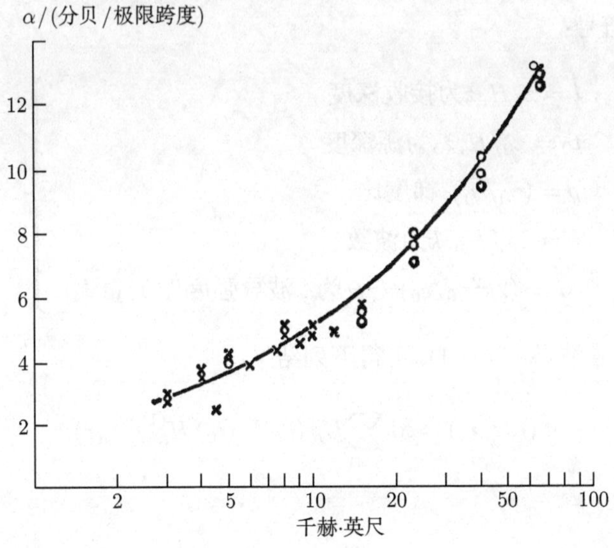

图 5.1.2

式 (5.1.7) 的 AMOS 的经验漏声损失, 可能偏大 (参见本节后面的讨论及图 5.1.2).

射线理论无法解决泄漏问题, 下面我们讨论波动理论对场的分析.

5.1.2 波动理论分析

关于混合层表面声道的波动解, 最早是由 Furry 在 1945 ~ 1946 年给出 [1] 的, 他所讨论的是电磁波在对流层中的传播问题, 所采取的介质模型是 "双线性" 模型 (见图 5.1.3).

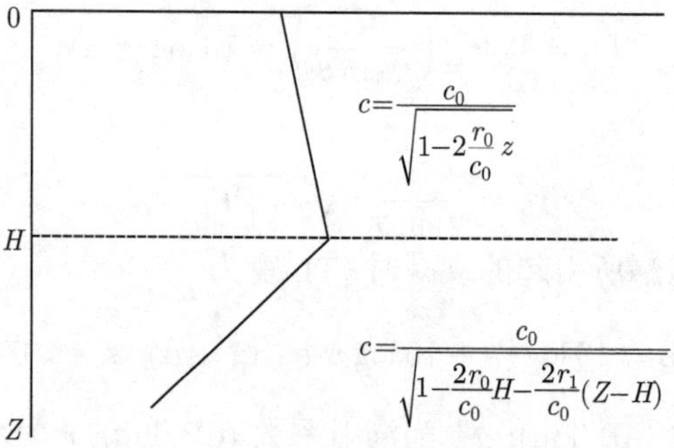

图 5.1.3

Marsh 于 1950 年将 Furry 的理论用于水声, 解决了当时提出的关于混合层传播研究的问题, 即所谓 AMOS 传播模型 (Acoustic, Meteorological, Oceanographic Survey). 后来文献 [2-4] 对上述工作作了一些改进和深入的讨论.

引入下列符号:

$$\left.\begin{aligned}&t=z/H, z\text{为接收深度}\\&t_0=z_0/H, z_0\text{为源深度}\\&\rho=(\gamma_0/\gamma_1), \text{梯度比}\\&k=2\pi f/c_0, k\text{为波数}\\&M=(2k^2\gamma_0/c_0)^{1/3}H\text{为“波导强度”(元量纲)}\end{aligned}\right\}\tag{5.1.8}$$

对于平整海面, 强波导 ($M \gg 1$), 可得下列结果:

$$\phi(r,z,z_0)=\pi\mathrm{i}\sum_{n=1}U_n(t)\,U_n(t_0)\,H_0^{(1)}(\lambda_n r),\tag{5.1.9}$$

其中

$$\lambda_n=\left[k^2-M_{\chi_n}(M/H)^2\right]^{1/2}.\tag{5.1.10}$$

复本征值 M_{χ_n} 为下列方程之根:

$$\rho h_2(B_1)\cdot\beta - h_2'(B_1)\,a(1) = 0. \tag{5.1.11}$$

式 (5.1.11) 的求根可在复平面上用 Newton 方法迭代进行, 初值可由渐近近似解给出 [见式 (5.1.29) 及 (5.1.30)].

波函数为

$$U_n(t)\,U_n(t_0) = \left(\frac{M}{H}\right) F_n(t)\,F_n(t_0)/D_n. \tag{5.1.12}$$

$F_n(t)$ 取下列形式:

当 $t \leqslant 1$, 相应于发射, (接收) 在层中:

$$F_n = a(t); \tag{5.1.13}$$

当 $t \geqslant 1$, 相应于发射, (接收) 在层下:

$$F_n = a(1)\,h_2(B_t)/h_2(B_1), \tag{5.1.14}$$

其中

$$a(t) = h_1(M_{\chi_n})\,h_2(M_{\chi_n} - Mt) - h_2(M_{\chi_n})\,h_1(M_{\chi_n} - Mt), \tag{5.1.15}$$

$$B_t = \rho^2(M_{\chi_n} - M) + (M - Mt)/\rho, \tag{5.1.16}$$

$$D_n = (\rho^3 - 1)\left[\beta^2 + (M_{\chi_n} - M)\,a^2(1)\right] - 2.124\,292, \tag{5.1.17}$$

$$\beta \equiv h_1(M_{\chi_n})\,h_2'(M_{\chi_n} - M) - h_2(M_{\chi_n})\,h_1'(M_{\chi_n} - M), \tag{5.1.18}$$

而 h_1, h_2 为下列 Stokes 方程的线性独立解:

$$\frac{\mathrm{d}^2 h}{\mathrm{d}\rho^2} + \zeta h = 0, \tag{5.1.19}$$

在式 (5.1.10) 中, 通常有 $k^2 \gg M_{\chi_n}(M/H)^2$, 因此

$$\lambda_n \approx k - \sigma_n + \mathrm{i}\tau_n = k_n + \mathrm{i}\tau_n, \tag{5.1.20}$$

$$\sigma_n = \Gamma\,\mathrm{Re}(M_{\chi_n}), \tag{5.1.21}$$

$$\tau_n = \Gamma\,\mathrm{Im}(M_{\chi_n}), \tag{5.1.22}$$

$$\Gamma \equiv \left(\pi f \gamma_0^2\right)^{1/3}/c_0, \tag{5.1.23}$$

在式 (5.1.9) 中, 使用 Hankel 函数的渐近式. 我们可以把传输损失 TL 表示为 (将吸收项 α_A 加入):

$$\begin{aligned}\mathrm{TL} &= -10\log|\phi(r,z,z_0)|^2\\ &= -10\log F(r,z,z_0) - 10\log(c_0/f) + 10\log r + \alpha_A r\end{aligned} \tag{5.1.24}$$

其中 $F(r,z,z_0)$ 为

$$F(r,z,z_0) \equiv \left[\left(\sum_1^N A_n\cos\phi_n\right)^2 + \left(\sum_1^N A_n\sin\phi_n\right)^2\right], \tag{5.1.25}$$

$$A_n = |U_n(t)U_n(t_0)|\cdot\exp(-\tau_n r), \tag{5.1.26}$$

$$\phi_n = \psi_n + \sigma_n r, \tag{5.1.27}$$

$$\psi_n = \arg\{U_n(t)U_n(t_0)\}, \tag{5.1.28}$$

波场的 “泄漏” 效应, 由函数 $F(r,z,z_0)$ 体现.

平整表面的 “泄漏” 是由下边界的衍射造成的. 它由各号简正波的指数衰减系数 τ_n 来表现. 由式 (5.1.22) 可知, τ_n 主要决定于本征值 M_{χ_n} 的虚部 $\mathrm{Im}(M_{\chi_n})$. 当 $M \gg 1$ 时, 在渐近近似下可解得

$$\mathrm{Re}(M_{\chi_n}) \approx \left[(3\pi/2)\left(n-\frac{1}{4}\right)\right]^{2/3}, \tag{5.1.29}$$

$$\begin{aligned}\mathrm{Im}(M_{\chi_n}) \approx& \left[(3\pi/2)\left(n-\frac{1}{4}\right)\right]^{-1/3}\\ &\times\exp\left\{-\frac{4}{3}(1-\rho^2)\left[M-\left(\frac{3\pi}{2}\right)^{2/3}\left(n-\frac{1}{4}\right)^{2/3}\right]\right\}.\end{aligned} \tag{5.1.30}$$

由式 (5.1.30) 可见, 衍射造成的漏声效果与环境参数有下列关系:

(1) 当 M 愈大 (波导愈强), 衍射漏射愈小, 因为 $M \equiv (2k^2\gamma_0/c_0)^{1/3}H$, 一般混合等温层中, $\gamma_0/c_0 \approx 10^{-5}$, 频率愈高, 层厚 H 愈大, 衍射损失愈小.

(2)$\rho^2 = (\gamma_0/\gamma_1)$ 愈小, 漏射愈严重; 即层下的负跃层的梯度 r_1 愈大, 衍射、漏射愈大.

波导的临界条件由下式给出:

$$M \geqslant \left[(3\pi/2)\left(1-\frac{1}{4}\right)\right]^{2/3}. \tag{5.1.31}$$

由此, 得到与前面浅海表面声道中相同的临界频率公式 (4.6.14):

$$f_{\mathrm{cr}} = \frac{9c_0}{8H\sqrt{8aH}}, \tag{5.1.32}$$

$$a = \gamma_0 / c_0. \tag{5.1.33}$$

当 $M \gg 1$ 时, 混合层声道中的深度结构仍可用式 (4.6.23) 所给出的 $M(z, z_0)$ 来表示, 或用式 (4.4.79), (4.4.80) 所给出的 $M(z, z_0)$ 来表示.

造成混合层声道的泄漏损失, 可以认为有两方面原因: 其一是下边界的衍射结果, 其二是不平整海表面所产生的向波导外散射所引起的, 或者将不平整表面等效地看成反射系数不等于 1 的界面.

关于不平表面的影响, Marsh 等[5] 应用 Neuman 谱 [见式 (2.3.7)], 在理论上给出表面波导中的散射衰减损失为

$$\alpha = -10 \log \left[1 - 0.001\,3 b^{3/2} h^{1/10} L^{1/2}\right] (\text{分贝/跨度}), \tag{5.1.34}$$

其中, h 为平均 (波峰–波谷) 波高 (英尺); L 为等温层厚度 (英尺); $b = fh$, 为频率 × 波高 (千赫 · 英尺).

式 (5.1.34) 所给出的表面散射损失绘于图 5.1.4.

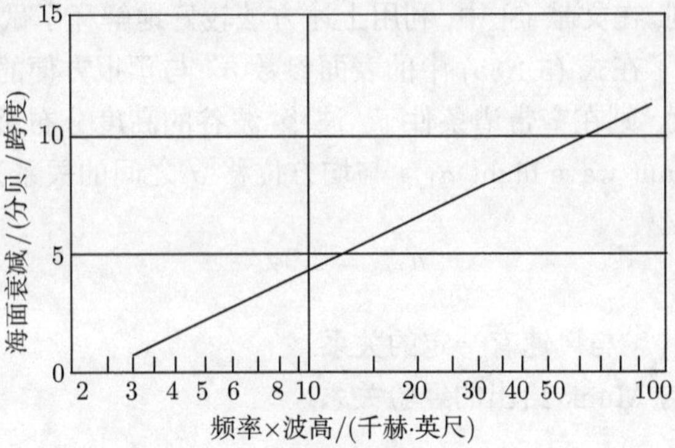

图 5.1.4

在 W.K.B. 近似适用范围内, 使用等效反射系数来描写不平整表面, 然后按本书 §3.8 所介绍的 "Ray-Mode" 近似理论来分析声场无疑是非常方便的.

使用等效反射系数的描述方法时, 对于高斯随机表面有著名的 Eckart-Ucakabur 理论结果 [6]:

$$|V_s| = \exp\left[-2k_0^2 \sigma^2 \sin^2 \theta\right], \tag{5.1.35}$$

其中 k_0 为波数; σ 为 r.m.s. 位移; θ 为海面掠角.

当然, 有关不平整表面散射的理论工作是大量的, 这里不予详述; 但是值得提出的是最近 Kuperman[7] 对表面使用有方向性的 Pierson-Moskowity 谱 [见式 (2.3.8)], 根据 Bacc 方法给出了非 Kirchoff 近似下的结果.

按式 (5.1.35) 所给出的等效反射系数 $|V|$, 我们根据 “Ray-Mode” 理论, 可以在平整表面的解的基础上, 很容易地给出表面散射效应的修正. 为此, 在本征值表示式 (5.1.20) 中, 保持实部 k_n 不变, 而在虚部 τ_n 中附加上 τ_n', 由式 (3.8.14) 可知:

$$\tau_n' = \frac{-\ln|V_s|}{s_n}, \tag{5.1.36}$$

其中

$$s_n = 2\int_0^{z_n} \frac{k_n}{\sqrt{k^2(z) - k_n^2}} \mathrm{d}z. \tag{5.1.37}$$

于是式 (5.1.20) 可修改为

$$\lambda_n = k_n + \mathrm{i}(\tau_n + \tau_n'), \tag{5.1.38}$$

其中 τ_n 由式 (5.1.22) 给出 [τ_n' 由式 (5.1.36) 给出]:

$$\tau_n = \varGamma \mathrm{Im}(M_{\chi_n}). \tag{5.1.39}$$

最近我们看到, 在文献 [8] 中, 利用上述方法较好地解释了试验结果.

文献 [8] 考虑了在式 (5.1.35) 中的表面参数 σ^2 与预报方便的风速之间的关系.

对于高斯表面, 则在窄带谱条件下, 波峰–波谷的高度分布服从瑞利分布. “显著性波高”(significant wave hight)$h_{1/3}$ 与均方位移 σ 之间的关系为

$$h_{1/3} = 4.0\sigma, \tag{5.1.40}$$

而 “显著性波高”$h_{1/3}$ 与风速有一定的关系.

(1)Sverdrup 与 Munk 给出的经验关系:

$$h_{1/3}(\text{英尺}) = 2.32 \times 10^{-2} V^2(\text{节}); \tag{5.1.41}$$

其中风速 V 的单位用节.

(2) 根据 Neuman 谱式 (2.3.7) 计算, 则有

$$h_{1/3}(\text{英尺}) = 4.41 \times 10^{-3} V^{5/2}(\text{节}); \tag{5.1.42}$$

(3) 按 P-M 谱计算, 则有

$$h_{1/3}(\text{英尺}) = 1.86 \times 10^{-2} V^2(\text{节}); \tag{5.1.43}$$

由式 (5.1.41), (5.1.42) 及 (5.1.43) 所给出的 $h_{1/3}$ 与风速的关系曲线绘于图 5.1.5.

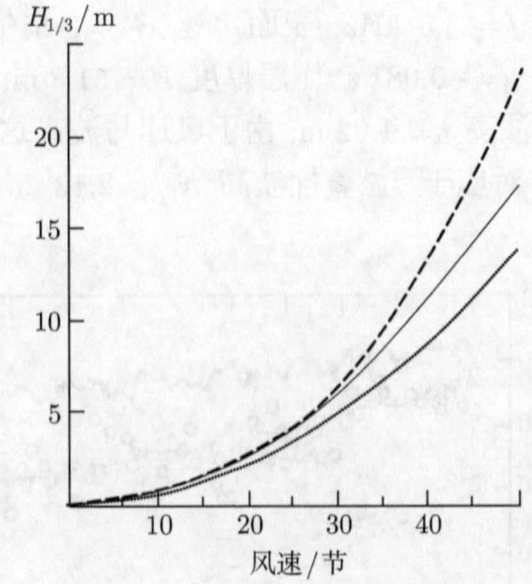

图 5.1.5

—为由式(5.1.41); -----为由式(5.1.42); ……为由式(5.1.43)

文献 [8] 根据式 (5.1.36) 对 "双线性" 平整表面结果式 (5.1.24) 的 TL 所作的修正, 较好地解释了两组实验数据, 比其他预报公式的符合程度均好.

第一组试验: 频率 f=3.5 kHz, 表面声速 c_0 = 1 513 m/s, 等温层梯度 γ_0 = 0.047 4 s^{-1}; 层下梯度 $\gamma_1 = -0.279\ s^{-1}$; 层厚度 H = 36.6 m; 源深度为 6 m; 接收深度为 9.1 m. 风速 17 节, "显著性波高" $h_{1/3}$ 为 2 m. 假定体积吸收系数 α_A = 0.225 dB/km, 则理论与实验数据的比较见图 5.1.6.

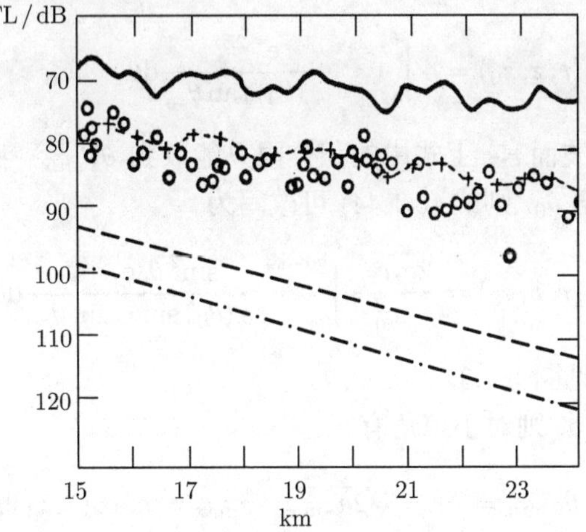

图 5.1.6

最上面的实线为平整表面时的简正波理论; --- 为 AMOS 预报值;

-·- 为 NISSM(navy interim surface ship model) 预报值; —+—+ 为符加式 (5.1.36) 修正的简正波理论

第二组实验：频率 $f=3.5$ kHz, 表面声速 $c_0=1\ 510$ m/s, 等温层梯度$\gamma_0=0.032\ 8\ \mathrm{s}^{-1}$; 层下负梯度 $\gamma_1=-0.081\ \mathrm{s}^{-1}$; 层厚度 $H=51.8$ m; 源深度为 6 m; 接收深度为 9.1 m. 风速 20 节, 波高 $h=1.22$ m; 由于风速与波高这两个观测量中, 风速更为可靠些, 因此, 按 20 节对应于 "显著性波高" $h_{1/3}$=2.13 m, 进行理论计算, 与实验结果的比较见图 5.1.7.

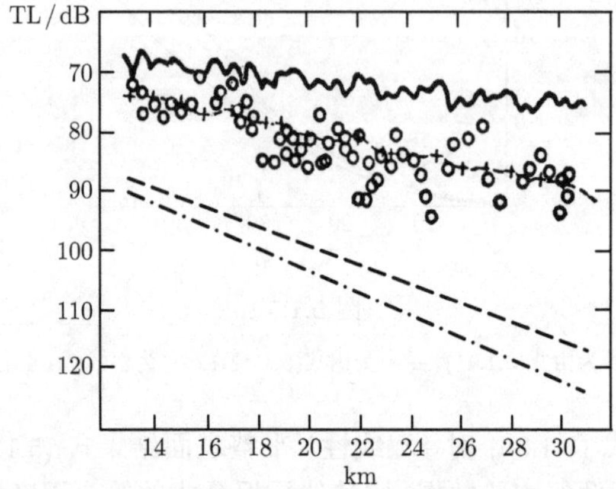

图 5.1.7

5.1.3 混合层中的平滑平均场强

现在我们根据 §4.1 中关于平滑平均场强的讨论, 来计算混合层中的平滑平均场强, 这里援引了文献 [10] 的结果.

$$I\left(r,z,z_0\right)=4\int_0^{\theta_{z\,\max}}\frac{\mathrm{e}^{-2\beta r}}{s\left(\theta_0\right)\tan\theta_{z_0}}\mathrm{d}\theta_z\quad(z_0>z),\tag{5.1.44}$$

对于波导简正波而言, 上式中的积分限只能取到 $\theta_{z\,\max}$. 我们可以把积分变量换为在 $z=0$ 处的角 θ_0, 则式 (5.1.44) 可改写为

$$I\left(r,z,z_0\right)=\frac{2c_zc_{z_0}}{rc_0^2}\int_{0_{0\,\min}}^{\theta_{0\,\max}}\frac{\sin^2\theta_0\mathrm{e}^{-2\beta r}}{s\left(\theta_0\right)\sin\theta_z\sin\theta_{z_0}}\mathrm{d}\theta_0,\tag{5.1.45}$$

其中 $\theta_{0\,\min},\theta_{0\,\max}$ 见图 5.1.8.

若声速梯度为 a, 则对小掠角有

$$\theta_{0\,\min}=P_1=\sqrt{2az_{\max}}\quad z_{\max}=\max\left(z,z_1\right),\tag{5.1.46}$$

$$\theta_{0\,\max}=P_2=\sqrt{2aH},\tag{5.1.47}$$

$$S\left(\theta_0\right)=\frac{2\tan\theta_0}{a}\approx\frac{2\theta_0}{a}.\tag{5.1.48}$$

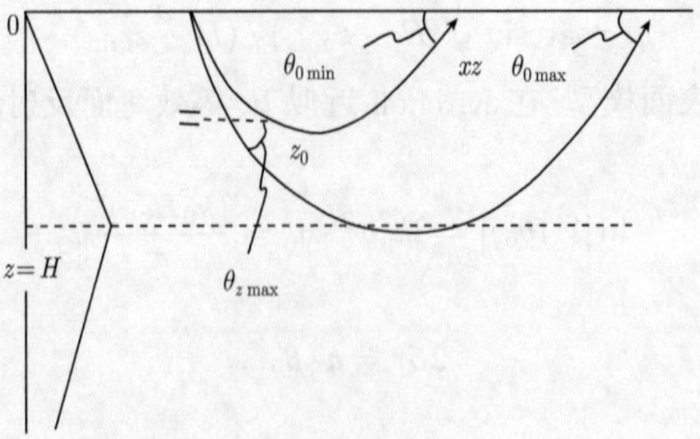

图 5.1.8

于是式 (5.1.45) 变为

$$I\left(r,z,z_0\right)\doteq\frac{2}{r}a\int_{P_1}^{P_2}\frac{\exp\left(-2\beta r\right)}{\sqrt{\theta_0^2-P_1^2}\sqrt{\theta_0^2-p_3^2}}\mathrm{d}\theta_0, \tag{5.1.49}$$

其中

$$P_3\equiv\sqrt{2az_{\min}},\quad z_{\min}=\min\left(z,z_1\right), \tag{5.1.50}$$

$$\beta=\frac{-\ln\left|V\left(\theta_0\right)\right|}{S\left(\theta_0\right)}. \tag{5.1.51}$$

在式 (5.1.51) 中, 已经认为频率是够高的, 略去了衍射损失式 (5.1.30) 所给出的贡献. 如果使用 Neuman 海浪谱计算海面等效反射系数, 则有 (见 §8.6)

$$-\ln|V|=Q_s\theta_0, \tag{5.1.52}$$

其中

$$Q_s=0.56\left(fH_{\rm cp}\right)^{3/2}H_{\rm cp}^{1/10}, \tag{5.1.53}$$

于是

$$\beta=Q_s\cdot\frac{a}{2}. \tag{5.1.54}$$

由式 (5.1.54) 可见, β 与 θ_0 无关, 可以在式 (5.1.49) 中将指数因子移到积分号外, 完成积分后, 可得

$$\begin{aligned}I\left(r,z,z_0\right)&=\frac{2a}{rp_1}F\left(\mu,t\right)\cdot\exp(-Q_s\cdot a\cdot r)\\&=\frac{2}{r}\sqrt{\frac{a}{z_{\max}}}\cdot F\left(\mu,t\right)\exp(-Q_s\cdot a\cdot r),\end{aligned} \tag{5.1.55}$$

其中 $F\left(\mu\cdot t\right)$ 为第一类椭圆积分;

$$t=\sqrt{\frac{z_{\min}}{z_{\max}}},$$

$$\mu=\arcsin\sqrt{\left(H-z_{\max}\right)/\left(H-z_{\min}\right)}.$$

如果使用高斯表面模型, 在 Kirchoff 近似下, 等效海面反射系数由 Eckart 公式给出 (见 §8.6):

$$-\ln\left|V\left(\theta_0\right)\right|=2k_0^2\sigma^2\cdot\theta_0^2=\frac{\left(k_0H_{\mathrm{cp}}\right)^2}{\pi}\theta_0^2. \tag{5.1.56}$$

于是

$$2\beta r=q\cdot\theta_0, \tag{5.1.57}$$

其中

$$q=\frac{a}{\pi}\left(k_0H_{\mathrm{cp}}\right)^2\cdot r. \tag{5.1.58}$$

将式 (5.1.57) 代入式 (5.1.49), 得平滑平均场强为

$$I\left(r,z,z_0\right)=\frac{2}{r}a\int_{P_1}^{P_2}\frac{\exp\left(-q\theta_0\right)}{\sqrt{\theta_0^2-P_1^2}\sqrt{\theta_0^2-P_3^2}}\mathrm{d}\theta_0, \tag{5.1.59}$$

积分式 (5.1.59), 只在特殊情况下才可以解析估算.

情况 I 当满足条件

$$2qP_1\gg 1,\quad q\left(P_2-P_1\right)\gg 1, \tag{5.1.60}$$

则有

$$I\left(r,z,z_0\right)\simeq\frac{a}{rP_1}\exp\left(-qP_1\right)\exp\left[\frac{q\left(P_1^2-P_3^2\right)}{4P_1}\right]\cdot K_0\left[\frac{q\left(P_1^2-P_3^2\right)}{4P_1}\right], \tag{5.1.61}$$

其中 $K_0(x)$ 为虚宗量零阶 Hankel 函数.

当距离足够远, 满足条件

$$\frac{q\left(P_1^2-P_3^2\right)}{4P_1}\gg 1, \tag{5.1.62}$$

则 Hankel 函数用渐近式, 得

$$I\left(r,z,z_0\right)\approx\frac{2a}{r}\left[\frac{\pi}{2qP_1\left(P_1^2-P_3^2\right)}\right]^{1/2}\exp\left(-qP_1\right), \tag{5.1.63}$$

情况 II 当满足条件

$$2qP_1\gg 1,\quad \frac{q\left(P_1^2-P_3^2\right)}{4P_1}\gg 1, \tag{5.1.64}$$

则有

$$I\left(r,z,z_0\right)\approx\frac{2a}{r}\left[\frac{\pi}{2qP_1\left(P_1^2-P_3^2\right)}\right]^{1/2}\exp\left(-qP_1\right)\varPhi\left[\sqrt{q\left(P_2-P_1\right)}\right], \tag{5.1.65}$$

其中 $\varPhi(x)$ 为误差函数, 当 $q(P_2-P_1)\gg 1$ 时, $\varPhi(x)\sim 1$, 式(5.1.65)又退化为式 (5.1.63).

5.1.4 混合层中 TL 的经验公式

文献[9]根据过去 Saxton 所给的 3.5~7.5 kHz 的混合层 TL 的经验公式, 改正了其中的吸收系数与漏射系数, 结果与实验符合得较好, 在距离范围 30 千码, 层厚 80~220 英尺范围, 海况 2~5 级范围内, 与实验结果的标准偏差为 7 分贝. 这个经验公式的特点是以海况 (级)n 作为海面环境参数的.

经验公式写为

近程:

$$\mathrm{TL}=20\log R+60+(A+B)R, \tag{5.1.66}$$

当

$$R\leqslant(0.122H)^{0.5}; \tag{5.1.67}$$

远程:

$$\mathrm{TL}=10\log R+5\log H+50.9+(A+B)R, \tag{5.1.68}$$

当

$$R>(0.122H)^{0.5}; \tag{5.1.69}$$

其中 R 为水平距离 (千码); H 为层厚 (英尺); A 为吸收系数 (分贝/千码); B 为漏射系数 (分贝/千码).

$$A=\frac{1.776f^{1.5}}{32.768+f^3}+\frac{1}{1+32.768/f^3}\left(\frac{0.650\,53f^2f_t}{f^2+f_t^2}+\frac{0.026\,847f^2}{f_t}\right)(\text{分贝/千码}), \tag{5.1.70}$$

其中 $f_t=21.9\times10^{\frac{6t+118}{t+273}}$; f 为频率 (kHz); t 为摄氏温度 (°C).

$$B=\frac{26.6f}{[(1\,452+3.5t)\,H]^{0.5}}(1.4)^n\ (\text{分贝/千码}), \tag{5.1.71}$$

其中 n 为海况级数.

§5.2 深海 SOFAR 会聚带声场

形成深海声道的原因在第二章中已经讲过. 由于温度沿深度分布的基本 “三层结构” 以及在深部等温层中由静压力造成的正梯度, 因而能够形成较为稳定的深海声道, 声速极小值的位置 (声道轴) 与纬度有关. 由于声速极小值的存在, 不难想象, 当辐射声源置于声道轴附近时, 由声源出射的某些角度的声线则被保留在声道内. 由于声线集中在厚度有限的层中, 并且它们在传播时不为海面所散射, 也不经受海底反射损失, 这就使得频率较低的声波, 由于吸收很小而能够传播得非常远. 声波在深海声道中的超远传播现象在 20 世纪 40 年代就已被发现[11,12]. 已经证明, 几千克三硝基甲苯的爆炸能够在海洋中 6 000 公里的远处被收听到. SOFAR 声道词意来源于用 SOFAR 系统营救坠海失事的飞行员[12], 例如, 在太平洋东北部由若干个水声接收基地组成的 SOFAR 系统, 能够收到海上失事后发出的爆炸信号, 由不同点接收到的到达时间, 可以确定出爆炸源的位置, 也能预告当海底火山爆发时和海底地震时由海啸所引起的洋面上毁灭性波浪的出现. 利用精确测量, 沿深海声道轴传播的爆炸声到达时间可以进行大地测距[13], 以及确定导弹溅落的位置[14].

5.2.1 SOFAR 信号波形

图 5.2.1 绘出了我国南海典型深海声道的声速分布及声源位于声道轴附近时的声线图.

在这些声线中, 沿声道轴声线的传播时间最长, 而偏离声道轴较大的声线传播时间较短, 这是因为声道轴是声速极小值. 但沿声道轴传播的声线携带的能量最大. 由于传播时间和声强的这些特性, 使得声道轴的爆炸信号是一个拉长的信号 (多途扩展), 信号的幅值缓慢地上升至峰值 (沿声道轴到达声线) 后就突然截止. SOFAR 信号的一般特征见图 5.2.2.

文献 [18] 讨论了解释上述波形特征的声速剖面的数学模型问题, 考虑以下声速剖面系列:

$$c^2 = c_0^2\left(1-|\alpha z|^\beta\right)^{-1}, \tag{5.2.1}$$

其中 c_0 为声道轴声速; 声道轴坐标为 $z=0$; α 为一个长度标度因子; 而β为系列参数. 图 5.2.3 绘出了不同参数β时由式 (5.2.1) 给出的声速剖面.

半波导跨度 R 为

$$R = 2\int_0^\xi \left(\frac{\mathrm{d}x}{\mathrm{d}z}\right)\mathrm{d}z = 2\int_0^\xi \cos\theta_0\left(\frac{c_0^2}{c^2(z)} - \cos 2\theta_0^2\right)^{-1/2}\mathrm{d}z, \tag{5.2.2}$$

其中 θ_0 为在声道轴的掠角; ξ 为相应的反转高度.

将式 (5.2.1) 代入式 (5.2.2), 积分后, 可得

$$R = \frac{2\sqrt{\pi}\,(\sin\theta_0)^{2/\beta}\cdot\Gamma(1/\beta)}{\alpha\beta\tan\theta_0\cdot\Gamma\left(\dfrac{1}{\beta}+\dfrac{1}{2}\right)}. \tag{5.2.3}$$

相应地, 以 θ_0 从声道轴出射的声线走过半波导跨度 R 所需时间 T 为

$$\begin{aligned} T &= 2\int_0^\xi \frac{1}{c}\left(\frac{\mathrm{d}s}{\mathrm{d}z}\right)\mathrm{d}z \\ &= \frac{2}{c_0}\int_0^\xi \frac{c_0^2}{c^2(z)}\left(\frac{c_0^2}{c^2(z)} - \cos\theta_0\right)^{-1/2}\mathrm{d}z, \end{aligned} \tag{5.2.4}$$

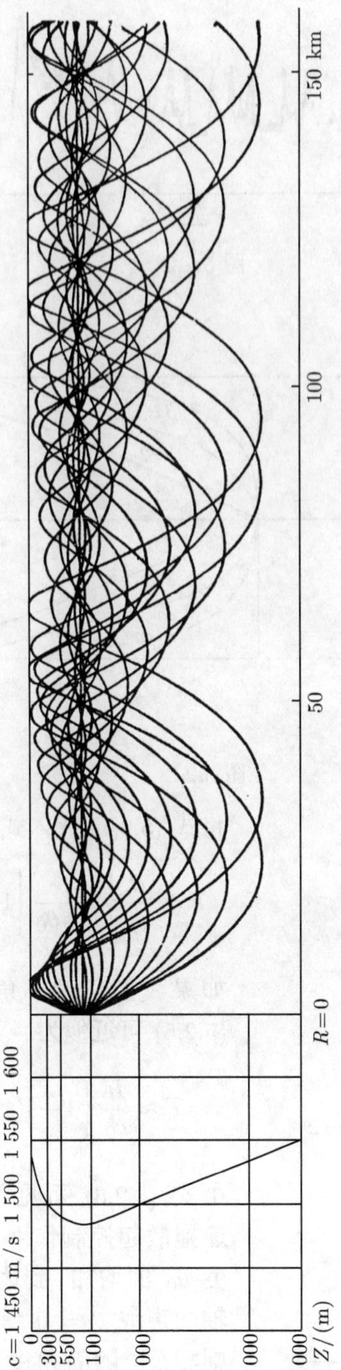
c=1 450 m/s
1 500
1 550
1 600
0
300
550
1 100
2 000
4 000
5 000
Z/(m)
R=0
50
100
150 km

图5.2.1

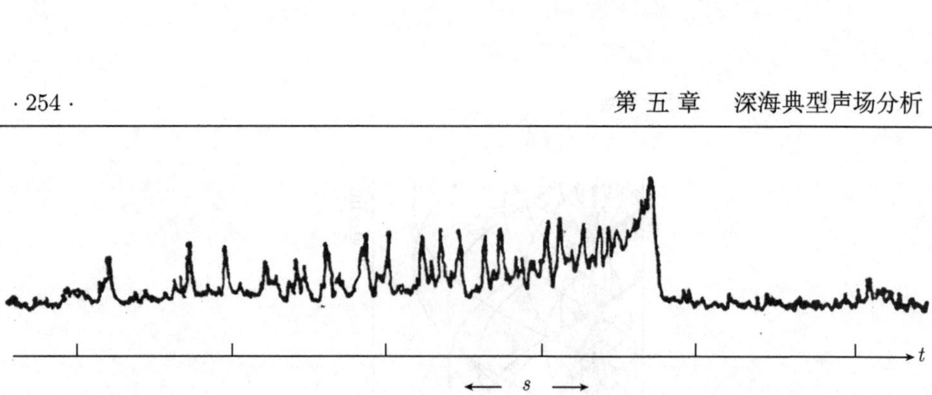

图 5.2.2

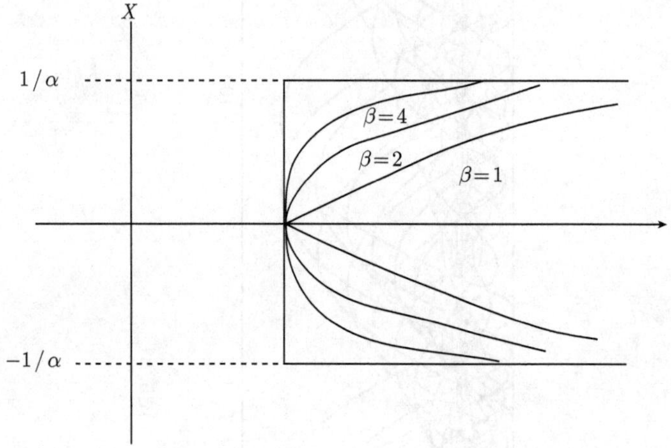

图 5.2.3

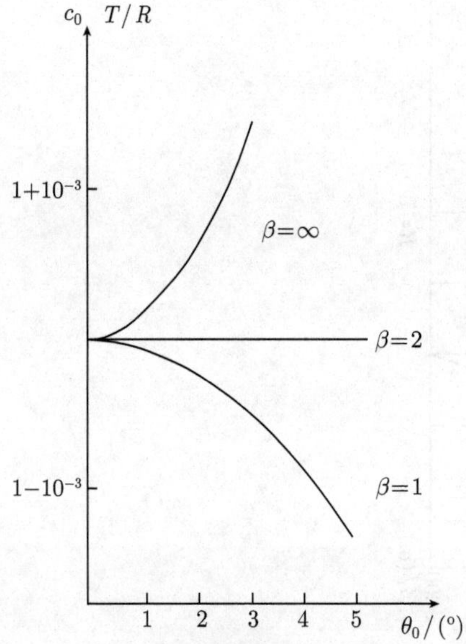

图 5.2.4

将式 (5.2.1) 代入式 (5.2.4), 积分后, 可得

$$T=\frac{R}{c_0}\left\{\frac{1}{\cos\theta_0}\left[1-\left(\frac{2}{\beta+2}\right)\sin^2\theta_0\right]\right\}. \tag{5.2.5}$$

如果我们只对小角度 θ_0 感兴趣, 则式 (5.2.5) 可近似为

$$T\approx\frac{R}{c_0}\left\{1+\left[(\beta-2)/(\beta+2)\right]\frac{\theta_0^2}{2}\right\}. \tag{5.2.6}$$

由式 (5.2.6) 可见, 参数 β 将对波形的多途拖散起控制作用. 当 $\beta<2$ 时, 随着角度 θ_0 的增加, 到达时间减小, 因此沿声道轴的声线 $\theta_0=0$, 最迟到达. 当 $\beta>2$ 时, 则相反, 随着角度 θ_0 的增加, 到达时间增加, 沿声道轴的声线最先到达. 而当 $\beta=2$

时, 则不发生多途拖散, 即以任何角 θ_0 出射的声线均同时到达. 式 (5.2.6) 可由图 5.2.4 表示. 可见, 能适于解释实际 SOFAR 多途拖散波形的参数 β 为 $1 < \beta < 2$.

5.2.2 会聚带声场的射线分析

当声源与接收器不在声道轴而在表面附近时, 则有明显会聚带现象. 声源与接收器位于深度较浅的表面附近是实际水声探测问题经常遇到的情况. 因此, 会聚带的声场特性的研究工作, 从 20 世纪 60 年代开始受到很大的注意. 目前利用会聚带实现远程探测已经成为现役声呐很重要的工作方式.

会聚带现象可以由声线图进行简单的解释. 考虑如图 5.2.5(a) 所示的声速剖面, 若发射接收深度位于 z_1, 相应的声速 $c_1 < c_H$, 则由声源出射的角度 $|\theta_1| < \arccos(c_1/c_H)$ 的声线能够被保留在声道内不经受表面损失. 这一有限声束只能 "照亮" 有限的场区. 在图 5.2.5(b) 中的 $A, A', \cdots, B, B', \cdots$ 这些区域将形成暗区; 在这些区域内只能靠经受界面反射的声线来照亮, 因而强度相对较弱. 当我们沿着 $z=z_1$ 深度离开声源远去时, 所接收到的场强经过 A 暗区后将进入 D_1D_1' 亮区, 而后又进入 A' 暗区, 再进入 D_2D_2' 亮区 $\cdots\cdots$. 我们称 D_1D_1', D_2D_2', 等为第一会聚带, 第二会聚带等. 由图可见, 会聚带的宽度随着序号的增加而增加. Hale[15] 最早对会聚带进行了较为详细的研究. 文献 [15] 所提供的实验资料表明, 会聚带的几何位置与声线图分析是符合的, 并且在会聚区的场强可以比球面场强高 25 分贝左右, 这一量有时称为会聚增益 (见图 5.2.6).

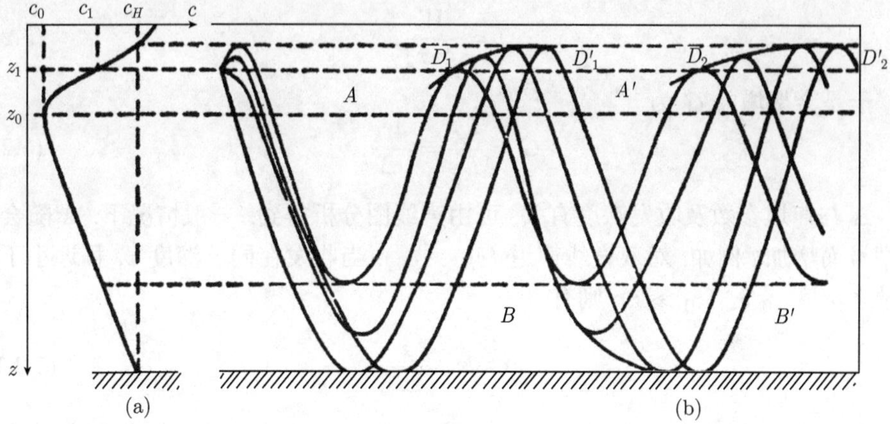

图 5.2.5

Hale 并给出会聚区平均场强的估算公式. 设对给定声速剖面 $c(z)$ 及声源深度, 相应构成会聚带的射线角度范围为 $-\theta_m$ 与 $+\theta_m$, 则对功率为 W 的无指向声源, 单位立体角内的功率为 $\dfrac{W}{4\pi}$, 而构成会聚带的立体角为 $2\pi\times 2\theta_m$. 因此, 会聚带内的功

率为 $\frac{W}{4\pi}\times 4\pi\theta_m = W\cdot\theta_m$, 如果考虑会聚带在 r 方向上的宽度为 $\varDelta$, 则功率 $W\cdot\theta_m$ 将分布在 $2\pi r_s\cdot\varDelta$ 的环面积上. 设发射与接收在同一水平上, 则声线对环面的掠角在 $0\sim\theta_m$ 之间, 取平均掠角 $\bar{\theta}=\theta_m/2$, 则可得到环面上的平均场强为

$$I=\frac{W\cdot\theta_m}{2\pi r_s\varDelta\cdot\bar{\theta}}=\frac{W}{\pi r_s\cdot\delta} \tag{5.2.7}$$

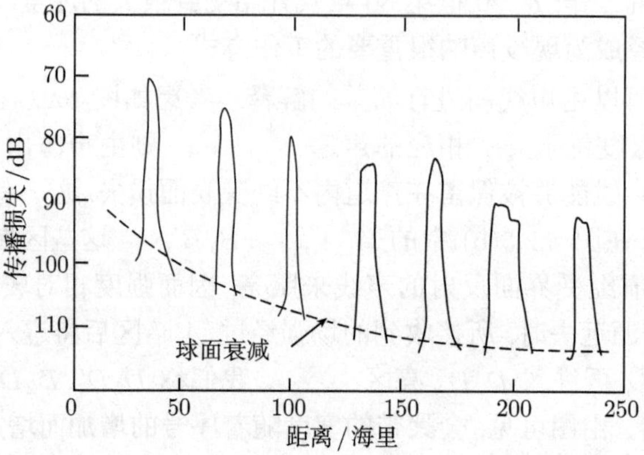

图 5.2.6

而球面场强为

$$I=\frac{W}{4\pi r_s^2}. \tag{5.2.8}$$

于是会聚增益 G 为

$$G=\frac{I_{会}}{I_{球}}=\frac{4r_s}{\varDelta}. \tag{5.2.9}$$

$\varDelta$ 与声道参数及收发深度有关, 可由声线图分析得到. 一般情况下, $\varDelta$ 随会聚带序号而增加. 例如, 对双直线声道 $(c_H>c_n)$, 当收发在同一深度 z, 且远小于声道轴之深度 z_0 时 $(z_0\gg z)$, 则有

$$\varDelta\approx r_s\cdot\frac{z}{2z_0}, \tag{5.2.10}$$

于是有

$$G=\frac{4.2z_0}{z}=\frac{8z_0}{z}, \tag{5.2.11}$$

例如, 当 $z_0=1\ 000$ m, $z=20$ m 时, 则 $G\sim$26 dB, 由式 (5.2.9) 给出的 G 与会聚带序号无关.

Urick[16] 使用声线图分析了不同声源深度时会聚带的变化情况.

在 Hale 的文章中还引用了 Pederson 根据射线理论对会聚区场强的理论计算结果, 它与实验结果的比较见图 5.2.7.

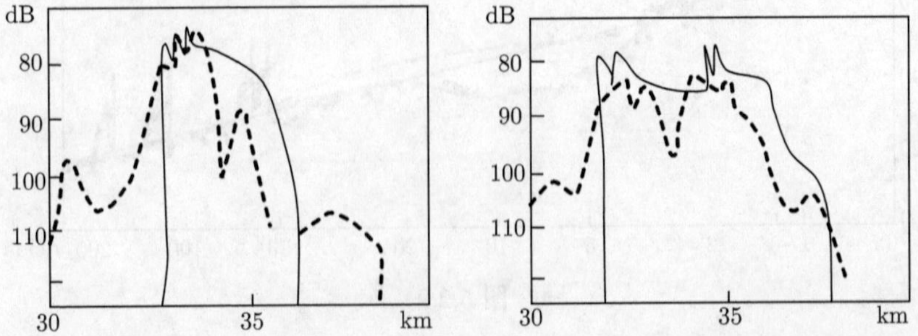

图 5.2.7

使用经典射线理论计算场强在散焦区是不适用的. 此时聚焦因子式 (3.9.35) 变为 ∞. 不过由于聚焦因子的发散是一个非常局部的现象, 只要采取适当的模糊容限, 射线理论仍可给出相当满意的结果. 例如, 在文献 [17] 中, 图 5.2.8 所示的声速剖面, 用射线理论计算了头三个会聚区的场强, 与实验结果的比较见图 5.2.9, 发射器位于 80 m, 接收器位于 500 m.

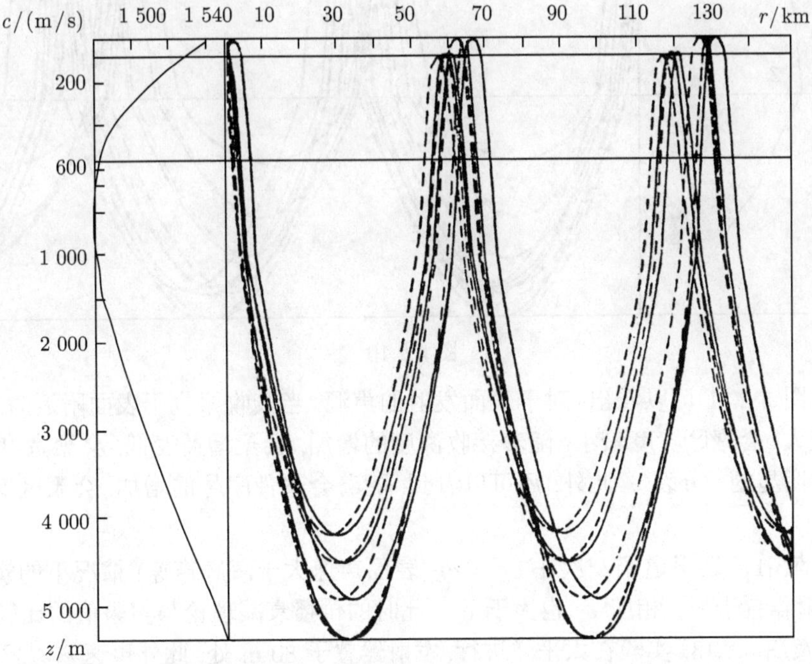

图 5.2.8

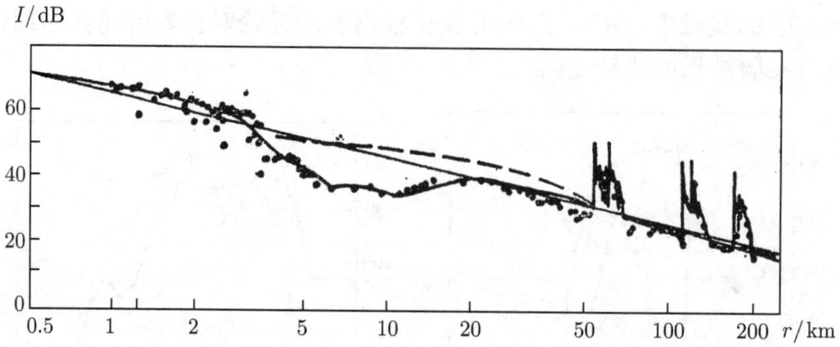

图 5.2.9

文献 [17] 还用射线理论计算出了一组表明不同接收深度对会聚带声场的变化情况. 声速剖面如图 5.2.10 所示, 发射器位于 7 m. 图 5.2.11 中给出了接收深度分别为 $z = 7, 51, 155, 302, 606, 985$ m 时头三个会聚带的会聚增益情况.

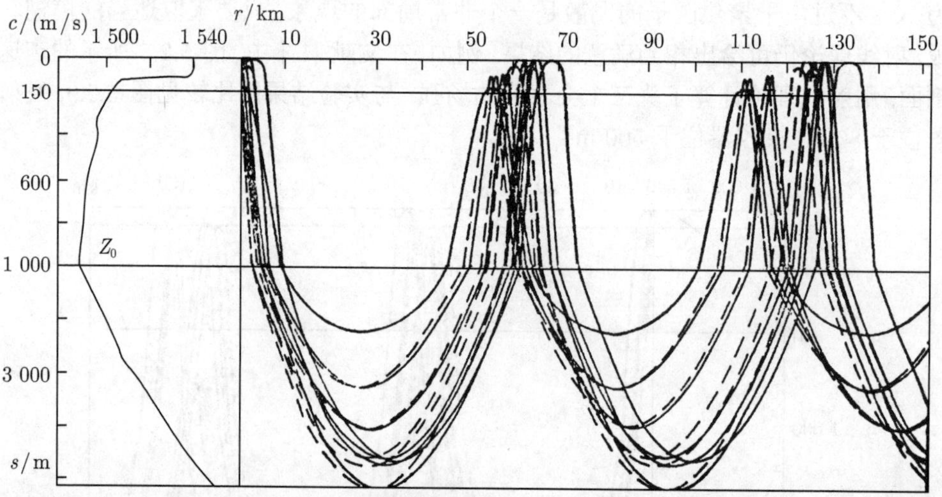

图 5.2.10

由图 5.2.11 可以看出, 对于表面发射的声源, 当接收器位于表面附近时, 会聚增益最大, 会聚区宽度最小; 随着接收深度的增加, 会聚增益变低, 会聚宽度增大, 并产生明显的 "分裂". 此外, 还可以看到, 随着会聚带序号的增加, 会聚区宽度也增加.

文献 [17] 还报道了一次在 $c_n > c_H$(表面声速大于海底声速) 情况下的实验结果. 发射器置于 z_1, 相应 c_1 也大于 c_H, 此时的传播衰减理论与实验值的比较见图 5.2.12 及图 5.2.13. 实验在太平洋进行, 发射器置于 80 m 处, 此外声速 c_1 大于海底声速 c_H. 图 5.2.13 中的 · 代表不碰海底的射线的实验值; ∘ 代表碰海底射线的实验值; 下面的实线代表按海底介质参数 m=1.3; n=0.95; η=0.05(η 为海底声速的虚部)

计算的理论曲线, 虚线为绝对反射面情况 (计算时考虑了发射器的指向性). 由图可以看到, 此时由于 $c_1 > c_H$, 没有观察到明显的会聚带.

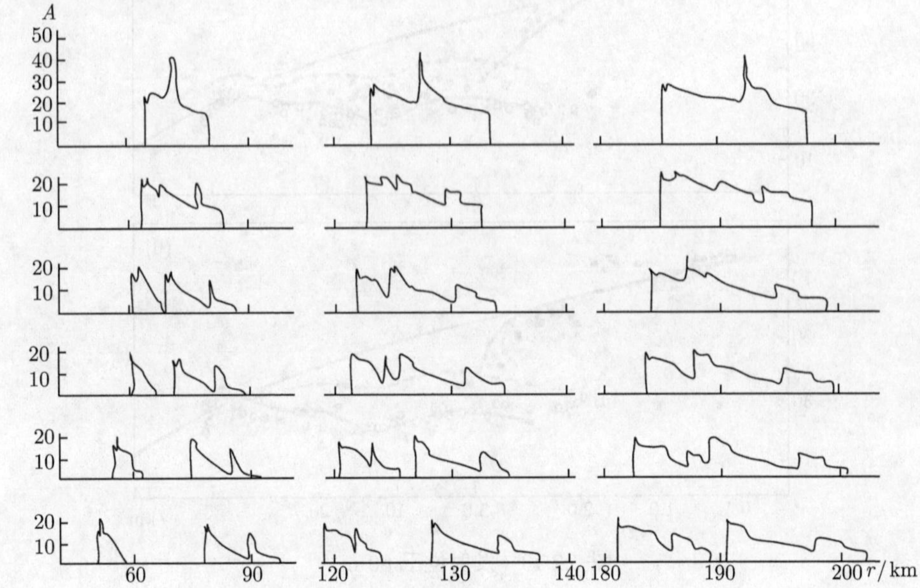

图 5.2.11

由上而下, 接收深度分别为 7, 51, 155, 302, 606, 985 m

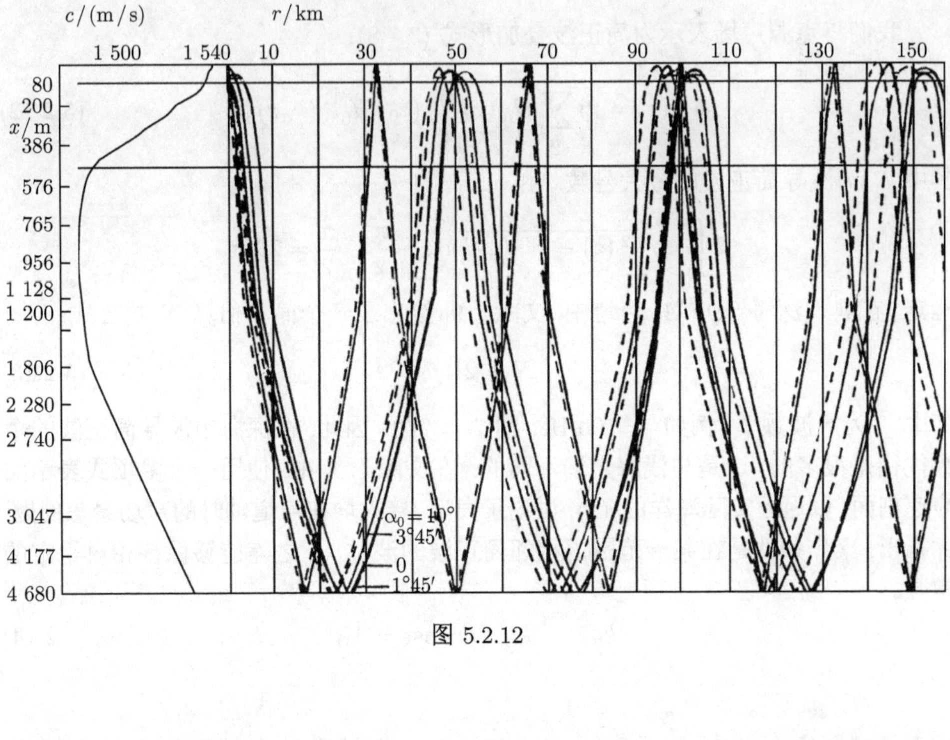

图 5.2.12

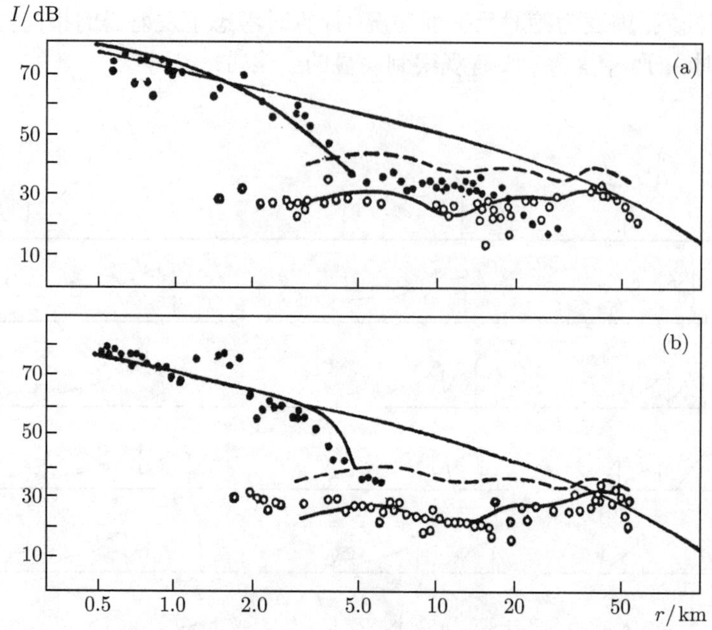

图 5.2.13 发射位于 80 m

(a) 接收位于 15 m; (b) 接收位于 80 m

5.2.3 会聚带声场的波动解

我们将点源声场表示为简正波叠加形式 (3.7.8):

$$\phi(r,z)=\pi\mathrm{i}\sum_{n}^{N}U_n(z)\,U_n(z_0)\,H_0^{(1)}(k_n r)\,. \tag{5.2.12}$$

其中 N 为波导简正波的最大号数. 由

$$2\int_0^H\sqrt{k^2(z)-k^2(0,H)}\mathrm{d}z-\frac{\pi}{2}-\frac{\pi}{2}=2N\pi$$

确定. 在典型深海 SOFAR 声道中, 文献 [19] 给出了一个简单估算 N 的公式:

$$N=2.4f, \tag{5.2.13}$$

其中 f 为声波频率, 例如 f=100 Hz, 则 N= 240. 因此, 在深海中波导简正波的个数往往是很多的, 这是与浅海声场不同的. 在文献 [19] 中, 使用一个多项式表示的声速剖面, 以逼近实际海洋的$c(z)$, 讨论了发射–接收均在声道轴时的声场聚焦问题. 并指出, 聚焦条件是在某一范围内相邻简正波的波数 k_n 之差能够保持相对稳定的常数:

$$|k_{n+1}-k_n|\approx\text{const}=M. \tag{5.2.14}$$

当条件式 (5.2.14) 得到满足时, 则在某一水平距离 R 上有

$$|k_{n+1}R - k_nR| \approx MR = 2\pi. \tag{5.2.15}$$

此时, 在这一范围内, $(0 \sim N)$ 中的某一子集合, 简正波同相叠加, 因而场强在这个水平距离 R 附近得到加强.

文献 [20] 研究了抛物线声速剖面的深海声道:

$$c^2(z) = \frac{c_0^2}{1-\alpha^2 z^2} \tag{5.2.16}$$

时的聚焦声场. c_0 为声道轴声速; z=0 为声道轴. 对于式 (5.2.16) 的声速分布, 式 (5.2.12) 中之函数 $U_n(z)$ 满足

$$\frac{\mathrm{d}^2U_n}{\mathrm{d}z^2} + [E_n - V(z)]\,U_n = 0, \tag{5.2.17}$$

其中

$$V(z) = \omega^2\left[\frac{1}{c_0^2} - \frac{1}{c^2(z)}\right] = k_0^2\alpha^2 z^2, \tag{5.2.18}$$

$$E_n = k_0^2 - k_n^2. \tag{5.2.19}$$

此时 $U_n(z)$ 可表示为

$$U_n(z) = \left[(1/2^n n!)\,(k\alpha/\pi)^{1/2}\right]^{1/2} H_n(\beta z)\,\mathrm{e}^{-\frac{1}{2}\beta^2 z^2}, \tag{5.2.20}$$

其中 $H_n(x)$ 为厄米 (Hermite) 函数[21];

$$\beta^2 = \alpha k_0. \tag{5.2.21}$$

而本征值 E_n 为

$$E_n = (2n+1)\,k_0\alpha \quad (n = 0, 1, 2, \cdots). \tag{5.2.22}$$

将式 (5.2.22) 代入式 (5.2.19), 得

$$k_n^2 = k_0^2 - (2n+1)\,k_0\alpha = k_0^2\left[1-(2n+1)\frac{\alpha}{k_0}\right],$$

所以

$$k_n = k_0\left[1-(2n+1)\frac{\alpha}{k_0}\right]^{1/2} \quad (n = 0, 1, 2, \cdots). \tag{5.2.23}$$

在深海声道中, 典型的 α 数值为[19] α=0.5 海里$^{-1}$; 当频率 f_0=100 Hz 时, k_0=786 海里$^{-1}$; 故 $\dfrac{\alpha}{k_0} = 6.36\times10^{-4}$ 是一个很小的量, 因此可将其展开为

$$k_n = k_0 - \left(n+\frac{1}{2}\right)\alpha - \frac{1}{2}\cdot\frac{1}{4}\,(2n+1)^2\,\frac{\alpha^2}{k_0} + \cdots. \tag{5.2.24}$$

在式 (5.2.24) 中, 只取首项代入式 (5.2.12), 并将 Hankel 函数取渐近式:

$$H_0^{(1)}(k_n r) \approx \sqrt{\frac{2}{\pi k_n r}} \mathrm{e}^{\mathrm{i}\left(k_n r - \frac{\pi}{4}\right)} \tag{5.2.25}$$

得

$$\begin{aligned}\phi(r, z, z_0) &\doteq \pi \mathrm{i} \sqrt{\frac{2}{\pi k_0 r}} \sum_{n=0} U_n(z) U_n(z_0) \mathrm{e}^{\mathrm{i}\left(k_e r - \frac{1}{2}\alpha r - n\alpha r - \frac{\pi}{4}\right)} \\ &= \pi \sqrt{\frac{2}{\pi k_0 r}} \mathrm{e}^{\mathrm{i}\left(k_0 r - \frac{1}{2}\alpha r + \frac{\pi}{4}\right)} \cdot \sum_{n=0} U_n(z) U_n(z_0) \mathrm{e}^{-\mathrm{i}n\alpha r} \\ &= \pi \sqrt{\frac{2}{\pi k_0 r}} \mathrm{e}^{\mathrm{i}\left(k_0 r - \frac{1}{2}\alpha r + \frac{\pi}{4}\right)} \cdot f_c(r, z, z_0),\end{aligned} \tag{5.2.26}$$

其中

$$f_c(r, z, z_0) \equiv \sum_{n=0}^{n_e} U_n(z) U_n(z_0) \mathrm{e}^{-\mathrm{i}n\alpha r}. \tag{5.2.27}$$

f_c 可以称为 “会聚函数”.

按照条件式 (5.2.14), (5.2.15), 则有

$$M = \alpha. \tag{5.2.28}$$

在水平距离:

$$r = NR = \frac{2N\pi}{\alpha} \tag{5.2.29}$$

处将发生同相叠加的情况, 其中 N 为正数, 代表会聚带的序号.

考虑到 k_n 展开式 (5.2.24) 中的第二项, 则将限制同相叠加的实际有效项, 也就是我们要求第二项的附加相位要小于 $\pi/2$, 即

$$\left|\frac{1}{2}\left(n + \frac{1}{2}\right)^2 \cdot \frac{\alpha^2}{k_0} \cdot r\right| \leqslant \frac{\pi}{2}. \tag{5.2.30}$$

在式 (5.2.30) 中取等号, 并将 r 取为聚焦距离所确定的值, 就可以给出求和叠加, 同相叠加的有限数 n_e:

$$n_e = \left(\frac{k_0}{2N_1\alpha}\right)^{1/2} - \frac{1}{2}, \tag{5.2.31}$$

其中

$$N_1 = \begin{cases} N & r = NR \\ N + \frac{1}{2} & r = \frac{(2N+1)}{2} R \end{cases} . \tag{5.2.32}$$

这里由于声速剖面的对称性, 有

$$(-1)^n U_n(z_0) = U_n(-z_0).$$

因此, 对于 $z = z_0$, 将在 $r = NR$ 聚焦, 而对于 $z = -z_0$, 则在 $r = \dfrac{2N+1}{2}R$ 聚焦.

将式 (5.2.20) 及 (5.2.32) 代入式 (5.2.27), 得到 $f_c(r, z, z_0)$ 在会聚区的表示式:

$$f_c(N_1R_1, z, z_0) = \left(\frac{k_0\alpha}{\pi}\right)^{1/2} \mathrm{e}^{-\frac{1}{2}k_0\alpha\left(z^2+z_1^2\right)} \times \sum_{n=0}^{n_e} \frac{1}{2^n n!} H_n(\beta z) H_n(\beta z_1), \quad (5.2.33)$$

其中

$$z_1 = (-1)^{2N_1} z_0. \quad (5.2.34)$$

式 (5.2.33) 的级数和可表示为解析形式[21]:

$$\begin{aligned} f_c(N_1R_1, z, z_0) = & \left[\pi^{1/2} 2^{n_e+1} n_e!\,(z - z_1)\right]^{-1} \mathrm{e}^{-\frac{1}{2}\alpha k_0\left(z^2+z_1^2\right)} \\ & \times \left[H_{n_e+1}(\beta z) H_{n_e}(\beta z_1) - H_{n_e}(\beta z) H_{n_e+1}(\beta z_1)\right]. \end{aligned} \quad (5.2.35)$$

如果 n_e 较大, 可使用厄米函数的渐近式, 并使用对 Γ 函数的 Stirling 公式, 则在略去 $O\left(n_e^{-\frac{1}{2}}\right)$ 的情况下可以得到

$$f_c(N_1R_1, z, z_0) \cong \frac{\sin\left[(2n_e+1)^{1/2} \beta (z - z_1)\right]}{\pi (z - z_1)}. \quad (5.2.36)$$

由上式可见, 当 $n_e \to \infty$ 时, $f \to \delta(z - z_1)$, 但由于同相叠加的 n_e 有限, 因此 f 的峰值有限; 在 $z = z_1$ 时给出峰值的高度为

$$f_c(N_1R, z_1, z_1) = (2n_e+1)^{1/2} \beta/\pi, \quad (5.2.37)$$

而 z 方向上的会聚宽度为

$$\Delta z = (2n_e+1)^{-1/2} \pi/\beta. \quad (5.2.38)$$

在文献 [22] 中, 将 $f(N_1R, z, z_0)$ 的严格表示式 (5.2.33) 用电子计算机进行数值计算, 再与渐近表示式 (5.2.36) 进行了比较 (见图 5.2.14). 对 α= 0.5 海里$^{-1}$, z_0= 0.1 海里, 在第一会聚带 $r = \dfrac{2\pi}{\alpha} = R$ 计算了 4 种频率的场值 $|\omega\phi|$: (a)f =50 Hz; (b)f=100 Hz 中; (c)f=200 Hz; (d)f= 1 000 Hz. 比较结果表明, 渐近式 (5.2.36) 在描述会聚峰值及会聚宽度方面均能给出满意结果.

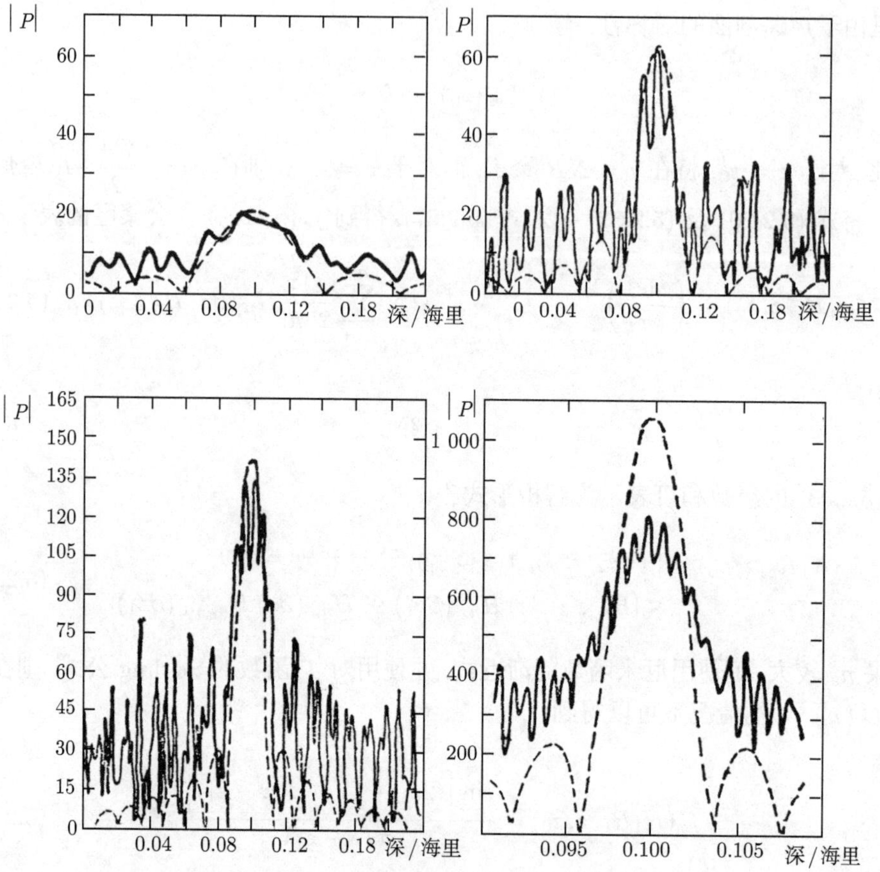

图 5.2.14

由式 (5.2.26) 可以求出会聚增益 G 为

$$G = \pi^2 \frac{2}{\pi k_0 r} f_c^2 (N_1 R, z, z_0) \cdot r^2 = \frac{2\pi r}{k_0} f_c^2 (N_1 R, z, z_0)$$

$$= \frac{2\pi N_1 R}{k_0} f_c^2 (N_1 R, z, z_0) . \tag{5.2.39}$$

将式 (5.2.31) 及 (5.2.37) 代入上式, 得到 $z = z_0$ 时的增益:

$$G = \frac{2\pi N_1 R}{k_0} (2n_e + 1) \beta^2 / \pi^2$$

$$= \frac{2\pi N_1 \left(\frac{2\pi}{\alpha}\right)}{k_0} \left(\frac{k_0}{2N_1 \alpha}\right)^{1/2} \cdot \left(\frac{\alpha k_0}{\pi^2}\right) = 4 \left(\frac{N_1 k_0}{2\alpha}\right)^{1/2} . \tag{5.2.40}$$

取典型值: α= 0.5 海里$^{-1}$; 频率 500 Hz, k_0 = 3 900 海里$^{-1}$; $N_1 = 1$, 代入上式, 得

$$G_{分贝} \approx 24_{分贝}.$$

应该说, A. O. Williams[19] 关于会聚现象的理论解释是相当深刻的, 其要点是: (1) 首先指出会聚现象是大量同相简正波叠加的结果; (2) 因此会聚增益与同相叠加的有效数 n_e 有关, 并与每一有效成员的深度加权函数 $u_n(z)$ 有关. 这一结果由式 (5.2.26),(5.2.27) 给出. 文献[20, 22]根据这一思想使用抛物线声速剖面进行了具体的分析计算.

文献[23]用简正波理论讨论了反转点会聚区; 即 $z = z_0 = \eta_n^*$ 的情况 (其中 η_n^* 为第 n 号简正波的反转点), 此时, 简正波除同相叠加外, 深度加权函数 $u_n(z)$ 也取较强值, 故有较强会聚. 在计算会聚函数 $f_0(r, z, z_0, N)$ 时, 对 $u_n(z)$ 使用了艾利函数近似逼近的简化形式, 以克服一般 W.K.B. 解在反转点的发散, 并在计算求和时使用稳相近似估计积分. 对双直线声速, 得到会聚的增益为

$$G = 4.1 \times \alpha_1^{1/3} k_0^{2/3} (h_0 - z). \tag{5.2.41}$$

其中 α_1 是相对声速梯度; k_0 是波数; $(h_0 - z)$ 是声源至声道轴的距离. 下面简介文献 [23] 的分析计算.

将波导简正波场表示为

$$P(z, z_0, r) = \sqrt{\frac{8\pi}{r}} \mathrm{e}^{\mathrm{i}\frac{\pi}{4}} \sum_n^L \psi(z, \nu_n)\, \psi(z_0, \nu_n) \sqrt{\nu_n} \mathrm{e}^{\mathrm{i}\nu_n r}. \tag{5.2.42}$$

对于水层中反转的简正波, 当反转深度 η_n 与 ζ_n 分别离海面、海底足够远, 并满足条件

$$\begin{aligned} &\int_0^{\eta_n} \sqrt{\mu_n^2 - k^2(z)} \mathrm{d}z > 1, \\ &\int_{\xi_n}^{h} \sqrt{\mu_n^2 - k^2(z)} \mathrm{d}z > 1 \end{aligned} \tag{5.2.43}$$

时, 简正波振幅函数可用一阶反转点线性联结的解表示出 [见式 (3.8.1)], 再利用艾利函数的近似表示, 可以把声道轴以上 $(0 < z < h_0)$ 的振幅函数表示为

$$\psi(z, \nu_n) = \sqrt{\frac{2}{S_n}} \times \begin{cases} \dfrac{\exp\left(-\displaystyle\int_z^{\eta_n} \sqrt{\nu_n^2 - k^2(y)} \mathrm{d}y\right)}{\sqrt{2}\left\{Bd^{4/3} - Dd^{2/3}\left[k^2(z) - \nu_n^2\right] + 16\left[k^2(z) - \nu_n^2\right]^2\right\}^{1/8}} \\ \qquad 0 < z < \eta_n \\ \dfrac{\sin\left(\displaystyle\int_{\eta_n}^{z} \sqrt{k^2(y) - \nu_n^2} \mathrm{d}y + \pi/4\right)}{\left\{Bd^{4/3} - Dd^{2/3}\left[k^2(z) - \nu_n^2\right] + \left[k^2(z) - \nu_n^2\right]^2\right\}^{1/8}} \\ \qquad \eta_n < z < h_0 \end{cases}, \tag{5.2.44}$$

其中

$$d \equiv \left.\frac{\mathrm{d}k^2(z)}{\mathrm{d}z}\right|_{\eta_n};\ B = 2.152;\ D = 1.619.$$

式 (5.2.44) 在反转深度附近逼近艾利函数, 而离反转深度足够远时, 就退化为通常的 W.K.B. 近似. 我们考虑发射、接收深度相等, 并位于声道轴之上的波导区域内, 即 $h_1 < z_0 = z < h_0$, 简正波场为

$$P(z,z,r) = \sqrt{\frac{8\pi}{r}}\mathrm{e}^{\mathrm{i}\frac{\pi}{4}}\sum_{n=0}^{L}\sqrt{\nu_n}\psi^2(z,\nu_n)\,\mathrm{e}^{\mathrm{i}\nu_n r}. \tag{5.2.45}$$

对给定的深度 z, 存在着某一号数 n^*, 该号简正波的反转深度 η_{n^*} 最接近 z, 即 $\eta_{n^*} \cong z$, 号数 n^* 由下式确定:

$$n^* = \left[\frac{1}{\pi}\int_z^{z'}\sqrt{k^2(y) - k^2(z)}\mathrm{d}y - \frac{1}{2}\right]_{\text{整数}}, \tag{5.2.46}$$

此处 z' 是在声道轴之下与深度 z 的声速相同的深度, 即 $c(z') = c(z)$; 相应于第 n^* 号的简正波的 ν_{n^*} 值及跨度 S_{n^*} 值为

$$\nu_{n^*} = k(\eta_{n^*}) \doteq k(z), \tag{5.2.47}$$

$$S_{n^*} \cong 2\int_z^{z'}\frac{k(z)\,\mathrm{d}y}{\sqrt{k^2(y) - k^2(z)}} \equiv S^*, \tag{5.2.48}$$

S^* 就是在深度 z 出现第一个反转点会聚区的距离.

将式 (5.2.44) 代入式 (5.2.45), 经适当运算后, 得

$$P(z,z,r) = P_1(z,z,r) + P_2(z,z,r). \tag{5.2.49}$$

$$P_1(z,z,r) = \sqrt{\frac{8\pi}{r}}\mathrm{e}^{\mathrm{i}\frac{\pi}{4}}\sum_{n=0}^{L}\frac{\sqrt{\nu_n}}{S_n}G(z,n)\ \mathrm{e}^{\mathrm{j}\nu_n r}. \tag{5.2.50}$$

$$\begin{aligned} P_2(z,z,r) = {} & \sqrt{\frac{8\pi}{r}}\mathrm{e}^{\mathrm{i}\frac{\pi}{4}}\sum_{n=n^*}^{L}\frac{\sqrt{\nu_n}}{S_n}G(z,n) \\ & \times\sin\left(2\int_{\eta_n}^{z}\sqrt{k^2(y) - \nu_n^2}\mathrm{d}y\right)\mathrm{e}^{\mathrm{i}\nu_n r}, \end{aligned} \tag{5.2.51}$$

其中

$$G(z,n)=\begin{cases}\dfrac{\exp\left(-2\displaystyle\int_z^{\eta_n}\sqrt{\nu_n^2-k^2(y)}\mathrm{d}y\right)}{\left\{Bd^{4/3}-Dd^{2/3}\left[k^2(z)-\nu_n^2\right]+16\left[k^2(z)-\nu_n^2\right]^2\right\}^{1/4}} & n<n^* \\ \dfrac{1}{\left\{Bd^{4/3}-Dd^{2/3}\left[k^2(z)-\nu_n^2\right]+16\left[k^2(z)-\nu_n^2\right]^2\right\}^{1/4}} & n\geqslant n^*\end{cases}. \tag{5.2.52}$$

为了计算反转点会聚区的声场, 令 $r=NS^*+\chi$, 并将 ν_n 视为 n 的连续函数, 在 n^* 附近展开为泰勒级数:

$$\nu_n=\nu_{n^*}+\dot{\nu}_{n^*}(n-n^*)+\frac{1}{2}\ddot{\nu}_{n^*}(n-n^*)^2+\cdots. \tag{5.2.53}$$

由频散方程可得 (见第三章):

$$\dot{\nu}_n=\frac{\mathrm{d}\nu_n}{\mathrm{d}n}=-2\pi/S_n. \tag{5.2.54}$$

将式 (5.2.54), (5.2.53) 代入式 (5.2.50), 得

$$\begin{aligned}P_1(z,z,NS^*+x)=&\sqrt{\frac{8\pi}{NS^*+x}}\mathrm{e}^{\mathrm{i}\nu_{n^*}(NS^*+x)+\mathrm{i}\frac{\pi}{4}}\times\sum_{n=0}^{L}\frac{\sqrt{\nu_n}}{S_n}G(r,n)\\&\times\exp\left[\mathrm{i}\dot{\nu}_{n^*}x(n-n^*)+\frac{1}{2}\ddot{\nu}_{n^*}(NS^*+x)(n-n^*)^2\right].\end{aligned} \tag{5.2.55}$$

当满足条件

$$|\dot{\nu}_{n^*}x|\ll 1,\quad |\ddot{\nu}_{n^*}NS^*|\ll 1 \tag{5.2.56}$$

时, 可用积分代替求和, 并用稳相法估值, 可得

$$P_1(z,z,NS^*+x)\approx\frac{4\pi\mathrm{i}}{N(S^*)^2}\sqrt{\frac{\nu_{n^*}}{\ddot{\nu}_{n^*}}}G(z,\tilde{n})\,\mathrm{e}^{\mathrm{i}\nu_{n^*}(NS^*+x)+\frac{\mathrm{i}}{2}\dot{\nu}_{n^*}(\tilde{n}-n^*)}, \tag{5.2.57}$$

其中稳相点为

$$\tilde{n}=n^*-\frac{\dot{\nu}_{n^*}x}{\ddot{\nu}_{n^*}NS^*}=n^*+\frac{2\pi x}{\ddot{\nu}_{n^*}N(S^*)^2}, \tag{5.2.58}$$

同相叠加的简正波的有效数目 n_e 取决于泰勒展开的高阶项, 近似地为

$$n_e\approx\sqrt{2\pi/\ddot{\nu}_{n^*}NS^*}. \tag{5.2.59}$$

对于 $P_2(z,z,r)$ 可作类似的计算, 为简略起见, 这里仅指出, P_2 是次要成分, 略去 P_2 后得到反转点会聚区的声强表示式:

$$I(z,z,r) \cong 2|Q|S^*K(T)/r^2, \tag{5.2.60}$$

其中

$$Q = 8\pi^2 k(z) \Big/ \left[(S^*)^3 \ddot{\nu}_{n^*} d^{2/3}\right], \tag{5.2.61}$$

$$T \equiv -d^{2/3}\left[k^2(z) - \nu_{\bar{n}}^2\right], \tag{5.2.62}$$

$$r = NS^* + x \quad (x/NS^*) \ll 1, \tag{5.2.63}$$

$$K(T) = \begin{cases} 1/\left(B + DT + T^2\right)^{1/2} & T \leqslant 0 \\ \exp\left(-\dfrac{8}{3}T^{3/2}\right) / \left(B + DT + 16T^2\right)^{1/2} & T > 0 \end{cases}. \tag{5.2.64}$$

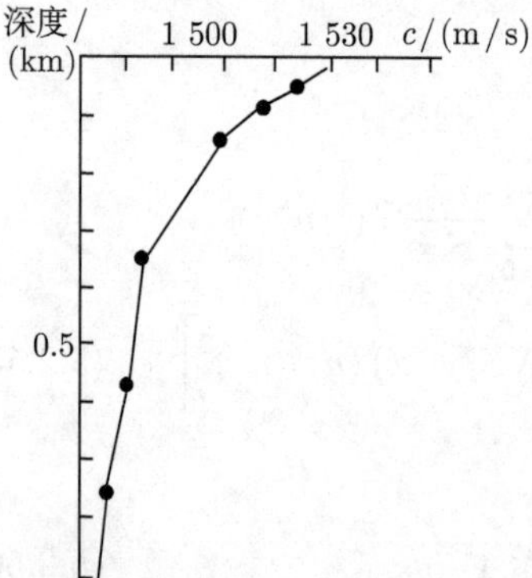

图 5.2.15

由式 (5.2.60) 可知, 在反转点附近, 声强随距离的变化主要由 $K(T)$ 所控制, 当 $T = -0.8$ 时, $K(T)$ 取极大值, 因此反转点会聚区声强的峰值位于:

$$\hat{r}_N = N(S^* + 0.8/Q). \tag{5.2.65}$$

将会聚区声强的峰值与球面场强之比定义为会聚增益 G, 则由于 $K(-0.8) = 0.817$, 得

$$G = 1.63|Q|S^*. \tag{5.2.66}$$

对双直线声速剖面, 由上式可给出式 (5.2.41).

用上述方法也可以计算负梯度深海中的反转点会聚增益. 例如, 对于图 5.2.15 的声速剖面, 计算 200 Hz 的会聚增益为 15 dB(海底反射 $|V| = 0.8$), 实验结果为 12 dB; 图 5.2.16 给出四个频率的实验结果, 发射接收深度为 100 m①.

① 图 5.2.15 及图 5.2.16 是张仁和同志提供的.

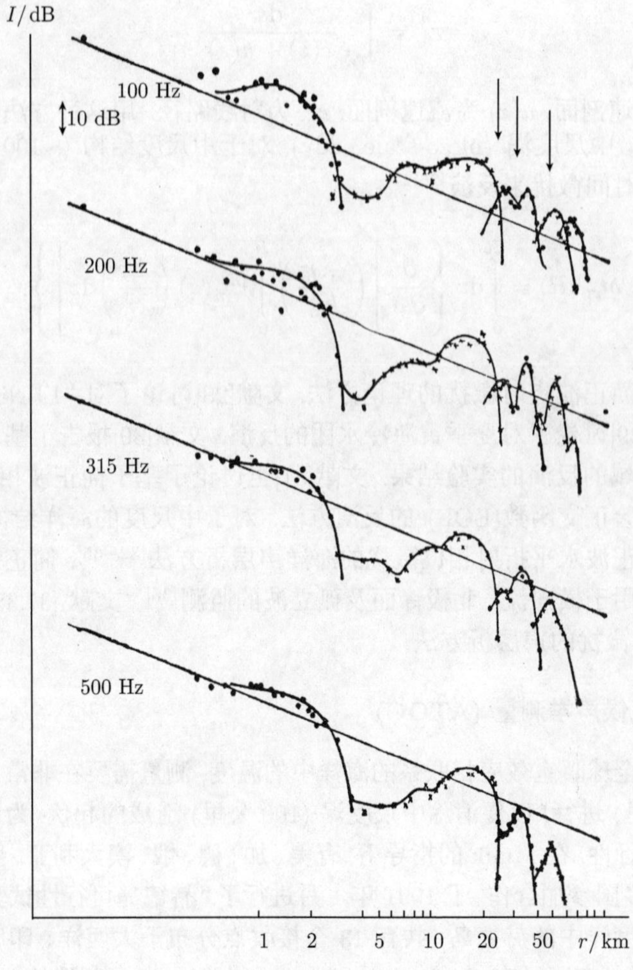

图 5.2.16

§5.3 声测海洋学

经典海洋学对海洋监测手段基本上是布点观测, 很难给出大范围的海洋变化的时空结构, 作为积分探头的声学监测手段具有非常的优势. 近年来由 Munk 和 Wunsch 发展起来的海洋声层析 (ocean acoustic tomograph) 成为大范围观测海洋时空结构的有力手段.

5.3.1 海洋声层析 (OAT)

Munk 和 Wunsch 在 20 世纪 70 年代末提出的声层析是基于测量射线的传播时间来反演声速场 (温度场)[24,25]:

$$\tau_n^{\pm} = \int_{r_n^{\pm}} \frac{\mathrm{d}s}{c(z)+u(z)}. \tag{5.3.1}$$

其中 $c(z)$ 为声速剖面, $u(z)$ 为流速剖面, $r_n^{\pm}$ 为射线路径. 用这种方法已经成功地反演出大洋中的 “中尺度涡”(meso-scale eddy). 对于中尺度结构 (∼100公里), 也可用简正波的传播时间微扰来反演[26,27]:

$$\delta t_m(R) = \int_0^R \mathrm{d}r \left\{ \frac{\partial}{\partial \omega} \left[\left(\frac{-\omega_0^2}{k_m} \right) \int_0^H \psi_m^2(z) \left(\frac{\Delta c}{c_0^3} \right) \mathrm{d}z \right] \right\}. \tag{5.3.2}$$

基于上述简正波走时微扰的理论方法, 文献[28]讨论了对“El Nino”声速剖面的反演, 文献[29]讨论了对夏季黄海冷水团的反演. 文献[30]报告了基于简正波相位微扰在挪威海域的反演的实验结果. 文献[31]也讨论了基于简正波相位微扰, 并引入声速剖面经验正交函数(EOF) 的反演方法. 对于中尺度的海洋结构, Voronovich 提出了基于简正波水平折射相位微扰的海洋声层析方法[32−35]. 简正波相位微扰的声层析还可能用于横向流、北极锋面及孤立波的监测[36]. 文献 [37,38] 讨论了基于 Abel 变换的非微扰的声层析方法.

5.3.2 海洋气候声学测量 (ATOC)

为监测与全球暖室效应相联系的海洋中的温度, 测量需要在非常大的空间尺度内 (10 000 公里) 进行, 以便消除中尺度涡 (100 公里) 造成的起伏. 为试验这种大尺度声传播的可行性, 在 Munk 的指导下, 有美、加、德、俄、澳大利亚、新西兰、日本、南非、印度等多国参加合作, 于 1991 年 1 月进行了“赫德岛可行性试验”(HIFT)[39]. 将声源置于印度洋中的赫德岛, 共有 13 个接收点分布于大西洋、印度洋和太平洋中 (见图 5.3.1). 声源是有 Hydroacoustics, Inc 为美国海军制造的 HLF-4LL 声源 (见图 5.3.2), 该声源发出 57 Hz, 带宽为 14 Hz, 源级为 206 dB 的声波. 在 HIFT 的实验中由 10 个这样的声源以间隔 3.81 m 布成垂直阵, 实验时由 5 个并行发射, 其最终源级达到 220 dB. 所有有关 HIFT 的论文集中刊于 JASA, 96 卷第 4 期 (1994). 笔者参与了在 “升天岛”(Ascension) 接收信号的传播分析[41]. 文献 [39] 在分析由 Hawaii 到 Aleuctian 的传播过程中, 在由 SOFAR 波导向 POLAR 波导的过渡区, 即所谓的次北极锋面区 (Sub-Arctic-Zone) 将会有简正波的“简并”(degeneration) 现象发生, 在简并点上将有 m 号简正波与 $m+1$ 号简正波有相同的本征值及相同的本征函数 (见图 5.3.3 及图 5.3.4).

为计算在较强水平变化波导中传播走时的问题, 文献[42]讨论了 PE 场 (抛物近似解) 的简正波谱分析 (MOSFEF) 的方法.

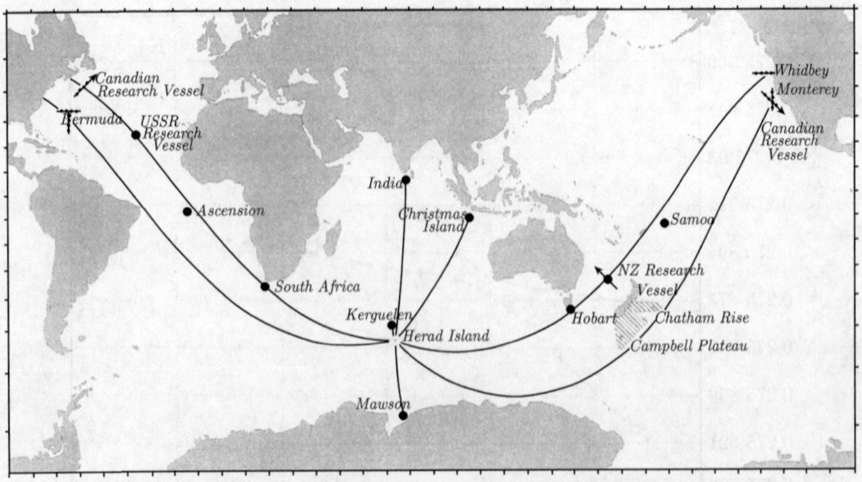

图 5.3.1 1991 年 ATOC 试验声源与接收位置 (文献 [39])

图 5.3.2 1991 年 ATOC 试验声源 HLF-4(文献 [39])

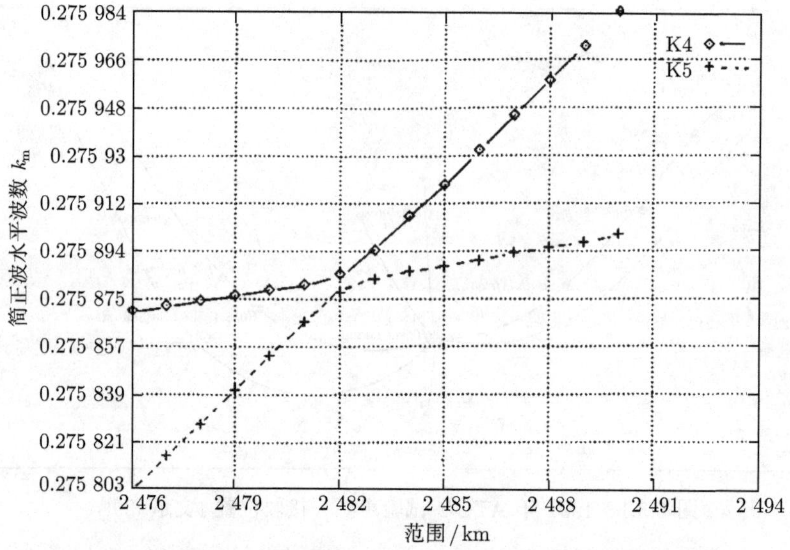

图 5.3.3　第 4 号简正波和第 5 号简正波与距离的关系 (文献 [41])

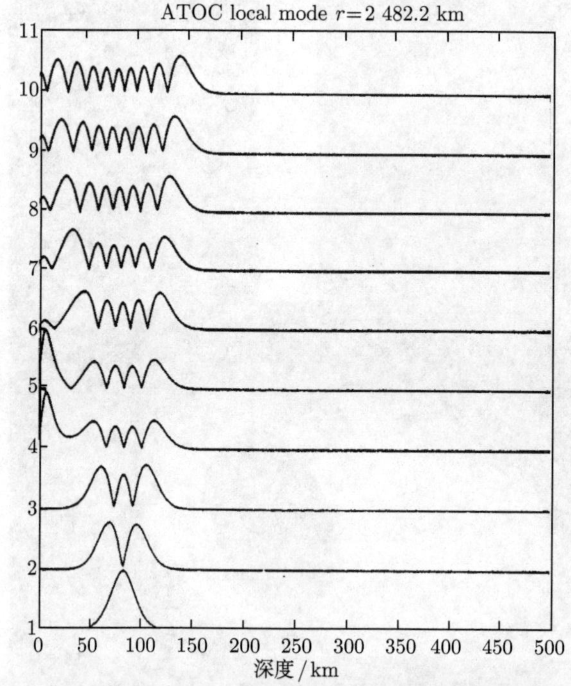

图 5.3.4　北极锋面传播中不同简正波的波形 (文献 [41])

参考文献

[1] Kerr D E. Propagation of short radio waves. McGraw-Hill, 1951:140.

[2] Pederson M A, Gordon D F. Normal mode theory applied to short-range propagation in an underwater acoustic surface duct. JASA, 1965, 37: 105.

[3] Pederson M A, Gordon D F. Theoretical invertigation of a double family of normal modes in an underwater acoustic surface duct. JASA, 1970, 47: 304.

[4] Labianca F M. Normal modes, virtual modes, and alternative reresen-tations in the theory of surface-duct sound propagation. JASA, 1973, 53: 1137.

[5] Marsh H W, et al. Scattering of underwater sound by the sea surface. JASA, 1961, 33: 334; Sound reflection and scattering from the sea surface. JASA, 1963, 35: 240.

[6] Eckart C. The scattering of sound from sea surface. JASA, 1953, 25: 566.

[7] Kuperman W A. Coherent component of specular reflection and transmission at randomly rough two-fluid interface. JASA, 1975, 58: 365.

[8] Barnard G R, Deavenport R L. Propagation of sound in underwater surface channels with rough bounderies. JASA, 1978, 63: 709.

[9] Baker W F. New formula for calculating acoustic propagation loss in a surface duct in the sea. JASA, 1975, 57: 1198.

[10] Лысанов Ю Л. Об средненной эакои сдаданйя в дриповеркностном э вуковом канаде с неровной. граНидей Аку жур.,1966, 12: 489.

[11] Ewing M, Worzel J L. long-range sound transmission. Geal. Spe. Am. Mem., 1948, 27. Розеберг Л Д. Ободной новом явленам в Гидроакустике ДАНСССР, 1949, 69: 175.

[12] Stiffer W W, Saars W F. “SOFAR”. Electron, 1948, 21: 98.

[13] Brgan G M, Truchan M, Ewing J I. Long range SOFAR, studies in the south stlantic ocean. JASA, 1963, 35: 273.

[14] Baker H H. Missle impact locating system. Bell Teleph. Lab. Record, 1961, 39: 195.

[15] Hale F E. Long-range sound propagation in the deep ocean. JASA, 1961, 33: 456.

[16] Urick R J. Caustics and convergence zones in deep-water sound transmission. JASA, 1965, 38: 348 .

[17] Бреховских Л М. Акустика, часть. 3(Н. С. Aree в а), Изд. Наук, 1974.

[18] Hirsch P, Curter A H. Mathematical models for the prediction of SOFAR propagation effects. JASA, 1965, 37: 91.

[19] Williams A O, Horul W. Axial focusing of sound in the SOFAR channel. JASA, 1967, 41: 189.

[20] Uberall H, Nicholas C. Range focusing in deep-ocean sound channel with parabolic profile. JASA, 1968, 44: 1259.

[21] Erdelyi A. Higher Transcendental Functions. McGraw-Hill, 1953, 2: 193.

[22] Nicholas N C, Uberall H. Normal-mode propagation calculation for a parabolic velocity profile. JASA, 1970, 48: 745.

[23] 张仁和. 水下声道中的反转点会聚区（Ⅰ), 简正波理论. 声学学报, 1980, 1: 28.

[24] Munk W, Wunsch C. Ocean acoustic tomography: A scheme for large scale monitoring. Deep Sea Res. A26, 1979: 123–161.

[25] Munk W, Worcester P, Wunsch C. Ocean Acoustic Tomography. Combridge University Press, UK, 1995.

[26] Shang E C. Ocean acoustic tomography based on adiabatic mode theory. JASA, 1989, 85(4): 1531–1537.

[27] Shang E C, Wang Y Y. On the calculation of modal travel time perturbation. Sov. Phys. Acoust. 1991, 37 (4): 411–413.

[28] Shang E C, Wang Y Y. Tomographic inversion of the El Nino profile by using matched-mode processing (MMP) method. IEEE-JOE, 1994, 19 (2): 208–213.

[29] Peng L H, et al. Acoustic tomography for monitoring ocean cold water mass. in Theoretical and Computational Acoustics, 2001: 171–180, Ed. Shang E C, Li Q H, Gao T F. Singapore: World Scientific, 2001.

[30] Goncharov V V, Voronovich A G. An experiment on matched-field acoustic tomography with continuous wave signals in the Norway Sea. JASA, 1993, 93: 1873–1881.

[31] Taroudakis M I, Papadakis J S. A modal inversion scheme for ocean acoustic tomography. J. Comp. Acoustics, 1993, 1(4): 395–422.

[32] Voronovich A G, Shang E C. A note on horizontal-refraction-modal tomography. JASA, 1995, 98: 2708–2716.

[33] Voronovich A G, Shang E C. Numerical simulation with horizontal-refraction-mode tomography, Part I. Adiabatic propagation. JASA, 1997, 101: 2636–2643.

[34] Voronovich A G, Shang E C. Horizontal-refraction-modal tomography with mode dlinteraction. IEEE-JOE, 1999, 24: 224–231.

[35] Shang E C, Wang Y Y, Voronovich A G. Nonlinear tomographic inversion by using WKB modal condition. JASA, 1997, 102(6): 3425–3432.

[36] Shang E C, et al. New schemes of ocean acoustic tomography. J. Comp. Acoust., 2000, 8(3): 459–471.

[37] Jones R M, Shang E C, Georges T M. Nonperturbative modal tomography inversion (Part I Theory). JASA, 1993, 94(4): 2296–2302.

[38] Shang E C, et al. Nonperturbative modal tomography inversion (Part II Numerial simulation). JASA, 1995, 98(1): 560–569.

[39] Munk W, Spindel R, Baggeroer A, Birdsall T. The Heard Island Feasibility Test. JASA, 1994, 96(4): 2330–2342.

[40] Shang E C, Wang Y Y, Georges T. Dispersion and repopulation of Heard-Ascension modes. JASA, 1994, 96(4): 2371–2379.

[41] Shang E C, Wang Y Y. Subarctic frontal effects on long-range acoustic propagation in the North Pacific ocean. JASA, 1999, 105(3): 1592–1595.

[42] Shang E C, Wang Y Y. Acoustic travel time computation based on PE solution. J. Comp. Acoust. 1993, 1(1): 91–100.

第六章　海洋中的混响与噪声

水声探测中的干扰背景有三种: 混响, 环境 (海洋) 噪声及自噪声. 关于自噪声问题我们这里暂不讨论. 本章首先讨论海洋中的混响, 特别是近代声呐所关心的远程混响问题. 目前关于远程混响问题还没有较完善的严格理论. 这里我们主要介绍 "角度谱" 加权的方法以及近年来取得进展的全波动理论. 关于环境噪声问题, 我们着重介绍使用传播网络算子的噪声场 "构成" 理论及噪声场指向性问题.

§6.1　海洋中的混响

海洋中存在着杂乱分布的散射体以及起伏不平的界面. 当声源发射声波以后, 碰到这些散射体会产生不同于原来传播方向的各个方向上的散射波. 返回接收点的这些散射波的总和就构成混响. 混响是一种由杂乱分布散射体引起的, 并与发射信号本身性质以及传播通道性质有关的一种干扰背景. 近程混响的射线理论在 20 世纪 40 年代就已完成 [1,2]. 随着现代声呐作用距离的提高, 远程混响问题已提到日程上来了. 远程混响的理论目前还不够完善, 建立混响场与环境因素的关系, 从而能对远程混响作出预报是目前正在大力探讨并取得进展的研究课题.

6.1.1　近程混响的射线理论

海水中产生混响的散射体可以分为三类. 分布在海水介质本身体积之中的散射体, 它引起体积混响, 例如海洋生物及海水不均匀结构等. 海面混响是由位于海面上或海面附近的散射体引起的, 而海底混响则是由海底上或海底附近的散射体引起的, 后面两种混响, 由于散射体的分布是二维的, 在分析上可以一起作为界面混响来考虑.

散射强度是表征混响强度的一个基本量. 它定义为被单位面积或体积在参考距离 1 m 处所散射的强度与入射平面波强度的比值, 取分贝表示:

$$S_{S,V} = 10\log\left(\frac{I_{散}}{I_{入}}\right), \tag{6.1.1}$$

其中 $I_{入}$ 为入射平面波强度; $I_{散}$ 表示由 1 m^2(或 m^3) 的面积 (或体积) 所散射的声强, 这一强度是在比较远的地方测得后再折算到 1 m 处的强度值.

在声呐方程中, 混响级 RL 表示等效平面波的混响级. 这个级是轴向入射平面波在水听器输出端的电压, 此电压应当与该水听器接收混响时的输出端电压相同.

在推导 RL 公式时, 简化假设如下:

(1) 直线传播, 传输损失表现为球面衰减及体积吸收;

(2) 任一瞬间位于某一面积上 (或体积内) 的散射体的分布是统计均匀的;

(3) 散射体的密度很大, 以至在一体元 $\mathrm{d}V$ 内或面元 $\mathrm{d}A$ 上都有很多散射体;

(4) 脉冲时间相当短, 以至可以忽略体元或面元尺度范围内的传播效应;

(5) 忽略多次散射.

体积混响的表式在上述假设下, 可以推得体积混响的混响级为

$$\mathrm{RL}_V = 10\log\left(\frac{I_0}{r^4}\cdot S_V'\cdot\int_V b(\theta,\phi)\,b'(\theta,\phi)\,\mathrm{d}V\right), \tag{6.1.2}$$

其中 I_0 为源强, 即发射器在单位距离处的轴向强度 ($\mathrm{SL}=10\log I_0$); $b(\theta,\phi)$ 与 $b'(\theta,\phi)$ 分别为发射器、接收器的指向性图案.

$$S_V = 10\log S_V',$$

设 $\mathrm{d}V$ 为一有一定长度的无限小柱体, 其底面与入射方向正交, 则这个无限小的柱体的底面积可写为 $r^2\mathrm{d}\Omega$, $\mathrm{d}\Omega$ 为 $\mathrm{d}V$ 在源点所张的立体角. 对于脉冲声呐, $\mathrm{d}V$ 的长度是这样决定的, 即所有在 $\mathrm{d}V$ 中引起的散射都在同一瞬刻反回到源附近. 因此, 这个长度应等于 $c\tau/2$, 这里 τ 是脉冲宽度; c 是声速, 故体元 $\mathrm{d}V$ 为

$$\mathrm{d}V = \frac{r^2}{2}c\tau\mathrm{d}\Omega. \tag{6.1.3}$$

因此

$$\mathrm{RL}_V = 10\log\left(\frac{I_0}{r^4}\cdot\frac{r^2}{2}c\tau S_V\int bb'\mathrm{d}\Omega\right). \tag{6.1.4}$$

对体积混响, 积分 $\int bb'\mathrm{d}\Omega$ 可解释为发射–接收的等效束宽. 考虑在立体角 ψ 之内相对响应为 1 而在 ψ 之外为 0, 则

$$\int_0^{4\pi} bb'\mathrm{d}\Omega = \int_0^{\psi} 1\times 1\mathrm{d}\Omega = \psi, \tag{6.1.5}$$

于是体积混响级 RL_V 为

$$\mathrm{RL}_V = \mathrm{SL} - 40\log r + S_V + 10\log V, \tag{6.1.6}$$

$$V = \frac{c\tau}{2}\psi r^2, \tag{6.1.7}$$

量 V 可以称做混响体积, 即任一时刻产生混响的诸散射体所占的空间体积.

界面混响的表式, 界面混响系指不是分布在体积中的, 而是分布在界面附近的散射体所产生的混响. 最明显的这种散射界面是海面和海底. 界面混响的等效平面波混响级的表式和体积混响的推导一样:

$$\mathrm{RL}_S = 10\log\left(\frac{I_0}{r^4}S'_S\int b(\theta,\phi)\,b'(\theta,\phi)\,\mathrm{d}A\right), \tag{6.1.8}$$

其中 $\mathrm{d}A$ 是散射界面的面元, 而界面散射强度:

$$S_S = 10\log S'_S. \tag{6.1.9}$$

若从散射体平面内的一个圆环上取一小段 $\mathrm{d}A$, 而圆环的中心位于换能器的正上方或正下方, 则

$$\mathrm{d}A = \frac{c\tau}{2}r\mathrm{d}\phi, \tag{6.1.10}$$

其中 $\mathrm{d}\phi$ 是 $\mathrm{d}A$ 对环心所张的角.

$$\mathrm{RL}_S = 10\log\left[\frac{I_0}{r^4}S'_S\frac{c\tau}{2}r\int_0^{2\pi} b(\theta,\phi)\,b'(\theta,\phi)\,\mathrm{d}\phi\right], \tag{6.1.11}$$

在通常感兴趣的声呐应用中, 散射面可以近似考虑为相应于换能器指向性图案 $\theta = 0$ 的平面, 于是

$$\mathrm{RL}_S = 10\log\left[\frac{I_0}{r^4}S'_S\frac{c\tau}{2}r\int_0^{2\pi} b(0,\phi)\,b'(0,\phi)\,\mathrm{d}\phi\right], \tag{6.1.12}$$

引入等阶的理想指向性图案的开角 $\varPhi$:

$$\int_0^{2\pi} b(0,\phi)\,b'(0,\phi)\,\mathrm{d}\phi = \int_0^{\varPhi} 1\times 1\mathrm{d}\phi = \varPhi, \tag{6.1.13}$$

因此

$$\mathrm{RL}_S = 10\log\left(\frac{I_0}{r^4}S'_S\frac{c\tau}{2}r\varPhi\right), \tag{6.1.14}$$

或

$$\mathrm{RL}_S = \mathrm{SL} - 40\log r + S_S + 10\log A, \tag{6.1.15}$$

其中

$$A = \frac{c\tau}{2}\varPhi r, \tag{6.1.16}$$

对于平面散射体, 由于入射声束与散射平面之间有一定夹角, 因此按式 (6.1.1) 所定义的 S_S, 一般说来, 随夹角 θ 而变. 若换能器位于散射界面之上或之下一定距离处, 则在发射脉冲后, S_S 随距离或时间而变.

表 6.1.1 给出一些常用阵的等效合成束宽 $10\log\psi$ 及 $10\log\varPhi$ 的值.

表 6.1.1 等效合成束宽, 以对数为单位

阵	$10\log\psi$ 相对于 1 立体弧度的分贝值	$10\log\Phi$ 相对于 1 弧度的分贝值
积分式	$10\log\int_0^{2\pi}\int_{-\pi/2}^{\pi/2} b(\theta,\psi) \times b'(\theta,\psi)\cos\mathrm{d}\theta\mathrm{d}\psi$	$10\log\int_0^{2\pi} b(0,\psi)\times b'(0,\psi)\times \mathrm{d}\psi$
置于无限障板中的圆平面阵, 半径$a>2\lambda$	$20\log\left(\frac{\lambda}{2\pi\alpha}\right)+7.4$ 或 $20\log y-31.6$	$10\log\frac{\lambda}{2\pi\alpha}+6.9$ 或 $10\log y-12.8$
置于无障板中的矩形, 阵边a是水平的, b是垂直的, $a,b\gg\lambda$	$10\log\frac{\lambda^2}{4\pi\alpha b}+7.7$ 或 $10\log y_a y_b-31.6$	$10\log\frac{\lambda}{2\pi\alpha}+9.2$ 或 $10\log y_a-12.6$
长为 $l>\lambda$ 的水平线阵	$10\log\frac{\lambda}{2\pi 1}+9.2$ 或 $10\log y-12.8$	$10\log\frac{\lambda}{2\pi 1}+9.2$ 或 $10\log y-12.8$
无指向性 (点状) 换能器	$10\log 4\pi=11.0$	$10\log 2\pi=8.0$

6.1.2 作为一次散射场的混响

在弱散射的情况, 往往可忽略多次散射而只考虑一次散射, 即所谓 Born 近似. 在均匀介质中的格林函数取为点源场的自由球面波 $\frac{1}{r}\mathrm{e}^{\mathrm{i}kr}$; 例如文献[3]讨论了体积混响的情况, 文献[4]讨论了内波起伏界面的混响. 在分层介质情况下, 相应的格林函数为式 (3.2.10) 所给出的点源场的积分表示式, 在对远场感兴趣时, 可取其简正波表示式 (3.7.8):

$$G(r,z,z_0)=\pi\mathrm{i}\sum_n U_n(z)\,U_n(z_0)\,H_0^{(1)}(\mu_n r), \tag{6.1.17}$$

文献[5]使用式 (6.1.17) 的格林函数讨论了分层介质中的散射场. 在浅海中, 海底混响常常是主要的, 在文献[6]中具体讨论了浅海负梯度情况下的远程混响理论.

文献[6]从下列模型出发来分析浅海远程混响的规律:

(1) 海水与海底为分层介质, 声源为无指向性脉冲点源, 接收点与发射点重合, 不考虑多普勒效应.

(2) 散射元离散地分布于海底, 并服从平面上的泊松分布律, 即在任何面积 A 内有 n 个散射体的概率为

$$P(n\cdot A)=\frac{(\sigma A)^n}{n!}\mathrm{e}^{-\sigma A}, \tag{6.1.18}$$

其中 σ 为常数, 它表示单位面积内的平均散射体数.

(3) 用散射谱 $H(\omega)$ 来描写散射元的散射特性. 由简正波理论可知, 在远程声场中, 起主导作用的有限数目的简正波具有确定的波参数, 相应于这些简正波的准

平面波在海底的掠射角范围很窄, 因此远程混响是由很窄的角度范围内的反向散射引起的, 这是与近程混响不同的特点.

(4) 各散射元独立地产生散射声, 忽略二次散射, 在时刻 t 所接收到的混响声压 $\chi(t)$ 是同时到达接收点的各散射元波的叠加, 即

$$\chi(t) = \sum_j P_S\left(t - t_{r_j}; \boldsymbol{r}_j\right), \tag{6.1.19}$$

其中 $P_S(t, \boldsymbol{r}_j)$ 表示位于 $\boldsymbol{r}_j$ 的散射体所产生的散射声压, 散射体位置 $\boldsymbol{r}_j (j = 1, 2, \cdots)$ 是相互独立的随机变量.

(5) 当声脉冲到达远程后, 海水中存在声扰动的有效区域是一个圆环带, 对于 t 时刻接收到的混响, 有贡献的散射元位于以 r_1 为半径、r_2 为外径的圆环带内. 考虑到多途与频散效应, 有

$$2r_1(t) = U_{\min}\left(t - \frac{\tau_0}{2}\right), \tag{6.1.20}$$

$$2r_2(t) = U_{\max}\left(t + \frac{\tau_0}{2}\right), \tag{6.1.21}$$

其中 τ_0 为发射信号的脉宽; $U_{\max}$ 与 $U_{\min}$ 分别为简正波的最大群速度和最小群速度. 由简正波理论可知, 对于在水层中 "反转" 的那些简正波, 上式可化为

$$r_1(t) > \left(\frac{c_{\min} t}{2} - \frac{c_{\min}\tau_0}{4}\right), \tag{6.1.22}$$

$$r_2(t) < \left(\frac{c_{\max} t}{2} + \frac{c_{\max}\tau_0}{4}\right), \tag{6.1.23}$$

其中 $c_{\max}$ 与 $c_{\min}$ 分别为水层中的最大声速和最小声速.

设在源点 $(0, z_0)$ 发射的波形为 $f(t)$ 的脉冲, 则散射元波 $P_S(t, r_j)$ 相当于脉冲 $f(t)$ 经过由 $G(\omega; r, z, z_0)$ 所描写的信道, 而入射到由 $H(\omega)$ 所描写的散射元, 再经由 $G(\omega; r, z_0, z)$ 所描写的信道而返回接收器:

$$P_S(t, r) = \frac{1}{2\pi}\int_{-\infty}^{\infty} F(\omega) H(\omega) \left[G(\omega; r, z_0, h)\right]^2 \mathrm{e}^{-\mathrm{i}\omega t} \mathrm{d}\omega, \tag{6.1.24}$$

其中 $F(\omega)$ 是发射信号 $f(t)$ 的频谱; $H(\omega)$ 是相应于角度范围 $(0, \alpha')$ 的平均反向散射谱 (α' 为极限声线在海底的掠射角); 其中 h 代表海底深度.

在泊松分布的假定下, 用类似于分析散粒噪声的方法 [13], 由式 (6.1.19) 得到混响强度 $J_R(t)$ 与自相关函数 $B(t, \tau)$ 的表示式如下:

$$J_R(t) = \left\langle x^2(t)\right\rangle - \left\langle \chi(t)\right\rangle^2 = \sigma \int_{r_1(t)}^{r_2(t)} \left[P_S(t, r)\right]^2 2\pi r \mathrm{d}r, \tag{6.1.25}$$

$$B(t,\tau)=\sigma\int_{r_1(t)}^{r_2(t)}P_S(t,r)\,P_S^*(t+\tau,r)\,2\pi r\mathrm{d}r, \tag{6.1.26}$$

令

$$\hat{c}=\frac{c_{\max}+c_{\min}}{2}, \tag{6.1.27}$$

$$\hat{r}=\frac{1}{2}\hat{c}t, \tag{6.1.28}$$

$$\Delta c=c_{\max}-c_{\min}. \tag{6.1.29}$$

当距离 $\hat{r}$ 足够远时, 满足条件

$$\frac{\hat{c}\tau_0}{4\hat{r}}+\frac{\Delta c}{2\hat{c}}\ll 1 \tag{6.1.30}$$

时, 式 (6.1.25), (6.1.26) 可简化为

$$J_R(t)=2\pi\sigma\hat{r}\int_{r_1(t)}^{r_2(t)}\left[P_S(t,r)\right]^2\mathrm{d}r, \tag{6.1.31}$$

$$B(t,\tau)=2\pi\sigma\hat{r}\int_{r_1(t)}^{r_2(t)}P_S(t,r)\,P_S^*(t+\tau,r)\,\mathrm{d}r, \tag{6.1.32}$$

原则上先由式 (6.1.24) 算出散射元波, 再代入上式进行积分, 就可得到平均混响强度及自相关函数, 然而实际上相对繁复, 而且数值计算结果还不能满足对混响场的解析. 下面, 我们来分析在多途频散情况下, 式 (6.1.31) 及 (6.1.32) 如何转变为谱表示.

在分层介质简谐点源场, 在远场表示为简正波的叠加:

$$G(\omega;r,z,z_0)=\pi\mathrm{i}\sum_l U_l(z)\,U_l(z_0)\,H_0^{(1)}(\nu_l r), \tag{6.1.33}$$

使用 $H_0^{(1)}(x)$ 的渐近式:

$$H_0^{(1)}(\nu_l r)\sim\sqrt{\frac{2}{\pi\nu_l r}}\mathrm{e}^{\mathrm{i}\left(\nu_l r-\frac{\pi}{4}\right)}, \tag{6.1.34}$$

$$G(\omega;r,z,z_0)=\pi\mathrm{i}\sum_l\sqrt{\frac{2}{\pi\nu_l r}}U_l(z)\,U_l(z_0)\,\mathrm{e}^{\mathrm{i}\mu_l r-\beta_l r}, \tag{6.1.35}$$

其中 $\nu_l=\mu_l+\mathrm{i}\beta_l$ 是极点方程的根; μ_l 代表简正波沿水平径向的波数; β_l 是由边界损失引起的指数衰减因子. 以下考虑负梯度情况: 对远程声场起主导作用的那些简正波可用下列公式计算 [见式 (4.4.3)~(4.4.6)]:

$$\beta_l=\frac{-\ln|V(\mu_l)|}{S_l},$$

$$S_l = 2\int_{\zeta_l}^{H} \frac{\mu_l \mathrm{d}z}{\sqrt{k^2(z) - \mu_l^2}};$$

而 μ_l 满足下列频散方程:

$$2\int_{\zeta_l}^{H} \sqrt{k^2(z) - \mu_l^2}\mathrm{d}z = 2l\pi - \phi_b + \frac{\pi}{2} \quad (l = 1, 2, 3, \cdots),$$

其中 $|V|\mathrm{e}^{\mathrm{i}\phi_b}$ 为海底反射系数, 反转点 ζ_l 由 $k(\zeta_l) = \mu_l$ 确定.

将式 (6.1.35) 代入式 (6.1.24), 就得到散射元波的简正波表示式:

$$P_S(t, r) = \frac{1}{r}\sum_l\sum_m P_{lm}(t, r), \tag{6.1.36}$$

其中

$$P_{lm}(t, r) = \frac{1}{2\pi}\int_{-\infty}^{\infty} F(\omega) H(\omega) \varPhi_{lm}(\omega) \mathrm{e}^{-(\beta_l+\beta_m)r + \mathrm{i}(\mu_l+\mu_m)r - \mathrm{i}\omega t}\mathrm{d}\omega, \tag{6.1.37}$$

$$\varPhi_{lm}(\omega) = 2\pi U_l(H) U_l(z_0) U_m(H) U_m(z_0) \frac{1}{\sqrt{\nu_l \nu_m}}\mathrm{e}^{\mathrm{i}\frac{\pi}{2}}, \tag{6.1.38}$$

式 (6.1.36) 中的每一项$\dfrac{1}{r}P_{lm}(t, r)$ 表示第 l 号入射简正波所激发的第 m 号返回接收点的散射简正波. 将式 (6.1.36) 代入式 (6.1.32), 得

$$B(t, r) = \frac{2\pi\sigma}{\hat{r}}\sum_{j,k}\sum_{l,m}\int_{r_1^{lm}(t)}^{r_2^{lm}(t)} P_{lm}(t, r) P_{jk}(l + \tau, r)\mathrm{d}r, \tag{6.1.39}$$

其中 $r_1^{lm}(t)$ 与 $r_2^{lm}(t)$ 表示散射简正波 $P_{lm}(t, r)$ 不为零的区域的内径与外径, 它们与 $r_1(t), r_2(t)$ 之间有如下关系:

$$r_1(t) < r_1^{lm}(t) < r_2^{lm}(t) < r_2(t). \tag{6.1.40}$$

将散射简正波 $P_{lm}(t, r)$ 的谱表示式 (6.1.37) 代入式 (6.1.39) 中的积分, 经过简单计算可以证明: 当满足条件

$$\begin{aligned} &\frac{1}{2}(\beta_i + \beta_j + \beta_l + \beta_m)(r_2 - r_1) \ll 1, \\ &\frac{1}{2}|(\mu_j + \mu_k) - (\mu_l + \mu_m)|\left(r_2^{lm} - r_1^{lm}\right) \ll 1 \end{aligned} \tag{6.1.41}$$

时, 混响的空间积分表示式 (6.1.39) 可以转化为谱表示:

$$\begin{aligned} &\int_{r_1^{lm}}^{r_2^{lm}} P_{lm}(t, r) P_{jk}^*(t + \tau, r)\mathrm{d}r \\ &= \frac{\hat{c}}{4}\int_{-\infty}^{\infty} |F(\omega)|^2 \cdot |H(\omega)|^2 \cdot \varPhi_{jk} \cdot \varPhi_{lm}^* \\ &\times \exp\{-(\beta_j + \beta_k + \beta_l + \beta_m)\hat{r} + \mathrm{i}[(\mu_z + \mu_k) \\ &- (\mu_l + \mu_m)]r_0^{lm} - \mathrm{i}\omega\tau\}\mathrm{d}\omega \end{aligned} \tag{6.1.42}$$

其中

$$r_0^{lm} = \frac{1}{2}\left(r_1^{lm} + r_2^{lm}\right) = \frac{t}{(\dot{\mu}_l + \dot{\mu}_m)_{\omega_0}},$$

$$\dot{\mu}_l = \frac{\mathrm{d}\mu_l}{\mathrm{d}\omega}.$$

为了便于讨论, 将自相关函数式 (6.1.39) 表示为非相干部分 $B_e(t,\tau)$ 与相干部分 $B_c(t,\tau)$ 之和:

$$B(t,\tau) = B_e(t,\tau) + B_c(t,\tau), \tag{6.1.43}$$

其中 $B_e(t,\tau)$ 表示 $\sum\limits_{\substack{j=l \\ \text{或}j=m}} \sum\limits_{\substack{k=m \\ k=l}}$ 的部分, $B_c(t,\tau)$ 表示 $\sum\limits_{j,k\neq l,} \sum\limits_{m}$ 的部分.

对于非相干部分, 只要条件式 (6.1.41) 中的上式成立, 就可得到

$$B_e(t,\tau) = \frac{\hat{c}\hat{r}}{2}\int_{-\infty}^{\infty} |F(\omega)|^2 M(\omega)\left[I_e(\omega,\hat{r})\right]^2 \mathrm{e}^{\mathrm{i}\omega\tau}\mathrm{d}\omega, \tag{6.1.44}$$

其中 $M(\omega) = \sigma|H(\omega)|^2$ 是掠角为 $\alpha' = \sqrt{2aH}$ 的反向散射强度谱 (它与严格的散射强度角度谱的关系在文献 [72] 中有相应分析讨论); $I_e(\omega,r)$ 是简谐点源声强的非相干叠加部分, 即

$$I_e(\omega,r) = \frac{2\pi}{r}\sum_l U_l^2(z_0)\,U_l^2(H)\,\frac{1}{\nu_l}\mathrm{e}^{-2\beta_l r}. \tag{6.1.45}$$

对于相干部分, 当同时满足式 (6.1.41) 的两个条件时, 可得

$$B_c(t,\tau) = \frac{\hat{c}\hat{r}}{2}\int_{-\infty}^{\infty} |F(\omega)|^2 M(\omega)\,A(\omega,t)\,\mathrm{e}^{\mathrm{i}\omega\tau}\mathrm{d}\omega, \tag{6.1.46}$$

其中

$$\begin{aligned} A(\omega,t) = \frac{1}{\hat{r}^2}\sum_{j,k\neq l,}\sum_{m} &\varPhi_{jk}(\omega)\varPhi_{lm}^*(\omega)\exp\big\{-(\beta_j+\beta_k+\beta_l+\beta_m)\hat{r} \\ &+\mathrm{i}[(\mu_j+\mu_k)-(\mu_l+\mu_m)]r_0^{lm}\big\}. \end{aligned} \tag{6.1.47}$$

在式 (6.1.44) 及 (6.1.46) 中, 令 $\tau = 0$, 就得到平均混响强度的谱表示:

$$J_R(t) = J_{Re}(t) + J_{Rc}(t), \tag{6.1.48}$$

其中

$$J_{Re}(t) = \frac{\hat{c}\hat{r}}{2}\int_{-\infty}^{\infty} |F(\omega)|^2 M(\omega)\left[I_l(\omega,\hat{r})\right]^2 \mathrm{d}\omega, \tag{6.1.49}$$

$$J_{Rc}(t) = \frac{\hat{c}\hat{r}}{2}\int_{-\infty}^{\infty} |F(\omega)|^2 M(\omega)\,A(\omega,t)\,\mathrm{d}\omega, \tag{6.1.50}$$

从后面的分析可以看出, 随着距离 $\hat{r}$(或时间 t) 的增加, 相干部分 $B_c(t,\tau)$ 与 $J_{Rc}(t)$ 的作用越来越小, 因此, 在许多情况下, 只需计算非相干部分 $B_e(t,\tau)$ 与 $J_{Re}(t)$ 就够了.

下面具体考虑有限宽带的调幅脉冲情况.

设调幅脉冲信号波形为

$$f(t)=b(t)\cos(\omega_0 t), \tag{6.1.51}$$

脉冲包迹 $b(t)$ 的持续时间为 $\left(-\dfrac{\tau_0}{2},\dfrac{\tau_0}{2}\right)$, 包迹频谱 $K(\omega)$ 的有效宽带为 $\left(-\dfrac{\Delta\omega}{2},\dfrac{\Delta\omega}{2}\right)$. 当$\dfrac{\Delta\omega}{\omega_0}\ll 1$时, 信号频谱与包迹频谱之间有如下关系:

$$F(\omega)=\begin{cases}\dfrac{1}{2}K(\omega-\omega_0) & \omega>0\\ \dfrac{1}{2}K(\omega+\omega_0) & \omega<0\end{cases}. \tag{6.1.52}$$

将式 (6.1.52) 代入式 (6.1.42), 得

$$\begin{aligned}&\sigma\int_{r_1^{lm}}^{r_2^{lm}}P_{lm}(t,r)\,P_{jk}(t+\tau,r)\,\mathrm{d}r\\&=\frac{\hat{c}}{8\pi}\mathrm{Re}\Bigg\{\int_{\omega_0-\frac{\Delta\omega}{2}}^{\omega_0+\frac{\Delta\omega}{2}}\left|K(\omega-\omega_0)\right|^2M(\omega)\,\varPhi_{jk}(\omega)\,\varPhi_{lm}^*(\omega)\\&\times\exp[-(\beta_j+\beta_k+\beta_l+\beta_m)\,\hat{r}+\mathrm{i}[(\mu_j+\mu_k)\\&-(\mu_l+\mu_m)]r_0^{lm}-\mathrm{i}\omega\tau]\mathrm{d}\omega\Bigg\},\end{aligned} \tag{6.1.53}$$

上式中的 Re 表示取实数部分, 在频带范围 $\left(\omega_0-\dfrac{\Delta\omega}{2},\omega_0+\dfrac{\Delta\omega}{2}\right)$ 内取近似:

$$\begin{aligned}&[(\mu_j+\mu_k)-(\mu_l+\mu_m)]\cong[(\mu_j+\mu_k)-(\mu_l+\mu_m)]_{\omega_0}\\&\quad+(\dot{\mu}_j+\dot{\mu}_k)-(\dot{\mu}_l+\dot{\mu}_m)_{\omega_0}\times(\omega-\omega_0),\end{aligned} \tag{6.1.54}$$

再将式 (6.1.53) 中被积函数的缓变部分提到积分号外, 于是得到

$$\begin{aligned}&\sigma\int_{r_1^{lm}}^{r_2^{lm}}P_{lm}(t,r)\,P_{jk}^*(t+\tau,r)\,\mathrm{d}r\\&=\frac{\hat{c}}{4}\mathrm{Re}\left\{M(\omega_0)\,\varPhi_{jk}(\omega_0)\,\varPhi_{lm}^*(\omega_0)R_b\left[\tau-(\dot{\mu}_j+\dot{\mu}_k)\,r_0^{lm}\right.\right.\\&\left.+(\dot{\mu}_l+\dot{\mu}_m)\,r_0^{lm}\right]\times\exp[-(\beta_j+\beta_k+\beta_l+\beta_m)\,\hat{r}\\&\left.+\mathrm{i}\left[(\mu_j+\mu_k)\,r_0^{lm}-(\mu_l+\mu_m)\right]r_0^{lm}-\mathrm{i}\omega\tau\right\}_{\omega_0},\end{aligned} \tag{6.1.55}$$

上式中的 $R_b(\tau)$ 是脉冲包迹的自相关函数:

$$R_b(\tau)=\frac{1}{2\pi}\int_{-\infty}^{\infty}|K(\omega)|^2\,\mathrm{e}^{-\mathrm{i}\omega\tau}\mathrm{d}\omega=\int_{-\infty}^{\infty}b(t)\,b(t+\tau)\,\mathrm{d}t. \tag{6.1.56}$$

由式 (6.1.55) 不难得到

$$B_e(t,\tau)=\frac{\pi}{2}\hat{c}\hat{r}M(\omega_0)\,R_b(\tau)\cos(\omega_0\tau)\,[I_e(\omega_0,\hat{r})]^2 \tag{6.1.57}$$

$$\begin{aligned}B_c(t,\tau)=\frac{\pi\hat{c}}{2\hat{r}}\mathrm{Re}\Bigg\{&\sum_{j,k\neq l,}\sum_{m}M(\omega_0)\,\varPhi_{jk}(\omega_0)\,\varPhi_{lm}^*(\omega_0)\\&\times R_b\left[\tau-(\dot{\mu}_j+\dot{\mu}_k)\,r_0^{lm}+(\dot{\mu}_l+\dot{\mu}_m)\,r_0^{lm}\right]\\&\times\exp[-(\beta_j+\beta_k+\beta_l+\beta_m)\,\hat{r}+\mathrm{i}\,(\mu_j+\mu_k)\,r_0^{lm}\\&-\mathrm{i}\,[(\mu_l+\mu_m)]\,r_0^{lm}-i\omega_0\tau]\Bigg\}_{\omega_0}.\end{aligned} \tag{6.1.58}$$

必须指出, 近似展开式 (6.1.54) 仅适用于 “非弥散区”, 即要求

$$r\ll r_d\equiv\frac{8}{(\Delta\omega)\max\left|(\ddot{\mu}_j+\ddot{\mu}_k)-(\ddot{\mu}_l+\ddot{\mu}_m)\right|_{\omega_0}}\quad(j,k\neq lm). \tag{6.1.59}$$

因此, 式 (6.1.58) 也仅适用于此区域. 当 $r\gg r_d$ 时, 由于简正波包的弥散, 使相干部分很快衰减, 对远程混响贡献很小.

对于较近距离, 当满足

$$\hat{r}<r_c\equiv\frac{C_0}{\max\left|(\dot{\mu}_j+\dot{\mu}_k)-(\dot{\mu}_l+\dot{\mu}_m)\right|_{\omega_0}}\quad(j,k\neq lm) \tag{6.1.60}$$

时, B_c 可化为

$$\begin{aligned}B_c(t,\tau)\doteq\frac{\pi\hat{c}}{2\hat{r}}\mathrm{Re}\Bigg\{&\sum_{j,k\neq l,}\sum_{m}M(\omega_0)\,\varPhi_{jk}(\omega_0)\,\varPhi_{lm}^*(\omega_0)\,R_b(\tau)\\&\times\exp[-(\beta_j+\beta_k+\beta_l+\beta_m)\,\hat{r}+\mathrm{i}\,(\mu_j+\mu_k)\,\hat{r}\\&-\mathrm{i}\,(\mu_l+\mu_m)\,\hat{r}-\mathrm{i}\omega_0\tau]\Bigg\}_{\omega_0}.\end{aligned} \tag{6.1.61}$$

再将式 (6.1.61) 与 (6.1.57) 合并, 就得到

$$B(t,\tau)=\frac{\pi}{2}\hat{c}\hat{r}M(\omega_0)\,R_b(\tau)\cos(\omega_0\tau)\cdot[I(\omega_0\cdot\hat{r})]^2\quad(r<r_c). \tag{6.1.62}$$

此处, $I(\omega,r)=|G(\omega;r,z_0,M)|^2$ 是简谐点源的场强, 我们称 $r<r_c$ 为相干区.

在相干区以外, $\hat{r} > r_c$, 由于式 (6.1.58) 中各项延迟时间与附加相位随 $\hat{r}$(或 t) 的增加而增加, 并迅速变化, 使相干部分的贡献逐渐减弱.

当 $r \gg r_c$ 时, 实际上 $|B_c(t,\tau)| \ll |B_e(t,\tau)|$, 故有

$$B(t,\tau) \approx B_e(t,\tau) = \frac{\pi}{2}\hat{c}\hat{r}M(\omega_0)R_b(\tau)\cos(\omega_0\tau)[I_e(\omega,\hat{r})]^2 \quad (r \gg r_c). \tag{6.1.63}$$

对于平均混响强度, 可得类似的结果:

$$I_R(t) = \begin{cases} \pi\hat{c}\hat{r}EM(\omega_0)[I(\omega_0,\hat{r})]^2 & (r < r_c) \\ \pi\hat{c}\hat{r}EM(\omega_0)[I_e(\omega_0,\hat{r})]^2 & (r \gg r_c) \end{cases}, \tag{6.1.64}$$

其中

$$E = \frac{1}{2}R_b(0) = \frac{1}{2}\int_{-\infty}^{\infty} b^2(t)\,\mathrm{d}t \tag{6.1.65}$$

是发射信号的能量. 取分贝表示:

$$\mathrm{RL}(t) = 100\mathrm{log}[\pi\hat{c}EM(\omega_0)] + 10\mathrm{log}\hat{r} + 20\mathrm{log}I(\omega_0\cdot\hat{r}). \tag{6.1.66}$$

引入 "远程混响的初始混响级"$\mathrm{RL}(t_0)$ 的概念, 则

$$\mathrm{RL}(t) - \mathrm{RL}(t_0) = 10\log(r/r_0) + 20\log\left[\frac{I(\omega_0,r)}{I(\omega_0,r_0)}\right]. \tag{6.1.67}$$

时刻 t_0 可以理解为由 "近程" 混响规律向 "远程" 混响规律过渡的 "过渡时刻"(过渡距离).

6.1.3 浅海均匀层远程混响

浅海均匀层远程混响可以作为浅海冬季水文条件下混响背景的一种典型情况.

假设: (1) 混响主要由海底散射引起; (2) 入射到海底准平面波单位面积上的能量与入射波掠角 θ 的正弦 $\sin\theta$ 成正比; (3) 散射到接收点的能量与散射波掠角 θ 的关系为与 $\sin^k\theta$ 成正比.

如果我们把按深度平均的简正波声场 [见式 (4.2.68)]:

$$I(r) = \frac{2\pi}{k_0H^2r}\sum \mathrm{e}^{-2\beta_n r} \tag{6.1.68}$$

看做是不同角度的准平面波强度的加权叠加, 那么混响可简单看做是对入射强度进行角度再加权过程, 于是混响强度表示为[9,44,45]

$$\begin{aligned} I_R = \sum_n\sum_m &\left(\frac{\pi}{k_0H^2}\cdot\frac{\mathrm{e}^{-2\beta_m r_{mn}}}{r_{mn}}\cdot\sin\theta_m\right) \\ &\times\left(S_{mn}\mu_b\sin^k\theta_n\frac{\pi}{k_0H^2}\cdot\frac{\mathrm{e}^{-2\beta_n r_{mn}}}{r_{mn}}\right), \end{aligned} \tag{6.1.69}$$

其中 m 是入射界面的简正波号数; n 是从界面散射回接收点的简正波号数; S_{mn} 是散射面积, μ_b 是海底散射特性有关的系数; θ_m, θ_n 分别是第 m 号和第 n 号简正波在界面的掠角.

按等时性可知, r_{mn} 满足:

$$\frac{r_{mn}}{U_m}+\frac{r_{mn}}{U_n}=t. \tag{6.1.70}$$

散射面积 S_{mn} 为

$$S_{mn}=2\pi r_{mn}\frac{c\tau}{2}, \tag{6.1.71}$$

τ 为发射脉宽, 这里假定在 S_{mn} 面积内传播衰减相同. 对于远程问题, 有效简正波的 θ_m, θ_n 均很小, 所以 $U_m=c_0\cos\theta_m$, $U_n=c_0\cos\theta_n$ 均近似为 c_0,

$$r_{mn}=t\left(\frac{1}{\dfrac{1}{U_m}+\dfrac{1}{U_n}}\right)\approx\frac{ct}{2}=r. \tag{6.1.72}$$

于是混响强度简化为

$$\begin{aligned}I_R(t)&=\pi rc\tau\mu_b\frac{\pi^2}{(k_0H^2)^2r^2}\left(\sum_m\sin\theta_m\mathrm{e}^{-2\beta_m r}\right)\left(\sum_n\sin^k\theta_n\mathrm{e}^{-2\beta_n r}\right)\\&=\frac{\pi^3\cdot c\tau\mu_b}{(k_0H^2)^2r}\left[A\left(r\right)\right]\left[B\left(r\right)\right],\end{aligned} \tag{6.1.73}$$

其中

$$\left[A\left(r\right)\right]=\sum_{m=1}^{n_0}\sin\theta_m\mathrm{e}^{-2\beta_m r}, \tag{6.1.74}$$

$$\left[B\left(r\right)\right]=\sum_{n=1}^{n_0}\sin^k\theta_n\mathrm{e}^{-2\beta_n r}. \tag{6.1.75}$$

考虑海底反射损失的“三参数”模型, 则对“主导简正波集合”而言, 有

$$\beta_n\doteq Q\frac{\pi^2n^2}{2k_0^2H^3},$$

$$\theta_n\doteq\left(\frac{n\pi}{k_0H}\right),$$

$$n_c\doteq\left(\frac{k_0H}{\pi}\right)\sin\alpha^*;$$

于是

$$B\left(r\right)=\sum_{n=1}^{n_c}\sin^k\theta_n\mathrm{e}^{-2\beta_n r}\doteq\left(\frac{\pi}{k_0H}\right)^k\sum_{n=1}^{n_c}n^k\mathrm{e}^{-\rho n^2}. \tag{6.1.76}$$

其中

$$\rho = Q\frac{\pi^2}{k_0^2 H^3}r. \tag{6.1.77}$$

当 $\rho \ll 1$ 时, 用求积代替求和:

$$B(r) = \left(\frac{\pi}{k_0 H}\right)\cdot\int_0^{n_0} n^k \mathrm{e}^{-\rho n^2}\mathrm{d}n. \tag{6.1.78}$$

对于 $k=0$, 有

$$B(r) = \int_0^{n_c} \mathrm{e}^{-\rho n^2}\mathrm{d}n = \frac{1}{\sqrt{\rho}}\varPhi(\sqrt{\rho}n_c), \tag{6.1.79}$$

其中 $\varPhi(x)$ 为误差函数; 当 $\sqrt{\rho}n_c \gg 1$ 时, 有

$$B(r) = \frac{1}{\sqrt{\rho}}\frac{\pi}{2} = \left(\frac{k_0 H}{\pi}\right)\sqrt{\frac{H}{\theta r}}\cdot\sqrt{\frac{\pi}{2}}. \tag{6.1.80}$$

对于 $k=1$, 则有

$$\begin{aligned} B(r) &= \left(\frac{\pi}{k_0 H}\right)\int_0^{n_c} n\mathrm{e}^{-\rho n^2}\mathrm{d}n = \left(\frac{\pi}{k_0 H}\right)\left(\frac{1}{-2\rho}\right)\int_0^{n_c} e\mathrm{d}\left(-\rho n^2\right) \\ &= \left(\frac{\pi}{k_0 H}\right)\cdot\left(\frac{1}{2\rho}\right)\left[1-\mathrm{e}^{-\rho n_c^2}\right]; \end{aligned} \tag{6.1.81}$$

当 $\sqrt{\rho}n_c \gg 1$ 时, 有

$$B(r) = \frac{\pi}{k_0 H}\cdot\frac{1}{2\rho} = \frac{k_0 H^2}{2Q\pi r} \tag{6.1.82}$$

显然 $k=1$ 时, $B(r) = A(r)$, 因此

$$A(r) = \frac{\pi}{k_0 H}\cdot\frac{1}{2\rho} = \frac{k_0 H^2}{2Q\pi r} \quad (\sqrt{\rho}n_c \gg 1). \tag{6.1.83}$$

综上所述, 将式 (6.1.83) 及式 (6.1.82), (6.1.80) 代入混响强度公式 (6.1.73), 便得到远程混响 ($\sqrt{\rho}n_0 \gg 1$) 的下列结果:

(1) 若 $k=1$, 即兰伯散射, 则

$$I_R(t) = \frac{\mu_b \pi c\tau}{4Q^2}\cdot\frac{1}{r^3}; \tag{6.1.84}$$

(2) 若 $k=0$, 即均匀散射情况, 则

$$I_R(t) = \frac{\mu_b c\tau\pi^{3/2}}{4Q^{3/2}H^{1/2}}\cdot\frac{1}{r^{5/2}}; \tag{6.1.85}$$

(3) 如果入射能量与入射角无关, 且 $k=0$ 时, 则

$$I_R(t) = \frac{\mu_b \pi^2 c\tau}{4QH}\cdot\frac{1}{r^2}. \tag{6.1.86}$$

文献 [7] 中使用射线 (虚源) 方法也计算了浅海均匀层混响. 所得结果与上面是一致的. 文献 [8] 使用射线方法还讨论了非均匀层情况的浅海远程混响.

图 6.1.1 为一次实验结果; 水深 30 m 的浅海等温层, 使用 1 kg 炸药的水声信号弹, 1/3 倍频滤波, 中心频率为 1.6 kHz, 衰降规律 $\sim t^{-3}$, 在 t=23 s, 24 s 处系岛屿回波.

文献 [43] 讨论了浅海均匀层中远程混响的垂直相干性问题.

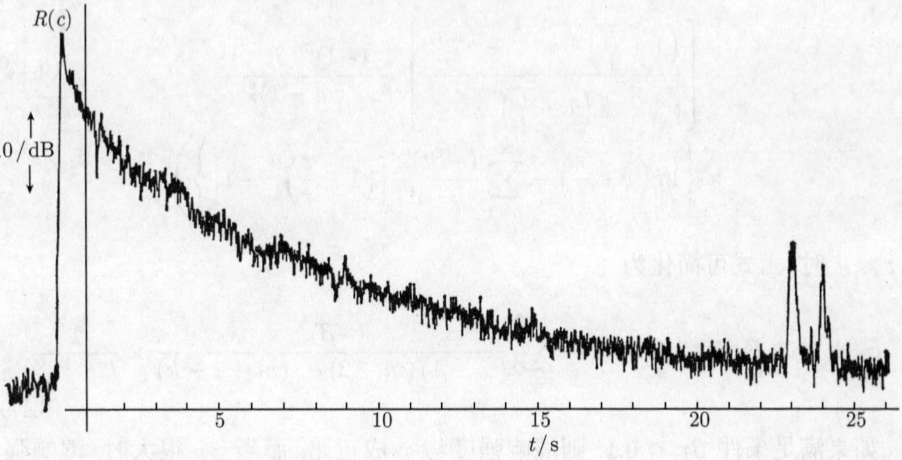

图 6.1.1

6.1.4 混响强度与脉宽的关系

当脉宽不大时, 可以不计散射面积内场的吸收衰减效应. 当脉宽变大时, 则散射面积内的衰减效应会使混响强度与脉宽成正比的关系, 改变为与脉宽无关, 即趋于饱和. Сухаревс КИЙ最早对此问题作了研究[10]. 文献[11]对此问题作了进一步的研究. 用下面一般表达式来描述短脉冲下混响强度与脉宽成正比的规律:

$$I_R(t,\tau)=\frac{K\tau \mathrm{e}^{-\beta t}}{t^m}, \tag{6.1.87}$$

其中 K 是与 t, τ 无关的系数; β 是指数衰减系数, 通常是由海水吸收及边界损失引起的; m 的数值与混响机理 (包括边界散射的掠角关系)、传播条件等因素有关. 当脉宽增大时, 若认为长脉冲的混响是组成此长脉冲的很多个挨次发射的短脉冲所产生的混响强度的叠加, 则混响强度可以由下面的积分式表示:

$$I_R(t,\tau)=K\int_t^{t+\tau}\frac{\mathrm{e}^{-\beta\nu}}{\nu^m}\mathrm{d}\nu, \tag{6.1.88}$$

上式可改写为

$$I_R(t,\tau)=K\left[\int_t^{\infty}\frac{\mathrm{e}^{-\beta\nu}}{\nu^m}\mathrm{d}\nu-\int_{t+\tau}^{\infty}\frac{\mathrm{e}^{-\beta\nu}}{\nu^m}\mathrm{d}\nu\right]. \tag{6.1.89}$$

若 m 为大于 1 的整数, 则可得到

$$\begin{aligned}I_R(t,\tau)=K\Bigg(&\mathrm{e}^{-\beta t}\sum_{k=0}^{m-2}\frac{(-\beta)^k}{(m-1)(m-2)\cdots(m-1-k)}\\&\times\left[\frac{\left(1+\frac{\tau}{t}\right)^{m-1-k}-\mathrm{e}^{-\beta\tau}}{t^{m-1-k}\left(1+\frac{\tau}{t}\right)^{m-1-k}}\right]-\frac{(-1)^m\beta^{m-1}}{(m-1)!}\\&\times\left\{\ln\left(1+\frac{\tau}{t}\right)+\sum_{n=1}^{\infty}\frac{(-\beta t)^n}{n\cdot n!}\left[\left(1+\frac{\tau}{t}\right)^n-1\right]\right\}\Bigg).\end{aligned} \tag{6.1.90}$$

当 $\tau\ll t$ 时, 上式可简化为

$$I_R(t,\tau)\cong K\mathrm{e}^{-\beta t}\left(1-\mathrm{e}^{-\beta\tau}\right)\sum_{k=0}^{m-2}\frac{(-\beta)^k}{(m-1)(m-2)\cdots(m-1-k)}\times\frac{1}{t^{m-1-k}}. \tag{6.1.91}$$

如果满足条件 $\beta\tau\leqslant 0.1$, 则混响强度与 τ 成正比; 而当 $\beta\tau$ 很大时, 混响强度趋向某一饱和强度:

$$I_R(t)\cong K\mathrm{e}^{-\beta t}\sum_{k=0}^{m-2}\frac{(-\beta)^k}{(m-1)(m-2)\cdots(m-1-k)}\times\frac{1}{t^{m-1-k}}. \tag{6.1.92}$$

如果令 $\nu=\xi+t$, 再假定 $\beta\tau$ 不太大, 则可忽略脉宽尺度范围内的指数衰减效应 (令 $\mathrm{e}^{-\beta\xi}\approx 1$), 就得到适用于长脉宽的近似表达式:

$$\begin{aligned}I_R(t,\tau)&\cong K\mathrm{e}^{-\beta t}\int_0^{\tau}\frac{1}{(\xi+t)}\mathrm{d}\xi\\&=\frac{K\mathrm{e}^{-\beta t}}{m-1}\left[\frac{\left(1+\frac{\tau}{t}\right)^{m-1}-1}{t^{m-1}\left(1+\frac{\tau}{t}\right)^{m-1}}\right],\end{aligned} \tag{6.1.93}$$

上式中 $m\neq 1$, 当 $m=1$ 时, 则有下面近似表达式:

$$I_R(t,\tau)\cong K\mathrm{e}^{-\beta t}\ln\left(1+\frac{\tau}{t}\right). \tag{6.1.94}$$

由式 (6.1.93) 可知, 当 $m\geqslant 2$ 时有下列情况:

(1) 若 $\tau \gg t$, 则混响强度趋向于饱和:

$$I_R(t,\tau) = I_m(t) = \frac{K\mathrm{e}^{-\beta t}}{(m-1)\,t^{m-1}}, \tag{6.1.95}$$

上式意味着当 $\tau \gg t$ 时, 式 (6.1.87) 中的 τ 代之以 $\dfrac{t}{m-1}$;

(2) 若 $\tau \ll t$, 则当式 (6.1.93) 展开时, 可得到与式 (6.1.87) 一样的结果:

$$I_R(t,\tau) = \frac{K\tau\mathrm{e}^{-\beta t}}{t^m}. \tag{6.1.96}$$

与实验结果的比较见图 6.1.2.

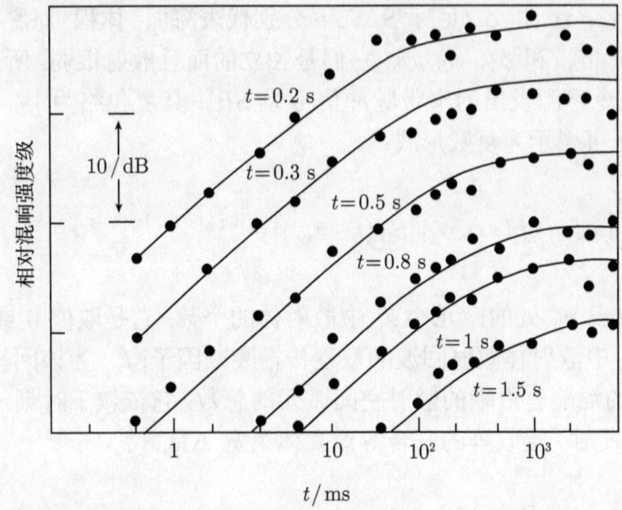

图 6.1.2

6.1.5 混响的统计特性

这里主要介绍文献[12]中关于浅海混响振幅起伏问题的分析讨论.

较早期的混响统计理论[13]假设构成窄带脉冲声源混响的大量散射回波, 具有在 0~2π 均匀分布的随机相位. 由此导出的混响瞬时声压服从零均值的高斯分布, 而其振幅 $r(t)$ 则服从瑞利分布, 具有恒定的起伏率:

$$\eta = \sqrt{\langle r^2\rangle - \langle r\rangle^2}\,/\,\langle r\rangle = 0.523. \tag{6.1.97}$$

但大量测量 (例如见文献 [14, 15]) 发现, 除单纯的体积和海面混响能较好地符合瑞利分布外, 浅海混响的振幅分布常向右偏离瑞利分布, 起伏率一般在 0.3~0.5,

明显低于理论值. 这种差异意味着浅海混响不是完全随机的, 其中伴有一定程度的确定分量.

Beckmann[16]曾对由大量随机元波叠加而成的窄带高斯过程的一维概率分布, 作过完整的分析, 他指出, 合振幅的分布主要决定于各元波随机相位的分布, 对不同的相位分布导致过程的正交分量 $x(t)$ 和 $y(t)$ 有不同的均值和方差.

1967 年, Middleton[17]按近代信号检测的要求, 重新系统地阐述混响统计理论时提出, 包括体积和界面混响在内的合成混响的平均值, 一般讲是非零的, 即可能包含有确定分量, 特别对界面散射不能排除存在确定分量的可能.

把海中引起声散射的非均匀性抽象化为一些随机地 "嵌定" 于平整海底上的及 "浮动" 于海面和海水中的散射体. 令三种单体散射体对窄带信号的散射系数分别为复随机变量 α_S, α_V 和 α_b(足标 S, V, b 分别代表海面, 体积, 海底), 其幅度和相移位, $|\alpha_V|$, $|\alpha_S|$, $|\alpha_b|$ 和 ϕ_V, ϕ_S, ϕ_b, 它们是独立的而且散射很弱, 所有二次以上散射均可被忽略. 令声源发出的窄带脉冲信号为 $S(t)$, 其复包络为 $|S_0(t)|\,\mathrm{e}^{\mathrm{i}\psi(t)}$, 则 t 时刻的混响声压可表示为复数形式:

$$p(t)=\sum_{j=1}^{N} g(\boldsymbol{r}_j)\, f(\boldsymbol{r}_j)\,|\alpha_j|\,\left|S_0\left(t-t_{r_j}\right)\right|\,\mathrm{e}^{j\left[\omega_0\left(t-t_{r_j}\right)\psi\left(t-t_{r_j}\right)+\phi_j\right]}, \tag{6.1.98}$$

其中 $g(\boldsymbol{r}_j)$ 是位于 $\boldsymbol{r}_j$ 处的微元 ΔV_j 中散射体的个数, 它是取值 0 或 1 的随机量; $f(\boldsymbol{r}_j)$ 表示 ΔV_j 中散射体散射回波的双程传播衰减因子; t_{r_j} 为该回波的到达时刻; N 是对 t 时刻的混响有贡献的散射空间微元的总数, 它依赖于时刻 t, 发射信号的有效宽度 τ_e 和发射、接收阵的联合等效立体束宽 $\Delta\Omega_{\mathrm{e}}$, 令

$$\mathrm{Re}p(t)=x(t)\cos\omega_0 t-y(t)\sin\omega_0(t),$$

则正交分量 $x(t)$ 和 $y(t)$ 为

$$\begin{aligned}
x(t)&=\sum_{j=1}^{N} g(\boldsymbol{r}_j)\, f(\boldsymbol{r}_j)\,|\alpha_j|\,\left|S_0\left(t-t_{r_j}\right)\right| \\
&\quad\times\cos\left[-\omega_0 t\boldsymbol{r}_j+\psi\left(t-t_{r_j}\right)+\phi_j\right], \\
y(t)&=\sum_{j=1}^{N} g(\boldsymbol{r}_j)\, f(\boldsymbol{r}_j)\,|\alpha_j|\,\left|S_0\left(t-t_{r_j}\right)\right| \\
&\quad\times\sin\left[-\omega_0 t_{r_j}+\phi\left(t-t_{rj}\right)+\phi_j\right].
\end{aligned} \tag{6.1.99}$$

首先讨论海面混响, 由于散射体是随机 "浮动" 的, 就各次发射而言, 每一面元 ΔS_j 中, $g(\boldsymbol{r}_j), |\alpha_j|, \phi_j$ 都是随机的. 设三者是独立变化的, 则对各次发射平均, 得

$$\begin{aligned} \langle x_S(t)\rangle &= \sum_{j=1}^{N}\langle g(\boldsymbol{r}_j)\rangle f(\boldsymbol{r}_j)\langle|\alpha_{S_j}|\rangle\left|S_0(t-t_{r_j})\right| \\ &\quad\times\left\langle\cos\left[-\omega_0 t_{r_j}+\psi(t-t_{r_j})+\phi_{S_j}\right]\right\rangle, \\ \langle y_S(t)\rangle &= \sum_{j=1}^{N}\langle g(\boldsymbol{r}_j)\rangle f(\boldsymbol{r}_j)\langle|\alpha_{S_j}|\rangle\left|S_0(t-t_{r_j})\right| \\ &\quad\times\left\langle\sin\left[-\omega_0 t_{r_j}+\psi(t-t_{r_j})+\phi_{S_j}\right]\right\rangle \end{aligned}. \tag{6.1.100}$$

利用泊松分布的性质 $\langle g(\boldsymbol{r}_j)\rangle=\rho_S\Delta S_j$, 这里 ρ_S 是海面散射体的平均密度, 将求和用积分代替, 并由 $|\alpha_{S_j}|$ 和 ϕ_{S_j} 的均匀和遍历性, 有

$$\langle x_S(t)\rangle=\langle y_S(t)\rangle=0. \tag{6.1.101}$$

计算得

$$\begin{aligned} \left\langle x_s^2(t)\right\rangle=\left\langle y_s^2(t)\right\rangle &\triangleq \frac{1}{2}\rho_S\langle|\alpha_S|^2\rangle f^2(t)\int_s\left|S_0(t-t_{r_j})\right|^2\mathrm{d}S \\ &= \frac{1}{2}\rho_S\left\langle|\alpha_S|^2\right\rangle f^2(t)A_S(t,\tau_e,\varOmega_e)\cdot I_0=\sigma_S^2(t), \end{aligned} \tag{6.1.102}$$

其中 A_S 表示与 $t,\tau_e,\varOmega_e$ 有关的散射区域面积; τ_e 为发射信号 ξ 的等效脉宽; $I_0=\dfrac{1}{\tau_0}\displaystyle\int_t|S_0(t)|^2\,\mathrm{d}t$为发射信号的等效源强度. 计算中假设 τ_e 与 t 之比远小于 1, 因而积分区域中的衰减因子$f(r)$ 可视为常量 $f(t)$. 在双重求和变为一重积分时, 用了泊松分布散射体的独立性. 因 x_St 和 $y_S(t)$ 是零均值的, 故 σ_S^2 即为 $x_S(t)$ 与 $y_S(t)$ 的方差, 且由式 (6.1.102) 可知, $\sigma_S^2(t)$ 即为海面混响的平均强度:

$$\sigma_S^2(t)=\sigma_x^2(t)=\sigma_y^2(t)=I_S(t). \tag{6.1.103}$$

因已假设对 $P_S(t)$ 有贡献的散射体数足够大, 所以 $x_S(t)$ 和 $y_S(t)$ 都服从均值为零、方差为 σ_S^2 的高斯分布, 同时也可算得

$$\langle x_S(t)y_S(t)\rangle=0.$$

故混响振幅

$$r_S(t)=\sqrt{x_S^2(t)+y_S^2(t)}$$

应服从瑞利分布[16]

$$P_{\mathrm{rob}}[r_S(t)]=\frac{r_S(t)}{\sigma_S^2(t)}\mathrm{e}^{-\frac{r_S^2(t)}{2\sigma_S^2(t)}}. \tag{6.1.104}$$

只要将上面计算中的面元改为体元, 改变相应量的足标, 可得体积混响振幅也服从相应的瑞利分布:

$$P_{\mathrm{rob}}[r_V(t)]=\frac{r_V(t)}{\sigma_V^2(t)}\mathrm{e}^{-\frac{r_V^2(t)}{2\sigma_V^2(t)}}. \tag{6.1.105}$$

下面来考虑海底混响. 因为海底散射体是 “嵌定” 不动的, 故当基阵位置固定, 并于各次发射后同一给定时刻观察, 则海底混响声压是确定性信号 (这里我们忽略了传输起伏影响):

$$p_b\left(t\right)=r_b\left(t\right)\mathrm{e}^{\mathrm{i}\left[\omega_0 t+\psi_b(t)\right]}. \tag{6.1.106}$$

其正交分量为

$$\begin{aligned} x_b\left(t\right)&=r_b\left(t\right)\cos\psi_b\left(t\right),\\ y_b\left(t\right)&=r_b\left(t\right)\sin\psi_b\left(t\right). \end{aligned} \tag{6.1.107}$$

如文献[16]中所作, 对坐标转动变换, 可使

$$x_b\left(t\right)=r_b\left(t\right),\quad y_b\left(t\right)=0.$$

进而讨论合成混响 $p(t)=p_S(t)+p_V(t)+p_b(t)$. 注意到海面, 体积混响振幅从瑞利分布时, 其相位 ψ_S, ψ_r 服从 $0\sim2\pi$ 的均匀分布, 所以在 $x(t)$, $y(t)$ 平面内旋转坐标轴, 对结果没有影响. 由于三种散射是独立的, 所以合成混响的正交分量的均值和方差可写为

$$\begin{aligned} \langle x\left(t\right)\rangle&=\langle x_S\left(t\right)\rangle+\langle x_V\left(t\right)\rangle+\langle x_b\left(t\right)\rangle=r_b\left(t\right),\\ \langle y\left(t\right)\rangle&=\langle y_S\left(t\right)\rangle+\langle y_V\left(t\right)\rangle+\langle y_b\left(t\right)\rangle=0; \end{aligned} \tag{6.1.108}$$

$$\begin{aligned} \sigma_x^2\left(t\right)&=\left\langle x^2\left(t\right)\right\rangle-\left\langle x\left(t\right)\right\rangle^2=\sigma_S^2\left(t\right)+\sigma_V^2\left(t\right),\\ \sigma_y^2\left(t\right)&=\left\langle y^2\left(t\right)\right\rangle-\left\langle y\left(t\right)\right\rangle^2=\sigma_S^2\left(t\right)+\sigma_V^2\left(t\right); \end{aligned} \tag{6.1.109}$$

按熟知的方法 [16], 就可算得合成混响的振幅

$$r\left(t\right)=\sqrt{x^2\left(t\right)+y^2\left(t\right)}$$

的分布为 Rice 分布:

$$P_{\text{rob}}\left[r\left(t\right)\right]=\frac{r\left(t\right)}{\sigma_f^2\left(t\right)}\mathrm{e}^{-\frac{r^2(t)+r_b^2(t)}{2\sigma_f^2(t)}}\cdot I_0\left[\frac{r\left(t\right)+r_b\left(t\right)}{\sigma_f^2\left(t\right)}\right], \tag{6.1.110}$$

其中 $\sigma_f^2=\sigma_S^2+\sigma_V^2$, $I_0(x)$ 为零阶修正贝塞尔函数, 显然这是一个参数与观察时刻 t 有关的 Rice 分布.

若令

$$\frac{r_b\left(t\right)}{\sqrt{2}\sigma_f\left(t\right)}=q\left(t\right), \tag{6.1.111}$$

q 可以理解为确定性分量与起伏部分的 “信噪比”, 则式 (6.1.110) 改写为

$$P_{\text{rob}}\left[r\left(t\right)\right]=\frac{r\left(t\right)}{\sigma_f^2\left(t\right)}\mathrm{e}^{-\left[\frac{r^2(t)}{2\sigma_f^2(t)}+q^2(t)\right]}\cdot I_0\left[\frac{\sqrt{2}r\left(t\right)}{\sigma_f\left(t\right)}q\left(t\right)\right]. \tag{6.1.112}$$

按此可求得起伏率 η 为[13]

$$\eta(q)=\left\{\frac{4\left(1+q^2\right)}{\left[\pi \mathrm{e}^{-q^2}\left(1+q^2\right)I_0\left(\dfrac{q^2}{2}\right)+q^2I_1\left(\dfrac{q^2}{2}\right)\right]^2}-1\right\}^{1/2}, \tag{6.1.113}$$

其中 $I_0(x)$ 与 $I_1(x)$ 为零阶和一阶修正贝塞尔函数. 当 $q=0$ 时, 上式退化为瑞利分布情况, 即 $\eta(q)$ 以 0 和 0.523 为极限值. 由式 (6.1.111) 可知, 起伏率 η 依赖于不同时刻 t 的 "信噪比"$q(t)$. 下面我们来考虑某种平均意义下的起伏率 $\bar{\eta}$.

如果在一次发射后的不同时刻并限于在 "局部平稳" 区间内观察, 则在观察时间内对应于不同时刻 t_k 发射区域内所包含的微元 ΔV_j 的数目及衰减因子 $f(t_k)$, 均可视为常数. 此外, 如果此时间段与信号宽度 τ_l 相比足够大 (有足够多的独立样本), 则由均匀性及遍历性假设, 三种混响及其合成均应服从瑞利分布. 再者, 如果阵不是固定的, 而是在比混响相关半径大得多的空间尺度内 "移动发射", 则无论对各次发射观察或对一次发射后的 "平稳" 区间内不同时刻观察, 也都应服从瑞利分布. 在上述情况下有

$$P_{\mathrm{rob}}\left[r_b(t)\right]=\frac{r_b(t)}{\sigma_b^2(t)}\mathrm{e}^{-\frac{r_b^2(t)}{2\sigma_b^2(t)}}, \tag{6.1.114}$$

$$P_{\mathrm{rob}}\left[r(t)\right]=\frac{r(t)}{\sigma^2(t)}\mathrm{e}^{-\frac{r^2(t)}{2\sigma^2(t)}}, \tag{6.1.115}$$

式中合成混响 $\sigma^2(t)=\sigma_S(t)+\sigma_V^2(t)+\sigma_b^2(t)$. 上两式用于对 "局部平稳" 段内不同时刻观察时, 其中的 t 代表段的标称时刻.

我们来计算当 $r_b(t)$ 服从式 (6.1.114) 的概率分布意义下的平均起伏率 $\bar{\eta}$:

$$\bar{\eta}=\int_0^{\infty}\eta(q)P_{\mathrm{rob}}[q]\,\mathrm{d}q. \tag{6.1.116}$$

这里 $P_{\mathrm{rob}}[q]$ 代表在 "局部平稳" 区间内随机选取 t 而得到 q 的概率分布, 由 $P_{\mathrm{rob}}[q]\,\mathrm{d}q=P_{\mathrm{rob}}[r_b]\,\mathrm{d}r_b$, 利用式 (6.1.111), (6.1.65), 可得

$$P_{\mathrm{rob}}(q)=\frac{2\sigma_f^2}{\sigma_b^2}qe^{-\frac{\sigma_f^2}{\sigma_b^2}}q^2. \tag{6.1.117}$$

令

$$d=\frac{\sigma_f^2}{\sigma_b^2}, \tag{6.1.118}$$

则有

$$\bar{\eta} = 2d^2 \int_0^{\infty} \eta(q)\, q\mathrm{e}^{-\alpha^2 q^2} \mathrm{d}q = \bar{\eta}(d). \tag{6.1.119}$$

对于给定的 d 值, 将式 (6.1.113) 代入上式, 可进行数值积分. 由式 (6.1.118) 及 (6.1.103) 可知:

$$d^2 = \frac{I_S(t) + I_V(t)}{I_b(t)}. \tag{6.1.120}$$

一般情况下, $I_V(t) \ll I_S(t)$, 于是

$$\alpha^2 \approx \frac{I_S(t)}{I_b(t)}. \tag{6.1.121}$$

作为例子, 考虑均匀浅海情况 (见 §6.1.3), 例如取 $k=0$ 的均匀散射情况, 由式 (6.1.85) 可知:

$$I_{Rs}(t) = \frac{\mu_S \cdot c\tau\pi^{3/2}}{4Q^{3/2}H^{1/2}} \cdot \frac{1}{r^{5/2}},$$

$$I_{Rb}(t) = \frac{\mu_b \cdot c\tau\pi^{3/2}}{4Q^{3/2}H^{1/2}} \cdot \frac{1}{r^{5/2}}.$$

于是

$$d^2 \approx \frac{\mu_S}{\mu_b}.$$

作为数值例子, 取 $\mu_b \approx 1.6 \times 10^{-3}\,(10\log\mu_b = -28)$ 和 6 节风速 10° 掠角下的 $\mu_S \approx 3.5 \times 10^{-4}\,(10\log\mu_S = -34.4)$, 则 $d \approx 0.47$, 相应地 $\bar{\eta}(d) = 0.35$. 这一结果可以解释实验值, 但可能由于忽略了信道起伏及其他次要随机因素而使数值偏低.

6.1.6 散射强度数据

由式 (6.1.1) 所定义的散射强度是混响强度预报中所必需的数据, 对远程混响而言, 尤其关心小掠角的反向散射特性. 在 Urick 的书 [41] 中, 虽然已经总结了很多实验数据和规律, 但是可以看出, 数据还是相当分散不全, 有些散射机理不是非常清楚. 尤其是小掠角的实验数据就更缺乏了, 基本上还是一个空白区. 探讨提取小掠角散射特性并获取数据的工作是目前亟待研究的领域.

这里简单列出一些数据作为平均混响强度估算时的参考. 关于海底反向散射强度数据列于表 6.1.2; 海面反向散射强度数据则列于表 6.1.3. 海水体积散射强度较海底海面为小, S_V 一般在 $-70 \sim -100$ dB, 而且主要是由生物散射引起的, 这里暂不列出.

表 6.1.2 海底反向散射强度[42]

频率/kHz	不平整海底				弱不平整海底				平坦海底			
	不同掠角 (°) 的反向散射强度/dB											
	30	40	50	60	30	40	50	60	30	40	50	60
	−32	−30	−29	−22	−35	−32	−28	−27	−48	−49	−47	−45
1	−34	−32	−28	−26	−40	−40	−40	−40		−50	−45	−37
	−27	−22	−20	−20								
	−33	−34	−32	−27	−28	−29	−22	−22	−38	−39	−42	−38
2	−25	−27	−24	−25		−36	−38	−35	−32	−28	−30	−32
	−26	−25	−24	−24								
	−28	−28	−26	−23	−27	−22	−19	−17	−34	−29	−30	−28
3		−33	−32	−27	−32	−29	−28	−30		−20	−23	−18
	−28	−23	−22	−21								
	−27	−27	−25	−23	−21	−19	−17	−16	−30	−28	−26	−24
5		−32	−28	−25	−28	−27	−23	−21	−26	−28	−25	−17
	−27	−23	−24	−22								
		−27	−28	−25	−20	−18	−16	−15	−28	−27	−26	−23
10				−25				−20	–		−27	−24
	−27	−23	−24	−23								
18		−18	−20	−19			−7	−6			−20	−18
		−10	−9	−10		−10	−11	12				

表 6.1.3 海面反向散射强度[42]

掠角/(°)	不同频率、不同风速的海面散射强度/dB							
	0.2	0.5	1	2	5	10	20	50
	−60	−60	−58	−57	−55	−53	−51	−47
10		−51	−51	−50	−46	−42	−38	−30
	−50	−46	−42	−40	−36	−34	−31	−30
	−52	−53	−52	−53	−51	−50	−48	−46
20		−46	−46	−45	−42	−38	−34	−28
	−44	−40	−37	−44	−30	−28	−27	−25
	−45	−45	−45	−45	−44	−44	−44	−44
30		−40	−40	−39	−37	−34	−30	−25
	−37	−34	−31	−29	−27	−26	−24	−23
	−37	−37	−36	−37	−38	−40	−41	−44

续表

掠角/(°)	不同频率、不同风速的海面散射强度/dB							
40		−35	−35	−34	−31	−29	−26	−22
	−29	−27	−26	−25	−24	−23	−22	−21
	−29	−28	−29	−30	−32	−34	−37	−42
50		−30	−30	−29	−27	−26	−24	−20
	−21	−21	−20	−20	−20	−20	−20	−19
	−22	−22	−23	−25	−28	−32	−36	−41
60		−22	−22	−23	−22	−21	−20	−18
	−15	−16	−17	−18	−17	−17	−16	

注: 表中每个掠角下的三行数据, 分别对应不同风速, 其中第一行为 3.5 m/s; 第二行为 6~10 m/s; 第三行为 10~15 m/s.

6.1.7　全波动混响理论概述

自从 1968 年 Bucker 和 Morris[46] 引进简正波理论讨论浅海波导中的混响以来, 关于浅海波导中远程混响的研究取得了很大的进展, 在 1987 年张仁和与金国亮用简正波理论讨论了波导中的平均混响强度[47]. 这方面的进展基本总结于 Ellis 1995 年的文献中[48]. 此后的进展侧重于讨论由远程混响数据反演海底的反射参数和散射参数的问题[49,50]. 从理论框架角度来看, 上述这些工作基本上可陈述为: 用简正波理论计算由声源至散射区以及散射区返回接收点的声波传播过程, 而在散射区发生的入射波转化为散射波的散射过程 (或简正波的耦合过程) 则借助于引用经验散射函数或假设一个具有待定参数的散射函数来描述. 局限于这种理论框架之下的浅海波导远程混响理论可称之为 "半波动" 理论或者 "表象"(phenomenological) 理论, 如图 6.1.3 所示.

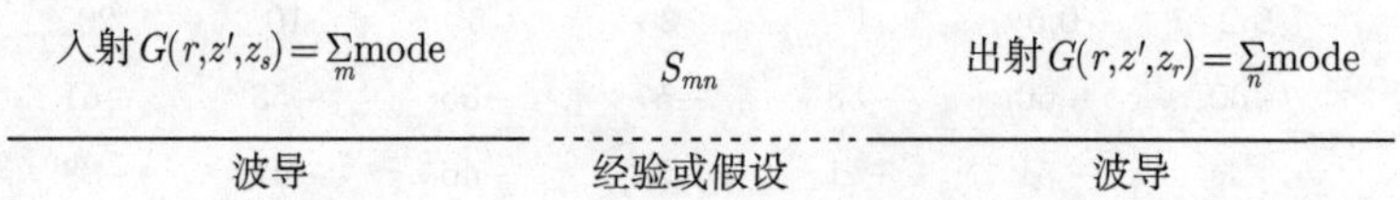

图 6.1.3　浅海波导远程混响表象理论框架

目前被广泛采用的经验散射函数为从光学移植过来的 Lambert 定律:

$$S_{mn} = \mu \sin^n \theta_m \sin^n \theta_n \quad (n = 1).$$

我们知道, 在波导中的散射场的严格解是基于格林定理的积分方程的解, 对于由粗糙界面起伏 $\zeta(R)$ 引起的散射场的积分方程如下 [51]:

$$p(\boldsymbol{r}') = p_0(\boldsymbol{r}') - \int_{z=0} \mathrm{d}^2 R \zeta(\mathrm{R}) \hat{Q}_\zeta(\boldsymbol{r}', \boldsymbol{r}) p(\boldsymbol{r}), \tag{6.1.122}$$

其中 p_0 为入射场, p 为散射场, 而积分的核函数 (散射函数)Q_ζ 为

$$\begin{aligned}\hat{Q}_\zeta(\boldsymbol{r}',\boldsymbol{r}) = &(\kappa_2-\kappa_1)\omega^2 G(\boldsymbol{r},\boldsymbol{r}')+(\rho_2-\rho_1)\\ &\cdot[\rho_1^{-1}\rho_2^{-1}\nabla_R G(\boldsymbol{r},\boldsymbol{r}')\cdot\nabla_R+\rho^{-2}\partial_z(\boldsymbol{r},\boldsymbol{r}')\partial_z]\end{aligned}. \tag{6.1.123}$$

由 (6.1.123) 可见, 描写散射过程的核函数 $Q_\zeta(\boldsymbol{r}',\boldsymbol{r})$ 包括了所有的介质的起伏因素, 格林函数以及格林函数与边界的相互作用算符. 换言之, 描写波导中散射过程的核函数是被格林定理所约束的, 不是可以随意引入的.

满足格林定理的积分方程的散射场的严格解, 一般只能是逐级迭代[51], 但是对于很多实际有意义的弱散射情况, 对应于一次散射场的微扰解是大家感兴趣的. 早在 20 世纪 80 年代初, 高天赋及唐大均就开始了基于 Bass 微扰理论[52] 的浅海混响场的研究工作[53−55]. 在这些研究工作的基础上, 最近, 文献[56]给出了浅海波导中, 由粗糙海底散射所贡献的混响场以及散射核函数的解析表达式如下:

$$\begin{aligned}I(r,z_0,z)=E_0&\left(\frac{2\pi}{k_0 r}\right)^2(\pi r c_0)\sum_m^M\sum_n^M\phi_m^2(z_0)\phi_n^2(z)S_{mn}\\ &\times A_m^2A_n^2\exp[-2(\beta_m+\beta_n)r],\end{aligned} \tag{6.1.124}$$

其中

$$S_{mn}=\sigma_\eta^2 P^\eta(2k_0)(k_0^2\cdot c^R)\cdot\sin^2(\theta_m P/2)\sin^2(\theta_n P/2), \tag{6.1.125}$$

其中 σ_η^2 为粗糙起伏 η 的均方值, P^η 为起伏 η 的谱, θ_m 为 m 号简正波海底掠角, P 为海底反射相移参数 [见式 (4.1.42)]. 值得注意的是, 不同于经验散射的 Lambert 定律具有单一的角度下降斜率 $n=\text{const}$, 式 (6.1.125) 给出的 S_{mn} 在不同的角区有不同的下降斜率: 在靠近临界角到 $10°$ 区内有较平的下降率, 低于 Lambert 定律, 接近于 $n=1/2$, 而在小角度 ($<5°$) 时有较陡的下降率, 高于 Lambert 定律, 接近于 $n=4$, 这与文献[50]反演出的散射系数特性颇为吻合 (见图 6.1.4, 文献[50]之 Fig.17). 最近 Holland[57] 实验数据证实, 在适中的距离, 当高号 (大角度) 简正波主导混响场时, 角度下降率为 $n=1/2$ (Lambert 定律为 $n=1$). 由式 (6.1.125) 表示的散射函数所展示的在小角度区快速下降的特性预示着利用最低单模 (1 号简正波) 可能成为有效抗混响的手段[58]. 文献 [58] 讨论了当对散射矩阵没有任何先验知识可以利用时, 如何由混响数据反演散射矩阵 S_{mn} 的问题.

式 (6.1.124) 给出的是全波动混响场、其中包括入射场、出射场及散射函数都是满足格林定理的, 见图 6.1.5.

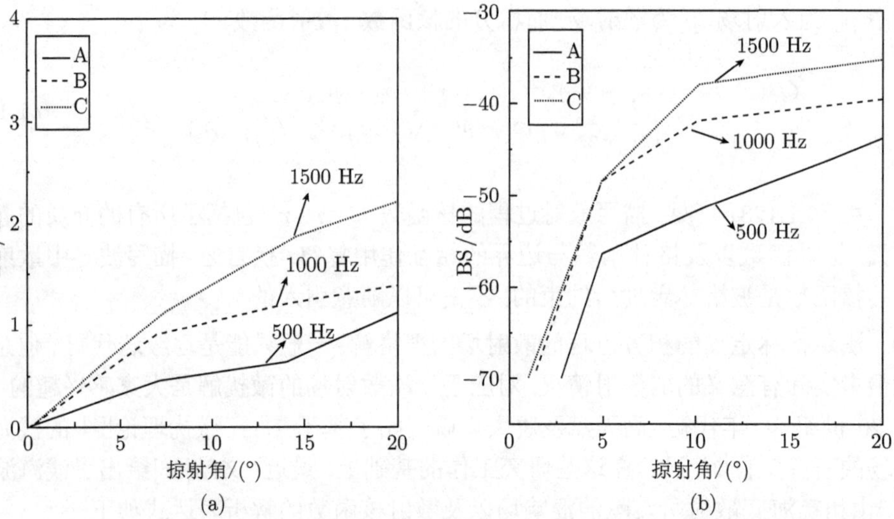

图 6.1.4　混响数据反演的海底反射损失和海底散射系数 (文献 [50] 之 Fig.17)

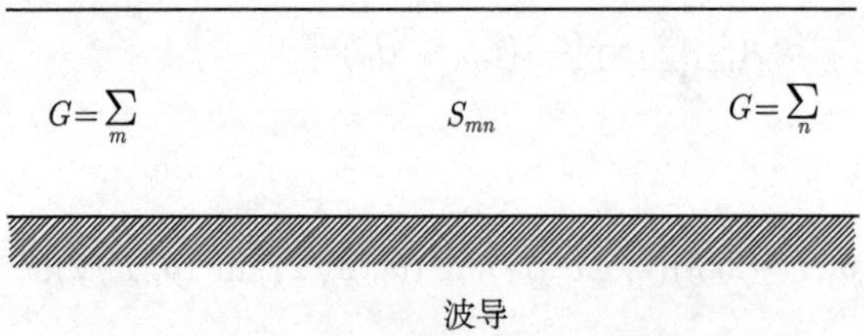

图 6.1.5　浅海波导全波动远程混响理论框架

6.1.8　波导中混响的新能流模型

已有的波导中混响的能流模型，基本上是用经验散射函数 (例如 Lambert 定律) 来构成的[59,60]. 文献[61]将能流方法与新的海底散射函数[56]相结合给出一个新的波导混响的能流模型，对于 Pekeris 波导，可以得

$$I(r) = I_0\frac{\pi r\tau}{H^2 r}\int_0^{\theta_c}\int_0^{\theta_c}\mathrm{e}^{-Qr\theta_i^2/H}M_b(\theta_i,\theta_o)\mathrm{e}^{-Qr\theta_o^2/H}\mathrm{d}\theta_i\mathrm{d}\theta_o, \tag{6.1.126}$$

其中

$$M_b = \mu\sin^2(\theta_i P/2)\sin^2(\theta_o P/2), \tag{6.1.127}$$

其中 θ_i 为入射角，θ_o 为散射角，θ_c 为临界角 $\theta_c = \pi/P$，P,Q 为海底反射参数 (见第四章). 由上式可见，这个新能流模型中只有三个环境参数 μ, P, Q, 这对预报混

响是方便的. 反之, 如何从混响数据中反演这三个参数, 在文献 [61] 中也有详细的讨论. 反演时, 先用相对混响级消去参数 μ 的影响, 由于 P 和 Q 两个参数对混响的贡献是互补的, 所以无法由混响数据同时反演出这两个参数, 需要知道其中的一个, 再反演出另一个. 当 P, Q 已知后, μ 就可以确定了. 在文献 [61] 中, 给出了由 "青岛 2005" 实验数据进行的反演结果. 在此海区, 曾进行过过滤简正波的实验[62], 在频率为 300~900 Hz 之间的 Q 值已经获得, 通过数据拟合得到 P 值和 μ 值列于表 6.1.4.

表 6.1.4 混响数据反演的 P 和 μ 值(文献[61]之表 2)

频率/Hz	300	600	900
已获取 Q 值	0.38	0.78	0.9
反演 P 值	11.9	13.7	13.6
反演 μ 值/dB	−36.9	−34.1	−32.2

混响数据拟合的情况如图 6.1.6、图 6.1.7 和图 6.1.8 所示.

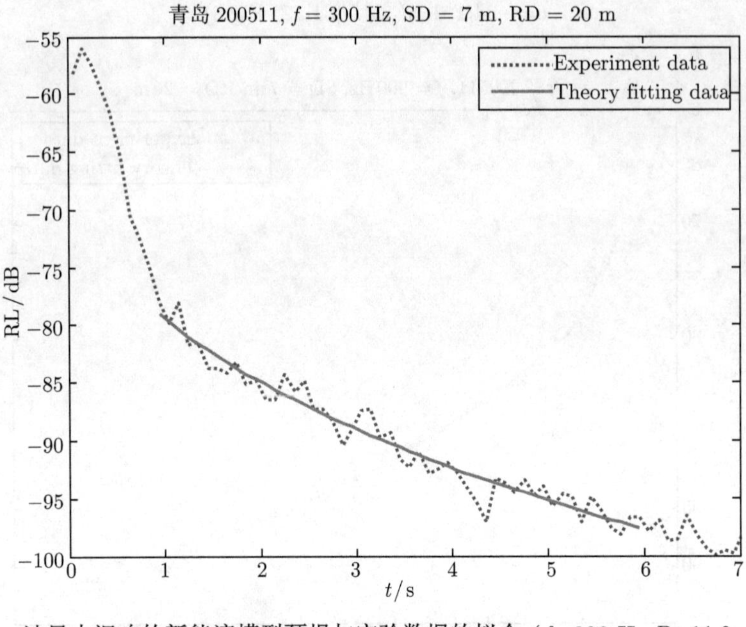

图 6.1.6 波导中混响的新能流模型预报与实验数据的拟合 (f=300 Hz,P=11.9, Q=0.38, μ=−36.9 dB)(文献 [61] 之 Fig.7)

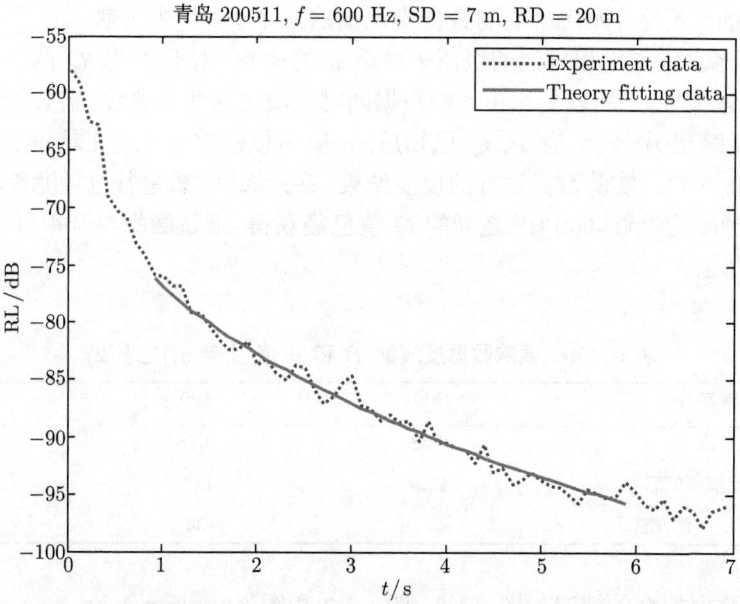

图 6.1.7 波导中混响的新能流模型预报与实验数据的拟合 (f=600 Hz, P=13.7, Q=0.78, μ=−34.1 dB)(文献 [61] 之 Fig.8)

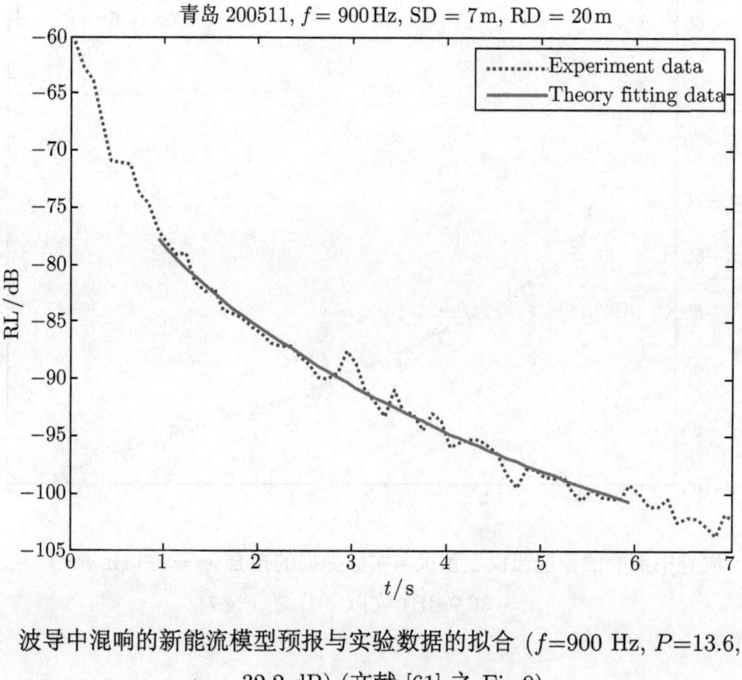

图 6.1.8 波导中混响的新能流模型预报与实验数据的拟合 (f=900 Hz, P=13.6, Q=0.9, μ=−32.2 dB) (文献 [61] 之 Fig.9)

§6.2 海洋环境噪声

海洋环境噪声是水声信道中的一种干扰背景场. 在声呐作用距离预报或信号处理方案设计中, 要求对 "信噪比" 作出预报, 同时要求充分掌握噪声场的时空统计特性. 因此, 对噪声场的研究与对信号场的研究具有同样的重要性. 在声呐方程中, 海洋环境噪声作为信道的加性干扰用谱级 NL 予以描写. 除了这个代表平均能量的参数以外, 从抗干扰的角度来说, 需要充分利用信号场与干扰场的时空统计特性的差异. 例如, 其指向性, 相关函数等. 海洋噪声场的研究在于解决 NL 及时空统计特性依赖于环境因素的关系, 找出其规律性, 并能作出预报. 由于环境噪声场中包含有丰富的环境信息, 近年来对于如何利用环境噪声来反演环境参数, 特别是海底信息的问题受到广泛的注意. 本节中将讨论谱级、指向性问题, 并扼要介绍噪声场的理论问题.

6.2.1 谱级

环境噪声的谱级研究从第二次世界大战开始就已进行, 并取得了大量实测数据和理论成果. 为了讨论方便起见, 我们把环境噪声在总的背景噪声中的地位以及各种构成因素用下列简图 (见图 6.2.1) 示出:

- 背景噪声
  - 环境噪声
    - 海洋噪声
      - 潮，涌浪引起的低频压力脉动(伪声)
      - 湍流引起的压力脉动(伪声)
      - 地震活动
      - 风动海面，冰面
      - 降雨
      - 热骚动
      - 生物群体
    - 技术噪声
      - 交通航运(船)
      - 工业
      - 钻探
      - 空中航运
  - 自噪声
    - 水动力(湍流)
    - 空化
    - 机械

图 6.2.1 背景噪声

V. O. Knudson[18] 最先对 100 Hz~25 kHz 的海洋环境噪声作了总结, 给出所谓 Knudson 曲线, 如图 6.2.2 所示. 后来又不断深入研究, 进行了不少改进和补充. 目前 Wenz[19]所总结的谱级曲线是具有代表性的 (见图 6.2.3). Piggot[20] 对浅海噪声谱作了不少工作 (见图 6.2.4).

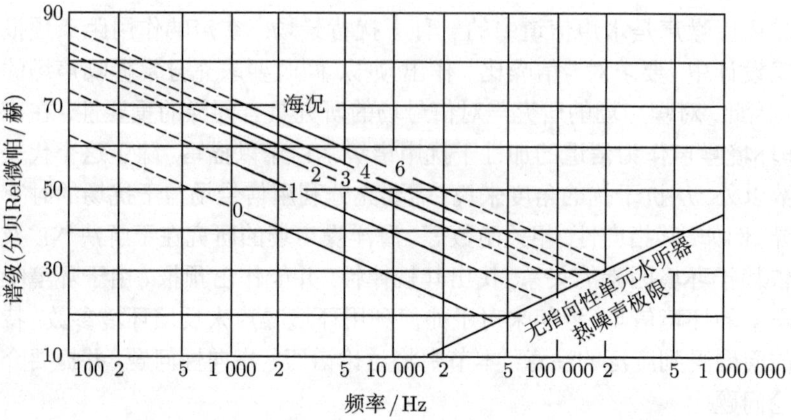

图 6.2.2

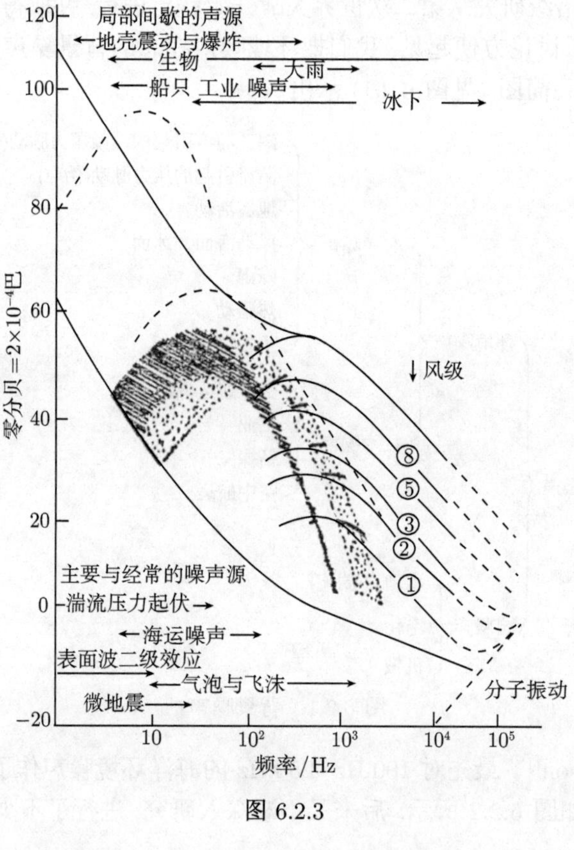

图 6.2.3

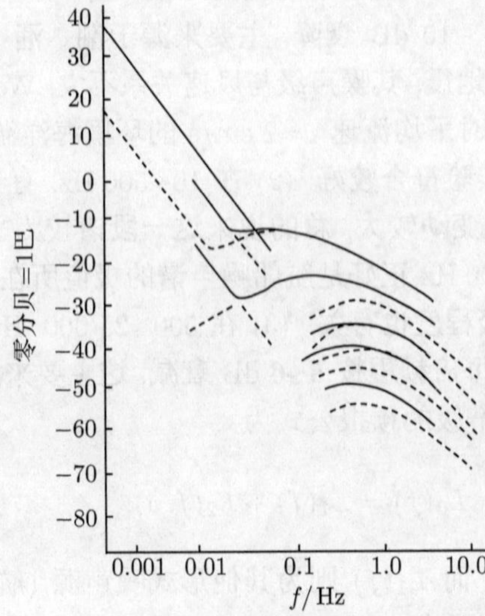

图 6.2.4

海洋噪声谱级的高频端由分子热噪声所控制, 等效热噪声谱级可表示为

$$\mathrm{NL} = -115 + 20\log f \quad (f\text{的单位为 kHz}). \tag{6.2.1}$$

在我国北海浅海区测量的海洋噪声 (风级 1~6) 的谱级示于图 6.2.5①.

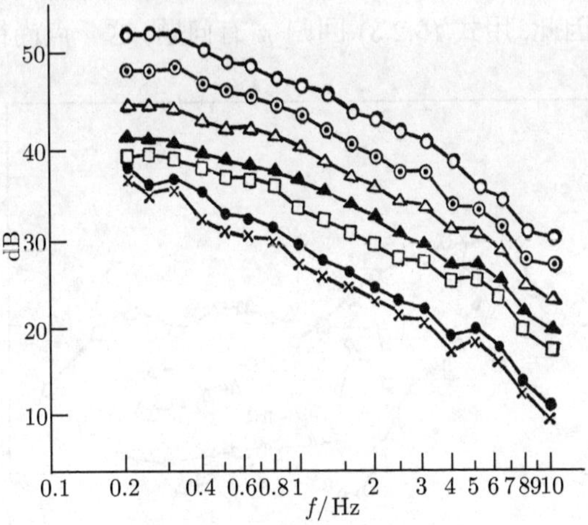

图 6.2.5

① 该图是张佃云同志提供的.

Wenz 谱级曲线大体上可分成互相覆盖的三段, 简单解释如下: (1) 低频段 1~100 Hz, 每倍频倍 $-8\sim-10$ dB 衰降, 主要来源于潮、涌、浪的压力脉动, 大尺度湍流以及远处的风暴、地震, 其噪声级与风速关系不大. Wenz 曾经以简单的湍流模型估计了湍流压力谱, 对平均流速 $\bar{u}$=2 cm/s 的环境海洋湍流计算结果在衰减斜率及谱级大小方面均与实验符合较好. (2) 在 10~500 Hz, 有一段与风无关, 并经常有极值的谱. 极值的位置变动较大, 总的说来这一段谱较为平缓. 主要来源于远处的航船. 我们知道, 10~500 Hz 正好是航船噪声谱的极值所在的频段. 此外, 这一段谱级的强弱与航运的频繁程度也有关. (3) 在 500~25 000 Hz 频段内, 存在一个与风速、海况相关的谱级, 每倍频程按 5~6 dB 衰减, 这主要来源于风动海面.

Piggott[20] 曾给出功率谱级的预报公式为

$$L_0(f)=L_1(f)+L_2(f,u). \tag{6.2.2}$$

其中 $L_2(f,\ u)$ 为风关噪声; 而 $L_1(f)$ 则为其他形式噪声源 (航船或生物) 的贡献. 对于风关噪声可以写成下列形式:

$$L_2(f,u)=A(f)+20n(f)\log u, \tag{6.2.3}$$

系数 A 同季节、传播条件有关; u 为风速.

Piggott 根据大量实验数据, 回归出风速依赖关系的方次 $n(f)$, 后来又有不少人对此问题进行了研究 [21–24], 其结果见图 6.2.6. 由图可见, 数据相当分散, 这可能意味着用单一的环境参数 u 还不能完整地描述面源特性, 而且海面散射损失使得 u 进入 $A(f,u)$, 因此, 用式 (6.2.3) 回归 n 有问题, 这一点尚待进一步深入研究.

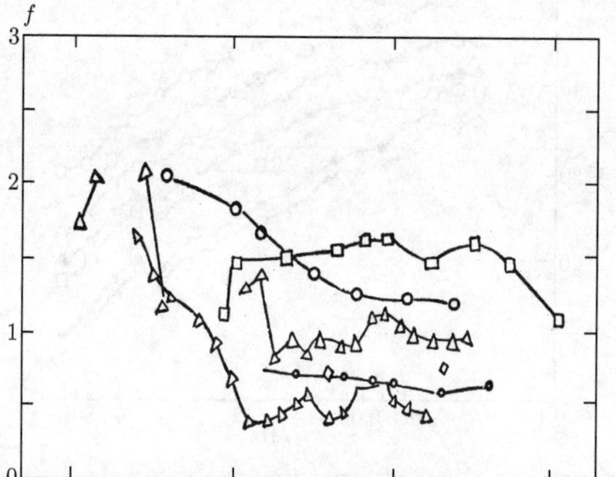

图 6.2.6

○-Piggott □-Diatg △-Grouch

关于风关噪声的机制目前还不十分清楚, 其原因可能有下列数种：(1) 流体静压 (一阶效应);(2) 流体静压 (二阶效应); (3) 白浪花及气泡; (4) 浪花溅泼; (5) 湍流伪声; (6) 空气边界层噪声.

高风速时, (3)~(6) 项可能是主要机制; 而低风速时, 则 (1)~(2) 项可能是主要的. Marsh[26] 曾根据二阶效应在理论上讨论过机制问题, 给出：

重力波区域：

$$P_f^2 = 94H^{6/5}f^{-3} \quad (f \leqslant 13\,\mathrm{Hz}),$$

毛细波区域：

$$P_f^2 = 2.9H^{6/5}f^{-5/3} \quad (f \geqslant 13\,\mathrm{Hz}),$$

其中 H 为峰到谷的均方波高 (英尺), 但是对此尚有争议[23,27].

噪声级显然也与季节有关, 在文献[25]中报道了在太平洋测量的结果 (见图 6.2.7).

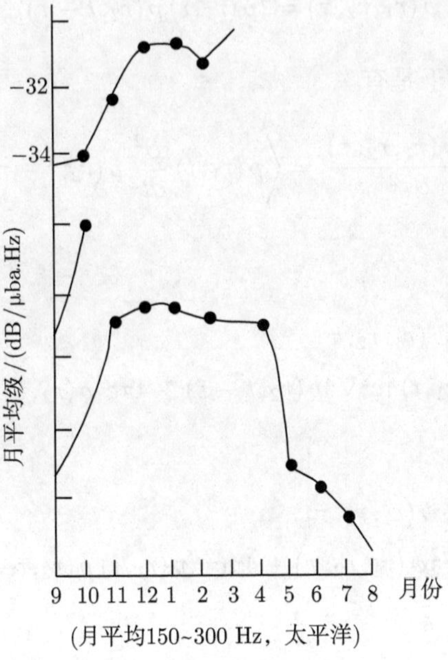

图 6.2.7

6.2.2 噪声场的 “构成” 理论

所谓噪声场的 “构成” 理论, 指的是根据分布源的特性, 结合传播网络算子, 从而构成噪声场的特性：谱级, 指向性, 时空相关函数等.

Roberson[28]研究了表面噪声源与体积噪声源 (假设源过程为白色和空间分布为独立) 情况下, 考虑海水吸收的传播算子所给出的噪声场功率谱, 并试图解释

Knudson 曲线. 此后, Eckart 研究在所讨论的空间内无噪声源情况下, 噪声场时空相关函数的性质[29], 从而导出均匀各向同性噪声场的时空相关函数的表达式. 在文献[30, 31]中也计算了简单情况下的噪声场时空相关函数. 文献[32a]采用传播网络算子概念, 推广 Eckart 的工作, 建立了一般情况下由源特性及传播算子所表达的噪场表示. 文献[32b]则讨论了随机海洋信道下的噪声场时空相关函数, 文献[33]讨论了噪声场的局部谱展开, 并指出低噪声信道对信号处理的影响.

设所讨论的空间充满了噪声源, 则

$$\nabla^2 p - \frac{1}{c^2}\frac{\partial^2 p}{\partial t^2} = -4\pi\rho(r,t), \tag{6.2.4}$$

其中 $\rho(r,t)$ 为噪声源的时空过程.

噪声场的相关函数 $\psi(r_1,r_2,\tau)$ 为

$$\psi(r_1,r_2,\tau) = \langle p(r_1,t)\, p(r_2,t-\tau)\rangle,$$

其中 $\langle\rangle$ 表示统计平均, 于是有

$$\frac{\partial^2\psi(r_1,r_2,\tau)}{\partial\tau^2} = \left\langle p(r_1,t)\frac{\partial^2}{\partial t^2}p(r_2,t-\tau)\right\rangle.$$

利用方程 (6.2.4), 得

$$\begin{aligned}&\frac{\partial^2}{\partial\tau^2}\psi(r_1,r_2,\tau)\\&=\left\langle p(r_1,t)\left[c^2\nabla_2^2 p(r_2,t-\tau)+4\pi c^2\rho(r_2,t-\tau)\right]\right\rangle,\end{aligned}$$

即有

$$\begin{aligned}&\frac{\partial^2}{\partial\tau^2}\psi(r_1,r_2,\tau)\\&=c^2\nabla_2^2\psi(r_1,r_2,\tau)+4\pi c^2\langle p(r_1,t)\,\rho(r_2,t-\tau)\rangle.\end{aligned} \tag{6.2.5a}$$

同理可得

$$\begin{aligned}&\frac{\partial^2}{\partial\tau^2}\psi(r_1,r_2,\tau)\\&=c^2\nabla_1^2\psi(r_1,r_2,\tau)+4\pi c^2\langle p(r_2,t-\tau)\,\rho(r_1,t)\rangle,\end{aligned} \tag{6.2.5b}$$

其中 ∇_1^2, ∇_2^2 分别表示 r_1, r_2 的拉普拉斯算符.

下面采用网络算子工具来计算 $\langle p(r_1,t)\,\rho(r_2,t-\tau)\rangle$. 设由空间 r' 到 r, 在给定的边界条件与水文条件下, 点源单频辐射的场响应为 $K_{r-r'}(\mathrm{i}\omega)$, 则其传递函数为

$$h_{r-r'}(\xi) = \int \exp(\mathrm{i}\xi\omega) K_{r-r'}(\mathrm{i}\omega)\,\mathrm{d}\omega.$$

把传播过程看做是经过网络的过程, 则有

$$p(r,t) = \int_{\Omega} \mathrm{d}\Omega' \int_{-\infty}^{\infty} h_{r-r'}(\xi)\, \rho(r', t-\xi)\, \mathrm{d}\xi, \tag{6.2.6}$$

其中 Ω 为噪声源充满的空间, 则

$$\begin{aligned} &\langle p(r,t)\, \rho(r_2, t-\tau)\rangle \\ &= \int_{\Omega} \mathrm{d}\Omega' \int_{-\infty}^{\infty} h_{r_1-r'}(\xi)\, \langle \rho(r', t-\xi)\, \rho(r_2, t-\tau)\rangle\, \mathrm{d}\xi \\ &= \int_{\Omega} \mathrm{d}\Omega' \int_{-\infty}^{\infty} h_{r_1-r'} R_{r'r_2}(-\xi+\tau)\, \mathrm{d}\xi, \end{aligned} \tag{6.2.7}$$

其中 $R_{r'r_2}(\tau) = \langle \rho(r_1,t)\, \rho(r_2, t-\tau)\rangle$ 为噪声源时空相关函数. 经简单计算, 可得

$$\begin{aligned} &\langle p(r_1,t)\, \rho(r_2, t-\tau)\rangle \\ &= \int_{\Omega} \mathrm{d}\Omega' \int_{-\infty}^{\infty} S_{r'r_2}(\omega) \cdot K_{r_1-r'}(\mathrm{i}\omega) \exp(\mathrm{i}\omega\tau)\, \mathrm{d}\omega. \end{aligned} \tag{6.2.8}$$

其中 $S_{r'r_2}(\omega)$ 为噪声源空间互功率谱. 同样可证明:

$$\begin{aligned} &\langle p(r_2, t-\tau)\, \rho(r_1,t)\rangle \\ &= \int_{\Omega} \mathrm{d}\Omega' \int_{-\infty}^{\infty} S_{r_1r'}(\omega) K_{r_2-r'}(\mathrm{i}\omega) \exp(\mathrm{i}\omega\tau)\, \mathrm{d}\omega. \end{aligned} \tag{6.2.9}$$

于是我们得到 $\psi(r_1, r_2, \tau)$ 所满足的一组微分方程:

$$\begin{aligned} \frac{\partial^2}{\partial\tau^2}\psi(r_1,r_2,\tau) &= c^2\nabla_1^2\psi(r_1,r_2,t) \\ &\quad + 4\pi c^2 \int_{\Omega}\int_{-\infty}^{\infty} S_{r_1r_1'}(\omega) K_{r_2-r_1'}(\mathrm{i}\omega) \exp(\mathrm{i}\omega\tau)\, \mathrm{d}\omega \mathrm{d}\Omega. \end{aligned} \tag{6.2.10a}$$

$$\begin{aligned} \frac{\partial^2}{\partial\tau^2}\psi(r_1,r_2,\tau) &= c^2\nabla_2^2\psi(r_1,r_2,\tau) \\ &\quad + 4\pi c^2 \int_{\Omega}\int_{-\infty}^{\infty} S_{r_2'r_2}(\omega) K_{r_1-r_2'}(\mathrm{i}\omega) \exp(\mathrm{i}\omega\tau)\, \mathrm{d}\omega \mathrm{d}\Omega. \end{aligned} \tag{6.2.10b}$$

由式 (6.2.9) 及 (6.2.10) 可见, $\psi(r_1, r_2, \tau)$ 所满足的微分方程组不仅取决于噪声源的性质, 而且也取决于水文条件及边界条件, 式中的 $K_{r_1-r_2}(\mathrm{i}\omega)$ 由相应条件下的点源声场给出 (见第四章、第五章).

可以证明, 由下式所表达的噪声场时空相关函数满足微分方程组 (6.2.9), (6.2.10) 及一切定解条件:

$$\begin{aligned} \psi(r_1,r_2,\tau) = &\int_{\Omega}\int_{\Omega}\int_{-\infty}^{\infty} S_{r_1'r_2'}(\omega) K_{r_1-r_2'}(-\mathrm{i}\omega) \\ &\times K_{r_1-r_1'}(\mathrm{i}\omega) \exp(\mathrm{i}\omega\tau)\, \mathrm{d}\omega \mathrm{d}\Omega' \mathrm{d}\Omega''. \end{aligned} \tag{6.2.11}$$

用给定的源过程 $S_{r_1' r_2'}(\omega)$ 及传播算子 $K_{r_1-r_2}(\mathrm{i}\omega)$, 根据式 (6.2.11) 即可算出噪声场的时空相关函数.

6.2.3 噪声场的指向性

海洋噪声场最初被认为是各向同性的随机场, 实际上它是有方向性的. 指向性由如下因素造成:

(1) 噪声源空间分布情况;

(2) 噪声源辐射指向性;

(3) 海洋传播条件.

大多数实际观测表明 [24−26], 低频低海况时, 垂直指向性的极大值位于水平方向; 高频高海况时, 垂直指向性的极大值位于垂直方向 (见图 6.2.8).

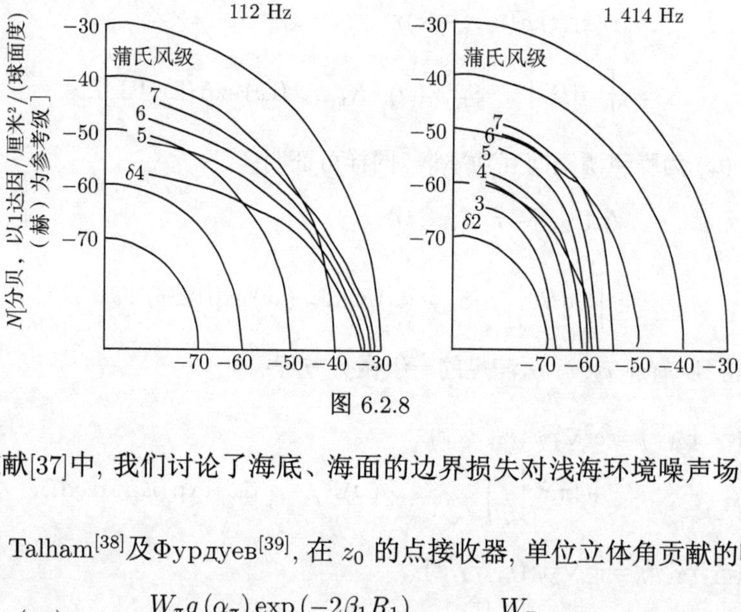

图 6.2.8

在文献[37]中, 我们讨论了海底、海面的边界损失对浅海环境噪声场指向性的影响.

按照 Talham[38]及Фурдуев[39], 在 z_0 的点接收器, 单位立体角贡献的噪声场为

$$\begin{cases} I_+(\alpha_1) = \dfrac{W_\pi g(\alpha_\pi)\exp(-2\beta_1 R_1)}{4\pi\left[1 - V_1^2 V^2 \exp(-2\beta_1 S_{\alpha_1})\right]\alpha_\pi} = \dfrac{W_\pi}{4\pi}\cdot F_+(\alpha_1) \\ (\text{当}\alpha_1\text{为正}) \\ I_-(\alpha_1) = \dfrac{W_\pi g(\alpha_\pi)\exp(-2\beta_1 R_2)}{4\pi\left[1 - V_1^2 V^2 \exp(-2\beta_1 S_{\alpha_1})\right]\alpha_\pi} V_1^2 = \dfrac{W_\pi}{4\pi}\cdot F_-(\alpha_1) \\ (\text{当}\alpha_1\text{为负}) \end{cases} . \tag{6.2.12}$$

而无指向性水听器接收的总场为

$$I_N(z_0) = \int_0^{2\pi}\left[\int_0^{\pi/2} I_+(\alpha_1)\cos\alpha_1 \mathrm{d}\alpha_1 + \int_0^{\pi/2} I_-(\alpha_1)\cos\alpha_1 \mathrm{d}\alpha_1\right]\mathrm{d}\phi, \tag{6.2.13}$$

其中 W_π 为面源的功率密度; α_1 为接收点射线的掠角; α_π 为表面处射线的掠角; β 为介质吸收系数; V 为表面反射系数模; V_1 为海底反射系数模; R_1 为接收点处以 α_1 出射射线到表面的距离; R_2 为接收点处以 α_1 出射射线到海底的距离; S_{α_1} 为对应于 α_1 角的射线跨度; $g(\alpha_\pi)$ 为面源辐射指向性.

在以下讨论中, 我们取

$$g(\alpha) = \sin^{2m}\alpha, \tag{6.2.14}$$

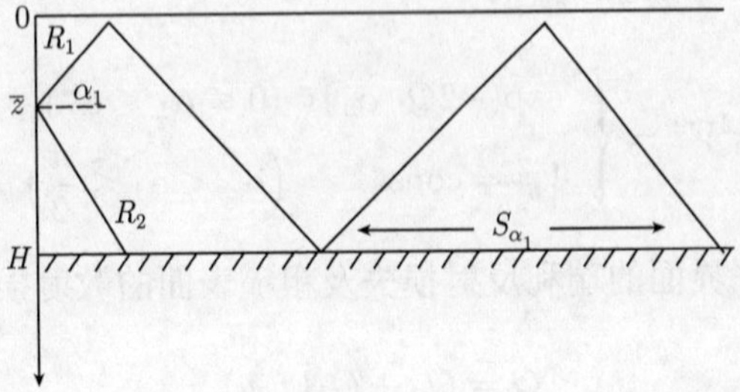

图 6.2.9

考虑浅海均匀层情况:

$$R_1 = \frac{z_0}{\sin\alpha_1}, \tag{6.2.15}$$

$$R_2 = \frac{H - z_0}{\sin\alpha_1}, \tag{6.2.16}$$

$$S_{\alpha_1} = \frac{2H}{\sin\alpha_1}. \tag{6.2.17}$$

Piggot[20] 曾给出浅海中风关噪声级的经验表示式 [见式 (6.2.2)]:

$$L(f,u) = A(f) + 20n(f)\log u, \tag{6.2.18}$$

其中第一项 $A(f)$, Piggot 认为与地理、季节等传播条件有关; 而第二项则是直接与风动海面有关的描述风动海面面源辐射强度的项, 根据大量数据的回归结果, 给出与风速 u 的方次 $n(f)$ 值 (见图 6.2.5).

将式 (6.2.13) 与式 (6.2.18) 对比, 可以看到, 经验公式与理论公式有下面的联系:

$$20n(f)\log u = 10\log W_\pi(f,u), \tag{6.2.19}$$

$$A(f,u) = 10\log\left[\int_0^{2\pi}\left(\int_0^{\pi/2} F_+(\alpha)\cos\alpha \mathrm{d}\alpha + \int_0^{\pi/2} F_-(\alpha)\cos\alpha \mathrm{d}\alpha\right)\mathrm{d}\phi\right], \tag{6.2.20}$$

其中

$$F_+(\alpha_1) = \frac{\sin\alpha_\pi^{2m-1}\exp(-2\beta_1 R_1)}{1 - V_1^2 V^2 \exp(-2\beta_1 S)} \quad (\text{当}\alpha_1\text{为正}), \tag{6.2.21}$$

$$F_{-}(\alpha_1)=\frac{\sin\alpha_{\pi}^{2m-1}\exp\left(-2\beta_1 R_2\right)}{1-V_1^2V^2\exp\left(-2\beta_1 S\right)}V_1^2\quad(当\alpha_1为负),\tag{6.2.22}$$

以下的讨论, 我们限定感兴趣的范围为 0.3~3.0 kHz 的风关噪声; 对于吸收系数 β_1, 我们简单取为

$$\begin{aligned}\beta_1&=0.036\times f^{3/2}\mathrm{dB/km}=4.1\times10^{-6}\times f^{3/2}\mathrm{neper/m}\\&=af^{3/2}\quad(a=4.1\times10^{-6})\end{aligned}\tag{6.2.23}$$

对于 $V_1^2V^2$, 我们取 “三参数” 模型:

$$V_1^2V^2=\begin{cases}\exp(-2Q\cdot\alpha_1) & (0\leqslant\alpha_1\leqslant\alpha^*)\\ V_b^2=\mathrm{const} & \left(\alpha^*<\alpha_1\leqslant\dfrac{\pi}{2}\right)\end{cases}.\tag{6.2.24}$$

如果综合考虑平界面的瑞利反射损失及粗糙表面的散射损失, 则 Q 可表示为

$$Q=Q_0+Q_1(f,u).\tag{6.2.25}$$

对于由九类典型大陆架沉积层计算出的相应于 “瑞利” 反射损失的 Q_0 及 V_b, α^* 参数如表 6.2.1 所示.

表 6.2.1

海底类型	c_2	ρ_2	$K_{(吸收)}$	Q_0	α^*	V_b
1	1 836	2.03	0.478	0.22	34°	0.41
2	1 753	1.96	0.510	0.34	29°	0.37
3	1 697	1.87	0.670	0.63	26°	0.34
4	1 668	1.81	0.692	0.80	24°	0.32
5	1 664	1.79	0.756	0.90	23°	0.31
6	1 623	1.77	0.673	1.27	20°	0.29
7	1 580	1.58	0.113	0.53	15°	0.23
8	1 546	1.47	0.090	2.27	9°	0.18
9	1 520	1.42	0.078	25.1	7°	0.16

对于 Q_1, 我们取Лысанов根据Bacc微扰方法算得的结果 (见 §8.6):

$$Q\left(f,u\right)=\frac{2\sqrt{2}\Gamma\left(\dfrac{3}{4}\right)}{\Gamma\left(\dfrac{5}{4}\right)\sqrt{\pi g}}k_0^{3/2}\int_0^{\infty}z\left(\Omega\right)\Omega\mathrm{d}\Omega.\tag{6.2.26}$$

例如, 如果取 Philips 海浪谱:

$$z\left(\Omega\right)=\alpha g^2\Omega^{-5}\quad(\alpha=5.85\times10^{-3}),\tag{6.2.27}$$

则得到

$$Q\left(f,u\right)=0.72\left(fH_{\mathrm{cp}}\right)^{3/2}. \tag{6.2.28}$$

对于 Pierson-Neumem 谱:

$$z\left(\Omega\right)=\frac{\pi c}{8\Omega^{6}}\exp\left[-2\left(\frac{g}{S\Omega}\right)^{2}\right], \tag{6.2.29}$$

于是得到

$$Q_{1}\left(f,u\right)=0.56\left(fH_{\mathrm{cp}}\right)^{3/2}\cdot H_{\mathrm{cp}}^{1/10}. \tag{6.2.30}$$

对于Стрколов谱

$$z\left(\Omega\right)=\frac{Ag^{3}}{4S\Omega^{6}}\exp\left[-\left(\frac{Bg}{S\Omega}\right)^{2}\right], \tag{6.2.31}$$

$$A=1.2\times10^{-2},\quad B=0.88,$$

于是得到

$$Q_{1}\left(f,u\right)=0.45\left(fH_{\mathrm{cp}}\right)^{3/2}. \tag{6.2.32}$$

在式 (6.2.28)~(6.2.32) 中, H_{cp} 单位用 m, f 单位用 kHz. 当 H_{cp} 在 1~5 m 范围, f 在 0.3~3.0 kHz 范围内, 用上述三个公式计算的 Q 值均很接近. 从实用角度来说, 用风速 u 这个参数可能比 H_{cp} 更方便. 通过 Sverdrup-Munk 的经验公式, 将 H_{cp} 转换为风速 u:

$$H_{1/3}\left(\text{英尺}\right)=2.32\times10^{-2}u^{2}(\text{节}) \tag{6.2.33}$$

变单位后:

$$H_{1/3}\left(\mathrm{m}\right)=3.1\times10^{-2}u^{2}\left(\mathrm{m/s}\right). \tag{6.2.34}$$

而 H_{cp} 与 $H_{1/3}$ 的关系为

$$H_{1/3}=\frac{4}{\sqrt{2\pi}}H_{\mathrm{cp}}=1.6H_{\mathrm{cp}}. \tag{6.2.35}$$

于是有

$$H_{\mathrm{cp}}=1.9\times10^{-2}u^{2}, \tag{6.2.36}$$

其中 H_{cp} 用 m 为单位, 风速 u 用 (m/s) 为单位.

将式 (6.2.36) 代入式 (6.2.28) 或 (6.2.32), 得

$$Q_{1}=b'\left(f\times1.9\times10^{-2}u^{2}\right)^{3/2}=bf^{3/2}\cdot u^{3}, \tag{6.2.37}$$

其中 $b=\begin{cases}1.9\times10^{-3} & [\text{用式}\,(6.2.28)]\\ 1.2\times10^{-3} & [\text{用式}\,(6.2.32)]\end{cases}.$

将式 (6.2.15), (6.2.23) 及 (6.2.37) 代入式 (6.2.21), (6.2.22), 便得到噪声场的垂直指向性表示式:

$$F_{+}(\alpha)=\begin{cases}\dfrac{\sin^{2m-1}(\alpha)\cdot\exp\left(-2af^{3/2}\cdot\dfrac{z_0}{\sin\alpha}\right)}{1-\exp\left[-2\left(Q_0+bu^3f^{3/2}\right)\alpha-2af^{3/2}\cdot\dfrac{2H}{\sin\alpha}\right]} & (0\leqslant\alpha\leqslant\hat{\alpha})\\ \dfrac{\sin^{2m-1}(\alpha)\cdot\exp\left(-2af^{3/2}\cdot\dfrac{z_0}{\sin\alpha}\right)}{\left[1-V_{\mathrm{b}}^2\exp\left(-2\alpha f^{3/2}\cdot\dfrac{2H}{\sin\alpha}\right)\right]} & \left(\hat{\alpha}<\alpha\leqslant\dfrac{\pi}{2}\right)\end{cases},\tag{6.2.38}$$

$$F_{-}(\alpha)=\begin{cases}\dfrac{\sin^{2m-1}(\alpha)\cdot\exp\left(-2af^{3/2}\cdot\dfrac{H-z_0}{\sin\alpha}-2Q_0\alpha\right)}{1-\exp\left\{-2\left(Q_0+bu^3f^{3/2}\right)\alpha-2af^{3/2}\cdot\dfrac{2H}{\sin\alpha}\right\}} & (0\leqslant\alpha\leqslant\hat{\alpha})\\ \dfrac{\sin^{2m-1}(\alpha)\cdot V_b^2\exp\left(-2af^{3/2}\cdot\dfrac{H-z_0}{\sin\alpha}\right)}{1-V_b^2\exp\left(-2af^{3/2}\cdot\dfrac{H}{\sin\alpha}\right)} & \left(\hat{\alpha}<\alpha\leqslant\dfrac{\pi}{2}\right)\end{cases},\tag{6.2.39}$$

其中角 $\hat{\alpha}$ 为

$$\hat{\alpha}\equiv\min(\alpha^*,\alpha').\tag{6.2.40}$$

而 α' 由下式定义:

$$\alpha'\equiv\frac{-\ln|V_b|}{Q_0+bf^{3/2}u^3}.\tag{6.2.41}$$

一般低频、低风速时, $\alpha^*>\alpha'$; 而高频、高海况时, 可能有 $\exp(-Q\alpha^*)<V_b$. 因此, 应将常数反射系数的角度范围扩大到 α', 使得 $\exp(-Q\alpha')=V_b$.

由式 (6.2.38) 及 (6.2.39) 可见, 在浅海, 介质吸收的影响远小于边界损失的影响, 于是我们可以定义一个特征角 α_m, 当 $\alpha>\alpha_m$, 就可以忽略吸收项:

$$\alpha_m\equiv\sqrt{\frac{2af^{3/2}H}{Q_0+bu^3f^{3/2}}}.\tag{6.2.42}$$

例如, 取 "第三类" 海底; $Q_0=0.63$; u=4 m/s; H=100 m; f= 1 kHz, 则相应地 $\alpha_m\approx1.7°$.

因此, 可以取下列近似:

$$F_{+}(\alpha) \dot{\approx} \begin{cases} \dfrac{\sin^{2m-1}\alpha}{1-\exp\left[-2\left(Q_0+bu^3 f^{3/2}\right)\alpha\right]} & (\alpha_m < \alpha \leqslant \hat{\alpha}) \\ \dfrac{\sin^{2m-1}\alpha}{1-V_b^2} & \left(\hat{\alpha} < \alpha \leqslant \dfrac{\pi}{2}\right) \end{cases}; \tag{6.2.43}$$

$$F_{-}(\alpha) \dot{\approx} \begin{cases} \dfrac{\sin^{2m-1}\alpha \exp(-2Q_0\alpha)}{1-\exp\left[-2\left(Q_0+bu^3 f^{3/2}\right)\alpha\right]} & (\alpha_m < \alpha \leqslant \hat{\alpha}) \\ \dfrac{\sin^{2m-1}\alpha \cdot V_b^2}{1-V_b^2} & \left(\hat{\alpha} < \alpha \leqslant \dfrac{\pi}{2}\right) \end{cases}. \tag{6.2.44}$$

由式 (6.2.43) 及 (6.2.44) 可见 $F_{-}(\alpha)$ 与 $F_{+}(\alpha)$ 之比将给出海底反射系数的信息, $F_{-}(\alpha)/F_{+}(\alpha)=V(\alpha)$. 我们可以得到指向性在两个极端角附近的近似行为:

$$F_{+}(\text{水平}) \approx \left[\frac{\alpha^{2m-2}}{2\left(Q_0+bu^3 f^{3/2}\right)}\right]_{\alpha_m}, \tag{6.2.45}$$

$$F_{-}(\text{垂直}) \approx \frac{1}{1-V_b^2}. \tag{6.2.46}$$

我们引入一个描述噪声场垂直面各向异性程度的简单物理量 "偏度"$D_{\pm}$, 定义为

$$D_{\pm} \equiv \frac{F_{\pm}(\text{水平})}{F_{\pm}(\text{垂直})}. \tag{6.2.47}$$

将式 (6.2.45) 及 (6.2.46) 代入上式, 可得

$$D_{+} = \left[\frac{(1-V_b^2)\cdot\alpha^{2m-2}}{2(Q_0+bu^3 f^{3/2})}\right]_{\alpha_m}, \tag{6.2.48}$$

$$D_{-} = \left[\frac{(1-V_b^2)\cdot\alpha^{2m-2}}{2(Q_0+bu^3 f^{3/2})\cdot V_b^2}\right]_{\alpha_m}. \tag{6.2.49}$$

可见, 各向异性程度除与海底、海面状况有关外, 与源辐射指向性 m 的关系亦极大. 例如, 考虑 "第二类"(砂) 海底低风速情况, $Q_0 = 0.22$; $V_b = 0.41$, $H = 100$, u=6 m/s, f=1 kHz, 则

$$D \approx \begin{cases} 0.9 & m=1 \\ 30 & m=0.5 \\ 1\,000 & m=0 \end{cases}. \tag{6.2.50}$$

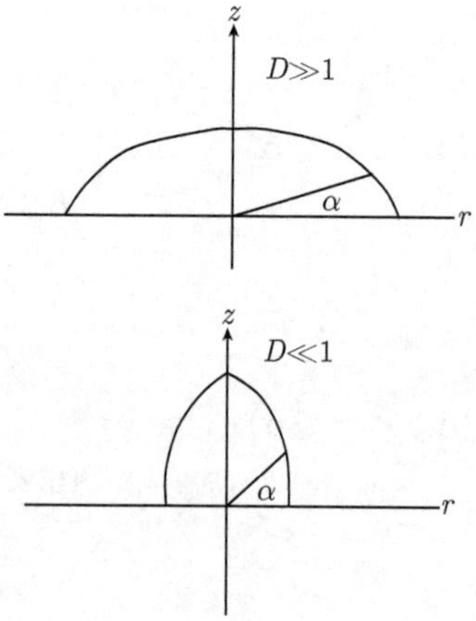

图 6.2.10

当 $D \gg 1$ 时, 有较强的水平指向, 可以认为是远源场占优势; 而当 $D \ll 1$ 时, 有较强的垂直指向, 可以认为是近源场占优势.

作为具体例子, 我们考察两类海底:

(甲) "第二类" 海底 (砂):

$$Q_0 = 0.35; \quad V_b = 0.37, \quad \alpha^* = 28°;$$

(乙) "第六类" 海底 (泥):

$$Q_0 = 1.29; \quad V_b = 0.29, \quad \alpha^* = 18°;$$

两种不同风速:

(1) u=6 m/s(约等于 2~3 级海况);

(2) u=15 m/s(约等于 5~6 级海况).

其他参数取为: $m = 1$; 海深 $H = 50$ m; 接收深度 z_0 =25 m. 按照式 (6.2.38), (6.2.39) 及式 (6.2.20), 计算了相应情况下的指向性及点源接收时的相对谱 $A(f)$. 图 6.2.11 绘出甲类海底 0.3 kHz 及乙类海底 3.0 kHz 的指向性.

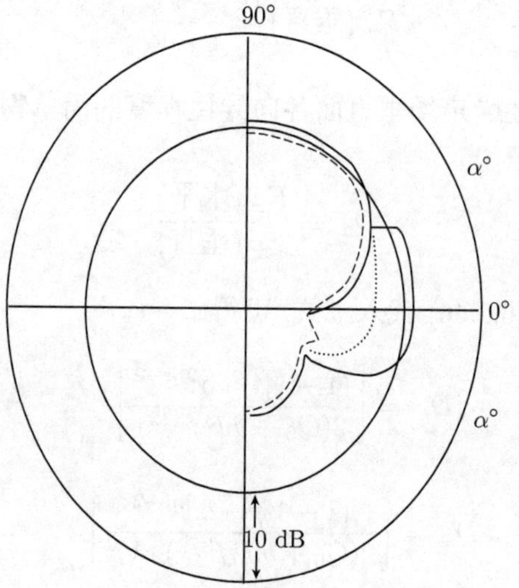

图 6.2.11

甲海底: —— u=6, 0.3 kHz ······u=15;

乙海底: —— u=6, 3 kHz - - -u=15

根据上述分析计算, 可以得出下述结论.

(1) 考虑海面的散射损失, 则反射系数 V_S 依赖于风速 u. 此外, 由某些实验表明, 参数 m 与 u 也有关, 因此, 如 Piggot 公式 (6.2.18) 那样, 分出一个与风速

u 无关的 $A(f)$ 项 (传播条件项) 似乎是不可能的. 实际上 $A(f)$ 应为 $A(f,u)$, 这样, 传播条件的影响已经介入参数 n 的回归处理, 这可能是造成参数 n 分散的原因之一.

(2) 参数 m 对噪声场的指向性及谱级都有很强的控制作用. 例如, 对于砂底, 不同 m 由式 (6.2.50) 所给出的 D 相差很大, 而在低频段, 对相同的海底由 $m=0.5$ 及 $m=1.0$ 所造成的谱级差可达 7~8 dB. 由式 (6.2.84) 可见, 对于偶极模型, $m=1(m>1)$, 则几乎没有可能出现强水平指向的情况, 即使是反射很好的砂底, 并且低频、低风速. 因此, 为了有效地预报噪声场, 弄清参数 m 及其依赖于风速、频率的关系是非常重要的.

6.2.4 波导中的噪声场及匹配滤波

在噪声场构成理论中, 简正波展开是一种重要方法. 对于波导中的噪声场, Clay[40]讨论了这种方法, 并给出了匹配滤波公式.

在波导中的点源场由简正波表示时,

$$\begin{aligned}&P\left(r,z,z_0\right)\\&=\frac{1}{\sqrt{r}}\exp\left(-\mathrm{i}\omega t+\frac{\mathrm{i}\pi}{4}\right)\sum_{m=1}^{M}\alpha\phi_m\left(z\right)\beta\phi_m\left(z_0\right)P_m\mathrm{e}^{\mathrm{i}k_mr-\delta_mr},\end{aligned}\tag{6.2.51}$$

其中 α 与 β 是源与接收器的振幅函数.

将这一表示扩充到垂直阵列源 $\{z_i\}$, 权为 $\{\alpha_i\}$; 以及垂直阵列接收器 $\{z_i\}$, 权为 $\{\beta_j\}$ 时, 由线性叠加结果可得信号场为

$$S\left(r\right)=\exp\left(-\mathrm{i}\omega t+\frac{\mathrm{i}\pi}{4}\right)\sum_{m=1}^{M}a_mU_mb_m,\tag{6.2.52}$$

其中

$$a_m\equiv\sum_{i}^{L}\alpha_i\phi_m\left(z_i\right),\tag{6.2.53}$$

$$b_m\equiv\sum_{j}^{N}\beta_j\phi_m\left(z_j\right),\tag{6.2.54}$$

$$U_m\equiv P_m\frac{1}{\sqrt{r}}\mathrm{e}^{\mathrm{i}k_mr-\delta_mr}.\tag{6.2.55}$$

所以

$$SS^*=\left|S\right|^2=\left|\sum_{m}a_mU_mb_m\right|^2.\tag{6.2.56}$$

现在来考虑噪声场. 若单个点源噪声位于 (z_i, r_i), 对 m 号贡献的源强因子为 μ_{mi}, 则积分所有源对 m 号的贡献, 在 z 点接收时为

$$n_m(t,z)=\sum_i \mu_{mi}\phi_m(z_i)\,r_i^{-1/2}\phi_m(z)\mathrm{e}^{\mathrm{i}(k_m r-\omega t+\phi_i)-\delta_m r_i}. \tag{6.2.57}$$

其中 ϕ_i 为随机相位.

于是, 在 z_1 与 z_2 两点接收的协方差为

$$\begin{aligned}\langle n_m(t,z_1)n_m^*(t,z_2)\rangle=&\Big\langle\sum_i\sum_k \mu_{mi}\mu_{mk}\phi_m(z_i)\phi_m(z_k)\\&\times(r_ir_k)^{-1/2}\phi_m(z_1)\phi_m(z_2)\exp[\mathrm{i}(k_mr_k-k_mr_i+\phi_i-\phi_k)\\&-\delta_m(r_i+r_k)]\Big\rangle.\end{aligned} \tag{6.2.58}$$

由于随机相位, 使交叉项为零, 于是得到

$$\begin{aligned}\langle n_m(t,z_1)\,n_m^*(t,z_2)\rangle=&\,\phi_m(z_1)\,\phi_m(z_2)\\&\times\sum_i \mu_{m_i}^2\phi_m^2(z_i)\,r_i^{-1}\exp(-2\delta_m r_i)\,.\end{aligned} \tag{6.2.59}$$

引入定义:

$$N_m^2\Delta\omega\equiv\sum_i \mu_{m_i}^2 z_m(z_i)\,r_i^{-1}\exp(-2\delta_m r_i) \tag{6.2.60}$$

为噪声场第 m 号功率谱, 这个量原则上可以由简正波过滤阵进行测量.

由式 (6.2.57) 可知, 当用垂直阵列 $\{z_j\}\{\beta_j\}$ 接收时, 接收到的总噪声场为

$$\begin{aligned}n(t)=&\sum_m^M\sum_j^N\beta_j n_m(t,z_j)\\=&\exp\left(-\mathrm{i}\omega t+\frac{\mathrm{i}\pi}{4}\right)\times\sum_m^M\left\{\sum_i \mu_{m_i}\phi_m(z)\,r_i^{-1/2}\exp(\mathrm{i}k_mr_i+\phi_i+\delta_mr_i)\right\}b_m.\end{aligned} \tag{6.2.61}$$

由式 (6.2.61), 用计算式 (6.2.58) 相同的过程, 并利用式 (6.2.60), 可得

$$\left\langle|n(t)|^2\right\rangle=\sum_m b_m^2N_m^2\cdot\Delta\omega, \tag{6.2.62}$$

于是功率信噪比为

$$\frac{\langle S^2(t)\rangle}{\langle n^2(t)\rangle}=\frac{\left|\sum\limits_m a_mU_mb_m\right|^2}{\Delta\omega\cdot\sum\limits_m b_m^2N_m^2}. \tag{6.2.63}$$

由式 (6.2.63) 可知, 最佳匹配滤波接收时有

$$(b_m)_{\text{opt}} = (a_m U_m)^* / N_m^2. \tag{6.2.64}$$

将其代入式 (6.2.54), 就可以解算最佳接收权重 $\{\beta_j\}_{\text{opt}}$.

6.2.5 环境噪声场与环境信息

环境噪声场受海洋环境的制约, 因而环境噪声场含有丰富的环境信息可以被提取 (包括海底、海面及水体). Talham 最早于 1964 年将海底反射系数引入环境噪声场 [38], 随后在 1974 年Врeховких也讨论了海底反射对噪声场垂直指向性的影响 [39]. 近年来, 则有 Buckinham[63], Harrison[64], D. J. Tang[65], Sideruis[66], T. C. Yang[67] 等的工作, 进一步研究了环境因素, 特别是海底因素与环境噪声场特性的关系. Godin[68] 讨论了由环境噪声的互相关函数反演格林函数的问题.

Kuperman 和 Ingenito 在 1980 年给出由表面噪声源在分层介质波导中的噪声场空间相关函数的简正波表达式 [69](或称之为 K/I 模型). 最近, 殷宝友等用海底参数 P, Q, V_0 描写海底对噪声场的影响, 给出简单易行的浅海噪声场模型, 在计算低频垂直指向性时结果与 K/I 模型十分接近 [70,71], 从而给出一种由噪声指向性提取海底参数 (P, Q) 的途径.

参 考 文 献

[1] 柏格曼. 水声学物理基础. 下册. 北京: 科学出版社, 1958.
[2] Сухаревсий Ю М. ДАНСССР, 55, 1947, 9: 825.
[3] Carleton H R. Theoretical development and volume reverberation as a first-order scattering phenomenon. JASA, 1961, 33: 317.
[4] Малюжемед Г Д. О рассеянии эвука, вызываемом неровностям соля скачка в море, Аку. Жур., 1959, 50: 70.
[5] 尚尔昌. 分层介质中的散射场. 声学学报, 1964, 1: 1.
[6] 尚尔昌, 张仁和. 浅海远程混响理论. 物理学报, 1975, 24: 260.
[7] 吴承义. 浅海混响平均强度分析 (一), 均匀层中的平均衰减规律. 声学学报, 1979, 2.
[8] 吴承义. 浅海混响平均强度分析 (二). 非均匀层中的平均衰减规律. 声学学报.
[9] 周纪浔. 浅海平均声场角度谱分析法与回波混响比的距离深度结构. 声学学报, 1980, 2.
[10] Сухаревский Ю М. 被观察到的海水混响的一些特征 (水声学. 第一集. 北京: 科学出版社, 1960).
[11] 裘辛方. 混响强度及其衰减规律与脉宽的关系. 物理学报, 1976, 25: 47.
[12] 吴承义. 浅海混响振幅起伏的一些问题.
[13] Ольщевский В В. 海洋混响的统计特性. 北京: 科学出版社, 1977.
[14] Cron B F, Shumacher W R. JASA, 1961, 33: 881.

[15] Marshall E F. JASA, 1978, 64: 858.
[16] Beckmann P, Spizzichino A. The scattering of electromagnetic waves from rough surfaces. Oxford, Pergamon Press, 1963.
[17] Middleton D A. Statistical theory of reverberation and similar first-order scattered field Part I, II, IEEE IT-13, 1967.
[18] Knudson V O, Alford R S, Emling J W. Underwater ambient noise. J. Mar. Res., 1948, 7: 410.
[19] Wenz G. Acoustic ambient noise in ocean spectres and sources. JASA, 1962, 34: 1936.
[20] Piggot C L. Ambient sea noise at low frequency in shallow water of the scotian shelf. JASA, 1964, 36: 2152.
[21] Dietz F T, Kahn J S, Birch W B. Effect of wind on shallow water ambient noise. JASA, 1960, 32: 915(A).
[22] Crouch W W, Burt P J. JASA, 1972, 51: 1066.
[23] Исакович М А. Курьянов В Ф. Теория ниэкочистотных щутов океана. Аку. Жур., 1970, 16: 62.
[24] Cato D H. Ambient sea noise in waters near Australia. JASA, 1976, 60: 320.
[25] Scrimger J A. Seasonal variation in underwater noise in North-East Pacific. Nature, 1973, 243, No. 5402, 79.
[26] Marsh H W. Origin of the knudson spectra. JASA, 1963, 35: 409.
[27] Brekhovskikh L M, Generation of sound waves in a liquid by surface waves. Aky. Жур., 1967, 12: 323.
[28] Roberson R. Random noise in an attenuating fluid medium. JASA, 1951, 23: 353.
[29] Eckart C. 水声学. 第一集. 北京: 科学出版社, 1960.
[30] Cron B F. Spatial correlation function for varies noist model. JASA, 1962, 34: 971.
[31] Ligget W S, et al. Covariance of noise in attenuation medium. JASA, 1964, 36: 1183.
[32a] 许祯镛. 噪声场的时空相关函数. 声学学报, 1966, 3: 35.
[32b] 许祯镛. 随机海洋声信道下的噪声场时–空相关函数. 物理学报, 1976, 25: 246.
[33] 许祯镛. 海洋噪声随机场时空局部谱展开及其对水声信号处理的影响. 中国科学, 1979, 1: 33.
[34] Arase T, Arase E M. Mapping of the space-time correlation of ambient sea Noise. JASA, 1966, 40: 449 & 205.
[35] Axelord E H, et al. Vertical directional of Ambient noise in the deep ocean at a site near bermuda. JASA, 1965, 37: 77.
[36] Fox G R. Ambient-Noise directivety measurement. JASA, 1964, 36: 1573.
[37] 尚尔昌. 海底, 海面的边界损失对浅海环境噪声场的影响. 海洋学报, 1980, 1.
[38] Talham R J. Ambient sea noise model. JASA, 1964, 36: 1541.
[39] Вреховких Л М. Акустика океана, часть. 9, изд. НАУК, 1974.
[40] Clay C S. Waveguideo, Arrays, and filters. Geophysics, 1966, 31: 501.

[41] 乌立克工程水声原理. 北京: 国防工业出版社, 1972.

[42] Матвиенко В Н. Дад ьность дей ствия гицроа кустических среддетв, Иэд. Судостроение, 1976.

[43] 周纪浔. 浅海均匀层远程混响的垂直相干性. 海洋学报, 1979, (2): 212.

[44] Zhou J X. Acta Acoust. 1980, 5: 86–99.

[45] Jin G L. Acto Acoust. 1980, 5: 279–285.

[46] Bucker H P, Morris H. Normal-mode reverberation in channels or ducts. JASA, 1968, 44: 827–828.

[47] Zhang R H, Jin G L. Normal-mode theory of average reverberation intensity in shallow-water. J. Sound Vib., 1987: 119, 215–223.

[48] Ellis D D. A shallow-water normal mode reverberation model. JASA, 1995, 97: 2804–2814.

[49] Zhou J X, Zhang X Z, Luo E. Shallow-water reverbretion and small angle bottom scattering. in Shallow-water Acoustic -Proceedings of SWAC, 1997: 315–322, Ed Zhang R H, Zhou J X. Beijing, 1997.

[50] Zhang R H, Li F H. Recent progresses on shallow-water reverberation. in Proceedings of ICTCA, 2001: 91–106, Ed. Shang E C, Li Q H, Gao T F. Beijing, 2001.

[51] Ivakin A N. A unified approach to volum and roughness scattering. JASA, 1998, 103: 827–837.

[52] Bass F G, Fuks I. Wave scattering from statistically rough surface. 1979, Ch. 3: 72–102, Pergamon, NY.

[53] 唐大钧. 浅海混响的理论分析. 中科院声学所, 硕士论文, 1987.

[54] Gao T F. Relation between waveguide and non waveguide scattering from a rough surface. Acta Acoust, 1989, 14: 126–132.

[55] Shang E C. Some new challenges in shallow water acoustics. in Progressin Underwater Acoustics, 461–472, Ed. Merklinger H M. NY, Plenum, 1987.

[56] Shang E C, Gao T F, Wu J R. A shallow-water reverberation model based on perturbation theory. IEEE-JOE, 2008, 33(4): 451–461.

[57] Holland C W. Constrined comparison of ocean waveguide reverberation theory and observation. JASA, 2006, 120: 1922–1931.

[58] Gao T F, Shang E C. The optimum source depth distribution for reverberation in a shallow-water waveguide. Acoustical Physics, 2007, 53(5): 598–602.

[59] Zhou J X, et al. Long-range reverberation and bottom scattering in shallow-wateer. Chinese J Acoust., 1982, 1(1): 54–60.

[60] Harrison C H. Closed-form solutions for reverberation and signal excess with mode stripping and Lambert's law. JASA, 2003, 114: 2744–2754.

[61] Wu J R, Shang E C, Gao T F. A new energy-flux model of waveguide reverberation based on perturbation theory. J. Comp. Acoust., 2010, 18 (3): 209–225.

[62] Luo E S, Zhou J X, Shang E C. Normal mode filtering in shallow water. JASA, 1983, 74: 1833–1840.

[63] Buckinham M J, Jones S. A new shallow-ocean technique for determining the critical angle of the seabed from the vertical directionality of ambient noise in the water column. JASA, 1986, 81: 938–946.

[64] Harrison C H, Simons D G. Geoacoustic inversion of ambient noise : A simple method. JASA, 2002, 112: 1377–1389.

[65] Tang D J. Estimation shallow-water bottom geoacoustic parameters from ambient noise. JASA, 2002, 112: 2261.

[66] Sideruis M, et al. A passive fathometer technique for imagine seabed layering using ambient noise. 2006, 120: 1315–1323.

[67] Yang T C, Kwang Yoo. Modeling the environmental influence on the vertical directionality of ambient noise in shallow-water. JASA, 1997, 101(5): 2541–2554.

[68] Godin O A. Recovering the acoustic Green's function from ambient noise cross correlation in an inhomogeneous moving medium. Phys. Rev. lett., 2006, 97: 054301.

[69] Kuperman W A, Ingenito F. Spatial correlation of surface generated noise in a stratified ocean. JASA, 1980, 67: 1988–1996.

[70] 殷宝友, 马力, 林建恒. 基于简化海底模型的浅海环境噪声垂直指向性. 声学学报, 2012.

[71] 殷宝友, 尚尔昌, 马力, 林建恒. 浅海环境噪声垂直相关提取海底反射系数. 中国科学, 2011, 41: 741–748.

第七章　目标反射及舰船辐射噪声

在目标探测或信息传输过程中，一般包括三个环节：信源、信道和接收机. 前面几章中我们着重讨论了水声信道对信号传输的能量衰减问题和背景干扰 (混响、噪声) 问题. 在这一章里, 我们将考虑信号源的某些特性.

在主动声呐探测中, 目标反射特性与发射信号波形一起构成 "信号源" 的特性. 因此, 无论是对目标信号的强度估计, 或者是为目标识别特征的提取, 都需要对目标反射问题进行深入研究. 在 §7.1 中, 对解决目标反射问题的射线 (几何) 方法及波动方法均作了介绍, 并讨论了海洋生物散射问题. 当然, 在声呐探测中, 最关心的目标是潜艇, 但是由于问题的复杂性, 目前在理论上, 对潜艇反射特性还不能给出详尽的分析; 有些实验结果, 由于保密也发表得较少.

在被动声呐系统工作时, 作为信号源的是舰船辐射噪声, 在 §7.2 中讨论了辐射噪声源的一般特性及舰船辐射噪声的信号描写问题.

§7.1　目标反射问题

在声呐方程中, 用目标强度 TS 这一参数来描写目标反射能力. 目标强度的定义是将距离目标的 "声学中心"1 m 处由目标反射回来的声强与在同一方向上由远处入射的声强之比, 取分贝表示:

$$\mathrm{TS} \equiv 10 \log \left(\left. \frac{I_s}{I_i} \right|_{r=1} \right), \tag{7.1.1}$$

其中 I_s 为回声强度; I_i 为入射声强.

在第二次世界大战前后, 对某些型号的潜水艇与水面舰艇的目标强度已经进行了实验研究, 并测得了一些数据. 理论研究与模拟实验也已相继开展. 由于目标反射本身的复杂性, 很多问题还有待进一步深入研究; 至于复杂弹性结构的反射体, 反射回波则与 "舷角"、频率及波形有十分复杂的关系. 目前, 由于水声探测技术的不断发展, 对水下目标 (潜艇、水雷、鱼群、礁石等) 需要取得更多的规律性.

7.1.1　刚性小球的瑞利散射

瑞利最早在理论上给出非谐振小球的散射强度公式[1]:

$$T = \left. \frac{I_{散}}{I_{入}} \right|_{r=1} = a^2 (ka)^4 \cdot \left[\frac{e-1}{3e} - \left(\frac{g-1}{2g+1} \right) \cos\theta \right]^2 \quad (ka \ll 1), \tag{7.1.2}$$

其中 $I_{散}$ 为散射波强度; $I_{入}$ 为入射波强度; a 为球半径; k 为介质中的声波波数 $2\pi/\lambda$; e 为球与介质的弹性比: $e = E_1/E_0$, $E = c^2\rho$; g 为球与介质的密度比: $g = \rho_1\rho_0$; θ 为入射波与散射波的夹角.

对于固定不动的硬球, 即考虑 $e \gg 1, g \gg 1$, 则式 (7.1.2) 变为

$$T = \left.\frac{I_{散}}{I_{入}}\right|_{r=1} = a^2 (ka)^4 \cdot \left(\frac{1}{3} - \frac{1}{2}\cos\theta\right)^2. \tag{7.1.3}$$

对于反向散射, $\theta = \pi$, 再取分贝, 得到目标强度:

$$\mathrm{TS} = 10\log\left(\left.\frac{I_{散}}{I_{入}}\right|_{r=1}\right) = 10\log\left[(1\ 082)\,\frac{a^6}{\lambda^4}\right]. \tag{7.1.4}$$

图 7.1.1 给出了硬球的散射函数: $P_{bs} = T/\pi a^2$ 随 ka 变化的曲线. 由图可见, 当 $ka \leqslant 0.5$ 时, 很好地符合瑞利公式 (7.1.4); 当 $ka \geqslant 0.5$ 时, 趋于常数 $(4\pi)^{-1}$; 中间区域出现振荡.

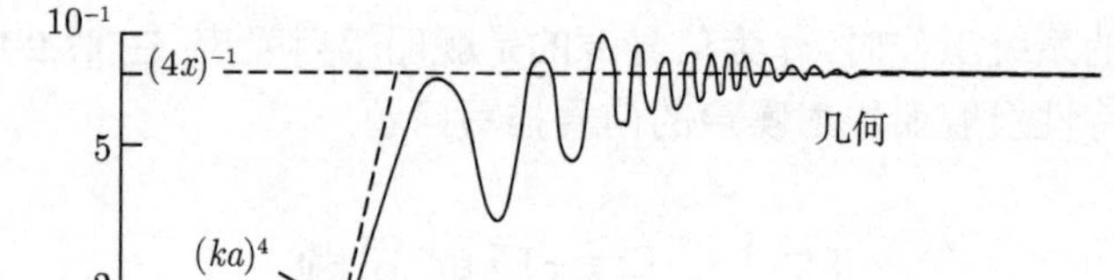

图 7.1.1

对于硬球的散射指向性, Stenzel[2] 曾作过计算: $ka \ll 1$ 以及 $ka = 1, 2, 4, 8, 10$ 的方向图示于图 7.1.2.

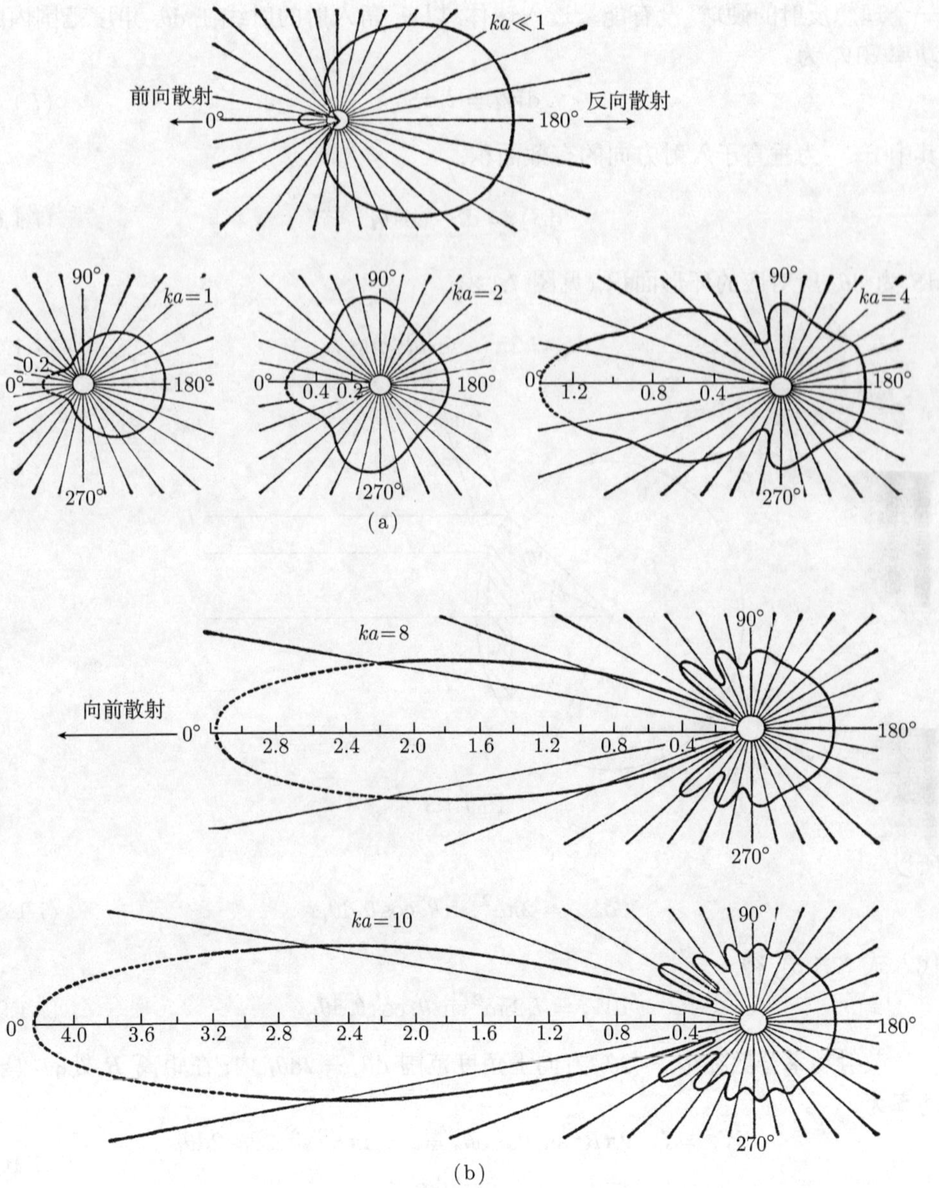

图 7.1.2

7.1.2 几何镜反射及象脉冲理论

当 $ka \gg 1$ 时, 散射过程表现出具有几何镜反射的特性, 入射声线服从局部平面镜反射 (入射角等于反射角, 并位于法线两侧). 现在考虑一个简单情况：入射到一个理想反射的硬球, 没有能量透入球体. 以 θ_i 角入射的射线在 $\mathrm{d}\theta_i$ 角度范围内的功率 $\mathrm{d}W_i$ 为

$$\mathrm{d}W_i = I_i \mathrm{d}S_\perp, \tag{7.1.5}$$

其中 $\mathrm{d}S_\perp$ 为垂直于入射方向的有效面积:

$$\mathrm{d}S_\perp = \mathrm{d}S \cdot \cos\theta_i. \tag{7.1.6}$$

$\mathrm{d}S$ 为 $\mathrm{d}\theta_i$ 所对应的环形面积 (见图 7.1.3):

$$\mathrm{d}S = 2\pi\,(a\sin\theta_i)\,a\mathrm{d}\theta_i. \tag{7.1.7}$$

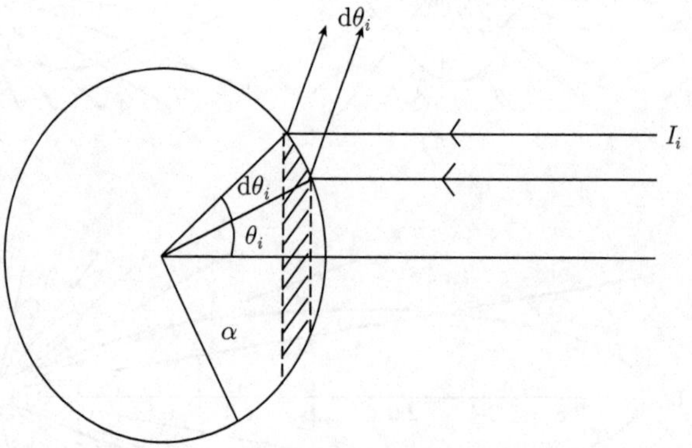

图 7.1.3

所以

$$\mathrm{d}S_\perp = 2\pi a^2 \sin\theta_i \cos\theta_i \mathrm{d}\theta_i. \tag{7.1.8}$$

代入式 (7.1.5), 得

$$\mathrm{d}W_i = I_i 2\pi a^2 \sin\theta_i \cos\theta_i \mathrm{d}\theta_i. \tag{7.1.9}$$

散射功率分散在 $\theta_s = 2\theta_i$ 方向上角度范围 $\mathrm{d}\theta_s = 2\mathrm{d}\theta_i$ 内; 在距离 R 处的散射功率为

$$\begin{aligned} \mathrm{d}W_s &= I_s \cdot 2\pi R^2 \sin\theta_s \cdot \mathrm{d}\theta_s = I_s \cdot 2\pi R^2 \sin 2\theta_i \cdot 2\mathrm{d}\theta_i \\ &= I_s \cdot 8\pi R^2 \sin\theta_i \cos\theta_i \mathrm{d}\theta_i. \end{aligned} \tag{7.1.10}$$

由于是理想反射体, 没有功率损失, 则

$$\mathrm{d}W_i = \mathrm{d}W_s, \tag{7.1.11}$$

于是得到

$$\left.\frac{I_s}{I_i}\right|_{r=R} = \frac{a^2}{4R^2}. \tag{7.1.12}$$

因此, 大硬球的目标强度为

$$\mathrm{TS} = 10\log\left(\left.\frac{I_s}{I_i}\right|_{r=1}\right) = 10\log\left(\frac{a^2}{4}\right). \tag{7.1.13}$$

当 $ka \gg 1$, 目标强度不依赖于频率, 对于半径为 2 m 的理想钢球, 其目标强度为 0 dB.

Freedman[3] 根据 Kirchhoff 近似, 对于绝对反射比较光滑、尺寸比波长大很多的反射体, 推得其回波信号为

$$E = \sum_{g=1}^{f}\sum_{n=0}^{\infty} \mathrm{i}\frac{M_g}{\lambda r_0^2}\exp[-\mathrm{i}2k(r_g - r_i)]\frac{D(A\cdot g\cdot n)}{(\mathrm{i}2k)^n}. \tag{7.1.14}$$

上式的物理意义是: 在与换能器距离为 r内那部分散射体朝换能器的投影面积 $A(r)$ 或其 n 阶导数 $\dfrac{\mathrm{d}^n A}{\mathrm{d}r^n}$ 在某一距离 r_g 处有不连续性跳变, 那么它们都会对回波贡献一个与发射脉冲包络相同的成分 $E(g,\,n)$, 其幅度正比于 $\dfrac{\mathrm{d}^n A}{\mathrm{d}r^n}$ 不连续跳变的大小 $D(A,\,g,\,n)$; 这些 $E(g,\,n)$ 合成我们所观察到的对应 r_g 处的象脉冲 E_g, 总的回波则是各个象脉冲按 $M_g\exp\left[-2\mathrm{i}k\left(r_g - r_1\right)\right]$ 的加权叠加. 式中 r_0 为散射体的声学中心至换能器的距离.

根据上述象脉冲理论, 对许多几何形状的目标, 如球、球盖、椭球、有限长圆柱、圆锥、圆板、长方盒等均作了计算, 并与实验结果符合较好.

7.1.3 弹性体散射的一般情况

对于前面考虑的 "硬球" 反射体来说, 当声波照射后, 并不激发球体内部的运动; 而对一般反射体, 则将激起内部的声场; 特别当内部声波的波长 $\lambda_{内}$ 小于球半径时, 内部的波动过程开始变得重要. 此时, 将建立起内部的驻波场, 由此将引出简正谐振频率, 散射强度会随着频率变化相继出现极大值和极小值. Anderson[4] 曾对液球的散射作过研究, 图 7.1.4 给出三种液球的散射函数 $4\pi P_{bs}$ 依赖于 ka 的关系曲线. 由图可见, 对于相对密度及相对弹性很小的情况 (图中曲线 C), 具有强烈的共振现象 (关于此问题详见 §7.1.5).

从各种金属物体的水下发射试验 [5,6] 发现, 由长度不同、频率不同的脉冲声入射到物体所得到的回声强度, 与刚体的结果有很大差异. 由于一般金属的声阻抗与水的声阻抗相差并不悬殊, 因此不能像在空气中那样看成刚体. 对于刚体, 当物体的尺寸远大于水中波长时, 散射强度在远场几乎不随频率变化. 而对于水中的金属反射体, 长脉冲的波形畸变很大, 散射强度随频率急剧变化, 频率稍有改变, 回波强度的变化可达 30 dB; 而短脉冲是由一系列分开的脉冲所组成的, 它的波形畸变不大, 随频率的变化也不大. 第一个脉冲是离声源最近那部分球面的镜反射, 其后的

脉冲归因于壳振动或内部反射. 在长脉冲情况, 信号入射到物体以后, 不仅有表面反射, 而且引起物体振动而再辐射, 所以回波是由表面反射波与再辐射波的叠加而构成, 由于两者相位不同, 波形就发生变化. 而在短脉冲情况, 当物体的振动辐射尚未激起时, 声波便已离去, 因此接近于钢球的散射, 但由于部分声能透入反射体, 使得金属球的目标强度比钢球略小些, 材料不同也有差别, 例如铜球就比铝球更接近钢球, 因为铜的声阻抗二倍于铝的声阻抗.

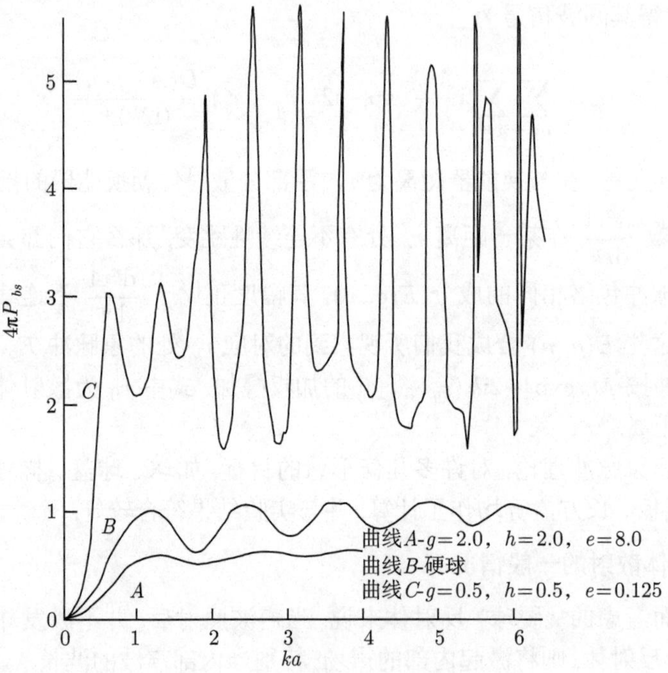

图 7.1.4

Faran[7] 曾对平面波入射到弹性球或圆柱后而引起的散射问题作过理论研究. 从弹性介质的运动方程出发, 在边界条件中考虑到切变力的存在, 使用分离变量方法得到了形式解. Hickling[8] 使用 Faran 的理论, 分析了金属球在水介质中对脉冲声波的散射效应, 并指出了脉冲波形变化的原因.

在无限水介质中, 置一金属球, 声源辐射的信号为

$$P_i(t) = \frac{P_0 c}{(2\pi)^{1/2} D} \int_{-\infty}^{\infty} g(k) \exp[\mathrm{i}k(D - ct)]\,\mathrm{d}k, \tag{7.1.15}$$

其中 P_0 为振幅; c 为介质中的声速; $k = 2\pi/\lambda, \lambda$ 为介质中的波长; $D = (r_0^2 + 2rr_0\cos\theta + r^2)^{1/2}, r_0$ 为源到球心的距离; r 为接收点到球心的距离; θ 为球坐标的

极角; 频谱 $g(k)$ 可以用傅里叶变换得到

$$g(k)=\frac{1}{(2\pi)^{1/2}}\int_{-\infty}^{\infty}P_i(t)\exp\left[-\mathrm{i}k(D-ct)\right]\mathrm{d}t. \tag{7.1.16}$$

用变量 $x=ka$, 则回声脉冲为

$$P_e(\tau)=\frac{P_0c}{(2\pi)^{1/2}ar_0}\int_{-\infty}^{\infty}g(x)f(x,x_0,x_1,x_2)\exp(-\mathrm{i}x\tau)\,\mathrm{d}x, \tag{7.1.17}$$

其中 $x_0=kr_0=xR$; $x_1=k_1a,k_1$ 是球中弯曲波的波数; $x_2=k_2a,k_2$ 是球中纵波的波数; a 为球半径; $\tau=ct/a$.

移动点源, 使离球甚远, 于是回声脉冲变为

$$P_e(\tau)=\frac{P_0}{2(2\pi)^{1/2}r_0^2}\int_{-\infty}^{\infty}g(x)f_\infty(x,x_1,x_2)\times\exp\left[\mathrm{i}x(2R-\tau)\right]\mathrm{d}x. \tag{7.1.18}$$

函数 f_∞ 是 Faran 给定的, 它是球介质材料的弹性常数、密度、球半径、频率的函数; 因此, 当一个金属球的材料和大小已给定时, f_∞ 与频率的关系曲线就可以通过计算得到. 信号频谱 $g(k)$ 是中心频率和脉冲宽度的函数, 频谱随中心频率移动时, 它在稳态解 f_∞ 上所占的位置就不同了, 因此回声脉冲 $P_e(\tau)$ 就改变了. 图 7.1.5(a), (b) 表示脉冲长度为 5 周和 25 周, 频率从 ka =24.5 变为 25.5 时, 频谱位置的移动, 由此可以看出脉冲宽度的影响. 在短脉冲时, 频谱很宽, 当中心频率稍有移动时, 由于它在稳态解 f_∞ 上所占范围很宽, 因此不会有很敏感的变化, 因此, 两种频率下的脉冲形状将相似. 反之, 在长脉冲时, 频谱很窄, 当中心频稍有变化时, 频谱在稳态解 f_∞ 曲线上移动, 相对位置不同时, 波形就会发生变化. 上述事实, 用频域上的模糊分辨观点可表述为当

$$\Delta f_i\gg\delta f_\infty \tag{7.1.19}$$

时, 波形畸变很小, 而当

$$\Delta f_i<\delta f_\infty \tag{7.1.20}$$

时, 波形和幅度变化较大. 其中, Δf_i 为入射脉冲的有效带宽, δf_∞ 为 f_∞ 曲线的分辨单元的宽度.

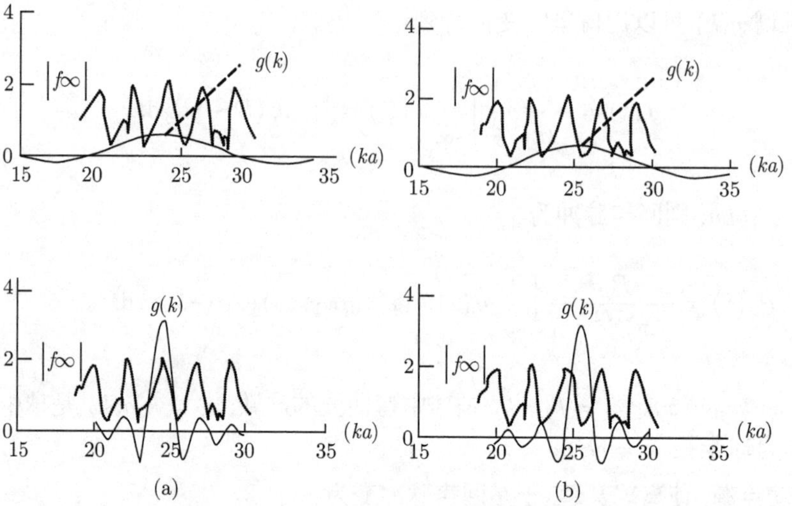

图 7.1.5

除了平面波被球、圆柱散射外, Fang An Lee[9] 还作过柱面波被弹性圆柱的散射, 并计算了一些极性图, 所用的也是 Faran 理论, 加上柱函数的加法定理.

Finney[10] 在实验室中发现了水下弹性薄板的非镜反射, 当入射角 θ 满足

$$\sin\theta = \frac{c}{c_B} \tag{7.1.21}$$

时 (c 为水中声速, c_B 为板中弯曲速度), 在入射角的方向上就有较强烈的反射, 这称为 “非镜反射”. Ляншев[11] 对 Finney 的工作进一步深入研究后指出, 当入射角 θ_1 满足条件

$$\sin\theta_1 = \frac{c}{c_1} \tag{7.1.22}$$

时 (c_1 为板中纵波速度), 也同样发生非镜反射. 当声波倾斜入射到柱壳时, 也有类似的非镜反射现象发生.

当源信号是很窄的脉冲, 正入射到柱形或球形目标上时, 可以收到很多个振幅递减的周期结构的回波. 这种现象是由蠕波引起的, 这类表面波被激励后, 能部分地或整圈整圈地绕散射体转, 传播时又以一临界角不断向周围介质辐射能量而指数衰减. 所收到的周期结构的回波周期间隔正好是蠕波绕柱 (球) 一周所需的时间.

Überall 等 [12] 将 Sommerfeld-Watson 变换应用于柱散射的经典简正波级数解, 而给出散射场的几何反射叠加蠕波表达式, 这是一个 “信息” 集中的表达式.

将入射平面波表示为柱函数的展开形式:

$$P_i = \sum_{n=0}^{\infty} i^n (2-\delta_{n0}) J_n(k_1 r)\cos n\theta; \tag{7.1.23}$$

散射场表示为

$$P_s = \sum_{n=0}^{\infty} i^n (2-\delta_{n0}) \frac{B_n}{D_n} H_n^{(1)}(k_1 r) \cos n\theta, \tag{7.1.24}$$

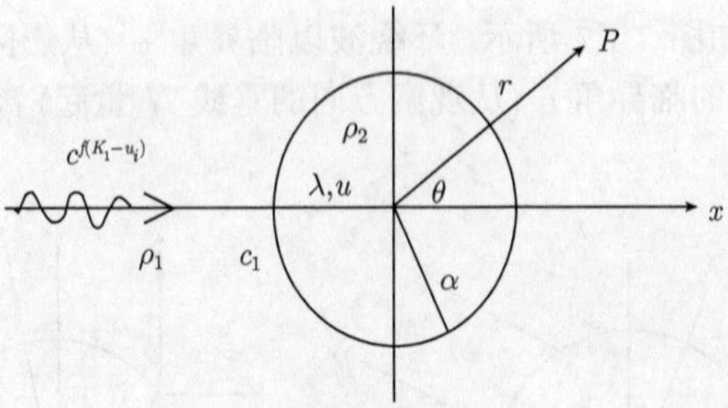

图 7.1.6

其中系数 B_n, D_n 通过边界条件确定. 当 $ka \equiv x_1 \gg 1$ 时, 散射场的级数收敛很慢, 甚至要计算到 1 000 项才开始收敛. 使用 Sommerfeld-Watson 变换

$$\sum_{n=0}^{\infty} (2-\delta_{n0}) f_n = i(\text{原点主值}) \int_c \frac{\mathrm{d}\nu}{\sin \pi\nu} \mathrm{e}^{-\mathrm{i}\pi\nu} f(\nu),$$

可以得到散射场收敛很快的表示:

$$P_s \approx P_g + P_c,$$

其中 P_g 代表几何反射波, P_c 为蠕波:

$$P_c \approx (8\pi/k_1 r)^{1/2} \mathrm{e}^{\mathrm{i}(k_1 r - \pi/4)} \sum_{J=1}^{\infty} \frac{1}{\sin \pi\nu_j} \frac{B(\nu_J)}{D(\nu_J)} \begin{cases} \cos(\nu_J \theta)^{-\mathrm{i}\pi\nu_J} & ① \\ \cos(\nu_J)(\pi-\theta) & ② \end{cases} \tag{7.1.25}$$

$$①\text{当}\mathrm{Re}(\nu_J) < x_1 \cos(\theta/2),$$

$$②\text{当}\mathrm{Re}(\nu_J) > x_1 \cos(\theta/2);$$

其中 ν_J 是 "硬"Franz 极点, 位于第 I 象限: 式 (7.1.25) 中含有 θ 的三角函数项, 代表在 $\pm\theta$ 方向传播的环绕波, 例如对 ① 有

$$\frac{\cos(\nu_J \theta)}{\sin(\pi\nu_J)} = -i \sum_{\lambda \pm 1} \sum_{m=0}^{\infty} \mathrm{e}^{\mathrm{i}\nu_J(\lambda\theta + \pi + 2m\pi)}. \tag{7.1.26}$$

当 $\mathrm{Im}(\nu_J) > 0$ 时一致收敛. 将时间因子 $\mathrm{e}^{-\mathrm{i}\omega t}$ 并入就可以得明晰的环绕波的物理意义:

$$\mathrm{e}^{\mathrm{i}(\pm\nu_J\theta - \omega t)} = \mathrm{e}^{-\mathrm{Im}(\nu_J)(\pm\theta)} \mathrm{e}^{\mathrm{i}[\pm\mathrm{Re}(\nu_J)\theta - \omega t]}. \tag{7.1.27}$$

式 (7.1.27) 表示沿 $\pm\theta$ 方向的环绕波, 具有指数衰减系数, 正比于 $\mathrm{Im}(\nu_J)$. 其相速度为

$$c_J^{\mathrm{Ph}} = \frac{\omega a}{\mathrm{Re}\,(\nu_J)} = \frac{x_1}{\mathrm{Re}\,(\nu_J)} c_1. \tag{7.1.28}$$

环绕波的传播路径如图 7.1.7 所示. 环绕波以临界角 α (从影区边界量起) 在柱上被激发后, 又以相同的临界角 α (从观察方向的垂线 N 量起) 离开柱前进到观察点 P 处.

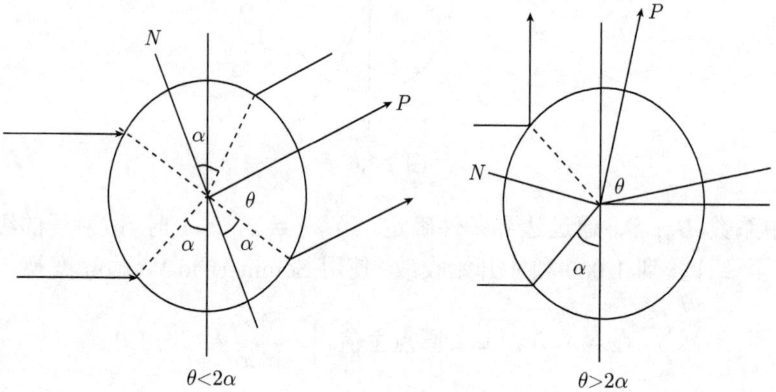

图 7.1.7

蠕波理论公式比经典简正波级数的收敛快很多, 一般只要计算前几项就够了, 更重要的是它给出了沿目标表面环绕传播的物理图像, 对隐含在经典解中的客观实在提供了一个信息量更为集中的表述, 加深了对散射过程的物理理解.

7.1.4 惠更斯积分与菲涅耳带方法

设任一散射体的表面为 S, 则使用均匀介质中的格林函数, 可以求得 B 点的散射场的基尔霍夫公式:

$$\phi_{散}(B) = -\frac{1}{4\pi}\iint_S \left[\frac{\mathrm{e}^{-\mathrm{i}kr_2}}{r_2}\left(\frac{\partial\phi_{散}}{\partial n}\right)_S - \phi_{散S}\frac{\partial}{\partial n}\left(\frac{\mathrm{e}^{-\mathrm{i}kr_2}}{r_2}\right)\right]\mathrm{d}S, \tag{7.1.29}$$

其中 $\phi_{散S}$, $\left(\dfrac{\partial\phi_{散}}{\partial n}\right)_S$ 为散射场及其法向微商在散射表面 S 的取值. r 为由面源 $\mathrm{d}S$ 到 B 点的距离 (见图 7.1.8). 考虑刚性表面,

$$\left(\frac{\partial\phi_{散}}{\partial n} + \frac{\partial\phi_{入}}{\partial n}\right)_S = 0; \tag{7.1.30}$$

其中, $\phi_{\text{入}}$ 为入射波:

$$\phi_{\text{入}} = \frac{A}{r_1}\mathrm{e}^{-\mathrm{i}kr_1}, \tag{7.1.31}$$

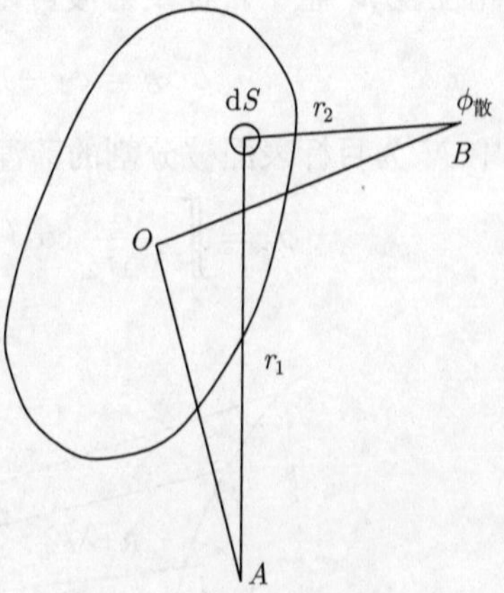

图 7.1.8

于是

$$\left(\frac{\partial \phi_{\text{散}}}{\partial n}\right)_S \doteq -\mathrm{i}\frac{Ak}{r_1}\mathrm{e}^{-\mathrm{i}kr_1}\cos(r_1, n) \quad (kr_1 \gg 1), \tag{7.1.32}$$

其中

$$-\cos(r_1, n) = \frac{\partial r_1}{\partial n}, \tag{7.1.33}$$

$$\frac{\partial}{\partial n}\left(\frac{\mathrm{e}^{-\mathrm{i}kr_2}}{r_2}\right) \doteq \mathrm{i}\frac{Ak}{r_2}\mathrm{e}^{-\mathrm{i}kr_2}\cos(r_2, n), \tag{7.1.34}$$

$$-\cos(r_2, n) = \frac{\partial r_2}{\partial n}. \tag{7.1.35}$$

作为足够正确的一种近似, 可以认为完全刚性的物体表面上的散射场等于入射波, 即

$$(\phi_{\text{散}})_S = (\phi_{\text{入}})_S = \frac{A}{r_1}\mathrm{e}^{-\mathrm{i}kr_1}. \tag{7.1.36}$$

将式 (7.1.32), (7.1.34), (7.1.36) 代入式 (7.1.29) 后, 我们得到

$$\phi_{\text{散}}(B) = \iint\limits_S \frac{\mathrm{i}A}{2\lambda r_1 r_2}\mathrm{e}^{-\mathrm{i}k(r_1+r_2)}\left[\cos(r_1, n) + \cos(r_2, n)\right]\mathrm{d}S. \tag{7.1.37}$$

对于反向散射情况, 则

$$\phi_{\text{散}} = \iint\limits_S \frac{\mathrm{i}A}{\lambda r_1 r_2}\mathrm{e}^{-2ikr}\cos(r, n)\,\mathrm{d}S. \tag{7.1.38}$$

式 (7.1.38) 称为惠更斯积分.

在曲面上进行式 (7.1.38) 的积分常常是困难的, 可以采用菲涅耳带方法进行计算.

设发射—接收点在 B 点, 到目标的最短距离为 r_0. 以 B 点为球心作一半径为 r_0 的球形波阵面, 并正好与目标上最近点相切, 然后跳跃式地增加波阵面的半径, 每次增加 1/4 波长. 即以 r_0, $r_0+\frac{\lambda}{4}$, $r_0+\frac{\lambda}{2}$,$r_0+\frac{3}{4}\lambda$, $\cdots$ 一系列波阵面交到目标上, 把目标表面分成许多所谓 "菲涅耳" 带, 见图 7.1.9 中 S_1, S_2, S_3, $\cdots$. 这样, 从辐射器发出的声波到达目标后, 再反射到接收器 B 点, 相邻两波带散射来的声波的声程差为

$$2 \times \frac{1}{4}\lambda = \frac{\lambda}{2}, \tag{7.1.39}$$

即相位差 π. 整个目标反射波可以看成是这些 “菲涅耳” 带散射波的叠加; 因此,

$$\phi_B = \phi_1 - \phi_2 + \phi_3 - \cdots + (-1)^{N-1}\phi_N, \tag{7.1.40}$$

其中 N 为目标表面被分割的菲涅耳带的总数. 而其中任一个波带贡献的散射波为

$$\phi_n = \iint\limits_{S_n} \frac{\mathrm{i}A}{\lambda r_1 r_2}\cos(r,n)\,\mathrm{e}^{-2\mathrm{i}kr}\mathrm{d}S \quad (n=1,2,3,\cdots,N). \tag{7.1.41}$$

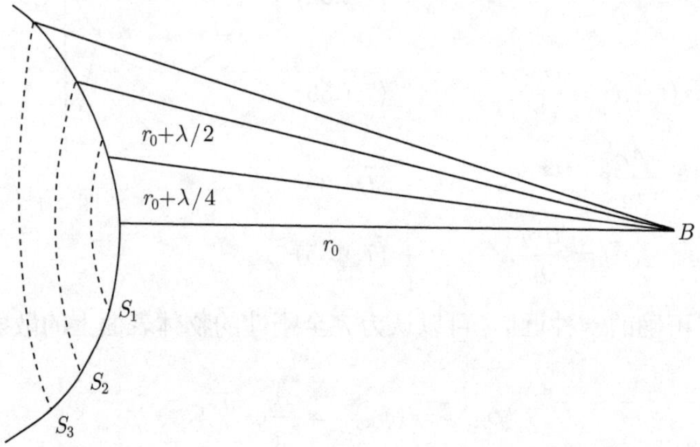

图 7.1.9

当我们考虑的目标比波长大很多, 并且目标表面不是太弯曲, 则目标表面上可以作出许多个菲涅耳带, 并且相邻两波带中的 $\dfrac{1}{r_2}\cos(r,n)$ 变化不大, 彼此的面积也相差不大. 这样, 可以认为第 n 个波带产生的反射声场的绝对值等于相邻两个波带散射声压绝对值的平均值, 即

$$\phi_n = \frac{1}{2}(\phi_{n-1} + \phi_{n+1}). \tag{7.1.42}$$

又由于相邻波带的相位差为 π, 因此总散射场可表示为

$$\begin{aligned}\phi_{散} &= \phi_1 - \frac{1}{2}(\phi_1 + \phi_3) + \phi_3 - \frac{1}{2}(\phi_3 + \phi_5) + \cdots \\ &= \frac{1}{2}\left[\phi_1 + (-1)^{N-1}\phi_N\right],\end{aligned} \tag{7.1.43}$$

即总的散射声场等于第一个和最后一个菲涅耳带所产生的散射场之和的一半.

当目标的尺寸很大时, 最后一个菲涅耳带中的 $\cos(r,n) \to 0$, 因而其贡献可忽略不计. 而第一个菲涅耳带中可以认为 $\cos(r,n) \to 1$, 于是计算总散射场的积分 (7.1.38) 可简化为

$$\phi_{散} = \frac{1}{2}\iint\limits_{S_1} \frac{\mathrm{i}A}{\lambda r_1 r_2}\mathrm{e}^{-2\mathrm{i}kr}\mathrm{d}S. \tag{7.1.44}$$

在目标尺寸甚大于波长, 并且其表面较为光滑的情况下, 目标散射场归结为在目标表面上的第一个菲涅耳带内计算积分 (7.1.44) 的问题了. 由于 r 远大于 λ, 因此式 (7.1.44) 可近似为

$$\phi_{散} = \frac{\mathrm{i}A}{2\lambda r_1 r_2}\mathrm{e}^{-2ikr_0}\iint\limits_{S_1}\mathrm{e}^{-2ik\Delta r}\mathrm{d}r, \tag{7.1.45}$$

其中 $\Delta r = r - r_0$.

由式 (7.1.31) 可知, 入射到第一个菲涅耳带的入射场为

$$\phi_{散} = \frac{A}{r_1}\mathrm{e}^{-\mathrm{i}kr_1}, \tag{7.1.46}$$

因此

$$\frac{I_{散}}{I_{入}} = \frac{|\phi_{散}|^2}{|\phi_{入}|^2} = \frac{1}{2\lambda r_2^2}\left|\iint\limits_{S_1}\mathrm{e}^{-2\mathrm{i}k\Delta r}\mathrm{d}S\right|^2. \tag{7.1.47}$$

按目标强度定义, 将散射强度折算到距目标声学中心 1 m 处, 在此我们取 $r_2 = 1$, 于是

$$\mathrm{TS} = 10\log\left(\left.\frac{I_{散}}{I_{入}}\right|_{r_2=1}\right) = 20\log\left(\frac{1}{2\lambda}\iint\limits_{S_1}\mathrm{e}^{-\mathrm{i}2k\Delta r}\mathrm{d}S\right). \tag{7.1.48}$$

下面我们根据式 (7.1.48) 来计算简单几何体的目标强度.

(1) 任意的缓曲面. 缓曲面指的是表面曲率半径甚大于波长的情况, 取面元 $\mathrm{d}S = y\mathrm{d}l\mathrm{d}\phi$[见图 7.1.10(a)、(b)], 设 N 为面元所在位置的法线长, 则

$$\frac{y}{N} = \frac{\mathrm{d}x}{\mathrm{d}l} = \sin\alpha, \tag{7.1.49}$$

于是

$$\mathrm{d}S = N\cdot\mathrm{d}x\cdot\mathrm{d}\phi. \tag{7.1.50}$$

引入变量 r 后变为

$$\mathrm{d}S = N\frac{\mathrm{d}x}{\mathrm{d}r}\mathrm{d}r\mathrm{d}\phi. \tag{7.1.51}$$

而

$$r^2 = (r_0 + x)^2 + y^2, \tag{7.1.52}$$

因此

$$\mathrm{d}x = \frac{r\mathrm{d}r}{r_0 + x + y\dfrac{\mathrm{d}y}{\mathrm{d}x}} = \frac{r\mathrm{d}r}{r_0 + R_\phi}, \tag{7.1.53}$$

其中 R_ϕ 是第一个菲涅耳带与 r_0 为半径的波阵面相切点 O 处的曲率径, 这样,

$$dS = \frac{Nr\mathrm{d}r\mathrm{d}\phi}{r_0 + R_\phi}. \tag{7.1.54}$$

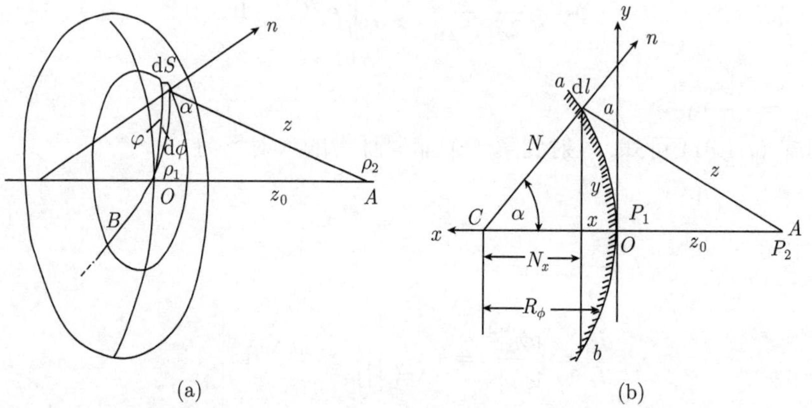

图 7.1.10

因为第一个菲涅耳带很小, 可以认为 $r \approx r_0, N \approx R_\phi$, 所以

$$dS = \frac{r_0\mathrm{d}r\mathrm{d}\phi}{1 + \dfrac{r_0}{R_\phi}}. \tag{7.1.55}$$

将式 (7.1.55) 代入式 (7.1.48), 得

$$\mathrm{TS} = 20\log\left(\frac{r_0}{2\lambda}\left|\int_0^{\lambda/4} \mathrm{e}^{-\mathrm{i}2k\Delta r}\mathrm{d}(\Delta r)\int_0^{2\pi}\frac{\mathrm{d}\phi}{1+\dfrac{r_0}{R_\phi}}\right)\right.,$$

$$\Delta r = r - r_0, \tag{7.1.56}$$

其中 R_ϕ 与 ϕ 有关, 如果 ϕ 是从一个主曲率平面 (它包含主曲率半径之一) 开始算起是方便的. 若 R_1 及 R_2 是主曲率半径, 则由微分几何公式可知

$$\frac{1}{R_\phi} = \frac{1}{R_1}\cos^2\phi + \frac{1}{R_2}\sin^2\phi, \tag{7.1.57}$$

于是

$$\mathrm{TS} = 20\log\left(\frac{r_0}{2\lambda}\left|\int_0^{\lambda/4}\mathrm{e}^{-\mathrm{i}2k\Delta r}\mathrm{d}(\Delta r) \times \int_0^{2\pi}\frac{\mathrm{d}\phi}{1 + r_0\left(\dfrac{1}{R_1}\cos^2\phi + \dfrac{1}{R_2}\sin\phi\right)}\right)\right.. \tag{7.1.58}$$

对 Δr 积分, 得

$$\frac{1}{2\lambda}\left|\int_0^{\lambda/4} \mathrm{e}^{-\mathrm{i}2k\Delta r}\mathrm{d}(\Delta r)\right| = \frac{1}{4\pi};$$

对 ϕ 积分, 得

$$\begin{aligned}&\left|\int_0^{2\pi}\frac{\mathrm{d}\phi}{1+r_0\left(\dfrac{1}{R_1}\cos^2\phi+\dfrac{1}{R_2}\sin^2\phi\right)}\right|\\ =&\left|\int_0^{2\pi}\frac{\dfrac{1}{A}\mathrm{d}(\tan\phi)}{1+B\tan^2\phi}\right| = \frac{2\pi r_0}{\sqrt{\left(1+\dfrac{r_0}{R_1}\right)\left(1+\dfrac{r_0}{R_2}\right)}},\end{aligned}$$

其中 $A = 1+\dfrac{r_0}{R_1}; B = \dfrac{1+\dfrac{r_0}{R_2}}{1+\dfrac{r_0}{R_1}}$.

将上述结果代入式 (7.1.58), 得

$$\mathrm{TS} = 10\log\left[\frac{1}{4}\frac{R_1R_2}{\left(1+\dfrac{R_1}{r_0}\right)\left(1+\dfrac{R_2}{r_0}\right)}\right]. \tag{7.1.59}$$

(2) 球的目标强度. 对于球来说, $R_1 = R_2 = a$, 由式 (7.1.59) 可得

$$\mathrm{TS}_{球} = 10\log\left[\frac{1}{4}\frac{a^2}{\left(1+\dfrac{a}{r_0}\right)^2}\right]. \tag{7.1.60}$$

当入射点源离目标很远时, 即 $r_0 \gg a$ 时,

$$\mathrm{TS}_{球} = 10\log\left(\frac{a^2}{4}\right). \tag{7.1.61}$$

上式与式 (7.1.13) 相同.

(3) 旋转椭球的目标强度. 总旋转椭球的长轴为 b, 短轴为 a, 当声波垂直于长轴入射时, 曲率半径为$R_1 = \dfrac{b^2}{a}, R_2 = a$, 由式 (7.1.59) 可得

$$\mathrm{TS}_{椭\perp b} = 10\log\left(\frac{1}{4}\frac{b^2}{\left(1+\dfrac{a}{r_0}\right)\left(1+\dfrac{b^2}{ar_0}\right)}\right)$$

$$= 20 \log \left(\frac{b}{2} \right) \qquad (r_0 \gg a, b). \tag{7.1.62}$$

当声波垂直于短轴 a 入射时, 曲率半径 $R_1 = R_2 = \dfrac{a^2}{b}$, 于是

$$TS_{椭\perp a} = 10 \log \left(\frac{1}{4} \frac{\left(\dfrac{a^2}{b} \right)^2}{\left(1 + \dfrac{a^2}{b r_0} \right)^2} \right) \tag{7.1.63}$$

$$= 20 \log \left(\frac{a^2}{2b} \right) \qquad (r_0 \gg a, b).$$

如果将潜艇近似看成椭球体, $a = 3$ m, $b = 35$ m, 则根据式 (7.1.62) 估算其正横弦位时的目标强度:

$$\mathrm{TS}_{潜横} = 20 \log \left(\frac{b}{2} \right) = 25 \text{ dB}.$$

7.1.5 液球散射的波动解[4]

设密度和声速分别为 $\rho' c'$, 半径为 a 的液球置于 ρ 介质中, 入射平面波为 P_0, 求解散射场. 在液球边界要求满足场的连续条件:

$$P_0 (a) + P (a) = P' (a), \tag{7.1.64}$$

$$u_{0r} (a) + u_r (a) = u'_r (a), \tag{7.1.65}$$

其中 P_0 为入射波; P 为球外散射波; P' 为球内波. 满足波动方程及辐射条件的解可表示为

对球内波 $(r < a)$:

$$P' = \sum_{m=0}^{\infty} B_m P_m (-\cos\theta)\, j_m (k'r) \exp(-\mathrm{i}\omega t); \tag{7.1.66}$$

对球外波 $(r > a)$:

$$P = \sum_{m=0}^{\infty} A_m P_m (-\cos\theta) \left[j_m (kr) + \mathrm{i} n_m (kr) \right] \exp(-\mathrm{i}\omega t), \tag{7.1.67}$$

其中 j_m 为球贝塞耳函数, n_m 为球诺埃曼函数, P_m 为勒让德函数.

入射平面波可表示为

$$P_0 = p_0 \sum_{m=0}^{\infty} (-\mathrm{i})^m (2m+1) P_m (-\cos\theta)\, j_m (kr) \exp(-\mathrm{i}\omega t), \tag{7.1.68}$$

在上述表示式中有两组待定常数 A_m, B_m 可由条件 (7.1.64), (7.1.65) 定出.

利用声压与速度关系

$$u_r = \left(\frac{-\mathrm{i}}{\rho c}\right)\left[\frac{\partial P}{\partial (kr)}\right], \tag{7.1.69}$$

由此得

$$\begin{aligned} u_r = \left(\frac{-\mathrm{i}}{\rho c}\right)\sum_{m=0}^{\infty}\left[\frac{A_m}{(2m+1)}\right] P_m(-\cos\theta) \\ \times[\alpha_m(kr) + \mathrm{i}\beta_m(kr)]\exp(-\mathrm{i}\omega t), \end{aligned} \tag{7.1.70}$$

$$\begin{aligned} u_{0r} = \left(\frac{-\mathrm{i}}{\rho c}\right) p_0 \sum_{m=0}^{\infty} (-\mathrm{i})^m P_m(-\cos\theta)\,\alpha_m(kr) \\ \times\exp(-\mathrm{i}\omega t), \end{aligned} \tag{7.1.71}$$

$$\begin{aligned} u'_r = \left(\frac{-\mathrm{i}}{\rho' c'}\right)\sum_{m=0}^{\infty}\left[\frac{B_m}{(2m+1)}\right] P_m(-\cos\theta) \\ \times\alpha_m(k'r)\exp(-\mathrm{i}\omega t), \end{aligned} \tag{7.1.72}$$

其中

$$\begin{aligned} \alpha_m(kr) &\equiv (2m+1)\frac{\partial}{\partial (kr)}[j_m(kr)] \\ &= m j_{m-1}(kr) - (m+1)\, j_{m+1}(kr), \\ \beta_m(kr) &\equiv (2m+1)\frac{\partial}{\partial (kr)}[n_m(kr)] \\ &= m n_{m-1}(kr) - (m+1)\, n_{m+1}(kr). \end{aligned}$$

将式 (7.1.66)~(7.1.68) 代入式 (7.1.64); 式 (7.1.70)~(7.1.72) 代入式 (7.1.65), 可以求得 A_m 及 B_m; 我们只关心散射波, 则有

$$A_m = -p_0(-\mathrm{i})^m \frac{(2m+1)}{(1+\mathrm{i}C_m)}, \tag{7.1.73}$$

其中

$$C_m \equiv \frac{\left\{\left[\dfrac{\alpha_m(k'a)}{\alpha_m(ka)}\right]\left[\dfrac{n_m(ka)}{n_m(k'a)}\right] - \left[\dfrac{\beta_m(ka)}{\alpha_m(ka)}\right] gh\right\}}{\left[\dfrac{\alpha_m(k'a)}{\alpha_m(ka)}\right]\left[\dfrac{j_m(ka)}{j_m(k'a)}\right] - gh}, \tag{7.1.74}$$

而 $g = \rho'/\rho, h = c'/c$, 于是得到散射波的表示式:

$$\begin{aligned} P = -p_0\sum_{m=0}^{\infty}\left[(-\mathrm{i})^m\frac{(2m+1)}{(1+\mathrm{i}C_m)}\right] P_m(-\cos\theta) \\ \times[j_m(kr) + \mathrm{i}n_m(kr)]\exp(-\mathrm{i}\omega t). \end{aligned} \tag{7.1.75}$$

当 $kr \gg 1$ 时, 用球贝塞耳函数的渐近式:

$$j_m(kr) \xrightarrow[kr\to\infty]{} \left(\frac{1}{kr}\right)\cos[kr-(m+1)\pi/2],$$

$$n_m(kr) \xrightarrow[kr\to\infty]{} \left(\frac{1}{kr}\right)\sin[kr-(m+1)\pi/2],$$

$$(-\mathrm{i})^m[j_m(kr)+\mathrm{i}n_m(kr)] \xrightarrow[kr\to\infty]{} \left(\frac{-\mathrm{i}}{kr}\right)\exp[\mathrm{i}kr](-1)^m,$$

于是

$$P = p_0\left(\frac{\mathrm{i}}{kr}\right)\exp(\mathrm{i}kr-\mathrm{i}\omega t) \times \sum_{m=0}^{\infty} P_m(-\cos\theta)(-1)^m\frac{(2m+1)}{(1+\mathrm{i}C_m)}. \tag{7.1.76}$$

根据式 (7.1.76), 可以计算出散射截面. 为了方便起见, 以几何散射作为参考, 几何散射场 P_{geo}:

$$|P_{\text{geo}}| = p_0\left(\frac{\pi a^2}{4\pi r^2}\right)^{1/2} = p_0\left(\frac{a}{2r}\right). \tag{7.1.77}$$

定义反射因子 R_θ 为

$$R_\theta = \frac{|P|}{|P_{\text{geo}}|}. \tag{7.1.78}$$

将式 (7.1.77), (7.1.76) 代入式 (7.1.78), 得

$$R_\theta = \frac{2}{ka}\cdot\left|\sum_{m=0}^{\infty} P_m(-\cos\theta)(-1)^m\frac{(2m+1)}{(1+\mathrm{i}C_m)}\right|. \tag{7.1.79}$$

对于反向散射, $\theta=\pi$, 得到

$$R = \frac{2}{ka}\left|\sum_{m=0}^{\infty}(-1)^m\frac{(2m+1)}{(1+\mathrm{i}C_m)}\right|. \tag{7.1.80}$$

数值计算结果的例子见图 7.1.4.

下面来分析特殊情况:

A. 瑞利散射 —— 当满足 $ka \ll 1$ 时; 取球贝塞耳的首项:

$$j_m(ka) \sim (ka)^m/1,3,\cdots,(2m+1),$$

$$n_m(ka) \sim -1,3,\cdots,(2m+1)/(ka)^{m+1}.$$

将其代入式 (7.1.79), 并略去高阶项, 可得

$$R_\theta = 2\,(ka)^2 \left| \frac{(1-gh^2)}{(3gh^2)} - \frac{1-g}{1+2g}\cos\theta \right|. \tag{7.1.81}$$

由定义可知, 目标强度 T 与 R_θ 的关系为

$$T = R_\theta^2 \cdot |P_{\text{geo}}|_{r=1}^2 = R_\theta^2 \cdot \left(\frac{a}{2}\right)^2.$$

于是得到

$$T = a^2\,(ka)^2 \left| \frac{1-gh^2}{3gh^2} - \frac{1-g}{1+2g}\cos\theta \right|^2. \tag{7.1.82}$$

此即瑞利散射结果 [见式 (7.1.2)].

B. 硬球散射 —— 对于硬球, 即令 g 与 h 趋于 ∞, 式 (7.1.74) 的 C_m 趋于

$$C_m \to \frac{\beta_m\,(ka)}{\alpha_m\,(ka)}.$$

此时, 式 (7.1.79) 变为

$$R_\theta = \frac{2}{ka} \left| \sum_{m=0}^{\infty} P_m\,(-\cos\theta)\,(-1)^m \frac{(2m+1)}{\left[1 + \dfrac{\mathrm{i}\beta_m\,(ka)}{\alpha_m\,(ka)}\right]} \right|, \tag{7.1.83}$$

它与 Stenzel[2]的结果一致 (见图 7.1.2).

7.1.6 海洋生物的散射问题

研究海洋生物散射问题具有十分重要的意义, 一方面, 它与目标探测 (鱼群、潜藏物) 及混响背景直接有关, 另一方面, 它也可能成为研究海洋环境的有效途径, 因为生物的活动与环境密切有关, 即生态学规律. 海洋中生物体群的活动规律及分布特征往往与某种大尺度的环境条件, 例如环流、锋面、污染程度 …… 相联系, 因此声散射的研究将有助于研究和监测海洋环境及其内部运动规律.

因此, 对海洋生物散射问题的研究也包含正反两方面的内容: (1) 根据给定生物品种的特征数据、体积大小及分布密度来预报声信号特征; (2) 根据测得的声信号特征来获取散射体的生物特征、体积与分布等信息.

研究单一生物体的散射特性是基本问题, 经常使用反向散射截面 σ 来描述散射特性. σ 与目标强度 TS 的关系为

$$\mathrm{TS} = 10\log\left(\frac{\sigma}{4\pi}\right). \tag{7.1.84}$$

文献 [13] 给出了几种简单的模型:

1. 高通液球模型

Anderson[4]首先计算了液球散射问题, 结果得到 σ 与密度比 g、声速比 h 与频率和尺寸 ka 有关 [见式 (7.1.80)]. 当 $ka \ll 1$ 时退化为瑞利散射 [见式 (7.1.2)]. 当 $ka > 1$ 以后随 ka 有振荡. 考虑到生物目标既不均匀又不是球形, 因此可简化为 "高通" 模型来代替:

$$\frac{\sigma}{\pi a^2} = 2 \cdot \alpha (ka)^4 \left[2 + 3 (ka)^4\right]^{-1}, \tag{7.1.85}$$

其中 α 为瑞利散射系数:

$$\alpha = 4 \left(\frac{1 - gh^2}{3gh^2} + \frac{1 - g}{1 + 2g}\right)^2, \tag{7.1.86}$$

上述模型在 $ka \ll 1$ 时与瑞利散射一致, 在文献 [14] 中对磷虾及挠足类作了计算, 磷虾的 h 取为 1.033, g 取为 1.016.

2. 充气鱼鳔模型

水中气泡的散射响应最初由 Weston[15]给出:

$$\frac{\sigma}{\pi a^2} = 4 \left\{\left[\left(\frac{f_0}{f}\right)^2 - 1\right]^2 + \frac{1}{Q}\right\}^{-1}. \tag{7.1.87}$$

对于鱼类, Weston 估计 Q 值在 3~10.

按照上式, 高频时 $\dfrac{\sigma}{\pi a^2}$ 趋于 4. 更完整的理论表明, 当 f 大于 $240/a$(f 以 kHz为单位, a 以 mm 为单位) 是趋于 1. 共振频率 f_0 由 Andreeva[16] 给出:

$$f_0 = (2\pi a)^{-1} \left(\frac{[3\gamma p + 4\mu_1]}{\rho}\right)^{1/2}, \tag{7.1.88}$$

其中 γ 为气囊的比热; p 为环境压力 $=(1 + 0.103D) \cdot 10^6$(达因/厘米^2), D 以 m 为单位, μ 为鱼组织的切变模量的实部 (10^6 达因/厘米 ^{2}); 而 ρ 为海水密度 (1.026 g/cm^3). 在表面, 若 $\mu_1 = 10^6$ 时, 半径为 1 mm 的球共振频率为 4.4 kHz, 若 $\mu_1 = 0$ 时为 3.1 kHz.

3. 体长模型

对于鱼体散射还没有一个被接受的理论模型. 因为一般鱼不呈球型的, 也不见得比声波波长小, 因此其散射与角度有关. Love[17]用回归方法给出:

最大侧方向

$$\frac{\sigma}{\lambda^2} = 0.064 \left(\frac{L}{\lambda}\right)^{2.28}, \tag{7.1.89}$$

背部方向

$$\frac{\sigma}{\lambda^2} = 0.041 \left(\frac{L}{\lambda}\right)^{1.94}, \tag{7.1.90}$$

其中 λ 为声波波长, L 为鱼体体长. 后来 Love 又指出, 平均而言, 当高频时, $1 < \frac{L}{\lambda} < 100$, 散射强度与频率无关; 而当低频 $\frac{L}{\lambda} \ll 1$ 时, 目标强度正比于 $\left(\frac{L}{\lambda}\right)^4$. 这种频率依赖关系可以用来区别来自个别大鱼及来自许多小鱼的散射, 综合响应可写为

$$\frac{\sigma}{L^2} = \beta \left[\delta + \left(\frac{\lambda}{L}\right)^4\right]^{-1}, \tag{7.1.91}$$

其中 $\beta = 0.05$, 而 $\delta = 1$.

以上讨论了根据散射体的生物物理参数计算其单体散射特征 (σ) 问题, 并给出了几种简单的谱模型.

下面, 我们来讨论根据实测的散射特征如何提取生物群的分布密度问题.

假定我们在 M 个离散的频率上, 测量了位于海洋中某一深度上的生物体群的散射截面. 令列矢量 S'(其元素为 S_i) 代表一组测量到的散射截面, 角标 i 代表测量频率. 假设单体生物体的散射截面由参数 R 来标志, 对于带气囊的生物, 它可能是气囊的尺度; 对不带气囊的生物, 它可能是几何尺寸或其他标志散射截面的生物— 物理量度的代数组合. 我们将此参数在任意的, 但是物理上实在的范围内量化为 N 个分隔区间. 将每一区间标记为 j, 并将在频率为 ω_i 具有参数 R_j 的单体生物的散射截面记为 ω_{ij}. 如果将落入参量 R 的每一分隔区间中的生物体数记为列矢量 n_j, 则有

$$C_i = \sum_{j=1}^{N} \sigma_{ij} \cdot n_j. \tag{7.1.92}$$

这里我们假定了多次散射可忽略; 没有遮蔽, 并且非相干叠加. C_i 代表对聚集的生物体群的理论散射截面预报值. n_j 就是我们要提取的信息.

比较 C_i 与实测 S_i, 可以给出关于 n_j 的估计. 我们用最小二乘法来处理, 引入下面的量:

$$\sum_{i=1}^{M} (S_i - C_i)^2. \tag{7.1.93}$$

按照最小二乘法来估计列矢量 n_j 要求测量频率数目 M 大于等于间隔数 N, 于是有[18]

$$\frac{\partial}{\partial n_k}\left[\sum_{i=1}^{M} (S_i - C_i)^2\right] = 0. \tag{7.1.94}$$

将式 (7.1.92) 代入上式, 并展开平方项, 可得

$$\frac{\partial}{\partial n_k}\left\{\sum_{i=1}^{M}\left(S_i^2-S_i\sum_{j=1}^{N}\sigma_{ij}\cdot n_j-S_i\sum_{j=1}^{N}\sigma_{ip}\cdot n_p+\sum_{j=1}^{N}\sigma_{ij}\cdot n_j\sum_{p=1}^{N}\sigma_{ip}\cdot n_p\right)\right\}=0. \tag{7.1.95}$$

执行微商, 并稍作整理, 可以得到关于 N 个未知数的 N 个方程:

$$\sum_{i=1}^{M}\sigma_{ik}S_i=\sum_{i=1}^{M}\sigma_{ik}\sum_{j=1}^{N}\sigma_{ij}n_j. \tag{7.1.96}$$

上式可以改写为矩阵形式:

$$\sigma^{\mathrm{T}}S=\sigma^{\mathrm{T}}\sigma n, \tag{7.1.97}$$

其中 σ^{T} 是矩阵 σ 的转置, 而 S 与 n 代表列矢量. 由式 (7.1.97) 可以解出

$$n=\left(\sigma^{\mathrm{T}}\sigma\right)^{-1}\sigma^{\mathrm{T}}S. \tag{7.1.98}$$

应当指出, 上述提取 n 信息的方法只是初步的. 如前所述, 我们对 σ 使用了简单模型并限制 σ 矩阵元素依赖于单一参数 R, 无法包括有气囊生物与无气囊生物混合在一起的情况. 这一限制可以重新引入下列量而消除:

$$\sum_{i=1}^{M}\left(S_i-\sum_{j=1}^{N}\sigma_{ij}n_j-\sum_{p=1}^{N'}\sigma'_{ip}n'_p\right)^2, \tag{7.1.99}$$

上式中 σ 与 σ' 代表两类不同性质的散射体. 矢量 n 与 n' 相应于参数 R 与 R' 的分隔间隔内的密度, 是我们要提取的信息. 使用多参数的标准最小二乘拟合方法可给出 n 与 n' 所同时满足的方程组. 对于生物组成更为复杂的情况, 可以用类似的模型加以处理, 不过相应要付出更高的计算代价.

在大多数情况, 作为频率函数的集群散射截面的测量值中, 均会出现噪声, 如果信噪比不够大, 有必要将 n 矢量的解加以约束得使 $n_k \geqslant 0$. 最近, 在文献 [19] 中, 使用有约束的最陡下降的迭代方法来提取 n 信息.

7.1.7　目标强度的一些实验数据

对于像潜艇这样形状和结构都非常复杂的反射体, 在理论上计算其目标强度是非常困难的, 因此作了大量实测研究. 然而到目前为止, 仍然有许多问题有待深入, 例如频率关系、舷角关系、艇型影响以及与传播条件的联系等等. 表 7.1.1 所列数值可以作为处理问题时的一般估计值, 使用时应当记得, 对具体情况的实际测量值可能会有相当大的变化.

表 7.1.1 一些实测 TS 值

目标	方位角	TS/dB
潜艇	正横	+25
	艇首, 尾	+10
	正横与首尾间	+15
水面舰艇	正横	+25
	非正横	+15
水雷	正横	+10
	非正横	+10∼−25
鱼雷	头	−20
长度为 L 英尺的鱼	背向	$-31+30\log L$

7.1.8 目标散射研究的进展概述

近年来对于水下目标散射的研究无论是在理论上或是数值计算方法都有了很大的进展. 在目标识别方法上, 文献 [23–25] 提出了用极点方法识别水下目标的问题. 对目标散射场的计算方法上, 文献 [26–28] 讨论了亮点模型及其应用, 在许多情况下均能给出与实验符合较好的结果. 文献 [31,32] 则对于有限柱的回声作了研究. 对于较为复杂的沉底或埋底目标则在文献 [33–35] 中有所讨论.

§7.2 舰船辐射噪声特性

对被动声呐来讲, 把舰船、潜艇和鱼雷运动时所辐射的噪声作为源信号, 并利用其特性从自噪声或环境自然噪声背景上把它检测提取出来. 在声呐方程中引入辐射噪声的声源级 SL 来描写辐射噪声的强弱, 它定义为在声轴上距声学中心 1 m 处的声强与参考强度之比的分贝数. 实际上, 测量辐射噪声时, 必须离开船一定距离, 使其具有远场辐射的特征, 然后再用 TL 修正折算到 1 m 处. 辐射噪声的声源级 SL 指的是归化到 1 Hz 带宽内, 参考级是 1 达因/厘米^2. 因而辐射噪声的声源级就是 1 达因/厘米^2(微巴) 为参考级的谱级.

从 1971 年 1 月起, 美国海军船舶标准局规定 1 微帕 (10^{-5} 达因/厘米^2) 为定义声源级的新的参考声压标准. 从此 1 微帕 (1 达因/厘米^2) 为参考声压的声源级变为以 1 μPa 为参考声压的声源级要加 100 dB.

7.2.1 辐射噪声源的一般特性

舰船、潜艇和鱼雷的噪声源可分为三大类:

(1) 机械噪声: 主机, 辅机, 空调设备;

(2) 螺旋桨噪声: 螺旋桨上或其附近的空化, 旋转声, 涡流声及 “唱音”;

(3) 水动力噪声: 水流辐射, 附件共振.

这三类噪声中, 多数情况下, 机械噪声和螺旋桨噪声是主要的辐射噪声. 这两种噪声中哪一种更为重要取决于频率、航速和深度. 图 7.2.1(a) 是螺旋桨空化刚开始出现的航速上的谱, 谱的低端主要为机械噪声和螺旋桨 “叶片速率” 谱线, 随着频率增高, 这些谱线不规则地降低, 被螺旋桨噪声的连续谱所掩盖. 有时在螺旋桨噪声的连续背景上叠加有一条或一组高频线谱, 如图中虚线所示, 它是由螺旋桨叶片共振或减速器引起的. 在高航速时 [见图 7.2.1(b)], 螺旋桨噪声谱增大, 并移向低频. 同时某些谱线的级增大, 频率升高, 而其他由恒速运转的辅机产生的谱线不变, 不受航速增加的影响, 在高航速时往往被掩盖.

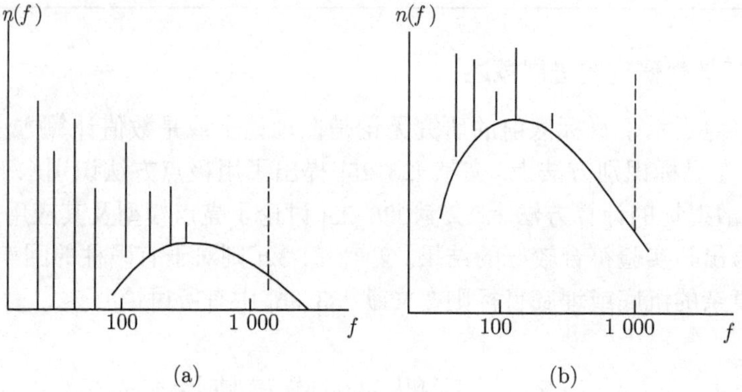

图 7.2.1

机械噪声产生在船的内部, 由各种传导和传播过程通过船体而向海中辐射. 船的机械噪声可以看成是强线谱和弱连续谱的叠加. 而螺旋桨噪声产生在船体外面. 螺旋桨的空化噪声是由大量小气泡随机地破裂引起的, 所以空化噪声有连续谱. 在高频, 它的谱级随频率大约按 6 dB/倍频程下降, 在低频却随频率而增加, 因此空化噪声谱中有一个峰, 对于舰船、潜艇, 这个峰值通常位于 100~1 000 Hz 范围内. 除了空化噪声的连续谱外, 水流流过螺旋桨还产生单频噪声分量. 一种单频分量是频率较高的叶片共振 (kHz), 另一种是频率较低的 “叶片速率” 谱, 它是由螺旋桨叶片切割所有进入螺旋桨及其周围的不规则流动引起的, 其频率为

$$f_m = mnS,$$

其中 f_m 是 “叶片速率” 线谱的 m 次谐波 (Hz); n 是螺旋桨的叶片数; S 是螺旋桨的转速 (rad/s). 此外, 螺旋桨噪声还有辐度调制, 即 “螺旋桨拍”, 其周期对应于螺旋桨轴转速或叶片频.

上述辐射噪声特性可以由平均功率谱、线谱和 “动态谱” 予以描写. 这些谱特性蕴含着声源的有用信息, 直接影响对它们的检测和识别, 充分利用它们与背景噪声的差别是设计最佳接收机所关心的问题. 因此, 基于大量实测数据的分析, 取得规律性的认识, 由此给出恰当的信号描写将有助于信号检测和目标识别的进展. 关于舰船噪声信号的描写问题, 我们将在 §7.2.2 中简要讨论.

下面给出几种舰船的典型声源级 (表 7.2.1 以分贝为单位, 以 1 达因/厘米^2 为参考级, 1 Hz 带宽内, 折算到一码处)[20]:

表 7.2.1

舰 船	频率/Hz						
	100	300	1 000	3 000	5 000	10 000	25 000
10 节货船	52	42	31	21	17	11	3
15 节客船	62	52	41	31	27	21	13
20 节战舰	76	66	55	45	41	35	27
20 节巡洋舰	69	59	48	38	34	28	20
20 节驱逐舰	63	53	42	32	28	22	14
15 节猎潜艇	57	47	36	26	22	16	8

必须指出, 由于近代反潜战的发展以及对舰船噪声的抑制日益受到重视, 在舰船设计和施工建造中, 采取了很多噪声控制手段, 目前辐射噪声的谱级水平比表中数据要低得多. 上表所列数据是第二次世界大战时舰艇噪声的水平, 仅供参考.

7.2.2 舰船辐射噪声信号的描写

如前节所述, 舰船辐射噪声是一种随机信号, 包括有连续谱、线谱以及有规调制的动态谱. 对应于特定的艇型和工况, 其信息就蕴含于辐射噪声信号在频域 — 时域上所表现出来的特征上: 谱、音色、节奏等. 无论从信号检测或信号认别的角度都希望能给出一种合适的信号描写, 这种描写能反映出信号的主要的有用特征. 因此, 信号描写本身在一定程度上是与特征提取联系在一起的.

在文献 [21] 中, 根据大量实验数据分析结果发现, 对于经过一定频率模糊和时域模糊而得到的辐射噪声的 “平均功率谱”, 可以用 Ecs 型功率谱曲线来描述. Ecs 型噪声的自相关函数为

$$R(\tau) = \mathrm{e}^{-a|\tau|}\left(\cos\omega_0\tau + K\sin\omega_0|\tau|\right), \tag{7.2.1}$$

其中 $a \geqslant 0$; K 为实数. 自相关函数的基本形状如图 7.2.2 所示. 对应的单边功率谱密度函数为

$$G(\omega) = 2\left[\frac{a + K(\omega + \omega_0)}{a^2 + (\omega + \omega_0)^2} + \frac{a - K(\omega - \omega_0)}{a^2 + (\omega - \omega_0)^2}\right]. \tag{7.2.2}$$

令 $a = 2\pi f_m, \omega_0 = 2\pi f_0$, 功率谱密度函数可改写为

$$G(f)=\frac{1}{\pi}\left[\frac{f_m+K(f+f_0)}{f_m^2+(f+f_0)^2}+\frac{f_m-K(f-f_0)}{f_m^2+(f-f_0)^2}\right]. \tag{7.2.3}$$

其基本形状示于图 7.2.3. 以上的 $R(\tau)$ 和 $G(f)$ 均满足归一化条件:

$$R(0)=\int_0^{\infty}G(f)\,\mathrm{d}f=1. \tag{7.2.4}$$

显然, 上述这种 Ecs 型噪声的自相关函数和功率谱的形状可由 ω_0, a, K 或 f_0, f_m, K 三个参数来描写. 这样, 如果我们想根据平均功率谱的形状来识别目标类型时, 则区别函数这个繁复的手续, 现在可以简化为对三个参数的比较. 因此, 用 Ecs 型噪声来描写舰船噪声的平均功率谱, 并通过实验来测定这三个参数这一过程, 在一定意义上就相当于特征提取. 初步实验表明, 采用这三个参数所建立的识别空间, 识别效果较好.

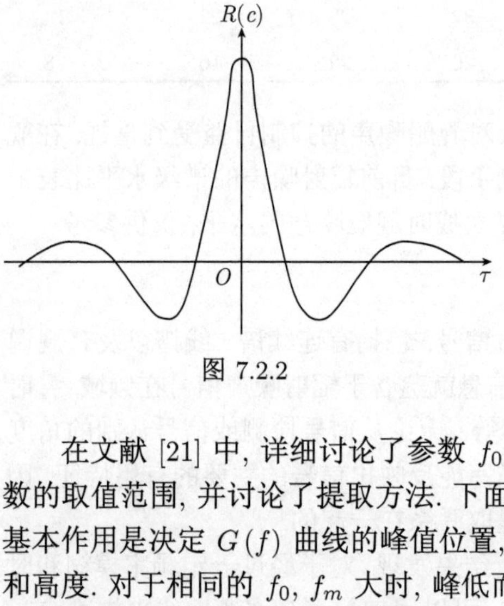

图 7.2.2

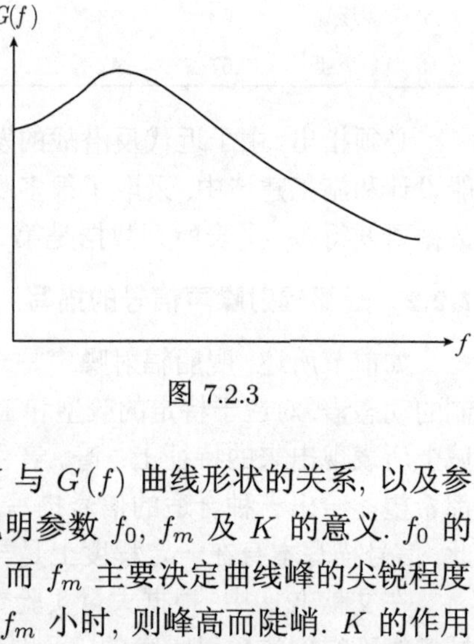

图 7.2.3

在文献 [21] 中, 详细讨论了参数 f_0, f_m, K 与 $G(f)$ 曲线形状的关系, 以及参数的取值范围, 并讨论了提取方法. 下面简单说明参数 f_0, f_m 及 K 的意义. f_0 的基本作用是决定 $G(f)$ 曲线的峰值位置, 即 f_p. 而 f_m 主要决定曲线峰的尖锐程度和高度. 对于相同的 f_0, f_m 大时, 峰低而平缓; f_m 小时, 则峰高而陡峭. K 的作用是使曲线发生 "旋转". 以有相同的 $f_0, f_m, K=0$ 的曲线为基准, $K>0$ 时曲线顺时针旋转, 结果使曲线的低频端抬高, 高频端压低; $K<0$ 时, 曲线逆时针旋转, 即曲线的低频端压低, 高频端抬高; 同时 K 明显影响 f_p 对 f_0 的偏离; K 增加, f_p 减小, K 降低, 则 f_p 变大. 参数 f_m 类似于二阶矩, K 类似于描写偏度 (skew) 的三阶矩.

有关辐射噪声中 "动态" 调制的节奏信息描写和提取的问题, 在文献 [22] 中使用了 "双重频率功率谱" 方法. 将辐射噪声信号总的时变功率谱表示为

$$G(t,f)=G_L(f)+G_x(f)+2m(t)\,m(f)\,G_x(f), \tag{7.2.5}$$

其中 $G_L(f)$ 代表初相随机的正弦波线谱部分:

$$G_L(f)=\sum_{j=1}^{M}\sigma_j^2\delta(f-f_j), \tag{7.2.6}$$

$G_x(f)$ 代表平稳各态历经高斯过程的功率谱. 第三部分是局部过程的时变谱, 它反映了辐射噪声中的动态特性与 t 有关. $m(t)$ 称为调制函数; $m(f)$ 称为调制深度谱; 而 $2m(t)m(f)G_x(f)$ 称为时变调制功率谱.

为了更清楚地反映出辐射噪声的动态特性, 将时变功率谱 $G(t,f)$ 对 t 再求一次傅里叶变换, 便得到双重频率功率谱 $Q(F,f)$:

$$Q(F,f)=\int_{-\infty}^{\infty}G(t,f)\mathrm{e}^{-\mathrm{i}2\pi Ft}\mathrm{d}t. \tag{7.2.7}$$

于是有

$$Q(F,f)=G_{\mathrm{L}}(f)\delta(F)+G_x(f)\delta(F)+2m(f)G_x(f)M(F), \tag{7.2.8}$$

其中 $M(F)$ 为

$$M(F)=\int_{-\infty}^{\infty}m(t)\mathrm{e}^{-\mathrm{i}2\pi Ft}\mathrm{d}t=|M(F)|\,\mathrm{e}^{\mathrm{i}\theta(F)}. \tag{7.2.9}$$

双重频率功率谱的图像如图 7.2.4 所示: 在 $F=0$ 平面上, 反映了平稳线谱和平稳功率谱的特性; 在 $F\neq 0$ 的三维坐标中, 反映了辐射噪声的动态特性.

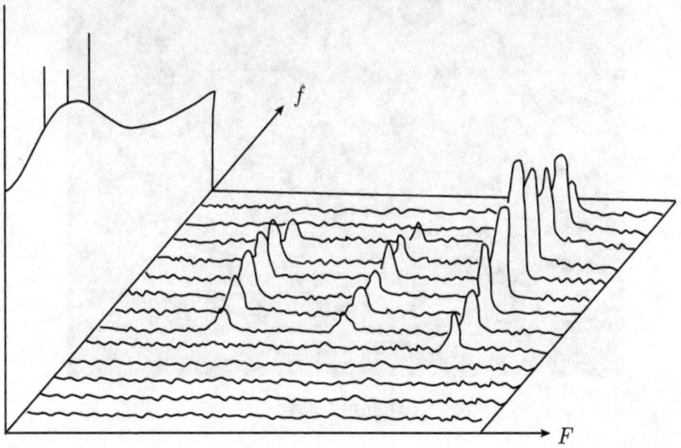

图 7.2.4

在文献 [22] 中讨论了双重频率功率谱的实际测量问题. 可以用 FFT 分析, 也可以用 3348 窄带谱分析仪进行分析测量. 应用 3348 仪测量的方框图如图 7.2.5 所示.

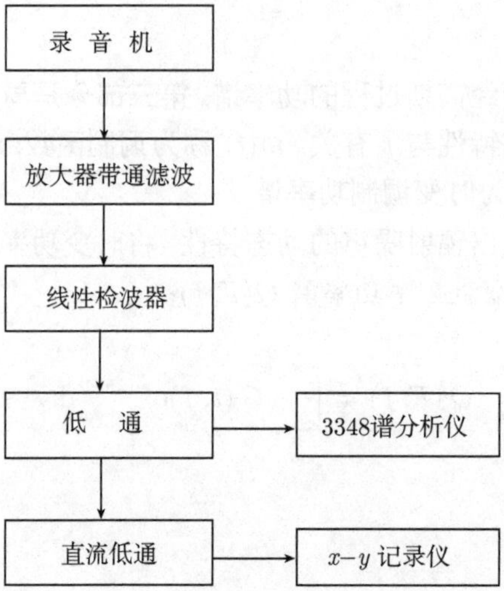

图 7.2.5

图 7.2.6 及图 7.2.7 为一条鱼轮及一艘商船的双重频率谱的示例. 由图 7.2.6 可以分析出轴频为 9.6 Hz, 转速为 576 转/分, 叶片频为 28.6, 叶片数为 3, 在 0.2~10 Hz 范围内, 叶片调制都很强. 由图 7.2.7 可以分析出, 轴频为 1.8 Hz, 螺旋桨转速为 108 转/分, 调制只在 $f_i \approx 400$ Hz 频道出现.

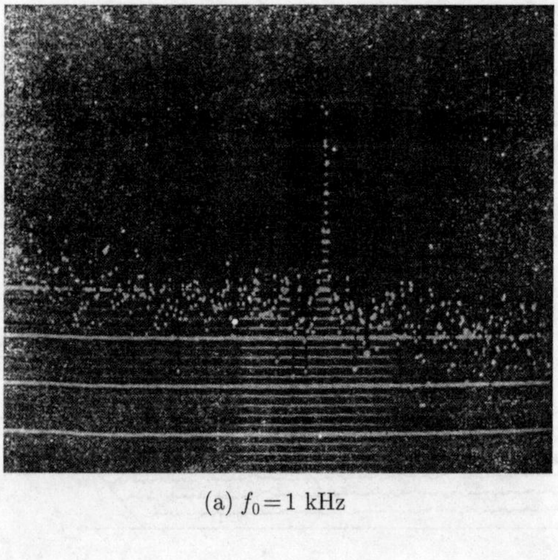

(a) $f_0 = 1$ kHz

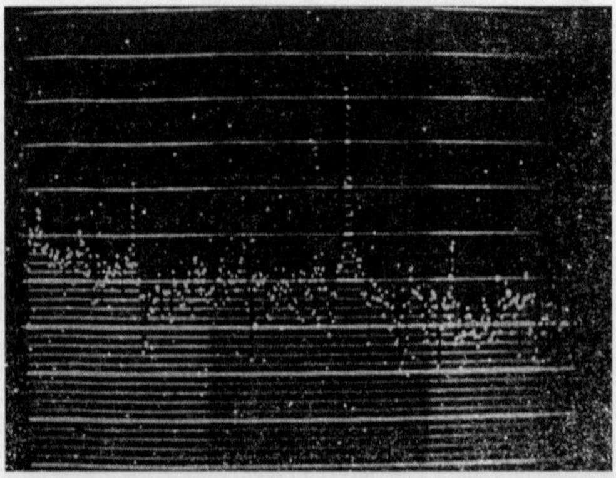

(b) f_0=5 kHz

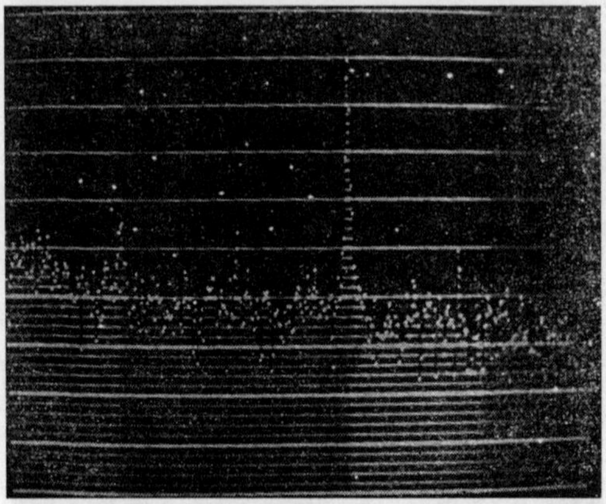

(c) f_0=10 kHz

图 7.2.6

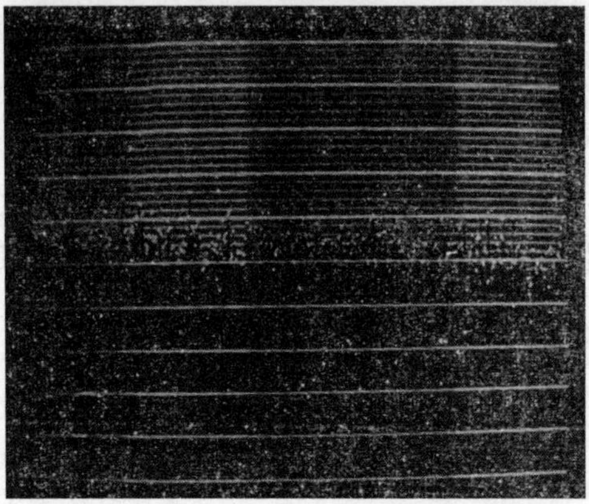

(a) f_0=315 kHz

(b) $f_0=400$ kHz

(c) $f_0=1\ 000$ kHz

图 7.2.7

7.2.3　舰船噪声研究的进展概述

近年来对舰船辐射噪声的研究在信号描写、特征提取和识别等领域均有很大的进展. 特别是在舰船噪声节奏信息的研究方面 [36,37]. 而在识别方面, 文献 [38–41] 作了系统的研究.

参考文献

[1] Rayleigh L. The theory of sound. New York: Dover, 1945.

[2] Stenzel H. On the distribution of a sound field brought about by a rigid sphere. Elektr.

Nachr. Tech., 1938, 15: 71–78.

[3] Freedman A. A mechanism of acoustic echo formation. Acoustica, 1962, 12: 10.

[4] Anderson V C. Sound scattering flrom a fluid sphere. JASA, 1951, 22: 426.

[5] Hampton L D, Mc. Mckinney. Experimental study of the scattering of acoustic energy from solid metal spheres in water. JASA, 1961, 33: 664.

[6] Hickling R. JASA, 1958, 30: 137.

[7] Faran J J. Sound scattering by solid cylinders and spheres. JASA, 1951, 23: 405.

[8] Hickling R. Analysis of echoes from a solid elastic sphere in water. JASA, 1962, 34: 1582.

[9] Fang An Lee. Scattering of a cylindrical wave of sound by an elastic cylinder. Acoustica, 1963, 13: 397.

[10] Finney J. Reflection of sound from submerged plates. JASA, 1948, 20: 622.

[11] Ляищев Л М. Отражениеэ вука тонкими плаθтинкии и оболоч к ами в ж идкости, ИэД. АНСССРМ. Л 1955.

[12] Neubauer W G, Ugincius P, Überall H. Theory of creeping waves in acoustics and their experimental demonstration. Zeit. Fur Naturforsehung, Hefis, 1969, 24a:1; JASA, 1969, 43: 1.

[13] Johnson R K. Spectral models for biological sound scattering Oceanic Sound Scattering Prediction, ed. by Anderson N R. 1977: 625.

[14] Johnson R K. Sound scattering from a field sphere revisited. JASA, 1977, 61: 375.

[15] Weston D E. Sound propagation in the presence of Bladder fish, Underwater Acoustics, ed. By Albers V M. 1967, 2: 56–88.

[16] Andreeva. Aky. Жур., 1969, 10: 20.

[17] Love R H. Maximum side aspect target strength of an individual fish. JASA, 1969, 46: 746.

[18] Holliday D V. Extracting bio-physical information from the acoustic signatures of Marine Organisms Oceanic Sound Scattering Prediction, ed. by Anderson N R. Plenum Press, 1977: 619.

[19] Johnson R K. Acoustic estimation of scattering-layer compcsition. JASA, 1977, 61: 1636.

[20] Urick R J. 工程水声原理. 北京: 国防工业出版社, 1972.

[21] 陶笃纯. 舰船噪声节奏的研究. 声学学报, 1983, 8(2): 65–76; 8(5): 280–289.

[22] 吴国清. 周期性局部平稳过程双重谱图分析和测量. 声学学报, 1980, 2: 100–109.

[23] 汪德昭, 郑肇本, 黄曾旸. 用极点方法识别水下目标. 汪德昭文集. 中国科学院声学研究所, 1995: 142–148.

[24] 郑肇本, 黄曾旸. 用极点方法识别水下目标. 物理学报, 1984, 33(4): 538–545.

[25] 刘伯胜. 声呐目标回声信号的极点提取. 声学学报, 1992, 17(2): 93–102.

[26] 汤渭霖. 声呐目标的亮点模型. 声学学报, 1994, 19(2): 92–100.

[27] 朱埜. 声呐目标散射的源场关系和亮点模型. 声学学报, 1994, 23(3): 205–212.
[28] 范军, 朱蓓丽, 汤渭霖. 非刚性表面声呐目标回波的修正几何亮点模型. 声学学报, 2001, 26(6): 545–550.
[29] 蒋廷华, 孙璇笙, 李洪瑛. 水下球状目标的回声识别. 声学学报, 1984, 9(3): 153–160.
[30] 范军, 汤渭霖. 覆盖粘弹性层的水中双层弹性球壳的回声特性. 声学学报, 2001, 26(4): 302–306.
[31] 蒋廷华, 等. 水中有限长弹性圆柱的目标强度研究. 声学学报, 1985, 10(2): 85–95.
[32] 汤渭霖, 陈德智. 水中有限弹性柱的回波结构. 声学学报, 1988, 13(1): 29–37.
[33] Zampolli M, et al. Low-to mid-frequency scattering from elastic objects on a sand sea floor: simulation of frequency and aspect dependent structural echoes. in Proceeding of ICTCA2011, Taipei, 2011: 17–23.
[34] Zampolli M, et al. Computing the far field scattered or radiated by objects inside layered fluid media using approximate Green's function. JASA, 2008, 123: 4051–4058.
[35] 万琳, 范军, 汤渭霖. 沉底水雷目标强度与回声信混比. 声学学报, 2003, 28(5): 429–433.
[36] 陶笃纯. 舰船噪声节奏的研究 (I)—数学模型及功率谱密度. 声学学报, 1983, 8: 65–76.
[37] 陶笃纯. 舰船噪声节奏的研究 (II)—自相关函数及节奏信息的提取. 声学学报, 1983, 8: 280–289.
[38] 吴国清, 等. 舰船噪声识别 (I)—总体框架、线谱分析和提取. 声学学报, 1998, 23(5): 394–400.
[39] 吴国清, 等. 舰船噪声识别 (II)—线谱稳定性及唯一性. 声学学报, 1999, 24(1): 6–11.
[40] 吴国清, 等. 舰船噪声识别 (III)—双重谱和平均功率谱的特征提取和模板图. 声学学报, 1999, 24(2): 167–175.
[41] 吴国清, 等. 舰船噪声识别 (IV)—模糊神经网路识别. 声学学报, 1999, 24(3): 275–280.

第八章　信号场的散射与起伏

随机介质中波动的传播近年来受到极大重视, 并获得了迅速发展[1-6], 形成随机物理过程的一个分支. 其实际应用非常广泛, 它包括大气物理、电离层物理、射电天文学、光学及水声学. 关于夜空中星光闪烁的现象是大家所熟知的, 然而只是在近代关于随机介质中波动散射的研究充分发展情况下才得到清楚的定量解释.

当声波在海中传播时, 介质的随机不均匀性表现为: 海中任何一点的声速是一个时间的随机变量, 在同一瞬刻的空间不同点的声速取随机分布的形式, 海水介质的随机特性主要起源于:

(1) 海水的湍流运动所造成的非均匀 "水团", 有时称为热微结构;

(2) 内波的随机扰动. 此外, 作为水声信道的边界 —— 海面也常是随机运动的, 它经常也是构成水声信号场起伏的原因.

信号起伏还可能有其他原因, 例如换能器的随机摇摆[14].

由于海洋介质的随机不均匀性及随机不平整界面的存在, 当声波传播时将发生散射, 即能量在空间各方向上重新再分配. 这种散射将引起下述三种重要的值得研究的问题:

(1) 由于随机散射, 将使场的有规分量有所衰降. 例如不平表面的散射, 将使镜反射方向的能量有所降低, 如果把不平表面看成具有等效反射系数的平表面, 则相应的等效反射系数要降低.

(2) 由于随机散射场叠加到平均场 (有规分量) 上, 就使信号场发生起伏, 相干性有所减弱.

(3) 由于反向散射, 将产生混响背景干扰.

关于混响问题, 在第六章已讨论过, 本章将着重讨论前两个问题.

随机散射问题最初由 Bergmann[1] 使用射线方法进行研究. 这种方法适用于高频近场. 其后, Mintzer[4], Чернов[2], Татарский[3] 采用的 Born 近似及雷多夫方法适用于弱随机巨尺度情况. 文献 [20] 使用雷多夫近似讨论了射线与内波场的相互作用. 当传播距离足够远时, 声场的起伏达到饱和, 不再随路径而积累, 此时, 射线方法或雷多夫 Born 方法不再适用. 文献 [19] 使用路径积分方法及 Markov 近似讨论了这些方法的适用范围, 并在双参量 Λ–Φ 平面上示出 (见图 8.0.1), 其中参数 Λ 与 Φ 分别定义为

$$\Lambda \equiv \frac{1}{R}\int_0^R (2\pi)^{-1}[R_F(x)/L]^2\mathrm{d}x,$$

$$\Phi \equiv \left\langle \left(k_0 \int_0^R \mu \mathrm{d}x \right)^2 \right\rangle \sim k_0^2 RL\langle\mu^2\rangle,$$

其中 $R_F(x)$ 为第一个菲涅耳带的尺度; L 为介质起伏的相关尺度.

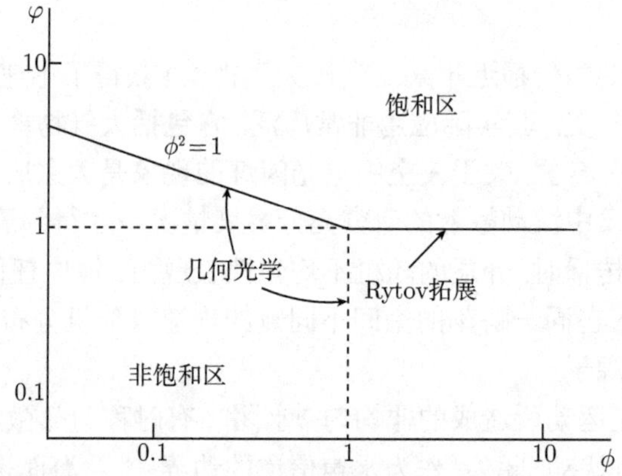

图 8.0.1

当 $\Lambda\Phi^2 \geqslant 1$ 时即属于饱和区, 此时可用服从高斯统计过程的大量等能量的多途描写[18].

在实际的水声信通中, 信号场的散射与起伏是一个十分复杂的问题. 因为它是有规非均匀性所构成的边值问题与各种随机起伏因素引起散射场的叠加. 到目前为止, 较完善地解决这种实际问题的能力还是有限的[6]. 目前还只能抽取某项主要机理而简化其他因素来加以研究.

本章在 §8.1 中介绍了较为经典的问题: 在均匀空间中由各向同性湍流介质引起的散射起伏问题. 虽然这一模型对处理大气中的波起伏 (特别是光波, 电磁波) 相当成功, 但是对于海洋中的声传播过程却显得过于简化. 因为海洋中有相当多的起伏因素 (如内波) 是不能看成各向同性的, 其次, 海洋中的远程传播也不能看成是均匀空间, 而必须考虑其波导效应. 但是我们认为Татарский等人引进的谱方法在处理散射场问题上还是有价值的.

在 §8.2 中介绍了另外一个单一因素的问题: 由随机起伏表面所限制的半均匀空间中的声场起伏问题.

在 §8.3 中, 我们讨论了内波引起的声场起伏问题. 应当指出, 这一问题是目前水声学中极为活跃的研究领域, 无论在理论方法上或在解决问题的深度上, 还不能认为已经达到成熟的阶段.

在 §8.4 中, 我们考虑了一个有代表性的波导效应与随机散射相结合的实际问题, 即在均匀浅海信道中, 由随机界面及温度微结构引起的信号场横向相干性减弱的问题. 在处理方法上, 我们用 “有效角度谱” 的概念概括反映了波导的影响, 从而简化了问题. 用这种近似方法来解决这类复杂问题是一种尝试.

在 §8.5 介绍了矩方法, 最后在 §8.6 中讨论了散射引起平均场 (有规分量) 的衰降问题.

§8.1 由海水介质随机不均匀性引起的声场起伏

关于波在随机不均匀介质中的传播已有许多理论研究工作[1−6]. 对于均匀各向同性的弱随机巨尺度 ($ka \gg 1$) 的情况已获得较完满的理论结果.

由 Mintzer[4], Чернное[2] 等人首先建立的关于在随机不均匀介质中声场统计特性的理论, 均引用了一个相当简化的介质模型: 随机不均匀介质是均匀各项同性的, 而且具有简单的高斯型相关函数, Татарский[3] 指出, 这种理论研究可以建立在更自然而一般的关于介质湍流模型的基础上, 他采用了谱方法.

柯尔莫哥洛夫提出的统计谱理论[7] 是目前描述湍流的较为有效的理论, 它建立在对湍流内部机构作了一定模拟的基础上; 认为: 当雷诺数 $Re = \dfrac{L'V}{\nu_0}$(V 为平均速度; L' 为特征长度, 在数量级上与由测量点到最近边界的距离相同; ν_0 为海水的动黏系数 $\approx$0.01 cm^2/s) 达到足够大时, 发展湍流可看做是大量不同标度的随机流速脉动（即漩涡）的叠加的结果. 其中, 标度最大的那些漩涡 (简称湍流外标 L_0') 是由均流的不稳定性产生的, 它们本身也是不稳定的, 不断要破碎成愈来愈小的漩涡, 直到最小的涡流 (简称湍流内标 l_0'). 巨标漩涡从均流中取得的能量沿着不同标度的漩涡一级一级几乎无损失地传递下来, 直到最小漩涡上由于分子沾滞作用而转变成热能. 从脉动的随机性可以设想, 当标度小于一定值后, 漩涡开始不感受均流 (通常是不均匀且各向异性的) 的影响, 即存在着一个由标度在一定范围内的漩涡构成的局部各向同性的所谓惯性区. 这个区域的线度比外标 L_0' 小很多, 比内标 l_0' 大很多. 惯性区域中湍流运动的性质仅与能耗散率 ε 有关, 而且能通过求其结构函数 $D(r)$ 达到对它有较深刻的认识. 如果在湍流中考察间距为 r 的 M_1, M_2 两点流速脉动的均方差值 (即结构函数), 它基本上决定于那些标度与 r 同量级的漩涡的性质, 巨标的漩涡运动只是一块儿地平移这两点, 而不反映到函数 $D(r)$ 中来. 运用量纲分析理论得到, 惯性区中流速脉动服从 “2/3” 律, 即柯尔莫哥洛夫-奥布霍夫定律

$$\begin{aligned} D_{u'}(r) =& \overline{[u'(M_1) - u'(M_2)]^2} = c_1(\varepsilon r)^{2/3} \\ =& C_{u'}^2 r^{2/3} \quad (l_0' \ll r \ll L_0'), \end{aligned} \tag{8.1.1}$$

其中 $C_{u'}$ 称为结构常数.

伴随湍流介质的流速脉动场, 总有温度起伏场. 温度场的结构函数同样遵守 “2/3” 定律:

$$D_{t'}(r) = \overline{[t'(M_1) - t'(M_2)]^2} = C_T^2 r^{2/3} \quad (l_0 \ll r \ll L_0), \tag{8.1.2}$$

温度场的内外标 l_0, L_0 与速度场的内外标 l_0', L_0' 有差别, 例如, $l_0'/l_0 \sim Pr^{1/2}$, Pr 是海水的普朗特数 ≈ 7.

对于均匀各项同性起伏场, 其起伏量 n 的结构函数 $D_n(r)$ 与相关函数 $R_n(r)$ 有关系式:

$$D_n(r) = 2[R_n(0) - R_n(r)]. \tag{8.1.3}$$

在这种情况下, 使用结构函数描写介质或用自相关函数描写介质是等价的.

对于湍流介质, Von Kàrmán 提出如下的结构函数能适应惯性区的 “2/3” 规律, 并在 r 超过外标时趋于饱和:

$$D_\mu(r) = \frac{2}{3}\overline{\mu^2}\left[1 - \frac{2^{3/2}}{\Gamma\left(\dfrac{1}{3}\right)}\left(\frac{r}{L_0}\right)^{1/3} K_{1/3}\left(\frac{r}{L_0}\right)\right], \tag{8.1.4}$$

其中 $\overline{\mu^2}$ 为折射率均方值, $K_{1/3}$ 是 1/3 阶虚宗量贝塞耳函数, 当 $r \ll L_0$ 时, 近似有

$$D_\mu(r) \approx \frac{\sqrt{\pi}}{3\Gamma(7/6)} \cdot \frac{\overline{\mu^2}}{L_0^{2/3}} \cdot r^{2/3}. \tag{8.1.5}$$

相当于式 (8.1.4) 的自相函数为

$$R_\mu(r) = \frac{1}{3} \cdot \frac{2^{3/2}\overline{\mu^2}}{\Gamma\left(\dfrac{1}{3}\right)}(r/L_0)^{1/3} K_{1/3}\left(\frac{r}{L_0}\right). \tag{8.1.6}$$

然而, 在理论分析时, 为了计算方便, 经常采用高斯形式的相关函数:

$$R_\mu(r) = \overline{\mu^2}\exp(-r^2/r_0^2). \tag{8.1.7}$$

在一些实验中发现, 海中温度起伏的空间相关函数往往更接近于指数形式:

$$R(r) = R(0)\exp(-|r|/r_0). \tag{8.1.8}$$

但由于函数 $\exp(-|r|/r_0)$ 在原点一阶导数不连续, 这在物理上是不合理的, 在文献 [8] 中对此提出了一种有意思的解释, 认为在海洋中有一组相关半径不同的不均匀体, 其中各个组元的自相关函数分别满足理论要求, 而在实验上测量出来的是它们的统计平均值.

使用结构函数描写介质能适应于有平稳增量的过程, 而相关函数描写则适用于平稳过程.

现在考虑在弱随机不均匀介质中平面波的传播, 沿正 x 轴方向传播的单频平面波 $P_0 = A_0\mathrm{e}^{\mathrm{i}kx} = A_0\mathrm{e}^{\mathrm{i}S_0}$, 声压 P 应满足波动方程:

$$\Delta P + k^2(1+\mu)^2 P = 0, \tag{8.1.9}$$

其中 μ 为折射率的起伏部分, 并有 $|\mu| \ll 1$, 若令

$$\psi = \ln P = \ln A + \mathrm{i}S = \psi_0 + \psi_1, \tag{8.1.10}$$

则

$$\psi_1 = \ln\left(\frac{A}{A_0}\right) + \mathrm{i}\left(S - S_0\right) = B + \mathrm{i}S_1. \tag{8.1.11}$$

即 ψ_1 的实部表示振幅相对起伏的对数; ψ_1 的虚部表示相位起伏 S_1. 当满足小起伏条件, ψ_1 有如下解式[3]:

$$\psi_1(\boldsymbol{r}) = \frac{k^2}{2\pi}\int_V \mu(\boldsymbol{r}')\frac{\exp\left[\mathrm{i}k\cdot\dfrac{(y-y')^2+(z-z')^2}{2(x-x')}\right]}{x-x'}\mathrm{d}V', \tag{8.1.12}$$

其中 $\boldsymbol{r}\,(x,y,z)$ 是观察点矢径; $\boldsymbol{r}'\,(x',y',z')$ 是湍流散射体元矢径. 不难证明式 (8.1.12) 也是如下方程的解:

$$\frac{\partial^2\psi_1}{\partial y^2} + \frac{\partial^2\psi_1}{\partial z^2} + 2\mathrm{i}k\frac{\partial\psi_1}{\partial x} + 2k^2\mu = 0. \tag{8.1.13}$$

在折射率起伏 $\mu(\boldsymbol{r})$ 是局部各向同性的湍流介质中, 可将 $\mu(\boldsymbol{r})$ 表示成谱形式:

$$\mu(\boldsymbol{r}) = \mu(x,0,0) + \iint_{-\infty}^{\infty}\left[1 - \mathrm{e}^{\mathrm{i}(K_2 y + K_2 z)}\right]\mathrm{d}\sigma(K_2, K_3, x); \tag{8.1.14}$$

把声场起伏 ψ_1 也用谱形式表示:

$$\psi_1(\boldsymbol{r}) = \psi_1(x,0,0) + \iint_{-\infty}^{\infty}\left[1 - \mathrm{e}^{\mathrm{i}(K_2 y + K_2 z)}\right]\mathrm{d}\phi(K_2, K_3, x); \tag{8.1.15}$$

将式 (8.1.14), (8.1.15) 代入方程 (8.1.13) 中, 求出声场起伏谱 $\mathrm{d}\phi$ 与介质起伏谱 $\mathrm{d}\sigma$ 之间的关系式, 考虑到 $\mathrm{d}\sigma$ 中, 标度小于内标 l_0 的漩涡对声场起伏的贡献很小, 最后推得, 在垂直于波传播方向的 $x = L$ 平面上, 声场振幅和相位起伏的二维谱函数表示式为[3]

$$F_A(K,0) = \pi k^2 L\left(1 - \frac{k}{k^2 L}\sin\frac{K^2 L}{k}\right)\varPhi_n(K), \tag{8.1.16}$$

$$F_S(K,0) = \pi k^2 L\left(1 + \frac{k}{K^2L}\sin\frac{K^2L}{k}\right)\varPhi_n(K), \tag{8.1.17}$$

其中 $\varPhi_n(K)$ 是折射率起伏的三维谱密度. 由式 (8.1.16) 及 (8.1.17) 即可求出 $x = L$ 平面上声场起伏的结构函数 $D_A(\rho)$ 及 $D_S(\rho)$:

$$D_{\substack{A\\S}}(\rho) = 4\pi\int_0^\infty [1 - J_0(K\rho)]F_{\substack{A\\S}}(K,0)K\mathrm{d}K, \tag{8.1.18}$$

其中 J_0 是零阶贝塞耳函数. 当起伏场是均匀各向同性时, 可按关系式 $R_A(\rho) = R_A(0) - \dfrac{D_A(\rho)}{2}$ 求出相关函数 $R_A(\rho)$ 或 $R_S(\rho)$.

现在讨论声场起伏相关函数的一般特征. 由式 (8.1.16) 可知, 相关函数 $R_A(\rho)$ 的二维谱密度是 $\varPhi_n(K)$ 及函数 $f(K) = \left(1 - \dfrac{k}{K^2L}\times\sin\dfrac{K^2L}{k}\right)$ 的乘积. 在一般情况下, $\varPhi_n(K)$ 及 $f(K)$ 的形式如图 8.1.1 所示.

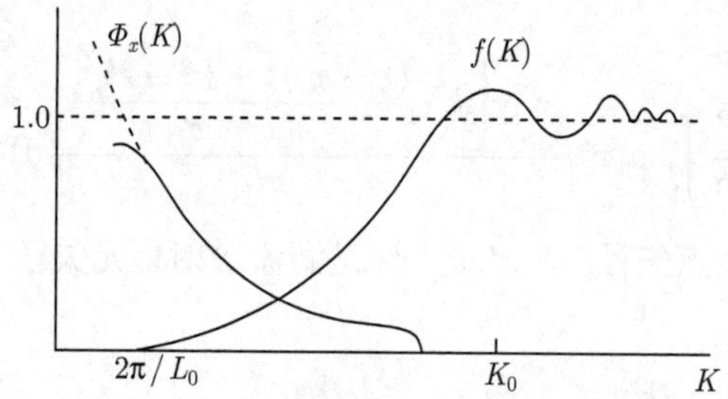

图 8.1.1

在尺度比 l_0 小得多的那些小尺度区域里, 也就是 $K \gg 2\pi/l_0$ 范围里, 函数 $\varPhi_n(K)$ 等于零, 或可忽略. 对于处在 $2\pi/l_0$ 与 $2\pi/L_0$ 之间的较小的 K 值, $\varPhi_n(K)$ 随 K 的降低而增长, 在折射率起伏服从 "2/3" 定律的区域, $\varPhi_n(K)$ 正比于 $K^{-11/3}$. 但当 $K \sim 2\pi/L_0$ 时, $\varPhi_n(K)$ 的增长变慢, 严格地讲, 在这个区域, $\varPhi_n(K)$ 已经失去了它的意义, 因为这时结构函数 $D_n(\boldsymbol{r}_1, \boldsymbol{r}_2)$ 分别依赖于每一自变量 $\boldsymbol{r}_1, \boldsymbol{r}_2$, 也就不能再作局部的各向同性的谱展开表示了. 函数 $f(K) = \left(1 - \dfrac{k}{K^2L}\sin\dfrac{K^2L}{k}\right)$ 在 $\dfrac{K^2L}{k} \ll 1$ 时, 近似地等于 $\dfrac{1}{6}\dfrac{K^4L}{k^2}$, 在 $K = \sqrt{\dfrac{\pi k}{L}} = \sqrt{\dfrac{2\pi^2}{\lambda L}}$ 时, 函数 $f(K)$ 等于 1, 而在 K 大时, $f(K)$ 接近于 1, 并呈现越来越小的振荡. 这函数的特征尺度是

$$K_0 \sim \frac{2\pi}{\sqrt{\lambda L}}.$$

当 $K \ll K_0$ 时, $f(K) \sim \dfrac{1}{6}\dfrac{K^4L^2}{k^2}$; 当 $K \gg K_0$ 时, $f(K) \sim 1$.

根据上述对 $\varPhi_n$ 及 $f(K)$ 函数性质的一般分析, 声场起伏与参数 $K_0=\dfrac{2\pi}{\sqrt{\lambda L}}$ 有关; 根据参数 $\sqrt{\lambda L}$(第一个菲涅耳区半径) 与湍流内外标 l_0, L_0 的相对位置, 可以得到下列三种情况:

(1) $\sqrt{\lambda L}\ll l_0$, 这相应于射线声学情形, 式 (8.1.16) 及 (8.1.17) 分别化为

$$F_A(K,0)\approx\frac{1}{6}\pi L^3K^4\varPhi_n(K),$$
$$F_A(K,0)\approx 2\pi k^2L\varPhi_n(K).$$

这时, 振幅起伏正比于 L^3, 而与频率无关; 相位起伏正比于频率的平方和距离 L, 在 $x=L$ 平面上, 振幅起伏的相关距离和 l_0 有相同量级.

(2) $l_0\ll\sqrt{\lambda L}\ll L_0$, 此时, 函数 $\varPhi_n(K)$ 与 $f(K)$ 的乘积在点 $2\pi/\sqrt{\lambda L}$ 附近具有最大值, 并且在 $K\geqslant 2\pi/l_0$ 处变成零, 而在 $K<\pi/L_0$ 时也变成零, 因此振幅起伏相关函数的谱在点 $2\pi/\sqrt{\lambda L}$ 有峰值, 也就是说, 尺度量级为 $\sqrt{\lambda L}$ 的那些折射率不均匀元, 对振幅起伏具有最大贡献. 由此可知, 在 $x=L$ 的平面上, 振幅起伏的相关函数将具有量级等于 $\sqrt{\lambda L}$ 的特征尺度 (相关距离).

(3) $\sqrt{\lambda L}\gg L_0$, 由 $\varPhi_n(K)$ 及 $f(K)$ 的相对位置可以看出, 这时振幅和相位起伏的主要贡献来自标度在 $(L_0,\ \sqrt{\lambda L})$ 范围内的巨标漩涡. 由于这些巨标漩涡通常不能作为均匀各向同性的, 所以在 $x=L$ 平面上的振幅和相位起伏一般不是局地各向同性的随机场. 因此, 仅能对 $\rho\leqslant L_0$ 时讨论振幅与相位起伏的结构函数 $D_A(\rho)$ 及 $D_S(\rho)$. 让我们研究 $K>2\pi/L_0$ 时谱密度 $F_A(K,0)$ 及 $F_S(K,0)$ 的具体形式, 在此区域, $f(K)=1-\dfrac{k}{K^2L}\sin\dfrac{K^2L}{k}\sim 1, 1+\dfrac{k}{K^2L}\sin\dfrac{K^2L}{k}\sim 1$, 所以我们有

$$F_A(K,0)\sim F_S(K,0)=\pi k^2L\varPhi_n(K)\qquad\left(K\geqslant\frac{2\pi}{L_0}\right).\tag{8.1.19}$$

这样, 当 $\sqrt{\lambda L}\gg L_0$ 时, 振幅与相位起伏结构函数的二维谱密度在 $K\geqslant 2\pi/L_0$ 范围内彼此相等, 并且正比于折射率起伏结构函数的三维谱密度. 因此

$$D_A(\rho)=D_S(\rho)\sim 4\pi^2k^2L\int_0^\infty[1-J_0(K\rho)]\varPhi_n(K)K\mathrm{d}K.\tag{8.1.20}$$

若假定折射率随机场在全部尺度上都是统计均匀和各向同性的, 那么可以做出关于波场振幅起伏和相位起伏的特征的进一步结论. 此时在 $x=L$ 平面上, 波振幅与相位起伏场也同样是均匀各向同性的, 因此, 它们具有相关函数

$$R_A(\rho)=2\pi\int_0^\infty J_0(K\rho)F_A(K,0)K\mathrm{d}K,\tag{8.1.21}$$

$$R_S(\rho) = 2\pi\int_0^\infty J_0(K\rho)F_S(K,0)K\mathrm{d}K. \tag{8.1.22}$$

将式 (8.1.16) 及 (8.1.17) 代入式 (8.1.21) 及 (8.1.22), 得

$$R_A(\rho) = 2\pi^2k^2L\int_0^\infty J_0(K\rho)\left(1-\frac{k}{K^2L}\sin\frac{K^2L}{k}\right)\times\varPhi_n(K)K\mathrm{d}K, \tag{8.1.23}$$

$$R_S(\rho) = 2\pi^2k^2L\int_0^\infty J_0(K\rho)\left(1+\frac{k}{K^2L}\sin\frac{K^2L}{k}\right)\times\varPhi_n(K)K\mathrm{d}K. \tag{8.1.24}$$

当 $\sqrt{\lambda L}\gg L_0$ 时, 除了 $K<2\pi/\sqrt{\lambda L}$ 那一小部分谱外, 函数 $\left(1\pm\frac{k}{K^2L}\cdot\sin\frac{K^2L}{k}\right)\varPhi_n(K)$ 几乎在所有区域都与 $\varPhi_n(K)$ 一致. 由于在 $0<K<2\pi/\sqrt{\lambda L}$ 区间上的积分小于整 K 区域上的积分, 我们近似地有

$$R_A(\rho)=R_S(\rho)\approx 2\pi^2R^2L\int_0^\infty J_0(K\rho)\times\varPhi_n(K)K\mathrm{d}K. \tag{8.1.25}$$

考虑到 $R_n(r)$ 与 $\varPhi_n(K)$ 由下式联系:

$$\varPhi_n(K)=\frac{1}{2\pi^2K}\int_0^\infty R_n(r)\sin(Kr)r\mathrm{d}r, \tag{8.1.26}$$

将其代入式 (8.1.25), 并改变积分次序, 就得到

$$R_A(\rho)=R_S(\rho)=k^2L\int_0^\infty R_n(r)r\mathrm{d}r\int_0^\infty I_0(Kp)\sin(Kr)\mathrm{d}K. \tag{8.1.27}$$

考虑到[9]

$$\int_0^\infty J_0(K_\rho)\sin(Kr)\mathrm{d}K=\begin{cases}0 & (r^2<\rho^2)\\ \dfrac{1}{\sqrt{r^2-\rho^2}} & (r^2>\rho^2)\end{cases},$$

得到

$$\begin{aligned}R_A(\rho)=&R_S(\rho)\\ =&k^2L\int_0^\infty R_n(\sqrt{\rho^2+x^2})\mathrm{d}x\quad(\sqrt{\lambda L}\gg L_0).\end{aligned} \tag{8.1.28}$$

式 (8.1.28) 将波场起伏的相关函数与介质折射率起伏的相关函数联系起来了. 在式 (8.1.28) 中, 令 $\rho=0$, 就得到波振幅与相位的起伏均方值:

$$\sigma_A^2=\sigma_S^2=k^2L\int_0^\infty R_n(x)\mathrm{d}x=\overline{\mu^2}k^2L\cdot L_n, \tag{8.1.29}$$

其中

$$L_n \equiv \frac{1}{R_n(0)}\int_0^\infty R_n(x)\mathrm{d}x = \frac{1}{\overline{\mu^2}}\int_0^\infty R_n(x)\mathrm{d}x \tag{8.1.30}$$

称为湍流的"积分尺度". 由式 (8.1.29) 可知, 当 $\sqrt{\lambda L} \gg L_0$ 时, 波振幅起伏与相位起伏相等, 并且由湍流的两个参数所决定, 即折射率起伏的均方值 $\overline{\mu^2}$, 以及湍流的积分尺度 L_n.

如果取高斯型的相关函数:

$$R_n(x) = \frac{1}{\overline{\mu^2}}\exp(-x^2/a^2), \tag{8.1.31}$$

代入式 (8.1.29), 就得到

$$\sigma_A^2 = \sigma_S^2 = \frac{\sqrt{\pi}}{2}\overline{\mu^2}k^2 aL \quad \left(\sqrt{\lambda L} \gg L_0\right). \tag{8.1.32}$$

这就是通常使用的 Mintzer-Чернов[4,2] 公式.

在折射率起伏场均匀各向同性、具有高斯型 (8.1.31) 情况下, 振幅起伏和相位起伏的一般公式 (对任意参数)$\sqrt{\lambda L}$ 与 a 的关系为[2]

$$\sigma_A^2 = \frac{\sqrt{\pi}}{2}\overline{\mu^2}k^2 aL\left(1 - \frac{\arctan D}{D}\right), \tag{8.1.33}$$

$$\sigma_S^2 = \frac{\sqrt{\pi}}{2}\overline{\mu^2}k^2 aL\left(1 + \frac{\arctan D}{D}\right), \tag{8.1.34}$$

其中波参数 $D \equiv \dfrac{4L}{k^2 a}$, 当 $D \gg 1$ 时, 式 (8.1.33) 及 (8.1.34) 退化为式 (8.1.32).

§8.2 粗糙随机表面引起的声场起伏

Eckart[10], Бреховских[11] 及Исакович[12] 均对粗表面的散射问题作过研究, Гулин[13] 又专门计算了振幅与相位的起伏.

我们来考虑绝对软起伏表面, 当平面波入射后, 其反射声的振幅与相位的起伏状况[13].

发射源位于 $(0,0,z_1)$, 接收点位于 $(L,0,z_2)$(见图 8.2.1), 根据格林公式, 接收到的声场, 除不经海面的直达声外可表示为

$$P = \frac{1}{4\pi}\iint\limits_S \left[-P\frac{\partial}{\partial n}\left(\frac{\mathrm{e}^{\mathrm{i}kR}}{R}\right) + \frac{\mathrm{e}^{\mathrm{i}kR}}{R}\left(\frac{\partial P}{\partial n}\right)\right]\mathrm{d}S, \tag{8.2.1}$$

其中 n 为表面法向 (朝向源与接收器这边为正). 考虑表面 S 上的边界条件:

$$p_0' + P = 0, \quad \frac{\partial p_0'}{\partial n} = \frac{\partial P}{\partial n}. \tag{8.2.2}$$

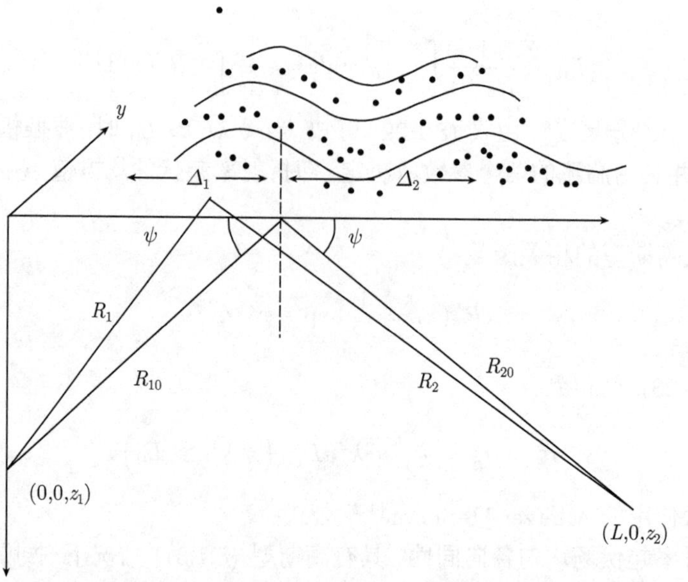

图 8.2.1

作为入射波, 取球面波

$$p_0' = \frac{\mathrm{e}^{\mathrm{i}kR_1}}{R_1}. \tag{8.2.3}$$

考虑 Kirchoff 近似, 将式 (8.2.2) 及 (8.2.3) 代入式 (8.2.1), 得到反射声为

$$P = \frac{1}{4\pi}\iint_S \frac{\partial}{\partial n}\left[\frac{\mathrm{e}^{\mathrm{i}kR_1}}{R_1}\cdot\frac{\mathrm{e}^{\mathrm{i}kR_2}}{R_2}\right]\mathrm{d}S. \tag{8.2.4}$$

若不平整的表面足够平缓, 则对 n 的微商近似代之以对 z 微商, 积分区域代之以 xy 平面, 并且 R_1R_2 远大于波长, 则

$$P = \frac{\mathrm{i}k}{4\pi}\iint \frac{1}{R_1R_2}\left(\frac{z_1'}{R_1}+\frac{z_2'}{R_2}\right)\mathrm{e}^{\mathrm{i}k(R_1+R_2)}\mathrm{d}x\mathrm{d}y. \tag{8.2.5}$$

若用函数 $F(x,y)$ 表示不平整表面在 $t=t_0$ 瞬间的形状, 则 $F=z_1-z_1'=z_2-z_2'$, 考虑 $|F|\ll\min(z_1,z_2)$, 即接收发射点距表面不是非常近的情况下, 对 R_1, R_2 取下列近似:

$$R_1=\sqrt{x^2+y^2+z_1'^2}\approx R_1'+\frac{z_1F}{R_1'},$$

$$R_2=\sqrt{(L-x)^2+y^2+{z_2}'^2}\approx R_2'+\frac{z_2F}{R_2'}.$$

以下将 R_1' 与 R_2' 均记为 R_1, R_2:

$$R_1=\sqrt{x^2+y^2+z_1^2},$$

$$R_2=\sqrt{(L-x)^2+y^2+z_2^2}.$$

让我们来研究最简单的情况, 满足条件:

$$\left|kF\left(\frac{z_1}{R_1}+\frac{z_2}{R_2}\right)\right|<1, \tag{8.2.6}$$

式 (8.2.5) 将分成有起伏的散射场部分 p_1 及无起伏的部分 p_0; 对于 p_1, 当假定

$$\frac{k\left(z_1R_1+z_2R_2\right)^2}{R_1R_2(R_1+R_2)}\gg 1,$$

有

$$p_1=-\frac{k^2}{4\pi}\iint\frac{1}{R_1R_2}\left(\frac{z_1}{R_1}+\frac{z_2}{R_2}\right)^2\cdot \mathrm{e}^{\mathrm{i}k(R_1+R_2)}F(x,y)\mathrm{d}x\mathrm{d}y, \tag{8.2.7}$$

$$p_0=\frac{\mathrm{i}k}{4\pi}\iint\frac{1}{R_1R_2}\left(\frac{z_1}{R_1}+\frac{z_2}{R_2}\right)\mathrm{e}^{\mathrm{i}k(R_1+R_2)}\mathrm{d}x\mathrm{d}y. \tag{8.2.8}$$

有下列等式:

$$A\mathrm{e}^{\mathrm{i}\phi}=A_1\mathrm{e}^{\mathrm{i}\phi_1}+A_0\mathrm{e}^{\mathrm{i}\phi_0}, \tag{8.2.9}$$

其中 $p_1=A_1\mathrm{e}^{\mathrm{i}\phi_1}$ 为散射起伏部分; $p_0=A_0\mathrm{e}^{\mathrm{i}\phi_0}$ 为不起伏部分 (有规分量); $p=A\mathrm{e}^{\mathrm{i}\phi}$ 为总场.

将式 (8.2.9) 两边取对数, 并考虑 $|p_1|\ll|p_0|$, 则得

$$\ln\frac{A}{A_0}+\mathrm{i}\delta\phi\cong\frac{A_1}{A_0}\mathrm{e}^{\mathrm{i}(\phi_1-\phi_0)}.$$

注意

$$\ln\frac{A}{A_0}\cong\frac{\delta A}{A_0},\quad \delta\phi=\phi-\phi_0,$$

我们可以得到下列不平表面反射声场的振幅与相位的小起伏近似表示:

$$\frac{\delta A}{A_0}=\frac{k^2}{4\pi A_0}\iint\frac{1}{R_1R_2}\left(\frac{z_1}{R_1}+\frac{z_2}{R_2}\right)^2\times\cos\left[k\left(R_1+R_2\right)-\phi_0\right]F\left(x,y\right)\mathrm{d}x\mathrm{d}y, \tag{8.2.10}$$

$$\delta\phi=\frac{k^2}{4\pi A_0}\iint\frac{1}{R_1R_2}\left(\frac{z_1}{R_1}+\frac{z_2}{R_2}\right)^2\times\sin\left[k\left(R_1+R_2\right)-\phi_0\right]F\left(x,y\right)\mathrm{d}x\mathrm{d}y. \tag{8.2.11}$$

有规场 A_0 与 ϕ_0 由式 (8.2.8) 确定.

对式 (8.2.10), (8.2.11) 进行积分时, 我们考虑散射区具有有限面积, 例如带指向性的发射、接收器就是这种情况, 并考虑积分区的线度较 R_{10} 与 R_{20} 为小. 将 R_1 与 R_2 展开:

$$R_1\cong R_{10}+\frac{y^2}{2R_{10}}-x_1\cos\psi+\frac{x_1^2\sin^2\psi}{2R_{10}},$$

$$R_2 \cong R_{20} + \frac{y^2}{2R_{20}} + x_1 \cos\psi + \frac{x_1^2 \sin^2\psi}{2R_{20}}, \tag{8.2.12}$$

其中 $x_1 = x - \dfrac{Lz_1}{z_1 + z_2}$, ψ 是掠角.

将上述近似代入式 (8.2.8), (8.2.10) 及 (8.2.11), 得

$$\frac{\delta A}{A_0} = \frac{k^2 \sin^2\psi}{\pi R_{10} R_{20} A_0} \iint \cos\left(\frac{kx_1^2 \sin^2\psi}{R} + \frac{ky^2}{R} - \phi_0'\right) \times F\mathrm{d}x_1\mathrm{d}y, \tag{8.2.13}$$

$$\delta\phi = \frac{k^2 \sin^2\psi}{\pi R_{10} R_{20} A_0} \iint \sin\left(\frac{kx_1^2 \sin^2\psi}{R} + \frac{ky^2}{R} - \phi_0'\right) \times F\mathrm{d}x_1\mathrm{d}y, \tag{8.2.14}$$

其中

$$R = \frac{2R_{10}R_{20}}{R_{10} + R_{20}}, \quad \phi_0' = \phi_0 - k(R_{10} + R_{20}).$$

对 x_1 的积分限为 $-\Delta_1$ 到 Δ_2, 对 y 的积分限为 $-l_1$ 到 l_2. 下面考虑 $\Delta_1 = \Delta_2 = \Delta$, $l_1 = l_2 = l$, $R_{10} = R_{20} = R_0$, $z_1 = z_2 = z$, 这将使计算大为简化, 而又不变更解的基本性质, 于是

$$p_0 = -\frac{\mathrm{e}^{\mathrm{i}2kR_0}}{2R_0} \mathrm{e}^{\mathrm{i}\arctan\frac{S_\Delta S_\iota - c_\Delta c_\iota}{c_\Delta S_\iota + c_\iota S_\Delta}} \sqrt{(c_\Delta c_\iota - S_\Delta S_\iota)^2 - (c_\Delta S_\iota + c_\iota S_\Delta)^2}, \tag{8.2.15}$$

其中 $c_\Delta, S_\Delta, c_\iota, S_\iota$ 分别为宗量为 $\sqrt{\dfrac{2}{\pi} \cdot \dfrac{k\sin^2\psi}{R_0}} \cdot \Delta$ 及 $\sqrt{\dfrac{2}{\pi} \cdot \dfrac{k}{R_0}} \cdot l$ 的菲涅耳积分. 对大宗量, 则有 $p_0 = -\dfrac{\mathrm{e}^{2ikR_0}}{2R_0}$, 即完全镜反射.

若对起伏界面取下列空间相关数:

$$F(x_1)F(x_2) = \overline{F_0^2} \mathrm{e}^{-(x_1 - x_2)^2/a^2} \cdot \cos q(x_1 - x_2),$$

则在文献 [13] 中估算出振幅与相位起伏的下列结果:

(1) 当满足条件 $D \equiv \dfrac{ka^2 \sin\psi}{R_0} \ll 1$ 时,

$$\frac{\overline{\delta A}}{A_0^2} \cong \overline{(\delta\phi)^2} \cong 2k^2 \sin^2\psi \cdot \overline{F_0^2}; \tag{8.2.16}$$

(2) 当满足条件 $D \gg 1$ 时,

$$\overline{(\delta\phi)^2} = 4k^2 \sin^2\psi \cdot \overline{F_0^2}, \tag{8.2.17}$$

而

$$\frac{\overline{(\delta A^2)}}{A_0^2} \ll \overline{(\delta\phi)^2}.$$

参数 D 的含义是波浪空间相关尺度与沿声传播方向的菲涅耳带的尺度之比. 在 20 世纪 70 年代末, 我们利用海洋大学 60m 长的波浪池成功地实现了简正波的空间过滤并观察测量了由造波机产生的表面波浪对简正波声场的影响[64]. 美国威斯康辛大学的 C. S. Clay 教授根据这些实验数据对浅海波导中简正波场的起伏作了研究, 并模拟计算了信号强度的闪烁指数与实验结果进行了对比[65].

§8.3 内波引起的声场起伏

早期 (20 世纪 60 年代) 的声波起伏的研究工作着眼于高频声波近程单一途径问题, 并且对介质起伏的机理主要归因于热微结构 (湍流) 的散射[1-4,16,17]. 热微结构 (湍流) 的弱散射理论表明: 振幅起伏与相位起伏具有相同的时间尺度; 然而近年来关于低频远距离传播起伏的实验结果表明, 声信号的起伏常常具有完全不同的性质[19-23]: 在数分钟以至数小时时间尺寸上, 相位相当稳定, 而振幅却有相当快的随机起伏与相位起伏具有完全不同的时间尺度 (见图 8.3.1 及图 8.3.2).

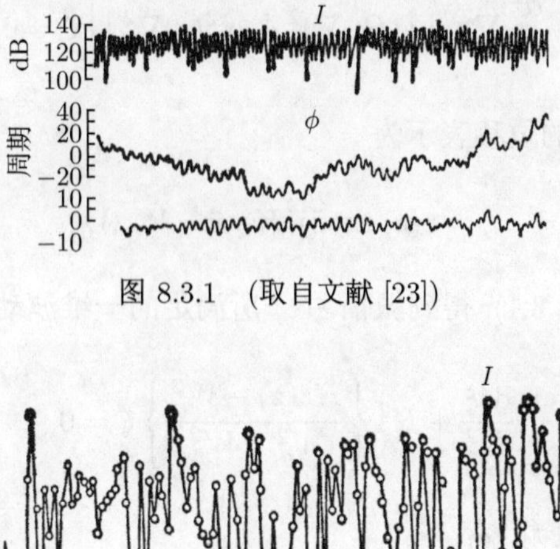

图 8.3.1 (取自文献 [23])

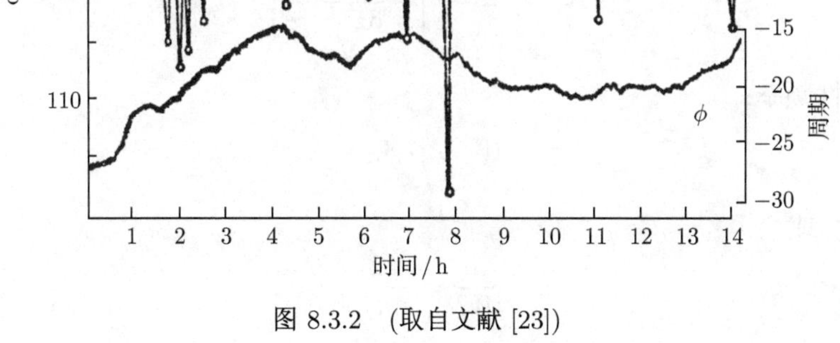

图 8.3.2 (取自文献 [23])

这些新的传播起伏的实验结果, 把人们的视线转移到内波上来. 目前的研究认为, 这些出现在 W_i (惯性频率) 与 n_0(Väisälä 频率) 之间的起伏主要是受内波影响[19−23]. 按照与内波场相联系的起伏模型计算出来的相位 (到达时间) 的起伏与实验结果相当符合. 而对振幅起伏的解释还存在问题; 对近距离单途振幅起伏的实验结果与按内波模型计算的结果不符; 文献 [24] 指出, 这可能是温度场的精细结构对振幅起伏有主要贡献. 这一问题有待进一步深入研究. 对于远距离, 由于独立多途的叠加, 使散射问题转化为统计问题, 冲淡了物理机制的作用, 按照这种统计模型所作的理论分析与实验结果是相当符合的[18,23,27]. 具体的起伏机制是这样的:

(1) 内波对每一单途传播有较大的相位随机调制, 而对振幅起伏则很小;

(2) 远程声场是由独立的多途叠加而成的, 而总声场的起伏特性取决于叠加成员 (单途) 的相位起伏在叠加时产生的 "衰落" 过程 (fade out).

如果在动力方程中只考虑浮力及 Coriolis 力的驱动的线性过程, 则内波的运动主要受惯性频率 W_i 与 Väisälä 频率 $N(z)$ 两个参数所控制, 这里我们不考虑受内潮及地转波影响的 W_i 以下的起伏过程[28]:

$$\left[\frac{\partial^2}{\partial t^2}\nabla^2 + \left\{(\varOmega\cdot\nabla)^2 + N^2(z)\nabla_n^2\right\}\right]\xi = 0. \tag{8.3.1}$$

若平面简谐内波的位移表示为

$$\xi = \xi(z)\exp\left\{\mathrm{i}(\boldsymbol{K}\cdot\boldsymbol{x} - W_g t)\right\}, \tag{8.3.2}$$

将式 (8.3.2) 代入式 (8.3.1), 得到振幅 $\xi(z)$ 所满足的一维波动方程[29]:

$$\frac{\mathrm{d}^2\xi}{\mathrm{d}z^2} + K^2\left\{\frac{N^2(z) - W_g^2}{W_g^2 - W_i^2}\right\}\xi = 0, \tag{8.3.3}$$

其中 $N^2(z)$ 为 Väisälä 频率:

$$N^2(z) = -g\left[\frac{1}{\rho}\frac{\mathrm{d}\rho}{\mathrm{d}z} + \frac{g}{c^2}\right]; \tag{8.3.4}$$

W_i 为惯性频率:

$$W_i = \varOmega\sin\lambda,$$

λ 为纬度, 或

$$\frac{1}{W_i} = \frac{12}{\sin\lambda}.$$

由式 (8.3.3) 显见, 能有效传播的内波必须满足条件:

$$\frac{N^2(z)-W_g^2}{W_g^2-W_i^2}>0. \tag{8.3.5}$$

因此内波的频率范围是

$$W_i<W_g<N(z). \tag{8.3.6}$$

当满足条件 $N(z)\gg\Omega$ 时, 方程 (8.3.3) 可取 W.K.B. 近似:

$$\xi\sim\left[\frac{N^2(z)-W_g^2}{W_g^2-W_i^2}\right]^{-1/4}\quad\exp\left[\mathrm{i}K\int^z\sqrt{\frac{N^2(z)-W_g^2}{W_g^2-W_i^2}}\mathrm{d}z\right]. \tag{8.3.7}$$

对于给定的 $N(z)$ 剖面, 加上相应的边界条件, 就构成确定内波位移的本征值问题, 它与解算分层介质中的声场问题是完全相似的, 因此, 解算分层介质声场的数值程序完全能用于解算内波场[30].

由于影响声场的重要参数是声速 c, 因此内波对声场的扰动主要通过内波对折射率 $\dfrac{\Delta c}{c_0}$ 的扰动而表现. Munk[31] 曾建立声速起伏与内波场的联系为

$$\gamma=\frac{\Delta c}{c_0}=\frac{-N^2(z)\sigma}{g}\cdot\xi(z), \tag{8.3.8}$$

其中 σ 为常数; g 为重力加速度; $N(z)$ 为 Väisälä 频率; $\xi(z)$ 为内波的垂直位移.

文献 [32] 也考虑了内波运动速度比声传播速度小很多, 采取准静态近似, 因此, 声速的变化仅由内波质点迁移引起:

$$c^2(z,\boldsymbol{r})\approx c_0^2(z)-\xi(z,\boldsymbol{r})\cdot\frac{\mathrm{d}c_0^2}{\mathrm{d}z}. \tag{8.3.9}$$

因此, 只要解算出内波的运动位移函数 ξ, 原则上就能解算扰动声场. 然而实际上还有不少困难. 首先, 由式 (8.3.2) 所表达的内波运动是单一模式的平面简谐运动. 实际的内波比它要复杂得多. 其次, 内波扰动后的介质一般说来是包含有水平变化的三维非均匀介质, 对这种情况下的声波波动方程, 无论是解析解或数值解, 都还存在许多困难, 有待进一步研究解决. 后一问题, 超出本节范围不再赘述.

关于实际海洋中内波的运动情况, 近年来建立了一些经验谱表示, 例如著名的 G-M 谱[33,34], 内波谱描述了各种平面波分量在 (α,W_g) 平面上的能量分布情况; 例如 G-M(72) 谱为

$$E(\alpha,W_g)=\begin{cases}4b^3n_0^3EW_i^2\mu^{-1}W_g^{-1}(W_g^2-W_i^2)^{-1/2} \\ \qquad\alpha'(W_g)<\alpha(W_g)<\alpha_c(W_0) \\ 0\qquad\text{其他}\end{cases}, \tag{8.3.10}$$

其中

$$\mu(W_g) = J\pi(W_g^2 - W_i^2)^{1/2},$$

$$\alpha_c = \mu(W_g)/2\pi b n_0.$$

$\alpha'(W_g)$ 为第一内波模式的频散关系; J 为在惯性频率 W_i 上的传播内波模式数目; n_0 为 Väisälä频率的极大值; 而

$$b = n_0^{-1}\int n(z)\mathrm{d}z;$$

为拟合实测数据, G-M 选取常数为

$$E = 2\pi \times 10^{-5},$$

$$J = 20.$$

当海洋中的随机内波场由谱表示 [例如式 (8.3.10)] 给出时, 声速起伏 γ 通过式 (8.3.8) 可以得到相应的谱表示 $F_\gamma(\alpha, W_g)$, 从而受内波扰动的声场也可以得到相应的谱表示.

海洋中的声场往往是多途叠加的声场, 总叠加声场的起伏是由各个起伏的单途声场叠加的结果, 因此研究单途声场的起伏是基本的.

Clark[35] 使用最简单的锐分界面模型见图 8.3.3, 平面波穿越内波时的相位起伏为

$$\phi(x,y,t) = \frac{\Delta c}{c} k \sec\theta \cdot h(x,y,t), \tag{8.3.11}$$

$$\sigma_\varphi = \frac{\Delta c}{c} k \sec\theta \cdot \sigma_h; \tag{8.3.12}$$

其中 $h(x,y,t)$ 为分界面的随机高度; k 为声波波数; θ 为声波的入射角.

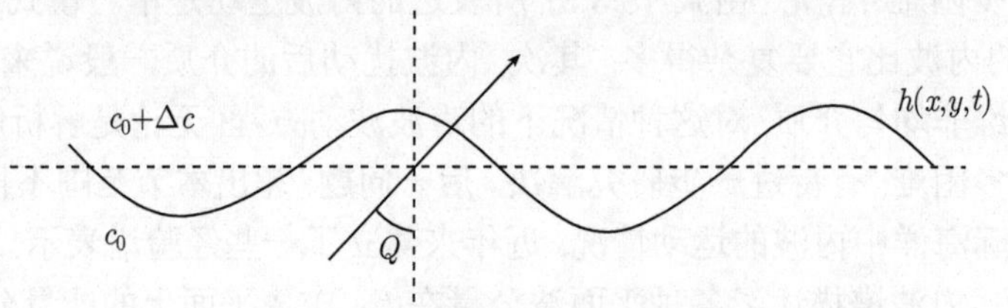

图 8.3.3

Potter, Spindel, Jeffe[36] 使用了 "薄层模型"(见图 8.3.4), 引入内波的 "声学厚度" 的概念为

$$\eta \equiv \int \gamma \mathrm{d}z, \tag{8.3.13}$$

则内波的运动用声学厚度为 η 薄层来代替. 于是薄层模型保留了内波的水平空间变化及时间变化的基本特征, 因此它可以与任意的内波谱表示相联系. 它对声波的作用是无反射、无衍射; 当射线以 ϕ_ι 掠角射入薄层时将发生相移, 而相移正比于在射线方向上薄层的投影长度及频率. 文献 [36] 计算出在声道中穿越 M 次内波薄层的相位起伏谱为

$$F_{\theta\iota}(W_g)=\frac{M}{\lambda^2}\csc^2\phi_\iota\cdot\int_0^\infty F_\eta(\alpha,W_g)\mathrm{d}\alpha, \tag{8.3.14}$$

其中 M 为穿越次数; λ 为声波波长; ϕ_ι 为射线掠角; F_η 为 η 的谱. 当使用 G-M(72) 谱式 (8.3.10) 时, 可得

$$F_{\theta l}(W_g)=\begin{cases}4K_aMW_iW_g^{-3}(W_g^2-W_i^2)^{1/2}/\lambda^2\sin\phi_l & W_i<W_g<n_0\\ 0 & \text{其他}\end{cases}, \tag{8.3.15}$$

其中 K_a 为内波标度参数. 显然, 在薄层反转时, 式 (8.3.14) 就不适用了.

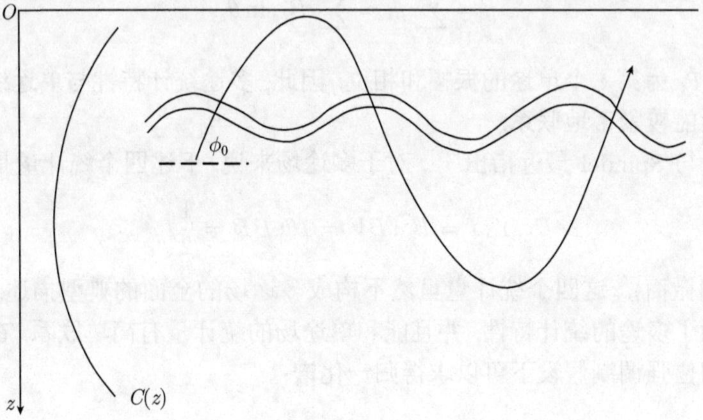

图 8.3.4

Desaubies[37] 根据射线近似的 Tartaski 方法, 计算出小掠角射线的相位谱为

$$\theta(t)=c_0^{-1}\int_R\gamma(s,t)\mathrm{d}s, \tag{8.3.16}$$

其中 $\gamma=\dfrac{\Delta c}{c}=\dfrac{n^2(z)\sigma}{g}\xi(X,t)$, 于是

$$F_\theta(W_g)=\frac{2}{c_0^2}\frac{n^4\sigma^2}{g^2}\int_0^L(L-x)F_\xi(x,W_g)\mathrm{d}x. \tag{8.3.17}$$

将 G-M(72) 谱代入上式后, 可得

$$F_\theta(W_g) \sim \frac{1}{W_g^3} \cdot \psi(W_g), \tag{8.3.18}$$

其中 $\psi(W_g)$ 是 W_g 的缓变函数.

以上简述了单途起伏情况, 下面我们来讨论多途叠加场的起伏情况.

虽然习惯上常采用振幅 B 与相位 θ(极坐标描写) 这两个物理量来描写声场, 但是对于多途叠加声场的统计特性来说, 采用正交分量更为方便:

$$x = B\cos\theta, \tag{8.3.19}$$

$$y = B\sin\theta. \tag{8.3.20}$$

因为多途正交分量与单途正交分量有较为简单直接的联系:

$$x = \sum_i x_i = \sum_i B_i \cos\theta_i, \tag{8.3.21}$$

$$y = \sum_i y_i = \sum_i B_i \sin\theta_i, \tag{8.3.22}$$

其中 B_i 与 θ_i 为第 i 个单途的振幅和相位. 因此, 多途统计特性与单途统计特性通过正交分量能较紧密地联系.

Potter 与 Spindel 最近指出[27], 对于多途场来说, 下述四个统计量是有用的:

$$X, Y; I = B^2; BV = I\dot{\theta}; B\dot{B} = \frac{1}{2}\dot{I}$$

($\cdot$ 代表时间微商). 这四个统计量虽然不构成多途场的全面的典型描述, 但在相当程度上刻画了多途的统计特性, 并且能和单途场的统计量有简单联系. 在各途能量均等并且相位强调制假设下可以求得归一化谱:

$$F_x(W_g)/C_I(0)^{1/2} = (4\nu_0\pi^{1/2})^{-1}\exp(-W_g^2/2\nu_0^2), \tag{8.3.23}$$

$$F_I(W_g)/C_I(0) = \frac{1}{2}\delta(\omega) + (4\nu_0\pi^{1/2})^{-1}\exp(-W_g^2/4\nu_0^2), \tag{8.3.24}$$

$$F_{BV}(W_g)/C_I(0) = \frac{1}{2L}F_{\dot{\theta}l}(W_g) + \frac{W_g^2}{16\nu_0\pi^{1/2}}\exp(-W_g^2/4\nu_0^2), \tag{8.3.25}$$

$$F_{B\dot{B}}(W_g)/C_I(0) = \frac{W_g^2\pi^{3/2}}{4\nu_0}\exp(-W_g^2/4\nu_0^2). \tag{8.3.26}$$

由上述结果可以看出, 对多途场统计特性的一个重要影响参数是单途相率的均方值: $\nu_0^2 \equiv \langle\dot{\theta}_l^2\rangle$; 它与内波场的联系由 Munk, Zachariasen[20] 给出:

$$\langle\dot{\theta}_0^2\rangle = 8\pi^{-2}\langle(\delta c/c)_{\text{axi}}^2\rangle q^2 BRW_i n_0 \ln(n_{\text{axi}}/W_i)\langle j-1\rangle. \tag{8.3.27}$$

上式是对沿声道轴射线估算的, 其中 q 为声波波数; B 为分层结构的深度标度 $\left(\dfrac{\mathrm{d}n}{\mathrm{d}z}=-zB\right)$; R 为传播距离; j 为内波模式数 $\langle j^{-1}\rangle\sim0.4$.

由式(8.3.25)可以看到 BV 谱与单途相率谱 $F_{\dot{\theta}\iota}(W_g)$ 有联系, 当 $W_g\ll\nu_0$, $F_{BV}(W_g)\approx\dfrac{1}{2L}F_{\dot{\theta}\iota}(W_g)$; 对于单途幅度接近常数时, 则相率谱与相位谱有下列关系:

$$F_{\dot{\theta}_\iota}(W_g)=4\pi^2W_g^2F_{\theta\iota}(W_g), \tag{8.3.28}$$

而 $F_{\theta\iota}(W_g)$ 与内波有联系, 例如由 P.S.J 理论给出的式 (8.3.15). 理论公式 (8.3.24)~(8.3.26) 与实际结果的比较见图 8.3.5. 当独立的多途数足够多时, x 与 y 均为高斯分布, 在此情况, Adams[38] 一般性地推导出了相率谱与强度谱分别为

$$F_{\dot{\theta}_\iota}(W_g)=\begin{cases}\nu_0^2/W_g & W_g>\nu_0\\ 0.736\,9\nu_0^2 & W_g<\nu_0\end{cases}, \tag{8.3.29}$$

$$F_{B^2}(W_g)=2\mu^4\delta(W_g)+\mu^4\pi^{-1/2}\nu_0^{-1}\exp\left(-W_g^2/4\nu_0^2\right), \tag{8.3.30}$$

其中 μ^2 为均方振福.

在文献 [23] 中, 根据多途信号相位的无规行走模型, 近似推得相位谱与强度谱为

$$\begin{aligned}F_\theta(W_g)&=\nu^2W_g^{-2}\left(W_g^2+1.27\nu_0^2\right)^{-1/2},\\ F_{B^2}(W_g)&=4\nu^2\left(W_g^2+2.43\nu_0^2\right)^{-3/2}.\end{aligned}$$

θ 与 B^2 谱的低频部分主要由相位的游走所控制 (此时 $W_g\ll\nu_0, F_\theta(W_g)\sim1/W_g^2$; $F_{B^2}(W_g)\sim\mathrm{const}$), 而谱的高频部分则主要由衰落所控制 (此时 $W_g\gg\nu_0, F_\theta\sim1/W_g^3$; $F_{B^2}\sim1/W_g^3$).

内波对低频远距离传播中的信号起伏有重要的影响, 对多途叠加声场有重要影响的参数是单途相位起伏速率 $\nu_\iota^2=\langle\dot{\theta}_\iota^2\rangle$; 对于给定的内波谱表示, ν_ι^2 可以预报, 反之, 从测得的 ν_ι^2 也可以对内波的运动规律作出相应的估计.

单途传播信号起伏与内波的相互作用目前大多是在十分简单的射线近似模型下给出的, 有必要进一步用波动理论加以研究, 尤其对浅海中内波对声场的影响目前研究得很少. 在浅海中使用简正波理论是一种可能的途径, 例如文献 [39], 并且简正波场的数值程序同样可以用来解算内波场[30], 此外, 由内波扰动而起伏的声场的 PE 数值解法也是十分重要的研究课题[40], 它可以与近似理论的解析结果进行对比.

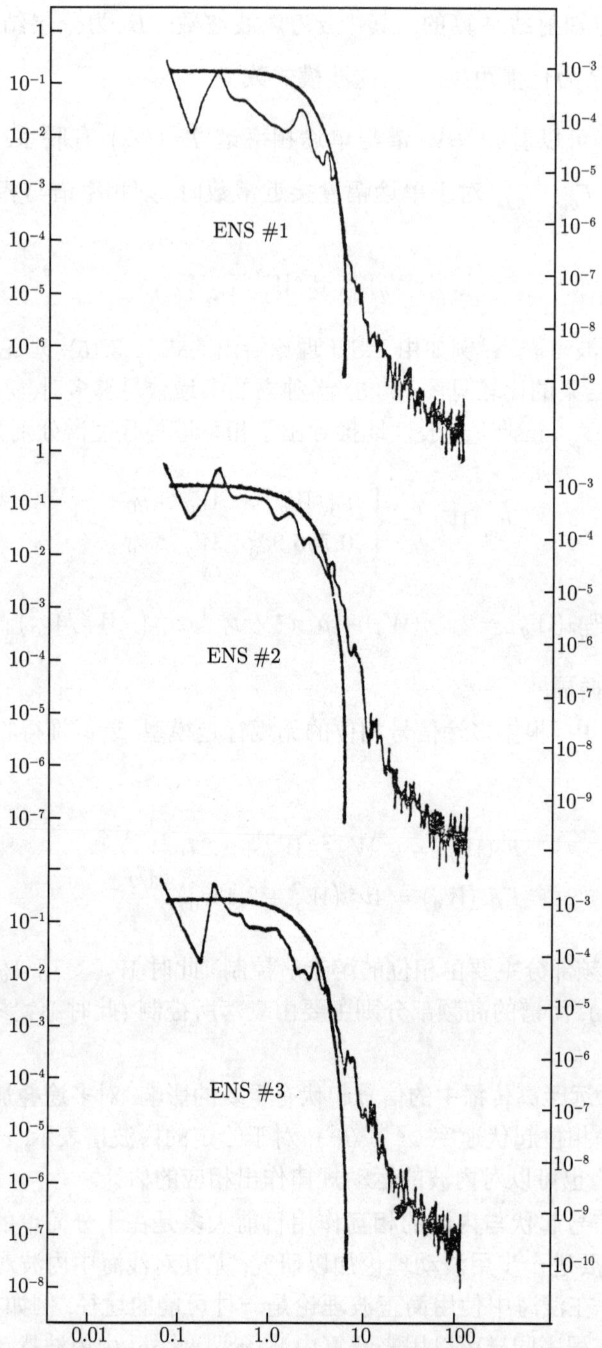

(a)

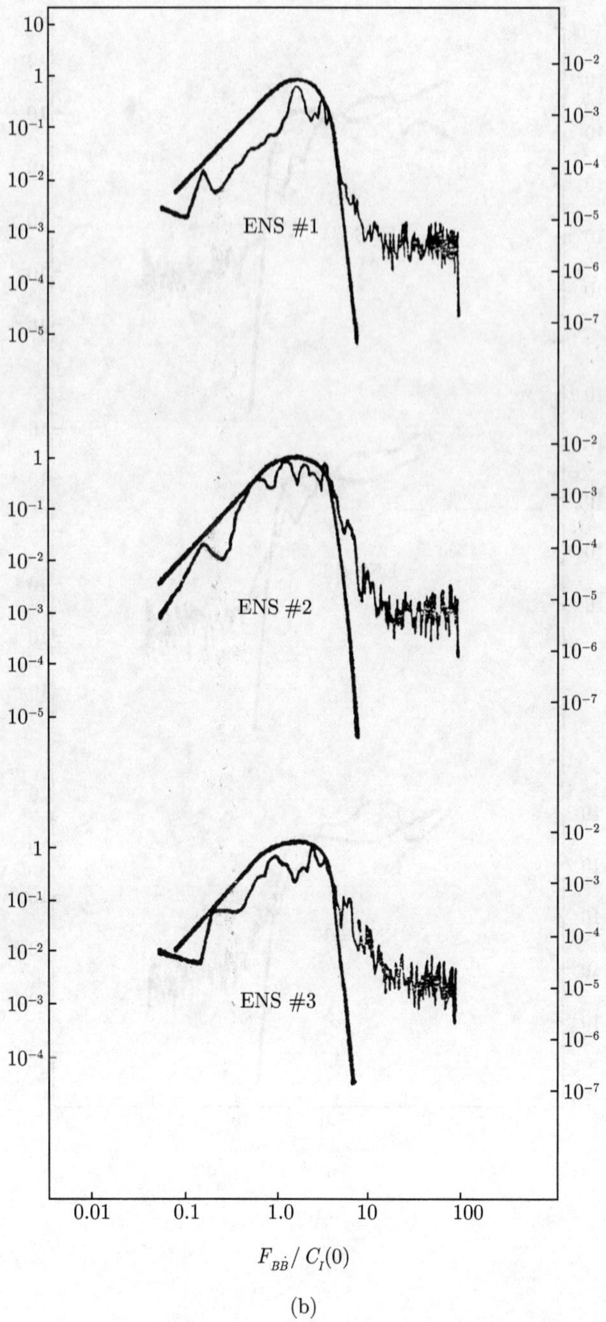

10
1
10⁻¹
10⁻²
10⁻³
10⁻⁴
10⁻⁵
10⁻²
10⁻³
10⁻⁴
10⁻⁵
10⁻⁶
10⁻⁷
ENS #1
ENS #2
ENS #3
0.01
0.1
1.0
10
100
$F_{B\dot{B}}/C_I(0)$

(b)

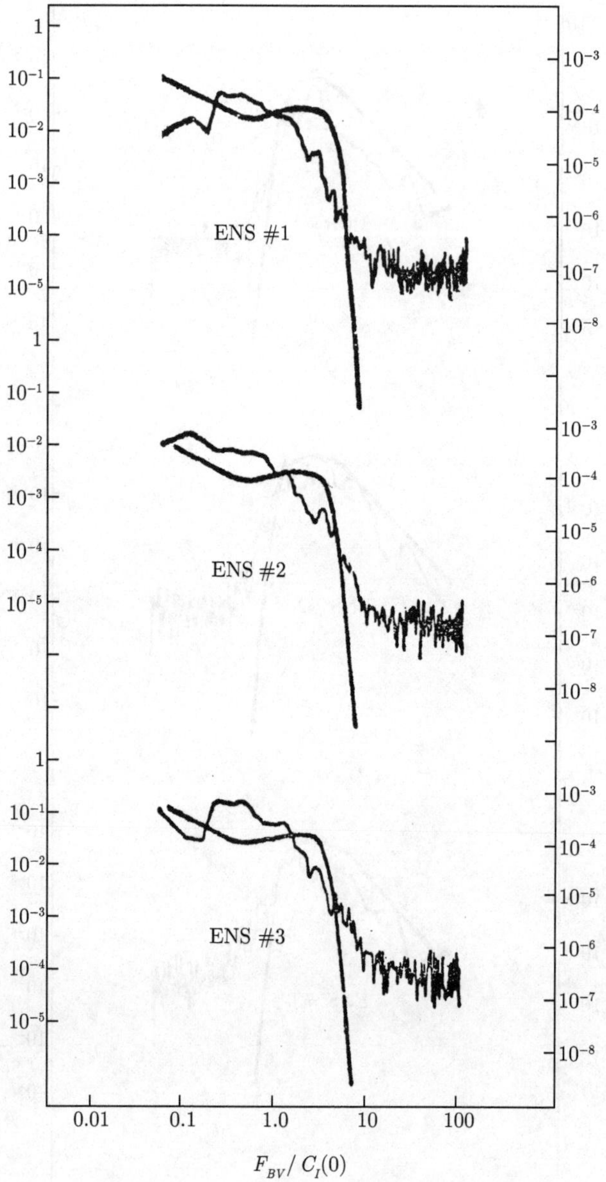

(c)

图 8.3.5

在文献 [41, 42, 60] 中都用射线声学的方法, 讨论了海洋中内波对声场的影响.

综上可见, 内波与声场的相互关系问题是十分重要的研究课题, 这一方面是由于现代声呐信号处理手段的进展, 使得所涉及的时间尺度与空间尺度都大为扩展,从而使内波变成影响信道特征的重要因素. 另一方面, 受内波调制的声场也必然包含着人们所关心的内波动力过程的某些信息, 从而发展成为一种新型的声学遥感方法, 作为长时间大面积监测海洋动力过程的手段. 这种以声波传输作为积分探头来探测海洋的问题已日益受到重视[15,62].

近年来, 发现浅海非线性内波对声场有强的影响, 受到广泛的关注[66−68], 并进行了多次的海上实验. 由于非线性内波所引起的声速剖面变化很大, 水平分层介质模型 (range-independent) 已不适用. 文献 [69, 70] 均结合内波场的测量, 对声传播用对介质随程变化 (range-dependent) 适用的抛物近似算法 (PE) 进行声场的解算, 并与实验数据对比获得较好结果.

§8.4 浅海信道中信号场的横向相关

采用大尺度的空间布阵对信号场进行空间相干积累是抗噪声干扰, 提高空间分辨的有效手段. 然而随着布阵尺度的增大, 由信道随机扰动所导致的信号场的去相关, 以及由此产生的信号处理系统空间增益的降低和分辨目标的角度模糊是人们所关心的问题. 因此, 近年来对于海洋中声信号场的横向相干问题的研究日益受到重视, 并已有一些实验和理论工作发表[43−49]. 但是到目前为止, 无论理论研究或实验研究均还处于初期阶段, 特别是尚未建立起与环境因素紧密联系的、能揭示其客观规律性的较为完善的理论.

文献 [50] 考虑了准平面波具有高斯起伏过程中, 波场横向相干与起伏统计量之间的关系, 然后将这个准平面波模型用于均匀浅海信道中的有效简正波; 分析计算了由温度微结构及随机起伏界面所引起的信号场横向相干性减弱的情况, 给出了能反映环境因素对信号场横向相干性影响的解析表达式, 特别是分析了海底反射性能的影响. 计算结果表明, 信道的随机性因素 $\overline{\mu^2}, a, \sigma_H^2$ 主要通过相位、振幅起伏之方差而制约信号场的横向相干性, 而信道的有规环境因素 Q(海底反射性能), H_0(平均海深) 则主要通过对有效传播掠角的 "剥离" 而制约横向相干.

考虑一个沿 r 方向传播的准平面波:

$$p(r) = A(r)\mathrm{e}^{\mathrm{i}k_0 r}. \tag{8.4.1}$$

在有规介质中, 波场 $p(r)$ 仅是 r 的函数, 与横向坐标 x 无关; 其波阵面是一个 $r = \text{const}$ 的平面. 当介质存在随机扰动时, 对于固定的 r, 波场将与 x 有关, 即受到横向随机调制, 记为

$$p(r,x) = A(r,x)\mathrm{e}^{\mathrm{i}k_0 r+\mathrm{i}S(x)}. \tag{8.4.2}$$

将式 (8.4.2) 改写为

$$p(r,x)=\overline{A(r)}\cdot\frac{A(r,x)}{\overline{A(r)}}\mathrm{e}^{\mathrm{i}k_0r+\mathrm{i}S(x)}$$
$$=\overline{A(r)}\mathrm{e}^{\mathrm{i}k_0r+\mathrm{i}S(x)+B(x)},\tag{8.4.3}$$

其中

$$B(x)\equiv\ln\frac{A(r,x)}{\overline{A(r)}}.\tag{8.4.4}$$

考虑 $S(x)$ 与 $B(x)$ 是平稳、零均值的高斯过程, 我们来计算信号场 $p(r,x)$ 的横向相关系数:

$$R(X)=\frac{\langle p(r,x)p^*(r,x+X)\rangle}{\langle p(r,x)p^*(r,x)\rangle},\tag{8.4.5}$$

其中 X 代表横向间隔; * 号表示复共轭; $\langle\,\rangle$ 表示统计平均.

根据高斯过程的性质, 不难看到

$$R(X)=\exp\left\{-\sigma_S^2\left[1-R_S(X)\right]-\sigma_B^2\left[1-R_B(X)\right]\right\},\tag{8.4.6}$$

其中 σ_S^2, σ_B^2 分别为相位, 振幅起伏之方差; R_S, R_B 分别为相位, 振幅起伏之相关系数.

由式 (8.4.6) 可见, 当大横向距离时,

$$X\gg\rho_S,\rho_B,\tag{8.4.7}$$

则 $R(X)$ 趋于一个常数值:

$$R(X\gg\rho_S,\rho_B)=\exp\left[-\psi^2\right],\tag{8.4.8}$$

其中 ρ_S,ρ_B 分别为相位, 振幅起伏的相关半径, 而

$$\psi^2\equiv\sigma_S^2+\sigma_B^2.\tag{8.4.9}$$

对于弱调制情况 ($|\psi^2|\ll 1$), 则 $R(\infty)$ 是一个不很小于 1 的常值, 这意味着信号场保持有明显可观的有规分量 (见图 8.4.1).

在这种情况下, 通常所谓的 "信号场横向相干半径" 的概念是不适用的. 因此, 全面描写信号场横向相干性减弱的数值特征量应是 ρ_S,ρ_B 及 $R(\infty)$.

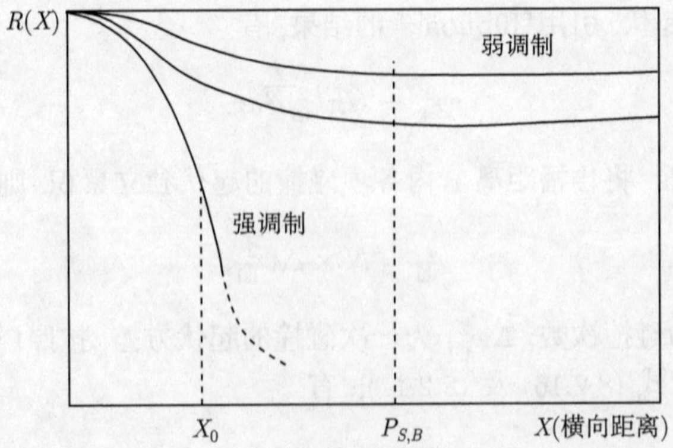

图 8.4.1

对于强调制情况 ($\sigma_S^2 > 1, \sigma_B^2 > 1$), 则可得到

$$\begin{aligned} R(X) &= \exp\left\{-\sigma_S^2\left[1 - R_S(X)\right] - \sigma_B^2\left[1 - R_B(X)\right]\right\} \\ &= \exp\left\{-\sigma_S^2 \cdot \frac{X^2}{\rho_S^2} - \sigma_B^2\frac{X^2}{\rho_B^2}\right\} \\ &= \exp\left\{-X^2\left[\frac{\sigma_S^2}{\rho_S^2} + \frac{\sigma_B^2}{\rho_B^2}\right]\right\}. \end{aligned} \tag{8.4.10}$$

对此, 则可由 R 值下降到 e^{-1} 定义相关半径 X_0:

$$X_0 = \frac{\rho_S\rho_B}{\sqrt{\sigma_S^2\rho_B^2 + \sigma_B^2\rho_S^2}}.$$

下面, 我们来分析计算均匀浅海中相应于温度微结构及随机起伏界面所引起的信号场横向相关的减弱情况 (见图 8.4.2).

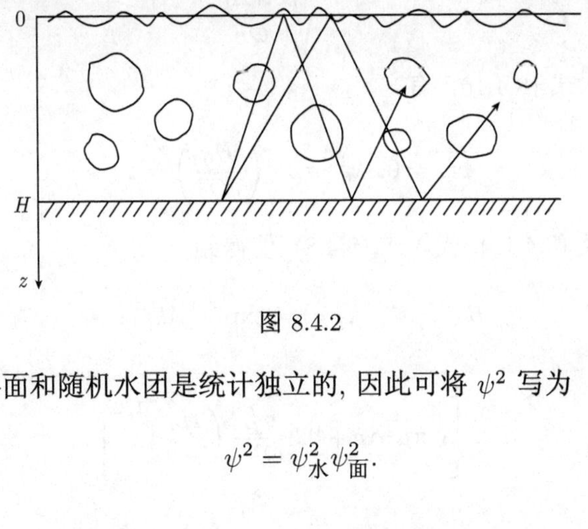

图 8.4.2

由于随机界面和随机水团是统计独立的, 因此可将 ψ^2 写为

$$\psi^2 = \psi_{\text{水}}^2\psi_{\text{面}}^2.$$

对于随机水团的起伏, 引用Чθрнов[2] 的结果, 有

$$\psi_{水}^2 = \sqrt{\pi} k_0^2 \overline{\mu^2} ar. \tag{8.4.11}$$

对于随机界面, 将传播距离 r 内各项碰撞的起伏独立累积, 则有

$$\psi_{面}^2 = N \times \Delta\psi_{面}^2, \tag{8.4.12}$$

其中 N 为 r 内的碰撞次数; $\Delta\psi_{面}^2$ 为一次碰撞的起伏方差, 按照Гулин对随机界面所作计算结果 [见式 (8.2.16) 及 (8.2.17)], 有

$$\Delta\psi_{面}^2 = 4k_0^2 \sin^2\alpha\sigma_H^2, \tag{8.4.13}$$

其中 σ_H^2 为随机界面的起伏方差. 而碰撞次数 N 为

$$N = r/S(\alpha) = r\tan\alpha/2H_0. \tag{8.4.14}$$

将式 (8.4.13), (8.4.14) 代入式 (8.4.12), 并注意小掠角情况, 可得

$$\psi_{面}^2 \cong 2k_0^2\alpha^3\sigma_H^2 \cdot \frac{r}{H}. \tag{8.4.15}$$

对于点源发射器的远程声场, 我们取在 “有效开角”α_{eff} 内的平均值作为实际信号场起伏方差的一种平均估量值:

$$\overline{\psi_{面}^2} = \frac{1}{\alpha_{\text{eff}}}\int_0^{\alpha_{\text{eff}}} \psi_{面}^2 \mathrm{d}\alpha = k_0^2 \cdot \sigma_H^2 \cdot \alpha_{\text{eff}}^3 \cdot \frac{r}{2H_0}. \tag{8.4.16}$$

显然, “有效开角”α_{eff} 与海底反射性能有关. 对于 “三参数” 海底损失模型, 在 “3/2 次方” 场区, 则有

$$\alpha_{\text{eff}} = \sqrt{\frac{0.7H_0}{Qr}}. \tag{8.4.17}$$

将式 (8.4.17) 代入式 (8.4.16), 有

$$\overline{\psi_{面}^2} = 0.3k_0^2 \cdot \sigma_H^2 \cdot \left(\frac{H_0}{rQ^3}\right)^{1/2}. \tag{8.4.18}$$

合并式 (8.4.11) 及 (8.4.18), 代入式 (8.4.8), 便得到

$$R(X \gg \rho_S, \rho_B) = \exp\left[-Ak_0^2\right], \tag{8.4.19}$$

其中

$$A \equiv \left[\sqrt{\pi}\overline{\mu^2}\alpha r + 0.3\frac{\sigma_H^2}{Q^{1.5}}\left(\frac{H_0}{r}\right)^{1/2}\right]. \tag{8.4.20}$$

由式 (8.4.19) 及 (8.4.20) 可见, 在近距离时, 后一项 (即随机界面) 起作用, 此时随着距离 r 的增加, 信号场的相关性有所增加. 这在物理上对应于 "有效瑞利参数" 的降低. 此区域我们称为 "界面区". 当距离远时, 前一项 (即随机水团) 可能变为主导项, 此区域称为 "水团区". 两者之间的过渡距离 D 可由下式给出:

$$D = \left[\frac{0.3\sigma_H^2 H_0^{1/2}}{Q^{3/2}\sqrt{\pi}\sqrt{\overline{\mu^2}a}}\right]^{2/3}. \tag{8.4.21}$$

作为例子, 取 $H_0 = 50$, $Q = 1.5$, $\overline{\mu^2} = 10^{-8}$, $a = 3$ m, $\sigma_H^2 = 0.2$(约二级海况), 则 $D \sim 30$ km.

如果传播距离超出 "3/2 次方" 场区, 即当

$$r > r_3 \equiv \frac{k_0^2 H_0^3}{Q\pi^2}, \tag{8.4.22}$$

则应以第 1 号简正波所对应的掠角

$$\alpha_1 \doteq \frac{\pi}{k_0 H}, \tag{8.4.23}$$

代入式 (8.4.15), 得

$$\psi_{面}^2 = 2\frac{\pi^3\sigma_H^2}{k_0 H_0^4}\cdot r. \tag{8.4.24}$$

合并式 (8.4.24) 与 (8.4.11), 代入式 (8.4.8), 得

$$|R(\infty)| = \exp\left[-Bk_0^2\right], \tag{8.4.25}$$

$$B \equiv \left[\sqrt{\pi\overline{\mu^2}}ar + \frac{2\pi^3\sigma_H^2}{k_0^3 H_0^4}r\right]. \tag{8.4.26}$$

综上可见:

(1) 由式 (8.4.19), (8.4.20) 可以看出, 在界面区, 信号场横向相干性与海底反射性密切相关; 一般而言, 海底反射性能较好 (Q 较小) 时, 相干性减弱较大. 由于 Q 的介入, 使得 $R(\infty)$ 的频率关系接近于 $\exp\left(-Kf_0^2/Q(f_0)\right)$, 它比在水团区中的 $\exp\left(-Kf_0^2\right)$ 要缓慢得多.

(2) $R(\infty)$ 随距离变化的一般趋势, 如图 8.4.3 所示.

当 $r_3 > D$ 时, $r_K = D$;

当 $r_3 < D$ 时, $r_K = r_3$.

对于浅海夏季跃层情况, 显然内波的随机扰动会对信号场的横向相干性有重要的影响, 这个问题有待我们进一步深入研究.

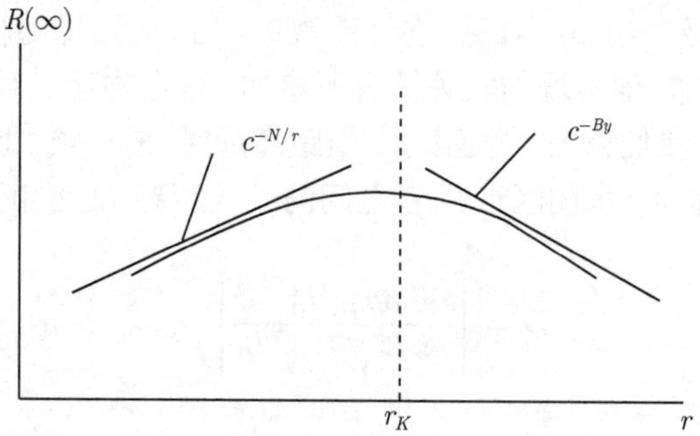

图 8.4.3

§8.5 矩 方 法

波场的头几阶矩是经常有用的:

一阶矩 $\langle E\rangle$ 给出入射波的衰减常数;

二阶矩 $\langle E_1E_2^*\rangle$ 是场的相关函数; 空间相关的傅里叶变换给出角谱, 频域上的相关函数 $\langle E_1(f_1)E(f_2)\rangle$ 的傅里叶变换给出辐射脉冲的平均包络;

三阶矩 $\langle E_1E_2E_3\rangle$ 在研究场 E 的概率分布时是有用的, 特别是概率密度的非对称性;

四阶矩 $\langle E_1E_2^*E_3E_4^*\rangle$ 研究场的强度起伏时是非常有用的.

能够建立场矩所满足的微分方程, 用以描述矩在随机介质中的传播过程. 这些方程在很多感兴趣的问题上能够被解决, 主要方法是随机场的平面波谱展开方法及 PE 近似[5].

考虑单频平面波, 在 (x,z) 平面波法向 (射线) 与 z 轴的夹角为 θ(见图 8.5.1), 令

$$s\equiv\sin\theta,$$
$$c\equiv\cos\theta,$$
$$k=2\pi/\lambda.$$

若场的振幅为 $A/2$, 在点 (x,z) 的场为

$$\frac{1}{2}A\exp\left\{-\mathrm{i}k(sx+cz)\right\}. \tag{8.5.1}$$

若在 $-\theta$ 叠加另一平面波, 则合成场为

$$A\cos(ksx)\exp\left\{-\mathrm{i}kcz\right\}. \tag{8.5.2}$$

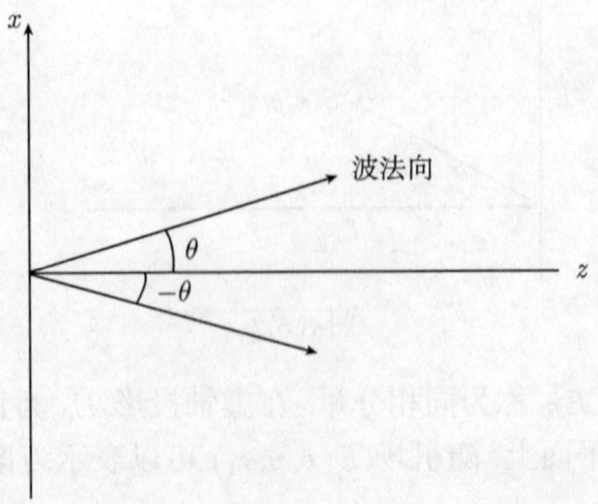

图 8.5.1

考虑小角度近似

$$c=\sqrt{1-s^2}\approx 1-\frac{1}{2}s^2, \tag{8.5.3}$$

于是式 (8.5.2) 变为

$$A\cos(ksx)\exp\left\{\mathrm{i}ks^2z/2\right\}\exp\left\{-\mathrm{i}kz\right\}. \tag{8.5.4}$$

引入 "空间频率" 变量

$$\upsilon = ks, \tag{8.5.5}$$

平面波对的场可表示为

$$E_\nu(x,z)=\exp\left\{-\mathrm{i}kz\right\}A(\nu)\cos(\nu x)\exp\left\{-\mathrm{i}\nu^2 z/2k\right\}. \tag{8.5.6}$$

很易推广到包含 y 坐标情况:

$$\begin{aligned}E_\nu(x,y,z)=&\exp\left\{-\mathrm{i}kz\right\}A(\nu_1,\nu_2)\cos(\nu_1x+\nu_2y)\\&\times\exp\left\{\mathrm{i}\left(\nu_1^2+\nu_2^2\right)z/2k\right\}.\end{aligned} \tag{8.5.7}$$

由式 (8.5.6) 及 (8.5.7) 可以看出, 当平面波对传播时, 其相位通过因子 $\exp\{\mathrm{i}(\nu_1^2+\nu_2^2)z/2k\}$ 而缓慢变化, 而通过因子 $\exp\{-\mathrm{i}kz\}$ 迅速变化. 后一因子给出沿 z 方向传播的波的相位, 因此, 我们采取这个相位作为介质中任一点的相位参考时, 则波场式 (8.5.6) 及 (8.5.7) 的相位相对此参考相位是缓慢变化的. 将式 (8.5.7) 记为

$$E_\nu(x,y,z)=A(\nu_1,\nu_2)\cos(\nu_1x+\nu_2y)\times\exp\left\{\mathrm{i}\left(\nu_1^2+\nu_2^2\right)z/2k\right\}. \tag{8.5.8}$$

波场的图解如图 8.5.2 所示, 实轴为参考相位 $\exp\{-\mathrm{i}kz\}$.

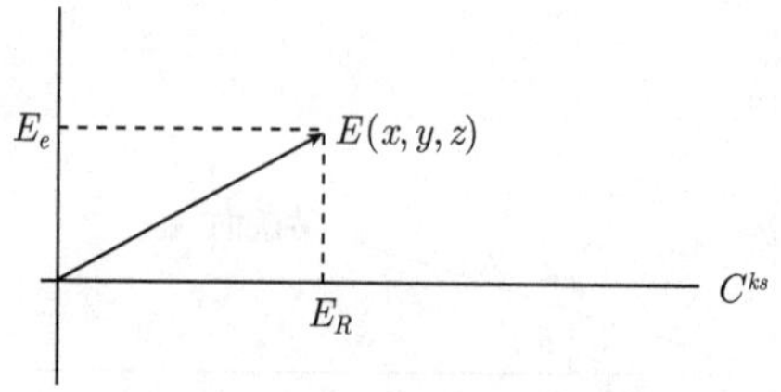

图 8.5.2

场 E 在实轴投影 E_R 称为同相分量, 在虚轴投影 E_e 为正交分量.

在 $z=z_i$ 的给定平面上, 随机场 $E(x,y;z_i)$ 可以表示为谱展开的形式:

$$\begin{aligned}E(x,y,z_i) &= \sum_0^{\infty} A(\nu_1,\nu_2,z_i)\cos(\nu_1 x+\nu_2 y) \\ &= \sum_{-\infty}^{\infty} A(\nu_1,\nu_2,z_i)\exp\{\mathrm{i}(\nu_1 x+\nu_2 y)\},\end{aligned} \tag{8.5.9}$$

其中

$$A(\nu_1,\nu_2,z_i)=A(\nu_1,\nu_2)\exp\left\{\mathrm{i}(\nu_1^2+\nu_2^2)z_i/2k\right\}. \tag{8.5.10}$$

求和遍及 ν_1,ν_2 值.

随机场 $E(x,y,z_i)$ 是统计系综的一个成员. 在表示式 (8.5.9) 中, $A(\nu_1,\nu_2,z_i)$ 是随机的, 即式 (8.5.9) 是随机谱分解. 当 $A(\nu_1,\nu_2,z_i)$ 的相对相位是独立的, 均匀分布于 $+\pi$ 到 $-\pi$, 则场 (8.5.9) 将具有两维高斯分布, 因而 E 的模将具有 Rayleigh 分布, 相位均匀分布.

当场 $E(x,y,z)$ 通过介质而传播时将发生变化. 这里主要有两种不同机制所引起的变化:

(1) 不考虑散射的, 单纯随距离的变化, 称为 "距离" 效应, 例如由 z_i 传到 $z>z_i$, 则

$$E(x,y,z)=\sum_{-\infty}^{\infty} A(\nu_1,\nu_2,z_i)\exp\{\mathrm{i}(\nu_1 x+\nu_2 y)\}\times\exp\left\{\mathrm{i}(\nu_1^2+\nu_2^2)(z-z_i)/2k\right\}. \tag{8.5.11}$$

相对于参考相位, 改变因子

$$\exp\left\{\mathrm{i}(\nu_1^2+\nu_2^2)(z-z_i)/2k\right\}.$$

(2) 由介质散射引起的变化. 让我们首先来考察 "距离" 效应, 并给出描述其过程的微分方程. 对随机波场 (8.5.11) 作系综平均, 并对 z 求微, 表示为

$$\frac{\partial\langle E\rangle}{\partial z}.$$

类似地有

$$\frac{\partial^2 \langle E \rangle}{\partial x^2}, \frac{\partial^2 \langle E \rangle}{\partial y^2},$$

则容易证明有下式存在:

$$\frac{\partial \langle E \rangle}{\partial z} = \frac{-\mathrm{i}}{2k} \left(\frac{\partial^2 \langle E \rangle}{\partial x^2} + \frac{\partial^2 \langle E \rangle}{\partial y^2} \right). \tag{8.5.12}$$

引入记号

$$\nabla_{i\perp}^2 = \frac{\partial^2}{\partial x_i^2} + \frac{\partial^2}{\partial y_i^2},$$

则式 (8.5.12) 改写为

$$\frac{\partial \langle E \rangle}{\partial z} = \frac{-\mathrm{i}}{2k} \nabla_{i\perp}^2 \langle E \rangle. \tag{8.5.13}$$

同样, 对二阶矩 $\langle E_1 E_2 \rangle = \langle E(x_1, y_1, z) E(x_2, y_2, z) \rangle$ 有

$$\frac{\partial \langle E_1 E_2 \rangle}{\partial z} = \frac{-\mathrm{i}}{2k} (\nabla_{1\perp}^2 + \nabla_{2\perp}^2) \langle E_1 E_2 \rangle, \tag{8.5.14}$$

$$\frac{\partial \langle E_1 E_2^* \rangle}{\partial z} = \frac{-\mathrm{i}}{2k} (\nabla_{1\perp}^2 - \nabla_{2\perp}^2) \langle E_1 E_2^* \rangle. \tag{8.5.15}$$

场矩的"距离"效应所满足的微分方程 (8.5.13)~(8.5.15) 是当小角度近似 (8.5.3) 得到满足时得出的; 在这种小角度近似下, 我们得到了由抛物型微分方程所描写的场矩, 有时也称为"抛物近似"(参阅本书第九章).

下面再考虑散射效应; 对散射介质作两点假设:

(1) 小角度散射过程. 由于介质的空间频率的均方值量级为非均匀性尺度 r_0 的倒数, 由式 (8.5.5) 可知, 散射角度均方值量级为 $1/kr_0$, 因此满足小角度散射的条件是

$$\lambda \ll r_0. \tag{8.5.16}$$

当满足式 (8.5.16) 时, 波穿过量级为 r_0 距离后由于距离效应的相变为

$$\phi_D = \nu^2 z/2k \approx \frac{1}{2}(r_0 k)^{-1}. \tag{8.5.17}$$

由式 (8.5.16) 可知: ϕ_D 也是很小的. 因此, 除了波进入散射薄层固有的振幅起伏外, 由距离效应引起的附加振幅起伏可以忽略不计.

(2) 弱散射介质. 介质折射率起伏很小, 并且在元距离 r_0 内引起的相位起伏也很小, 即要求

$$k\mu r_0 \ll 1. \tag{8.5.18}$$

下面来分析散射影响. 令 ϕ 表示场 E 穿过厚度为 $\Delta z \approx r_0$ 的元散射层引起的相变, 在 r_0 内相位起伏是相关的, 而相邻层间的相位起伏是统计独立的. 将 Δz 分为更小的次层 δz_i(见图 8.5.3):

$$\Delta z = \sum_i \delta z_i, \tag{8.5.19}$$

$$\begin{aligned}\phi &= \sum_i \delta\phi_i \\ &= \sum k\mu n(x,y,z)\delta z_i\end{aligned} \tag{8.5.20}$$

$\delta\phi_i$ 是由 δz_i 引起的相位. 应记得 ϕ 是相对于平均相位参考值而言的 (见图 8.5.2). 若在 z 处的入射场为 $E(z)$, 则根据前面所述两个假定, 在 $z+\Delta z$ 处的场为 $E(z+\Delta z)$ 可表示为

$$E(z+\Delta z) = E(z)\exp\{\mathrm{i}\phi\}. \tag{8.5.21}$$

而由式 (8.5.18),

$$\phi \approx k\mu r_0 \ll 1.$$

由式 (8.5.21) 的右边可展开为

$$E(z+\Delta z) = E(z)\left\{1 + \mathrm{i}\phi - \frac{1}{2}\phi^2 + \cdots\right\}. \tag{8.5.22}$$

由此, 我们来求场的一阶矩:

$$\begin{aligned}&\langle E(z)\rangle + \frac{\partial E(z)}{\partial z}\cdot\Delta z + \cdots \\ =&\langle E(z)\rangle\left\{1 + \mathrm{i}\langle\phi\rangle - \frac{1}{2}\langle\phi^2\rangle + \cdots\right\}.\end{aligned} \tag{8.5.23}$$

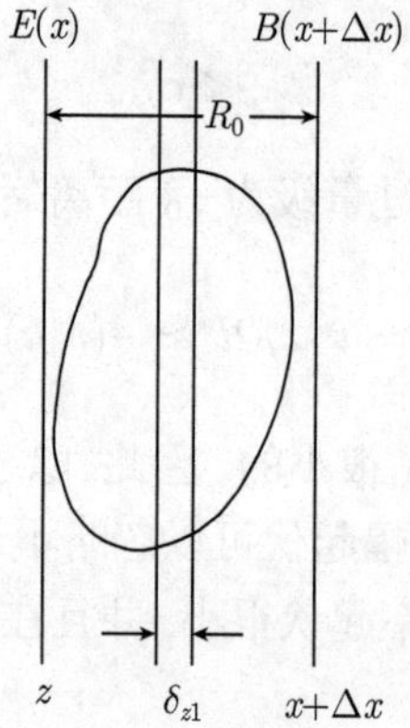

图 8.5.3

对 E 及 ϕ 应是不同的系综统计, 因为 ϕ 是在元散射层的统计量, 而 E 是累计整个介质, 因此 ϕ 与 E 统计独立. 由式 (8.5.23) 可得

$$\frac{\partial \langle E(z) \rangle}{\partial z}\Delta z = -\frac{1}{2}\langle E(z) \rangle \langle \phi^2 \rangle. \tag{8.5.24}$$

由于 $\langle n(x,y,z) \rangle = 0$, 故 $\langle \phi \rangle = 0$.

要解式 (8.5.24), 必须给出 ϕ 的二阶统计量. 由式 (8.5.20) 可得

$$\langle \phi_1\phi_2 \rangle = k^2\mu^2 \sum_i \sum_j \langle n(x_1,y_1,z_i)n(x_2,y_2,z_j) \rangle \delta z_i \delta z_j. \tag{8.5.25}$$

引入新变量

$$z_i - z_j = \zeta,$$
$$z_i + z_j = 2z',$$

并将求和作求积, 则

$$\langle \phi_1\phi_2 \rangle = k^2\mu^2 \int_0^{\Delta z}\int_{-\infty}^{\infty} \langle n(x_1,y_1,z_i)n(x_2,y_2,z_j) \rangle \, \mathrm{d}\zeta \mathrm{d}z', \tag{8.5.26}$$

上式中对 ζ 的积分限取为 $\pm\infty$, 因为相关函数 $\langle n(x,y,z_i)\cdot n(x_2,y_2,z_0) \rangle$ 当 ζ 大于 r_0 时很快趋于零. 对 z' 的积分限是由于考虑到积分展布于元散射层厚度范围. 对平稳过程 (8.5.26) 的被积函数可表示为

$$\langle n(x_i,y_i,z_i)n(x_j,y_j,z_j) \rangle = \rho(\xi_{iz},\eta_{ij},\zeta), \tag{8.5.27}$$

其中

$$\begin{aligned} \xi_{iz} &= x_i - x_j, \\ \eta_{ij} &= y_i - y_j, \\ \zeta &= z_i - z_j. \end{aligned} \tag{8.5.28}$$

完成对 z' 的积分:

$$\langle \phi_i\phi_j \rangle = k^2\mu^2\Delta z \cdot a_{ij}, \tag{8.5.29}$$

其中

$$a_{ij} = \int_{-\infty}^{\infty} \rho(\xi_{ij},\eta_{ij},\zeta)\mathrm{d}\zeta. \tag{8.5.30}$$

于是式 (8.5.24) 中所需的统计量 $\langle \phi^2 \rangle$ 为

$$\langle \phi^2 \rangle = k^2\mu^2\Delta z \cdot a_0, \tag{8.5.31}$$

$$a_0 = \int_{-\infty}^{\infty} \rho(0,0,\zeta)\mathrm{d}\zeta. \tag{8.5.32}$$

一阶矩所满足的散射效应的微分方程为

$$\frac{\partial\langle E(z)\rangle}{\partial z}=-\frac{1}{2}k^2\mu^2a_0\langle E(z)\rangle. \tag{8.5.33}$$

类似地可以得到二阶矩所满足的散射效应的方程:

$$\frac{\partial\langle E_1E_2\rangle}{\partial z}\Delta z=-\frac{1}{2}\left\{\langle\phi_1^2\rangle+\langle\phi_2^2\rangle-2\langle\phi_1\phi_2\rangle\right\}\langle E_1E_2\rangle, \tag{8.5.34}$$

或

$$\frac{\partial\langle E_1E_2\rangle}{\partial z}=-k^2\mu^2\{a_0+a_{12}\}\langle E_1E_2\rangle, \tag{8.5.35}$$

$$\frac{\partial\langle E_1E_2^*\rangle}{\partial z}=-k^2\mu^2\{a_0-a_{12}\}\langle E_1E_2^*\rangle, \tag{8.5.36}$$

其中

$$a_{12}=\int_{-\infty}^{\infty}\rho(\xi_{12},\eta_{12},\zeta)\mathrm{d}\zeta. \tag{8.5.37}$$

综合距离效应式 (8.5.17)~(8.5.19) 及散射效应式 (8.5.33)~(8.5.37), 由于这两者是统计独立的, 得

$$\frac{\partial\langle E\rangle}{\partial z}=\frac{-\mathrm{i}}{2k}\nabla^2\langle E\rangle-\frac{k^2\mu^2a_0}{2}\langle E\rangle, \tag{8.5.38}$$

$$\frac{\partial\langle E_1E_2^*\rangle}{\partial z}=\frac{-\mathrm{i}}{2k}(\nabla_1^2-\nabla_2^2)\langle E_1E_2^*\rangle-k^2\mu^2(a_0-a_{12})\langle E_1E_2^*\rangle, \tag{8.5.39}$$

$$\frac{\partial\langle E_1E_2\rangle}{\partial z}=\frac{-\mathrm{i}}{2k}(\nabla_1^2+\nabla_2^2)\langle E_1E_2\rangle-k^2\mu^2(a_0+a_{12})\langle E_1E_2\rangle. \tag{8.5.40}$$

从式 (8.5.38)~(8.5.40) 可见, 场矩所满足的是线性二阶偏微分方程, 类似于扩散方程, 但更复杂些.

下面, 我们根据场矩微分方程来求解随机介质中的一些问题. 例如, 平均场 $\langle E\rangle$, 场强 $\langle EE^*\rangle$ 及相干函数等.

(1) 平均场 $\langle E\rangle$. 由式 (8.5.38), $\langle E\rangle$ 满足

$$\frac{\partial\langle E\rangle}{\partial z}=\frac{-\mathrm{i}}{k}\nabla^2E-\frac{k^2\mu^2a_0}{2}\langle E\rangle.$$

若自 $z<0$ 垂直入射到 $z>0$ 的随机介质中的平面波场, 则对于统计均匀介质, $\langle E\rangle$ 不依赖坐标 x,y, 因此

$$\nabla^2E=0.$$

于是 $\langle E\rangle$ 满足下列方程:

$$\frac{\partial \langle E\rangle}{\partial z}=-\frac{k^2\mu^2 a_0}{2}\langle E\rangle. \tag{8.5.41}$$

其解为

$$\langle E\rangle=E_0\exp\left\{-\frac{k^2\mu^2 a_0}{2}z\right\}. \tag{8.5.42}$$

平均场 (场的有规分量) 指数衰减, 衰减系数为

$$\frac{k^2\mu^2 a_0}{2}.$$

功率 $\langle EE*\rangle$ 将总场表示为有规分量 $\langle E\rangle$ 与随机分量 E' 的矢量叠加 (见图 8.5.4):

$$E=\langle E\rangle+E', \tag{8.5.43}$$

则场强

$$\langle EE^*\rangle=\langle E\rangle^2+\langle E'E^*\rangle. \tag{8.5.44}$$

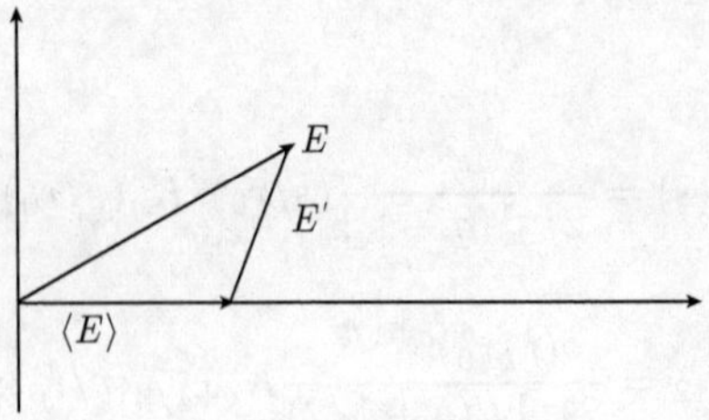

图 8.5.4

由式 (8.5.42), 有规分量为

$$\langle E\rangle^2=E_0^2\exp\{-\beta z\},$$
$$\beta=k^2\mu^2 a. \tag{8.5.45}$$

(2) 空间相关 $\langle EE^*\rangle$. 此时要解方程 (8.5.39), 为了方便, 引入变化

$$l=\beta z, \tag{8.5.46}$$

$$f_{ij}=a_{ij}/a_0, \tag{8.5.47}$$

并令

$$\langle E_1E_2^*\rangle\exp\{l\}=W(\xi,\eta,l), \tag{8.5.48}$$

于是式 (8.5.39) 可改写成

$$\frac{\partial W}{\partial l}=-\frac{2i}{k\beta}\left(\frac{\partial^2 W}{\partial X\partial\xi}+\frac{\partial^2 W}{\partial Y\partial\eta}\right)+f_{12}(\xi,\eta)W, \tag{8.5.49}$$

其中

$$\xi=x_1-x_2,\quad X=x_1+x_2;$$
$$\eta=y_1-y_2,\quad Y=y_1+y_2,$$

在式 (8.5.49) 中, $f_{12}(\xi,\eta)$ 可由给定的介质起伏的相关函数求得, 例如: 当

$$\begin{aligned}\rho(s)&=\mu^2\exp\left(-s^2/r_0^2\right),\\ f_{12}&=\exp\left(-r^2/r_0^2\right);\end{aligned} \tag{8.5.50}$$

当

$$\begin{aligned}\rho(s)&=\mu^2\exp\left(-\left|s\right|/r_0^2\right),\\ f_{12}&=(r/r_0)K_1(r/r_0);\end{aligned} \tag{8.5.51}$$

当

$$\begin{aligned}\rho(s)&=\frac{\mu^2}{2^{q-1}(q-1)!}(s/r_0)^qK_q(s/r_0),\\ f_{12}&=\frac{(r/r_0)^{q+1/2}}{2^{q-1}\Gamma(q+1/2)}K_{q+1/2}(r/r_0);\end{aligned} \tag{8.5.52}$$

其中

$$s^2=\xi^2+\eta^2+\zeta^2,\quad r^2=\xi^2+\eta^2.$$

下面给出式 (8.5.49) 两种特殊情况的解[5]:

(a) 随机介质为 $z>0$ 半空间, 垂直入射幅度为 E_0 的平面波, 则

$$\langle E_1E_2^*\rangle=E_0^2\exp\left\{-l[1-f_{12}(\xi,\eta)]\right\}. \tag{8.5.53}$$

若 $\rho(s)$ 取高斯型 (8.5.50), 则

$$\langle E_1E_2^*\rangle=E_0^2\exp\left\{-l[1-\exp\left\{-(\xi^2+\eta^2)/r_0^2\right\}]\right\}. \tag{8.5.54}$$

对于严重散射, $l\gg1$, 则式 (8.5.54) 取极限形式:

$$\langle E_1E_2^*\rangle=E_0^2\exp\left\{-l(r/r_0)^2\right\}. \tag{8.5.55}$$

(b) $z>0$ 半空间是随机介质, 置点源于坐标原点, 则对此球面波场有

$$\langle E_1 E_2^* \rangle = E_0^2 z^{-2} \exp\left\{-l + \int_0^l f_{12}\left(\xi l'/l, \eta l'/l\right) \mathrm{d}l'\right\}. \tag{8.5.56}$$

对高斯型介质, 式 (8.5.50), 则

$$\langle E_1 E_2^* \rangle = E_0^2 z^{-2} \exp\left\{-l\left[1 - \frac{\sqrt{\pi}}{2}\,\frac{\mathrm{erf}(r/r_0)}{(r/r_0)}\right]\right\}. \tag{8.5.57}$$

它与平面波情况式 (8.5.54) 是类似的, 只是其相干尺度比平面波要大些. 例如当 l 大时, 取渐进形式

$$\langle E_1 E_2^* \rangle = E_0^2 E^{-2} \exp\left\{-\frac{l}{3}(r/r_0)^2\right\}. \tag{8.5.58}$$

与式 (8.5.55) 相比, 其相关尺度比平面波时大 $\sqrt{3}$ 倍.

§8.6 散射引起的平均场 (有规分量) 的衰降

在这一节中, 我们主要讨论由粗糙表面散射引起镜向反射场 (平均场) 的衰降, 或等效反射系数问题; 这是实际的水声传播问题中经常要碰到的问题. Eckart 基于 Kirchoff 近似所给出的结果代表早期的研究成果; 随后在 §8.6.2 中, 我们介绍近年来流行的 Bacc 微扰方法. 最后在 §8.6.3 中, 讨论了内波对平均场的衰降, 在处理中虽然对内波场作了统计均匀各向同性的简化, 这是与实际不符的, 但是由于使用了简正波耦合方法, 因此作为例子还是有参考价值的.

8.6.1 Eckart 理论

随机粗糙表面的平均反射系数指的是, 一平面波入射到随机表面, 对随机表面的反射场进行系综平均的结果. 例如, 如图 8.6.1 所示, 对粗糙表面进行空间扫描多次测量, 当随机表面满足空间齐次并各态历经条件时, 则这种由运动着的声源多次侧量的反射系数就代表系综平均的反射系数, 实际上由远程简正波衰减因子 $\beta_e = \dfrac{-\ln|V(\theta_e)|}{s_e}$ 所提取的 $|V(\theta_e)|$, 由于多次碰撞海底, 在某种程度上代表着空间扫描. 同样, 对时间齐次的表面, 固定一点在不同时刻的多次测量结果也代表系综平均的反射系数.

例如, Spindel 和 Schulthess[51] 所作的模拟实验, 对风动表面发射短脉冲, 对接收信号进行平均处理以求取 $\langle p \rangle$, 然后对其进行傅里叶变换, 求得风动表面的平均反射频响.

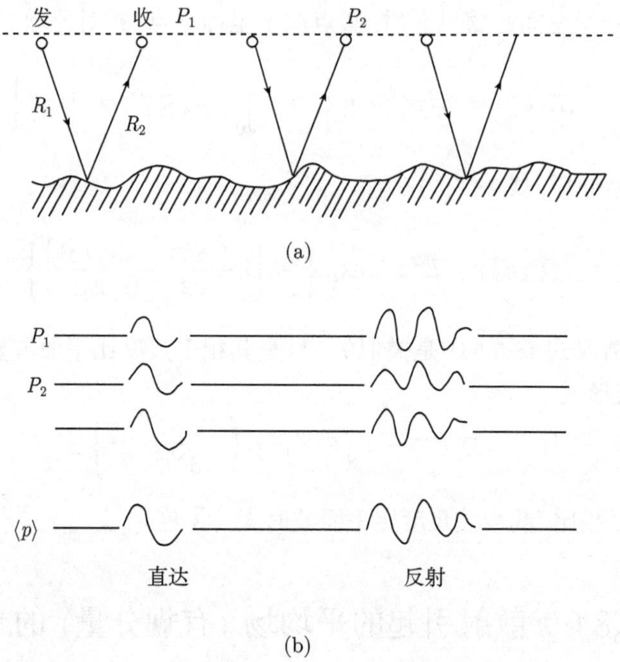

图 8.6.1

对于点源发射的球面波情况, 当满足条件

$$k_0(z + z_1) \gg 1 \tag{8.6.1}$$

时, 则在点源反射场中, 将以平面波的反射系数来反映[52], 其中 z, z_r 分别为发射–接收器距表面的垂直距离. 于是反射系数 V 由下式求得

$$V = \frac{p}{p_0} \frac{R_1 + R_2}{R_0}, \tag{8.6.2}$$

其中 p 为接收到的反射声压; p_0 为在 R_0 距离测得的直达声压; R_1, R_2 分别为发射与接收至反射点的距离. 求系综平均得到

$$\langle V \rangle = \langle p \rangle \frac{R_1 + R_2}{R_0 p_0}. \tag{8.6.3}$$

一般而言, $\langle p \rangle$ 与界面的粗糙程度及其统计特性以及界面的阻抗或界面下介质的分层结构情况有关.

下面我们来考虑一个简单的模型, 以显示出 $\langle V \rangle$ 与表面统计特性的关系. 令表面的起伏波高为 $\xi = \xi(x)$, 且满足 $\langle \xi \rangle = 0$(见图 8.6.2).

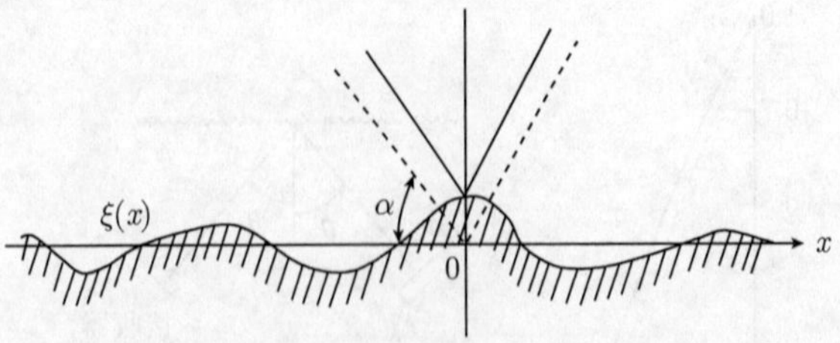

图 8.6.2

当以 $\xi=0$ 为参考界面时, 由于起伏的 ξ 引起的反射波的起伏程差为 $2\xi\sin\alpha$, 因此, 相位起伏为 $2k_0\xi\sin\alpha$(瑞利参量). 其中 k_0 为入射波的波数 $\left(k_0=\dfrac{\omega}{c}\right)$; α 为入射波的掠角. 如果认为表面的起伏并不影响其瑞利反射系数 (这相当于采取 Kirchoff 近似), 则反射场可表示为

$$p=V_R p_0 \mathrm{e}^{\mathrm{i}\phi_0-2\mathrm{i}k_0\xi\sin\alpha}, \tag{8.6.4}$$

其中 $p_0\mathrm{e}^{\mathrm{i}\phi_0}$ 与入射场相联系; V_R 为平界面的瑞利反射系数, 不失一般性, 可令 $p_0\mathrm{e}^{\mathrm{i}\phi_0}=1$, 则得到随机反射系数为

$$V=V_R\mathrm{e}^{-2\mathrm{i}k_0\xi\sin\alpha}. \tag{8.6.5}$$

弱随机表面的概率密度函数 (P.D.F.) 为 $W(\xi)$, 则

$$\langle V\rangle=V_R\int_{-\infty}^{+\infty}\exp(-2\mathrm{i}k_0\xi\sin\alpha)W(\xi)\mathrm{d}\xi. \tag{8.6.6}$$

对于高斯表面,

$$W(\xi)=\sigma^{-1}(2\pi)^{-1/2}\exp\left(\frac{-\xi^2}{2\sigma^2}\right), \tag{8.6.7}$$

其中 σ 为 rms 波高.

将式 (8.6.7) 代入式 (8.6.6), 可得

$$\langle V\rangle=V_R\exp(-2k_0^2\sigma^2\sin^2\alpha). \tag{8.6.8}$$

这便是著名的 Eckart 的结果[10].

由式 (8.6.8) 所给出的平均反射系数, 在小瑞利参量时与实验结果符合较好, 而当 $(k\sigma\sin\alpha)^2>1$ 时, 有偏离 [见图 8.6.3(a) 及 (b)].

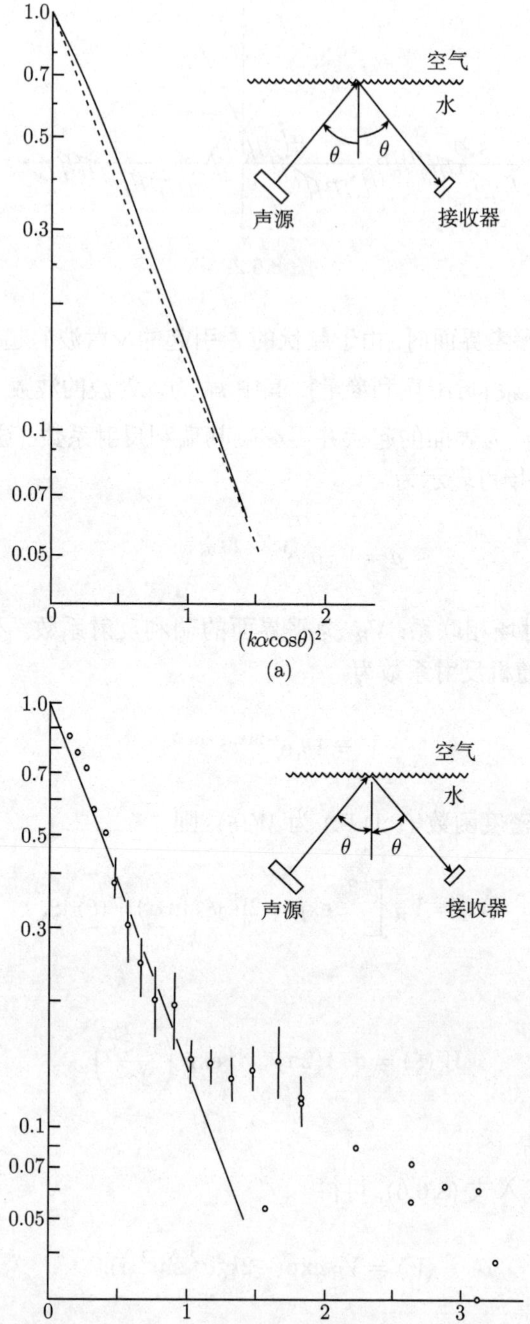
1.0
0.7
0.5
0.3
0.1
0.07
0.05
0
1
2
$(k\alpha\cos\theta)^2$
(a)
空气
水
θ
θ
声源
接收器
1.0
0.7
0.5
0.3
0.1
0.07
0.05
0
1
2
3
$(k\alpha\cos\theta)^2$
(b)
空气
水
θ
θ
声源
接收器

图 8.6.3 (取自文献 [56])

由式 (8.6.6) 可见, $\langle V\rangle$ 与 $W(\xi)$ 是傅里叶变换关系; 因此可由 $\langle V\rangle$ 的测量结果反推随机表面的统计特性 $W(\xi)$:

$$W(\xi)=\frac{1}{\pi V_R}\int_{-\infty}^{\infty}\langle V\rangle\exp(2\mathrm{i}k_0\xi\sin\alpha)\mathrm{d}(k\sin\alpha). \tag{8.6.9}$$

由式 (8.6.9) 可见, 若固定掠角 α, 在很宽的频率范围内测量 $\langle V\rangle$, 则可以用来估计 P.D.F.$-W_a(\xi)$

图 8.6.4(a) 与 (b) 给出按图 8.6.3(a), (b) 相应的两组实验的 $\langle V\rangle$ 估算 P.D.F. $-W_a(\xi)$ 与实测的 P.D.F.$-W_s(\xi)$ 的比较. 由图可见, 对于小粗糙度, $W_a(\xi)$ 与 $W_s(\xi)$ 符合较好; 而对于较大的粗糙度, 则 $W_a(\xi)$ 比 $W_s(\xi)$ 具有较大的峰度 (peakedness). 这就说明, 用声学方法来估计 P.D.F. 与粗糙度颇有关系; 对于 $k\sigma\sin\alpha<1$ 的情况, 用声学方法估计波浪统计量是一个实际可行的办法. 对于大粗糙度情况, 声学估计 P.D.F. 产生偏离有好几种原因, 包括影遮效应[53,54] 及高阶散射效应[55] 等. 由声场测量估计 P.D.F., 在有声影效应时, 显然会改变 P.D.F., 因为处在影区的波高 ξ, 对声场几乎无贡献 [见图 8.6.5(a)]. 考虑到影遮效应后, 所计算的声学 P.D.F. 与实测的 P.D.F. 较为接近. 图 8.6.5(b) 是利用 Wagner 理论在影遮参数 $B=0.3$ 所作的计算结果.

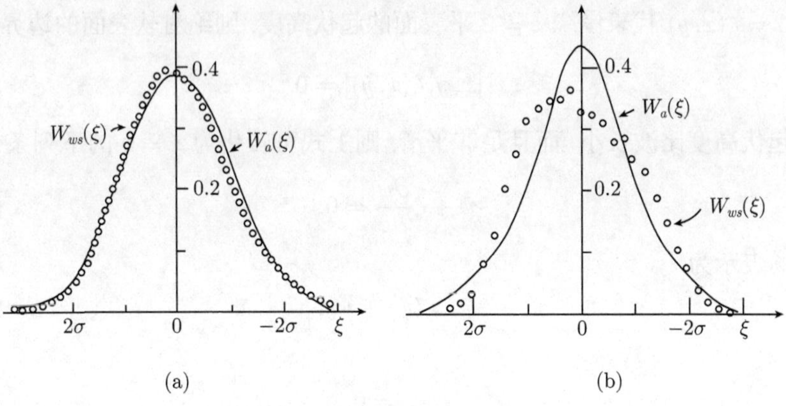

图 8.6.4 (取自文献 [56])

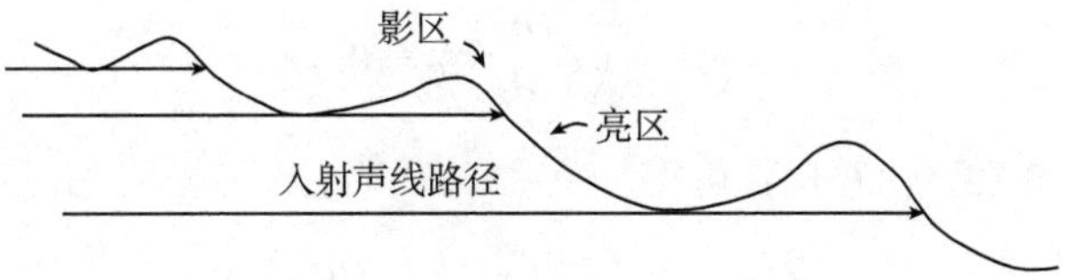

(a)

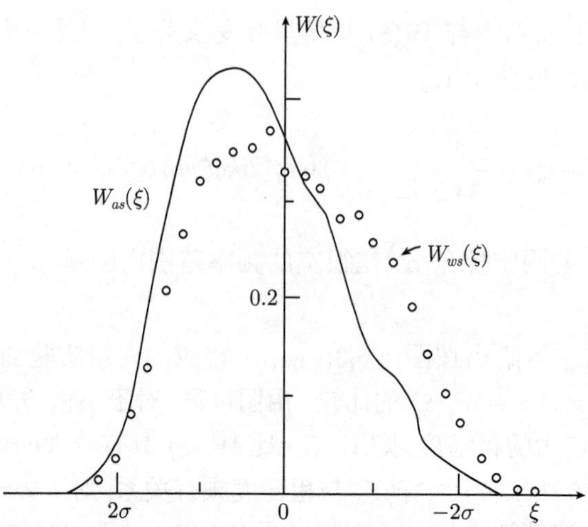

图 8.6.5　(取自文献 [56])

8.6.2　微扰理论 (Bacc 方法)

统计不平整表面的散射场的微扰解法是将不平整性转化为平整表面上的分布着的 “虚” 源, 从而解非齐次边条件的平整表面问题.

令 $2=\zeta(x,y)$ 代表围绕 $z=0$ 平表面的起伏高度, 则绝对软表面的边界条件为

$$\psi\left[x,y,\zeta(x,y)\right]=0. \tag{8.6.10}$$

若起伏高度比波长小, 而且足够平滑, 则上式可转化为 $z=0$ 的下列条件:

$$\psi+\zeta\frac{\partial\psi}{\partial z}=0. \tag{8.6.11}$$

将场表示为

$$\psi=\langle\psi\rangle+\psi_p, \tag{8.6.12}$$

并且

$$\langle\psi_p\rangle=0. \tag{8.6.13}$$

将式 (8.6.11) 代入式 (8.6.12), 并求平均, 则得

$$\langle\psi\rangle+\left\langle\zeta\frac{\partial\psi_p}{\partial z}\right\rangle=0. \tag{8.6.14}$$

由式 (8.6.11), (8.6.12), (8.6.14), 可得

$$\psi_p+\zeta\frac{\partial}{\partial z}\langle\psi\rangle+\left(\zeta\frac{\partial\psi_p}{\partial z}-\left\langle\zeta\frac{\partial\psi_p}{\partial z}\right\rangle\right)=0.$$

上式中的 ( ) 项是高阶小量, 可略去, 于是得到 $z=0$ 上的第二个边条件:

$$\psi_p+\zeta\frac{\partial}{\partial z}\langle\psi\rangle=0. \tag{8.6.15}$$

于是我们得到 $z=0$ 上的对平均场 $\langle\psi\rangle$ 及散射场 ψ_p 的两个边界条件 (8.6.14) 及 (8.6.15). 由格林公式, 有

$$\psi_p(x,y,z)=\frac{1}{2\pi}\iint\limits_{-\infty}^{\infty}\psi_p(x_1,y_1,0)\frac{\partial}{\partial z}\left(\frac{\exp(\mathrm{i}kR)}{R}\right)\mathrm{d}x_1\mathrm{d}y_1, \tag{8.6.16}$$

其中 $R=\sqrt{(x-x_1)^2+(y-y_1)^2+z^2}$, 将式 (8.6.15) 代入式 (8.6.16), 可得

$$\psi_p(x,y,z)=\frac{1}{2\pi}\iint\limits_{-\infty}^{\infty}\xi(x_1,y_1)\left[\frac{\partial}{\partial z}\langle\psi\rangle\right]_{z=0}\times\frac{\partial}{\partial z}\left(\frac{\exp(\mathrm{i}kR)}{R}\right)\mathrm{d}x_1\mathrm{d}y_1. \tag{8.6.17}$$

将式 (8.6.17) 代入式 (8.6.14), 可得

$$\langle\psi\rangle+\frac{\sigma^2}{2\pi}\iint\limits_{-\infty}^{\infty}N(x-x_1,y-y_1)\times\left[\frac{\partial}{\partial z}\langle\psi\rangle\frac{\partial^2}{\partial z^2}\left(\frac{\exp(\mathrm{i}kR)}{R}\right)\right]_{z=0}\mathrm{d}x_1\mathrm{d}y_1=0, \tag{8.6.18}$$

其中引入不平表面的自相关函数

$$\sigma^2N(x-x_1,y-y_1)=\langle\xi(x,y)\xi(x_1,y_1)\rangle, \tag{8.6.19}$$

而 σ^2 是均方值: $\sigma^2=\langle\xi^2\rangle$.

如果考虑统计均匀各向同性的表面, 则自相关函数仅是距离 ρ 的函数, 即 $N=N(\rho)$, 其中 $\rho=\sqrt{(x-x_1)^2+(y-y_1)^2}$.

平均场可以通过入射波与镜向反射波的叠加而得到:

$$\langle\psi\rangle=\exp\left[\mathrm{i}\left(\alpha_0x+\beta_0y-\gamma_0z\right)\right]+V\exp\left[\mathrm{i}\left(\alpha_0x+\beta_0y+\gamma_0z\right)\right], \tag{8.6.20}$$

其中 V 代表平均反射系数; $(\alpha_0,\beta_0,\gamma_0)$ 代表波数的方向余弦, 满足条件

$$\alpha_0^2+\beta_0^2+\gamma_0^2=k^2.$$

显然 $\langle\psi\rangle$ 满足波动方程

$$\Delta\langle\psi\rangle+k^2\langle\psi\rangle=0.$$

若考虑各向同性表面, 则 $\langle\psi\rangle$ 满足边界条件

$$\langle\psi\rangle+\frac{\sigma^2}{2\pi}\int\limits_{-\infty}^{\infty}\int N(\rho)\left[\frac{\partial}{\partial z}\langle\psi\rangle\frac{\partial^2}{\partial z^2}\left(\frac{\exp(\mathrm{i}kR)}{R}\right)\right]_{z=0}\mathrm{d}x_1\mathrm{d}y_1=0. \tag{8.6.21}$$

将式 (8.6.20) 代入式 (8.6.21), 并变换新变量

$$x_1-x=\rho\cos\varphi,\quad y_1-y=\rho\sin\varphi,$$

完成对 φ 的积分, 得

$$V=-\frac{1-\eta_{\mathrm{eff}}}{1+\eta_{\mathrm{eff}}}, \tag{8.6.22}$$

其中

$$\eta_{\mathrm{eff}}=\mathrm{i}\gamma_0\sigma^2\int_0^{\infty}N(\rho)J_0(K_0\rho)\left[\frac{\partial^2}{\partial z^2}\frac{\exp\left(\mathrm{i}k\sqrt{\rho^2+z^2}\right)}{\sqrt{\rho^2+z^2}}\right]_{z=0}\rho\mathrm{d}\rho, \tag{8.6.23}$$

其中 J_0 为贝塞尔函数; $K_0=\sqrt{\alpha_0^2+\beta_0^2}$.

略去二阶小量后, 式 (8.6.22) 表示为

$$V=-1+2\eta_{\mathrm{eff}}. \tag{8.6.24}$$

考虑到 $\rho\to\infty$ 时自相关函数趋于 0, 而当 $\rho=0$ 时趋于 1, 式 (8.6.23) 分部积分, 然后完成对 z 微商, 并令 z 趋于 0, 结果得到

$$V=-1+2(k\sigma)^2\sin\alpha\left\{1-\mathrm{i}\int_0^{\infty}\frac{\exp(\mathrm{i}k\rho)}{k\rho}\frac{\mathrm{d}}{\mathrm{d}\rho}\times[J_0(K_0\rho)N(\rho)]\,\mathrm{d}\rho\right\}, \tag{8.6.25}$$

其中 α_0 为掠射角. 经过简单运算, 可得

$$\begin{aligned}V=&-1-2\mathrm{i}(k\sigma)^2\sin\alpha\int_0^{\infty}\exp(\mathrm{i}k\rho_0x)\left\{\frac{J_0(K_0\rho_0x)}{k\rho_0}\frac{1}{x}\frac{\mathrm{d}N}{\mathrm{d}x}\right.\\&\left.+k\rho_0\sin^2\alpha J_0(K_0\rho_0x)N-[\mathrm{i}J_0(K_0\rho\, x)+\cos\theta_0J_1(K_0\rho_0x)]\frac{\mathrm{d}N}{\mathrm{d}x}\right\}\mathrm{d}x,\end{aligned} \tag{8.6.26}$$

其中 $x=\rho/\rho_0, \rho_0$ 为相关半径.

现在来考虑式 (8.6.26) 的几种极端情形:

(1) 满足条件

$$k\rho_0\sin^2\alpha\gg1. \tag{8.6.27}$$

此时, 在实际积分段内, $N(x)$ 的微商很小, 于是考虑主要有贡献的是第二项, 得到

$$V=-1-2\mathrm{i}(k\sigma)^2(k\rho_0)\sin^3\alpha\int_0^\infty \exp(\mathrm{i}k\rho_0 x)J_0(K_0\rho_0 x)\mathrm{d}x.$$

考虑下列公式:

$$\int_0^\infty \exp(\mathrm{i}k\rho_0 x)J_0(K_0\rho_0 x)\mathrm{d}x=\frac{\mathrm{i}}{k\rho_0\sin\alpha},$$

得到

$$V=-1+2(k\sigma\sin\alpha)^2. \tag{8.6.28}$$

可见, 当满足条件式 (8.6.27) 时, 退化为小掠角时的 Eckart 结果 [见式 (8.6.8)].

(2) 满足条件

$$k\rho_0\gg 1,\quad k\rho_0\sin^2\alpha\ll 1. \tag{8.6.29}$$

此时, 在式 (8.6.26) 中方括号项是主要贡献者, 得

$$V=-1-\frac{(2k\sigma)^2\sin\alpha}{\sqrt{2\pi k\rho_0}}\exp\left(\frac{\mathrm{i}x}{4}\right)\int_0^\infty \frac{1}{\sqrt{x}}\,\frac{\mathrm{d}N}{\mathrm{d}x}\,\mathrm{d}x. \tag{8.6.30}$$

(3) 满足条件

$$k\rho\ll 1.$$

此时式 (8.6.26) 中的第一项有主要贡献, 并令 $\exp(\mathrm{i}k\rho_0 x)\simeq J_0(K_0\rho_0 x)\approx 1$, 得

$$V=-1-2\mathrm{i}\frac{k\sigma^2}{\rho_0}\sin\alpha\int_0^\infty \frac{1}{x}\,\frac{\mathrm{d}N}{\mathrm{d}x}\,\mathrm{d}x. \tag{8.6.31}$$

从水声实用情况考虑, 条件式 (8.6.29) 可能是最接近实用情况的. 下面对此情况再进一步分析讨论. 此时反射系数由式 (8.6.30) 表示, 其中包含有起伏表面的相关函数, 从实用角度来看, 用谱表达可能更方便. 考虑到相关函数 $N(\rho)$ 与功率谱 $G(\xi)$ 互为傅里叶变换:

$$\sigma^2 N(\rho)=2\pi\int_0^\infty G(\xi)J_0(\xi\rho)\xi\mathrm{d}\xi, \tag{8.6.32}$$

$$G(\xi)=\frac{\sigma^2}{2\pi}\int_0^\infty N(\rho)J_0(\xi\rho)\rho\mathrm{d}\rho, \tag{8.6.33}$$

则有[63]

$$V=-1+4\sqrt{\pi}\exp\left(\frac{\pi\mathrm{i}}{4}\right)\frac{\Gamma\left(\dfrac{3}{4}\right)}{\Gamma\left(\dfrac{5}{4}\right)}k^{3/2}\sin\alpha\int_0^\infty G(\xi)\xi^{3/2}\mathrm{d}\xi. \tag{8.6.34}$$

实际测量的海量谱 $Z(\varOmega)$ 是以频率 $\varOmega$ 为自变量而不是以波数 ξ 为自变量的, 对于各向同性表面, 有关系

$$\pi G(\xi)\xi\mathrm{d}\xi = Z(\varOmega)\mathrm{d}\varOmega. \tag{8.6.35}$$

再根据 ξ 与 $\varOmega$ 的频散关系, 就可以把式 (8.6.34) 转化为用 $Z(\varOmega)$ 表达的公式, 对波长较大的重力波由式 (2.3.4) 给出:

$$\varOmega^2 = \xi g, \tag{8.6.36}$$

于是得到

$$V = -1 + \frac{4\varGamma\left(\dfrac{3}{4}\right)}{\varGamma\left(\dfrac{5}{4}\right)\sqrt{\pi g}} k^{3/2}\sin\alpha\exp\left(\frac{\pi}{4}\mathrm{i}\right)\int_0^\infty Z(\varOmega)\varOmega\mathrm{d}\varOmega. \tag{8.6.37}$$

反射系数的模可表示为

$$|V| = 1 - \frac{2\sqrt{2}\varGamma\left(\dfrac{3}{4}\right)}{\varGamma\left(\dfrac{5}{4}\right)\sqrt{\pi g}} k^{3/2}\sin\alpha\int_0^\infty Z(\varOmega)\varOmega\mathrm{d}\varOmega. \tag{8.6.38}$$

由式 (8.6.38), 可以根据各种具体海浪谱的形式进行计算. 例如对于 Neuman 海浪谱:

$$Z(\varOmega) = \frac{c}{4\varOmega^6}\exp\left[\frac{-2g^2}{\varOmega^2 u^2}\right], \tag{8.6.39}$$

其中 $c = 3.05\ \mathrm{m^2/s^5}$; u 为风速 (m/s).

将式 (8.6.39) 代入式 (8.6.38), 可得

$$|V| = 1 - \frac{3\sqrt{\pi}\varGamma\left(\dfrac{3}{4}\right)}{\varGamma\left(\dfrac{5}{4}\right)(2g)^{9/2}} k^{3/2}\cdot u^4\cdot\sin\alpha. \tag{8.6.40}$$

或者用平均波高 H_{cp} 来表达, 按定义,

$$H_{\mathrm{cp}} \equiv 2\sqrt{\pi}\left[\int_0^\infty Z(\varOmega)\mathrm{d}\varOmega\right]^{1/2} = \sqrt{2\pi}\sigma.$$

于是式 (8.6.40) 可改写为

$$|V| = 1 - 0.56(fH_{\mathrm{cp}})^{3/2}H_{\mathrm{cp}}^{1/10}\sin\alpha. \tag{8.6.41}$$

其中 f 为声波频率, 单位为 kHz; H_{cp} 用 m 作单位. 式 (8.6.41) 与 Marsh[57] 的结果一致, 不过 Marsh 是用另外的方法得到的.

如果使用Стрекалов谱[58],

$$Z(\Omega)=\frac{Ag^3}{4u\Omega^6}\exp\left[-\left(\frac{Bg}{u\Omega}\right)^2\right], \tag{8.6.42}$$

其中 $A=1.2\times10^{-2}, B=0.88$.

将式 (8.6.42) 代入式 (8.6.38), 可得

$$|V|=1-\frac{A\Gamma\left(\frac{3}{4}\right)}{2\Gamma\left(\frac{5}{4}\right)\sqrt{2\pi gg B^4}}u^3k^{3/2}\sin\alpha. \tag{8.6.43}$$

或用 H_{cp} 表达, 变为

$$|V|=1-0.45(fH_{\mathrm{cp}})^{3/2}\sin\alpha. \tag{8.6.44}$$

在文献 [59] 中, 运用 Bacc 微扰方法, 使用非各向同性的 P-M 风浪谱 [见式 (2.3.8)], 计算反射损失如图 8.6.6 所示. 图中标以 K 的曲线代表 Kirchoff 近似结果.

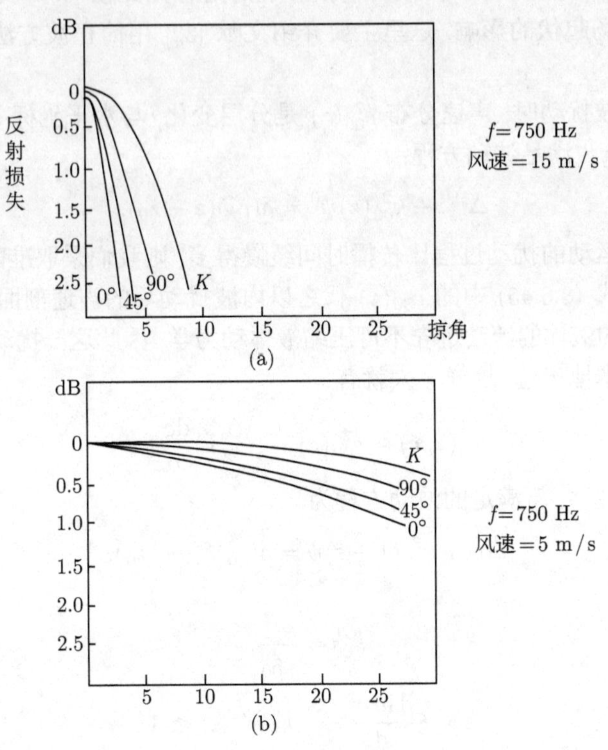

(a)

(b)

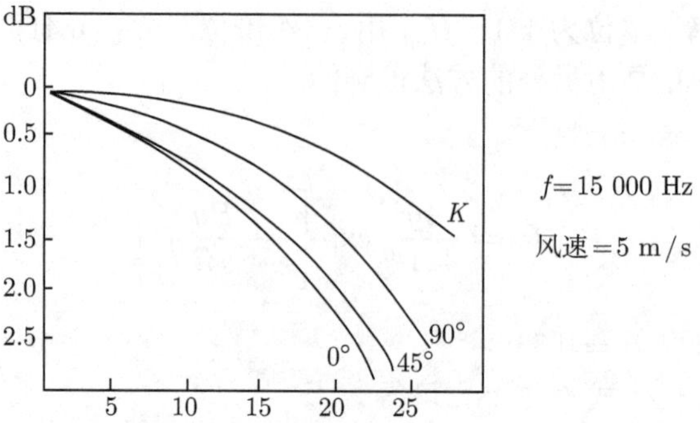

(c)

图 8.6.6

近年来, 对于粗糙表面的声散射问题, 由 Voronovich 发展的所谓“小斜度近似”(small slope approximation) 已经得到广泛的应用, 详见其专著文献 [71].

8.6.3　内波对平均场的衰降

与不平整的波浪表面相类似, 内波也是对分层介质模型的一种扰动因素. 内波比表面波浪具有更长的空间–时间尺度, 内波对声传播的影响的早期实验观测见文献 [41, 42]. 用射线方法分析内波对传播影响的问题见文献 [60]. 文献 [61] 报道了浅海内波对声场起伏的影响. 这里主要介绍文献 [32] 用简正波方法分析简单波导的情况.

考虑无内波扰动时, 声速分布 $c_{00}^2(z)$ 是分层变化, 与水平坐标 $\boldsymbol{r}$ 无关. 于是无内波扰动的场 ψ^0 满足波动方程:

$$\Delta\psi^0 + k_{00}^2(z)\psi^0 = \delta(r)\delta(z - z_0). \tag{8.6.45}$$

如果内波运动的扰动过程比传播时间缓慢得多, 则我们采取准静态近似. ψ 满足的方程是将式 (8.6.45) 中的 $c_{00}(z)$ 代之以内波扰动后的声速剖面 $c_0^2(z;\boldsymbol{r})$. 由于与内波相关联的液体的流动遵守不可压缩液体动力学, 因此这一扰动仅产生质点的迁移而不改变本地声速, 这样一来就有

$$c_0^2(z, \boldsymbol{r}) \approx c_{00}^2(z) - \xi(z, \boldsymbol{r})\frac{\mathrm{d}c_{00}^2}{\mathrm{d}z}, \tag{8.6.46}$$

其中 ξ 为内波位移; ψ 满足的波动方程为

$$\Delta\psi + k_{00}^2(1 + \varepsilon)\psi = \delta(r_0)\delta(z - z_0), \tag{8.6.47}$$

其中

$$k_{00}^2 = \frac{\omega^2}{c_{00}^2},$$

$$\varepsilon = \xi\frac{\mathrm{d}\ln c_{00}^2}{\mathrm{d}z}, \quad 通常\ |\varepsilon| \ll 1.$$

为了突出说明内波扰动时对声场的影响, 我们考虑用最简单边界条件定解: 上界面 $z=0$ 为绝对软, 下界面 $z=H$ 为绝对硬.

显然, 当 $\varepsilon \to 0$ 时, 退化为无内波扰动的分层介质中点源声场问题, ψ^0 可表示为简正波的求和:

$$\psi^0 = \frac{1}{4\mathrm{i}} \sum_{n=1} \phi_n(z_0)\phi_n(z) H_0^{(1)}(\mu_n^0 r), \tag{8.6.48}$$

其中 μ_n^0 为本征值; ϕ_n 为归一化本征函数, 满足

$$\frac{\mathrm{d}^2\phi_n}{\mathrm{d}z^2} + (k_{00}^2 - \mu_n^{02})\phi_n = \delta(z - z_0),$$

$$\phi_n\,|_{z=0} = 0, \quad \frac{\partial \phi_n}{\partial z}\,|_{-H} = 0,$$

$$\int_{-H}^{0} \phi_n \phi_m \mathrm{d}z = \begin{cases} 1 & n = m \\ 0 & n \neq m \end{cases}. \tag{8.6.49}$$

$\varepsilon \neq 0$ 时, 方程 (8.6.47) 的解可用类似 §3.12 的方法, 将其表示为

$$\psi = \sum_{n=1} \phi_n(z_0)\phi_n(z) A_n(\boldsymbol{r}). \tag{8.6.50a}$$

将式 (8.6.50a) 代入式 (8.6.47), 并利用正交性, 可以得到确定 A_n 的方程:

$$\Delta A_n + \left[\mu_n^{02} - \gamma_{nn}\right] A_n = \delta(\boldsymbol{r}) + \sum_{m\neq n} \gamma_{nm} \frac{\phi_m(z_0)}{\phi_n(z_0)} A_m, \tag{8.6.50b}$$

其中

$$\Delta \equiv \frac{\partial^2}{\partial x^2} + \frac{\partial^2}{\partial y^2},$$

$$\gamma_{nm}(\boldsymbol{r}) \equiv -\int_{-H}^{0} k_{00}^2 \varepsilon \phi_n \phi_m \mathrm{d}z.$$

在 “绝热” 近似下, 我们略去式 (8.6.50b) 右端的求和项, 得

$$\Delta A_n + \left[\mu_n^{02} - \gamma_{nn}\right] A_n = \delta(\boldsymbol{r}), \tag{8.6.51}$$

其中 γ_{nn} 是随机的, 因此将 A_n 表示为有规部分与随机分量的叠加:

$$A_n = \langle A_n \rangle + a_n, \tag{8.6.52}$$

其中随机分量 a_n 有 $\langle a_n \rangle = 0$.

声场的一阶矩与二阶矩 $\langle \psi \rangle$ 与 $\langle \psi\psi^* \rangle$ 表示为

$$\langle \psi \rangle = \sum_{n} \phi_n(z_0)\phi_n(z) \langle A_n \rangle, \tag{8.6.53a}$$

$$\langle\psi\psi^*\rangle = \sum_n\sum_m \phi_n(z_0)\phi_n(z)\phi_m(z_0)\phi_m(z) \times \left[\langle A_n\rangle\langle A_m^*\rangle + \langle a_n a_m^*\rangle\right]. \tag{8.6.53b}$$

为求得上述声场的统计量, 必须知道 $\langle A_n\rangle$ 及 $\langle a_n a_m^*\rangle$.

下面假定内波为统计均匀各向同性的高斯过程. 文献 [32] 给出 $\langle A_n\rangle$ 所满足的积分方程为

$$\langle A_n(\boldsymbol{r})\rangle = \frac{1}{4\mathrm{i}}H_0^{(1)}(\mu_n^0 r) - \frac{1}{16}\iint_{-\infty}^{\infty} H_0^{(1)}(\mu_n^0|\boldsymbol{r}-\rho_1|) \times H_0^{(1)}\left(\mu_n^0|\rho_1-\rho_2|\right)B_{nm}\left(|\rho_1-\rho_2|\right) \times \langle A_n(\rho_2)\rangle\,\mathrm{d}\rho_1\mathrm{d}\rho_2, \tag{8.6.54}$$

其中

$$B_{nm}(\rho) \equiv \langle\gamma_{nm}(\boldsymbol{r}+\rho)\gamma_{nm}(\boldsymbol{r})\rangle.$$

若 L 为水平方向的最大相关尺度, 则当满足

$$L \ll r, \quad 1 \ll \mu_n^0 r$$

时, 式 (8.6.54) 的近似解为

$$\langle A_n(\boldsymbol{r})\rangle \approx \frac{1}{4\mathrm{i}}\sqrt{\frac{2}{\pi\mu_n^0 r}}\mathrm{e}^{-\mathrm{i}\frac{\pi}{4}+\mathrm{i}(\mu_n^0+\delta_n)r}, \tag{8.6.55}$$

其中

$$\delta_n = \frac{\mathrm{i}\pi}{4\mu_n^0}\int_0^\infty B_{nn}(\rho)H_0^{(1)}(\mu_n^0\rho)I_0(\mu_n^0\rho)\rho\mathrm{d}\rho. \tag{8.6.56}$$

由此可见, 平均场相对于无内波扰动的场, 增加了修正项 $\mathrm{e}^{\mathrm{i}\delta_n r}$.

对于感兴趣的波导简正波, 大多能满足 $\mu_n^0 L \gg 1$ 的条件, 此时

$$\delta_n = \frac{\mathrm{i}}{4(\mu_n^0)^2}\int_0^\infty B_{nn}(\rho)\mathrm{d}\rho. \tag{8.6.57}$$

由于 δ_n 是纯虚数, 因此由式 (8.6.55) 给出的 n 号简正波的平均场随距离而指数衰减.

对于 $\langle a_n a_m^*\rangle$, 则可近似地算出:

$$\langle a_n a_m^*\rangle \approx \langle A_n A_m^*\rangle\left\{\mathrm{e}^{r\sigma_{nm}} - 1\right\}, \tag{8.6.58}$$

$$\sigma_{nm} = \frac{1}{2\mu_n^0\mu_m^{0*}}\int_0^\infty B_{nm}(\rho)\mathrm{d}\rho. \tag{8.6.59}$$

由此可以得到

$$\langle A_n\rangle\langle A_n^*\rangle+\langle a_n a_n^*\rangle\approx G_n G_n^*, \tag{8.6.60}$$

其中

$$G_n\approx\frac{1}{4\mathrm{i}}H_0^{(1)}\left(\mu_n^0 r\right)\approx\frac{1}{4\mathrm{i}}\sqrt{\frac{2}{\pi\mu_n^0 r}}\mathrm{e}^{\mathrm{i}\mu_n^0 r-\mathrm{i}\frac{\pi}{4}}. \tag{8.6.61}$$

式 (8.6.61) 意味着, 在所作的绝热近似以及巨尺度内波 $\mu_n^0 L\gg 1$ 的假定下, 各号简正波的有规分量的能量密度与随机分量的能量密度的合成正好等于无扰动时该号简正波的能量密度.

知道了 $\langle A_n\rangle$ 及 $\langle a_n a_m^*\rangle$ 就可以计算扰动后场的特性了, 例如其干涉图像. 然而, 我们对精细结构并不特别感兴趣. 作为描写内波对声场的扰动影响程度的量, 我们引入 E_c/E_0:

$$E_c=\frac{1}{H^2}\iint_{-H}^{0}\langle\psi\rangle\langle\psi^*\rangle\,\mathrm{d}z_0\mathrm{d}z=\sum_n\langle A_n\rangle\langle A_n^*\rangle. \tag{8.6.62}$$

E_c 代表按能量叠加的场强有规分量的深度平滑平均值, 而 E_0 则代表未受内波扰动的相应值. 如果只考虑波导简正波时 $(\mathrm{Im}\mu_n^0=0)$, 则有

$$E_c/E_0=\left[\sum_n\frac{1}{\mu_n^0}\mathrm{e}^{-2r\mathrm{Im}\delta_n}\right]\Big/\left[\sum_n\frac{1}{\mu_n^0}\right]. \tag{8.6.63}$$

作为例子, 具体估计一下 E_c/E_0 的数值. 设 $c_{00}=c(1+\alpha z)$, 并且 $\alpha H\ll 1$, 则

$$\gamma_{nm}\approx-k_0^2\alpha\int_{-H}^{0}\xi_i(r,z)\phi_n^2(z)\mathrm{d}z. \tag{8.6.64}$$

如果只考虑一阶内波, 则垂直方向的质点位移 ξ 为

$$\xi(\boldsymbol{r},z)=\xi(\boldsymbol{r})\sin\left(\frac{\pi z}{H}\right), \tag{8.6.65}$$

其中 $\xi(\boldsymbol{r})$ 为统计均匀各向同性的随机函数. 考虑 $\alpha H\ll 1$, 为便于计算, 我们取 $\alpha_H\to 0$ 时的本征值与本征函数予以估计, 此时,

$$\mu_n^0\approx\sqrt{k_0^2-\left[\frac{\pi}{H}\left(n-\frac{1}{2}\right)\right]^2}, \tag{8.6.66}$$

$$\phi_n(z)\approx\sqrt{\frac{2}{H}}\sin\left[\frac{\pi z}{H}\left(n-\frac{1}{2}\right)\right], \tag{8.6.67}$$

于是

$$\gamma_{nn}=\frac{2}{\pi}k_0^2\alpha\xi(\boldsymbol{r}), \tag{8.6.68}$$

$$B_{nn}(\rho) = \left(\frac{2}{\pi} k_0^2 \alpha\right) B_\xi(\rho). \tag{8.6.69}$$

若内波的空间相关函数为

$$B_\xi(\rho) = \langle \xi^2 \rangle \mathrm{e}^{-\rho^2/L^2}, \tag{8.6.70}$$

则由式 (8.6.57) 可得

$$\mathrm{Im}\delta_n = \frac{1}{2}\pi^{-3/2}\left(\frac{k_0^2\alpha}{\mu_n^0}\right)^2 \langle \xi^2 \rangle L. \tag{8.6.71}$$

将有关量代入式 (8.6.63), 不难看出, 量 E_c/E_0 依赖于参数 k_0H 与 $\sigma \equiv (k_0\alpha)^2 \langle \xi^2 \rangle Lr$. 例如, $c = 1\ 480$ m/s; $\alpha = 5 \times 10^{-5}$ m^{-1}; $H = 400$ m; $\sqrt{\langle \xi^2 \rangle} = 10$ m; $L = 1$ km, 则 $E_c/E_0 \sim \sigma$ 的曲线绘于图 8.6.7; 图中上面曲线对应于 $f = 25$ Hz, 下面曲线对应于 $f = 100$ Hz. 如果取 E_c/E_0 下降到 1/2 时, 定义特征距离 r_{kp}:

$$(E_c/E_0)\big|_{r_{\mathrm{kp}}} = 1/2,$$

则得到 $f = 25$ Hz 时, $r_{\mathrm{kp}} = 634$ km; $f = 100$ Hz 时, $r_{\mathrm{kp}} \approx 35$ km. 随着频率 f 的增加, r_{kp} 近似按 f^{-2} 下降.

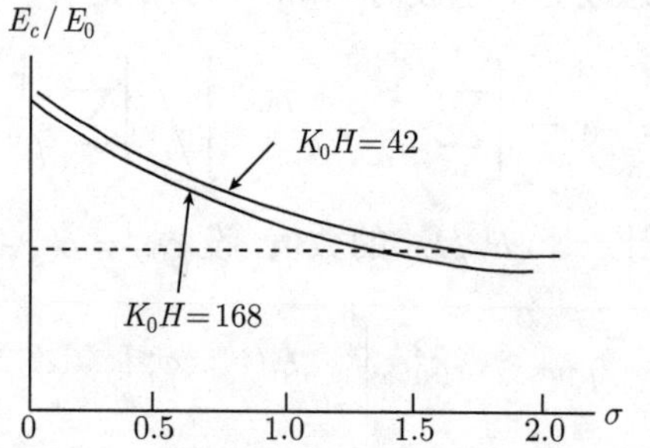

图 8.6.7

参考文献

[1] Bergmann P G. Propagation of radiation in medium with random inhomogeneities. Phy. rev., 1949, 70: 486.

[2] Чернов Л. Распростринение валн в среде со случайнымй неоднородностями Йзд. АН СССР, 1958.

[3] Татарский В Й. Теория флуктуалмонных явлоний прел распространении волн в турбулентюй атмосфереИзд. НАУКА, 1959.

[4] Mintzer D. Wave propagation in a randomly inhomogeneous medium. JASA, 1953, 25: 922; JASA, 1954, 26: 1107.

[5] Uscinski B J. The elements of wave propagation in random media. 1977.

[6] Kohler W, Papanicolaus G C. Wave propagation in a inhomogeneous ocean(Ed.by Keller J B), Wave propagation and underwater acoustics. Ch.4. Springer-Verlag, 1977.

[7] 奥布霍夫Л M, 雅格洛姆A M. 湍流低微结构. 庄逢甘, 等, 译. 北京：科学出版社, 1953.

[8] Comtock C. On the autocorrelation of random inhomogeneities. JASA, 1964, 36: 8.

[9] Watson G H. Theory of Bessel Function.

[10] Eckart C. The scattering of sound from the sea surface. JASA, 1953, 25: 566.

[11] Бреховских Л M. Дифракия волн на меровной поворхности. ЖЗТФ, 1952, 23: 275.

[12] Исакович M A. Рассеяние волн от статисинческии щероховатой. поверхности ЖЗТФ, 1952, 23: 305.

[13] Гулин З П. О флюктуациях аиплитуды и фазы звукой ВОЛНЫ отраженной от сТатиспичееки неровной поверхности. Аку. Ж ур. Ⅷ, 1962: 175.

[14] 惲宗扬. 在波导中换能器随机摇摆对声场起伏的影响. 声学学报, 1965, 2(3): 144.

[15] Munk W H, Williums G Q. Acoustic oceanography. Nature, 1977, 267, No.5614, 774.

[16] Sagar F H. Acoustic intensity fluctuations and temperature microstructure in the sea. JASA, 1960, 32: 112.

[17] Whitmarsh D C, et al. Forward scattering of sound in the sea and its correlation with the temperature microstructure. JASA, 1957, 29: 1124.

[18] Dyer I. Statistics of sound propagation in the ocean. JASA, 1970, 48: 337.

[19] Flatte S M, et al. Sound transmission though a fluctuating ocean. Cambridge University Press, 1979. (中译本：起伏海洋中的声传播. 高天赋, 译. 北京：海洋出版社, 1985.)

[20] Munk W H, Zachariasen F. Sound propagation though a fluctuation stratified ocean. JASA, 1976, 59: 816.

[21] Steinberg J C, et al. Fixed system studies of underwater acoustic propagation. JASA, 1972, 52: 1521.

[22] Clark J G, Kronenfold M. A comparison of transmision fluctuation in deep ocean coastal water. JASA, 1974, 55: 442(a).

[23] Dyson F, Munk W, Zelter B. Interpretation of multipath scintillations eleuthera to bermuda in terms of internal waves and tides. JASA, 1976, 59: 1121.

[24] Desaubies Y J F. On the scattering of sound by internal waves in the ocean. JASA, 1978, 64: 1460.

[25] Deferrari H A. Effects of horizontally varying interference for propagation through the deep sound channel. JASA, 1974, 56: 40.

[26] Deferrari H A, Leung R. Spectrum of phase fluctuations caused by multipath interference. JASA, 1975, 58: 604.

[27] Potter R P, Spindel R C. Statistics of lowfrequency mutipath fluctuations in the ocean. JASA, 1978, 64: 269.

[28] Weinberg N L, Clark J, Flanagan R P. Internal tidal influence on deep-ocean acoustic-ray propagation. JASA, 1978, 64: 269.

[29] Phillips O M. The dynamics of the upper ocean. Cambridge University Press, 1965.

[30] Krol H R. Some numerical considerations concerning eigenvalue problems in the theories of underwater sound and internal waves.

[31] Munk W H. Sound channel in an exponentially stratified ocean with application to SOFAR. JASA, 1974, 55: 220.

[32] Куртепов В М. О влиянии внутренних воли на распростринение ввука в океане. Aky. Ж ур. 1976, 22: 243.

[33] Garrett C, Munk W H. Space-time scales of internal waves. Geophys Fluid.Dyn., 1972, 2: 225.

[34] Garrett C, Munk W H. Space-time scales of internal waves: A progress report. J. Geoph. Res., 1975, 80: 291.

[35] Clark R H. Transmission of underwater sound through internal waves and turbulence(第八届国际声学会议, 8th ICA, 1974).

[36] Potter R P, Spindel R C, Jeffe R J. Acoustic-internal wave interaction at long ranges in ocean. JASA, 1974, 56: 1426.

[37] Desaubies Y J F. Acoustic-phase fluetions induced by internal waves in the ocean. JASA, 1976, 60: 795.

[38] Adams S L. Multipath scintillation spectra. JASA, 1976, 60: 1218.

[39] Sutton G R, McCoy J J. Scattering of acoustic signals by inhomogeneit ties in a waveguide a single-scatter treatment. JASA, 1976, 60: 883.

[40] Flatte M, Tappert F D. Calculation of the effect of internal waves on oceanic sound transmission. JASA, 1975, 58: 1151.

[41] Lee O S. Effect of an internal wave on sound in ocean. JASA, 1961, 33: 667.

[42] Lee O S. Fixed path acoustic transmission in the presence of internal waves. JASA, 1960, 32: 1514.

[43] Wille D. JASA, 1971, 50; No.1: 348.

[44] Thomas R S. Signal Processing, 1973, 281.

[45] Parkins B. IEEE, Tr-AU, 1971, 19: 158.

[46] Laval R. Signal Processing, 1973, 223.

[47] Clark J G. J. Sound Vib., 1974, 34: 457.

[48] Adams S L. Rep. NAL. Prog. Jan., 1975, 19.

[49] 许祯镛. 物理学报, 1976, 25: 246.

[50] 尚尔昌. 随机浅海信道中信号场横向相干理论. 声学学报, 1976: 1.

[51] Spindel R C, Schulthess P M. Acoustic surfacereflection channel charrac terization through impulse response measurements. JASA, 1972, 51: 1812; JASA, 1972, 52: 1065.

[52] Бреховских Л М. Волны в слоистых средах, Изд. Ака. Наук., СССР, 1957.

[53] Fortain L. Survey of the literature on reflection and scattering of sound waves at the sea surface. JASA, 1970, 47: 1209.

[54] Wagner R J. Shadowing of random rough surfaces. JASA, 1967, 41: 128.

[55] Desanto J A, Shisha O. Numerical solution of a singular integral equation. J. Comput. Phys., 1974, 15: 286.

[56] Clay C S, Medwin H. Acoustical Oceanography.

[57] Marsh H W, et al. Scattering of underwater sound bu the sea surface. JASA, 1961, 33: 334.

[58] Стрекалов С С. К опредедению аналитического нида знергетического спектра ризвитого волнения. Океаноло lu Я No3, 1961: 439.

[59] Kuperman. JASA, 1975, 58: 370.

[60] Полянская В А. О влиянии высокочасто тных внутренних волн на энуковое поле точечного источника в океане, Aky. Ж ур., 1974, 20: 95.

[61] Weston D E. Acoustic fluctuations due to shallow-water internal waves. J. Sound. Vib., 1973, 31: 357.

[62] Desanto J A. Ocean Acoustics. Springer-Verlag, 1979.

[63] Бреховских Л М. Акустика океана, Часть 4, 1974. terization through impulse response measurements. JASA, 1972, 51: 1812; JASA, 1972, 52: 1065.

[64] Wang Y Y, et al. Modal experimental studies on the spatial filtering of modes. Chin. Phys. 2, 1982: 515–528.

[65] Clay C S, Wang Y Y, Shang E C. Sound field fluctuation in a shallow water waveguide. JASA, 1985, 77(2): 424–428.

[66] 汪德昭, 高天赋, 等. High frequency internal waves and acoustic fluctuation in shallow water thermocline.//汪德昭文集. 中国科学院声学研究所, 1995: 109–115.

[67] 汪德昭, 周纪浔, 等. Anomolous sound propagation in shallow water due to internal wave solitions.//汪德昭文集. 中国科学院声学研究所, 1995: 120–128.

[68] Zhou J X, Zhang X Z, Rogers P. Resonant interaction of sound wave with internal solitons in the coastal zone. JASA, 1991, 90: 2042–2054.

[69] 蒋德军, 高天赋, 等. 典型浅海温跃层内波对声场起伏的影响. 声学学报, 1999, 22: 198–208.

[70] 鄢锦, 张仁和, 等. 黄海中部内波特征及其引起的声起伏. 声学学报, 1999, 24: 281–287.

[71] Voronovich A G. Wave scattering from rough surfaces (2nd). New York: Springer, 1999.

第九章　数值声场预报与信道匹配问题

§9.1　海洋声场的数值预报

海洋声场的数值预报问题是现代声呐设计和使用以及反潜兵力部署中所提出的重要课题, 在建立了能够反映海洋环境因素对声场的制约关系的声场物理模型的基础上, 根据可测海洋环境参数的测定值或预报值, 排出程序就可由电子计算机完成数值计算, 给出相应海洋环境条件下的有关场值. 近年来, 由于计算机的快速发展, 数值计算声场是一个快速发展的领域, 可参考专著文献 [24,25].

目前所发展的数值声场预报方法有五种:

(1) 射线算法[1,2,26,27];

(2) 简正波算法[3,4,28,29];

(3) PE 算法[5−9,30,31,73,74];

(4) FFP 算法[10,32];

(5) 水平射线–垂直简正法[11].

这些算法的概况见下列图解. 图 9.1.1 为上述各种算法相应的介质情况; 图 9.1.2

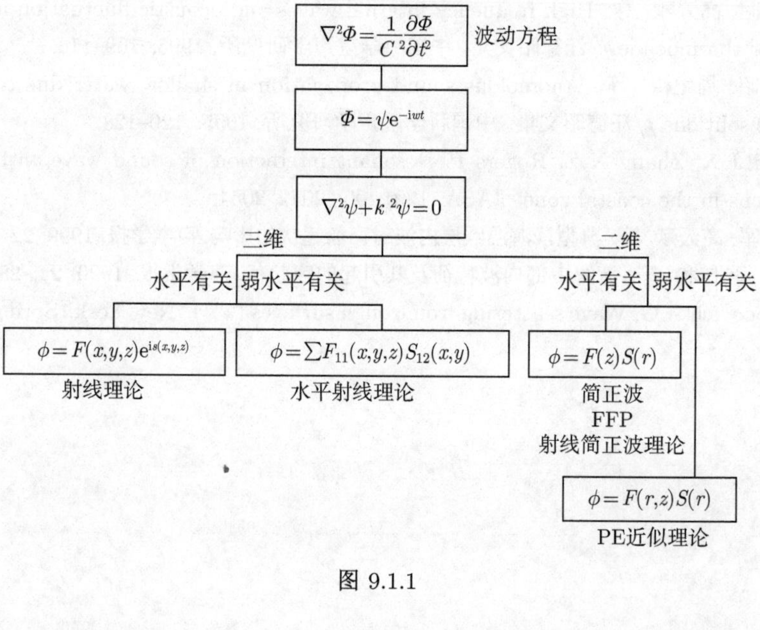

图 9.1.1

为在分层介质情况下的算法; 图 9.1.3 为射线算法概况; 图 9.1.4 为水平射线–垂直简正波算法; 图 9.1.5 为 PE 算法. 关于数值声场的总的情况可参见文献 [10].

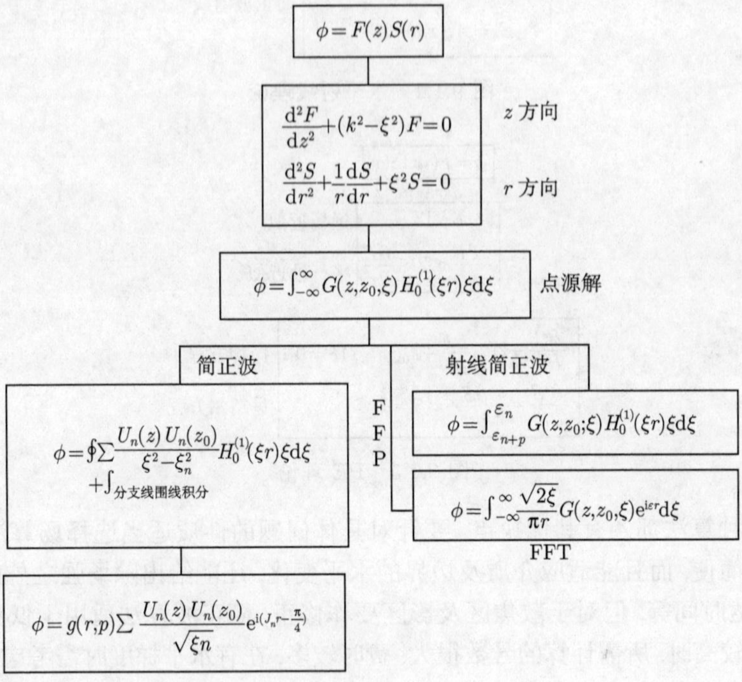

图 9.1.2

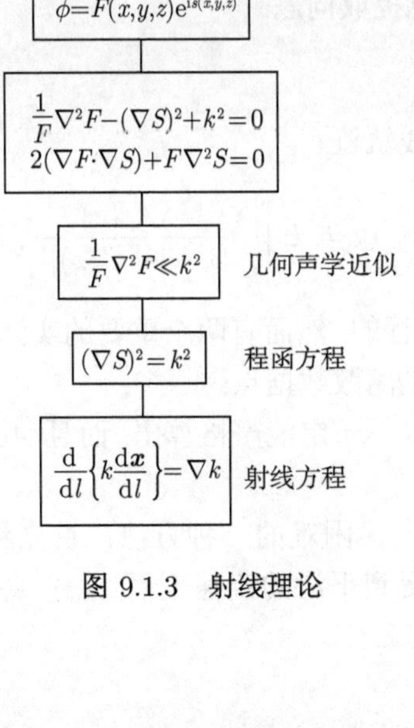

图 9.1.3 射线理论

$$\phi=\sum F_n(x,y,z)S_n(x,y)$$

$$\frac{\mathrm{d}^2F_n}{\mathrm{d}z^2}+(k^2-\xi^2)F_n=0$$ 简正波射线

$$S_n=A_n(x,y)\mathrm{e}^{\mathrm{i}\theta n(x,y)}$$

图 9.1.4　水平射线理论

$$\phi=F(nz)S(r)$$

$k_0r\gg1$ 远场近似

$$\frac{\partial^2F}{rr^2}\ll 2k_0\frac{\partial F}{\partial r}$$ 平行轴近似

$$\frac{\partial^2F}{\partial z}+2\mathrm{i}k_0\frac{\partial F}{\partial r}+k_0^2(n^2-1)F=0$$ 抛物方程

$$\frac{\partial^2S}{\partial r^2}+\frac{1}{r}\frac{\partial S}{\partial r}+k_0^2S=0$$ 贝塞尔方程

图 9.1.5　PE 理论

每一种算法都各有其优缺点, 要针对具体问题的性质适当选择场算法. 例如, 射线算法简便, 而且能适应介质及边界的水平变化, 还能给出除场强之外的其他信息, 如到达时间等, 但对于散焦区及影区要作修正; 简正波算法适用于低频、浅海, 但当频率较高时, 所需计算的号数很大, 费时较多, 在有水平梯度时需考虑用 PE 算法, 而 PE 算法对声场的垂直开角有限制. 只有在海洋声场的预报基础上, 才有可能实现对信道的匹配. 作为浅海信道匹配的例子, 在本章中我们讨论了与简正波场匹配的几个问题, 浅海中确定声源位置的问题; 垂直阵过滤简正波抑制近场点源干扰问题, 以及垂直阵之信息提取问题.

9.1.1　射线场数值解算

由式 (3.9.25) 计算射线轨迹

$$\chi-\chi_s=\pm\int_{z_s}^{z}\frac{Ac(z)}{[1-A^2c^2(z)]^{1/2}}\mathrm{d}z. \tag{9.1.1}$$

当给定 $c(z)$ 时原则上是可行的, 然而有两个重要的实际困难:

(1) 实测的 $c(z)$ 只能是离散数据点;

(2) 对任意的 $c(z)$ 积分不一定能严格算出, 而且 $Ac(z)\to 1$ 时, 积分出现奇性, 也给数值计算带来困难.

文献 [1] 给出了克服上述困难的一种方法: 首先将离散的数据 $c(z_i)$ 用 “三次样条法” 加以平滑化, 得到平滑的声速剖面 $c(z)$, 并可以算出任一点处的微商

$\dfrac{\mathrm{d}c}{\mathrm{d}z}=c'(z)$; 然后, 根据 $Ac(z)=\cos\theta$, 将射线方程 (9.1.1) 转化为二阶常微分方程:

$$\frac{\mathrm{d}^2 z}{\mathrm{d}x^2}=-c'(z)/A^2c^3(z). \tag{9.1.2}$$

方程 (9.1.2) 的定解初始条件是由源出射的角 θ_s 及源位置 x_s, z_s:

$$\begin{aligned} &z(x_s)=z_s,\\ &\left.\frac{\mathrm{d}z}{\mathrm{d}x}\right|_{x_s}=\tan\theta_s,\\ &A=\cos\theta_s/c\left(z_s\right). \end{aligned} \tag{9.1.3}$$

下面我们来讨论射线场强的计算. 射线的强度方程 [见式 (3.9.32)] 为

$$\frac{I(x)}{I_0}=\frac{1}{x}\frac{\cos\theta_0}{\cos\theta}\cdot\frac{1}{\partial z/\partial\theta_0}, \tag{9.1.4}$$

其中

$$z=r(x;z_0,\theta_0).$$

当 $z(x;z_0,\theta_0)$ 是已知函数时, 由式 (9.1.4) 可计算强度, 其初始条件是

$$z(0;z_0,\theta_0)=z_0,\quad z'(0;z_0,\theta_0)=\tan\theta_0. \tag{9.1.5}$$

由方程 (9.1.4) 计算场强时, 要求作出 $\dfrac{\partial z}{\partial\theta_0}$, 连同以下方程:

$$\sec\theta=\left[1+(c')^2(x;z_0,\theta_0)\right]^{1/2} \tag{9.1.6}$$

一同代入式 (9.1.4), 就可得出沿射线的强度变化.

过去的数值方法是所谓 "Ray-bundle" 方法, 即先计算一条从 θ_0 出射的声线 (θ_0,z_0), 然后再计算一条离开 θ_0 为 $\delta\theta_0$ 的一条声线, 将 $\partial z/\partial\theta_0$ 函数近似取为

$$\frac{\partial z}{\partial\theta_0}\approx\frac{\delta z}{\delta\theta_0}, \tag{9.1.7}$$

其中

$$\delta z=\left[z(x;z_0,\theta_0+\delta\theta_0)-z(x;z_0,\theta_0)\right].$$

这种数值方法在下列两条件得到满足时是可以接受的:

(1) 两条射线彼此保持接近;

(2) 舍入误差是可以忽略的.

但是, 在远距离传播时, 或射线有反射时, 这两条件均不能保证. 另外一个缺点是, 对每一条经过接收点附近的声线都需要计算额外一条声线.

文献 [2] 给出了另外一种计算方法. 根据 Fermat 原理导出的广义 Snell 定律 [见式 (3.9.13)]

$$\frac{\mathrm{d}}{\mathrm{d}x}\left[n(x,z)\frac{z'}{(1+z'^2)^{1/2}}\right]=(1+z'^2)^{1/2}\frac{\partial n(x,z)}{\partial z}. \tag{9.1.8}$$

使用下标符记关于 $n(x,z)$ 的偏微分, 则式 (9.1.8) 可以改写为

$$z'\cdot n_x+n\cdot z''\cdot(1+z'^2)=n_z, \tag{9.1.9}$$

或

$$\frac{\mathrm{d}}{\mathrm{d}x}\left[\ln\frac{n}{(1+z')^{1/2}}\right]=(1+z'^2)\cdot\frac{n_x}{n}. \tag{9.1.10}$$

对于分层介质, $n=n(z)$, 则式 (9.1.10) 给出 Snell 定律:

$$\frac{n(z)}{(1+z'^2)^{1/2}}=A, \tag{9.1.11}$$

其中常数 A 称为射线参数:

$$A=n(z_0)\cos\theta_0 \tag{9.1.12}$$

将式 (9.1.9) 整理, 得

$$z''=\left[\frac{(1+z'^2)}{n}\right][n_z-z'\cdot n_x]. \tag{9.1.13}$$

初始条件为

$$z(0;z_0,\theta_0)=z_0,\quad z'(0;z_0,\theta_0)=\tan\theta_0. \tag{9.1.14}$$

为了将式 (9.1.4) 中所需的量 $\dfrac{\partial z}{\partial\theta_0}$ 送入, 定义新量

$$\xi(x;z_0,\theta_0)\equiv\frac{\partial}{\partial\theta_0}z(x;z_0,\theta_0). \tag{9.1.15}$$

将式 (9.1.13) 对参量 θ_0 微分, 并经过化简后可得到关于 ξ 的微分方程:

$$\xi''=\left[\frac{2z'z''}{1+z'^2}-(1+z'^2)\frac{n_x}{n}\right]\xi'+\left[\frac{1+z'^2}{n}(n_{zz}-z'n_{xz})-z''\frac{n_z}{n}\right]\xi. \tag{9.1.16}$$

由式 (9.1.14) 及 (9.1.15) 得到式 (9.1.16) 的初始条件:

$$\begin{aligned}&\xi(0;z_0,\theta_0)=0,\\&\xi'(0;z_0,\theta_0)=\sec^2\theta_0.\end{aligned} \tag{9.1.17}$$

这样一来，求解射线强度的问题化为求解两个二阶常微分方程的问题：式 (9.1.13) 及相应初始条件；式 (9.1.16) 及相应初始条件. 将式 (9.1.13) 的结果代入式 (9.1.16), 再将式 (9.1.16) 的结果代入式 (9.1.4). 在计算机上求解二阶常微分方程有常规程序. 这种方法不比 "Ray-bundlle" 方法麻烦, 且消除了式 (9.1.7) 的近似.

9.1.2 简正波场数值解算

对于无水平梯度的分层介质中的点源声场, 可以在解波动方程时使用分离变量的方法 (见图 9.1.2), 经过 Hankle 积分变换之后, 再运用复变函数论中的留数定理, 可以得到简正波场：

$$\phi(r,z,z_0)=\pi\mathrm{i}\sum_n U_n(z)U_n(z_0)\sqrt{\frac{2}{\pi k_n r}}\mathrm{e}^{\mathrm{i}k_n r-\beta_n r-\mathrm{i}\frac{\pi}{4}},$$

其中 k_n 为第 n 号简正波波数水平分量, 即本征值的实部; β_n 为简正波的指数衰减因子, 即本征值的虚部; $U_n(z)$ 为正交归一的本征函数. β_n 是由边界反射损失引起的, 它除了与界面的反射特性有关外, 还受声速剖面的控制; 对于理想反射界面, $\beta_n=0$.

对于浅海声场预报而言, 简正波场算法是一个重要而且相当有效的算法. 在浅海声场中, 海底的声学性质对声场是一个重要的影响因素, 因此在声场理论模式中, 如何恰当地引入海底因素的影响是一个十分关键的问题. 在文献中经常使用的是最简单的 ρ,c,α 均匀液态海底[4], 在这个海底模型下, 简正波的指数衰减因子, 即本征值的虚部, 按下式计算[12]：

$$\beta_n\doteq\frac{\rho_2 k_2}{k_n}\cdot\alpha\int_{H_1}^{\infty}|u_n(z)|^2\mathrm{d}z, \tag{9.1.18}$$

其中 k_n 为本征值的实部; u_n 为归一化本征函数; α 为海底的吸收系数. 实际测量表明, 海底介质是有分层结构的, 也可能激发横波, 更重要的是需要考虑粗糙界面的散射损失. 因此, ρ,c,α 均匀液态海底模型具有很大的局限性. 1975 年, NRL 发表了第二版的简正波 FORTRAN 程序. 在这个程序中, 基本保留了差分迭代及 NCR 迭代算法, 而将海底模型加以改进：第一层海底声速有深度分布, 密度为常数; 第二层海底为均匀海底, 可以考虑是固态的; 此外, 还根据 Kuperman[13] 的计算, 引入了表面散射损失, 此时计算简正波指数衰减 δ_l 的公式要作相应的修改.

但是, 如所熟知, 要求对海底参数及其分层结构具备这样完整的知识, 目前还存在许多实际困难.

在文献 [14] 中, 讨论了一种能适用于现阶段声呐探测水平和现阶段海底知识水平的浅海简正波声场的数值预报理论模式. 在这个数值预报模式中, 能够适当地降低对海底结构知识的要求, 使之能作为目前并不十分困难的环境参数而输入程序之中. 所要求的海底参数是: (1) 表层的 ρ, c, α(可以通过表层采样分析得到); (2) 小掠角反射损失的数值或参数. 在此情况下, 给出计算简正波指数衰减的公式为

$$\beta_l = \begin{cases} \dfrac{\rho_2 k_2}{k_l}\alpha\displaystyle\int_1^\infty |u_l(\xi)|^2\mathrm{d}\xi & (\text{折射简正波})\quad k(H) < k_l < k_{\max} \qquad (9.1.19)\\ \dfrac{1}{2k_l}\dfrac{[1-|V_H(k_l)|^2]N_l^2}{H^2\displaystyle\int_0^1 |u_l(\xi)|^2\mathrm{d}\xi} & (\text{反射简正波})\quad k_1 < k(H) \qquad (9.1.20)\end{cases},$$

$$N_l^2 = \left[\rho\cdot\int_0^1 |Z_n(\xi)|^2\,\mathrm{d}\xi + \rho_2\int_1^\infty |Z_n(\xi)|^2\,\mathrm{d}\xi\right]^{-1}. \tag{9.1.21}$$

当然, 降低海底分层结构精细知识的要求, 是以降低近场预报精度和限制一定的频率范围为代价的. 文献 [14] 的分析指出, 对于高声速海底, 当满足下列条件时:

$$(1)\qquad \left|\frac{1}{(k_l^2-k_{(2)}^2(\xi))}\frac{\mathrm{d}}{\mathrm{d}z}\left[k_l^2-k_{(2)}^2(\xi)\right]\right|_H \ll 1 \tag{9.1.22}$$

$$\arg\sqrt{k_l^2-k_{(2)}^2(\xi)}\Big|_H = 0,\quad k_{(2)}(z)\ \text{单调下降};$$

$$(2)\qquad \left(\frac{\rho_2}{\rho_1}\right)[2\pi k_0 H\alpha^*]^{1/2} \gg 1, \tag{9.1.23}$$

则 k_l, $Z_l^{(1)}(\xi)$ 及 N_l^2 对底质深层结构是不敏感的, 可以用表层的取样参数 ρ_{2H}, $c_2(H)$, α 输入于差分迭代程序中进行 k_l(实本征值), $Z_l^{(1)}(\xi)$(实本征函数) 及 N_l^2(归一化因子) 的解算.

下面我们来看 k_l, $Z_l^{(1)}(\xi)$ 及 N_l^2 的解算. 对于 $l \leqslant NM$ 的 "主导简正波", 只要假定 $k_{(2)}(z)$ 单调下降, 则当满足条件式 (9.1.22) 时, 可把 $Z_l^{(2)}(\xi)$ 表示为

$$Z_l^{(2)}(\xi) = \frac{B}{\sqrt{y_l(\xi)}}\exp\left[-\int_1^\xi y_l(\xi)\mathrm{d}\xi\right], \tag{9.1.24}$$

其中

$$y_l(\xi) \equiv H\sqrt{k_l^2-k_{(2)}^2(\xi)}. \tag{9.1.25}$$

根据场的连续条件, 可得

$$\rho_1 Z_l^{(1)}(1) = \rho_2\frac{B}{\sqrt{y_l(1)}}, \tag{9.1.26}$$

$$\left.\frac{\mathrm{d}Z_l^{(1)}}{\mathrm{d}\xi}\right|_{\xi=1} \doteq -B\sqrt{y_l(1)}. \tag{9.1.27}$$

常数由归一因子确定, 为方便, 并不失一般性, 可取

$$B = \sqrt{y_l(1)}. \tag{9.1.28}$$

于是得到

$$\begin{cases} Z_{l,0}^{(1)}(1) = \dfrac{\rho_2}{\rho_1} \equiv R & (9.1.29) \\ \left.\dfrac{\mathrm{d}Z_l^{(1)}}{\mathrm{d}\xi}\right|_{\xi=1} \doteq -H\left[k_l^2 - {k^{(2)}}^2(1)\right]^{1/2} \equiv -A^{1/2} & (9.1.30) \end{cases}$$

由式 (9.1.29), (9.1.30) 可见, 当满足条件式 (9.1.22) 时, 则与均匀液态半空间的问题完全一样, 因此 k_l 与 $Z_l^{(1)}$ 对深层结构是不敏感的.

由式 (9.1.29) 及 (9.1.30), 可以按 Taylor 展开, 求得离 $\xi = 1$, 步距为 h 处的场值:

$$Z_{l,1}^{(1)} = Z_l^{(1)}(1-h) = R\left\{1 + \frac{h}{R}A^{1/2} - \frac{h^2}{3}D - \frac{h^2}{6}W - \frac{h^3}{6R}DA^{1/2}\cdots\right\}, \tag{9.1.31}$$

其中

$$D \equiv H^2\left[\frac{\omega^2}{c_1^2(\xi)} - k_l^2\right], \tag{9.1.32}$$

$$W = H^2\left[\frac{\omega^2}{c_1^2(\xi-h)} - k_l^2\right]. \tag{9.1.33}$$

有了式 (9.1.29) 及 (9.1.31) 所确定的两个初始场值, 就可按差分迭代算法由 $\xi = 1$ 向上推算到海面 $\xi = 0$, 这样就得到了在 ξ 为 (0,1) 整个水层中的波函数, 利用一阶中心差代替二级导数:

$$\frac{\mathrm{d}^2 Z_{n,i}}{\mathrm{d}\xi^2} = \frac{Z_{n,i+1} - 2Z_{n,i} + Z_{n,i-1}}{h^2}. \tag{9.1.34}$$

于是微分方程

$$\frac{\mathrm{d}^2 Z_n^{(1)}}{\mathrm{d}\xi^2} + H^2\left[k_1^2(\xi) - k_n^2\right] Z_n^{(1)}(\xi) = 0$$

变为下列迭代公式:

$$Z_{n,i+1}^{(1)} = \left\{2.0 - H^2h^2\left[\frac{\omega^2}{(c_1^2)i} - k_n^2\right]\right\} Z_{n,i}^{(1)} - Z_{n,i-1}^{(1)}. \tag{9.1.35}$$

对应于所接受的本征值 k_n, 则 $Z_n^{(1)}(\xi)$ 应拟合海面的边界条件:

$$Z_n^{(1)}(0) < \varepsilon, \tag{9.1.36}$$

并具有 $(n-1)$ 个过零数 (NCR 数). 这一程序已在 DJS-6 上完成[14].

注意, 当考虑 $1-|V_H|^2 = 1-\mathrm{e}^{2\ln|V_H|} \approx -2\ln|V_n|$, 并且 $u_n(\xi)$ 使用 W.K.B. 解时, 式 (9.1.20) 所给出的简正波指数衰减因子 δ_l 退化为 Ray-Mode 理论的结果:

$$\delta_l = \frac{-\ln|V_H|}{S_l}. \tag{9.1.37}$$

文献 [33] 讨论了以小角度海底反射参数 (P,Q)(详见第四章) 为输入参数的简正波算法程序 (PQNM). 目前广泛使用的 KRAKEN 程序, 是以地声模型 (地声参数 ρ, c, α 再加上海底的分层模型) 为输入数据的; 实际上往往很难得到准确的地声模型, 特别是准确的分层结构. 而反射参数 (P,Q) 则是无需模型 (Model-free) 的参数.

9.1.3 抛物 (PE) 近似方法

抛物 (PE) 近似方法不同于其他两类常用的场算法:

(1) 射线算法, 它基于高频近似, 忽略衍射效应;

(2) 简正波算法, 它基于严格的水平分层对称性, 因而忽略任何简正波之间的耦合效应. 抛物近似中考虑了水平变化时的耦合效应. 在抛物近似中所要求的限制性条件是声场的垂直开角范围很小, 对海洋中的远程声场来讲这是符合实际的. 这一近似方法首先由 Leontovich 及 Fock[5] 在 1946 年提出, 用于解决对流层中无线电波的传播问题; 后来在光学[6] 及地球物理学科中[7] 都得到了广泛的应用. 在水声学中是由 Hardin 及 Tappert[8] 引进, 并结合 FFT 算法给出具体有效的解算声场的所谓 "分裂–步进傅里叶" 算法.

PE 近似是一种小开角过程的近似. 这可由下面的简单分析看出, 我们来看球面波函数:

$$P = \frac{1}{\left[r^2+(z-z_s)^2\right]^{1/2}}\mathrm{e}^{\mathrm{i}k_0\left[r^2+(z-z_s)^2\right]^{1/2}}, \tag{9.1.38}$$

其中 z_s 为源深度; z 为接收深度, 如果开角很小, 则

$$|\theta| \approx |z-z_s|/r \ll 1. \tag{9.1.39}$$

于是, 我们可使用近似:

$$P \approx \psi(z,r)\frac{1}{\sqrt{r}}\mathrm{e}^{\mathrm{i}k_0 r}, \tag{9.1.40}$$

$$\psi(z,r) = \frac{1}{\sqrt{r}}\mathrm{e}^{\mathrm{i}k_0(z-z_s)^2/2r}. \tag{9.1.41}$$

很容易验证 ψ 满足抛物型方程:

$$\mathrm{i}\frac{\partial\psi}{\partial r} + \frac{1}{2k_0}\frac{\partial^2\psi}{\partial z^2} = 0. \tag{9.1.42}$$

式 (9.1.42) 是最简单的抛物近似的例子.

下面我们来推导一般情况的 PE 近似方程[16]. 对于简谐点源, 其波动方程为

$$\Delta P+k_0^2\left[n^2(r,z,\phi)+\mathrm{i}\nu(z,r,\varphi)\right]P=-4\pi\rho_0\delta(\boldsymbol{R}), \tag{9.1.43}$$

其中

$$\Delta P=\frac{1}{r}\frac{\partial}{\partial r}r\frac{\partial P}{\partial r}+\frac{\partial^2 P}{\partial z^2}+\frac{1}{r^2}\frac{\partial^2 P}{\partial \phi^2}, \tag{9.1.44}$$

$$\delta(\boldsymbol{R})=\frac{1}{2\pi r}\delta(r)\delta(z-z_s); \tag{9.1.45}$$

$k_0=\omega/c_0$; $n(z,r,\phi)=c_0/c(z,r,\phi)$; 而 $\nu(z,r,\phi)$ 为介质吸收系数. 所要解的问题就是场 $P(z,r,\phi)$ 满足波动方程 (9.1.43), 对给定 n,ν 及相应的边界条件.

海面边界条件可写为 $P\left[\xi(r,\phi),r,\phi\right]=0$, 其中 $\xi(r,\phi)$ 是相对于 $z=0$ 的自由表面的位移. 海底边界条件难于简单地给以数学描述, 在 PE 方法中是以控制参数 $n(r,z,\phi)$ 及 $\nu(r,z,\phi)$ 来描述的. 物理上, 海底的影响总是在某一有限的深度上是有效的, 这深度依赖于对场精确程度的要求[15]. 一般来说, 大角度的波将穿透较深的海底, 但往往不会以较大的能量返回水层作贡献, 因此, 在远程声场中可以略去. 这种效果可以通过 $\nu(z,r,\phi)$ 随 z 作适当的增加而加以控制; 对于确定的 $\nu(z,r,\phi)$, 计算可以终止在相应的深度上.

我们将方程 (9.1.43) 的解表示为

$$P(z,r,\phi)=\psi(z,r,\phi)H_0^{(1)}(k_0r), \tag{9.1.46}$$

当 $k_0r\gg 1$ 时, 有

$$H_0^{(1)}(k_0r)\sim\sqrt{\frac{2}{\mathrm{i}\pi k_0r}}\mathrm{e}^{\mathrm{i}k_0r}. \tag{9.1.47}$$

将式 (9.1.46) 代入式 (9.1.43), 并考虑离源较远的区域, 取齐次方程, 则有

$$\frac{\partial^2\psi}{\partial r^2}+\left[\frac{2}{H_0^{(1)}}\frac{\partial H_0^{(1)}}{\partial r}+\frac{1}{r}\right]\frac{\partial\psi}{\partial r}+\frac{1}{r^2}\frac{\partial^2\psi}{\partial\phi^2}+k_0^2\left[n^2(z,r,\phi)-1+\mathrm{i}\nu(z,r,\phi)\right]\psi=0. \tag{9.1.48}$$

若 $k_0r\gg 1$, 则由式 (9.1.47), 有

$$\frac{2}{H_0^{(1)}}\frac{\partial H_0^{(1)}}{\partial r}+\frac{1}{r}=2\mathrm{i}k_0\left[1+O\left(\frac{1}{k_0^2r^2}\right)\right]. \tag{9.1.49}$$

忽略 $(k_0r)^{-2}$ 项, 则得

$$\frac{\partial^2\psi}{\partial r^2}+2\mathrm{i}k_0\frac{\partial\psi}{\partial r}+\frac{\partial^2\psi}{\partial z^2}+\frac{1}{r^2}\frac{\partial^2\psi}{\partial\phi^2}+k_0^2\left[n^2-1+\mathrm{i}\nu\right]\psi=0. \tag{9.1.50}$$

由于式 (9.1.46) 的表示中, 场的径向快变化由 $\exp(\mathrm{i}k_0 r)$ 表现, 所以函数 $\psi(r,z,\phi)$ 实际上是慢变化包络, 因此, ψ 在 r 方向上的变化远远慢于波长尺度, 即 $\dfrac{\partial\psi}{\partial r} \ll k_0\psi$, 故 $\dfrac{\partial^2\psi}{\partial r^2}$ 可以忽略, 于是

$$2\mathrm{i}k_0\frac{\partial\psi}{\partial r} + \frac{\partial^2\psi}{\partial z^2} + \frac{1}{r^2}\frac{\partial^2\psi}{\partial\phi^2} + k_0^2\left[n^2(z,r,\phi) - 1 + \mathrm{i}\nu(z,r,\phi)\right]\psi = 0. \tag{9.1.51}$$

这就是一般情况下的 PE 方程. 对于这一类方程, 只要给定某一初始 r 值处的场值, 已经有现成的计算机数值程序能有效地予以解算.

这样, 通过解算式 (9.1.51) 及相应的边界条件, 我们就解决了包含水平变化介质 [三维声速 $n(z,r,\phi)$, 三维吸收 $\nu(z,r,\phi)$ 及任意表面 $\xi(r,\phi)$ 的声场问题]. 由于 $n(z,r,\phi)$ 及 $\nu(z,r,\phi)$ 是任意的空间函数, 自然也就包括了任意海底深度 (即变深度) 问题.

由此我们可以看到, PE 方法在应付水平变化方面是一个强有力的工具; 它的麻烦之处是 "海底安装" 问题: 首先, 需要有海底的足够深入知识, 以便恰当地输入起控制作用的参数 $n(z,r,\phi), \nu(z,r,\varphi)$; 其次, 实际海底界面往往是 n,ν 发生不连续跳变的地方, 对此需要人为地引入薄层, 予以连接.

实际上方程 (9.1.51) 可予以简化. 当离源足够远时, 柱波面曲度可忽略, 方位角坐标可以用局部直角坐标代替 $\mathrm{d}y = r\mathrm{d}\psi$, 于是

$$2\mathrm{i}k_0\frac{\partial\psi}{\partial r} + \frac{\partial^2\psi}{\partial z^2} + \frac{\partial^2\psi}{\partial y^2} + k_0^2\left[n^2(z,y,r) - 1 + \mathrm{i}v(z,y,r)\right]\psi = 0. \tag{9.1.52}$$

方程 (9.1.52) 对于窄波束过程特别有用. 如果考虑水平各向同性场时, 则 ψ 和 ϕ 无关, 方程 (9.1.51) 便简化为

$$2\mathrm{i}k_0\frac{\partial\psi}{\partial r} + \frac{\partial^2\psi}{\partial z^2} + k_0^2\left[n^2(z,r) - 1 + \mathrm{i}\nu(z,r)\right]\psi = 0. \tag{9.1.53}$$

下面来解算方程 (9.1.53) 的数值, 在该式中, 暂略吸收项, 则

$$\frac{\partial^2\psi}{\partial z^2} + 2\mathrm{i}k_0\frac{\partial\psi}{\partial r} + k_0^2\left[n^2 - 1\right]\psi = 0. \tag{9.1.54}$$

对式 (9.1.54) 进行傅里叶变换:

$$\int_{-\infty}^{\infty}\left\{\frac{\partial^2\psi}{\partial z^2} + 2\mathrm{i}k_0\frac{\partial\psi}{\partial r} + k_0^2\left[n^2 - 1\right]\psi\right\}\mathrm{e}^{-\mathrm{i}sz}\mathrm{d}z = 0. \tag{9.1.55}$$

将 ψ 函数的傅里叶变换记为 $\widetilde{\psi}$:

$$\widetilde{\psi}(r,s) = \frac{1}{2\pi}\int_{-\infty}^{\infty}\psi(r,z)\mathrm{e}^{-\mathrm{i}sz}\mathrm{d}z, \tag{9.1.56}$$

$$\psi(r,z)=\int_{-\infty}^{\infty}\widetilde{\psi}(r,s)\mathrm{e}^{\mathrm{i}sz}\mathrm{d}s. \tag{9.1.57}$$

若暂时假定 n 为常数, 并认为 ψ 及 $\dfrac{\partial\psi}{\partial z}$ 当 $z\to\pm\infty$ 时平滑地趋于 0, 则方程 (9.1.55) 可写为

$$\int_{-\infty}^{\infty}\frac{\partial^2\psi}{\partial z^2}\mathrm{e}^{-\mathrm{i}sz}\mathrm{d}z+2\mathrm{i}k_0\frac{\partial}{\partial r}\left\{\int_{-\infty}^{\infty}\psi\mathrm{e}^{-\mathrm{i}sz}\mathrm{d}z\right\}+k_0^2(n^2-1)\int_{-\infty}^{\infty}\psi\mathrm{e}^{-\mathrm{i}sz}\mathrm{d}z=0. \tag{9.1.58}$$

分部积分, 得

$$\int_{-\infty}^{\infty}\frac{\partial^2\psi}{\partial z^2}\mathrm{e}^{-\mathrm{i}sz}\mathrm{d}z=\frac{\partial\psi}{\partial z}\mathrm{e}^{-\mathrm{i}sz}\Big|_{-\infty}^{\infty}+\mathrm{i}s\psi\mathrm{e}^{-\mathrm{i}sz}\Big|_{-\infty}^{\infty}-s^2\int_{-\infty}^{\infty}\psi\mathrm{e}^{-\mathrm{i}sz}\mathrm{d}z=-s^2\int_{-\infty}^{\infty}\psi\mathrm{e}^{-\mathrm{i}sz}\mathrm{d}z. \tag{9.1.59}$$

于是式 (9.1.58) 变为

$$-s^2\tilde{\psi}+2\mathrm{i}k_0\frac{\partial\tilde{\psi}}{\partial r}+k_0^2(n^2-1)\tilde{\psi}=0,$$

或

$$\frac{\partial\tilde{\psi}}{\partial r}+\frac{k_0^2(n^2-1)-s^2}{2\mathrm{i}k_0}\tilde{\psi}=0. \tag{9.1.60}$$

其解为

$$\tilde{\psi}(r,s)=\psi(r_0,s)\exp\left(-\frac{k_0^2(n^2-1)-s^2}{2\mathrm{i}k_0}(r-r_0)\right). \tag{9.1.61}$$

经反演, 可得 $\psi(r,z)$:

$$\psi(r,z)=\int_{-\infty}^{\infty}\tilde{\psi}(r_0,s)\mathrm{e}^{\frac{\mathrm{i}k_0}{2}(n^2-1)\cdot\Delta r}\mathrm{e}^{-\mathrm{i}\frac{\Delta r}{k_0}s^2}\mathrm{e}^{\mathrm{i}sz}\mathrm{d}s, \tag{9.1.62}$$

其中

$$r=r_0+\Delta r,$$

$$\psi(r+\Delta r,z)=\mathrm{e}^{\mathrm{i}\frac{k_0}{2}(n^2-1)\cdot\Delta r}F^{-1}\left\{\mathrm{e}^{-\mathrm{i}\frac{\Delta r}{2k_0}s^2}F\left\{\psi(r,z)\right\}\right\}. \tag{9.1.63}$$

上式可按 Δr 步距, 用 FFT 程序予以数值解算[8]. 如果已知某一水平距离 r 上整个 z 区间的 $\psi(r,z)$ 值, 就可由式 (9.1.63) 得到 $\psi(r+\Delta r,z)$. 在以上的推演过程中, 我们假定 n 是常数, 但是只要步距 Δr 足够小, 则对于 $n=n(r,z)$ 的情况, 式 (9.1.63) 仍然是正确的. 因此, 用 PE 方法所得到的场中, 已经自然包含了由水平变化引起的衍射效应及简正波耦合效应; 这是解决这类问题的一个比较有效的数值方法, 看来颇有希望用于解决随机散射问题.

在具体解算过程中, 还需要注意三个问题:

(1) 步距 Δr 的确定;

(2) FFT 点数的确定;

(3) "海底安装" 问题.

下面我们讨论如何从 PE 方法获得初值的问题. 如果将 PE 方法主要用于解决有水平梯度 (或水平变化边界) 的远程传播问题, 那么可以与无水平变化的 Mode 程序[14] 结合起来; 将离源适当距离 (即水平效应仍不明显, 但旁侧波已可忽略的距离范围) 的简正波场 $P(r,z,z_0)$ 作为初值 [见式 (9.1.17)]:

$$P(r,z,z_0)=\pi\mathrm{i}\sum_{l}^{M(r)}U_l(z)U_l(z_0)\sqrt{\frac{2}{\pi k_l r}}\mathrm{e}^{\mathrm{i}k_l r-\delta_l r-\mathrm{i}\frac{\pi}{4}}. \tag{9.1.64}$$

将上述相干叠加的, 在整个有效深度范围内的场值作为初值代入式 (9.1.63)(实际上还可以用更简单的方法). 如果源不是与边界很近, 则在源附近取球面波场:

$$P=\frac{P_0}{R}\mathrm{e}^{\mathrm{i}k_0 R}, \tag{9.1.65}$$

其中

$$R=\left[r^2+(z-z_0)^2\right]^{1/2}.$$

假定这个解在下列区间是成立的:

$$k_0^{-1}\ll r\ll\beta; \tag{9.1.66}$$

一般情况下, β 为具有波导宽度的量级. 如果在某一覆盖区域内, 抛物近似成立, 但水平衍射并不显著时, 方程 (9.1.53) 可简化为

$$2\mathrm{i}k_0\frac{\partial\psi}{\partial r}+\frac{\partial^2\psi}{\partial z^2}=0. \tag{9.1.67}$$

于是由式 (9.1.46) 及 (9.1.47) 有

$$P(r,z)\approx\psi(r,z)(2/\mathrm{i}\pi k_0 r)^{1/2}\mathrm{e}^{\mathrm{i}k_0 r}. \tag{9.1.68}$$

比较式 (9.1.68) 与 (9.1.65), 并考虑小角度近似, $|z-z_0|/r\ll 1$, 考虑到二阶小量时, 则在式 (9.1.68) 所定义的区域内, 我们希望 ψ 具有下列近似形式:

$$\psi(r,z)\approx P_0\sqrt{\frac{\mathrm{i}\pi k_0}{r}}\left[1-\frac{1}{2}\frac{(z-z_0)^2}{r^2}\right]\mathrm{e}^{\mathrm{i}k_0(z-z_0)^2/2r}. \tag{9.1.69}$$

用 PE 方法计算深海声道的实例见文献 [16]. 其中计算了双线型水下声道, 声线图见图 9.1.6; 图 9.1.7 是用 PE 方法计算的 50 Hz 的结果; 而图 9.1.8 则是 100 Hz 的结果.

除上述各种数值声场方法外, 最近已开始将有限元法用来计算水声场, 有关情况可参看文献 [10]. 在文献 [23] 中, 还讨论了比 PE 方法更为广泛的包括大开角声场的数值积分方法. 对于 PE 方法的进展, 文献 [34] 有较为详细的论述.

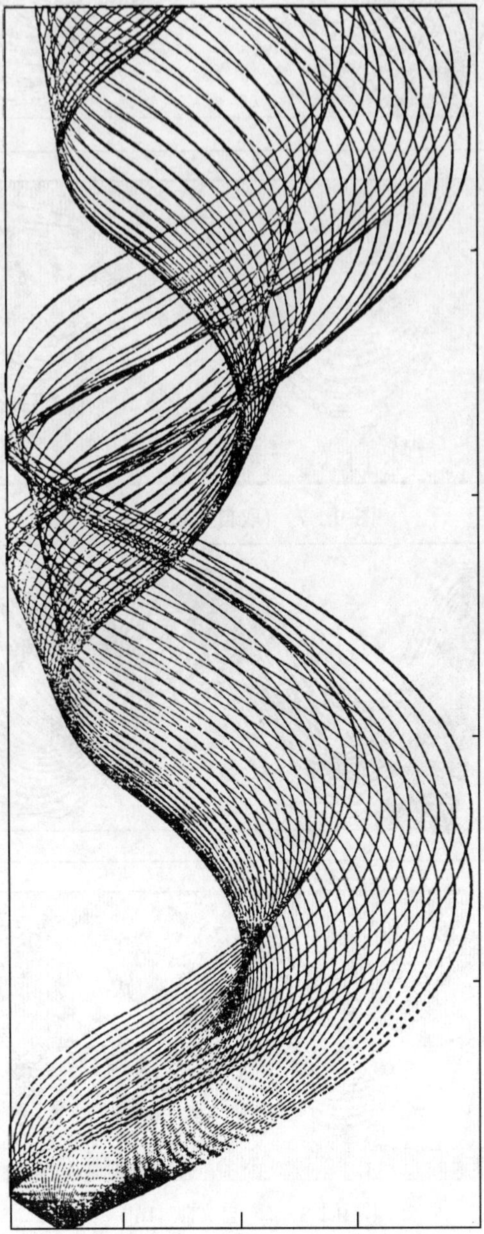

图 9.1.6 (取自文献 [16])

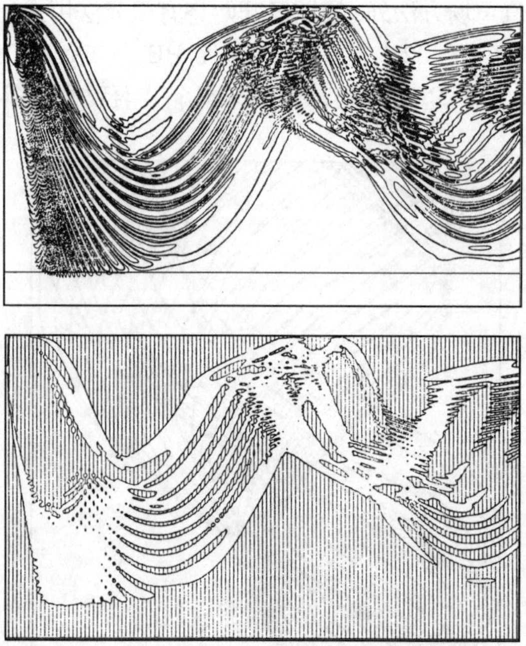

图 9.1.7　(取自文献 [16])

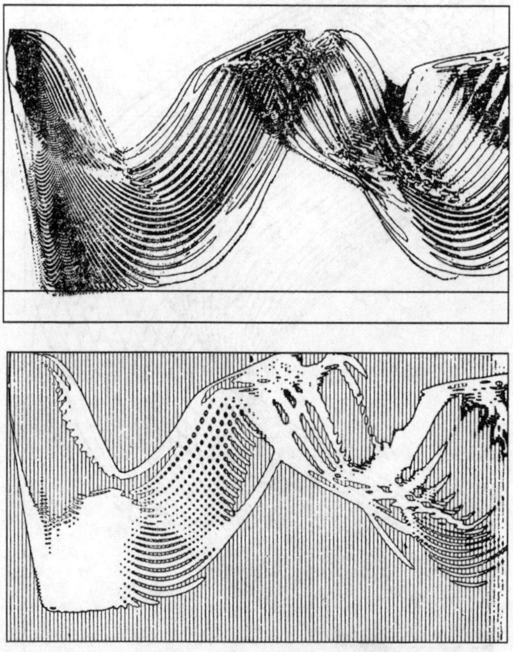

图 9.1.8　(取自文献 [16])

§9.2 浅海信道中点源场的匹配

在能够有效地进行声场预报的基础上, 可以考虑某些声场的匹配处理方案. 例如, 文献 [17] 讨论了根据简正波场数值预报的匹配方案, 并且作为获取点源位置信息的一种手段. 考虑在浅海中用 J 个水听器元件布设的垂直线阵, 第 j 个水听器接收的声场为

$$A_j(r_s, z_s)\cos\left[\omega t+\phi_j(r_s, z_s)\right], \tag{9.2.1}$$

其中 r_s, z_s 为源位置坐标; ω 为源辐射频率.

用正交接收 (见图 9.2.1) 得到

$$x_j = A_j\cos\left[(\omega-\omega_0)\,t+\phi_j\right], \tag{9.2.2}$$

$$y_j = A\sin\left[(\omega-\omega_0)\,t+\phi_j\right]. \tag{9.2.3}$$

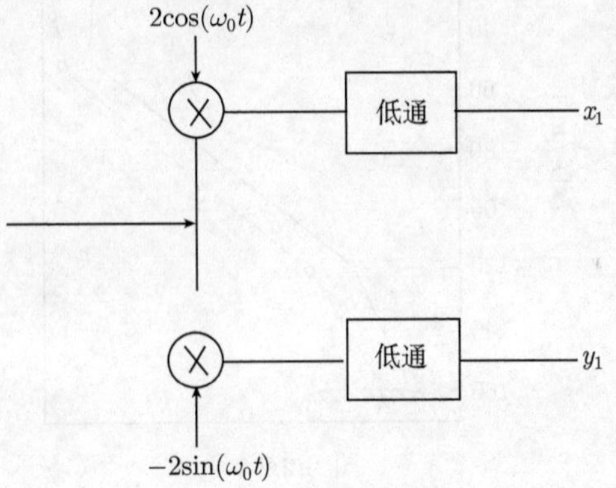

图 9.2.1

这样, 对每一接收水听器有一复数 $c_j = x_j + \mathrm{i}y_j$ 与之对应, 而整个线阵则有 $c_j = \{c_j\}$, $2J$ 个与源位置 r_s, z_s 有关的物理量. 当然我们可以考虑用一个参考的矢量 $\boldsymbol{c}_j = \{\hat{c}_j\}$(对应于 $\hat{r}_s$, $\hat{z}_s$) 与之匹配. 不过 $\boldsymbol{c}_j$ 有两个缺点: (1) 由于 $\omega \neq \omega_0$, c_j 将随时间而旋转; (2) c_j 的相位依赖于坐标 r_s 太敏感, 即 r_s 变化一个波长时, c_j 的相位将受 2π 的变化. 为此, 引入新的物理量以消除上述缺点, 使用 j 元素与 k 元素的交叉乘积构成矩阵:

$$a_{jk} = c_j c_k^* = A_j A_k \exp\left[\mathrm{i}(\phi_i-\phi_k)\right]. \tag{9.2.4}$$

a_{jk} 将不随时间而旋转, 而且随 r_s 的变化也比 c_j 大为缓慢. 令 $\{\hat{a}_{jk}\}$ 代表参考矩阵, $\left\{a_{jk}^0\right\}$ 代表实测矩阵, 考察它们之间的匹配程度作为信息处理手段, 定义检测

因子 DF:

$$DF \equiv N^{-1} \sum_{j=1}^{J} \sum_{k=1 \neq j}^{J} \hat{a}_{jk} \langle a_{jk}^{0*} \rangle, \tag{9.2.5}$$

其中 $\left\langle a_{jk}^0 \right\rangle$ 为实测矩阵元的时间平均值; N 为归一化因子. 参考矩阵元可以由简正波理论给出:

$$C_j(\hat{r}, \hat{z}_s) = \left(\frac{2\pi}{\hat{r}_j}\right)^{1/2} \sum_m \frac{U_m(\hat{z}_s)\, U_m(z_j)}{k_m^{1/2}} \exp(\mathrm{i}k_m \hat{r}_j - \beta_m \hat{r}_j), \tag{9.2.6}$$

根据给定的环境参数: (1) 声速剖面 (见图 9.2.2); (2) 海底及海面反射损失 (见图 9.2.3), 按照式 (9.2.6) 对不同的 $\hat{r}, \hat{z}$ 可以求出矩阵 $\{\hat{a}_{jk}\}$, 然后与实测的 $\left\{a_{jk}^0\right\}$

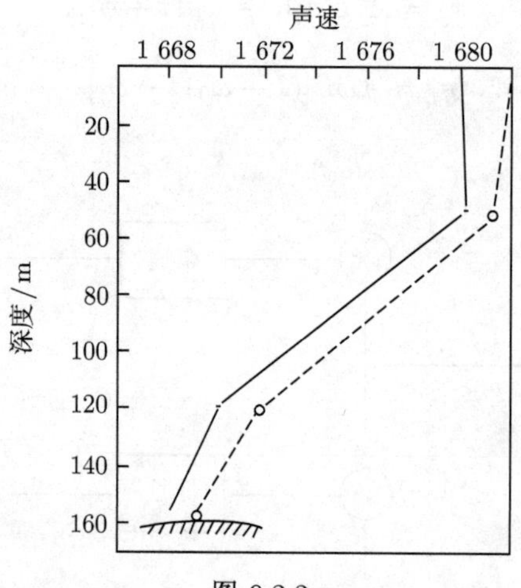

图 9.2.2

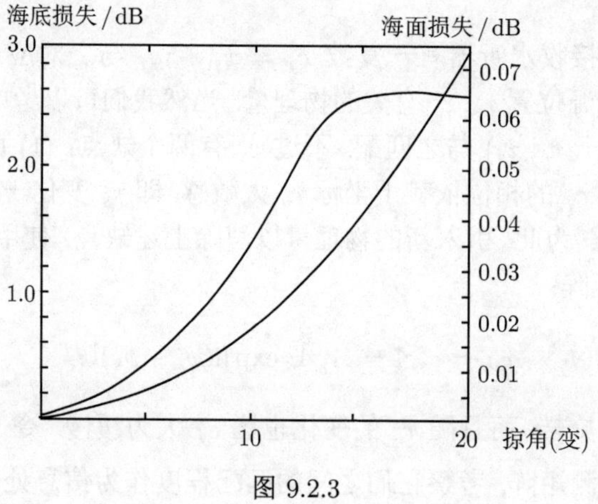

图 9.2.3

进行匹配, 按照一定的空间网格算得 DF 的空间分布, 其峰值恰好出现在声源位置 r_s^0, z_s^0 处 (见图 9.2.4). 实验概括: 用 24 阵元垂直阵均匀分布于 25~140 码之间, 水深 140 码, 目标位于距垂直阵 10 千码处, 深度为 70 码.

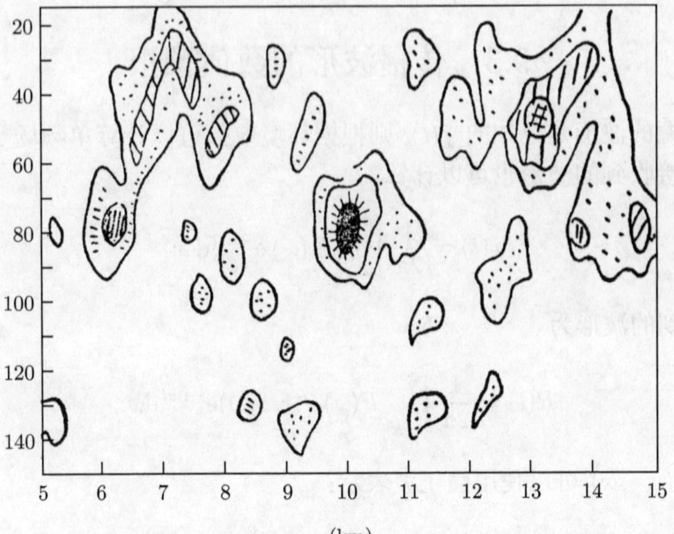

图 9.2.4

■—0.8~1.0; ⊞—0.4~0.6; ▨—0.4~0.6; ⁙—0.2~0.4

参考矩阵在 5~15 千码范围以 0.1 千码分割, 深度在 15~140 码间按 2.5 码分隔. 声源辐射频率为 300 Hz, 计算了 43 号简正波. 这一实例说明, 在正确掌握环境参数的情况下, 在一定程度上可以做到声场匹配.

由简正波场的表示可以看出, 声源信息分别蕴含于简正波的振幅和相位之中, 声源的深度信息含于振幅, 而声源的距离信息则含于相位之中. 利用简正波场的特性提取声源信息的研究工作始于 20 世纪 80 年代初, 文献 [35] 讨论了用简正波幅度匹配来估计声源深度信息的方法, 并指出深度信息的分辨率应为 $\sim(H/M)$, 其中 H 为海深, M 为有效简正波的数目. 文献 [36] 讨论了利用 3 号简正波相位差来确定声源距离信息的方法, 在此之后引起场匹配 (MFP) 与模匹配 (MMP) 定位研究的高潮[37−45]. 无论是 MFP 或是 MMP, 都是以实测场数据与计算所得之场样本 (replica) 作匹配以寻求声源信息 (距离、深度). 由于对环境知识无法做到精确, 因此计算样本不能完全反映真实场之特征, 从而使匹配场所得之声源信息有误[46,47]. 为克服这一问题, 文献 [48] 提出了将环境参数也纳入场匹配中待寻求之未知参数, 即所谓的 Focalization 方法. 由于待求参数之增加, 需要有快速搜求最佳值的方法, 文献 [48] 建议采用模拟退火方法 (simulated annealing). 采用以简正波相位差为基础的高分辨代价函数可以做到声源信息优先于环境参数信息收敛到真值. 文献 [49] 讨论了在波导中对水平采样点用 Prony 方法来定源距离的方法. 文献 [50] 讨论了用水平阵的 MMP 进行声源定位的问题.

§9.3　传播波形的数值预报

如果声源的波形是已知的 $f(t)$, 则根据环境参数可以计算单频场 $P(r,z,\omega)$, 于是在任一点接收到的波形也可以计算:

$$f(t)=\frac{1}{2\pi}\int_{-\infty}^{\infty}F(\omega)\,\mathrm{e}^{-\mathrm{i}\omega t}\mathrm{d}\omega; \tag{9.3.1}$$

在 r,z 接收到的波形为

$$R(t)=\frac{1}{2\pi}\int_{-\infty}^{\infty}F(\omega)P(r,z,\omega)\mathrm{e}^{-\mathrm{i}\omega t}\mathrm{d}\omega. \tag{9.3.2}$$

在浅海中, $P(r,z,\omega)$ 可以使用简正波表示:

$$P(r,z,\omega)=\left(\frac{2\pi}{r}\right)^{1/2}\sum_{m=1}^{M}\frac{u_m(z_s)u_m(z)}{k_m^{1/2}}\mathrm{e}^{\mathrm{i}(k_m r-\beta_m r)}. \tag{9.3.3}$$

在文献 [18] 中, 使用了文献 [4] 的简正波数值程序, 并用 Weston[19] 的爆炸声频谱计算了浅海传播的波形, 其结果与实验结果符合得比较好.

实验是在约 40 m 深的浅海区进行的, 均匀层情况, 用锚定垂直阵上的 12 个水听器接受 1.8 磅 TNT 爆炸信号, 1/3 cot. 滤波后全波整流给出包迹. 海底参数是 $\rho_2=2.1$, $c_2=1\ 720$ m/s, 吸收系数不确知, 选用几个值对 40 海里接收到的宽带信号进行计算, 然后与实验比较, 结果认为 0.25 dB/m/kHz 最适合 (见图 9.3.1).

选用 $\alpha-0.25$dB/m/kHz, 然后对 40 海里处接收到的不同中心频率的信号波进行计算, 所得结果与实验结果比较, 符合较好 (见图 9.3.2).

当接收–发射距离不是太远时, 可以使用射线方法进行波形包络预估. 例如, 对于浅海负跃层的传播波形, 当上发上收时, 波形具有近似等间隔脉冲串的形式, 根据射线行走时间 (见图 9.3.3) 不难算出直达与碰一次海底, 碰一次与碰两次海底的脉冲串间隔为

$$\Delta T\simeq\frac{2h}{c_0}\sqrt{\frac{2\Delta c}{c_0}}\left(1+\frac{2\Delta h}{3h}\right)^{①}. \tag{9.3.4}$$

① 公式 (9.3.4) 及图 9.3.4 由张仁和同志提供.

图 9.3.4 为实验结果：水平距离为 7.6 km; $c_0 = 1\ 488$ m/s; $\Delta c = 48$ m/s; $h = 38$ m; $h_1 = 13$ m; $\Delta h = 9$ m. 将这些数据代入式 (9.3.4), 计算结果, $\Delta T = 15$ ms, 这与实验结果符合得较好. 当然, 在浅海中, 完整的波形预报还需要有海底反射的有关参数.

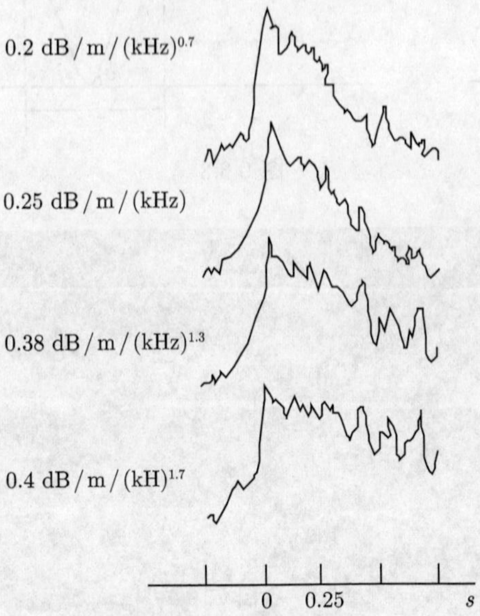

图 9.3.1 40 海里波形

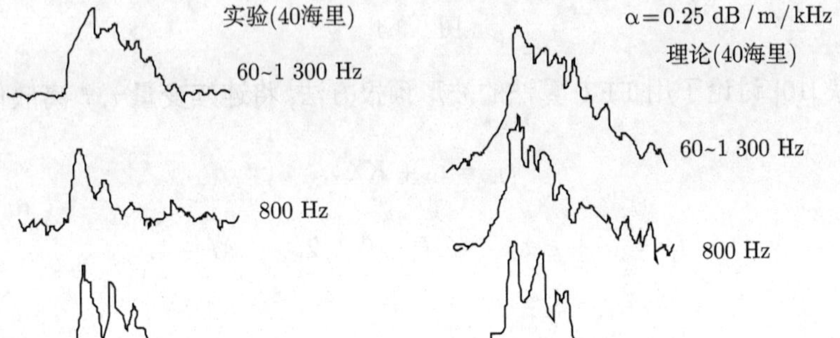

图 9.3.2

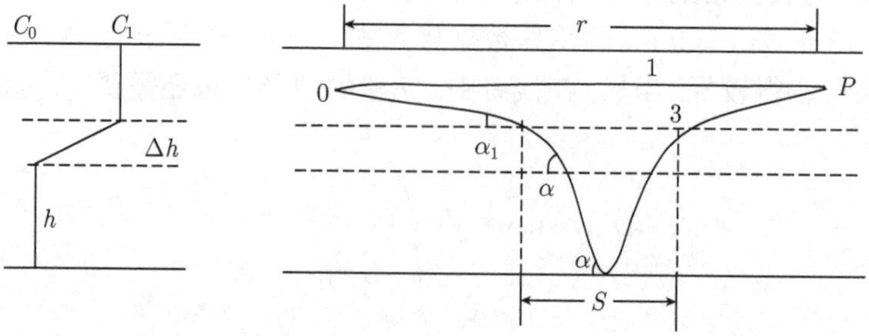

图 9.3.3

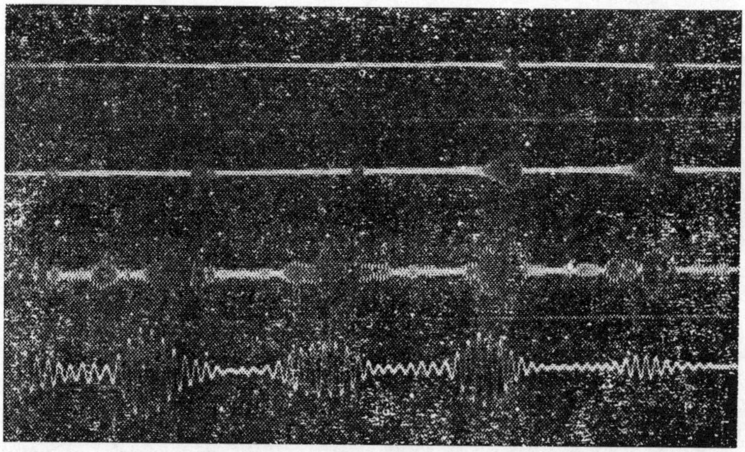

图 9.3.4

文献 [10] 讨论了用 FFT 算法的波形预报方法, 将连续变量 t, f 离散化:

$$t_K = t_0 + K\Delta_t,$$

$$f_p = f_0 + P\Delta f \quad K, P = 0, 1, 2, \cdots, M-1.$$

而

$$\Delta t \cdot \Delta f = 1/M.$$

一般取 t_0 近似为波形开始到达的时刻; f_0 为所考虑的最低频率. 根据采样定理选定 Δf, 因此将获得由 t_0 到 $t_0 + (\Delta f)^{-1}$ 范围内的波形信息. 一般, 在声道中接收到的波形的有效持续时间将随距离而增加, 因此, Δf 的选择要足够小, 以便适应在感兴趣的接收距离上能覆盖波形的有效持续时间. 当然, Δf 愈小, 愈要增加计算机的容量和计算时间. 在计算式 (9.3.2) 时, 其中的 $P(r, z, \omega)$ 不是用式 (9.3.3) 的简正波算法, 而是用 FFP 算法 (见图 9.1.2), 于是在 r_n, z 接收到的波形由双重 FFT 表

示:

$$R(t_K) \approx Ar_n^{-1/2} \sum_{P=0}^{2M-} \left\{ F(f_p) \exp(-\mathrm{i}2\pi P\Delta f t_0) \times \left[\sum_{m=0}^{L-1} E_{mp} \exp(\mathrm{i}2\pi mn/L) \right] \right\}$$
$$\exp(-\mathrm{i}2\pi PK/2M), \tag{9.3.5}$$

其中

$$A = \Delta f \cdot \Delta\mu \left(\frac{2}{\pi \mathrm{i}} \right)^{1/2} \exp\left[\mathrm{i}(\mu_0 r_n - 2\pi f_0 t_K)\right],$$

$$E_{mp} = G(z, z_0, \mu_m, f_p)\mu_m^{1/2} \exp(\mathrm{i}mr_0 \cdot \Delta\mu);$$

其中函数 $G(z, z_0, \mu, f)$ 的意义见式 (3.6.1) 及 (3.6.4). 完成上述双重 FFT 运算后, 将给出在接收点 r_n 上的由 M 个离散抽样所描写的接收波形.

§9.4 垂直线阵过滤简正波抗近场点源干扰的潜在能力

最佳的信号处理在于充分利用信号与干扰的全部差异, 包括空间、时域、频域的所有差异.

空间差异的利用, 在自由空间中可以用波束形成阵的指向性来实现; 在有点源干扰时, 用自适应调整加权, 使主办对准目标方向, 零点对准干扰方向. 在非自由空间中, 指向性的概念需作修改 (参见 §3.11). 在浅海信道中, 空间信息的利用目前大都还只局限于用水平指向性来提取空间水平方位角的差异 (信息). 深度信息、远近信息都还未被利用, 都还是潜在的信息.

抗空间点源干扰的熟知方法是自适应波束形成及自适应谱估计的信号处理方法[20]. 它基于干扰点源与目标点源在空间方位角 (θ 域上) 有差异, 或谱形状 (ω 域上) 有差异. 如果干扰电源与日标点源在同一方向, 且做窄带接收时, 则在 (θ, ω) 域上就没有多少可以利用的差异. 文献 [21] 的分析指出, 在传统的信号处理方法中, 一向没有利用的 "远" "近" 差异以及深度差异, 可以由垂直线阵过滤简正波而加以利用. 其基本概念是: 点源近场的能量集中赋给 "射线成员"; 而点源远场能量则集中赋给 "简正波成员"; 换言之, 与自由场中的点源不同, 在波导中以简正波为正交基底展开的场表示中, 近场点源是 "宽带" 的过程, 而远场点源是 "窄带" 过程 (近场点源具有较宽的简正波谱, 而远场点源则具有较窄的简正波谱). 这就提供了 "远" "近" 差异被利用的可能性, 因此, 对简正波实行过滤有可能达到最佳的匹配.

考虑图 9.4.1 所示的浅海信道. 干扰点源位于 (r_N, Z_N), 信号点源位于 (r_s, z_s), 在 $r = 0$ 处布设垂直阵, 阵元坐标用 z_l 表示.

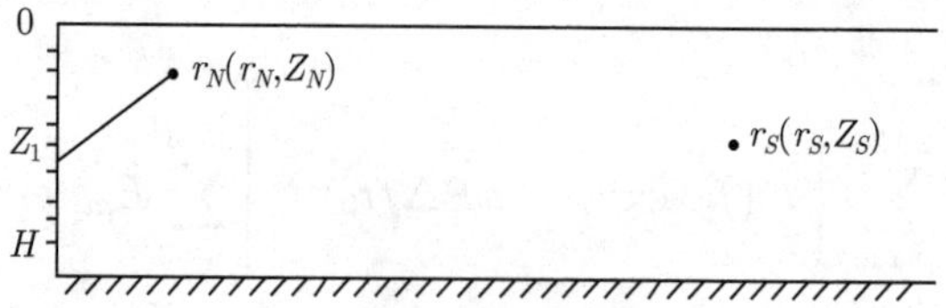

图 9.4.1

从抗干扰角度定义增益 G:

$$G \equiv \frac{(S/N)_{阵}}{(S/N)_{点}}, \tag{9.4.1}$$

其中

$$(S/N)_{阵} = \frac{I_L(r_s, z_s)}{I_L(r_N, z_N)}, \tag{9.4.2}$$

$$(S/N)_{点} = \frac{I_0(r_s, z_s; r_i)}{I_0(r_N, z_N; r_i)}, \tag{9.4.3}$$

$$\overline{(S/N)_{点}} = \frac{\dfrac{1}{H}\displaystyle\int_0^H I_0(r_s, z_s; z_i)\mathrm{d}z_i}{\dfrac{1}{H}\displaystyle\int_0^H I_0(r_N, z_N; z_i)\mathrm{d}z_i}. \tag{9.4.4}$$

$I_L(r,z)$ 为阵接收位于 (r,z) 点源的输出场强; $I_0(r,z;z_i)$ 为阵中第 i 个元素接收位于 (r,z) 的点源场强.

单元接收到的场强表示为

$$I_0(r,z;z_i) = |\phi(r,z,z_i)|^2, \tag{9.4.5}$$

其中 $\phi(r,z,z_i)$ 为浅海信道中的点源场; 远场可用简正波表示; 近场可用射线表示. 由于近场时介质非均匀性的影响并不显著, 作为近似可以取均匀层中的虚源表示, 于是

$$\phi(r,z,z_i) = \begin{cases} \phi_{简} = \pi\mathrm{i}\displaystyle\sum_n U_n(z)U_n(z_i)H_0^{(1)}(k_n r) \\ \phi_{射} \approx \displaystyle\sum_l \left(\frac{\mathrm{e}^{\mathrm{i}k_0 R_{l1}}}{R_{l1}} + V_s\frac{\mathrm{e}^{\mathrm{i}k_0 R_{l2}}}{R_{l2}} + V_b\frac{\mathrm{e}^{\mathrm{i}k_0 R_{l3}}}{R_{l3}} + V_sV_b\frac{\mathrm{e}^{\mathrm{i}k_0 R_{l4}}}{R_{l4}}\right)(V_sV_b)^l \end{cases}, \tag{9.4.6}$$

其中 V_b, V_s 分别为海底, 海面的反射系数.

对于按接收深度平均后的单元接收场强, 我们取能量叠加表示:

$$\bar{I}_0(r,z) = \begin{cases} \overline{|\phi_{简}|^2} \approx \left(\dfrac{2\pi}{rH}\right)\displaystyle\sum_n U_n^2(z)\frac{\mathrm{e}^{-2\beta_n r}}{k_n} & (远场) \\ \overline{|\phi_{射}|^2} \approx \dfrac{A_L(r,z)}{R^2(r,z)} & (近场) \end{cases}, \tag{9.4.7}$$

其中 A_L 为平均异常传播因子, 或称为 "等效虚源数"; 而 R 为平均等效距离, 当 $r > H$ 时, 近似有 $R \approx r$.

对于加权函数为 $W(z_i)$ 的简正波过滤阵,

$$I_L(r,z) = \left| \int_0^H W(z_i) \sum_n \pi i U_n(z) U_n(z_i) H_0^{(1)}(k_n r) \mathrm{d}z_i \right|^2. \tag{9.4.8}$$

将式 (9.4.8), (9.4.7) 代入式 (9.4.1), 得

$$G = \frac{r_N \cdot A_L(r_N, z_N)}{R^2(r_N, z_N) \cdot \left(\dfrac{2\pi}{H}\right) \cdot \displaystyle\sum_n U_n^2(z_s) \frac{\mathrm{e}^{-2\beta n}}{k_n}} \cdot F(r_s, z_s, r_N, z_N; W). \tag{9.4.9}$$

其中

$$F(r_s, z_s, r_N, z_N; W) = \frac{\left| \displaystyle\sum_n U_n(z_s) \cdot f(n, W) \mathrm{e}^{\mathrm{i} k_n r_s - \beta_n r_s} / \sqrt{k_n} \right|^2}{\left| \displaystyle\sum_n U_n(z_N) \cdot f(n, W) \mathrm{e}^{\mathrm{i} k_n r_N - \beta_n r_N} / \sqrt{k_n} \right|^2}, \tag{9.4.10}$$

而

$$f(n, W) \equiv \int_0^H W(z_i) U_n(z_i) \mathrm{d}z_i. \tag{9.4.11}$$

下面对不同情况分别估计增益.

(1) 当 r_s, z_s, r_N, z_N 先验确知时, 可以按 MSNR 准则调整权函数 $W(z_i)$, 使 $F(r_s, z_s, r_N, z_N; W)$ 达到极大值. 如果我们将权函数表示为本征函数展开的形式:

$$W(z_i) = \sum_k A_k U_k(z_i), \tag{9.4.12}$$

则

$$f(n, W) = \int_0^H \sum_k A_k U_k(z_i) U_n(z_i) \mathrm{d}z_i = \sum_k A_k \cdot \varDelta_{kn} \approx A_n, \tag{9.4.13}$$

其中

$$\varDelta_{kn} = \int_0^H U_k(z_i) U_n(z_i) \mathrm{d}z_i. \tag{9.4.14}$$

对于较低的号数 $n, U_n(z)$ 属于准波导波 (trapped mode), 由于 $U_n(z)$ 在 $z > H$ 只有极少的能量, 因此, $\int_0^H \mathrm{d}z$ 可近似等于 $\int_0^\infty \mathrm{d}z$, $\varDelta_{kn}$ 近似等于 δ_{kn},

于是

$$F(r_s,z_s,r_N,z_N;W)=\frac{\left|\sum_n U_n(z_s)\frac{A_n}{\sqrt{k_n}}\mathrm{e}^{\mathrm{i}k_nr_s-\beta_nr_s}\right|^2}{\left|\sum_n U_n(z_N)\cdot\frac{A_n}{\sqrt{k_n}}\mathrm{e}^{\mathrm{i}k_nr_N-\beta_nr_N}\right|^2}. \tag{9.4.15}$$

由式 (9.4.15) 显然可见, A_n 的选择要使其对 (r_s,z_s) 场最为有利, 同时使其对 (r_N,z_N) 场受到最大抑制, 即最佳匹配问题. 我们不准备讨论最佳匹配问题, 因为在考虑实际的最佳匹配问题时, 还必须考虑除点源干扰场以外的连续背景噪声场. 这里我们仅对抑制点源干扰的能力作些分析. 如果考虑 A_n 匹配于信号场, 即令

$$A_n=\begin{cases}U_n^*(z_s)\,\mathrm{e}^{-\mathrm{i}k_nr_s-\beta_nr_s} & n<n_{\mathrm{eff}}(r_s)\\ 0 & \text{其他}\end{cases}, \tag{9.4.16}$$

则有

$$F(r_s,z_s,r_N,z_N)=\frac{\left|\sum_n^{n_{\mathrm{eff}}(r_s)} U_n^2(z_s)\frac{1}{\sqrt{k_n}}\mathrm{e}^{-2\beta_nr_s}\right|^2}{\left|\sum_n^{n_{\mathrm{eff}}(r_s)} U_n(z_N)U_n^*(z_s)\frac{1}{\sqrt{k_n}}\mathrm{e}^{-\mathrm{i}k_n(r_s-r_N)-\beta_n(r_s+r_n)}\right|^2}. \tag{9.4.17}$$

在式 (9.4.17) 中, 由于对信号场 (r_s,z_s) 进行了匹配, 因此分子是同相叠加的, 而分母则是非同相叠加的. 当有效号数不是很少时, 它接近于按能量叠加的结果, 如果模糊深度信息 $U_n^2\sim\dfrac{1}{H}$, 则上式接近于

$$F\sim n_{\mathrm{eff}}(r_s), \tag{9.4.18}$$

其中

$$n_{\mathrm{eff}}(r_s)\equiv\sum_n \mathrm{e}^{-2(\beta_n-\beta_1)r_s}. \tag{9.4.19}$$

于是式 (9.4.9) 变为

$$G\approx\frac{r_N\cdot A_L}{R^2\cdot\left(\dfrac{2\pi}{k_0H^2}\right)\cdot n_{\mathrm{eff}}(r_s)}\cdot n_{\mathrm{eff}}(r_s)=\left(\frac{H^2}{\lambda r_N}\right)\cdot A_L. \tag{9.4.20}$$

(2) 若阵只过滤第 m 号简正波, 则无需任何先验的 r_s,z_s,r_N,z_N 信息, 取权函数为

$$W(z_i)=U_m(z_i). \tag{9.4.21}$$

由式 (9.4.8), 阵输出为

$$\begin{aligned} I_L(r,z) &= \left|\sum_n \pi \mathrm{i} U_n(z)\sqrt{\frac{2}{\pi k_n r}}\mathrm{e}^{\mathrm{i}k_n r-\beta_n r}\cdot\int_0^H U_m(z_i)U_n(z_i)\mathrm{d}z_i\right|^2 \\ &= \left|\sqrt{\frac{2\pi}{r}}\sum_n U_n(z)\cdot\frac{1}{\sqrt{k_n}}\mathrm{e}^{\mathrm{i}k_n r-\beta_n r}\cdot\varDelta_{mn}\right|^2, \end{aligned} \tag{9.4.22}$$

于是

$$G_m = \frac{r_N\cdot U_m^2(z_s)\cdot A_L\cdot \mathrm{e}^{-2\beta_m(r_s-r_N)}}{R^2(z_N,r_N)\cdot U_m^2(z_N)\cdot\left(\dfrac{2\pi}{k_{0H}}\right)\displaystyle\sum_n U_n^2(z_s)\mathrm{e}^{-2\beta_n r_s}}. \tag{9.4.23}$$

如果模糊深度信息, 则可得平均增益

$$\overline{G_m}\approx\left(\frac{H^2}{\lambda r_N}\right)\cdot\frac{A_L}{n_{\mathrm{eff}(r_s)}}\cdot\mathrm{e}^{-2(\beta_m-\beta_1)r_s}. \tag{9.4.24}$$

比较式 (9.4.24) 与 (9.4.20) 可见, 由于没有对 r_s 匹配而只过滤第 m 号简正波, 因此增益损失 $\dfrac{1}{n_{\mathrm{eff}}(r_s)}$.

(3) 若目标处在第 1 号简正波区 ($r_s > r_3$), 并只过滤第 1 号简正波时, 则在式 (9.4.23) 中,

$$\sum_n U_n^2(z_s)\mathrm{e}^{-2\beta_n r_s}\approx U_1^2(z_s)\mathrm{e}^{-2\beta_1 r_s},$$

于是

$$G\approx\left(\frac{H}{\lambda r_N}\right)\cdot\frac{A_L}{U_1^2(z_N)}. \tag{9.4.25}$$

为了得到定量的概念, 我们考虑浅海均匀层这一具体情况. 海底海面的反射损失使用由 $Q, a^*, |V_0|$ 所描写的 "三参数" 模型. 设 r_N 位于第二过渡距离 $r_2 = \dfrac{H}{Q\sin^2\alpha^*}$ 之内, 而 r_s 位于 (r_2, r_3) 之内, 于是有

$$A_L\approx\left(\frac{r_N}{r_0}+\frac{2}{(-\ln|V_0|)}\right)=\left(\frac{2\sin\alpha^*}{H}r_N+\frac{2}{-\ln|V_0|}\right),$$

$$n_{\mathrm{eff}}(r_s)\approx\sqrt{\frac{0.7H}{Qr_s}}\left(\frac{k_0H}{\pi}\right),$$

$$U_n(z)\approx\sqrt{\frac{2}{H}}\sin\left(\frac{n\pi}{H}z\right).$$

作为例子, 我们取

$$H=60; r_N=100; r_s=40\ \mathrm{km}; Q=2.0; \alpha^*=16^\circ; \lambda=1\ \mathrm{m}\,(1.5\ \mathrm{kHz});$$

当过滤 $m=1$ 号简正波时, 由式 (9.4.24) 估算平均增益为

$$\bar{G}=\frac{\sqrt{H\cdot r_s\cdot Q}}{2\sqrt{0.7}\cdot r_N}A_L\approx 15\ \mathrm{dB}.$$

由式 (9.4.20) 来估算深度模糊而距离匹配时的增益:

$$G=\left(\frac{H^2}{\lambda r_N}\right)\cdot A_L\approx 19\ \mathrm{dB}.$$

若 $r_s>r_3$ 并且确知 $z_N=6$ m, 由式 (9.4.25) 得到

$$G=\left(\frac{H}{\lambda r_N}\right)\cdot\frac{A_L}{U_1^2(z_N)}\approx 22\ \mathrm{dB}.$$

综上分析可知, 在浅海信道中, 除水平方位角的信息用指向性提取外, 对于潜在的信息 —— 深度差异和远近差异应该用简正波过滤概念代替指向性概念而加以提取. 当然, 实际上总是用有限元素的垂直阵代替连续阵, 下面我们简单估算一下有限元素垂直阵过滤简正波时的误差情况.

首先, 计算有限元阵离散采样:

$$\tilde{\Delta}_{kn}\equiv\frac{2}{N}\sum_{i=1}^{N}\sin\left(k\pi\cdot\frac{i}{N}\right)\sin\left(n\pi\cdot\frac{i}{N}\right).$$

阵元数 N, 分别考虑 $N=5,10,20$ 三种情况, 对前三号简正波: $k=1,2,3;n=1,2,3;$ 计算结果见表 9.4.1.

表 9.4.1

	N	k		
		1	2	3
			$\tilde{\Delta}_{k_{12}}$	
$N=5$	1	1.0	$<10^{-6}$	$<10^{-6}$
	2	$<10^{-6}$	1.0	$<10^{-6}$
	3	$<10^{-6}$	$<10^{-6}$	1.0
$N=10$	1	1.0	$<10^{-7}$	$<10^{-7}$
	2	$<10^{-7}$	1.0	$<10^{-7}$
	3	$<10^{-7}$	$<10^{-7}$	1.0
$N=20$	1	1.0	$<10^{-7}$	$<10^{-7}$
	2	$<10^{-7}$	1.0	$<10^{-7}$
	3	$<10^{-7}$	$<10^{-7}$	1.0

其次, 我们来考虑实际的海底由于漏射, 简正波并不满足在 $(0,H)$ 区间正交. 假设简正波深度函数延伸到 $\tilde{H}=H+\Delta H$, 而过滤权函数仍然按 H 布设时产生的

误差 "旁办", 此时, 我们来计算

$$\varDelta'_{kn} = \frac{2}{N}\sum_{i=1}^{N}\sin\left(k\pi\cdot\frac{i}{N(1+\delta)}\right)\sin\left(n\pi\cdot\frac{i}{N}\right),$$

其中

$$\delta \equiv \frac{\Delta H}{H}.$$

分别对 $\delta = 0.01, 0.05, 0.1$, 取 $N = 10, k, n = 1, 2, 3$ 进行计算, 结果见表 9.4.2.

表 9.4.2

	K	n = 1	2	3
		$\tilde{\varDelta}_{kn}$		
$N = 10$, $\delta = 0.01$	1	1.004	−0.012 8	0.006 9
	2	0.013 8	1.003	−0.022 2
	3	−0.008 1	0.025 6	1.002
$N = 10$, $\delta = 0.05$	1	1.02	−0.059 6	0.032 8
	2	0.072 8	1.006	−0.100
	3	−0.040 8	0.137	0.983
$N = 10$, $\delta = 0.1$	1	1.03	−0.110	0.061 2
	2	0.152	0.986	−0.172
	3	−0.078 8	0.288	0.911

可见, 这种 "失配" 误差远大于有限元素抽样误差, 因此, 对正交波函数的深度分布形式应力求掌握精确. 由上面的计算可见, 若失配因子 δ 控制在 $\delta < 0.1$ 时, 对第 1 号简正波而言, 误差 "旁办" 可控制在 20 dB 左右.

最后, 计算当有 δ 出现时按相应 δ 匹配时的情况, 即计算下式:

$$\varDelta''_{kn} = \frac{2}{N}\sum_{i=1}^{N}\sin\left(k\pi\cdot\frac{i}{N(1+\delta)}\right)\sin\left(n\pi\cdot\frac{i}{N(1+\delta)}\right).$$

考虑 $N = 10; \delta = 0.1; k, n = 1, 2, 3$, 计算结果见表 9.4.3.

这种情况相当于有效阵长 "缩短", 计算结果表明, 只要正确匹配, 即使阵长有些 "缩短", 其误差 "旁瓣" 也是可以忽略的.

表 9.4.3

K	n = 1	2	3
	$\varDelta''_{kn}$		
1	1.10	0.536×10^{-7}	0.327×10^{-7}
2	0.536×10^{-7}	1.10	0.654×10^{-7}
3	0.328×10^{-7}	0.654×10^{-7}	1.10

§9.5 垂直阵的信息分析与提取

9.5.1 由垂直阵数据提取简正波函数

匹配场处理所遇到的严重问题之一是基于模型计算出来的场的样本函数与真实的场有差异. 这是由于无法实时掌握精确无误的环境模型与精确无误的参数数据, 这通常称之为 "失配问题". 前面提到的 "聚焦" 方法, 是以增加搜索参数为代价的[48]. 文献 [51] 提出了另类解决方法, 即用垂直阵所接收到的场的信息可以提取出所需的简正波函数, 而不需任何有关环境的先验知识. 具体做法是, 由 N_Z 个水听器组成的垂直水听器阵接收移动点声源在不同的水平距离 N_R 个点的信号, 通过带宽 Δf 的滤波, 给出一个 $N_Z \times N_R$ 的矩阵 $\boldsymbol{P}$:

$$\boldsymbol{P} = \begin{bmatrix} p(z_1, r_1) & p(z_1, r_2) & \cdots & p(z_1, r_{N_R}) \\ p(z_2, r_1) & p(z_2, r_2) & \cdots & p(z_2, r_{N_R}) \\ \vdots & \vdots & \ddots & \vdots \\ p(z_{N_Z}, r_1) & p(z_{N_Z}, r_2) & \cdots & p(z_{N_Z}, z_{N_R}) \end{bmatrix}. \tag{9.5.1}$$

由 $\boldsymbol{P}$ 所组成的互谱密度矩阵 (CSDM)$\boldsymbol{C}$:

$$\boldsymbol{C} = \boldsymbol{P}\boldsymbol{P}^{+}, \tag{9.5.2}$$

对 $\boldsymbol{C}$ 作奇异值分解 (SVD), 则所得之本征函数即为简正波函数.

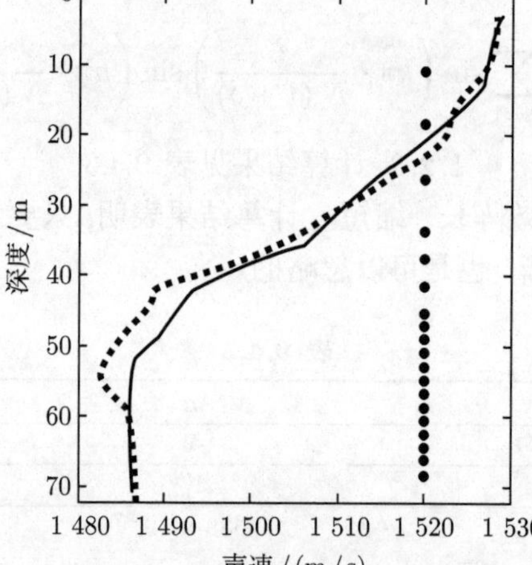

图 9.5.1 [51]

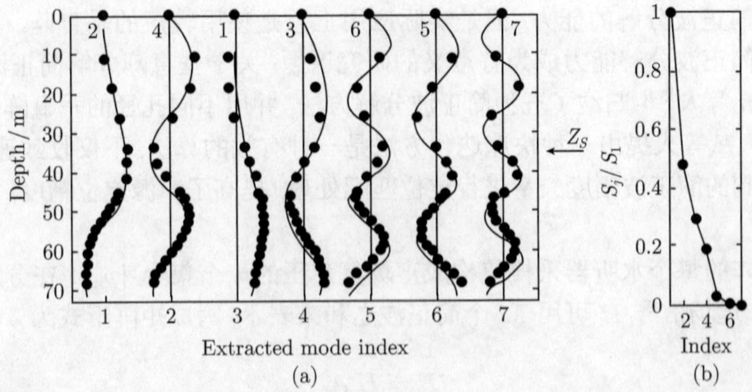

图 9.5.2 [51]

为保证由 C 所提取的本征矢量接近真实的简正波函数, 对数据矩阵有如下的要求:

(1) 水平采样间隔 (dr) 要足够密, 满足

$$(\mathrm{d}r) \ll (C_{nm})_{\min}, \tag{9.5.3}$$

其中

$$(C_{nm}) = 2\pi/(k_m - k_n).$$

(2) 整个采样区间 Δr 要足够大, 即

$$(\Delta r) \gg (C_{nm})_{\max}. \tag{9.5.4}$$

(3) 在整个水平采样区间内, 有效简正波的数目要保持相对稳定, 如果在区间简正波之 "剥离" 已经发生, 则会影响到提取效果.

(4) 垂直阵的长度及密度要能覆盖有效简正波函数.

文献 [51] 还讨论了, 对于固定的点声源可以取多个频率的数据, 以及由环境噪声数据提出简正波函数的可能性. 文献 [52] 报告了由混响数据的 CSDM 提取简正波函数, 并结合 "打靶"(shooting) 法 (已知声速剖面), 求得简正波的水平波数 k_m, 从而获取海底反射相移参数 P. 文献 [53] 则讨论了由垂直阵的 CSDM 提取出简正波波函数, 并利用 "打靶" 法 (已知 SSP) 求出水平波数 k_m 并推出相应的 "等效" 海底参数, 从而由匹配场实现声源定位的方法. 相对于通常的基于 "模型" 的场匹配 (model-derived), 这种不需先验知识的方法可以称之为基于 "数据" 的场匹配 (data-derived).

9.5.2 对短垂直阵简正波分解能力的改善

垂直阵分解简正波的能力直接影响声源定位的性能. 布满整个水层的长阵具

有较好的简正波分解的能力, 但是实际应用上总是使用较短的垂直阵. 如何能改善短阵的简正波分解能力成为有意义的研究课题. 关于垂直阵分解简正波的能力, Voronovich 等人[54] 归纳了五种简正波分解方法, 并用不同孔径的垂直阵进行定位比较. 高天赋等人提出一种快速迭代方法是一种有效的算法, 不仅收敛速度快, 而且迭代得到的简正波幅度矢量进行定位匹配处理, 提高了声源定位精度, 抑制了旁瓣[55-58].

垂直阵的每个水听器采样值构成声场复声压的一个集合 $\{p_n\}$, 在分层介质海洋波导中, 远场信号 $\boldsymbol{P}$ 可用 M 个简正波之和来表示, 写成矩阵形式为

$$\boldsymbol{P} = \boldsymbol{HA}, \tag{9.5.5}$$

$$p_n = \sum_{m=1}^{M} H_{nm} A_m, \quad (n = 1, 2, \cdots, N,\ m = 1, 2, \cdots, M) \tag{9.5.6}$$

其中

$$p_n = \boldsymbol{P}(r, z_n; z_s), \tag{9.5.7}$$

$$H_{nm} = U_m(z_n), \tag{9.5.8}$$

$$A_m = \sqrt{\frac{2\pi}{k_m r}} U_m(z_s) \exp\left(-\mathrm{i}k_m r - \beta_m r + \mathrm{i}\frac{\pi}{4}\right). \tag{9.5.9}$$

上式中, 可见声源位置信息 $(z_s; r)$ 存在于简正波幅度 A_m 之中, 而简正波本征函数 $U_m(z_n)$ 和水平波数 k_m 及衰减 β_m 则由水中声速剖面 SSP 及海底条件确定(先验已知). 实测 SSP 并不困难, 困难在于获得海底参数的确切知识不是容易的事, 好在对声源最敏感的是 k_m. 确定 k_m 则只要有 SSP 及海底参数 P(反射相移参数) 即可实现 (参见第三章之式 (3.8.9)), 而确定 $U_m(z)$ 则通过 "打靶" 法也只需 SSP 以及由海底 P 所确定的海底初始声场 $[U_m(H) = N_m \sin(P\theta_m/2)$, 而 $\theta_m = \cos^{-1}(1 - k_m^2/k_0^2)^{1/2}]$ 即可实现.

具体的迭代过程如下: 根据式 (9.5.5), 简正波幅度矢量 $\boldsymbol{A}$ 的求解公式为

$$\boldsymbol{A} = (\boldsymbol{H}^+\boldsymbol{H})^{-1}\boldsymbol{H}^+\boldsymbol{P}, \tag{9.5.10}$$

其中 $\boldsymbol{H}^+$ 是 $\boldsymbol{H}$ 的转置矩阵, 如果 $(\boldsymbol{H}^+\boldsymbol{H})$ 近似为单位矩阵, 则有

$$\boldsymbol{A} = \boldsymbol{H}^+\boldsymbol{P}. \tag{9.5.11}$$

现在, 我们假定, 水深为 H, 放置一个从海面到海底的垂直阵需 N 个等间隔水听器. 而我们现有的垂直阵仅有 L 个水听器, $L < N$, 则阵长 $D = LH/N$. 声场矢量 $\boldsymbol{P}$ 为

$$\boldsymbol{P}=\begin{cases}\boldsymbol{P}_L & (0<z<D)\\ 0 & (D<z<H)\end{cases}, \tag{9.5.12}$$

其中 $\boldsymbol{P}_L$ 为垂直阵 L 个水听器接收到的声场信号, 在垂直阵以下的深度因无水听器, 接收不到信号. 根据式 (9.5.11), 简正波幅度的初值可求出为

$$\boldsymbol{A}^{(1)}=\boldsymbol{H}^{+}\boldsymbol{P}=\boldsymbol{H}_L^{+}\boldsymbol{P}_L, \tag{9.5.13}$$

上式中短阵 $\boldsymbol{H}_L^{+}$ 为 $\boldsymbol{H}^{+}$ 的子集, 而其余部分称之为 $\boldsymbol{H}_{N-L}^{+}$. 由于垂直阵接收不到的声场是存在的, 我们可以用上式给出的 $\boldsymbol{A}^{(1)}$ 的信息来估计, 得到该深度范围的声场初始值 $\boldsymbol{H}_{N-L}\boldsymbol{A}^{(1)}$, 从而构成新的声场数据为

$$\boldsymbol{P}=\begin{cases}\boldsymbol{P}_L & (0<z<D)\\ \boldsymbol{H}_{N-L}\boldsymbol{A}^{(1)} & (D<z<H)\end{cases}. \tag{9.5.14}$$

式 (9.5.14) 意味着, 我们已经把长度为 D 的垂直阵延伸到全部水层深度 H. 在式 (9.5.14) 新声场矢量的基础上, 第二次求解简正波幅度矢量为

$$\begin{aligned}\boldsymbol{A}^{(2)}=&\boldsymbol{H}_L^{+}\boldsymbol{P}_L+\boldsymbol{H}_{N-L}^{+}(\boldsymbol{H}_{N-L}\boldsymbol{A}^{(1)})\\ =&\boldsymbol{A}^{(1)}+\boldsymbol{H}_{N-L}^{+}\boldsymbol{H}_{N-L}\boldsymbol{A}^{(1)}\\ =&(\boldsymbol{I}+\boldsymbol{C})\boldsymbol{A}^{(1)},\end{aligned} \tag{9.5.15}$$

其中矩阵 $\boldsymbol{C}=\boldsymbol{H}_{N-L}^{+}\boldsymbol{H}_{N-L}$, $\boldsymbol{I}$ 是单位矩阵. 现在, 我们把式 (9.5.15) 得到的 $\boldsymbol{A}^{(2)}$ 再次改善 N-L 部分的信号, 接着用更新后的声场矢量 (其中前 L 个水听器的信号 $\boldsymbol{P}_L$ 保持不变) 继续求解 $\boldsymbol{A}^{(3)}$, 如此循环不断, 我们得到的迭代运算公式为

$$\boldsymbol{A}^{(2k)}=(\boldsymbol{I}+\boldsymbol{C}^{2k-1})\cdots(\boldsymbol{I}+\boldsymbol{C}^{4})(\boldsymbol{I}+\boldsymbol{C}^{2})(\boldsymbol{I}+\boldsymbol{C})\boldsymbol{A}^{(1)}. \tag{9.5.16}$$

可以证明式 (9.5.16) 的 $\boldsymbol{A}^{(2k)}$ 收敛到 $\boldsymbol{A}$. 由于短阵 $\boldsymbol{C}$ 随幂次增加很快趋于 0, 同时式 (9.5.16) 中的迭代次数是 2 的幂次, 因而迭代收敛的速度极快. 另外, 式 (9.5.16) 的矩阵运算特别适合计算机编程. 文献 [55–58] 给出了一些由迭代运算使声源定位改善的实际例子.

§9.6 波导不变量 β

波导不变量 β 的概念, 首先由 Chuprov 于 1982 年提出[59,60], 用以分析和解释波导中的声场干涉结构. 近年来, 研究结果表明波导不变量 β 有很多潜在的应用价值. 文献 [61–64] 研究了利用 β 作被动声源定距的方法. 文献 [65] 讨论了利用波导不变量提高声场的水平纵向相关的可能性. 文献 [66] 的研究表明可以用 β 来消除

波导频散引起的波形畸变. 文献 [67,68] 则研究了利用 β 作海底参数反演问题. 可以预期, 关于波导不变量 β 的研究与应用将会有更深入、更广泛的发展. β 的重要性可借用文献 [69] 著者的话予以概括: “我们尚未见到任何参量在描述声场特性上其重要性能与 β 相比.”

9.6.1　β 的物理意义及其数学表达式

波导不变量 β 的发现, 始于在分析一个运动点源的宽带声场时, 在频率–距离 (f-r) 平面上会出现稳定的有规律的条纹结构 (striation)[59,60]. 实际上, 条纹是由于“稳相点” 所对应的能量的峰值形成的. 沿用文献 [67] 的推导, 如果以第 l 号简正波为载波, 则点源位于 (0, z_s) 所给出声场为

$$p(r,z,\omega)=\frac{1}{\sqrt{r}}\exp(\mathrm{i}k_l r-\mathrm{i}\frac{\pi}{4})\sum_m\psi_m(z_s)\psi_m(z)\exp[\mathrm{i}(k_m-k_l)r]. \tag{9.6.1}$$

由式 (9.6.1) 可知, 稳相点由下式给出:

$$\partial\varPhi=\left(\frac{\partial k_m}{\partial\omega}-\frac{\partial k_l}{\partial\omega}\right)r\mathrm{d}\omega+(k_m-k_l)\mathrm{d}r=0, \tag{9.6.2}$$

或写为

$$\left(\frac{\partial k_m}{\partial\omega}-\frac{\partial k_l}{\partial\omega}\right)\frac{r}{\mathrm{d}r}=\left(\frac{k_m}{\omega}-\frac{k_l}{\omega}\right)\frac{\omega}{\mathrm{d}\omega}. \tag{9.6.3}$$

按波导不变量 β 的标准定义[59,60], 可得

$$\beta=\frac{(\delta\omega/\omega)}{(\delta r/r)}=\frac{\partial(1/v_p)}{\partial(1/v_g)}=\frac{-(k_m-k_l)}{\omega\left(\dfrac{\partial k_m}{\partial\omega}-\dfrac{\partial k_l}{\partial\omega}\right)}. \tag{9.6.4}$$

波导不变量 β 可以从 (r,f) 平面的谱图 (亦称 LOFAR) 中的线条斜率加以认估[67,68]. 另一方面, 当波导的环境参数已知时, 可以用简正波程序 (例如 KRAKEN) 加以数值计算.

由式 (9.6.4) 可以看出, β 可为正值, 亦可为负值. 设定简正波序号 $m>l$, 则式 (9.6.4) 的分子永远为正值 (k_m 永小于 k_l), 但是分母则可能为正, 亦可能为负. 从下面的讨论可知, 对于理想波导 (绝对反射界面、水体均匀) 及 Pekeris 波导, 其群慢为正序 (即高号群慢大), 则 β 为正值. 反之, 对于由水中 SSP 俘获的波导简正波 (traped mode) 亦称 RBR 模式, 其群慢为反序 (即高号群慢小), 则 β 为负值. 其具体数值则与 SSP 的形式有关, 例如线性 SSP 的表面声道, 则 $\beta=-3$[60], Munk 深海 SOFAR 声道 $\beta=-4.5$[70].

9.6.2 Pekeris 波导的 β

有很多的浅海实验数据显示, 其 β 值在 $+1$ 附近[71], 这表明是水体中 SSP 没有形成有效的折射效应, 其相应的简正波属 SRBR 模式, 此时影响其 β 值的环境因素是海底边界. 了解由海底影响的 β 的准确值, 对于被动声源定位很重要, 例如在文献 [70] 中, 由于使用近似值 $\beta \approx 1.0$, 给定距带来 20% 左右的误差.

得到 β 解析表达的关键在于对海底如何描写, 如果采用 GA 参数描述则无法得到简明的解析表达, 因为 GA 参数对 β 而言是信息分散的参数. 与 β 关联的场信息主要是相位 (波数 k_m) 信息, 而与此相关联的海底参数可集中于一个参数 P(海底反射相移参数, 见本书第三章). 文献 [72] 给出了 Pekeris 波导中 β 与 P 的关系.

对于 Pekeris 波导, 在 W.K.B. 近似下, 确定波数 k_m 的方程如下:

$$2\int_0^H \sqrt{k_0^2 - k_m^2}\mathrm{d}z + \phi_b - \pi = 2m\pi, \tag{9.6.5}$$

其中 ϕ_b 为海底反射相移:

$$\phi_b \cong -\pi + P\theta_m. \tag{9.6.6}$$

注意到 $k_m = k_0 \cos\theta_m$, 则将式 (9.6.6) 代入式 (9.6.5), 得

$$2\int_0^H k_0 \sin\theta_m \mathrm{d}z + P\sin\theta_m = 2m\pi. \tag{9.6.7}$$

上式可改写为

$$2\int_0^{H_{\text{eff}}} k_0 \sin\theta_m \mathrm{d}z = 2m\pi, \tag{9.6.8}$$

其中

$$H_{\text{eff}} = H + \Delta H = H + P/2k_0. \tag{9.6.9}$$

由此可以解得 k_m:

$$k_m \doteq k_0\sqrt{1 - (m\pi/k_0 H_{\text{eff}})^2}, \tag{9.6.10}$$

以及 $(\partial k_m/\partial\omega)$:

$$\left(\frac{\partial k_m}{\partial\omega}\right) = \frac{\dfrac{k_0}{c_0} - \dfrac{1}{2}\dfrac{\partial}{\partial\omega}\left(\dfrac{m\pi}{H_{\text{eff}}}\right)^2}{k_m}. \tag{9.6.11}$$

将式 (9.6.10) 及 (9.6.11) 代入 β 的公式 (9.6.4), 经过整理后, 得

$$\beta_{mn} \doteq 1 + P/(k_0 H_{\text{eff}}). \tag{9.6.12}$$

对于图 9.6.1 所示的分层介质海底 (SACLANT 海区), 由 KRAKEN 数值计算的 β 值与式 (9.6.12) 所给出的 β 值示于图 9.6.2, 可见两者符合很好, 图 9.6.3 则给出了相应的 LOFAR 图谱.

值得注意的是, 式 (9.6.12) 是对于 Pekeris 波导的 β, 但是当 SSP 对 SRBR 模式的作用微弱, 因此式 (9.6.12) 对于非 Pekeris 波导中的 SRBR 简正波也基本上适用. SSP 对 SRBR 简正波的作用微弱的原因在文献 [70] 有所讨论, 我们认为最根本的原因在于构成 β 的基础因素是 $(k_m - k_n)$, 而 SSP 的影响对 SRBR 简正波的 k_m 与 k_n 有相近的影响, 因而对 $(k_m - k_n)$ 的影响被相消 (cancelation).

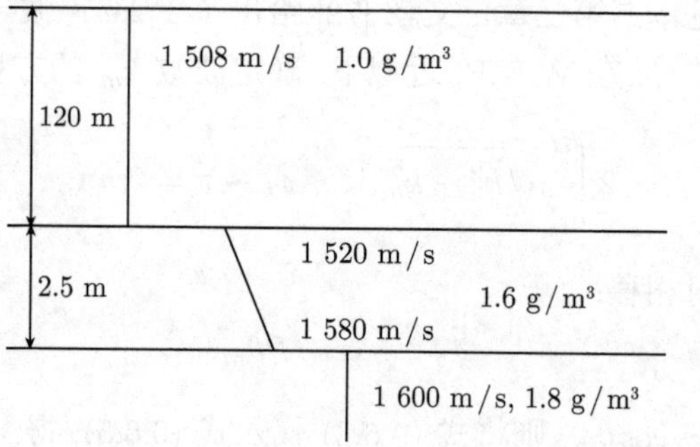

图 9.6.1　SACLANT 海底的 Pekeris 波导 (Ref.[72] 之 Fig.2)

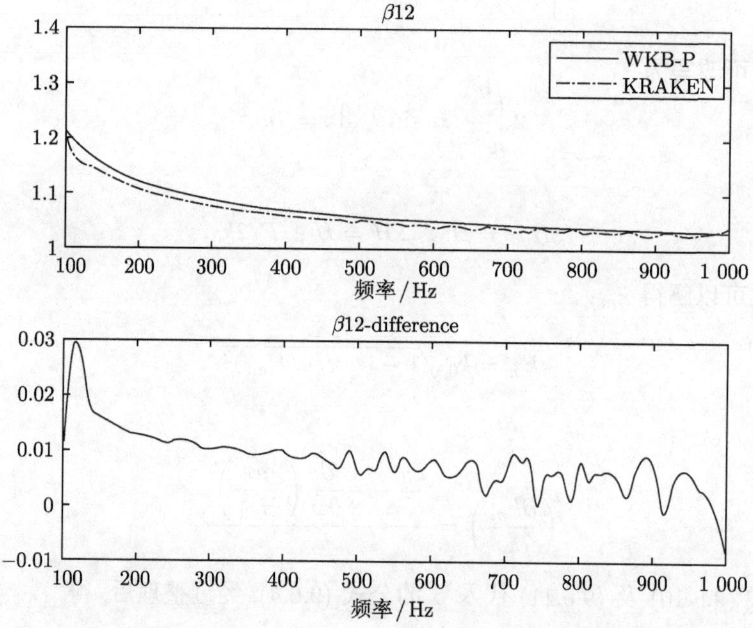

图 9.6.2　KRAKEN 和 WKB-P 计算 β 之间的差异 (Ref.[72] 之 Fig.3)

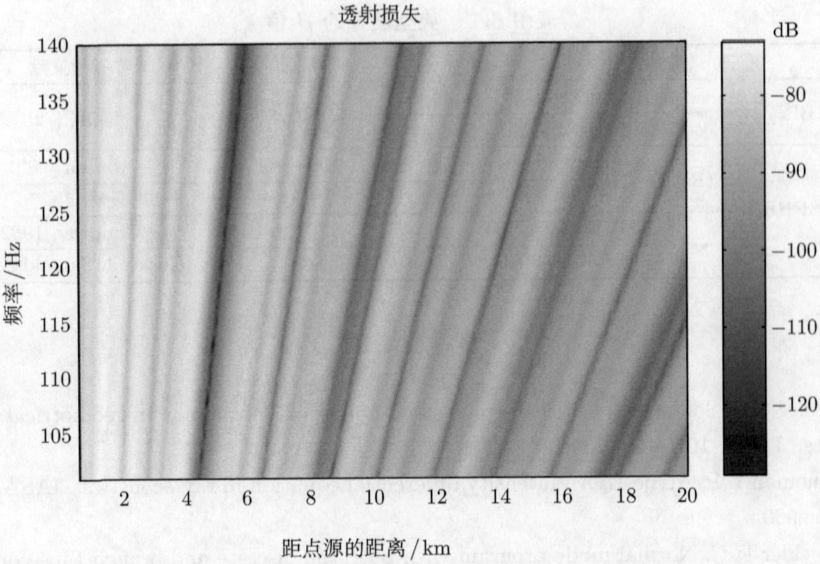

图 9.6.3 Pekeris 波导中点源的 LOFAR 图 (Ref.[72] 之 Fig.4)

可见 β 值与简正波的类型有关, 对于由折射途径所主导的 RR 简正波以及 RSR 简正波, 其 β 为负值, 而由直线途径 (无折射) 主导的 SRBR 简正波, 其 β 为正值. 如果某号简正波其传播途径既含有直线部分, 又含有折射部分 (例如图 9.6.4 所示之夏季浅海负跃层情况), 则该类型简正波的 β 可正可负, 当由起主导作用的传播时延 τ_1 与 τ_2 来确定, 当 $\tau_1 > \tau_2$ 时, 群慢为正序, β 为正; 当 $\tau_1 < \tau_2$ 时, 群慢为反序, β 为负. 综上, 典型波导的 β 值列于表 9.6.1.

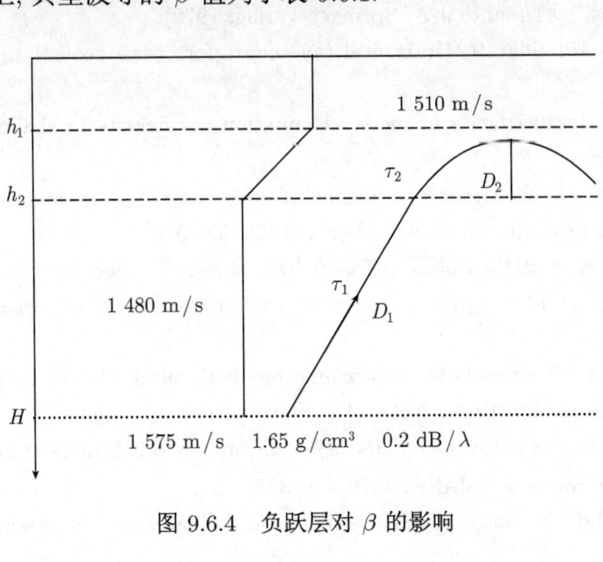

图 9.6.4 负跃层对 β 的影响

表 9.6.1 典型波导的 β 值

波导类型			β 值	参考文献
SRBR	Pekeris		$1+P/(k_0H_{\rm eff})$	文献 [72]
	Non-Pekeris			
Non-SRBR	(RBR) 负跃层	薄 -τ_1 主导	$+1 \to +2$	Rouseff, 2001
		厚 -τ_2 主导	-3	文献 [75, 76]
	RSR(Linear SSP)		-3	Chuprov, 1982
	RR(Munk SSP)		-4.5	Cockrell, Schmidt, 2011

参 考 文 献

[1] Moler C B, Soloman L P. Use of splines and numerical integration in geometrical acoustics. JASA, 1970, 48: 739.

[2] Soloman L P, Arrijo L. An intensity differential equation in ray acoustics. JASA, 1971, 50: 960.

[3] Stickler D C. Normal mode program with both the diserete and branch Line contributions. JASA, 1975, 57: 856.

[4] Newmanm A W, Ingenito F. A normal mode computer program for calculating sound propagetion in shallow water with an arbitrary velocity profile. 1972.

[5] Fock V A. Electromagnetic diffraction and propagation problems. Ch.11, 1965.

[6] Kelley P L. Phys. Rev. Lett., 1965, 15: 1005.

[7] Clearboat J F. Fundamentals of geophysical data processing. 1976.

[8] Hardin R H, Tappert F D. SIAM Rev., 1973, 15: 423.

[9] Tappert F D. Parabolic equation method in underwater acoustics. JASA, 1974, 55: S34.

[10] Dinapoli F R. Numerical Models of Underwater Acoustic Propagation (Ch.3 in Ocean Acoustics, ed, by Desanto J A. Springer-Verlag, 1979).

[11] Weinberg H, Burridge R. Horizontal ray theory for ocean acoustics. JASA, 1974, 55: 63.

[12] Ingenito F. Measurements of mode attenuation coefficients in shallow water. JASA, 1973, 53: 858.

[13] Kuperman W A. Coherent component of specular reflection and transmission at a random rough two-fluid interface. JASA, 1975, 58: 370.

[14] 尚尔昌, 张学真, 倪柏林. 浅海简正波数值声场. 海洋学报, 1985, 7(2): 212–224.

[15] Williams A O. Hidden depths: acceptable ignorance about ocean bottoms. JASA, 1975, 59: 1175.

[16] Tappert F D. The parabolic approximation method(Ch. V, Wave propagation and underwater acoustics, Ed.by Keller J B. SpringerVerlag, 1977).

[17] Bucker H P. Use of calculated sound field and matched field detection to locate sound source in shallow water. JASA, 1976, 59: 368.

[18] Piper H S. Time response of explosive signals in shallow water, proceedings of conference

held in SACIANTCEN, 1974.

[19] Weston D E. Underwater explosions as acoustic sources. Proc. of Phys. Soc. London, 1960, 76: 233.

[20] Signal Processing (1973), Proceedings of the NATO Advanced Study Institute on Signal Processing with Particular Reference to Underwater Acoustics.

[21] Shang E C. The possibility of suppressing a near-by interfering point source by using a mode-selective array in shallow-water. J. Sound and Vib., 1982, 85(2): 169–175.

[22] 张仁和. 分层介质的正交波函数. 声学学报, 1965, 2: 102.

[23] Estes L E, Fain G. Numerical technique for computing wide-angle acoustic field in an ocean with range-dependent velocity profiles. JAS, 1977, 62: 38.

[24] Jensen F B, Kuperman W, Porter M, Schimdt H. Computational Ocean Acoustics. AIP Press, 1993.

[25] Etter P C. Underwater Acoustic Modeling and Simulation (E & FN Spon, Londpon, UK, 2003).

[26] Jones R M, Riley J, Georges T. HARPO: a versatile three-dimensional Hamiltonian ray-tracing Program for acoustic waves in an ocean with irregular bottom. WPL. NOAA, Tech Report, 1986.

[27] Porter M B, Bucker H. Gaussian beam tracing for computing ocean acoustic field. JASA, 1987, 82: 1349–1359.

[28] Porter M B. The KRAKEN normal mode program, SACLANT Undersea Res. Ctr. Memo SM-245, 1991.

[29] Zhang R, Li F H. Beam-displacement ray-mode theory of sound propagation in shallow-water. Sci. China, (Ser A), 1999, 42: 739–749.

[30] Ding Lee, Botseas G. IFD: an implicit finite-difference computer model for solving parabolic equation Nav. Underwater Sys. Ctr, Tech. Rep No. 83-0684, 1982.

[31] Collins M. A split-step pade solution for the parabolic equation method. JASA, 1993, 93: 1736–1742.

[32] Schmidt H. SAFARI seismo-acoustic fast field algorism for range-independent environment, SACLANT Res. Ctr. Rep. SR-113, 1988.

[33] Zhou S H, et al. Propagation modeling in shallow-water based on characteristic bottom reflection parameters (PQNM), and its application to source localization, Proceddings of ICTCA2005 (II), 2005: 314–322, Hangzhou, China.

[34] Lee D, Pierce A, Shang E C. Parbolic equation development in the twentieth century. J. Comp. Acoust. 2000, 8(4): 527–637.

[35] Shang E C. Source depth estimation in waveguide. JASA, 1985, 77(4): 1413–1418.

[36] Shang E C, Clay C S, Wang Y Y. Passive harmonic source ranging in waveguide by using mode filter. JASA, 1985, 78(1): 172–175.

[37] Wilson G, et al. Matched mode localization. JASA, 1988, 84: 310–320.

[38] Yang T C. A method of range and depth estimation by modal decomposition. JASA, 1987, 82: 1736–1745.

[39] Smith G B, et al. A non-linear matched field processor for detection and localization of a quite source in a noisy shallow-water environment. JASA, 1989, 85: 1158–1166.

[40] Shang E C. An efficient high-resolution method of source localization processing in mode space. JASA, 1989, 86: 1960–1964.

[41] Porter M B, et al. Simulation of matched field processing in a deep water Pacific environment. IEEE-JOE, 1987, 12: 173–182.

[42] Sullivan E J, Ramweau K. Passive ranging with the SNAP model: A performance study. SACLANT Report., SR 118, 1987.

[43] Feuilade C, et al. Shallow-water matched-field localization off Panama City, Florida. JASA, 1990, 88: 423–433.

[44] Baggeroe A B, Kuperman W, Mikhalevsky P. An overview of matched–field methods in ocean acoustics. IEEE-JOE, 1993, 18(4): 401–424.

[45] Zuikova N Z, Svet V D. Matched-field processing of signals in ocean waveguides(review). Acoust. Phys., 1993, 39(3): 203–210.

[46] Tolstoy A. Matched field processing for underwater acoustics. Singapore: World Scientific, 1993.

[47] Shang E C, Wang Y Y. Environmemtal mismatching effects on source localization processing in mode space. JASA, 1991, 59: 2285–2290.

[48] Collins M, Kuperman W. Focalization: Environmental focusing and source localization. JASA, 1991, 90: 1410–1422.

[49] Shang E C, Wang H P, Huang Z Y. Waveguide characterization and source localization in shallow-water waveguide using the Prony method. JASA, 1988, 83(1): 103–108.

[50] 马力. 浅海中水平阵的匹配定位. 声学学报, 1996, 21(4S): 457–463.

[51] Neilson T B, Westwood E K. Extraction of acoustic mode depth function using vertical line array data. JASA, 2002, 111: 748–752.

[52] Ge H L, Zhao H F, Gong X Y, Shang E C. Bottom-reflection phase-shift estimation from ASIAEX data. IEEE-JOE, 2004, 29(4): 1045–1049.

[53] Hursky P, Hodgkiss W, Kuperman W. Matched field processing with data-derived modes. JASA, 2001, 109: 1355–1366.

[54] Voronovich A G, et al. Sov. Phys. Acoust. 1992, 38(4): 365–370.

[55] 高天赋, 陈耀明, 杨怡青. 短垂直阵简正波匹配的声源定位. 声学学报, 1996, 21(4): 493–505.

[56] 陈耀明, 高天赋, 杨怡青, 等. 浅海短垂直阵和稀垂直阵的声源定位性能. 声学学报, 1996, 21(6): 912–921.

[57] 高天赋, 陈耀明. 短垂直阵简正波分解矩阵特征值的近似解析表达式. 声学学报, 1999, 24: 248–257.

[58] 陈耀明, 高天赋. 声场简正波分解算法及其适应性. 声学学报, 2002, 27(2): 124–132.

[59] Chuprov S D. Interference structure of a sound field in a layered ocean. in Ocean Acoustics: Current state, Ed. By Brekhovskikh L M, Andreeva I B. (Nauka, Moscow, 1982): 71–91.

[60] Brekhovskikh L M, Lysanov Yu P. Fundamentals of Ocean Acoustics. 2nd Ed. New York: Springer-verlag, 1991: 140–145.

[61] Thode A M, et al. Localization using Bartlett matched-field processor sidelobes. JASA, 2000, 107: 278–286.

[62] Thode A M. Source ranging with minimal environmental information using a virtual receiver and waveguide invariant. JASA, 2000, 108: 1582–1594.

[63] Zhao Z D, Wang N, Gao D Z, Wang H Z. Broadband source ranging in shallow-water using Ω-interference spectrum. Chin. Phys. Lett. 2010, 27: 064301.

[64] Turgut A, Orr M, Rouseff D. Broadband source localization using horizontal-beam acoustic intensity striations. JASA. 2010, 127: 73–83.

[65] 苏晓星, 张仁和, 李风华. 利用波导不变性提高声场的水平纵向相关. 声学学报, 2006, 31: 305–309.

[66] Gao D Z, Wang N, Wang H Z. A de-dispersion transform for sound propagation in shallow-water waveguide. J. Comp. Acoust. 2010, 18: 245–258.

[67] Heany K D. Rapid geoacoustic characterization using a surface ship of opportunity. IEEE-JOE, 2004, 29: 88–99.

[68] Ren Q Y, Hermand J-P, Piao S C. Passive acoustic interferometry for sediment characterization in shallow water. in Proceedings of ICTCA2011, Taipei, 2011.

[69] Brown M G, et al. Rays, modes, wavefield structure, and wavefield stability. JASA, 2005, 117: 1607–1610.

[70] Cockrell K, Schmidt H. A modal Wentzel-Krammers-Brillion approach to calculating waveguide invariant for non-ideal waveguides. JASA, 2011, 130: 72–83.

[71] Cockrell K, Schmidt H. Robust passive range estimation using the waveguide invariant. JASA, 2010, 127: 2780–2789.

[72] Shang E C, Wu J R, Zhao Z D. Relating waveguide invariant and bottom reflection phase-shift parameter P in a Pekeris waveguide. JASA, 2012, 131: 3691–3697.

[73] Lee D, Botseas G. Examination of three-dimensional effects using a propagation model with azimuth-coupling capability (FOR3D). JASA, 1992, 91: 3192–3202.

[74] Chen C F, Lin Y-T, Lee D. A three-dimensional azimuthal wide-angle model. J. Comput. Acoust. 1999, 7: 269–288.

[75] Jensen F B, Kupperman W A, Porter M B, Schmidt H. Computational Ocean Acoustics. 2nd. Springer, 2011: 441.

[76] Zhao Z D, Wu J R, Shang E C. How the thermocline affects the value of waveguide invariant in a shallow-water waveguide. (Submitted to POMA 2013, Workshop on waveguide invariant, June 17-21, 2013, Moscow).

第十章　水声信号处理

§10.1　水声信号处理概况

10.1.1　水声信号处理的任务

在早期的声呐中, 没有专门的信号处理设备, 换能器接收到的信号, 经过滤波放大后, 直接送去供听觉检测和显示. 由于海洋中存在着噪声和混响干扰, 要提高声呐探测作用距离, 就必须提高由干扰背景中检测信号的能力, 这样, 在水声学中就出现了水声信号处理分支. 20 世纪 50 年代初, 随着信息论、信号检测理论和计算技术的发展, 水声信号处理理论和技术也迅速发展, 成为一个非常活跃的独立分支. 声呐中采用了信号处理设备后, 性能就有很大的提高, 因此, 信号处理设备已成为现代声呐的核心部分.

水声信号处理的主要任务是: 在存在干扰背景的情况下, 对水下声场时空抽样, 进行空间和时间变换, 以提高检测所需信号的能力. 按照声呐方程, 我们可以将水声信号处理划分为几个主要环节:

(1) 空间处理 (波束形成等)：获取空间增益, 提高声呐方程中的接收指向性因子.

(2) 时间处理：在时域、频域上进行处理, 以提高信噪比, 获取时间增益, 降低声呐方程中的检测阈.

(3) 动态范围压缩、归一化和减数据率处理：减小在处理器–显示器间以及显示器–声呐员之间接口不匹配的损失.

(4) 目标识别.

(5) 自动检测跟踪和参数估值.

以上五个环节概括了现代声呐的主要环节. 应该指出, 把空间处理和时间处理分开是为了便于说明. 根据最佳时空处理理论, 这两者并不总是可以因子分解开的, 一般说来, 应作为一个统一整体来考虑.

10.1.2　水声信号处理技术的发展

前面已经说过, 水声信号处理在 20 世纪 50 年代开始发展, 50 年代初开始考虑用相关技术来检测声信号. 极性相关器的提出, 简化了对相关器的要求, 使之有可能用于实际. 50 年代中, 出现了数字式延迟线时间压缩技术 (deltic), 做成了实时相关器, 使声呐联机运算实时信号处理成为可能, 为声呐实时信号处理开辟了道路.

随着信号检测理论的发展, 60 年代初出现了以时间压缩相关器为核心的线性调频脉冲压缩声呐. 在被动声呐方面, 出现了分裂阵互极性相关处理和数字多波束定向技术 (DIMUS). 总之, 到 60 年代初, 水声信号处理方面已掌握了谱分析、相关、匹配滤波器、多波束波束形成等多种技术. 60 年代以来由于数字电子计算机的迅速发展, 水声信号处理的发展也日新月异.

(1) 数字技术、自适应控制等成功地用于波束形成, 使空间处理进入了一个新的阶段——多波束接收日益完善并能和环境干扰场自适应匹配. 由单纯的空间处理走向时空最佳处理.

(2) 由单通道信号处理器进展到多通道信号处理器. 快速傅里叶分析器 (FFT) 的出现实现了多通道窄带谱分析.

(3) 考虑到水声传播信道的随机时变、空变特性造成的信号在时间和频率上的弥散, 目前已致力于解决与信道匹配接收的问题.

(4) 目标识别取得突破, 开始走上实用阶段.

(5) 出现了机助目标检测跟踪和参数估值, 并向自动检测方向发展.

目前大规模、超大规模集成电路的出现, 使电子计算机发展到了第四代、第五代, 运算速度、容量、功能的大幅度提高为水声信号处理的发展提供了广阔天地, 在以上几个方面必将迅速取得新的突破, 达到新的高度.

§10.2 信号、随机过程及线性系统

本节主要是介绍一些预备知识, 作为以下几节讨论的基础.

10.2.1 窄带确定性信号

声呐通过换能器发射到水中的信号是一个实函数信号, 它有有限的持续时间、有限的能量和有限的频率范围. 用 $f(t)$ 代表信号, 假设它平方可积, 即

$$\int_{-\infty}^{\infty}|f(t)|^2\mathrm{d}t<\infty,$$

则它存在傅里叶变换:

$$F(\mathrm{j}\omega)=\int_{-\infty}^{\infty}f(t)\mathrm{e}^{-\mathrm{j}\omega t}\mathrm{d}t. \tag{10.2.1}$$

逆变换公式为

$$f(t)=\frac{1}{2\pi}\int_{-\infty}^{\infty}F(\mathrm{j}\omega)\mathrm{e}^{\mathrm{j}\omega t}\mathrm{d}\omega. \tag{10.2.2}$$

当 $f(t)$ 为实函数时,

$$F^*(\mathrm{j}\omega)=\int_{-\infty}^{\infty}f(t)\mathrm{e}^{\mathrm{j}\omega t}\mathrm{d}t. \tag{10.2.3}$$

故

$$F^*(\mathrm{j}\omega) = F(-\mathrm{j}\omega). \tag{10.2.4}$$

实信号 $f(t)$ 包含正负两种频率成分, 现定义一个只包含正频率的新信号 $f_+(t)$:

$$f_+(t) \triangleq \frac{1}{2\pi}\int_0^{\infty} F(\mathrm{j}\omega)\mathrm{e}^{\mathrm{j}\omega t}\mathrm{d}\omega. \tag{10.2.5}$$

它是复函数, 其复共轭为

$$f_+(t) = \frac{1}{2\pi}\int_0^{\infty} F^*(\mathrm{j}\omega)\mathrm{e}^{-\mathrm{j}\omega t}\mathrm{d}\omega = \frac{1}{2\pi}\int_{-\infty}^{0} F(\mathrm{j}\omega)\mathrm{e}^{\mathrm{j}\omega t}\mathrm{d}\omega, \tag{10.2.6}$$

$f_+^*(t)$ 只包含有负频率, 可把它记作 $f_-(t)$, 则

$$f(t) = f_+(t) + f_-(t) = f_+(t) + f_+^*(t) = 2\mathrm{Re}f_+(t). \tag{10.2.7}$$

1. 复包络 $\tilde{f}(t)$

现在考虑 $f(t)$ 是功率集中在 $\omega = \Omega$ 和 $-\Omega$ 附近的窄带信号. 定义新的函数 $\tilde{f}(t)$, 它的傅里叶变换是 $\tilde{F}(\omega)$.$\tilde{F}(\omega)$ 是 $F(\omega)$ 的低频频移.

$$\tilde{F}(\omega) = \begin{cases} 2F(\omega+\Omega) & \omega > -\Omega \\ 0 & \omega < -\Omega \end{cases}. \tag{10.2.8}$$

图 10.2.1 给出了 $\tilde{F}(\omega)$ 和 $F(\omega)$ 的关系.

$$\tilde{f}(t) = \int_{-\infty}^{\infty} \frac{\tilde{F}(\omega)}{2\pi}\mathrm{e}^{\mathrm{j}\omega t}\mathrm{d}\omega = 2f_+(t)\mathrm{e}^{-\mathrm{j}\Omega t}, \tag{10.2.9}$$

$$f(t) = \mathrm{Re}\tilde{f}(t)\mathrm{e}^{+\mathrm{j}\Omega t}. \tag{10.2.10}$$

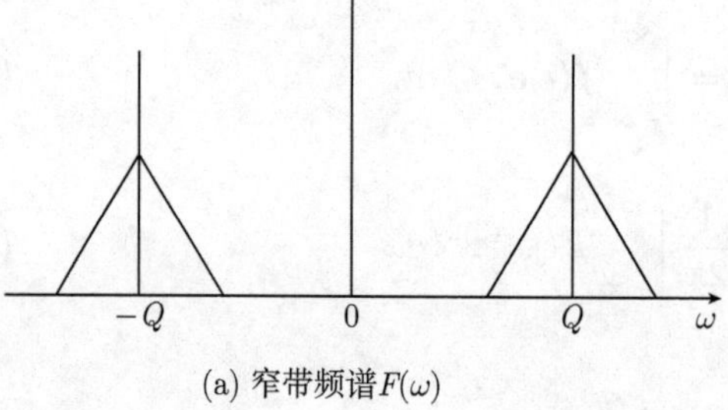

(a) 窄带频谱$F(\omega)$

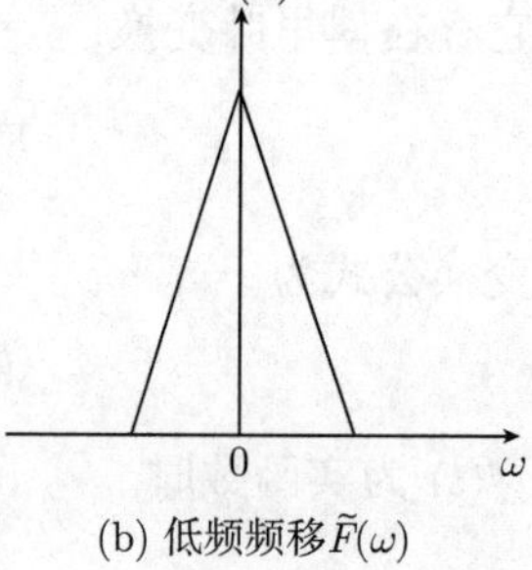

(b) 低频频移$\tilde{F}(\omega)$

图 10.2.1

$\tilde{f}(t)$ 是时间的慢变化函数, 为窄带过程 $f(t)$ 的复包络. 它的绝对值是窄带信号的包络或振幅调制; 它的相位是窄带信号的相位调制.

$$\tilde{f}(t) = x(t) + \mathrm{j}y(t). \tag{10.2.11}$$

写成极坐标形式为

$$\tilde{f}(t) = \varepsilon(t)\exp[\mathrm{j}\phi(t)], \tag{10.2.12}$$

其中

$$\varepsilon(t) = \sqrt{x^2(t) + y^2(t)};\ \phi(t) = \arctan\frac{y(t)}{x(t)}.$$

窄带信号的中心频率 (载频) 不包含什么信息, 用复包络可以完全包含信号中的振幅和相位信息, 又消除了载频的影响. 下面讨论窄带随机信号时, 均采用复包络形式. 对于宽带随机信号, 也可用复包络形式, 这时, 复包络亦为随机过程.

2. 预包络

另一个常用的函数是实信号 $f(t)$ 的预包络 $f_p(t)$, 也称为解析信号.

$$f_p(t) = f(t) + \mathrm{j}\hat{f}(t). \tag{10.2.13}$$

其中 $\hat{f}(t)$ 是 $f(t)$ 的希尔伯特变换, 对窄带信号而言, 就是相移 90°.

$$\hat{f}(t) = \frac{1}{\pi}\int_{-\infty}^{\infty}\frac{f(\tau)}{t-\tau}\mathrm{d}\tau. \tag{10.2.14}$$

由希尔伯特变换的性质可以证明 $f_p(t)$ 的傅里叶变换是

$$Ff_p(t) = \begin{cases} 2F(\mathrm{j}\omega) & \omega > 0 \\ F(\mathrm{j}\omega) & \omega = 0 \\ 0 & \omega < 0 \end{cases}, \tag{10.2.15}$$

$$f_p(t) = 2f_+(t) = \tilde{f}(t)\mathrm{e}^{\mathrm{j}\Omega t}. \tag{10.2.16}$$

10.2.2 随机信号

声呐中的干扰噪声和混响以及被动声呐接收的目标噪声信号都是随机信号. 这种随机信号可以看成是一随机过程; 它与确定性信号不同, 它在某一时刻取值为一随机变量, 在事前作不出准确的预告. 但它们有不随时间变化的平均特性, 因此可以建立统计描述的方法.

1. 平稳和广义平稳随机过程

具有非时变概率密度函数的随机过程称为严格平稳或平稳随机过程; 即在不同时刻取值的多维联合概率密度函数, 不随时间原点的移动而变.

设 x_1 和 x_2 为随机变量, 它们是随机过程 $x(t)$ 在 t_1 和 t_2 时刻的样本, 实随机过程 $x(t)$ 的自相关函数 $R_x(t_1,t_2)$ 为

$$R_x(t_1,t_2)=\overline{\{x_1\cdot x_2\}}=\iint x_1\cdot x_2\cdot P(x_1x_2)\mathrm{d}x_1\mathrm{d}x_2. \tag{10.2.17}$$

将 t_1,t_2 表示为 $t-\tau$ 的形式, 得

$$R_x(t_1,t_2)=R_x(t,t-\tau). \tag{10.2.18}$$

对于平稳随机过程,

$$R_x(t,t-\tau)=R_x(\tau). \tag{10.2.19}$$

随机过程相关系数定义为归一化的自协方差函数:

$$\rho_x(t_1,t_2)=\frac{\overline{[(x_1-m_1)(x_2-m_2)]}}{\sigma_1\sigma_2}=\frac{R_x(t_1,t_2)-m_1m_2}{\sigma_1\sigma_2}, \tag{10.2.20}$$

其中

$$m_i=E\{x_i\};\sigma_i^2=\overline{\{(x_i-m_i)^2\}},i=1,2.$$

若过程非严格平稳, 但有非时变的平均值和非时变的自相关函数, 则称过程为广义平稳过程.

在声呐中, 噪声在较短时间内可视为平稳的或广义平稳的随机过程. 混响经自动增益控制补偿或恒虚警处理后可视为是广义平稳的.

以上讲的平均都是集平均, 从概念上讲, 就是在给定的时刻, 对集的元素抽样, 对这些样本求平均. 在实际上不可能求集平均而只能用时间平均来代替. 但一般说来, 时间平均不一定等于集平均, 只有当随机过程是遍历的时候, 集的各种平均以概率 1 等于相应的时间平均. 下面定义时间自相关函数:

$$\mathcal{R}_x(\tau)=\lim_{T\to\infty}\frac{1}{2T}\int_{-T}^{T}x(t)x(t-\tau)\mathrm{d}t. \tag{10.2.21}$$

互相关函数为

$$\mathcal{R}_{xy}(\tau)=\lim_{T\to\infty}\frac{1}{2T}\int_{-T}^{T}x(t)y(t-\tau)\mathrm{d}t. \tag{10.2.22}$$

在满足遍历的条件下,

$$\mathcal{R}_x(\tau)=R_x(\tau),$$

$$\mathcal{R}_{xy}(\tau) = R_{xy}(\tau). \tag{10.2.23}$$

对于随机过程, 可以由自相关函数引入功率谱. 广义平稳随机过程 $x(t)$ 的功率谱密度是其自相关函数的傅里叶变换 (维纳–辛钦定理):

$$S_x(\omega) = \int_{-\infty}^{\infty} R_x(\tau)\mathrm{e}^{-\mathrm{j}\omega\tau}\mathrm{d}\tau. \tag{10.2.24}$$

其逆变换为

$$R_x(\tau) = \frac{1}{2\pi}\int_{-\infty}^{\infty} S_x(\omega)\mathrm{e}^{\mathrm{j}\omega\tau}\mathrm{d}\omega, \tag{10.2.25}$$

$$R_x(0) = \frac{1}{2\pi}\int_{-\infty}^{\infty} S_x(\omega)\mathrm{d}\omega = E\{x^2(t)\}. \tag{10.2.26}$$

随机过程的平均功率可以由功率谱在其全部定义域内积分得到.

两个随机过程 $x(t)$ 和 $y(t)$ 为联合广义平稳, 其互相关函数为 $R_{xy}(\tau)$, 则其互功率谱可定义如下:

$$S_{xy}(\omega) = \int_{-\infty}^{\infty} R_{xy}(\tau)\mathrm{e}^{-\mathrm{j}\omega\tau}\mathrm{d}\tau, \tag{10.2.27}$$

逆变换为

$$R_{xy}(\tau) = \frac{1}{2\pi}\int_{-\infty}^{\infty} S_{xy}(\omega)\mathrm{e}^{\mathrm{j}\omega\tau}\mathrm{d}\omega. \tag{10.2.28}$$

对于遍历过程 $S_x(\omega)$ 或 $S_{xy}(\omega)$, 也可由 $x(t)$ 和 $y(t)$ 的傅里叶变换取模求平均后得到.

$$S_x(\omega) = \lim_{T\to\infty} \frac{1}{2T}|F_{Tx}(\omega)|^2. \tag{10.2.29}$$

其中 $F_{Tx}(\omega)$ 为平稳遍历过程的一次实现 $x(t)$ 被有限观察区间 $2T$ 截断的函数 $x_T(t)$ 的傅里叶变换.

$$F_{Tx}(\omega) = \int_{-T}^{T} x(t)\mathrm{e}^{-\mathrm{j}\omega t}\mathrm{d}t. \tag{10.2.30}$$

同样,

$$S_{xy}(\omega) = \lim_{T\to\infty} \frac{1}{2T}F_{Tx}^*(\omega)F_{Tx}(\omega). \tag{10.2.31}$$

$x(t), R(\tau), F_x(\omega), S_x(\omega)$ 之间的关系可以用下面的形式表示:

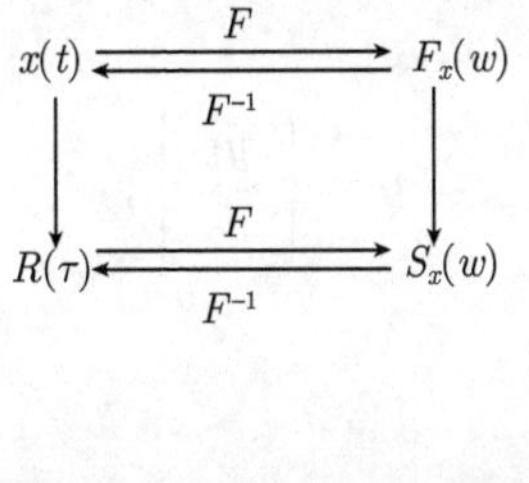

(10.2.32)

2. 高斯过程及矩阵表示法

在信号检测中最常遇到的随机过程是高斯随机过程, 其概率密度函数为高斯型, 即正态密度函数. 在声呐中遇到的很多随机信号可作为高斯信号来处理.

一个实随机变量可定义在区间 $(-\infty < y < +\infty)$ 内并具有概率密度函数:

$$P(y)=\frac{1}{\sqrt{2\pi}\sigma_y}\exp\left[-\frac{(y-m_y)^2}{2\sigma_y^2}\right]. \tag{10.2.33}$$

这就是高斯随机变量, 其均值为 m_y, 方差为 σ_y^2, 归一化高斯变量 $z=(y-m_y)/\sigma_y$, z 的密度函数为

$$P(z)=\frac{1}{\sqrt{2\pi}}\exp\left[-\frac{z^2}{2}\right]. \tag{10.2.34}$$

均值为 m_y, 方差为 σ_y^2 的高斯变量的特征函数为

$$C(\mathrm{j}\omega)=\exp\left[\mathrm{j}\omega m_y-\frac{\omega^2\sigma_y^2}{2}\right]. \tag{10.2.35}$$

两个零均值随机变量 y_1 和 y_2 的联合概率密度函数为

$$P(y_1y_2)=\frac{1}{2\pi\sigma_{y_1}\sigma_{y_2}\sqrt{1-\rho_{12}^2}}\exp\left[\frac{-\sigma_{y_2}^2y_1^2+2\rho_{12}\sigma_{y_1}\sigma_{y_2}-\sigma_y^2y_2^2}{2\sigma_{y_1}^2\sigma_{y_2}^2(1-\rho_{12}^2)}\right], \tag{10.2.36}$$

其中归一化协方差

$$\rho_{12}=\frac{\sigma_{y_1y_2}}{\sigma_{y_1}\sigma_{y_2}}; \tag{10.2.37}$$

其特征函数为

$$C(\mathrm{j}\omega_1,\mathrm{j}\omega_2)=\exp\left[-\frac{1}{2}(\omega_1^2+2\rho_{12}\omega_1\omega_2+\omega_2^2)\right]. \tag{10.2.38}$$

如果用矩阵形式表示, 多维高斯密度函数可以写得更简洁.

定义协方差矩阵

$$\boldsymbol{R}=\begin{bmatrix}\overline{[y_1^2]},\overline{[y_1y_2]}\\ \overline{[y_1y_2]},\overline{y_2^2}\end{bmatrix}=\begin{bmatrix}\sigma_{y_1}^2,\rho\sigma_{y_1}\sigma_{y_2}\\ \rho\sigma_{y_1}\sigma_{y_2},\sigma_{y_2}^2\end{bmatrix}. \tag{10.2.39}$$

$\boldsymbol{R}$ 的行列式 $|\boldsymbol{R}|=\sigma_{y_1}^2\sigma_{y_2}^2(1-\rho^2)$,

$$\boldsymbol{R}^{-1}=\frac{1}{|\boldsymbol{R}|}\begin{bmatrix}\sigma_{y_1}^2,-\rho\sigma_{y_1}\sigma_{y_2}\\ -\rho\sigma_{y_1}\sigma_{y_2},\sigma_{y_1}^2\end{bmatrix}. \tag{10.2.40}$$

定义列矢量

$$\boldsymbol{y}=\begin{bmatrix}y_1\\ y_2\end{bmatrix}, \tag{10.2.41}$$

$$\boldsymbol{y}^{\mathrm{T}} = [y_1, y_2]\,. \tag{10.2.42}$$

前述二维概率密度函数可简写为

$$P(\boldsymbol{y}) = \frac{1}{2\pi|\boldsymbol{R}|^{1/2}} \exp\left[-\boldsymbol{y}^{\mathrm{T}}\boldsymbol{R}^{-1}\boldsymbol{y}/2\right]. \tag{10.2.43}$$

非零均值时可写为

$$P(\boldsymbol{y}) = \frac{1}{2\pi|\boldsymbol{R}|^{1/2}} \exp\left[-(\boldsymbol{y}-\boldsymbol{m})^{\mathrm{T}}\boldsymbol{R}^{-1}(\boldsymbol{y}-\boldsymbol{m})/2\right], \tag{10.2.44}$$

其中

$$\boldsymbol{m} = \begin{bmatrix} m_1 \\ m_2 \end{bmatrix}. \tag{10.2.45}$$

推广到 n 维高斯概率密度函数:

$$P(\boldsymbol{y}) = \frac{1}{(2\pi)^{\frac{n}{2}}|\boldsymbol{R}|^{\frac{1}{2}}} \exp\left[-(\boldsymbol{y}-\boldsymbol{m})^{\mathrm{T}}\boldsymbol{R}^{-1}(\boldsymbol{y}-\boldsymbol{m})/2\right]. \tag{10.2.46}$$

它的特征函数是

$$C(\mathrm{j}\omega) = \exp[\mathrm{j}\boldsymbol{m}^{\mathrm{T}}w - (\boldsymbol{w}^{\mathrm{T}}\boldsymbol{R}w)/2], \tag{10.2.47}$$

其中

$$w = \begin{bmatrix} \omega_1 \\ \omega_2 \\ \vdots \\ \omega_n \end{bmatrix}.$$

把变量 x_i 看成在 t_i 时刻取得的随机过程的样本, 就可以用多维高斯矢量来定义高斯随机过程. 如果在所有时刻 $t_i(1 \leqslant i \leqslant n)$ 以及对 n 所有取值, 这些样本的联合概率密度函数都可以用多维高斯密度函数来表示. 那么随机过程就定义为高斯的. 多维复高斯矢量 $\boldsymbol{z}$ 的多维高斯分布如下:

$$P(\boldsymbol{z}) = \frac{1}{\pi^n|\boldsymbol{c}|} \exp[-\boldsymbol{z}^{*\mathrm{T}}\boldsymbol{c}^{-1}\boldsymbol{z}]. \tag{10.2.48}$$

$\boldsymbol{c}$为$\boldsymbol{z}$的协方差矩阵.

3. 线性变换

下面讨论多维高斯矢量的线性变换. 假定矢量的均值为零, 则线性变换为

$$\begin{aligned} x_1 &= l_{11}y_1 + l_{12}y_2 + \cdots + l_{1n}y_n, \\ x_2 &= l_{21}y_1 + l_{22}y_2 + \cdots + l_{2n}y_n, \\ &\vdots \\ x_n &= l_{n1}y_1 + l_{n2}y_2 + \cdots + l_{nn}y_n. \end{aligned} \tag{10.2.49}$$

用矩阵形式:

$$\boldsymbol{x} = \boldsymbol{L}y, \tag{10.2.50}$$

若$\boldsymbol{y}$概率分布为

$$P(\boldsymbol{y}) = \frac{1}{(2\pi)^{\frac{n}{2}}|\boldsymbol{R}|^{\frac{1}{2}}}\exp[-\boldsymbol{y}^{\mathrm{T}}\boldsymbol{R}^{-1}\boldsymbol{y}/2], \tag{10.2.51}$$

则$\boldsymbol{x}$的概率分布仍为多维高斯密度函数, 其形式如下:

$$P(\boldsymbol{x}) = \frac{1}{(2\pi)^{\frac{n}{2}}\left(|\boldsymbol{L}|^2\cdot|R|\right)^{\frac{1}{2}}}\exp\left[-(\boldsymbol{L}^{-1}\boldsymbol{x})\boldsymbol{R}^{-1}(\boldsymbol{L}^{-1}\boldsymbol{x})/2\right] \tag{10.2.52}$$

$$= \frac{1}{(2\pi)^{\frac{n}{2}}|\boldsymbol{F}|^{\frac{1}{2}}} - \exp[-\boldsymbol{X}^{\mathrm{T}}\boldsymbol{F}^{-1}\boldsymbol{X}/2]. \tag{10.2.53}$$

多维高斯矢量经线性变换后产生新的多维高斯矢量.

4. 随机变量解相关线性变换

研究矩阵方程

$$\boldsymbol{R}x = \lambda\boldsymbol{x}, \tag{10.2.54}$$

其中 $\boldsymbol{x}$ 为 n 维列矢量, $\boldsymbol{R}$ 为 n 阶对称方阵, λ 为标量. 若上式对非零 $\boldsymbol{x}$ 成立, 则要求

$$|\boldsymbol{R} - \lambda\boldsymbol{I}| = 0. \tag{10.2.55}$$

$\boldsymbol{I}$ 为单位矩阵.

上式中的行列式称为矩阵 $\boldsymbol{R}$ 的特征多项式. 它是 λ 的 n 次多项式, 有 n 个根. 如果矩阵 $\boldsymbol{R}$ 是正定的, 它的根是正实数, λ_i 称为 $\boldsymbol{R}$ 的本征值. 对应本征值 λ_i 的矢量称为本征矢量 $\boldsymbol{x}^{(i)}$.

$$\boldsymbol{R}x^{(i)} = \lambda_i\boldsymbol{x}^{(i)} \quad (i = 1, 2, \cdots, n). \tag{10.2.56}$$

不同本征值的本征矢量是正交的. 适当选取其系数, 将本征值归一化后形成正交归一集

$$\boldsymbol{x}^{(i)\mathrm{T}}\boldsymbol{x}^{(i)} = \delta_{ij}. \tag{10.2.57}$$

我们可得到本征矢量矩阵

$$\boldsymbol{A} = \begin{bmatrix} x_1^{(1)}\cdots x_1^{(n)} \\ x_2^{(1)}\cdots x_2^{(n)} \\ \vdots \quad\quad \vdots \\ x_n^{(1)}\cdots x_n^{(n)} \end{bmatrix} \tag{10.2.58}$$

和本征值组成的对角线矩阵

$$\boldsymbol{\lambda}=\begin{bmatrix}\lambda_1 & & & 0\\ & \lambda_2 & & \\ & & \ddots & \\ 0 & & & \lambda_n\end{bmatrix}. \tag{10.2.59}$$

$$\boldsymbol{RA}=\boldsymbol{A\lambda}\text{或}\boldsymbol{A}^{\mathrm{T}}\boldsymbol{RA}=\boldsymbol{\lambda}. \tag{10.2.60}$$

由此可知, 将高斯矢量 $\boldsymbol{y}$(具有正定协方差矩阵 $\boldsymbol{R}$) 经矩阵变换为 $\boldsymbol{x}$, 则协方差距阵 $\boldsymbol{R}$ 变为 $\boldsymbol{\lambda}$. $\boldsymbol{\lambda}$ 是对角线矩阵, 说明 $\boldsymbol{x}$ 的各元素间是统计独立的, 从而达到了解相关的目的.

10.2.3 信号的离散表示

现代声呐广泛使用数字信号处理. 进行数字信号处理首先要将连续信号进行抽样, 正量化后用离散数字来表示.

采样就是将一连续信号按一定时间间隔 T_s 逐点采取其瞬时值来表示. T_s 称为采样间隔, $f_s=\dfrac{1}{T_s}$ 称为采样频率.

设信号 $x(t)$ 为定义在 $(-\infty,+\infty)$ 上的随机过程, 其频率的上限为 f_c, 根据采样定理, 当采样频率 $f_s\geqslant 2f_c$ 时, 采样信号 $\{x_i\}(i=-\infty\cdots-1,0,+1\cdots+\infty)$ 能单值复现 $x(t)$:

$$x(t)=\sum_{i=-\infty}^{\infty}x(i)\frac{\sin\dfrac{\pi}{\Delta t}(t-i\Delta t)}{\dfrac{\pi}{\Delta t}(t-i\Delta t)}, \tag{10.2.61}$$

其中

$$\Delta T=T_s=1/f_s.$$

采样过程可以看成是用一串 δ 脉冲调制的过程.

采样信号 $x^+(t)$ 可写成

$$x^+(t)=x(t)P(t), \tag{10.2.62}$$

$$P(t)=\sum_{n=-\infty}^{\infty}\delta(t-n\Delta t). \tag{10.2.63}$$

它的傅里叶变换是

$$F_p(f)=\frac{1}{\Delta t}\sum_{k=-\infty}^{\infty}\delta\left(f-\frac{k}{\Delta t}\right), \tag{10.2.64}$$

$$F_{x^+}(f)=F_x(f)^*F_p(f) \tag{10.2.65}$$

$$=\frac{1}{\Delta t}\sum_{k=-\infty}^{\infty}F_x\left(f-\frac{k}{\Delta t}\right). \tag{10.2.66}$$

采样函数 $x^+(t)$ 的频谱是一个以 $\frac{1}{\Delta t}$ 为周期重复的频谱. 每一周期的频谱与原信号 $x(t)$ 的频谱相同. 用一低通滤波器滤出中间的一个即恢复了信号. 如 $f_s \leqslant 2f_c$ 时会发生各周期重叠混淆的现象. 因此, f_s 必须大于 $2f_c$. 由于理想滤波器做不出来, 实际上取 $f_s \geqslant mf_c$, 一般取 $m = 3 \sim 5$. 另外, 在信号输入端加一抗混淆滤波器, 以保证上限频率为 f_c.

采样得到的是模拟信号, 须进行正量化, 用与它最接近的离散数字量来表示, 数字的最小位的高度 q 称为正量化单位或量化单位.

用 $\overline{x^+}(t)$ 表示采样量化后的信号, 正量化误差可表示为

$$e(t) = x(t) - \overline{x^+}(t). \tag{10.2.67}$$

一般常用只舍不入和四舍五入两种正量化方法. 这两种方法的误差都是均匀分布的. 可算出:

$$\bar{e} = q/2, \sigma_e^2 = q^2/12, \sigma_e = q/2\sqrt{3}(\text{只舍不入}); \tag{10.2.68}$$

$$\bar{e} = 0, \sigma_e^2 = q^2/12, \sigma_e = q/2\sqrt{3}(\text{四舍五入}). \tag{10.2.69}$$

正量化将带来 $q/2\sqrt{3}$ 的均方误差, 它将传递到运输的最后结果中, 均值误差可不予考虑.

10.2.4　线性系统

所谓系统就是指完成一定任务的若干部件的组合. 滤波器、信号处理器都是一个系统. 系统的特性可以用所有可能的输入和输出信号来定义. 用符号把这些信号对表示为

$$x(t) \to y(t).$$

系统参数不随时间变化的系统称为非时变系统, 即若 $x(t) \to y(t)$, 则 $x(t+t_0) \to y(t+t_0)$. 反之, 称为时变系统.

1. 线性系统

最常用的特别重要的一类系统就是线性系统. 如果 $x_1(t) \to y_1(t), x_2(t) \to y_2(t)$, 则对线性系统有

$$Ax_1(t) + Bx_2(t) \to Ay_1(t) + By_2(t), \tag{10.2.70}$$

其中 A, B 为常数.

非时变线性系统的输入和输出可通过卷积运算联系起来

$$\begin{aligned} y(t) &= \int_{-\infty}^{\infty} h(\tau)x(t-\tau)\mathrm{d}\tau = h(t)^* x(t) \\ &= \int_{-\infty}^{t} h(t-\tau)x(\tau)\mathrm{d}\tau. \end{aligned} \tag{10.2.71}$$

其中 $h(\tau)$ 为系统的脉冲响应, * 表示卷积. 输入 $x(t)$ 为 δ 函数时输出 $y(t)=h(t)$. 若用 $F_x(\mathrm{j}\omega), H(\mathrm{j}\omega)$ 和 $F_y(\mathrm{j}\omega)$ 分别表示 $x(t), h(t)$ 和 $y(t)$ 的傅里叶变换, 则

$$F_y(\mathrm{j}\omega)=H(\mathrm{j}\omega)F_x(\mathrm{j}\omega), \tag{10.2.72}$$

其中 $H(\mathrm{j}\omega)$ 为系统的传输函数. 非时变线性系统输入为广义平稳时, 输出亦为广义平稳:

$$s_y(\mathrm{j}\omega)=|H(\mathrm{j}\omega)|^2 s_x(\mathrm{j}\omega). \tag{10.2.73}$$

当系统中存在微分、积分环节时, 须用解微分方程的方法. 为了简化系统分析, 引入拉普拉斯变换, 简称拉氏变换.

$x(t)$ 的拉氏变换 $L_x(s)$ 为

$$L_x(s)=\int_0^{\infty} x(t)\mathrm{e}^{-st}\mathrm{d}t \triangleq L[x(t)]. \tag{10.2.74}$$

同样有

$$L_y(s)=L[y(t)]=\int_0^{\infty} y(t)\mathrm{e}^{-st}\mathrm{d}t, \tag{10.2.75}$$

$$L_h(s)=L[y(t)]=\int_0^{\infty} h(t)\mathrm{e}^{-st}\mathrm{d}t, \tag{10.2.76}$$

$$L_y(s)=L_h(s)\cdot L_x(s). \tag{10.2.77}$$

拉氏变换具有如下性质:

$$L\left[\int_0^t x(t)\mathrm{d}t\right]=\frac{1}{s}L_x(s), \tag{10.2.78}$$

$$L\left[\frac{\mathrm{d}^n x(t)}{\mathrm{d}t^n}\right]=s^n L_x(s). \tag{10.2.79}$$

通过拉氏变换, 微分变成乘 s, 积分变成除 s, 卷积变成乘积, 指数三角函数、双曲函数变为代数函数, 解线性常微分方程变成解代数方程, 运算非常方便.

2. 离散线性系统

上面讨论的 $x(t), h(t), y(t)$, 都是时间的连续函数. 在数字信号处理中, 处理的是信号的时间抽样 x_r, 这是离散量. 脉冲响应也变为离散量 h_r, 输出为 $y(t)$ 的时间抽样 y_r. 系统称为离散线性系统.

$$y_n=\sum_{r=-\infty}^{n} h_{n-r}x_r=h_n^* x_r, \tag{10.2.80}$$

$$H(\mathrm{j}\omega)=\sum_{r=0}^{\infty} h_r\mathrm{e}^{-\mathrm{j}\omega_r T}, \tag{10.2.81}$$

其中 T 为抽样周期.

对于离散线性系统, 可采用 Z 变换来代替拉氏变换:

$$x(Z)=\sum_{n=0}^{\infty}x_nZ^{-n}. \tag{10.2.82}$$

系统脉冲响应的 Z 变换为 $H(Z)$, 叫做脉冲传输函数, 或系统函数:

$$H(Z)=\sum_{n=0}^{\infty}h_nZ^{-n}, \tag{10.2.83}$$

$$y(Z)=H(Z)\cdot x(Z). \tag{10.2.84}$$

其中 $H(Z)=Z^{-1}$ 表示把信号延迟一个抽样时间, 即输入为 x_n 时输出为 $y_n=x_{n-1}$.

声呐信号处理的主要运算可以用以下离散差分方程来概括:

$$y_i=\sum_{j=1}^{V}a_jy_{i-j}+\sum_{n=1}^{m}\sum_{j=0}^{S}b_{nj}x_{n,i-j}. \tag{10.2.85}$$

当 $a_j=0$, 为非递归型.

如果波束形成运算即为非递归型的, 则

$$y_i=\sum_{n=1}^{m}\sum_{j=0}^{S}b_{nj}x_{n,i-j}, \tag{10.2.86}$$

其中 n 为水听器的序号, b_{nj} 为权系数, $x_{n,i-j}$ 为声场的时空抽样.

再如, 线性积分运算为

$$y_i=y_{i-1}+x_i, \tag{10.2.87}$$

如图 10.2.2 所示, 它是一个一阶递归滤波器.

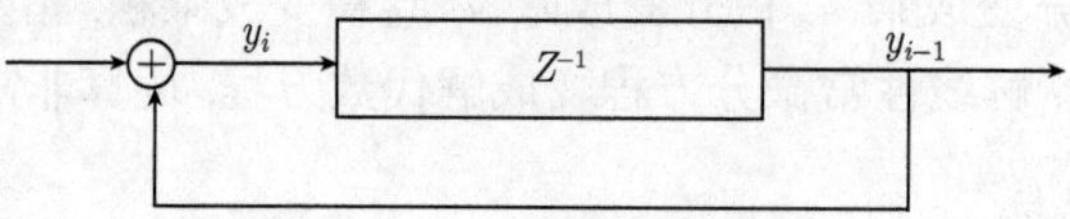

图 10.2.2　一阶递归滤波器

10.2.5　假设检验

在声呐系统中接收到的往往是受到了畸变且被混入了干扰的信号, 这就使声呐员不敢确信收到的是否真是信号, 即存在判决的不确定性. 因为观察信号本身就是一个随机过程, 应该用统计的方法来判决有无目标存在. 假设检验是进行判决极为重要的统计工具之一, 则声呐信号的检验问题可以选用两个假设, 即目标存在或目标不存在, 这就是简单的双择假设检验问题.

假设 H_0 为没有信号事件, H_1 为有信号事件, 则

$$H_0\colon r(t)=n(t);$$
$$H_1\colon r(t)=s(t)+n(t). \tag{10.2.88}$$

设在 t_0 时刻一次观察到 $y=r(t_0)$, 要判决是否有目标, 很自然的一种准则是选取最可能出现的那个假设, 计算两个条件概率: $P(H_0|y)$—— 收到 y 时 H_0 为真的概率和 $P(H_1|y)$—— 收到 y 时 H_1 为真的概率. 这些概率称为后验概率.

若 $P(H_0|y)>P(H_1|y)$, 则判为 H_0; 反之判为 H_1. 这种准则称为最大后验概率准则. 因为

$$P(H_0|y)\cdot P(y)=P_0(y)P(H_0),$$

其中 $P_0(y)$ 是 H_0 成立时取值 y 的概率; $P(H_0)$ 是 H_0 为真的先验概率.

$$P(H_0|y)=\frac{P_0(y)P(H_0)}{P(y)}.$$

同样可得到

$$P(H_1|y)=\frac{P_1(y)[1-P(H_0)]}{P(y)},$$

$P_1(y)$ 是 H_1 成立时取值 y 的概率.

用概率密度函数表示时, 最大后验概率准则的判决方程是

$$\frac{P_1(y)}{P_0(y)}\underset{H_0}{\overset{H_1}{\gtrless}}\frac{P(H_0)}{1-P(H_0)}. \tag{10.2.89}$$

当上式左边大于或等于右边时选择 H_1, 反之选择 H_0.

$$\frac{P_1(y)}{P_0(y)}=\Lambda(y),\text{称为似然比}. \tag{10.2.90}$$

判决方程可写为

$$\Lambda(y)\underset{H_0}{\overset{H_1}{\gtrless}}\frac{P(H_0)}{1-P(H_0)}.$$

判决过程可看成是用似然比与门限值比较. 从数学观点来看, 似然比的计算可看成是一个变换: 从多维观测空间变换到一维判决空间. 将观测空间中的划区问题, 变为一维判决空间中的门限比较问题.

似然比的对数称为对数似然比:

$$l(y)=\ln\Lambda(y)=\ln P_1(y)-\ln P_0(y). \tag{10.2.91}$$

在实际应用中, 为了简化设备起见, 往往是以对数似然比中的变化部分为检验统计量, 拿它与门限比较进行判决. 这种以似然比为根据的检验称为似然比检验. 所用准则不同时, 门限值亦不同. 似然比或上述检验统计量中包含了判决有无目标的全部信息, 故称为充分统计量.

1. 贝叶斯准则

进行判决时可能发生两种错误：当 H_0 成立而判决为 H_1 时称为虚警; 当 H_1 成立而判决为 H_0 称为漏报. 它们发生的概率分别称为虚警概率 p_F 和漏报概率 $(1-P_D)$, 这里 P_D 是检测概率.

前面介绍了最大的后验概率准则. 它对两类错误没有特殊加权, 实际上是假定了两者同样危险. 实际工作时, 这两类错误并不是同等严重的, 应该给它们定出代价：定义 C_{ij} 为 H_i 成立而判决为 H_j 时的代价. 贝叶斯准则是使平均代价为最小的准则, 这时判决方程为

$$\Lambda(y) \underset{H_0}{\overset{H_1}{\gtrless}} \frac{P(H_0)(c_{10}-c_{00})}{[1-P(H_0)](c_{01}-c_{11})}. \tag{10.2.92}$$

$c_{10}-c_{00}=c_{01}-c_{11}$ 时, 即为最大后验概率准则.

2. 纽曼–皮尔逊准则

在声呐系统中, 要确定先验概率和各类错误的代价往往是很困难的. 为此, 常采用另一种准则, 既不包含先验概率, 也不估计代价. 这个准则是：在给定虚警概率 P_F 的条件下, 使检测概率为最大, 称为纽曼–皮尔逊准则.

可以证明, 对于给定的虚警概率, 似然比检验使得检测概率最大, 因此纽曼–皮尔逊准则的判决方程为

$$\Lambda(y) = \frac{P_1(y)}{P_0(y)} \underset{H_0}{\overset{H_1}{\gtrless}} \eta, \tag{10.2.93}$$

η 为某一非负的数, 是根据给定的虚警概率 P_F 来设置的.

和最大后验概率准则一样, 纽曼–皮尔逊准则也可看做是贝叶斯准则的一种特殊情况.

3. 多次测量

前面讨论了单个样本的情况. 实际上需要根据多个样本来判决, 以改善检验质量. 假定 n 个样本 $(y_1, y_2, \cdots, y_n)$, 用矢量 $\boldsymbol{y}$ 表示, 则似然函数为各个样本的联合概率密度函数的比值：

$$\Lambda(y) = \frac{P_1(y_1 y_2 \cdots y_n)}{P_0(y_1 y_2 \cdots y_n)} = \frac{P_1(\boldsymbol{y})}{P_0(\boldsymbol{y})}. \tag{10.2.94}$$

其他与前述相同.

4. 性能分析和接收机工作特性

下面我们来讨论估价检验性能的方法. 对于纽曼–皮尔逊准则, 检验概率 P_D 和虚警概率 P_F 可完全表征检验的性能. 采用纽曼–皮尔逊准则时, 将检验统计量与一

门限 η 比较来进行判决, 而 η 值由给定的虚警概率值 P_F 来决定. 对于某一个检测指数 d(相当于输出信噪比), 每给定一个 P_F 就可以对应计算出一个 P_D, 连续改变 P_F 就可以计算出一条 $P_F - P_D$ 曲线, 不同的 d 值, 得到不同的曲线, 最终可以得到一组以 d 为参变量的 $P_F - P_D$ 曲线, 称为接收机工作特性曲线 (ROC). 其一般形状如图 10.2.3 所示.

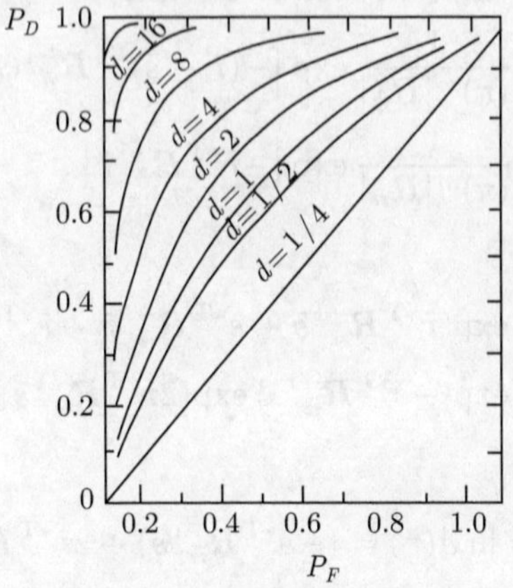

图 10.2.3 接收机工作特性曲线

接收机工作特性曲线的形状是由检验统计量的概率密度函数决定的. 不同的干扰背景和信号状况、不同的参数和信号处理方法, 得到的接收机工作特性曲线的形状是不同的. 但在很多情况下, 当检验统计量是由大量信号样本计算得到时, 检验统计量为高斯分布, 这时不同信号处理方法得到的 ROC 曲线形状是相同的, 仅仅是对应同一输入信噪比得到的 d 不同, 因而性能有差异. 这时, 可用 d 来度量处理器的功能.

§10.3 在高斯噪声背景中检测信号 (单通道情况)

主动式声呐于噪声干扰区中探测远距离目标, 即属于这种情况.

10.3.1 检测已知信号

首先我们讨论最简单的情况. 假设信号完全已知, 即回波信号的频率和到达时间 (相位) 完全知道, 这时, 检测问题可表示为进行如下的假设检验; 设观察样本矢量为 $\boldsymbol{r}$, 其复包络为 $\tilde{\boldsymbol{r}}$.

$$H_1\colon \tilde{\boldsymbol{r}} = \tilde{\boldsymbol{s}} + \tilde{\boldsymbol{n}},$$
$$H_0\colon \tilde{\boldsymbol{r}} = \tilde{\boldsymbol{n}}, \tag{10.3.1}$$

其中 $\tilde{s}$ 和 $\tilde{n}$ 为 s 和 n 的复包络.

$$\tilde{\boldsymbol{r}}=\begin{bmatrix}\tilde{r}(t_1)\\ \vdots\\ \tilde{r}(t_m)\end{bmatrix},\quad \tilde{\boldsymbol{s}}=\begin{bmatrix}\tilde{s}(t_1)\\ \vdots\\ \tilde{s}(t_m)\end{bmatrix},\quad \tilde{\boldsymbol{n}}=\begin{bmatrix}\tilde{n}(t_1)\\ \vdots\\ \tilde{n}(t_m)\end{bmatrix}.$$

设 $\tilde{\boldsymbol{n}}$ 为零均值高斯矢量, $\tilde{\boldsymbol{s}}$ 为确知信号, 则可知:

$$P_1(\tilde{\boldsymbol{r}})=\frac{1}{(\pi)^m|\boldsymbol{R}_{\tilde{\boldsymbol{n}}}|}\exp\left[-(\tilde{\boldsymbol{r}}-\tilde{\boldsymbol{s}})^{*\mathrm{T}}\boldsymbol{R}_{\tilde{\boldsymbol{n}}}^{-1}(\tilde{\boldsymbol{r}}-\tilde{\boldsymbol{s}})\right], \tag{10.3.2}$$

$$P_0(\tilde{\boldsymbol{r}})=\frac{1}{(\pi)^m|\boldsymbol{R}_{\tilde{\boldsymbol{n}}}|}\exp\left[-\tilde{\boldsymbol{r}}^{*\mathrm{T}}\boldsymbol{R}_{\tilde{\boldsymbol{n}}}^{-1}\tilde{\boldsymbol{r}}\right]. \tag{10.3.3}$$

似然比 $\Lambda(\tilde{\boldsymbol{r}})$ 为

$$\begin{aligned}\Lambda(\tilde{\boldsymbol{r}})&=\exp(\tilde{\boldsymbol{r}}^{*\mathrm{T}}\boldsymbol{R}_{\tilde{\boldsymbol{n}}}^{-1}\tilde{\boldsymbol{s}}+\tilde{\boldsymbol{s}}^{*\mathrm{T}}\boldsymbol{R}_{\tilde{\boldsymbol{n}}}^{-1}\tilde{\boldsymbol{r}}-\tilde{\boldsymbol{s}}^{*\mathrm{T}}\boldsymbol{R}_{\tilde{\boldsymbol{n}}}^{-1}\tilde{\boldsymbol{s}})\\&=\exp(-\tilde{\boldsymbol{s}}^{*\mathrm{T}}\boldsymbol{R}_{\tilde{\boldsymbol{n}}}^{-1}\tilde{\boldsymbol{s}})\exp(2\tilde{\boldsymbol{r}}^{*\mathrm{T}}\boldsymbol{R}_{\tilde{\boldsymbol{n}}}^{-1}\tilde{\boldsymbol{s}}).\end{aligned} \tag{10.3.4}$$

取对数似然比 $l(\tilde{\boldsymbol{r}})$ 为

$$l(\tilde{\boldsymbol{r}})=\ln\Lambda(\tilde{\boldsymbol{r}})=(-\tilde{\boldsymbol{s}}^{*\mathrm{T}}\boldsymbol{R}_{\tilde{\boldsymbol{n}}}^{-1}\tilde{\boldsymbol{s}})+2\tilde{\boldsymbol{r}}^{*\mathrm{T}}\boldsymbol{R}_{\tilde{\boldsymbol{n}}}^{-1}\tilde{\boldsymbol{s}}. \tag{10.3.5}$$

第一项与 $\tilde{\boldsymbol{r}}$ 无关, 只取第二项实部做检验统计量, 按纽曼–皮尔逊准则, 判决方程为

$$\mathrm{Re}[\tilde{\boldsymbol{r}}^{*\mathrm{T}}\boldsymbol{R}_{\tilde{\boldsymbol{n}}}^{-1}\tilde{\boldsymbol{s}}]\underset{H_0}{\overset{H_1}{\gtrless}}\eta. \tag{10.3.6}$$

因为 s 为已知, $\tilde{\boldsymbol{r}}^{*\mathrm{T}}\boldsymbol{R}_{\tilde{\boldsymbol{n}}}^{-1}\tilde{\boldsymbol{s}}$ 为实数, 以上判决方程可简化为

$$\tilde{\boldsymbol{r}}^{*\mathrm{T}}\boldsymbol{R}_{\tilde{\boldsymbol{n}}}^{-1}\tilde{\boldsymbol{s}}\underset{H_0}{\overset{H_1}{\gtrless}}\eta.$$

1. 白高斯噪声背景

噪声样本间相互独立, 假设其方差相等, 取 $\boldsymbol{R}_{\tilde{\boldsymbol{n}}}^{-1}$ 为单位矩阵, 则检验统计量和判决方程为

$$e(t_m)=\tilde{\boldsymbol{r}}^{*\mathrm{T}}\tilde{\boldsymbol{s}}=\sum_{i=1}^{m}\tilde{\boldsymbol{r}}^*(t_i)\tilde{\boldsymbol{s}}(t_i)\underset{H_0}{\overset{H_1}{\gtrless}}\eta. \tag{10.3.7}$$

这就是相关接收机的离散型表达式. 其方块图示如图 10.3.1 所示.

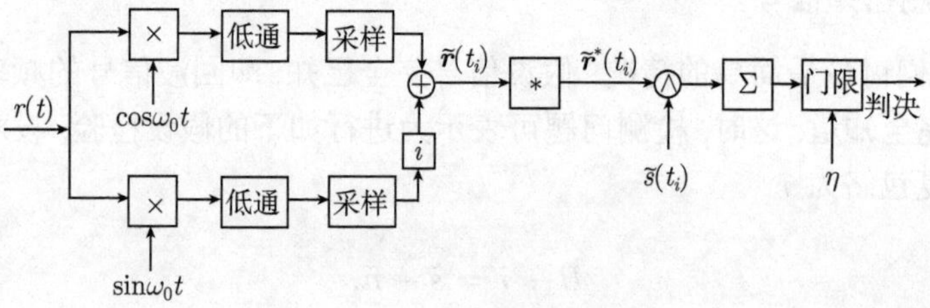

图 10.3.1 离散型相关接收机

信号 $r(t)$ 先经差频得到复包络 $\tilde{r}(t)$, 然后取样与 $\tilde{s}(t)$ 求相关. $\tilde{s}(t_i)$ 由 $s(t)$ 经差频低通滤波器采样后得到. 因为 $\tilde{s}(t_i)$ 的振幅相位已知, 故相关器输出后为实数. 门限比较为实数比较.

如果用一个线性系统代替相乘器和积分器, 就得到离散型匹配滤波器, 如图 10.3.2 所示.

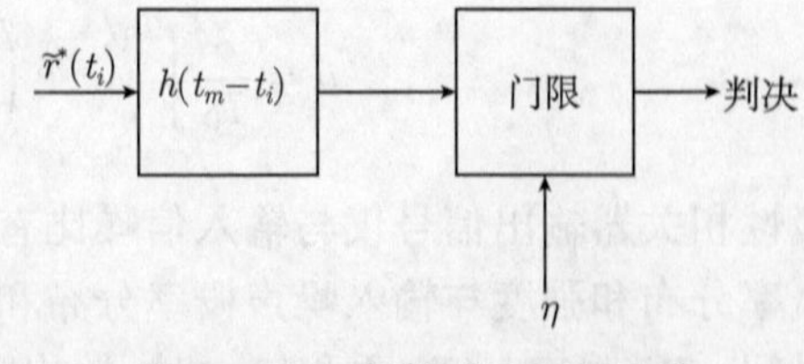

图 10.3.2 离散型区配滤波器

$$e(t_m)=\sum_{i=1}^{m}h(t_m-t_i)\tilde{\boldsymbol{r}}^*(t_i)\underset{H_0}{\overset{H_1}{\gtrless}}\eta, \quad (10.3.8)$$

其中 $t_i=(i-1)\Delta t$.

匹配滤波器的脉冲响应等于发射信号的时间逆过程:

$$h(t_m-t_i)=\tilde{s}(t_i),$$

即

$$h(\tau)=\tilde{s}(T_m-\tau). \tag{10.3.9}$$

匹配滤波器的传输函数为信号频谱的复共轭:

$$H(\mathrm{j}\omega)=F_{\tilde{s}}^*(\mathrm{j}\omega)\mathrm{e}^{\mathrm{j}\omega t_m}. \tag{10.3.10}$$

可以证明, 匹配滤波器不仅在最大后验概率准则下是最佳接收机, 从输出最大信噪比准则来看也是最佳的. 它的输出信噪比是

$$\frac{s}{N}=\frac{2E}{N_0}, \tag{10.3.11}$$

其中 E 为信号能量;N_0 为单位频率上的噪声强度.

图 10.2.3 为匹配滤波器接收机工作特性曲线, 参量 $d=2E/N_0$.

从 20 世纪 50 年代初声呐开始采用相关接收以来, 为了简化处理运算和克服水声信号的不平稳性, 大多采用极性相关器代替模拟相关器. 这时, 输入信号先经限幅取极性, 然后再送去求相关, 相当于 1 比特量化相关:

$$\hat{e}(t_m)=\sum_{t=1}^{m}\mathrm{sgn}\tilde{r}(t_i)\mathrm{sgn}\tilde{s}(t_i), \tag{10.3.12}$$

$$\mathrm{sgn}x=\begin{cases}+1 & (x>0)\\ -1 & (x<0).\end{cases}$$

极性相关器输出为极性相关系数 $\hat{\rho}$, 它与相关系数 ρ 的关系和信号的概率分布有关, 若 $\tilde{s}$ 与 $\tilde{n}$ 均为高斯噪声时, 有

$$\hat{\rho} = \frac{2}{\pi} \sin^{-1} \sqrt{\frac{\sigma_s^2}{\sigma_s^2 + \sigma_n^2}}; \tag{10.3.13}$$

若 $\tilde{s}$ 为正弦信号, $\tilde{n}$ 为高斯噪声, 则

$$\hat{\rho} = \frac{8}{T_0} \int_0^{T_0/4} \varPhi\left(\frac{\sqrt{2\sigma_s^2}}{\sigma_n^2} \sin \omega_0 u\right) \mathrm{d}u. \tag{10.3.14}$$

极性相关器输出信号仅与输入信噪比有关 [见式 (10.3.13) 和 (10.3.14)]. 输出噪声概率分布和强度与输入噪声概率分布和强度无关, 具有恒虚警的优点. 当 T(积分时间), W(噪声带宽) 乘积较大时, 输出噪声为高斯分布.

两通道均为高斯噪声时, 极性相关器输出噪声方差为

$$\sigma^2 = \frac{2}{T} \int_0^T (1 - t/T) \left[\frac{2}{\pi} \sin^{-1} R_n(t)\right]^2 \mathrm{d}t. \tag{10.3.15}$$

20 世纪 50 年代后期, 出现了采用极性相关原理工作的延迟线时间压缩相关器. 它可以实时计算相关系数, 成为声呐信号处理的常用工具.

2. 高斯非白噪声背景

当噪声为高斯非白噪声时, $\boldsymbol{R}_{\tilde{n}}$ 不再是对角矩阵, 即噪声样本间有相关性, 这时判决公式为

$$e(t_m) = \mathrm{Re}[\tilde{\boldsymbol{r}}^{*\mathrm{T}} \boldsymbol{R}_{\tilde{n}}^{-1} \tilde{\boldsymbol{s}}] \underset{H_0}{\overset{H_1}{\gtrless}} \eta. \tag{10.3.16}$$

检验统计量 $e(t_m)$ 必须等到矢量 $\tilde{\boldsymbol{r}}$ 全部收到后才能计算出 $\boldsymbol{R}_{\tilde{n}}^{-1}$. 而实时运算则要求在 $\tilde{\boldsymbol{r}}$ 的输入过程中实时运算, 因而它不符合因果规律. 一般这种系统在物理上是不可实现的. 此外, 计算 $\boldsymbol{R}_{\tilde{n}}$ 的逆矩阵也很麻烦. 一种方法是先将 $\tilde{\boldsymbol{s}}$ 和 $\tilde{\boldsymbol{r}}$ 进行预白化处理, 使噪声样本间介相关, 即 $\boldsymbol{R}_{\tilde{n}}$ 成为对角矩阵, 然后按上面白噪声的情况处理. 如何进行介相关变换呢? 如用求本征值和本征矢量的方法太麻烦, 并且也存在不是物理可实现的问题. 较为简便的方法是用三角矩阵法.

把协方差矩阵表示为两个三角矩阵之积:

$$\boldsymbol{R}_{\tilde{n}}^{-1} = \boldsymbol{c}^{*\mathrm{T}} \cdot \boldsymbol{c},$$

其中 $\boldsymbol{c}$ 与 $\boldsymbol{R}_{\tilde{n}}^{-1}$ 是有相同阶数的下三角矩阵 (即主对角线以上的元素全部等于零的矩阵). 如果 $\boldsymbol{R}_{\tilde{n}}^{-1}$ 是对称的和正定的, 则矩阵 $\boldsymbol{c}$ 是唯一的, $\boldsymbol{c}$ 和 $\boldsymbol{c}^{\mathrm{T}}$ 也是正定的.

$$e(t_m) = \mathrm{Re}[\tilde{\boldsymbol{r}}^{*\mathrm{T}} \cdot \boldsymbol{c}^{*\mathrm{T}} \boldsymbol{c} \tilde{\boldsymbol{s}}] = \mathrm{Re}[\boldsymbol{c}^* \tilde{\boldsymbol{r}}^*]^{\mathrm{T}} [\boldsymbol{c} \cdot \tilde{\boldsymbol{s}}]. \tag{10.3.17}$$

由于 $\boldsymbol{c}$ 是三角矩阵, 它的运算相当于一个物理可实现滤波器, 这一点由下面 $\boldsymbol{c}\tilde{\boldsymbol{r}}$ 的取值很容易看:

$$
\boldsymbol{c}\tilde{\boldsymbol{r}} = \begin{bmatrix} c_{11}\tilde{r}(t_1) \\ c_{21}\tilde{r}(t_1) + c_{22}\tilde{r}(t_2) \\ \vdots \\ c_{m_1}\tilde{r}(t_1) + \cdots + c_{mm}\tilde{r}(t_m) \end{bmatrix}. \tag{10.3.18}
$$

如 $\boldsymbol{c}\tilde{\boldsymbol{r}}$ 中不再相继出现各元素, 则可用已收到的数据来计算. 当 r 的最后一个元素 $r(t_m)$ 收到后, $\boldsymbol{c}\tilde{\boldsymbol{r}}$ 就全部算出来了. 这种滤波器是时变滤波器.

变换算符 $\boldsymbol{c}$ 起了解相关作用这一点可以如下证明:

$$
\overline{\{\boldsymbol{c}\tilde{\boldsymbol{n}}(\boldsymbol{c}^*\boldsymbol{n}^*)^{\mathrm{T}}\}} = \overline{\{\boldsymbol{c}\tilde{\boldsymbol{n}}\tilde{\boldsymbol{n}}^{*\mathrm{T}}\boldsymbol{c}^{*\mathrm{T}}\}} = \boldsymbol{c}R_{\tilde{n}}\boldsymbol{c}^{*\mathrm{T}}. \tag{10.3.19}
$$

因为

$$
\boldsymbol{R}_{\tilde{n}} = \boldsymbol{c}^{-1}(\boldsymbol{c}^{*\mathrm{T}})^{-1},
$$

$$
\overline{\{\boldsymbol{c}n(\boldsymbol{c}^*\tilde{\boldsymbol{n}}^*)^{\mathrm{T}}\}} = \boldsymbol{I}. \tag{10.3.20}
$$

$\boldsymbol{c}$ 不但使样本解相关, 也使方差归一化, 因而达到了白化的效果. 其系统方框图如图 10.3.3 所示.

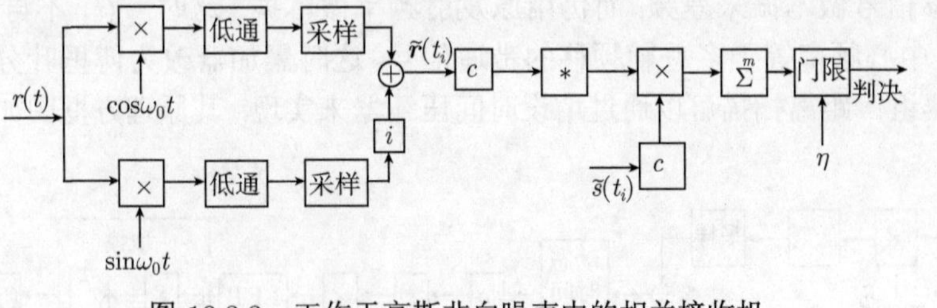

图 10.3.3 工作于高斯非白噪声中的相关接收机

三角矩阵 $\boldsymbol{c}$ 的解法可参看文献[1].

10.3.2 形式已知、参数未知的信号

声呐在实际工作时, 回波信号的到达时间 (相位) 和多普勒频移均是未知的, 但信号的形式 (与发射信号相同) 是已知的. 解决这个问题的途径是在距离元和频率元上搜索. 对每一个距离元和频率元假设频率为已知而初相为未知. 这时, 问题简化为检测初相未知信号. 在信号已知情况下, 相关器输出为实数, 取实部等于它本身. 在初相未知情况下, 则变为取检验统计量的模, 这就是正交接收机.

对于离散型信号处理, 检验统计量和判决方程为

$$
e(t_m) = |\tilde{\boldsymbol{r}}^{*\mathrm{T}}\boldsymbol{R}_{\tilde{n}}^{-1}\tilde{\boldsymbol{s}}| \underset{H_0}{\overset{H_1}{\gtrless}} \eta. \tag{10.3.21}
$$

对于高斯非白噪声干扰情况, 最佳接收机应是预白化处理加正交接收机. 完整的形式如图 10.3.4 所示. 图中所示是对应每一个多普勒分辨元 $K\omega_{\mathrm{d}}$ 或距离分辨元 τ_{d} 进行一次判决, 改变 $K\omega_{\mathrm{d}}$ 和 τ_{d} 实现在距离和多普勒频率上的搜索.

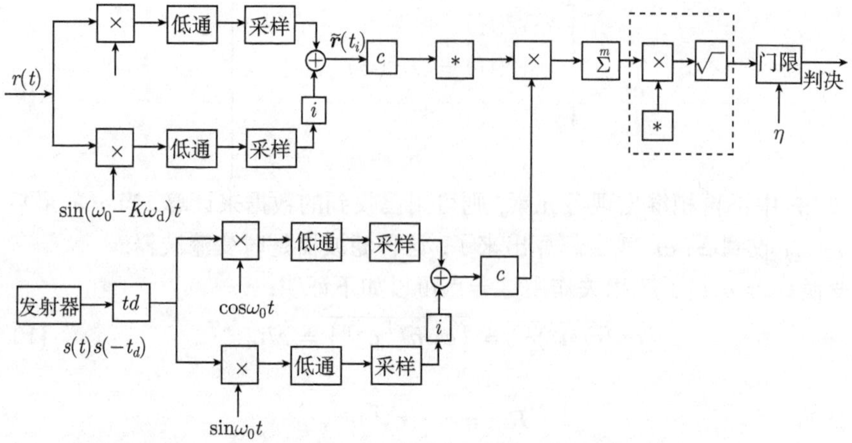

图 10.3.4 在高斯非白噪声中检测参数未知信号的最佳接收机

同时在距离和多普勒上搜索是困难的. 另一种方法是在取复包络时, 不用多普勒频移信号做本振来差频, 而仍用原发射频率做本振. 这时, $\tilde{r}(t)$ 不再是低通型的, 而是中心频率等于多普勒频移的带通信号, 这时累加器改为傅里叶分析器 (带通滤波器组). 距离扫描可以通过增设时间压缩器来实现. 其原理方框图如图 10.3.5 所示.

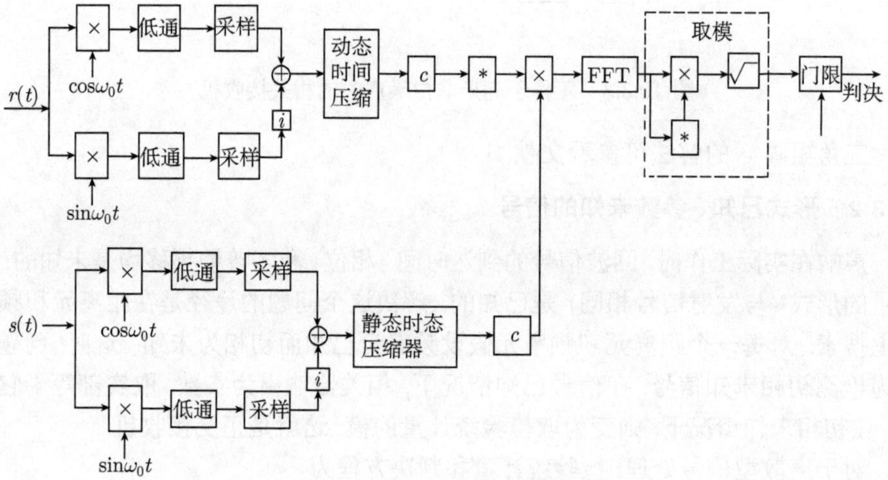

图 10.3.5 距离频率搜索相关接收机

目前常用的差额时间压缩相关器是上述系统的简化型. 对接收信号 $r(t)$ 和基准信号使用不同频率的本振信号差频, 两个本振信号频率相差 ω_1. 这样可不必用正交抽样, 对多普勒频移的正负也很容易区分开. 其系统原理方框图如图 10.3.6 所示. 文献[3−5]详细介绍了限幅及线性差频时间压缩相关器的性能.

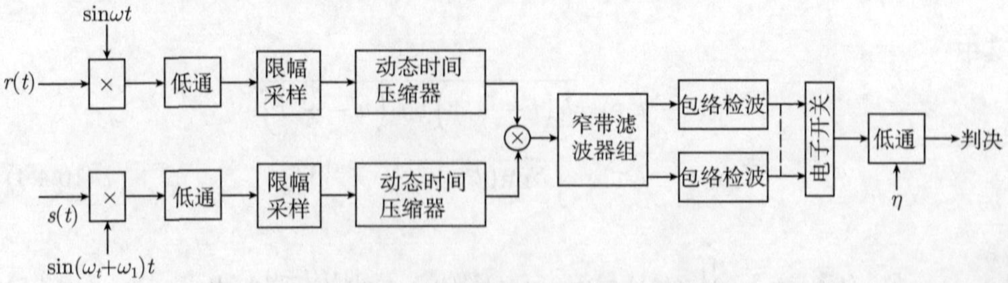

图 10.3.6 差频时间压缩交流相关器

这种系统采用模数混合结构, 时间压缩器是数字式的, 其余是模拟式的. 这种系统如实现多通道 (对应多波束), 则运算设备庞大, 精度也低. 随着数字计算技术的发展, 已逐渐发展为前述的全数字处理器.

对于线性调频信号, 由其模糊度函数的形状可知, 其测距、测频模糊度是相互影响的. 可以用在频率上搜索代替在距离上搜索; 或反之, 用在距离上搜索代替在频率上搜索, 以简化设备. 例如, 在图 10.3.5 中, 用时间压缩器时, 后面可不用 FFT, 而只有一固定带通滤波器. 反之, 如用 FFT, 则前面可不用时间压缩器这种设备的简化, 是牺牲了测距、测频精度换来的.

§10.4 在混响背景中检测确定性信号

10.4.1 混响散射函数

混响是海洋中除目标外, 由其他散射体对发射的声脉冲散射造成的. 在距离声源 $R=\dfrac{c\tau}{2}$ 处, 散射体产生的散射回波的复包络为 (不考虑信道引起的时–频弥散)

$$\tilde{n}_{\tilde{R}}(t,\tau)=\sqrt{E_t}\tilde{s}(t-\tau)\tilde{b}\left(t-\frac{\tau}{2},\tau\right), \tag{10.4.1}$$

其中 $\tilde{b}$ 表示散射体的空间分布及运动引起的多普勒效应. 在 $\dfrac{c\tau}{2}$ 处, 混响散射体散射过程可用图 10.4.1 表示. 总的接收到的混响是各个散射体散射波之和:

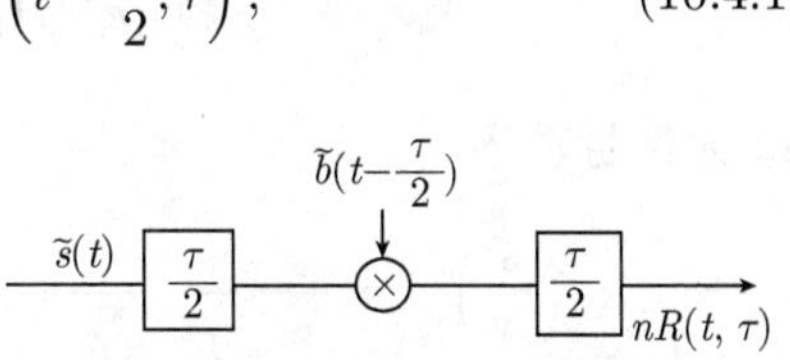

图 10.4.1 散射过程示意图

$$\tilde{n}_R(t)=\sqrt{E_t}\int_{-\infty}^{\infty}\tilde{s}\left(t-\frac{\tau}{2}\right)\tilde{b}\left(t-\frac{\tau}{2},\tau\right)\mathrm{d}\tau. \tag{10.4.2}$$

设它是零均值高斯过程, 则其协方差函数为

$$R_{\tilde{n}_R}(t,\mu)=E_t\int_{-\infty}^{\infty}\tilde{s}(t-\tau)\tilde{K}_{\rm DR}(t-u,\tau)\tilde{s}^*(u-\tau){\rm d}\tau, \tag{10.4.3}$$

其中

$$\tilde{K}_{\rm DR}(t-u,\tau)=\overline{\tilde{b}\left(t-\frac{\tau}{2},\tau\right)\tilde{b}*\left(u-\frac{\tau}{2},\tau\right)},$$

$$\tilde{K}_{\rm DR}(t-u,\tau)=\int S_{\rm DR}(f,\tau){\rm e}^{{\rm j}2\pi f(t-u)}{\rm d}f, \tag{10.4.4}$$

$$\tilde{R}_{n_R}(t,u)=E_t\iint_{-\infty}^{\infty}\tilde{s}(t-\tau)\tilde{s}_{\rm DR}(f,\tau)\tilde{s}^*(u-\tau){\rm e}^{{\rm j}2\pi f(t-u)}{\rm d}f{\rm d}t. \tag{10.4.5}$$

$\tilde{s}_{\rm DR}(f,\tau)$ 为混响的散射函数, 它表征散射体在空间上和速度上的分布状况.

10.4.2　普通匹配滤波器在混响背景中的性能

如图 10.3.4 所示, 设目标位于 $\tau_{\rm d}$, 多普勒频移为 $\omega_{\rm d}$, 检验统计量为 (设白噪声为背景噪声)

$$e(t_m)=\left[\tilde{\boldsymbol{r}}^{*{\rm T}}\tilde{\boldsymbol{s}}\right]. \tag{10.4.6}$$

由于存在混响干扰, 背景中增加了混响, 现计算出输出信号干扰比为

$$\left(\frac{s}{N}\right)_{出}=\frac{\overline{\{e^2/H_1\}}-\overline{\{e^2/H_0\}}}{\overline{\{e^2/H_0\}}}. \tag{10.4.7}$$

可计算出

$$\overline{\{e^2/H_0\}}=N_0+E_t\iint_{-\infty}^{\infty}{\rm d}f{\rm d}\tau\tilde{s}_{\rm DR}(f,\tau)\psi(\tau_d-\tau,f-f_d). \tag{10.4.8}$$

其中 ψ 为信号模糊度函数; N_0 为噪声功率.

$$\overline{\{e^2/H_1\}}=E_r+\overline{\{e^2/H_0\}}, \tag{10.4.9}$$

E_r 为信号功率.

$$\left(\frac{s}{N}\right)_{出}=\frac{E_r/N_0}{1+\dfrac{E_t}{N_0}\displaystyle\iint_{-\infty}^{\infty}{\rm d}f{\rm d}\tau\tilde{s}_{\rm DR}(f,\tau)\psi(\tau_d-\tau,f-f_d)}. \tag{10.4.10}$$

设

$$\rho_r=\frac{E_t}{N_0}\iint_{-\infty}^{\infty}{\rm d}f{\rm d}\tau\tilde{s}_{\rm DR}(f,\tau)\psi(\tau_d-\tau,f-f_d), \tag{10.4.11}$$

$$\left(\frac{s}{N}\right)_{\text{出}}=\frac{E_r/N_0}{1+\rho_r}. \tag{10.4.12}$$

ρ_r 为输出混响噪声比, ρ_r 愈小, $\left(\frac{s}{N}\right)_{\text{出}}$ 愈大, 适当选择发射波形, 使其模糊度函数 ψ 尽量和混响散射函数 S_{DR} 不重合, 就能减小 ρ_r, 提高输出信号干扰比.

图解法可以非常简明地说明最佳波形的选择, ψ 和 $\tilde{S}_{\mathrm{DR}}$ 均可用等高线形式在 f,τ 平面上表示.

设一个高斯包络线性调频信号的复包络为

$$\tilde{s}(t)=\left(\frac{1}{\pi T^2}\right)^{\frac{1}{4}}\exp\left[-\left(\frac{1}{2T^2}-\mathrm{j}b\right)t^2\right]\quad(-\infty<t<+\infty). \tag{10.4.13}$$

$b=0$ 时为单频信号; T 为等效脉冲长度.

设混响的散射函数

$$s_{\mathrm{DR}}(f,\tau)=\frac{N_r}{\sqrt{2\pi}\sigma_R}\mathrm{e}^{-f^2 2\sigma_R^2}\quad(-\infty<T<\infty), \tag{10.4.14}$$

它沿频率轴为高斯分布, 中心在 $f=0$ 处, 均方多普勒弥散为 σ_R, 沿 τ 轴在 $-\infty$ 到 $+\infty$ 均匀分布. N_r 为混响强度.

设目标多普勒频移为 f_0. 图 10.4.2 为目标无多普勒频移时各种信号波形的模糊度函数和混响散射函数. 由图可看出: 在没有多普勒时 (或多普勒频移很小, $f_0<\sigma_R$), 单频短脉冲和线性调频长脉冲的 ρ_r 小. 抗混响性能优于单频长脉冲.

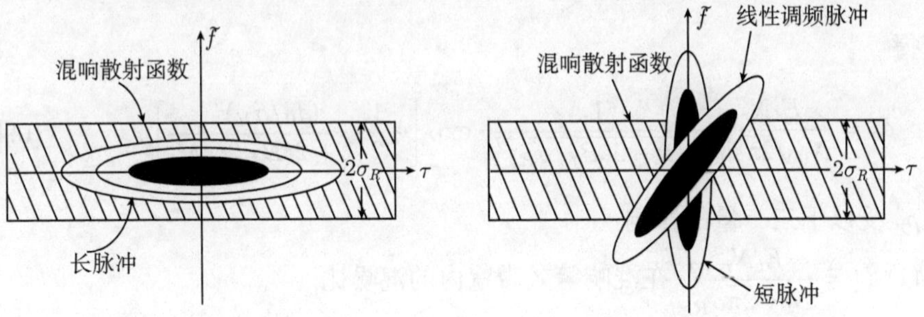

(a) 单频长脉冲的模糊度函数及混响散射函数图

(b) 单频短脉冲和线性调频长脉冲的模糊度函数及混响散射函数图

图 10.4.2

图 10.4.3 为目标多普勒频移较大 ($f_0<\sigma_R$) 时的情况. 从图上可看出, 这种情况下的单频长脉冲优于单频短脉冲和线性调频脉冲.

当已知 $\tilde{s}(t)$ 和 $\tilde{s}_{\mathrm{DR}}(f)$ 时, 也可用解析方法来计算 ρ_r.

由 $\tilde{s}(t)$ 可计算其功率谱为

$$s_{\tilde{s}}(f)=\frac{1}{\sqrt{2\pi}B_f}\mathrm{e}^{-f^2/2B_f^2}\quad(-\infty<f<\infty), \tag{10.4.15}$$

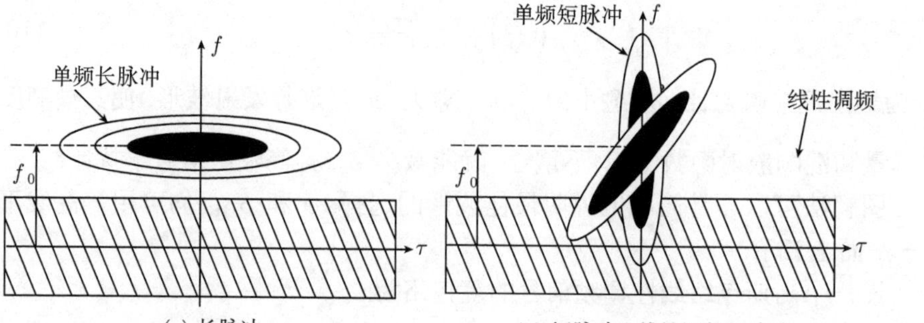

图 10.4.3　目标多普勒较大 ($f_0 > \sigma_R$) 时, 各种信号波形的模糊度函数和混响散射函数图

其中 B_f 为均方根带宽:

$$B_f \triangleq \frac{(\overline{\omega}^2)^{\frac{1}{2}}}{2\pi} = \frac{1}{2\pi}\left(\frac{1}{2T^2} + 2b^2T^2\right)^{\frac{1}{2}}. \tag{10.4.16}$$

混响功率谱为

$$s_{\tilde{n}_r}(f) = \frac{N_r E_t}{\sqrt{2\pi}\gamma}\mathrm{e}^{-f^2/2\gamma^2}, \tag{10.4.17}$$

其中

$$\gamma^2 = \sigma_R^2 + B_f^2. \tag{10.4.18}$$

计算得

$$\rho_r = \frac{E_t N_r}{N_0\sqrt{2\pi}\sigma_R}\frac{1}{\sqrt{1+2(B_f/\sigma_R)^2}}\cdot\exp\left[-\frac{1}{2}\frac{(f_0/\sigma_R)^2}{[1+2(B_f/\sigma_R)^2]}\right]. \tag{10.4.19}$$

ρ_r 受以下三个量的影响:

(1) $D \triangleq \dfrac{E_t N_r}{N_0\sqrt{2\pi}\sigma_R}$, 在混响等效带宽内的混噪比;

(2) f_0/σ_R, 目标多普勒频移与混响多普勒弥散之比;

(3) B_f/σ_R, 信号带宽与混响多普勒弥散之比.

计算抗混响相对增益, 得

$$G_R = \frac{(s/N)_{\text{出}}}{E/N_0} = \frac{1}{1+\rho^r}. \tag{10.4.20}$$

图 10.4.4 给出当 $D = 10$ 和 f_0/σ_R 取不同值时, G_R 与 B_f/σ_R 的关系曲线. 从图上可以看出, 当 $f_0 = 0$ 时, 或 f_0/σ_R 很小时, 使用 B_f 大的线性调频信号效果最好. 当 f_0/σ_R 很大时, 使用 B_f/σ_R 很小的单频长脉冲效果最好.

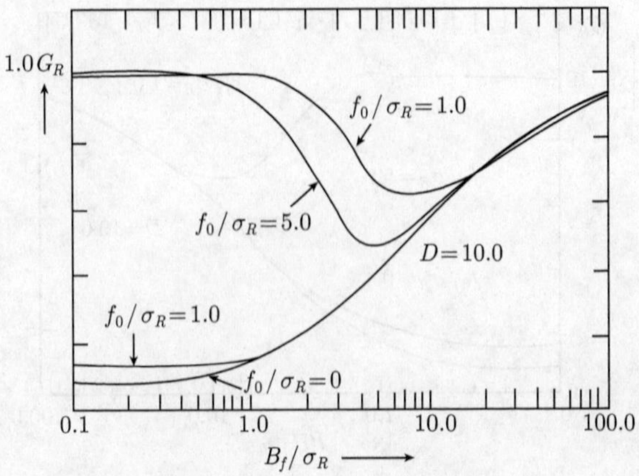

图 10.4.4　$G_R \sim \dfrac{B_f}{\sigma_R}$ 曲线

10.4.3　抗混响干扰最佳接收机

匹配滤波器对于白噪声干扰是最佳接收机, 但在混响干扰下它不一定最佳. 当信号能够选择得使信号模糊度函数与混响散射函数分开时, 匹配滤波器就是最佳接收机; 不能分开时, 就有找寻最佳接收机的必要.

下面讨论在混响干扰背景工作的最佳接收机的结构, 需要进行判决的两种假设是

$$\begin{aligned} &H_1\text{：} \tilde{r}(t) = b\tilde{s}(t) + \tilde{n}_R(t) + \tilde{n}(t), \\ &H_0\text{：} \tilde{r}(t) = \tilde{n}_R(t) + \tilde{n}(t), \end{aligned} \tag{10.4.21}$$

其中 $\tilde{s}(t) \triangleq \tilde{s}(t-\tau_0)\mathrm{e}^{\mathrm{j}\omega_0 t}$ 为接收到的反射信号.

这个问题类似于在非白噪声背景上检测形式已知、参量未知信号的问题. 先通过白化滤波器将干扰背景 (混响加噪声) 白化, 再用匹配滤波器接收. 检验统计量和判决方程为

$$\left[\tilde{\boldsymbol{r}}^{*\mathrm{T}} \boldsymbol{R}_{\tilde{n}_R+\tilde{n}}^{-1} \tilde{\boldsymbol{s}}\right] \underset{H_0}{\overset{H_1}{\gtrless}} \eta. \tag{10.4.22}$$

系统方框图与图 10.3.4 相同, 差别使用 $\boldsymbol{R}_{\tilde{n}_R+\tilde{n}}$ 来代替 $\boldsymbol{R}_{\tilde{n}}$. 这种最佳接收机优于匹配滤波器是基于对混响散射函数 (包括强度级) 及干扰噪声强度级有先验知识. 而它比匹配滤波器要复杂得多.

图 10.4.5 给出在前例条件下, 这种最佳接收机的性能, 与图 10.4.4 比较可知, 在 $B_f/\sigma_R = 1 \sim 10$ 范围内, 性能有所改善.

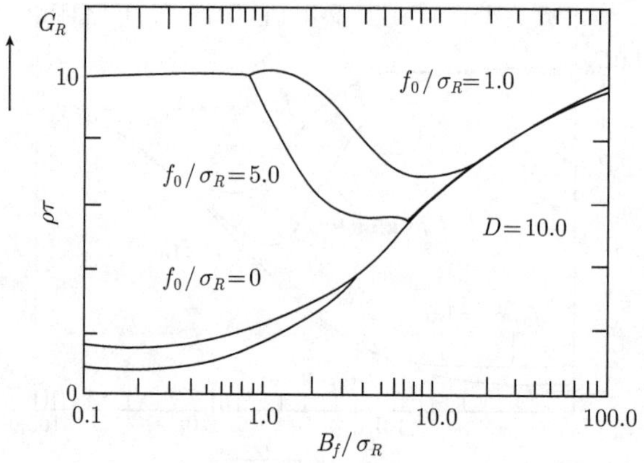

图 10.4.5　抗混响最佳接收 $G_R \sim \dfrac{B_f}{\sigma_R}$ 曲线

§10.5　水听器阵信号处理

前面着重讨论了主动式声呐信号的时间处理问题. 本节着重讨论被动式声呐的信号处理问题. 由于被动声呐接收的是目标辐射的噪声信号, 它是不能预先知道的, 而且是随机的, 按 §10.3.3 的讨论, 从时间处理来看, 最佳接收机是能量检测器. 但目标和干扰还存在一个空间分布上的差别: 目标在空间上是一个点, 而干扰源在空间是分布的. 从空间分布的差别上有可能将信号和干扰噪声区分开. 因此, 本节重点讨论空间处理问题——水听器阵信号处理. 当然, 这一讨论对主动式声呐也是有效的. 空间处理和时间处理是不能截然分开的. 本节在均匀各向同性高斯干扰场的模型中, 讨论几种被动式声呐常用的接收机. 下一节讨论在一般非均匀各向同性干扰场中的最佳时空处理问题.

10.5.1　宽带能量检测器——普通标准阵处理器

到了由 M 个无指向性水听器构成的三维空间基阵, 波束形成的方法是将各水听器的输出给予适当的时延, 使得对某一方向入射的平面波, 各水听器得到同相的输出信号, 将这些输出信号相加, 即在该方向上形成了波束. 波束形成器后接平方器和积分器, 即构成宽带能量检测器. 为和后面的最佳处理器对比, 也称为普通标准基阵处理器. 其系统方框图如图 10.5.1 所示.

设基阵中各水听器输出为

$$x_i(t) = s_i(t) + n_i(t) \quad (i = 1, 2, \cdots, M), \tag{10.5.1}$$

其中

$$s_i(t) = s(t + \tau_i),$$

$$y(t) = \sum_{i=1}^{M} x_i(t - T_i) \quad (i = 1, 2, \cdots, M). \tag{10.5.2}$$

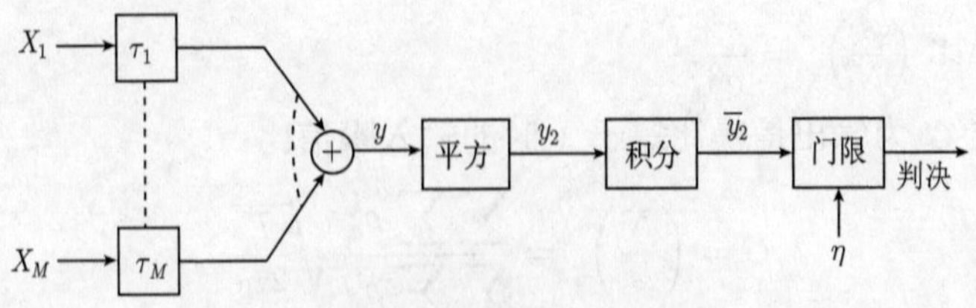

图 10.5.1 宽带能量检测器

对于由波束主轴方向入射的信号 $\tau_i = T_i$,

$$y(t) = \sum_{i=1}^{M}[s_i(t-T_i) + n_i(t-T_i)], \tag{10.5.3}$$

$$\begin{aligned}\overline{y^2(t)}\Big|_{s+N} &= \sum_{i=1}^{M}\overline{n_i^2(t)} + \sum_{i,j=1}^{M}\overline{s_i(t-T_i)s_j(t-T_j)}\\ &= \sum_{i=1}^{M}\sum_{j=1}^{M}(s^2\rho_s^{ij} + n^2\rho_n^{ij}),\end{aligned} \tag{10.5.4}$$

其中相关系数 $\rho_s^{ij} = \overline{s_i s_j}/s^2, \rho_n^{ij} = \overline{n_i n_j}/n^2$, s^2 和 n^2 分别为单个水听器上输入信号和噪声的强度,

$$\overline{y^2(t)}\Big|_N = \sum_{i=1}^{M}\sum_{j=1}^{M}\rho_n^{ij}. \tag{10.5.5}$$

输出起伏的均方值为

$$\sqrt{\overline{[\tilde{y}^2(t) - \overline{y^2(t)}]^2}}\Bigg|_N = \left[\sum_{i=1}^{M}\sum_{j=1}^{M}s^2\rho_n^{ij}\right]\sqrt{\frac{2\tau_0}{T}}, \tag{10.5.6}$$

其中噪声相关半径

$$\tau_0 = \int_{-\infty}^{\infty}R_n^2\mathrm{d}\tau,$$

$$R_n(\tau) = \overline{y(t)y(t-\tau)}\Big|_{N}. \tag{10.5.7}$$

输出信噪比 $\left(\dfrac{s}{N}\right)_{出}$ 定义为信号引起的输出平均值的增量与无信号时输出起伏的方差之比:

$$\begin{aligned}\left(\frac{s}{N}\right)_{出} &= \frac{\overline{\tilde{y}^2(t)}\Big|_{s+N} - \overline{\tilde{y}^2(t)}\Big|_N}{\sqrt{\overline{\left[y^2(t) - \overline{y^2(t)}\right]^2}}\Bigg|_N} = \frac{\sum\sum s^2\rho_s^{ij}}{\sum\sum n^2\rho_n^{ij}}\sqrt{\frac{T}{2\tau_0}}\\ &= \frac{\sum\sum\rho_s^{ij}}{\sum\sum\rho_n^{ij}}\sqrt{\frac{T}{2\tau_0}}\left(\frac{s}{N}\right)_{\lambda},\end{aligned} \tag{10.5.8}$$

其中输入信噪比 $\left(\dfrac{s}{N}\right)_\lambda = \dfrac{s^2}{n^2}$.

定义增益 G 为输出信噪比等于 1 时的输入噪信比：

$$G = \left(\frac{N}{s}\right)_\lambda = \frac{\sum\sum\rho_s^{ij}}{\sum\sum\rho_n^{ij}}\sqrt{\frac{T}{2\tau_0}}, \tag{10.5.9}$$

$$G = G_{\text{空}} \cdot G_{\text{时}},$$

$$\text{空间增益}G_{\text{空}} = \frac{\sum\sum\rho_s^{ij}}{\sum\sum\rho_n^{ij}}, \tag{10.5.10}$$

$$\text{时间增益}G_{\text{时}} = \sqrt{\frac{T}{2\tau_0}}. \tag{10.5.11}$$

空间增益 $G_{\text{空}}$ 比指向性系数能更正确地表征基阵接收系统在干扰场中的性能，它直接和信号与干扰场的时空相关结构联系，只有当基阵工作于均匀各向同性场中，信号完全相关时，空间增益 $G_{\text{空}}$ 才等于指向性系数 (接收聚集系数).

当阵元之间噪声相互独立，信号完全相关时，$G_{\text{空}} = M$ (M 是阵元个数).

时间增益 $G_{\text{时}}$ 随积分时间增长而增大，随工作带宽增加 (相关半径 R_n 减小) 而增大. 因此，被动式声呐要采用宽带工作.

10.5.2　数字多波束阵信号处理

在宽带能量检测器中，要取得高的时间增益，就要增长积分时间. 如采用单波束旋转扫描进行空间搜索，积分时间和扫描速度之间就产生了矛盾. 克服这个矛盾的方法就是采用多波束系统，同时形成很多个波束覆盖整个观察空间，每个波束是一套独立的能量检测器，这时，判决目标不仅可以根据与绝对门限比较，而且可以采用波瓣间相互比较.

在声呐中实现宽带多波束波束形成的最方便方法是采用数字波束形成技术. 常用的是将信号限幅成一比特量化信号，用移位寄存器代替延迟线进行延时，这就是数字多波束 (DIMUS). 其原理方框图如图 10.5.2 所示.

$$\overline{y^2}\Big|_{s+N} = \frac{2}{\pi}\sum_i\sum_j \sin^{-1}\frac{s^2\rho_s^{ij} + n^2\rho_n^{ij}}{s^2+n^2}, \tag{10.5.12}$$

$$\overline{y^2}\Big|_{n} = \frac{2}{\pi}\sum_i\sum_j \sin^{-1}\rho_n^{ij}. \tag{10.5.13}$$

无信号时，输出起伏方差为

$$\sqrt{\overline{\left(y^2 - \overline{y^2}\right)^2}}\Bigg|_n = \sqrt{\frac{2\hat{\tau}_{0n}}{T}}\frac{2}{\pi}\sum\sum\sin^{-1}\rho_n^{ij}, \tag{10.5.14}$$

其中

$$\hat{\tau}_{0n}=\int_{-\infty}^{\infty}\hat{R}_n^2(\tau)\mathrm{d}\tau,$$

而

$$\hat{R}_n(\tau)=\overline{y(t)(y(t-\tau))}\Big|_n. \tag{10.5.15}$$

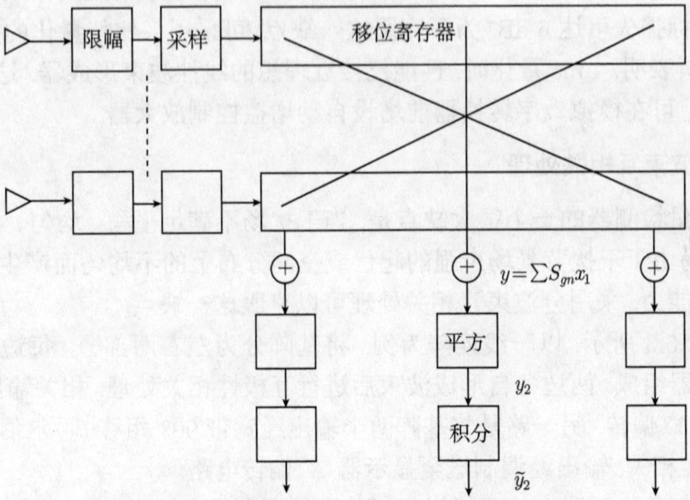

图 10.5.2 数字多波束阵信号处理原理方框图

在小信号噪声比情况下, 简化求得阵的增益 G 为

$$G=\sqrt{\frac{T}{2\hat{\tau}_{0n}}}\frac{\sum\limits_i\sum\limits_j(\rho_s^{ij}-\rho_n^{ij})\left[1+\frac{1}{2}(\rho_n^{ij})^2\right]}{\sum\limits_i\sum\limits_j\sin^{-1}\rho_n^{ij}}. \tag{10.5.16}$$

如果各水听器间噪声相互独立, 则

$$G=\frac{2}{\pi}\sqrt{\frac{T}{2\hat{\tau}_{0n}}}\cdot\frac{\sum\sum\rho_s^{ij}}{\sqrt{N(N-1)}}. \tag{10.5.17}$$

与标准检测器相比, 增益损失约为 $\frac{2}{\pi}$. 实测结果: 对噪声, 损失约为 2.4 dB; 对混响, 损失约为 3 dB. 如为窄带带通工作, 在波束形成后接一带通滤波器, 则可将这一损失进一步减少至 1 dB 左右.

由式 (10.5.17) 可以看出, 在无信号时, 数字多波束阵处理器输出的均值和起伏方差, 仅与水听器间噪声相关系数及积分时间和噪声相关半径有关, 与输入噪声强度及一维概率分布无关. 当 M 较大、积分时间较长时, 输出近似为高斯分布, 在背景不平稳情况下, 有恒虚警的优点; 而在小信噪比时, 输出信号与输入信噪比成正比, 是归一化的, 由于压缩了输出动态便于显示. 总之, 工作动态范围大, 瞬时幅度归一化, 适宜于数字处理是这种方法的三个突出优点.

这种采用强限幅的数字多波束阵处理方法, 除增益略有损失外, 主要缺点是多目标分辨能力差. 由于限幅的非线性影响会产生大目标压抑附近小目标的现象, 最严重时小目标损失可达 6 dB. 为了克服这一缺点, 可采用多比特量化的数字多波束形成器. 分析表明, 4 bit 量化时, 性能已接近理想的线性波束形成器. 这时, 为了保证工作动态, 可在模拟数字转换器前增设自动增益控制放大器.

10.5.3 分波束互相关处理

宽带能量检测器的一个很大缺点是, 当干扰场不满足平稳、均匀、各向同性条件时, 很容易由于干扰背景场声强的起伏或空间分布上的不均匀而产生虚警, 从而降低了检测能力. 采用分波束互相关处理可以克服这一缺点.

如图 10.5.3 所示, 以一线列阵为例. 将基阵分为左右两部分. 每边由 M 个无指向性水听器组成. 两边各自形成波束后进行互极性相关处理. 相关输出经调制后送至显示器 Y 偏转. 另一路是将基阵两半输出经宽带 90° 相移 (希尔伯特变换) 后再求, 互极性相关, 输出经调制送至显示器 X 偏转电路.

设信号与各水听器上的干扰为互相独立的高斯噪声, 则

$$\overline{\tilde{y}_y}\Big|_{s+n} = \frac{2}{\pi}\arcsin\left[\frac{\sum\limits_{i=1}^{M}\sum\limits_{j=1}^{M}(s^2\rho_s^{i,M+j} + n^2\rho_n^{i,M+j})}{\sum\limits_{i=1}^{M}\sum\limits_{j=1}^{M}(s^2\rho_s^{i,j} + n^2\rho_n^{i,j})}\right], \tag{10.5.18}$$

$$\overline{\tilde{Y}_y}\Big|_{n} = \frac{2}{\pi}\arcsin\left[\frac{\sum\limits_{i=1}^{M}\sum\limits_{j=1}^{M}\rho_s^{i,M+j}}{\sum\limits_{i=1}^{M}\sum\limits_{j=1}^{M}\rho_s^{i,j}}\right]. \tag{10.5.19}$$

增益为

$$G = \frac{\sum\sum^{M}\rho_s^{i,M+j} - A\sum\sum^{M}\rho_s^{i,j}}{\sum\sum^{M}\rho_n^{i,M+j} - A\sum\sum^{M}\rho_n^{i,j}}, \tag{10.5.20}$$

其中

$$A = \sin\left[\frac{\pi}{2}\frac{2\hat{\tau}_{hn}}{T}\right], \tag{10.5.21}$$

$$\hat{\tau}_{hn} = \int_{-\infty}^{\infty} \left[\frac{2}{\pi}\sin^{-1} R_{hn}(\tau)\right]^2 \mathrm{d}\tau,$$

$$R_{hn}(\tau) = \overline{E(t)E(t-\tau)}. \tag{10.5.22}$$

若信号完全相关、噪声相互独立, 则可化简为

$$G_{互极} = \sqrt{\frac{T}{2\hat{\tau}_{hn}}}\frac{\sqrt{2}}{\pi}N. \tag{10.5.23}$$

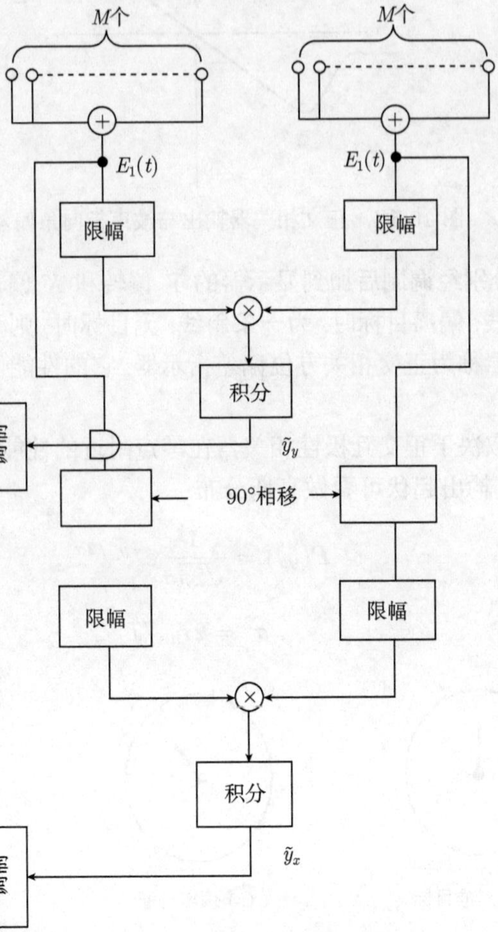

图 10.5.3 分波束正交互极性相关处理

分波束互极性相关处理的增益与标准检测器相比, 其差约为 $\frac{\sqrt{2}}{\pi}$; 与互相关处理 $\left(G_{互相} = \sqrt{\frac{T}{2\hat{\tau}_{hn}}\frac{N}{\sqrt{2}}}\right)$. 相比, 下降 $\frac{2}{\pi}$, 这是限幅造成的. 这种互极性相关阵处理

具有前述数字多波束阵处理所具有的限幅优点, 也有它的缺点[9].

正交相关通道的设置是为了精确定向估计目标方位. 由于基阵两半之间先经宽带 90° 相移, 再求互极性相关, 当波束对准目标时, 正交极性相关器输出应为零. 它的方向响应由图 10.5.4 给出.

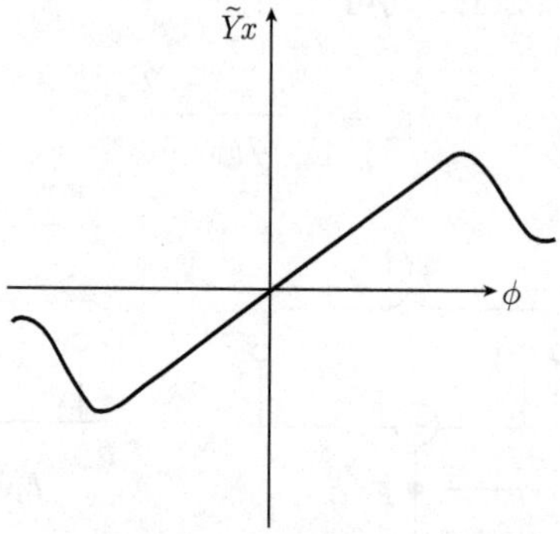

图 10.5.4　正文相关器输出与波束指向角偏差的关系

$\tilde{y}_y$ 和 $\tilde{y}_x$ 分别经调制后加到显示器的 Y 偏转和 X 偏转放大器. 当对准目标时, 显示一条竖直线; 偏离目标时, 为一条斜线; 无目标时, 则为一点 (见图 10.5.5).

这种显示器称为正交相关方位偏差指示器, 它的性能优于普通的和差方位偏差指示器.

定向精度取决于正交互极性相关器在零点附近的性能. 正交极性相关器的积分时间足够长时, 输出起伏可看做高斯分布:

$$P(\tilde{y}_x) = \frac{1}{\sqrt{2\pi}\sigma}\mathrm{e}^{-\tilde{y}_x^2/2\sigma^2}, \tag{10.5.24}$$

$$\sigma^2 = 2\tau_{hn}/T.$$

(a) 对准目标　　(b) 偏离目标　　(c) 无目标

图 10.5.5　正交互极性相关方位偏差指示器的显示

给定一个置信度 α(错误概率) 可确定允许的 $\tilde{y}_x$ 起伏的范围 $\varDelta$:

$$\alpha = \varPhi\left(\frac{\varDelta}{\sqrt{2}\sigma}\right) \quad (\varPhi\text{为误差函数}),$$

$$\Delta = \sqrt{2}\sigma \Phi^{-1}(\alpha). \tag{10.5.25}$$

输出在画零点附近的斜率为 $\left.\dfrac{\mathrm{d}\tilde{y}_x}{\mathrm{d}\varphi}\right|_{\varphi=0}$，则 Δ 和相应的测角误差 $\Delta\varphi$ 间的关系如下：

$$\left.\frac{\mathrm{d}\tilde{y}_x}{\mathrm{d}\varphi}\right|_{\varphi=0} \cdot \Delta\varphi = \Delta,$$

$$\Delta\varphi = \Delta \Big/ \left.\frac{\mathrm{d}\tilde{y}_x}{\mathrm{d}\varphi}\right|_{\varphi=0}, \tag{10.5.26}$$

$$\tilde{y}_x = \frac{2}{\pi} \sin^{-1} \frac{\displaystyle\sum_{i=1}^{M}\sum_{j=1}^{M} \rho_s^{i,M+j}}{\displaystyle\sum_{i=1}^{M}\sum_{j=1}^{M} \rho^{i,j} + \frac{Mn^2}{s^2}}, \tag{10.5.27}$$

$$\left.\frac{\mathrm{d}\tilde{y}_x}{\mathrm{d}\varphi}\right|_{\varphi=0} = \frac{2}{\pi} \frac{s^2}{n^2 M} \left(\sum_{i=1}^{M}\sum_{j=1}^{M} \frac{\partial \rho_s^{i,M+j}}{\partial \tau_{i,M+j}} \frac{\partial \tau_{i,M+j}}{\partial \varphi} \right). \tag{10.5.28}$$

由正交相关系数曲线 $\rho_s(\tau)$ 可计算出 $\left.\dfrac{\mathrm{d}\tilde{y}_x}{\mathrm{d}\varphi}\right|_{\rho=0}$，在给定 α 时，可定出测角误差 $\Delta\varphi$.

10.5.4 被动式窄带处理器——线谱检测器

前面介绍的几种处理器都是宽带工作的. 使用宽带的目的是为了获得尽可能高的时间增益. 研究舰艇噪声后发现, 在舰艇噪声功率谱的低端, 即数百赫以下, 存在着线状谱 (见图 10.5.6).

这些线状谱有着相当好的稳定性, 在数百秒内的变化往往小于 1 Hz. 线状谱有时可高出平均谱 20~30 dB. 通过检测这些线状谱来检测目标的设备称为线谱检测器, 这是一种被动式窄带处理器.

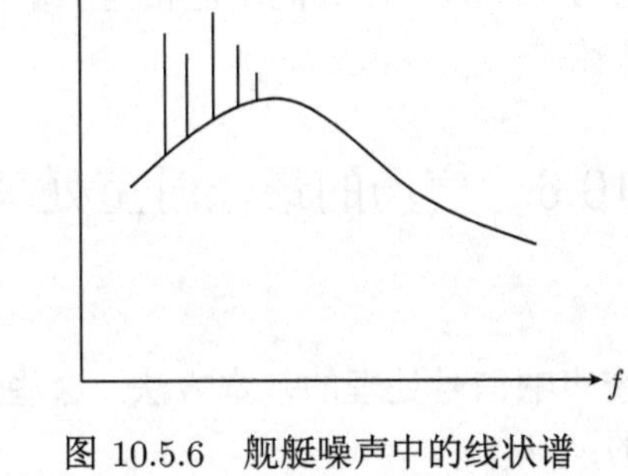

图 10.5.6 舰艇噪声中的线状谱

由于线状谱的频率是未知的, 检测时采用快速傅里叶分析器 (FFT), 以 1 Hz 或更窄的分辨率来分析整个低频频段. 为了获得足够的稳定度 (增益), 要求较长的后置积累时间. 目前在声呐内检测线状谱的积分时间可长达数百秒. 为了通过线状谱的分析来测定目标方位, 一般基阵分成两半, 各自形成波束 (见图 10.5.7). 将这两半基阵输出经傅里叶变换得的线状频谱对应求互功率谱. 互功率谱的虚部和实部之比即为基阵两半所收到信号的相位差的正切:

$$\tan\varphi_{12} = \frac{\mathrm{Im}s_{12}(\omega_i)}{\mathrm{Re}s_{12}(\omega_i)}. \tag{10.5.29}$$

声波入射角与 φ_{12} 的关系如下:

$$\varphi_{12} = \frac{\omega}{c} d\sin\theta. \tag{10.5.30}$$

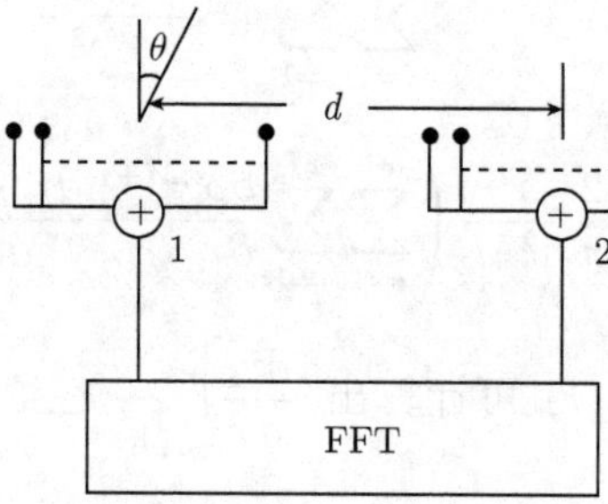

图 10.5.7　被动窄带检测器

互功率谱是互相关的傅里叶变换. §10.5.3 关于互相关阵增益的分析对本系统仍有效.

$$G = \sqrt{\frac{T}{2\tau_{hn}}}\frac{N}{\sqrt{2}},$$

$$G_{\text{时}} = \sqrt{\frac{T}{2\tau_{hn}}}.$$

举数值例子来说明其性能: 若分析带宽为 1 Hz, 积分时间为 500 s, 取 $\tau_{hn} \simeq \frac{1}{\Delta f} =$ 1 s, T=500 s, $G_{\text{时}}$=16. 在 T=500 s 时, 时间增益相当于宽带接收机 ($\tau = 2$ ms) 积分时间为 1 s 时的时间增益.

§10.6　声场的最佳时空处理

10.6.1　概述

前面几节介绍了传统声呐信号处理的基本方法. 这些信号处理方法是在以下假设模型的基础上导出的:

(1) 单途径无畸变稳定信道;

(2) 点目标、平面波信号场;

(3) 均匀各向同性干扰背景.

在实际声呐工作环境中, 这些条件往往不能满足, 其性能就要下降. 这就提出了一个问题: 当信道是随机时空变的, 目标是体分布有转动的, 干扰背景为非均匀各向同性时, 最佳接收机应是什么形式的.

如果将水听器阵接收信号这件事看成是对声场进行空间采样, 我们可以看到, 空间采样和时间采样是对应的. 处理的对象是声场的时空采样, 前述问题可以归结为声场的最佳时空处理.

本节中将首先引入声场空间采样定理和声场时空采样的概念. 然后从贝叶斯准则出发, 讨论在无畸变信道中, 在一般相关干扰场中的最佳时空处理器的性能和结构. 作为特例, 分析了平面波干扰这种常见情况, 又讨论了时空因子的可分解性. 进一步讨论了畸变信道下的最佳时空处理的性能和结构. 最后讨论最佳时空处理的次最佳实现方法——自适应波束形成器, LMS 自适应干扰抵消器等.

10.6.2 声场的时空采样

声呐信号处理的任务是对水听器阵输出信号进行变换, 来判决有无目标存在. 在判决过程中, 对基阵所处的声场进行了 T 时间的观察. 根据时间采样定理, 我们知道, 对带宽为 W 的信号, T 时间观察可得到 $N=2TW$ 个独立采样, 用这个 N 个采样可以唯一确定在这 T 时间内的信号. 同样, 用水听器测量声场可以看做是对声场进行空间采样, 时间采样定理可以自然延伸到空间. 可以用以一定间距排列的水听器阵来获取它所在空间的全部信息.

1. 单频声场的均匀空间采样

频率为 f 的声场 $P(x,y,z,t)$ 可用半波长间隔的空间采样来确定:

$$P(x,y,z,t)=\mathrm{e}^{\mathrm{j}\omega t}\sum_{l,}\sum_{m,}^{\infty}\sum_{n=-\infty}p\left(\frac{l\lambda}{2},\frac{m\lambda}{2},\frac{n\lambda}{2}\right)\cdot s(l,m,n;x,y,z), \tag{10.6.1}$$

其中 $p\left(\frac{l\lambda}{2},\frac{m\lambda}{2},\frac{n\lambda}{2}\right)$ 为在 $t=0$ 时,

$$x=\frac{l\lambda}{2},y=\frac{m\lambda}{2},z=\frac{n\lambda}{2}$$

点的复振幅, 而 $s(x,y,z;l,m,n)$ 为空间采样函数:

$$s(l,m,n;x,y,z)=\frac{\sin\pi\left(\frac{2x}{\lambda}-l\right)}{\pi\left(\frac{2x}{\lambda}-l\right)}\cdot\frac{\sin\pi\left(\frac{2y}{\lambda}-m\right)}{\pi\left(\frac{2y}{\lambda}-m\right)}\cdot\frac{\sin\pi\left(\frac{2z}{\lambda}-n\right)}{\pi\left(\frac{2z}{\lambda}-n\right)}. \tag{10.6.2}$$

2. 带通频谱信号场, 有限观察时间

设信号带宽为 (0~ W), 观察时间为 (0~ T), 则

$$P(x,y,z,t)=(2WT)^{-1}\sum_{q=-WT}^{WT}\mathrm{e}^{\mathrm{j}\omega_q^t}\sum_{s=-WT}^{WT}K(q,s)$$

$$\cdot\exp[-\mathrm{j}ps/WT]\times\sum_{l,m}\sum_{n=-\infty}^{\infty}\sum p\left(\frac{l\lambda_q}{2},\frac{m\lambda_q}{2},\frac{n\lambda_q}{2},\frac{s}{2W}\right)$$

$$\cdot S_q(l,m,n;x,y,z),\tag{10.6.3}$$

其中

$$\omega_q=2\pi q/T;\quad \lambda_q=2\pi c/\omega_q;$$

$$K(q,s)=\frac{1}{\pi}\int_{\pi(-s-WT)}^{\pi(-s+WT)}\left[\frac{\sin V}{V}\mathrm{e}^{-\mathrm{j}qV/WT}\right]\mathrm{d}V;\tag{10.6.4}$$

$$S_q(l,m,n;x,y,z)=\frac{\sin\pi\left(\dfrac{2x}{\lambda_q}-l\right)}{\pi\left(\dfrac{2x}{\lambda_q}-l\right)}\cdot\frac{\sin\pi\left(\dfrac{2y}{\lambda_q}-m\right)}{\pi\left(\dfrac{2y}{\lambda_q}-m\right)}\cdot\frac{\sin\pi\left(\dfrac{2z}{\lambda_q}-n\right)}{\pi\left(\dfrac{2z}{\lambda_q}-n\right)};\tag{10.6.5}$$

$p\left(\frac{l\lambda_q}{2},\frac{m\lambda_q}{2},\frac{n\lambda_q}{2},\frac{s}{2W}\right)$ 为 $P(x,y,z,t)$ 在 $x=\frac{l\lambda_q}{2},y=\frac{m\lambda_q}{2},z=\frac{n\lambda_q}{2}$ 点, 在 $t=\frac{s}{2W}$ 时刻的实振幅[7].

在 T 时间内, 对水听器阵所在局部空间的声场进行观测的结果, 可以用一组声场的时空采样来表征. 对这组时空采样进行变换处理, 就可以判决有无目标信号存在, 并估计其参数.

在 T 时间内观测 M 个水听器的输出, 频带宽度为 W 时, 按照时空采样定理可以得到 $2TWM$ 个时空采样, 用 $\boldsymbol{r}$ 来表示:

$$\boldsymbol{r}^{\mathrm{T}}=[r_{11},r_{12},\cdots,r_{1,2TW},r_{21},r_{22},\cdots,r_{2,2TW},r_{M_1},r_{M_2},\cdots r_{M,2TM}],\tag{10.6.6}$$

$\boldsymbol{r}$ 是一个 2TWM 维矢量.

对 $\boldsymbol{r}$ 进行时域离散傅里叶变换, 因实过程的傅里叶系数在正负频率上是共轭的, 故可以用 TWM 个复频域采样 (只要正频率样本) 来唯一确定. 它表示为 TWM 维矢量.

$$\boldsymbol{F}^{\mathrm{T}}=[\boldsymbol{F}^{\mathrm{T}}(f_1),\cdots,\boldsymbol{F}^{\mathrm{T}}(f_l),\cdots,\boldsymbol{F}^{\mathrm{T}}(f_{TW})],$$

$$\boldsymbol{F}^{\mathrm{T}}(f_l)=[F_1(f_l),F_2(f_l),\cdots,F_M(f_l)],\tag{10.6.7}$$

$$r_{ik}=\frac{1}{N}\sum_{l=-TW}^{TW}F_i(f_l)\exp[\mathrm{j}2\pi f_lK].\tag{10.6.8}$$

当 T 很长时, 近似有

$$F_i^{*\mathrm{T}}(f_l)\cdot F_j(f_k)=0 \quad (l\neq k). \tag{10.6.9}$$

输入数据由信号 S 和干扰 n 两部分组成:

$$r_i(t)=s_i(t)+n_i(t), \tag{10.6.10}$$

信号的时空采样矢量为 $\boldsymbol{s}$, 其傅里叶变换为 $\boldsymbol{b}$, 对平面波信号场有

$$\boldsymbol{b}(f_l)=\boldsymbol{b}(f_l)\cdot\boldsymbol{u}(f_l), \tag{10.6.11}$$

$\boldsymbol{u}(f_l)$ 为定向矢量:

$$\boldsymbol{u}^{\mathrm{T}}(f_l)=[1,\mathrm{e}^{-\mathrm{j}2\pi f_l\tau_2}\cdots\mathrm{e}^{-\mathrm{j}2\pi f_l\tau_M}]. \tag{10.6.12}$$

干扰的时空采样矢量为 N, 其傅里叶变换为 $\boldsymbol{a}$, 当干扰为高斯过程时, $\boldsymbol{a}$ 的概率分布可用复高斯分布函数来表示:

$$P[\boldsymbol{a}(f_l)]=\frac{1}{\pi^{\frac{M}{2}}\,|\boldsymbol{Q}(f_l)|}\exp[-\boldsymbol{a}^{*\mathrm{T}}(f_l)\boldsymbol{Q}(f_l)^{-1}\boldsymbol{a}(f_l)]. \tag{10.6.13}$$

$\boldsymbol{F}$ 的协方差矩阵 $\boldsymbol{P}$(即为 $\boldsymbol{r}$ 的互功率谱矩阵) 如下:

$$\boldsymbol{P}=\overline{\boldsymbol{F}\cdot\boldsymbol{F}^{*\mathrm{T}}}. \tag{10.6.14}$$

由式 (10.6.9), 当 T 很长时, $\boldsymbol{P}$ 为分块对角矩阵:

$$\boldsymbol{P}=\begin{bmatrix}\boldsymbol{P}[f_1] & \cdots & \cdots & 0\\ 0 & & [\boldsymbol{P}(f_2)] & \vdots\\ \vdots & & \ddots & \vdots\\ \vdots & & & \ddots & \vdots\\ 0 & & & [\boldsymbol{P}(f_{TW})]\end{bmatrix}, \tag{10.6.15}$$

其中每一个分块矩阵为

$$\boldsymbol{P}(f_l)=\overline{\boldsymbol{F}(f_l)\boldsymbol{F}(f_l)^{*\mathrm{T}}}. \tag{10.6.16}$$

同样, 有信号 $\boldsymbol{S}$ 和干扰 $\boldsymbol{N}$ 的互功率谱矩阵 $\boldsymbol{B}$ 和 $\boldsymbol{Q}$.

当干扰为均匀各向同性白色干扰 (或为窄带干扰, 但阵元间距为 $\lambda/2$) 时,

$$\boldsymbol{Q}(f_l)=\boldsymbol{N}(f_l)\cdot\boldsymbol{1}, \tag{10.6.17}$$

其中 $\boldsymbol{1}$ 为单位矩阵 ($M\times M$维); $\boldsymbol{N}(f_l)$ 为干扰功率谱.

当信号为平面波信号时,

$$\boldsymbol{B}(f_l)=b(f_l)b^*(f_l)\boldsymbol{u}(f_l)\boldsymbol{u}(f_l)^{*\mathrm{T}}=\boldsymbol{s}(f_l)\boldsymbol{u}(f_l)v(f_l)^{*\mathrm{T}}, \tag{10.6.18}$$

$\boldsymbol{s}(f_l)$ 为信号功率谱.

10.6.3 声场的贝叶斯时空处理

1. 在相关噪声场中检测已知信号

基阵的最佳时空处理的贝叶斯方法是计算时空似然比, 亦称似然比处理器. 对于一个带通频谱 (W)、时间限制 (T)、区域限制 (确切地说, 有 M 个时间采样点) 的声场进行双择判决的时空似然比为

$$\Lambda(\boldsymbol{r}) = \frac{P_1(\boldsymbol{r})}{P_0(\boldsymbol{r})}. \tag{10.6.19}$$

前述在时域上进行的检测理论分析, 均可推广到空间域上来.

现在我们来分析一个最简单的情况: 信号场在时间上、空间上完全已知, 附加的高斯噪声在时空采样点上均独立.

$$P_0(\boldsymbol{r}) = (2\pi\sigma_N^2)^{-MWT} \cdot \exp\left(-\frac{1}{2\sigma_N^2}\sum_{i=1}^{M}\sum_{j=1}^{2WT} r_{ij}^2\right), \tag{10.6.20}$$

$$P_1(\boldsymbol{r}) = (2\pi\sigma_N^2)^{-MWT} \cdot \exp\left(-\frac{1}{2\sigma_N^2}\sum_{i=1}^{M}\sum_{j=1}^{2WT} \cdot(r_{ij} - s_{ij})^2\right), \tag{10.6.21}$$

$$\Lambda(\boldsymbol{r}) = \exp\left[-\frac{1}{2\sigma_N^2} \cdot \sum_{i=1}^{M}\sum_{j=1}^{2WT} (s_{ij}^2 - 2r_{ij}s_{ij})\right]. \tag{10.6.22}$$

检验统计量和判决方程为

$$\sum_{i=1}^{M}\sum_{j=1}^{2WT} r_{ij}s_{ij} = \boldsymbol{r}^{\mathrm{T}} \cdot \tilde{\boldsymbol{s}} \underset{H_0}{\overset{H_1}{\gtrless}} \eta. \tag{10.6.23}$$

一个普通的波束成形器后面接上一个匹配滤波器, 即实现了上述运算 (见图 10.6.1).

下面讨论干扰为相关噪声场的更一般情况. 为了数学上计算方便, 采用在频域上处理. 在频域上计算似然比, 经过类似的推导可以得到似然比检测器的检验统计量为

$$e(\boldsymbol{F}_0) = \mathrm{Re}[\boldsymbol{F}^{*\mathrm{T}}\boldsymbol{Q}^{-1}\boldsymbol{b}] = \mathrm{Re}[\boldsymbol{b}^{*\mathrm{T}}\boldsymbol{Q}^{-1}\boldsymbol{F}] = \mathrm{Re}\left[\sum_{l=1}^{N} \boldsymbol{F}^{*\mathrm{T}}(f_l) \cdot \boldsymbol{Q}^{-1}(f_l) \cdot \boldsymbol{u}(f_l) \cdot b(f_l)\right]. \tag{10.6.24}$$

它的性能可用检测指数 d^2 来说明:

$$d^2 = 2\sum_{l=1}^{N} |b(f_l)|^2 \cdot \boldsymbol{u}^{*\mathrm{T}}(f_l) \cdot \boldsymbol{Q}^{-1}(f_l) \cdot \boldsymbol{u}(f_l). \tag{10.6.25}$$

这种似然比检测器可用如图 10.6.2 所示的最佳检测器结构来实现, 由图可以看出, 当 $\boldsymbol{Q}^{-1}(f_l) = N^{-1}(f_l)\cdot\boldsymbol{Q}_0^{-1}(f_l)$, 而 $\boldsymbol{Q}_0^{-1}(f_l)$ 仅由空间位置决定时, 可将因子分解为空间处理和时间处理两部分.

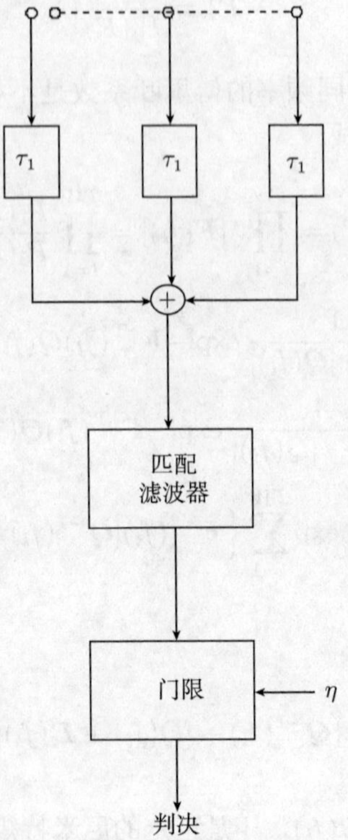

图 10.6.1　不相关高斯场噪声场中检测确知信号的最佳时空处理器

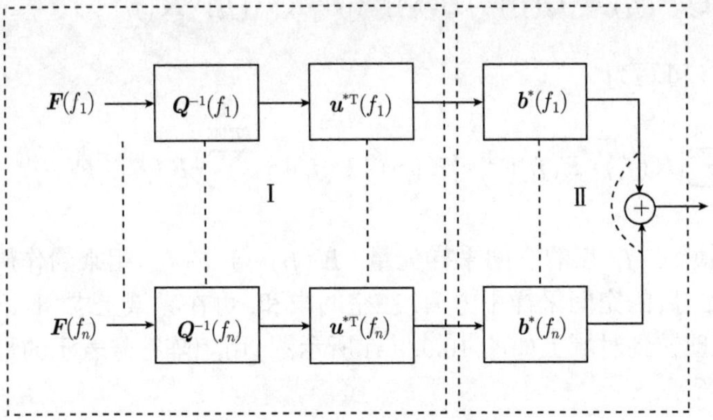

图 10.6.2　频域似然比处理器

2. 在相关高斯噪声场中检测高斯信号

在频域上讨论似然比如下：

$$\lambda(\boldsymbol{F})=\frac{P_1(\boldsymbol{F})}{P_0(\boldsymbol{F})}. \tag{10.6.26}$$

当观测时间 T 足够长时, 不同频率的傅里叶系数是不相关的. 对高斯过程而言, 即是统计独立的, 似然比可写成

$$\lambda(\boldsymbol{F})=\prod_{l=1}^{TW}\lambda[\boldsymbol{F}(f_l)]=\prod_{l=1}^{TW}\frac{P_1(\boldsymbol{F}_l)}{P_0(\boldsymbol{F}_l)}, \tag{10.6.27}$$

$$P_1=[\boldsymbol{F}(f_l)]=\frac{1}{\pi^{M/2}\cdot|\boldsymbol{Q}(f_l)|}\exp[-\boldsymbol{F}^{*\mathrm{T}}(f_l)\boldsymbol{Q}(f_l)+\boldsymbol{B}(f_l)]^{-1}, \tag{10.6.28}$$

$$P_0=[\boldsymbol{F}(f_l)]=\frac{1}{\pi^{M/2}\cdot|\boldsymbol{Q}(f_l)|}\exp[-\boldsymbol{F}^{*\mathrm{T}}(f_l)\boldsymbol{Q}(f_l)^{-1}\boldsymbol{F}(f_l)], \tag{10.6.29}$$

$$\lambda(\boldsymbol{F})=\prod_{l=1}^{TW}\frac{|\boldsymbol{Q}(f_l)|}{|\boldsymbol{Q}(f_l)+\boldsymbol{B}(f_l)|}\cdot\exp\sum_{l=1}^{TW}\left\{\boldsymbol{F}^{*\mathrm{T}}(f_l)[\boldsymbol{Q}^{-1}(f_l)-[\boldsymbol{Q}(f_l)+\boldsymbol{B}(f_l)^{-1}]]\boldsymbol{F}(f_l)\right\}. \tag{10.6.30}$$

取检验统计量:

$$e(\boldsymbol{F})=\sum_{l=1}^{TW}\boldsymbol{F}^{*\mathrm{T}}(f_l)\{\boldsymbol{Q}^{-1}(f_l)-[\boldsymbol{Q}(f_l)+\boldsymbol{B}(f_l)]^{-1}\}\boldsymbol{F}(f_l). \tag{10.6.31}$$

因矩阵 $[\boldsymbol{Q}^{-1}(f_l)-(\boldsymbol{Q}(f_l)+\boldsymbol{B}(f_l))^{-1}]$ 是正定的厄米特矩阵, 存在非奇异方阵 $\boldsymbol{K}(f_l)$, 使得满足下式:

$$[\boldsymbol{Q}^{-1}(f_l)-(\boldsymbol{Q}(f_l)+\boldsymbol{B}(f_l))^{-1}]=\boldsymbol{K}^{*\mathrm{T}}(f_l)\cdot\boldsymbol{K}(f_l), \tag{10.6.32}$$

则式 (10.6.31) 可写为

$$e(\boldsymbol{F})=\sum_{l=1}^{TW}[\boldsymbol{K}(f_l)\cdot\boldsymbol{F}(f_l)]^{*\mathrm{T}}\cdot[\boldsymbol{K}(f_l)\cdot\boldsymbol{F}(f_l)]=\sum_{l=1}^{TW}|\boldsymbol{K}(f_l)\cdot\boldsymbol{F}(f_l)|^2. \tag{10.6.33}$$

$\boldsymbol{F}(f_l)$ 是在频域上 f_i 点的空间采样矢量; $\boldsymbol{K}(f_l)$ 与 $\boldsymbol{F}(f_l)$ 相乘的作用是使之 “白化”, 经 “白化” 后的空间采样平方后, 在空间求和, 再在频域上求和, 既得到检验统计量. 上述处理转到时域上如图 10.6.3(a) 所示图, 用矩阵符号表示的最佳处理器见图 10.6.3(b) 所示.

由时域处理器的结构可以看出, $\boldsymbol{K}$ 的作用相当于 M^2 个普通时域滤波器. 这种处理方法可称为滤波平方和系统.

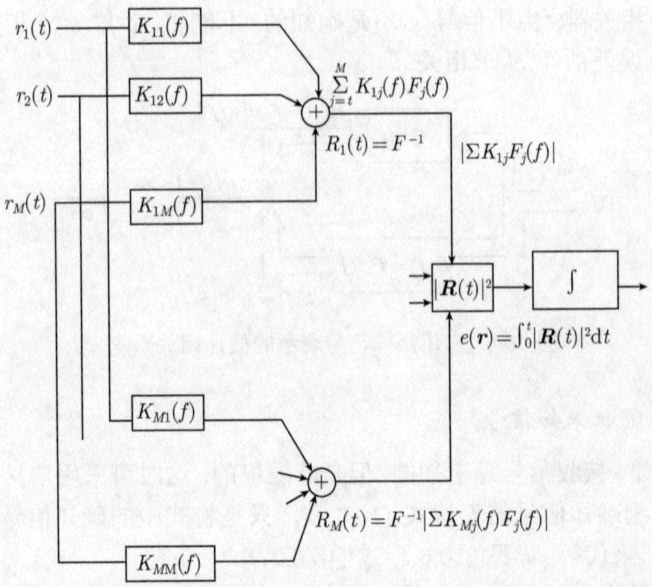

(a) 高斯相关噪声场中检测高斯信号的最佳处理器—滤波平方和系统

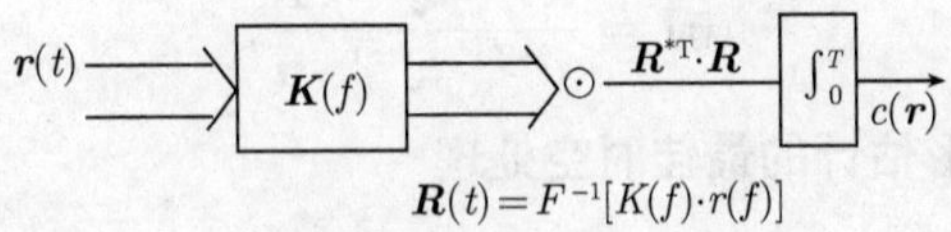

(b) 矩阵符号表示的最佳处理器

图 10.6.3

下面采用另一种形式来简化式 (10.6.31). 因矩阵 $\boldsymbol{Q}(f_l)$ 和 $\boldsymbol{Q}(f_l)+\boldsymbol{B}(f_l)$ 是非奇异的 [见文献 [1] 式 (11.7)]:

$$\boldsymbol{Q}^{-1}(f_l)-[\boldsymbol{Q}(f_l)+\boldsymbol{B}(f_l)]^{-1}=\boldsymbol{Q}^{-1}(f_l)\cdot\boldsymbol{B}(f_l)(\boldsymbol{Q}(f_l)+\boldsymbol{B}(f_l))^{\ 1}, \tag{10.6.34}$$

$$\begin{aligned} e(\boldsymbol{F}) &= \sum_{l=1}^{TW}\boldsymbol{F}^{*\mathrm{T}}(f_l)\boldsymbol{Q}^{-1}(f_l)\boldsymbol{B}(f_l)\boldsymbol{P}^{-1}(f_l)\boldsymbol{F}(f_l) \\ &= \sum_{l=1}^{TW}[\boldsymbol{Q}^{-1}(f_l)\boldsymbol{F}(f_l)]^{*\mathrm{T}}\cdot\boldsymbol{B}(f_l)\cdot\boldsymbol{P}^{-1}(f_l)\boldsymbol{F}(f_l)=\sum_{l=1}^{TW}\boldsymbol{R}(f_l)^{*\mathrm{T}}\hat{\boldsymbol{S}}(f_l), \end{aligned} \tag{10.6.35}$$

$\boldsymbol{R}(f_l)=\boldsymbol{Q}^{-1}(f_l)\boldsymbol{F}(f_l)$ 是经空间白化后的空频采样. 上式在时域的处理器结构以矩阵形式表示如图 10.6.4 所示.

$\boldsymbol{Q}^{-1}(f)$ 是使信号在频域和空域上 "白化", $\boldsymbol{B}(f)\boldsymbol{P}^{-1}(f)$ 的作用是维纳滤波, 其输出 $\hat{\boldsymbol{S}}$ 是输入 $\boldsymbol{r}$ 中 $\boldsymbol{s}$ 的最小均方误差估计. 最后, 将 $\boldsymbol{R}$ 与 $\hat{\boldsymbol{S}}$ 求相关. 所以这种系

统又称为估计相关器. 由于信号 $\boldsymbol{s}$ 不是确知的, 不能将 $\boldsymbol{R}$ 与 $\boldsymbol{s}$ 求相关, 而只能将 $\boldsymbol{R}$ 与最小均方误差估计 $\hat{S}$ 求相关.

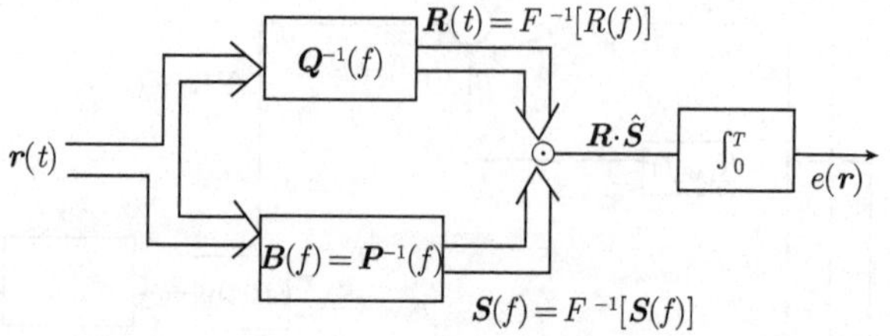

图 10.6.4　用矩阵符号表示的估计相关系统

3. 检测非随机未知信号

有些情况下, 接收信号是未知的, 但是非随机的. 这时可采用广义似然比接收.

可仿照检测确知信号的表达式 (10.6.27), 只是将式中的确知信号 $\boldsymbol{b}$ 用其最大似然估计 $\hat{\boldsymbol{b}}_{ML}$ 来代替 [详见 §10.6.4, 式 (10.6.27)].

检测统计量为

$$e(\boldsymbol{F}) = \hat{\boldsymbol{b}}_{ML}^{*\mathrm{T}} \cdot \boldsymbol{Q}^{-1} \cdot \boldsymbol{F}, \tag{10.6.36}$$

$$\hat{b}_{ML} = \frac{\boldsymbol{u}^{*\mathrm{T}} \cdot \boldsymbol{Q}^{-1} \cdot \boldsymbol{F}}{\boldsymbol{u}^{*\mathrm{T}} \cdot \boldsymbol{Q}^{-1} \cdot \boldsymbol{u}}. \tag{10.6.37}$$

10.6.4　基于最佳波形估计的最佳时空处理

前面讨论的贝叶斯最佳处理器是从检测的经典判决理论导出的, 把计算似然比函数作为检验统计量与门限比较来判决有无目标, 在实际声呐工作中, 有时希望得到信号波形, 例如, 在被动声呐中要收听或用分析设备来识别目标, 这就产生了另一类基于波形估计的最佳处理器. 根据对信号和干扰的先验知识不同, 有不同的最佳准则: 最小均方误差估计; 无失真最小噪声估计; 最大似然估计; 无失真最小输出估计; 最大信噪比准则等. 检测和估计往往是分不开的, 本节将给出最佳波形估计和前述贝叶斯最佳处理器的关系.

1. 最小均方误差 (LMS) 估计

考虑一个线性矩阵滤波器, 输入为来自 M 个水听器的时空采样, 输出为 $\hat{\boldsymbol{S}}$. 现在要求此线性矩阵滤波器的传递函数 $\boldsymbol{H}(f)$, 使得 $\boldsymbol{s}$ 与 $\hat{\boldsymbol{S}}$ 间的均方误差为最小 (见图 10.6.5).

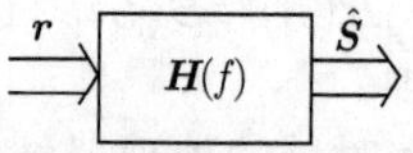

图 10.6.5　LMS 滤波器

要求 $\overline{|\boldsymbol{s} - \hat{\boldsymbol{S}}|^2}$ 为最小, 等效于要求 $\overline{|\boldsymbol{b} - \hat{\boldsymbol{b}}|^2}$ 为最小.

$$\overline{|\boldsymbol{b} - \hat{\boldsymbol{b}}|^2} = \overline{(\boldsymbol{F} - \hat{\boldsymbol{F}})^{\mathrm{T}}} \cdot \overline{(\boldsymbol{F} - \hat{\boldsymbol{F}})^{*}}$$

$$=\overline{\sum_{l=1}^{TW}\sum_{i=1}^{M}|b_i(f_l)-\hat{b}_i(f_l)|^2}. \tag{10.6.38}$$

对于每个 f_l, 要求下式为最小:

$$\overline{|b_i(f_l)-\hat{b}_i(f_l)|^2} \qquad i=1,\cdots,M, \tag{10.6.39}$$

$$\begin{aligned}
&\overline{|b_i(f_l)-\hat{b}_i(f_l)|^2}\\
=&\overline{(b_i(f_l)-\boldsymbol{H}_i^{\mathrm{T}}(f_l)\cdot\boldsymbol{F}(f_l))(b_i^*(f_l)-\boldsymbol{H}_i^{*\mathrm{T}}(f_l)\boldsymbol{F}^*(f_l))}\\
=&\overline{b_i(f_l)b_i^*(f_l)}-\boldsymbol{H}_i^{\mathrm{T}}(f_l)\cdot\overline{(b_i^*(f_l)\boldsymbol{F}(f_l))}+\boldsymbol{H}_i^{\mathrm{T}*}(f_l)\cdot\overline{(b(f_l)\boldsymbol{F}^*(f_l))}\\
&+\boldsymbol{H}_i^{\mathrm{T}}(f_l)\cdot\overline{(\boldsymbol{F}(f_l)\cdot\boldsymbol{F}^{*T}(f_l))}\cdot\boldsymbol{H}_i^*(f_l).
\end{aligned} \tag{10.6.40}$$

令

$$\boldsymbol{S}_{rs_i}^{\mathrm{T}}(f_l)=\left[\overline{b_i(f_l)\cdot F_1^*(f_l)},\cdots,\overline{b_i(f_l)\cdot F_M^*(f_l)}\right], \tag{10.6.41}$$

$$\boldsymbol{P}(f_l)=\overline{\boldsymbol{F}(f_l)\cdot\boldsymbol{F}^{*\mathrm{T}}(f_l)}. \tag{10.6.42}$$

式 (10.6.40) 右侧变为

$$\overline{b_i(f_l)\cdot b_i^*(f_l)}-\boldsymbol{H}_i^{\mathrm{T}}(f_l)\cdot\boldsymbol{S}_{rs_i}^*(f_l)-\boldsymbol{H}_i^{*\mathrm{T}}(f_l)\boldsymbol{S}_{rs_i}(f_l)+\boldsymbol{H}_i^{\mathrm{T}}(f_l)\cdot\boldsymbol{P}(f_l)\cdot\boldsymbol{H}_i^*(f_l), \tag{10.6.43}$$

为求极值, 上述由于 $\boldsymbol{H}_i(f_l)$ 的微小变化引起的变化等于零, 即

$$-\delta\boldsymbol{H}_i^{\mathrm{T}}(f_l)\boldsymbol{S}_{rs_i}^*(f_l)-\delta\boldsymbol{H}_i^{*\mathrm{T}}\boldsymbol{S}_{rs_i}(f_l)+\boldsymbol{H}_i^{\mathrm{T}}(f_l)\boldsymbol{P}(f_l)\delta\boldsymbol{H}_i^*(f_l)+\delta\boldsymbol{H}_i^{\mathrm{T}}(f_l)\boldsymbol{P}(f_l)\boldsymbol{H}_i^*(f_l)=0. \tag{10.6.44}$$

由于 $\boldsymbol{P}(f_l)$ 为厄米特型,

$$\delta\boldsymbol{H}_i^{*\mathrm{T}}(f_l)[-\boldsymbol{S}_{rs_i}(f_l)+\boldsymbol{P}(f_l)\boldsymbol{H}_i(f_l)]=-\delta\boldsymbol{H}_i^{*\mathrm{T}}(f_l)[-\boldsymbol{S}_{rs_i}(f_l)+\boldsymbol{P}(f_l)\boldsymbol{H}_i(f_l)]^*. \tag{10.6.45}$$

上式成立的充分条件是

$$\begin{aligned}
&\boldsymbol{P}(f_l)\boldsymbol{H}_i(f_l)=\boldsymbol{S}_{rs_i}(f_l),\\
&\boldsymbol{H}_i(f_l)=\boldsymbol{P}^{-1}(f_l)\cdot\boldsymbol{S}_{rs_i}(f_l),
\end{aligned} \tag{10.6.46}$$

$$\boldsymbol{H}_i^{\mathrm{T}}(f_l)=\boldsymbol{S}_{rs_i}(f_l)\cdot\boldsymbol{P}^{-1}(f_l), \tag{10.6.47}$$

$$\boldsymbol{H}^{\mathrm{T}}(f_l)=\boldsymbol{S}_{rs}(f_l)\cdot\boldsymbol{P}^{-1}(f_l),$$

$$\boldsymbol{H}^{\mathrm{T}}=\boldsymbol{S}_{rs}\cdot\boldsymbol{P}^{-1}, \tag{10.6.48}$$

$$\boldsymbol{S}_{rs}(f_l)\triangleq\overline{[b(f_l)\cdot\boldsymbol{F}^{*\mathrm{T}}(f_l)]}. \tag{10.6.49}$$

因信号与噪声互不相关,

$$\boldsymbol{S}_{rs}(f_l) = \boldsymbol{B}(f_l)\boldsymbol{P}^{-1}(f_l), \tag{10.6.50}$$

输出

$$\hat{b}(f_l) = \boldsymbol{S}_{rs}(f_l)\boldsymbol{P}^{-1}(f_l)\boldsymbol{F}(f_l) = \boldsymbol{B}(f_l)\boldsymbol{P}^{-1}(f_l)\boldsymbol{F}(f_l). \tag{10.6.51}$$

当 $M=1$ 时, 即退化为普通的标量维纳滤波器.

2. 无失真最小噪声估计

LMS 估计是无约束的. 在尽可能减小均方误差的同时, 也可能会使信号失真. 在波动声呐中应用时, 为了识别, 要避免信号失真. 为此, 增加一个约束条件：使无噪声时输出 $\hat{\boldsymbol{S}} = \boldsymbol{s}$, 即要求 $\hat{\boldsymbol{b}} = \boldsymbol{b}$ 或 $\hat{\boldsymbol{b}}(f_l) = \boldsymbol{b}(f_l)$.

从波形估计观点, 我们只要求得到一个水听器上的输出波形即可. 取为第一号水听器, 可用列矢量 $\boldsymbol{H}_1(f_l)$ 代替矩阵 $\boldsymbol{H}(f_l)$, 矩阵滤波器变为矢量滤波器.

有了信号不失真条件, LMS 条件可看成是使输出噪声强度为最小, 即使下式为最小:

$$\overline{\boldsymbol{H}_1^{\mathrm{T}}(f_l)\cdot\boldsymbol{a}(f_l)\cdot\boldsymbol{a}^{*\mathrm{T}}(f_l)\cdot\boldsymbol{H}_1(f_l)} = \boldsymbol{H}_1^{\mathrm{T}}(f_l)\cdot\boldsymbol{Q}(f_l)\cdot\boldsymbol{H}_1^*(f_l). \tag{10.6.52}$$

当信号为平面波时, 无失真条件可写为

$$\boldsymbol{H}_1^{\mathrm{T}}(f_l)\cdot b(f_l) = b(f_l),$$

或

$$\boldsymbol{H}_1^{\mathrm{T}}(f_l)\cdot\boldsymbol{u}(f_l) = 1. \tag{10.6.53}$$

无失真最小噪声估计可概括为下列求极值问题:

$$\begin{cases}\boldsymbol{H}_1^{\mathrm{T}}(f_l)\boldsymbol{Q}(f_l)\boldsymbol{H}_1^*(f_l)\text{为最小}\\ \text{约束条件}\boldsymbol{H}_1^{\mathrm{T}}(f_l)\cdot\boldsymbol{u}(f_l)=1\end{cases}, \tag{10.6.54}$$

因为

$$\boldsymbol{H}_1^{\mathrm{T}}(f_l)\cdot\boldsymbol{u}(f_l) + \boldsymbol{H}_1^{*\mathrm{T}}(f_l)\boldsymbol{u}^*(f_l) = 2, \tag{10.6.55}$$

上式求极值等效于对下式求极值, 即

$$\boldsymbol{H}_1^{\mathrm{T}}(f_l)\boldsymbol{Q}^{-1}(f_l)\boldsymbol{H}_1^*(f_l) + \lambda[\boldsymbol{H}_1^{\mathrm{T}}(f_l)\boldsymbol{u}(f_l) + \boldsymbol{H}_1^{*\mathrm{T}}(f_l)\boldsymbol{u}^*(f_l)]. \tag{10.6.56}$$

对 $\boldsymbol{H}_1(f_l)$ 变分应等于零:

$$\begin{aligned}&\delta\boldsymbol{H}_1^{\mathrm{T}}(f_l)\boldsymbol{Q}^{-1}(f_l)\boldsymbol{H}_1^*(f_l) + \boldsymbol{H}_1^{\mathrm{T}}(f_l)\boldsymbol{Q}^{-1}(f_l)\delta\boldsymbol{H}_1^*(f_l)\\ &+\lambda\delta\boldsymbol{H}_1^{\mathrm{T}}(f_l)\cdot\boldsymbol{u}(f_l) + \lambda\delta\boldsymbol{H}_1^{*\mathrm{T}}(f_l)\boldsymbol{u}^*(f_l) = 0.\end{aligned} \tag{10.6.57}$$

因为

$$\boldsymbol{H}^{\mathrm{T}}(f_l)\boldsymbol{Q}^{-1}(f_l)\delta\boldsymbol{H}_1^{*}(f_l)=\delta\boldsymbol{H}_1^{*\mathrm{T}}(f_l)\boldsymbol{Q}^{-1}(f_l)\boldsymbol{H}_1(f_l), \tag{10.6.58}$$

$$\delta\boldsymbol{H}_1^{\mathrm{T}}(f_l)[\boldsymbol{Q}(f_l)\boldsymbol{H}_1^{*}(f_l)+\lambda\boldsymbol{u}^{*}(f_l)]=-\delta\boldsymbol{H}_1^{*\mathrm{T}}(f_l)[\boldsymbol{Q}(f_l)\boldsymbol{H}_1(f_l)+\lambda\boldsymbol{u}^{*}(f_l)], \tag{10.6.59}$$

上式成立的充分条件是

$$\begin{aligned}&\boldsymbol{Q}(f_l)\boldsymbol{H}_1(f_l)+\lambda\boldsymbol{u}^{*}(f_l)=0,\\&\boldsymbol{H}_1(f_l)=-\lambda\boldsymbol{Q}^{-1}(f_l)\boldsymbol{u}^{*}(f_l).\end{aligned} \tag{10.6.60}$$

由约束条件

$$\boldsymbol{H}_1^{\mathrm{T}}(f_l)\cdot\boldsymbol{u}(f_l)=-\lambda\boldsymbol{u}^{*\mathrm{T}}(f_l)\boldsymbol{Q}^{-1}(f_l)\boldsymbol{u}(f_l)=1, \tag{10.6.61}$$

得

$$-\lambda=\frac{1}{\boldsymbol{u}^{*\mathrm{T}}(f_l)\boldsymbol{Q}^{-1}(f_l)\boldsymbol{u}(f_l)}, \tag{10.6.62}$$

$$\boldsymbol{H}_1(f_l)=\frac{\boldsymbol{Q}^{-1}(f_l)\boldsymbol{u}^{*}(f_l)}{\boldsymbol{u}^{*\mathrm{T}}(f_l)\boldsymbol{Q}^{-1}(f_l)\boldsymbol{u}(f_l)}. \tag{10.6.63}$$

第一个水听器上的输出波形估计为

$$\hat{b}(f_l)=\frac{\boldsymbol{u}^{*\mathrm{T}}(f_l)\boldsymbol{Q}^{-1}(f_l)\boldsymbol{F}(f_l)}{\boldsymbol{u}^{*\mathrm{T}}(f_l)\cdot\boldsymbol{Q}^{-1}(f_l)\boldsymbol{u}(f_l)}. \tag{10.6.64}$$

3. 无失真最小输出估计

在无失真最小噪声估计中得到的传输函数表达式中, 用到噪声的互谱矩阵 $\boldsymbol{Q}$. 这在实际上是很难测得的, 因不知道何时没有信号. 如把求极值问题改为使总输出为最小, 即变为求下式极值:

$$\begin{cases}\boldsymbol{H}_1^{\mathrm{T}}(f_l)\boldsymbol{P}^{-1}(f_l)\boldsymbol{H}_1^{*}(f_l)\text{最小}\\\text{约束条件}\boldsymbol{H}_1^{\mathrm{T}}(f_l)\cdot\boldsymbol{u}(f_l)=1\end{cases} \tag{10.6.65}$$

通过同样的推导, 可得到

$$\boldsymbol{H}_1(f_l)=\frac{\boldsymbol{P}^{-1}(f_l)\boldsymbol{u}^{*}(f_l)}{\boldsymbol{u}^{*\mathrm{T}}(f_l)\boldsymbol{P}^{-1}(f_l)\boldsymbol{u}(f_l)}. \tag{10.6.66}$$

这是一个较实用的方法, 它只要求知道信号的方位以及输入数据的互谱矩阵 P; 而这些是随时可以测量的.

4. 对非随机未知波形的最大似然估计 (ML)

由于信号 S 是非随机的, 则存在 $\boldsymbol{b}$ 时, $\boldsymbol{F}$ 的概率密度函数为

$$\begin{aligned}P_1(\boldsymbol{F})&=\prod_{l=1}^{TW}A\exp\left\{-[\boldsymbol{F}(f_l)-\boldsymbol{b}(f_l)]^{*\mathrm{T}}\boldsymbol{Q}^{-1}(f_l)[\boldsymbol{F}(f_l)-\boldsymbol{b}(f_l)]\right\}\\&=A\exp\left\{-\sum_{l=1}^{TW}[\boldsymbol{F}(f_l)-\boldsymbol{b}(f_l)]^{*\mathrm{T}}\boldsymbol{Q}^{-1}(f_l)[\boldsymbol{F}(f_l)-\boldsymbol{b}(f_l)]\right\}.\end{aligned} \tag{10.6.67}$$

概率最大的那个 $\boldsymbol{s}$(或 $\boldsymbol{b}$) 称为最大似然估值 $\hat{\boldsymbol{S}}_{M_0}$(或 $\hat{\boldsymbol{b}}_{M_0}$). 上式对 $\boldsymbol{b}$ 求极值相当于对下式求极值:

$$\begin{aligned}&-[\boldsymbol{F}(f_l)-\boldsymbol{b}(f_l)]^{*\mathrm{T}}\boldsymbol{Q}^{-1}(f_l)[\boldsymbol{F}(f_l)-\boldsymbol{b}(f_l)]\\=&-\boldsymbol{F}^{*\mathrm{T}}(f_l)\boldsymbol{Q}^{-1}(f_l)\boldsymbol{F}(f_l)+\boldsymbol{F}^{*\mathrm{T}}(f_l)\boldsymbol{Q}^{-1}(f_l)\boldsymbol{b}(f_l)\\&+\boldsymbol{b}^{*\mathrm{T}}(f_l)\boldsymbol{Q}^{-1}(f_l)\boldsymbol{F}(f_l)-\boldsymbol{b}^{*\mathrm{T}}(f_l)\boldsymbol{Q}^{-1}(f_l)\boldsymbol{b}(f_l),\end{aligned}\tag{10.6.68}$$

而

$$\boldsymbol{b}^{*\mathrm{T}}(f_l)=\boldsymbol{b}^{*}(f_l)\boldsymbol{u}^{*\mathrm{T}}(f_l),\quad \boldsymbol{b}(f_l)=b(f_l)\boldsymbol{u}(f_l).$$

代入上式, 可得

$$\begin{aligned}&-\boldsymbol{F}^{*\mathrm{T}}(f_l)\boldsymbol{Q}^{-1}(f_l)\boldsymbol{F}(f_l)+b(f_l)\boldsymbol{F}^{*\mathrm{T}}(f_l)\boldsymbol{Q}^{-1}(f_l)\boldsymbol{u}(f_l).\\&+b(f_l)\boldsymbol{u}^{*\mathrm{T}}(f_l)\boldsymbol{Q}^{-1}(f_l)\boldsymbol{F}(f_l)-b^{*}(f_l)b(f_l)\boldsymbol{u}^{*\mathrm{T}}(f_l)\boldsymbol{Q}^{-1}(f_l)\boldsymbol{u}(f_l).\end{aligned}\tag{10.6.69}$$

由于方向为已知, 故仅对 $b(f_l)$ 求极值即可. 上式对 $b(f_l)$ 求变分应等于零:

$$\begin{aligned}&\delta b^{*}(f_l)[\boldsymbol{u}^{*\mathrm{T}}(f_l)\boldsymbol{Q}^{-1}(f_l)\boldsymbol{F}(f_l)-b(f_l)\boldsymbol{u}^{*\mathrm{T}}(f_l)\boldsymbol{Q}^{-1}(f_l)\boldsymbol{u}(f_l)]\\&+\delta b(f_l)[\boldsymbol{F}^{*\mathrm{T}}(f_l)\boldsymbol{Q}^{-1}(f_l)\boldsymbol{u}(f_l)-b^{*}(f_l)\boldsymbol{u}^{*\mathrm{T}}(f_l)\boldsymbol{Q}^{-1}(f_l)\boldsymbol{u}(f_l)]=0.\end{aligned}\tag{10.6.70}$$

对所有的 $b(f_l)$, 上式成立的条件是

$$\boldsymbol{u}^{*\mathrm{T}}(f_l)\boldsymbol{Q}^{-1}(f_l)\boldsymbol{F}(f_l)=b(f_l)\boldsymbol{u}^{*\mathrm{T}}(f_l)\boldsymbol{Q}^{-1}(f_l)\boldsymbol{u}(f_l),\tag{10.6.71}$$

$$\hat{b}_{ML}(f_l)=\frac{\boldsymbol{u}^{*\mathrm{T}}(f_l)\boldsymbol{Q}^{-1}(f_l)\boldsymbol{F}(f_l)}{\boldsymbol{u}^{*\mathrm{T}}(f_l)\boldsymbol{Q}^{-1}(f_l)\boldsymbol{u}(f_l)}.\tag{10.6.72}$$

由上式可以看出, 最大似然估计器输出与最小噪声无失真估计输出是一样的. 这说明它们的结构是相同的.

5. 最大输出信噪比准则: 对确知信号进行波形估计

讨论一个线性滤波器, 其传输函数 $\boldsymbol{H}$ 分为两项, 第一项 $\boldsymbol{H}^{(1)}$ 用来使噪声白化, 第二项 $\boldsymbol{H}^{(2)}$ 使输出信噪比最大.

$$\boldsymbol{H}=\boldsymbol{H}^{(1)}\times\boldsymbol{H}^{(2)}.\tag{10.6.73}$$

白化滤波器 $\boldsymbol{H}^{(1)}$ 的传输函数为

$$\boldsymbol{H}^{(1)^{*}\mathrm{T}}\cdot\boldsymbol{H}^{(1)}=\boldsymbol{Q}^{-1},\quad \boldsymbol{H}^{(1)^{*}\mathrm{T}}(f_l)\cdot\boldsymbol{H}^{(1)}(f_l)=\boldsymbol{Q}^{-1}(f_l);\tag{10.6.74}$$

第二个滤波器输出信噪比为

$$\frac{\boldsymbol{H}^{(2)^{\mathrm{T}}}(f_l)\boldsymbol{Q}^{-1}(f_l)\boldsymbol{b}(f_l)\boldsymbol{H}^{(2)}(f_l)}{\boldsymbol{H}^{(2)^{\mathrm{T}}}(f_l)\boldsymbol{H}^{(2)^*}(f_l)}. \tag{10.6.75}$$

上式取极大值的条件是

$$\boldsymbol{H}^{(2)}(f_l) = \boldsymbol{H}^{(1)}(f_l)\cdot\boldsymbol{b}(f_l), \tag{10.6.76}$$
$$\boldsymbol{H}(f_l) = \boldsymbol{Q}^{-1}(f_l)\cdot\boldsymbol{b}(f_l)$$

或

$$\hat{b}(f_l) = \boldsymbol{F}^{*\mathrm{T}}(f_l)\cdot\boldsymbol{Q}^{-1}(f_l)\cdot\boldsymbol{b}(f_l). \tag{10.6.77}$$

6. **最佳波形估计与最佳时空处理的关系**

最佳波形估计器输出是对信号波形的估计. 输入一组声场的时空采样, 输出的是信号场时空采样的最佳估计值, 或一个水听器上的时间采样的估计值. 而贝叶斯时空最佳处理器则对应一组输入时空采样, 输出的是检验统计量一个数. 将这个数与门限比较, 以判决有无目标. 为了说明这两者之间的关系, 下面举几个例子:

(1) 检测确知信号的贝叶斯最佳时空处理器输出的检验统计量

$$\begin{aligned} e(\boldsymbol{F}) =& \mathrm{Re}[\boldsymbol{b}^{*\mathrm{T}}\boldsymbol{Q}^{-1}\boldsymbol{F}] \\ =& \mathrm{Re}\left[\sum_{l=1}^{TW}\boldsymbol{F}^{*\mathrm{T}}(f_l)\boldsymbol{Q}^{-1}(f_l)\boldsymbol{u}(f_l)b(f_l)\right], \end{aligned} \tag{10.6.78}$$

而最大信噪比准则的最佳波形估计器的输出为

$$\hat{b}(f_l) = \boldsymbol{F}^{*\mathrm{T}}(f_l)\boldsymbol{Q}^{-1}(f_l)\boldsymbol{u}(f_l)b(f_l) \quad (l=1,2,\cdots,TW), \tag{10.6.79}$$

$e(\boldsymbol{F})$ 是一个数, 而 $\hat{b}(f_l)(l=1,2,\cdots,TW)$ 是信号功率谱的最佳估计值.

$$e(\boldsymbol{F}) = \mathrm{Re}\left[\sum_{l=1}^{TW}\hat{b}(f_l)\right]. \tag{10.6.80}$$

(2) 高斯背景中检测高斯信号的贝叶斯最佳处理器的输出, 检验统计量 $e(\boldsymbol{F})$ 为

$$e(\boldsymbol{F}) = \sum_{l=1}^{TW}\boldsymbol{F}^{*\mathrm{T}}(f_l)\cdot\boldsymbol{Q}^{-1}(f_l)\boldsymbol{B}(f_l)\cdot\boldsymbol{P}^{-1}(f_l)\boldsymbol{F}(f_l), \tag{10.6.81}$$

而 LMS 波形估计器的输出为

$$\hat{b}(f_l) = \boldsymbol{B}(f_l)\cdot\boldsymbol{P}^{-1}(f_l)\cdot\boldsymbol{F}(f_l), \tag{10.6.82}$$

$$\begin{aligned} e(\boldsymbol{F}) =& \sum_{l=1}^{TW}\boldsymbol{F}^{*\mathrm{T}}(f_l)\boldsymbol{Q}^{-1}(f_l)\hat{\boldsymbol{b}}(f_l) \\ =& \boldsymbol{F}^{*\mathrm{T}}\cdot\boldsymbol{Q}\cdot\hat{\boldsymbol{b}}. \end{aligned} \tag{10.6.83}$$

这就更明确了前述所谓估计–相关的含义.

下面用图 10.6.6 来说明几种贝叶斯最佳时空处理器和最佳波形估计器间的关系.

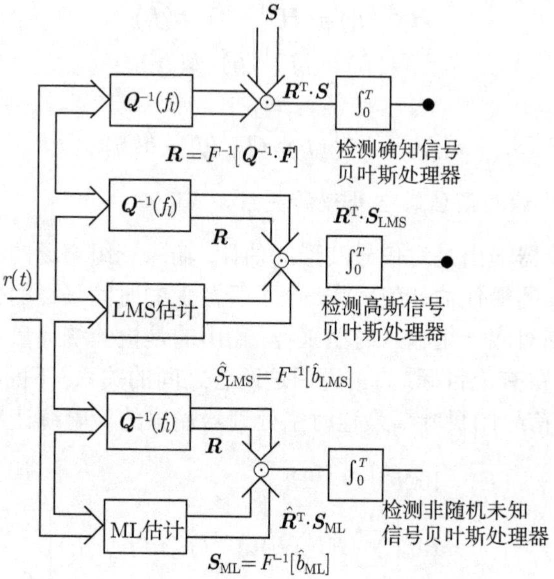

图 10.6.6　最佳估计器与最佳时空处理的关系

10.6.5　时空因子分析

在声场的时空最佳处理中, 时间处理和空间处理是混在一起的, 这表现在处理表达式中的 $\boldsymbol{B},\boldsymbol{Q},\boldsymbol{b}$ 等矩阵 (矢量) 都是时空混合的. 如果 $\boldsymbol{B},\boldsymbol{Q},\boldsymbol{b}$ 可分解为频谱 (功率谱) 和只反映空间分布的矩阵 (矢量) 这两项因子的乘积, 则处理可以分解为时间处理和空间处理两部分.

(1) 信号矢量 $\boldsymbol{b}$

$$\boldsymbol{b}^{\mathrm{T}}=\{\boldsymbol{b}^{\mathrm{T}}(f_1)\cdots\boldsymbol{b}^{\mathrm{T}}(f_l)\cdots\boldsymbol{b}^{\mathrm{T}}(f_{TW})\}\quad(l=1\cdots TW).\tag{10.6.84}$$

对平面波信号场而言, 信号矢量 $\boldsymbol{b}$ 可分解为频谱 $\boldsymbol{b}(f_l)$ 和空间矢量 $\boldsymbol{u}(f_l)$ 两部分的乘积:

$$\boldsymbol{b}(f_l)=b(f_l)\cdot\boldsymbol{u}(f_l),\tag{10.6.85}$$

$$\boldsymbol{u}(f_l)^{\mathrm{T}}=\{1,\mathrm{e}^{\mathrm{j}2\pi f_l\tau_1},\cdots,\mathrm{e}^{\mathrm{j}2\pi f_l\tau_{M-1}}\}.\tag{10.6.86}$$

如果信号存在多途径, 使得经由不同途径来的信号入射方向不同, 频谱 (功率谱) 也不同, 这时就不能进行时空因子分解了.

(2) 信号场功率谱矩阵 $\boldsymbol{B}=\overline{\boldsymbol{b}\boldsymbol{b}^{*\mathrm{T}}}$.

对平面波信号场,

$$\boldsymbol{B}(f_l)=S(f_l)\boldsymbol{U}(f_l), \tag{10.6.87}$$

$$S(f_l)=\overline{\boldsymbol{b}(f_l)\cdot b^*(f_l)}, \tag{10.6.88}$$

$$\boldsymbol{U}(f_l)=\boldsymbol{u}(f_l)\cdot\boldsymbol{u}(f_l)^{*\mathrm{T}}, \tag{10.6.89}$$

这里, $\boldsymbol{U}$ 是奇异方阵, 秩等于 1.

同样, 信号若由频谱 (功率谱) 不同、方向不同的平面波组成, 则不能进行时空因子分解.

(3) 干扰场互功率谱矩阵 $\boldsymbol{Q}$. 若干扰场由功率谱相同、从不同方向入射的大量平面波合成, 则 $\boldsymbol{Q}$ 的因子分解如下:

$$\boldsymbol{Q}(f_l)=a(f_l)a^*(f_l)\boldsymbol{q}(f_l)=N(f_l)\boldsymbol{q}(f_l),$$

$$\boldsymbol{q}(f_l)=\sum_k\boldsymbol{v}_k(f_l)\boldsymbol{v}_k^{*\mathrm{T}}(f_l), \tag{10.6.90}$$

$\boldsymbol{v}_k$ 表示干扰平面波的空间定向矢量.

当从各方面入射平面波的功率谱不同时, 就不能进行因子分解了.

下面以在相关高斯噪声场中检测高斯平面波信号为例, 进行时空因子分解.

由式 (10.6.35) 得

$$e(\boldsymbol{F})=\sum_{l=1}^{TW}\boldsymbol{F}^{*\mathrm{T}}(f_l)\boldsymbol{Q}^{-1}(f_l)\boldsymbol{B}(f_l)\boldsymbol{P}^{-1}(f_l)\boldsymbol{F}(f_l) \tag{10.6.91}$$

$$\boldsymbol{B}(f_l)=S(f_l)\boldsymbol{u}(f_l)\boldsymbol{u}(f_l)^{*\mathrm{T}}, \tag{10.6.92}$$

$$\boldsymbol{Q}(f_l)=N(f_l)\cdot\boldsymbol{q}(f_l), \tag{10.6.93}$$

$$e(\boldsymbol{F})=\sum_{l=1}^{TW}\frac{\dfrac{S(f_l)}{N^2(f_l)}\left|\boldsymbol{u}(f_l)^{*\mathrm{T}}\boldsymbol{q}^{-1}(f_l)\boldsymbol{F}(f_l)\right|^2}{1+\dfrac{S(f_l)}{N^2(f_l)}\boldsymbol{u}^{*\mathrm{T}}(f_l)\boldsymbol{q}^{-1}(f_l)\boldsymbol{u}(f_l)}. \tag{10.6.94}$$

上式与式 (10.6.33) 的不同之处在于, 后一式中的 $\boldsymbol{K}(f_l)\times\boldsymbol{F}(f_l)$ 是个矢量, $|\boldsymbol{K}(f_l)\times\boldsymbol{F}(f_l)|^2$ 计算的是矢量内积; 而上式中的 $\boldsymbol{u}^{*\mathrm{T}}(f_l)\boldsymbol{q}^{-1}(f_l)\boldsymbol{F}(f_l)$ 是个数, 只要简单计算平方即可. 也就是式 (10.6.33) 等效于 M^2 个滤波器, 是矩阵滤波器. 而这里代之以矢量滤波器, 即只要 M 个滤波器就可以了.

定义滤波器传输函数 $\boldsymbol{H}(f_l)$ 如下:

$$\boldsymbol{H}(f_l)=\boldsymbol{q}^{-1}(f_l)\cdot\boldsymbol{u}(f_l), \tag{10.6.95}$$

$$\boldsymbol{H}^{\mathrm{T}}(f_l)=[H_1(f_l),\cdots,H_M(f_l)], \tag{10.6.96}$$

$$e(\boldsymbol{F})=\sum_{l=1}^{TW}\frac{\dfrac{S(f_l)}{N^2(f_l)}}{1+\dfrac{S(f_l)}{N^2(f_l)}G_0(f_l)}|\boldsymbol{H}^{*\mathrm{T}}(f_l)\boldsymbol{F}(f_l)|^2, \tag{10.6.97}$$

$$G_0(f_l)=\boldsymbol{u}^{*\mathrm{T}}(f_l)\cdot\boldsymbol{q}^{-1}(f_l)\cdot\boldsymbol{u}(f_l). \tag{10.6.98}$$

利用 Parseval 定理, 可将频域求和化为时域积分, 得到如图 10.6.7 所示的方框图.

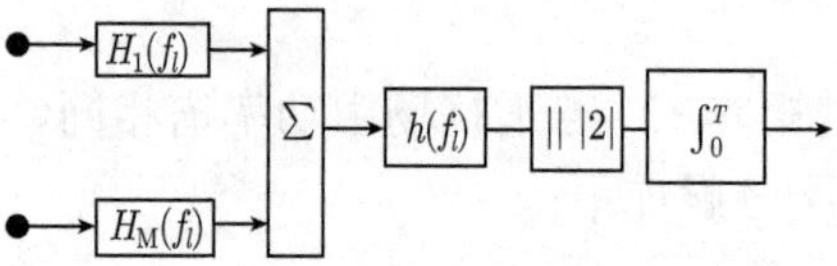

图 10.6.7　最佳时空处理器的因子分解

$$h(f_l)=\sqrt{\frac{S(f_l)/N^2(f_l)}{1+(S(f_l)/N^2(f_l))G_0(f_l)}}. \tag{10.6.99}$$

$\boldsymbol{H}(f_l)$ 的作用: 第一是将阵元输出信号延时补偿, 以对准目标 (即波束形成); 第二是进行空间预白化. 在小信噪比时,

$$h(f_l)\simeq\frac{\sqrt{S(f_l)}}{N(f_l)},$$

相当于 Eckart 滤波器, 即频域白化. 然后是平方积分的能量检测器, 前面 $\boldsymbol{H}(f_l)\cdot\boldsymbol{F}(f_l)$ 是空间处理, 后面是时间处理.

最佳阵增益为

$$\begin{aligned}G_0(f_l)=&\boldsymbol{u}^{*\mathrm{T}}(f_l)\boldsymbol{q}^{-1}(f_l)\boldsymbol{u}(f_l)\\=&\sum_{i}^{M}\sum_{k=1}^{M}T_{ik}(f_l)\mathrm{e}^{\mathrm{j}2\pi f_l(\tau_k-\tau_i)},\\&\boldsymbol{q}^{-1}=\boldsymbol{T}.\end{aligned} \tag{10.6.100}$$

10.6.6　最佳时空处理器与普通标准基阵处理器的性能比较

研究最佳处理器对不同干扰背景及信号的性能, 可以给出可能达到的性能上界, 从而指出普通基阵处理器可能改善的潜力. 而对最佳处理器结构的研究, 可以给出改善普通基阵处理器实现次最佳检测的途径.

空间处理是利用信号和干扰在空间分布上的差别来检测信号, 而时间处理则是利用信号和干扰在谱上的差别来检测信号. 这里指的普通标准基阵处理器是由波束形成器、矩形滤波器和能量检测器构成 (见图 10.6.8).

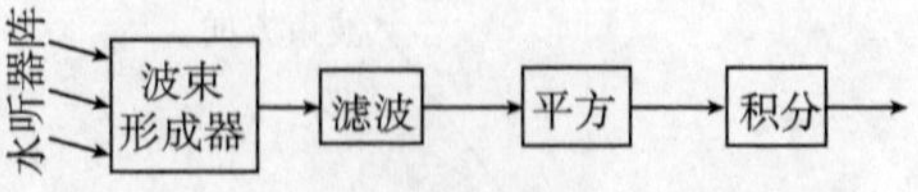

图 10.6.8 普通标准基阵处理器的结构

这种检测器只利用了信号来自空间某一方向这一信息, 而不管干扰场的空间分布以及信号与干扰谱在滤波器频带内谱的差别. 当信号与干扰谱相同, 而干扰场为均匀各向同性, 水听器阵元间不相关时, 标准检测器性能与最佳检测器性能相近. 当上述条件不满足时, 最佳处理器将显现出优越性.

本节着重讨论相关噪声场的两种极端情况：第一种是工作频率很低而基阵相对较小, 虽然干扰场是均匀各向同性的, 但阵元间有一定的相关性. 第二种是存在平面波干扰的情况. 最后给出在水声中常遇到的一些相关干扰场.

(1) 各向同性干扰场.

最佳阵增益为

$$G_0 = \sum_{i}^{M}\sum_{k=1}^{M} T_{ik}(f_l)\mathrm{e}^{\mathrm{j}2\pi f_l(\tau_k-\tau_i)}, \tag{10.6.101}$$

普通标准阵增益为

$$G_0 = M^2 \Big/ \sum_{i}^{M}\sum_{k}^{M} q_{ik}(f_l)\mathrm{e}^{\mathrm{j}2\pi f_l(\tau_k-\tau_i)}, \tag{10.6.102}$$

$$\boldsymbol{q}(f_l) = \|q_{ik}(f_l)\|, \tag{10.6.103}$$

$$\boldsymbol{q}^{-1}(f_l) = \|T_{ik}(f_l)\|. \tag{10.6.104}$$

当频率 f_l 较高, 阵元间隔 $d_{ik} > \lambda/2$ 时, 各水听器间的噪声不相关.

$$q_{ik}(f_l) = \begin{cases} 1 & (i=k) \\ 0 & (i \neq k) \end{cases} \tag{10.6.105}$$

$$\boldsymbol{q}(f_l) = \boldsymbol{q}^{-1}(f_l) = \boldsymbol{I}, \tag{10.6.106}$$

$$G_0 = G_M = M. \tag{10.6.107}$$

这时最佳阵增益与普通阵相同.

当频率很低时, $d_{ik} \ll \lambda/2$, 水听器间噪声相关性很强, 常规阵增益趋于 1, 而最佳阵处理增益并不趋于 1, 可能维持在高频时的同等水平上. 例如, 两水听器构成一基阵, 通过延时叠加形成波束方向与轴线夹角为 θ(见图 10.6.9). 可计算出在低频时最佳阵增益为

$$G_0(f_l) = 1 + 3\cos^2\theta. \tag{10.6.108}$$

当端射时, $\theta = 0, G_0 = 4$, 而 $G_c = 1$.

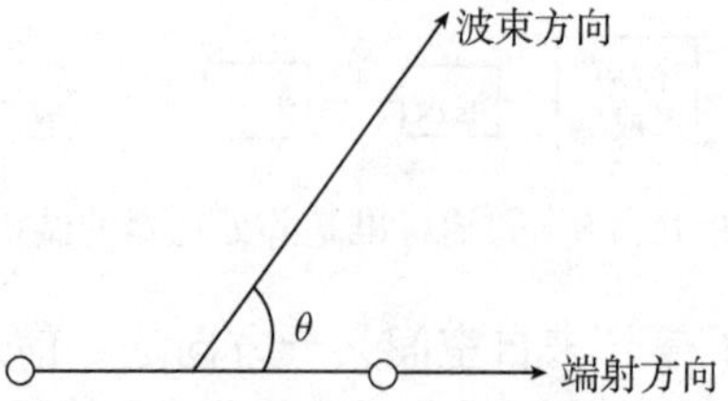

图 10.6.9

下面我们讨论 $G_0(f_l)$ 在波束各个方向上的平均值:

$$\overline{G_0(f_l)\theta,\alpha} = \sum_i \sum_k T_{ik}(f_l)\overline{[\mathrm{e}^{\mathrm{j}2\pi f_l(\tau_k-\tau_i)}]}_{\theta,\alpha}. \tag{10.6.109}$$

在均匀场中,

$$\overline{\mathrm{e}^{\mathrm{j}2\pi f_l(\tau_k-\tau_i)_{\theta,\alpha}}} = q_{ik}(f_l), \tag{10.6.110}$$

$$\begin{aligned}\overline{G_0(f_l)\theta,\alpha} =& \sum_i \sum_k T_{ik}(f_l)\cdot q_{ik}(f_l)\\ =& t_r\boldsymbol{q}^{-1}(f_l)\boldsymbol{q}(f_l) = t_r\boldsymbol{I} = M.\end{aligned} \tag{10.6.111}$$

即最佳阵平均增益随 M 增加而增加, 而普通阵增益 M 达到一定程度后就饱和了. 1961 年, Bryn 得到上述结论后引起人们很大兴趣, 但 1962 年, Vanderkulk 证明, 由于自噪声存在的限制, 要取得大增益, 传感器的数目多得惊人, 对其位置精度要求也无法达到.

例如表 10.6.1 给出均匀球面阵半径为 R、自噪声小于海洋噪声 20 dB 时, 为获得超增益 4 dB 和 6 dB 所需增加的基元数 M.

表 10.6.1 所需增加的基元数 M

最佳阵超增益	R/λ			
	0.48	0.96	1.92	3.84
6 dB	1 000	3.2×10^5	1×10^9	1×10^{14}
4 dB	50	500	1.5×10^4	1×10^6
0 dB普通阵	20	80	320	1 290

最佳处理取得超增益可理解如下: 对任何一个水听器, 可用其他水听器通过线性回归来估计该水听器上的噪声, 然后将其减去, 从而达到解相关减小噪声功率的目的. 当基元很近时, 不仅噪声会被减去, 信号也会被减去很多, 但噪声被减去得更多些, 因此有增益. 当有自噪声时, 因自噪声是独立的, 不会被削弱; 当信号与噪声同时被削弱时, 自噪声的作用就表现出来了. 为此, 必须更大地增加 M. 此外, 要达

到噪声解相关的目的, 还必须精确地知道噪声场的统计特性和阵元的精确位置, 否则达不到抵消噪声的目的, 还会削弱信号.

同样, 从指向性角度来看, 从理论上说, 最佳阵处理可以得到超指向性, 但由于自噪声的限制, 往往效果不甚大.

总之, 在均匀各向同性噪声场中, 在低频情况下, 想用最佳阵获取超增益和超指向性, 只有当基阵尺寸小于波长, 而普通波束形成的增益几乎等于 1 时, 对阵元数目不多的阵可以有一定的效果 (如前面二元阵的例子). 当基阵尺寸大于波长, 想通过尽量增加阵元数目、用最佳阵处理获取超增益和超指向性, 效果是不大的.

(2) 均匀各向同性白噪声 (或窄带噪声, 阵元间隔为 $\lambda/2$) 加平面波干扰噪声场.

$$\boldsymbol{Q}(f_l)=\boldsymbol{N}(f_l)+\boldsymbol{D}(f_l), \tag{10.6.112}$$

其中 $\boldsymbol{N}(f_l)$ 为不相关噪声场的互谱矩阵; $\boldsymbol{D}(f_l)$ 为平面波干扰场的互谱矩阵:

$$\boldsymbol{D}(f_l)=\overline{\boldsymbol{d}(f_l)\cdot\boldsymbol{d}^{*\mathrm{T}}(f_l)}. \tag{10.6.113}$$

平面波干扰矢量为 $\boldsymbol{d}(f_l)=d(f_l)\cdot\boldsymbol{v}(f_l)$.

下面我们讨论检测已知信号 $\boldsymbol{b}(f_l)=b(f_l)\cdot\boldsymbol{u}(f_l)$ 的情况. 最佳处理器输出信噪比 (即检测指数) 为

$$d^2=2\sum_{l=1}^{TW}\boldsymbol{b}^{*\mathrm{T}}(f_l)\boldsymbol{Q}^{-1}(f_l)\boldsymbol{b}(f_l), \tag{10.6.114}$$

$$\boldsymbol{Q}(f_l)=\boldsymbol{N}(f_l)+\boldsymbol{D}(f_l)=N(f_l)\mathbf{1}+D(f_l)\boldsymbol{v}(f_l)\boldsymbol{v}^{*\mathrm{T}}(f_l), \tag{10.6.115}$$

$$\boldsymbol{Q}^{-1}(f_l)=N^{-1}(f_l)\left[1-\frac{D(f_l)\boldsymbol{v}(f_l)\boldsymbol{v}^{*\mathrm{T}}(f_l)}{N(f_l)+MD(f_l)}\right], \tag{10.6.116}$$

$$d^2=2\sum_{l=1}^{TW}\frac{S(f_l)}{N(f_l)}\left[M-\frac{D(f_l)|\boldsymbol{u}^{*\mathrm{T}}(f_l)\boldsymbol{v}(f_l)|^2}{N(f_l)+MD(f_l)}\right]. \tag{10.6.117}$$

由上式可以看出, 当 $D(f_l)=0$, 即无干扰平面波干扰为不相关噪声场时, 上式变为

$$d^2=2\frac{E}{N_0}M. \tag{10.6.118}$$

上式相当于普通波束形成器后接匹配滤波器所得到的输出信噪比, 空间增益为 M.

当存在平面波干扰 $D(f_l)\neq 0$ 时, 普通标准基阵处理器性能随 $\dfrac{D(f_l)}{N(f_l)}$ 的增大而下降, 而最佳处理器的性能取决于 $|\boldsymbol{u}^{*\mathrm{T}}(f_l)\cdot\boldsymbol{v}(f_l)|^2$. 从两维平面上看, $\boldsymbol{u}^{*\mathrm{T}}(f_l)\cdot\boldsymbol{v}(f_l)$ 是两矢量间夹角的余弦. 当 $\boldsymbol{u}$ 与 $\boldsymbol{v}$ 不重合, 分开一定角度时, $|\boldsymbol{u}^{*\mathrm{T}}(f_l)\cdot\boldsymbol{v}(f_l)|^2\approx 0$, 故最佳处理器的空间增益在 M 附近波动.

由上述分析可知, 当干扰场是相关干扰场时, 最佳处理器将表现出显著的优越性. 为了进一步说明最佳处理器是如何获得抗平面波干扰能力的, 我们进一步来研究最佳处理器的结构. 上述最佳处理器的检验统计量是

$$e(\boldsymbol{F}) = \mathrm{Re}\left\{\sum_{l=1}^{TW} F^{*\mathrm{T}}(f_l)N^{-1}(f_l)\cdot\left[\mathbf{1}-\frac{D(f_l)\boldsymbol{v}(f_l)\boldsymbol{v}^{*\mathrm{T}}(f_l)}{N(f_l)+MD(f_l)}\right]\boldsymbol{u}(f_l)\cdot b(f_l)\right\}. \tag{10.6.119}$$

上式转到时域上去, 可得到如图 10.6.10 的结构. 图中

$$F_1(f_l) = [N(f_l)+MD(f_l)]^{\frac{1}{2}}, \tag{10.6.120}$$

$$F_2(f_l) = \frac{b(f_l)F_1(f_l)}{N(f_l)}. \tag{10.6.121}$$

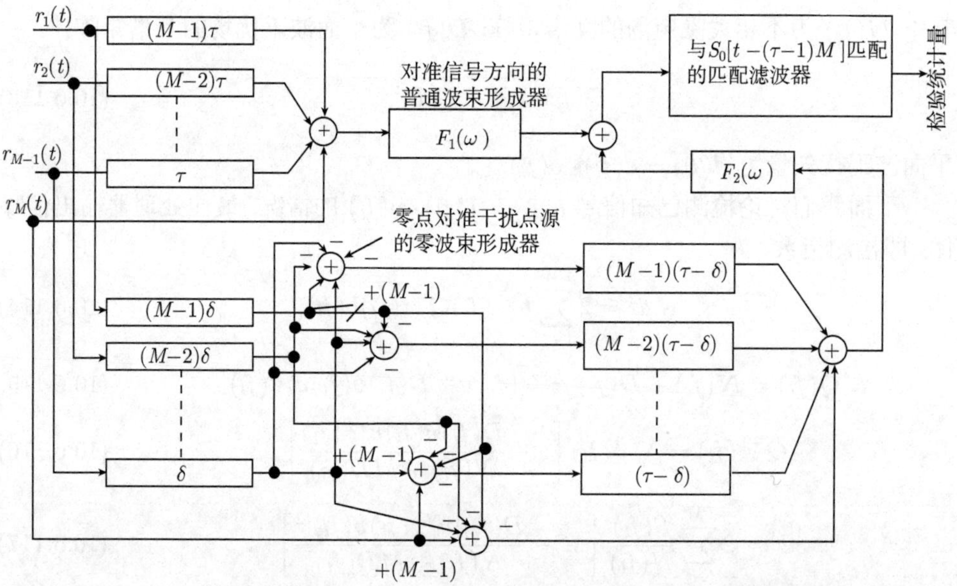

图 10.6.10　在不相关高斯噪声加点源干扰噪声场中检测已知信号的最佳接收机

上列方框图也可分为空间处理和时间处理两部分. 空间处理器包括一个方向对准目标的普通波束形成器和 M 个零形成器. 每个阵元对应一个零形成器, 每个零形成器的零点均对准点源干扰方向. 零形成器是由 $(M-1)$ 个水听器输出估计点源干扰与另一个水听器输出相减来实现的. 零形成器输出经过延时补偿, 在目标方向形成主瓣. 普通波束形成器输出, 经滤波器 $F_1(f_l)$ 与经 $F_2(f_l)$ 滤波器滤波的来自零形成器合成的波束输出相加. 当 $D(f_l) \ll N(f_l)$ 时, 零形成器合成波束起主要作用; 当干扰与信号同方位时, 零形成器合成波束无输出, 普通波束形成器起主导作用.

下面我们研究另一种表达形式:

$$Q^{-1}(f_l)=[N(f_l)+D(f_l)]^{-1}=N^{-1}(f_l)[\mathbf{1}-D(f_l)N^{-1}(f_l)], \tag{10.6.122}$$

$$e(F)=\sum_{l=1}^{TW}b^{*\mathrm{T}}(f_l)N^{-1}(f_l)[\mathbf{1}-D(f_l)N^{-1}(f_l)]F(f_l). \tag{10.6.123}$$

用矩阵符号形式表示成图 10.6.11.

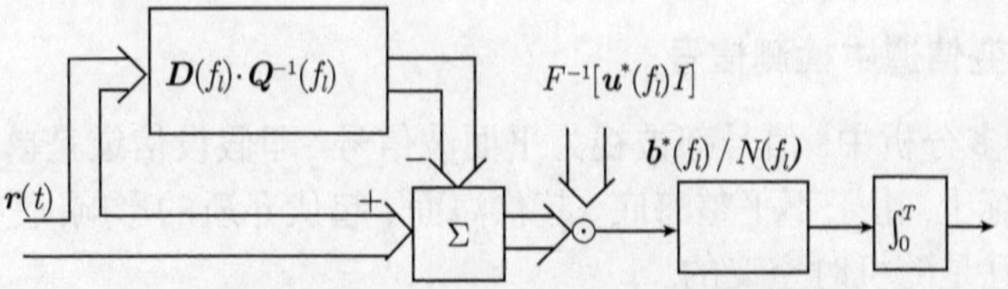

图 10.6.11 另一种最佳接收机结构

处理可分解为三部分: 第一部分用来消除平面波干扰, 先用矩阵滤波器估计平面波干扰, 提供平面波干扰时空采样的估计值, 再与输入时空采样相减来抵消平面波干扰. 第二部分为波束形成器, 用来在目标方向形成波束. 第三部分为时间处理, 由白色滤波器和匹配滤波器构成.

上面关于最佳滤波器结构的分析, 不但便于从物理角度理解最佳处理器的工作原理, 也为具体实现指出了方法.

(3) 水声中常遇到的相关噪声场.

A. 多个平面波干扰 声呐往往在复杂环境中工作. 在周围有很多船只活动, 它们辐射的噪声构成多个平面波干扰场. 这是最常遇到的相关噪声场, 也是最佳处理器大有用武之地.

B. 运动舰艇的混响干扰场 在运动舰艇上 (设舰艇沿舰首方向运动), 不同舷角的散射体回波的多普勒频移是不同的.

$$f_\alpha=\frac{2V}{c}\cos\theta, \tag{10.6.124}$$

其中 V 为舰速; θ 为舷角.

因此, 当发射为无方向性时, 不同频率的混响强度的指向性分布是不同的. 例如, 零多普勒频移时, 混响强度在 90° 舷角最强, 而在舰首、尾方向最弱. 反之, 在最大多普勒频移时, 混响强度在舰首方向最强, 舷角为 ±90° 时很小, 在舰尾方向最弱.

C. 海洋的自然噪声实际上是不满足均匀各向同性的条件的, 尤其在垂直面内. 以深海自然噪声为例, 低频段 (低于 100 Hz) 主要来自水平方向, 是远处舰船噪声

的贡献. 高频段主要来自海面波浪噪声, 最大值在顶部. 噪声的指向性分布有下列经验公式:

$$N(\theta) = A\mathrm{e}^{A\cos\theta} \Big/ [2\pi(\mathrm{e}^{A} - 1)], \tag{10.6.125}$$

θ 等于 0, 相当于垂直向上; A 是频率、海况及其他环境因素的函数.

声呐浮标采用垂直线列阵, 用最佳处理可以获得良好的抗噪声干扰效果.

近岸浅海自然噪声由于海岸噪声的影响, 在水平面内有明显的指向性, 不满足均匀各向同性条件, 也是一种相关噪声场.

10.6.7　在畸变信道中检测信号

在前面很多分析中, 信号都被视为平面波信号, 即假设信道是单途径、线性时不变信道. 实际上, 由于不平整海底、起伏海面、起伏介质的影响, 使得信道不但是多途径的, 而且是随机时空变的.

海洋中水声传播信道可以看成是一个线性系统. 时空变信道的传输函数是时间 t 和接收点空间坐标 x, y, z 的函数:

$$H(f, t, x, y, z).$$

$H(f, t, x, y, z)$ 可看成由稳定部分 H_0 和随机时变部分 $\tilde{H}$ 组成:

$$H(f, t, x, y, z) = H_0(f, t, x, y, z) + \tilde{H}(f, t, x, y, z), \tag{10.6.126}$$

$$H_0(f, t, x, y, z) = \overline{H(f, t, x, y, z)}, \tag{10.6.127}$$

$$\gamma = \frac{H_0^2}{H_0^2 + \overline{|\tilde{H}|^2}}. \tag{10.6.128}$$

γ 为相干系数, 用来表征信道的稳定程度.

在广义平稳非相干散射条件下, $\tilde{H}$ 可用其相关函数 $\varGamma(\Delta f, \Delta t, \Delta x, \Delta y, \Delta z)$ 来描述:

$$\begin{aligned} &\varGamma(\Delta f, \Delta t, \Delta x, \Delta y, \Delta z) \\ =&E[\tilde{H}(f, t, x, y, z)\tilde{H}(f + \Delta f, t + \Delta t, x + \Delta x, y + \Delta y, z + \Delta z)]. \end{aligned} \tag{10.6.129}$$

将 $\Delta f, \Delta t, \Delta x, \Delta y, \Delta z$ 仍用 f, t, x, y, z 表示, 可得到 $\varGamma(f, t, x, y, z)$ 称为广义时频空相干函数. 在 f, t, x, y, z 维对 $\varGamma$ 进行傅里叶变换时, 得到散射函数:

$$R_s(\tau, \phi, u, v, w) \underset{F}{\rightleftharpoons} \varGamma(f, t, x, y, z), \tag{10.6.130}$$

其中 τ 为延时, ϕ 为多普勒频移; u, v, w 为空间频率, 也可写为射角形式:

$$u = \frac{f}{c}\sin\theta_x, \quad v = \frac{f}{c}\sin\theta_y, \quad w = \frac{f}{c}\sin\theta_z. \tag{10.6.131}$$

信道稳定部分可用平均扩展函数来描述:

$$S_0(\tau,\phi,u,v,w) \underset{F}{\rightleftharpoons} H_0(f,t,x,y,z). \tag{10.6.132}$$

确定信号经随机时空变信道传输, 也会分成两部分: 一部分是稳定的, 它可能是由不同延时、不同角度入射的多途信号组成的确知信号. 另一部分是随机时变部分, 当多途信号很多时, 这部分可近似地看成是高斯信号; 而当只有一两个途径时, 应视为未知的确知信号.

下面先考虑随机时变部分为高斯信号时的最佳处理器.

在有信号时

$$\boldsymbol{r}|_{H_1} = \boldsymbol{s}_1 + \boldsymbol{n} = \boldsymbol{s}_{10} + \tilde{\boldsymbol{s}}_1 + \boldsymbol{n}, \tag{10.6.133}$$

在无信号时,

$$\boldsymbol{r}|_{H_0} = \boldsymbol{n}, \tag{10.6.134}$$

$\boldsymbol{r}, \boldsymbol{s}_{10}, \tilde{\boldsymbol{s}}_1, \boldsymbol{n}$ 的傅里叶变换为 $\boldsymbol{F}, \boldsymbol{b}_{10}, \tilde{\boldsymbol{b}}_1, \boldsymbol{a}$. 上两式变为

$$\boldsymbol{F}|_{H_1} = \boldsymbol{b}_{10} + \tilde{\boldsymbol{b}}_1 + \boldsymbol{a}, \tag{10.6.135}$$

$$\boldsymbol{F}|_{H_0} = \boldsymbol{a}, \tag{10.6.136}$$

$$\boldsymbol{Q}_n = \overline{[\boldsymbol{a}, \boldsymbol{a}^{*\mathrm{T}}]}, \tag{10.6.137}$$

$$\boldsymbol{Q}_{\tilde{s}_1} = \overline{[\boldsymbol{b}, \boldsymbol{b}^{*\mathrm{T}}]}, \tag{10.6.138}$$

$$P(\boldsymbol{F})|_{H_1} = \left[\pi^{\frac{MN}{2}} \left|\boldsymbol{Q}_{\tilde{s}_1} + \boldsymbol{Q}_n\right|\right]^{-1} \times \exp[-(\boldsymbol{F} + \boldsymbol{b}_{10})^{*\mathrm{T}}(\boldsymbol{Q}_{\tilde{s}_1} + \boldsymbol{Q}_n)^{-1}(\boldsymbol{F} - \boldsymbol{b}_{10})], \tag{10.6.139}$$

$$P(\boldsymbol{F})|_{H_0} = \left[\pi^{\frac{MN}{2}} |\boldsymbol{Q}_n|\right]^{-1} \exp[-\boldsymbol{F}^{*\mathrm{T}}\boldsymbol{Q}_n^{-1}\boldsymbol{F}], \tag{10.6.140}$$

$$\begin{aligned}\lambda(\boldsymbol{F}) =& \frac{|\boldsymbol{Q}_n|}{|\boldsymbol{Q}_{\tilde{s}_1} + \boldsymbol{Q}_n|} \cdot \exp\{-[\boldsymbol{F}^{*\mathrm{T}}(\boldsymbol{Q}_n + \boldsymbol{Q}_{\tilde{s}_1})^{-1}\boldsymbol{F} - 2\boldsymbol{F}^{*\mathrm{T}}(\boldsymbol{Q}_n + \boldsymbol{Q}_{\tilde{s}_1})^{-1}\boldsymbol{b}_{10} \\ &+ \boldsymbol{b}_{10}^{*\mathrm{T}}(\boldsymbol{Q}_n + \boldsymbol{Q}_{\tilde{s}_1})^{-1}\boldsymbol{b}_{10} - \boldsymbol{F}^{*\mathrm{T}}\boldsymbol{Q}_n^{-1}\boldsymbol{F}]\}.\end{aligned} \tag{10.6.141}$$

取检验统计量为

$$e(\boldsymbol{F}) = \mathrm{Re}[2\boldsymbol{F}^{*\mathrm{T}}(\boldsymbol{Q}_n + \boldsymbol{Q}_{\tilde{s}_1})^{-1}\boldsymbol{b}_{10}] + \boldsymbol{F}^{*\mathrm{T}}\boldsymbol{Q}_n^{-1}\boldsymbol{Q}_{\tilde{s}_1}(\boldsymbol{Q}_n + \boldsymbol{Q}_{\tilde{s}_1})^{-1}\boldsymbol{F}. \tag{10.6.142}$$

前一项为前面已讨论过的检测确知信号的处理表达式. 它可分为时空预白化和匹配滤波两部分.

对有不同延时、不同频移、不同入射方向的 k 个多途信号 $\boldsymbol{b}_{10}$, 可如下取值:

$$\boldsymbol{b}_{10}^{\mathrm{T}} = [\boldsymbol{b}_{10}^{\mathrm{T}}(f_1), \boldsymbol{b}_{10}^{\mathrm{T}}(f_2), \cdots, \boldsymbol{b}_{10}^{\mathrm{T}}(f_l), \cdots, \boldsymbol{b}_{10}^{\mathrm{T}}(f_{TW})], \tag{10.6.143}$$

$$\boldsymbol{b}_{10}^{\mathrm{T}}(f_l)=\sum_{j=1}^{k}a_jb(f_l-f_{lj})\cdot[\exp(-\mathrm{i}2\pi f_l\tau_1^j)\cdots\exp(-\mathrm{i}2\pi f_l\tau_M^j)]. \tag{10.6.144}$$

如果确知经每个途径来的信号的入射角度、延时和多普勒频移, 就可以确定 $\boldsymbol{b}_{10}$. 实际上, 当信道稳定时, 如已知梯度等水文地质要素, 就可用传播理论计算出 $\boldsymbol{b}_{10}$. 实验证明, 它有一定的精度.

第二项是前面已讨论过的检测高斯信号的估计相关系统. 先用维纳滤波器由输入数据矢量中估计要检测的信号矢量, 再与经白化后的输入信号求相关.

这里需要预先知道的是信号的互谱矩阵 $\boldsymbol{Q}_{\tilde{s}_1}$. 它的每一个元素可由信号模糊度函数与信道散射函数卷积后求出. 信道的散射函数需根据水文参数预估.

检测信号确知部分的最佳处理器的输出信噪比为

$$\left(\frac{S_{10}}{N}\right)_{\text{佳}}=\frac{2E_{s_{10}}}{N_0}|x_{s_{10}}(\tau-\phi)|^2. \tag{10.6.145}$$

E_{S10} 为多途信号的能量总和. 而普通匹配滤波器为

$$\left(\frac{S_{10}}{N}\right)_{\text{普}}=\frac{2E}{N_0}\{[x(\tau,\phi)]\cdot[S_0(\tau,\phi)]\}^2. \tag{10.6.146}$$

当 $S_0(\tau,\phi)$ 的分布范围远较 $x(\tau,\phi)$ 为宽时, 或者是干扰现象显著时, 最佳处理器的增益明显.

检测信号随机部分的最佳处理器的输出信噪比为

$$\left(\frac{S_{\tilde{s}_1}}{N}\right)_{\text{佳}}=\frac{1}{2}\boldsymbol{t}_r[(\boldsymbol{Q}_n^{-1}\boldsymbol{Q}_{\tilde{s}_1})^2], \tag{10.6.147}$$

而普通能量检测器为

$$\left(\frac{S_{\tilde{s}_1}}{N}\right)_{\text{普}}=\frac{1}{2}\frac{\{\boldsymbol{t}_r(\boldsymbol{Q}_n^{-1}\boldsymbol{Q}_{\tilde{s}_1})\}^2}{\boldsymbol{t}_r[\boldsymbol{I}]}, \tag{10.6.148}$$

当信号的随机时变部分视为未知确定信号时, 第二部分的处理改为

$$\hat{\boldsymbol{b}}^{*\mathrm{T}}\boldsymbol{Q}_n^{-1}\boldsymbol{F}, \tag{10.6.149}$$

而

$$\hat{b}(f_l)=\frac{\boldsymbol{u}^{*\mathrm{T}}(f_l)\cdot\boldsymbol{Q}_n^{-1}(f_l)\cdot\boldsymbol{F}(f_l)}{\boldsymbol{u}^{*\mathrm{T}}(f_l)\boldsymbol{Q}_n^{-1}(f_l)\cdot\boldsymbol{u}(f_l)}, \tag{10.6.150}$$

仍为估计相关处理, 但不是用维纳滤波器进行 LMS 估计, 而是用最大似然估计.

由于海洋介质和环境的复杂性、多变性, 水声信道是非常复杂的. 目前对水声信道的研究还很初步. 前面介绍的将信道分解为稳定的和随机时变的两部分的这种模型, 也是很粗糙的. 所谓稳定是指在一定时间内的近似, 不同观察时间得到的信

号相干度是不同的. 再如, 把随机部分视为广义平稳非相干散射信道, 也是为了数学上方便的一种近似. 实际上在很多情况下是不满足的, 如在宽频带、大基阵时都可能有问题. 因此应用上述模型时要谨慎.

对信道的了解还需要进行大量的理论和实验研究. 在进行最佳处理时, 参数 b_{10} 和 $\boldsymbol{Q}_{\tilde{s}_1}$ 等的预测是很难很精确的, 而最佳处理器对这些参数又很敏感, 用自适应技术对这些估计参数进行微调, 可能是解决这个问题的一个途径. 微处理机和大规模集成电路的发展, 提供了快速实时处理能力, 为这种技术的采用提供了可能.

10.6.8　自适应波束形成器

1. 最佳处理器的实现和自适应波束形成器

前一节讨论了在各种准则下, 最佳处理器的结构和性能. 通过对最佳时空处理器的分析可以明确, 在实际相关干扰场中如何改进普通处理器的性能. 最佳处理器的结构往往是很复杂的, 随着大规模集成电路的发展, 实现最佳处理器已成为现实可能.

在声呐中, 波束形成实际上是一个对基阵输出数据进行最佳波形估计的问题. 前面我们已讨论了在几种不同准则下, 进行最佳波形估计的网络的传输函数:

LMS 准则

$$\boldsymbol{H}(f_l)=\boldsymbol{S}_{rs}(f_l)\boldsymbol{P}^{-1}(f_l), \tag{10.6.151}$$

无失真最小噪声准则

$$\boldsymbol{H}(f_l)=\frac{\boldsymbol{Q}^{-1}(f_l)\boldsymbol{u}^*(f_l)}{\boldsymbol{u}^{*\mathrm{T}}(f_l)\boldsymbol{Q}^{-1}(f_l)\boldsymbol{u}(f_l)}, \tag{10.6.152}$$

无失真最小输出准则

$$\boldsymbol{H}(f_l)=\frac{\boldsymbol{P}^{-1}(f_l)\cdot\boldsymbol{u}^*(f_l)}{\boldsymbol{u}^{*\mathrm{T}}(f_l)\boldsymbol{P}^{-1}(f_l)\boldsymbol{u}(f_l)}. \tag{10.6.153}$$

于是实现最佳处理的问题就变为如何综合具有上述传输函数的网络. $\boldsymbol{P}$ 是输入数据的时空采样的互谱矩阵. 可通过一定时间观测平均后得到; $\boldsymbol{Q}$ 是噪声时空采样的互谱矩阵. 由于信号和噪声是混在一起的, 实际上很难单独测到 $\boldsymbol{Q}$, 因而无失真最小噪声准则实际上很难实现.

在频域上, 最佳时空处理器的结构如图 10.6.12 所示.

频域上的最佳处理过程是, 来自 M 个水听器的信号 $r_i(t)(i=1,\cdots,M)$, 经带通滤波、采样、A/D 变换后截取一段, 进行傅里叶变换, 得到 N 个傅里叶系数. 将来自各个 FFT 的同一频率的傅里叶系数与相应的复传输函数相乘后相加, 得到该频率的输出的傅里叶系数, 进行反傅里叶变换后可得到输出的最佳波形估计.

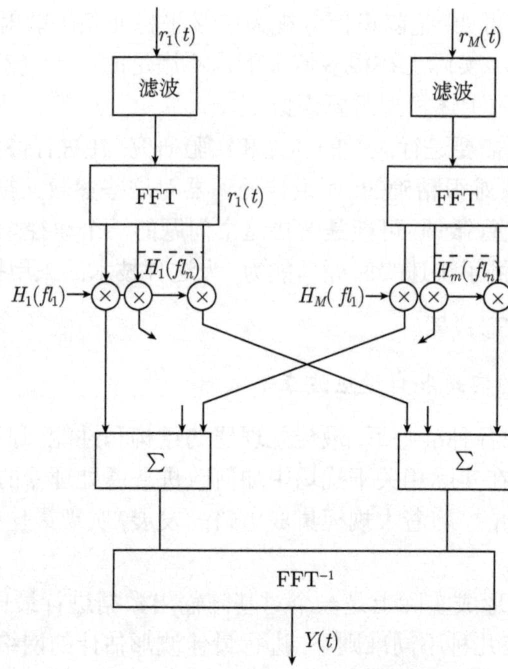

图 10.6.12　频域最佳处理器

在时域上, 最佳处理器是由横向滤波器构成的. 其结构如图 10.6.13 所示.

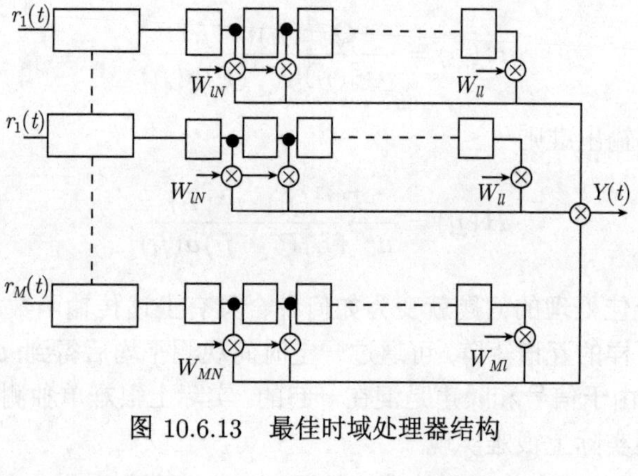

图 10.6.13　最佳时域处理器结构

各横向滤波器的横向抽头, 提供了声场的时空采样矢量 $\boldsymbol{r}$, 与权系数矢量 $\boldsymbol{W}$ 内积, 得到输出 $\boldsymbol{y}$:

$$\boldsymbol{y}=\boldsymbol{W}^{\mathrm{T}}\cdot\boldsymbol{r}=\sum_{i=1}^{M}\sum_{j=1}^{N}r_{ij}W_{ij}. \tag{10.6.154}$$

内积是用线性相加器完成的. 图 10.6.14 给出线性相加器的结构.

时域上进行的是卷积运算, 连续输出数据. 频域上进行的是复乘运算, 是分批处理, 逐段给出输出数据.

如何由输入数据求得最佳传输函数 $\boldsymbol{H}_{\text{opt}}(f_l)$ 和$\boldsymbol{W}_{\text{opt}}$呢? 一种方法是多次测量平均求得 $\boldsymbol{P}(f_l)$, 再计算逆矩阵 $\boldsymbol{P}^{-1}(f_l)$. 由于环境干扰场是不断

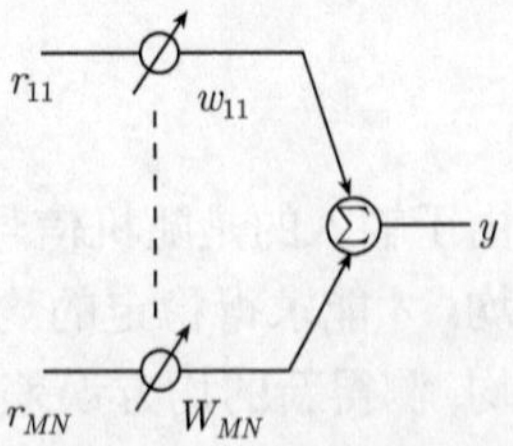

图 10.6.14 线性相加器

地变化的, 必须不断地测量 $\boldsymbol{P}(f_l)$ 不断地调整 $\boldsymbol{H}(f_l)$, 以适应声场的变化. 这种技术称为是自适应的. 在时域处理时, 需计算相关矩阵 $\boldsymbol{R}.\boldsymbol{R}$ 是 $2M\cdot N$ 维矩阵. 一般基阵 $M\cdot N=10^2\sim10^3$, 矩阵的元素达 $10^4\sim10^6$ 个, 计算量非常庞大. 而计算逆矩阵 $\boldsymbol{R}^{-1}$, 一般要运算 $(M\times N)^3$ 次, 这就更困难了. 在输入数据率较高时, 用现代大型计算机实时完成这一运算都有困难, 为此, 提出了不少简化算法.

在频域时计算 $\boldsymbol{P}$, $\boldsymbol{P}$ 是分块对角矩阵, 是对称的, 可大大减少计算量. 如上面的例子, 当 $N=M=10$ 时, 要计算 $\boldsymbol{P}$ 的元素减少为 $M^2/2\times N=500$ 个. 求逆矩阵也简化为对 N 个 M 维矩阵求逆. 为了减少矩阵求逆运算, 可直接对 $\boldsymbol{P}^{-1}$ 进行迭代运算.

这种方法经过简化后还是很复杂的. 对于多波束系统, 由于 $\boldsymbol{P}^{-1}$ 是公用的, 可考虑采用这种算法. 对单波束系统来说显得太复杂了. 而且由于最佳处理器对元件误差很敏感, 上述方法是开环运算的, 换能器阵元的误差或其他误差都可能导致性能下降. 现代声呐自适应波束形成更多地是采用另一种方法: 逼近搜索法. 这是一种闭环自动调节系统, 不仅可简化运算, 而且可以减小元件误差影响 (如基阵后档对换能器阵元的振幅、相位的影响).

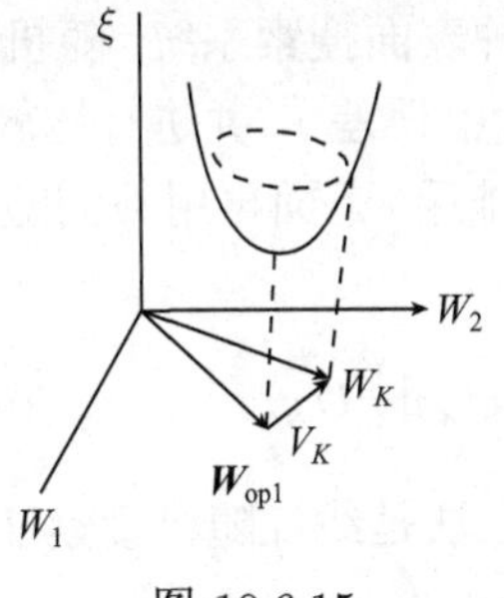

图 10.6.15

现在来讨论时域, 设波束形成器的输出为 $y(t)$, 而期望信号为 $d(t)$, 则均方误差 ξ 如下:

$$\xi\triangleq\overline{[(d(t)-y(t))^2]}. \qquad (10.6.155)$$

ξ 是权系数矢量 $\boldsymbol{W}$ 的两次函数, 在三维空间中看就是一个碗, 如图 10.6.15 所示. 最小点在碗底, 对应最佳权 $\boldsymbol{W}_{\text{opt}}$.

逐步逼近搜索法是先给一组权系数, 测量系统的输出 y 与所期望的最佳阶 d 之间的均方误差 ξ, 然后逐步改善权系数, 使均方误差 ξ 逐渐减小、趋于零而达到最佳解. 向哪个方向改变权系数来减小误差呢? 最常用的是梯度搜索法. 即先沿各方向

改变权系数, 测量误差下降的梯度 ∇_k, 然后沿梯度 ∇_k 的反方向去改变权系数.

$$W(k+1) = w(k) - \mu\nabla_k.$$

由于输入的是随机信号, 误差也是随机的, 对每一组权必须进行一段时间的观测平均, 才能求得稳定的均方误差值 ξ. 然后改变权系数, 再经过一段时间的观测求平均, 测得新的均方误差, 从而测定梯度.

测梯度场采用微分最陡下降法 (DSD). 这种方法是, 对 $\boldsymbol{W}$ 的每一个分量变化 $\pm\delta$ 测量均方误差来确定梯度, 即直接取微分来确定梯度 (见图 10.6.16). 对单变数 W, $\xi(W)$ 是抛物线.

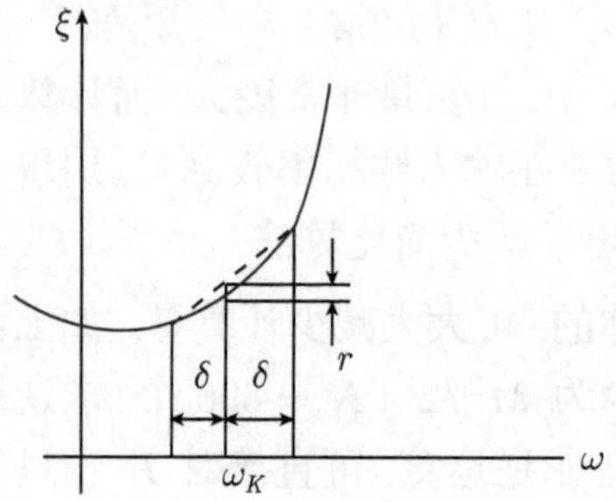

图 10.6.16

$$\xi(W_k) \triangleq \xi_k = \lambda W_k^2 + \xi_{\min}, \qquad (10.6.156)$$

它的一次、二次微分为

$$\left(\frac{\mathrm{d}\xi}{\mathrm{d}W}\right)_{W=W_k} = 2\lambda W_k, \qquad (10.6.157)$$

$$\left(\frac{\mathrm{d}^2\xi}{\mathrm{d}W^2}\right)_{W=W_k} = 2\lambda. \qquad (10.6.158)$$

用 “对称差” 对微分进行数据估计:

$$\left(\frac{\mathrm{d}\xi}{\mathrm{d}W}\right)_{W=W_k} = \frac{\hat{\xi}(W_k+\delta) - \hat{\xi}(W_k-\delta)}{2\delta}, \qquad (10.6.159)$$

$$\left(\frac{\mathrm{d}^2\xi}{\mathrm{d}W^2}\right)_{W=W_k} = \frac{\hat{\xi}(W_k+\delta) - 2\hat{\xi}W_R + \hat{\xi}(W_k-\delta)}{\delta^2}. \qquad (10.6.160)$$

上标号 “∧” 表示在一定时间后测得的估计值.

多维梯度是在 $\boldsymbol{W}$ 的各个分量上进行上述的测量.

另一种方法是线性随机搜索法 (LRS). 这是另一种表面搜索系统. 随机搜索法用随机数发生器来随机变化 $\boldsymbol{W}$. 在变化前后测量其输出误差 $\hat{\xi}$, 并进行比较. 如果变化后 $\hat{\xi}$ 减小, 则这一变化被接受; 如果增大了, 则被排斥. 下面再用新的随机变量来尝试.

$$\boldsymbol{W}_{k+1} = \boldsymbol{W}_k + \frac{1}{2}\left\{1 + \mathrm{sgn}[\hat{\xi}(\boldsymbol{W}_k) - \hat{\xi}(\boldsymbol{W}_k + \boldsymbol{U}_k)]\right\}\boldsymbol{U}_k. \qquad (10.6.161)$$

$\boldsymbol{U}_k$ 为随机矢量. 这种方法简单, 但效率低, 更有效的方法是线性随机搜索法. 其运算公式如下:

$$\boldsymbol{W}_{k+1} = \boldsymbol{W}_k + \beta[\hat{\xi}(\boldsymbol{W}_k) - \hat{\xi}(\boldsymbol{W}_k + \boldsymbol{U}_k)]\boldsymbol{U}_k. \qquad (10.6.162)$$

因为权的修正量正比于均方误差的变化, 故称这种方法是线性随机搜索法.

上述两种方法, 每修正一次 $\boldsymbol{W}$, 都要进行一段时间的观察, 以取得 $\hat{\xi}(\boldsymbol{W}_k)$, 所以花费得时间较多, 实际上多采用 LMS 算法——最小均方误差算法. 这种方法虽然不是通用的, 但它用于自适应线性相加器很有效.

用最小均方误差算法去实现最陡下降法比前述的微分测量更有效, 它用瞬时梯度测量值来代替平均值:

$$\hat{\nabla}_k=\left\{\begin{array}{c}\dfrac{\partial\xi_k^2}{\partial W_1}\\ \vdots\\ \dfrac{\partial\xi_k^2}{\partial W_N}\end{array}\right\}=2\xi_k\left\{\begin{array}{c}\dfrac{\partial\xi_k}{\partial W_1}\\ \vdots\\ \dfrac{\partial\xi_k}{\partial W_N}\end{array}\right\}=-2\xi_k\boldsymbol{r}, \tag{10.6.163}$$

$$\boldsymbol{W}_{k+1}=\boldsymbol{W}_k+2\mu\xi_k\boldsymbol{r}. \tag{10.6.164}$$

由上式可知, 在这种算法中, 没得到一个新的数据, 采样就得到一个新的梯度估计值 $\hat{\nabla}_k$, 进行迭代来修正 $\boldsymbol{W}$. 由于用瞬时值代替平均值, 将引入很大的噪声成分, 但这种噪声在自适应过程中被平滑衰减. 对于固定的 $\boldsymbol{W}$ 对 $\hat{\nabla}_k$ 求平均, 可得到

$$\begin{aligned}\overline{[\hat{\nabla}_k]}&=-2\overline{[\xi_k\boldsymbol{r}_k]}=-2\overline{[d_k\boldsymbol{r}_k-\boldsymbol{r}_k\boldsymbol{r}_k^{\mathrm{T}}\boldsymbol{W}]}\\&=-2(\boldsymbol{S}_{dr}-\boldsymbol{R}_r\boldsymbol{W})=\nabla.\end{aligned} \tag{10.6.165}$$

证明这种估计是无偏的.

LMS 算法的效率远远优于 DSD 和 LRS 算法[24].

2. LMS 自适应线性相加器性能分析

现在来分析时域 LMS 自适应波束形成器的性能, 它的核心是自适应线性相加器, 如图 10.6.17 所示.

$$\boldsymbol{Y}(k)=\boldsymbol{W}^{\mathrm{T}}(k)\cdot\boldsymbol{r}(k)=\boldsymbol{r}^{\mathrm{T}}(k)\cdot\boldsymbol{W}(k),$$

$$\xi(k)=d(k)-\boldsymbol{W}^{\mathrm{T}}(k)\cdot\boldsymbol{r}(k);$$

由式 (10.6.165),

$$\overline{[\hat{\nabla}_k]}=-2(S_{dr}-\boldsymbol{R}_r\boldsymbol{W}),$$

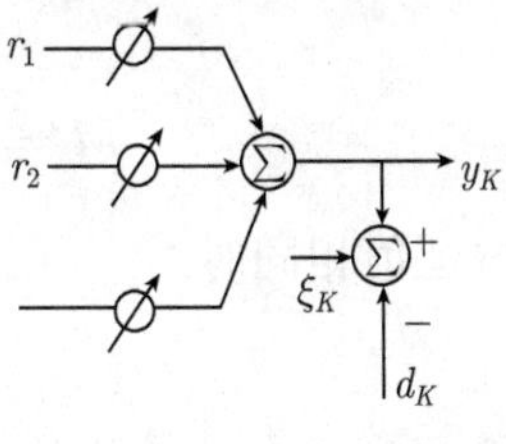

图 10.6.17 自适应线性相加器

当 $\boldsymbol{W}=\boldsymbol{W}_{\mathrm{opt}}$ 时,

$$\overline{[\hat{\nabla}_k]}=0,$$

$$\boldsymbol{W}_{\mathrm{opt}}=\boldsymbol{R}_r^{-1}\boldsymbol{S}_{rd}. \tag{10.6.166}$$

在 LMS 算法中, $\boldsymbol{W}$ 是随机变量, 我们讨论它的平均值 $\overline{\boldsymbol{W}}$ 的收敛过程:

$$\begin{aligned}\overline{\boldsymbol{W}}(k+1) &= \overline{\boldsymbol{W}}(k)-\mu\overline{\nabla}(k)\\ &= \overline{\boldsymbol{W}}(k)+2\boldsymbol{S}_{rd}-2\mu\boldsymbol{R}_r\overline{\boldsymbol{W}}(k)\\ &= \overline{\boldsymbol{W}}(k)-2\mu\boldsymbol{R}_r(\overline{\boldsymbol{W}}(k)-\boldsymbol{W}_{\rm opt})\end{aligned} \tag{10.6.167}$$

再进一步推导上式, 可得到如下一些性质:

(1) 当取 μ 满足 $\dfrac{10}{\lambda_{\max}}>\mu>0$ 时, $\overline{\boldsymbol{W}}(k)$ 收敛于 $\overline{\boldsymbol{W}}_{\rm opt}.\lambda_{\max}$ 是 $\boldsymbol{R}_r$ 的最大本征值.

$$\lambda_{\max}\leqslant\sum_{\rho=1}^{n}\lambda_p=T_r[\boldsymbol{R}_r].(\text{输入总功率}) \tag{10.6.168}$$

一般按

$$\frac{1}{\mathrm{tr}[\boldsymbol{R}_r]}>\mu>0 \tag{10.6.169}$$

来选取 μ.

(2) 当权的误差矢量起始值出现在经正交化的坐标系 (以本征矢量为基) 的某个坐标 W_p 上时 (W_p 对应本征值 λ_p). 误差矢量以指数规律衰减, $\boldsymbol{W}(k)$ 趋于 $\boldsymbol{W}_{\rm opt}$ 的时间常数为

$$\tau_p=\frac{\varDelta}{2\mu\lambda_p}. \tag{10.6.170}$$

$\varDelta$ 为抽样间隔.

对应地有均方误差收敛的时间常数:

$$\tau_{p\rm mse}=\tau_p/2. \tag{10.6.171}$$

(3) 由于权矢量噪声使得 LMS 算法的均方误差不能收敛于 $\xi_{\min}$, 而略高出一个常数, 称为超过量均方误差. 超过量均方误差与 $\xi_{\min}$, 之比称为失调, 用 M 来表示:

$$M=\lim_{k\to\infty}\frac{(\xi(k)-\xi_{\min})}{\xi_{\min}}=\mu\mathrm{tr}[\boldsymbol{R}_r]. \tag{10.6.172}$$

当本征值相同时,

$$M=\frac{\varDelta}{4}\frac{m}{\tau_{p\rm mse}}. \tag{10.6.173}$$

m 为权矢量的维数.

增大 μ 可以加快收敛, 但会使失调增大, 当 $\boldsymbol{R}_r$ 的本征值差异很大时对工作不利. 因收敛速度决定于 $\lambda_{\min}$, 而失调决定于 $\lambda_{\max}$.

在 LMS 系统中, 增加权重系数, 除增加设备的复杂度外, 还会使失调增大. 权重数应按所需的自由度来设定.

在 LMS 系统中, 当 $\boldsymbol{R}_r$ 的本征值相差很悬殊时, 加快收敛速度的方法是进行正交变化, 使变化后的协方差阵对角化. 这时, $\boldsymbol{W}$ 的分量可独立调整, 通过自动增益控制, 使特征值相同来提高收敛速度[25].

3. LMS 自适应波束形成器

在声呐中采用 LMS 自适应波束形成器的关键问题是如何提供期望信号 $d(t)$. 在主动声呐中, 有时或许可知, 但在多数情况下, 尤其是在被动声呐中, 事先是不可能知道 $d(t)$ 的. 为此, 已发展了多种方法来解决这一问题. 一类算法是要求已知目标方位和精确信号波形, 或已知目标方位和信号功率谱, 不需再加其他约束条件. 这类算法得到的权系数趋于用 LMS 最佳波形估计得到的权系数, 它对参数很敏感, 方位、波形和谱的很小误差都可能导致性能下降. 在实际使用中, 即使只要求预先知道目标方位和功率谱也很难满足. 于是又发展了另一类算法, 即有约束算法. 这种方法不再需要预先知道信号的波形或谱, 而只要求知道目标方位. 其方法是加一个约束条件: 在目标方向系统响应为 1. 这种方法相当于无失真最小输出估计, 是一种较实用的算法.

(1) 无约束算法.

Widrow 算法: 这是最早提出的 LMS 算法, 要求已知目标的方位和波形 $d(t)$. 其结构如图 10.6.18 所示.

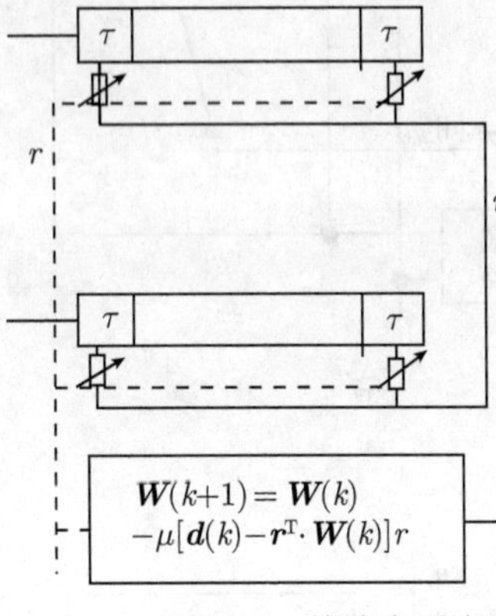

图 10.6.18 Widrow 算法自适应波束形成器

迭代方程为

$$\boldsymbol{W}(k+1)=\boldsymbol{W}(k)-\mu[d(k)-\boldsymbol{r}^{\mathrm{T}}\boldsymbol{W}(k)]\boldsymbol{r},$$

$$\boldsymbol{W}(k+1)=\boldsymbol{W}(k)-[d(k)\boldsymbol{r}(k)-\boldsymbol{r}\cdot\boldsymbol{r}^{\mathrm{T}}\boldsymbol{W}(k)]. \tag{10.6.174}$$

当 $k\to\infty$ 时, 迭代趋于稳定, 解 $\boldsymbol{W}_\infty$:

$$\boldsymbol{W}_\infty=\overline{\boldsymbol{W}(k+1)},$$

$$\overline{\boldsymbol{W}(k+1)}=\overline{\boldsymbol{W}(k)}-\mu[\overline{d(k)\boldsymbol{r}(k)}-\overline{\boldsymbol{r}(k)\boldsymbol{r}(k)^{\mathrm{T}}}\ \overline{\boldsymbol{W}(k)}],$$

$$\overline{d(k)\boldsymbol{r}(k)}=\overline{\boldsymbol{r}(k)\boldsymbol{r}(k)^{\mathrm{T}}}\ \overline{\boldsymbol{W}(k)},$$

$$\boldsymbol{W}_{\infty}=\boldsymbol{R}_r^{-1}\boldsymbol{S}_{rd}, \tag{10.6.175}$$

$\boldsymbol{R}_r=\overline{\boldsymbol{r}(k)\boldsymbol{r}(k)^{\mathrm{T}}}$ 为输入数据的协方差阵.

这种算法权矢量等于最佳 LMS 波形估计的权系数[11].

Griffiths 算法：为了克服 $d(t)$ 不能预先知道的困难, 改为要求已知目标方位和信号功率谱, 即已知 $\boldsymbol{S}_{rd}$ (信号与输入数据采样间相关矢量). 这种算法也成为引导矢量算法. 其结构如图 10.6.19 所示.

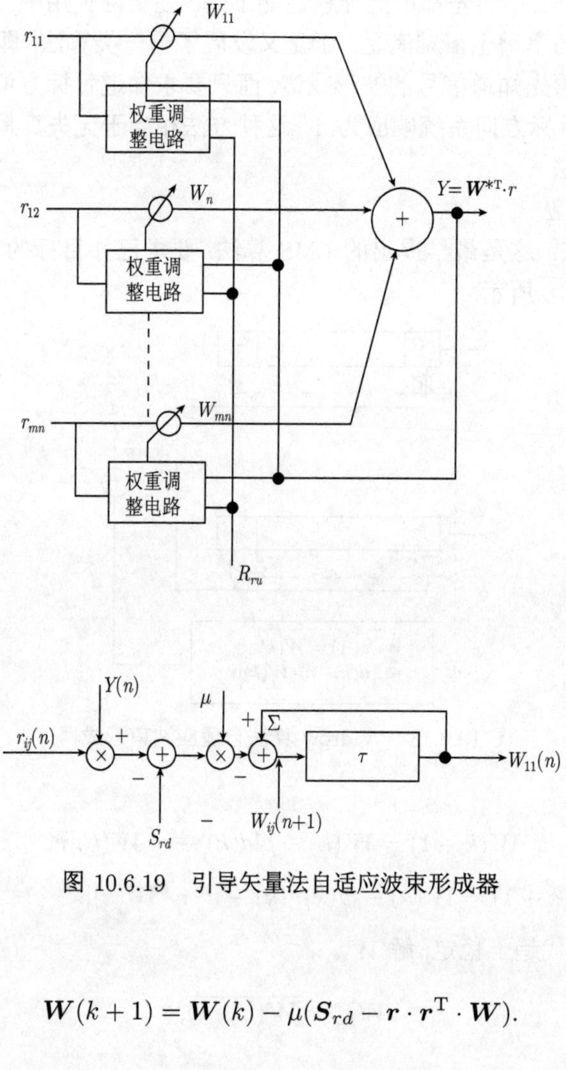

图 10.6.19 引导矢量法自适应波束形成器

迭代方程是

$$\boldsymbol{W}(k+1)=\boldsymbol{W}(k)-\mu(\boldsymbol{S}_{rd}-\boldsymbol{r}\cdot\boldsymbol{r}^{\mathrm{T}}\cdot\boldsymbol{W}). \tag{10.6.176}$$

当 $k \to \infty$ 时,

$$\boldsymbol{W}_\infty = \overline{\boldsymbol{W}(k+1)} = \overline{\boldsymbol{W}(k)},$$

$$\boldsymbol{S}_{rd} - \boldsymbol{r} \cdot \boldsymbol{r}^{\mathrm{T}} \cdot \boldsymbol{W} = 0,$$

$$\boldsymbol{W}_\infty = \boldsymbol{R}_r^{-1} \cdot \boldsymbol{S}_{rd}. \tag{10.6.177}$$

$\boldsymbol{W}_\infty$ 等于 LMS 最佳波形估计的最佳权 $\boldsymbol{W}_{\mathrm{opt}}$ [12,28].

(2) 有约束算法.

单模 Widow 算法: 为了克服 Widow 算法中 $d(t)$ 不能已知的困难, 对于窄带过程, 人工引入已知单频信号作为引导信号, 然后从波束形成输出中用陷波器滤除.

设在输入数据矢量 $\boldsymbol{r}$ 上加引导矢量 $\beta\boldsymbol{S}$($\boldsymbol{S}$ 为规一化的, 振幅为 1, 方法对准目标方向), 对应的期望输出为 βS_0.

迭代方程:

$$\boldsymbol{W}(k+1) = \boldsymbol{W}(k) - \mu[\beta S_0 - (\boldsymbol{r} + \beta\boldsymbol{S})^{\mathrm{T}} \cdot \boldsymbol{W}](\boldsymbol{r} + \beta\boldsymbol{S}),$$

当引导信号很大时 (即 $\beta \to \infty$), 权矢量的稳态解为

$$\begin{cases} \boldsymbol{W}_\infty \cong \dfrac{\boldsymbol{R}_r^{-1} \cdot \boldsymbol{S}}{\boldsymbol{S}^{\mathrm{T}} \cdot \boldsymbol{R}_n^{-1} \cdot \boldsymbol{S}^*} \cdot S_0 \\ \boldsymbol{S}^{\mathrm{T}} \cdot \boldsymbol{W}_\infty \cong S_0 \end{cases}. \tag{10.6.178}$$

令 $\boldsymbol{S} = \boldsymbol{u} \cdot S_0, \boldsymbol{u}$ 为定向矢量,

$$\boldsymbol{W}_\infty = \frac{\boldsymbol{R}_r^{-1} \cdot \boldsymbol{u}^*}{\boldsymbol{u}^{-1} \cdot \boldsymbol{R}_r^{-1} \cdot \boldsymbol{u}^*}, \tag{10.6.179}$$

等于无失真最小输出估计在频域上一个频率上的解. 对窄带信号, $\boldsymbol{P} = \boldsymbol{R}_r$.

这种算法表面上看是无约束的, 实际是有约束的. $\boldsymbol{S}^{\mathrm{T}} \cdot \boldsymbol{W} = S_0$(即 $\boldsymbol{u}^{\mathrm{T}} \cdot \boldsymbol{W} = 1$) 就是约束条件, 约束了主瓣方向. 如宽带工作时, 同时使用多个频率的引导信号. 采用引导信号的优点是: 可在每个阵元通道前引入引导信号来避免相位振幅误差. 缺点是: "浪费" 了动态范围 (因要求 $\beta\boldsymbol{S} \gg \boldsymbol{r}$), 且在输出中需用陷波器滤除 S_0[28].

下面进行的有约束算法的分析中, 把输入数据先经傅里叶变换变到频域上, 每一个频率分辨元上的傅里叶系数用一复数 $\boldsymbol{F}(f_l)$ 来表示. 可把它看成是一窄带随机过程. 讨论在这个窄带上的 LMS 自适应波束形成器, 得到的稳态解为 $\boldsymbol{W}(f_l)$, 相当于最佳波形估计中的 $\boldsymbol{H}(f_l)$.

这里讨论的约束是线性约束, 即约束对准目标主瓣方向响应为 $1.\boldsymbol{u}^{\mathrm{T}} \cdot \boldsymbol{W} = 1, \boldsymbol{u}$ 为定向矢量.

Frost 算法：这种算法令 $d(t)=0$, 另外加线性约束条件 $\boldsymbol{u}^{\mathrm{T}}\cdot\boldsymbol{W}=1$：

$$\begin{cases}\text{使}[\boldsymbol{F}^{*\mathrm{T}}(f_l)\cdot\boldsymbol{W}(f_l)]^2\text{最小}\\ \boldsymbol{u}^T(f_l)\cdot\boldsymbol{W}(f_l)=1\end{cases}. \tag{10.6.180}$$

可解得

$$\boldsymbol{W}(k+1)=\boldsymbol{P}[\boldsymbol{W}(k)-\mu\boldsymbol{F}^*\boldsymbol{F}^{\mathrm{T}}\boldsymbol{W}(k)]+\boldsymbol{u}^*, \tag{10.6.181}$$

$$\boldsymbol{P}=\boldsymbol{I}-\boldsymbol{u}^*\boldsymbol{u}^T \tag{10.6.182}$$

为投影矩阵, 其结构方框图如图 10.6.20 所示.

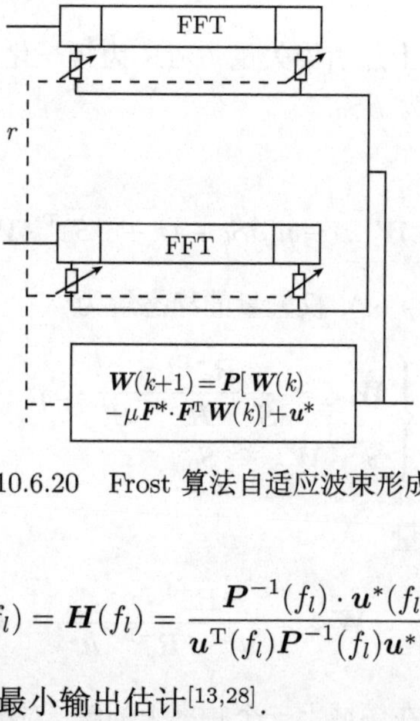

图 10.6.20 Frost 算法自适应波束形成器

稳态解为

$$\boldsymbol{W}(f_l)=\boldsymbol{H}(f_l)=\frac{\boldsymbol{P}^{-1}(f_l)\cdot\boldsymbol{u}^*(f_l)}{\boldsymbol{u}^{\mathrm{T}}(f_l)\boldsymbol{P}^{-1}(f_l)\boldsymbol{u}^*(f_l)}. \tag{10.6.183}$$

这种算法也相当于无失真最小输出估计[13,28].

上述约束称为零阶单点约束. 它对目标方位估计误差很敏感. 为了克服这一缺点, 采用零阶多点约束, 即在主瓣内设置多个约束点. 图 10.6.21 给出在不同信噪比下 (10 dB, 0 dB), 普通波束形成器和零阶单点、零阶三点自适应波束形成器的信号响应. 由图可以看出, 零阶单点自适应波束形成器在大信噪比时对角度很敏感, 主瓣很尖, 而三点约束把主瓣拓宽了, 但还是窄于常规波束形成器, 在小信噪比时与普通波束形成器指向性趋于一致. 零阶约束的自适应波束形成器的指向性图主瓣宽度的 "拓宽" 是以普通波束形成器为 "界" 的.

另一个方法是微商约束, 也称高阶约束, 即用定向矢量的高阶微商作约束. 这时, 投影矩阵 $\boldsymbol{P}$ 取为

$$\boldsymbol{P}=\boldsymbol{T}-\boldsymbol{u}_0\boldsymbol{u}_0^{*\mathrm{T}}-\boldsymbol{u}_1\boldsymbol{u}_1^{*\mathrm{T}}-\boldsymbol{u}_2\boldsymbol{u}_2^{*\mathrm{T}}\cdots\boldsymbol{u}_r\boldsymbol{u}_r^{*\mathrm{T}}, \tag{10.6.184}$$

$\boldsymbol{u}_0=\boldsymbol{u}$ 为定向矢量. $\boldsymbol{u}_r$ 为 $\boldsymbol{u}$ 的 r 次微商; $\boldsymbol{u}_r\cdot\boldsymbol{u}_r^{*\mathrm{T}}$ 为 r 阶约束.

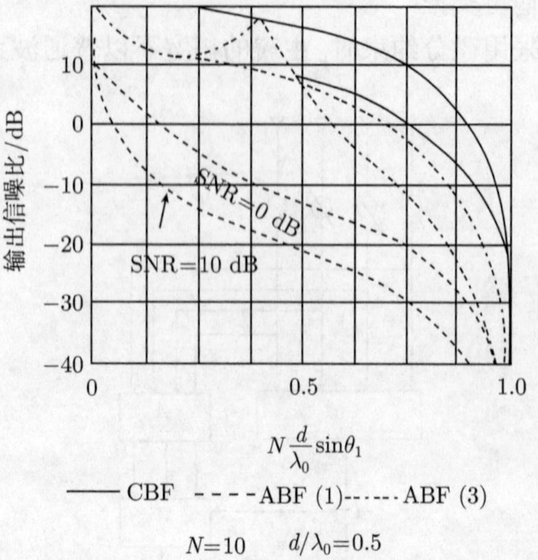

图 10.6.21

图 10.6.22 给出在不同信噪比 (10 dB, −20 dB) 下, 普通波束形成器 (CBF) 与不同微商约束的自适应波束形成器主瓣指向性对比.

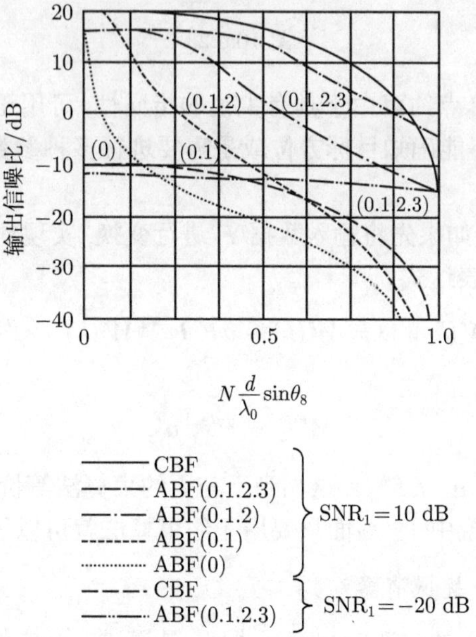

图 10.6.22

途中 ABF(见图 10.6.22) 同时表示采用零阶、一阶、二阶、三阶微商约束的自适应波束形成器, 其他可类推.

由图可以看出, 采用微分约束时, 主瓣的拓宽不以普通波束形成器为界.

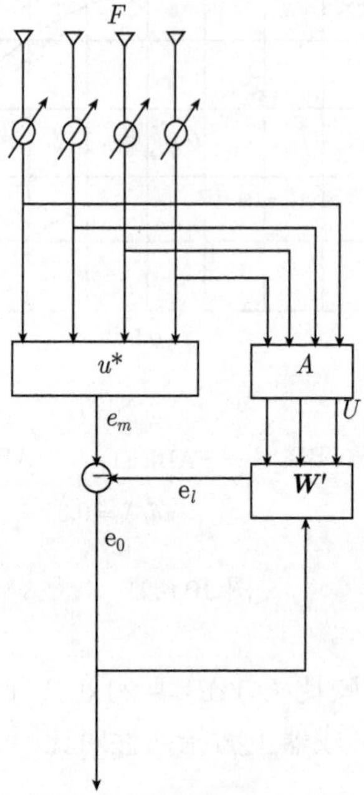

图 10.6.23

一般来说, 零阶单点约束由于具有尖锐的指向性, 可用于抑制主瓣内干扰. 而当环境条件较恶劣, 不能确知目标方位或是需要进行多种参数估计时, 宜采用高阶或单阶多点约束[30].

在 Frost 算法中, 如果先将输入数据 F 进行变换, 实现约束条件以得到 F', 则可得到更简单的迭代表达式:

$$\boldsymbol{W}(k+1) = \boldsymbol{W}(k) - \mu \boldsymbol{F}' \boldsymbol{F}'^{*\mathrm{T}} \boldsymbol{W}(k) + \boldsymbol{u}'^{*}. \tag{10.6.185}$$

稳态解为

$$\boldsymbol{W}_{\infty} = \boldsymbol{P}'^{-1} \boldsymbol{u}'. \tag{10.6.186}$$

对窄带信号而言, $\boldsymbol{u}' = \boldsymbol{S}'_{rM}$, 这相当于与无约束算法等价的 LMS 估计. 因约束条件已移到前面的变换中了, 后面只要用无约束算法就可以了.

4. LMS 自适应干扰抵消器

前面讨论的有约束的自适应波束形成器, 是通过在一定约束条件下, 调节权系数, 使输出功率最小来抑制干扰的. 本节从另一个角度来解决这一问题: 先设法形成一个对目标相应为零的辅助波束, 再将它与对准目标的常规波束相减, 通过调整辅助阵权系数使输出功率最小, 来达到抑制干扰的目的. 这种噪声抵消系统的作用相当于使系统输出与辅助阵输出间相关为零, 又成为相关抵消环路.

(1) 一般相关干扰场——辅助阵旁瓣抵消器. 一般形式信号定向矢量为 $\boldsymbol{u}$. 主波束形成器权系数为 $\boldsymbol{u}^*$. 在对准信号方向形成主波束 e_m.

在辅通道里, 数据矢量先经矩阵滤波器 $\boldsymbol{A}$ 变换得 $\boldsymbol{U}$, 经权系数为 $\boldsymbol{W}'$ 的辅助波束形成器, 形成辅助波束输出 e_L, e_L 与主波束输出 e_m 相减得到系统输出 e_0. $\boldsymbol{W}'$ 的修正原则是使 $\overline{e_0^2}$ 为最小. 约束条件是 $\boldsymbol{A}\cdot\boldsymbol{u}=0$, 即使辅助阵输出对主瓣信号 $\boldsymbol{u}$ 响应为零.

迭代方程为

$$\boldsymbol{W}(k+1)=\boldsymbol{W}'(k)-\mu e_0\cdot\boldsymbol{U}(k), \tag{10.6.187}$$

稳态解为

$$\boldsymbol{W}'_\infty=\boldsymbol{P}_U^{-1}\cdot\boldsymbol{S}_{mU}. \tag{10.6.188}$$

$\boldsymbol{S}_{mU}$ 为 e_m 与 $\boldsymbol{U}$ 间的相关矢量, 整个系统用一网络来表示, 其权矢量为 $\boldsymbol{W}$:

$$e_0=\boldsymbol{F}^{\mathrm{T}}\cdot\boldsymbol{W},$$

稳态解为

$$\boldsymbol{W}_\infty=\frac{\boldsymbol{P}^{-1}\cdot\boldsymbol{u}^*}{\boldsymbol{u}^{\mathrm{T}}\cdot\boldsymbol{P}^{-1}\cdot\boldsymbol{u}^*}. \tag{10.6.189}$$

由这种方法得到的 $\boldsymbol{W}_\infty$ 的稳态解与 Frost 算法得到的 $\boldsymbol{W}_\infty$ 是相同的, 都等于无失真最小输出估计的最佳权系数 $\boldsymbol{W}_{\mathrm{opt}}$.

现在的问题是矩阵滤波器 $\boldsymbol{A}$ 如何设置. 下面介绍几种常用的方法.

硬件约束法: 在处理前先将各阵元延时补偿对准目标. 这时主波束形成器权系数 $\boldsymbol{u}^*$ 如下选取:

$$\boldsymbol{u}^{*\mathrm{T}}=[1,1,\cdots,1,1].$$

然后, 如下取矩阵 $\boldsymbol{A}$:

$$\boldsymbol{A}=\begin{bmatrix} -1 & 1 & 0 & 0 & \cdots\cdots & 0\\ 0 & -1 & 1 & 0 & & \vdots\\ 0 & 0 & -1 & 1 & & \vdots\\ & & \ddots & \ddots & & \vdots\\ & & & \ddots & \ddots & 0\\ 0 & \cdots & & 0 & -1 & 1 \end{bmatrix}, \tag{10.6.190}$$

$$\boldsymbol{A}\cdot\boldsymbol{U}=0.$$

$\boldsymbol{A}$ 是 $(M-1)\times M$ 维矩阵, $\boldsymbol{U}$ 为 $M-1$ 维矢量.

这种矩阵很容易用硬件来实现 (见图 10.6.24). 将相邻两水听器相减, 得到 U. 因已对准目标, 相邻水听器相减可将信号减去而只保留干扰.

波束空间自适应抵消: 波束空间自适应抵消器 [见图 10.6.25 (a)] 用 Butller 矩阵产生如图 10.6.25(b) 所示的一组 "正交" 波束 (注意: 这和本征矢量形成的正交波束不同). 每个波束的峰点对应其他波束的零点. 其中的一个波束对准目标, 被用做主波束. 其他波束输出用自适应线性相加器加权合成辅助波束, 来抵消主波束中的干扰.

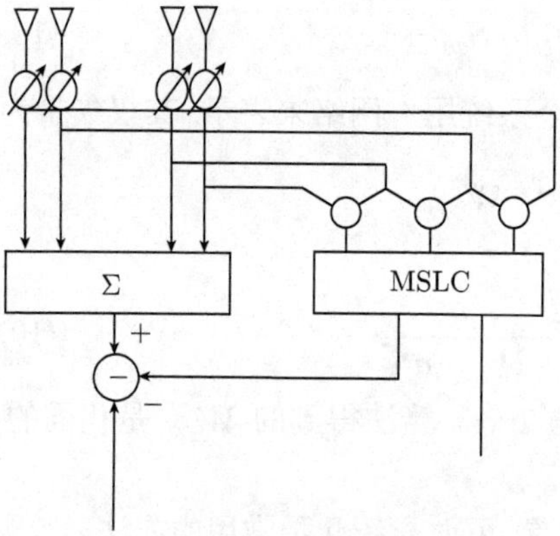

图 10.6.24　硬件约束的辅阵旁瓣抵消器

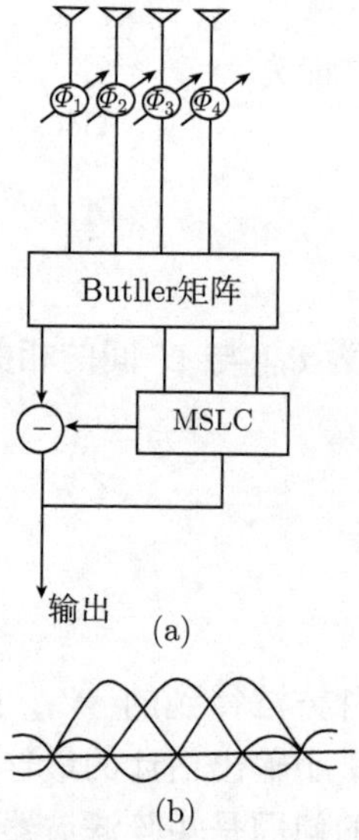

图 10.6.25

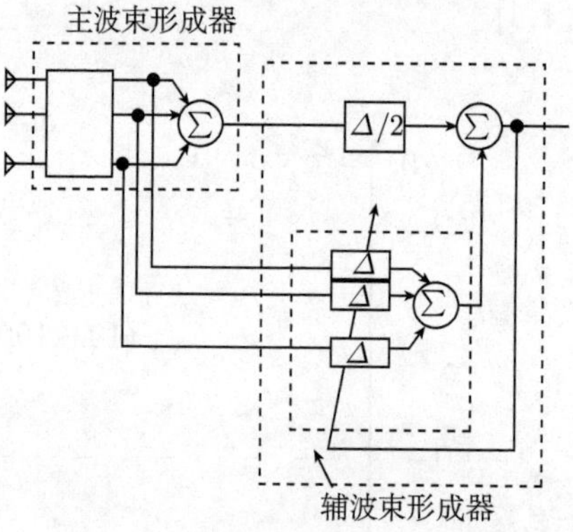

图 10.6.26

由于波束是 "正交" 的, 对准主波束的信号不会在其他波束中有响应. 满足 $\boldsymbol{A}\cdot\boldsymbol{u}=0$ 条件.

零约束自适应波束形成: 这种方法的结构如图 10.6.26 所示.

现在讨论宽带工作情况. 在这里不用矩阵 $\boldsymbol{A}$ 约束, 而代之以人为地令权系数矩阵中间一列或几列为零.

这里指的权系数矩阵是由权系数矢量改变排列方法排成的. 矩阵的行表示权系数的时间分量, 列表示空间分量. 中间空的列视时间相关半径与采样周期之比来定.

单列零约束适合于采样周期大于信号相关半径的情况, 权系数矩阵为

$$\begin{bmatrix} W & \cdots W \ 0 \ W \cdots\cdots W \\ \vdots & \vdots \\ \vdots & \vdots \\ W & \cdots W \ 0 \ W \cdots\cdots W \end{bmatrix}.$$

三列零约束适合于采样周期等于 1/3 相关半径的情况. 权系数的矩阵如下:

$$\begin{bmatrix} W & \cdots W \ 0\ 0\ 0 \ W \cdots W \\ \vdots & \vdots\ \vdots\ \vdots \quad\quad \vdots \\ \vdots & 0\ 0\ 0 \quad\quad \vdots \\ \vdots & \vdots\ \vdots\ \vdots \quad\quad \vdots \\ W & \cdots W \ 0\ 0\ 0 \ W \cdots W \end{bmatrix}.$$

当线阵接受的信号相关半径比采样周期大很多时, 权系数矩阵可采用如下形式, 它可保证不抑制有限扇面内的主瓣信号:

$$\begin{bmatrix} W & \cdots W \ 0\ 0\ 0\ 0\ 0 \ W \cdots W \\ \vdots & \cdots\cdots \ W\ 0\ 0\ 0\ W\ W \quad \vdots \\ \vdots & W\ 0\ W \quad \vdots \\ \vdots & W\ 0\ 0\ 0\ W \quad \vdots \\ W & \cdots W \ 0\ 0\ 0\ 0\ 0\ 0 \ W \cdots W \end{bmatrix}.$$

由于主瓣信号延迟了 $\Delta/2$, 辅助波束形成器只有中间几列权系数 (对应延时为 $\Delta/2$) 的乘积可能与主瓣中目标信号相抵消. 将这些权系数置零, 可保证主瓣内的目标信号不被抵消. 当信号相关半径较短时, 采用这种方法较有效. 当信号频带较窄, 相关半径较长, 且相关函数呈振荡状时, 不宜采用这种方法. 因需设置的零列数目太多, 限制了 W 可调整的自由度.

在前面的一般形式中取 $\boldsymbol{A}$ 为 $M \times M$ 方阵. 实际上可取为 $M \times k$ 矩阵 $(k < M)$. 这样, 自适应线性相加器维数由 M 降至 k, 可简化设备, 而在很多情况下性能损失并不多. 这样做可看成是在整个基阵中只取一部分阵元, 均匀稀疏地取这些阵元就可减少误差. 文献[14]给出了一个例子: 一个 24 元线阵, 信号在 90°, 干扰在 83°, 信号与干扰及均匀噪声背景不相关. 取 1/4 阵元做辅阵, 即接近取全部阵元的效果, 取 1/2 阵元时达到最佳性能, 如图 10.6.27 所示.

(2) 有限个点源干扰场. 单个点源干扰场: 用一个常规主波束对准目标, 再用一个常规辅助波束对准干扰, 用以取得对干扰的估计. 将辅助波束输出经自适应横

向滤波器后, 与主波束输出相减, 构成一个相关抵消环路. 权系数根据使输出功率为最小的 LMS 准则来调整 (见图 10.6.28).

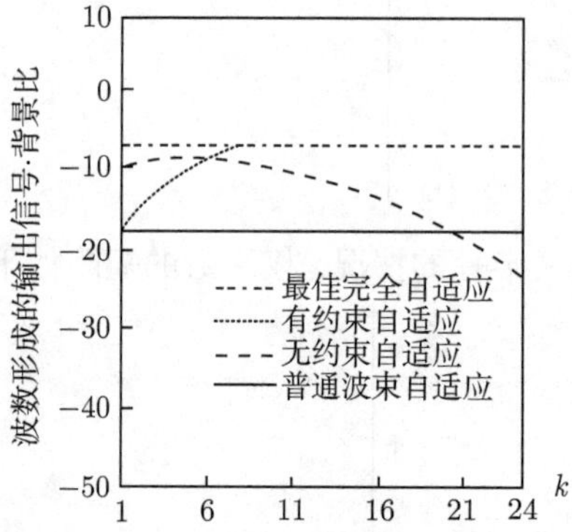

图 10.6.27 输出信号背景比与阵元个数的关系

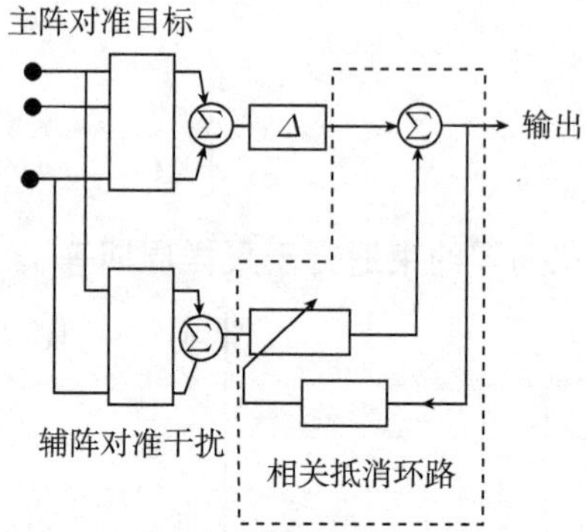

图 10.6.28 抵消单个点源干扰的自适应噪声抵消器

对准干扰的辅助波束可以用全部基阵, 也可只用部分基阵, 甚至当噪声干扰很强时, 可以只用一个阵元, 只要保证在横向滤波器的输入有足够高的干信比.

可以证明, 系统输出的信号功率谱与干扰功率谱之比等于辅助波束形成器输出的干扰与信号比[23]. 因此, 增加辅助波束输出的干信比是非常重要的. 采用普通波束形成器往往还不能保证有足够高的干信比, 为此, 有人采用 Frost 全通型有约束自适应波束形成器来形成对准干扰的辅助波束. 由于干扰目标为水面目标, 可通过其他手段 (雷达、光学等) 精确地测定其方位, 用这种方法可以获得最佳的干信比. 而如果直接用 Frost 自适应波束形成器来产生对准目标的波束, 由于目标方位未能预先精确知道, 对方位估计的误差可能导致性能下降[31].

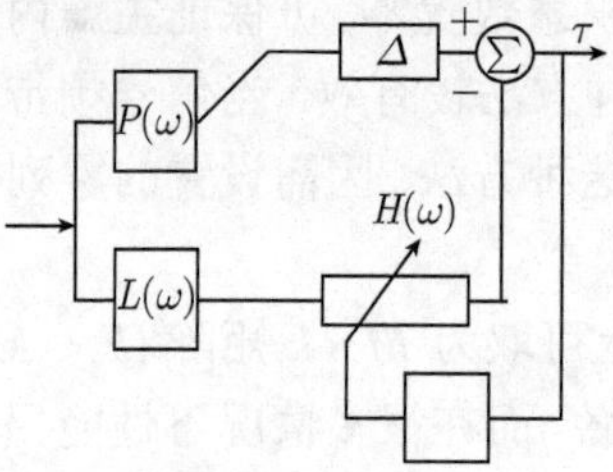

图 10.6.29

主阵和辅阵可能用的是相同的阵元, 也可能不是相同的阵元 (如圆阵情况), 基阵的后档及阵元间的误差等可概括地用图 10.6.29 中的网络 $L(\omega)$ 和 $P(\omega)$ 来表示.

由于干扰源发出的干扰, 经传输函数为 $P(\omega)$ 的网络得到主阵输出, 经过传输函数为 $L(\omega)$ 的网络得到辅助阵输出. 自适应横向滤波器的传输函数为 $H(\omega)$. 当干扰波被抵消时, $H(\omega)$ 如下:

$$H(\omega)=\frac{P(\omega)}{L(\omega)}. \tag{10.6.191}$$

只要 $L(\omega)$ 和 $P(\omega)$ 没有不同的零点, $H(\omega)$ 不会出现极点, 原则上说, 选取适当的参数总可以实现. 因此, 一般说阵元误差不会影响性能.

有限个点源干扰场噪声抵消器：当干扰不止一个时，要用多个辅助阵波束形成器分别形成对准各个干扰的波束. 每个波束后面接一个自适应横向滤波器，其输出与主波束输出相减，构成多个相关抵消环路，可将主阵输出中包含的全部干扰分量全部抵消. 自适应干扰抵消器所用的横向滤波器数目比 LMS 自适应波束形成器要少. 自由度匹配得好，可防止由于自由度过剩造成的失调.

§10.7 信号参量估计

声呐的主要任务是检测信号判决有无目标和测量目标的参数. 声呐的主要待测参数有三个：目标方向；目标距离；目标频率 (径向多普勒速度).

声呐接收到的信号 $r(t)$ 是有用信号 $s(t)$ 和干扰噪声 $n(t)$ 的混合. 有用信号 $s(t)$ 可以是目标发生的噪声，也可以是目标的反射回波，上述参数存在于有用信号 $s(t)$ 之中. 接收信号可以表示为

$$r(t) = s(t, a_1, \cdots, a_m) + n(t). \tag{10.7.1}$$

对 $r(t)$ 的一组时空采样 $\boldsymbol{r}$ 除了用以判决有无目标外，还需用其测定目标参数，这就是信号参量估计问题. 与检测问题相同，也存在着多种最佳准则. 本节着重给出最大似然准则下，对距离、方位和频率的估计，并给出估计的克拉默–罗界限. 为了简化起见，重点讨论均匀各向同性白高斯噪声场的情况.

10.7.1 几种最佳准则和克拉默–罗界限

贝叶斯估值：对观测值 $\boldsymbol{r}$ 根据某种准则确定估值 $\hat{\alpha}$，与检测理论类似，对估值误差 $\hat{\alpha}-\alpha$ 给以相应的代价函数 $c(\hat{\alpha}-\alpha)$. 代价函数对 α 求平均值可得到平均风险 $c(\hat{\alpha})$，使平均风险为最小的准则称为贝叶斯准则，由此得到的估计量称为贝叶斯估计量.

代价函数可以有多种取法，典型的有

$$c(\hat{\alpha}-\alpha) = (\hat{\alpha}-\alpha)^2, \tag{10.7.2}$$

$$c(\hat{\alpha}, \alpha) = |\hat{\alpha}-\alpha|, \tag{10.7.3}$$

$$c(\hat{\alpha}-\alpha) = \begin{cases} 0 & |\hat{\alpha}-\alpha| \leqslant \Delta/2 \\ 1 & |\hat{\alpha}-\alpha| > \Delta/2 \end{cases} \tag{10.7.4}$$

$c(\hat{\alpha}, \alpha) = (\hat{\alpha}-\alpha)^2$ 称为平方代价函数，用它产生的是最小均方误差估计. 下面以单个参数 α 的情况来讨论：

$$c(\hat{\alpha}|r) = \int_{\{\alpha\}} = (\hat{\alpha}-\alpha)^2 P(\alpha/\boldsymbol{r})\mathrm{d}\alpha, \tag{10.7.5}$$

$$\frac{\partial c}{\partial \hat{\alpha}} = \int_{\{\alpha\}} \alpha(\hat{\alpha} - \alpha) P(\alpha|\boldsymbol{r}) \mathrm{d}\alpha = 0. \tag{10.7.6}$$

解得 $\hat{\alpha}$ 如下:

$$\hat{\alpha} = \frac{\displaystyle\int_{\{\alpha\}} \alpha P(\alpha|\boldsymbol{r}) \mathrm{d}\alpha}{\displaystyle\int_{\{\alpha\}} P(\alpha|\boldsymbol{r}) \mathrm{d}\alpha}.$$

因为 $\int_{\{\alpha\}} P(\alpha|\boldsymbol{r}) \mathrm{d}\alpha = 1$, 可得

$$\hat{\alpha} = \int_{(\alpha)} \alpha P(\alpha|r) \mathrm{d}\alpha = \overline{\alpha}|\boldsymbol{r}. \tag{10.7.7}$$

贝叶斯估值等于给定 $\boldsymbol{r}$ 时 α 的后验概率均值. 这种估计称为最小均方误差估计, 或后验均值估计.

同样, 用式 (10.7.3) 线性代价函数得到的是后验概率的中值, 称为后验中值估计:

$$\int_{-\infty}^{\hat{\alpha}} P(\alpha|\boldsymbol{r}) \mathrm{d}\alpha = \int_{\hat{\alpha}}^{+\infty} P(\alpha|\boldsymbol{r}) \mathrm{d}\alpha. \tag{10.7.8}$$

用式 (10.7.4) 代价函数得到的是最大后验概率估值, 称为最大后验概率估计.

当 $P(\alpha|\boldsymbol{r})$ 为高斯型时, 均值、中值、最大值是一致的, 这三种代价函数得到的贝叶斯估值是一致的, 更进一步看, 若 $P(\alpha|\boldsymbol{r})$ 对条件均值是对称的, 只要代价函数也是对称的, 上凹的贝叶斯估值都等于最小均方误差估值. 这种性质称为贝叶斯估计的不变性.

最大似然估值: 实际上往往不知道 α 的先验分布 $P(\alpha)$, 也很难确定代价函数, 为此需要一种不要先验知识的准则, 这就是最大似然比准则:

$$P(\alpha|\boldsymbol{r}) = \frac{P(\boldsymbol{r}|\alpha) \cdot P(\alpha)}{P(\boldsymbol{r})}. \tag{10.7.9}$$

由于 $P(\boldsymbol{r})$ 与 α 无关, 若 $P(\alpha)$ 很宽、无峰, 则使 $P(\alpha|\boldsymbol{r})$ 最大与使 $P(\boldsymbol{r}|\alpha)$ 最大是等效的, 最大后验概率准则变为最大似然准则, 其估值为最大似然估值. 它的物理意义就是, 取使得 $P(\boldsymbol{r}|\alpha)$ 为最大的那个 α 值做估计值, 从直观上看是一种最佳取法.

估计量的性质, 克拉默–罗界限: 估计量 $\hat{\alpha}$ 依赖于观测值 $\boldsymbol{r}$, 换一个 $\boldsymbol{r}$ 得到一个新的值 $\hat{\alpha}$. 因此, $\hat{\alpha}(\boldsymbol{r})$ 是一个随机变量, 它有均值和方差. 如 $\hat{\alpha}$ 的均值等于其真实值 α, 则称估计是无偏的.

观测值 $\boldsymbol{r}$ 包含的样本数愈多, $\hat{\alpha}$ 的方差愈小, 即愈密集地分布于真实值附近, 这时称估计值是一致的. 在一定条件下估计量的方差存在着一个下限, 称为克拉默–罗界限. 用任何方法获得的估计量只能大于等于它.

先讨论待估计量 α 为随机变量的情况.

估计量的偏差对 $\boldsymbol{r}$ 的均值等于

$$\int_{-\infty}^{\infty}[\hat{\alpha}(\boldsymbol{r})-\alpha]P(\boldsymbol{r}|a)\mathrm{d}\boldsymbol{r}=b(\alpha). \tag{10.7.10}$$

α 是随机的, 其先验概率分布为 $P(x)$:

$$\int_{-\infty}^{\infty}[\hat{\alpha}(\boldsymbol{r})-\alpha]P(\boldsymbol{r},\alpha)\mathrm{d}\boldsymbol{r}=b(\alpha)P(\alpha). \tag{10.7.11}$$

对 α 微商,

$$\begin{aligned}&-\int P(\boldsymbol{r},\alpha)\mathrm{d}\boldsymbol{r}+\int[\alpha(\boldsymbol{r})-\alpha]\frac{\partial P(\boldsymbol{r},\alpha)}{\partial\alpha}\mathrm{d}\boldsymbol{r}\\&=\frac{\mathrm{d}}{\mathrm{d}\alpha}[b(\alpha)P(\alpha)].\end{aligned}$$

在 $(-\infty,\infty)$ 区间对 α 积分,

$$\begin{aligned}&-1+\iint[\hat{\alpha}(\boldsymbol{r})-\alpha]\frac{\partial P(\boldsymbol{r},\alpha)}{\partial\alpha}\mathrm{d}\boldsymbol{r}\mathrm{d}\alpha\\&=b(\alpha)P(\alpha)|_{-\infty}^{\infty}=0,\end{aligned} \tag{10.7.12}$$

$$\iint[\hat{\alpha}(\boldsymbol{r})-\alpha]P(\boldsymbol{r},\alpha)\frac{\partial\ln P(\boldsymbol{r},\alpha)}{\partial\alpha}\mathrm{d}\boldsymbol{r}\mathrm{d}\alpha=1.$$

利用施瓦尔茨不等式, 可得

$$\iint[\hat{\alpha}(\boldsymbol{r})-\alpha]^2P(\boldsymbol{r},\alpha)\mathrm{d}\boldsymbol{r}\mathrm{d}\alpha=1$$

$$\iint\left[\frac{\partial\ln P(\boldsymbol{r},\alpha)}{\partial\alpha}\right]^2P(\boldsymbol{r},\alpha)\mathrm{d}\boldsymbol{r}\mathrm{d}\alpha\geqslant1,$$

$$\sigma^2(\hat{\alpha})=\overline{[\hat{\alpha}(\boldsymbol{r})-\alpha]^2}\geqslant\frac{1}{\overline{\left[\frac{\partial\ln P(\boldsymbol{r},\alpha)}{\partial\alpha}\right]^2}}=\mathrm{CR}. \tag{10.7.13}$$

CR 就是克拉默-罗界限.

$$\int_{-\infty}^{\infty}P(\boldsymbol{r},\alpha)\mathrm{d}\boldsymbol{r}=P(\alpha).$$

对 α 微商,

$$\int_{-\infty}^{\infty}\frac{\partial P(\boldsymbol{r},\alpha)}{\partial\alpha}\mathrm{d}\boldsymbol{r}=\int\frac{\partial\ln P(\boldsymbol{r},\alpha)}{\partial\alpha}P(\boldsymbol{r},\alpha)\mathrm{d}\boldsymbol{r}=\frac{\mathrm{d}P(\alpha)}{\mathrm{d}\alpha}.$$

再对 α 微商,

$$\int_{-\infty}^{\infty}\frac{\partial^2\ln P(\boldsymbol{r},\alpha)}{\partial\alpha^2}P(\boldsymbol{r},\alpha)\mathrm{d}\boldsymbol{r}+\int\left[\frac{\partial\ln P(\boldsymbol{r},\alpha)}{\partial\alpha}\right]^2P(\boldsymbol{r},\alpha)\mathrm{d}\boldsymbol{r}=\frac{\mathrm{d}^2P(\alpha)}{\mathrm{d}\alpha^2}.$$

α 在 $(-\infty,+\infty)$ 区间积分,

$$\overline{\left[\frac{\partial^2 \ln P(\boldsymbol{r},\alpha)}{\partial\alpha^2}\right]}+\overline{\left[\frac{\partial \ln P(\boldsymbol{r},\alpha)}{\partial\alpha^2}\right]^2}=\left.\frac{\mathrm{d}P(\alpha)}{\mathrm{d}\alpha}\right|_{-\infty}^{+\infty}=0.$$

$$\overline{\frac{\partial^2 \ln P(\boldsymbol{r},\alpha)}{\partial\alpha^2}}=-\overline{\left[\frac{\partial \ln P(\boldsymbol{r},\alpha)}{\partial\alpha}\right]^2}.$$

克拉默–罗界限 CR 也可写为

$$\sigma^2(\hat{\alpha})\geqslant-\frac{1}{\overline{\left[\frac{\partial^2 \ln P(\boldsymbol{r},\alpha)}{\partial\alpha^2}\right]^2}}=\mathrm{CR}. \tag{10.7.14}$$

而施瓦尔茨不等式成立的条件要求式 (10.7.12) 中的 $[\hat{\alpha}(\boldsymbol{r})-\alpha]$ 与 $\dfrac{\partial \ln P(\boldsymbol{r},\alpha)}{\partial\alpha}$ 间线性有关, 即存在克拉默–罗界限的充要条件是

$$\frac{\partial \ln P(\boldsymbol{r}|\alpha)}{\partial\alpha}=k[\hat{\alpha}(\boldsymbol{r})-\alpha]. \tag{10.7.15}$$

当待估计量 α 为非随机未知参量时, 存在克拉默–罗界限的充要条件是

$$\frac{\partial \ln P(\boldsymbol{r}|\alpha)}{\partial\alpha}=k(\alpha)[\hat{\alpha}(\boldsymbol{r})-\alpha]. \tag{10.7.16}$$

克拉默–罗界限 CR 是

$$\sigma^2(\hat{\alpha})\geqslant-\frac{\left[1+\dfrac{\mathrm{d}b(\alpha)}{\mathrm{d}\alpha}\right]^2}{\overline{\left[\left(\dfrac{\partial \ln(P|\alpha)}{\partial\alpha}\right)^2\right]}}=-\frac{\left[1+\dfrac{\mathrm{d}b(\alpha)}{\mathrm{d}\alpha}\right]^2}{\overline{\left[\left(\dfrac{\partial^2 \ln(P|\alpha)}{\partial\alpha^2}\right)\right]}}=\mathrm{CR}. \tag{10.7.17}$$

$b(\alpha)$ 为估计量 $\hat{\alpha}$ 的偏量:

$$b(\alpha)=\int(\hat{\alpha}-\alpha)P(\boldsymbol{r}|a)\mathrm{d}\boldsymbol{r}. \tag{10.7.18}$$

对于无偏量估计量 $b(\alpha)=0$, 式 (10.7.14) 变为

$$\sigma^2(\hat{\alpha})\geqslant-\frac{1}{\overline{\left[\left(\dfrac{\partial \ln P(\boldsymbol{r}|\alpha)}{\partial\alpha}\right)^2\right]}}=\frac{-1}{\overline{\left[\left(\dfrac{\partial^2 \ln P(\boldsymbol{r}|\alpha)}{\partial\alpha^2}\right)\right]}}=\mathrm{CR}, \tag{10.7.19}$$

能够达到最小方差的无偏估计量并不总是存在的, 但只要存在的话, 它必定是最大似然估计量. 因最大似然估计要求:

$$\left.\frac{\partial \ln P(\boldsymbol{r}|\alpha)}{\partial\alpha}\right|_{\alpha=\hat{\alpha}_{ML}}=0.$$

将上式与式 (10.7.16) 相比, 取 $\alpha=\hat{\alpha}_{ML}$, 可得到

$$k(\alpha)(\hat{\alpha}-\alpha_{ML})=0, \text{即}\hat{\alpha}=\hat{\alpha}_{M_0}.$$

这说明最大似然估计量达到了克拉默–罗界限, 这种估计量称为有效估计量.

若一个估计量是有效的, 则它必定是充分估计量. 但有时有效估计量可能不存在, 而充分估计量仍可以存在. 所谓充分估计量的含义是指估计量 $\hat{\alpha}(\boldsymbol{r})$ 中包括了 r 中关于参数 α 的全部信息.

10.7.2 方位角估计[15]

这一节用最大似然估值来分析方位角估计问题. 由 §10.6.2 知道, 信号 $\boldsymbol{r}$ 先经傅里叶变换变为 $\boldsymbol{F}$, 对应有协方差矩阵 $\boldsymbol{P}$. 有用信号 $\boldsymbol{s}$ 变换为 $\boldsymbol{b}$, 噪声 $\boldsymbol{n}$ 变为 $\boldsymbol{a}$, 噪声协方差矩阵为 $\boldsymbol{Q}$.

$$P(\boldsymbol{r}|\theta)=\frac{1}{(\pi)^{\frac{m}{2}}|\boldsymbol{P}|^{\frac{1}{2}}}\exp(-\boldsymbol{F}^{*\mathrm{T}}\boldsymbol{P}^{-1}\boldsymbol{F}), \tag{10.7.20}$$

其中 $\boldsymbol{P}=\boldsymbol{b}\cdot\boldsymbol{b}^{*\mathrm{T}}+\boldsymbol{Q}, \boldsymbol{Q}^{\mathrm{T}}=[\boldsymbol{Q}(f_1)\cdots\boldsymbol{Q}(f_l)\cdots]$, 而

$$\boldsymbol{Q}(f_l)=N(f_l)\cdot\boldsymbol{q}(f_l),$$

$$y(\theta)=\frac{\partial\ln P(\boldsymbol{r}|\theta)}{\partial\theta}. \tag{10.7.21}$$

经复杂运算可得到

$$\begin{aligned}y(\theta)=\sum_l\bigg\{&h(f_l)\boldsymbol{F}^{*\mathrm{T}}(f_l)\boldsymbol{q}^{-1}(f_l)\boldsymbol{U}(f_l)\mathrm{i}2\pi f_l\boldsymbol{T}U^{*\mathrm{T}}(f_l)\boldsymbol{q}^{-1}(f_l)\boldsymbol{F}(f_l)\\&-h(f_l)E(f_l)\cdot\frac{\partial G(f_l)}{\partial\theta}\cdot|\boldsymbol{I}^{*\mathrm{T}}\boldsymbol{U}^{*\mathrm{T}}(f_l)\boldsymbol{q}^{-1}(f_l)\boldsymbol{F}(f_l)|^2\\&-\frac{\partial G(f_l)}{\partial\theta}E(f_l)\bigg\},\end{aligned} \tag{10.7.22}$$

其中

$$E(f_l)=N(f_l)\cdot h(f_l), \tag{10.7.23}$$

而

$$h(f_l)=\frac{S(f_l)/N^2(f_l)}{1+G(f_l)\dfrac{S(f_l)}{N(f_l)}}. \tag{10.7.24}$$

这里, $S(f_l)$ 和 $N(f_l)$ 分别为信号和噪声的功率谱. $G(f_l)$ 是基阵增益.

$$G(f_l)=\boldsymbol{u}^{*\mathrm{T}}(f_l)\cdot\boldsymbol{q}^{-1}(f_l)\boldsymbol{u}(f_l), \tag{10.7.25}$$

$$
\boldsymbol{U} = \boldsymbol{U}(f_l) = \begin{bmatrix} e^{\mathrm{j}2\pi f_l \tau_1} & & 0 \\ 0 & \ddots & 0 \\ \vdots & \ddots & \vdots \\ \vdots & \ddots & \vdots \\ 0 & \cdots\cdots\cdots 0 & e^{\mathrm{j}2\pi f_l \tau_M} \end{bmatrix}. \tag{10.7.26}
$$

T 为权系数矩阵, 它的元素 $t_{ij} = \cos\dfrac{r}{c}(z_i - z_j)$, r 为信号相对于基阵轴 (z 轴) 的方位角, z_i 表示第 i 个基元的位置.

由式 (10.7.22) 得到的估计系统原理方框图如图 10.7.1 所示. 式中第一项由图中方块①, ②完成. 方块①是一个基本的最佳检测器. 式中第二项、第三项分别由③, ④完成, 如在一定范围内, 增益 G 与 θ 无关, 则③, ④可取消.

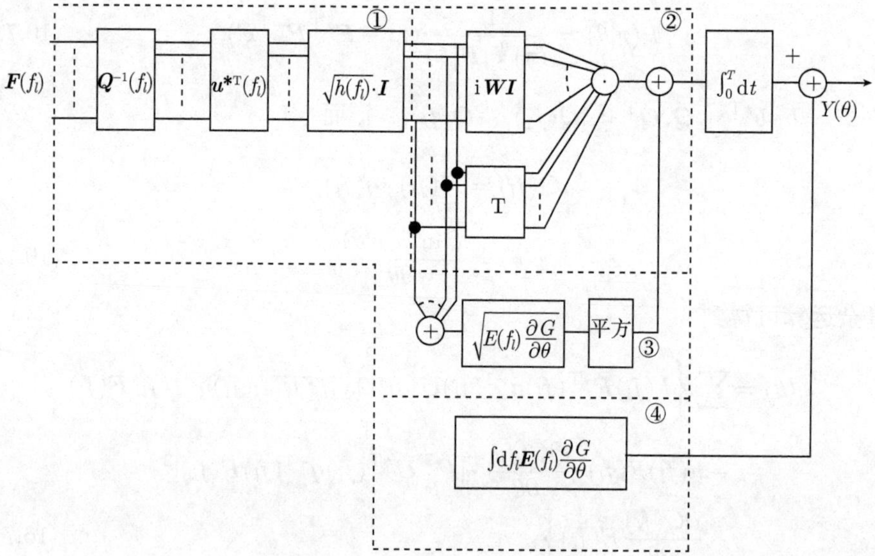

图 10.7.1　最佳方位估计器

现在讨论不相关噪声场的特殊情况: $\boldsymbol{q} = I, G(f_l) = M$, 这时系统简化为图 10.7.2.

图 10.7.3 给出了普通分波束正交相关器的原理方框图.

对比图 10.7.2 和图 10.7.3 可以看出两者的差别在于: 最佳处理器是将每一阵元输出相移 90° 和其他阵元相乘, 而多波束正交相关器, 每一阵元输出仅与另一半基阵中的阵元输出相乘. 另外, 最佳处理器在频域上处理, 而分波束正交相关器是在时域上处理.

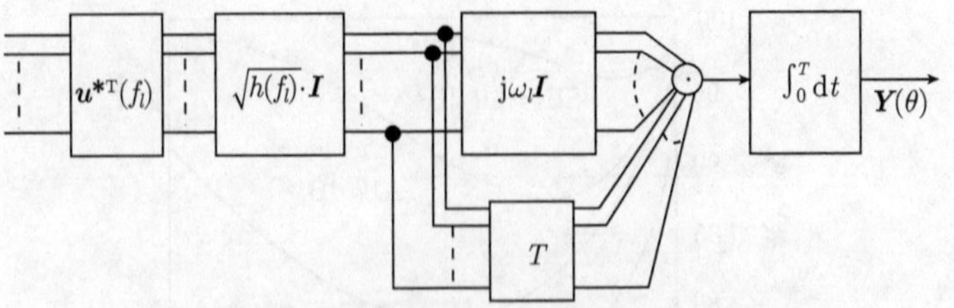

图 10.7.2 不相关噪声场中最佳方位估计器

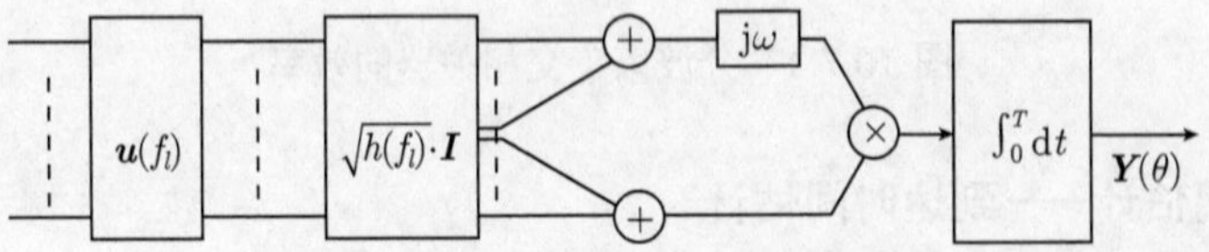

图 10.7.3 分波束正交相关器

如定义

$$t_{ij} = \begin{cases} 1 & i = 1, \cdots, \dfrac{M}{2}, j = \dfrac{M}{2}, \cdots, M \\ 0 & \text{其他} \end{cases}, \tag{10.7.27}$$

则上两图是等价的. 可见分裂波束正交相关器在均匀各向同性噪声场中是一个具有次最佳加权矩阵的最大似然估计系统.

最大似然估计器的均方误差, 对于空间不相关噪声为

$$D^2(\hat{\theta}_{ML}) = \sum_l \{s(f_l) \cdot h(f_l) \cdot \omega_l^2 T_r(\boldsymbol{T}\boldsymbol{T}^*)\}^{-1}. \tag{10.7.28}$$

这就是克拉默–罗下限.

图 10.7.4 给出最大似然估计测角均方误差与分波束正交相关器测角均方误差之比 (称为效率) 和阵元个数 M 的关系. 由图中可以看到, 对于两个基元效率是 100%, 当基元数增加时, 效率很快下降到 75% 的渐进值. 采用反束控方法, 按水听器至基阵中心距离加权可以提高效率. 效率的提高与信噪比有关, 在信噪比为 0 dB 时, 效率可超过 95%.

在均匀各向同性不相干噪声场中, 分波束跟踪相关器是次最佳的, 再想改进效果不大. 但当噪声场包含空间相干分量时, 分波束跟踪相关器性能将大大下降, 起伏 (由干扰功率引起) 和估计的偏差都将增大. 假如干扰与目标方位角相差大于波束宽度, 可在分波束的每一半边用前述自适应波束形成器来除去干扰, 或用图 10.7.1 中的 $\boldsymbol{Q}^{-1}$ 来消除干扰. 如干扰在目标波束内应采用图 10.7.1 中的方块④的偏离补偿. 在干扰与目标方位差等于波束宽度时, 方块③起作用.

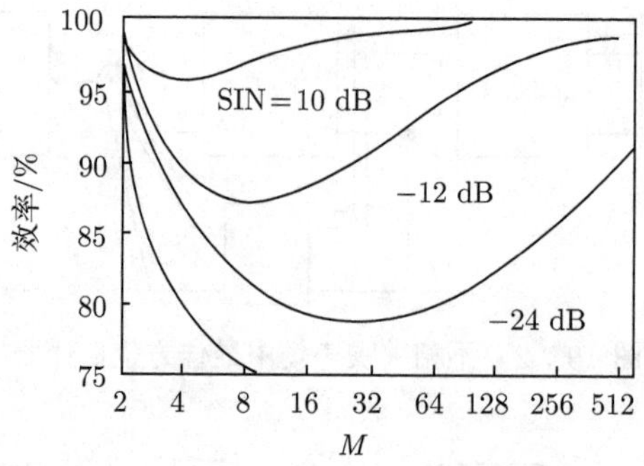

图 10.7.4　分波束正交相关器的效率

10.7.3　距离估计——到达时间估计

考虑在白噪声背景中检测初相未知 ($0\sim 2\pi$ 均匀分布) 的窄带信号.

$$\ln P(r|\tau)\sim|\tilde{r}^{*\mathrm{T}}(t-\tau)\tilde{s}(t)| \tag{10.7.29}$$

$$\approx \ln k+\frac{2E}{N_0}\tilde{s}^{*\mathrm{T}}(t,\tau)\cdot\tilde{s}(\tau). \tag{10.7.30}$$

自相关函数 $x(\tau)\approx\tilde{s}^{*\mathrm{T}}(t,\tau)\cdot\tilde{s}(\tau).\tau$ 值估计便是找 $\ln P(\boldsymbol{r}|\tau)$ 最大值或在最大值附近找

$$\frac{\partial}{\partial r}P(\boldsymbol{r}|\tau)=0$$

的点, 具体实现方法是将匹配滤波器输出与门限比较.

克拉默–罗界限为

$$\sigma_{\hat{\tau}}^2\geqslant\frac{-1}{E\left\{\dfrac{\partial^2\ln P(\boldsymbol{r}|\tau)}{\partial\tau^2}\right\}}=\frac{-1}{\dfrac{2E}{N_0}\dfrac{\partial^2}{\partial\tau^2}|x(\tau)|}=\mathrm{CR}. \tag{10.7.31}$$

经计算后得到

$$\sigma_{\hat{\tau}}^2\geqslant\left[\frac{2E}{N_0}\beta^2\right]^{-1}, \tag{10.7.32}$$

$$\beta^2=\frac{\displaystyle\int\omega^2|G(\mathrm{j}\omega)|^2\left(\frac{1}{2\pi}\right)\mathrm{d}\omega-\left[\int\omega|G(\mathrm{j}\omega)|^2\left(\frac{1}{2\pi}\right)\mathrm{d}\omega\right]^2}{\displaystyle\int|G(\mathrm{j}\omega)|^2\left(\frac{1}{2\pi}\right)\mathrm{d}\omega}, \tag{10.7.33}$$

其中 $G(\mathrm{j}\omega)$ 为 $\tilde{s}(t)$ 的傅里叶变换, $\tilde{s}(t)$ 归一化后上式分母变为 1; β^2 相当于带宽的一种度量.

信噪比愈高, 带宽愈宽, 测距精度愈高.

10.7.4 频率估计——目标径向速度估计

设接受信号 $r(t,v)$ 的复包络为 $\tilde{r}(t)$, 发射信号 $s(t)$ 的复包络为 $\tilde{s}(t)$. 取似然比函数:

$$\ln[P(\boldsymbol{r}/\omega)] \sim q_\nu = |\tilde{\boldsymbol{r}}^{*\mathrm{T}} \cdot \boldsymbol{s}\mathrm{e}^{\mathrm{j}\nu t}|, \tag{10.7.34}$$

或

$$q_i = |\tilde{\boldsymbol{r}}^{*\mathrm{T}} \cdot \tilde{\boldsymbol{s}} \cdot \mathrm{e}^{\mathrm{j}(\mathrm{i}\Delta\omega)t}|, \tag{10.7.35}$$

其中 $\Delta\omega$ 为最小频率分辨单元; 对不同的 i 计算 q_i, 求 q_i 的最大值 q_k, 就得到频率估计值 $\nu = K\Delta\omega$.

图 10.7.5 的距离–频率搜索相关器中, FFT 的输出经取模后接一峰值选择器, 找到对应最大值 q_k 的频率 $K\Delta\omega$, 即得到频率估值. 后接部分如图 10.7.5 所示. $\Delta\omega$ 为 FFT 的频率分辨率.

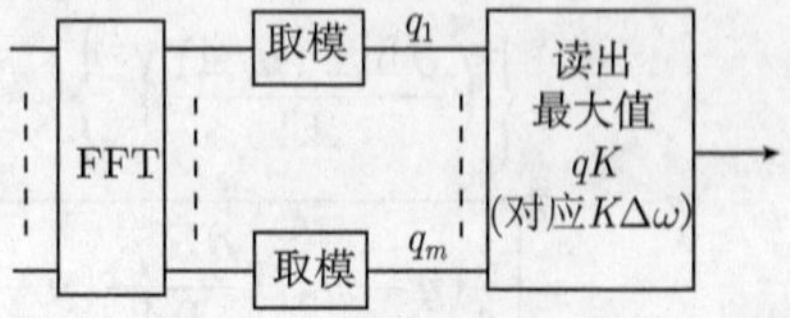

图 10.7.5 最佳频率估计器

下面讨论克拉默–罗界限:

$$\ln[P(\boldsymbol{r}|\omega)] \cong \ln k + \frac{2E}{N_0}|\tilde{s}^{*\mathrm{T}} \cdot \tilde{s}'\mathrm{e}^{\mathrm{j}\nu t}|. \tag{10.7.36}$$

自相关函数

$$x(\nu) = \tilde{s}^{*\mathrm{T}} \cdot \tilde{s}' \cdot \mathrm{e}^{\mathrm{j}\nu t}, \tag{10.7.37}$$

$$\sigma_{\hat{\omega}}^2 \geqslant \left(\frac{2E}{N_0} \cdot f_d^2\right)^{-1} = \mathrm{CR}, \tag{10.7.38}$$

$$f_d^2 = \int t^2|\tilde{s}(t)|^2\mathrm{d}t - \left[\int t|\tilde{s}(t)|^2\mathrm{d}t\right]^2, \tag{10.7.39}$$

这里的 f_d 是信号维持时间的一种度量.

10.7.5 在畸变信道中估计信号参量

本节讨论在稳定多途信道或随机时变信道等畸变信道中进行的参量估计.

首先讨论随机时变信道中对匹配滤波器输出 y 进行参数估计的克拉默–罗界限 CR.

信道由稳定的和随机时变的两部分构成, 分别用平均扩展函数 $S_0(\tau,\phi)$ 和散射函数 $R_s(\tau,\phi)$ 来表征.

经信道畸变的信号也分成稳定的和随机时变的两部分, 其均值和方差分别为

$$y(t,\phi) = y_0(t,\phi) + \tilde{y}(t,\phi), \tag{10.7.40}$$

$$y_0(t,\phi) = E \cdot [x(t,\phi) * s_0(t,\phi)], \tag{10.7.41}$$

$$R_y = \overline{y^2}(t,\phi) = E^2 \cdot [|x(t,\phi)|^2 * R_s(t,\phi)] + \frac{N_0}{2}E, \tag{10.7.42}$$

其中 $x(t,\phi)$ 为归一化信号自相关函数; E 为信号能量; N_0 为噪声谱密度.

设信号参量为 A 时, y 的一段时间采样为 $\boldsymbol{y}$, 其概率分布为

$$P[\boldsymbol{y}/A] = [2\pi|\boldsymbol{R}_y|]^{\frac{1}{2}} \exp\left[-\frac{1}{2}(\boldsymbol{y}-\boldsymbol{y}_0)^{\mathrm{T}}\boldsymbol{R}_y^{-1}(\boldsymbol{y}-\boldsymbol{y}_0)\right], \tag{10.7.43}$$

$$\frac{\partial \ln P(\boldsymbol{y}/A)}{\partial A} = -\left[\frac{1}{2}(\boldsymbol{y}-\boldsymbol{y}_0)^{\mathrm{T}}\frac{\partial \boldsymbol{R}_y^{-1}}{\partial A}(\boldsymbol{y}-\boldsymbol{y}_0) - (\boldsymbol{y}-\boldsymbol{y}_0)^{-1}\boldsymbol{R}_y^{-1}\left(\frac{\partial \boldsymbol{y}_0}{\partial A}\right)\right], \tag{10.7.44}$$

$$\begin{aligned}
&\overline{\left\{\left(\frac{\partial \ln P(\boldsymbol{y}/A)}{\partial A}\right)^2\right\}}\\
=&\overline{\left[\frac{1}{4}(\boldsymbol{y}-\boldsymbol{y}_0)^{\mathrm{T}}\frac{\partial \boldsymbol{R}_y^{-1}}{\partial A}(\boldsymbol{y}-\boldsymbol{y}_0)\cdot(\boldsymbol{y}-\boldsymbol{y}_0)^{\mathrm{T}}\frac{\partial \boldsymbol{R}_y^{-1}}{\partial A}(\boldsymbol{y}-\boldsymbol{y}_0)\right]} + \cdots\\
&+\overline{\left[-(\boldsymbol{y}-\boldsymbol{y}_0)^{\mathrm{T}}\frac{\partial \boldsymbol{R}_y^{-1}}{\partial A}(\boldsymbol{y}-\boldsymbol{y}_0)\cdot(\boldsymbol{y}-\boldsymbol{y}_0)^{\mathrm{T}}\boldsymbol{R}_y^{-1}\left(\frac{\partial \boldsymbol{y}_0}{\partial A}\right)\right]}\\
&+\overline{\left[(\boldsymbol{y}-\boldsymbol{y}_0)^{\mathrm{T}}\boldsymbol{R}_y^{-1}\left(\frac{\partial \boldsymbol{y}_0}{\partial A}\right)(\boldsymbol{y}-\boldsymbol{y}_0)^{\mathrm{T}}\boldsymbol{R}_y^{-1}\left(\frac{\partial \boldsymbol{y}_0}{\partial A}\right)\right]}\\
=&\frac{1}{2}\mathrm{tr}\left[\left(\frac{\partial \boldsymbol{R}_y}{\partial A}\boldsymbol{R}_y^{-1}\right)^2\right] + \left(\frac{\partial \boldsymbol{y}_0}{\partial A}\right)^{\mathrm{T}}\boldsymbol{R}^{-1}\left(\frac{\partial \boldsymbol{y}_0}{\partial A}\right),
\end{aligned} \tag{10.7.45}$$

$$\mathrm{CR} = \left\{\frac{1}{2}\mathrm{tr}\left[\left(\frac{\partial \boldsymbol{R}_y}{\partial A}\cdot\boldsymbol{R}_y^{-1}\right)^2\right] + \left(\frac{\partial \boldsymbol{y}_0}{\partial A}\right)^{\mathrm{T}}\boldsymbol{R}_y^{-1}\left(\frac{\partial \boldsymbol{y}_0}{\partial A}\right)\right\}^{-1}. \tag{10.7.46}$$

前一项为随机时变部分的贡献, 后一项为信号稳定部分的贡献.

上式用于稳定单途信道单目标测延时情况, 即可得到式 (10.7.31) 的结果.

$$s(t,\phi) = \delta(t,\tau), R_s(t,\phi) = 0,$$

$$\mathrm{CR} = \frac{1}{\dfrac{2E_0}{N_0}\left|\dfrac{\partial x(\tau)}{\partial \tau}\right|^2_{\tau=0}} = \frac{-1}{\dfrac{2E_0}{N_0}\left|\dfrac{\partial^2 x(\tau)}{\partial \tau^2}\right|}. \tag{10.7.47}$$

对于稳定多途信道,

$$\mathrm{CR} = \frac{1}{2\dfrac{E_0}{N_0}\left|\dfrac{\partial[x(t) * h(t-\tau_0)]}{\partial \tau}\right|^2_{\tau=\tau_0}}. \tag{10.7.48}$$

当多途信号拖散较长时, 只有 τ_0 时刻到达的单途径信号能量对测 τ_0 有贡献.

如使用与此信道匹配的最佳接收机来处理, 可得到 CR 为

$$\mathrm{CR}=\frac{1}{2\dfrac{E_{s1}}{N_0}\left|\dfrac{\partial x_{s1}(\tau)}{\partial\tau}\right|^2_{\tau=0}},\tag{10.7.49}$$

E_{s1} 为所有多途信道的总能量, 测距精度可优于普通匹配滤波器.

§10.8 自动检测器[6,8]

由声呐接收机输出信号中辨认出目标并测定其参数, 在传统的声呐中是由声呐员人工进行的. 声呐员通过多次发射–接收目标回波, 采用对比方法来分辨出目标. 对于单通道声呐, 由于数据率很低, 人来得及反应. 随着声呐信号处理技术发展, 接收机输出数据率不断提高. 例如, 不仅在距离上、方位上搜索, 甚至在频率上还要搜索. 这么高的数据率用人来接收是困难的. 例如, 一个普通平面位置显示器, 如果一次发射中有 10 个可疑目标出现在不同方位距离上, 声呐员要记住这些目标, 并在下次发射中观察它们是否再次出现是很困难的, 这就产生用机器辅助检测或进行自动检测的要求.

10.8.1 "或" 门减数据率和多次发射历程图显示

这是一种目前声呐最常使用的方法. 主要还是依靠人工来判决, 但先用 "或" 门减数据率, 然后同时显示最近以前多次发射回波的历程图, 供声呐员分析比较, 最后判决目标, 并测定其参数.

下面介绍一种现在主动声呐常用的显示方式. 每个波束多普勒通道的输出用 "或" 门合并成一路, 在每一时刻均显示各通道中输出的最大值, 然后用直角坐标 B 式显示. 每一波束显示最近以前 5 次发射的回波的历程图. 系统方框图如图 10.8.1(a) 所示. 显示格式如图 10.8.1(b) 所示.

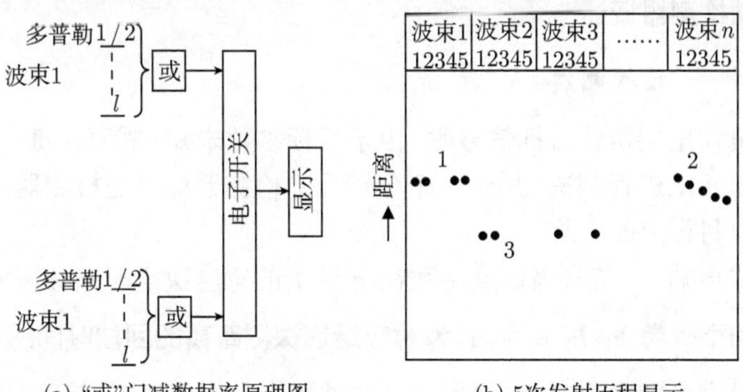

(a) "或"门减数据率原理图　　(b) 5次发射历程显示

图 10.8.1

5 次发射回波在一起显示, 便于声呐员比较判决, 不需记忆 (如图 10.8.1 中的目标 1). 当目标运动各次发射回波距离变化时 (如目标 2), 或穿越波束运动时 (如目标 3), 可根据轨迹的连续性来跟踪判决.

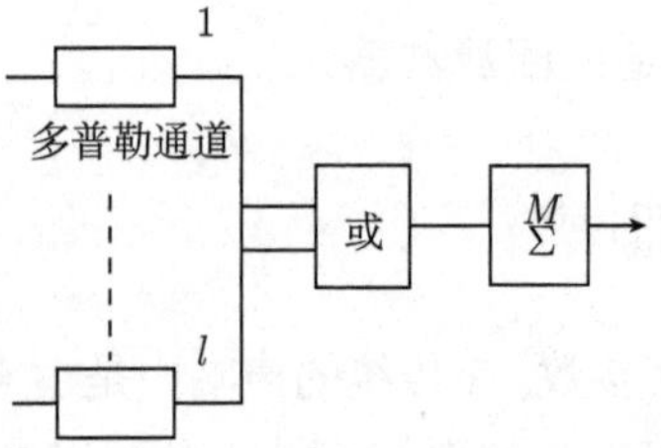

图 10.8.2　后置–"或" 积累器

现在对 "或" 门减数据率性能作一些分析[17]. 上述系统可看成是在 "或" 门后进行后置累积 (人工观察 5 次发射中出现几次就等于积累 5 次), 等效原理图如图 10.8.2 所示, 称为后置–"或" 积累器.

设 l 个多普勒通道接到一个 "或" 门处理器. 在只有噪声时, "或" 门输出超过门限的概率为

$$P_n = 1 - (1 - \mathrm{e}^{-z})^l, \tag{10.8.1}$$

z 为归一化门限值. 同样, 当有信号时 (每个多普勒通道中信噪比为 ρ), 超过门限的概率为

$$P_{s+n} = 1 - (1 - \mathrm{e}^{-z})^{l-1}[1 - \mathrm{e}^{-z/(1+\rho)}]. \tag{10.8.2}$$

设后置积累 M 次, 和是一个新的随机变量, 其概率分布函数为 $G(y, \rho, l, M)$.G 可由 $P(z, \rho)$ 对它自身卷积 M 次后得到. 当 M 较大时, 根据中心极限定理, G 是高斯分布.

计算表明, 这种系统与各多普勒通道先分别积累后用 "或" 门处理的最大似然比系统相比, 当频率稳定时, 对于 l 等于几十, M 等于 5 时损失约为 2~3 dB, M 等于 100 时损失约为 6 dB. 当频率不稳定时, 在 M 较大时, 这种方法性能优于最大似然比系统.

10.8.2　自动检测器概述

1. 二进和 M 进检测器

在接收机输出端辨认目标信号时, 由于目标参数未知, 需要在每一个可能出现目标的分辨单元上进行判决. 用于一个分辨元的检测器称二进检测器, 在二进检测器中只需判决目标 "有" "无".

在主动式声呐中, 信号模糊度函数在 τ 轴上的宽度决定距离分辨元的宽度. 设距离分辨元的个数为 $k_1, k_1 = \dfrac{T}{\tau}, T$ 为对应最远探测距离的回波时间. 同样, 频率分辨元由频率模糊度宽度决定, 总个数为 k_2, 波束宽度为角度分辨元宽度, 角度分辨元个数为 k_3. 总的判决分辨元个数 $K = k_1 \cdot k_2 \cdot k_3$, 这时有 M 种可能状态, $M = 2^k$.

这种检测器称为 M 进检测器. M 进检测器不仅可判决有无目标, 还需确定它出现在哪个分辨元中. M 进检测器可由 K 个二进检测器构成.

有时为了简化设备, 减少分辨元个数, 可用或门将几个分辨元合并.

2. 固定采样检测器和序列检测器

自动检测器判决有无目标不是根据一次观察 (对主动声呐就是一次发射), 而是根据多次观察进行统计判决. 这就有一个时间采样尺寸问题. 固定采样检测器的采样尺寸是固定的, 观察 N 次后, 计算一个检验统计量 L 与门限比较进行判决. 它的缺点是目标较强时, 本来不需要 N 次观测即可进行判决, 也必须 N 次观测后才作判决, 而目标较弱时, N 次观察还不够, 也不能增长.

序列检测器可以克服这一缺点, 它的采样尺寸是根据目标的强弱来决定的. 它设有高低两个门限, 每观察一次与前面的采样一起计算一次 L. 当 L 超过上门限时, 判决有目标, 低于下门限时判决无目标. 处于两门限之间时不作判决, 继续观察 (见图 10.8.3).

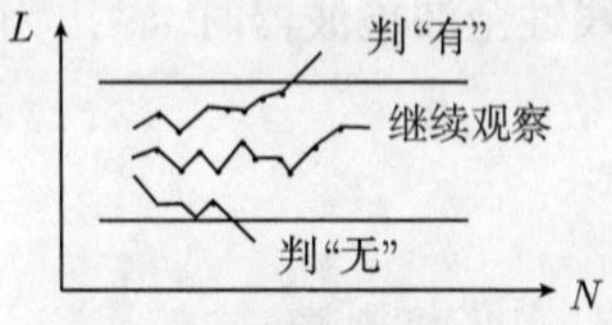

图 10.8.3　序列检测器工作原理

10.8.3　似然比检测器及简化检测器

1. 似然比检测器

讨论一个固定采样 (尺寸为 N) 的二进检测器. 似然比

$$\Lambda(x_1\cdots x_N)=\frac{P_{s+N}(x_1\cdots x_N)}{P_N(x_1\cdots x_N)}, \tag{10.8.3}$$

这里 P_{s+N} 和 P_N 分别为有信号和无信号时得到 $x_1\cdots x_N$ 的概率. 设各次观察互相独立, 取对数后得

$$\ln\Lambda(x_1\cdots x_n)=\sum_{i=1}^{N}\ln L(x_i), \tag{10.8.4}$$

$$A(x_i)=\frac{P_{s+N}(x_i)}{P_N(x_i)}. \tag{10.8.5}$$

在许多信号检测器中, 可将 $\ln L(x_1\cdots x_n)$ 表示为 (或近似表示为) 如下形式:

$$\ln\Lambda(x_1\cdots x_n)=k_1+k_2z_n, \tag{10.8.6}$$

取判决方程为

$$z_n\underset{H_0}{\overset{H_1}{\gtrless}}\eta, \tag{10.8.7}$$

其中

$$z_n = \sum_{i=1}^{N} x_i \quad \text{或} \quad z_n = \sum_{i=1}^{N} x_i^2 \tag{10.8.8}$$

视 $P(x)$ 的形式而定.

在宽带被动式声呐中, 送到自动检测器的是积分器的输出. 当积分时间较长时, 根据中心极限定理, 输出为高斯分布, 均值等于信号强度. 被动声呐不论采用线性波束形成器, 还是 DIMUS 接收机或极性相关器, 均符合此情况. 这时, 取 $z_n = \sum_{i=1}^{N} x_i$. 似然比检测器就是后置积累器.

对于窄带主动式声呐, 当使用平方律检波器时, 输出为指数分布, 取 $z_n = \sum_{i=1}^{N} x_i$. 使用线性全波检波器时, 输出为瑞利分布, 取

$$z_n = \sum_{i=1}^{N} x_i^2. \tag{10.8.9}$$

2. 简化检测器

在现代声呐设备中, 计算 z_n 用数字方法, 先将 x_i 量化为数字信号. 可以证明, 要得到有效的检测性能, 并不需要很精密的量化; 一般采用 1~3 bit 量化就够了. 用 1 bit 量化最简单, 在很多情况损失小于 2 dB, 这种检测器称为简化检测器, 工作原理方框图如图 10.8.4 所示.

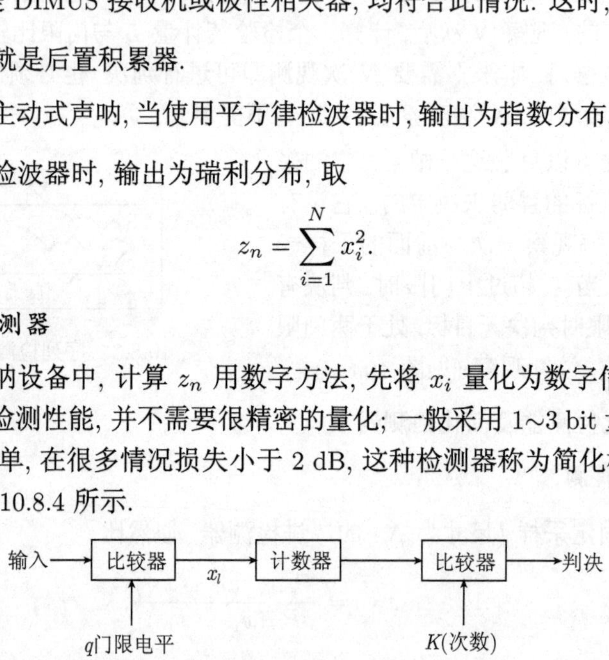

图 10.8.4 简化检测器原理

对于 1 bit 量化, 有

$$\overline{x_i} = 1, \quad x_i \geqslant q, \tag{10.8.10}$$

$$\overline{x_i} = 0, \quad x_i < q, \tag{10.8.11}$$

因为 $\overline{x_i}$ 取值为 1 或 0, 累加器可以用计数器代替. 门限 q 和 K 的选择可能有多种组合, 有最佳化问题.

简化检测器的检测概率为

$$p_d = \sum_{j=k}^{N} \frac{N!}{j!(N-j)!} p_1^j (1-p_1)^{N-j}, \tag{10.8.12}$$

其中 $p_1 = \int_q^{\infty} f_1(x)\mathrm{d}x$ 为有信号时 $x_i \geqslant q$ 的概率.

虚警概率

$$p_F = \sum_{N}^{j=k} \frac{N!}{j!(N-j)!} p_0^j (1-p_0)^{N-j}, \tag{10.8.13}$$

其中 $p_0 = \int_q^\infty f_0(x)\mathrm{d}x$ 为无信号时 $x_i \geqslant q$ 的概率,

对于不同输入信噪比和要取的 P_d, P_f 可求出最佳的 q, k 组合和要求的积累次数 N.

表 10.8.1 为输入信号为瑞利分布, 总探测次数为 20, 要求总的检测效果 $P_D = 0.90, P_F = 10^{-8}$ 时取不同 k, q 值时的检测阈.

表 10.8.1

k	q对应的P_1	q对应的P_0	检测阈1 dB	检测性能差1 dB
1	0.168 7	5×10^{-10}	9.37	2.86
2	0.181	7.25×10^{-6}	7.73	1.22
3	0.245	2.06×10^{-4}	7.52	0.51
4	0.305	1.2×10^{-3}	6.69	0.18
5	0.361	3.46×10^{-3}	6.54	0.03
6	0.415	8.1×10^{-3}	6.51	0
7	0.467	1.48×10^{-2}	6.517	0.06
8	0.548	2.38×10^{-2}	6.70	0.19
9	0.567	3.51×10^{-2}	6.91	0.40
10	0.614	4.9×10^{-3}	7.14	0.63

从上表可以看出, 检测性能对 k 并不是很敏感的. 对不同的 k, q 应取不同值, 存在最佳配合.

10.8.4 减数据率, 恒虚警处理[30]

M 进检测器可以用 K 个二进检测器构成, 在实时声呐系统中, $K \simeq 10^3 \sim 10^7$, 甚至更高, 显然不可能用这么多个二进检测器, 为此, 必须采用减数据率技术. 除前述的 "或" 门外, 另一个常用的方法是设置一个前置减数据门限, 只有输出起伏超过此门限的那些分辨元才设置二进检测器进行统计判决 (这个门限只是用来决定参加统计判决的分辨元位置, 并不改变 x_n). 减数据率门限设置得愈高, 减数据率效果愈显著, 需要的二进检测器数目愈少, 但检测概率将下降. 为了保证必要的检测概率, 必须增加观测次数. 因此, 这种减数据率的效果是用增加观测次数而得的.

对于平稳背景, 这种方法是有效的. 实际上, 当输入背景不平稳时 (例如均值或方差起伏), 会突然产生大量超过前置门限的数据, 使得有限数量的二进检测器饱和. 因此, 对于自动检测器还必须对输入信号进行恒虚警处理.

恒虚警率处理的基本原理是对观察单元附近的干扰背景电平进行采样、估计其平均值和方差, 并用来使被处理量归一化, 从而达到恒虚警的目的. 这种方法称为参量型恒虚警处理, 主要适用于干扰分布函数和参数为已知的情况.

用恒虚警率处理, 可简化整个系统, 但它畸变了信息, 造成损失. 例如, 操作人员往往分不清是背景增大了还是信号减小了, 从而使检测能力下降. 因此, 在用恒虚警处理提供均匀背景的同时, 有必要附加提供其他有关信息, 如背景电平变化或显示背景高的区域等. 由于传播损失、温度结构、表面和海底情况改变, 信号背景比是不断变化的, 所以向声呐员提供背景状况信息是非常必要的. 人具有固有的适应变化环境的能力, 能处理这种情况.

获得恒虚警率的另一种方法是采用非参量检测器, 也称为分布无关检测器, 它的虚警概率不受输入背景分布变化的影响. 这种检测器是采用经典检测理论中的"符号检验法" 和 "秩和检验法" 进行非参量检验. 目前雷达上已开始采用这种技术, 并且一般多采用广义符号检验法.

§10.9　空间场匹配处理

借本次修订的机会对水声信号处理新技术以新增加章节的方式作一些补充, 而不改动原有章节. 此前声呐信号处理模型考虑的主要是单信道模型, 空间处理主要考虑的是对干扰噪声场的匹配. 这种模型对于深海环境较为合适, 对于浅海环境就有明显不足. 在浅海中由于海面和海底反射存在多途信号, 在两点之间存在多条传播路径. 充分利用这些多途信号的能量和信息, 而不是把它们视为干扰, 不仅可以提高探测能力还可以用于声源定位. 这类处理被称为空间场匹配处理. 目前空间场匹配处理主要有匹配场处理 MFP 和多输入多输出 MIMO 处理两类[32~35].

10.9.1　匹配场处理 MFP

过去数十年被动的水下声呐阵列系统被用于海军水下监视和海底地质声学研究. 现代声呐被动阵列系统使用自适应匹配场信号处理技术进行被动探测和测距. 被动声呐阵列匹配场信号处理 (MFP) 基于海洋物理传播模型, 是时空自适应信号处理中的一种. 浅海声场可以看成一个水平波导, 上下界面分别是海面和海底, 中间的水层的声速具有垂直分布 SSP. 按照简正波声场理论, 这种声场可以表达为若干个简正波之和, 在垂直剖面具有干涉图形. 如果海底声学特性和 SVP 已知, 利用垂直线列阵测量海洋中声场垂直分布可以反演计算出声源的距离和深度. 匹配场处理采用互相关技术, 将根据传播模型计算的声压值与在被动声呐重置线列阵测量值计算互相关. 互相关函数或模糊表面的最大值给出声源的距离和深度的估计值. 其主要工作原理如图 10.9.1 所示.

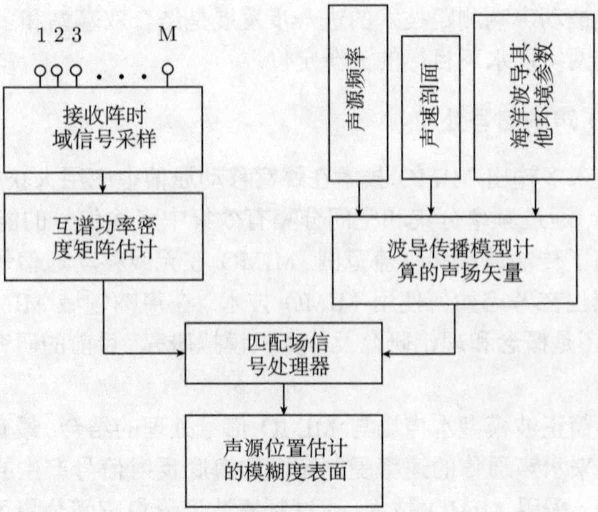

图 10.9.1 用于声源位置估计的区配场处理流程图

互功率谱矩阵估计器输出是垂直线列阵各水听器输出信号采样的互功率谱密度矩阵为

$$\hat{S}_X(\omega_n) = E\{X(\omega_n)X^*(\omega_n)\}. \tag{10.9.1}$$

扫描矢量计算器输出 $v(\omega, r, z)$ 是声源在距离 r, 深度 z 时阵列中各个水听器输出功率谱构成的矢量.

目前主要有两种匹配场处理器, 一种是经典 Bartlett 匹配场处理器, 第二种是最小协方差无失真处理器 (MVDR).

Bartlett 匹配场处理器直接点积按声场模型计算的矢量 $v(\omega, r, z)$ 和互谱密度矩阵 CSDM-$S_X(\omega)$. 在不同距离 r 和目标深度下计算点积得到模糊度表面.

$$P_{\mathrm{BART}} = v^H(\omega, r, z)S_X(\omega)v(\omega, r, z). \tag{10.9.2}$$

模糊度表面最大值点给出目标距离和深度的估值.

最小协方差无失真处理器 (MVDR) 考虑减少噪声干扰的影响和降低模曲面的旁瓣. 其模糊表面值的计算公式为

$$P_{\mathrm{MVDR}} = W^H(\omega)S_X(\omega)W(\omega). \tag{10.9.3}$$

在噪声大时,

$$W^H_{\mathrm{MVDR}}(\omega) = \frac{v^H(\omega, r, z)S_N^{-1}(\omega)}{v^H(\omega, r, z)S_N^{-1}(\omega)v(\omega, r, z)}, \tag{10.9.4}$$

在信噪比较高时,

$$W^H_{\mathrm{MPDR}}(\omega) = \frac{v^H(\omega, r, z)S_X^{-1}(\omega)}{v^H(\omega, r, z)S_X^{-1}(\omega)v(\omega, r, z)}. \tag{10.9.5}$$

匹配场处理被动声呐测距技术的进一步发展是结合双基站和多基站声呐概念，发展水下传感器网实现水下目标的无源定位.

10.9.2 MIMO 声呐信号处理

近年来多输入多输出 MIMO 技术在蜂窝移动通信中应用大获成功. 通过多天线发送正交信号, 通过频率分集和空间分集有效集中多途信号的能量提高信噪比, 从而有效地提高了传输速率和覆盖范围. MIMO 在无线移动通信领域的成功促使雷达和声呐领域也在考虑如何使用 MIMO 技术. 在声呐领域 MIMO 目前还处于起步阶段, 重要还是概念和理论研究及计算机模拟研究. 目前的研究探索集中在以下几个方面:

浅海声波导简正波模型水声场与 MIMO 信号处理的结合. 最有效的应用是水声通信. 长期以来水声通信的速率受制海面和海底反射信号产生的多途信号产生的信号拉长变形. 采用 MIMO 技术, 通过频率波形分集空间分集可以将多途信号分开对准相干叠加不仅提高信号能量还能消除信号失真提高通信速率. 由于工作在浅海平面波导中, 发射和接收多天线都是垂直阵列.

MIMO 处理只有工作在多途干扰严重的环境中才能发挥其频率分集空间分集的效果. 满足这种条件的另外一个声呐应用环境是港口防护声呐. 港口是一个狭窄封闭的声场环境. 一些研究考虑发展感知单站/双站/多站 MIMO 声呐. MIMO 声呐使用分布在空间不同位置的多个发射器发射多种正交声波形. 通过空间–时间–波形, MIMO 声呐通过对多个接收器接收信号进行相干处理获取分集增益. 在这里阵列应该是空间三维分布的.

MIMO 声呐概念进一步扩展到多基站声呐, 甚至包括运动单平台顺序多次发射. 采用多基站空间分集和波形频率分集可以有效地消除目标闪烁现象, 抑制混响干扰, 提高探测能力.

参考文献

[1] Whalen A D. Detection of signal in noise. (中译本: 噪声中信号的检测. 北京: 科学出版社, 1975.)

[2] Van Trees H L. Detecion, Estimation and Modulation Theory.

[3] Allen W B. Digital compressed-time correlator and matched filter for active sonar. JASA, 1964, 36:121–139.

[4] 丁达夫. 差频时间压缩相关器的谱分析研究. 物理学报, 1975, 24: 432–437.

[5] 张叔英. 用于信号检测的时间压缩相关器理论分析. 物理学报, 1976, 25: 235–245.

[6] McDonald V H. Optimum passive bearing estimation in a spatially incoherent noise environment, JASA, 1969, 46: 37–43.

[7] Stocklin P L. Signal Processing of Underwater Acoustic Fields.

[8] (Underwater Acoustics Proceedings of NATO-Sponsored Institute). Adams S L. Natle L W. Bayes optimum array detection of target of known location. JASA, 1975, 58, N. 3: 565–669.

[9] Yhan A. Vural M. On Overview of Adaptive Array Processing for Sonar Applications. EASCON 75, 34–A.

[10] Steinberg B D. Principle of Aperture and Array System Design.

[11] Widrow B, et al. Adaptive antenna systems. Proc. IEEE, 1967, 55(12): 2143.

[12] Griffiths L J. A simple adaptive algorithm for real-time processing in antenna arrays. Proc. IEEE, 1969, 57(10): 1696–1704.

[13] Frost O L. An algorithm for linearly constrained adaptive array processing. Proc. IEEE, 1972, 60: 926–935.

[14] Owsley N L. A recent trend in adaptive spatial processing for sonar arrays constrained adaptation. Proc. NATO Advanced Study Institute on Signal Processing, August 1972.

[15] Bangs W J, Schultheiss P M. Space-Time Processing for Optimum Parameter Estimation, Proc. NATO Advanced Study Institute on Signal Processing, August 1972.

[16] Skolnik M I. 雷达手册. 第三分册.

[17] Dow J J, et al. A Comparison of Several Data-Rate-Reduction Techniques for Sonar, Proc.NATO Advanced Study Institute on Signal Processing, August 1972.

[18] Dow W J, et al. Normalization and Optimal Processors, Proc.NATO Advanced Study Institute on Signal Processing, August 1972.

[19] Bryn F. Optimum signal processing of three dimensional arrays operating on gaussian signals and noise. JASA, 1962, 34, No.3.

[20] Vanderkulk W. Optimum processing for acoustic array. JBIRE, 1963, 26, No.4.

[21] Schultheiss P M. Passive sonar detection in the presence of interference. JASA, 1968, 43, No.3.

[22] Bienvenu G. Underwater passive detection and spatial coherence testing. JASA, 1979, 65, No.2.

[23] Widrow B, et al. Adaptive noise canceling: principles and applications. Proc. IEEE, 1975, 43, Dec..

[24] Widrow B, McCool J M. A comparison of adaptive algorithms based on the methods of steepest descent and random search. IEEE Trans., AP-24, No.5, Sept. 1976.

[25] Widrow B, et al. Stationary and nonstationary learning characteristies of the LMS adaptive filter. Proc. IEEE, 64, No.8, Aug. 1976.

[26] Applebaum S P, Chapman D J. Adaptive arrays with main beam constraints, IEEE Trans., AP-24, No.5, Sept. 1976.

[27] White W D. Cascade preprocessors for adaptive antennas. IEEE Trans., AP-24, No.5, Sept. 1976.

[28] GaBriel W F. Adaptive arrays-an introduction, Proc.IEEE, 64.No.2, 739, Feb. 1976.

[29] Hansen R C. Recent advance in scanned and adaptive arrays "international conference on antennas and propagation. 28–30, Nov.1978, part.1 Antenna.

[30] Vural A M. A comparative performance study of adaptive array processors. 1977 IEEE International Conference on Acoustics, Speech & Signal Processing Record, p.695.

[31] Ramseyer R R. Solving signal processing algorithms with a multi- microprocessor network, ocean'77 31, A–1.

[32] Nikolai Kolev and Georgi Georgiev. Sonar Model Based Matched Field Signal Processing. "Sonar Systems" Edited by Nikolai Kolev, Published by InTech Janeza Trdine 9, 51000 Rijeka, Croatia.

[33] Brian Stein, Yang You, et al. Advanced Sonar Processing Techniques for Underwater Acoustic Multi-Input Multi-Output Communications. Proc. IEEE Asilomar Conference on Signals, Systems and Computers, Oct. 26-30, 2008.

[34] Wenhua Li, et al. Cognitive "MIMO sonar based robust target detection for harbor and maritime surveillance applications" Aerospace conference 2009 IEEE.

[35] Robbert van Vossen, et al. "ACQUISITION CONCEPTS FOR MIMO SONAR" Underwater Acoustic Measurements: Technologies & Result, 2009.

第十一章　水声探测系统简介

§11.1　概　　述

水声探测器一般统称声呐，它包括用水声方法对水中目标进行探测、定位、跟踪、识别、通信、导航、制导、武器射击指挥和水声对抗等各种水声设备.

声呐的发展如果从 1490 年意大利人达 · 芬奇发现声管算起，至今已有约 500 年历史了. 但真正实际应用的现代声呐的雏形是 1916 年朗之万 (法国人) 发明的回声定位声呐. 这种声呐尚未在战争中发挥作用，第一次世界大战就结束了. 第二次世界大战前，一些国家舰艇已装备了用电子管放大器的声呐. 第二次世界大战中，由于战争的需要，各国均投入较大的力量进行水声研究，发展声呐技术. 从机械旋转的步距式声呐发展到扫描声呐，并出现了示波管显示器，还出现了声制导鱼雷和音响水雷. 尽管如此，由于当时的声呐还很不完善，加之对海洋水声传播的理论不清楚，由于环境的影响，往往连本来就不远 (1~3 海里) 的作用距离也达不到. 因此，在第二次世界大战中，在反潜探测方面，声呐起得作用还不如雷达.

声呐技术的迅速发展是在第二次世界大战以后，第二次世界大战末期，由于通气管的出现，潜艇可以长期航行在水下，躲避当时分辨力不高的雷达的探测. 以后，虽然出现了可以发现通气管的高分辨力雷达，但由于潜艇水下活动能力的增强，雷达对潜艇的发现能力变得很有限. 这就大大促进了对声呐的要求. 核动力潜艇的出现，更加重了这一要求，进一步推动了声呐的发展.

由于水声物理研究的进展，初步掌握了海洋中声传播的基本规律，再加上无线电电子技术、计算机技术以及换能器技术的进展，声呐技术发展很快，到 20 世纪 60 年代初出现了一批新型声呐. 其特点是采用低频、大功率、大尺寸基阵和信号处理技术，主动利用水声传播规律，使舰用主动式声呐作用距离由第二次世纪大战期间的 2 海里增至 10 海里 (直接探测) 到 35 海里 (深海会聚带)；潜艇用被动式声呐作用距离也增加 10 倍以上. 到 70 年代，由于集成电路、大规模集成电路的出现，数字计算机飞速发展迅速进入声呐领域，出现了采用第三代计算机的全数字化声呐，使声呐在信号处理、搜索速度、目标识别、操作自动化、可靠性及维修性等方面的性能迅速提高，预计很快将出现第四代、第五代新型数字式声呐.

在声呐技术发展的同时，声呐品种和用途也不断扩大. 品种上除水面舰艇和潜艇的舰壳声呐外，还出现了拖曳可变深度声呐，拖曳线列阵声呐，直升飞机吊放声呐，各种声呐浮标以及固定式声呐等. 声呐的用途包括水中目标警戒，水中目标定位及跟踪, 水中武器射击指挥, 水中通信, 探测水雷, 水下导航, 水中目标识别, 水中武器制导, 声呐侦察及水声对抗等各方面.

在民用方面, 近年来海上采油和海洋开发事业的迅速发展, 水声设备的应用也不断扩大. 常用的设备有测深仪、多波束测深仪、鱼测仪、地貌仪、地层剖面仪、多普勒导航声呐、各种高分辨力声呐等.

本章将扼要介绍各种声呐的工作原理、结构和性能.

§11.2　被动式声呐

被动式声呐是利用接受目标舰艇发出的噪声和目标舰上装的主动式声呐发射的信号来探测目标, 并测定其方位和距离. 只测方位的, 称为噪声测向声呐; 能测距离的, 称为噪声测距声呐. 被动式声呐具有隐蔽性好的优点. 一般多装于潜艇上, 是潜艇的主要水声探测设备. 在水面舰艇上, 噪声测向工作方式过去用做辅助手段. 近年来, 随着水面舰艇噪声不断降低, 被动式声呐的作用不断提高, 也成为一种重要的工作方式, 拖曳线列阵的出现, 更扩大了被动式声呐的性能, 使之成为远距离探测的有效手段.

11.2.1　噪声测向声呐

这是最主要的一种被动式声呐, 其主要任务是通过检测目标噪声来发现目标舰艇, 识别其类型和测定其方位. 一部噪声测向声呐由以下几部分组成 (见图 11.2.1).

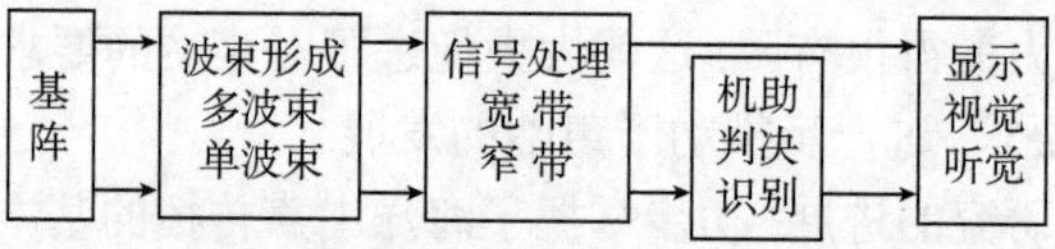

图 11.2.1　噪声测向声呐原理方框图

1. 基阵

潜艇上安装的噪声测向声呐的基阵, 大多为固定式的, 由很多水听器组成 (早期声呐有机械转动式的). 大多采用圆柱形, 由数十至一百余根柱形水听器排在圆周上组成. 通过波束形成电路, 合成指向性, 可在水平面内 360° 旋转. 中小型潜艇基阵直径在 1~2 m, 大型潜艇基阵直径可达 3~4 m. 圆柱阵的缺点是波束在垂直面内旋转性能不好. 为此, 出现了球形基阵, 它由一千多个片型换能器组成, 合成波束可在 45° 以内俯仰. 这种基阵的工作频率多在 1 kHz 以上. 为了降低工作频率, 扩大基阵尺寸, 有沿艇壳布设的保角阵 (在艇首底部或两侧) 或直线阵, 如图 11.2.2 所示. 这种基阵尺寸可达 10 m 以上. 工作频率可低至数百赫.

为了进一步降低工作频率至数十赫, 并减小本舰噪声的干扰, 近年来出现了拖曳线列阵, 拖在潜艇后面, 其尺寸可达数百米.

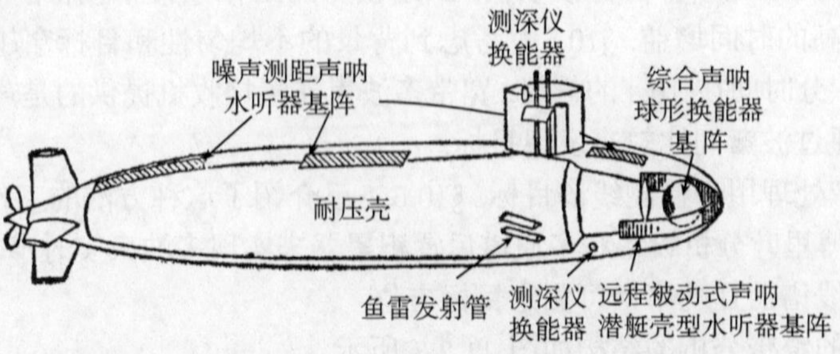

图 11.2.2 声呐系统各换能器在攻击核潜艇的配置图

2. *波束形成*

早期声呐的波束形成器采用 LC 延迟线, 做成机械旋转式补偿器; 利用 LC 延迟线补偿声程差来合成波束, 利用机械旋转式补偿器来实现波束在空间的扫描. 这种单波束系统搜索速度慢, 用 LC 延迟线构成多波束系统不仅体积庞大, 而且一致性差, 在频率很低时用 LC 延迟线更为笨重.

随着电子计算机技术的发展, 20 世纪 60 年代初出现了数学多波束定向技术 (DIMUS). 其原理在 §10.5.2 中已作了介绍, 它采用最简单的单比特量化处理. 由于限幅的非线性影响, 存在着强目标压弱目标的缺点. 近年来又出现了多比特量化的数字波束形成器. 形成波束可以在时域上进行, 也可以在频域上进行. 为了实现在三维空间的扫描能力, 基阵往往由数百乃至上千个元件组成, 由电子计算机来实时完成波束形成运算, 要求计算机数据通过率达数兆至数十兆指令/秒. 近代大型噪声测向声呐的数字波束形成器已达到可同时形成多个波段的数百个波束的水平.

为了提高声呐在复杂坏境中的工作能力, 要求它具有较高的抗平面波干扰的能力, 这就要求采用最佳时空处理技术, 实现自适应波束形成 (见 §10.6). 采用集成电路的第三代计算机为实现迭代法自适应波束形成提供了可能. 而采用大规模集成电路、微处理机的第四代、第五代数字式声呐, 使得有可能采用更复杂的最佳时空处理方法.

3. *信号处理*

现代噪声测向声呐分为单波束、多波束两部分. 多波束接收机提供声场的全景显示, 用于监视搜索. 单波束用于目标的精确定向和识别.

噪声测向声呐单波束接收机的信号处理, 最简单的是用视觉和差方位偏差指示器定向, 用听觉识别目标. 近年来多采用分波束正交互相关处理 (见 §10.5.3), 其性能在不相关噪声场中接近最佳接收机.

多波束接收机的信号处理一般可分为宽带和窄带两种:

(1) 宽带处理是一部能量接收机. 采用较宽的工作频带和较长的积分时间, 以获取尽可能高的时间增益. §10.5.1 考虑到背景的不均匀性和目标穿越波束的时间限制, 一般积分时间在 10 s 的量级. 宽带多波束能量接收机提供的是声场各方向的声强分布, 通过波瓣间比较来发现目标.

(2) 窄带处理用于检测线谱目标. §10.5.4 已介绍了这种方法的工作原理. 采用多通道快速傅里叶分析设备和多通道后置积累器来实现多波束实时窄带分析. 计算分波束输出线谱的互功率谱可测定目标方位.

单通道的窄带分析的结构如图 11.2.3 所示.

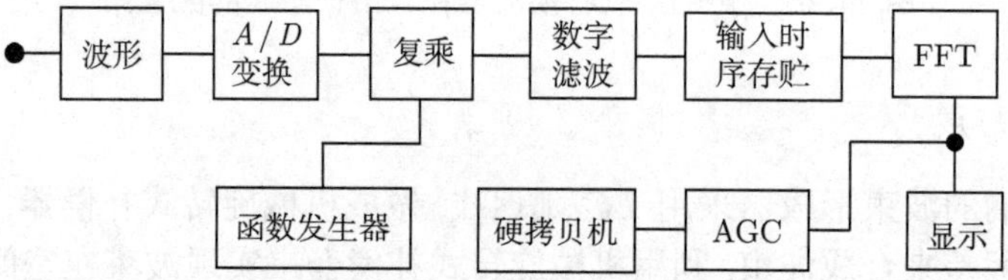

图 11.2.3　被动式窄带分析器

图 11.2.3 为一种用于声呐浮标的被动式窄带分析器. 复数乘和数字滤波器的作用是将 F_1 到 $F_1+\Delta F$ 的带通信号变成 0-ΔF 的低通信号, 再用快速傅里叶分析器进行分析, 可提高频率分辨力. 后置积累器用硬拷贝机代替.

从最佳时空处理理论来说, 在很多情况下时空不能分割, 波束形成也应视为信号处理的一部分.

4. *后置处理和显示*

噪声测向声呐的显示器有多波束全景显示器, 单波束方位偏差指示器. 另外还都配有方位–时间记录器或显示器, 以调亮方式显示数十分钟的多波束接收机的输出, 以便用视觉比较来实现更长时间的积累, 并可同时跟踪多个目标, 如图 11.2.4 所示.

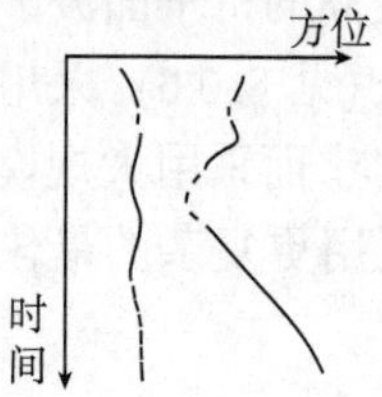

图 11.2.4　方位–时间显示

多波束窄带接收机用方位频率显示器或方位频率时间显示器来显示.

近代噪声测向声呐还装有后置处理设备. 后置处理设备包括机助判决和目标识别设备.

机助判决设备采用序贯检测的原理 (见 §10.7), 对多波束接收机输出进行后置积累, 判决有无目标, 并能自动跟踪目标, 测定其方位.

机助目标识别设备对接收到的目标的信号进行统计分析, 测定其平均功率谱、动态谱、线状谱等特征参量, 还可将测量值与机内存贮参考值比较, 将结果提供给声呐员辅助识别.

11.2.2 噪声测距声呐

噪声测距声呐是 20 世纪 60 年代发展的一种新型声呐. 它采用三个相距较远的基阵测定目标方位来估算目标距离, 具有隐蔽的优点. 特别适用于潜艇在鱼雷攻击前隐蔽测定目标距离.

噪声测距的简单原理如图 11.2.5 所示. 三个基阵以较大间距 d(10 m 以上) 布设.

对于窄带系统, 测定目标的方向 α 的基阵 1–2 以及基阵 1–2 间的相角差 ϕ_{12} 和 ϕ_{23}, 可用下式计算出目标距离 D.

$$D = \frac{2\pi d^2}{\lambda(\phi_{12} - \phi_{23})} \cos^2 \alpha,$$

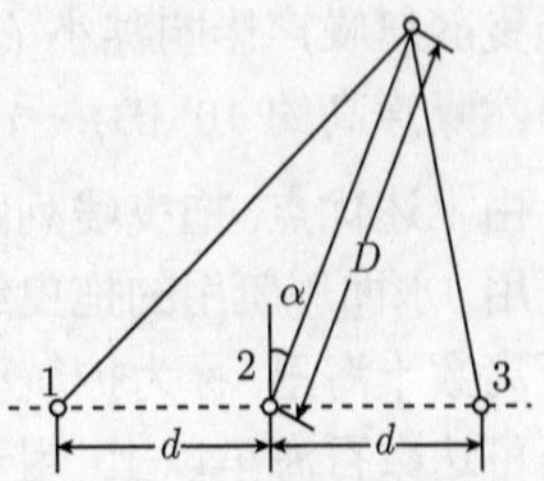

图 11.2.5 噪声测距原理图

其中 λ 为信号波长.

对于宽带系统, 上式可写成

$$D = \frac{2\pi d^2}{c(\tau_{12} - \tau_{23})} \cos^2 \alpha.$$

其中 $\tau_{12}(\tau_{23})$ 是基阵 1–2(2–3) 测相关时出现主峰的延时值.

中小型舰艇噪声测距声呐采用较高的工作频率. 将三个集中的基阵布设在潜艇的脊背上或贴挂在舷侧, 大型舰艇的噪声测距声呐采用较低的工作频率, 用布设在舰艇脊背上的三条线列来实现, 以保证基阵有较强的指向性.

早期的噪声测距声呐采用 LC 延迟线、窄带模拟相关器、机电模拟计算机. 其作用距离较近, 精度不很高, 操作也较复杂.

近代噪声测距声呐多采用宽带相关处理, 具有较高的时间增益和延时测量精度 (要求测 τ 精度在微秒级), 并采用卡尔曼滤波器进行跟踪, 以提高测距精度.

由于噪声测距声呐是一种短基阵测距系统, 为了保证足够的测距精度, 要求基阵的安装有足够高的精度. 对于少量的安装误差, 需要在计算上修正.

11.2.3 拖曳线列阵声呐

这是 20 世纪 70 年代出现的一种新型声呐. 为了提高作用距离, 并能检测数百赫以下的潜艇噪声中的线状谱成分, 要求被动式声呐工作于数十赫的低频, 在这么低的频率下, 为了保证有足够尖锐的方向性, 要求基阵很长, 甚至长达数百米, 这已超过了舰艇本身的尺度. 为此, 发展了拖曳线列阵声呐. 早在第一次世界大战期间就有过一种称为 “鳗” 的系统. “鳗” 是由几个水听器组成的可弯曲的漂浮于水下的线列阵, 能拖在船尾使用. 由于当时技术的限制, 这种阵没能发展, 很快就被淘汰了, 到 70 年代, 由于技术水平的提高, 它以完全崭新的面目出现.

拖曳线列阵的水听器与电缆做在一起, 可缠绕在电缆绞车上, 以便布设和回收, 用拖曳电缆拖曳在船尾数百米处, 其深度可用定深器控制. 基阵电缆用尼龙丝填芯, 发泡塑料护套, 使其有很高的抗拉强度, 比重接近于 1(称等浮电缆), 便于在水中拖曳控制. 潜艇拖曳一条拖曳线列阵后, 航速降低约 0.5 节.

拖曳线列阵的优点, 除可采用很长的长度以获取空间增益外, 因为它远离舰艇, 受拖曳舰艇噪声影响甚小 (一条设计良好的拖曳线列阵, 阵元上收到的噪声仅比深海自然噪声高约 10 dB). 另外, 拖曳深度可变, 便于克服跃层障碍.

由上述优点, 拖曳线列阵被潜艇、水面舰艇、直升飞机等各种反潜运载工具广泛采用. 水面舰艇用的拖曳线列阵声呐有两种: 一种可在高达 30 节航速下工作, 作用距离数十海里, 称为护航型, 主要用于战术反潜. 另一种用较低航速拖曳, 其作用距离可达数百海里以上, 用于战略反潜, 远距离监视.

拖曳线列阵采用直线基阵, 便于采用频域波束形成技术. 因线列阵远离拖曳舰艇, 舰艇噪声通过海底反射以某一角度入射基阵, 具有平面波干扰性质, 如图 11.2.6 所示. 采用自适应波束形成等最佳时空处理技术抑制这种干扰是很有效的.

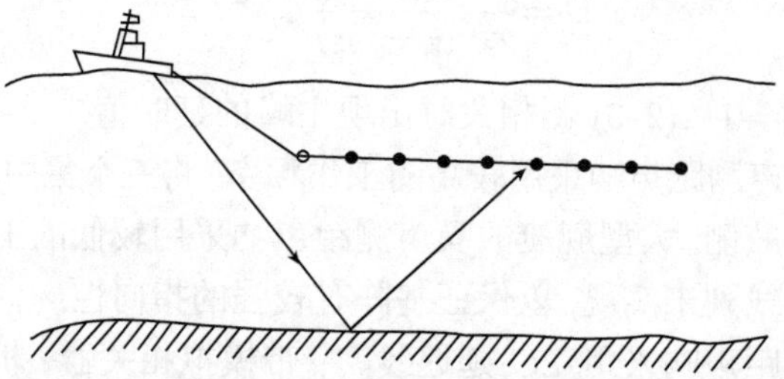

图 11.2.6 拖曳线列阵的干扰噪声

§11.3 主动式声呐

主动式声呐也称回音定位声呐. 它自己发射声波, 通过接收目标的回波来发现目标, 并测定其方位、距离和径向速度. 它是水面舰艇反潜探测的主要手段. 它可以探测到静止不动的无噪声的静目标, 这是被动式声呐所不可比拟的. 另外, 随着消声减振技术的发展, 潜艇噪声不断降低, 被动式声呐的作用距离很受影响, 而主动式声呐不受其影响. 总之, 主动式声呐特别适用于检测低噪声目标. 因此, 测深、探雷等也都采用主动式声呐.

11.3.1 主动式声呐的工作体制

1. 发射和接收体制

早期的回音定位声呐采用探照灯式机械旋转扫描, 如图 11.3.1(a) 所示. 基阵具有较尖锐的指向性, 这种系统每次发射只能观察很窄扇面, 搜索速度很慢, 目标进行战术回避时容易丢失目标.

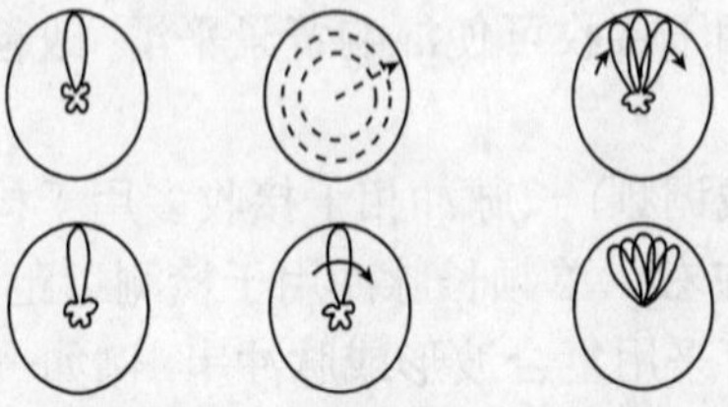

(a) 探照灯式声呐 (b) 扫描声呐 (c) 旋转方向性发射声呐

图 11.3.1 发射接收体制比较

在第二次世界大战末期, 出现了扫描声呐如图 11.3.1(b) 所示. 发射水平无指向性声波, 接收时采用机械旋转电容式补偿器, 在一个脉冲宽度内快速旋转接收波束, 实现空间 360° 上的扫描, 用长余辉显像管进行平面位置显示, 它的搜索速度快, 数据率高, 大大提高了主动式声呐的战术性能. 其主要缺点是由于它是在脉冲内扫描, 在每个方位上接通时间很短, 时间增益低. 此外, 水平无方向性发射使得发射聚集系数很低 (仅有垂直聚集系数), 作用距离较近.

20 世纪 50 年代又出现了旋转指向性发射和预形成波束多波束接收技术, 并已广泛用于 60 年代的声呐中, 如图 11.3.1(c) 所示. 利用相控技术实现指向性发射, 相控电旋转逐个波束轮流发射, 每个波束发射时间为 τ 共 N 个波束, 总发射时间为 $T = N\tau$. 接收采用预形成波束的多波束接收机, 在检波后用电子开关进行扫描, 这就避免了早期扫描声呐发射聚集系数低和时间增益低的缺点, 既有高的数据率又保持了尽可能远的作用距离. 近代主动式声呐多采用这种工作体制. 这种方法存在的问题是 T 不能太大, 因 T 太大盲区也太大, 一般控制 T 在数秒以内, 这就允许 N 在 10~20 范围以内, 往往采用扇面搜索体制. 例如一个波束宽 5°, 每次搜索 90° 扇面, N=18. 如需进行 360° 搜索, 多采用三波束旋转方向性发射. 同时发射两两相距 120° 的三个波束, 每个波束旋转 120°, 实现 360° 扫描.

2. 信号波形选择

早期的回音定位声呐发射单频短脉冲. 这种信号简单, 有着较好的距离分辨力. 由 §10.3 可知, 匹配滤波器输出信噪比为 $2E/N_0$, 其中 E 是信号能量, $E = \rho\tau$ 等于脉冲功率与脉冲宽度的乘积. 由于发射换能器峰值功率受空化限制, 希望采用增长脉冲宽度的方法来提高信号能量, 这样, 势必引起距离分辨力的降低. 这就出现了一个波形选择问题. 另外, 从抗混响干扰的角度来看, 也需要选择合理的波形 (见§10.4). 现代主动式声呐多采用多种发射波形的工作体制. 根据需要和环境状况选择合适的波形, 常用的发射波形有单频短脉冲, 单频长脉冲, 线性调频短脉冲, 线性调频长脉冲, 双曲线调频长脉冲, 伪随机序列编码调相脉冲等.

单频短脉冲和线性调频短脉冲采用非相干接收处理, 多用于近距离搜索和跟踪. 线性调频短脉冲非相干接收可使混响背景平滑, 改善在浅海混响背景中的工作性能.

线性调频 (或双曲线调频) 长脉冲相干接收多用于检测远距离低多普勒频移目标 (TW 一般用到 200 左右). 单频长脉冲用于检测远距离、大多普勒频移目标. 有时为了兼有多项优点, 可采用复合波形或脉冲串. 例如一个长脉冲前一半为线性调频, 后一半为单频长脉冲, 既可兼顾大、小多普勒频移目标.

工作于时间弥散严重的浅海环境中的声呐, 亦可采用阶梯调频信号. 每一阶用相干接收, 阶间采用非相干能量积累, 称为检波后脉冲压缩 (PDPC).

11.3.2　主动式声呐系统概况

主动式声呐分为发射和接收两大部分. 图 11.3.2(a),(b) 给出了发射和接收系统的方框图.

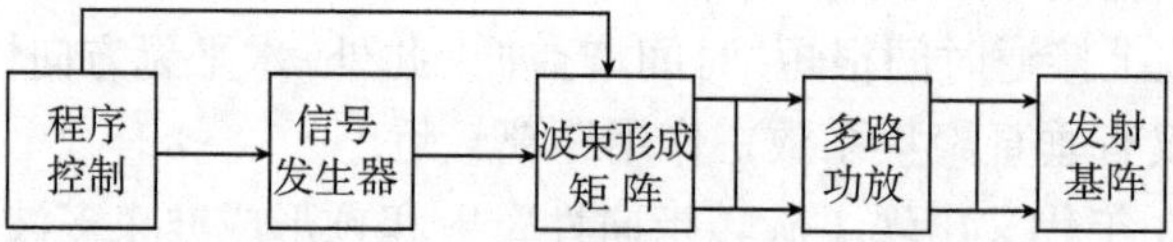

(a) 发射系统方框图

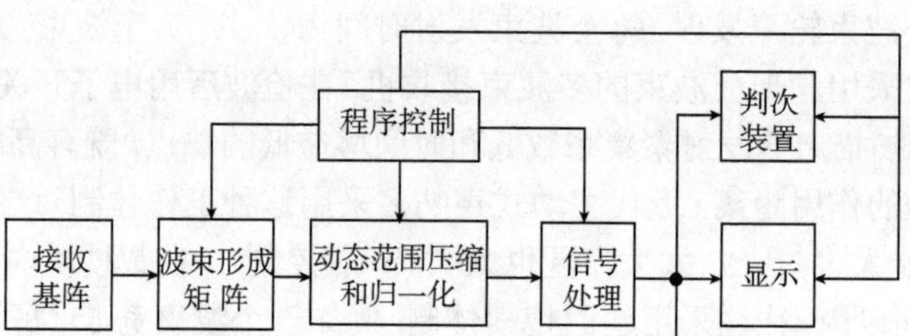

(b) 接收系统方框图

图 11.3.2

1. **基阵**

主动式声呐和基阵大多数是收发合一的. 其形状大多为圆柱形的, 也有球形的.

小型舰艇用声呐也有用版形 (或弧形) 基阵, 机械旋转扇面搜索. 舰用主动声呐由于体积限制, 一般工作频率在 3 kHz 以上, 大多采用复合棒振子.

舰艇声呐为保证基阵波束稳定, 一般装有机械稳定平台. 近代电子计算机控制声呐采用电子平台来稳定波束. 当基阵摇摆时, 控制波束反向摇摆, 使波束相对大地坐标稳定不动.

为了克服跃层障碍, 现代水面舰艇声呐, 除舰壳基阵外, 还有一个可变深度拖曳基阵, 用电缆拖曳.

2. 发射系统

发射系统如图 11.3.2(a) 所示. 整个系统用中心计算机程序控制, 信号发生器可以发生预先设置的多种波形, 以适应不同的任务和环境要求. 信号发生器输出经波束形成矩阵, 产生不同振幅相位的信号去驱动功率放大器组. 每个功放输出接一个基阵阵元. 用波束形成矩阵控制送给各放大器信号的相位和振幅可以形成波束, 并控制其在空间旋转扫描.

发射机一般采用可控硅或大功率晶体管丁类放大器构成.

3. 接收系统

主动式声呐的波束形成器是一个多波束波束形成器. 20 世纪 60 年代的预形成波束形成矩阵是用电阻相移矩阵构成. 因主动式声呐工作于窄带, 当基阵尺寸远小于 $c\tau$ 时可用相移来代替延时. 将每个水听器输出信号经 90° 相移, 变成一对正交信号, 用电阻相加矩阵以不同系数加权相加可产生任意所需相移 (延时), 从而实现波束形成.

近代数字化声呐采用电子计算机快速形成波束. 由于被动工作方式已成为水面舰艇声呐的另一个重要工作方式. 现代主动声呐兼有被动收听工作方式. 为保证其性能, 需使用较宽工作频带, 电阻相移矩阵不能满足要求, 数字波束形成器可以满足要求.

自适应波束形成技术也应用于主动声呐. 主动声呐工作于高速运动的舰艇上, 不同舷角方向本舰多普勒频移是不同的, 因而不同频率混响的空间分布指向性也不同. 利用自适应波束形成技术可在不同频率形成不同指向性图来抑制混响干扰. 当然, 同被动式声呐一样, 在主动式声呐中, 抑制平面波噪声干扰也是必要的.

主动式声呐的一个重要特点是信号动态范围非常大. 在发射后一次接收过程中, 动态可达 60~80 dB. 而信号处理和显示系统不允许这么宽的动态. 因此, 主动声呐装有动态范围压缩和归一化设备. 在现代数字声呐中, 动态范围压缩部分要放在波束形成的前面, 以保证数字信号处理设备能充分利用其动态. 归一化的目的是为了保证在显示器上有起伏均匀的背景, 以达到恒虚警概率 (CFAR) 的目的. 而机器自动判决器更要求有恒虚警概率处理器. 防止其有限容量被虚警目标饱和.

主动式声呐中最常采用的是自动增益控制放大器 (或时间控制增益放大器、混响控制增益放大器等)、对数放大器等, 或采用限幅工作的接收机, 如数字多波束 (DIMUS) 和极性相关器等. 它的输出有恒定虚警概率的特点. 近代数字化声呐采用单元平均方法来归一化, 以达到恒虚警处理的要求.

主动式声呐信号处理的核心部分是匹配滤波器 (§10.3). 最常采用延迟线时间压缩 (Deltic) 极性重合相关器来构成匹配滤波器. 采用交流相关器原理来代替初始相位未知信号的正交接收机. 20 世纪 50 年代采用水银延迟线, 随后采用镍线磁致伸缩延迟线. 在大规模集成电路出现后, 采用 MOS 移位寄存器或半导体随机存取存储器构成时间压缩器.

极性相关器简单, 具有输出恒虚警的优点, 但限幅引起的损失在遇到多径效应引起信号时间弥散时非常严重. 近年来多采用 4 bit 量化数字相关器来代替极性重合相关器.

随着计算机技术的发展, 现代声呐采用快速傅里叶变换或快速沃希变换来构成匹配滤波器. 这种方法的优点是便于实现多通道运算, 也省去了交流相关器的窄带滤波器组.

一般中小型水面舰艇声呐不能配备与长脉冲匹配的多通道窄带滤波器组, 而是采用窄带陷波器来清除与发射频率相近的混响和固定目标回波, 专门显示大多普勒频移的动目标.

对于检波后脉冲压缩系统, 采用数字滤波器组对各个阶梯频率滤波后检波再延时迭加.

随着计算技术和信号处理理论的发展, 信号处理的功能日趋完善. 不仅要求和干扰场匹配, 还要求对由目标和信道引起的信号时间、频率弥散相匹配. 这是目前主动声呐信号处理的发展方向. 这样的系统将是一个复杂的自适应系统.

4. 显示和判别系统

主动式声呐的显示器, 过去最常用的平面位置显示器 (PPI) 是一种极坐标显示器, 用调亮方式显示目标, 如图 11.3.3(a) 所示. 亮点对圆心距离 R 为目标距离, 角度 α 为目标方位角. 显示器采用长余辉显像管. 这种显示器比较直观, 但扫描线螺旋形扩大, 造成视力发散, 同时观察多个目标很困难. 近代声呐多采用 B 型显示器, 这也是一种调亮显示器, 它将用直角坐标, 纵坐标表示距离, 横坐标表示方位, 如图 11.3.3(b) 所示. 扫描线由下向上移动, 视角固定, 便于同时观察多个目标.

另一种常用的显示方式是 A 型显示器. 横轴表示距离, 纵轴表示振幅, 同时, 用做方位偏差显示.

现代声呐还广泛采用计算机控制图形显示器, 以曲线数字表格形式显示机助判决结果, 也可借助于光环的引导, 显示局部区域的精细结构.

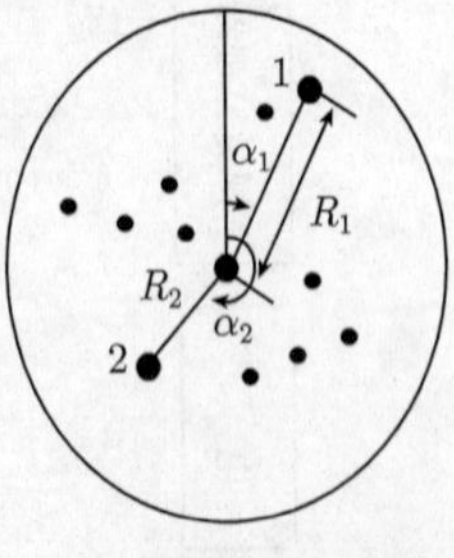

(a) 平面位置显示器

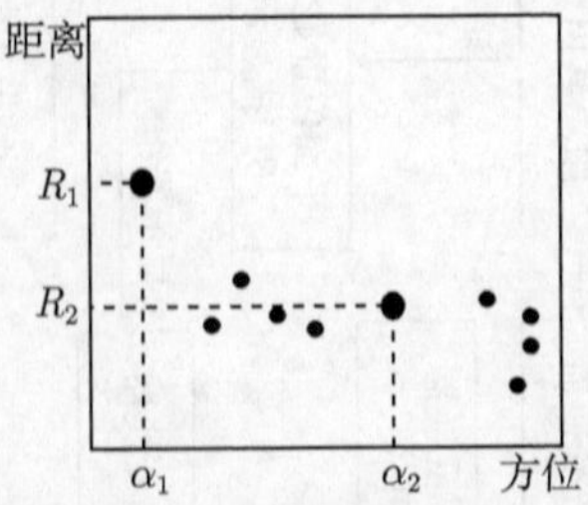

(b) B型显示器

图 11.3.3

目前主动式声呐最常用的还是人工判决. 为了便于多次积累, 常采用显示 5 次发射回波历程图.

另一种方法是将最近 n 次发射回波累加后显示来实现后置积累 (似然比检测).

随着计算技术和自动检测理论的发展, 大型声呐开始采用自动检测装置. 判决结果送到计算机图形显示器进行显示. 自动检测装置可同时跟踪多个目标, 并自动测量其参数. 为充分发挥操作人员的主观能动性, 也可采用人机混合系统的机助判决.

11.3.3 典型声呐介绍

为了说明现代声呐的结构和功能, 本节介绍两种水面舰艇声呐.

1. 大型水面舰艇声呐

这种声呐的系统方框图如图 11.3.4 所示, 其基阵为圆柱形, 高 1.7 m, 直径 4.8 m, 由 576 个换能器基元组成. 垂直方向分 8 层, 每层 72 个均匀排列. 工作频率为 3 kHz 左右. 该声呐的优质系数在 95 dB 以上, 因而在深海工作时, 不但能利用混合层直径传播, 而且可以利用海底反射和声道会聚带来提高作用距离.

图 11.3.5 给出典型的传播衰减曲线. 由图可以看出, 优质系数为 98 dB 时, 直接探测作用距离约为 10 海里. 海底反射作用距离为 20 海里. 声道会聚带作用距离为 35 海里.

由图 11.3.4 给出的系统方框图可知, 该声呐的接收机有两个系统. 一是俯仰角为 0° 的多波束接收机, 输出用平面位置显示器显示. 另一是单波束接收机, 波束可在水平面内旋转, 垂直面内俯仰. 输出用 A 型显示器显示. 单波束接收机有两个通道：一个通道接收单频脉冲, 另一个通道对线性调频等编码信号进行相干处理 (匹配滤波). 整个声呐还装有目标模拟器来检验校准, 并装有故障检测器.

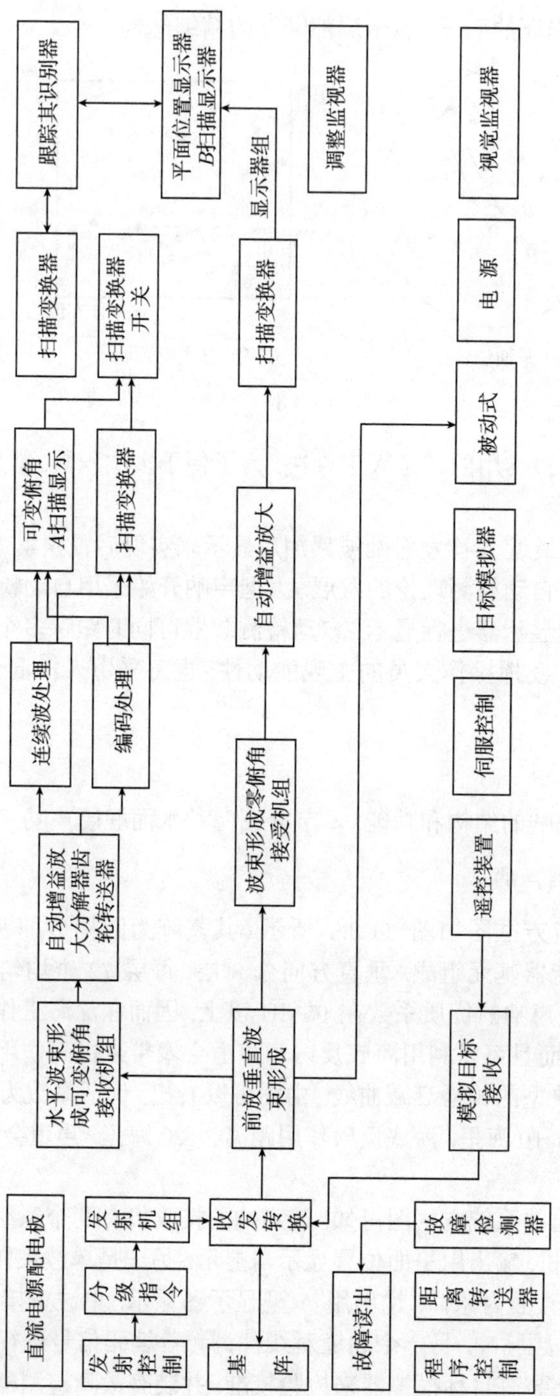

图 11.3.4　大型水面舰艇声呐方块图

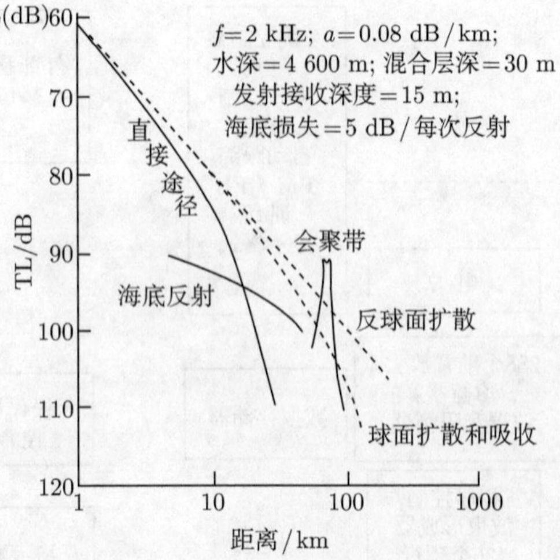

图 11.3.5 典型传播衰减曲线

2. 中小型水面舰艇声呐

这里介绍 20 世纪 70 年代初出现的一种计算机控制的全数字化的声呐. 其特点是轻便兼有主动和被动探测能力. 其功能包括水下监视、探测、跟踪和识别分析, 它只需要一名声呐员操作. 其系统方框图如图 11.3.6 所示. 基阵高 0.90 m, 直径 1.22 m, 水平由 36 条换能器组成, 每条垂直排列 8 个基元, 共计 288 个换能器基元. 计算机控制波形发生器, 经波束形成矩阵和 288 个功率放大器驱动基阵发射. 发射方式有三种: (1) 三波束旋转指向性发射, 波束每次步进旋转 10°, 200 ms 脉宽时, 总发射时间 2 s, 声源级 132 dB; (2) 水平全向发射, 声源级 122 dB; (3) 扇形旋转方向性发射.

发射波形有阶梯调频脉冲 (检波后脉冲压缩), 单频长脉冲 (200 ms), 用于检测径向速度 5 节以上目标.

接收系统有 36 通道波束形成器, 36 通道匹配滤波器, 36 通道能量接收机等, 均由专用计算机构成, 受中心计算机控制.

显示器提供战术信息显示, 也能进行系统状态显示. 在主动工作时, 搜索显示器为 B 式显示, 显示单次发射回波或 5 次发射回波历程图, 还可以显示多次发射的积累输出. 此显示器还用做数字表格系统状态显示. 另一个显示器为跟踪显示器. 声呐员用压敏 "操纵杆" 进行坐标控制, 在搜索显示器上用光环套住目标, 在跟踪显示器上显示目标附近精细结构, 并显示跟踪波束对准情况. 同时以数字形式显示目标参数, 整个声呐用一台计算机控制.

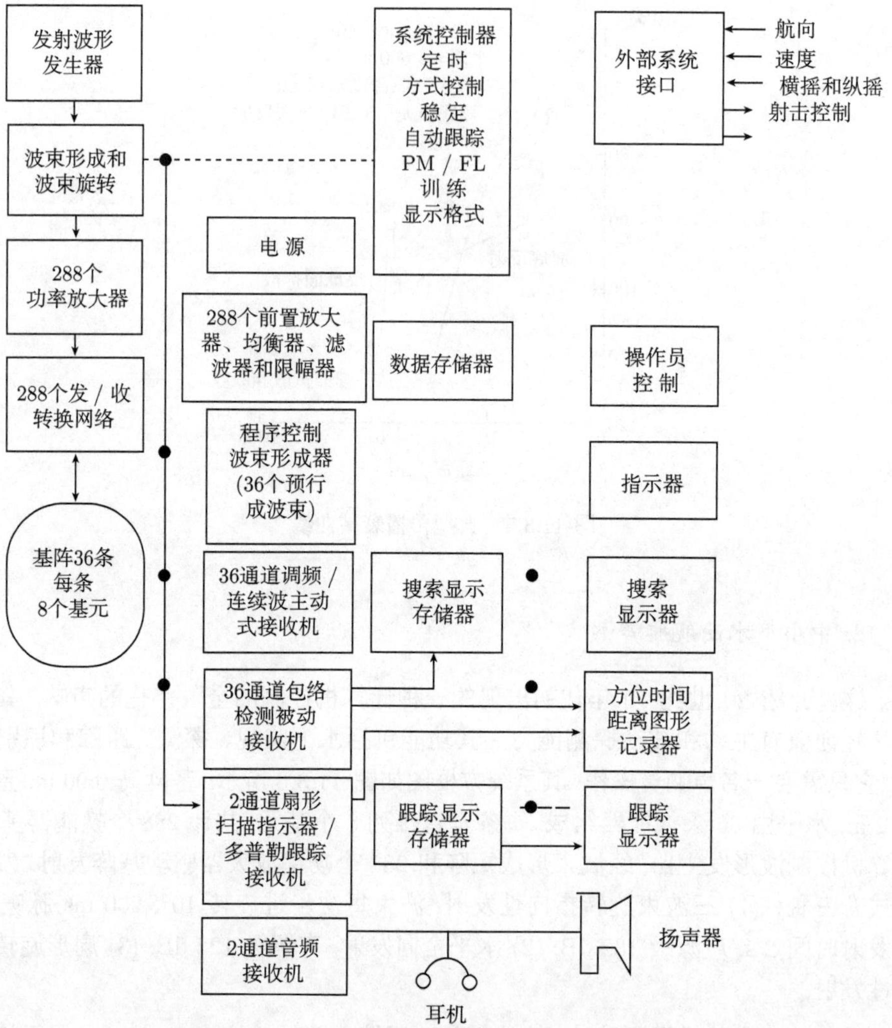

图 11.3.6　中小型水面潜艇声呐功能方框图

11.3.4　探雷声呐——连续发射调频声呐

探雷声呐的探测对象是锚雷或沉底水雷. 因水雷很小, 再加上形体复杂 (如有些沉底水雷像一根细长棒), 要可靠发现并识别它, 一般均使用很高的发射频率. 搜索时一般用 50~100 kHz 频率, 识别时使用的频率高达数百千赫.

现代探雷声呐一般分为两类: 一类采用脉冲工作体制, 脉冲宽度很窄 (小于 1 ms), 采用阴影法发现识别目标. 另一类采用连续发射调频 (CTFM) 工作体制. 工作原理图如图 11.3.7 所示.

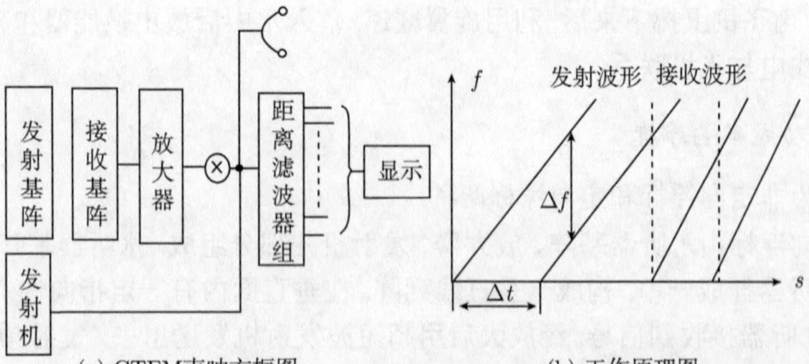

(a) CTFM声呐方框图 (b) 工作原理图

图 11.3.7 连续发射调频声呐

§11.4 航空反潜声呐

发射机发射连续调频信号, 接收机接收到的信号与发射基准信号差频, 位于某个距离上的目标回波产生一个频率的差频信号, 其频率数值 Δf 正比于目标距离 (即延迟时间 Δt). 利用窄带滤波器组滤出这频率, 既可测定目标距离, 也可直接用听测发现目标, 并估计其距离. 而目标的频率响应起伏, 表现为回波的振幅起伏, 目标形状的不平坦表现为回波的频率变化. 因此, 利用听测可有效地提取目标特征.

为了提高测向精度和加快方位扫描速度. 一般发射宽的扇面波束 (数十度), 在发射过程中以窄的接收波束 (几度) 在发射扇面内扫描.

距离滤波器一般有几十个到一百个滤波器, 距离分辨力是不高的. 为了提高距离分辨力, 在转入识别工作状态时, 利用距离门把滤波器组分布在目标附近, 现代探雷声呐在识别工作状态时, 距离分辨力可达 10 cm 左右.

飞机的机动性能良好, 因此, 飞机很快成为反潜侦察的重要手段之一. 本节重点介绍航空反潜声呐.

11.4.1 直升飞机吊放声呐

这种声呐基阵用钢缆吊放到水中工作. 其特点是轻便, 因此, 有些国家用的直升飞机吊放声呐与小型水面舰艇声呐是一个品种, 仅基阵结构有所不同.

基阵吊放深度一般为十余米, 最深可达一百余米. 采用了适当的隔振减噪措施后, 直升飞机的噪声就不影响其基阵了. 基阵干扰基本上为海洋噪声. 因其干扰远较舰壳声呐和拖曳变深度声呐小, 不需很高发射功率即可达到较远的作用距离. 基阵一般为圆柱形, 采用相控旋转方向性发射, 扇面搜索.

11.4.2 声呐浮标

声呐浮标为固定翼飞机和直升飞机最常用的一种反潜探测手段, 它是长筒形的上有旋翼. 由飞机上掷下来后, 利用旋翼减速, 落入水中后放出换能器和天线, 利用超短波无线电与飞机联系.

1. 被动式声呐浮标

可分为非定向浮标和定向浮标两种.

非定向浮标由水听器基阵、放大器、发射机几部分组成. 水听器基阵由几个无指向性水听器挂成一串, 构成一垂直线列阵, 在垂直面内有一定指向性, 水平面内无指向. 水听器接收到信号, 经放大后用超短波发射机发送出去. 发射频率一般为一百多兆赫的超短波. 这种浮标只能测定目标有无, 而不能测定其方位. 需要同时投掷多个浮标, 分布在一定相对几何位置上, 才能确定潜艇的位置.

机上装有多路接收机, 可同时接收多个浮标的信号. 无线电通信距离与飞机高度有关, 从十几公里到百余公里. 多路接收机输出送到收听和显示设备. 近代声呐浮标信号处理设备采用多路快速傅里叶分析器实现多路实时窄带分析, 可检测潜艇噪声和低频线谱, 使非定向浮标的探测距离由 1~2 海里增至数十海里以上.

此外, 利用爆炸声源与非定向浮标配合, 可进行主动式探测.

定向浮标的基阵有指向性, 浮标工作时, 基阵不断旋转进行 360° 扫描. 因此可以测定出目标方位. 这时无线电发射机不但发射接收到的声信号, 同时还传送波束指向性方位. 用两枚定向浮标即可测定目标方位距离. 其余与非定向浮标相同.

2. 主动式声呐浮标

这种浮标上装有发射换能器, 可对目标进行主动式探测. 为了节省能源, 一般由飞机上指令发射, 亦分为非定向和定向两种.

非定向主动浮标可测定目标距离, 但不能测定方位. 若多个浮标同时工作, 则可测定目标的方位.

若采用一个定向主动式浮标, 即可测定目标的方位和距离, 像是一部小型主动声呐.

3. 锚定浮标

前面介绍的浮标都是短时间工作的, 工作数小时后即自沉销毁. 锚定浮标是一种大型浮标, 它的工作寿命可达几个月. 它是由飞机布放后锚定于海底, 基阵深度可由飞机指令控制. 这是一种主动式定向浮标, 是一种战术机动声呐监视设备.

§11.5　水声电子对抗设备

水声电子对抗设备包括侦察、干扰、假目标几种.

11.5.1 侦察声呐

用于接收敌方舰艇发射的声呐信号, 测定其方位和频率. 这种声呐主要用于潜艇, 防止被敌方主动式声呐探测到. 尤其适用于回避直升飞机吊放声呐之探测. 因为直升飞机吊放声呐无噪声, 故用噪声测向站不能发现. 而用侦察声呐可及时发现, 立即回避. 侦察声呐通过测定敌声呐信号的参数可判定其型号. 早期的侦察声呐是一部单独设备, 基阵很小, 因而作用距离较近. 近年来, 发展综合声呐、侦察声呐与被动声呐的大型基阵共用, 使作用距离大幅度提高.

11.5.2 声呐干扰器

可分为噪声发生器和回音模拟器两种.

噪声发生器发射较强大功率的噪声, 使对方主动式声呐饱和, 荧光屏一片亮, 测不出目标位置. 而回音模拟器则模拟敌声呐发射的信号制造假回波, 使敌方声呐不能准确测定目标方位.

声呐干扰器的使用有很大局限性. 因它们都是依靠自己发射信号来干扰对方声呐, 在有些情况下, 对方通过接收这些信号用被动测距方法还是可测出目标位置的, 从某种意义上说, 反而起了暴露自己的作用.

一般来说, 这种设备多用于在近距离内被敌方跟踪、难于摆脱的场合.

11.5.3 假目标

水面舰艇 (潜艇) 拖曳假目标. 它可发射模拟的本舰噪声比实际本舰噪声还大 (或发射模拟回声信号), 使对方制导鱼雷错误跟踪攻击, 起到保护本舰的作用.

潜艇模拟器这是一种可自行的假目标. 它可发生模拟潜艇的噪声或模拟回波. 在潜艇被敌方发现跟踪时放出, 使敌声呐错误跟踪假目标, 本舰得以逃避.

§11.6 水声防潜警戒系统

水声防潜警戒系统的主体是固定式声呐监视系统, 再配合以舰艇和航空反潜探测力量, 构成综合防潜警戒系统.

11.6.1 固定式声呐监视系统

这是由岸用固定声呐构成的. 基阵固定在大陆架海底 (浅海工作) 或大陆架边缘海底上 (利用深海声道会聚效应), 用电缆与岸上的电子设备连接. 它的优点是: 不用运载工具, 维持很方便, 可全时工作; 体积和重量不受运载工具限制, 便于使用低频大功率; 基阵不运动噪声干扰小. 其主要缺点是: 不能移动使用, 没有机动性, 当水文条件变化时不能调整基阵深度.

固定式声呐有两种：一种基阵为集中型的, 大基阵尺寸达数十公尺以上, 基元数目在数百个以上, 在很低的工作频率 (100 Hz, 甚至更低) 可得到 20 dB 以上空间增益. 另一种基阵为分布式 (例如布设成栅栏形式) 的多基阵配合来检测目标.

被动式固定声呐是使用最多的一种. 它的工作原理和结构与前面介绍的相同, 有宽带、窄带两种工作方式. 窄带线谱检测是远程探测的主要手段.

利用爆炸声源与被动声呐配合, 可实行远程主动式探测.

近年来随着低频大功率发射技术的进步, 固定式主动声呐发展也很迅速.

11.6.2 拖曳线列阵远程监视声呐

这种设备在 §11.2.3 中已作介绍, 它具有固定声呐的很多优点, 又克服了固定声呐的某些缺点. 它有良好的机动性, 基阵深度可任意调节, 因此是一种较理想的远程监视声呐. 这种声呐, 近年来发展很快. 在深海中探测距离可达数百至上千海里.

11.6.3 综合水声反潜探测系统

由于海洋环境很复杂, 声场垂直分布的变化, 水平分布的影响, 海底的起伏等都会影响声呐探测的有效性. 单纯依靠固定声呐, 监视系统的可靠性不是很高. 因此, 必须用舰艇、航空等机动反潜探测手段配合构成立体配置的综合反潜探测系统. 各种探测手段的信号通过无线电 (通信卫星) 数据传输通道送至信息中心, 用大型计算机分析判决.

§11.7 水声探测设备在国民经济中的应用

随着海洋开发事业的发展, 水声探测设备的应用日益增多, 性能不断改进, 品种愈来愈多. 这一节重点介绍几种常用的水声设备.

11.7.1 测深仪

为了保证航行安全, 各种船只均须装置测深仪. 它是一种小型主动式声呐, 垂直向下发射声波, 接收海底回波来测定海深. 最小的可供在几米水深航行的小艇使用. 大型的测深距离可达万米. 近代测深仪除记录器记录外, 还有数字显示. 为了改善信噪比和分辨能力, 可采用线性调频信号脉冲压缩接收. 近年来还出现了采用非线性声学原理发射声波的测深仪. 使用小型换能器获得了低频高指向性.

一般的测深仪只有一个垂直向下的波束, 如图 11.7.1(a) 所示, 只能测量船垂直下方的深度.

一些水道测量船要求能快速测量较宽的一条航道的水深, 这时需采用多波束测深仪, 如图 11.7.1(b) 所示. 发射为宽波束发射, 接收为一组窄波束. 其原理与船用主动式声呐相同.

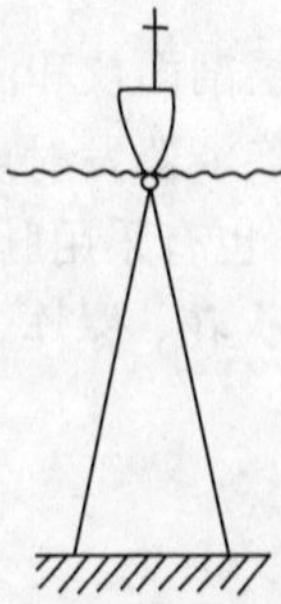

(a) 单波束测深仪

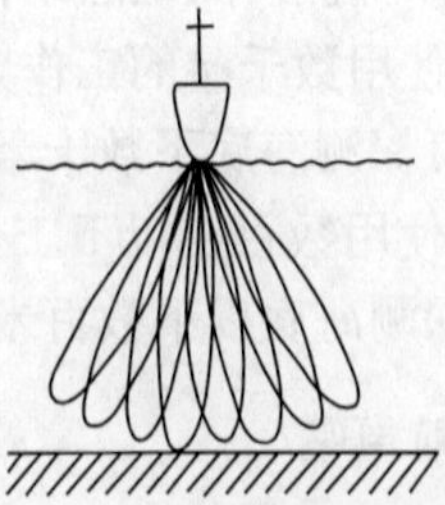

(b) 多波束测深仪

图 11.7.1

11.7.2 鱼群探测仪

这种探测仪装置在渔船上, 用来探测鱼群的位置、深度、大小和种类, 便于捕捞. 早期的鱼群探测仪为垂直式鱼探仪. 其原理和结构与测深仪相似, 它只能探测船下方的鱼群, 因而不便于早期发现和探测鱼群. 近年来又发展了水平鱼探仪. 简单的是单波束探照灯式搜索, 与早期的主动式声呐相似. 较先进的是多波束水平鱼探仪, 它也采用相控旋转指向性发射和多波束接收, 与一部现代小型声呐很相似, 就是工作频率较高 (数十千赫), 作用距离较近 (~1 海里).

鱼群探测仪大多用记录器记录显示探测结果. 现代鱼探仪还采用显像管显示, 用相关法多次积累来消除目标干扰. 用彩色显示代替黑白显示, 以扩大显示动态, 改善显示效果.

11.7.3 地貌仪——侧扫声呐

这是一种高分辨力的海底地貌测量设备. 它采用了一个长条形基阵, 在水平面内方向性很窄 ($1^\circ\sim2^\circ$), 在垂直面上方向性较宽 (十余度). 通过发射短脉冲记录回波, 可测量船两侧很窄的一条地貌. 船只运动连续记录, 可实现沿船只运动方向的扫描, 从而完成一幅海底地貌图. 基阵可拖曳在船后, 也可挂在舷侧.

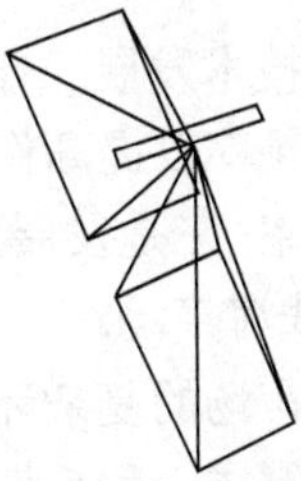

图 11.7.2 侧扫声呐工作原理

较小型的侧扫声呐, 工作频率在数十至数百千赫; 探测距离为数百米, 分辨力为数十厘米. 大型的工作频率为数千赫, 功率为数千瓦, 探测距离为数十公里. 超大型的采用爆炸声源, 拖曳线列阵接收, 工作频率为数十至数百赫, 探测距离为数百公里. 测扫声呐的工作原理如图 11.7.2 所示.

11.7.4　地层剖面仪

地层剖面仪用来探测海底地层结构, 分为浅地层剖面仪和深地层剖面仪两种.

潜地层剖面仪使用数千赫的工作频率, 用发射换能器发射声脉冲, 用拖曳鱼形水听器基阵接收, 可探测海底下数十米的地层结构, 也有采用脉冲压缩等技术的.

深地层剖面仪使用数百赫以下工作频率, 用电火花、爆炸、气枪等声源, 用拖曳线列阵接收, 可探测海底以下数百米的地层结构.

11.7.5　多普勒导航声呐

在船上装置几个换能器, 向前后左右发射 3~4 个波束, 如图 11.7.3 所示. 通过测量每个波束海底反射回波的多普勒频移, 可测得本舰相对大地的速度, 由导航计算机可精确测定本舰航迹. 大型油船在船上不同站位装置多普勒声呐, 可精确掌握船的各部分运动情况, 便于大型油船进出码头. 为获得较高精度, 一般多采用数百千赫以上工作频率. 在深海中工作时, 也有采用海水散射回波工作的. 这时测量的舰速是相对海水的, 精度较利用海底回波的低.

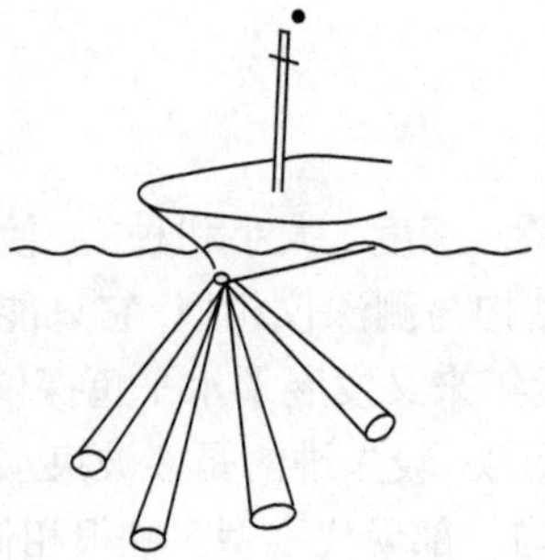

图 11.7.3　多普勒导航声呐

§11.8　声呐技术新进展

借本次增订的机会在本章中增加本节, 综述介绍近 30 年来声呐技术的新进展.

随着 "冷战" 结束, 世界各国的海军发展战略发生了重大变化, 反潜战 ASW 的战场从深海转移到浅海. 浅海近岸海区繁忙的水面交通和恶劣的声传播条件严重限制了声呐性能的发挥, 提高声呐在浅海环境下的性能成为近 30 年声呐技术发展的重点.

声呐技术发展工作主要集中在以下几个方面：一是发展大孔径声呐基阵, 降低声呐工作频率以提高作用距离; 二是采用宽带波形和相应的匹配滤波器处理以提高时空分辨率; 三是发展匹配场处理、MIMO 技术和多基站声呐获取时/频/空分集增益, 匹配浅海声场.

浅海声场的复杂环境从物理上限制了单平台声呐的探测距离, 远不能满足未来反潜战的需求. 近年来网络中心战 NCW 概念的兴起、多传感器数据融合技术的发展以及无人机 UAV、无人舰艇 USV 和无人潜航器 UUV 的快速发展为反潜水下探测提供了新的思路. 在网络中心战的概念中, 联网的自感知的自治传感器场配合有人和无人攻击器作战.

其发展优先度：传感器高于武器, 网络高于平台. 按照这种思路, 水下传感器网、可布设水下探测系统、多平台 UUV 水声探测系统都在发展中. 多传感器/平台/UUV 联网数据融合提供的水下战场态势图将在未来反潜战中发挥重要作用. 分布式联网传感器、高级数据中继、快速攻击武器和综合武器系统将是今后反潜战的长期发展目标.

11.8.1 潜艇声呐技术进展

潜艇上的主要声呐是被动探测声呐. 降低工作频率是提高探测作用距离的关键. 为此要发展大孔径声呐基阵与艇壳共形的共形基阵可以最有效利用艇上空间. 采用共形声速传感器 (光纤水听器) 安装在覆盖于艇壳上的零浮力材料上, 构成大孔径声呐阵, 用于接收低频和中频信号. 例如大型低频舷侧阵, 上千通道低成本.

这种共性光纤水听器构成大孔径垂直水听器阵用于匹配场声呐实现水下目标的被动远程探测和测距.

综合艇首共形阵 (IBC) 新型高能密度陶瓷, 高频和中频共形主动声呐发射阵和低频/主频/高频接收阵. 采用这项技术可以不再需要原有的中频球形阵和高频舰桥和下颚阵.

潜艇声呐的另外一项技术进步是采用先进的民用信息系统技术、统计信号处理算法提供新的改进的信号处理能力, 提高声呐性能.

11.8.2 水面舰艇声呐

水面舰艇声呐一项重要的技术进步是轻型宽带可变深度声呐 LBVDS. 采用新型高能密度换能器材料, 发射 1~6 kHz 宽带波形和先进信号处理为水面舰艇平台提供浅海反潜作战能力. 采用宽带波形抑制散射干扰压缩混响, 改善了目标发现识别能力. 使用拖曳可变深度发射器和拖曳线列水听器阵, 检测性能提高 20 dB.

11.8.3 合成孔径声呐

这是一种高分辨力水下成像声呐. 传统地貌仪受制于基阵尺寸, 在远距离分辨力不高. 而合成孔径声呐利用小孔径基阵的移动, 通过对不同位置接收信号的相关处理, 来获得移动方向 (方位方向) 上大的合成孔径, 从而得到方位方向的高分辨力. 合成孔径声呐可以用于水下军事目标的探测和识别, 如进行沉底水雷和掩埋水雷的高分辨探测和识别. 在国民经济方面, 可以用于海底测量、水下考古和搜寻水下失落物体等, 尤其可以进行高分辨海底测绘, 对数字地球研究具有重要意义.

11.8.4 拖曳线列阵声呐

拖曳线列阵声呐被设计用于提供远距离警戒探测, 监视柴油和核动力潜水艇, 可以工作于深海或浅海. 线列阵可以用水面舰艇也可以用潜艇拖曳. 为了消除左右舷模糊问题, 发展了多线拖曳阵, 新型多线拖曳阵空间紧凑设计可以机动工作, 显著提高阵性能.

新型的光纤光拖曳阵 (FOTA) 采用光纤水听器取消传统拖曳阵的水听器和传输电子设备, 提高操作的方便性和可靠性, 并且显著降低成本.

11.8.5 先进可布设水下声呐监视系统

它提供在近岸浅海水下监视的快速响应能力, 用于广域被动水下监视柴油和核动力潜水艇、水面舰艇和布雷活动, 可以在需要监视的海域的海底快速布设多线列阵, 通过光缆连接岸上的处理系统. 采用与拖曳线列阵相同的信号处理和分析系统, 提供实时监视信息 (目标位置, 时间、类别、运动等) 构成水面/水下战场态势图, 通过网络提供给相关战术部门.

11.8.6 多基站主动声呐探测系统

空投长寿命低频主动声源 (LELFAS) 配合声呐浮标、其他拖曳线列阵、可布设线列阵、水下无人潜航传感器平台构成多基站主动声呐探测系统, 监视指定海域.

11.8.7 可持续工作的近海传感器网

发展自主航行的水下潜航器 AUV 携带传感器可以构成近海传感器网, 问题是受能源限制不能可持续工作. 近年来正在发展一种新技术利用沉积层中的有机物质和水柱中的微生物和甲烷为固定和移动的水下监视设备提供动力燃料. 一种是固定燃料电池 (安置在海底沉积层中), 在海岸海水和淡水沉积层、甲烷沉睡区域 (浅海气体甲烷资源) 和甲烷水合物 (在深海的固态燃料源) 等区域可以支持这种电池. 另外一种是移动燃料电池利用近岸盐水水柱中固态生物和融解的甲烷发电.

11.8.8 网络中心反潜战

由于单平台声呐性能有限, 需要将多平台的声呐和其他传感器的数据通过网络连接在一起, 通过数据融合可以大幅度提高探测概率, 降低虚警. 这种共享状态知识的概念在网络中心反潜战中发挥重要作用. 网络中心反潜战的另外一个功能是共享信息环境, 通过网络为声呐员提供反潜战专家系统提高目标分析识别能力.

第十二章　水声换能器

水声换能器是水声实验的基本部件, 也是声呐的重要组成部分, 一直是水声学中活跃的分支.

自从 20 世纪初出现了 R. A. Fessenden 的动圈水声换能器, 随后又出现了碳粒水听器、静电式水声发射器以及著名的朗之万石英–钢芯换能器和后来的酒石酸钾钠、磁致伸缩等形式换能机器.

60 年代, 随着低频、大功率、深水的要求, 推动了压电陶瓷材料的应用, 同时, 换能器的设计、工艺、大型基阵中的阵元之间, 阵元与障板之间的声互作用都取得了较大的进展.

到 70 年代, 随着电子计算机和激光等新技术的普遍使用, 有限元法、全息照相术等在换能器及各种大型基阵的设计和分析中得到广泛的应用, 同时又促进了新型换能器及基阵的发展, 如光声、压电聚合物、相变、很低频、特殊指向性、深水换能器、声参量阵等, 都有一定的进展.

水声换能器涉及的方面较多, 大致可分为八个环节:

(1) 声能与其他能量之间的转换机理.

(2) 换能材料.

(3) 结构力学, 包括静力学和动力学.

(4) 换能器的工艺技术, 包括水密, 胶接, 预应力, 压力补偿, 橡胶和塑料工艺, 对海水的防腐、防污等.

(5) 结构体的声辐射、散射和流噪声.

(6) 声学材料及器件, 如反声、吸声、透声、减振、去耦等材料及相应的声学器件.

(7) 换能器阵.

(8) 声学测量.

本章主要是结合一些水声换能器, 介绍水声换能器的一般设计原理和主要计算方法.

§12.1　结构体的振动分析

常用的水声换能器振动分析方法有两种: 一是由平衡、协调和材料的应力–应变等关系, 推导结构体的运动微分方程. 二是从能量原理出发, 由问题的相应泛函变分方法, 如有限元法[1,2], 得到每个元上的近似解. 结构体振动中常用方法如图 12.1.1 所示.

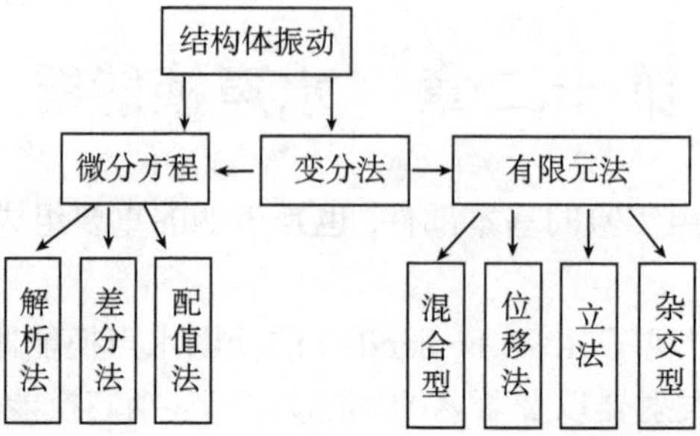

图 12.1.1 结构体振动中常用方法

结构振动中的变分法采用 Hamilton 原理: 满足预知的几何边界条件 (位移和斜率), 并满足在时间 $t = t_1$ 及 $t = t_2$ 条件的所有位移中, 其实际位移

$$\int_{t_1}^{t_2} (T - U + W)\mathrm{d}t$$

为极值, 即变分

$$\delta \int_{t_1}^{t_2} (T - U + W)\mathrm{d}t = 0. \tag{12.1.1}$$

这就是一般的振动分析方程. 其中 T 为系统的动能, U 是应变能, W 是边界上外力所做之功. 式 (12.1.1) 可用来推导给定问题的运动方程和自然边界条件, 同时还可由此推导某些解的近似公式.

12.1.1 弯张换能器圆拱壳体的振动特性

弯张换能器圆拱壳体的振动是较难的问题[3]. 这里, 利用它的物理特性, 建立其解析表达式, 并与实验值作比较.

1. 变截面圆曲梁的泛函及其欧拉方程

为了消除圆拱壳的圆周方向传输的波, 壳上都开有一系列狭缝, 其振动可简化为边界周期运动下的变截面曲梁的振动 (见图 12.1.2).

条件: $t \ll r$, 在面内振动;

弯矩:

$$M_\varphi = YA\varphi \frac{(u'' + W')}{r^2}; \tag{12.1.2}$$

法向力:

$$N_\varphi = YA_\varphi \frac{(W' - u)}{r};$$

$$中心线曲率变化 = \frac{1}{r^2}(u'' + W');$$

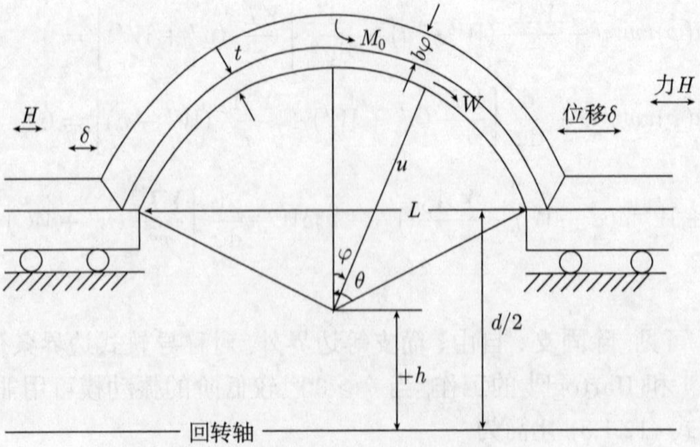

图 12.1.2 圆拱壳上的一条变截面梁

$$\text{中心线切向应变} = \frac{1}{r^2}(W' - u);$$

杨氏模量 Y;
线密度 $\mu(\varphi)$;
惯性矩:

$$I_\varphi = \frac{b_\varphi t^3}{12}\left[1 + \frac{3}{5}\left(\frac{t}{2r}\right)^2\right] \approx \frac{b_\varphi t^3}{12};$$

宽度:

$$b_\varphi = \frac{2\pi r}{n}\left(\cos\varphi + \frac{h}{r}\right);$$

梁数 n;
截面积 A_φ
应变能:

$$U = \int_{-\theta}^{\theta}\left(\frac{M_\varphi^2}{2YI_\varphi} + \frac{N_\varphi^2}{2YA_\varphi}\right) r\mathrm{d}\varphi;$$

动能:

$$T = \int_{-\theta}^{\theta} \frac{1}{2}\mu(\varphi)(\dot{u}^2 + \dot{W}^2) r\mathrm{d}\varphi.$$

一周期 T_0 内振动的作用量为泛函

$$H = \int_0^{T_0} (T - U)\mathrm{d}t.$$

由 Hamilton 原理: $\delta H = 0$, 通过运算, 得到欧拉方程, 即伸长型变截面梁的振动方程及其适用的边界条件:

$$\begin{cases} -\mu(\varphi)rw^2u+\dfrac{YA_\varphi}{r}(W'-u)-\dfrac{\mathrm{d}^2}{\mathrm{d}\varphi^2}\left[\dfrac{YI_\varphi}{r^3}(u''+W')\right]=0 \\ -\mu(\varphi)rw^2W+\dfrac{\mathrm{d}}{\mathrm{d}\varphi}\left[\dfrac{YI_\varphi}{r^3}(u''+W')+\dfrac{YA_\varphi}{r}(W'-u)\right]=0 \end{cases} \tag{12.1.3}$$

$$\left\{-\frac{YI_\varphi}{r^3}(u''+W')\delta(u'+W)-\frac{YA_\varphi}{r}(W'-u)\delta W+\frac{\mathrm{d}}{\mathrm{d}\varphi}\left[\frac{YI_\varphi}{r^3}(u''+W')\right]\delta u\right\}_{-\theta}^{\theta}=0. \tag{12.1.4}$$

由式 (12.1.4) 可见, 除固支、自由、简支等边界外, 对称导轨式边界条件也适用.

由 Love[4] 和 Hartog[5] 的工作, 当 $\theta\geqslant 30°$ 较低阶的振动模可用非伸长型振动来计算, 此时式 (12.1.3) 化简为

$$\begin{aligned} &\mu(\varphi)\frac{\mathrm{d}^2}{\mathrm{d}t^2}(W-W'')+\mu(\varphi)(W') \\ =&\frac{YI_\varphi}{r^4}\left[W^{(6)}+2W^{(4)}+W''\right]+\frac{YI'_\varphi}{r^4}\left[3W^{(5)}+4W^{(3)}+W'\right] \\ &+\frac{3YI''_\varphi}{r^4}\left[W^{(4)}+W''\right]+\frac{YI'''_\varphi}{r^4}\left[W^{(3)}+W'\right], \end{aligned} \tag{12.1.5}$$

$$u=W'. \tag{12.1.6}$$

式 (12.1.5) 和 (12.1.6) 是弯张换能器圆拱壳体的振动方程, 其中, $W^{(6)}\cdots W^{(3)}$ 等是 W 对 φ 的微商次数. 因实际的换能器有 $\theta\geqslant 30°$. 在 $I'_\varphi=I''_\varphi=I'''_\varphi=0$ 时就简化为等截面梁的振动方程[3−6].

2. 变截面圆曲梁的振动近似解

应用 Archer 处理等截面曲梁的过程[6], 先将随时间变化的边界条件化为与时间无关的边界条件, 令式 (12.1.5) 的解为

$$W(\varphi,t)=F(\varphi)f(t)+\sum_n A_n(t)\varPhi_n(\varphi), \tag{12.1.7}$$

其中 $F(\varphi)$ 是准静态解; $f(t)$ 是边界随时间的运动. 将式 (12.1.7) 代入式 (12.1.5), 并利用准静态条件, 由式 (12.1.5) 有

$$\begin{aligned} &I_\varphi\left[F^{(6)}(\varphi)+2F^{(4)}(\varphi)+F''(\varphi)\right]+I'_\varphi\left[3F^{(5)}(\varphi)+4F^{(3)}(\varphi)+F'(\varphi)\right] \\ &\quad+3I''_\varphi\left[F^{(4)}(\varphi)+F''(\varphi)\right]+I'''_\varphi\left[F^{(3)}(\varphi)+F'(\varphi)\right]=0, \end{aligned}$$

于是得到

$$\mu(\varphi)\left\{\ddot{f}(t)\left[F(\varphi)-F''(\varphi)\right]+\sum_n\ddot{A}(t)\left(\varPhi_n-\varPhi''_n\right)\right\}$$

$$+\mu'(\varphi)\left[F'(\varphi)\ddot{f}(t)+\sum_n \ddot{A}_n(t)\varPhi_n'\right]$$

$$=\frac{Y}{r^4}\sum_n A_n(t)\Big\{I_\varphi\left(\varPhi_n^{(6)}+2\varPhi_n^{(4)}+\varPhi_n''\right)+I_\varphi'\left(3\varPhi_n^{(5)}+4\varPhi_n^{(3)}+\varPhi_n'\right)$$
$$+I_\varphi''\left(\varPhi_n^{(4)}+\varPhi_n''\right)+I_\varphi'''\left(\varPhi_n^{(3)}+\varPhi_n'\right)\Big\}.$$

令

$$F(\varphi)\simeq\sum_{n=1}^{\infty}C_n\varPhi_n(\varphi)\quad(-\theta<\varphi<\theta)\tag{12.1.8}$$

有

$$\frac{C_n\ddot{f}(t)+\ddot{A}_n(t)}{A_n(t)}\left\{\mu(\varphi)(\varPhi_n''-\varPhi_n)-\mu'(\varphi)\varPhi_n'\right\}$$
$$=\frac{Y}{r^4}\Big[I_\varphi(\varPhi_n^{(6)}+2\varPhi_n^{(4)}+\varPhi_n'')+I_\varphi'(3\varPhi_n^{(5)}+4\varPhi_n^{(3)}+\varPhi_n')$$
$$+3I_\varphi''(\varPhi_n^{(4)}+\varPhi_n'')+I_\varphi''(\varPhi_n^{(3)}+\varPhi_n')\Big],$$

变量分离, 令 $\dfrac{C_n\ddot{f}(t)+\ddot{A}_p(t)}{A_n(t)}=-\omega_n^2$, 得方程

$$\ddot{f}(t)C_n+\ddot{A}_n(t)=-\omega_n^2A_n(t)\tag{12.1.9}$$

和

$$\omega_n^2\left\{(\varPhi_n''-\varPhi_n)\,\mu\,(\phi)-\mu'(\phi)\,\varPhi_n'\right\}$$
$$=\frac{Y}{r^4}\Big\{I_\varphi(\varPhi_n^{(6)}+2\varPhi_n^{(4)}+\varPhi_n'')+I_\varphi'(3\varPhi_n^{(5)}+4\varPhi_n^3+\varPhi_n')$$
$$+3I_\varphi''(\varPhi_n^{(4)}+\varPhi_n'')+I_\varphi'''(\varPhi_n^{(3)}+\varPhi_n')\Big\},\tag{12.1.10}$$

$$\varPhi_n(\pm\theta)=\varPhi_n'(\pm\theta)=\varPhi_n''(\pm\theta)=0.\tag{12.1.11}$$

这里 $\phi_n(\varphi)$ 是由式 (12.1.9), (12.1.10) 所给出的卡住边界条件下自由振动问题的本征函数; ω_n 是本征值. $A_n(t)$ 由式 (12.1.9) 决定.

设

$$f(t)=\mathrm{e}^{\mathrm{j}\omega t},$$

ω 是工作频率, 式 (12.1.9) 可改写为

$$\ddot{A}_n(t)+\omega_n^2A_n(t)=C_n\omega^2\mathrm{e}^{\mathrm{j}\omega t},$$

由初始条件 $A_n(0)=\dot{A}_n(0)=0$ 得 $A_n(t)$ 的稳态解为

$$A_n(t)=\frac{C_n\omega^2}{\omega_n^2-\omega^2}\mathrm{e}^{\mathrm{j}\omega t}.\tag{12.1.12}$$

代入式 (12.1.7), (12.1.8), 得

$$W(\varphi,t) \simeq \sum_{n=1}^{\infty} C_n \varPhi_n(\varphi)\left(1+\frac{\omega^2}{\omega_n^2-\omega^2}\right)\mathrm{e}^{\mathrm{j}\omega t}. \tag{12.1.13}$$

因此, 只要满足

$$\omega^2 \ll \omega_n^2, \tag{12.1.14}$$

式 (12.1.13) 可化简为

$$W(\varphi,t) \simeq \sum_{n=1}^{\infty} C_n \varPhi_n \mathrm{e}^{\mathrm{j}\omega t}. \tag{12.1.15}$$

对于弯张换能器, 式 (12.1.14) 一般都能满足. 由振动理论可知: 边界条件放松时本征值下降[5], 导轨边界远比固定边界条件为松. 为了有效地工作, 在导轨边界情况下, 工作频率 ω 要选在最低的对称式本征值 ω_r 附近或偏低. 从物理上看, $n=1$ 为反对称模, 不满足激发条件, 所以 $C_1=0$. 因此, 只要证明 $\omega_2 \gg \omega_r$, 就有式 (12.1.15),

$$W(\varphi,t) \simeq \sum_{n=1}^{\infty} C_n \varPhi_n \mathrm{e}^{\mathrm{j}\omega t} = F(\varphi)\mathrm{e}^{\mathrm{j}\omega t}. \tag{12.1.16}$$

有式 (12.1.10) 和 (12.1.11), 设满足式 (12.1.11) 的位移分布, 用瑞利法近似计算 ω_2 以及对导轨边界的 ω_r 作近似计算, 可以看出, 对非伸长型振动:

$$\theta \leqslant 70^\circ, \quad \omega_2 \geqslant 4\omega_r; \quad 0^\circ \leqslant \theta \leqslant 90^\circ, \quad \omega_2 \geqslant 2.5\omega_r.$$

实际上, 为了有效辐射, 通常选取 $\theta \leqslant 70^\circ$.

通过以上分析证明, 弯张换能器的变截面曲梁的解可近似用式 (12.1.16) 表示.

3. 圆拱壳体振动特性的解析表达式和实验验证

由式 (12.1.5) 来解 $W(\varphi)=F(\varphi)$ 是很困难的. 我们从式 (12.1.2) 和 (12.1.6) 出发,

$$\frac{YI_\varphi}{r^2}\left(\frac{\mathrm{d}^2u}{\mathrm{d}\varphi^2}+u\right) = M_\varphi = M_0 - H_r(1-\cos\varphi),$$

因为 $\varphi=0$ 处截面不旋转, 由卡斯提里阿诺 (Castigliano) 第二定理[7]

$$\frac{\partial}{\partial M_0}\int_0^\theta \frac{M_\varphi^2}{2YI_\varphi} r\mathrm{d}\varphi = 0,$$

得

$$M_\varphi = Hr\left[\cos\varphi + \frac{h}{r} - \frac{\theta}{A(\theta)}\right], \tag{12.1.17}$$

其中

$$A(\theta)=\frac{th^{-1}\dfrac{\sqrt{1-\dfrac{h^2}{r^2}}\sin\theta}{1+\dfrac{h}{r}\cos\theta}}{\sqrt{1-\dfrac{h^2}{r^2}}}.$$

由对称运动的导轨边界条件

$$W\Big|_{\varphi=0}=\frac{\mathrm{d}u}{\mathrm{d}\varphi}\Big|_{\varphi=0}=0, \tag{12.1.18}$$

$$u\big|_{\varphi=0}=\delta\sin\theta,\quad W\big|_{\varphi=0}=-\delta\cos\theta,$$

得法向位移

$$u=\frac{Hr^3}{YI_0}\left\{1-\cos\theta\cos\varphi-\frac{\theta}{A(\theta)}\left[\varphi\sin\varphi-\frac{h}{r}\sin\varphi A(\varphi)+\cos\varphi\ln\frac{\cos\varphi+\dfrac{h}{r}}{\cos\theta+\dfrac{h}{r}}\right]\right\}; \tag{12.1.19}$$

切向位移

$$W=F(\varphi)=\frac{Hr^3}{YI_0}\left\{\varphi-\cos\theta\sin\varphi-\frac{\theta}{A(\theta)}\left[-\varphi\cos\varphi+A(\varphi)\left(1+\frac{h}{r}\cos\varphi\right)\right.\right.$$

$$\left.\left.+\sin\varphi\ln\frac{\cos\varphi+\dfrac{h}{r}}{\cos\theta+\dfrac{h}{r}}\right]\right\}; \tag{12.1.20}$$

端部位移

$$\delta=\frac{Hr^3}{YI_0}\left[\sin\theta+\theta\frac{h}{r}-\frac{\theta^2}{A(\theta)}\right];$$

等效力劲

$$k_s=\frac{nH}{\delta}=\frac{nYI_0}{r^3}\left(\sin\theta+\theta\frac{h}{r}-\frac{\theta^2}{A(\theta)}\right)^{-1}. \tag{12.1.21}$$

振幅比

$$\frac{u_{\varphi=0}}{\delta}=\frac{1-\cos\theta-A'(\theta)\ln\dfrac{1+\dfrac{h}{r}}{\cos\theta+\dfrac{h}{r}}}{\sin\theta+\theta\dfrac{h}{r}-\dfrac{\theta^2}{A(\theta)}}, \tag{12.1.22}$$

$$I_0\approx\frac{b_0}{12}t^3,\ b_0=\frac{2\pi r}{n};$$

等效质量 (半壳体)

$$M_s = n\int_0^{\theta}\left(u^2+W^2\right)\omega^2\mu\left(\varphi\right)r\mathrm{d}\varphi/\omega^2\delta^2; \tag{12.1.23}$$

壳体共振频率

$$\omega_r^2 = k_s/M_s; \tag{12.1.24}$$

等效源强 (两端面遮住)

$$Q_s = \pi^2 f\delta d^2\left[-\frac{2L}{d}\left(1+\frac{L}{d}\tan\frac{\theta}{2}\right)\right]C(\theta)\cot\theta, \tag{12.1.25}$$

其中

$$C(\theta) = \frac{\displaystyle\int_0^{\theta}\left(\cos\varphi+\frac{h}{r}\right)u(\varphi)\mathrm{d}\varphi}{\displaystyle\int_0^{\theta}\left(1+\frac{h}{r}\right)u(\varphi)\mathrm{d}\varphi}. \tag{12.1.26}$$

$C(\theta)$ 对不同 $\dfrac{h}{r}$ 的值已有计算机算出数值解.

实验表明: 采用压电棒附加壳体后输出电压减少 (加同样力) 的原理, 测得壳体力劲 k_s 值与计算值符合.

壳体最低的对称式共振频率的计算值和表面法向振幅分布的计算值都与实验基本符合 (见图 12.1.3).

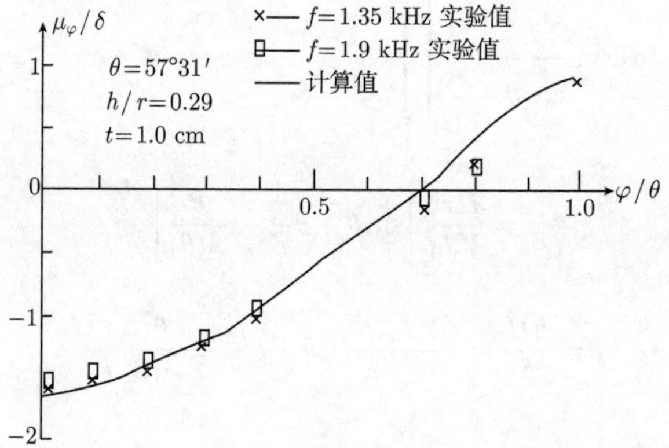

图 12.1.3 法向振速分布 u_0

12.1.2 有限元法及其对压电弯曲棒的计算

有限元法是根据变分原理求解的一种数值计算方法, 它假定每个元上已建立起简单的振动模 (形状函数或插值函数), 对每个元应用瑞利-立兹法, 再在每元间将有关系数连接起来. 它比差分法的分段少, 精度高. 有限元法是一种能量法, 要求

出整个系统的能量, 才能得到系统的积分方程, 可用它来求解复杂系统, 解题的一般步骤是:

(1) 将连续区域离散化, 将连续介质分割成有限个节点连接起来的有限个元素, 以此代替连续介质.

(2) 建立每个元的能量方程, 包括应变能、动能、边界上广义力所做的功, 构成泛函.

(3) 选择形状函数 (或插值函数), 这是有限元法的关键部分. 目前所用的一种是拉格朗日形状函数, 用于泛函中最高导数为一阶的问题, 即 c^0 阶连续性. 另一种是埃尔米特 (Hermite) 多项式 H_n^{mi} 形状函数, 可用于 c^n 阶连续性 [泛函中最高导数为 $(n+1)$ 阶, $m \leqslant n$] 的问题.

(4) 由哈密顿原理推导典型有限元的典型特性矩阵方程 (一般为刚度矩阵方程).

(5) 组合各元的特性矩阵成为整个区域的系统矩阵, 再利用边界条件修改系统矩阵.

(6) 求解系统矩阵.

(7) 求得所需求的物理量分布.

这里, 以弯曲振动棒为例, 来说明其数学表达式的一般形式. 如分成双节点的元, 每个节点有两个自由度: W, $\dfrac{\partial W}{\partial x}$, 因为每个元的形状函数相同, 且假设每元边界上 $W_{i-1}, \dfrac{\partial W_{i-1}}{\partial x}, W_i, \dfrac{\partial W_i}{\partial x}$ 是已知的, 所以可假设有

$$
\begin{aligned}
W &= \alpha_1 + \alpha_2 x + \alpha_3 x^2 + \alpha_4 x^3 \\
&= \left[1, x, x^2, x^3\right] \begin{bmatrix} \alpha_1 \\ \alpha_2 \\ \alpha_3 \\ \alpha_4 \end{bmatrix} = [P(x)]\,[\alpha].
\end{aligned}
$$

将 $i-1, i$ 两个节点上的 $W_{i-1}, W_i, \dfrac{\partial W_{i-1}}{\partial x}, \dfrac{\partial W_i}{\partial x}$ 代入, 得

$$
\begin{bmatrix} W_{i-1} \\ \dfrac{\partial W_{i-1}}{\partial x} \\ W_i \\ \dfrac{\partial W_i}{\partial x} \end{bmatrix} = \begin{bmatrix} 1 & 0 & 0 & 0 \\ 0 & 1 & 0 & 0 \\ 1 & l & l^2 & l^3 \\ 0 & 1 & 2l & 3l^2 \end{bmatrix} \begin{bmatrix} \alpha_1 \\ \alpha_2 \\ \alpha_3 \\ \alpha_4 \end{bmatrix},
$$

其中 $l = x_i - x_{i-1}$. 即

$$
[q_i] = [A_i][\alpha], \quad [\alpha] = [A_i]^{-1}[q_i].
$$

弯曲位移

$$W(x,t) = [p(x)]\{A_i\}^{-1}[q_i] = [N(x)]_i[q_i], \tag{12.1.27}$$

其中 $[N(x)]_i$ 是形状函数或插值函数.

梁元弯曲振动的动能

$$T = \frac{1}{2}\int_0^l \mu\left(\frac{\partial W}{\partial t}\right)^2 \mathrm{d}x;$$

应变能

$$U = \frac{1}{2}\int_0^l YI\left(\frac{\partial^2 W}{\partial x^2}\right)^2 \mathrm{d}x;$$

外力所做的功

$$W_0 = \int_0^l pW\mathrm{d}x$$

其中 μ 为单位长度的质量; YI 为抗弯刚度; p 为单位长度上的力.

典型有限元的泛函可写成矩形形式:

$$H^{(e)} = \int_{x_{i-1}}^{x_i}\left[\frac{1}{2}\mu\left(\frac{\partial W}{\partial t}\right)^2 - \frac{1}{2}YI\left(\frac{\partial^2 W}{\partial x^2}\right)^2 + PW\right]\mathrm{d}x.$$

将式 (12.1.27) 代入上式, 积分得

$$H^{(e)} = \frac{1}{2}[\dot{q}_i]\left[\dot{M}^e\right][\dot{q}_i] - \frac{1}{2}[q_i][K^e][q_i] - [F^e][q_i], \tag{12.1.28}$$

其中 $[M^e], [K^e], [F^e]$ 分别是元的质量、刚度、荷载矩阵, 其矩阵元为

$$M_{ij}^e = \int_{x_{i-1}}^{x_i}\mu[N_i][N_j]\,\mathrm{d}x, \tag{12.1.29}$$

$$K_{ij}^e = \int_{x_{i-1}}^{x_i} YI^{(e)}[N_i''][N_j'']\,\mathrm{d}x, \tag{12.1.30}$$

$$F_i^e = \int_{x_{i-1}}^{x_i} p(x)[N_i]\mathrm{d}x, \tag{12.1.31}$$

泛函 $H^{(e)}$ 对 $[q_i]$ 中各项求极小的条件, 即对独立变量求变分, 得欧拉方程

$$\frac{\partial H^{(e)}}{\partial W_{i-1}} = \frac{\partial H^{(e)}}{\partial W_i} = \frac{\partial H^{(e)}}{\partial\left(\dfrac{\partial W_{i-1}}{\partial x}\right)} = \frac{\partial H^{(e)}}{\partial\left(\dfrac{\partial W_i}{\partial x}\right)} = 0, \tag{12.1.32}$$

得到典型有限元的特性矩阵方程:

$$[M^e][\ddot{q}_i] + [K^e][q_i] = [F^e]. \tag{12.1.33}$$

组合成整体矩阵形式:

$$H = \sum H^{(e)}.$$

变分求最小值, 得

$$[M^*][\ddot{q}] + [K^*][q] = [f^*]. \tag{12.1.34}$$

$[M^*], [K^*], [F^*]$ 和元的 $[M^e], [K^e], [F^e]$ 的关系, 可用计算机排列, 再加上边界条件, 对这些矩阵进行修正, 从而得到 $[M^*], [K^*], [F^*]$. 然后再由计算机求解各节点的位移 $[q]$, 用式 (12.1.27) 得整个棒上的振幅 $W(x, t)$.

例如, 在压电陶瓷弯曲棒的振动[8] 图 12.1.4 中, 中间 m 为金属层, 两端 c 为压电陶瓷. 用有限元法计算其振动特性: 先离散化成 n 个元, 每个为双节点四参数的元, 只要弹性模量之比 $Y_m/Y_0 > 0.1$, 就可忽略横向切变. 假设同一横截面上位移是常数 $\partial W/\partial z = 0$, 只有 x 方向的应变 $S_1 = -z\partial^2 W/\partial x^2 \neq 0$, 作简谐振动, 由图 12.1.5 可知, 每元的泛函是

$$H_i = \int_{t_1}^{t_2} (T_i - U_i + W_{0i})\mathrm{d}t.$$

应变能是

$$U_i = \int_0^{l_i} \left[b_0 \int_{h_m}^{h_m+h_0} (T_1 S_1)\mathrm{d}z + b_m Y_m \int_0^{h_m} S_1^2 \mathrm{d}z \right] \mathrm{d}x. \tag{12.1.35}$$

压电陶瓷中的应力 T_1, 应变 S_1 需要考虑压电效应, 压电方程是

$$\begin{cases} S_1 = S_{11}^E T_1 + d_{31} E_3 \\ D_3 = d_{31} T_1 + \varepsilon_{33}^{\mathrm{T}} E_3 \end{cases}.$$

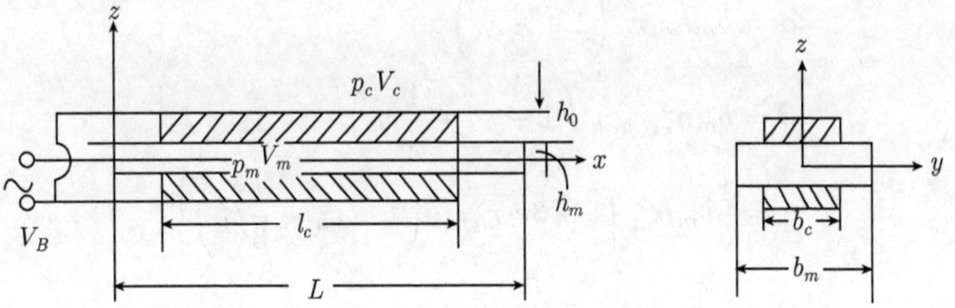

图 12.1.4 压电弯曲振动棒

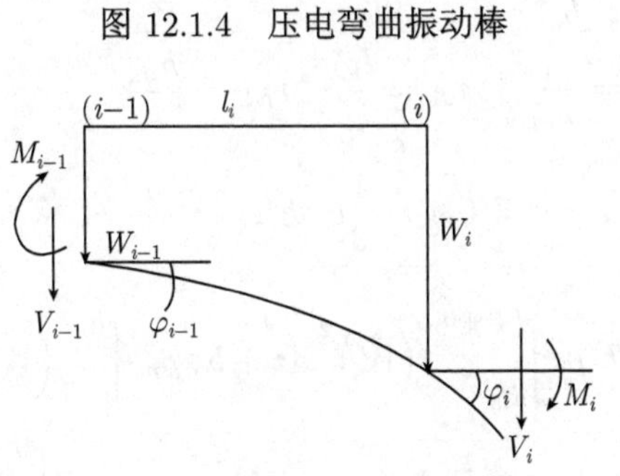

图 12.1.5 有限元的法向位移和力

为了应用方便, 改换成以电位移 D_3 和应变 S_3 为独立变量的方程

$$\begin{cases} E_3 = \dfrac{D_3}{\varepsilon_{33}^S} - BS_1 \\ T_1 = -BD_3 + Y_c S_1 \end{cases},$$

其中 $B = -\left(\dfrac{\partial T_1}{\partial D_3}\right)_{s_1} = -\left(\dfrac{\partial E_3}{\partial S_1}\right)_{D_3} = \dfrac{k_{31}^2}{d_{31}(1-k_{31}^2)}$; d_{31} 和 k_{31} 分别是压电系数和机电耦合系数, E_3 是电场强度, ε_{33}^T 和 ε_{33}^S 分别是自由和卡住时的介电常数.

$$V_E = \int_{h_m}^{h_m+h_0} E_3 \mathrm{d}z = \frac{D_3}{\varepsilon} h_c + B\left(h_m h_c + \frac{1}{2}h_c^2\right)\frac{\partial^2 W}{\partial x^2};$$

$$D_3 = \frac{\varepsilon_{33}^T V_E}{h_c} - \varepsilon_{33}^S B\left(h_m + \frac{1}{2}h_c\right)\frac{\partial^2 W}{\partial x^2}.$$

由此可得

$$T_1 = -\frac{\varepsilon_{33}^T B}{h_c} V_E + \left[\varepsilon_{33}^S B\left(h_m + \frac{1}{2}h_c\right) - Y_c z\right]\frac{\partial^2 W}{\partial x^2}. \tag{12.1.36}$$

将式 (12.1.36) 代入式 (12.1.35), 得

$$U_i = \alpha \varepsilon_{33}^S B V_E \int_0^{l_i} \frac{\partial^2 W}{\partial x^2}\mathrm{d}x + (-\beta \varepsilon_{33}^S B^2 + rY_m)\int_0^{l_i}\left(\frac{\partial^2 W}{\partial x^2}\right)^2 \mathrm{d}x, \tag{12.1.37}$$

其中

$$\alpha = b_m h_m r_b \left(1 + \frac{1}{2}r_h\right),$$

$$\beta = b_m h_m^3 r_b r_h \left(1 + r_h + \frac{1}{4}r_h^2\right),$$

$$r = \frac{1}{3}b_m h_m^3\left[1 + 3r_b r_h r_Y\left(1 + r_h + \frac{1}{3}r_h^2\right)\right],$$

$$r_b = \frac{b_c}{b_m}, \quad r_h = \frac{h_c}{h_m}, \quad r_Y = \frac{Y_c}{Y_m},$$

$$\rho_p = \frac{\rho_c}{\rho_m}, \quad r_L = \frac{l_i}{L}, \quad r_{hL} = \frac{h_m}{L}.$$

对没有压电陶瓷的元, $\alpha = \beta = 0, r = \dfrac{1}{3}b_m h_m^3$.

动能

$$\begin{aligned} T_i &= \int_0^{l_i}\left[b_c\rho_c\int_{h_m}^{h_m+h_c}\left(\ddot{W}\right)^2\mathrm{d}z + b_m\rho_m\int_0^{h_m}\left(\ddot{W}\right)^2\mathrm{d}z\right]\mathrm{d}x \\ &= \int_0^{l_i}(h_c b_c \rho_c + b_m h_m \rho_m)\left(\ddot{W}\right)^2\mathrm{d}x = \omega^2\delta\int_0^{l_i} W^2 \mathrm{d}x, \end{aligned} \tag{12.1.38}$$

其中 $\delta=\rho_m b_m h_m\left(1+r_\rho r_b r_h\right)$. 元的边界外力所做的功

$$W_{i0}=V_{i-1}W_{i-1}+\varphi_{i-1}M_{i-1}+W_iV_i+\varphi_iM_i=L[d]\left[F_i\right], \tag{12.1.39}$$

$$[d]=\left[\frac{W_{i-1}}{L},\varphi_{i-1},\frac{W_i}{L},\varphi_i\right],\quad [F_i]=\begin{bmatrix}V_{i-1}\\M_{i-1}/L\\V_i\\M_i/L\end{bmatrix}.$$

选取形状函数: 泛函 $H_i=\int_{t_1}^{t_2}\left[T_i-U_i+W_{i0}\right]\mathrm{d}t$ 中最高阶导数为二阶, 属于 c^1 阶连续性, 其形状函数为 Hermite 多项式

$$\begin{aligned}W_i(x)&=H_1^{01}W_{i-1}+H_1^{11}\phi_{i-1}+H_1^{02}W_i+H_1^{12}\phi_i\\&=L\left[N_1,\frac{l_i}{L}N_2,N_3,\frac{l_i}{L}N_4\right][d]\\&=L\left[N_1,r_LN_2,N_3,r_LN_4\right][d]\\&=L[N][d],\end{aligned}\tag{12.1.40}$$

其中

$$H_1^{01}(x)=1-3\xi^2+2\xi^3,\quad H_1^{11}(x)=l_i\xi\left(\xi-1\right)^2,$$

$$\xi=\frac{x-x_{i-1}}{x_i-x_{i-1}}=\frac{x-x_{i-1}}{l_i},\quad H_1^{02}(x)=\xi^2\left(3-2\xi\right),$$

$$H_1^{12}(x)=l_i\xi^2\left(\xi-1\right).$$

这种形状函数也可由下列方法得到:

$$W^e(x)=\alpha_0+\alpha_1\xi+\alpha_2\xi^2+\alpha_3\xi^3.$$

将已知的边界值 $W_{i-1},\phi_{i-1},W_i,\phi_i(\phi=\partial W/\partial x)$ 代入, 合并后即得到上述的形状函数. 将式 (12.1.40) 代入能量表达式 (12.1.37)~(12.1.39), 得

$$\begin{aligned}U_i&=\alpha\varepsilon_{33}^SBV_E[d]L\int_0^{l_i}[N'']\mathrm{d}x+\left(-\beta\varepsilon_{33}^SB^2+rY_m\right)L^2\cdot\int_0^{l_i}\{[N''][d]\}^2\mathrm{d}x\\&=\alpha\varepsilon_{33}^SBV_EL\left\{\int_0^{l_i}[N'']\mathrm{d}x\right\}[d]+(-\beta\varepsilon_{33}^SB^2+rY_m)L^2[d]\cdot\left\{\int_0^{l_i}[N'']^{\mathrm{T}}[N'']\,\mathrm{d}x\right\}[d]\\&=\alpha\varepsilon_{33}^SBV_E\frac{L}{l_i}[E][d]+\left(-\beta\varepsilon_{33}^SB^2+rY_m\right)\frac{L^2}{l_i^3}[d]^{\mathrm{T}}[H][d],\end{aligned}\tag{12.1.41}$$

其中

$$[E]=l_i\int_0^{l_i}[N'']\,\mathrm{d}x$$

$$
\begin{aligned}
&= l_i \left[\int_0^{l_i} N_1'' \mathrm{d}x, \int_0^{l_i} r_L N_2'' \mathrm{d}x, \int_0^{l_i} N_3'' \mathrm{d}x, \int_0^{l_i} r_L N_4'' \mathrm{d}x \right] \\
&= [0, -r_L, 0, r_L],
\end{aligned}
$$

$$
\begin{aligned}
[H] &= l_i^3 \int_0^{l_i} [N'']^{\mathrm{T}} [N''] \, \mathrm{d}x \\
&= \begin{bmatrix}
\int_0^{l_i} N_1''^2 \mathrm{d}x & \int_0^{l_i} N_1'' N_2'' \mathrm{d}x & \int_0^{l_i} N_1'' N_3'' \mathrm{d}x & \int_0^{l_i} N_1'' N_4'' \mathrm{d}x \\
\int_0^{l_i} N_2'' N_1'' \mathrm{d}x & \cdots & \cdots & \cdots \\
\cdots & \cdots & \cdots & \cdots \\
\int_0^{l_i} N_4'' N_1'' \mathrm{d}x & \cdots & \cdots & \int_0^{l_i} N_4'' N_4'' \mathrm{d}x
\end{bmatrix} l_i^3 \\
&= \begin{bmatrix}
12 & 6r_L & -12 & 6r_L \\
6r_L & 4r_L^2 & -6r_L & 2r_L \\
-12 & -6r_L & 12 & -6r_L \\
6r_L & 2r_L & -6r_L & 4r_L^2
\end{bmatrix},
\end{aligned}
$$

$$
\begin{aligned}
T_i &= \omega^2 \delta L^2 [d]^{\mathrm{T}} \left(\int_0^{l_i} [N]^{\mathrm{T}} [N] \mathrm{d}x \right) [d] \\
&= \omega^2 L^2 l_i \delta [d]^{\mathrm{T}} [J] [d],
\end{aligned} \tag{12.1.42}
$$

其中

$$
[J] = \frac{1}{420} \begin{bmatrix}
156 & 22r_L & 54 & -13r_L \\
22r_L & 4r_L^2 & 13r_L & -3r_L^2 \\
54 & 13r_L & 156 & -22r_L \\
-13r_L & -3r_L^2 & -22r_L & 4r_L^2
\end{bmatrix},
$$

$$
W_{0i} = L[d]^{\mathrm{T}} [F_i]. \tag{12.1.43}
$$

求元的特性矩阵: 泛函

$$
\begin{aligned}
H_i &= \int_{t_1}^{t_2} (T_i - U_i + W_{0i}) \, \mathrm{d}t \\
&= \int_{t_1}^{t_2} \left\{ [d]^{\mathrm{T}} \omega^2 \delta L^2 l_i [J] [d] - [d]^{\mathrm{T}} (-\beta \varepsilon_{33}^S B^2 + r Y_m) \frac{L^2}{l_i^3} [H] [d] \right. \\
&\quad \left. + \left(L [F_i] - [E] \alpha \varepsilon_{33}^S B V_E \frac{L}{l_i} \right) [d]^{\mathrm{T}} \right\} \mathrm{d}t,
\end{aligned}
$$

由 $\dfrac{\partial H_i}{\partial [d]} = 0$, 得

$$[P_i]=2L\left\{\left(-\beta\varepsilon_{33}^S B^2+rY_m\right)\frac{1}{l_i^3}[H]-\omega^2\delta l_i[J]\right\}[d], \tag{12.1.44}$$

其中

$$\begin{aligned}[P_i]&=\begin{bmatrix}V_{i-1}\\ \dfrac{1}{L}\left(M_{i-1}+\alpha\varepsilon_{33}^S BV_E\right)\\ V_i\\ \dfrac{1}{L}\left(M_i-\alpha\varepsilon_{33}^S BV_E\right)\end{bmatrix}=[F_i]-\alpha\varepsilon_{33}^S BV_E\frac{1}{l_i}[E]\\ &=\begin{bmatrix}V_{i-1}\\ \dfrac{1}{L}\left(M_{i-1}+M\right)\\ V_i\\ \dfrac{1}{L}\left(M_i-M\right)\end{bmatrix}.\end{aligned} \tag{12.1.45}$$

得到典型有限元的特性矩阵方程为

$$[P_i]=[K_i]\,[\alpha], \tag{12.1.46}$$

元的刚度矩阵为

$$[K_i]=2L\left\{\left(-\beta\varepsilon_{33}^S B^2+rY_m\right)\left(\frac{1}{l_i^3}\right)[H]-\omega^2\delta L_i[J]\right\}. \tag{12.1.47}$$

在 $[P_i]$ 中出现 $\alpha\varepsilon_{33}^S BV_E/L$ 的项表示换能器加上电压就像两端外加了一个弯矩, $[K_i]$ 中的 $-\beta\varepsilon_{33}^S B^2$ 项是由压电效应引起的, 使它的有效刚度小于纯机械系统的刚度, 即所谓 “负刚 (劲) 度”.

求整个系统的特性矩阵方程: 设弯曲梁被分成 n 个元, 它两端边界 (节点) 的序号为 0 到 n, 考虑四种简单的力学边界条件:

固支:

$$W_0=W_n=0,\quad \varphi_0=\varphi_n=0;$$

简支:

$$W_0=W_n=0,\quad M_0=M_n=0; \tag{12.1.48}$$

滑动:

$$\varphi_0=\varphi_n=0,\quad V_0=V_n=0;$$

自由:

$$M_0=M_n=0,\quad V_0=V_n=0;$$

考虑第 i 个节点处位移和斜率的协调和平衡条件, 得

$$
\begin{gathered}
W_{i\mathrm{I}} = W_{i\mathrm{II}},\\
\varphi_{i\mathrm{I}} = \varphi_{i\mathrm{II}},\\
V_{i\mathrm{I}} + V_{i\mathrm{II}} = 0,\\
M_{i\mathrm{I}} + M_{i\mathrm{II}} = 0.
\end{gathered}
$$

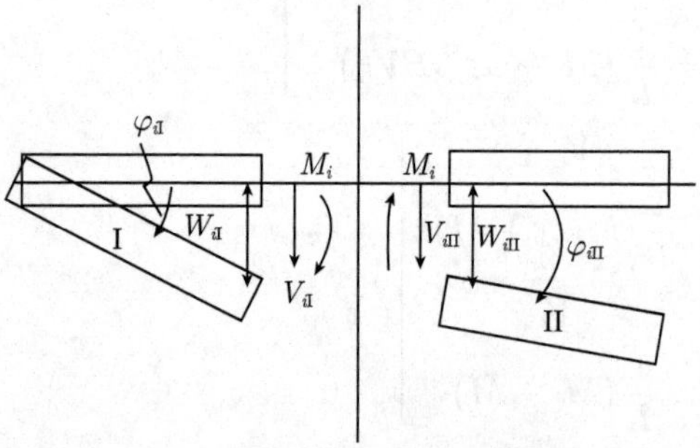

图 12.1.6　i 节点处的连接

由此可组成整个系统的刚度矩阵, 这一步实际上是由计算机完成的. 令

$$
[p] = \begin{bmatrix} V_0 \\ M_0/L \\ V_{1\mathrm{I}} + V_{1\mathrm{II}} = 0 \\ M_{1\mathrm{I}} + M_{1\mathrm{II}} = 0 \\ 0 \\ \vdots \\ 0 \\ M^* \\ 0 \\ \vdots \\ 0 \\ -M^* \\ 0 \\ \vdots \\ 0 \\ V_n \\ M_n/L \end{bmatrix}, \quad [D] = \begin{bmatrix} W_0/L \\ \varphi_0 \\ W_1/L \\ \varphi_1 \\ \vdots \\ d \\ \vdots \\ W_n/L \\ \varphi_n \end{bmatrix},
$$

$$[p]=\begin{bmatrix}
k_{11}^{(1)} & k_{12}^{(1)} & k_{13}^{(1)} & k_{14}^{(1)} & 0 & \cdots & \cdots & \cdots & 0\\
k_{21}^{(1)} & k_{22}^{(1)} & k_{23}^{(1)} & k_{24}^{(1)} & 0 & \cdots & \cdots & \cdots & 0\\
k_{31}^{(1)} & k_{32}^{(1)} & k_{33}^{(1)}+k_{11}^{(2)} & k_{34}^{(1)}+k_{12}^{(2)} & k_{13}^{(2)} & k_{14}^{(2)} & 0 & \cdots & \vdots\\
k_{41}^{(1)} & k_{42}^{(1)} & k_{43}^{(1)}+k_{21}^{(2)} & k_{44}^{(1)}+k_{22}^{(2)} & k_{23}^{(2)} & k_{24}^{(2)} & 0 & \cdots & \vdots\\
0 & 0 & k_{31}^{(2)} & k_{32}^{(2)} & k_{33}^{(2)}+k_{11}^{(3)} & k_{34}^{(2)}+k_{12}^{(3)} & k_{13}^{(3)} & k_{14}^{(3)} & 0\\
0 & 0 & k_{41}^{(2)} & k_{42}^{(2)} & k_{43}^{(2)}+k_{21}^{(3)} & k_{44}^{(2)}+k_{22}^{(3)} & k_{23}^{(3)} & k_{24}^{(3)} & 0\\
\cdots & \cdots & \cdots & \cdots & \cdots & \cdots & \cdots & \cdots & \cdots\\
0 & 0 & 0 & k_{31}^{(n-1)} & k_{32}^{(n-1)} & k_{32}^{(n-1)}+k_{11}^{(n)} & k_{34}^{(n-1)}+k_{12}^{(n)} & k_{13}^{(n)} & k_{14}^{(n)}\\
0 & 0 & 0 & k_{41}^{(n-1)} & k_{42}^{(n-1)} & k_{43}^{(n-1)}+k_{21}^{(n)} & k_{44}^{(n-1)}+k_{22}^{(n)} & k_{23}^{(n)} & k_{24}^{(n)}\\
\cdots & 0 & 0 & \cdots & 0 & k_{31}^{(n)} & k_{32}^{(n)} & k_{33}^{(n)} & k_{34}^{(n)}\\
0 & 0 & 0 & \cdots & 0 & k_{41}^{(n)} & k_{42}^{(n)} & k_{43}^{(n)} & k_{44}^{(n)}
\end{bmatrix}
\begin{bmatrix}
W_0/L\\ \varphi_0\\ W_1/L\\ \varphi_1\\ W_2/L\\ \varphi_2\\ \vdots\\ d\\ \vdots\\ W_n/L\\ \varphi_n
\end{bmatrix}
\tag{12.1.49}$$

于是 $[p]$ 可写成

$$[p]=[K][D],$$

$$[K_i]=\begin{bmatrix} k_{11}^{(i)} & k_{12}^{(i)} & k_{13}^{(i)} & k_{14}^{(i)} \\ k_{21}^{(i)} & k_{22}^{(i)} & k_{23}^{(i)} & k_{24}^{(i)} \\ k_{31}^{(i)} & k_{32}^{(i)} & k_{33}^{(i)} & k_{34}^{(i)} \\ k_{41}^{(i)} & k_{42}^{(i)} & k_{43}^{(i)} & k_{44}^{(i)} \end{bmatrix}.$$

M^* 表示有压电陶瓷段和无压电陶瓷段之间连接处的弯矩项.

电学边界条件, 即电端短路或开路.

短路时: $V_E=0,[p]=[F]$, 此时刚度矩阵中机电耦合系统和纯机械系统的差别是刚度比纯机械系统为小.

开路时: 电流 $I=\dfrac{\mathrm{d}Q}{\mathrm{d}t}=0$. 因为 $\displaystyle\int_0^{l_i}\frac{\mathrm{d}^2W}{\mathrm{d}x^2}\mathrm{d}x=\frac{L}{l_i}[E][d]$, 换能器两端所产生的电荷 (一个元) 是

$$Q_i=2b_c\int_{x_{i-1}}^{x_i}D_3\mathrm{d}x=2\varepsilon_{33}^S b_c\frac{l_i}{h_c}\cdot\left\{V_E-B\frac{h_ch_m}{l_i}\left(1+\frac{1}{2}r_h\right)\frac{L}{l_i}[E][d]\right\},\quad(12.1.50)$$

$$I_i=\mathrm{j}\omega Q_i=0,$$

因此

$$V_E=B\frac{h_ch_mL}{l_i^2}\left(1+\frac{1}{2}r_h\right)[E][d].$$

将上式代入泛函 H_i 变分, 得到开路的刚度

$$\begin{aligned}[K_i]_{\text{开路}}=&2L\left\{\alpha\varepsilon_{33}^S B^2\frac{h_ch_m}{l_i^3}\left(1+\frac{1}{2}r_h\right)[E]^{\mathrm{T}}[\mathrm{E}]\right.\\&\left.+\left(-\beta\varepsilon_{33}^S B^2+rY_m\right)\frac{1}{l_i^3}[H]-\omega^2\delta l_i[J]\right\}.\end{aligned}\quad(12.1.51)$$

由于出现第一项, 所以开路的刚度大于短路时的刚度.

求输入电导纳: 由式 (12.1.50) 和静电容 $C_i=2\varepsilon_{33}^S b_cl_i/h_c$, 得

$$I_i=\mathrm{j}\omega Q_i=\mathrm{j}\omega C_iV_E-\mathrm{j}\omega C_iB\frac{h_ch_m}{l_i}\left(1+\frac{1}{2}r_h\right)\left(\frac{L}{l_i}\right)[E][d],$$

i 元的电导纳

$$Y_i=\frac{I_i}{V_E}=\mathrm{j}\omega C_i-\mathrm{j}\omega C_i\frac{1}{V_E}\frac{h_ch_m}{l_i}B\left(1+\frac{1}{2}r_h\right)(\varphi_i-\varphi_{i-1})=\mathrm{j}\omega C_i+g_i,$$

因为 $\displaystyle\frac{L}{l_i}[E][d]=\int_{x_{i-1}}^{x_i}W''\mathrm{d}x=W'\Big|_{x_{i-1}}^{x_i}=(\varphi_i-\varphi_{i-1})$. 整个导纳

$$Y = \sum_{i=1}^{n} Y_i = \mathrm{j}\omega \sum_{i=1}^{n} C_i + \sum_{i=1}^{n} g_i. \tag{12.1.52}$$

也可把 $m = \alpha\varepsilon_{33}^S BV_E/L$ 代入 g_i 的表示式, 得

$$g_i = -\mathrm{j}\omega b_m h_c h_m^2 r_b \left(1 + \frac{1}{2}r_h\right)^2 k_{31}^2 Y_c C_i \left(\frac{1}{l_i L}\right)\left(\frac{-\phi_{i-1}}{m} + \frac{\phi_i}{m}\right).$$

求固有频率: 代入边界条件, 例如两端自由, 有 $V_0 = V_n = M_0 = M_n = 0$, 由系统特性方程 (12.1.49), 其左边为零 (如 $L_c = L$), 频率方程为

$$[K] = 0.$$

如果两端固支, $W_0 = W_n = \varphi_0 = \varphi_n = 0$, 其频率方程就是 $[K]$ 中去掉开始和最后的二行二列后所得的矩阵等于零的方程.

求位移、斜率的分布: 可由特性方程

$$[D] = [K]^{-1}[p]$$

解得.

本征值的数值计算结果: 如

$$r_b = 1.0,\quad r_h = 1.5,\quad r_{hL} = 0.005\,27,\quad r_\rho = 0.962,\quad r_Y = 0.381,\quad k_{31} = 0.31.$$

对两端自由, 得

表 12.1.1 10 元等长 (自由–自由)

Ω / l_c/L	第一个共振频率参数		第三个共振频率参数	
	电端短路	电端开路	电端短路	电端开路
1.0	0.011 44	0.012 42	0.335 8	0.361 5
0.8	0.016 87	0.018 25	0.391 6	0.417 7
0.6	0.017 47	0.018 67	0.202 1	0.208 1
0.4	0.010 83	0.011 21	0.204 7	0.212 4
0.2	0.006 17	0.006 23	0.174 7	0.175 2
0	0.004 61	0.004 61	0.135 2	0.135 2

表中

$$\Omega = \frac{\omega_r^2 L^2}{Y_m/\rho_m}. \tag{12.1.53}$$

同时, 由方程 (12.1.52), (12.1.49) 可计算出振型和电导纳.

12.1.3 用能量法推导有限长压电薄圆管的等效电路

如换能器是一个线性电声系统, 则可用一线性方程组来表示. 设电端的电压、电流分别为 V, I; 声端的等效作用力和参考振动速度分别为 F 和 v_0, 则

$$\begin{cases} F = a_{11}v_0 + a_{12}V \\ I = a_{21}v_0 + a_{22}V \end{cases}. \tag{12.1.54}$$

第一式两边乘 $\frac{1}{2}u_0 = \frac{1}{2}\frac{v_0}{\mathrm{j}\omega}$, 第二式乘 $\frac{1}{2}V$, 得

$$\begin{cases} \frac{1}{2}Fu_0 = \frac{1}{2}a_{11}v_0u_0 + \frac{1}{2}a_{12}Vu_0 \\ \frac{1}{2}IV = \frac{1}{2}a_{21}v_0V + \frac{1}{2}a_{22}V^2 \end{cases}.$$

因为 $v_0 = \mathrm{j}\omega u_0, I = \mathrm{j}\omega Q, u_0$ 是位移, Q 是电量, 相加得

$$\frac{1}{2}Fu_0 + \frac{1}{2}QV = \frac{1}{2}a_{11}\mathrm{j}\omega u_0^2 + \frac{1}{2}a_{12}Vu_0 + \frac{1}{2}a_{21}u_0V + \frac{1}{2}\frac{a_{22}}{\mathrm{j}\omega}V^2, \tag{12.1.55}$$

其中左端第一项是外部声场对换能器所做之功, 左端第二项是电系统对换能器所做之功, 右端的第一项是换能器的机械能, 右端第二和第三项是机电耦合能, 第四项是电能. 这就是能量守恒定律[9]. 由此很容易求出等效电路中的机电转换系数, 例如径向极化有限长薄壁圆管 (两端自由) 的轴对称振动, 由文献 [10, 11] 有

$$u_1 = \frac{u_0}{\mu_n}\sin\left(\frac{n\pi}{L}x_1\right),$$

$$u_3 = u_0\cos\left(\frac{n\pi}{L}x_1\right),$$

$$\mu_n = \frac{R\sigma\left(\frac{n\pi}{L}\right)}{(1-\sigma^2)\left(\frac{\omega_n}{\omega_R}\right)^2 - 1},$$

$$k_n = \frac{\omega_n}{C} = \frac{n\pi}{L},$$

$$\omega_R = \frac{1}{R_0}\sqrt{\frac{1}{\rho S_{11}^E}},$$

$$\sigma = -\frac{S_{12}^E}{S_{11}^E},$$

$$Y = \frac{1}{S_{11}^E}.$$

下面我们来计算各项的能量: 声场对换能器所做的功

$$W_a = \frac{1}{2}2\pi R_0u_0\int_{-\frac{L}{2}}^{\frac{L}{2}} P(x_1)\cos\left(\frac{n\pi}{L}x_1\right)\mathrm{d}x_1 = \frac{1}{2}F_0u_0, \tag{12.1.56}$$

其中 $P(x_1)$ 是表面声压.

换能器在无耗时的能量表示式为

$$W = \iiint \left[\frac{1}{2}T_iS_i + \frac{1}{2}\rho v_j v_i + \frac{1}{2}E_m D_m\right] \mathrm{d}V, \tag{12.1.57}$$

由图 12.1.7 可知：$t \ll R_0, t \ll L, T_3 = T_4 = T_5 = T_6 = 0, T_1 \neq 0, T_2 \neq 0, E_3 \neq 0, D_3 \neq 0, E_1 = E_2 = D_1 = D_2 = 0$.

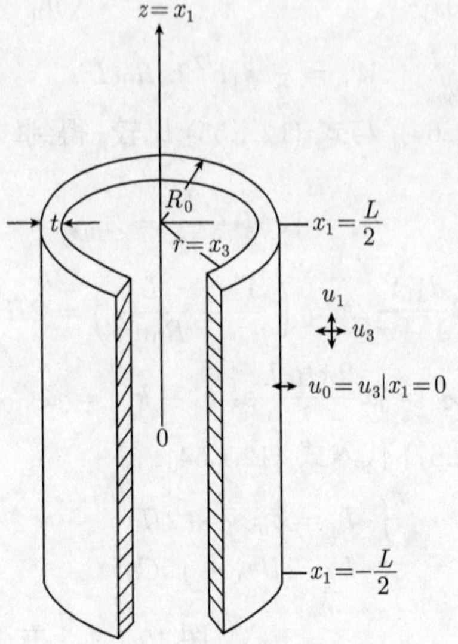

图 12.1.7 径向极化有限长薄壁圆管

由压电方程可得应力 T, 应变 S, 电场 E, 电位移 D 等关系式, 代入式 (12.1.57), 得

$$\begin{aligned} W =& \iiint \left[\frac{1}{2}\frac{Y}{1-\sigma^2}S_1^2 + \frac{1}{2}\frac{Y}{1-\sigma^2}S_2^2 + \frac{Y\sigma}{1-\sigma^2}S_1S_2 + \frac{1}{2}\frac{d_{31}Y}{1-\sigma^2}S_1E_3 \right.\\ &\left. + \frac{d_{31}Y}{2(1-\sigma)}S_2E_3 + \frac{1}{2}\frac{d_{31}Y}{1-\sigma}S_1E_3 + \frac{1}{2}\frac{d_{31}Y}{1-\sigma^2}S_2E_3 + \frac{1}{2}\rho v_1^2 + \frac{1}{2}\rho v_3^2\right]\mathrm{d}V \\ =& W_l(\text{弹性能}) + W_k(\text{动能}) + 2W_{em}(\text{机电耦合能}) + W_e(\text{电能}), \end{aligned} \tag{12.1.58}$$

$$\begin{aligned} W_l =& \frac{1}{2}\iiint \frac{Y}{1-\sigma^2}(S_1^2 + S_2^2 + 2\sigma S_1S_2)\mathrm{d}V \\ =& \frac{1}{4}\frac{Y\pi \mathrm{A}}{1-\sigma^2}\left(\frac{\pi}{\mu_1^2 L} + \frac{L}{R_0^2\pi} + \frac{2\sigma}{\mu_1 R_0}\right)u_0^2 = \frac{1}{2}Ku_0^2, \end{aligned} \tag{12.1.59}$$

$$K\ (\text{等效力劲}) = \frac{1}{2}\frac{Y}{1-\sigma^2}n\pi A\left(\frac{n\pi}{\mu_n^2 L} + \frac{L}{R_0^2 n\pi} + \frac{2\sigma}{\mu_n R_0}\right), \tag{12.1.60}$$

其中

$$A = 2\pi R_0 t,$$

$$W_k = \frac{1}{2}\rho \iiint\limits_V (v_1^2 + v_3^2)\mathrm{d}v = \frac{1}{4}\rho AL\left(\frac{1}{\mu_n^2}+1\right)v_0^2 = \frac{1}{2}Mv_0^2, \tag{12.1.61}$$

$$M\ (\text{等效质量}) = \frac{1}{2}\rho AL\left(\frac{1}{\mu_n^2}+1\right), \tag{12.1.62}$$

$$W_{em} = \frac{1}{2}\frac{d_{31}Y}{1-\sigma}E_3\iiint_V (S_1+S_2)\mathrm{d}V = \frac{d_{31}Y}{1-\sigma}A\left(\frac{1}{\mu_n}+\frac{L}{R_0 n\pi}\right)E_3 u_0, \tag{12.1.63}$$

$$W_e = \frac{1}{2}\varepsilon_{33}^S E_3^2 2\pi R_0 t L. \tag{12.1.64}$$

将式 (12.1.58)~(12.1.64), 与式 (12.1.55) 比较, 得到线性方程 (12.1.54) 的系数分别为

$$a_{11} = \mathrm{j}\omega M + \frac{K}{\mathrm{j}\omega} = Z_m, \tag{12.1.65}$$

$$a_{12} = 2\frac{d_{31}Y}{1-\sigma}2\pi R_0\left(\frac{1}{\mu_n}+\frac{L}{R_0 n\pi}\right) = 2\Pi = a_{21}, \tag{12.1.66}$$

$$a_{22} = \mathrm{j}\omega\frac{2\pi R_0 L}{t}\varepsilon_{33}^{\mathrm{T}}(1-k_p^2) = \mathrm{j}\omega C_0. \tag{12.1.67}$$

将式 (12.1.65)~(12.1.67) 代入式 (12.1.54), 得

$$\begin{cases} F = Z_m v_0 + 2\Pi V \\ I = 2\Pi v_0 + \mathrm{j}\omega C_0 V \end{cases}. \tag{12.1.68}$$

图 12.1.8 为有限长压电薄圆管的等效电路. 其中各参数由式 (12.1.56) 和 (12.1.65)~(12.1.67) 求得,

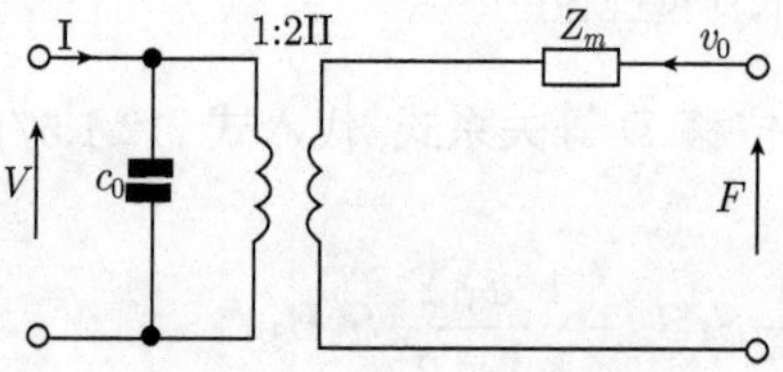

图 12.1.8 有限长压电薄壁圆管的等效电路

$$F = 2\pi R_0\int_{-\frac{L}{2}}^{\frac{L}{2}} p(x_1)\cos\left(\frac{n\pi}{L}x_1\right)\mathrm{d}x_1,$$

$$\Pi = \frac{d_{31}Y}{1-\sigma}2\pi R_0\left(\frac{1}{\mu_n}+\frac{L}{R_0 n\pi}\right).$$

§12.2 结构体的声辐射以及声阵中的相互作用

由结构体的振动分析, 可以求得其表面的振动速度分布. 一般假定周围是否有海水介质对此振速分布 (振动模式) 是没有影响的. 实验证明: 这个假定在许多情况下是近似正确的. 下面介绍几种比较常用的方法, 来确定结构体的声场及相互作用.

12.2.1 用边界配值法解声辐射问题

这是一种比较简便的近似解法[12], 完全类似于振动分析中的配值法. 先看轴对称的声源辐射.

波动方程:

$$\nabla^2 p + k^2 p = 0, \tag{12.2.1}$$

满足此方程的解可按球函数展开.

声压:

$$p(r,\theta) = \sum_{m=0}^{\infty} b_m h_m^{(1)}(kr) P_m(\cos\theta), \tag{12.2.2}$$

振速:

$$\begin{aligned} v(r,\theta) &= \frac{1}{\mathrm{j}\omega\rho}\frac{\partial p(r,\theta)}{\partial n} \\ &= \frac{1}{\mathrm{j}\omega\rho}\sum_{m=0}^{\infty} b_m \frac{\partial}{\partial n}\left[P_m(\cos\theta) h_m^{(1)}(kr)\right], \end{aligned} \tag{12.2.3}$$

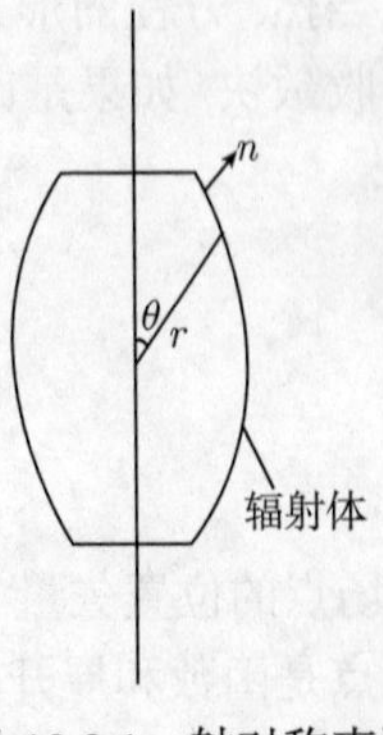

图 12.2.1 轴对称声源

其中 P_m 为勒让德函数; $h_m^{(1)}$ 为第一种球汉克尔函数 $h_m^{(1)} = j_m + n_m$; j_m 为球贝塞尔函数; n_m 为球纽曼函数; ρ 为声介质的密度; n 是法线; k 是波数; r, θ 见图 12.2.1; $m = 0$ 相应于点源均匀辐射, $m = 1$ 相应于偶极子声源的辐射.

可以看出, 式 (12.2.2) 满足式 (12.2.1), 同时也满足辐射条件 (索末菲条件), 即有限体积的声源在无限远处所产生的声波, 接近于随距离球面衰减的平面波, 数学表达式为

$$\lim_{r\to\infty} r\left(\frac{\partial p}{\partial r} + \mathrm{j}kp\right) = 0. \tag{12.2.4}$$

在一般的辐射问题中, 如换能器表面的法向速度及周围障板上的声压或振速是已知的, 由这些已知边界条件来确定式 (12.2.2) 中的待定系数 b_m. 当然, 这里要作一个近似的, 但是合理的假设, 即方程 (12.2.2) 中前面的低阶项起主要作用. 取前面 N 项, 这样选取振动体表面和障体板上的法向振速和声压共 N 个, 以及这 N 个点的空间坐标, 就能得到确定 N 个 b_m 系数的 N 个代数方程组, 用计算机进行数值计算, 得到的 b_m 一般是复数.

这种方法也可应用于混合边界条件的问题, 即已知换能器或障板表面的声阻抗 $Z_m(r,\theta)$ 的情况:

$$Z_m(r,\theta) = \frac{p(r_m,\theta_m)}{v(r_m,\theta_m)} \quad (m = 0, 1, \cdots, N-1), \tag{12.2.5}$$

选取已知的 N 个 $Z_m(r,\theta)$ 点, 就能确定 N 个 b_m, 这种边界配值法很容易应用于由近场测量数据来推导远场的声场.

总之, 确定了 b_m, 就能计算出换能器表面的声压、振速、辐射阻抗、声功率、方向性等.

对没有轴对称的声源, 方程 (12.2.1) 的解也可用球函数表示:

$$p(r,\theta,\varphi)=\sum_{m=0}^{\infty}\sum_{n=-m}^{m}b_{nm}h_m^{(1)}(kr)P_m^n(\cos\theta)\mathrm{e}^{\mathrm{j}n\varphi}. \tag{12.2.6}$$

这比式 (12.2.2) 多了一个自变量: 水平方位角 φ. 确定前 N 项的 b_m 的方法和前面轴对称情况下一样, 不过, 这时的计算比较麻烦些.

当然, 方程的形式是根据情况选择的, 如果换能器表面接近球体, 选用球函数展开收敛快; 如果是比较复杂的形状, 也可采用点源函数的展开式:

$$p(r)\simeq\sum_{m=0}^{N-1}\frac{b_m}{R_m}\mathrm{e}^{-\mathrm{j}kR_m}, \tag{12.2.7}$$

其中

$$R_m=|\boldsymbol{r}-\boldsymbol{\rho}_m|,$$

$\boldsymbol{r}$ 是场点的位置矢量, $\boldsymbol{\rho}_m$ 是一系列虚设点源的位置, 如图 12.2.2 所示. 这种展开式的优点是函数和展开式简单, 但是收敛慢, 取的点数 N 较多, 一般取

$$n\geqslant 24\frac{\text{声源最大尺度}}{\text{水中波长}}.$$

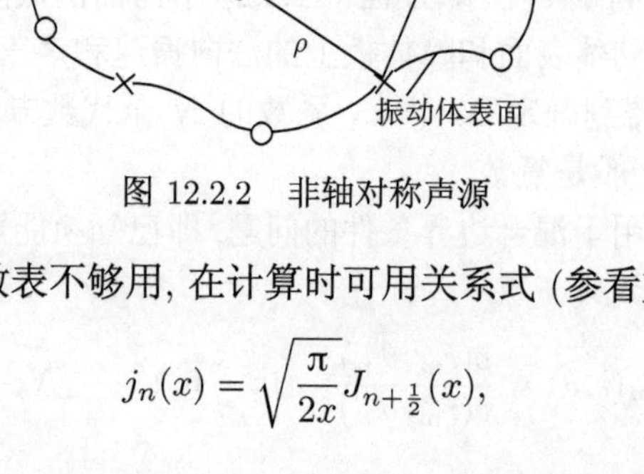

图 12.2.2　非轴对称声源

由于球汉克尔函数表不够用, 在计算时可用关系式 (参看文献 [13]):

$$j_n(x)=\sqrt{\frac{\pi}{2x}}J_{n+\frac{1}{2}}(x),$$

$$n_n(x)=\sqrt{\frac{\pi}{2x}}N_{n+\frac{1}{2}}(x),$$

$$J_{n+\frac{1}{2}}(x)=(-1)^n\sqrt{\frac{2}{\pi x}}x^{n+1}\left(\frac{\mathrm{d}}{x\,\mathrm{d}x}\right)^n\frac{\sin x}{x},$$

$$N_{n+\frac{1}{2}}(x)=(-1)^{n-1}J_{-n-\frac{1}{2}}(x),$$

$$J_{-n-\frac{1}{2}}(x)=\sqrt{\frac{2}{\pi x}}x^{n+1}\left(\frac{\mathrm{d}}{x\,\mathrm{d}x}\right)^n\frac{\cos x}{x},$$

边界上配值的位置可以均布. 有时为了突出某些点, 也可在某些点附近比较密集地取点. 实验表明: 取点时应避免取在振动面与障板的连接处, 因为这些过渡区域的振速或声压的误差往往较大.

12.2.2 声辐射的积分公式及其近似解法

由惠更斯原理: 如果已知封闭表面上的速度与声压, 就能求出由此所产生的声场. 利用格林公式和辐射条件, 如是向三维自由空间中辐射, 应用格林函数 $\mathrm{e}^{-\mathrm{j}kr}/r$, 很易证明有如下关系[14] (见图 12.2.3):

$$\iint_S\left\{p(\xi)\frac{\partial}{\partial n_\xi}\left(\frac{\mathrm{e}^{-\mathrm{j}kr}}{r}\right)+\mathrm{j}\omega\rho v(\xi)\frac{\mathrm{e}^{-\mathrm{j}kr}}{r}\right\}\mathrm{d}S(\xi)=4\pi p(x),\quad (x\ 在\ R_0\ 内),\tag{12.2.8}$$

$$\iint_{S-\Delta S}\left\{p(\xi)\frac{\partial}{\partial n_\xi}\left(\frac{\mathrm{e}^{-\mathrm{j}kr}}{r}\right)+\mathrm{j}\omega\rho v(\xi)\frac{\mathrm{e}^{-\mathrm{j}kr}}{r}\right\}\mathrm{d}S(\xi)=2\pi p(x),\quad (x\ 在\ S\ 上).\tag{12.2.9}$$

$$\iint_S\left\{p(\xi)\frac{\partial}{\partial n_\xi}\left(\frac{\mathrm{e}^{-\mathrm{j}kr}}{r}\right)+\mathrm{j}\omega\rho v(\xi)\frac{\mathrm{e}^{-\mathrm{j}kr}}{r}\right\}\mathrm{d}S(\xi)=0,\quad (x\ 在\ R_i\ 内).\tag{12.2.10}$$

方程 (12.2.8) 是表面亥姆霍兹积分方程, (12.2.9) 是第二类弗雷特姆霍积分方程, (12.2.10) 是内部积分方程. Schenck 联合应用这三个方程, 称为联合亥姆霍兹积分方程公式 (CHIEF). 其方法是由式 (12.2.9), (12.2.10), 由已知的表面振速 $v(\xi)$ 来确定表面声压 $p(\xi)$, 然后由式 (12.2.8) 来计算 R_0 中的声场. 因为理论上证明: 只用方程 (12.2.9) 在某些频率上不能唯一地确定表面声压 $p(\xi)$, 必须同时应用方程 (12.2.10) 才能唯一确定. CHIEF 方法的步骤如下:

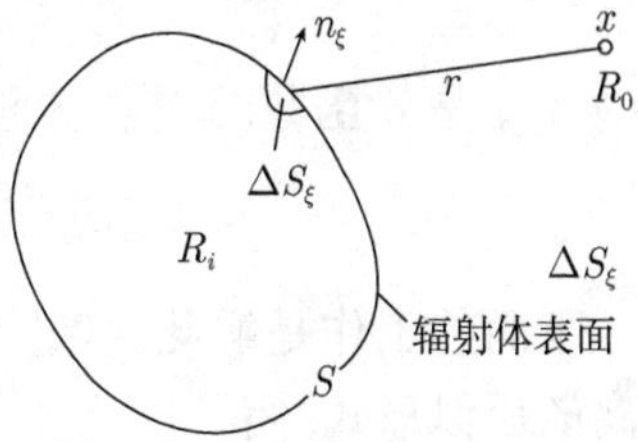

图 12.2.3 结构体的声辐射

第一步: 将结构体表面, 在数学上分割成 N_s 块, 每块足够小, 使在积分号下的声压和振速可用平均值来代替, 此时式 (12.2.9) 变为

$$2\pi P(x)-\sum_{\beta=1}^{N_s}p(\xi_\beta)\iint\limits_{S_\beta}\frac{\partial}{\partial n_\xi}\left[\frac{\mathrm{e}^{-\mathrm{j}kr(\xi,x)}}{r(\xi,x)}\right]\mathrm{d}S(\xi)$$

$$\simeq \mathrm{j}\omega\rho\sum_{\beta=1}^{N_s}v(\xi_\beta)\iint\limits_{S_\beta}\frac{\mathrm{e}^{-\mathrm{j}kr(\xi,x)}}{r(\xi,x)}\mathrm{d}S(\xi) \tag{12.2.11}$$

其中 x 在 S 上, 而且 x 处的切平面连续.

方程 (12.2.10) 成为

$$-\sum_{\beta=1}^{N_s}p(\xi_\beta)\iint\limits_{S_\beta}\frac{\partial}{\partial n_\xi}\left[\frac{\mathrm{e}^{-\mathrm{j}kr(\xi,x)}}{r(\xi,x)}\right]\mathrm{d}S(\xi)$$

$$\simeq \mathrm{j}\omega\rho\sum_{\beta=1}^{N_s}v(\xi_\beta)\iint\limits_{S_\beta}\frac{\mathrm{e}^{-\mathrm{j}kr(\xi,x)}}{r(\xi,x)}\mathrm{d}S(\xi), \tag{12.2.12}$$

在方程 (12.2.12) 中, x 在 R_i 内.

第二步: 在 S 上取 N_s 个点, 用 ξ_α 表示, 在 R_i 内取 N_i 个点, 用 x_α 表示, 再定义符号:

$$J_{\alpha\beta}\equiv\begin{cases}2\pi\delta_{\alpha\beta}-\iint\limits_{S_\beta}\dfrac{\partial}{\partial n_\xi}\left[\dfrac{\mathrm{e}^{-\mathrm{j}kr(\xi,\xi_\alpha)}}{r(\xi,\xi_\alpha)}\right]\mathrm{d}S(\xi) & {\scriptstyle \alpha=1(1)N_s \atop \beta=1(1)N_s}\\[2ex] -\iint\limits_{S_\beta}\dfrac{\partial}{\partial n_\xi}\left[\dfrac{\mathrm{e}^{-\mathrm{j}kr(\xi,x_\alpha)}}{r(\xi,x_\alpha)}\right]\mathrm{d}S(\xi) & {\scriptstyle \alpha=N_s+1(1),N_s+N_i \atop \beta=1(1)N_s}\end{cases}, \tag{12.2.13}$$

$$I_{\alpha\gamma}\equiv\begin{cases}\mathrm{j}\omega\rho\iint\limits_{S_\gamma}\dfrac{\mathrm{e}^{-\mathrm{j}kr(\xi,\xi_\alpha)}}{r(\xi,\xi_\alpha)}\mathrm{d}S(\xi) & {\scriptstyle \alpha=1(1)N_s \atop \gamma=1(1)N_s}\\[2ex] \mathrm{j}\omega\rho\iint\limits_{S_\gamma}\dfrac{\mathrm{e}^{-\mathrm{j}kr(\xi,x_\alpha)}}{r(\xi,x_\alpha)}\mathrm{d}S(\xi) & {\scriptstyle \alpha=N_s+1(1),N_s+N_i \atop \gamma=1(1)N_s}\end{cases}. \tag{12.2.14}$$

其中 $\delta_{\alpha\beta}$ 是 δ 函数, 这样, 方程 (12.2.11) 和 (12.2.12) 可写成完全确定的方程组:

$$J_{\alpha\beta}P_\beta(\xi_\beta)=I_{\alpha\gamma}v_\gamma(\xi_\gamma)\quad {\scriptstyle \alpha=1(1)(N_s+N_i) \atop \beta,\gamma=1(1)N_s}. \tag{12.2.15}$$

下面的工作是解此复数方程组. 解出表面声压 $P_\beta(\xi_\beta)$, 然后代入方程 (12.2.8) 的离散近似形式, 得

$$P(x)\simeq P_\beta(\xi_\beta)J_\beta(x)+v_\gamma I_\gamma(x)\quad (x\ 在\ R_0\ 内) \tag{12.2.16}$$

其中

$$J_\beta(x)=\frac{1}{4\pi}\iint\limits_{S_\beta}\frac{\partial}{\partial n_\xi}\left[\frac{\mathrm{e}^{-\mathrm{j}kr(\xi,x)}}{r(\xi,x)}\right]\mathrm{d}S(\xi), \tag{12.2.17}$$

$$I_\gamma(x) = \frac{\mathrm{j}\omega\rho}{4\pi}\iint\limits_{S_\gamma}\frac{\mathrm{e}^{-\mathrm{j}kr(\xi,x)}}{r(\xi,x)}\mathrm{d}S(\xi). \tag{12.2.18}$$

用计算机数值计算, 就得到 R_0 内的声压. 表面上的声压也已由方程 (12.2.15) 解得.

举一个最简单的例子来说明：均匀径向振速的球的辐射, 用 CHIEF 方法, 将球面分成两个半球面 S_1 和 S_2, 参考点选在 ξ_1 和 ξ_2, 再取一内点 x_3 为原点 (见图 12.2.4). 因此有 $\alpha=1,2,3;\ \beta=\gamma=1,2;\ v_1(\xi_1)=v_2(\xi_2)=v$, 由式 (12.2.15), 得

$$\begin{aligned}&J_{11}P_1(\xi_1)+J_{12}P_2(\xi_2)\\=&I_{11}v_1(\xi_1)+I_{12}v_2(\xi_2)\\=&(I_{11}+I_{12})v,\end{aligned}\tag{12.2.19}$$

$$\begin{aligned}&J_{21}P_1(\xi_1)+J_{22}P_2(\xi_2)\\=&I_{21}v_1(\xi_1)+I_{22}v_2(\xi_2)\\=&(I_{21}+I_{22})v,\end{aligned}\tag{12.2.20}$$

$$\begin{aligned}&J_{31}P_1(\xi_1)+J_{32}P_2(\xi_2)\\=&I_{31}v_1(\xi_1)+I_{32}v_2(\xi_2)\\=&(I_{31}+I_{32})v,\end{aligned}\tag{12.2.21}$$

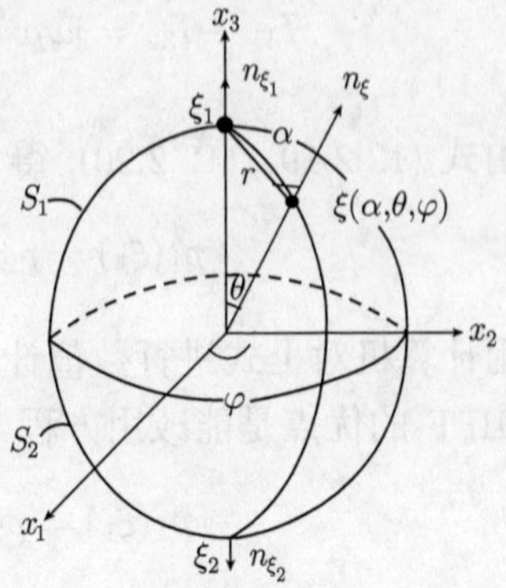

图 12.2.4

由式 (12.2.13), 得

$$\begin{aligned}J_{11}&=2\pi-\iint\limits_{S_1}\frac{\partial}{\partial n_\xi}\left[\frac{\mathrm{e}^{-\mathrm{j}kr(\xi,\xi_1)}}{r(\xi,\xi_1)}\right]\mathrm{d}S(\xi)\\&=2\pi-\iint\limits_{S_1}\frac{(-\mathrm{j}kr-1)\mathrm{e}^{-\mathrm{j}kr}}{r^2}\frac{\partial r}{\partial n_\xi}\mathrm{d}S(\xi).\end{aligned}$$

将 $r=2a\sin\dfrac{\theta}{2},\ \mathrm{d}S(\xi)=2\pi a^2\sin\theta\mathrm{d}\theta,\ \dfrac{\partial r}{\partial n_\xi}=-\cos(n_\xi,r)=\sin\dfrac{\theta}{2}$ 代入得

$$\begin{aligned}J_{11}&=J_{22}=\frac{\pi}{\mathrm{j}ka}\left[(2\mathrm{j}ka+2)-(2+\mathrm{j}\sqrt{2}ka)\mathrm{e}^{-\mathrm{j}\sqrt{2}ka}\right],\\J_{12}&=J_{21}=-\iint\limits_{S_2}\frac{\partial}{\partial n_\xi}\left[\frac{\mathrm{e}^{-\mathrm{j}kr}}{r}\right]\mathrm{d}S=-\iint\limits_{S}\frac{(-\mathrm{j}kr-1)}{r^2}\frac{\partial_r}{\partial n_\xi}\mathrm{d}S\\&=\frac{-\pi}{\mathrm{j}ka}\left[(2+\mathrm{j}2ka)\,\mathrm{e}^{-\mathrm{j}2ka}-(2+\mathrm{j}\sqrt{2}a)\mathrm{e}^{-\mathrm{j}kr\sqrt{2}a}\right],\\I_{11}+I_{12}&=I_{21}+I_{22}=\mathrm{j}\omega\rho\iint\limits_{S_1+S_2}\frac{\mathrm{e}^{-\mathrm{j}kr}}{r}\mathrm{d}S=-2\pi\rho c(\mathrm{e}^{-\mathrm{j}2ka}-1),\end{aligned}$$

$$J_{31} = J_{32} = -\iint\limits_{S_1} \frac{\partial}{\partial n_\xi}\left[\frac{\mathrm{e}^{-\mathrm{j}kr(x_3,\xi)}}{r(x_3,\xi)}\right]\mathrm{d}S$$

$$= -\iint\limits_{S} \frac{-\mathrm{j}kr-1}{r^2}\mathrm{e}^{-\mathrm{j}kr}\frac{\partial r}{\partial n_\xi}\mathrm{d}S$$

$$= \iint\limits_{S} \frac{1+\mathrm{j}kr}{r^2}\mathrm{e}^{-\mathrm{j}kr}\mathrm{d}S = 2\pi(1+\mathrm{j}ka)\mathrm{e}^{-\mathrm{j}ka},$$

$$I_{31} + I_{32} = \mathrm{j}\omega\rho \iint\limits_{S_1+S_2} \frac{\mathrm{e}^{-\mathrm{j}kr(x_3,\xi)}}{r(x_3,\xi)}\mathrm{d}S = \mathrm{j}4\pi\omega\rho a\mathrm{e}^{-\mathrm{j}ka}.$$

由式 (12.2.19), (12.2.20), 得

$$p_1(\xi_1) = p_2(\xi_2) = \frac{(\mathrm{j}\omega\rho a v)(1-\mathrm{e}^{-\mathrm{j}2ka})}{(1+\mathrm{j}ka)(1-\mathrm{e}^{-\mathrm{j}2ka})}. \tag{12.2.22}$$

用计算机对上式进行数值计算时, 在 $\mathrm{e}^{-\mathrm{j}2ka} = 1$ 的频率上会引起很大误差, 此时 CHIEF 的优点是能改用方程 (12.2.21), 得

$$p_1(\xi_1) = p_2(\xi_2) = p = \frac{\mathrm{j}\omega\rho a v\mathrm{e}^{-\mathrm{j}2ka}}{(1+\mathrm{j}ka)\mathrm{e}^{-\mathrm{j}2ka}}. \tag{12.2.23}$$

此时, 在 $\mathrm{e}^{-\mathrm{j}2ka} = 1$ 的频率上, 分母不为零, 计算机可正常运算.

知道了 $p_1(\xi_1)$ 和 $p_2(\xi_2)$ 后, 由方程 (12.2.16)~(12.2.18) 解出外区域 R_0 内各点的声压.

当然, 在一些特殊情况下[15], 近似的表面声压可以直接由物理概念得到. 例如, 在高频时, 即波长远小于振动体表面的局部曲率半径, 而且在一个波长范围内, 振动体表面振速改变很小, 此时可用平面波近似:

$$p(\xi) \simeq \rho c V(\xi). \tag{12.2.24}$$

此外, 还有低频近似, 如果波长远大于振动体表面尺寸, 则主要是单位面积上同振质量 m_r 的加速度所引起的声压:

$$p(\xi) \simeq \mathrm{j}\omega m_{\mathrm{r}} V(\xi). \tag{12.2.25}$$

对于回转体的辐射问题, 用积分方程的解法, 可参看文献 [14].

12.2.3 有限元法解声辐射问题

有限元法广泛应用于有限结构体的分析, 但声辐射为无限空间的问题, 这是无限声介质与有限振动体相互作用的问题. 有限元法解声辐射问题, 首先要将无限空间的声辐射问题简化为有限体积的边值问题[16,17], 然后, 应用有限元技术解出弹性振动体浸没在声介质中的有限元稳态运动方程. 当然, 此有限元方程必须满足声辐射所引起的边界条件, 这也是近来结构声学中重点研究的方法之一.

1. 线性弹性结构体的振动公式

$$\begin{cases} \rho_u \ddot{u} = \mathrm{div} T + b \\ T = c_n S_n \\ S = \dfrac{1}{2}(\nabla u + \nabla u^{+}) \equiv \hat{\nabla} u \end{cases}, \tag{12.2.26}$$

其中 ρ_u 为弹性体密度; + 为转置; $b(x,t)$ 为所加外力函数; S_n 为二级应变张量; T 为二级应力张量; c_n 为四级弹性张量; $u(x,t)$ 为三维位移矢量.

采用有限元模型时, 振动体的位移矢量 u 要用形状函数 ϕ_i 的线性组合来近似表示. 如 §12.2.2 中所述, ϕ_i 定义在结构体上, 假设运动是简谐振动,

$$u = u(x,t) \simeq \sum_{i=1}^{n} \phi_i(x) u_i \mathrm{e}^{\mathrm{j}\omega t}. \tag{12.2.27}$$

由式 (12.2.26), 线性弹性体的一般有限元方程为

$$-\omega^2 [M]\,[U] + [K]\,[U] = [F_a] + [F_E], \tag{12.2.28}$$

其中 $[M]$ 为质量矩阵, 矩元

$$M_{ij} = \iiint\limits_V \rho_u \phi_i(x) \phi_j(x) \mathrm{d}V;$$

$[K]$ 为刚度矩阵, 矩元

$$K_{ij} = \iiint\limits_V [C] \left[\hat{\nabla}\phi_i(x)\right] \hat{\nabla}\phi_j(x) \mathrm{d}V;$$

$[U] = [u_1, u_2, \cdots, u_i, \cdots, u_n]^{+}$ 为节点的位移矩阵; $[F_a]$ 为声辐射引起的负载力, 矩元

$$F_{ai} = -\iint\limits_S p(S) \phi_i(S) n(S) \mathrm{d}S;$$

$p(S)$ 为 S 上的声压; $n(S)$ 是单位法线 (见图 12.2.5); $[F_E]$ 为结构内的电策动力 (如压电力), 矩元

$$F_{E_i} = \iiint\limits_V b(x) \phi_i(x) \mathrm{d}V.$$

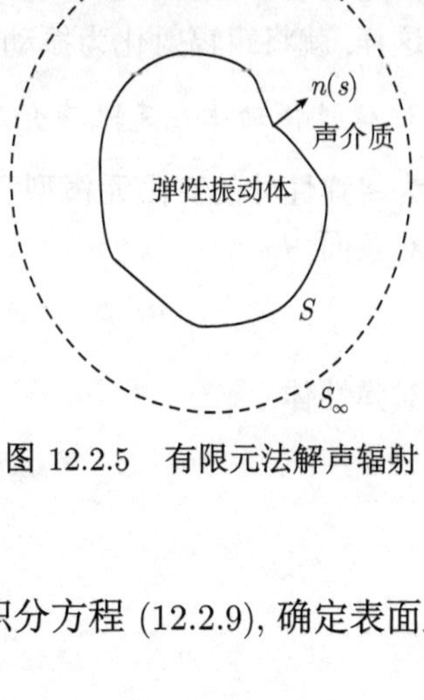

图 12.2.5 有限元法解声辐射

2. 确定表面上的声压 $p(S)$

设简谐振动 $p(S,t) = p(S)\mathrm{e}^{\mathrm{j}\omega t}$, 应用亥姆霍兹积分方程 (12.2.9), 确定表面上声

压和振速之间的关系：

$$p(S)=\frac{1}{2\pi}\iint\limits_{S_{-}\Delta S}\left[p(\xi)\frac{\partial}{\partial n_\xi}\left(\frac{\mathrm{e}^{-\mathrm{j}kr}}{r}\right)+\mathrm{j}\omega\rho v(\xi)\frac{\mathrm{e}^{-\mathrm{j}kr}}{r}\right]\mathrm{d}S.$$

将此方程离散化, 即将 S 分成 i 个元, 用 $x_i[i=1(1)m]$ 表示节点, 并将表面声压 $p(S)$ 和表面振速 $v(S)$ 用形状函数 $\psi_i(S)$ 的线性组合近似表示：

$$p(S)\simeq\sum_{i=1}^{m}p_i\psi_i(S), \tag{12.2.29}$$

$$v(S)\simeq\sum_{i=1}^{m}v_i\psi_i(S), \tag{12.2.30}$$

由式 (12.2.9), 有

$$[A]\{p\}=[B]\{v\},$$

其中 $\{p\}=(p_1,p_2,\cdots,p_m)^+,\{v\}=(v_1,v_2,\cdots,v_m)^+$.

矩元

$$A_{ij}=\frac{1}{2}\psi_j(x_i)-\iint\limits_S\psi_j(\xi)\frac{1}{4\pi}\frac{\partial}{\partial n_\xi}\left(\frac{\mathrm{e}^{-\mathrm{j}kd(x_i,\xi)}}{d(x_i,\xi)}\right)\mathrm{d}S(\xi);$$

矩元

$$B_{ij}=\mathrm{j}\omega\rho\iint\limits_S\psi_j(\xi)\frac{\mathrm{e}^{-\mathrm{j}kd(\psi_i,\xi)}}{4\pi d(x_i,\xi)}\mathrm{d}S(\xi),$$

其中 $i=1(1)m$; $j=1(1)m$.

$$\{p\}=[A]^{-1}[B]\{v\}\equiv[Z(\omega)]\{v\}. \tag{12.2.31}$$

$[Z(\omega)]$ 是联系 S 面上声压和振速与频率有关的声阻抗矩阵.

这样, 就将声辐射化为振动体的一种负载, 包含在有限元方程内.

3. 弹性振动体在无限声介质中的有限元方程

为将弹性体的有限元模型和表面 S 上的有限元模型联系起来.

对表面 S,

$$u_n(S)=(\mathrm{j}\omega)^{-1}v(\xi)=(\mathrm{j}\omega)^{-1}\sum_{i=1}^{m}v_i\psi_i(S);$$

对弹性体,

$$u_n(S)=\sum_{i=1}^{m}u_i\phi_i(S)n(S);$$

得

$$[D]\{v\}=\mathrm{j}\omega[E]\{U\}.$$

矩元

$$D_{ij} = \psi_j(x_i), \quad E_{ij} = \phi_j(x_i)n(x_i).$$

对很多情况, 选取的形状函数 ψ_j 满足关系式

$$\psi_j(x_i) = \begin{cases} 1 & (i = j). \\ 0 & (i \neq j). \end{cases}$$

所以 $[D]$ 一般为单位矩阵

$$\{v\} = \mathrm{j}\omega[D]^{-1}[E]\{U\}. \tag{12.2.32}$$

由式 (12.2.29) 和 $[F_a]$ 的表达式, 得

$$F_a = [C]\{p\},$$

矩元

$$C_{ij} = -\iint_S \psi_j(S)\phi_i(S)n(S)\mathrm{d}S. \tag{12.2.33}$$

将式 (12.2.31)~(12.2.32) 代入式 (12.2.33), 得

$$\{F_a\} = \mathrm{j}\omega[C][Z(\omega)][D]^{-1}[E]\{U\}. \tag{12.2.34}$$

由式 (12.2.34), (12.2.28), 得弹性振动体与声介质的耦合振动的有限元方程:

$$\left(-\omega^2[M] - \mathrm{j}\omega[C][Z(\omega)][D]^{-1}[E] + [K]\right)\{U\} = [F_E], \tag{12.2.35}$$

由上式可确定振动体在声介质中的频响等.

如果振动体包括压电陶瓷, 则上式要加上机电耦合方程:

$$Q = K_{uV}U + K_{VV}V,$$

其中 V 为电压; Q 为电荷. 这样, 可合写为

$$\begin{bmatrix} M_{uu} & 0 \\ 0 & 0 \end{bmatrix}\begin{pmatrix} \ddot{U} \\ \ddot{V} \end{pmatrix} + \begin{pmatrix} K_{uu} & K_{uV} \\ K_{Vu} & K_{VV} \end{pmatrix}\begin{pmatrix} U \\ V \end{pmatrix} = \begin{pmatrix} F_a + F_E \\ Q \end{pmatrix}, \tag{12.2.36}$$

或者

$$(-\omega^2 M_{uu} - \mathrm{j}\omega c Z(\omega)D^{-1}E + K_{uu} - K_{uV}K_{VV}^{-1}K_{Vu})U = -K_{uV}K_{VV}^{-1}Q + F_E, \tag{12.2.37}$$

$$V = K_{VV}^{-1}(Q - K_{Vu}U). \tag{12.2.38}$$

如已知压电体所加的电压 (或电流), 由式 (12.2.38), (12.2.37) 就能确定位移矩阵 U, 然后由式 (12.2.38) 确定换能器的复阻抗, 由式 (12.2.32), (12.2.31), (12.2.8) 确定辐射器的声场.

12.2.4　阵中的相互作用效应

阵中各元之间, 通过周围介质发生声耦合, 则在共振频率附近工作时 (包括阵元本身力阻抗较低的非共振情况), 往往会使阵的性能发生反常情况. 例如相控扫描发射线阵的波束转向大于 45°, 而阵元又没有速度控制时, 波束形成的情况不好. 许多研究证明, 这也与阵元间相互作用有关. 同时实验上也发现: 在波束转到端射时, 用近场探针测得: 最末阵元处的声压比第一个元处的声压大 10 倍之多, 这种辐射声压积累现象, 就会引起末端阵元的振速的相位发生畸变, 影响端射波束的形成.

但是, 也应看到事物的另一方面, 相互作用也可利用. 设计合理时, 可使效率提高, 带宽增加.

1. 确定阵中各元的振速

目前, 经常使用的阵是用加在每个离散阵元上的电压 V_i 来控制激励的, 它产生的压电力为

$$F_{Vj} = V_j \cdot \varPi = Z_{0j} v_j + \sum_{i=1}^{N} \iint\limits_{S_j} p_{ij} f(r_j) \mathrm{d}S, \tag{12.2.39}$$

$\varPi$ 为机电转换系数, 压电力用来推动元的振动和克服周围阵元来的声压作用. Z_{0j} 是元在空气中的力阻抗, v_j 是 j 元的参考点振速, $f(r_j)$ 是 j 元上的振动模式, N 是总阵元数, p_{ij} 是从 i 元辐射的声在 j 元上所产生的声压.

定义: 互阻抗

$$Z_{ij} = \frac{\iint\limits_{S_j} p_{ij} f(r_j) \mathrm{d}S}{v_j} = \frac{v_i}{v_j} z_{ij}, \tag{12.2.40}$$

互阻抗系数

$$z_{ij} = \frac{Z_{ij} v_i}{v_i} = \frac{1}{v_i} \iint\limits_{S_i} f(r_j) p_{ij} \mathrm{d}S, \tag{12.2.41}$$

v_j 是 i 元参考点振速, 也是复数, 式 (12.2.39) 可写为

$$F_{V_j} = Z_j v_j = \left(Z_{0j} + \sum_{i=1}^{N} z_{ij} \frac{v_i}{v_j} \right) v_j = \left(Z_{0j} + \sum_{i=1}^{N} Z_{ij} \right) v_j, \tag{12.2.42}$$

$$Z_j = Z_{0j} + \sum_{i=1}^{N} Z_{ij}. \tag{12.2.43}$$

这可用等效电路表示如图 12.2.6 所示.

各元所加电压已知时, 只要知道 z_{ij}, 就能由式 (12.2.42), 列出 N 个方程, 算出 N 个元的振速, 因为一般各元的 $\varPi$ 相同,

$$\varPi = \frac{\text{当振动面卡住不动时所产生的力}}{\text{换能器上所加电压 } V_j}.$$

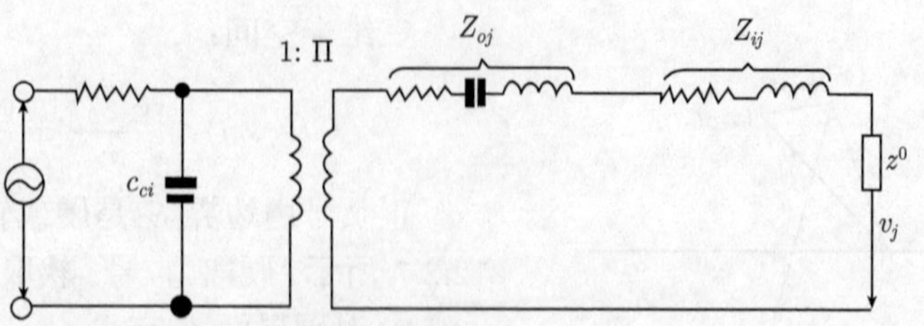

$$Z' = \sum_{\substack{i=1 \\ i \neq j}}^{N} z_{ij} \frac{v_i}{v_j} = \sum_{\substack{i=1 \\ i \neq j}}^{N} z_{ij}$$

图 12.2.6 第 j 元在 N 元阵中的等效电路表示

互阻抗系数一般是复数, 计算得的振速一般也是复数. 用前面的解辐射问题等方法, 解出阵的声场. 由式 (12.2.43) 计算各元的全阻抗 Z_j, 整个阵的阻抗

$$Z = \sum_{i=1}^{N} Z_j. \tag{12.2.44}$$

由此可见, 整个阵的辐射阻部分只与元的辐射阻有关, 整个阵的抗部只与元的辐射抗有关. 但是, 根据式 (12.2.40), 一个元的辐射阻部与元间的互辐射阻和抗都有关, 下面的问题是确定互阻抗系数 z_{ij}.

2. **计算互阻抗系数** z_{ij}

对于一些典型情况的 z_{ij}, 已有计算结果. 如无限大硬障板内两活塞之间, 硬球面上两活塞之间, 无限长柱面上的两活塞之间, 两点源之间, 两偶极子之间等都已有计算结果. 由互易关系可知, $z_{ij} = z_{ji}$, z_{ij} 的计算要解声场问题, 而且是近场的问题, 一般都比较困难. 只有在波动方程可以分离的坐标系中, 才有精确的解析表达式. 在一些简化的模型下, 可用格林函数来计算. 格林函数的物理意义相当于振动分析中的柔度系数, 就是满足阵面上声学条件时, 点源所产生的速度势函数, 也就是此时点源产生的声场.

第 i 元在 j 元处所产生的声压 p_{ij}, 由下式表示

$$p_{ij} = \frac{1}{4\pi} \iint\limits_{S_i} \left\{ p \frac{\partial}{\partial n} G(r_j, r_i) + \mathrm{j}\omega\rho v G(r_j, r_i) \right\} \mathrm{d}S, \tag{12.2.45}$$

其中 $G(r_j, r_i)$ 是格林函数, 其源点在 S_i 上的 r_i 处, 场点在 S_j 上的 r_j 处. 可以证明最简单的几种格林函数为

三维自由空间:

$$G(r_j, r_i) = \frac{\mathrm{e}^{-\mathrm{j}kr}}{r}, \quad r = |r_j - r_i|;$$

二维自由空间:

$$G(r_j, r_i) = \mathrm{j}\pi H_0^{(2)}(kr);$$

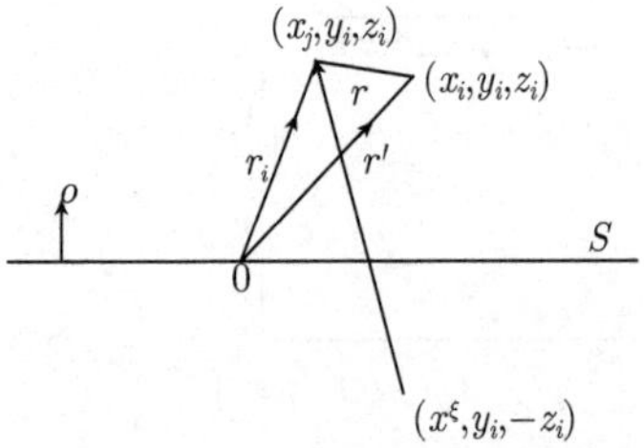

图 12.2.7　三维半空间的格林函数

三维半空间：

$$G(r_j,r_i)=\frac{\mathrm{e}^{-\mathrm{j}kr}}{r}\pm\frac{\mathrm{e}^{-\mathrm{j}kr'}}{r'};$$

正负号由边界 S 是硬或软来确定, 如图 12.2.7 所示, 硬取 + 号, 软取 − 号. 如坐标 $z_i=0$, 对硬界面 S 有

$$G(r_j,r_i)_{|z_i=0}=G_S(r_j,r_i)=2\frac{\mathrm{e}^{-\mathrm{j}kr}}{r},$$

$$\left.\frac{\partial G}{\partial n}\right|_{z_i=0}=\frac{\partial G_S}{\partial n}=0.$$

对软界面, 有 $G_S=0$,

$$\frac{\partial G_S}{\partial n}=2\frac{(-\mathrm{j}kr-1)\mathrm{e}^{-\mathrm{j}kr}}{r^2}\frac{\partial r}{\partial n}.$$

在二维半空间：

$$G(r_j,r_i)=\pi\mathrm{j}\left[H_0^{(2)}(kr)\pm H_0^{(2)}(kr')\right].$$

同样, 硬界面取 + 号, 软界面取 − 号.

其他边界条件的格林函数, 如两硬障板内的平面层的格林函数, 两软障板内的格林函数可参考文献 [18]. 下面就最基本的三种边界条件下, 来求互辐射阻抗系数的表达式.

牛孟问题, 即硬边界条件, 此时阵表面上有 $\left.\dfrac{\partial G_N}{\partial n}\right|_S=0$. 例如发射阵表面上, 各阵元之间的间隙都放入硬的填充物, 或者阵元间没有间隙, 此时就可认为是牛孟问题. 如各阵元的振型 $f(r_i)$, 即 i 元表面的振速为 $v_if(r_i)$, v_i 是 i 阵元的参考点振速. 由方程 (12.2.45), 得

$$p_{ij}=\frac{1}{4\pi}\iint\limits_{S_i}\mathrm{j}\omega\rho v_if(r_i)G_N(r_j,r_i)\mathrm{d}S. \tag{12.2.46}$$

由式 (12.2.41), 得

$$z_{ij}=\frac{\mathrm{j}\omega\rho}{4\pi v_i}\iint\limits_{S_j}f(r_j)\mathrm{d}S_j\iint v_if(r_i)G_N(r_j,r_i)\mathrm{d}S_i. \tag{12.2.47}$$

如是大平面阵, 用 $G_N=2\dfrac{\mathrm{e}^{-\mathrm{j}kr}}{r}$ 代入.

狄利赫莱问题, 即软边界问题, 如阵面上间隙处填充声软材料, $G_D|_S=0$, 由式 (12.2.45), (12.2.43), 有

$$z_{ij}=\frac{1}{4\pi v_i}\iint\limits_{S_j}f(r_j)\mathrm{d}S_j\iint\limits_{S_i}p(r_i)\frac{\partial}{\partial n}G_D(r_j,r_i)\mathrm{d}S_i. \tag{12.2.48}$$

阻抗问题, 即阵面上阻抗一定, 间隙填充物和阵元的声阻抗 Z_0 相同. Z_0 是阵元本身的单位面积的力阻抗 (不包括辐射阻抗), 并使它满足

$$Z_0 = \left.\frac{\mathrm{j}\omega\rho G_I}{\dfrac{\partial G_I}{\partial n}}\right|_S .$$

将上式代入式 (12.2.45), 得

$$\begin{aligned}
p_{ij} &= \frac{\mathrm{j}\omega\rho}{4\pi}\iint\limits_{S_i}\left[\frac{p(r_i)}{Z_0}+v\right]G_I\mathrm{d}S_i \\
&= \frac{\mathrm{j}\omega\rho}{4\pi}\iint\left[\frac{p(r_i)}{Z_0}+\frac{F_{Vi}-p(r_i)}{Z_0}\right]G_I\mathrm{d}S_i \\
&= \frac{\mathrm{j}\omega\rho}{4\pi}\iint v_{0i}G_I(r_j,r_i)\mathrm{d}S_i \\
&= \frac{Z_0}{4\pi}\iint v_{0i}\frac{\partial G_I(r_j,r_i)}{\partial n}\mathrm{d}S_i, \\
z_{ij} &= \frac{\mathrm{j}\omega\rho}{4\pi v_i}\iint\limits_{S_j} f(r_j)\mathrm{d}S_j\iint\limits_{S_i} v_{0i}G_I(r_j,r_i)\mathrm{d}S_i \\
&= \frac{\mathrm{j}Z_0}{4\pi v_i}\iint\limits_{S_j} f(r_j)\mathrm{d}S_j\cdot\iint\limits_{S_i} v_{0_i}\frac{\partial G_I}{\partial n}\mathrm{d}S_i,
\end{aligned} \tag{12.2.49}$$

其中 $v_{0i}=F_{Vi}/Z_0$ 是空气中加同样电压时的振速.

实际上, 只要阵面的尺寸有 2~3 个波长以上, 理论上就可按无限大来处理, 这样做误差不大. 当阵面的形状不完全是球、椭球、无限长圆柱、无限长锥体等 "简单体", 而只是它的一部分时, 此时, 在数学上可以证明, 在互阻抗系数可用 "简单体" 的互阻抗系数再加一个修正项来得到. 例如, 有限长圆柱阵上, 两个振速为 v 的活塞之间的互阻抗系数为

$$z_{ij} = z_{ij}^{\infty} - \frac{1}{\mathrm{j}\omega\rho v^2}\iint\limits_{S_\infty - S} p_j\frac{\partial p_i}{\partial n}\mathrm{d}S \tag{12.2.50}$$

S_∞ 是无限长圆柱的表面积, S 为有限长圆柱的表面积, z_{ij}^{∞} 是无限长圆柱面上两活塞之间的互阻抗系数, p_j 是 j 活塞在柱面上所产生的声压, p_i 是 i 活塞在柱面上产生的声压. 其中对 p_i 和 $\partial p_i/\partial n$ 需要进行比较粗糙的估算, 因为式 (12.2.50) 右边两项中, 经常是第一项为主, 所以对第二项作比较粗糙的估算也能得到较好的结果.

此外, 互阻抗系数也能用方向性函数来得到.

(1) 在平面硬障板内, 有方向性阵元之间的互辐射阻抗系数. 先求 i 元声场, 用式 (12.2.46) 和三维半空间硬障板的格林函数 $G_N(r_j,r_i)=2\mathrm{e}^{-\mathrm{j}kr}/r$, 有

$$p_i = \frac{1}{4\pi}\iint\limits_{S_i} \mathrm{j}\omega\rho v_i f(x_i, y_i)\cdot 2\frac{\mathrm{e}^{-\mathrm{j}kr}}{r}\mathrm{d}S, \tag{12.2.51}$$

其中 $f(x_i, y_i)$ 是 i 元的振速分布 (见图 12.2.8). 应用球面波的积分表达式

$$\frac{\mathrm{e}^{-\mathrm{j}kr}}{r} = \frac{-\mathrm{j}k}{2\pi}\int_0^{\frac{\pi}{2}+\mathrm{j}\infty}\int_0^{2\pi} \mathrm{e}^{-\mathrm{j}k(x\sin\theta\cos\varphi + y\sin\theta\sin\varphi + z\cos\theta)}\sin\theta\mathrm{d}\theta\mathrm{d}\varphi, \tag{12.2.52}$$

其中 θ 是复数, 对它的积分是先沿实轴从 0 到 $\frac{\pi}{2}$, 然后再沿平行于虚轴从 $\frac{\pi}{2}+\mathrm{j}0$ 到 $\frac{\pi}{2}+\mathrm{j}\infty$, x, y, z 是 r 在 x, y, z 轴上的分量. 式 (12.2.52) 的物理意义是球面波展开为两群平面波之和. θ 为实数时, 相当于沿 θ, φ 方向传播的平面波. θ 为复数时, 它是准平面波, 因为 θ 为复数, 有

$$\theta = \frac{\pi}{2} + \mathrm{j}\theta' \quad (\theta' \text{ 可从 } 0 \text{ 到 } \infty),$$

$$\sin\theta = \mathrm{ch}\theta', \quad \cos\theta = -\mathrm{j}\mathrm{sh}\theta',$$

式 (12.2.52) 中指数项可写为

$$\mathrm{e}^{-kz\mathrm{sh}\theta'}\mathrm{e}^{-\mathrm{j}k\mathrm{ch}\theta'(x\cos\varphi + y\sin\varphi)}.$$

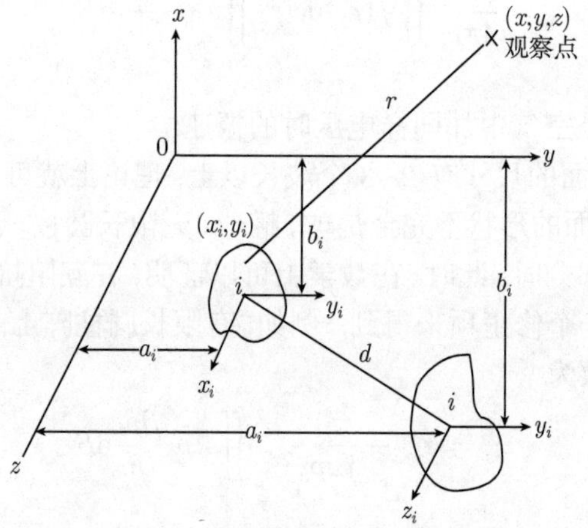

图 12.2.8　平面硬障板内阵元间的互作用

这是一种准平面波, 它的振幅沿 z 轴减少, 沿 φ 方向传播, 相应的波数是 $k' = k\mathrm{ch}\theta'$ 即传播速度为 $c = \omega/k' = \omega/k\,\mathrm{ch}\theta'$. 因此, 一个球面声场可看做包含两群平面波, 一群波在波阵面上有均匀振幅, 向远场传播, 这是一般的平面波. 第二群波在波阵面上的振幅沿 Z 轴按 $\mathrm{e}^{-kz\mathrm{sh}\theta'}$ 衰减, 这称准平面波 (或称不均匀波), 它们沿 xOy 平面沿不同 φ 方向传播. 当 θ' 从 0 改变为 ∞ 时, 其传播速度相应于由 ω/k 变为 0.

将式 (12.2.52) 代入式 (12.2.50), 考虑坐标系的关系得 i 元产生的场为

$$p_i(x,y,z)=\frac{\rho c v_i}{\lambda^2}\int_0^{\frac{\pi}{2}+\mathrm{j}\infty}\int_0^{2\pi}\mathrm{e}^{-\mathrm{j}k[(x-a_i)\sin\theta\cos\varphi+(y-b_i)\sin\theta\sin\varphi+z\cos\theta]}$$

$$\cdot\iint_{S_i}(x_i,y_i)\mathrm{e}^{\mathrm{j}k(x_i\sin\theta\cos\varphi+y_i\sin\theta\sin\varphi)}\mathrm{d}S_i\sin\theta\mathrm{d}\theta\mathrm{d}\varphi. \tag{12.2.53}$$

由式 (12.2.41) 和 $z=0$, 得

$$z_{ij}=\frac{\rho c}{\lambda^2}\int_0^{\frac{\pi}{2}+\mathrm{j}\infty}\int_0^{2\pi}\mathrm{e}^{-\mathrm{j}k[(x-a_i)\sin\theta\cos\varphi+(y-b_i)\sin\theta\sin\varphi]}$$

$$\cdot\iint_{S_j}f(x_j,y_j)\iint_{S_i}f(x_i,y_i)\mathrm{e}^{\mathrm{j}k(x_i\sin\theta\cos\varphi+y_i\sin\theta\sin\varphi)}$$

$$\cdot\mathrm{d}S_i\mathrm{d}S_j\sin\theta\mathrm{d}\theta\mathrm{d}\varphi. \tag{12.2.54}$$

例 1 i 和 j 元是半径为 a 的圆活塞, 有 $f(x_i,\,y_i)=f(x_j,\,y_j)=1$, $v_i=v_j$, $S_i=S_i=S$, $x=a_j+x_j$, $y=b_j+y_j$, 活塞的方向性是

$$R_i(\theta)=\frac{1}{S_i}\iint_{S_i}f(x_i,y_i)\mathrm{e}^{\mathrm{j}k(x_i\sin\theta\cos\varphi+y_i\sin\theta\sin\varphi)}\mathrm{d}S_i$$

$$=R_j(\theta)=\frac{2J_1(ka\sin\theta)}{ka}=R(\theta),$$

$$2\pi J_0(kd\sin\theta)=\int_0^{2\pi}\mathrm{e}^{-\mathrm{j}k[(a_j-a_i)\sin\theta\cos\varphi+(b_j-b_i)\sin\theta\sin\varphi]}\mathrm{d}\varphi.$$

由此得到

$$z_{ij}=\frac{2\pi\rho c S^2}{\lambda^2}\int_0^{\frac{\pi}{2}+\mathrm{j}\infty}J_0(kd\sin\theta)R^2(\theta)\sin\theta\mathrm{d}\theta.$$

Prichard[19] 计算了此积分, 得

$$z_{ij}=2\pi\rho c a^2\sum_{m=0}^{\infty}\sum_{n=0}^{\infty}\frac{\Gamma(m+n+0.5)}{\pi^{1/2}m!n!}\left(\frac{a}{d}\right)^{m+n}$$

$$\times J_{m+1}(ka)J_{n+1}(ka)h_{m+n}(kd), \tag{12.2.55}$$

Γ 是伽马函数; h_{m+n} 是球汉克尔函数.

例 2 i 和 j 元是相同的、长的平行带状活塞换能器, 长为 l, 宽为 h, 间距为 d, 由式 (12.2.54) 有

$$z_{ij}=\frac{\rho c l}{\lambda}\int_{-\infty}^{\infty}\mathrm{e}^{-\mathrm{j}kdu}\left|\int_{-h/2}^{h/2}\mathrm{e}^{\mathrm{j}kxu}\mathrm{d}x\right|^2\frac{\mathrm{d}u}{\sqrt{1-u^2}}$$

$$= \frac{2\rho ch^2}{\lambda}\int_0^\infty \left[\frac{\sin\left(\dfrac{kh}{2}u\right)}{ku/2}\right]^2 \frac{\cos kd}{\sqrt{1-u^2}}u\mathrm{d}u,$$

其中 $u=\sin\theta\cos\varphi$. 如 $h \ll \lambda$, 方括号内表示宽度平面内的方向性为 1, 得

$$z_{ij} = \frac{2\rho ch^2}{\lambda}\int_0^\infty \frac{\cos kd}{\sqrt{1-u^2}}u\mathrm{d}u = \frac{\pi\rho clh^2}{\lambda}H_0(k\mathrm{d}). \tag{12.2.56}$$

例 3　i 和 j 元是矩形活塞[20], 图 12.2.9 由方程 (12.2.51), $f(x,y)=1$, i 元在 j 元处产生声压为

$$p_{ij} = \frac{\mathrm{j}\omega\rho v_i}{2\pi}\int_{x=0}^{a}\int_{y=0}^{b} \frac{\mathrm{e}^{-\mathrm{j}k\left[(\xi-x)^2+(\eta-y)^2\right]^{1/2}}}{\left[(\xi-x)^2+(\eta-y)^2\right]^{1/2}}\mathrm{d}x\mathrm{d}y.$$

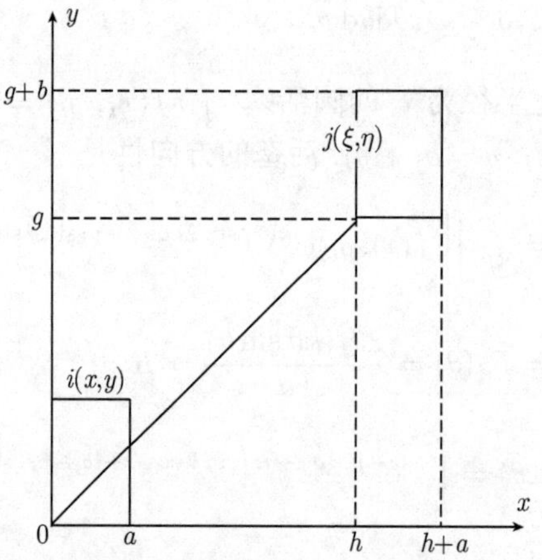

图 12.2.9　两矩形活塞间的互作用

由式 (12.2.41), 有

$$z_{ij} = \frac{\mathrm{j}\omega\rho}{2\pi}\int_0^a\int_0^b\int_h^{h+a}\int_g^{g+b} \frac{\mathrm{e}^{-\mathrm{j}k[(\xi-x)^2+(\eta-y)^2]^{1/2}}}{[(\xi-x)^2+(\eta-y)^2]^{1/2}}\mathrm{d}x\mathrm{d}y\mathrm{d}\xi\mathrm{d}\eta.$$

令 $kh=H$, $kg=G$, $kb=\beta$, $ka=\alpha$, $A=a\cdot b$, 得

$$z_{ij} = R_{ij} + \mathrm{j}x_{ij},$$

$$\begin{aligned} R_{ij} =& \rho cA\frac{1}{2\pi\alpha\beta}\{4c(H,G)-2c(H-\alpha,G) \\ &-2c(H,G-\beta)-2c(H+\alpha,G)-2c(H,G+\beta) \\ &+c(H-\alpha,G-\beta)+c(H-\alpha,G+\beta) \end{aligned}$$

$$+ c(H+\alpha, G-\beta) + c(H+\alpha, G+\beta),$$

其中

$$\begin{aligned}c(x,y) = |x| \int_{|y|}^{(y^2+x^2)^{1/2}} & \frac{\cos r}{r}(r^2-y^2)^{1/2}\mathrm{d}r \\ + |y| \int_{|x|}^{(y^2+x^2)^{1/2}} & \frac{\cos r}{r}(r^2-x^2)^{1/2}\mathrm{d}r \\ - \cos(x^2+y^2)^{1/2} & - (x^2+y^2)^{1/2}\sin(x^2+y^2)^{1/2}.\end{aligned}$$

x_{ij} 的形式与 R_{ij} 的表示式完全相同, 只是其中的 $c(x, y)$ 用 $S(x,y)$ 代替:

$$\begin{aligned}S(x,y) = - |x| \int_{|y|}^{(y^2+x^2)^{1/2}} & \frac{\sin r}{r}(r^2-y^2)^{1/2}\mathrm{d}r \\ - |y| \int_{|x|}^{(y^2+x^2)^{1/2}} & \frac{\sin r}{r}(r^2-x^2)^{1/2}\mathrm{d}r \\ - (x^2+y^2)^{1/2} & \cos(x^2+y^2)^{1/2} + \sin(x^2+y^2)^{1/2}.\end{aligned}$$

用计算机可数值解出 R_{ij} 及 x_{ij}.

(2) 在长的圆柱硬障板内的矩形活塞之间的互阻抗系数[21].

由式 (12.2.41), 得

$$z_{ij} = \frac{\displaystyle\iint_{S_j} p_{ij}\mathrm{d}S}{v_i}.$$

由式 (12.2.46), 得

$$p_{ij} = \frac{\mathrm{j}\omega\rho}{4\pi}\iint_{S_i} v_i(a,\varphi_i,Z_i)G_N(r_j,r_i)\mathrm{d}S_i,$$

$$G_N(r_j,r_i) = \frac{1}{\pi}\sum_{n-\infty}^{\infty}\mathrm{e}^{\mathrm{j}n\phi_{ij}}\int_{-\infty}^{\infty} q_n(\beta)\mathrm{e}^{\mathrm{j}\gamma(Z_j-Z_i)}\mathrm{d}\gamma,$$

$$q_n(\beta) = \frac{H_n^{(1)}(\beta)}{\beta H_n^{(1)'}(\beta)},$$

$$\beta = a(k^2-\gamma^2)^{1/2}.$$

法向振速:

$$\begin{cases} v_i(r_i)|_{r=a} = \displaystyle\sum_{n=0}^{\infty} u_{ni}\cos n\varphi_i \\ \qquad = \displaystyle\sum_{n=0}^{\infty} u_{0i}\frac{\varepsilon_n \sin n\phi_{0i}}{n\pi}\cos n\phi_i \quad (|Z_i|<L_i) \\ v_i(r_i)|_{r=a} = 0 \quad (|Z_i|<L_i) \end{cases},$$

$$\begin{cases} \varepsilon_n = 1 & (n = 0) \\ \varepsilon_n = 2 & (n \geqslant 0) \end{cases},$$

v_{0i} 为 i 活塞上的振速.

推导得互阻抗系数

$$\begin{aligned} z_{ij} =& \frac{32\mathrm{j}a\omega\rho}{\pi^2} \sum_{n=0}^{\infty} \frac{\sin n\phi_{0i} \sin n\phi_{0j}}{n^2 \varepsilon_n} \\ & \times \int_0^{\infty} \frac{H_n^{(1)}(ka) \sin\gamma L_i \sin\gamma L_j \cos\gamma L_{ij}}{\gamma^2 k \left[H_{n-1}^{(1)}(ka) - H_{n+1}^{(1)}(ka)\right]} \mathrm{d}\gamma \\ =& \rho c A(R_{ij} + x_{ij}), \end{aligned} \tag{12.2.57}$$

A 是活塞面积, 其数值计算结果如图 12.2.10 所示.

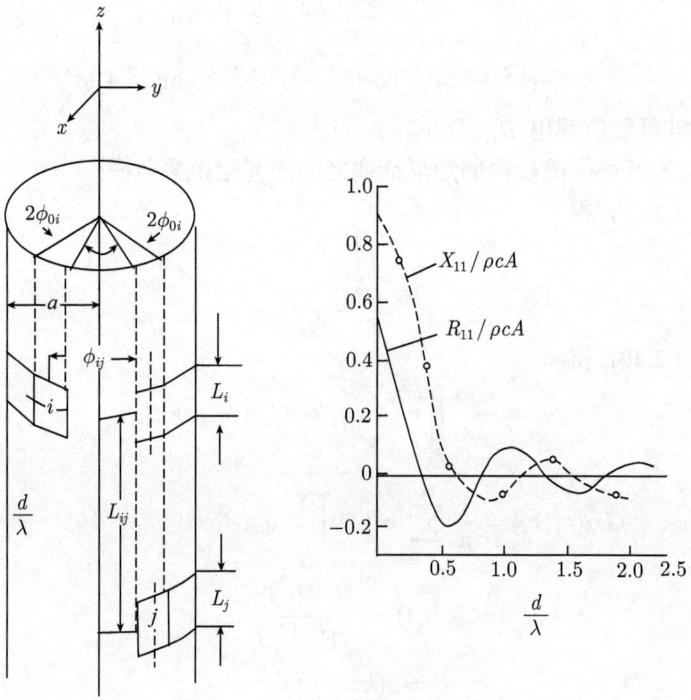

图 12.2.10 圆柱阵上的互作用

当 $\phi_{ij} = 0 = L_{ij}$ 时, 式 (12.2.57) 变为自辐射阻抗:

$$Z_{ij} = \frac{\omega\rho A^2}{2\pi^2} \sum_{n=0}^{\infty} \varepsilon_n \left(\frac{\sin n\phi_{0i}}{n\phi_{0i}}\right)^2 \int_0^{\infty} q_n(\beta) \left(\frac{\sin L_i\gamma}{L_i\gamma}\right)^2 \mathrm{d}\gamma. \tag{12.2.58}$$

当 $\phi_{0i} = \phi_{0j} = \pi$ 时, 式 (12.2.57) 为圆柱上两圆环之间的互阻抗系数:

$$z_{ij} = -8\mathrm{j}a\omega\rho\int_0^\infty \frac{H_n^{(1)}(ka)\sin\gamma L_i \sin\gamma L_j \cos\gamma L_{ij}}{\gamma^2 k H_1^{(1)}(ka)}\mathrm{d}\gamma. \tag{12.2.59}$$

(3) 在硬球面上, 圆活塞之间的互阻抗[22]. 推导方法同圆柱面的过程. 用球坐标中的一般表达式, 将声压和振速在球坐标系中展开, i 元产生的声压

$$p_i(r,\theta) = \mathrm{j}\rho c\sum_{n=0}^{\infty} A_n P_n(\cos\theta)\frac{h_n(kr)}{h_n'(kR)},$$

$$A_n = \left(n+\frac{1}{2}\right)\int_0^{\theta_{0i}} v(\theta)P_n(\cos\theta)\sin\theta\mathrm{d}\theta,$$

$v(\theta)$ 是振速, 得

$$\begin{aligned} z_{ij} =& \mathrm{j}\rho c\pi a^2\sum_{n=0}^{\infty}\frac{1}{2n+1}\left[P_{n-1}(\cos\theta_{0i}) - P_{n+1}(\cos\theta_{0i})\right] \\ &\cdot\left[P_{n-1}(\cos\theta_{0j}) - P_{n+1}(\cos\theta_{0j})\right]\cdot P_n(\cos\theta_{ij})\frac{h_n(ka)}{h_n'(ka)}. \end{aligned} \tag{12.2.60}$$

当 $i=j$, 得到自辐射阻抗

$$Z_{ii} = \mathrm{j}\rho c\pi a^2\sum_{n=0}^{\infty}\frac{1}{2n+1}\left[P_{n-1}(\cos\theta_{0j}) - P_{n+1}(\cos\theta_{0j})\right]^2\frac{h_n(ka)}{h_n'(ka)}. \tag{12.2.61}$$

由数值计算, 对活塞半径 $a = 1.1/k$, 在球半径 $R = 34/k$ 的硬球面上, 在间距小于两个波长时, 其互阻抗和平面障板结果相同. 当间距大于两个波长时, 比平面的小.

对两脉动球之间的互阻抗, 可用双球格林函数求得, 参看文献[23]. 两偶极子之间的互阻抗可参看文献[24].

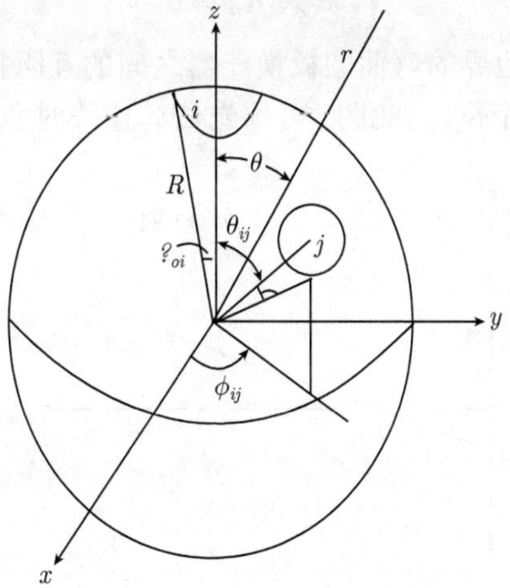

图 12.2.11 球面阵上的互作用

对于一般的互阻抗问题, 因为 z_{ij} 的求解需要近场的声压, 这是很困难的. 目前也只有应用数值近似计算的方法, 如 §12.2.1, §12.2.2, §12.2.3 中的方法.

12.2.5　弯曲圆板换能器阵的互阻抗

因为两边是对称辐射, 相当于无限障碍板中的圆形换能器. Porter[25] 计算了互阻抗

$$Z_{12}=\rho cA\frac{1}{2}\cdot\frac{(ka)^2}{2\left(\sum\limits_n\frac{\alpha_n}{n+2}\right)^2}\sum_K\sum_L\alpha_K\alpha_L\sum_{r=0}^{K/2}\sum_{S=0}^{K/2}\{D_{rK}D_{SL}\}$$
$$\cdot\int_0^{\pi/2}\frac{J_{r+1}(ka\sin\theta)J_{S+1}(ka\sin\theta)J_o(k\mathrm{d}\sin\theta)\sin\theta}{(ka\sin\theta)^{r+S+2}}\mathrm{d}\theta.$$

从数值计算, 换能器 ($ka\leqslant 1$) 的 Z_{12} 接近于活塞间的互阻抗. 式中 $n=0,2,4$; $K,L=0,2,4$. α 是位移 u 分布中的系数 $u=\sum\limits_{i=0}^{4}\alpha_i\left(\frac{r}{a}\right)^i$, a 是半径, r 是径向位置.

对简支边界

$$\begin{cases}\alpha_0=1.0\\ \alpha_2=-1.245\,3\\ \alpha_4=0.245\,3\\ \text{其余 }\alpha_n=0\end{cases},$$

对活塞

$$\begin{cases}\alpha_0=1.0\\ \alpha_2=\alpha_4=0\\ \text{其余 }\alpha_n=0\end{cases},$$

由实验结果, 简支边界的弯曲圆板换能器之间的互阻抗随相对作用力 (电压) 的变化, 如图 12.2.12 所示, 由此图, 可预先估算排阵时负阻出现的可能, 如阵为

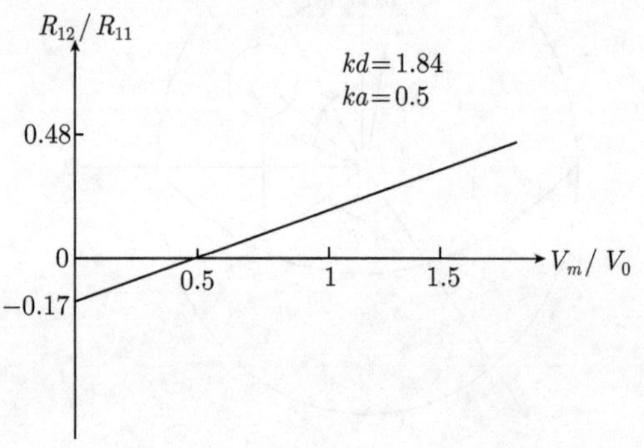

图 12.2.12　互阻随相对电压的变化

图 12.2.13 排列, 各元加同样电压, 则第 2, 3 号元必然产生负阻, 实验证实了这个推论.

对排成的 8 元阵, 如图 12.2.14 所示, 在 $kd \simeq 1.4$, $f_r \simeq 1.54$ kHz, 阵元数的号 $n = 0, 1, 2, 4, 5, \cdots, 8$, 在共振频率附近的 3 号元的电导 G 变化情况, 如表 12.2.1 所示.

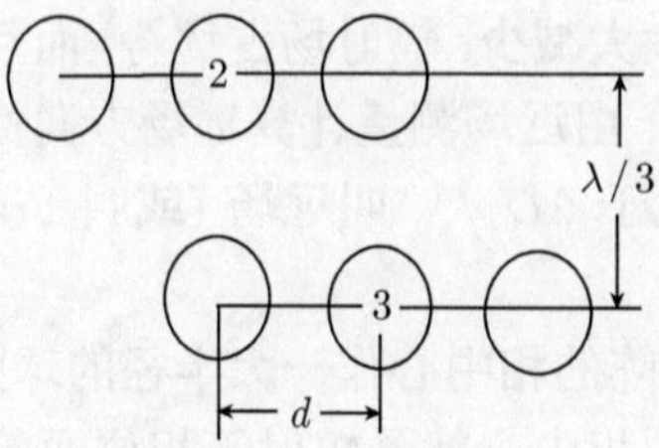

图 12.2.13　6 元阵排列

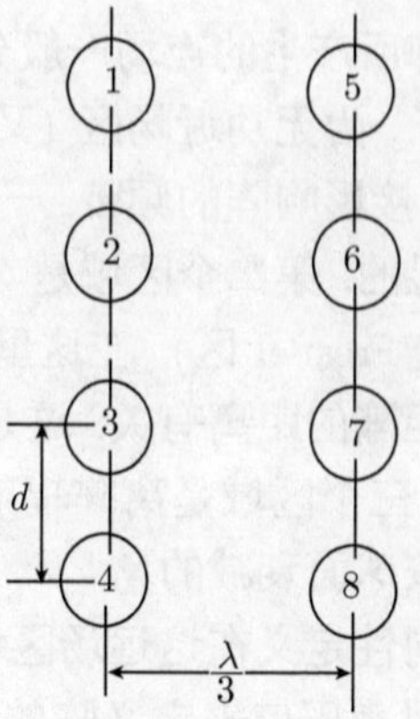

图 12.2.14　8 元阵排列

表 12.2.1

f/kHz		1.489	1.511	1.528	1.544	1.569	1.60	1.63	1.68
G/mV	$\dfrac{V_n}{V_3} = 0$	0.42	0.67	1.03	2.6	1.35	0.66	0.46	0.41
	$\dfrac{V_n}{V_3} = 1$	0.12	0.41	−3.0	$-(\gg 1)$	0.73	0.99	1.0	0.97

因此, 控制互阻抗是水下声系统中的重要问题之一. 其中最简单的方法是加串联电感 (对压电型换能器), 用等效电路可以证明：对一些简单的对称振动换能器, 如双面对称辐射的弯曲圆板换能器等, 只要串联电感与静电容 C_0 调谐, 就能达到速度控制的要求. 在实际调试时, 就是在空气中使振动面阻塞, 调 L, 使它与 C_0 调谐在工作频率上. 对一些不对称的振动, 如常用的复合棒换能器, 实际调节 L 时就比较麻烦, 可用水密加速度计在水中监视振动面振动, 调节 L 使换能器在靠近反射体时, 振速变化不大. 用电感调谐方法的缺点是频带窄.

另一种简单方法是局部地方放置声顺管, 也能起到调节互阻抗的作用.

§12.3　阵的方向性

在自适应发射和接收阵中, 都需对阵的方向性进行自适应调整. 其方法是改变阵元上的幅度和相位. 在发射阵中, 使声能自动集中于发现目标的方向. 在接收阵中, 也要调整方向性. 除主瓣对准目标外, 还要使强干扰源避开旁瓣而落于方向性图的凹陷方向, 或者利用噪声抵消法, 这样可大大提高抗干扰性. 近代声呐中, 把基阵看做信息处理器, 获得空间增益, 因此阵的方向性是一直受重视的一个方面[26].

12.3.1 计算阵方向性的一般方法

一个声阵所产生的声场一般分为三个区域. 第一个区域是从声源振动表面到几分之一的波长, 为无功近场区 (又叫波动区). 因为在这个区域内, 抗性贮能场占的比重较大, 直接影响阵的频带. 一般取 $\lambda/2\pi$, 也有取 λ 的, 因为这三个区域的边界并不是很明显的. 第二个区域是 $\lambda/2\pi$ (或 λ) 到 $2D^2/\lambda$, D 为阵的最大尺度, 称为辐射近场区 (或 Fresnel 区). 在这里, 抗性场已大大减少, 辐射场占优势, 而且这里场的角分布与矩阵的距离有关. 这是一般测量中, 由近场测量计算远场方向性的近场测量区域. 第三个区域是离阵辐射面的距离大于 $2D^2/\lambda$, 叫远场 (或叫 Fraunhofer 区), 也就是按球面衰减的场.

阵的方向性定义在这远场区域内, 即围绕阵的相中心作一大半径的球面, 用这球面上的相对声压值来定义阵的方向性, 阵的相中心就是辐射等相位面的曲率中心, 有时也叫辐射中心, 是一个局部的概念.

虽然发射和接收的物理过程是不同的, 但根据互易定理, 只要水介质是看做线性的, 换能器为线性、被动、无源的, 那么, 不管基阵是发射还是接收, 其方向性、阻抗都相同. 因此, 一般我们只要分析发射阵的方向性.

在计算方向性时, 一般用两种方法: 一种是已知阵元上的电压分布 (或电流分布) 计算阵的方向性, 这叫方向性的分析法. 另一种是要求预期的方向性, 计算阵元上的电压 (电流) 或加权系数的分布, 这叫综合法.

1. 格林函数的方法

如同 §12.2.2 和 §12.2.4 中所述, 阵所产生的声场为

$$p(r)=\frac{1}{4\pi}\iint\limits_S\left\{p(\xi)\frac{\partial G(r,\xi)}{\partial n_\xi}+\mathrm{j}\omega\rho v(\xi)G(r,\xi)\right\}\mathrm{d}S, \tag{12.3.1}$$

S 是包围基阵的封闭面, 其中 ξ 是在阵表面上, r 是远场中一点位置, G 为格林函数. 但在很多情况下, 此积分不可能有精确的解析解. 所以在处理许多实际问题时, 要选择阵的计算模型, 使它一方面反映实际阵的主要性能, 另一方面要尽可能简化. 在计算方向性时, 时常化简成三种不同边界 S 的模型: 声硬 (Neuman 问题), 声软 (Dirichlet 问题), 阻抗 (Combined 问题).

Neuman 问题的物理意义是阵产生的声压是每个阵元按已知的振速 (其他阵元被卡住不振时) 在声场中所产生声压之和. 实现条件是阵元周围为声硬材料或没有

间隙. 因为格林函数 G 的物理意义是在满足阵表面声学条件下, 点源所产生的速度势, 声压 $p=\mathrm{j}\omega\rho G$, 法向振速 $v_n=\dfrac{\partial G}{\partial n}$, 所以, Neuman 问题有

$$\frac{\partial G_N}{\partial n}=0.$$

因此, 式 (12.3.1) 简化为

$$p(r)=\frac{\mathrm{j}\omega\rho}{4\pi}\iint\limits_S v(\xi)G_N(r,\xi)\mathrm{d}S.$$

Dirichlet 问题的物理意义是阵产生的声压是每个阵元按已知表面声压 (其他阵元表面声压为零时) 在声场中所产生声压之和, 此时有

$$G_D=0.$$

实现的条件是阵元周围为声软材料或没有间隙, 因此式 (12.3.1) 简化为

$$p(r)=\frac{1}{4\pi}\iint\limits_S p(\xi)\frac{\partial G_D(r,\xi)}{\partial n_\xi}\mathrm{d}S.$$

Combined 问题的物理意义是阵所产生的声压是每个元分别按已知阻抗 Z_0 (其他阵元的阻抗也都是 Z_0 时) 在声场中所产生的声压之和, 表达式可参看式 (12.2.49) 的推导.

(1) 无限大硬平面障板中的平面阵, 已知振速, 由式 (12.2.51), 有

$$p(r)=\frac{\mathrm{j}\omega\rho}{4\pi}\iint\limits_S v(\xi)\frac{\mathrm{e}^{-\mathrm{j}kr}}{r}\mathrm{d}S,$$

r 是辐射点到观察点的距离, 此公式可近似应用于大于 2λ 的硬障板内的小平面换能器, 或大于 2λ 的平面换能器. 因为这时只有阵边缘上的元的方向性不是半球, 阵越大, 具有半球方向性的元就越多, 就越接近于精确解. 此时阵在无限大障板内和在有限大障板内所产生的声场没有明显差别.

(2) 无限软平面障板内的平面阵, 如偶极子组成的平面阵. 已知阵表面声压分布时, 由

$$\begin{aligned}\frac{\partial G_D}{\partial n_\xi}&=\frac{\partial}{\partial n_\xi}\left(\frac{\mathrm{e}^{-\mathrm{j}kr}}{r}\right)-\frac{\partial}{\partial(-n_\xi)}\left(\frac{\mathrm{e}^{-\mathrm{j}kr}}{r}\right)=2\frac{\partial}{\partial n_\xi}\left(\frac{\mathrm{e}^{-\mathrm{j}kr}}{r}\right)\\&=\frac{-2(\mathrm{j}kr+1)\mathrm{e}^{-\mathrm{j}kr}}{r^2}\frac{\partial r}{\partial n_\xi}\underset{\lambda\ll r}{\simeq}2\frac{-\mathrm{j}k\mathrm{e}^{-\mathrm{j}kr}}{r}\cos\theta,\end{aligned}$$

θ 是 r 和 n_ξ 之间的夹角.

$$p(r)=\frac{1}{4\pi}\iint\limits_S p(\xi)\frac{-\mathrm{j}2k\cos\theta\,\mathrm{e}^{-\mathrm{j}kr}}{r}\mathrm{d}S$$

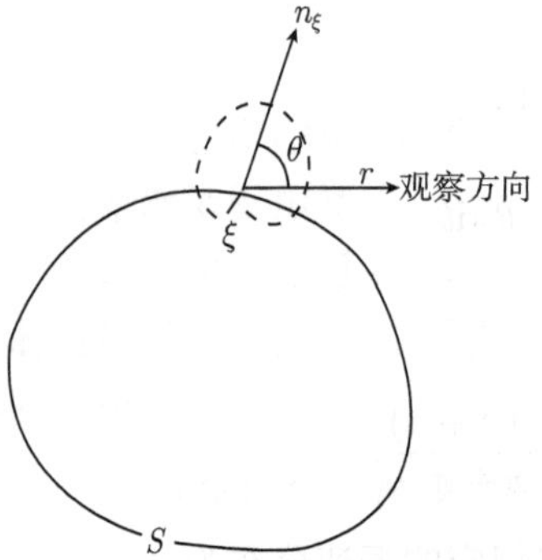

图 12.3.2　曲面障板的高频近似

$$\frac{\partial}{\partial n_\xi}\left(\frac{\mathrm{e}^{-\mathrm{j}kr}}{r}\right) \simeq \frac{-\mathrm{j}k\mathrm{e}^{-\mathrm{j}kr}}{r}\frac{\partial r}{\partial n_\xi} = -\frac{-\mathrm{j}k\mathrm{e}^{-\mathrm{j}kr}}{r}(-\cos\theta).$$

再利用 $k\rho_{\min} \gg 1$, 即平面波近似. S 面上的声压和振速满足平面波关系式, $p(\xi) = \rho c v(\xi)$. 这就是一般所讲的克希霍夫近似. 由这两近似条件得到

$$p(\theta) \simeq \frac{1}{2\pi}\iint_S \mathrm{j}\omega\rho\frac{(1+\cos\theta)}{2}v(\xi)\frac{\mathrm{e}^{-\mathrm{j}kr}}{r}\mathrm{d}S, \tag{12.3.3}$$

或

$$p(\theta) \simeq \frac{\mathrm{j}k}{2\pi}\iint_S \frac{(1+\cos\theta)}{2}p(\xi)\frac{\mathrm{e}^{-\mathrm{j}kr}}{r}\mathrm{d}S, \tag{12.3.4}$$

式 (12.3.3), (12.3.4) 就是常用的由近场测量数据 $p(\xi)$ 来确定远场方向性 $p(\theta)$ 的公式. 不过此时 S 面是取在辐射近场区内, 而不是在换能器阵的表面上.

式 (12.3.3), (12.3.4) 是常用来计算曲面不透声障板的高频方向性, 其物理意义是很明显的. 每个元由于在不透声障板上, 它的发射波具有心脏形方向性 $(1+\cos\theta)/2$. 这种近似的缺点是太粗糙. 稍为好些的近似是在曲线坐标下, 求高频大凸面障板的格林函数, 近似地解出声场.

5. *乘积定理和加法定理*

假设阵元相同, 在空间取向也相同, 它们在排列上互不遮挡, 而且已知它们的振速分布, 则阵的方向性等于每个阵元的方向性 (又叫阵元因子) 乘上阵因子. 阵因子定义为: 每个阵元由同振幅、相位但是无方向元代替时的阵的方向性, 因此乘积定理是阵的方向性为阵元因子和阵因子的乘积.

此定理也可应用于每一阵元为一组换能器所组成的情况, 例如这组换能器是某一曲线 (叫母线) 沿着某一个准线平行地移动所得到的阵面, 其方向性为母线的方向性和准线的方向性的乘积.

乘积定理在实用上很重要, 但是在应用时, 必须注意满足假设条件. 例如乘积定理要求的是阵的振速分布给定, 而不是每个阵元上加的电压给定. 实际上往往是已知加在各阵元上电压, 在远离共振时, 阵元本身的力阻抗起主要作用, 电压的分布正比于振速的分布, 乘积定理可用. 但在靠近共振频率时, 往往由于元间的声互作用, 振速分布与电压分布就不同, 这时需要 §12.2.4 中讲到的互辐射阻抗来确定振速分布, 再算得阵因子.

加法定理：如阵的振幅–相位分布为 $F(S)=A(S)+B(S)$, 则阵的方向性等于 $A(S)$ 分布的子阵方向性加上 $B(S)$ 分布的子阵方向性.

这定理在非均匀组合阵中是经常使用的, 将非均匀组合阵分解为几个均匀组合阵的叠加, 从而来计算非均匀组合阵.

总之, 计算方向性的方法很多, 比较重要的还有如函数逼近法、非线性规划 (优选法) 等. 函数逼近法是使方向性等于某一函数, 如契比雪夫多项式, 然后求出每元的加权系数. 非线性规划是利用数学的方法, 在一定的约束条件下 (即所要求的方向性指标) 找最佳值的问题, 用计算机算出所需的加权函数.

到目前为止, 方向性问题和声场问题一样, 只有在简单的情况下能解. 如果阵上的阵元方向性不能计算, 那就必须基于类似条件下的实验数据来分析整个阵的性能. 因为许多问题即使利用大型计算机还是不能解决. 例如, 阵在实际条件下有信号和噪声同时作用时, 以及周围结构体对方向性带来畸变等情况下, 还是不能解决.

12.3.2 在频带内的方向性

许多场合是在一频带内工作, 例如被动声呐它通常是宽带能量检测. 其方向性如何测定, 一般用两种方法：单频法和相关函数法.

1. 单频法

阵元 q 的输出电压是 $u_q(\theta,\omega)$, 每个通道的传输系数为 h_q.

$$\begin{aligned}u_q(\theta,\omega)&=\gamma(\omega)\left|p_0\right|h_qD_q(\theta,\omega)\\&=\sqrt{2I(\omega)\rho c}\gamma(\omega)h_qD_q(\theta,\omega),\end{aligned}\tag{12.3.5}$$

$\gamma(\omega)$ 是元的灵敏度, p_0 为声压, $D_q(\theta,\omega)$ 为相对于某一参考点的相位项, $I(\omega)$ 为噪声源的功率谱. 因为在远场有 $I(\omega)=\left|p_0\right|^2/2\rho c$, 阵在频率 ω,θ 方向的总的输出电压的模

$$\begin{aligned}u(\theta,\omega)&=\sum_{q=1}^{N}u_q(\theta,\omega)\\&=\sqrt{2I(\omega)\rho c}\gamma(\omega)\left|\sum_{q=1}^{N}h_qD_q(\theta,\omega)\right|^2.\end{aligned}\tag{12.3.6}$$

在频带 ω_1 到 ω_2 内, 整个频带在 θ 方向的噪声输出 $u(\theta)$ (假设每个频率分量是不相关的) 为

$$|u(\theta)|^2=2\rho c\int_{\omega_1}^{\omega_2}I(\omega)\gamma^2(\omega)\left|\sum_{q=1}^{N}h_qD_q(\theta,\omega)\right|^2\mathrm{d}\omega.\tag{12.3.7}$$

频带内方向性

$$R_\omega(\theta)=\frac{|u(\theta)|}{|u(\theta_0)|}$$

$$
= \frac{\left[\int_{\omega_1}^{\omega_2} I(\omega)\gamma^2(\omega)\left|\sum_{q=1}^{N} h_q D_q(\theta,\omega)\right|^2 \mathrm{d}\omega\right]^{1/2}}{\left[\int_{\omega_1}^{\omega_2} I(\omega)\gamma^2(\omega)\left|\sum_{q=1}^{N} h_q D_q(\theta_0,\omega)\right|^2 \mathrm{d}\omega\right]^{1/2}}, \tag{12.3.8}
$$

θ_0 为主极大方向.

如在点源补偿阵的特殊情况下, 有 $\left|\sum_{q=1}^{N} h_q D_q(\theta_0,\omega)\right|$ 与频率无关.

$$
R_\omega(\theta) = \frac{\left[\int_{\omega_1}^{\omega_2} I(\omega)\gamma^2(\omega) R^2(\theta,\omega)\mathrm{d}\omega\right]^{1/2}}{\left[\int_{\omega_1}^{\omega_2} I(\omega)\gamma^2(\omega)\mathrm{d}\omega\right]^{1/2}}, \tag{12.3.9}
$$

其中 $R(\theta,\omega)$ 是单频 ω 时的方向性,

$$
R(\theta,\omega) = \left|\frac{\sum_{q=1}^{N} h_q D_q(\theta,\omega)}{\sum_{q=1}^{N} h_q D_q(\theta_0,\omega)}\right|. \tag{12.3.10}
$$

为了计算方便, $R_\omega(\theta,\omega)$ 可改写成功率响应的方向因子

$$
R_\omega^2(\theta) = \frac{\sum_{q=1}^{N}\sum_{g=1}^{N}\int_{\omega_1}^{\omega_2} h_q h_q^* I(\omega)\gamma^2(\omega)\frac{D_q(\theta,\omega)D_g^*(\theta,\omega)}{\left|\sum_{q=1}^{N} h_q D_q(\theta_0,\omega)\right|^2}\mathrm{d}\omega}{\int_{\omega_1}^{\omega_2} I(\omega)\gamma^2(\omega)\mathrm{d}\omega}. \tag{12.3.11}
$$

2. 相关函数法

设换能器阵处于平稳随机的噪声场中, 两阵元 q 和 g 的输出电压为 u_q 和 u_g, u_q 和 u_g 过程的时间相关函数 $K_{qg} = M[u_q u_g^*]$, M 为数学期望, 整个阵对 θ 方向的输出功率是 $\sum_{q=1}^{N}\sum_{g=1}^{N} K_{qg}(\theta)$, 功率响应的方向因子

$$
R_\omega^2(\theta) = \frac{\sum_{q=1}^{N}\sum_{g=1}^{N} K_{qg}(\theta)}{\sum_{q=1}^{N}\sum_{g=1}^{N} K_{qg}(\theta_0)}. \tag{12.3.12}
$$

和式 (12.3.11) 相比, 得

$$K_{qg}(\theta)=2\rho c\int_{\omega_1}^{\omega_2}\frac{h_q h_g^* I(\omega)\gamma^2(\omega)D_g(\theta,\,\omega)D_g^*(\theta,\omega)}{\left|\sum\limits_{q=1}^{N}h_q D_q(\theta_0,\omega)\right|^2}\mathrm{d}\omega. \tag{12.3.13}$$

例 1 点源线阵, 电延时补偿以 θ_0 方向为主瓣方向, 设噪声场的性质有 $I(\omega)\gamma^2(\omega)=$ 常数 $=b$. 因为

$$D_q(\theta)=\mathrm{e}^{-\mathrm{j}k\rho_q\sin\theta},\quad h_q=a_q\mathrm{e}^{\mathrm{j}k\rho_q\sin\theta_0},$$

由式 (12.3.13), 得

$$\begin{aligned}K_{qg}(\theta)&=\frac{2\rho cba_q a_g}{\left|\sum\limits_{q=1}^{N}a_q\right|^2}\int_{\omega_1}^{\omega_2}\mathrm{e}^{-\mathrm{j}k(\rho_q-\rho_g)(\sin\theta-\sin\theta_0)}\mathrm{d}\omega\\&=\frac{2\rho cba_q a_g}{\left|\sum\limits_{q=1}^{N}a_q\right|^2 B}\left[\mathrm{e}^{-\mathrm{j}\omega_2 B/C}-\mathrm{e}^{-\mathrm{j}\omega_1 B/C}\right],\end{aligned} \tag{12.3.14}$$

其中

$$B=(\rho_q-\rho_g)(\sin\theta-\sin\theta_0).$$

由式 (12.3.12), 得

$$R_\omega^2(\theta)=\frac{1}{\left|\sum\limits_{q=1}^{N}a_q\right|^2}\sum_{q=1}^{N}\sum_{g=1}^{N}a_q a_g\cos\left(B\frac{\omega_2+\omega_1}{2c}\right)\times\frac{\sin\left(B\dfrac{\omega_2-\omega_1}{2c}\right)}{B\dfrac{\omega_2-\omega_1}{2c}}. \tag{12.3.15}$$

特例 如为等间距 d, 等辐 $a_q=a_g=1, B=(q-g)d(\sin\theta-\sin\theta_0)$, 那么

$$R_\omega^2(\theta)=\frac{1}{N^2}\sum_{S=0}^{N-1}\varepsilon_S(N-S)\cos\left(B\frac{\omega_2+\omega_1}{2c}\right)\frac{\sin\left(B\dfrac{\omega_2-\omega_1}{2c}\right)}{B\dfrac{\omega_2-\omega_1}{2c}}, \tag{12.3.16}$$

$$S=q-g,\quad\left\{\begin{array}{l}S=0,\quad\varepsilon_S=1\\S>0,\quad\varepsilon_S=2\end{array}\right..$$

在大的相对频带内, 典型的方向性是没有清晰的副瓣和过零点的.

12.3.3 圆柱阵, 球阵和宽带恒定束宽阵

1. 圆柱阵的方向性

Neuman 条件下, 长圆柱体的格林函数[27] 为

$$G(X/X_0)=\frac{1}{\pi}\sum_{n=-\infty}^{\infty}\mathrm{e}^{\mathrm{j}n(\varphi-\varphi_0)}\int_{-\infty}^{\infty}\frac{H_n^{(1)}\left(\sqrt{k^2-\gamma^2}r\right)\mathrm{e}^{\mathrm{j}\gamma(z-z_0)}}{\sqrt{k^2-\gamma^2}H_n^{(1)'}\left(\sqrt{k^2-\gamma^2}a\right)}\mathrm{d}\gamma, \tag{12.3.17}$$

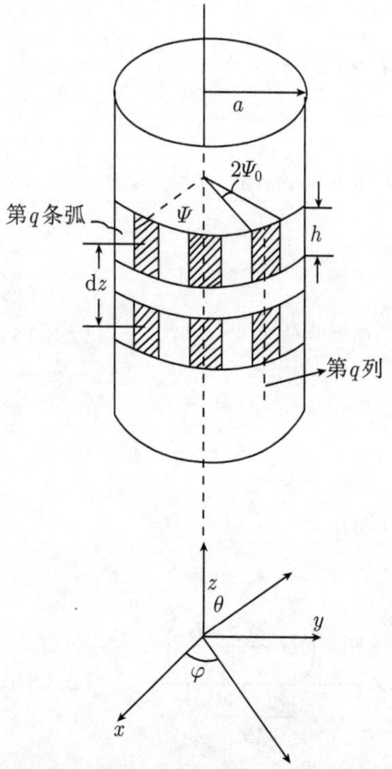

图 12.3.3　圆柱换能器阵

其中 $H_n^{(1)}$ 为第一类汉克尔函数, X 是圆柱体外场点坐标 (r,φ,z), X_0 是圆柱面上源点坐标 (a,φ_0,z_0), $\gamma=k\cos\theta$, Q 是源点的体积速度. 设振速分布为 $v(a,\varphi,z)$, $\dfrac{Q(\varphi_0,z_0)}{a}\delta(z-z_0)\delta(\varphi-\varphi_0)=v(X_0)$, δ 为 δ 函数,

$$Q(\varphi_0,z_0)=\int_0^{2\pi}\int_{-\infty}^{\infty}v(X_0)a\mathrm{d}\varphi\mathrm{d}z.$$

由式 (12.2.46), 得

$$\begin{aligned}p(X)&=\frac{1}{4\pi}\iint_S \mathrm{j}\omega\rho G(X/X_0)v(a,\varphi,z)\mathrm{d}S\\&=\frac{1}{4\pi}\int_0^{2\pi}\int_{-\infty}^{\infty}\mathrm{j}\omega\rho G(X/X_0)v(a,\varphi,z)a\mathrm{d}\varphi\mathrm{d}z.\end{aligned}$$

常用的圆柱声呐换能器由复合棒组成, 可以看成硬圆柱面的一部分, 如图 12.3.3 所示. 设有 m 条弧, 每条弧上有 $2S+1$ 个阵元, 每元上振速均匀, $\varPsi$ 是弧上相邻两元的中心夹角, 第 q 行 g 列的元在场点 (r,φ,z) 所产生的声压

$$\begin{aligned}p_{qg}(r,\ \varphi,z)=&\frac{1}{4\pi}\int_{\varphi_0-\psi_0}^{\varphi_0+\psi_0}\int_{z_0-\frac{h}{2}}^{z_0+\frac{h}{2}}\mathrm{j}\omega\rho G(X/X_0)\\&\times v(X_0)a\mathrm{d}z\mathrm{d}\varphi\end{aligned}$$

q、g 元的坐标 (a,φ_0,z_0) 或 $X_0=a\cos g\varPsi, y_0=a\sin g\varPsi, z=qd_z, d_z$ 为相邻两弧的中心线间距离, 代入 $G(X/X_0)$, 有

$$\begin{aligned}p_{qg}(r,\ \varphi,z)=&\frac{\mathrm{j}\omega\rho}{\sqrt{2\pi}}\sum_{-\infty}^{\infty}\mathrm{e}^{\mathrm{j}n(\varphi-\varphi_0)}\\&\times\int_{-\infty}^{\infty}\frac{B_n(\gamma)H_n^{(1)}\left(\sqrt{k^2-\gamma^2}r\right)\mathrm{e}^{\mathrm{j}\gamma z}}{\sqrt{k^2-\gamma^2}H_n^{(1)'}\left(\sqrt{k^2-\gamma^2}a\right)}\mathrm{d}\gamma,\end{aligned} \tag{12.3.18}$$

其中

$$B_n(\gamma)=\frac{1}{(2\pi)^{3/2}}\int_0^{2\pi}\int_{-\infty}^{\infty}v(\varphi_0,z_0)\mathrm{e}^{-\mathrm{i}n\varphi_0-\mathrm{i}\gamma z_0}\mathrm{d}\varphi_0\mathrm{d}z_0. \tag{12.3.19}$$

对均匀振速, $v(\varphi_0,z_0)=v_{qg}$, 有

$$B_n(\gamma)=\frac{v_{qg}}{(2\pi)^{3/2}}\int_{-\psi_0}^{\psi_0}\mathrm{e}^{-\mathrm{i}n\varphi_0}\mathrm{d}\varphi_0\int_{-h/2}^{h/2}\mathrm{e}^{-\mathrm{j}\gamma z_0}\mathrm{d}z_0$$

$$=\frac{v_{qg}}{(2\pi)^{3/2}}\cdot\frac{2\sin n\varphi_0}{n\eta_n}\frac{h\sin\left(\gamma\dfrac{h}{2}\right)}{\gamma\dfrac{h}{2}},$$

$$\begin{cases}\eta_n=2, & n=0\\ \eta_n=1, & n>1\end{cases}.$$

方程 (12.3.18), (12.3.19) 是圆柱常用的普遍公式.

$$p_{qg}(r,\ \varphi,z)=\frac{\mathrm{j}\omega\rho h v_{qg}}{\pi^2}\sum_{n=0}^{\infty}\frac{\sin n\varphi_0\cos n(\varphi-g\varPsi)}{n\eta_n}$$

$$\times\int_{-\infty}^{\infty}\frac{H_n^{(1)}\left(r\sqrt{k^2-\gamma^2}\right)}{\sqrt{k^2-\gamma^2}H_n^{(1)'}\left(a\sqrt{k^2-\gamma^2}\right)}$$

$$\times\frac{\sin\left(\gamma\dfrac{h}{2}\right)}{\gamma\dfrac{h}{2}}\mathrm{e}^{\mathrm{j}\gamma(z-qd_z)}\mathrm{d}\gamma,$$

在远场, $kr\gg1$, 用汉克尔函数的渐进表达式和 $\gamma=k\cos\theta$, 得到方向性和远场声压

$$p_{qg}(\theta,\varphi)=\frac{2\rho chv_{qg}}{r\pi^2}\mathrm{e}^{\mathrm{j}k(r-q\mathrm{d}z\cos\theta)}\frac{1}{\sin\theta}\cdot\frac{\sin\left(\dfrac{kh}{2}\cos\theta\right)}{\dfrac{kh}{2}\cos\theta}$$

$$\times\sum_{n=0}^{\infty}\frac{\sin n\varphi_0\cos n(\varphi-g\varPsi)}{H_n^{(1)'}(ka\sin\theta)}\mathrm{e}^{-\mathrm{j}n\pi}. \tag{12.3.20}$$

因为这里的声压是相对于圆柱阵坐标原点写的, 所以有多少元同时工作, 可以直接相加. 如有 m 行和 $2S+1$ 列同时工作, 其远场声压及方向性为

$$p(\theta,\varphi)=\sum_{q=1}^{m}\sum_{g=-S}^{S}p_{qg}(\theta,\varphi). \tag{12.3.21}$$

2. 圆弧补偿阵的方向性

水平方向性：设圆弧阵上放置全方向性换能器, 互不遮挡. β 是主瓣和参考轴

的夹角, R 是阵半径. 对第 n 个阵元, 所需的电相位补偿 $= kR\cos(\varphi_n-\beta)$.

对 φ 方向, $d=R\cos(\varphi_n-\varphi)$, 第 n 阵元对远场 φ 方向的输出[28], 如图 12.3.4 所示.

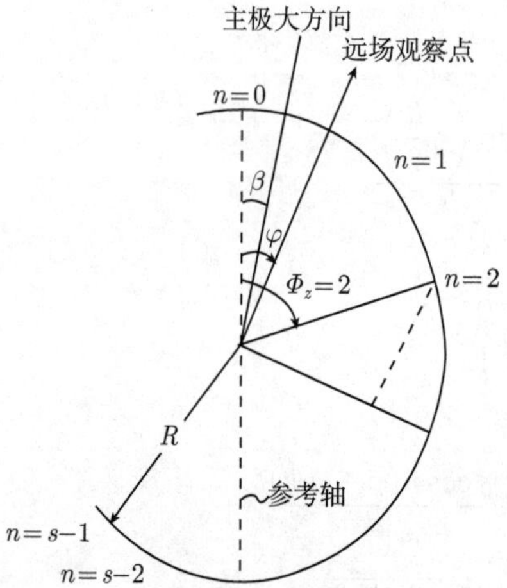

图 12.3.4　圆弧补偿阵

$$\begin{aligned}V_n(\varphi,t)&=\cos\{\omega t-kR[\cos(\varphi_n-\varphi)\\&\quad-\cos(\varphi_n-\beta)]\}\\&=\cos(\omega t-\psi_n),\end{aligned}$$

其中

$$\psi_n=kR\{\mathit{cos}\,(\varphi_n-\varphi)-\cos\,(\varphi_n-\beta)\}.$$

总阵的输出:

$$\begin{aligned}V\,(\varphi,t)&=\sum_{n=0}^{S-1}V_n(\varphi,t)\\&=\cos\omega t\left\{\sum_{n=0}^{S-1}\cos\psi_n\right\}\\&\quad+\sin\omega t\left\{\sum_{n=0}^{S-1}\sin\psi_n\right\},\end{aligned}$$

因为 $\sin\omega t$ 和 $\cos\omega t$ 正交,

$$V(\varphi)=\sum_{n=0}^{S-1}\exp\left\{\mathrm{j}kR\left[\cos(\varphi_n-\varphi)-\cos(\varphi_n-\beta)\right]\right\}.$$

利用三角函数展开, 得

$$V(\varphi)=\sum_{n=0}^{S-1}\exp\left\{\mathrm{j}2kR\sin\left(\frac{\varphi-\beta}{2}\right)\cos\left(\varphi_n\frac{\varphi+\beta+\pi}{2}\right)\right\}.$$

因为

$$\exp\left[\mathrm{j}x\cos\alpha\right]=J_0(x)+2\sum_{m=1}^{\infty}j^mJ_m(x)\cos m\alpha,$$

水平方向性

$$\begin{aligned}R(\varphi)&=\frac{1}{S}\sum_{n=0}^{S-1}\left\{J_0\left(2kR\sin\frac{\varphi-\beta}{2}\right)+2\sum_{m=1}^{\infty}j^mJ_m\left(2kR\sin\frac{\varphi-\beta}{2}\right)\cos m(\varphi_n-\delta)\right\}\\&=J_0\left(2kR\sin\frac{\varphi-\beta}{2}\right)+\frac{2}{S}\sum_{m=1}^{\infty}\left\{j^mJ_m\left(2kR\sin\frac{\varphi-\beta}{2}\right)\sum_{n=0}^{S-1}\cos m(\varphi_n-\delta)\right\},\end{aligned}$$

其中 $\delta=\dfrac{\varphi+\beta+\pi}{2}$. 因为

$$\sum_{n=0}^{S-1}\cos m(\varphi_n-\delta)=\mathrm{Re}\left\{\exp(-\mathrm{j}m\delta)\sum_{n=0}^{S-1}\exp\left(\mathrm{j}m\frac{2\pi n}{N}\right)\right\},$$

其中 $\varphi_n=2\pi n/N$, $2\pi/N$ 为相邻元间夹角, S 为总元数, 所以

$$\sum_{n=0}^{S-1}\exp\left(\mathrm{j}m\frac{2\pi n}{N}\right)=\frac{1-\exp(\mathrm{j}m2\pi S/N)}{1-\exp(\mathrm{j}m2\pi/N)}.$$

经代数运算, 得

$$\begin{cases}R(\varphi)=J_0\left(2kR\sin\dfrac{\varphi-\beta}{2}\right)+\dfrac{2}{S}\displaystyle\sum_{n=1}^{\infty}j^nJ_n\left(2kR\sin\dfrac{\varphi-\beta}{2}\right)[c_n\cos n\delta+S_n\sin n\delta]\\ S_n=\dfrac{\sin\left(n\dfrac{2\pi}{N}\right)+\sin\left[(N-1)\dfrac{2\pi n}{N}\right]-\sin 2\pi n}{2\left[1-\cos\left(\dfrac{2\pi m}{N}\right)\right]}\\ c_n=\dfrac{1-\cos 2n\pi-\cos(2n\pi/N)+\cos\left[(N-1)2\pi n/N\right]}{2\left[1-\cos\left(\dfrac{2\pi m}{N}\right)\right]}\end{cases}.\tag{12.3.22}$$

式 (12.3.22) 是部分圆弧补偿阵的水平方向性.

对全圆补偿阵, c_n 和 S_n 由洛必达法则 (因为此时 $S=N$) 得全圆补偿阵的水平方向性为

$$R(\varphi)=J_0\left(2kR\sin\frac{\varphi-\beta}{2}\right)+2\sum_{m=1}^{\infty}j^{mN}\left(2kR\sin\frac{\varphi-\beta}{2}\right)\cos\frac{mN}{2}(\varphi+\beta+\pi).\tag{12.3.23}$$

补偿连续圆阵的水平方向性 ($N\to\infty$):

$$R(\varphi)=J_0\left(2kR\sin\frac{\varphi-\beta}{2}\right),\tag{12.3.24}$$

式中后面一项的畸变项没有了.

其垂直方向性:

$$R(\theta)=J_0\left[kR(1-\cos\theta)\right].\tag{12.3.25}$$

3. 单面辐射振子排成的高频圆弧 (未补偿) 阵的方向性

通常所给出的圆弧阵方向性公式是要简化成透声阵来计算的. 但实际上, 阵元常是单面辐射的振子. 在这里考虑高频, 忽略绕射, 利用射线声学的概念, 图 12.3.5 的水平方向性为

在 $0° \leqslant \alpha \leqslant \alpha_0$:

$$R_1(\alpha) = \frac{1}{2(M-N)+2}\left|\sum_{K=M}^{N} \mathrm{e}^{\mathrm{j}\frac{2\pi P}{\lambda}\cos(\alpha+K\theta)} \frac{\sin\left[\frac{\pi d}{\lambda}\sin(\alpha+K\theta)\right]}{\frac{\pi d}{\lambda}\sin(\alpha+K\theta)} + \sum_{K=-N}^{-M} \mathrm{e}^{\mathrm{j}\frac{2\pi R}{\lambda}\cos(\alpha+K\theta)} \frac{\sin\left[\frac{\pi d}{\lambda}\sin(\alpha+K\theta)\right]}{\frac{\pi d}{\lambda}\sin(\alpha+K\theta)}\right|, \tag{12.3.26}$$

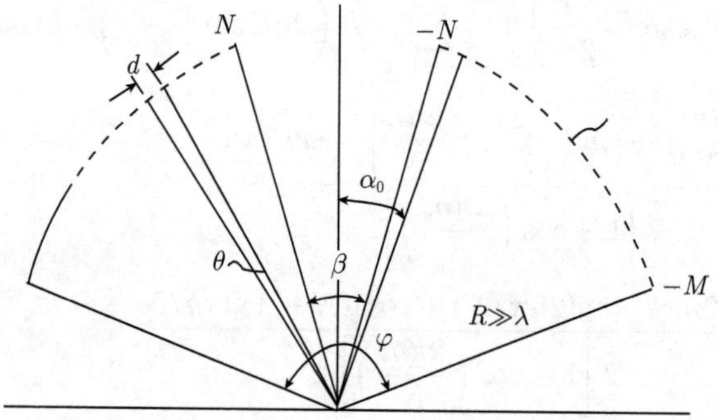

图 12.3.5 双圆弧阵

在 $\alpha_0 \leqslant \alpha \leqslant 90°$:

$$R_1(\alpha) = \frac{1}{2(M-N)+2} \cdot \left|\sum_{K=\mathrm{FAX}\left(\frac{90°-\alpha-\frac{\theta}{2}}{\theta}\right)}^{N} \mathrm{e}^{\mathrm{j}\frac{2\pi R}{\lambda}\cos(\alpha+K\theta)} \frac{\sin\left[\frac{\pi d}{\lambda}\sin(\alpha+K\theta)\right]}{\frac{\pi d}{\lambda}\sin(\alpha+K\theta)} + \sum_{K=-N}^{-M} \mathrm{e}^{\mathrm{j}\frac{2\pi R}{\lambda}\cos(\alpha+K\theta)} \frac{\sin\left[\frac{\pi d}{\lambda}\sin(\alpha+K\theta)\right]}{\frac{\pi d}{\lambda}\sin(\alpha+K\theta)}\right|, \tag{12.3.27}$$

其中 $\alpha_0 = 90° - \frac{(2M+1)}{2}\theta$; R 为圆弧半径; λ 为波长; θ 为阵元张角; FAX 表示取整数; M 为末尾阵元号数; N 为起始阵元号数; $\phi = (2M+1)\theta$ 为圆弧阵总开角; $\beta = (2N-1)\theta$ 为两圆阵之间夹角. 当 $\alpha = \alpha_0$, 时,

$$M = (90° - \alpha_0 - \theta/2)/\theta.$$

选择参数 $R, \theta, d, \phi, \beta$, 当 $\phi < 160°$, 计算出最大主副瓣比可达 14 dB, 图 12.3.6 表示计算机的计算值和实验值.

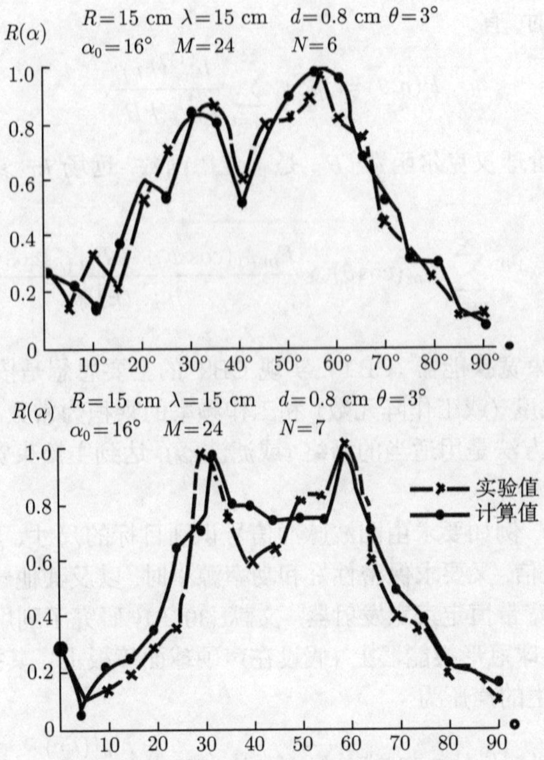

图 12.3.6 双圆弧合成阵的方向性

4. 球阵及宽带恒定束宽阵

(1) 球阵的方向性计算. 从声硬球面 (半径为 R) 上的辐射, 根据文献 [29], 对于振速分布 $v(\theta)$ 的球冠 (中心角为 $2\Psi_0$), 在不补偿时, 其声场为

$$\begin{cases} p(r,\theta) = \mathrm{j}\rho c \displaystyle\sum_{m=0}^{\infty} A_m P_m(\cos\theta) \frac{h_m^{(1)}(kr)}{h_m^{(1)'}(kR)} \\ A_m = \left(m+\dfrac{1}{2}\right)\displaystyle\int_0^{\psi_0} v(\theta) P_m(\cos\theta)\sin\theta \mathrm{d}\theta \end{cases}$$

远场有 $kr \gg 1$,

$$p_f(r,\theta) = \mathrm{j}\rho c \frac{\mathrm{e}^{\mathrm{j}kr}}{kc} \sum_{m=0}^{\infty} \frac{A_m P_m(\cos\theta)}{j^m h_m^{(1)'}(kR)}.$$

方向性

$$R(\theta) = \left| \frac{\displaystyle\sum_{m=0}^{\infty} \frac{A_m P_m(\cos\theta)}{j^m h_m^{(1)'}(kR)}}{\displaystyle\sum_{m=0}^{\infty} \frac{A_m P_m(\cos\theta_0)}{j^m h_m^{(1)'}(kR)}} \right|. \tag{12.3.28}$$

当 $v(\theta)=v_0$ 时，有

$$P(r,\theta)=\mathrm{j}\rho c v_0\sum_{m=0}^{\infty}\frac{h_m^{(1)}(kr)}{h_m^{(1)'}(kR)},$$

$h_m^{(1)}$ 是第一类 m 阶球汉克尔函数; P_m 是勒让德函数. 远场 $kr\gg 1$, 用球汉克尔函数的渐进式, 有

$$p(r,\theta)=\frac{\mathrm{j}\rho c v_0}{2kr}\mathrm{e}^{\mathrm{j}kr}\sum_{m=0}^{\infty}P_m(\cos\theta),\times\frac{P_{m-1}(\cos\psi_0)-P_{m+1}(\cos\psi_0)}{h_m^{(1)'}(kR)}\mathrm{e}^{-\mathrm{j}\frac{\pi}{2}(n+1)}. \tag{12.3.29}$$

(2) 宽带恒定束宽换能器 (CBT). 实现 CBT 的主要思想是按频率加权的方法, 使换能器的工作尺度 (或工作阵元数) 和工作频率的乘积为常数, 在接收阵中经常这样使用. 具体的方法是用适当的网络 (或滤波器), 达到主瓣束宽在一频带内基本不变.

但在有些场合, 例如要求由回波脉冲信号识别目标的尺寸、形状或结构时, 或者要求高数据率通信, 又要求保密性好和功率源小时, 以及其他一些不希望信号畸变的场合, 就需要宽带恒定束宽发射器. 文献 [30, 31] 研究了利用特殊的振速分布来得到 CBT, 在一球冠形换能器上 (假设在声硬球面障板上), 其振速为 $v(\theta)$, 根据式 (12.3.27), 它产生的声压为

$$p(r,\ \theta,t)=\mathrm{j}\rho c\mathrm{e}^{\mathrm{j}\omega t}\sum_{m=0}^{\infty}A_mP_m(\cos\theta)\frac{h_m^{(1)}(kr)}{h_m^{(1)'}(kR)},$$

$$A_m=\left(m+\frac{1}{2}\right)\int_0^{\pi}v(\theta)P_m(\cos\theta)\sin\theta\mathrm{d}\theta. \tag{12.3.30}$$

$$v(\theta)=\sum_{m=0}^{\infty}A_mP_m(\cos\theta)=v_0\sum_{m=0}^{\infty}A'_mP_m(\cos\theta),$$

这里 A'_m 是振速分布展开式中的系数, 利用了 P_m 的正交性.

在远场 $kr\gg 1, h_m^{(1)}(kr)$ 的渐近式得远场声压

$$p_f(r,\theta,t)=\rho c v_0 a\ \mathrm{e}^{\mathrm{j}k(r-R)}\mathrm{e}^{\mathrm{j}\omega t}R(\theta)/r, \tag{12.3.31}$$

其中 $R(\theta)$ 就是方向性

$$R(\theta)=\frac{\mathrm{e}^{\mathrm{j}kR}}{kR}\sum_{m=0}^{\infty}\frac{A_mP_m(\cos\theta)}{j^m h_m^{(1)'}(kR)}. \tag{12.3.32}$$

由式 (12.3.32) 和 (12.3.30) 可见, 如果速度分布为

$$v(\theta)=v_0P_l(\cos\theta),\quad l=0(1)n,$$

则 $R(\theta)\sim P_l(\cos\theta)$, 与频率无关, 达到宽带恒定束宽的要求. 但是 $P_l(\cos\theta)$ 具有方向性, 其副瓣较大.

为了获得副瓣小而且声负载均匀的 CBT, 在上述的基础上, 理论上可以证明: 如将 $v(\theta)$ 限制在 $|\theta| \leqslant \theta_0$ 内, 即

$$v(\theta)=\begin{cases} v_0 P_l(\cos\theta) & |\theta| \leqslant \theta_0=\alpha_\nu \\ 0 & |\theta| \geqslant \alpha_\nu \end{cases}, \tag{12.3.33}$$

频率高于截止 f_0 以上时, 其方向性

$$R(\theta) \simeq v(\theta). \tag{12.3.34}$$

截止频率 f_0 的估计方程

$$f_0\alpha_\nu \geqslant c(8\nu+27)/5, \tag{12.3.35}$$

c 为水中声速; α_ν 为球冠的立体角的一半, 它由方程 $P_\nu(\cos\theta)=0$ 的最小解而得 $\theta_0=\alpha_\nu, \nu$ 不一定是正整数, 由此可得

$$\nu \simeq 0.5\left[\left(\frac{4.81}{\alpha_\nu}\right)(1-0.008\,1\alpha_\nu^2)-1\right]. \tag{12.3.36}$$

例如, $P_v(\cos\theta)$:

$$\nu=5,\ \theta_0=\alpha_5=25.02^\circ,$$

$$\nu=7.5,\ \theta_0=\alpha_{7.5}=17.22^\circ,$$

12.3.4 性能的不一致性对阵方向性的影响

阵元性能的随机误差分布的原因很多, 例如换能器安置位置的误差, 方向对准的误差, 灵敏度、相位的误差等. 要严格解这些误差对方向性的影响是很困难的, 因为这些误差的大小分布很少能预先知道. 这里谈的只是一些实用的简化近似法[26]. 用这些方法估算速度快, 物理图像也比较明确.

对 N 元离散阵, 存在随机分布时, 其方向性定义为

$$R_{\mathrm{er}}(u)=\frac{\sum\limits_{q=1}^{n} A_{q\mathrm{er}}p'_q(u)\mathrm{e}^{-\mathrm{j}k\rho_q u}}{\sum\limits_{q=1}^{N} A_q p'_q(u_0)\mathrm{e}^{-\mathrm{j}k\rho_q u_0}}, \tag{12.3.37}$$

$A_{q\mathrm{er}}$ 是存在随机误差时的每元的振速值或权函数; $p'_q(u)$ 是单位振速在 u 方向所产生的声压; ρ_q 是相对于参考点的距离; $R_{\mathrm{er}}(u)$ 可按矢量看待. $R_{\mathrm{er}}(u)$ 可分解为两矢量之和, 一个是没有随机误差时的方向性 $\Delta R(u)$, 另一个是与随机误差有关的 ΔR_u. ΔR_u 又可分解为平行于 $R(u)$ 的 X 分量和垂直于 $R(u)$ 的 Y, 有

$$R_{\mathrm{er}}(u)=\sqrt{[R(u)+X]^2+Y^2}$$

$$= \sqrt{\left[R(u)+\sum_{q=1}^{N}X_q\right]^2+\left[\sum_{q=1}^{N}Y_q\right]^2}.$$

考虑 X、Y 是由阵元的幅度和相位的随机误差引起的, 一般假设 X、Y 的分布为正态分布, 其方差为 σ^2, 概率

$$P[R_{\text{er}}(u)] = \frac{1}{\sqrt{2\pi}\sigma}\exp\left(-\frac{[R_{\text{er}}(u)-R(u)]^2}{2\sigma^2}\right),$$

而且互相独立, 所以有 $R_{\text{er}}^2(u)$ 的数学期望

$$M\left[R_{\text{er}}^2(u)\right] = R^2(u)+2\sigma^2. \tag{12.3.38}$$

同时由式 (12.3.37), 得

$$M\left[R_{\text{er}}^2(u)\right] = \frac{M\left[\sum_{q=1}^{N}\sum_{g=1}^{N}A_{q\text{er}}A_{g\text{er}}^{*}P_q'(u)P_g^{*}(u)\mathrm{e}^{-\mathrm{j}ku(\rho_q-\rho_g)}\right]}{\left|\sum_{g=1}^{N}A_q p_q'(u_0)\mathrm{e}^{-\mathrm{j}k\rho_q u_0}\right|^2}. \tag{12.3.39}$$

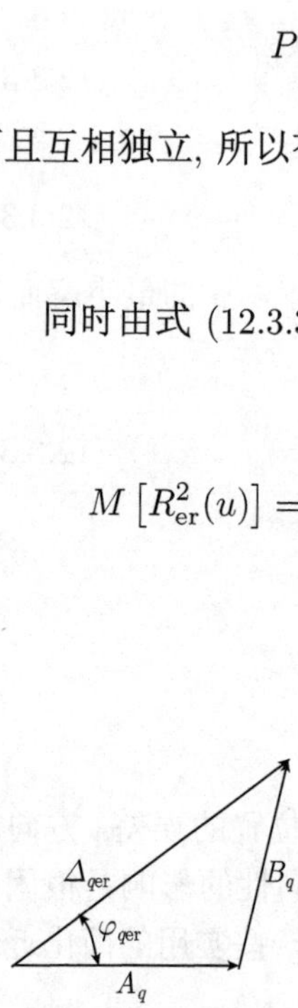

图 12.3.7

因 $A_{q\text{er}} = A_q + B_q, B_q$ 为随机量, A_q 不是随机量, 数学期望之和等于和之数学期望, 将式 (12.3.39) 的分子分解为四项, 图 12.3.7 有

$$A_{q\text{er}}A_{g\text{er}}^{*} = (A_q+B_q)(A_g^{*}+B_g^{*}),$$

$M\left[A_qA_g^{*}\right]$ 为振幅平方项,

$$M\left[A_qB_g^{*}\right] = M\left[B_qA_g^{*}\right] = 0,$$

$$M\left[B_qB_g^{*}\right] = \begin{cases} 0 & q\neq g \\ M\left[|B_q|^2\right] = M\left[b_q^2\right] & q=g \end{cases}.$$

b_q 为矢量 B_q 的模. 于是式 (12.3.39) 成为

$$M\left[R_{\text{er}}^2(u)\right] = \frac{\left|\sum_{q=1}^{N}A_q p_q'(u)\mathrm{e}^{-\mathrm{j}k\rho_q u}\right|^2+\sum_{q=1}^{N}M\left[b_q^2\right]\left|p_q'(u)\right|^2}{\left|\sum_{q=1}^{N}A_q p_q'(u_0)\mathrm{e}^{-\mathrm{j}k\rho_q u_0}\right|^2}. \tag{12.3.40}$$

由图 12.3.7,

$$\begin{aligned} b_q = |B_q| &= \sqrt{|A_q|^2 + |A_{q\text{er}}|^2 - 2|A_q||A_{q\text{er}}|\cos\varphi_{q\text{er}}} \\ &= \sqrt{a_q^2 + a_{q\text{er}}^2 - 2a_q a_{q\text{er}}\cos\varphi_{q\text{er}}}, \end{aligned}$$

其中 $a_{q\text{er}}$ 和 $\varphi_{q\text{er}}$ 是 q 阵元的幅度和相位的随机量; b_q 是 $a_{q\text{er}}$ 和 $\varphi_{q\text{er}}$ 的函数. 设 $a_{q\text{er}}$ 和 $\varphi_{q\text{er}}$ 相互独立, 则有

$$M\left[b_q^2\right] = M\left[a_{q\text{er}}^2\right] + a_{q\text{er}}^2 M(\varphi_{q\text{er}}^2) = D(a_{q\text{er}}) + a_{q\text{er}}^2 D(\varphi_{q\text{er}}),$$

其中 D 为方差. 设各阵元的振幅误差分布的方差正比于 a_q^2, 则

$$D(a_{q\text{cr}}) = \varepsilon^2 a_q^2, \tag{12.3.41}$$

ε 为常数. 同时设各元的相位误差分布的方差相同, 则

$$M\left[b_q^2\right] = a_q^2\left[\varepsilon^2 + D(\varphi_{\text{er}})\right] = a_q^2 \varDelta^2$$

$$\begin{aligned} M\left[R_{\text{er}}^2(u)\right] &= R^2(u) + \frac{\varDelta^2 \sum\limits_{q=1}^{N} a_q^2 \left|p_q'(u)\right|^2}{\left|\sum\limits_{q=1}^{N} A_q p_q'(u_0)\mathrm{e}^{-\mathrm{j}k\rho_q u_0}\right|^2} \\ &= R^2(u) + \varDelta^2 G(u), \end{aligned} \tag{12.3.42}$$

其中联合方差为

$$\varDelta^2 = \varepsilon^2 + D(\varphi_{\text{er}}) \tag{12.3.43}$$

$$G(u) = \frac{\sum\limits_{q=1}^{N} a_q^2 \left|p_q'(u)\right|^2}{\left|\sum\limits_{q=1}^{N} A_q p_q'(u_0)\mathrm{e}^{-\mathrm{j}k\rho_q u_0}\right|^2}. \tag{12.3.44}$$

比较式 (12.3.38) 和 (12.3.42),

$$\sigma^2 = \frac{1}{2}\varDelta^2 G(u). \tag{12.3.45}$$

实际上, 设阵元的幅度和相位误差为正态分布, 由式 (12.3.43),

$$\varDelta^2 = \left(\frac{\Delta a}{m}\right)^2 + \left(\frac{\Delta\varphi}{m}\right)^2. \tag{12.3.46}$$

如设幅度和相位误差在允许范围内是均匀分布, 则有

$$\varDelta^2 = \frac{(\Delta a)^2}{3} + \frac{(\Delta\varphi)^2}{3}, \tag{12.3.47}$$

其中 Δa 是允许的幅度 a_q 误差的一半, $\Delta\varphi$ 是允许相位误差的一半, 以弧度计算. m 和落在允许误差范围内的概率有关, 如概率为 0.9 和 0.99 或 0.999 时, 对于正态分布 m 值分别为 1.6 和 2.6 或 3.3.

$G(u)$ 表示了随机误差对阵方向性影响的灵敏性, 如阵元为无方向性, 而且主瓣方向被补偿在 u_0 方向, 则 $G(u)$ 与方向函数 u 无关.

$$G(u) = \frac{\sum\limits_{q=1}^{N} a_q^2}{\left|\sum\limits_{q=1}^{N} a_q\right|^2}. \tag{12.3.48}$$

如振幅均匀, 即 $a_q = a$, 则

$$G(u) = \frac{Na^2}{(Na)^2} = \frac{1}{N}. \tag{12.3.49}$$

$G(u)$ 在物理上正比于

$$\frac{\text{阵发射的功率}}{\text{以主瓣方向上声强来计算的无方向性阵的功率}}$$

所以, 补偿阵比没有补偿的曲线阵, 对随机误差不灵敏.

对补偿阵:

$$G = \frac{1}{N}.$$

方向性方差

$$\sigma^2 = \frac{1}{2}\varDelta^2 G = 0.5\frac{\varDelta^2}{N}. \tag{12.3.50}$$

由此可见, 随机误差被平均减小了.

对没有补偿的阵, 而且 $a_q \neq a$.

$$G(u) > \frac{1}{N}.$$

可见, 随机误差的有效平均减小了.

如阵元有方向性, 而且满足乘积定理的条件, 则式 (12.3.45) 中的 $G(u) = R_{\mathrm{e}}^2(u) \cdot G_0(u)$, $R_e(u)$ 是每个阵元的方向性, $G_0(u)$ 是方程 (12.3.44) 中 $p'_q(u)$ 为常数的情况.

对联合方差 $\varDelta^2$ 举例说明如下:

例如, 10 个无方向性阵元的线阵, A_q 全部相同, 设振幅与相位的随机起伏在 $\pm\Delta\varphi$ 和 $\pm\Delta a$ 内等概率分布, $\Delta\varphi = 10^\circ = 0.174\ 5\ \mathrm{rad}$, $\Delta a = \dfrac{\Delta a_q}{a_q} = 0.15$, 由

式 (12.3.47) 得 $\Delta^2 = 0.018$. 由式 (12.3.45), (12.3.50) 得方向性随机误差的方差 $\sigma^2 = 0.5 \times 0.018 \times \dfrac{1}{10} = 0.000\,9$, $\sigma = 0.03$. 由方向性的正态分布性质可知, 方向性偏离在 $\pm 3\sigma$ 外的概率为 0.000 3, 在 $\pm 2.6\sigma$ 外的概率为 1%.

§12.4 声源、水听器和声基阵

12.4.1 概述

水声换能器就换能形式来分有电声、化学声、机械声、磁声、热声、光声等. 就换能机理来分有动圈、静电、可变磁阻、磁致伸缩 (压缩)、压电、半导体、非线性、结构相变等等. 此外还有只能做声源的, 如炸药、气动、电火花、气枪、激光热致发声、磁声冲击器、流体动力式换能器等.

电动式 (动圈式): 工作原理和结构与空气声中常用的喇叭很相似. 基本的机电方程为

$$\begin{cases} F = B_0 l I \\ e = B_0 l v \end{cases}$$

其中 F 为当动圈不动时所产生的电动力; B_0 为磁隙中的恒磁磁感应; I 为动圈中电流; v 为动圈的振速; l 为动圈的线长; e 为动圈两端的开路电压; L_c, R_c 为动圈的卡住电阻抗; Z_i 为电源内阻抗; Z_M 为动圈的力阻抗; Z_0 为动圈上的外加阻抗.

由于空隙大小限制了 B_0 和 Il 的值, 因此产生的力 F 不大. 而且在低频工作时, 辐射阻一般又小于动圈的直流电阻, 因此电声效率不高, 一般小于 10%, 经常是千分之几到百分之几, 但高频例外. 它的优点是低频共振, 很易做成低频、宽带、小功率发射器, 其发射电流响应 12.4.2 所示.

$$f_{r1} = \frac{1}{2\pi\sqrt{MC_S}},$$

$$f_{r2} \simeq \frac{0.45}{a^2}\sqrt{\frac{Y}{\rho(1-\sigma^2)}},$$

其中 M 为 (振动板 + 音圈 + 辐射) 的质量; C_S 为板的安装力顺; f_{r2} 为振动板的 f_{01}, 一个节圆, 无节直径的阵型; h 为板厚; a 为板半径; Y 为杨氏模量; σ 为泊松比.

要获得好的宽带响应, 希望 f_{r1} 低, f_{r2} 高, Q_m 低, 所以希望 C_S, Y 大; M, ρ 小. 在板上打小孔可增加力阻, 降低 Q_m. 在结构上要求用硬的振动板代替纸盆, 而且有静水压补偿. 由于产生的力不大, 在水中应用不如空气中好.

但是, 如动圈在低温超导下工作[32] 时, 上述动圈式的功率、效率的限制均可克服, 成为有效的低频、宽带、大功率水声发射器.

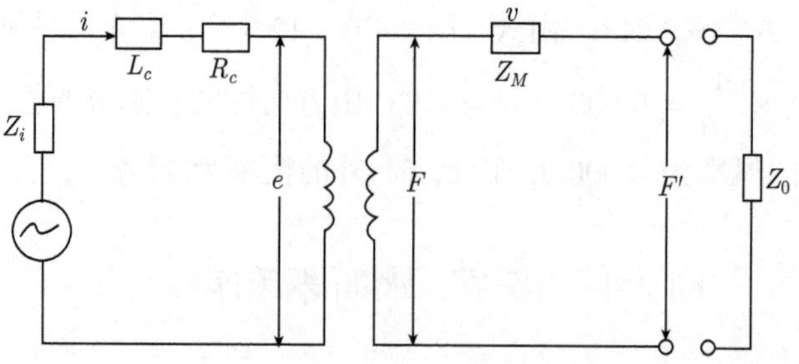

图 12.4.1　电动式等效电路

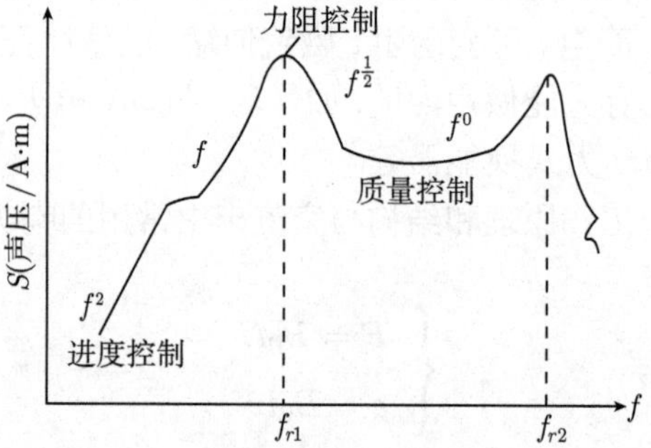

图 12.4.2　电动式的典型发射电流响应

可变磁阻式 (动铁或电磁式): 工作原理和结构基本上和常用的耳机相似. 基本方程为

$$F = \frac{B_0}{\mathrm{j}\omega N \cdot 2\pi\mu_0} \cdot e = \alpha e,$$

$$i = -\frac{B_0}{\mathrm{j}\omega N 2\pi\mu_0} \cdot v = -\alpha v.$$

由此式得到的等效电路表示在图 12.4.3 中, 其中 F 为策动力正比于 e(电压)/ω(频率); α 为机电转换系数; B_0 为空隙处的恒磁磁感应; μ_0 为空隙处的导磁率; N 为磁极上线圈总匝数; e 为电压; v 为振速; Z_0 为夹住电阻抗; Z_i 为电源电阻; Z_M 为动

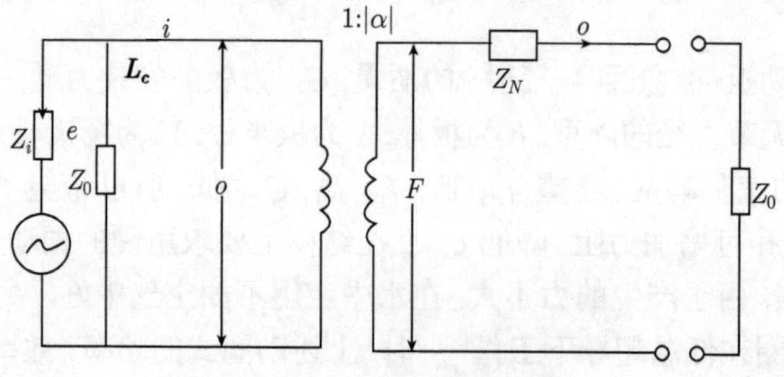

图 12.4.3　可变磁阻式等效电路

铁的力阻抗; Z_0 为作用于动铁上的阻抗.

磁致伸缩 (压磁) 式: 和可变磁阻、动圈式相同, 也需大的恒定磁场叠加上小的交变磁场, 使交变部分成线性. 基本方程为

$$\begin{cases} |F| = \left|\dfrac{\Lambda}{\mathrm{j}\omega N}\right| e = \dfrac{\Lambda}{\omega N} e \\ |i| = \left|\dfrac{-\Lambda}{\mathrm{j}\omega N}\right| v = \dfrac{\Lambda}{\omega N} v \end{cases}.$$

其等效电路和可变磁阻的图 12.4.3 相同. 它们的基本方程相同, 只是机电转换系数改为 $\Lambda/\omega N, \Lambda$ 是磁致伸缩应力常数. 由于磁致伸缩力和晶格变化有关, 这与固体材料受机械变形所产生的弹性力相似, 可产生很大的力.

最常用的磁致伸缩材料是纯 Ni, 或 4.5%Co, 2%Cr, 93.5%Ni 或高频用的 Ni 铁氧体, 做成环形、窗形等. 其突出的优点是不怕漏水, 金属 Ni 有高的机械强度. 因此有高的可靠性, 特别是应用在低频深海工作中. 缺点是涡流损耗大, 还不能在本身的剩磁下工作, 机电耦合系数还不如压电陶瓷. 近来已发现稀土铁 ($Tb_{0.3}Dy_{0.7}Fe_2$) 有很大的饱和磁致伸缩应变和大的机电耦合系数[33], 较小的涡流损耗. 但是, 有脆性并需要很大的工作磁场, 以及动态磁致伸缩特性不够好, 涡流还不够小, 这些是其弱点. 目前正在大力研究, 希望能得到强度高、尺寸足够大、能在剩磁下有良好动态磁致伸缩特性和低涡流损耗的磁致伸缩材料.

动圈、可变磁阻及磁致伸缩都属于磁场型, 其发射和接收的响应曲线如图 12.4.4 所示.

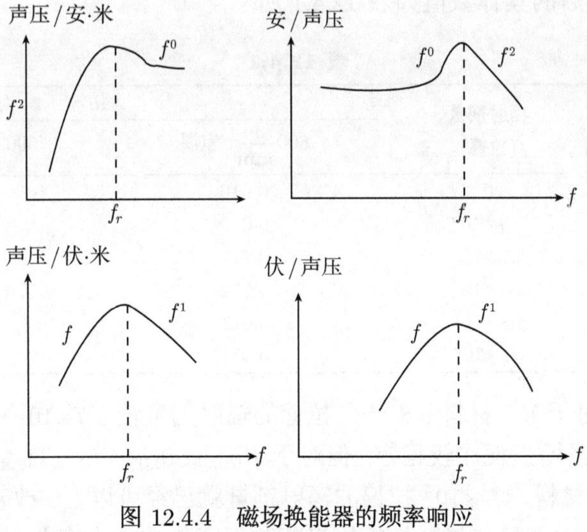

图 12.4.4　磁场换能器的频率响应

静电式原理和电容传声器相同. 这种机理产生的力小, 水声中尚未应用. 但利

用静电式原理的驻极体水听器已有试验, 其响应特性同压电换能器.

压电式是目前水声中应用最广泛的换能器, 特别是压电陶瓷, 几乎所有的水听器都用它, 发射器用得也很多. 因它的机电耦合系数很高, 储能密度大, 这说明它的能量转换的能力大. 用它做发射器时效率高、频带宽、功率大. 做水听器时灵敏度高, 而且容易做成各种形状, 外加电场的方向很易选择, 能在剩余极化下工作, 而且性能多变可控, 如大家熟知的 PZT-4,5,8 和 $PbTiO_3$ 的性能都各有特点. 例如 $Pb(Zr_{0.60}Sn_{0.30}Ti_{0.10})O_3$ 或 $Pb(Zr_{0.60}Sn_{0.30}Ti_{0.10})\ O_3$+5%摩尔 $SrCO_3$ 是处于铁电和反铁电相交界的区域, 有偏向铁电一侧, 它有 $k_t \gg k_p$ 的特性, 而且 $\varepsilon_{33}^T = 400$ 左右. 此外, 在日本大内宏等首先研制的 PCM 的基方中分别添加 Ta_2O_5 和 La_2O_3. MnO_2 制得了一种接收型材料和一种发射型材料, 其中发射型材料的性能优于 PZT-4, 居里点为 200 °C, 利于用电场冷却法极化. 又如, 大功率发射型材料的强场介电损耗是个重要参数. 实验发现: 强场介电损耗随时间逐渐下降, 下降幅度大, 以 $Pb_{0.95}Sr_{0.05}(Zr_{0.52}Ti_{0.48})O_3$+1.5 摩尔%$CaFeO_{5/2}$(简称 FC) 材料为例, 10 天时间下降为极化后 1 天的 25%~35%, 1 000 天总下降 50%~60%, 测量在电场 600 V/mm 和 25 °C 左右下进行. 由此可见, 强场介电耗损变化幅度都比同温度下其他性能变化幅度大, 而且与存放温度有关. 总之, FC 材料的强场介电损耗的老化情况不能简单地表示成 10 倍时间自然老化率, 同时由于极化后 10 天内强场介电损耗变化较大, 因此公布的数据必须指明测量日期. 如以其他方式 (如温度处理) 来加速稳定材料性能后再进行测量, 这样的数据才有明显意义. 极化后的样品, 除用温度处理来加速强场介电损耗下降外, 还可用 γ 射线辐射来达到此目的, 极化后 10 天的 FC 材料经 γ 射线辐射后的具体数值如表 12.4.1 所示.

表 12.4.1

材料	辐射剂量 (拉德)	$\tan\delta$	
		$600\dfrac{v}{mm}$, 室温	$600\dfrac{v}{mm}$, 100 °C
FC	0	0.016	0.025
	7.8×10^6	0.012	0.025
	1.7×10^7	0.012	0.023
	3.4×10^7	0.012	0.022
	6.8×10^7	0.011	0.021
	1×10^8	0.011	0.020

由此可见, 对于 FC 材料 6.8×10^7 拉德的辐射剂量较 1.7×10^7 拉德剂量的效果好一些. 辐射后强场损耗比较稳定. 但对于 $Pb_{0.95}Sr_{0.05}(Zr_{0.54}Ti_{0.46})\ O_3$+0.1Wt% $(Ni_2O_3+Cr_2O_3)$ 材料, 1.7×10^7 拉德的辐射剂量就已经可以了. 改善老化性能的最合适的 γ 射线辐射剂量与材料性能原来随时间变化的大小有关, 原来随时间变化较大的就应考虑较多的辐射剂量.

压电陶瓷的主要缺点是怕漏水, 一致性较差 (单晶体如 ADP 等一致性好, 在一致性要求高时使用, 如噪声测距基阵和标准水听器等场合) 和老化. 压电式换能器的频率响应和图 12.4.4 相仿, 只是电压和电流交换一下. 压电体工作时服从具有机电耦合的压电方程, 常用的等效电路可由不同独立变量的压电方程得到. 压电高分子或压电聚合物正在研制试用水听器阶段. 大电致伸缩系数的换能器也正在大力研究, 它有不老化的优点[34].

半导体型：利用半导体 (如隧道二极管) 的压阻效应, 可做高灵敏度的宽带水听器, 也可测静压力等, 利用半导体压电层 (高阻层如 CdS) 可收发高频声波.

非线性 (参量) 型：两个较高频率的声波 (原频波) 在非线性介质海水中一起传输时, 由于相互作用, 除原有频率的声能外, 还可以产生低频的差频声波和更高频的和频声波. 虽然海水的非线性转换效率极低, 但在宽带内有差频波的窄波束和极低的旁瓣, 这一点是非常有用的, 其方向性近似相当于幅度随距离 x 以指数衰减 e^{-ax} 的行波端射线阵, $(\alpha_1+\alpha_2)\simeq 2\alpha$ 为小振幅原频波的吸收系数. 差频波的半功率束宽 $\simeq 2\sqrt{\dfrac{\alpha}{k}}$, (假设原频波为平行波束)$k$ 是差频波的波数, 如原频波球面扩展, 则束宽在宽带内不变. 辐射功率正比于 (输入功率)^2·(差频)^4. 因此, 如要求功率大, 就要求原频波功率加大. 但此时原频波本身就会有明显的非线性, 不连续性距离 (超过此距离, 正弦波明显变成锯齿波) 就要比指数衰减的线阵短了, 使束宽变宽. 特别是如何做出本身非线性效应很小的换能器和放大器, 也是重要的一个方面. 非线性转换的研究还不充分, 如水中空化气泡可以加强非线性转换等现象. 参量接收器需要泵源. 当接收器尺寸小于波长时, 用和频波可获得高方向性. 但是如果获得强的、波形又不畸变的泵源, 以及在理论上如果处理强的泵波和弱的声波之间的非线性耦合等, 目前仍在进一步研究.

相变型：锆钛酸铅压电陶瓷外加适当的直流电场 (转变电场) 时, 可由交变电场来控制其铁电与反铁电之间的相变, 产生大的变形. 磁性材料 MnAs 在适当的外加磁场下也有这性能, 但目前转变电场高, 效率不高, 特别是外负载对转变电场、对相变的影响等都需研究. 难以克服的缺点是弛豫损耗太大.

爆炸声源：如 TNT 炸药, 丙烷和氧的混合气体的点火爆炸, 气动、电火花、高压热蒸气气枪等. TNT 炸药的频谱、激波和气泡脉冲都有近似经验公式, 主要能量集中于 10 Hz~10 kHz 之内. 电火花声源可产生更短的低频脉冲, 也易控制. 用爆炸线技术来改进电火花. 在电火花电极间连一细线, 这比直接电极间放电产生更高的声压和更低的频谱. 已证明, 只要放电时所包含的能量是线材料蒸发能量的 4~9 倍, 性能就不受所选线材料的影响. 在低的放电能量下, 低汽化点和蒸发热的线材料产生较高的峰值声压. 高压热蒸气气枪是气动式的改进, 气枪是利用气泡脉冲发声, 气泡大, 所以声能集中于几十赫的低频段[35].

磁声冲击器：流过树脂中放电线圈的强电流所产生的磁场和邻近的金属板内感应而生涡流所产生的磁场, 这两种磁场相互作用产生强大的作用力, 推动金属板运动. 在发射声能的频谱中, 在金属板和弹簧, 放电回路的电感电容的共振频率上有极大值. 能谱主要在几百赫到几千赫, 因为频率太低, 磁场会透过金属板; 频率太高, 透入金属板的磁场太小, 推力都变小.

流体动力式换能器：用阀门将高静压转换成交流机械力, 推动辐射面, 产生低声频大功率声波, 但是波形失真较大.

以上这些声源都可以排阵, 形成方向性. 很多已应用于深层海底地质和海底石油的勘探上, 也有不少用于水声研究工作中.

水听器：近年来研究了新型水听器, 并对压电水听器作了不少改进. 例如, 光声水听器进展较快. 光导纤维不仅提供了多路传输的工具, 而且也可以使通过光导纤维的光受到流体中声压的调制. 对单模和多模光纤维中光调制的各种耦合机理[36], 例如相延滞, 声引起的双折射及内拍效应等进行了研究. 对于几公里长的光纤维水听器 (一般卷成圈), 实验上已测出了它的灵敏度和信噪比, 这是很有发展前途的新型水听器. 压电水听器目前的另一个研究动向是向轻型、抗噪声、抗加速度、高灵敏度发展. 例如, 压电高分子材料以及有机和无机的压电聚合物是有希望的轻型、柔顺、大面积的高灵敏度水听器[37]. 聚偏氟乙烯和聚四氟乙烯的聚合物 PVF_{24}, 其压电性超过聚偏氟乙烯 $PVF_2$1.5 倍左右. 在前放噪声或长电缆引入噪声为主的情况下, 水听器的主要要求仍是高灵敏度. 为了提高水听器抗干扰能力, 如零加速度响应, 小的水听器获得方向性, 利用水听器的结构振动模式或几个水听器联合使用构成偶极子; 也有把障板和水听器适当地组合在一起, 提高信噪比.

12.4.2　声源、水听器和阵

1. 低频宽带声源

在模拟舰船噪声方面, 需要低频宽带声源. 设计的基本思想是利用辐射阻抗和方向性随频率的变化. 如使换能器在水中的共振频率 f_r 出现在辐射抗最大值的频率上, 那么在高于 f_r 的频带内, 由辐射抗的减少来获得宽带共振. 例如脉动圆柱换能器的辐射阻抗, 它在无限长刚性柱内表示为 $Z_r=\rho cs\,(G+\mathrm{j}H)$, 如图 12.4.5 所示. 实际制作的圆管换能器使质量和力顺基本可分, 如图 12.4.6 所示. 力顺 C_m 主要由 PZT- 陶瓷和铝正极条构成, 质量主要是铝 T 形块. 取圆柱高 $h=2a$, a(圆柱外半径)= 20 cm, h= 40 cm, 由 4 个高为 10 cm 的圆环叠起来, h_0(陶瓷高)= 4 cm, t(陶瓷厚)= 1 cm, a_0(平均半径)= 17 cm, $C_m\simeq a_0/2\pi th_0Y$, Y(杨氏模量)=0.68×10^{12} 达因/厘米^2 选择这样的尺寸, 使辐射质量比本身的振动有效质量高 3 倍. 换能器轴向声压响应如图 12.4.7 所示.

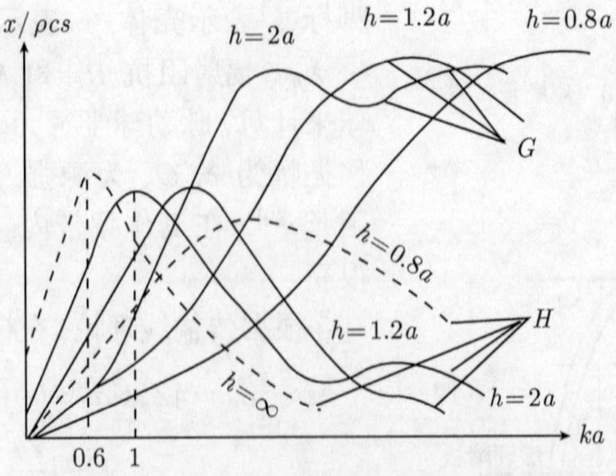

图 12.4.5 脉动圆柱体的辐射阻抗

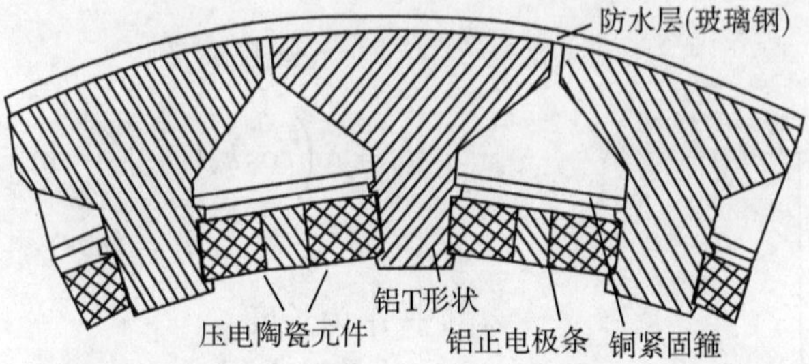

图 12.4.6

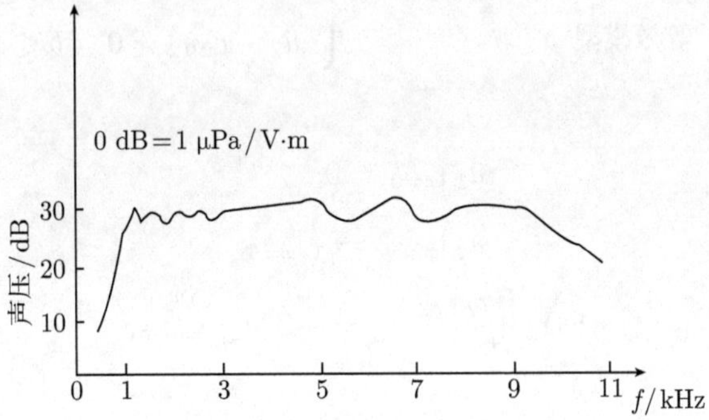

图 12.4.7 换能器轴向声压响应

2. 弯张换能器及其宽带、大功率发射阵

在 §12.1.1 中已解出了弯张换能器圆拱壳体的解. 壳体的作用可用 Z_s 表示 (见图 12.4.8).

$$Z_r = \frac{R_r/2}{\eta_{ma}} + \mathrm{j}\left[\omega\left(M_s + M_r/2\right) - \frac{k_s}{\omega}\right], \tag{12.4.1}$$

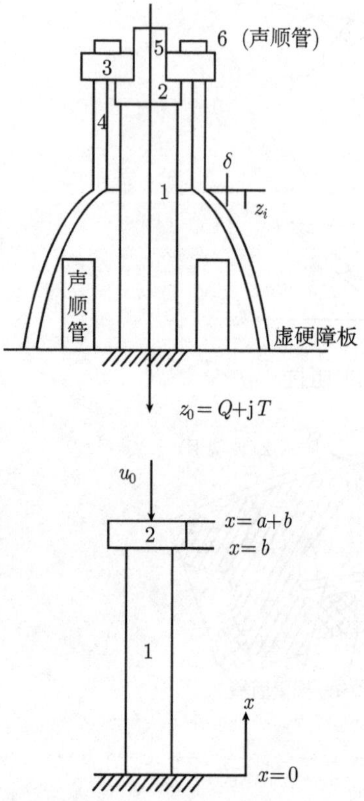

图 12.4.8 等效模型

脚标 s 表示壳体, r 表示辐射. 因壳体尺寸 $\ll \lambda_{水}$, 辐射阻抗 R_r 和 M_r 可由等效的脉动球来计算, 脉动球半径为 $(Q_s/4\pi\omega\delta)^{1/2}$, 其位移振幅为 δ, Q_s 为源强. 如同扬声器匣的作用 [38,39], 在工作频带内, 壳上狭缝的声阻抗很高.

根据传输线理论, 在模型中有

$$\begin{aligned} Z_e &= \mathrm{j}Z_s \tan k_5 l_5 + \mathrm{j}Z_3 \tan k_3 l_3 \\ &\quad + Z_s \frac{1+\mathrm{j}\dfrac{Z_4}{Z_s}\tan k_4 l_4}{1+\mathrm{j}\dfrac{Z_s}{Z_4}\tan k_4 l_4} \\ &= \varOmega + \mathrm{j}\varGamma, \end{aligned} \tag{12.4.2}$$

$$u_0 = \delta\left(\cos k_4 l_4 + \mathrm{j}\frac{Z_s}{Z_4}\sin k_4 l_4\right), \tag{12.4.3}$$

$$Z_i = (\rho c s)_i\,,$$

其中 l_i 为长度.

由波动方程

$$\begin{cases} \ddot{u}_1 - c_1 u_1 = 0 & 0 \leqslant x \leqslant b \\ \ddot{u}_2 - c_2 u_2 = 0 & b \leqslant x \leqslant (a+b) \end{cases};$$

边界条件

$$\begin{aligned} u_1\left|_{x=0}\right. &= 0, \\ u_2\left|_{x=b}\right. &= u_1\left|_{x=b}\right., \\ S_2 Y_2 \frac{\partial u_2}{\partial x}\bigg|_{x=a+b} &= -Z_e \dot{u}_2|_{x=a+b}, \end{aligned}$$

解得 u_1 和 u_2.

在压电体 1 中, 应用压电方程

$$\begin{cases} F_1(x) = S_1 Y_1^E \dfrac{\mathrm{d}u_1(x)}{\mathrm{d}x} - d_{33} Y_1^E S_1 E \\ D(x) = d_{33} Y_1^E \dfrac{\mathrm{d}u_1(x)}{\mathrm{d}x} + \dfrac{\varepsilon^T}{4\pi}\left(1-k_{33}^{*2}\right) E \end{cases};$$

边界条件, 在 $x = b$ 处,

$$F_2 = F_1 = Y_2 S_2 \frac{\mathrm{d}u_2}{\mathrm{d}x} = S_1 Y_1^E \frac{\mathrm{d}u_1}{\mathrm{d}x} - d_{33} Y_1^E S_1 E,$$

得到

$$u_0 = \frac{\mathrm{d}_{33} E \mathrm{e}^{\mathrm{j}\omega t} z_1}{jk_1 \left(R_{12} + jX_{12}\right)}, \tag{12.4.4}$$

其中

$$R_{12} = \varOmega \sin k_2 a \left(\frac{Z_1}{Z_2} \cot k_1 b + \cot k_2 a\right); \tag{12.4.5}$$

$$X_{12} = Z_1 \cot k_2 b \left(\frac{\varGamma}{Z_2} \sin k_2 a - \cos k_2 a\right) + Z_2 \left(\sin k_2 a + \frac{\varGamma}{Z_2} \cos k_2 a\right); \tag{12.4.6}$$

E 为电场强度; d_{33} 为压电系数; k_{33}^* 为陶瓷堆的机电耦合系数.

电导

$$G = \frac{2d_{33}^2 S_1^2 Y_1^{E2}}{t_c^2} \cdot \frac{1}{R_{12}^2 + X_{12}^2} \left[R_{12} \left(\cos k_2 a - \frac{\varGamma}{Z_2} \sin k_2 a\right) + \frac{\varOmega X_{12}}{Z_2} \sin k_2 a\right], \tag{12.4.7}$$

电纳

$$B = \mathrm{j} \left\{\omega C_0 + \frac{2d_{33}^2 S_1^2 Y_1^E}{t_c^2 \left(R_{12}^2 + X_{12}^2\right)} \left[\frac{R_{12} \varOmega}{Z_2} \sin k_2 a + \left(\frac{\varGamma}{Z_2} \sin k_2 a - \cos k_2 a\right) X_{12}\right]\right\}, \tag{12.4.8}$$

其中 C_0 为压电棒 1 的静电容; t_0 是棒中每片陶瓷片厚度.

频率方程:

$$\frac{Z_2}{Z_1} \tan k_1 b \tan k_2 a + \frac{\varGamma}{Z_1} \tan k_1 b + \frac{\varGamma}{Z_2} \tan k_2 a = 1. \tag{12.4.9}$$

有效机电耦合系数:

$$\begin{aligned} k_e^2 &= \frac{(\text{互压电能})^2}{\text{纯弹性能} \cdot \text{纯电能}} \\ &= k_{33}^2 \cdot 4Z_1 \left(\cos k_2 a - \frac{\varGamma}{Z_2} \sin k_2 a\right)^2 \Big/ (k_1 b) \\ &\quad \div \left\{Z_1 \left(2k_1 b + \sin 2k_1 b\right) \left(\cos k_2 a - \frac{\varGamma}{Z_2} \sin k_2 a\right)^2 \cos^2 k_1 b\right. \\ &\quad \left. + Z_2 \left[2k_2 a - \sin 2k_2 a + \frac{\varGamma^2}{Z_2^2} (2k_2 a + \sin 2ka) + \frac{2\varGamma}{Z_2} (1 - \cos 2k_2 a)\right] + \frac{4k_s}{\omega}\right\}. \end{aligned} \tag{12.4.10}$$

等效质量:

$$M_e = \left(\frac{\cos k_2 a - \dfrac{\varGamma}{Z_2} \sin k_2 a}{\sin k_1 b}\right)^2 \rho_1 S_1 \left(\frac{b}{2} - \frac{\sin 2k_1 b}{4k_1}\right)$$

$$
\begin{aligned}
&+\rho_2 S_2\left[\frac{a}{2}+\frac{\sin 2k_2 a}{4k_2}+\frac{\Gamma^2}{Z_2^2}\left(\frac{a}{2}-\frac{\sin 2k_2 a}{4k_2}\right)\right.\\
&\left.-\frac{\Gamma}{2k_2 Z_2}\left(1-\cos 2k_2 a\right)\right]+\frac{\Gamma+k_s/\omega}{\omega}.
\end{aligned}
\tag{12.4.11}
$$

机械 Q_m：

$$
Q_m=\frac{\omega_r M_e}{\Omega}. \tag{12.4.12}
$$

带宽：

$$
\Delta f=f_r/Q_m. \tag{12.4.13}
$$

计算和实验值的比较如表 12.4.2 所示.

表 12.4.2

换能器性能	共振频率		有效机电耦合系数 k	水中共振		水中带宽 /kHz	电声效率	声功率		
	空气 /kHz	水中 /kHz		电导 /mΩ	电容 /μF			电压 600/V	加电压 900/V	加电压 1 200/V
计算值	2.2	1.9	0.50	3.8	0.60	0.36		850	1 900	3 400
实验值	1.96	1.65	0.47	4.4	~0.6	0.39	~0.5	840	1 700	2 900

弯张换能器发射阵的性能：用 6~8 个上述换能器, 其性能一致性的情况如下, 空气中共振频率相对变化在 ±2%之内, 水中共振频率的相对变化 $\leqslant \pm 3\%$, 机电耦合系数 $\leqslant \pm 4\%$, 相位 (水中共振频率附近) $\leqslant \pm 18°$.

排阵的基本思想是要利用互辐射阻抗, 达到增大辐射阻, 提高功率、效率和增加带宽, 并获得所需方向性. 如 §12.2 中所述, 发射阵的基本问题是要确定互阻抗系数 Z_{ij}, 由此可推知各阵元的振速及声负载.

两弯张换能器阵元间的 Z_{ij} 的计算是很困难的, 可以用边界配值法进行近似计算, 因轴对称, 有

声压

$$
p\left(r,\theta\right)\simeq\sum_{m=0}^{N}b_m h_m^{(1)}\left(kr\right)P_m\left(\cos\theta\right).
$$

振速

$$
v\left(r,\theta\right)=\frac{1}{\mathrm{j}\omega\rho}\frac{\partial P}{\partial n}\simeq\frac{1}{\mathrm{j}\omega\rho}\sum_{m=0}^{N}b_m P_m\left(\cos\theta\right)\frac{\partial}{\partial n}h_m^{(1)}\left(kr\right).
$$

从已知振速分布或声阻抗, 由计算机解出前 N 个 b_m, 近似解出声压 p, 再算出 Z_{ij}.

比较简单而近似的算法可以用两个脉动球的互辐射阻抗[23] 来近似计算, 计算结果和实验值基本符合. 结果表明, 要提高辐射阻, 阵元间距应小于 0.56λ. 我们采用三种不同间距 (40 cm, 32.5 cm, 25 cm) 做了 6 元和 8 元线阵的实验, 达到了预期的目的. 例如 6 元线阵 (间距为 40 cm), 声功率 $W_a = 14$ kW ($f_r = 1.85$ kHz, 工作电场

$E = 2\,400$ V/cm), 带宽 $\Delta f = 0.7$ kHz, 电声功率 $\eta_{ea} \simeq 50\%$, 方向指数 DI = 7.9 dB.

当间距为 32.5 cm 时, 得 $W_a = 11$ kW ($f_r = 1.84$ kHz, $E = 2\,400$ V/cm), Δf(轴向声压下降 3 dB) 大于 2.1 kHz, $\eta_{ea} \geqslant 50\%$, DI = 7.3 dB.

当间距为 32.5 cm、但是 8 元阵时, 得 $W_a = 15$ kW ($f_r \simeq 1.85$ kHz, $E = 2\,400$ V/cm), $\Delta f = 1.3$ kHz, DI= 7.9 dB, $\eta_{ea} \geqslant 50\%$.

当间距为 25 cm 的 8 元阵时, 得 $W_a = 8$ kW (f_r 不明显, $E = 2\,400$ V/cm), Δf 大于 1 倍频程, $\eta_{ea} \simeq 34\%$, DI = 7.6 dB.

在实验中, 测量阵中各元的声负载表明, 在间距大于 25 cm 时, 还是比较均匀的. 此外, 用声顺管可调节互阻抗, 特别是可调节局部阵元出现负阻值.

弯张换能器的尺寸远小于波长, 因此可仿照天线相控圆阵的排列方法, 获得利用全部阵元的相控大功率扫描发射阵. 例如想要获得 100 kW 的相控弯张换能器阵, 其水平排列如图 12.4.9 所示, 外圆直径为 5λ, 内圆直径为 2.5λ, 阵元等间距 $\sim \dfrac{\lambda}{2}$, 外圆放 32 个阵元, 内圆放 16 个阵元, 由 §12.3.3 得到外圆上所需的电相位分布为

$$+5\pi \sin\frac{(n-1)\,\pi}{16} \quad (n = 1, 2, \cdots, 32), \tag{12.4.14}$$

内圆上的相位分布为

$$+2.5\pi \sin\left(n' - \frac{1}{2}\right)\frac{\pi}{8} \quad (n' = 1, 2, \cdots, 16). \tag{12.4.15}$$

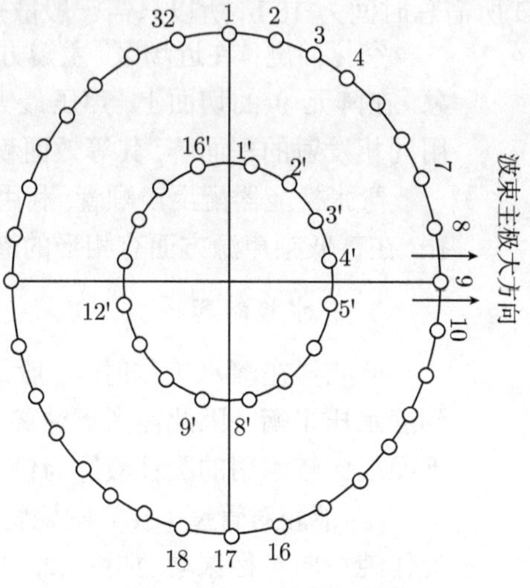

图 12.4.9 平面排列图

为了满足总功率和垂直方向性的要求, 可用 2~4 层. 用电扫描获得方向性, 可在水平面内旋转波束.

采用双圆阵的目的是可以减少副瓣, 这种相位补偿阵的方向性 (见 §12.3) 为

$$\begin{aligned}R_{\text{水平}}(\theta,\varphi) &= R\left(\frac{\pi}{2},\varphi\right)\\&\simeq \frac{1}{1.5}\left\{J_0\left(10\pi\sin\frac{\varphi}{2}\right)+\frac{1}{2}J_0\left(5\pi\sin\frac{\varphi}{2}\right)\right\}.\end{aligned}\qquad(12.4.16)$$

最大副瓣比主瓣小 13 dB 左右.

$$\begin{aligned}&R_{\text{垂直}}(\theta,0)\\&\simeq\frac{1}{1.5}\left\{J_0\left[5\pi(1-\sin\theta)\right]+\frac{1}{2}J_0\left[2.5\pi\sin(1-\sin\theta)\right]\right\}\\&\quad\times\frac{\sin\left(N\frac{\pi}{2}\cos\theta\right)}{N\sin\left(\frac{\pi}{2}\cos\theta\right)}\cdot Re(\theta,0),\end{aligned}\qquad(12.4.17)$$

其中 $Re(\theta,0)$ 为阵元的垂直方向函数, 通常 $Re(\theta,0)=1$.

阵元间的互耦合问题: 由于间距在 $\dfrac{\lambda}{2}$ 左右, 而且可加速控电感, 实验证明, 阵元间的互耦合并不严重.

遮挡问题: 因全部阵元都要应用, 有互相遮挡存在, 阵元 Q_m 越高, 尺寸越大, 遮挡效应就越大, 其影响之一是增加方向性的后瓣, 减少中间副瓣. 解决方法是设法减小阵元尺寸和 Q_m.

发热问题: 用类似于 PZT-8 陶瓷, 如工作电场为 2 000 V/cm, 则如完全绝热, 从 20 °C 上升到 70 °C 所需总时间为 10 h, 所以只需一般散热措施.

空化问题: 在近场区, 主瓣方向上的声压有积累现象. 在阵元 9 的切面上, 声压最大, 粗略的估算方法是用同相发射的平面阵, 其等效面积为 5λ 乘阵高.

弯张换能器配上声顺管, 利用大的互辐射阻或声共振, 在甚低频声源方面有相当的潜力.

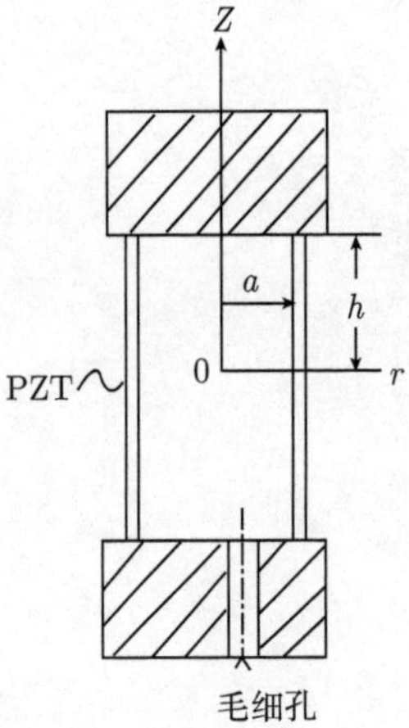

图 12.4.10

3. 深水换能器

换能器在深水工作时, 一般用充油 (水) 液腔来达到静水压平衡. 因此需考虑液腔对换能器性能的影响. 下面就比较常用的圆柱液腔为例来进行计算.

(1) 液腔对管壁 (PZT 陶瓷管) 的影响. 只考虑陶瓷管作纯径向对称振动, 如图 12.4.10 所示. 在管柱内, 波动方程的解为

$$\phi=\sum_{i=0}^{\infty}(c_i\sin m_iZ+D_i\cos m_iZ)\times J_0(\lambda_i r)\,\mathrm{e}^{\mathrm{j}\omega t}.\qquad(12.4.18)$$

这说明液腔内有 Z 方向波, 也有 r 方向波.

在液腔内径向和轴向速度及声压分别为

$$\dot{u}_r=\frac{\partial\phi}{\partial r}=\sum_{i=0}^{\infty}\lambda_i J_1\left(\lambda_i r\right)\left(c_i\sin m_i Z+D_i\cos m_i Z\right)\mathrm{e}^{\mathrm{j}\omega t},\tag{12.4.19}$$

$$\dot{u}_Z=\frac{\partial\phi}{\partial Z}=\sum_{i=0}^{\infty}m_i\left(c_i\cos m_i Z-D_i\sin m_i Z\right)J_0\left(\lambda_i r\right)\mathrm{e}^{\mathrm{j}\omega t},\tag{12.4.20}$$

$$p=-\rho\frac{\partial\phi}{\partial t}=-\mathrm{j}\omega\rho\sum_{i=0}^{\infty}\left(c_i\sin m_i Z+D_i\cos m_i Z\right)J_0\left(\lambda_i r\right)\mathrm{e}^{\mathrm{j}\omega t},\tag{12.4.21}$$

其中

$$\lambda_i^2=k^2-m_i^2,\tag{12.4.22}$$

$$k=\frac{\omega}{c},$$

c 为液体中声速.

① 对两端为刚性盖板. 边界条件和对称条件为

$$\dot{u}_r\left(r,z\right)=\dot{u}_r\left(r,-z\right),\tag{12.4.23}$$

$$\dot{u}_z\left(r,z\right)=-\dot{u}_z\left(r,-z\right),\tag{12.4.24}$$

$$\dot{u}_z\left(r,h\right)=-\dot{u}_z\left(r,-h\right)=0,\tag{12.4.25}$$

$$p\left(r,z\right)=p\left(r,-z\right),\tag{12.4.26}$$

$$\dot{u}_r\left(a,z\right)=\dot{u}_m.\tag{12.4.27}$$

将式 (12.4.19), (12.4.20) 代入式 (12.4.23), (12.4.24), 得

$$c_i=0.$$

由式 (12.4.25), 得

$$\sin m_i h=0,\ \ m_i=\frac{\mathrm{i}\pi}{h}.\tag{12.4.28}$$

由式 (12.4.27), 得

$$u_m=\sum_{i=0}^{\infty}\lambda_i J_1\left(\lambda_i a\right)D_i\cos m_i Z.\tag{12.4.29}$$

在式 (12.4.29) 两边乘 $\cos\dfrac{n\pi}{h}Z$, 再从 0 到 h 积分, 利用余弦函数的正交性, 只有 $n=i$ 项, 得

$$\frac{\dot{u}_m}{m_i}\sin m_i h=\frac{\lambda_i J_1\left(\lambda_i a\right)}{2}\left(h+\frac{\sin 2m_i h}{2m_i}\right)D_i.\tag{12.4.30}$$

将式 (12.4.28) 代入式 (12.4.30), 得

$$\begin{aligned} & i \neq 0, \quad D_i = 0, \\ & i = 0, \quad D_0 = \frac{\dot{u}_m}{\lambda_0 J_1(ka)}. \end{aligned} \tag{12.4.31}$$

由式 (12.4.22), 得

$$\lambda_0 = k.$$

由式 (12.4.21), 得

$$p = -\mathrm{j}\omega\rho D_0 J_0(\lambda_0 r)\,\mathrm{e}^{\mathrm{j}\omega t}.$$

作用于陶瓷管壁上的力

$$F_m = 2\pi a \int_{-h}^{h} p\mathrm{d}z = -\mathrm{j}\frac{4\pi a\rho\omega h\dot{u}_m J_0(ka)}{\lambda_0 J_1(ka)}.$$

由液腔引起的附加于陶瓷管壁上的阻抗

$$Z_{附} = \frac{F_m}{\dot{u}_m} = -\mathrm{j}4\pi a h\rho c\frac{J_0(ka)}{J_1(ka)}. \tag{12.4.32}$$

② 对两端为软边界时, 边界条件式 (12.4.25) 改为 $p(r,h) = p(r,-L) = 0$. 采用同样方法可得

$$Z_{附} = -\mathrm{j}\frac{32ah\omega\rho}{\pi}\sum_{i=1}^{\infty}\frac{J_0(\lambda_i a)}{(2i-1)^2\lambda_i J_1(\lambda_i a)}, \tag{12.4.33}$$

其中

$$\lambda_i^2 = k^2 - m_i^2,$$

$$m_i = \frac{2i-1}{2h}\pi \quad (i = 1, 2, \cdots).$$

(2) 深海弯曲圆板换能器. 关于弯曲圆板换能器的理论已有详细的报道, 这里, 就边界条件和圆柱后腔来进行分析.

① 弯曲圆板换能器设计中的关键之一是实现简支的边界. R. S. Woollett[40] 曾用了开有很多槽的圆环, 也有用滚珠来实现的, 还有 Johnson[41] 等用的顺性环, 也有用刀刃压等方法来实现. 我们用简支环结构, 如图 12.4.11 所示, 它结构简单, 性能良好, 几乎没有反相区, 而且机械损耗很小, 牢固稳定. 它径向力顺远大于轴向力顺, 简支环

$$\begin{aligned} & \frac{t}{l} \leqslant \frac{1}{3}, \quad \frac{t}{h'} \leqslant \frac{1}{10}, \\ & h \geqslant 2l, \quad t \ll T. \end{aligned} \tag{12.4.34}$$

就能很好地实现简支边界条件. 陶瓷片可大可小.

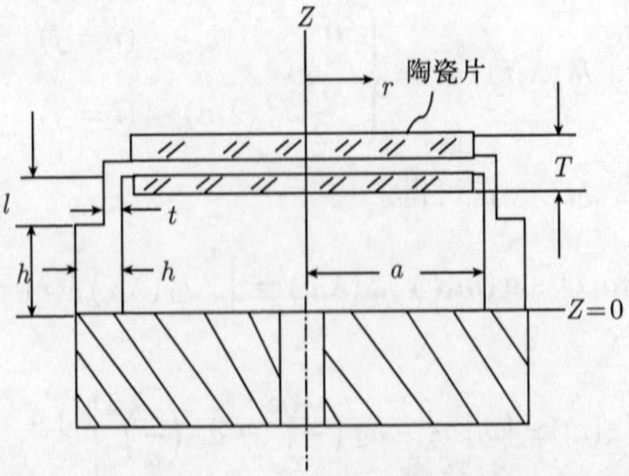

图 12.4.11 简支环结构

② 液腔附加阻抗分析. 对柱形液腔, 如在径向对称波的情况, 势函数方程为

$$\frac{1}{r}\frac{\partial}{\partial r}\left(r\frac{\partial \phi}{\partial r}\right)+\frac{\partial^2 \phi}{\partial z^2}+k^2\phi=0.$$

势函数为式 (12.4.18), 边界条件:

径向振速

$$\dot{u}_r=\left.\frac{\partial \phi}{\partial r}\right|_{r=a}=0. \tag{12.4.35}$$

轴向振速

$$\dot{u}_z=\left.\frac{\partial \phi}{\partial z}\right|_{z=h}=\xi(r). \tag{12.4.36}$$

轴向振速

$$\dot{u}_z=\left.\frac{\partial \phi}{\partial z}\right|_{z=0}=0. \tag{12.4.37}$$

由式 (12.4.18), (12.4.35), (12.4.37), 得

$$c_i=0 \text{ 和 } J_1(\lambda_i a)=0, m_i^2=k^2-\lambda_i^2.$$

因此

$$\lambda_i a=0, 3.83, 7.016, \cdots, \tag{12.4.38}$$

$$\phi=\sum_{i=1}^{\infty} D_i \cos(m_i Z)\, J_0(\lambda_i r). \tag{12.4.39}$$

由式 (12.4.39), 得

$$\sum_{i=1}^{\infty} m_i D_i \sin(m_i h)\, J_0(\lambda_i r)=\xi(r), \tag{12.4.40}$$

其中 $\xi(r)$ 为振速分布. 用贝赛尔函数的正交性,

$$\int_0^a J_0(\lambda_i r) J_0(\lambda_j r) r\mathrm{d}r = \begin{cases} 0 & (i \neq j) \\ \dfrac{a^2}{2} J_0^2(\lambda_i a) & (i = j) \end{cases}. \tag{12.4.41}$$

在式 (12.4.10) 两边乘 $J_0(\lambda_i r)$, 可得

$$\frac{a^2}{2} m_i D_i \sin(m_i h) J_0^2(\lambda_i a) = \int_0^a J_0(\lambda_i r) \xi(r) r\mathrm{d}r. \tag{12.4.42}$$

因振速分布

$$\xi(r) \simeq \mathrm{j}\omega \left[a_0 + a_2 \left(\frac{r}{a}\right)^2 + a_4 \left(\frac{r}{a}\right)^4\right] \mathrm{e}^{\mathrm{j}\omega t},$$

由式 (12.4.42), 可得

$$\begin{aligned} D_i = &\mathrm{j}\omega \left\{ \left[(a_0 + a_2 + a_4) \frac{J_1(\lambda_i a)}{\lambda_i a}\right] - \left[(2a_2 + 4a_4) \frac{J_2(\lambda_i a)}{\lambda_i^2 a^2}\right] \right. \\ &\left. + 8a_4 \frac{J_3(\lambda_i a)}{\lambda_i^3 a^3} \right\} \Big/ \left[\frac{1}{2} m_i \sin(m_i h) J_0^2(\lambda_i a)\right]. \end{aligned} \tag{12.4.43}$$

弯曲圆板上的平均振速

$$\xi_0 = \mathrm{j}\omega \frac{2\pi}{\pi a^2} \int_0^a \xi(r) r\mathrm{d}r = \mathrm{j}\omega \left(a_0 + \frac{a_2}{2} + \frac{a_4}{3}\right). \tag{12.4.44}$$

陶瓷表面的声压

$$p = -\rho \frac{\partial \phi}{\partial t} = -\mathrm{j}\omega\rho \sum_{i=1}^{\infty} D_i \cos m_i h J_0(\lambda_i r).$$

相对于平均振速的附加阻抗

$$Z_{附} = \frac{\displaystyle\int_0^a p\xi(r) 2\pi r\mathrm{d}r}{\xi_0^2} = \sum_{i=1}^{\infty} \frac{-4\pi \mathrm{j}\omega\rho a^2 \cot(m_i h) X^2}{m_i \left(a_0 + \dfrac{a_2}{2} + \dfrac{a_4}{3}\right)^2 J_0^2(\lambda_i a)}, \tag{12.4.45}$$

其中

$$X = \left\{\left[(a_0 + a_2 + a_4) \frac{J_1(\lambda_i a)}{\lambda_i a}\right] - \left[(2a_2 + 4a_4) \frac{J_2(\lambda_i a)}{\lambda_i^2 a^2}\right] + 8a_4 \frac{J_3(\lambda_i a)}{\lambda_i^3 a^3}\right\},$$

$$m_i^2 = k^2 - \lambda_i^2,$$

$\lambda_i a$ 已由式 (12.4.38) 给出. 将简支边界的弯曲圆板的振幅分布 $a_0 = 1, a_2 = -1.242\,6$, $a_4 = 0.242\,6$ 代入式 (12.4.45) 计算 $Z_{附}$. 通常只取 $i = 1, 2$ 项, 得到 $Z_{附}$ 的近似值.

(3) 开口 (free-flood) 式压电陶瓷圆管换能器. McMahon[42] 对这类换能器的设计, 液柱共振频率为

$$f_c = \frac{c}{\phi_i \pi} \left[1 + B\phi_i / \left(Y^E \cdot t\right)\right]^{-\frac{1}{2}} \varOmega_c, \tag{12.4.46}$$

其中 c 为水中声速; h 为圆管长度; ϕ_i 为管的内半径; Y^E 为陶瓷管的弹性模量; B 为水的体积弹性模量; t 为管壁厚; a 为平均半径. Ω 满足下列方程:

$$\Omega\left(\frac{h}{2a}+0.633\right)-0.106\Omega^2=\pi/2. \tag{12.4.47}$$

实验值略低于式 (12.4.47) 的计算值. 圆管径向共振频率为

$$\omega_r=\frac{1}{a}\left(\frac{Y^E}{\rho}\right)^{1/2}. \tag{12.4.48}$$

实验换能器: PZT 陶瓷管的 $\phi_0 = 114.2$ mm, $\phi_i = 100$ mm, $h = 50.5$ mm, $t = 7.1$ mm, 外套热压铜管, 铜管的尺寸为 $\phi_0 = 123$ mm, $\phi_i = 114$ mm, $h = 69$ mm, 用高分子水密材料密封陶瓷内侧面及两端.

测量时, 腔内放轻质泡沫塑料和充水, 比较这两种情况 (见图 12.4.12), 可以看到水柱共振宽带深水的特点. 由式 (12.4.46)~(12.4.48) 计算得 $f_c \simeq 5$ kHz, $f_r \approx 9$ kHz, 与图 12.4.11 的实验结果基本符合. 在设计时, 腔深不能太浅, 否则, 腔共振的 Q_m 太低, 起不到共振的效果.

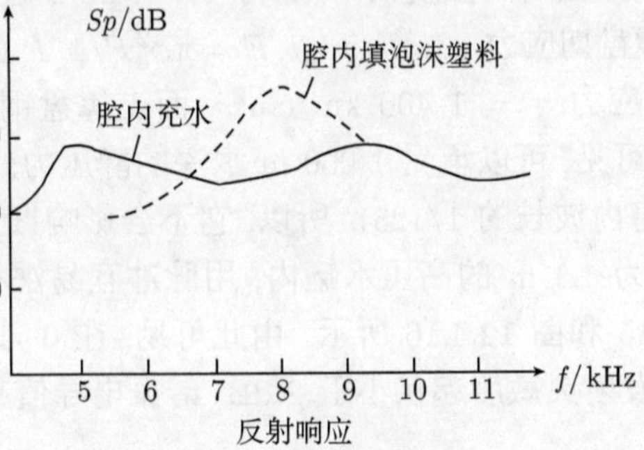

图 12.4.12 发射响应

由图 12.4.13, 开口式充水的压电陶瓷圆管换能器的方向性在低频深水时可得

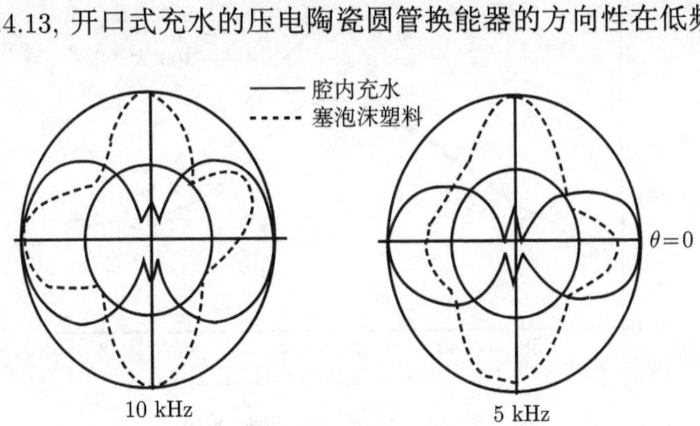

图 12.4.13 方向性

到 $\cos^2\theta$ 的方向性. 这种换能器的加速度响应为零. 把上述换能器和一个无方向性换能器结合起来, 以适当的频率加权联合使用, 可得到宽带深水方向性换能器[43]. 这类换能器的同轴线阵的互阻抗、方向性等理论分析可参看文献 [44].

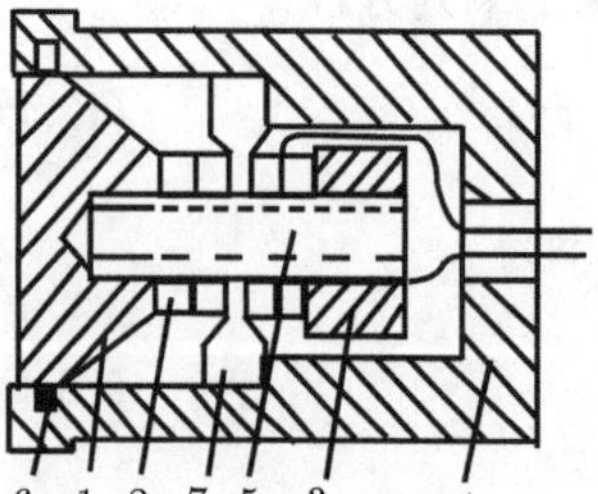

图 12.4.14　复合棒深水换能器

1—辐射面; 2—压电陶瓷圆环; 3—后质量; 4—外壳; 5—中心连杆; 6—"0" 环; 7—支撑盘

大型的随时可拆装的无胶拼合圆管换能器已获得初步成功.

(4) 节点支撑的复合棒深水换能器. 工作水深达 1 000~2 000 m 的复合棒换能器, 采用节点支撑, 能承受住水的静压力. 这样可避免压力补偿器, 提高了声学性能. 方向性易控制, 其结构如图 12.4.14 所示.

辐射面直径 $\phi_a = 30$ mm, 振子总长 39.5 mm, 压电环外径 $\phi_0 = 16$ mm, 内径 $\phi_i = 6$ mm, 高 $H = 4$ mm, 厚度极化, 四个并联, 共振频率 $f_r = 43$ kHz, 静电容 $C_0 = 0.001\ 1$ μF, 支撑盘用高强度钢, 中部厚 $t = 1$ mm, 边缘 45° 展开至外壳连接处有 5 mm 厚, 支撑盘切应力 $\tau = F/\pi\phi_0 t, F = \pi\phi_a^2 P/4$, P (静水压) = 100 km/cm², 计算得支撑盘的剪应力 $\tau = 1\ 400$ km/cm². 而支撑盘钢材的极限剪应力 $\tau_M \geqslant$ 3000 kg/cm². 由此可见, 可以承受 1 000 m 水深的静压力, 而且支撑盘厚度只占振子的 1/39.5 (或本身内波长的 1/125). 所以, 它不会影响振子的性能.

此振子在直径为 1.1 m 的高压水罐内, 用脉冲互易法校准了 S_V, 测了方向性和电导, 如图 12.4.15 和图 12.4.16 所示. 由此可见, 在 0~100 大气压下, 频率漂移在 25% 以内, 最大发射灵敏度起伏小于 2 dB, 谐振电导值起伏小于 2%, 方向性基本不变.

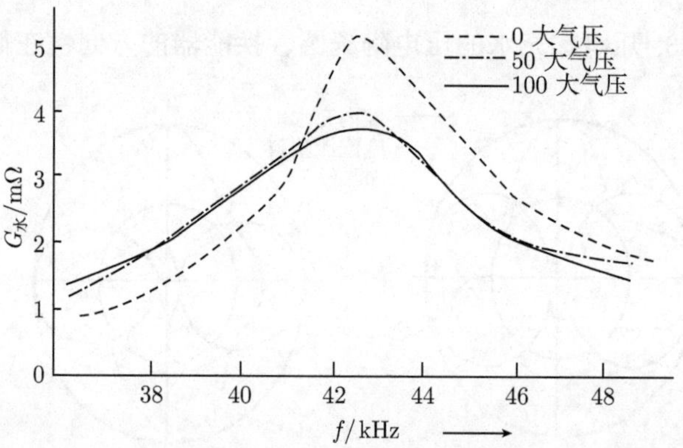

图 12.4.15　压力–电导特性曲线

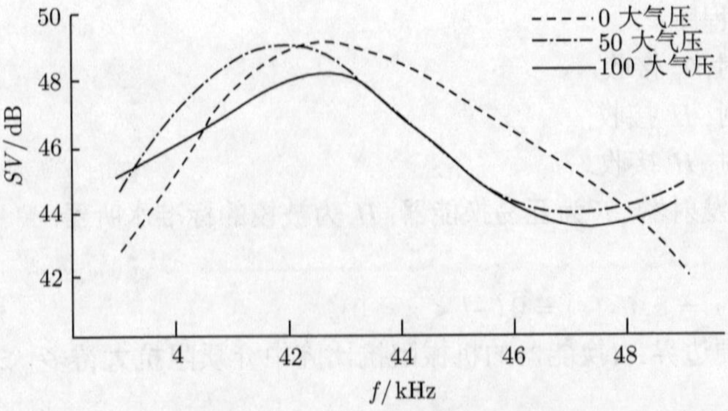

图 12.4.16 发射电压灵敏度响应曲线

§12.5 测量技术

随着计算机和激光技术的发展, 水声测量技术也相应地向自动、快速、精确的方向发展. 例如换能器的振动模可用激光全息图显示等. 随着工作的需要, 对压电材料的机电性能测量, 换能器低频校准, 相位测量的精度, 深水测量等方面的要求越来越高. 这里分别介绍这方面的工作.

12.5.1 耦合腔中互易参量的理论计算和灵敏度的修正

1. *声场理论分析*

硬壁圆柱腔, 装置平面活塞换能器, 如图 12.5.1 所示.

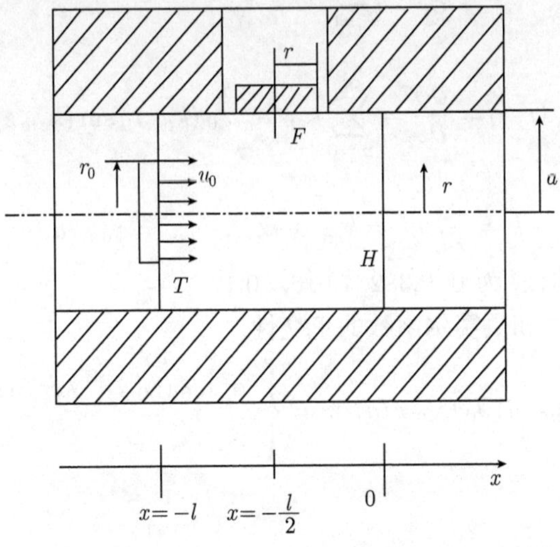

图 12.5.1 耦合腔校准

互易校准程序:

(1) F 发射, T 接收;

(2) F 发射, H 接收;

(3) T 发射, H 接收.

F 为辅助发射器, T 为互易换能器, H 为被校的标准水听器.

边界条件:

(1) 硬壁: $r=a, \dot{u}_r(z)=0\,(-l<z<0)$.

(2) 终端硬边界: (换能器的机械阻抗比腔中介质阻抗大得多) $z=0, u_z(r)=0\,(0<r<a)$;

(3) 振源做活塞振动.

$$z=-L,\ u_z(r)=\begin{cases} u_0 \mathrm{e}^{\mathrm{j}\omega t} & (0\leqslant r\leqslant r_1) \\ 0 & (r_1<r\leqslant a) \end{cases}.$$

考虑到腔和振源条件的相对性, 应用边界条件 (1) 和 (2), 并略去时间因子, 得腔中势函数

$$\phi(r,z)=\sum_{m=0}^{\infty} A_m J_0(k_{rm}r)\cos(k_{zm}z). \tag{12.5.1}$$

声压

$$p(r,z)=\rho\frac{\partial\phi}{\partial t}=\sum_{m=0}^{\infty}\mathrm{j}\rho ck A_m J_0(k_{rm}r)\cos(k_{zm}z), \tag{12.5.2}$$

径向振速

$$\dot{u}_r(r,z)=\frac{\partial\phi}{\partial r}=\sum_{m=0}^{\infty}k_{rm}A_m J_1(k_{rm}r)\cos(k_{zm}z). \tag{12.5.3}$$

轴向振速

$$\dot{u}_z(r,z)=\frac{\partial\phi}{\partial z}=\sum_{m=0}^{\infty}k_{zm}A_m J_0(k_{rm}r)\sin(k_{zm}z), \tag{12.5.4}$$

其中

$$k=\frac{\omega}{c},\ k^2=k_{rm}^2+k_{zm}^2,\ k_{rm}=\gamma_{0m}/a, \tag{12.5.5}$$

γ_{0m} 是 $J_0(x)=0$ 的根, 为 0, 0.382, 7.016, 10.174, $\cdots$.

用边界条件 (3) 和贝赛尔函数的正交性,

$$\int_0^a rJ_0(\gamma_{0m}/a)\,J_0(\gamma_{0n}r/a)\,\mathrm{d}r=\begin{cases} a^2\left[J_0(\gamma_{0m})\right]^2/2 & (m=n) \\ 0 & (m\neq n) \end{cases}$$

得到系数

$$A_n=-\dot{u}_0\frac{\sigma_1}{\sigma_V}\cdot\frac{2J_1(\gamma_{0n}r_1/a)}{\gamma_{0n}r_1/a}\cdot\frac{1}{k_{zn}\sin(k_{zn}l)\left[J_0(\gamma_{0n})\right]^2}, \tag{12.5.6}$$

$$k_{zn} = \sqrt{k^2 - (\gamma_{0n}/a)^2}, \quad \sigma_1 = \pi r_1^2, \quad \sigma_V = \pi a^2.$$

将式 (12.5.6) 代入式 (12.5.2), 得到耦合腔内声压分布.

T 发射, 在 H 面上接收的声压作用力为

$$\begin{aligned} F_{TH} &= 2\pi \int_0^{r_2} p(r,z)\Big|_{z=0} r\mathrm{d}r \\ &= \mathrm{j}\sigma_2 \rho ck \sum_{n=0}^{\infty} A_n \frac{2J_1(\gamma_{0n} r_2/a)}{\gamma_{0n} r_2/a}, \end{aligned} \tag{12.5.7}$$

$$\sigma_2 = \pi r_2^2.$$

2. 声场不均匀性引起误差的分析和修正

在耦合腔互易校准时, 式 (12.5.6), (12.5.7) 中的参变量是 a/l, r_1/a, r_2/a, kl. F_{TH} 的值随频率而变, 也随这些参变量而变.

常规的耦合腔绝对校准是认为腔内的声压均匀, 其互易参量是

$$J_{V_0} = \mathrm{j}\frac{2\pi V}{\rho c^2} f, \tag{12.5.8}$$

$$V = \sigma_r \cdot l \text{ (腔体积)}.$$

现考虑声压不均匀效应: F 发射; H, T 分别在 F 的声场中, 位置对称, 所以其面上的声压相同, 有

$$\frac{p'_H}{i'_F} = \frac{p_T}{i_F} = S_F,$$

S_F 是 F 在 T 和 H 处的发射电流响应.

$$\frac{e_{FH}}{e_{RF}} \Big/ \frac{e_{FT}}{e'_{RF}} = M_H/M_T,$$

其中 e_{FH}, e_{FT}, e 是接收的开路电压, 脚标的前一个字母是发射器代号, 后一字母是接收器代号. e_{RF}, e'_{RF}, e_{RT} 是与发射器串联电阻上的电压, 脚标的后一字母是发射器代号, M 是接收灵敏度, S 为发射电流响应.

当 T 发射, H 接收时, 有

$$e_{TH}/e_{RT} = \frac{e_{TH}}{P_H} \cdot \frac{P_H}{i_T R} = M_H \frac{S_T}{R}.$$

由电声互易原理:

$$S_T = \frac{M_T}{J_V}, \; J_V = Q_T/P_H,$$

Q_T 是 T 换能器在 H 处产生声压为 P_H 时的体积速度. 因

$$\frac{M_T}{M_H} = \frac{S_T}{S_H},$$

故得

$$M_H = \left[\left(\frac{e_{FH}}{e_{RF}}\right)\left(\frac{e'_{RF}}{e_{FT}}\right)\left(\frac{e_{TH}}{e_{RT}}\right)RJ_V\right]^{1/2}. \tag{12.5.9}$$

由式 (12.5.6), (12.5.7) 得互易参量

$$J_V = \frac{Q_T}{F_{TH}/\sigma_2^2} = \mathrm{j}\frac{2\pi V f}{\rho c^2}\left\{\sum_{n=0}^{\infty}\left[\varLambda_1\left(\frac{\gamma_{0n}r_1}{a}\right)\cdot\varLambda_1\left(\frac{\gamma_{0n}r_2}{a}\right)\cdot\frac{1}{\sqrt{1-(\gamma_{0n}/ka)^2}}\right.\right.$$
$$\left.\left.\cdot\frac{kl}{\sin\left[kl\sqrt{1-\left(\frac{\gamma_{0n}}{ka}\right)^2}\right][J_0(\gamma_{0n})]^2}\right]\right\}^{-1},$$

其中

$$\varLambda_1(x) = \frac{2J_1(x)}{x}.$$

实际上, $k_a < 3.83$, 所以除 $\gamma_{00} = 0$ 一项外, 其他项中皆有 $\gamma_{0n}/ka > 1$, 于是上式可改写为

$$J_V = J_{V0}\left\{\frac{kl}{\sin(kl)} - \sum_{n=1}^{\infty}\left[\varLambda_1\left(\frac{\gamma_{0n}r_1}{a}\right)\cdot\varLambda_1\left(\frac{\gamma_{0n}r_2}{a}\right)\right.\right.$$
$$\left.\left.\times\frac{1}{\sqrt{\left(\frac{\gamma_{0n}}{ka}\right)^2-1}}\cdot\frac{kl}{\mathrm{sh}\left[kl\sqrt{\left(\frac{\gamma_{0n}}{ka}\right)^2-1}\right]}\cdot\frac{1}{J_0(\gamma_{0m})^2}\right]\right\}^{-1}. \tag{12.5.10}$$

J_V 和 r_1/a, r_2/a 及 kl 有关.

当 $kl \ll 1$ 时, 取 $n = 0$ 一项, 得近似值

$$J_V \simeq J_{V0}\left[\frac{\sin(kl)}{kl}\right]. \tag{12.5.11}$$

这是刚性管中平面波校准的互易参量. 更进一步近似, $\sin(kl) \simeq kl$, 则有

$$J_V \simeq J_{V0} = \mathrm{j}\frac{2\pi V}{\rho c^2}f.$$

这是常规用于低频耦合腔校准的互易参量.

计算灵敏度的修正误差为

$$\Delta(ML)_{J_V} = 10\log(J_V/J_{V0}). \tag{12.5.12}$$

用式 (12.5.12) 来计算灵敏度的修正. 在给定 a/l, r_1/a, r_2/a 值时, 给定的允许误差值可以确定该腔的上限工作频率. 当允许误差和工作频段给定时, 它对设计耦合腔腔体和换能器的尺寸, 有一定的指导意义.

3. 耦合腔校准的实验修正

根据式 (12.5.10), 对具体的耦合腔 $r_1/a = 0.371\ 43, a/l = 0.583\ 3$ 进行了修正. 实验结果证明, 这种修正是有意义的, 它提高了高频范围的精度, 而且把频率响应展宽了一个多倍频程.

12.5.2 脉冲频谱法换能器低频校准[45]

在实验室未消声的水池中, 采用常用的脉冲法来校准, 由于要求在脉冲达到稳态后进行测量, 所以校准的频率范围受水池尺寸的限制很大. 如一个 5 m×7.5 m×7.5 m 的水池, 只能在 4 kHz 以上的频率范围内进行校准. 使用脉冲频谱法, 在同样的水池中, 就可把校准频率的下限扩展到 0.5 kHz.

1. 基本原理

通常, 发射一系列由视频脉冲调制高频振荡的相干的单频脉冲. 在脉冲法校准的基础上, 在脉宽 τ 的要求中舍去 $\tau > Q/f$ 的条件, 只要水听器接收的直达声和反射声在时间上能区分开, 被调制的高频振荡可以是一周, 甚至几分之一周, 不必使换能器达到稳态. 这时用一脉冲采样器将池壁、池底、水面等的反射声抹掉, 只留下直达声脉冲 (选通). 再由波形分析器将发射电流脉冲和直达声脉冲进行频谱分析. 于是可得到换能器校准时在各个频率上的转移阻抗. 这样, 在一般未消声水池中能进行校准的低频极限将大大地得到扩展.

把一个矩形波调制在一个连续正弦波上, 所得脉冲信号的傅氏分析是

$$f(t) = \frac{A\tau}{T}\cos\omega t + \sum_{n=1}^{\infty}\frac{A\tau}{T}\frac{\sin\dfrac{n\pi\tau}{T}}{\dfrac{n\pi\tau}{T}}\cos(\omega + n\Omega)t + \sum_{n=1}^{\infty}\frac{A\tau}{T}\frac{\sin\dfrac{n\pi\tau}{T}}{\dfrac{n\pi\tau}{T}}\cos(\omega - n\Omega)t, \tag{12.5.13}$$

其中 A 为连续正弦波的幅度, ω 是圆频率, τ 为脉冲宽度, T 为脉冲重复周期, $\Omega = \dfrac{2\pi}{T}$.

2. 校准装置

脉冲频谱法校准装置是在自由场互易法的测试装置的接收系统中插入一个脉冲采样器. 在终端和示波器并接一波形分析器, 如图 12.5.2 所示. 在测量转移阻抗 e_{0c}/i 时, 波形分析器对 e_{0c} 和 i 作频谱分析和指示. e_{0c} 是水听器输出的开路电压, i 是发射电流.

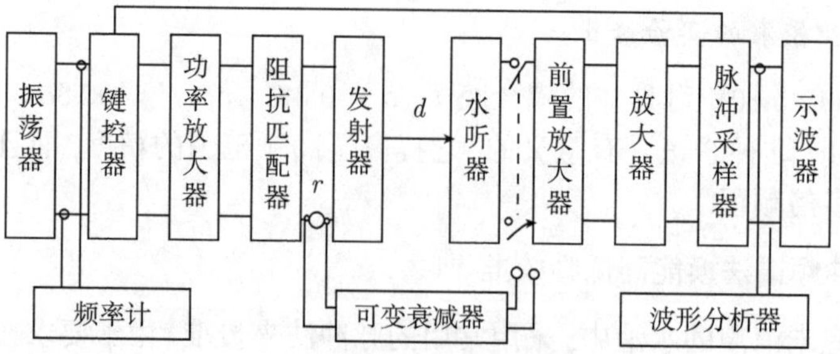

图 12.5.2　脉冲频谱法校准换能器装置

实验证明：

(1) 在 5 m×7.5 m×7.5 m 的水池内，由稳态法的 4 kHz 扩展到频谱法的 0.5 kHz.

(2) 校准信号的脉宽对校准结果没有影响，因为脉宽的长短只影响边频的数量和频谱分量的幅度.

(3) 频谱法不受波形的影响，而稳态法测量时，受波形畸变的影响很大，在个别频率上，稳态波形畸变，测量误差就大.

(4) 用 FFT 代替波形分析器，可以实现测量自动化.

12.5.3　脉冲平衡比较法精确测定水听器的相位

水声中，有时对水听器性能的一致性要求很高，如灵敏度 ±0.5 dB，相位 $\pm(1^\circ \sim 2^\circ)$. 对尺寸较小的水听器，在测试频率较低而且远离共振频率时，则可以在密封容器的均匀声场中进行比较，达到上述要求并不困难. 但当频率高、尺寸大些时，就需要在自由声场中测量. 如不用脉冲法，那就必须考虑反射声引起声场的相位畸变. 不难估计，当反射声压为直达声压的 2.4%(0.2 dB) 时，引起声场相位畸变最大可达 1.4°. 如用一般的脉冲比较法测定水听器相位一致性时，由于测试距离误差 Δd 造成的相位差的测量误差为 $\Delta\varphi = k\Delta d$. 此误差与测试距离的绝对误差成正比，如 $f = 10$ kHz, $d = 2$ m, $\Delta d = 2$ mm, 则 $\Delta\varphi = 4.8^\circ$. 这是一般自由场比较法难以精确测定相位差的关键.

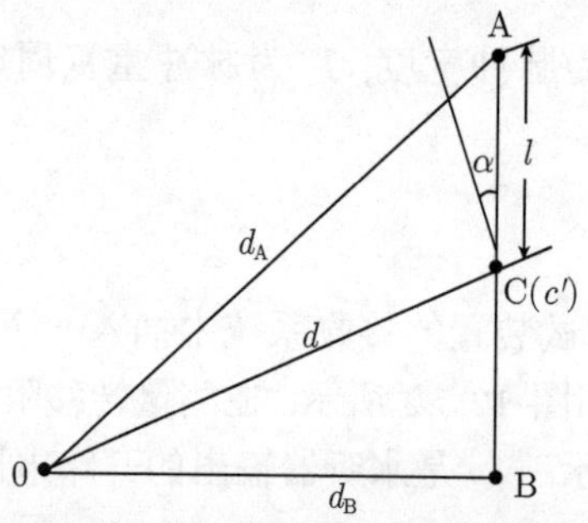

图 12.5.3　脉冲平衡比较法测试原理

利用“脉冲平衡比较法”，使由 Δd 造成的相位差的测量误差减少为

$$\Delta\varphi' = -\frac{k\Delta d}{2}\left(\frac{l}{d}\right)^2,$$

如图 12.5.3 所示.

当然, 还必须要有精确测量脉冲相位的仪器 “差值法脉冲相位测试仪”.

1. 脉冲平衡法测试原理

如图 12.5.3 所示, 两参考水听器 A、B 和待测水听器 C 牢固地固定在一支架上, 则 A、C 两水听器的灵敏度差和固有相位差为

$$ML_{\mathrm{A}} - ML_{\mathrm{C}} = 20\log\frac{E_{\mathrm{A}}}{E_{\mathrm{C}}} + 20\log\frac{\mathrm{d_A}}{d},$$

$$\varphi_{\mathrm{A}}^{\circ} - \varphi_{\mathrm{C}}^{\circ} = \varphi_{\mathrm{A-C}} - k\left(d_{\mathrm{A}} - d\right),$$

其中 E 和 φ° 为水听器的输出电压和相位. 在每次测试时, 应调整 α 角, 相当于调整 $(d_{\mathrm{A}} - d_{\mathrm{B}})$, 使两参考水听器 A、B 呈相位平衡 $\varphi_{\mathrm{A-B}} = 0$. 然后再比较 $\varphi_{\mathrm{A-C}}$. 此时可导出由测试距离 d 的误差 Δd 引起的灵敏度级差和相位差的误差:

$$\Delta_1 ML \simeq 8.68\frac{\Delta d}{d}\left[\left(\frac{l}{d}\right)^2 + \left(\frac{l}{d}\right)\sin\alpha\right], \tag{12.5.14}$$

$$\Delta_1\varphi^{\circ} \simeq -\frac{1}{2}\left(\frac{l}{d}\right)^2 k\Delta d. \tag{12.5.15}$$

推导如下:

$$\varphi_{\mathrm{A-B}} = \varphi_{\mathrm{A}}^{\circ} - \varphi_{\mathrm{B}}^{\circ} + k\left(d_{\mathrm{A}} - d_{\mathrm{B}}\right),$$

$$\varphi_{\mathrm{A-C}} = \varphi_{\mathrm{A}}^{\circ} - \varphi_{\mathrm{C}}^{\circ} + k\left(d_{\mathrm{A}} - d\right),$$

$$\begin{aligned} d_{\mathrm{A}} = \left(d^2 + l^2 + 2dl\sin\alpha\right)^{1/2} &= d\left\{1 + \left[\left(\frac{l}{d}\right)^2 + 2\left(\frac{l}{d}\right)\sin\alpha\right]\right\}^{1/2} \\ &\simeq d\left\{1 + \frac{1}{2}\left(\frac{l}{d}\right)^2 + \left(\frac{l}{d}\right)\sin\alpha - \frac{1}{8}\left[\left(\frac{l}{d}\right)^2 + 2\left(\frac{l}{d}\right)\sin\alpha\right]^2 + \cdots\right\}, \end{aligned}$$

$$\begin{aligned} d_{\mathrm{B}} = \left(d^2 + l^2 + 2dl\sin\alpha\right)^{1/2} &= d\left\{1 + \left[\left(\frac{l}{d}\right)^2 - 2\left(\frac{l}{d}\right)\sin\alpha\right]\right\}^{1/2} \\ &\simeq d\left\{1 + \frac{1}{2}\left(\frac{l}{d}\right)^2 - \left(\frac{l}{d}\right)\sin\alpha - \frac{1}{8}\left[\left(\frac{l}{d}\right)^2 - 2\left(\frac{l}{d}\right)\sin\alpha\right]^2 + \cdots\right\}, \end{aligned}$$

$$d_{\mathrm{A}} - d_{\mathrm{B}} = \frac{2l}{d}\sin\alpha\left[1 - \frac{1}{2}\left(\frac{l}{d}\right)^2\right],$$

$$d_{\mathrm{A}} - d = \frac{l}{2}\left(\frac{l}{d}\right) + l\sin\alpha.$$

当水听器 A、B 相位平衡时, 有 $\varphi_{\mathrm{A-B}} = 0$, 得

$$\varphi_{\rm A}^{\circ}-\varphi_{\rm B}^{\circ}+2kl\left[1-\frac{1}{2}\left(\frac{l}{d}\right)^{2}\right]=0. \tag{12.5.16}$$

若测试距离由 d 改变为 $d+\Delta d$, 再重新找 A, B 平衡, 此时 α 变为 $\alpha+\Delta\alpha$, 由式 (12.5.16) 有

$$2kl\left[1-\frac{1}{2}\left(\frac{l}{d}\right)^{2}\right]\cos\alpha\cdot\Delta\alpha-2k\sin\alpha\left(\frac{l}{d}\right)^{3}\Delta d=0,$$

所以

$$\Delta\alpha=-\left(\frac{l}{d}\right)^{3}\tan\alpha\cdot\Delta d/l\left[1-\frac{1}{2}\left(\frac{l}{d}\right)^{2}\right].$$

因

$$\begin{aligned}\varphi_{\rm A-C}&=\varphi_{\rm A}^{\circ}-\varphi_{\rm C}^{\circ}+k\left(d_{\rm A}-d\right)\\&=\varphi_{\rm A}^{\circ}-\varphi_{\rm C}^{\circ}+k\left[\frac{l}{2}\left(\frac{l}{d}\right)+l\sin\alpha\right],\end{aligned}$$

则由 $\Delta d, \Delta\alpha$ 引起的 $\Delta\varphi_{\rm A-C}$ 为

$$\begin{aligned}\Delta\varphi_{\rm A-C}&=-\frac{k}{2}\left(\frac{l}{d}\right)^{2}\Delta d+kl\cos\alpha\cdot\Delta\alpha\\&=-\left\{\frac{k}{2}\left(\frac{l}{d}\right)^{2}+k\left(\frac{l}{d}\right)^{3}\sin\alpha\left[1+\frac{1}{2}\left(\frac{l}{d}\right)^{2}\right]\right\}\Delta d.\end{aligned}$$

因 $\dfrac{l}{d}\ll 1$, 略去高次项后即为式 (12.5.15):

$$\Delta\varphi_{\rm A-C}=\frac{-k\Delta d}{2}\left(\frac{l}{d}\right)^{2}=\Delta_{1}\varphi^{\circ}.$$

类似的推导, 可得 Δd 引起的灵敏度差的测量误差为式 (12.5.14).

由于水听器放置深度的偏差 Δh 引起的相位差的测量误差 $\Delta_{2}\varphi_{\rm A-C}$ 及灵敏度级差的测量误差 $\Delta_{2}ML_{\rm A-C}$ 分别为

$$\Delta_{2}\varphi_{\rm A-C}=\frac{-kl}{4}\left(\frac{l}{d}\right)\left(\frac{\Delta h}{d}\right)^{2}, \tag{12.5.17}$$

$$\Delta_{2}ML_{\rm A-C}=-4.34\left(\frac{\Delta h}{d}\right)^{2}\left[\left(\frac{l}{d}\right)^{2}+2\left(\frac{l}{d}\right)\sin\alpha\right]. \tag{12.5.18}$$

由于水听器在支架上安装时由 C 偏离到 C' 的位置, C' 离 C 的偏差为 Δr 时, 引起的相位差测试误差为

$$\Delta_{3}\varphi_{\rm A-C}\leqslant k\Delta r. \tag{12.5.19}$$

由平衡误差 $\Delta\varphi_{\text{A-B}}$ 引起的相位差测试误差为

$$\Delta_4\varphi_{\text{A-C}} \simeq \frac{1}{2}\Delta\varphi_{\text{A-B}}. \tag{12.5.20}$$

应该指出, 在测试中, 主要误差往往是来自测试距离 d 所引起的误差 $\Delta_1\varphi°$. 应用了上述的方法之后, 使 Δd 引起的相位差多了一个因子 $\dfrac{1}{2}\left(\dfrac{l}{d}\right)^2$, 如 $d=2$ m, $l=10$ cm, $\dfrac{1}{2}\left(\dfrac{l}{d}\right)^2=\dfrac{1}{800}$, 这样使原来的 $\Delta\varphi=k\Delta d=24°$ 变为 0.03°. 这样的误差已不再起重要作用了, 大大改善了测试精度. 实验结果和计算结果符合.

2. 脉冲相位测试仪的测试原理

设有两信号 $\tilde{e}_1$、$\tilde{e}_2$ 各自经衰减器 α_1、α_2 后成为 $\tilde{u}_1$、$\tilde{u}_2$ (设相位不变), 然后进入减法器相减, 如图 12.5.4 所示, 则有

$$\tilde{u}_1=u_1\cos(\omega t+\varphi_1),\quad \tilde{u}_2=u_2\cos(\omega t+\varphi_2).$$

$$\alpha_1=20\log\left(\frac{e_1}{u_1}\right),\quad \alpha_2=20\log\left(\frac{e_2}{u_2}\right).$$

差值

$$\tilde{u}_d=\tilde{u}_1-\tilde{u}_2=u_d\cos(\omega t+\varphi'),$$

其中

$$u_d=\left[u_1^2+u_2^2-2u_1u_2\cos(\varphi_1-\varphi_2)\right]^{1/2},$$

$$\varphi'=(u_1\sin\varphi_1-u_2\sin\varphi_2)/(u_1\cos\varphi_1-u_2\cos\varphi_2).$$

使 $\dfrac{\partial u_d}{\partial u_2}=0$, 有

$$u_2=u_1\cos(\varphi_1-\varphi_2).$$

由此得

$$u_{d\min}/u_1=\sin(\varphi_1-\varphi_2), \tag{12.5.21}$$

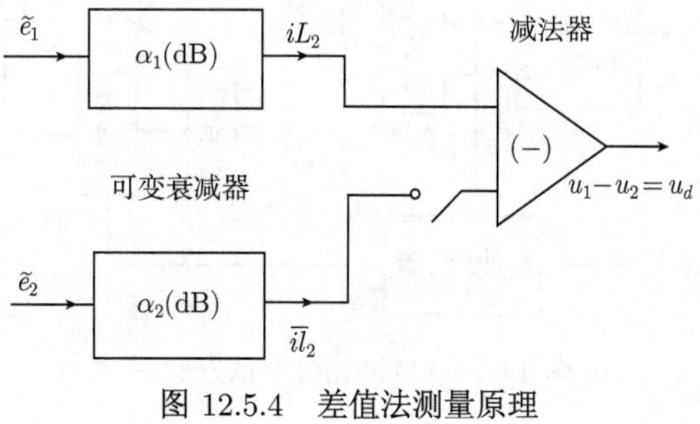

图 12.5.4 差值法测量原理

或

$$\gamma\,(\mathrm{dB}) = 20\log\left(u_{d\,\min}/u_1\right) = 20\log\sin\left(\varphi_1-\varphi_2\right).$$

由此得

$$\Delta\varphi \simeq 6.58\tan\left(\varphi_1-\varphi_2\right)\Delta\gamma.$$

若测试 γ 值的误差小于 0.3 dB (这是不难做到的), 则当 $(\varphi_1-\varphi_2)\leqslant 2^\circ$ 时, $\Delta\varphi < \pm 0.1^\circ$. 当 $2^\circ < (\varphi_1-\varphi_2)\leqslant 5^\circ$ 时, $\Delta\varphi < \pm 0.2^\circ$. 而且用此法测相位差的同时亦能精确测定两信号的幅值比 δ.

$$\delta = 20\log\left(\frac{e_1}{e_2}\right) = \alpha_1-\alpha_2+20\log\cos\left(\varphi_1-\varphi_2\right).$$

当 $(\varphi_1-\varphi_2)\leqslant 5^\circ$ 时, 则有 $\delta\simeq\alpha_1-\alpha_2$, 可以计算得到

当 $(\varphi_1-\varphi_2)\leqslant 2^\circ$ 时,

$$\Delta\delta < \pm 0.15\ \mathrm{dB};$$

当 $2^\circ < (\varphi_1-\varphi_2)\leqslant 5^\circ$ 时,

$$\Delta\delta < \pm 0.2\ \mathrm{dB}.$$

此法也适用于脉冲调制正弦信号, 若测 γ 时用滤波器组除去谐波, 就能正确测定基波的相位差, 因此对测试信号的波形不必有特殊要求.

3. 脉冲相位测试仪方框图

如图 12.5.5 所示, 根据上述分析, 脉冲相位测试仪能精确地测量 $\varphi\leqslant 5^\circ$ 内的相角. 若与高精度步进式移相器联用, 则在 2~20 kHz 频段内, 可将相角测试范围扩展至 0°~360°, 测试误差能达到小于 0.5°.

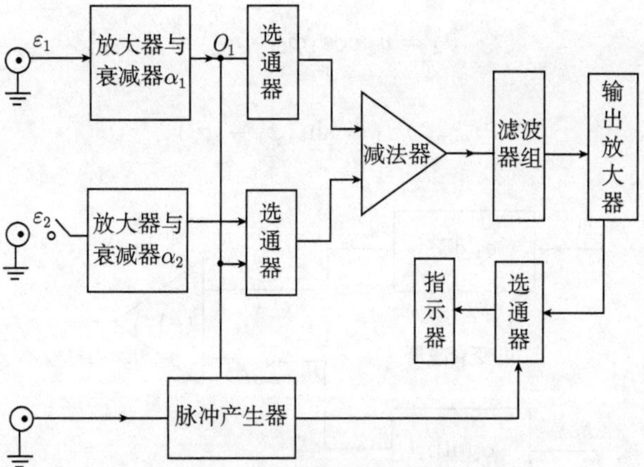

图 12.5.5 脉冲相位测试方框图

12.5.4 压电材料机电性能的测量

随着有限元技术的应用，需要测量压电材料的介电、压电、弹性系数的整个系数矩阵 (实部和虚部). Smits[46] 提出了借助电子计算机，只要在共振频率附近，取三个频率 (一般取导纳圆的左边两个，右边一个) 进行三次导纳测量，就能用迭代法来决定振子材料的系数的实部和虚部. 其优点是：只要用四种几何形状的振子，就可确定材料的整个系数矩阵，而且在计算公式上未取近似，所以有精度高、处理速度快、应用面广 (不管耦合系数高或低、Q_m 大或小都可应用) 等优点.

除了采用频率特性测量的频率域分析方法之外，近年来发展了时间域分析方法，如解决厚度模的测试问题. 其优点是：由于给予振子的是短脉冲讯号，所以横向影响在时间上可分开，克服了横向影响. 对流过振子的电流波形进行付氏转换，再和标准曲线进行比较求得 k_t 值[47].

从实际使用的非理想的几何形状振子来直接进行测量材料参数，现在也在发展中. 近年来，用有限元法分析较为成功.

同时，大功率发射换能器的设计或分析及参量发射器的设计上，都迫切需要知道大讯号下的材料或换能器的非线性参数. 目前是用模拟负载. 这是测量大讯号下性能的有效设备. 实验发现，静压力及大电场对材料性能参数的影响是各自独立的，相互间没有交互作用. 但是总的来说，非线性测量只是开始做了一些实验工作，离解决问题还有相当距离.

从实验角度来看，激光测振技术是一种非接触式的，是测量精度高的技术，而且利用全息图可以直接观察振幅的相对分布，如图 12.5.6 所示. 用频闪法还能观察相对相位分布. 因此，计算上的有限元法和实验上的激光技术相结合，是解决许多测量问题的良好途径.

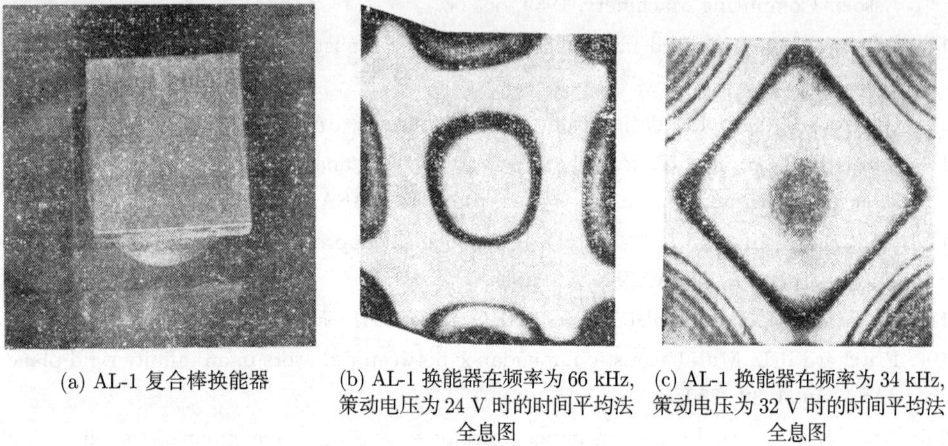

(a) AL-1 复合棒换能器

(b) AL-1 换能器在频率为 66 kHz，策动电压为 24 V 时的时间平均法全息图

(c) AL-1 换能器在频率为 34 kHz，策动电压为 32 V 时的时间平均法全息图

图 12.5.6

参 考 文 献

[1] 钱伟长. 变分法及有限元. 上册. 北京：科学出版社, 1980.

[2] Przeminiecki J S. 矩阵结构分析原理. 北京：国防工业出版社, 1975.

[3] Clayton M H, Royster L H. In-plane inextensional vibrations of a circular ring with a time-dependent displacement precribed at the boundaries. JABA, 1966, 40: 1039.

[4] Love A E H. A treatise on the mathematican theory of elasticity. 4th ed, Cambridge: University Press, 1927: 447.

[5] Den Hartog J P. Philosophical Magezine, 1928, 5: 400.

[6] Archer R R. Small vibrations of thin incomplete circular rings. Int. J. Mech. Sci., 1960, 1: 45.

[7] Timoshenko S, Gere J. Mechanics of Materials. New York: Van Nostrand Reinhold Company, 1972: 348–453.

[8] Kagawa Y, Gladwell G M L. Application of a finite element method to vibration problems in which electrical and rnechcl1ical systems are conplecl. IEEE trans. 1970, SU-17, 1, 或日本音响学会志, 1970, 26: 117.

[9] 穆延荣. 有限长压电薄圆管的等效电路和机电耦合系数. 声学学报, 1979, 3.

[10] Sabbagh H A. Calculation of electroacoustic sensitivity of radially polarized ferroelectric cylinders by normal-mode method. JASA, 1977, 61: 1133.

[11] Haskins J F, Walsh J L. Vibrations of ferroelectric cylindrical shells with transverse isotropy. JASA, 1957, 29: 729.

[12] Butler J L. Solution of acoustical-radiation problems by boundary collocation. JASA, 1970, 48: 325.

[13] Corbato F J. Generation of spherical bessel function in digital computers. J. of the Associ. Computing Machinery, 1959, 6: 366.

[14] Schenck H A. Improved integral formulation for acoustic radiation problems. JASA, 1968, 44: 41.

[15] Chertock G. Sound radiation from vibrating surface. JASA, 1964, 36: 1305.

[16] Smith R R, Hunt J T, Barach D. Finite element analysis of acoustically radiating structures with application to sonar transducers. JASA, 1973, 54: 1277.

[17] Hunt J T, Knittel M R, Barach D. Finite element approach to acoustic radiation from elastic structure. JASA, 1974, 55: 269.

[18] СКУЧИК Е. ОСНОВЫ АКУСТИКИ, 433, МИР, Москва, 1976.

[19] Pritchard R L. Mutal acoustic impendance between radiators in an infinite rigid plane. JASA, 1960, 32: 730.

[20] Arase E M. Mutual radiation impendance of square and rectangular pistons in a rigid infinite baffle. JASA, 1964, 36: 1521.

[21] Greenspon J E, Sherman C H. Mutual-radiation impendance and nearfield pressure for piston on a cylinder. JASA, 1964, 36: 149.

[22] Sherman C H. Mutual radiation impendance of sources on a sphere. JASA, 1959, 31: 947.

[23] New R, Eisler T J. Acoustic radiation from multipole spheres. J. S. and Vib., 1972, 22: 1–17.

[24] Sherman C H. Theoretical mode for mutual radiation resistance of small transducers at an air-water surface. JASA, 1965, 37: 532.

[25] Porter D T. Self-and mutual-radiation impendance and beam patterns for flexural disks in a rigid plane. JASA, 1964, 36: 1154.

[26] Смаарыщев М. Д. Направленность Гидроакустичестческих антенн. ЛСудостроение, 1973.

[27] Шендеров Е. Л. Волновые гидроакустики. стр. 161 Л., Суостроение, 1972.

[28] Fenby R G. Limtation on directional patterns of phase-compensated circular arrays. R. E. E., 1965, 30: 206.

[29] Morse P M. Vibration and Sound. 1948: 319–320.

[30] Roger P H, Van Buren A L. New apporoach to a CBT. JASA, 1978, 64: 38–39.

[31] Jarzynski J, Trott W J. Array shading for a broadband constant directivity transducer. JASA, 1978, 64(5): 1266.

[32] Karamargin M C. Superconductivity application for hign-power acoustic transducers. JASA, 1975, 58(2): 527.

[33] Clark A E, Savege H T. Giant magnetically induced changes in the elastic moduli in Tb0.3, Dy0.7, Fe2, IEEE, SU22, 1975, 50.

[34] Jang S, Nomura S, Cross L E. Electrostriction. Transducer, American Ceramic Bocity Bulletin, 1978, 57(3): 338.

[35] Stephen R W B. Underwater Acoustics. Britain: Wiley-Interscience, 1970.

[36] Bucaro J A, Carome E F, Layton M R. Optical fiber hydrophone. JASA, 1977, 62(Sl), S72(A).

[37] Woodward B. The suitability of polyvinylidene fluoride as an underwater transducer material. Acustica, 1977, 38: 264.

[38] Royster L H. Flextensional underwater acoustic transducer. JASA, 1969, 45: 671.

[39] Beranek L L. 声学. 北京：高等教育出版社, 1959: 240.

[40] Woollett R S. Theory of the piezoelectric flexural disk transducer with applications to underwater sound. PB154257, 1960.

[41] Johnson F H, Woollett R S. A flexural ceramic disk transducer for deep water operation. IEEE Int. Con. Rec., 1963, Part 9.

[42] McMahon G W. Performance of open ferroelectric ceramic cylinders in underwater transducers. JASA, 1964, 36: 528.

[43] Ealesak J F. Low-frequency directional ring hydrophone. JASA, 1977, 61 supplement, S57.

[44] Porter D T. Method for computing the electrical and acoustical behavior of free-flooding cylindrical transducer array. JASA, 1968, 44: 514.

[45] 朱厚卿. 脉冲频谱法换能器低频校准. 声学学报, 1979, 2.

[46] Smits J G. Iterative method for accurate determination of the real and imaginary parts of the materials coefficients of piezoelectric ceramics. IEEE Trans., 1976, SU-23: 393.

[47] Kikuchi Y, Kasai C. A method for measuring the electromechnical coupling factor of piezoelactric materials by means of transient response. Ultrasonics, 1975, 13: 209.

附录 I　海水吸收系数 α 数值表

下表是根据 Schulkin-Marsh (1978) 公式, 对三种盐度 ($S = 30\%, 32\%, 34\%$), 三种 pH(7.6, 7.9, 8.3), 六种温度 ($T = 5$ °C, 10 °C, 15 °C, 20 °C, 25 °C, 30 °C) 在频率范围 ($F = 0.2 \sim 20$ kHz) 范围内所计算的 α (dB/km).

$S = 30\%$　　　　pH = 7.6

F/kHz	$T = 5$ °C	$T = 10$ °C	$T = 15$ °C	$T = 20$ °C	$T = 25$ °C	$T = 30$ °C
0.200	0.002 92	0.002 51	0.002 17	0.001 88	0.001 63	0.001 42
0.250	0.004 47	0.003 86	0.003 34	0.002 90	0.002 53	0.002 21
0.315	0.006 86	0.005 97	0.005 20	0.004 54	0.003 97	0.003 48
0.400	0.010 49	0.009 25	0.008 13	0.007 15	0.006 28	0.005 53
0.500	0.015 25	0.013 66	0.012 16	0.010 79	0.009 55	0.008 45
0.630	0.021 81	0.019 93	0.018 05	0.016 23	0.014 54	0.012 98
0.800	0.030 40	0.028 45	0.026 33	0.024 14	0.021 96	0.019 87
1.000	0.040 02	0.038 27	0.036 21	0.033 90	0.031 42	0.028 89
1.250	0.051 17	0.049 76	0.048 05	0.045 97	0.043 52	0.040 80
1.600	0.065 83	0.064 49	0.063 24	0.061 75	0.059 82	0.057 40
2.000	0.082 53	0.080 37	0.079 08	0.078 04	0.076 82	0.075 14
2.500	0.100 02	0.100 48	0.098 00	0.096 72	0.095 92	0.095 09
3.150	0.138 69	0.129 13	0.123 39	0.120 28	0.118 85	0.118 29
4.000	0.191 96	0.173 07	0.160 60	0.152 90	0.148 65	0.146 73
6.300	0.393 66	0.336 42	0.294 61	0.264 71	0.244 03	0.230 46
8.000	0.597 63	0.501 10	0.428 54	0.374 62	0.335 26	0.307 28
8.500	0.666 40	0.556 68	0.473 71	0.411 61	0.365 81	0.332 79
9.000	0.739 11	0.615 49	0.521 52	0.450 73	0.398 09	0.359 69
10.000	0.896 22	0.742 74	0.625 02	0.535 42	0.467 89	0.417 72
11.000	1.068 68	0.882 71	0.738 99	0.628 68	0.544 70	0.481 45
12.500	1.355 41	1.116 16	0.929 41	0.784 63	0.673 11	0.587 89
13.000	1.458 30	1.200 16	0.998 03	0.840 88	0.719 44	0.626 26
14.000	1.674 74	1.377 26	1.142 92	0.959 73	6.817 35	0.707 38
15.000	1.905 09	1.566 33	1.297 91	1.087 01	0.922 28	0.794 31
17.000	2.405 81	1.979 48	1.637 68	1.366 62	1.153 04	0.985 58
20.000	3.250 19	2.682 94	2.219 81	1.847 52	1.550 88	1.315 77

$S = 30\%$　　　　pH = 7.9

F/kHz	$T = 5$ °C	$T = 10$ °C	$T = 15$ °C	$T = 20$ °C	$T = 25$ °C	$T = 30$ °C
0.200	0.004 50	0.003 88	0.003 35	0.002 91	0.002 54	0.002 22
0.250	0.006 87	0.005 96	0.005 17	0.004 50	0.003 93	0.003 44
0.315	0.010 53	0.009 21	0.008 05	0.007 04	0.006 17	0.005 42
0.400	0.016 06	0.014 23	0.012 56	0.011 07	0.009 76	0.008 61

续表

F/kHz	$T=5$ °C	$T=10$ °C	$T=15$ °C	$T=20$ °C	$T=25$ °C	$T=30$ °C
0.500	0.023 26	0.020 96	0.018 74	0.016 69	0.014 82	0.013 16
0.630	0.033 06	0.030 44	0.027 73	0.025 06	0.022 53	0.020 18
0.800	0.045 63	0.043 15	0.040 26	0.037 13	0.033 94	0.030 82
1.000	0.059 25	0.057 47	0.054 96	0.051 86	0.048 37	0.044 68
1.250	0.074 30	0.073 63	0.072 15	0.069 78	0.066 61	0.062 84
1.600	0.092 72	0.093 21	0.093 26	0.092 47	0.090 63	0.087 74
2.000	0.112 14	0.112 80	0.113 93	0.114 77	0.114 79	0.113 67
2.500	0.136 67	0.135 83	0.136 86	0.138 71	0.140 53	0.141 65
3.150	0.171 85	0.166 71	0.165 42	0.166 65	0.169 26	0.172 26
4.000	0.226 17	0.212 24	0.204 98	0.202 62	0.203 68	0.206 89
6.300	0.428 97	0.377 29	0.341 54	0.318 19	0.304 47	0.298 18
8.000	0.633 23	0.542 42	0.476 17	0.429 15	0.397 26	0.377 26
8.500	0.702 05	0.598 09	0.521 47	0.466 34	0.428 11	0.403 21
9.000	0.774 81	0.656 97	0.569 39	0.505 64	0.460 65	0.430 49
10.000	0.932 00	0.784 33	0.673 07	0.590 59	0.530 84	0.489 10
11.000	1.104 51	0.924 39	0.787 17	0.684 06	0.607 95	0.553 28
12.500	1.391 30	1.157 93	0.977 74	0.840 23	0.736 69	0.660 19
13.000	1.494 20	1.241 95	1.046 40	0.896 53	0.783 10	0.698 70
14.000	1.710 67	1.419 09	1.191 35	1.015 47	0.881 17	0.780 03
15.000	1.941 04	1.608 20	1.346 38	1.142 83	0.986 21	0.867 13
17.000	2.441 79	2.021 39	1.686 24	1.422 56	1.217 14	1.058 66
20.000	3.286 20	2.724 91	2.268 44	1.903 58	1.615 16	1.389 11

$S=30\%$　　pH $=8.3$

F/kHz	$T=5$ °C	$T=10$ °C	$T=15$ °C	$T=20$ °C	$T=25$ °C	$T=30$ °C
0.200	0.008 19	0.007 08	0.006 14	0.005 34	0.004 66	0.004 08
0.250	0.012 50	0.010 87	0.009 46	0.008 26	0.007 22	0.006 34
0.315	0.019 13	0.016 79	0.014 71	0.012 90	0.011 33	0.009 96
0.400	0.029 11	0.025 90	0.022 94	0.020 27	0.017 90	0.015 82
0.500	0.042 03	0.038 05	0.034 17	0.030 52	0.027 18	0.024 17
0.630	0.059 41	0.055 07	0.050 42	0.045 74	0.041 24	0.037 03
0.800	0.081 31	0.077 60	0.072 88	0.067 55	0.061 99	0.056 47
1.000	0.104 31	0.102 45	0.098 89	0.093 95	0.088 07	0.081 69
1.250	0.128 46	0.129 56	0.128 59	0.125 53	0.120 68	0.114 46
1.600	0.155 69	0.160 47	0.163 58	0.164 42	0.162 79	0.158 81
2.000	0.181 48	0.188 75	0.195 56	0.200 81	0.203 73	0.203 90
2.500	0.210 80	0.218 62	0.227 86	0.237 08	0.245 02	0.250 70
3.150	0.249 52	0.254 72	0.263 87	0.275 26	0.287 33	0.298 66
4.000	0.306 31	0.303 99	0.308 92	0.319 06	0.332 58	0.347 79
6.300	0.511 67	0.472 99	0.451 46	0.443 44	0.446 03	0.456 80
8.000	0.716 61	0.639 20	0.587 73	0.556 88	0.542 47	0.541 17

续表

F/kHz	$T=5$ °C	$T=10$ °C	$T=15$ °C	$T=20$ °C	$T=25$ °C	$T=30$ °C
8.500	0.785 57	0.695 07	0.633 35	0.594 54	0.574 03	0.568 15
9.000	0.858 43	0.754 12	0.681 53	0.634 24	0.607 16	0.596 29
10.000	1.015 79	0.881 75	0.785 62	0.719 82	0.678 30	0.656 29
11.000	1.188 42	1.022 00	0.900 03	0.813 76	0.756 11	0.721 50
12.500	1.475 36	1.255 77	1.090 93	0.970 43	0.885 62	0.829 55
13.000	1.578 29	1.339 84	1.159 68	1.026 87	0.932 22	0.868 35
14.000	1.794 82	1.517 08	1.304 78	1.146 04	1.030 62	0.950 18
15.000	2.025 24	1.706 26	1.459 93	1.273 58	1.135 94	1.037 68
17.000	2.526 06	2.119 57	1.799 97	1.553 58	1.367 29	1.229 83
20.000	3.370 54	2.823 20	2.382 34	2.034 87	1.765 71	1.560 88

$S=32\%$　　pH $=7.6$

F/kHz	$T=5$ °C	$T=10$ °C	$T=15$ °C	$T=20$ °C	$T=25$ °C	$T=30$ °C
0.200	0.002 87	0.002 46	0.002 12	0.001 83	0.001 59	0.001 39
0.250	0.004 39	0.003 79	0.003 28	0.002 84	0.002 47	0.002 16
0.315	0.006 76	0.005 87	0.005 11	0.004 45	0.003 88	0.003 40
0.400	0.010 37	0.009 12	0.008 00	0.007 01	0.006 15	0.005 41
0.500	0.015 15	0.013 51	0.011 99	0.010 61	0.009 38	0.008 29
0.630	0.021 79	0.019 82	0.017 87	0.016 03	0.014 31	0.012 75
0.800	0.030 61	0.028 48	0.026 23	0.023 94	0.021 71	0.019 58
1.000	0.040 61	0.038 60	0.036 32	0.033 83	0.031 22	0.028 59
1.250	0.052 35	0.050 58	0.045 56	0.046 20	0.043 52	0.040 62
1.600	0.067 90	0.066 13	0.064 48	0.062 60	0.060 31	0.057 58
2.000	0.085 70	0.083 02	0.081 24	0.079 74	0.078 07	0.075 96
2.500	0.109 67	0.104 46	0.101 39	0.099 56	0.098 24	0.096 89
3.150	0.145 53	0.135 00	0.125 46	0.124 68	0.122 63	0.121 47
4.000	0.202 24	0.181 80	0.168 13	0.159 47	0.154 40	0.151 78
6.300	0.416 83	0.355 62	0.310 77	0.278 55	0.256 06	0.241 05
8.000	0.633 77	0.530 80	0.453 25	0.395 50	0.353 16	0.322 86
8.500	0.706 92	0.589 92	0.501 31	0.434 85	0.385 67	0.350 02
9.000	0.784 25	0.652 47	0.552 16	0.476 47	0.420 02	0.378 65
10.000	0.951 34	0.787 80	0.662 25	0.566 55	0.494 27	0.440 40
11.000	1.134 75	0.936 67	0.783 47	0.665 76	0.575 99	0.508 21
12.500	1.439 69	1.184 96	0.986 00	0.831 64	0.712 58	0.621 44
13.000	1.549 10	1.274 29	1.058 99	0.891 46	0.761 86	0.662 26
14.000	1.779 27	1.462 64	1.213 08	1.017 87	0.866 01	0.748 55
15.000	2.024 22	1.663 71	1.377 92	1.153 24	0.977 61	0.841 02
17.000	2.556 65	2.103 07	1.735 27	1.450 62	1.223 05	1.044 46
20.000	3.454 44	2.851 12	2.358 34	1.962 08	1.646 18	1.395 66

$S = 32\%$　　　　pH = 7.9

F/kHz	$T = 5$ °C	$T = 10$ °C	$T = 15$ °C	$T = 20$ °C	$T = 25$ °C	$T = 30$ °C
0.200	0.004 40	0.003 79	0.003 27	0.002 84	0.002 47	0.002 16
0.250	0.006 73	0.005 83	0.005 05	0.004 40	0.003 83	0.003 36
0.315	0.010 34	0.009 02	0.007 87	0.006 88	0.006 02	0.005 28
0.400	0.015 82	0.013 98	0.012 31	0.010 83	0.009 53	0.008 40
0.500	0.023 01	0.020 66	0.018 42	0.016 37	0.014 51	0.012 86
0.630	0.032 90	0.030 16	0.027 37	0.024 66	0.022 11	0.019 76
0.800	0.045 76	0.043 04	0.039 96	0.036 71	0.033 44	0.030 28
1.000	0.059 88	0.057 74	0.054 92	0.051 58	0.047 90	0.044 10
1.250	0.075 67	0.074 55	0.072 64	0.069 88	0.066 38	0.062 36
1.600	0.095 20	0.095 18	0.094 71	0.093 39	0.091 06	0.087 73
2.000	0.115 91	0.116 01	0.116 57	0.116 82	0.116 23	0.114 52
2.500	0.142 09	0.140 58	0.140 98	0.142 21	0.143 38	0.143 81
3.150	0.179 60	0.173 53	0.171 47	0.172 01	0.173 94	0.176 22
4.000	0.237 46	0.222 07	0.213 68	0.210 41	0.210 68	0.213 14
6.300	0.453 24	0.397 74	0.359 12	0.333 59	0.318 20	0.310 60
8.000	0.670 51	0.573 42	0.502 37	0.451 70	0.417 01	0.394 88
8.500	0.743 71	0.632 63	0.550 57	0.491 27	0.449 85	0.422 52
9.000	0.821 10	0.695 26	0.601 54	0.533 08	0.484 48	0.451 55
10.000	0.988 27	0.830 73	0.711 83	0.623 46	0.559 18	0.513 95
11.000	1.171 74	0.979 69	0.833 19	0.722 88	0.641 22	0.582 25
12.500	1.476 74	1.228 08	1.035 88	0.889 00	0.778 17	0.696 00
13.000	1.580 17	1.317 43	1.108 91	0.948 89	0.827 54	0.736 97
14.000	1.816 37	1.505 82	1.263 07	1.075 40	0.931 85	0.823 49
15.000	2.061 34	1.706 94	1.427 96	1.210 86	1.043 58	0.916 14
17.000	2.593 80	2.146 35	1.789 40	1.508 37	1.289 21	1.119 88
20.000	3.491 62	2.894 45	2.408 55	2.019 95	1.712 53	1.471 35

$S = 32\%$　　　　pH = 8.3

F/kHz	$T = 5$ °C	$T = 10$ °C	$T = 15$ °C	$T = 20$ °C	$T = 25$ °C	$T = 30$ °C
0.200	0.007 98	0.006 89	0.005 97	0.005 19	0.004 53	0.003 96
0.250	0.012 20	0.010 60	0.009 22	0.008 03	0.007 02	0.006 16
0.315	0.018 71	0.016 39	0.014 35	0.012 57	0.011 02	0.009 69
0.400	0.028 58	0.025 36	0.022 42	0.019 78	0.017 44	0.015 40
0.500	0.041 44	0.037 39	0.033 48	0.029 84	0.026 53	0.023 57
0.630	0.058 93	0.054 39	0.049 62	0.044 88	0.040 37	0.036 19
0.800	0.081 24	0.077 13	0.072 12	0.066 60	0.060 92	0.055 35
1.000	0.105 00	0.102 57	0.098 49	0.093 15	0.086 99	0.080 41
1.250	0.130 30	0.130 70	0.129 02	0.125 33	0.119 93	0.113 29
1.600	0.159 16	0.163 21	0.165 51	0.165 51	0.163 07	0.158 35
2.000	0.186 67	0.193 27	0.199 30	0.203 66	0.205 63	0.204 82
2.500	0.218 03	0.225 19	0.233 71	0.242 11	0.249 10	0.253 73

续表

F/kHz	$T=5$ °C	$T=10$ °C	$T=15$ °C	$T=20$ °C	$T=25$ °C	$T=30$ °C
3.150	0.259 38	0.263 78	0.272 21	0.282 87	0.294 10	0.304 46
4.000	0.319 94	0.316 39	0.320 38	0.329 74	0.342 49	0.356 87
6.300	0.538 53	0.496 40	0.472 35	0.462 50	0.463 75	0.473 50
8.000	0.756 55	0.673 25	0.617 40	0.583 33	0.566 57	0.563 55
8.500	0.829 90	0.732 69	0,665 94	0.623 42	0.600 18	0.592 32
9.000	0.907 40	0.795 50	0.717 21	0.665 67	0.635 46	0.622 30
10.000	1.074 76	0.931 26	0.827 95	0.756 74	0.711 19	0.686 21
11.000	1.258 37	1.080 44	0.949 65	0.856 68	0.794 00	0.755 65
12.500	1.563 52	1.329 07	1.152 71	1.023 36	0.931 80	0.870 64
13.000	1.672 99	1.418 49	1.225 83	1.083 39	0.981 38	0.911 93
14.000	1.903 25	1.606 98	1.380 16	1.210 15	1.086 06	0.999 00
15.000	2.148 28	1.808 18	1.545 18	1.345 81	1.198 10	1.092 10
17.000	2.680 82	2.247 71	1.906 82	1.643 62	1.444 18	1.296 51
20.000	3.578 72	2.995 94	2.526 16	2.155 49	1.867 94	1.648 65

$S=34\%$　　　　pH = 7.6

F/kHz	$T=5$ °C	$T=10$ °C	$T=15$ °C	$T=20$ °C	$T=25$ °C	$T=30$ °C
0.200	0.002 82	0.002 42	0.002 08	0.001 80	0.001 56	0.001 36
0.250	0.004 33	0.003 73	0.003 22	0.002 79	0.002 42	0.002 11
0.315	0.006 67	0.005 78	0.005 02	0.004 37	0.003 81	0.003 33
0.400	0.010 27	0.009 00	0.007 88	0.006 90	0.006 04	0.005 30
0.500	0.015 06	0.013 38	0.011 84	0.010 46	0.009 22	0.008 14
0.630	0.021 78	0.019 72	0.017 72	0.015 84	0.014 11	0.012 55
0.800	0.030 80	0.028 51	0.026 14	0.023 77	0.021 48	0.019 32
1.000	0.041 17	0.038 90	0.036 41	0.033 76	0.031 03	0.028 33
1.250	0.053 47	0.051 37	0.049 04	0.046 41	0.043 51	0.040 44
1.600	0.069 90	0.067 71	0.065 65	0.633 9	0.060 76	0.057 74
2.000	0.088 79	0.085 59	0.083 33	0.081 36	0.079 24	0.076 72
2.500	0.114 24	0.108 35	0.104 69	0.102 31	0.100 45	0.098 58
3.150	0.152 31	0.140 78	0.133 44	0.128 96	0.126 28	0.124 52
4.000	0.212 46	0.190 45	0.175 55	0.165 92	0.160 03	0.156 67
6.300	0.439 93	0.374 75	0.326 85	0.292 27	0.267 95	0.251 50
8.000	0.669 86	0.560 42	0.477 89	0.416 27	0.370 94	0.338 31
8.500	0.747 37	0.623 07	0.528 82	0.457 99	0.405 41	0.367 12
9.000	0.829 33	0.689 37	0.582 72	0.502 11	0.441 83	0.397 48
10.000	1.006 40	0.832 80	0.699 40	0.597 59	0.520 55	0.462 94
11.000	1.200 76	0.990 57	0.827 87	0.702 74	0.607 16	0.534 84
12.500	1.523 90	1.253 69	1.042 51	0.878 54	0.751 94	0.654 86
13.000	1.639 84	1.348 35	1.119 86	0.941 94	0.804 16	0.698 13
14.000	1.883 74	1.547 94	1.283 16	1.075 91	0.914 55	0.789 59
15.000	2.143 29	1.761 02	1.457 84	1.219 38	1.032 83	0.887 60
17.000	2.707 44	2.226 59	1.840 78	1.534 53	1.292 94	1.103 22
20.000	3.658 62	3.019 22	2.496 79	2.076 53	1.741 37	1.475 42

$S = 34\%$　　pH = 7.9

F/kHz	$T = 5$ °C	$T = 10$ °C	$T = 15$ °C	$T = 20$ °C	$T = 25$ °C	$T = 30$ °C
0.200	0.004 31	0.003 71	0.003 20	0.002 77	0.002 41	0.002 11
0.250	0.006 60	0.005 71	0.004 95	0.004 30	0.003 75	0.003 28
0.315	0.010 16	0.008 85	0.007 71	0.006 73	0.005 89	0.005 16
0.400	0.015 60	0.013 75	0.012 90	0.010 62	0.009 33	0.008 21
0.500	0.022 78	0.020 38	0.018 13	0.016 07	0.014 22	0.012 59
0.630	0.032 75	0.029 89	0.027 04	0.024 29	0.021 72	0.019 39
0.800	0.045 86	0.042 92	0.039 67	0.036 31	0.032 98	0.029 79
1.000	0.060 45	0.057 97	0.054 86	0.051 29	0.047 46	0.043 55
1.250	0.076 96	0.075 40	0.073 07	0.069 94	0.066 15	0.061 89
1.600	0.097 59	0.097 04	0.096 05	0.094 23	0.091 42	0.087 68
2.000	0.119 57	0.119 09	0.119 07	0.118 73	0.117 55	0.115 26
2.500	0.147 39	0.145 20	0.144 96	0.145 55	0.146 06	0.145 81
3.150	0.187 23	0.180 22	0.177 37	0.177 19	0.178 41	0.179 97
4.000	0.248 63	0.231 76	0.222 23	0.218 02	0.217 47	0.219 16
6.300	0.477 41	0.418 08	0.376 55	0.348 82	0.331 73	0.322 79
8.000	0.707 69	0.604 30	0.528 43	0.474 80	0.436 58	0.412 27
8.500	0.785 27	0.667 08	0.579 52	0.516 03	0.471 41	0.441 60
9.000	0.867 28	0.733 44	0.633 56	0.560 36	0.508 13	0.472 40
10.000	1.044 45	0.877 01	0.750 45	0.656 16	0.587 32	0.538 58
11.000	1.238 87	1.034 88	0.879 08	0.761 55	0.674 30	0.611 00
12.500	1.562 08	1.298 11	1.093 89	0.937 62	0.819 47	0.731 60
13.000	1.678 04	1.392 80	1.171 28	1.001 09	0.871 80	0.775 02
14.000	1.921 97	1.592 44	1.334 66	1.135 17	0.982 35	0.866 74
15.000	2.181 54	1.805 56	1.509 41	1.278 74	1.100 78	0.964 95
17.000	2.745 72	2.271 18	1.892 43	1.594 02	1.361 10	1.180 89
20.000	3.696 95	3.033 88	2.548 54	2.136 17	1.809 73	1.553 40

$S = 34\%$　　pH = 8.3

F/kHz	$T = 5$ °C	$T = 10$ °C	$T = 15$ °C	$T = 20$ °C	$T = 25$ °C	$T = 30$ °C
0.200	0.007 79	0.006 73	0.005 82	0.005 06	0.004 41	0.003 86
0.250	0.011 93	0.010 35	0.008 99	0.007 83	0.006 84	0.006 00
0.315	0.018 33	0.016 03	0.014 02	0.012 26	0.010 75	0.009 44
0.400	0.028 09	0.024 86	0.021 94	0.019 33	0.017 03	0.015 02
0.500	0.040 88	0.036 77	0.032 85	0.029 22	0.025 94	0.023 01
0.630	0.058 45	0.053 73	0.048 86	0.044 08	0.039 56	0.035 40
0.800	0.081 13	0.076 66	0.071 38	0.065 69	0.059 92	0.054 31
1.000	0.105 60	0.102 61	0.098 07	0.092 37	0.085 94	0.079 20
1.250	0.131 98	0.131 69	0.129 35	0.125 05	0.119 16	0.112 14
1.600	0.162 42	0.165 74	0.167 25	0.166 44	0.163 22	0.157 81
2.000	0.191 66	0.197 54	0.202 78	0.206 26	0.207 29	0.205 55

续表

F/kHz	$T = 5$ °C	$T = 10$ °C	$T = 15$ °C	$T = 20$ °C	$T = 25$ °C	$T = 30$ °C
2.500	0.225 04	0.231 49	0.236 27	0.246 83	0.252 87	0.256 44
3.150	0.269 03	0.272 59	0.280 26	0.290 14	0.300 50	0.309 85
4.000	0.444 46	0.328 54	0.331 55	0.340 07	0.352 01	0.365 50
6.300	0.565 20	0.519 57	0.492 96	0.481 25	0.481 11	0.489 77
8.000	0.796 30	0.707 08	0.646 81	0.609 47	0.590 30	0.585 51
8.500	0.874 03	0.770 08	0.698 28	0.651 99	0.625 97	0.616 06
9.000	0.956 18	0.086 66	0.752 63	0.696 79	0.663 40	0.647 90
10.000	1.133 55	0.980 56	0.870 02	0.793 35	0.743 73	0.715 72
11.000	1.328 12	1.138 67	0.999 02	0.899 31	0.831 54	0.789 39
12.500	1.651 50	1.402 16	1.214 24	1.075 99	0.979 63	0.911 34
13.000	1.767 50	1.496 92	1.291 73	1.139 62	1.030 20	0.955 12
14.000	2.011 50	1.696 67	1.455 29	1.273 97	1.141 17	1.047 43
15.000	2.271 13	1.909 88	1.630 17	1.417 75	1.259 91	1.146 13
17.000	2.835 40	2.375 64	2.013 42	1.733 37	1.520 73	1.362 80
20.000	3.786 71	3.168 47	2.669 73	2.275 83	1.969 85	1.736 03

附录II 符 号 表

第一章

τ	延时
Ω	频移
θ	方位角
(S/N)	信噪比
SL	声源级
TL	传播损失
RL	混响级
TS	目标反射强度
DT	检测阈
DI	接收指向性指数
NL	噪声级
$g_{ss}(\tau,\Omega)$	信号 $S(t)$ 的模糊度函数
$e(\theta_H,\theta_r)$	系统指向性函数
$D(\theta_H,\theta_r)$	角模糊度函数
$e(z;x,y,t)$	声速
ρ	密度
$h(\tau)$	线性系统的响应函数 (频响)
$\bar{R}_s(\tau,\phi)$	信道的散射函数
$\chi_s(\omega)$	发射信号的功率谱
$x_{ss}(\tau,\Omega)$	信号 $s(t)$ 的频移自相关函数
$X_s(\omega)$	发射信号的功率谱

第二章

K_a	绝热压缩系数
T	温度
S	盐度
z	深度
P	静压力
α	声吸收系数
μ_z	切变黏滞性
μ_v	体积黏滞系数
f	频率, 声波频率
m_ϕ	沉积物平均粒径
n_p	孔隙率
$V(\phi)$	海底反射系数, ϕ 为掠射角
m	海底密度/海水密度
n	折射率 $=$ 海水声速/海底声速
η	损耗因子
Q	小掠角海底反射损失率 $-\ln\lvert V(\theta)\rvert = Q\cdot\theta$
α_i	表面张力
g	重力加速度
u	风速
ξ	海面随机位移, 内波的随机位移
σ_ξ	均方位移
$H_{p\%}$	$p\%$ 保证率波高
$H_{1/3}$	显著性波高
$\langle H\rangle$	平均波高
ω_i	惯性频率
$N(z)$	Väisälä频率
$W(z)$	内波垂直振幅
ω_g	内波频率

第三章

k	波数
$H_0^{(1)}(x)$	零阶第一类 Hankel 函数
$U_n(z)$	归一化本征函数
N_n	归一因子
μ_n	简正波本征值 $\mu_n \equiv k_0\sin\theta_n = k_0\cos\alpha_n$
$A_i(x), B_i(x)$	艾利函数
u_l	群速, 第 l 号简正波群速

S_l 简正波跨度
β_l 简正波指数衰减因子
R_b 海底能量反射系数
R_S 海面能量反射系数
$v(t)$ 艾利函数

第四章

D_l 反转宽度
μ_l 简正波波数
β_l 简正波指数衰减因子
ω_l 简正波临界频率
c_l 简正波相速度
N_l 简正波函数归一因子
$A_l(z)$ 平滑平均深度函数

$$A_l(z) \equiv \frac{1}{E_l}\overline{|F_l(z)^2|}$$
$$= \overline{|U_l(z)|^2}$$
$$= \frac{1}{\Delta(z)}\int_{\Delta(z)} \left|u_l(z)^2\right| \mathrm{d}z$$

$\widehat{(z, z_0)}$ 取 z 与 z_0 中较小者
$\overbrace{(z, z_0)}$ 取 z 与 z_0 中较大者

第五章

α_s 混合层随的漏声系数
H 混合层厚度
γ 声速梯度 $\left(\frac{\mathrm{d}c}{\mathrm{d}z}\right)$
λ_n 简正波复本征值: $\lambda_n = k_n + \mathrm{i}\tau_n$
σ 起伏表面均方波高
$h_{1/3}$ 起伏表面 "显著性波高"
V 风速
a 声速相对梯度 $\frac{1}{c_0}\left(\frac{\mathrm{d}c}{\mathrm{d}z}\right)$
$F(\mu, t)$ 第一类椭圆积分
G 会聚增益
α 抛物线声速剖面的声速参数
f_c 会聚函数
n_l 同相叠加有效数
η_l, ξ_l 水下声道中 l 号简正波上、简正波上、下反转深度
h_0 声道轴深度
h 海深
N 会聚带序号
S_l 第 l 号简正波跨度函数

第六章

S' 散射系数
$S_{S,V}$ 散射强度 (表面, 体积)
RL 混响级
$b(\phi, \theta)$ 指向性图案
τ 发射脉宽
μ_b 海底散射系数
$I_R(t)$ 混响强度
$B(t, \tau)$ 混响自相关函数
I_{Re} $I_R(t)$ 的非相干部分
I_{Rc} $I_R(t)$ 的相干部分
$B_c(t, \tau)$ $B(t, \tau)$ 的相干部分
$r(t)$ 混响振幅
η 振幅起伏率
$\sigma_S, \tilde{v}, b$ 海面, 体积, 海底单个散射体的散射系数
$\mathrm{P_{rob}}[x]$ x 的概率分布
d $d \equiv \frac{\sigma_f^2}{\sigma_b^2} = \frac{\sigma_s^2 + \sigma_v^2}{\sigma_b^2}$
q $q \equiv \frac{r_b(t)}{\sqrt{2}\sigma_f(t)}$
NL 噪声谱级
u 风速
$\psi(r_1, r_2, \tau)$ 噪声场相关函数
$K_{r-r'}(\mathrm{i}\omega)$ 点源单频辐射场响应函数
$h_{r-r'}(\xi)$ 点源单频辐射场传递函数
$R_{r_1 r_2}(\tau)$ 噪声源时空相关函数
I_N 无指向性水听器接收的噪声场
$F_{\pm}(\alpha_1)$ 噪声场指向性函数
$g(\alpha)$ 面噪声源的辐射指向性

$V(\alpha)$ 海面反射系数
$V_1(\alpha)$ 海底反射系数
β_1 海水介质吸收系数
$\phi_m(z)$ 第 m 号简正波深度分布函数
k_m 第 m 号简正波水平波数
δ_m 第 m 号简正波指数衰减系数
α_i 垂直线源噪声的加权系数
β_i 接收线阵的加权系数
U_m 第 m 号简正波的传输因子

第七章

TS 目标强度
I_s 回声强度
I_t 入射强度
c 弹性比 (反射介质与入射介质)
k 声波波数
a 球半径
$g(x)$ 发射信号频谱
$f_\infty(x)$ 发射体的频响
R_θ 目标反射因子
j_m, n_m 球 Bessel 函数, 球 Newmann 函数
$P_m(\cos\theta)$ 勒让德函数
σ 反向散射截面
K 压缩系数
γ 气囊比热
μ 鱼体组织切变模量的实部
L 鱼体长
S 实测散射截面列矢量
S_i 第 i 个频率上的散射截面
C 预报散射截面
C_i 第 i 个频率上的散射截面 (S_i 的元素)
n_j 生物体分布密度
$R(\tau)$ 舰船辐射噪声自相关函数
$G(\omega)$ 舰船辐射噪声功率谱
$G(t,f)$ 舰船辐射噪声时变功率谱
$G_L(f)$ 舰船辐射噪声中线谱部分
$G_x(f)$ 舰船辐射噪声平稳高斯部分
$m(t)$ 舰船辐射噪声调制函数
$m(f)$ 舰船辐射噪声调制深度函数

第八章

$Re=\dfrac{L'V}{v_0}$ 雷诺数, V 为平均流速, L 为特征长度, v_0 为动粘系数
$D_n(r)$ 随机量 n 的结构函数
$R_n(r)$ 随机量 n 的自相关函数
μ 折射率的起伏部分
μ_n^0 分层介质波导中的本征值, 波数的水平分量
Λ 衍射参量是菲涅耳带与相关尺度的比
Φ^2 表示起伏强度参量 $\sim k_0^2 DL\langle\mu^2\rangle$
l_0 温度起伏场内标
L_0 温度起伏场外标
$D_t(r)$ 温度场结构函数
W_i 惯性频率
$N(z)$ Väisälä频率
W_g 内波频率
ξ 内波垂直位移
$E(\alpha,\omega_g)$ 内波能量谱
$F_I(\omega_g)$ 内波引起强度起伏谱
v_l^2 第 l 个单途相位起伏速率均方值
$R(X)$ 信号场横向相关系数
V_R 界面瑞利反射系数
σ^2 随机界面均方值
$W_a(\xi)$ 随机界面的声学估计 P. D. F.
$W_s(\xi)$ 随机界面的实际 P. D. F.
$N(\rho)$ 随机界面的相关函数
$G(\xi)$ 随机界面的功率谱

第九章

$u_l(\xi)$ 归一化本征函数
$\xi = z/H$ 无量纲深度, 归一化深度
$v(r,z,\phi)$ 介质吸收系数
$n(r,z,\phi)$ 介质折射系数
$A_j(r_s,z_s)$ 垂直阵中第 j 个水听器接收 (r_s,z_s) 点源场幅度

$\phi_j(r_s, z_s)$	垂直阵中第 j 个水听器
	接收 (r_s, z_s) 点源场相位
G	阵增益
S/N	信噪比
A_L	点源场近点异常传播
$W(z_i)$	垂直阵加权函数
$n_{\text{eff}}(r_s)$	水平距离为 r_s 时间
	有效简正波号数
λ	声波波长

第十章

$F_x(\omega)$	随机信号 $x(t)$ 的傅里叶变换频谱
$S_x(\omega)$	$x(t)$ 的自功率谱
$R_x(\tau)$	$x(t)$ 的自相关函数
$F_{x,y}(\omega)$	$x(t)$ 和 $y(t)$ 的互功率谱
$R_{x,y}(\tau)$	$x(t)$ 和 $y(t)$ 的互相关函数
$\tilde{f}(t)$	窄带信号 $f(t)$ 的复包络
$f_p(t)$	窄带信号 $f(t)$ 的预包络
$\tilde{f}(t)$	窄带信号 $f(t)$ 的希尔伯特变换
$p(y)$	随机变量 y 的概率密度函数
$c(\text{j}\omega)$	特征函数
R	协方差矩阵
Y	随机矢量
$h(\tau)$	线性系统脉冲响应
$H(\text{j}\omega)$	线性系统传输函数
$L_x(s)$	$x(t)$ 的拉氏变换
$x(z)$	$x(t)$ 的 z 变换
$\Lambda(y)$	似然比
P_F	虚警概率
P_D	检测概率
r	观测数据时间采样 (或时
	空采样) 组成的矢量
s	信号矢量
n	噪声矢量
R	n 的协方差矩阵
b	s 的离散傅里叶变换
a	n 的离散傅里叶变换
F	r 的离散傅里叶变换
B	s 的互功率谱矩阵
Q	n 的互功率谱矩阵
P	r 的互功率谱矩阵
$S_{s,r}$	s 和 r 的互相关矢量
u	信号的定向矢量
$\hat{S}$	S 的估值
$\hat{b}$	b 的估值
d	平面波干扰矢量的傅里叶变换
V	平向波干扰的定向矢量
D	d 的协方差矩阵
d^2	检测指数
$b(f_l)$	信号的频率
γ	相干系数
$\Gamma(f, t, x, y, z)$	广义时频空相干函数
$R_s(\tau, \phi, \theta_x, \theta_y, \theta_z)$	散射函数
tr[ ]	矩阵的迹
W	权系数矢量
H	传输函数矢量
$(\hat{\alpha} - \alpha)$	代价函数
$x(\tau)$	信号的自相关函数
$\|x(\tau)\|^2$	信号的模糊度函数
CR	克拉莫–罗界限

第十二章

t_1, t_2	起始时间
T	系统动能, 应力, 周期
U	系统的应变能
W	边界上外力所做的功, 位移, 能量
δ	变分号, 端部位移
t	曲梁厚度, 时间, 壁厚
r	梁的曲率半径, 距离
M_φ	弯距
E	杨氏模量, 电场强度
A	曲梁的横截面积, 面积
u	径向位移, 输出电压
N_φ	法向力
μ	线密度
I	惯性距, 电流

b	宽度
n	梁的数目, 振动模式的阶数
φ	中心角, 转角, 速度势, 相位
V	泛函, 电压, 切力, 体积
T_0	振动周期
ω	角频率
θ	曲梁的半开角, 角度, 阵元张角
$F(\varphi)$	切向位移的准静态解
$f(t)$	边界随时间的变换函数, 脉冲波形
Φ_n	固定边界时, 变截面曲梁的本征函数
ω_n	固定边界时, 变截面曲梁的本征值
$A_n(t)$	待定系数
C_n	$F(\varphi)$ 展开式的系数
ω_r	共振角频率
M_0	$\varphi=0$ 处的弯距
H	端部的水平力
h	曲梁的曲梁中心到回转轴的距离
$A(\theta)$	$\dfrac{1}{\sqrt{1-\dfrac{h^2}{r^2}}}\mathrm{th}^{-1}\cdot\dfrac{\sqrt{1-\dfrac{h^2}{r^2}}\sin\theta}{1+\dfrac{h}{r}\cos\theta}$
k_s	壳体力劲
M_s	壳体等效质量
Q_s	两端面遮住时的声源强度
f	频率
d	端面直径, 阵元间距, 测量时间距
$C(\theta)$	源强计算中的参数
H_n^{mi}	埃尔米特多项式
$[q_i]$	i 元节点处位移和斜率的矩阵表示
$[\alpha]$	位移表达式中的系数矩阵
$[N(x)]$	有限元的形状函数矩阵
l_i	有限元的长度
YI	抗弯刚度
$H^{(\mathrm{e})}$	有限元的泛函
p	外力, 表面声压, 声压, 概率
$[M^{\mathrm{e}}]$	元的质量矩阵
$[K^{\mathrm{e}}]$	元的刚度矩阵
$[F^{\mathrm{e}}]$	元的荷载矩阵
$[M^*]$	质量矩阵
$[K^*]$	刚度矩阵
$[F^*]$	荷载矩阵
n	有限元数目, 法线
Y_m	金属的杨氏模量
Y_c	陶瓷的杨氏模量
S	应变
$2h, h_0$	金属和陶瓷的厚度
S_{ij}^{R}	压电材料的顺性系数
d_{ij}	压电应变系数
$\varepsilon_{ij}^{\mathrm{T}}$	自由状态下的介电常数
D_i	电位移
k_{ij}	机电耦合系数
B	$k_{31}^2[d_{31}(1-k_{31}^2)]^{-1}$, 电纳
ε_{ij}^{S}	卡住状态下的介电常数
r_b, r_h, r_Y	分别为 $\dfrac{b_c}{b_m}, \dfrac{h_c}{h_m}, \dfrac{Y_c}{Y_m}$
ρ_p, r_L, r_{hL}	分别为 $\dfrac{\rho_c}{\rho_m}, \dfrac{l_i}{L}, \dfrac{h_m}{L}$
ρ	体密度
L	全长, 圆管高度
ξ	$\dfrac{x-x_{i-1}}{x_i-x_{i-1}}$
$[E], [H]$	应变能表示式中的矩阵
$[J]$	动能表示式中的矩阵
$[K_i]$	i 元的刚度矩阵
$[p]$	外力矩阵 (包含压电力)
$[D]$	整个位移斜率的矩阵
Q	电荷
C	电容
Y	电导纳
g	动生导纳
Ω	共振频率参数, 角频率
F	力
v_0, v	参考点速度, 振速
a_{ij}	四端网络系数
u_0	参考点位移
R_0	圆管的平均半径

u_1, u_3	圆管高度径向方向位移
μ_n	表示径向和高度振动之间耦合的数
k	波数
ω_{R}	圆环的共振频率
σ	泊松比
W_a	声场对换能器所做的功
W_l	弹性能
W_k	动能
W_{em}	机电耦合能
W_{e}	电能
K	等效力劲
M	等效质量
Z_m	机械阻抗
N_i	机电转换系数, 选取的点数, 起始阵元号总圈匝数
$h_m^{(1)}(kr)$	球汉克尔函数
$P_m^n(\cos\theta)$	勒让德函数 $(m=0)$, 第一类连带勒让德函数
b_m	展开系数
j_m	球贝塞尔函数
n_m	球牛曼函数
Z_A	声阻抗
R_m	虚设声源到场点的距离
$J(x)$	贝塞尔函数
$N(x)$	牛曼函数
n_ξ	ξ 点处的法线
m_r	单位面积上的辐射质量
ρ_u	弹性体密度
$b(x,t)$	外力函数
C_u	四级弹性张量
$u(x,t)$	三维位移矢量
ϕ_i	位移的形状函数
$[U]$	节点的位移矩阵
$[F_a]$	声辐射引起的负载力矩阵
$n(s)$	单位法线
$[F_E]$	结构内的电策动力矩阵
$\psi_i(s)$	表面声压和振速的形状函数
A_{ij}, B_{ij}	A 和 B 矩阵的距元
$[Z(\omega)]$	声阻抗矩阵
K_{uv}	电短路时, 单位位移所产生的电荷
K_{VV}	电容
F_{V_j}	j 元上, 由电压 V_j 所产生的压电力
Z_{ij}	互辐射阻抗
p_{ij}	i 元辐射在 j 元上所产生的声压
z_{ij}	互阻抗系数
Z_j	j 元的力阻抗
Z_{0j}	j 元在空气中的力阻抗
II	机电转换系数
$G(r_j, r_i)$	格林函数
$H_0^{(2)}(kr)$	Hankel 函数
G_N	声硬障板下的格林函数
$f(r_i)$	辐射表面的振速分布函数
G_D	声软障板下的格林函数
G_I	阻抗障板下的格林函数
z_{ij}^{∞}	无限长圆柱面上两活塞之间的互阻抗系数
$R_i(\theta)$	i 元的方向性函数
$\varGamma$	伽马函数; 力阻抗中的抗部
Z_{ii}	自辐射阻抗
$\rho_{\min}$	最小曲率半径
$F(s), A(s), B(s)$	三个阵的振幅幅相位分布
h_q	通道的传输系数
$\gamma(\omega)$	元的灵敏度
$D_q(\theta,\omega)$	相对于某一参考点的相位项
$I(\omega)$	噪声源的功率谱
$R_\omega(\theta)$	频带内的方向性
K_{qq}	相关函数
$G(x/x_0)$	$x_0(a,\varphi_0,z_0)$ 为源点坐标, $x(r,\varphi,z)$ 为场点坐标的格林函数
R_e	取实数
FAX	取整数
ϕ	圆弧阵总开角, 为 $(2M+1)\theta$
β	两圆弧阵之间的夹角, 为 $(2N-1)\theta$
f_0	截止频率, 液柱共振频率
α_v	球冠立体角之半
$R_{er}(u)$	阵元存在随机误差分布时的方向性

$R(u)$	没有随机误差的方向性
$\Delta R(u)$	和随机误差有关的方向性，为 $X+\mathrm{j}Y$
σ^2	方差
M	数学期望
Δ^2	联合方差
$G(u)$	表示随机误差对阵方向性影响的灵敏性
B_0	磁隙中恒磁磁感应
μ_0	空隙处的导磁率
Λ	磁致伸缩应力常数
Z_e	等效力阻抗
k_e	有效机电耦合系数
$R_{水平}$	相位补偿圆阵的水平方向性
$R_{垂直}$	相位补偿圆阵的垂直方向性
$Z_{附}$	液腔引起的附加于陶瓷管壁上的阻抗
τ	剪应力
J_{V_0}	互易参量 (腔内声压均匀时)
M_H	水听器接收电压灵敏度
J_V	耦合腔互易校准时，存在声场不均匀时的互易参量
τ	脉冲宽度
ML	灵敏度级

《现代声学科学与技术丛书》已出版书目

(按出版时间排序)

1. 创新与和谐——中国声学进展	程建春、田静 等编	2008.08
2. 通信声学	J. 布劳尔特 等编　李昌立 等译	2009.04
3. 非线性声学（第二版）	钱祖文 著	2009.08
4. 生物医学超声学	万明习 等编	2010.05
5. 城市声环境论	康健 著 戴根华 译	2011.01
6. 汉语语音合成——原理和技术	吕士楠、初敏、许洁萍、贺琳 著	2012.01
7. 声表面波材料与器件	潘峰 等编著	2012.05
8. 声学原理	程建春 著	2012.05
9. 声呐信号处理引论	李启虎 著	2012.06
10. 颗粒介质中的声传播及其应用	钱祖文 著	2012.06
11. 水声学(第二版)	汪德昭、尚尔昌 著	**2013.07**